Collection E·S·P·A·C·E

Lycée

Tle

Ce manuel scolaire a été financé par la Région Provence-Alpes-Côte d'Azur.

W0378549

Année scolaire	Nom de l'élève	Classe	État à la réception: neuf	très bon	moyen	u[...]	tr[...]	mo[...]	usa[...]	
19-20	Soulier Tordjman EVA	734				X				

Les manuels scolaires sont la propriété de l'établissement. Ils ne peuvent être revendus sous peines de poursuites judiciaires. Ils sont prêtés aux élèves, lesquels voudront bien en prendre soin. Les livres dégradés ou perdus sont mis à la charge des familles qui doivent les remplacer sans délai. Si vous trouvez ce manuel, merci de le retourner au centre de documentation du lycée indiqué ci-dessus.

Provence-Alpes-Côte d'Azur, *notre région*

www.regionpaca.fr

SOMMAIRE

= Physique / = Chimie

ISBN : 978-2-04-732998-6

SOMMAIRE

PARTIE 5 LES DÉFIS DU XXIE SIÈCLE

→ SÉQUENCE 1 Enjeux énergétiques 440

COMPÉTENCES À ACQUÉRIR
1 • Identifier des problématiques énergétiques contemporaines.
2 • Faire un bilan énergétique dans les domaines de l'habitat et du transport.
3 • Argumenter sur des solutions permettant de réaliser des économies d'énergie.

→ SÉQUENCE 2 Chimie et respect de l'environnement 454

COMPÉTENCES À ACQUÉRIR
1 • Extraire et exploiter des informations sur une chimie plus responsable.
2 • Extraire et exploiter des informations sur une chimie durable.

→ SÉQUENCE 3 Contrôle de la qualité par dosage 468

COMPÉTENCES À ACQUÉRIR
1 • Réaliser et exploiter des dosages par étalonnage.
2 • Comprendre le principe d'un titrage direct.
3 • Repérer l'équivalence d'un titrage par colorimétrie, pH-métrie et conductimétrie.

→ SÉQUENCE 4 Stratégie de la synthèse organique 486

COMPÉTENCES À ACQUÉRIR
1 • Analyser des protocoles expérimentaux.
2 • Justifier le choix des techniques lors d'une synthèse.
3 • Mettre en évidence le caractère sélectif ou non d'une réaction.

→ SÉQUENCE 5 Chaîne de transmission d'informations 504

COMPÉTENCES À ACQUÉRIR
1 • Identifier les éléments d'une chaîne de transmission d'informations.
2 • Comparer différents types de transmission.
3 • Évaluer l'affaiblissement d'un signal.

→ SÉQUENCE 6 Numérisation d'un signal 520

COMPÉTENCES À ACQUÉRIR
1 • Reconnaître des signaux analogiques et numériques.
2 • Comprendre le principe de numérisation d'un signal.
3 • Caractériser une transmission numérique par son débit binaire.

→ SÉQUENCE 7 Images numériques et stockage optique 534

COMPÉTENCES À ACQUÉRIR
1 • Caractériser une image numérique.
2 • Expliquer le principe de lecture d'un disque optique.
3 • Comprendre la capacité de stockage.

Compléments

Un mot sur... l'acquisition des compétences

Les scientifiques cherchent à comprendre et décrire le monde, notamment à l'aide de lois et de modèles, en ayant recours à la fois à la théorie et à l'expérience. La science n'est pas faite de vérités inébranlables, mais de questionnements, de recherches et de réponses qui évoluent et s'enrichissent avec le temps.

1. Les compétences scientifiques générales

En classe de Terminale, s'initier à la démarche scientifique, c'est acquérir des compétences autour des trois grandes étapes que sont l'observation, la modélisation et l'action.

Les compétences scientifiques évaluées	Activités dans lesquelles ces compétences sont mises en œuvre (P : partie ; S : séquence ; *act.* : activité)
Faire preuve de curiosité	P1S2 *act. 1 et 3* - P1S5 *act. 1 et 3* - P1S6 *act. 1* - P2S1 *act. 3* - P2S4 *act. 3* - P3S2 *act. 1* - P3S3 *act. 1* - P3S4 *act. 1* - P4S1 *act. 3* - P5S3 *act. 1* - P5S6 *act. 1*
Extraire une information utile	P1S1 *act. 1 et 2* - P1S2 *act. 1 à 3* - P1S3 *act. 1 et 2* - P1S5 *act. 1 à 3* - P1S6 *act. 1 et 2* - P2S1 *act. 1* - P2S2 *act. 1 et 2* - P2S3 *act. 2* - P2S5 *act. 1* - P2S6 *act. 1* - P2S7 *act. 1 et 2* - P3S1 *act. 1 à 3* - P3S2 *act. 1 à 3* - P3S3 *act. 1 et 2* - P3S4 *act. 1* - P3S5 *act. 1 et 3* - P3S6 *act. 1 et 4* - P4S1 *act. 3* - P4S2 *act. 4* - P4S3 *act. 1* - P4S4 *act. 1* - P5S1 *act. 1 et 3* - P5S2 *act. 1 à 3* - P5S4 *act. 1 et 2* - P5S5 *act. 1* - P5S6 *act. 1* - P5S7 *act. 2*
Formuler des hypothèses pertinentes	P1S1 *act. 3* - P1S2 *act. 1 et 2* - P1S6 *act. 3 et 4* - P2S1 *act. 2* - P2S3 *act. 1* - P2S4 *act. 1* - P2S6 *act. 3* - P2S7 *act. 1 et 2* - P3S1 *act. 2* - P3S3 *act. 2 et 3* - P3S5 *act. 3* - P4S1 *act. 2* - P4S2 *act. 3* - P4S3 *act. 1* - P4S4 *act. 1* - P5S1 *act. 2* - P5S2 *act. 1 à 3* - P5S3 *act. 3*
Associer un modèle à un phénomène	P1S1 *act. 1 et 2* - P1S3 *act. 2* - P1S4 *act. 3* - P2S1 *act. 1* - P2S2 *act. 1* - P2S3 *act. 2* - P2S4 *act. 3* - P2S6 *act. 4* - P3S3 *act. 3* - P3S4 *act. 2 et 3* - P3S5 *act. 1* - P3S6 *act. 1* - P4S2 *act. 2* - P4S3 *act. 1* - P4S4 *act. 2 et 4* - P5S5 *act. 1*
Identifier les paramètres jouant un rôle dans un phénomène physique	P1S3 *act. 3* - P1S4 *act. 1* - P1S5 *act. 2* - P1S6 *act. 2* - P2S2 *act. 3* - P2S3 *act. 3* - P2S4 *act. 1* - P2S5 *act. 1* - P2S6 *act. 2* - P4S2 *act. 2* - P4S3 *act. 3* - P4S4 *act. 1 et 3* - P5S6 *act. 3* - P5S7 *act. 2 et 3*
Valider ou invalider des hypothèses	P1S4 *act. 1* - P2S1 *act. 3* - P2S6 *act. 3* - P3S1 *act. 3* - P4S1 *act. 1* - P4S2 *act. 1* - P5S1 *act. 2* - P5S5 *act. 3* - P5S7 *act. 3*
Mettre au point un protocole ou une stratégie	P1S1 *act. 3* - P1S3 *act. 3* - P1S4 *act. 3* - P2S5 *act. 2* - P2S6 *act. 2 et 4* - P3S2 *act. 2 et 4* - P4S3 *act. 2* - P4S4 *act. 4* - P5S5 *act. 3*
Questionner les résultats d'une démarche	P2S2 *act. 3* - P2S5 *act. 2* - P2S6 *act. 2 et 4*
Communiquer et argumenter en utilisant un vocabulaire scientifique adapté	P1S3 *act. 1* - P1S6 *act. 3 et 4* - P2S1 *act. 2* - P2S2 *act. 2* - P2S3 *act. 1 et 3* - P2S6 *act. 1* - P3S1 *act. 1* - P3S2 *act. 3* - P3S4 *act. 2* - P3S6 *act. 4* - P4S2 *act. 4* - P4S3 *act. 3* - P4S4 *act. 3* - P5S1 *act. 1 et 3* - P5S3 *act. 1 et 3* - P5S4 *act. 2*

2. Les compétences expérimentales

Les activités expérimentales sont les composantes naturelles et privilégiées de la démarche scientifique. Elles contribuent à l'acquisition de compétences travaillées et évaluées tout au long de l'année de Terminale.

Les compétences expérimentales évaluées	Activités dans lesquelles ces compétences sont mises en œuvre (P : partie ; S : séquence ; *act.* : activité)
S'approprier un montage expérimental ■ Reconnaître et nommer le matériel ■ Schématiser le montage expérimental	P1S1 *act. 4* - P1S4 *act. 4* - P2S4 *act. 2* - P2S5 *act. 3* - P4S1 *act. 4* - P4S2 *act. 3*
Réaliser un montage expérimental ■ Choisir le matériel approprié ■ Utiliser le matériel à bon escient	P1S3 *act. 4* - P1S4 *act. 6* - P2S1 *act. 4* - P1S5 *act. 4* - P2S7 *act. 3 et 4* - P3S2 *act. 4* - P3S5 *act. 2 et 4* - P3S6 *act. 2* - P4S1 *act. 2* - P4S3 *act. 4* - P5S2 *act. 4* - P5S3 *act. 2 et 4* - P5S4 *act. 3* - P5S6 *act. 2* - P5S7 *act. 1*
Respecter les règles de sécurité ■ Assurer la sécurité du matériel ■ Assurer la sécurité des personnes	P1S4 *act. 2* - P3S6 *act. 3* - P5S2 *act. 4*
Évaluer la précision d'une expérience ■ Identifier les erreurs aléatoires ■ Identifier les erreurs systématiques	P1S2 *act. 4*
Écrire le résultat d'une mesure ■ Utiliser un nombre de chiffres significatifs cohérent ■ Utiliser un symbole et une unité adaptés	P1S4 *act. 2* - P2S1 *act. 4* - P2S2 *act. 4* - P3S5 *act. 2 et 4* - P5S3 *act. 2* - P5S5 *act. 2*
Analyser un résultat expérimental ■ Confronter un résultat à une prévision ■ Faire une étude statistique	P1S1 *act. 4* - P1S2 *act. 4* - P1S3 *act. 4* - P1S4 *act. 4 et 5* - P1S5 *act. 4* - P2S2 *act. 4* - P2S4 *act. 2* - P2S5 *act. 3* - P2S7 *act. 3 et 4* - P3S4 *act. 3* - P3S6 *act. 2 et 3* - P4S1 *act. 2 et 4* - P4S2 *act. 3* - P4S3 *act. 4* - P5S3 *act. 4* - P5S4 *act. 1 et 3* - P5S5 *act. 2* - P5S6 *act. 2* - P5S7 *act. 1*

Programme de Physique-Chimie de Term S

Enseignement spécifique (*Bulletin officiel* spécial n° 8 du 13 octobre 2011)

Le programme est présenté en deux colonnes intitulées :
Notions et contenus : il s'agit des concepts à étudier ;
Compétences exigibles : il s'agit de connaissances à mobiliser, de capacités à mettre en œuvre et d'attitudes à acquérir et dont la maîtrise est exigée en fin d'année scolaire. Lorsqu'elles sont écrites en italique, ces compétences sont de nature expérimentale [...]

OBSERVER • Ondes et matière

Ondes et particules

Notions et contenus
Rayonnements dans l'Univers. Absorption de rayonnements par l'atmosphère terrestre.

Compétences exigibles
Extraire et exploiter des informations sur l'absorption de rayonnements par l'atmosphère terrestre et ses conséquences sur l'observation des sources de rayonnements dans l'Univers. Connaître des sources de rayonnement radio, infrarouge et ultraviolet.

PHYSIQUE Partie 1, séquence 1

Notions et contenus
Les ondes dans la matière. Houle, ondes sismiques, ondes sonores. Magnitude d'un séisme sur l'échelle de Richter. Niveau d'intensité sonore.

Compétences exigibles
Extraire et exploiter des informations sur les manifestations des ondes mécaniques dans la matière. Connaître et exploiter la relation liant le niveau d'intensité sonore à l'intensité sonore.

PHYSIQUE Partie 1, séquence 2

Notions et contenus
Détecteurs d'ondes (mécaniques et électromagnétiques) **et de particules** (photons, particules élémentaires ou non).

Compétences exigibles
Extraire et exploiter des informations sur : des sources d'ondes et de particules et leurs utilisations ; un dispositif de détection. *Pratiquer une démarche expérimentale mettant en œuvre un capteur ou un dispositif de détection.*

PHYSIQUE Partie 1, séquences 1 et 2

Caractéristiques et propriétés des ondes

Notions et contenus
Caractéristiques des ondes. Ondes progressives. Grandeurs physiques associées. Retard. Ondes progressives périodiques, ondes sinusoïdales. Ondes sonores et ultrasonores. Analyse spectrale. Hauteur et timbre.

Compétences exigibles
Définir une onde progressive à une dimension. Connaître et exploiter la relation entre retard, distance et vitesse de propagation (célérité). *Pratiquer une démarche expérimentale visant à étudier qualitativement et quantitativement un phénomène de propagation d'une onde.* Définir, pour une onde progressive sinusoïdale, la période, la fréquence et la longueur d'onde. Connaître et exploiter la relation entre la période ou la fréquence, la longueur d'onde et la célérité. *Pratiquer une démarche expérimentale pour déterminer la période, la fréquence, la longueur d'onde et la célérité d'une onde progressive sinusoïdale. Réaliser l'analyse spectrale d'un son musical et l'exploiter pour en caractériser la hauteur et le timbre.*

PHYSIQUE Partie 1, séquence 3

Notions et contenus
Propriétés des ondes. Diffraction. Influence relative de la taille de l'ouverture ou de l'obstacle et de la longueur d'onde sur le phénomène de diffraction. Cas des ondes lumineuses monochromatiques, cas de la lumière blanche. Interférences. Cas des ondes lumineuses monochromatiques, cas de la lumière blanche. Couleurs interférentielles. Effet Doppler.

Compétences exigibles
Savoir que l'importance du phénomène de diffraction est liée au rapport de la longueur d'onde aux dimensions de l'ouverture ou de l'obstacle. Connaître et exploiter la relation $\theta = \lambda/a$. Identifier les situations physiques où il est pertinent de prendre en compte le phénomène de diffraction. *Pratiquer une démarche expérimentale visant à étudier ou utiliser le phénomène de diffraction dans le cas des ondes lumineuses.* Connaître et exploiter les conditions d'interférences constructives et destructives pour des ondes monochromatiques. *Pratiquer une démarche expérimentale visant à étudier quantitativement le phénomène d'interférence dans le cas des ondes lumineuses. Mettre en œuvre une démarche expérimentale pour mesurer une vitesse en utilisant l'effet Doppler.* Exploiter l'expression du décalage Doppler de la fréquence dans le cas des faibles vitesses. Utiliser des données spectrales et un logiciel de traitement d'images pour illustrer l'utilisation de l'effet Doppler comme moyen d'investigation en astrophysique.

PHYSIQUE Partie 1, séquence 4

Analyse spectrale

Notions et contenus
Spectres UV-visible. Lien entre couleur perçue et longueur d'onde au maximum d'absorption de substances organiques ou inorganiques.
Spectres IR. Identification de liaisons à l'aide du nombre d'onde correspondant ; détermination de groupes caractéristiques. Mise en évidence de la liaison hydrogène.

Compétences exigibles
Mettre en œuvre un protocole expérimental pour caractériser une espèce colorée. Exploiter des spectres UV-visible. Exploiter un spectre IR pour déterminer des groupes caractéristiques à l'aide de tables de données ou de logiciels. Associer un groupe caractéristique à une fonction dans le cas des alcool, aldéhyde, cétone, acide carboxylique, ester, amine, amide. Connaître les règles de nomenclature de ces composés ainsi que celles des alcanes et des alcènes.

CHIMIE Partie 1, séquence 5

Notions et contenus
Spectres RMN du proton. Identification de molécules organiques à l'aide : du déplacement chimique ; de l'intégration ; de la multiplicité du signal : règle des $(n+1)$-uplets.

Compétences exigibles
Relier un spectre RMN simple à une molécule organique donnée, à l'aide de tables de données ou de logiciels. Identifier les protons équivalents. Relier la multiplicité du signal au nombre de voisins. Extraire et exploiter des informations sur différents types de spectres et sur leurs utilisations.

CHIMIE Partie 1, séquence 6

COMPRENDRE • Lois et modèles

Temps, mouvement et évolution

Notions et contenus
Temps, cinématique et dynamique newtoniennes. Description du mouvement d'un point au cours du temps : vecteurs position, vitesse et accélération. Référentiel galiléen. Conservation de la quantité de mouvement d'un système isolé.

Compétences exigibles
Extraire et exploiter des informations relatives à la mesure du temps pour justifier l'évolution de la définition de la seconde. Choisir un référentiel d'étude. Définir et reconnaître des mouvements (rectiligne uniforme, rectiligne uniformément varié, circulaire uniforme, circulaire non uniforme) et donner dans chaque cas les caractéristiques du vecteur accélération. Définir la quantité de mouvement $\vec{p}$ d'un point matériel.

PHYSIQUE Partie 2, séquence 1

Notions et contenus
Lois de Newton : principe d'inertie, $\Sigma\vec{F} = d\vec{p}/dt$ et principe des actions réciproques. Conservation

de la quantité de mouvement d'un système isolé. Mouvement d'un satellite. Révolution de la Terre autour du Soleil. Lois de Kepler.

Compétences exigibles
Connaître et exploiter les trois lois de Newton ; les mettre en œuvre pour étudier des mouvements dans des champs de pesanteur et électrostatique uniformes. *Mettre en œuvre une démarche expérimentale pour étudier un mouvement. Mettre en œuvre une démarche expérimentale pour interpréter un mode de propulsion par réaction à l'aide d'un bilan qualitatif de quantité de mouvement.* Démontrer que, dans l'approximation des trajectoires circulaires, le mouvement d'un satellite, d'une planète, est uniforme. Établir l'expression de sa vitesse et de sa période. Connaître les trois lois de Kepler ; exploiter la troisième dans le cas d'un mouvement circulaire.

PHYSIQUE Partie 2, séquences 2 et 3

Notions et contenus
Oscillateur, amortissement. Travail d'une force. Force conservative ; énergie potentielle. Forces non conservatives : exemple des frottements. Énergie mécanique. Étude énergétique des oscillations libres d'un système mécanique. Dissipation d'énergie.

Compétences exigibles
Pratiquer une démarche expérimentale pour mettre en évidence : les différents paramètres influençant la période d'un oscillateur mécanique ; son amortissement. Établir et exploiter les expressions du travail d'une force constante (force de pesanteur, force électrique dans le cas d'un champ uniforme). Établir l'expression du travail d'une force de frottement d'intensité constante dans le cas d'une trajectoire rectiligne. Analyser les transferts énergétiques au cours d'un mouvement d'un point matériel. *Pratiquer une démarche expérimentale pour étudier l'évolution des énergies cinétique, potentielle et mécanique d'un oscillateur.*

PHYSIQUE Partie 2, séquences 4 et 5

Notions et contenus
Mesure du temps. Définition du temps atomique.
Temps et relativité restreinte. Invariance de la vitesse de la lumière et caractère relatif du temps. Postulat d'Einstein. Tests expérimentaux de l'invariance de la vitesse de la lumière. Notion d'événement. Temps propre. Dilatation des durées. Preuves expérimentales.

Compétences exigibles
Extraire et exploiter des informations relatives à la mesure du temps pour justifier l'évolution de la définition de la seconde. Extraire et exploiter des informations sur l'influence des phénomènes dissipatifs sur la problématique de la mesure du temps et la définition de la seconde. Extraire et exploiter des informations pour justifier l'utilisation des horloges atomiques dans la mesure du temps. Savoir que la vitesse de la lumière dans le vide est la même dans tous les référentiels galiléens. Définir la notion de temps propre. Exploiter la relation entre durée propre et durée mesurée. Extraire et exploiter des informations relatives à une situation concrète où le caractère relatif du temps est à prendre en compte.

PHYSIQUE Partie 2, séquence 6

Notions et contenus
Temps et évolution chimique : cinétique et catalyse. Réactions lentes, rapides ; durée d'une réaction chimique. Facteurs cinétiques. Évolution d'une quantité de matière au cours du temps. Temps de demi-réaction. Catalyse homogène, hétérogène et enzymatique.

Compétences exigibles
Mettre en œuvre une démarche expérimentale pour suivre dans le temps une synthèse organique par CCM et en estimer la durée. Mettre en œuvre une démarche expérimentale pour mettre en évidence quelques paramètres influençant l'évolution temporelle d'une réaction chimique : concentration, température, solvant. Déterminer un temps de demi-réaction. *Mettre en œuvre une démarche expérimentale pour mettre en évidence le rôle d'un catalyseur.* Extraire et exploiter des informations sur la catalyse, notamment en milieu biologique et dans le domaine industriel, pour en dégager l'intérêt.

CHIMIE Partie 2, séquence 7

Structure et transformation de la matière

Notions et contenus
Représentation spatiale des molécules. Chiralité : définition, approche historique. Représentation de Cram. Carbone asymétrique. Chiralité des acides α-aminés. Énantiomérie, mélange racémique, diastéréoisomérie (*Z/E*, deux atomes de carbone asymétriques). Conformation : rotation autour d'une liaison simple ; conformation la plus stable. Formule topologique des molécules organiques. Propriétés biologiques et stéréoisomérie.

Compétences exigibles
Reconnaître des espèces chirales à partir de leur représentation. Utiliser la représentation de Cram. Identifier les atomes de carbone asymétrique d'une molécule donnée. À partir d'un modèle moléculaire ou d'une représentation, reconnaître si des molécules sont identiques, énantiomères ou diastéréoisomères. *Pratiquer une démarche expérimentale pour mettre en évidence des propriétés différentes de diastéréoisomères. Visualiser, à partir d'un modèle moléculaire ou d'un logiciel de simulation, les différentes conformations d'une molécule.* Utiliser la représentation topologique des molécules organiques. Extraire et exploiter des informations sur : les propriétés biologiques de stéréoisomères ; les conformations de molécules biologiques, pour mettre en évidence l'importance de la stéréoisomérie dans la nature.

CHIMIE Partie 3, séquences 1 et 2

Compétences exigibles
Reconnaître les groupes caractéristiques dans les alcool, aldéhyde, cétone, acide carboxylique, ester, amine, amide. Utiliser le nom systématique d'une espèce chimique organique pour en déterminer les groupes caractéristiques et la chaîne carbonée.

CHIMIE Partie 1, séquence 5

Notions et contenus
Transformation en chimie organique. Aspect macroscopique. Modification de chaîne, modification de groupe caractéristique ; Grandes catégories de réactions en chimie organique : substitution, addition, élimination.

Compétences exigibles
Distinguer une modification de chaîne d'une modification de groupe caractéristique. Déterminer la catégorie d'une réaction (substitution, addition, élimination) à partir de l'examen de la nature des réactifs et des produits.

CHIMIE Partie 3, séquence 3

Notions et contenus
Aspect microscopique. Liaison polarisée, site donneur et site accepteur de doublet d'électrons. Interaction entre des sites donneurs et accepteurs de doublet d'électrons ; représentation du mouvement d'un doublet d'électrons à l'aide d'une flèche courbe lors d'une étape d'un mécanisme réactionnel.

Compétences exigibles
Déterminer la polarisation des liaisons en lien avec l'électronégativité (table fournie). Identifier un site donneur, un site accepteur de doublet d'électrons. Pour une ou plusieurs étapes d'un mécanisme réactionnel donné, relier par une flèche courbe les sites donneur et accepteur en vue d'expliquer la formation ou la rupture de liaisons.

CHIMIE Partie 3, séquence 4

Notions et contenus
Réaction chimique par échange de proton
Le pH : définition, mesure. Théorie de Brönsted : acides faibles, bases faibles ; notion d'équilibre ; couple acide-base ; constante d'acidité K_a. Échelle des pK_a dans l'eau, produit ionique de l'eau ; domaines de prédominance (cas des acides carboxyliques, des amines, des acides α-aminés).

Compétences exigibles
Mesurer le pH d'une solution aqueuse. Reconnaître un acide, une base dans la théorie de Brönsted.
Utiliser les symbolismes $\rightarrow$, $\leftarrow$ et $\rightleftharpoons$ dans l'écriture des réactions chimiques pour rendre compte des situations observées. Identifier l'espèce prédominante d'un couple acide-base connaissant le pH du milieu et le pK_a du couple. *Mettre en œuvre une démarche expérimentale pour déterminer une constante d'acidité.*

CHIMIE Partie 3, séquence 5

Notions et contenus
Réactions quasi-totales en faveur des produits : acide fort, base forte dans l'eau ; mélange d'un acide fort et d'une base forte dans l'eau. Réaction entre un acide fort et une base forte : aspect thermique de la réaction. Sécurité. Contrôle du pH : solution tampon ; rôle en milieu biologique.

Compétences exigibles
Calculer le pH d'une solution aqueuse d'acide fort ou de base forte de concentration usuelle. *Mettre en évidence l'influence des quantités de matière mises en jeu sur l'élévation de température observée.* Extraire et exploiter des informations pour montrer l'importance du contrôle du pH dans un milieu biologique.

CHIMIE Partie 3, séquence 6

Énergie, matière et rayonnement

Notions et contenus
Du macroscopique au microscopique. Constante d'Avogadro.
Transferts d'énergie entre systèmes macroscopiques. Notions de système et d'énergie interne. Interprétation microscopique. Capacité thermique. Transferts thermiques : conduction, convection, rayonnement. Flux thermique. Résistance thermique. Notion d'irréversibilité. Bilans d'énergie.

Compétences exigibles
Extraire et exploiter des informations sur un dispositif expérimental permettant de visualiser les atomes et les molécules. Évaluer des ordres de grandeurs relatifs aux domaines microscopique et macroscopique. Savoir que l'énergie interne d'un système macroscopique résulte de contributions microscopiques. Connaître et exploiter la relation entre la variation d'énergie interne et la variation de température pour un corps dans un état condensé. Interpréter les transferts thermiques dans la matière à l'échelle microscopique. Exploiter la relation entre le flux thermique à travers une paroi plane et l'écart de température entre ses deux faces. Établir un bilan énergétique faisant intervenir transfert thermique et travail.

PHYSIQUE Partie 4, séquences 1 et 2

Notions et contenus

Transferts quantiques d'énergie. Émission et absorption quantiques. Émission stimulée et amplification d'une onde lumineuse. Oscillateur optique : principe du laser. Transitions d'énergie : électroniques, vibratoires.

Compétences exigibles

Connaître le principe de l'émission stimulée et les principales propriétés du laser (directivité, monochromaticité, concentration spatiale et temporelle de l'énergie). *Mettre en œuvre un protocole expérimental utilisant un laser comme outil d'investigation ou pour transmettre de l'information.* Associer un domaine spectral à la nature de la transition mise en jeu.

PHYSIQUE Partie 4, séquence 3

Notions et contenus

Dualité onde-particule. Photon et onde lumineuse. Particule matérielle et onde de matière ; relation de de Broglie. Interférences photon par photon, particule de matière par particule de matière.

Compétences exigibles

Savoir que la lumière présente des aspects ondulatoire et particulaire. Extraire et exploiter des informations sur les ondes de matière et sur la dualité onde-particule. Connaître et utiliser la relation $p = h/\lambda$. Identifier des situations physiques où le caractère ondulatoire de la matière est significatif. Extraire et exploiter des informations sur les phénomènes quantiques pour mettre en évidence leur aspect probabiliste.

PHYSIQUE Partie 4, séquence 4

AGIR • Défis du XXIe siècle

Économiser les ressources et respecter l'environnement

Notions et contenus

Enjeux énergétiques. Nouvelles chaînes énergétiques. Économies d'énergie.

Compétences exigibles

Extraire et exploiter des informations sur des réalisations ou des projets scientifiques répondant à des problématiques énergétiques contemporaines. Faire un bilan énergétique dans les domaines de l'habitat ou du transport. Argumenter sur des solutions permettant de réaliser des économies d'énergie.

PHYSIQUE Partie 5, séquence 1

Notions et contenus

Apport de la chimie au respect de l'environnement. Chimie durable : économie d'atomes ; limitation des déchets ; agro ressources ; chimie douce ; choix des solvants ; recyclage. Valorisation du dioxyde de carbone.

Compétences exigibles

Extraire et exploiter des informations en lien avec : la chimie durable, la valorisation du dioxyde de carbone, pour comparer les avantages et les inconvénients de procédés de synthèse du point de vue du respect de l'environnement.

CHIMIE Partie 5, séquence 2

Notions et contenus

Contrôle de la qualité par dosage. Dosages par étalonnage : spectrophotométrie, loi de Beer-Lambert ; conductimétrie, explication qualitative de la loi de Kohlrausch, par analogie avec la loi de Beer-Lambert. Dosages par titrage direct. Réaction support de titrage ; caractère quantitatif. Équivalence dans un titrage ; repérage de l'équivalence pour un titrage pH-métrique, conductimétrique et par utilisation d'un indicateur de fin de réaction.

Compétences exigibles

Pratiquer une démarche expérimentale pour déterminer la concentration d'une espèce à l'aide de courbes d'étalonnage en utilisant la spectrophotométrie et la conductimétrie, dans le domaine de la santé, de l'environnement ou du contrôle de la qualité. Établir l'équation de la réaction support de titrage à partir d'un protocole expérimental. *Pratiquer une démarche expérimentale pour déterminer la concentration d'une espèce chimique par titrage par le suivi d'une grandeur physique et par la visualisation d'un changement de couleur, dans le domaine de la santé, de l'environnement ou du contrôle de la qualité.* Interpréter qualitativement un changement de pente dans un titrage conductimétrique.

CHIMIE Partie 5, séquence 3

Synthétiser des molécules, fabriquer de nouveaux matériaux

Notions et contenus

Stratégie de la synthèse organique. Protocole de synthèse organique : identification des réactifs, du solvant, du catalyseur, des produits ; détermination des quantités des espèces mises en jeu, du réactif limitant ; choix des paramètres expérimentaux : température, solvant, durée de la réaction, pH ; choix du montage, de la technique de purification, de l'analyse du produit ; calcul d'un rendement ; aspects liés à la sécurité ; coûts.

Sélectivité en chimie organique. Composé polyfonctionnel : réactif chimiosélectif, protection de fonctions.

Compétences exigibles

Effectuer une analyse critique de protocoles expérimentaux pour identifier les espèces mises en jeu, leurs quantités et les paramètres expérimentaux. Justifier le choix des techniques de synthèse et d'analyse utilisées. Comparer les avantages et les inconvénients de deux protocoles. Extraire et exploiter des informations : sur l'utilisation de réactifs chimiosélectifs ; sur la protection d'une fonction dans le cas de la synthèse peptidique, pour mettre en évidence le caractère sélectif ou non d'une réaction. *Pratiquer une démarche expérimentale pour synthétiser une molécule organique d'intérêt biologique à partir d'un protocole. Identifier des réactifs et des produits à l'aide de spectres et de tables fournis.*

CHIMIE Partie 5, séquence 4

Transmettre et stocker de l'information

Notions et contenus

Chaîne de transmission d'informations

Compétences exigibles

Identifier les éléments d'une chaîne de transmission d'informations. Recueillir et exploiter des informations concernant des éléments de chaînes de transmission d'informations et leur évolution récente.

PHYSIQUE Partie 5, séquence 5

Notions et contenus

Images numériques. Caractéristiques d'une image numérique : pixellisation, codage RVB et niveaux de gris.

Compétences exigibles

Associer un tableau de nombres à une image numérique. *Mettre en œuvre un protocole expérimental utilisant un capteur (caméra ou appareil photo numériques par exemple) pour étudier un phénomène optique.*

PHYSIQUE Partie 5, séquence 7

Notions et contenus

Signal analogique et signal numérique. Conversion d'un signal analogique en signal numérique. Échantillonnage ; quantification ; numérisation.

Compétences exigibles

Reconnaître des signaux de nature analogique et des signaux de nature numérique. *Mettre en œuvre un protocole expérimental utilisant un échantillonneur-bloqueur et/ou un convertisseur analogique numérique (CAN) pour étudier l'influence des différents paramètres sur la numérisation d'un signal (d'origine sonore par exemple).*

PHYSIQUE Partie 5, séquence 6

Notions et contenus

Procédés physiques de transmission. Propagation libre et propagation guidée. Transmission : par câble ; par fibre optique : notion de mode ; transmission hertzienne. Débit binaire. Atténuations.

Compétences exigibles

Exploiter des informations pour comparer les différents types de transmission. Caractériser une transmission numérique par son débit binaire. Évaluer l'affaiblissement d'un signal à l'aide du coefficient d'atténuation. *Mettre en œuvre un dispositif de transmission de données (câble, fibre optique).*

PHYSIQUE Partie 5, séquences 5 et 6

Notions et contenus

Stockage optique. Écriture et lecture des données sur un disque optique. Capacités de stockage.

Compétences exigibles

Expliquer le principe de la lecture par une approche interférentielle. Relier la capacité de stockage et son évolution au phénomène de diffraction.

PHYSIQUE Partie 5, séquence 7

Créer et innover

Notions et contenus

Culture scientifique et technique ; relation science-société. Métiers de l'activité scientifique (partenariat avec une institution de recherche, une entreprise, etc.).

Compétences exigibles

Rédiger une synthèse de documents pouvant porter sur : l'actualité scientifique et technologique ; des métiers ou des formations scientifiques et techniques ; les interactions entre la science et la société.

Fiches méthode p. 564 et 565

PARTIE 1

ONDES ET MATIÈRE

SOMMAIRE

Avant d'aborder la séquence 1

Évaluation diagnostique

Pour chaque situation présentée, proposer une réponse en argumentant.

Situation 1

Pour vérifier l'indispensable

Le spectre de la lumière blanche est constitué d'une infinité de radiations monochromatiques dont les longueurs d'onde s'étendent de 380 à 780 nm.

Que trouve-t-on au-delà de ces limites ?

▶ Activité 1, p. 14

Situation 2

Pour amorcer la réflexion

Le radiotélescope européen IRAM, situé sur le pic Veleta en Espagne, a permis d'importantes découvertes sur l'évolution de la vie des étoiles.

Comment peut-on observer l'Univers avec une parabole ?

▶ Activités 2 et 3, p. 15 et 16

Situation 3

Pour traquer les idées fausses

Le télescope spatial Hubble, lancé en 1990, est en orbite autour de la Terre. Il est surtout célèbre pour fournir, depuis plus de vingt ans, de superbes photographies des objets de l'Univers.

Pourquoi placer un télescope en orbite spatial plutôt que sur Terre ?

▶ Activités 3 et 4, p. 16 et 17

Rayonnements dans l'Univers

Nous ne pouvons pas voyager jusqu'à la galaxie Andromède. Tout ce que l'on sait d'elle provient de l'étude des rayonnements qu'elle émet et que nous recevons sur Terre.

Les acquis des classes précédentes

- L'**Univers** représente la totalité de ce qui existe, de l'infiniment petit à l'infiniment grand.
- Une **onde électromagnétique** est un signal périodique qui se propage sans support matériel.
- Une lumière polychromatique peut se décomposer en radiations monochromatiques, caractérisées par leurs **longueurs d'onde** dans le vide.

Les compétences à acquérir

1. **Connaître** des sources de rayonnement et leur utilisation.
2. **Comprendre** la détection d'un rayonnement.
3. **Analyser** les conséquences de l'absorption de rayonnements par l'atmosphère terrestre.

→ **Culture scientifique**
Observation de l'Univers

Activité 1

Activité de découverte

Compétences scientifiques évaluées
- Extraire une information utile.
- Associer un modèle à un phénomène.

Différents rayonnements

La beauté du ciel nocturne est due à la lumière émise par les objets de l'Univers. Cette lumière est-elle le seul rayonnement qu'ils nous envoient ?

Étude de documents

Il n'est pas facile de parler de lumière d'une façon simple et correcte. [...] Sur l'eau d'un étang tranquille, un insecte s'agite. Tout autour de lui, des ondes circulaires s'éloignent et se propagent jusqu'à la rive. La distance entre deux crêtes est la « longueur d'onde ». [...]

Les sons qui émergent d'un haut-parleur sont aussi des ondes. C'est l'air qui vibre. Ce ne sont pas des cercles concentriques, mais des sphères concentriques qui se propagent dans toutes les directions. [...] Les longueurs d'onde vont de plusieurs mètres pour les sons les plus graves à quelques centimètres pour les sons les plus aigus. D'une bougie qui brûle dans la nuit partent des ondes de lumières. Comme les ondes sonores, ce sont des sphères concentriques. La lumière jaune de la bougie a une longueur d'onde d'environ un demi-micron. [...]

En variant la longueur d'onde, on couvre toute la gamme des ondes électromagnétiques. Du kilomètre au centimètre, on est dans le domaine radio. À plus courte longueur d'onde, on passe [...] à l'infrarouge, qui s'étend jusqu'au micron environ. La lumière visible occupe une bande entre sept dixièmes et quatre dixièmes de micron. Ensuite, on rencontre successivement l'ultraviolet, les rayons X et les rayons gamma.

Hubert Reeves, *Patience dans l'azur. L'évolution cosmique*, Le Seuil coll. « Point Sciences », 1988.

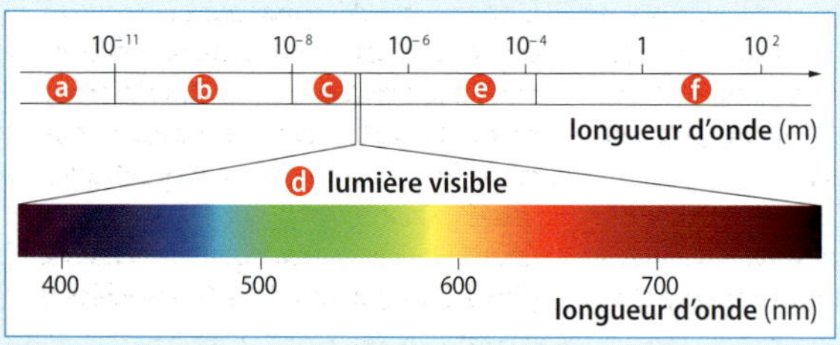

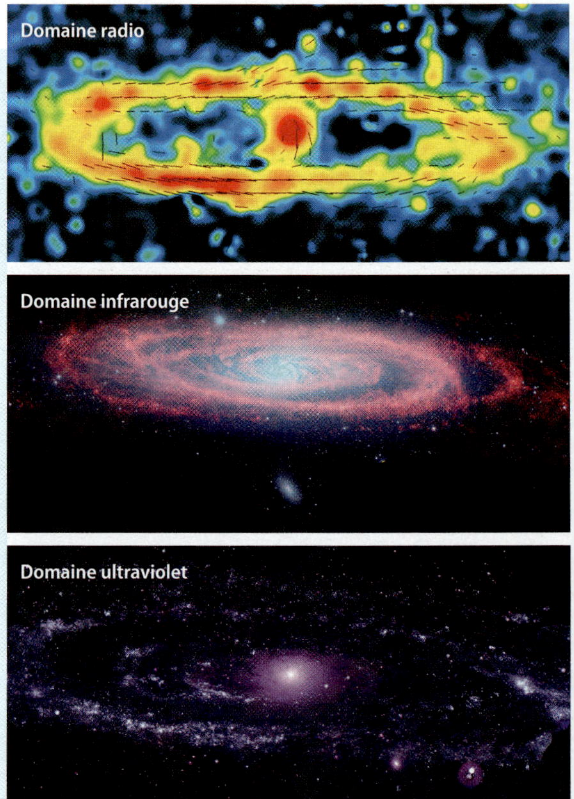

Fig. 2 Galaxie d'Andromède observée dans différents domaines du spectre électromagnétique.

Fig. 1 Spectre électromagnétique.

Pistes de réflexion

1 **a.** En physique, on modélise un rayonnement par une onde. Par quoi Hubert Reeves propose-t-il de représenter une onde ? Réaliser un schéma.

b. Compléter le schéma précédent en faisant apparaître la « longueur d'onde » définie dans le texte.

2 **a.** Quels sont les noms des différentes catégories de rayonnement citées dans le texte ?

b. Associer à chaque lettre de la figure 1 le nom des rayonnements correspondants.

3 L'œil humain est souvent qualifié de capteur à faible étendue. Que peut signifier cette expression ?

4 La galaxie d'Andromède, photographiée dans le domaine visible, illustre la page précédente.

a. Quelles zones, dont les détails sont masqués en lumière visible, apparaissent clairement sur les clichés de la figure 2 ?

b. Le rayonnement ultraviolet est associé à des zones très chaudes. Où se trouvent ces régions sur Andromède ?

Pour conclure

5 En physique, on parle souvent de « lumière invisible ». Comment peut-on comprendre cette expression ?

Activité 2

Activité documentaire

Compétences scientifiques évaluées
- Extraire une information utile.
- Associer un modèle à un phénomène.

Les sources de rayonnements

Tous les objets célestes peuvent révéler leurs propriétés grâce aux rayonnements qu'ils émettent. Quelles sont les sources de ces rayonnements ?

Étude de documents

Lorsque les astronomes étudient un objet céleste inconnu, ils n'observent pas nécessairement une photographie prise par un télescope, mais plutôt des graphiques représentant l'intensité du rayonnement électromagnétique émis en fonction de la longueur d'onde. Ce type de graphique est appelé « courbe d'intensité spectrale » ou encore « spectre » (Fig. 1).

L'étude de ces spectres permet aux astronomes de repérer la présence des différentes sources de rayonnements issus de cet astre. En effet, les spectres des phénomènes physiques se produisant couramment dans les astres ont des allures reconnaissables. Le document ci-dessous (Fig. 2) en présente quelques exemples.

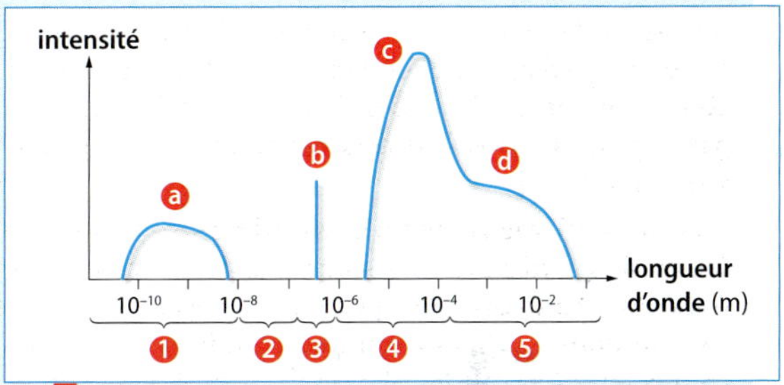

Fig. 1 Courbe d'intensité spectrale d'un objet céleste.

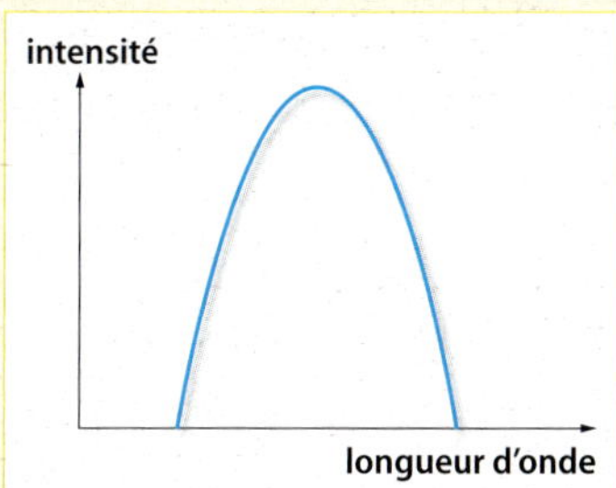

Une courbe en forme de pic est généralement causée par un rayonnement d'origine thermique. Les particules constituant l'astre s'agitent lorsque la température augmente et libèrent de l'énergie sous forme de rayonnement. Plus la température est élevée, plus les longueurs d'onde associées à ce rayonnement sont courtes.

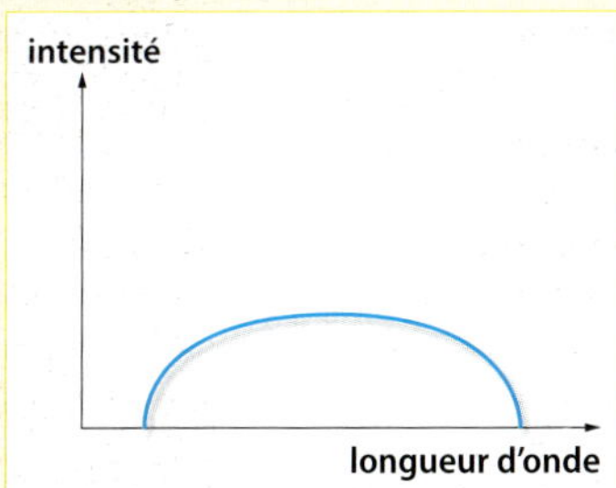

Cette courbe est habituellement causée par un rayonnement dit « de freinage ». Il est produit lors d'interactions entre des électrons et des ions présents dans les nuages de gaz.
Plus la densité en ions du nuage est élevée, plus les longueurs d'onde associées à ce rayonnement sont courtes.

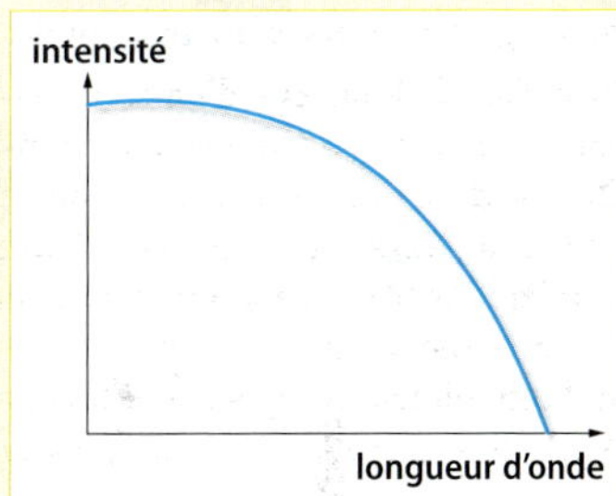

Une courbe décroissante est souvent causée par un rayonnement synchrotron. Il se produit lorsque des électrons se déplaçant à grande vitesse rencontrent un fort champ magnétique.
Plus la vitesse des électrons et l'intensité du champ magnétique sont élevées, plus les longueurs d'onde associées à ce rayonnement sont grandes.

Fig. 2 Exemples d'allures courantes de spectres.

Pistes de réflexion

À l'aide des documents ci-dessus, on souhaite décrire l'objet céleste dont l'allure du spectre est représentée sur la figure 1.

1 **a.** Associer aux zones du spectre de l'astre, numérotées de 1 à 5, un des noms suivants :

visible ; infrarouge ; ultraviolet ; radio ; X.

b. Cet astre, s'il est suffisamment grossi, pourra-t-il être observé par l'œil humain ? Justifier.

2 En vous aidant des exemples de la figure 2, identifier les sources de rayonnements qui apparaissent dans les portions de courbe a, c et d du spectre de l'astre.

Pour conclure

3 **a.** Déduire trois propriétés physiques de l'astre étudié.

b. B2i L'astre étudié est une « supernova ». En effectuant une recherche, éventuellement sur Internet, montrer que cette appellation est cohérente avec les trois propriétés précédentes.

Activité 3

Démarche d'investigation

Compétences scientifiques évaluées
- Formuler des hypothèses pertinentes.
- Mettre au point un protocole ou une stratégie.

Vidéo

Casque sans fil

Des rayonnements identiques à ceux émis par les objets de l'Univers sont utilisés dans de nombreux objets courants. Comment peut-on les détecter ?

Pour commencer (situation déclenchante)

De très nombreux modèles de casques audio sans fil permettent d'écouter de la musique sans gêner son environnement. Ils fournissent un confort d'écoute et une complète liberté de mouvement.

Certains modèles utilisent la « transmission par infrarouge ». Ils sont alors associés à un module émetteur, relié à la source audio, qui présente plusieurs diodes en façade (Fig. 1).

Que le casque soit en fonctionnement ou non, ces diodes ne semblent pas s'allumer.

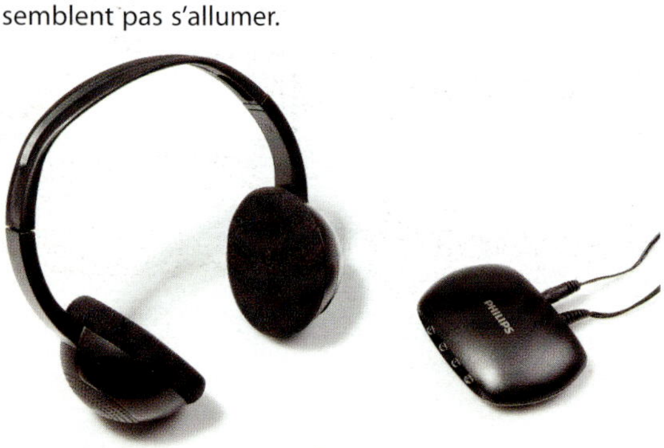

Fig. 1 Exemple de casque sans fil à transmission infrarouge.

Investigation

Comment vérifier que les diodes présentes sur le module émetteur fonctionnent en émettant effectivement un rayonnement ?

Quelques idées (hypothèses)

Expérience (recherche de validation)

Matériel
- casque sans fil • webcam (ou téléphone portable) • luxmètre

La notice technique de la webcam est reproduite ci-dessous :

Type de périphérique	Webcam
Résolution	640 × 480
Type de capteur	CMOS
Sensibilité	400 – 1 050 nm
Interface	USB 2.0

Donnée. *Domaine de longueur d'onde de la lumière infrarouge : 0,78 à 1 000 μm.*

1 Le capteur de cette webcam est-il adapté à l'observation de rayonnements infrarouges ?

2 **a.** Proposer une expérience simple permettant de mettre en évidence le rayonnement infrarouge émis par les diodes.

b. Après validation par le professeur, réaliser la manipulation et consigner vos observations.

3 La figure 2 représente le spectre du rayonnement émis par les diodes de l'appareil étudié.

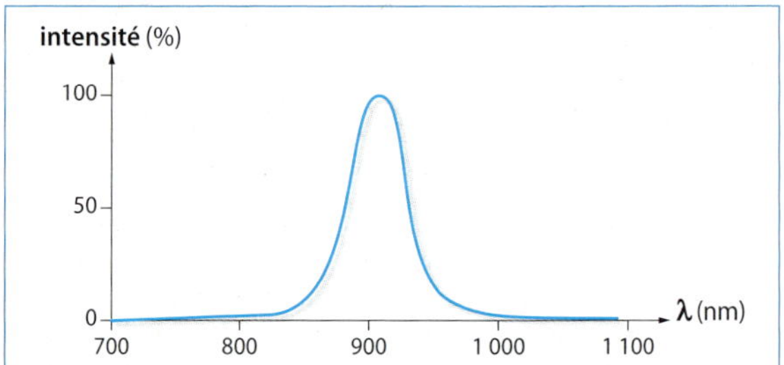

Fig. 2 Spectre des diodes émettrices.

a. Pourquoi peut-on dire que ces diodes sont des sources de rayonnement « quasi monochromatique » ?

b. Que vaut la longueur d'onde du rayonnement émis par les diodes ?

4 Les luxmètres sont des instruments qui utilisent un capteur différent de celui de la webcam. L'intervalle de longueurs d'onde auxquelles ce capteur est sensible s'étend de 470 à 690 nm.

a. Selon vous, cet appareil sera-t-il capable de détecter les rayonnements produits par l'émetteur ?

b. Vérifier expérimentalement votre hypothèse et conclure.

Pour conclure

5 **a.** À chaque capteur de rayonnement est associé un « intervalle de sensibilité spectrale » plus ou moins étendu. Expliquer.

b. En déduire pourquoi le choix du capteur est essentiel pour détecter un rayonnement.

Activité 4

TP **Activité expérimentale**

Compétences expérimentales évaluées
- S'approprier un montage expérimental.
- Analyser un résultat expérimental.

Lunettes de soleil

Afin de protéger les yeux des expositions excessives au Soleil, le port de lunettes solaires est indispensable. Tous les modèles offrent-ils la même protection ?

Principe

Le Soleil est une source de rayonnements très riche. Il émet sur la totalité du spectre électromagnétique. Seule une partie de ces rayonnements parvient à la surface de la Terre, dont une fraction des rayonnements ultraviolets, de longueur d'onde située entre 100 et 400 nm.

Ces rayonnements ne sont pas sans danger. En effet, une trop longue exposition peut provoquer des cancers de la peau ou des lésions sérieuses de la vue (cataracte, dégénérescence maculaire…). La seule protection pour les yeux consiste donc à porter des lunettes de soleil (Fig. 1).

Fig. 1 Les lunettes de soleil permettent de protéger les yeux.

Toutes les lunettes solaires n'assurent néanmoins pas une protection adéquate : seules celles portant la mention UV400 assurent une protection suffisante contre les rayonnements UV et satisfont aux normes en vigueur. La figure 2 représente la courbe de transmission des verres de ce type (100 % correspondant à une transmission complète).

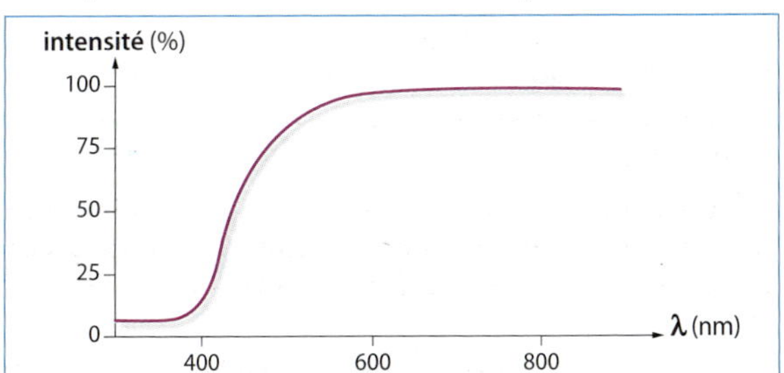

Fig. 2 Courbe spectrale des verres UV400.

On se propose de déterminer si des lunettes de soleil offrent une protection anti-UV conforme à la mention UV400.

Mise en œuvre au laboratoire

Matériel
- lampe ou soleil direct • spectromètre à fibre optique relié à un ordinateur • plusieurs lunettes de soleil

Un spectromètre est un appareil d'analyse de rayonnement. Il comprend essentiellement un système dispersif et un capteur CCD sur lequel se forme le spectre du rayonnement étudié. On obtient alors la courbe d'intensité spectrale correspondante.

- Mettre en fonctionnement le spectromètre,
- Réaliser le montage représenté sur la figure 3.

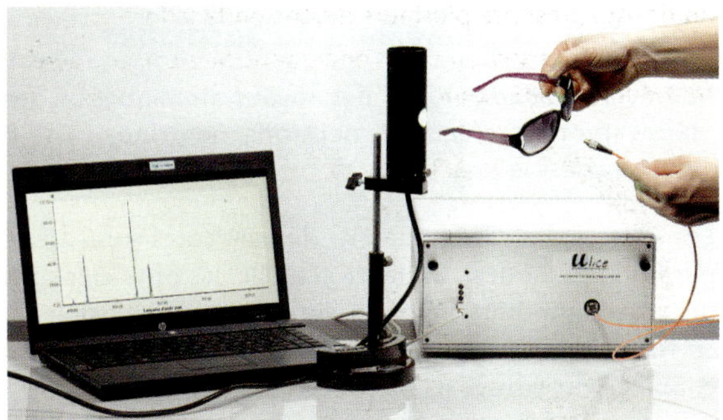

Fig. 3 Montage expérimental.

Mesures et exploitation

- Procéder à l'acquisition du spectre de la source choisie.

1 Obtient-on un spectre continu ou un spectre de raies ?

2 **a.** Repérer sur le spectre le domaine ultraviolet.

b. La source étudiée émet-elle dans ce domaine ?

3 Cette courbe est appelée « témoin ». Pourquoi ?

- Placer le verre de la lunette de soleil à tester devant l'ouverture de la source.
- Renouveler l'acquisition.

4 **a.** Comparer ce nouveau spectre au témoin et consigner vos observations.

b. La courbe obtenue est-elle cohérente avec celle de la figure 2 ?

c. Le verre testé filtre-t-il correctement les rayonnements ultraviolets ?

- Reprendre les acquisitions pour différents modèles de lunettes.

Pour conclure

5 Les lunettes solaires testées offrent-elles toutes une protection efficace ?

6 Pourquoi peut-on dire que l'atmosphère terrestre se comporte avec certains rayonnements comme des verres solaires ?

Cours

1 Les sources de rayonnement > Activités 1 et 2

• Qu'est-ce qu'un rayonnement ?

En physique, un rayonnement désigne la propagation d'énergie émise par une source.

Dans l'Univers, on distingue le **rayonnement de particules**, lorsque le déplacement d'énergie s'accompagne d'un déplacement de matière, et le **rayonnement électromagnétique**, lorsque l'énergie se déplace seule.

• Sources de rayonnement de particules

L'Univers est parcouru par des noyaux atomiques ou des particules élémentaires (protons, électrons, neutrons, neutrinos…) se déplaçant à grande vitesse : c'est le rayonnement cosmique.

Les sources des rayonnements de particules sont diverses et font l'objet de nombreuses études. À l'heure actuelle, les physiciens pensent que ces rayonnements ont pour origine les **supernovas**, explosions d'étoiles très massives en fin de vie. Ces particules subiraient ensuite différentes modifications au cours de leur voyage dans l'Univers.

• Sources de rayonnement électromagnétique

Selon la quantité d'énergie qui se propage, et donc la longueur d'onde, le rayonnement électromagnétique est divisé en différentes catégories (Fig. 1).

La **lumière visible** correspond aux rayonnements auxquels l'œil humain est sensible. Les rayonnements de plus grande énergie sont nommés **gamma** (**γ**), **X** et **ultraviolet** (**UV**). Les rayonnements **infrarouge** (**IR**) et **radio** transportent moins d'énergie.

Le spectre électromagnétique regroupe, en fonction de l'énergie transportée, les différentes catégories de rayonnement électromagnétique.

Les objets célestes produisent généralement des rayonnements qui s'étalent sur la totalité du spectre électromagnétique.

Les rayonnements provenant de l'Univers sont dus à des phénomènes physiques faisant intervenir des énergies élevées.

Ces phénomènes sont complexes et d'origines diverses : le **rayonnement synchrotron** résulte de l'interaction entre des particules chargées et le champ magnétique environnant ; le **rayonnement d'origine thermique** est produit par les objets de l'Univers en fonction de leurs températures et le **rayonnement de freinage** (*Bremsstrahlung*) est produit par des électrons libres lorsqu'ils entrent en interaction avec une autre particule chargée.

L'Homme a créé des sources de rayonnement sur l'ensemble du spectre électromagnétique (Fig. 1). Les **utilisations** de ces sources sont nombreuses (Fig. 2) : les rayonnements radio servent de support aux télécommunications ; les rayons X permettent la réalisation de radiographies et les rayons gamma, utilisés en radiothérapie, servent à traiter de nombreux cancers.

➥ Exercices 1 à 5

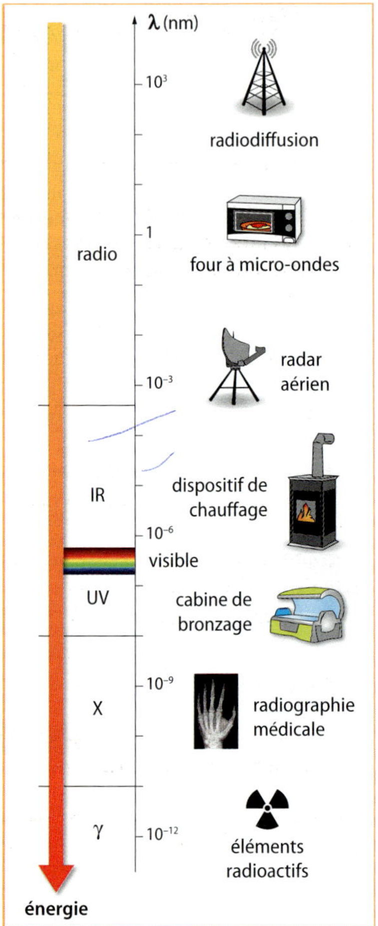

Fig. 1 Spectre électromagnétique et sources de rayonnement.

Fig. 2 Les rayonnements ultraviolets (UV) sont utilisés pour potabiliser l'eau en éliminant les organismes biologiques.

2 Détecter un rayonnement

› Activité 3

• Collecter, concentrer et détecter les rayonnements

Quel que soit le domaine du spectre électromagnétique observé, tous les instruments d'observation reposent sur le même principe.

Les dispositifs d'étude des rayonnements comportent une surface réceptrice qui intercepte les rayonnements pour les concentrer et les diriger vers un détecteur spécifique.

Exemple

La coupole de 100 mètres de diamètre du radiotélescope d'Effelsberg en Allemagne (Fig. 3 ⓐ) et le miroir parabolique de 100 millimètres d'un télescope amateur (Fig. 3 ⓑ) sont des surfaces réceptrices des rayonnements de l'Univers.

Les dispositifs d'étude des rayonnements comportent un détecteur qui transforme les rayonnements reçus en une grandeur physique mesurable.

La grandeur physique délivrée par les détecteurs est généralement un **courant électrique**. Son acquisition et son traitement électronique permettent aux scientifiques d'enregistrer et d'exploiter les informations récoltées.

• Détecteurs de rayonnements de particules

La détection de particules peut s'effectuer en étudiant les effets de leurs interactions avec l'atmosphère terrestre.

Ces interactions produisent des gerbes de particules élémentaires secondaires, susceptibles d'être détectées au sol par un réseau de détecteurs (Fig. 4).

• Détecteurs de rayonnements électromagnétiques

La rétine de l'œil est un **détecteur naturel**, capable de transformer les rayonnements qu'il capte en signaux électriques transmis au cerveau.

Les détecteurs électroniques sont des **détecteurs artificiels**, qui exploitent la propriété qu'ont certains atomes à libérer les électrons lorsqu'ils sont soumis à des rayonnements.

Les détecteurs artificiels exploitent l'effet photoélectrique, c'est-à-dire la libération d'électrons par certains matériaux exposés à un rayonnement.

Les électrons libérés produisent alors un courant électrique mesurable.

Exemple

Les capteurs CCD (Fig. 5) sont constitués d'un réseau de nombreuses cellules photoélectriques appelées pixels. Chacun de ces pixels produit un signal électrique qui dépend des caractéristiques du rayonnement reçu.

À chaque type de détecteur de rayonnement est associée une sensibilité spectrale, qui identifie le domaine du spectre électromagnétique sur lequel il sera particulièrement adapté.

➡ Exercices 6 à 10

Fig. 3 Deux instruments d'observation des rayonnements de tailles très différentes.

Fig. 4 Un détecteur de particules.

Fig. 5 Un capteur CCD, utilisé dans les appareils photographiques numériques, compte plus de 4 millions de pixels.

3 Contraintes d'observation des rayonnements

> Activité 4

Pour pouvoir les observer, il est indispensable que les rayonnements atteignent le détecteur : ils ne doivent donc être ni déviés, ni absorbés.

Interaction entre rayonnement et matière

Le rayonnement électromagnétique se propage sans support matériel, mais peut rencontrer de la matière.

Lors d'interactions matière/rayonnement, l'énergie transportée par le rayonnement peut être absorbée par la matière : ce phénomène est appelé absorption du rayonnement.

Si toute l'énergie transportée par le rayonnement est absorbée, la matière rencontrée est alors dite **opaque**. À l'inverse, la matière est **transparente** si elle n'absorbe pas la totalité de l'énergie transportée par le rayonnement.

Exemple

Une valise est opaque pour les rayonnements visibles, mais transparente pour les rayonnements X. Cette propriété est utilisée pour contrôler le contenu des bagages (Fig. 6).

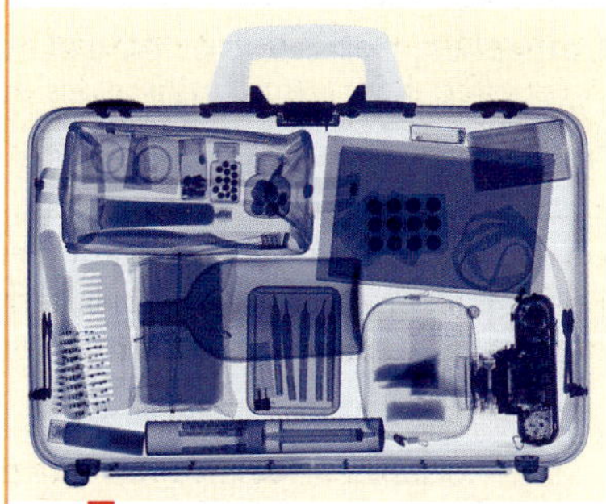

Fig. 6 Une valise observée en rayonnements X.

Les fenêtres atmosphériques

L'atmosphère terrestre est le nom donné à l'enveloppe gazeuse, composée de diverses substances chimiques, qui entoure notre planète (Fig. 7).

Avant d'atteindre la surface de la Terre, les rayonnements de l'Univers entrent en interaction avec ces substances.

- Les rayonnements des domaines **X** et **ultraviolet** vont être absorbés par les substances à base d'azote et d'oxygène (majoritaires dans l'atmosphère).
- Les rayonnements dont les longueurs d'onde sont comprises entre **1 μm et 1 cm** sont presque totalement absorbés par la vapeur d'eau et le dioxyde de carbone présents dans l'atmosphère.
- Les rayonnements de **longueurs d'onde élevées** sont absorbés par les espèces chimiques ionisées de la haute atmosphère.

Les rayonnements capables de traverser l'atmosphère terrestre sans être absorbés appartiennent principalement aux domaines visible et radio.

Pour ces domaines de rayonnement, l'atmosphère est dite transparente. On parle ainsi de la **fenêtre visible** et de la **fenêtre radio** (Fig. 8).

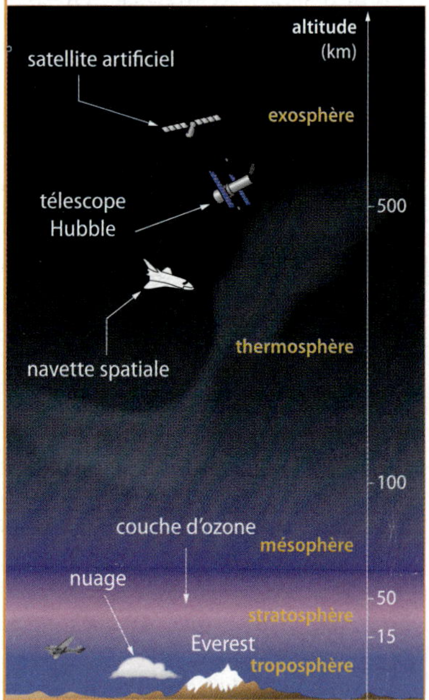

Fig. 7 Structure de l'atmosphère terrestre en fonction de l'altitude.

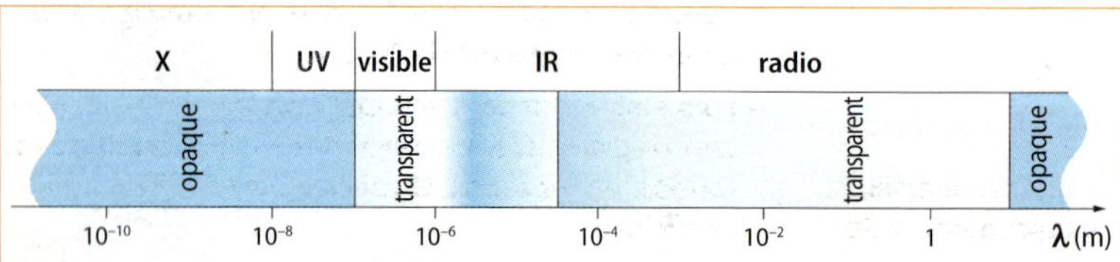

Fig. 8 Les fenêtres atmosphériques pour lesquelles les rayonnements ne sont pas absorbés apparaissent dans les domaines visible et radio. L'opacité est indiquée en bleu.

L'astronomie spatiale

Afin d'observer l'Univers dans sa globalité, il est nécessaire de capter tous les rayonnements, y compris ceux qui sont absorbés par l'atmosphère terrestre. À cet effet, il faut donc utiliser des dispositifs d'observation positionnés au-dessus des couches absorbantes de l'atmosphère.

Les instruments d'observation ont donc d'abord été embarqués sur des avions ou des ballons-sondes, avant d'être installés sur des **satellites artificiels** positionnés en orbite autour de la Terre. Ils constituent des observatoires entièrement automatisés pouvant fonctionner pendant de longues périodes.

Exemple

Le télescope spatial Hubble, lancé par la NASA en 1990, est en orbite autour de la Terre à environ 500 km d'altitude. Il livre encore des images de l'Univers d'une qualité exceptionnelle (Fig. 9).

Fig. 9 La galaxie NGC 3370 vue par le télescope spatial Hubble.

L'avènement de l'astronomie spatiale a permis de dépasser les limites imposées par l'atmosphère terrestre et d'ouvrir de nouvelles « fenêtres » sur les objets de l'Univers.

Exemple

Le satellite européen Gaia, lancé en 2013, doit permettre de repérer les positions de nombreuses exoplanètes (planètes se trouvant hors de notre système solaire).

➥ Exercices 11 à 14

Les compétences à acquérir

1 Connaître *des sources de rayonnement et leur utilisation*

- Un **rayonnement** désigne la propagation d'énergie émise par une source. Si l'énergie se propage avec de la matière, c'est un rayonnement de **particules**. Dans le cas contraire, on parle de rayonnement **électromagnétique**.
- Les rayonnements électromagnétiques sont classés en différents domaines selon l'énergie qu'ils transportent : **γ**, **X**, **ultraviolet**, **visible**, **infrarouge** et **radio**. Ces catégories constituent le **spectre électromagnétique**.
- Les **objets de l'Univers** émettent généralement des rayonnements sur la totalité du spectre électromagnétique.

2 Comprendre *la détection d'un rayonnement*

- Les instruments utilisés pour détecter un rayonnement possèdent une surface qui collecte le rayonnement de particules ou électromagnétique et le concentre en direction d'un **détecteur**, qui transforme l'information reçue en une **grandeur physique mesurable**.
- Une grande famille de détecteurs exploite l'**effet photoélectrique**.

3 Analyser *les conséquences de l'absorption de rayonnements par l'atmosphère terrestre*

- Les rayonnements des objets de l'Univers sont majoritairement stoppés par l'atmosphère terrestre. Seuls les rayonnements **visibles** et **radio** peuvent principalement atteindre la surface de la Terre.
- Pour s'affranchir des effets de l'atmosphère, il est nécessaire de placer les instruments de détection au-dessus de l'atmosphère terrestre. On utilise pour cela des **satellites artificiels**.

Exercices

Compétence 1

› *Connaître des sources de rayonnement et leur utilisation*

1 QCM

Choisir la (ou les) bonne(s) réponse(s).

❶ Un rayonnement :
- **a** est un déplacement d'énergie ;
- **b** est le nom donné aux différentes composantes de la lumière visible ;
- **c** ne contient pas de particules matérielles.

❷ Les sources de rayonnement dans l'Univers :
- **a** émettent uniquement dans le domaine visible ;
- **b** émettent uniquement dans un domaine précis ;
- **c** sont le siège de phénomènes à hautes énergies.

2 Spectre électromagnétique

Le schéma ci-dessous représente le spectre électromagnétique.

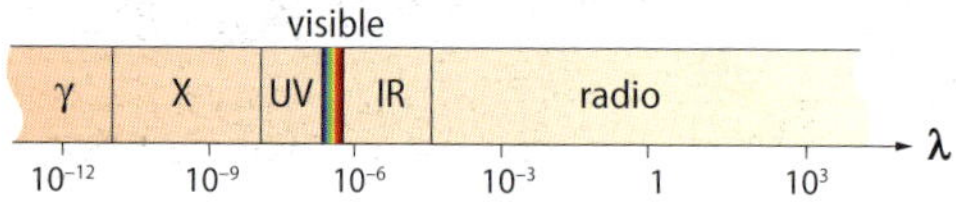

1. Qu'appelle-t-on un « spectre » en physique ?

2. a. Quel est le nom donné à la grandeur représentée sur l'axe gradué ?
b. Quelle est son unité ?

3. Diriez-vous que le domaine visible occupe une large zone du spectre électromagnétique ? Justifier.

4. a. On dit parfois que le domaine radio commence avec des « ondes millimétriques ». Justifier.
b. Les rayonnements radio sont-ils les plus énergétiques ?
c. Citer deux applications des rayonnements radio dans la vie quotidienne.

3 Arc-en-ciel

Pour le physicien, un arc-en-ciel n'est autre que le spectre de la lumière émise par le Soleil.

1. Selon vous, combien de couleurs compte un arc-en-ciel ?

2. Le Soleil émet, entre autres, des rayonnements ultraviolets et infrarouges.
a. Où placeriez-vous ces rayonnements sur la photographie ?
b. Pourquoi qualifie-t-on ces rayonnements de « lumière invisible » ?
c. Indiquer une utilisation courante de ces deux types de rayonnement.

4 Ondes courtes et longues

Le spectre électromagnétique est un classement, sur environ 15 ordres de grandeur, de toutes les ondes électromagnétiques. Il s'étend des rayons gammas aux ondes radio, c'est-à-dire des ondes les plus courtes aux ondes les plus longues. La lumière visible est une toute petite partie de ce spectre.

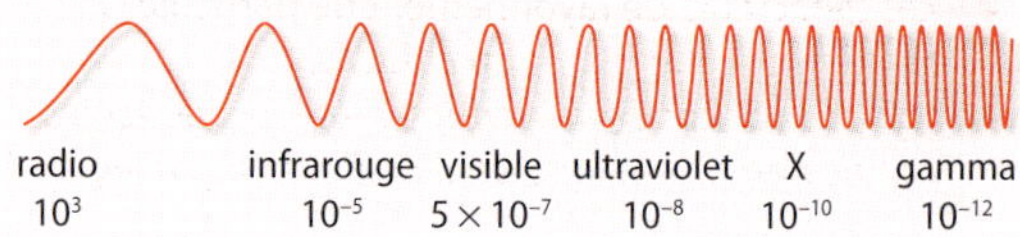

1. Le texte parle d'ondes « courtes » et « longues ».
a. À quelle grandeur physique ces qualificatifs font-ils allusion ?
b. En déduire ce que représente la courbe rouge sur le schéma.
c. À quel domaine correspondent les ondes les plus courtes ?

2. Le texte indique que le spectre électromagnétique couvre « 15 ordres de grandeur ».
a. Rappeler ce qu'est l'ordre de grandeur d'un nombre.
b. Cette donnée est-elle en accord avec les informations regroupées sur le schéma ?

3. Proposer une application technologique utilisant chacun des rayonnements indiqués sur le schéma.

5 L'Œil de Chat

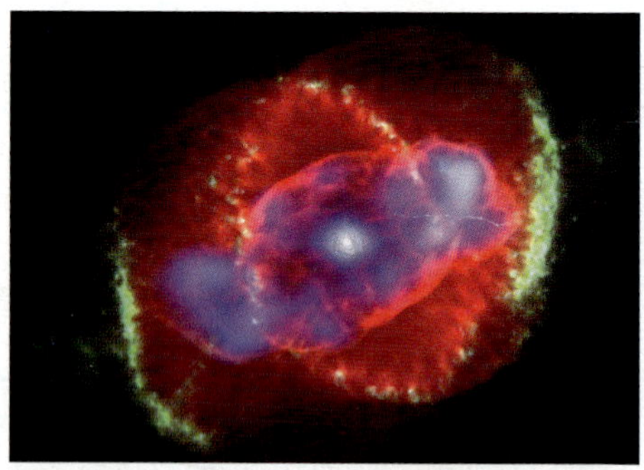

Le document ci-dessus est un montage de deux photographies, prises l'une dans le domaine visible (en rouge et vert) et l'autre dans le domaine X (en rose et violet). Il représente la nébuleuse NGC6543, aussi appelée nébuleuse de l'Œil de Chat.

1. Des rayonnements X ou visibles, lesquels transportent le plus d'énergie ?

2. a. Le centre de cette nébuleuse émet-il plutôt dans le visible ou dans le domaine X ?
b. En déduire où se trouvent les sources les plus énergétiques dans cette galaxie.

3. Pourquoi dit-on que cette photographie est en « fausses couleurs » ?

Compétence 2

› *Comprendre la détection d'un rayonnement*

6 **QCM**

Choisir la (ou les) bonne(s) réponse(s).

❶ Les détecteurs de rayonnement électromagnétique :
- a sont capables d'étudier les rayonnements de la totalité du spectre électromagnétique ;
- b reposent sur une architecture générale identique ;
- c ont tous la même sensibilité.

❷ Les détecteurs de rayonnement de particules :
- a doivent être placés en altitude.
- b permettent de voir directement les particules ;
- c ne permettent que de détecter leur passage.

EXERCICE **RÉSOLU**

7 **L'œil humain**

La lumière pénètre dans l'œil humain par la pupille, qui est délimitée par l'iris. Elle rencontre ensuite le cristallin, dont le fonctionnement est analogue à celui d'une lentille. La lumière est ainsi focalisée sur la rétine, surface sensible de l'œil, qui est reliée au nerf optique.

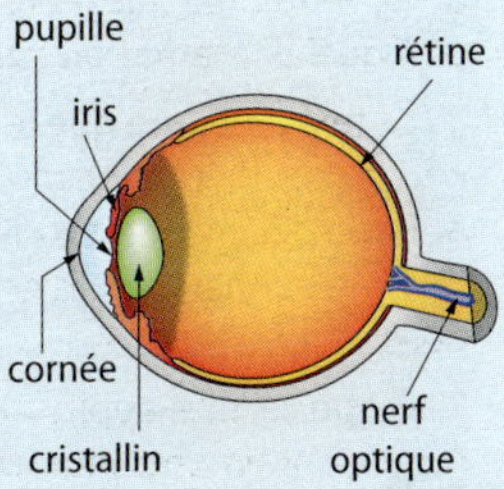

1. Dans l'œil :
a. quelle est la surface qui intercepte le rayonnement ?
b. quel élément permet la concentration de la lumière ?
c. quel élément peut être qualifié de détecteur ?

2. En quelle grandeur les informations lumineuses reçues par l'œil sont-elles converties ?

Aides et méthodes
2. Les messages nerveux correspondent à des tensions électriques.

Solution
1. a. Le rayonnement est capté à travers la pupille.
b. Le cristallin fait converger les faisceaux lumineux.
c. La rétine est le détecteur de l'œil humain.
2. Les rayonnements lumineux sont convertis en tension électrique.

8 **Les photodétecteurs**

Les détecteurs équipant les instruments d'observation sont généralement des photodétecteurs électroniques. Ils convertissent les rayonnements électromagnétiques en signaux électriques.

1. a. À quoi est sensible un « photodétecteur » ?
b. Pourquoi dit-on que ces capteurs sont des convertisseurs ?

2. B2i Les photodétecteurs sont classés en deux grandes familles : les CCD et les CMOS.

En réalisant une recherche sur Internet, déterminer la signification de ces abréviations.

9 **Télescope infrarouge**

Le schéma ci-dessous représente une coupe du télescope infrarouge britannique UKIRT, situé sur l'île d'Hawaï, à 4 200 m d'altitude.

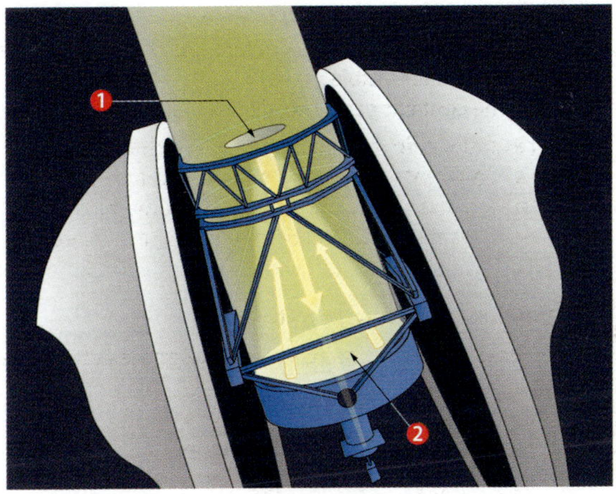

Les éléments notés ❶ et ❷ sont des miroirs paraboliques.

1. Sur cet instrument, quelle est la surface qui intercepte les rayonnements ?

2. Par quel dispositif les rayonnements sont-ils dirigés vers le détecteur ?

3. a. Selon vous, où se trouve le détecteur sur cet instrument ?
b. Pourquoi l'élément ❷ doit-il être percé ?

10 **Effet photoélectrique**

Les détecteurs de rayonnement exploitent généralement l'effet photoélectrique : le rayonnement transfère l'énergie qu'il transporte aux électrons des atomes constituant le métal, ce qui a pour effet de les mettre en mouvement. Un courant électrique apparaît alors. Ce courant est directement proportionnel à l'intensité du rayonnement incident.

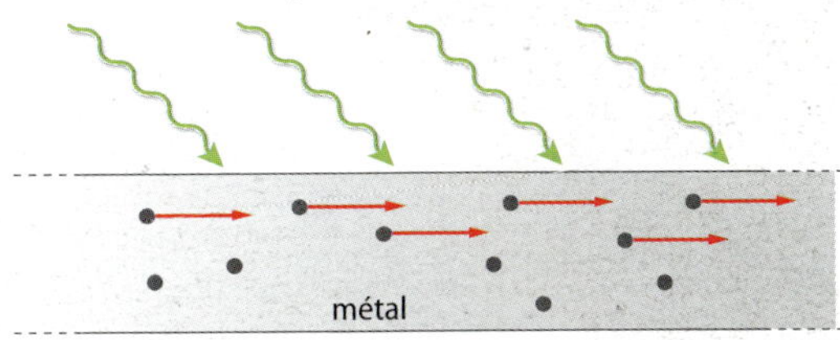

1. Rappeler ce qu'est un courant électrique.

2. Reproduire et légender le schéma.

3. a. Dans ces détecteurs, comment évolue l'intensité du courant électrique en fonction de l'intensité du rayonnement incident ?
b. Représenter cette propriété sur un graphique.

Exercices

Compétence 3

> ***Analyser les conséquences de l'absorption de rayonnements par l'atmosphère terrestre***

11 VRAI ou FAUX ?

Le schéma suivant représente l'opacité (en bleu) de l'atmosphère relativement aux rayonnements électromagnétiques. Corriger, si nécessaire, les affirmations données.

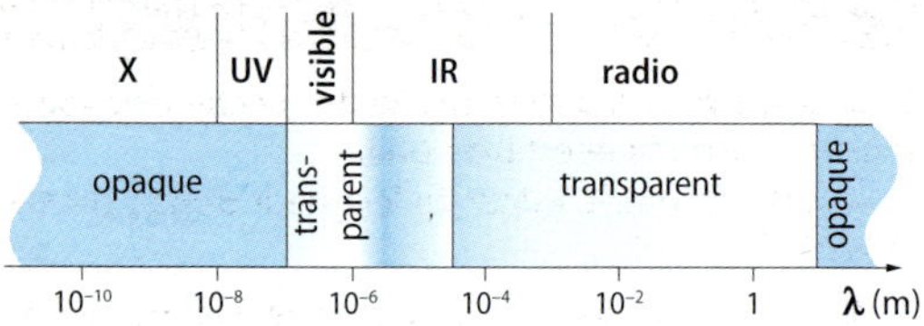

❶ Les rayonnements ultraviolets ne sont pas filtrés par l'atmosphère terrestre.

❷ Les rayonnements radio sont atténués lorsqu'ils traversent l'atmosphère terrestre.

❸ L'atmosphère terrestre est totalement opaque aux rayonnements infrarouges.

❹ Il n'existe qu'une seule fenêtre atmosphérique transparente aux rayonnements.

12 Spectre et atmosphère

Les objets émettent des rayonnements sur l'ensemble du spectre électromagnétique mais ceux-ci ne peuvent être perçus sur la Terre qu'aux longueurs d'onde de la lumière visible et de certaines ondes radio. Aux autres longueurs d'onde, *les rayonnements sont interceptés par l'atmosphère terrestre* de sorte que pour observer l'Univers, les astronomes doivent utiliser des détecteurs situés au-dessus de l'atmosphère.

D'après Pam Spence, *L'Encyclopédie de l'Univers*, Delachaux et Niestlé, 1999.

1. a. Quels sont les domaines du spectre électromagnétique qu'il est possible d'observer depuis la Terre ?
b. Est-il possible d'observer en ultraviolet ?

2. Quel est le nom du phénomène physique responsable de ce qui est évoqué par la partie du texte en italique ?

3. Quels dispositifs, mis au point par l'Homme, permettent de placer « des détecteurs […] au-dessus de l'atmosphère » ?

EXERCICE **RÉSOLU**

13 Rayonnements et altitude

Dans un livre d'astrophysique, on trouve le schéma ci-après. Il illustre l'absorption des rayonnements par l'atmosphère dans les différents domaines du spectre électromagnétique.

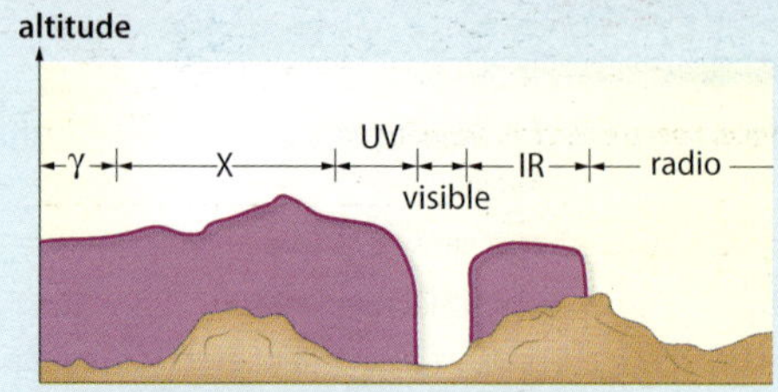

1. a. Comment sont représentées les zones opaques de l'atmosphère ?
b. À quel(s) domaine(s) du spectre électromagnétique correspondent-elles ?

2. Quels sont les deux domaines pour lesquels l'atmosphère est transparente ?

3. L'altitude à laquelle les rayonnements sont stoppés est-elle la même pour tous les rayonnements ?

Aides et méthodes
3. L'axe vertical du schéma représente l'altitude.

Solution
1. a. Les zones opaques sont représentées en violet.
b. Elles correspondent aux domaines γ, X, ultraviolet et infrarouge.
2. Les domaines visible et radio sont transparents.
3. La séparation entre les deux zones colorées correspond à la limite de propagation des rayonnements. Elle varie en fonction de l'altitude.

14 Spitzer Telescope

For years, astronomers have tried to place telescopes above the atmosphere, to catch a glimpse of an otherwise hidden infrared universe, which culminates with NASA's Spitzer Space Telescope.

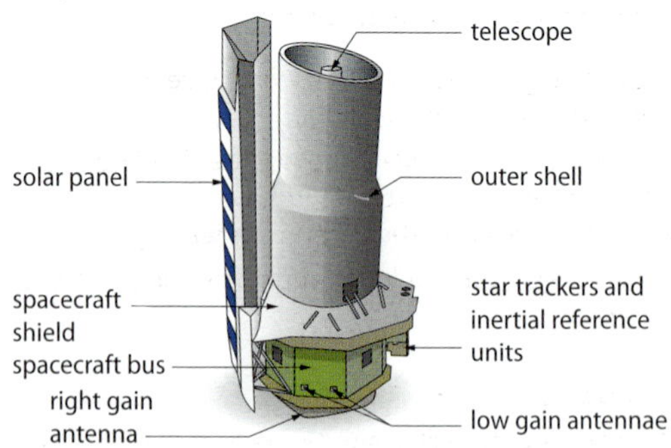

1. For which part of the electromagnetic spectrum the Spitzer Space Telescope has been build?

2. What is the value that a satellite uses to observe these radiations?

3. What are the others spectrum parts which need the use of a satellite to be observed?

4. What is the use of the solar panel on a satellite?

Exercices de synthèse

Pour préparer le BAC

***Donnée.** Spectre électromagnétique :*

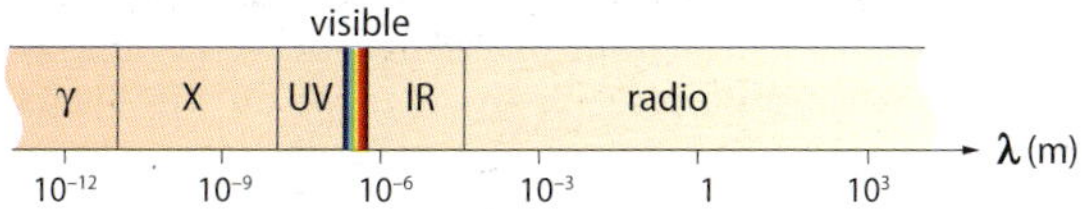

15 La découverte de William Herschel

Histoire des sciences

William Herschel (1738-1822), physicien anglais, étudia les propriétés du spectre de la lumière blanche. Il observa, à l'aide d'un thermomètre très sensible, un maximum d'échauffement au-delà du spectre visible, du côté du rouge. L'idée d'un rayonnement invisible se fit jour.

D'après Michel Blay, *Lumières sur les couleurs*, Ellipses, 2001.

1. Rappeler ce qu'est le spectre de la lumière blanche.

2. a. Représenter l'allure de ce spectre.
b. À quel endroit du spectre Herschel réalisa-t-il son observation ?

3. a. Quel nom a-t-on donné à ce rayonnement ?
b. Pourquoi parle-t-on de « rayonnement invisible » ?

16 Spectre électromagnétique

On cherche à représenter le spectre électromagnétique tel que décrit dans le texte ci-dessous.

Les rayonnements électromagnétiques couvrent une large gamme de longueurs d'onde. Les rayons gamma ont une longueur d'onde inférieure à 0,01 nm ; les rayons X, entre 0,01 et 20 nm ; les rayons ultraviolets, entre 20 et 400 nm ; la lumière visible, entre 400 et 700 nm ; le rayonnement infrarouge entre 1 000 et un million de nanomètres et les ondes radio, au-delà d'un million de nanomètres.

1. Convertir les valeurs citées dans le texte en mètre, en utilisant la notation scientifique.

2. a. Choisir une échelle qui permette de placer sur un axe horizontal les valeurs précédentes.
b. Une échelle linéaire est-elle envisageable ?

3. Placer le nom des différents domaines du spectre sur l'axe précédent.

17 Arecibo

L'observatoire d'Arecibo, sur l'île de Puerto Rico, dispose du plus grand radiotélescope du monde. Sa coupole de 300 mètres de diamètre adopte la topographie du site naturel. Il a été principalement utilisé pour l'étude d'objets célestes appelés « pulsars ».

1. a. Réaliser un schéma en coupe du radiotélescope photographié ci-après.
b. Indiquer sur ce schéma la position de la surface qui intercepte les rayonnements et celle du détecteur.

2. a. Selon vous, à quel domaine du spectre électromagnétique cet instrument est-il destiné ?
b. À partir de quelle valeur de longueur d'onde peut-il être utilisé ?

3. a. B2i En réalisant une recherche, éventuellement sur Internet, définir la source de rayonnements appelée « pulsar ».
b. Votre recherche confirme-t-elle la réponse à la question **2.a.** ?

18 Galaxie du Sombrero

La galaxie M104, aussi appelée galaxie du Sombrero, est située à 28 millions d'années de lumière (al) de la Terre, dans la constellation de la Vierge. Très belle, elle peut être observée avec un télescope amateur. Les deux photographies ci-dessous ont été obtenues dans le domaine visible ⓐ et dans le domaine infrarouge ⓑ.

1. a. Pourquoi ces photos ne sont-elles pas identiques ?
b. Qu'observe-t-on en infrarouge qui n'était pas nettement discernable dans le domaine visible ?

2. Les rayonnements infrarouges ont la propriété de traverser les nuages de poussières interstellaires. Est-ce cohérent avec ce que l'on peut observer sur ces clichés ?

3. Sachant que 1,0 al = $9{,}5 \times 10^{9}$ km, exprimer la distance qui nous sépare de cette galaxie, en km.

Exercices

19 JCMT

Situated at the summit of Mauna Kea in Hawaii, the James Clerk Maxwell Telescope (JCMT) is the largest astronomical telescope designed specifically to operate in the millimeter wavelength region of the spectrum. The JCMT waves detector is protected by a canvas cover.

1. a. Which part of the electromagnetic spectrum JCMT can be studied?
b. Are such waves absorbed by the atmosphere?

2. How is it possible to detect waves through a cover?

3. What are the benefits of building the JCMT on the summit of a distant island?

20 Vue de l'espace

Les quatre clichés ci-dessous représentent la planète Terre. Ils ont été pris depuis l'espace dans différents domaines de longueurs d'onde.

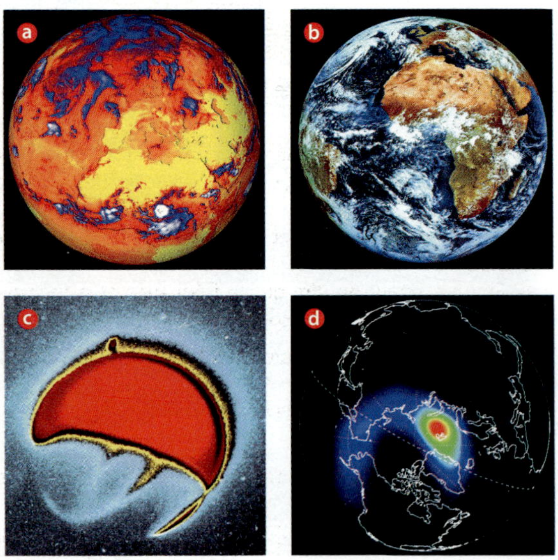

1. Quel cliché a été pris dans le rayonnement visible ? Justifier.

2. À partir des renseignements suivants, associer à chaque cliché son domaine de rayonnements.

Les rayonnements infrarouges sont essentiellement dus à des sources thermiques. Les rayons X sont en partie responsables des aurores polaires. Les ultraviolets sont largement absorbés et réfléchis par la partie de l'atmosphère qui y est exposée.

21 Les neutrinos

Les neutrinos sont des particules élémentaires qui passionnent les chercheurs : ils ont une charge nulle et une masse tellement faible qu'on l'a longtemps crue nulle. Leur origine est multiple : ils proviennent du Big Bang, de l'explosion de supernovas, des étoiles de notre galaxie…

La détection des neutrinos est complexe, car ces particules n'interagissent pas ou très peu avec la matière : on dit qu'ils « traversent la Terre sans la voir ».

1. B2i En réalisant une recherche, éventuellement sur Internet, définir l'expression « Big Bang ».

2. Expliquer la partie du texte entre guillemets.

3. Les détecteurs de neutrinos sont souvent très volumineux. Pourquoi ?

4. Ces détecteurs sont également situés, le plus souvent, sous terre. Proposer une explication.

22 Rayonnement et atmosphère

Le graphique ci-dessous représente, en fonction de la longueur d'onde et de l'altitude, les zones pour lesquelles l'atmosphère est opaque (en bleu) ou transparente.

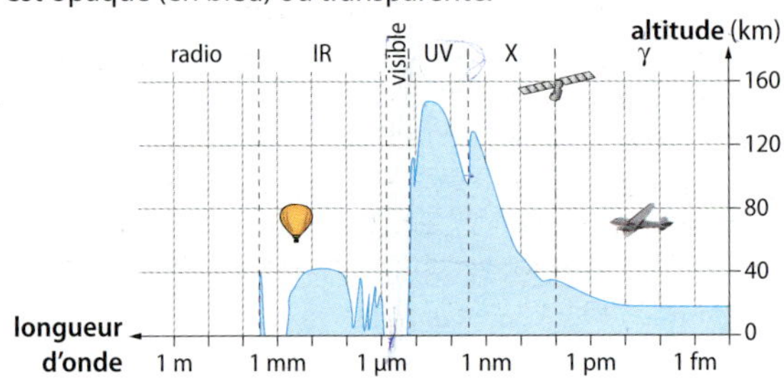

1. Quelles sont les zones où les rayonnements peuvent atteindre la surface de la Terre ?

2. Le domaine infrarouge est-il totalement opaque ?

3. a. À partir de quelle altitude les rayonnements ultraviolets sont-ils absorbés ?
b. Quel dispositif peut-on utiliser pour capter les rayonnements ultraviolets ?

23 Télécommande

La notice d'une télécommande universelle indique :

Nombre de touches : 37.
Distance maximale : 10 m.
Émetteur : 840 nm. *Piles AA.*

1. a. Que signifie la donnée « 840 nm » ?
b. À quel domaine du spectre électromagnétique appartient ce rayonnement ?

2. Pourquoi ne voit-on pas l'émetteur s'allumer lorsqu'on appuie sur une des touches ?

3. a. Si l'on place une vitre de verre épaisse entre la télécommande et le téléviseur, celui-ci ne capte plus les informations de la télécommande. Quelle propriété du verre peut-on en déduire ?

24 B2i Cabine de bronzage

Les cabines de bronzage comprennent des lampes qui émettent des rayonnements ultraviolets classés en deux catégories : les UV-A (315-400 nm) et les UV-B (280-315 nm).

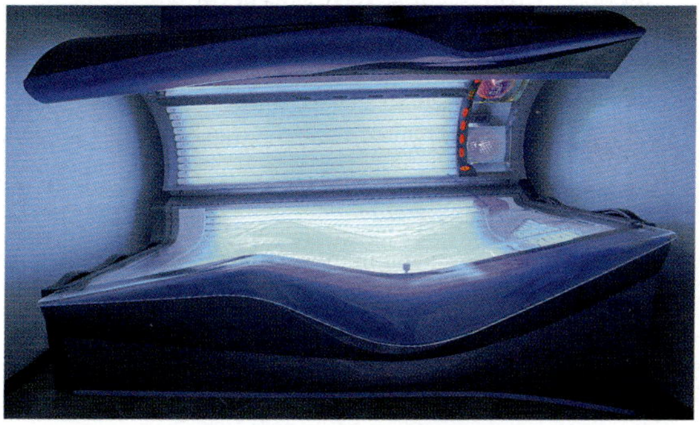

1. Quelle catégorie de rayonnements UV est la plus proche de la partie violette du spectre de la lumière blanche ?

2. Les rayonnements de ces cabines peuvent être dangereux pour l'Homme. Rechercher sur Internet quels sont ces dangers et quels sont les moyens de s'en protéger.

3. a. Les UV-B et la quasi-totalité des UV-A émis par le Soleil ne parviennent pas à la surface de la Terre. Pourquoi ?
b. Rechercher quel constituant de l'atmosphère est responsable de ce phénomène.

25 Efficacité quantique

Pour comparer les performances des différents détecteurs de rayonnements, on définit une grandeur, appelée « efficacité quantique », qui indique le pourcentage de photons détectés en fonction de la longueur d'onde.

On donne ci-dessous l'efficacité quantique de quelques détecteurs.

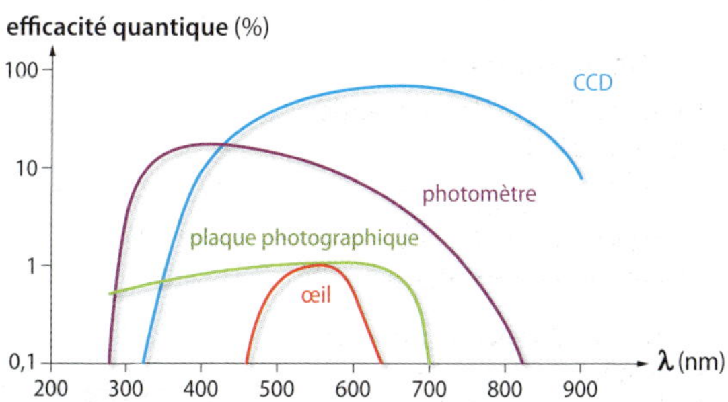

1. a. Que vaut l'efficacité quantique maximale de l'œil ?
b. À quelle valeur de longueur d'onde cela correspond-il ?

2. a. Quel détecteur est le plus efficace ?
b. Où est-il utilisé ?

3. a. Dans quelle partie du spectre électromagnétique les photomètres sont-ils les plus sensibles ?
b. Quelle est l'efficacité quantique d'un photomètre pour des rayonnements de longueur d'onde 400 nm ?

4. a. Les plaques photographiques sont-elles adaptées à une observation dans le domaine infrarouge ?
b. Les détecteurs CCD sont souvent qualifiés de « capteurs à large bande spectrale ». Pourquoi ?

5. L'axe des ordonnées est gradué de façon logarithmique. Qu'est-ce que cela signifie ?

En route vers le Supérieur

26 ★ Spectre électromagnétique et énergie

Le schéma ci-dessous représente le spectre électromagnétique. Les trois axes font respectivement apparaître l'énergie transportée, la longueur d'onde et la fréquence.

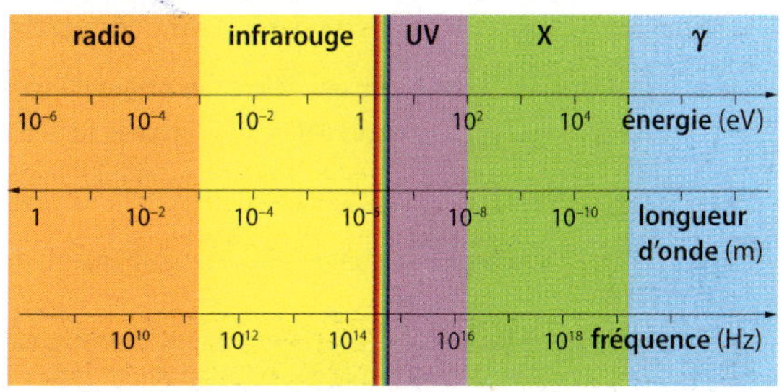

1. Rappeler la définition de la fréquence d'un phénomène périodique.

2. La fréquence f et la longueur d'onde λ sont deux grandeurs vérifiant la relation : $c = \lambda \cdot f$, où c est la vitesse de propagation de l'onde.
a. Rappeler les unités de λ et de f. En déduire celle de c. Est-ce cohérent ?
b. Pourquoi peut-on dire que la fréquence et la longueur d'onde sont inversement proportionnelles ?

3. a. Calculer la vitesse de propagation des ondes électromagnétiques.
b. En déduire la valeur de la fréquence à laquelle s'achève le domaine des ondes radio.

4. Rappeler l'unité usuelle dans laquelle est exprimée l'énergie.

5. L'énergie E transportée par une onde et la longueur d'onde λ sont reliées par $E = h \cdot c/\lambda$, où h est la constante de Planck ($h = 6{,}6 \times 10^{-34}$ J · s).
a. Sachant que 1 eV $= 1{,}6 \times 10^{-19}$ J, calculer la valeur de l'énergie transportée par un rayonnement visible rouge ($\lambda = 750$ nm).
b. Vérifier que la constante h s'exprime bien en J · s.
c. En déduire la valeur de la longueur d'onde à laquelle débute le domaine ultraviolet.

6. Reproduire le spectre électromagnétique, puis compléter avec les résultats précédents.

Pour préparer le BAC

Énoncé type

Lumières d'étoiles

La galaxie d'Andromède *(fig. 1)*, située à 2 millions d'années de lumière, ressemble beaucoup à la nôtre. De la radio à l'infrarouge, on peut y observer successivement les électrons libres énergétiques qui font des loopings dans le champ magnétique, les atomes d'hydrogène, les molécules de CO et les poussières du milieu interstellaire.

La lumière visible montre toutes les étoiles, mais on ne voit que celles de moins de cent millions d'années en ultraviolet. L'image X des régions centrales révèle un gaz extrêmement chaud et de nombreux objets violents comme les pulsars et trous noirs.

À chaque plage de couleur de lumière correspond un détecteur, un collecteur de photons et un système de pointage soit au sol, soit sur un satellite. Sur les documents *(fig. 2)*, on reconnaît un radiotélescope européen installé au Chili pour les observations de la lumière millimétrique, le dessin du télescope infrarouge Spitzer de la NASA, l'un des télescopes européens optiques au Chili (VLT), les dessins du télescope ultraviolet GALEX de la NASA et du télescope X XMM de l'ESA et [...] l'observatoire γ GRO déposé en orbite par la navette spatiale.

André Brahic, *Lumières d'étoiles*, Odile Jacob, 2008.

1. Quel nom donne-t-on à l'ensemble des plages de rayonnement classées en fonction de leurs longueurs d'onde ?

2. a. Relever dans le texte le nom des différentes plages du spectre électromagnétique.

b. À l'aide de la *figure 1*, classer ces différents domaines sur un axe.

3. À partir des informations fournies par le texte, établir une liste des différentes sources de rayonnement.

4. a. Donner les constituants communs à tous les instruments d'observation des rayonnements de l'Univers.

b. Préciser, pour chaque plage de rayonnement, si les instruments d'observation de la *figure 2* se trouvent sur Terre ou dans l'espace.

5. Déterminer à l'aide de la *figure 3* les plages de rayonnement pour lesquelles l'atmosphère terrestre est transparente. Est-ce cohérent avec la réponse à la question précédente ?

6. Justifier le recours à des satellites pour l'étude des rayonnements de l'Univers.

Les compétences évaluées

- Connaître des sources de rayonnement et leur utilisation.
- Comprendre la détection d'un rayonnement.
- Analyser les conséquences de l'absorption de rayonnements par l'atmosphère terrestre.

Coups de pouce

2. b. Les photos de la *figure 1* correspondent à différentes plages de rayonnement.

5. L'atmosphère est dite transparente quand les rayonnements parviennent à la surface de la Terre.

6. Les satellites utilisés sont mis en orbite au-dessus de l'atmosphère terrestre.

EXEMPLE DE **RÉSOLUTION**

1. On appelle **spectre électromagnétique** la décomposition du rayonnement électromagnétique en fonction de la longueur d'onde.

2. a. Le texte cite les rayonnements : **radio**, **infrarouge**, **visible**, **ultraviolet** et **X**.

b.

radio	infrarouge	visible	UV	X

longueur d'onde

3. Les sources de rayonnement citées dans le texte sont : les **électrons** dans le champ magnétique, les **atomes d'hydrogène**, les **molécules de CO**, les **poussières** du milieu interstellaire, les gaz chaud, les **pulsars** et **trous noirs**.

4. a. Les instruments d'observation des rayonnements comprennent **une surface qui collecte et oriente les rayonnements vers un détecteur**.

b. Les rayonnements **radio** et **visible** sont observés depuis la Terre et les rayonnements **infrarouge**, **ultraviolet** et **X** sont observés depuis l'espace.

5. L'atmosphère terrestre est transparente pour les rayonnements **visible** et **radio**. Cela explique que les rayonnements radio et visible soient observés depuis la Terre.

6. Les rayonnements infrarouge, ultraviolet et X **sont absorbés par l'atmosphère** et ne peuvent donc pas parvenir à la surface de la Terre.

Pour préparer le BAC

Figure 1

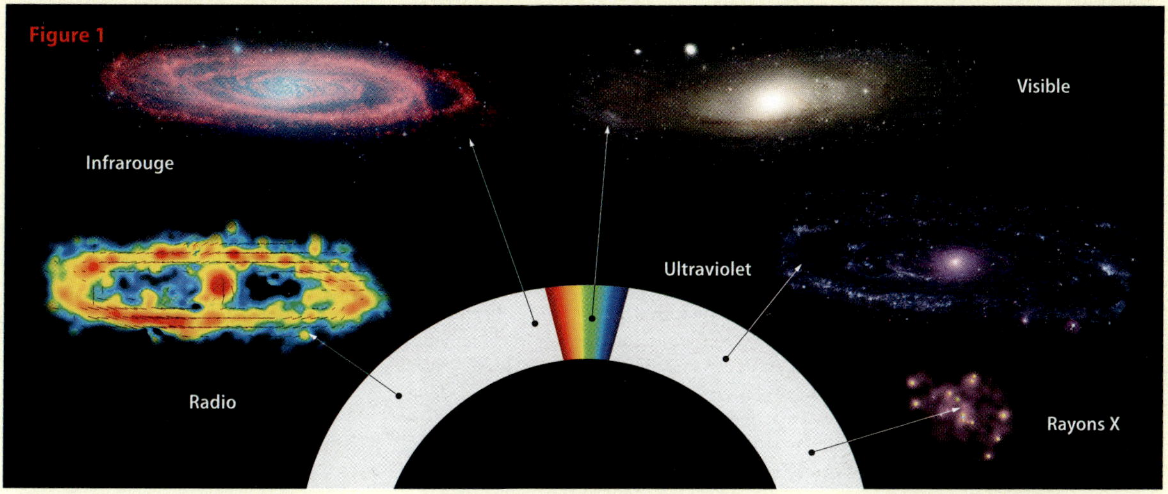

Figure 2

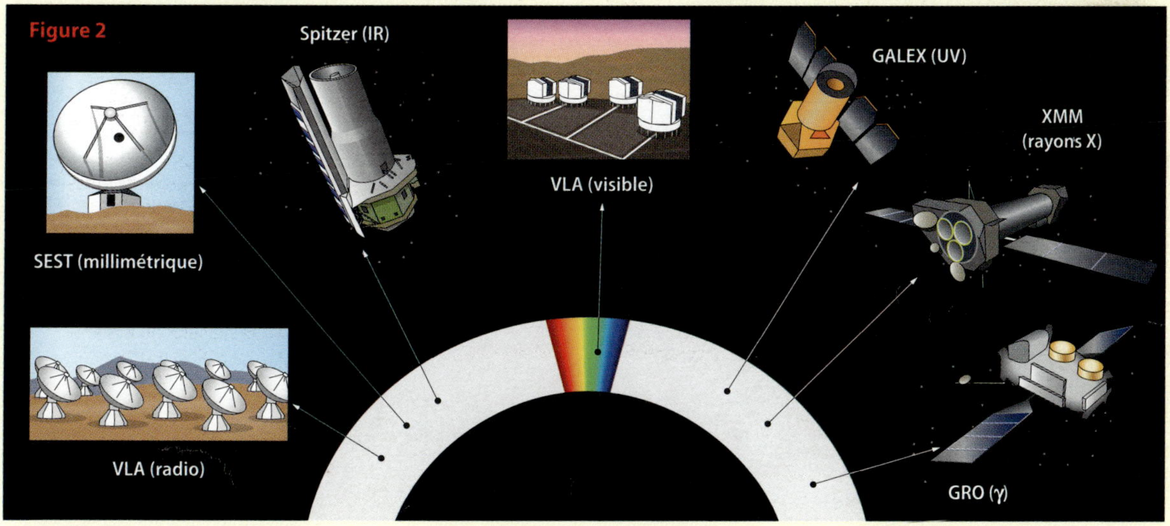

Figure 3

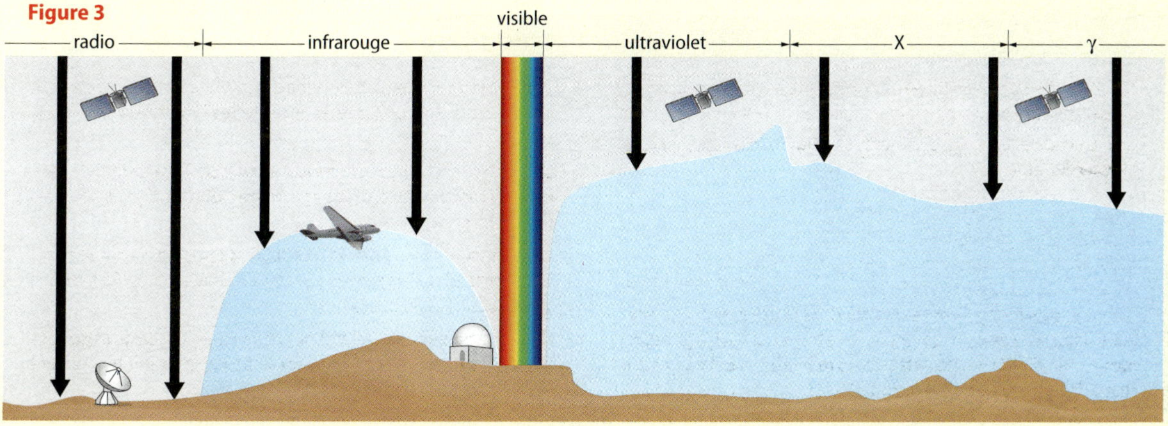

Avant d'aborder la séquence 2

Évaluation diagnostique

Pour chaque situation présentée, proposer une réponse en argumentant.

Situation 1

Pour amorcer la réflexion

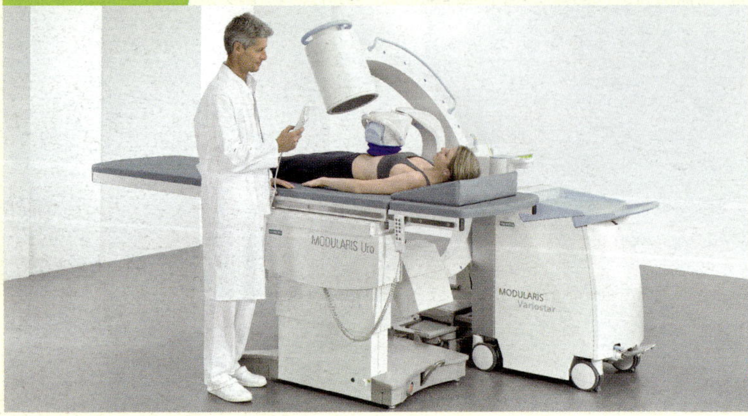

Les calculs rénaux peuvent être cassés en fines poussières à l'aide d'ultrasons, sans intervention chirurgicale.

Comment pourrait-on expliquer l'utilisation des ultrasons dans cette situation ?

▶ **Activité 1**, p. 32

Situation 2

Pour traquer les idées fausses

Chloé allume le poste de télévision (niveau sonore égal à 65 dB) dans un salon initialement calme (niveau sonore égal à 35 dB).

Quel est le niveau sonore dans le salon ?

▶ **Activité 2**, p. 33

Situation 3

Pour vérifier l'indispensable

Le microphone et le casque sont indispensables dans un studio d'enregistrement.

Sont-ils des sources ou des détecteurs d'ondes sonores ?
Sont-ils les seuls sources ou détecteurs présents sur la photographie ?

▶ **Activités 3 et 4**, p. 34 et 36

PARTIE 1

SÉQUENCE 2

Ondes dans la matière

Une forte houle soulève un bateau de pêche sans pour autant le faire avancer.

Les acquis des classes précédentes

- Une **onde** est la propagation d'une perturbation sans transport de matière.
- Une **onde sonore** se propage par une suite de compressions et de dilatations du milieu de propagation.
- Dans l'air, à température ambiante, la **vitesse du son** est 340 $m \cdot s^{-1}$.
- À la surface de séparation entre deux milieux de propagation, on observe des phénomènes de **réflexion** et de **réfraction**.

Les compétences à acquérir

1. **Connaître** les manifestations des ondes mécaniques dans la matière.
2. **Comprendre** l'émission et la détection d'une onde mécanique.
3. **Connaître** et **exploiter** la relation liant le niveau d'intensité sonore à l'intensité sonore.

→ **Culture scientifique**
Perception d'un son

Activité 1

Activité de découverte

Compétences scientifiques évaluées
- Faire preuve de curiosité.
- Extraire une information utile.

Les ondes dans la matière

Une onde est la propagation d'une perturbation sans transport de matière. Mais alors, que transporte une onde ?

Étude de documents

Fig. 1 La flamme d'une bougie vibre lorsqu'elle est placée devant le boomer (haut-parleur des sons graves) d'une enceinte.

Fig. 2 La houle, mouvement d'ondulation de la surface de la mer généré par le vent en haute mer, peut être utilisée pour produire de l'électricité. Par exemple, à l'aide des bouées houlomotrices attachées aux fonds marins et dont les mouvements du flotteur entraînent le rotor d'un alternateur.

Fig. 3 Port-au-Prince, capitale de Haïti, a été dévastée par un énorme tremblement de terre le mardi 12 janvier 2010 à 16 h 53 (heure locale).
Le séisme a été provoqué par un mouvement coulissant (de 1 à 2 m sur environ 70 km de long) de la faille d'Enriquillo. Le foyer, endroit où le mouvement s'amorce, se trouvait à une faible profondeur (environ à 10 km au-dessous de la surface du sol) et à environ 25 km de Port-au-Prince. La secousse principale a duré 2 minutes et 30 secondes.

Pistes de réflexion

À l'aide des documents et pour chaque type d'onde de matière (onde sonore, houle et onde sismique), répondre aux questions suivantes :

1. Quelle est l'origine de la perturbation ?
2. Quel est le milieu matériel perturbé ?
3. Comment se manifeste la perturbation du milieu ?
4. Justifier que la perturbation se propage de proche en proche sans transport de matière.

Pour conclure

5. Expliquer pourquoi on peut dire qu'une perturbation transporte de l'énergie.

Activité 2

Démarche d'investigation

Compétences scientifiques évaluées
- Extraire une information utile.
- Formuler des hypothèses.

Niveau d'intensité sonore

Quelle(s) grandeur(s) acoustique(s) permet(ent) de rendre compte de l'énergie transportée par une onde sonore ?

Pour commencer (situation déclenchante)

Dans le cadre d'un plan de prévention du bruit dans l'environnement, le conseil général des Alpes-Maritimes propose quelques notions d'acoustique **(Fig. 1)**.

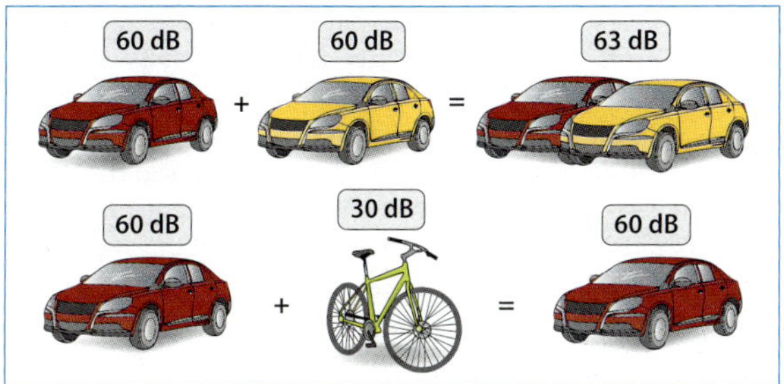

Fig. 1 L'« addition » des décibels.

Investigation

Quelle est la grandeur acoustique qui s'exprime en décibel (dB) ? Comment expliquer les règles d'« addition » de cette grandeur ?

Quelques idées (hypothèses)

Étude de documents (recherche de validation)

Quelques notions d'acoustique

- L'émission d'une onde sonore a toujours pour origine une vibration mécanique.
- L'*intensité sonore I* est l'énergie transportée par l'onde sonore par unité de temps et de surface. Elle s'exprime en watt par mètre carré ($W \cdot m^{-2}$).
- Le *système auditif humain* est un détecteur qui convertit les ondes sonores en signaux électriques, transmis au cerveau par le nerf auditif. Le schéma de la **figure 2** donne les conditions d'audibilité d'un son.
- Le *niveau d'intensité sonore L* (comme *Level* en anglais) d'un son d'intensité I s'exprime : $L = 10 \log (I/I_0)$

$I_0 = 10^{-12}$ $W \cdot m^{-2}$ est le seuil d'audibilité moyenne de l'oreille humaine à 1 kHz. L s'exprime en décibel (dB) et se mesure avec un sonomètre.

La fonction logarithme décimal est la fonction réciproque de la fonction puissance de 10 : $\log (10^x) = x$.
Propriétés : $\log (ab) = \log a + \log b$ et $\log a^n = n \log a$

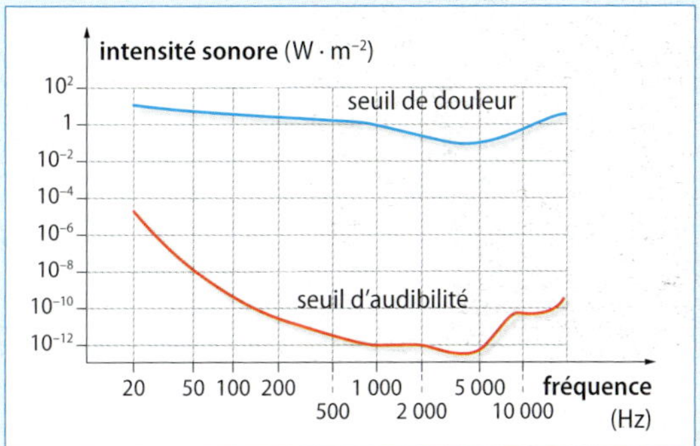

Fig. 2 Domaine d'audibilité de l'oreille moyenne.

1 **a.** Donner des exemples d'émetteurs d'ondes sonores.
b. Justifier que l'intensité sonore s'exprime en $W \cdot m^{-2}$.

2 **a.** L'intensité sonore du seuil d'audibilité est-elle la même pour toutes les fréquences audibles ?
b. Évaluer et comparer les valeurs minimale et maximale de l'intensité sonore des sons audibles. Conclure sur l'étendue de ces valeurs.

3 **a.** Calculer les valeurs minimale et maximale du niveau d'intensité sonore des sons audibles. Conclure sur l'étendue de ces valeurs.
b. Compléter le tableau suivant :

I ($W \cdot m^{-2}$)	I_0	$4{,}0 \times 10^{-4}$	$8{,}0 \times 10^{-4}$			
L (dB)				60	63	30

4 Montrer que lorsque l'intensité sonore est multipliée :
– par 2, le niveau d'intensité sonore augmente de 3 dB ;
– par 10, le niveau d'intensité sonore augmente de 10 dB.

Pour conclure

5 **a.** Expliquer pourquoi les intensités sonores s'ajoutent numériquement, mais pas les niveaux d'intensité sonore.
b. Commenter et justifier le document de la **figure 1**.
c. Quelle grandeur, I ou L, rend le mieux compte des sensations effectivement perçues par notre système auditif ? Justifier.

Activité 3

Activité documentaire

Vidéo

Les messages des ondes sismiques

Compétences scientifiques évaluées
- Faire preuve de curiosité.
- Extraire une information utile.

Comment les géophysiciens déterminent-ils les caractéristiques d'un séisme, comme celui qui a secoué le Japon en mars 2011 par exemple ?

Étude de documents

Un géophysicien raconte le séisme de Sendai au large de l'île d'Honshu (Japon)

« Le 11 mars vers 14 h 50 heure de Tokyo, nos travaux ont été interrompus par les premières arrivées (ondes P, mouvements verticaux) d'un gros séisme. [...] L'arrivée brutale des ondes secondaires de cisaillement (ondes S) m'a vite convaincu qu'il fallait sortir rapidement du bâtiment. [...] [Quelques minutes plus tard], les sismologues japonais faisaient déjà parvenir par Internet la localisation de l'épicentre du séisme à 130 km au large de la ville de Sendai, qui est à 350 km au nord de Tokyo. Ils précisaient par une première série d'estimations que la magnitude devait être de 7,8, ce qui m'a semblé sous-estimé d'après mon expérience de Sumatra, que la profondeur du séisme devait se situer à une vingtaine de km, et qu'un tsunami de l'ordre de 3 m était prévisible [...]. [Une heure trente plus tard,] j'ai regardé le site de l'USGS (US Geological Survey), qui donnait une magnitude de 8,9 au lieu de 7,8, ce qui correspond à une énergie libérée plus de 30 fois supérieure à celle initialement estimée. »

Extrait du récit du géophysicien Jean-Claude Sibuet publié le 14 mars 2011 par Sylvestre Huet, journaliste à *Libération*, sur son blog.

1. L'enregistrement du séisme

La date, la localisation et la magnitude d'un séisme sont calculables dès lors que le décalage temporel entre l'arrivée des différents types d'ondes et l'amplitude des secousses engendrées sont connues en au moins trois points du globe. La précision augmente avec le nombre de points utilisés.

Les sismomètres des stations de détection réparties à travers le monde enregistrent les vibrations du sol à l'aide de capteurs très sensibles, qui transforment les déplacements du sol en signaux électriques.

Le sismogramme obtenu à Canberra (Australie) le 11 mars 2011 suite au séisme de Sendai **(Fig. 1)** donne l'enregistrement des vibrations dans trois directions orthogonales : une verticale (trace rouge), et deux horizontales orientées Est-Ouest (trace bleue) et Nord-Sud (trace verte). Le temps est donné en temps universel TU. Les traits verticaux en pointillés repèrent les arrivées des ondes S et P et celle des ondes de surface.

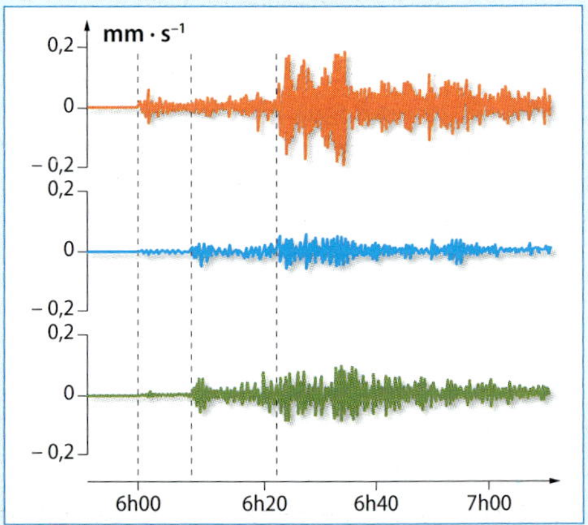

Fig. 1 Sismogramme du 11 mars 2011 à Canberra.

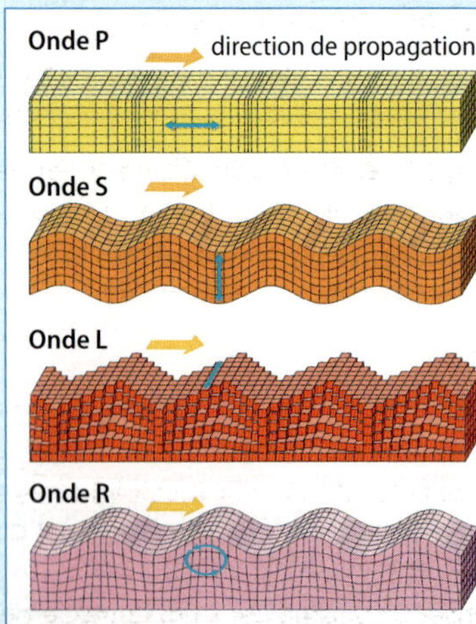

Fig. 2 Déformation du sol lors du passage des différents types d'ondes sismiques.

2. Modélisation de la propagation des ondes sismiques

Quand la Terre tremble, les vibrations se propagent à partir du foyer dans toutes les directions. Elles sont initialement de deux types. Celles qui compriment et détendent alternativement les roches, à la manière d'un accordéon, et celles plus destructrices qui les cisaillent. [...] les ondes P vibrent dans leur direction de propagation, elles soulèvent ou affaissent le sol, tandis que les ondes S vibrent perpendiculairement et nous secouent horizontalement. [...] Mais les secousses ne s'arrêtent pas là. D'autres ondes succèdent à ces premiers ébranlements. En effet la Terre n'étant pas homogène, les ondes P et S sont réfléchies, réfractées par les différentes couches. Elles peuvent être aussi guidées par la surface du sol et former alors les ondes de Rayleigh et de Love. Celles-ci arrivent plus tard et se propagent de manière complexe.

Hélène Le Meur, « Les séismes », *La Recherche* n° 310, juin 1998.

Sachant que les ondes P se propagent dans les solides, les liquides et les gaz, alors que les ondes S ne se propagent que dans les solides, l'étude des sismogrammes enregistrés lors de milliers de séismes a permis d'établir le comportement des ondes qui se propagent à l'intérieur de la Terre (Fig. 3), et ainsi de décrire les différentes enveloppes concentriques qui constituent l'intérieur du globe (Fig. 4).

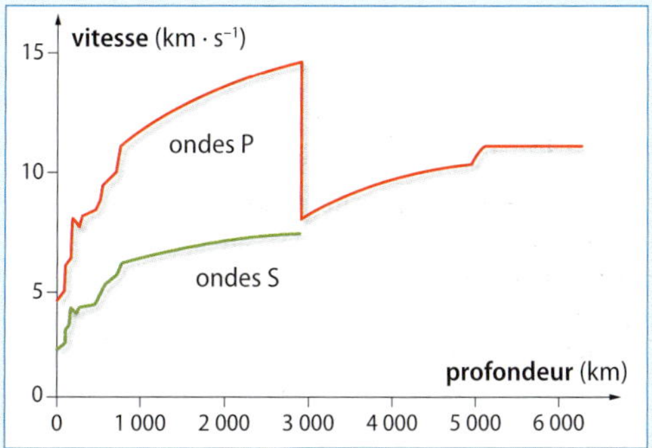

Fig. 3 Variation avec la profondeur de la vitesse de propagation des ondes « de volume » dans le globe terrestre.

Fig. 4 Exemples de trajectoires suivies à l'intérieur du globe terrestre par les ondes P (en rouge) et les ondes S (en vert).

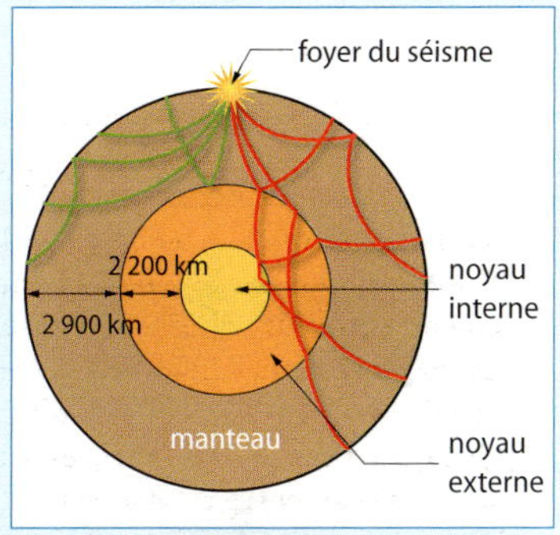

3. Échelle de magnitude

La magnitude permet d'estimer l'énergie libérée par un séisme à partir de l'analyse des sismogrammes.

Cette grandeur a été introduite en 1935 par l'Américain C.F. Richter, pour comparer les tremblements de terre californiens sur une échelle logarithmique. Sa valeur, qui est un nombre sans dimension, se calcule à partir des amplitudes maximales des ondes enregistrées et nécessite des corrections pour tenir compte des caractéristiques du sismomètre et de sa distance au foyer du séisme. Cette mesure n'est valable que pour les stations de détection proches du séisme ; elle est maintenant appelée magnitude locale. Les sismologues lui préfèrent aujourd'hui la magnitude de moment M, moins immédiate à déterminer, mais plus fiable, surtout pour les gros séismes.

L'énergie sismique ΔE émise au foyer sous forme d'ondes peut être évaluée (en joule) par la relation :

$$\log \Delta E = 1{,}5\, M + 4{,}32.$$

Pistes de réflexion

Propagation des ondes sismiques

1 **a.** Dans quelle(s) direction(s) se propagent les ondes sismiques à partir du foyer ?

b. Citer les différents types d'ondes sismiques. Lesquelles sont émises au foyer ?

2 **a.** Comparer la direction de propagation des ondes P et S à celle des déformations provoquées.

b. Associer à chacune d'elles le type d'onde correspondant :
- onde mécanique de compression-dilatation ;
- onde mécanique de cisaillement.

3 **a.** Commenter l'évolution de la vitesse des ondes P et S dans le manteau du globe terrestre. Comparer la valeur de leur vitesse.

b. Comment expliquer que la vitesse des ondes S s'annule à une profondeur de 2 900 km ?

4 Sachant que les ondes mécaniques suivent les mêmes lois de propagation que la lumière, expliquer, à l'aide des figures 3 et 4, pourquoi à l'intérieur du globe les ondes :

a. ne se propagent pas en ligne droite ;

b. sont réfléchies et réfractées.

Exploitation d'un sismogramme

5 **a.** Donner l'ordre d'arrivée des ondes P et S sur un sismogramme. Déterminer leur décalage temporel Δt à Canberra. Serait-il le même dans une autre station sismique ?

b. Montrer que si les ondes S et P se propageaient avec des vitesses constantes v_S et v_P, la distance d entre le foyer du séisme et Canberra vérifierait : $\Delta t = d \cdot (1/v_s - 1/v_p)$.

6 Sur quelle trace de la figure 1 les ondes P sont-elles le mieux détectées ? Sont-elles observées sur les deux autres ?

7 **a.** Calculer l'énergie ΔE émise lors du séisme de Sendai.

b. Vérifier qu'une magnitude de 8,9 au lieu de 7,8 correspond à une énergie libérée plus de 30 fois supérieure.

Pour conclure

8 **a.** Quels intérêts y a-t-il à enregistrer les ondes sismiques ?

b. Expliquer pourquoi la localisation et l'évaluation de la magnitude d'un séisme sont complexes et nécessitent des mesures provenant de plusieurs stations sismiques.

c. Pourquoi caractériser un séisme par sa magnitude plutôt que par la valeur de l'énergie libérée au foyer ?

Activité 4

TP Activité expérimentale

Compétences expérimentales évaluées
- Évaluer la précision d'une expérience.
- Analyser un résultat expérimental.

Mesure de la célérité du son

On se propose de déterminer, à l'aide de microphones, la valeur de la célérité du son dans l'air à température ambiante.

Principe

Quand un avion atteint une vitesse au moins égale à celle de la vitesse du son, on dit qu'il franchit le mur du son (Fig. 1) : le « bang » entendu est le résultat de la formation d'une onde de choc.

Fig. 1 Un avion qui franchit le mur du son.

Pour déterminer une célérité, c'est-à-dire la vitesse de propagation d'une onde, on peut mesurer le temps de parcours d'une perturbation du milieu de propagation sur une distance donnée.

Mise en œuvre au laboratoire

Matériel
• deux microphones amplifiés • règle • ordinateur muni d'une carte d'acquisition et d'un logiciel de traitement du son • deux planches en bois

Deux microphones placés à une distance d l'un de l'autre sont reliés aux deux voies d'une carte d'acquisition. Un son bref et suffisamment intense est émis à l'aide de deux planches de bois, dans l'alignement des deux microphones (Fig. 2).

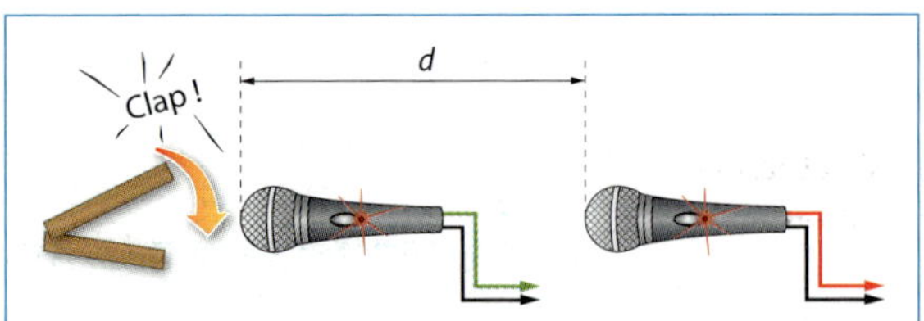

Fig. 2 Le schéma du montage.

1 Pourquoi placer l'émetteur sonore dans l'alignement des deux microphones ?

• Placer les microphones à une distance $d = 1{,}00$ m l'un de l'autre et les relier au système d'acquisition.

2 **a.** Sachant que la célérité des ondes sonores dans l'air est voisine de 340 $m \cdot s^{-1}$, déterminer la durée minimale que doit avoir l'acquisition.

b. Comment synchroniser l'acquisition avec le « clac » émis ?

c. Proposer un paramétrage du logiciel pour réaliser une acquisition et le soumettre au professeur.

• Paramétrer le logiciel et réaliser une acquisition.

Exploitation

Valeur mesurée

3 **a.** Commenter les courbes obtenues et indiquer précisément comment déterminer la célérité du son dans les conditions de l'expérience à partir de l'enregistrement.

b. Déterminer la valeur expérimentale v_{exp} de la célérité du son à température ambiante.

Incertitude et précision de la mesure

4 **a.** Rassembler dans un tableau les valeurs expérimentales obtenues par les différents groupes, après avoir éventuellement écarté les mesures manifestement aberrantes. Les valeurs obtenues sont-elles toutes identiques ?

b. Identifier les sources d'erreurs possibles. Quelle est, *a priori*, la principale source d'erreur dans ce protocole ?

c. Faire des propositions pour améliorer l'évaluation de la valeur de la célérité du son dans l'air ambiant.

5 **a.** Calculer la valeur moyenne $\bar{v}$ et l'écart-type σ de la série de mesures obtenues par l'ensemble des groupes de TP.

b. Pourquoi calculer la valeur moyenne ? Que représente l'écart-type ?

c. Quel est l'intervalle de confiance à 95 % de la valeur vraie de la célérité v ?

d. Déterminer la précision de la mesure $\Delta v/v$. Cette valeur est-elle acceptable pour une mesure expérimentale ? Justifier.

Pour conclure

La valeur théorique de célérité du son dans un gaz « parfait » est donnée par la relation :

$$v_{th} = \sqrt{\gamma RT / M}$$

où γ est un coefficient sans unité qui dépend du gaz, R la constante des gaz parfaits ($R = 8{,}314$ unité du SI), T la température du gaz en K [T (en K) $= \theta$ (en °C) $+ 273$] et M la masse molaire du gaz en $kg \cdot mol^{-1}$.
Pour l'air ambiant, qui peut être assimilé à un gaz parfait, $\gamma = 1{,}40$ et $M = 29{,}0\ g \cdot mol^{-1}$.

6 **a.** Calculer la valeur théorique v_{th} après avoir mesuré la température ambiante.

b. La valeur théorique se trouve-t-elle dans l'intervalle de confiance ?

Cours

1 *Manifestations des ondes mécaniques*

› Activités 1 et 3

Une onde **mécanique** est la propagation d'une perturbation dans un **milieu matériel.**

Modification du milieu matériel

Une onde mécanique modifie localement et temporairement les propriétés mécaniques (vitesse, position, pression…) du milieu matériel.

Exemple

La houle modifie la hauteur de la surface de l'eau, les ondes sonores la pression de l'air.

À l'intérieur de la matière, on distingue deux types d'onde :
– les **ondes de compression-dilatation**, ou plus simplement ondes de compression, qui provoquent un déplacement local des éléments du milieu (solide, liquide ou gazeux) dans leur direction de propagation (Fig. 1 ⓐ) ;
– les **ondes de cisaillement**, qui ne se propagent que dans les milieux solides en provoquant un déplacement des éléments du milieu perpendiculairement à leur direction de propagation (Fig. 1 ⓑ).

Les ondes peuvent être guidées le long de l'interface entre deux milieux. Ces ondes, dites **de surface**, combinent à la fois les caractéristiques des ondes de compression-dilation et des ondes de cisaillement (Fig. 1 ⓒ).

Exemples

Les ondes sonores et les ondes sismiques P sont des ondes de compression, les ondes sismiques S des ondes de cisaillement. Les ondes sismiques de Love ou de Rayleigh et la houle sont des ondes de surface.

Comme la lumière, les ondes mécaniques sont **réfléchies** et **réfractées** à l'interface entre deux milieux. Ces phénomènes sont mis à profit dans de nombreuses applications : sonar, imagerie médicale, acoustique des salles, détection minière, etc.

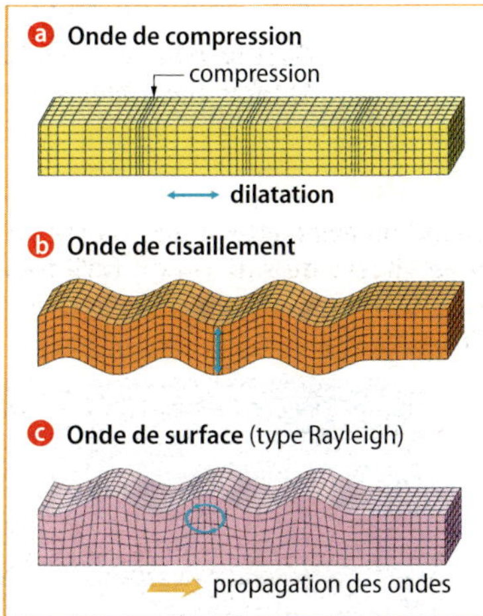

Fig. 1 Différents types d'ondes dans la matière.

Transfert d'énergie sans transport de matière

Lors de la propagation d'une perturbation, la modification locale et temporaire des propriétés mécaniques du milieu matériel engendre des variations d'énergies cinétique et potentielle du milieu.

Les ondes mécaniques, comme les ondes électromagnétiques, transportent de l'énergie mécanique sans transporter de matière.

Exemple

La houle soulève le bateau mais ne le fait pas avancer (Fig. 2).

À cause des frottements existant lors du passage de la perturbation dans le milieu matériel, une partie de l'énergie transportée est perdue (elle se transforme en chaleur). On dit qu'il y a **amortissement** du signal.

➡ Exercices 1 à 5

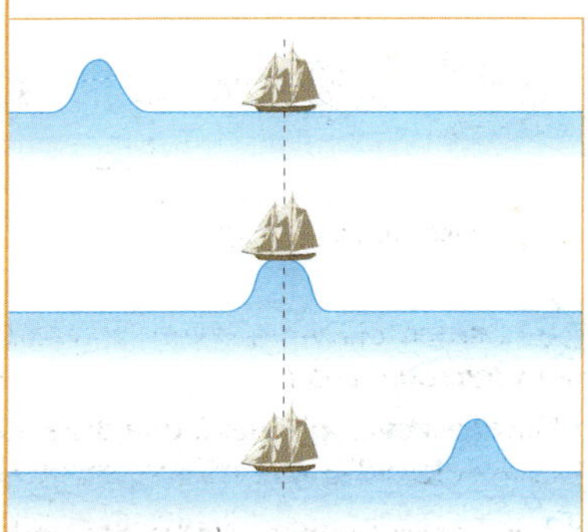

Fig. 2 Au passage de l'onde, le bateau est soulevé, puis il revient à sa position initiale.

2 Émission et détection des ondes

› Activités 1, 2 et 3

• Sources et dispositifs de détection des ondes mécaniques

Un apport d'énergie est nécessaire pour qu'une perturbation prenne naissance dans une région, appelée source, d'un milieu matériel. L'émetteur apporte l'énergie nécessaire à la création de cette perturbation.

Exemples

La rupture des roches cède à la terre l'énergie nécessaire à la formation des ondes sismiques ; le vent apporte à l'eau de surface l'énergie permettant la naissance de la houle ; la membrane d'un haut-parleur comprime et dilate la couche d'air avec laquelle elle est en contact pour créer une onde sonore.

La détection d'une onde mécanique met en œuvre un capteur qui transforme une des grandeurs physiques du milieu modifiées par le passage de la perturbation en une grandeur facile à exploiter.

L'énergie mécanique transportée par l'onde est le plus souvent transformée en énergie électrique.

Exemples

Dans un **sismomètre**, des capteurs électromécaniques transforment les déplacements du sol en signaux électriques.
Dans notre **oreille**, la transformation de l'énergie mécanique en énergie électrique est réalisée grâce aux cellules ciliées de la cochlée (Fig. 3).

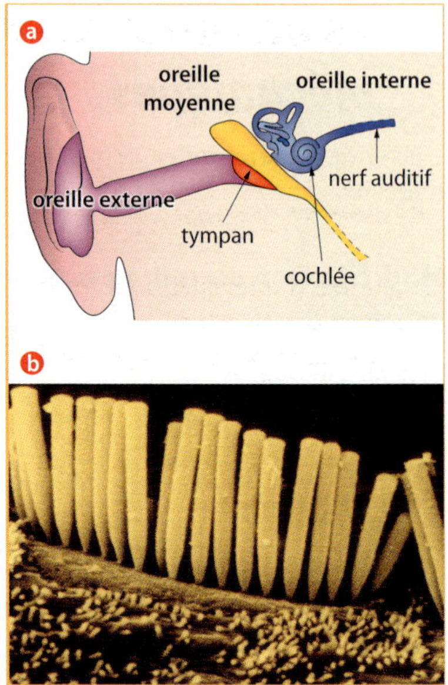

Fig. 3 ⓐ Coupe de l'oreille humaine. ⓑ Microscopie à balayage des cils des cellules ciliées internes se trouvant à l'intérieur de la cochlée.

• Exploitation des informations transmises par les ondes

Les données, le plus souvent électriques, récupérées à la sortie des systèmes de détection permettent l'exploitation des informations transmises, sans transport de matière, par les ondes mécaniques.

Exemple

Les données sismiques, recueillies dans les stations sismiques distribuées sur toute la surface de la Terre, permettent d'accéder à de nombreuses informations sur le trajet parcouru par les différents types d'ondes, la nature des terrains traversés, la localisation et la magnitude du séisme.
La **magnitude** est une grandeur qui permet de comparer, sur une échelle logarithmique l'énergie libérée par les séismes. La première échelle, dite « **échelle de Richter** », a été introduite en 1935 pour comparer les tremblements de terre californiens.

Aujourd'hui, les signaux électriques délivrés par les capteurs sont numérisés pour être traités et stockés par des systèmes informatiques.

Exemple

Lors d'un examen échographique, la sonde émet des ondes ultrasonores à l'aide de matériaux piézoélectriques, puis détecte les ondes réfléchies aux interfaces des différents tissus rencontrés. Le traitement numérique des données ainsi recueillies permet la reconstitution d'une image 2D (Fig. 4) ou 3D.

➥ Exercices 6 à 10

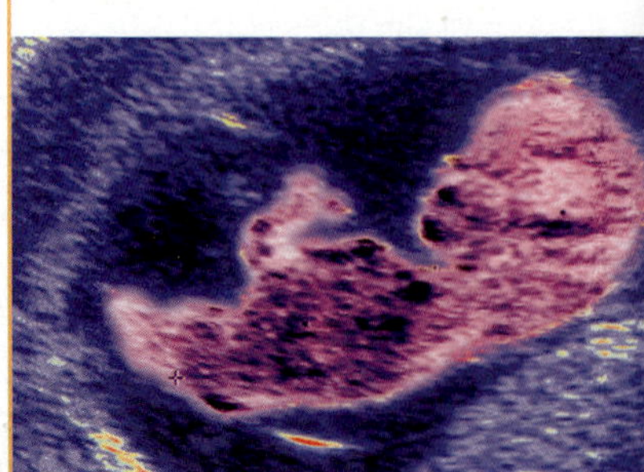

Fig. 4 Image ultrasonore d'un fœtus.

3 Le niveau d'intensité sonore

› Activité 2

L'intensité sonore

L'intensité sonore I est l'énergie transportée par une onde sonore par unité de temps et de surface. Elle s'exprime en watt par mètre carré ($W \cdot m^{-2}$).

La gamme d'intensités sonores que peut percevoir l'oreille humaine étant extrêmement étendue (Fig. 5), on introduit le niveau d'intensité sonore qui permet de comparer, sur une échelle logarithmique, l'intensité d'un son à une intensité de référence.

Le niveau d'intensité sonore

L'intensité de référence est, par convention, le seuil d'audibilité moyenne de l'oreille humaine à 1 kHz : $I_0 = 1{,}0 \times 10^{-12}\ W \cdot m^{-2}$.

Le niveau d'intensité sonore L (exprimé en décibel, dB) d'un son d'intensité I est donné par la relation :

$$L = 10 \log (I/I_0) \qquad \text{avec } I_0 = 1{,}0 \times 10^{-12}\ W \cdot m^{-2}$$

Le niveau d'intensité sonore peut être mesuré à l'aide d'un sonomètre.

Exemples

Le seuil d'audibilité correspond à un niveau d'intensité sonore de 0 dB.
Lorsque l'intensité sonore est multipliée par deux, le niveau d'intensité acoustique n'augmente que de 3 dB.

➥ Exercices 11 à 17

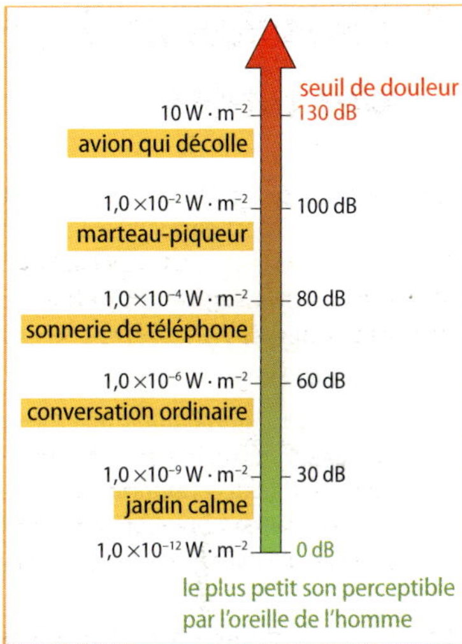

Fig. 5 Intensité sonore et niveaux d'intensité sonore.

Repère

La **fonction logarithme décimal** est la fonction réciproque de la fonction puissance de 10 : $\log(10^x) = x$.
On a aussi :

$$\log x = \frac{\ln x}{\ln 10}$$

Les compétences à acquérir

1 Connaître *les manifestations des ondes mécaniques dans la matière*

- Lors de la **propagation** d'une onde mécanique, il y a modification **locale** et **temporaire** des propriétés mécaniques des éléments du milieu de propagation : un **transfert d'énergie mécanique** a lieu, sans transport de matière.

2 Comprendre *l'émission et la détection d'une onde mécanique*

- L'**émission** d'une onde mécanique nécessite un apport d'énergie. Les dispositifs de **détection** permettent l'exploitation des informations transmises par l'onde en transformant l'énergie mécanique qu'elle transporte en énergie électrique.

3 Connaître et exploiter *la relation liant le niveau d'intensité sonore à l'intensité sonore*

- Le **niveau d'intensité sonore L** (exprimé en décibel, **dB**) d'un son d'intensité I est donné par la relation :

$$L = 10 \log (I/I_0) \qquad \text{avec } I_0 = 1{,}0 \times 10^{-12}\ W \cdot m^{-2}$$

Exercices

Compétence 1

› *Connaître les manifestations des ondes mécaniques dans la matière*

1 QCM

Choisir la (ou les) bonne(s) réponse(s).

1 Une onde mécanique transporte :
- **a** de la matière ;
- **b** de l'énergie ;
- **c** de la matière et de l'énergie.

2 La propagation d'une onde mécanique :
- **a** modifie localement le milieu matériel ;
- **b** modifie temporairement le milieu matériel ;
- **c** n'a aucune conséquence sur le milieu matériel.

3 Dans l'air, une onde mécanique qui se propage peut se traduire par :
- **a** un coup de vent ;
- **b** un son ;
- **c** de la lumière.

2 VRAI ou FAUX ?

Corriger, si nécessaire, les affirmations suivantes.

1 La lumière émise par le Soleil est une onde mécanique.

2 Une onde de cisaillement provoque un déplacement des éléments du milieu perpendiculairement à sa direction de propagation.

3 Le vent est une onde mécanique.

4 Une onde mécanique à la surface de l'eau peut transporter un objet flottant.

3 Le flotteur

Un pêcheur à la ligne se trouve au bord d'un lac tranquille, lorsqu'un enfant lance un caillou qui vient percuter la surface de l'eau au voisinage du flotteur.

1. Décrire les modifications de la surface de l'eau engendrées par la chute du caillou.

2. a. Décrire le comportement du flotteur.
b. Comment expliquer ce comportement ?

3. Peut-on parler d'onde mécanique ?

4 What is a wave?

A bit of gossip starting in Washington reaches New York very quickly, even though not a single individual who takes part in spreading it travels between these two cities. There are two quite different motions involved, that of the rumor, Washington to New York, and that of the persons who spread the rumor. The wind, passing over a field of grain, sets up a wave which spreads out across the whole field. Here again we must distinguish between the motion of the wave and the motion of the separate plants, which undergo only small oscillations. We have all seen the waves that spread in wider and wider circles when a stone is thrown into a pool of water. The motion of the wave is very different from that of the particles of water. The particles merely go up and down. The observed motion of the wave is that of a state of matter and not of matter itself. A cork floating on the wave shows this clearly, for it moves up and down in imitation of the actual motion of the water, instead of being carried along by the wave.

Albert Einstein and Leopold Infeld,
The Evolution of Physics, CUP Archive, 1971.

1. What property of waves is shown in this text?

2. When a stone is thrown into a pool of water:
a. in which direction do the generated waves spread?
b. what is the direction of the deformation of the surface of the water?
c. are generated waves compression or shear waves?

5 Le pendule de Newton

Un pendule de Newton est constitué de boules identiques en acier, suspendues de manière à pouvoir osciller dans un plan vertical. Initialement, les boules sont au contact les unes des autres, immobiles et alignées horizontalement.

On soulève, puis on lâche la première boule. Elle vient heurter la deuxième boule et s'immobilise. On observe alors que la dernière boule se soulève.

1. Quelle forme d'énergie possède la première boule :
a. juste avant d'être lâchée ?
b. juste avant de heurter la deuxième boule ?
c. juste après ce choc ?

2. Dans ce dispositif observe-t-on :
a. un transport de matière ?
b. un transport d'énergie ?

Compétence 2

› *Comprendre l'émission et la détection d'une onde mécanique*

Donnée. *Vitesse du son dans l'air à 20 °C : v = 340 m · s⁻¹.*

6 QCM

Choisir la (ou les) bonne(s) réponse(s).

1 Un sismomètre :
- **a** transforme l'énergie électrique en énergie mécanique ;
- **b** enregistre le mouvement du sol en fonction du temps ;
- **c** est un détecteur d'ondes mécaniques.

2 La magnitude d'un séisme :
- **a** est calculée à partir de mesures sismiques ;
- **b** permet de localiser un séisme ;
- **c** double, lorsque l'énergie libérée par le séisme double.

7 Émetteurs et détecteurs d'ondes mécaniques

1. Parmi les exemples suivants, identifier les émetteurs et les détecteurs d'ondes mécaniques :

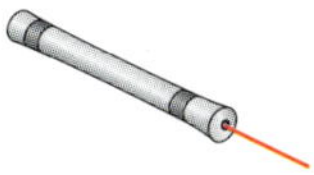 ⓐ Un pointeur laser	 ⓑ Un haut-parleur	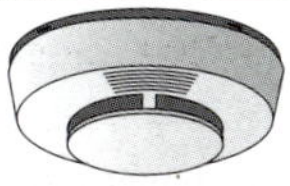 ⓒ Un détecteur de fumée
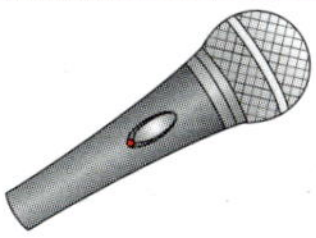 ⓓ Un microphone	 ⓔ Une parabole	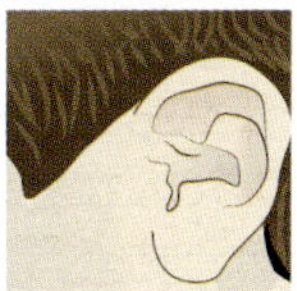 ⓕ Une oreille
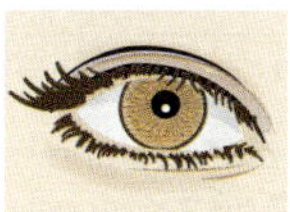 ⓖ Un œil	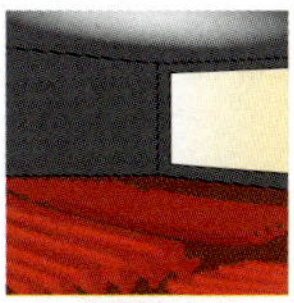 ⓗ Un écran de cinéma	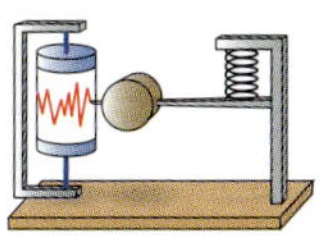 ⓘ Un sismomètre

2. Quel est le rôle d'un émetteur d'onde mécanique ?

3. À quoi est sensible un détecteur d'onde mécanique ?

8 Explosion

1. Comment expliquer qu'une explosion sur Terre s'accompagne de l'émission d'un son dont l'intensité dépend de l'importance de l'explosion ?

2. Comment expliquer qu'une explosion trop forte peut engendrer une rupture du tympan ?

3. Pourquoi une même explosion dans l'espace ne produit-elle aucun bruit ?

EXERCICE **RÉSOLU**

9 L'écho

Pour déterminer sa position dans un canyon dont il connaît la largeur (L = 300 m), un explorateur mesure la durée Δt entre les deux échos qu'il entend après avoir émis un signal sonore bref et puissant. Il mesure Δt = 0,59 s.

1. Comment apporter l'énergie nécessaire à la création du signal sonore ?

2. a. Expliquer pourquoi l'explorateur entend deux échos.
b. Déterminer la distance d entre l'explorateur et la paroi la plus proche.

Aides et méthodes

2. a. Les ondes mécaniques peuvent être réfléchies.
b. Avant d'établir l'expression littérale de Δt, réfléchir aux trajets du son entre l'émetteur et le récepteur.

Solution

1. L'explorateur doit créer une perturbation en cédant à l'air une énergie mécanique importante pendant un temps très court, par exemple en émettant un cri ou en tapant une pierre avec son marteau.

2. a. Le signal sonore émis se propage dans toutes les directions. Il y aura donc un phénomène de réflexion sur chaque paroi du canyon, d'où les deux échos.
b. Le premier écho correspond à la réception du signal sonore réfléchi sur la paroi la plus proche. Il intervient au bout d'un temps t_1 après que le son a parcouru à la vitesse v une distance $2d$ (un aller et un retour), soit $t_1 = 2d/v$.
De même, le second écho dû à la seconde paroi intervient au bout d'un temps : $t_2 = 2(L - d)/v$.
D'où : $\Delta t = t_2 - t_1 = 2(L - 2d)/v$ soit $d = (2L - v \cdot \Delta t)/4$
A.N. : $d = [2 \times 300 - (340 \times 0{,}59)]/4 = 1{,}0 \times 10^2$ m
soit environ 100 m.

10 Réflexion d'ultrasons

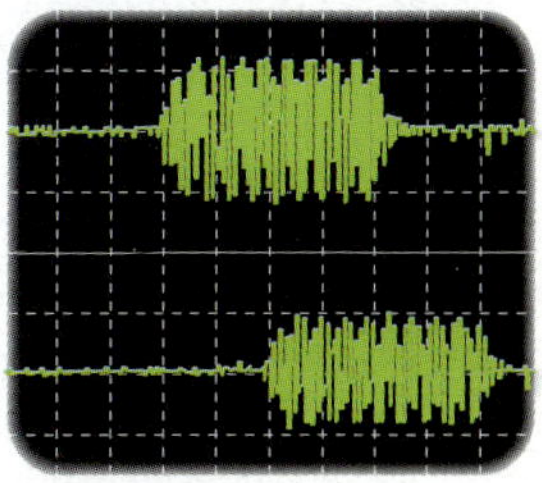

Un émetteur et un récepteur d'ultrasons sont placés côte à côte face à une paroi réfléchissante. L'émetteur émet des salves d'ultrasons. Les tensions de sortie de l'émetteur et du récepteur sont observées sur l'oscillogramme ci-contre.

Balayage horizontal : 1,0 ms/div.

À chaque affirmation, répondre vrai ou faux en justifiant.

1. La durée entre l'émission et la réception est de 2,0 ms.

2. L'émetteur et le récepteur sont alors placés à 68 cm de la paroi réfléchissante.

Exercices

Compétence 3

› Connaître et exploiter la relation liant le niveau d'intensité sonore à l'intensité sonore

Donnée. *Seuil d'audibilité à 1 000 Hz : $I_0 = 1{,}0 \times 10^{-12}$ W · m^{-2}.*

11 VRAI ou FAUX ?

Corriger, si nécessaire, les affirmations suivantes.

❶ Le niveau d'intensité sonore L d'un son d'intensité I est donné par la relation : $L = 10 \log (I_0/I)$.

❷ Le niveau sonore d'un son d'intensité $I = 5{,}0 \times 10^{-3}$ W · m^{-2} est égal à 97 dB.

❸ Quand l'intensité sonore est doublée, le niveau sonore augmente de 3 dB.

❹ L'intensité sonore se mesure avec un sonomètre.

12 Intensité et niveau d'intensité sonore

1. L'intensité sonore délivrée par une enceinte est multipliée par deux. Que peut-on dire du niveau sonore correspondant ?

2. Le niveau sonore d'une musique augmente et passe de 70 à 80 dB. Que peut-on dire de l'intensité sonore correspondante ?

EXERCICE **RÉSOLU**

13 Le diapason

Un sonomètre, placé devant un diapason en train d'émettre un son, indique 80 dB.

1. Quelle est la grandeur mesurée par le sonomètre ?

2. Quelle est l'intensité sonore du son émis par le diapason ?

Aides et méthodes

2. La fonction logarithme décimal est la fonction réciproque de la fonction puissance de 10, donc $y = \log x \Leftrightarrow x = 10^y$.

Solution

1. Le sonomètre mesure le niveau d'intensité sonore L.

2. L'intensité sonore I du son émis par le diapason vérifie $L = 10 \log (I/I_0)$ donc $I = I_0 \cdot 10^{L/10}$.

A.N. : $I = 1{,}0 \times 10^{-12} \times 10^{80/10} = 1{,}0 \times 10^{-4}$ W · m^{-2}.

14 Niveau d'intensité sonore et musique

Un musicien joue une note pendant quelques secondes sur son instrument. Le niveau d'intensité sonore est $L = 70$ dB.

Un deuxième musicien vient accompagner le premier et joue la même note au même niveau sonore.

1. Avec quel appareil mesure-t-on un niveau d'intensité sonore ?

2. Sachant que les intensités sonores s'additionnent, quel niveau d'intensité sonore mesure-t-on lorsque les deux musiciens jouent ensemble ?

15 Niveau d'intensité sonore d'un orchestre

Un sonomètre (photo), placé dans une salle de concert, indique 62 dB lorsque le guitariste joue seul, 65 dB pour le percussionniste seul, 61 dB pour le flûtiste seul et 64 dB pour la chanteuse seule.

Lorsque les quatre musiciens jouent ensemble, le sonomètre indique-t-il 63 dB, 69 dB ou 252 dB ? Répondre, en justifiant, mais sans longs calculs, sachant que seules les intensités sonores s'additionnent.

16 Superposition de deux sources

Un sonomètre reçoit les émissions sonores provenant de deux sources distinctes (S_1) et (S_2). Lorsque S_1 fonctionne seule, le niveau sonore mesuré est $L_1 = 65$ dB. Lorsque S_2 fonctionne seule, il vaut $L_2 = 60$ dB.

1. a. Donner l'expression littérale des intensités sonores I_1 et I_2 correspondant au fonctionnement de chaque source.
b. Calculer les valeurs des intensités sonores I_1 et I_2.

2. Calculer la valeur du niveau sonore L lorsque les deux sources fonctionnent simultanément, sachant que seules les intensités sonores s'additionnent.

17 Addition des niveaux sonores

Le graphique suivant permet de connaître le niveau d'intensité sonore résultant de plusieurs sources différentes :

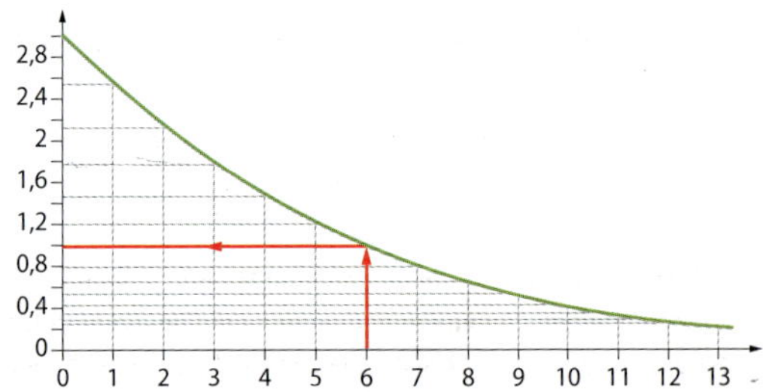

Exemple d'utilisation : Supposons qu'en un lieu donné, deux machines de niveaux sonores 81 dB et 87 dB fonctionnent en même temps. Sur le graphique, on lit que pour une différence de niveau sonore de 6 dB entre deux sources (valeur portée en abscisse), il faut ajouter 1 dB (valeur lue en ordonnée) au niveau le plus élevé pour obtenir le niveau sonore de l'ensemble des deux machines, soit 87 + 1 = 88 dB.

1. Retrouver par le calcul le niveau sonore atteint par deux machines de niveaux d'intensité sonore 81 dB et 87 dB fonctionnant en même temps.

2. En utilisant le graphique précédent, déterminer le niveau d'intensité sonore atteint :
a. lorsque deux marteaux-piqueurs, dont les niveaux d'intensité sonore sont respectivement 90 dB et 93 dB, fonctionnent ensemble ;
b. lorsque deux machines identiques, dont le niveau d'intensité sonore est de 81 dB, fonctionnent en même temps.

Exercices de synthèse

Pour préparer le BAC

Données. *Vitesse du son dans l'air à 20 °C : v = 340 m · s⁻¹.*
Seuil d'audibilité à 1 000 Hz : I_0 = 1,0 × 10^{-12} W · m^{-2}.

18 Le premier « sismoscope » de l'histoire

En 132, le mathématicien chinois Zhang Heng invente un appareil permettant de mettre en évidence les tremblements de terre. Il s'agit d'une jarre ornée de huit dragons, chacun tenant une bille dans sa gueule, disposés suivant huit directions cardinales. On pense qu'un pendule à l'intérieur de la jarre, en oscillant lors d'un séisme, ouvrait la gueule d'un dragon, libérant ainsi la bille qui tombait dans la bouche d'une grenouille placée en dessous. En 138, cet appareil aurait notamment permis la détection d'un tremblement de terre dévastateur depuis Luoyang, situé à 500 kilomètres de la ville de Longxi (au centre de la Chine ; cette ville a été détruite).

D'après le site du Muséum de Toulouse.

1. Quelles informations pouvait donner l'appareil de Zhang Heng ?

2. Comparer avec les informations obtenues actuellement avec les sismomètres modernes.

19 Le nettoyage par cavitation acoustique

Le nettoyage par ultrasons, mis en œuvre dans de nombreux secteurs d'activités (industrie mécanique, horlogerie, bijouterie, optique...) repose sur le phénomène de cavitation que l'on produit en émettant des ultrasons de forte puissance dans un liquide.

L'émetteur est un disque constitué d'un matériau piézoélectrique sur les faces duquel sont déposées deux électrodes métallisées. Lorsqu'une tension électrique est appliquée entre les électrodes, le matériau se dilate et se contracte périodiquement. Ces déplacements du disque provoquent des successions de dépressions-surpressions du liquide qui est à son contact. La perturbation se propage ensuite de proche en proche dans l'ensemble du fluide : c'est l'onde ultrasonore.

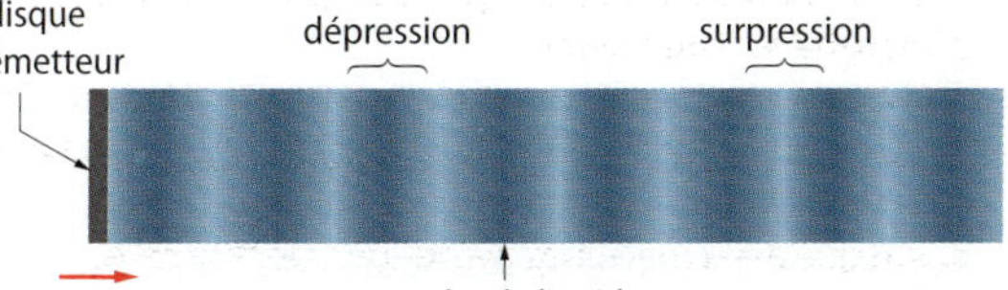

Lors du passage de l'onde dans une tranche de liquide, le phénomène de cavitation se produit si la puissance de l'onde est suffisante : des microbulles de vapeur, dont le diamètre peut atteindre 100 µm, apparaissent. Ces microbulles sont transitoires. Elles implosent en moins d'une microseconde. Les ondes de choc émises par l'implosion* nettoient la surface d'un solide plongé dans le liquide.

* *Une implosion est l'écrasement brutal d'un corps creux sous l'effet d'une pression extérieure supérieure à la pression intérieure.*

1. Relever dans le texte de l'énoncé les expressions qui montrent que l'onde ultrasonore est :
a. une onde mécanique ; **b.** une onde de compression.

2. a. Quel dispositif apporte l'énergie nécessaire à la création de l'onde ultrasonore dans le fluide ?
b. Expliquer, à l'aide de l'énoncé, ce qu'est un matériau piézoélectrique.

3. Interpréter brièvement la formation suivie de l'implosion des microbulles dans une tranche de liquide.

Donnée. *La température d'ébullition d'un liquide diminue quand la pression diminue.*

20 Vibrer, c'est communiquer

Soudain, l'éléphant ploie vers l'avant et se fige, une patte levée. Attentif, il « écoute » avec son pied qu'il pose et repose, un peu à la manière d'un médecin avec son stéthoscope... Sauf que c'est le sol qu'il ausculte. Au travers de son pied, le colosse perçoit en effet des vibrations, captant les messages souterrains de ses congénères jusqu'à trente kilomètres à la ronde. « Tiens, une bagarre au point d'eau », conclut notre pachyderme avant de renoncer à aller s'abreuver un peu plus loin. Selon des biologistes et géophysiciens américains, c'est ainsi, par ondes sismiques, que circulent bon nombre de nouvelles dans la communauté des éléphants. Leur portée se révèle même supérieure à celle des ondes aériennes qui véhiculent les sons [....]. C'est en observant les éléphants se figer lors d'une mission d'étude au parc national d'Etosha (Namibie), dans les années 90, que Caitlin O'Connell-Rodwell a l'intuition qu'ils répondent aux vibrations émises à travers le sol par un troupeau en train d'approcher. Elle devine que les sons émis par les éléphants voyagent séparément à travers les airs et à travers la terre. [....] Elle en mesure la portée souterraine : jusqu'à 32 km pour la frappe du pied d'un seul pachyderme ! Et ce à la vitesse de 248 à 264 m/s, soit un rythme sensiblement plus lent que la vitesse du son.

Sciences et Avenir n° 652, 2001.

1. **a.** Quelles ondes mécaniques les éléphants utilisent-ils pour communiquer entre eux ? Préciser les milieux de propagation.
b. Comment sont émises et détectées ces ondes ?

2. **a.** Comment expliquer que la vitesse des ondes sismiques peut varier entre 248 et 264 $m \cdot s^{-1}$?
b. Calculer l'encadrement de la durée mise par les ondes sismiques pour parcourir 32,0 km.
c. Quelle serait la durée mise par les ondes aériennes pour parcourir la même distance ?

3. **a.** Expliquer le terme « portée » dans la phrase du texte : « la portée des ondes sismiques est supérieure à celle des ondes aériennes ».
b. En déduire l'intérêt pour les éléphants d'utiliser les ondes sismiques pour communiquer.

21 Un prototype d'usine houlomotrice

Une plate-forme amarrée au fond de la mer récupère l'énergie produite par les vagues « déferlantes ». Elle possède un réservoir central qui se remplit en brisant la houle. Ce réservoir se vide partiellement, à travers une conduite, dans une turbine qui génère de l'électricité.

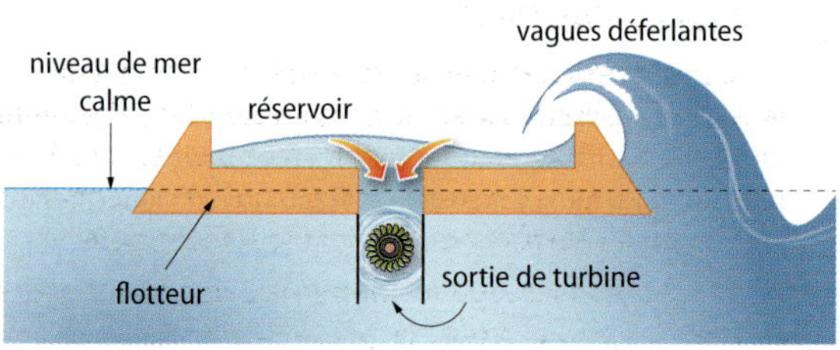

Décrire le principe de fonctionnement de cette usine houlomotrice en analysant les différents types d'énergie mis en jeu.

22 Détection d'un tsunami

Un tsunami est une vague géante ou une série de vagues, venant du fond de l'océan. Il peut être provoqué, lors d'un séisme, par le soulèvement ou l'effondrement d'une partie du fond océanique. La masse d'eau située au-dessus est alors brusquement déplacée. La perturbation ainsi créée se propage sur plusieurs centaines de kilomètres et met plusieurs minutes à plusieurs heures avant d'atteindre les côtes.

Afin d'améliorer la prévision des tsunamis en temps réel, la NOAA (Administration américaine pour les océans et l'atmosphère) a mis en place, en 1995, un réseau qui permet de détecter les mouvements du fond océanique grâce à des capteurs de pression : le signal est envoyé par onde sonore vers une bouée en surface, qui envoie immédiatement, sous forme d'onde électromagnétique, les informations au centre de contrôle d'Hawaï *via* un satellite géostationnaire.

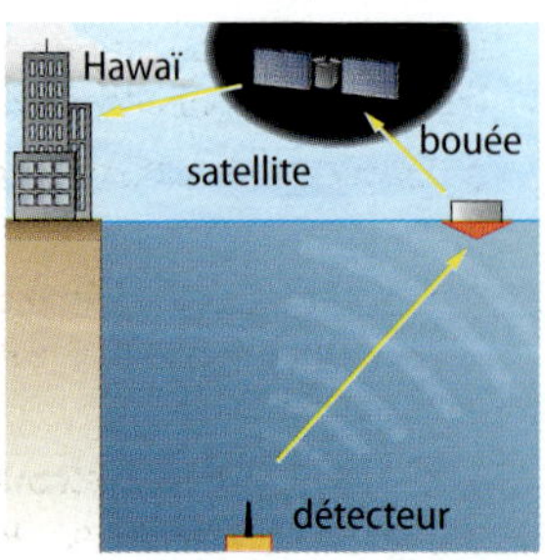

1. **a.** Identifier, au sein du dispositif décrit dans l'énoncé, les différentes ondes qui interviennent, en précisant leur milieu de propagation.
b. Ces ondes sont-elles mécaniques ?

2. **a.** Quelle est la durée Δt nécessaire à la transmission d'une information entre le capteur de pression et la bouée en surface si la distance qui les sépare est $d = 3,0$ km ?
b. La distance bouée-satellite est $D = 3,6 \times 10^4$ km. Quelle est la durée $\Delta t'$ nécessaire à la transmission d'une information entre la bouée et le satellite ?
c. En déduire l'ordre de grandeur du temps séparant la détection du tsunami et le déclenchement de l'alerte. Conclure quant à l'efficacité de ce dispositif.

Données. *Vitesse des ondes électromagnétique dans l'air :* $c = 3,0 \times 10^8\ m \cdot s^{-1}$.
Vitesse du son dans l'eau : $v_{eau} = 1,5 \times 10^3\ m \cdot s^{-1}$.

23 Casque antibruit

Dans le cadre de la prévention des risques d'exposition au bruit, le Code du travail précise qu'un employeur doit mettre à disposition des casques dès que le niveau d'intensité sonore dépasse 80 dB et que le port du casque devient obligatoire s'il dépasse 85 dB.

1. Dans un atelier, un sonomètre indique 78 dB lorsqu'il est placé à une distance $r = 1,0$ m d'une machine.
a. En déduire l'intensité sonore I correspondante.
b. Calculer la puissance sonore P de cette machine sachant que $I = P/4\pi r^2$.

2. Un ouvrier travaille à une distance $r' = 0,40$ m de cette machine.
a. Quel est le niveau d'intensité sonore auquel il est soumis ?
b. Dans ces conditions, le port d'un casque antibruit est-il inutile, conseillé ou obligatoire ?

24 L'échelle de Richter

Plusieurs échelles de magnitude ont été développées pour comparer les séismes entre eux. La grandeur M, définie par Richter en 1935, appelée désormais magnitude locale car adaptée aux séismes proches, est une échelle logarithmique de la forme $M = \log A + C$, où A est l'amplitude maximale des ondes sismiques P et C, une constante de calibration qui tient compte du type de sismomètre utilisé, de la distance entre le séisme et la station d'enregistrement, de la profondeur du séisme, de la nature du sous-sol.

Par quel facteur est multipliée l'amplitude des ondes P enregistrées par le sismomètre d'une station sismique lorsque la magnitude augmente d'une unité sur l'échelle de Richter ?

25 Les marégraphes côtiers numériques

Un marégraphe est un instrument de mesure et d'enregistrement automatique du niveau de la mer à un endroit donné. Les marégraphes côtiers numériques (MCN) sont équipés d'un capteur ultrasonore qui, placé au-dessus de la surface de l'eau, émet une courte salve d'impulsions ultrasonores puis détecte le signal réfléchi. Le temps écoulé entre l'émission et la réception du signal est traduit en hauteur d'eau.

Le capteur est placé dans un puits pour empêcher les ondes ultrasonores d'être perturbées par la houle, le vent…

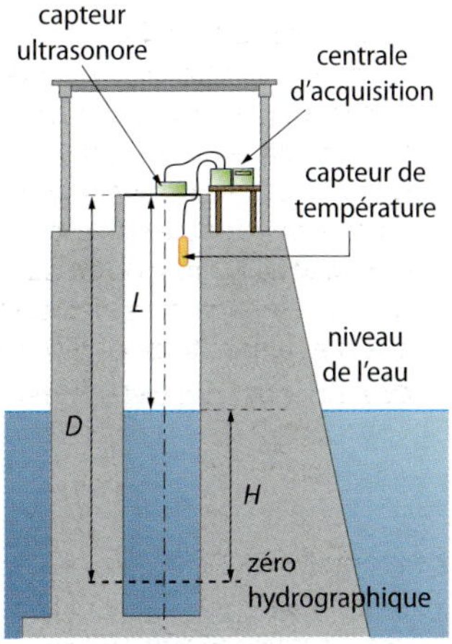

1. a. Les ondes ultrasonores sont des ondes mécaniques de compression. Définir une onde mécanique.

b. Exprimer la durée Δt écoulée entre l'émission et la réception d'une salve d'ultrasons, en fonction de L et v, où v désigne la célérité du son dans l'air.

c. La hauteur H de la marée est repérée par rapport à une référence appelée « zéro hydrographique ». Montrer que cette hauteur est liée à la durée Δt par la relation : $H = D - (v \cdot \Delta t/2)$.

2. Le capteur est placé à 10,0 m au-dessus du zéro hydrographique. On donne un extrait des hauteurs de marées mesurées le dimanche 31 juillet 2005 à Fort-Mahon (Picardie) :

Date	03 h 19	09 h 00	15 h 52	21 h 32
Hauteur	3,07 m	7,50 m	3,20 m	7,63 m

Calculer la durée Δt_1 qui a permis de calculer la hauteur d'eau à marée basse à 15 h 52. On supposera qu'au moment de cette mesure, la vitesse du son dans l'air vaut 340 m · s^{-1} et la température de l'air est $\theta_1 = 14$ °C.

3. Le même jour au Cap-Ferret (Gironde), avec une installation identique à celle de Fort-Mahon, une durée Δt_2 supérieure à Δt_1 a conduit à la même valeur de hauteur d'eau H que précédemment.

a. Dans l'expression établie à la question **1.c**, quelle est la grandeur physique responsable de la différence de la durée Δt de propagation des salves d'ultrasons entre Le Cap-Ferret et Fort-Mahon ? Justifier la réponse.

b. Justifier la présence d'un capteur de température dans le marégraphe.

26 B2i ★ Vitesses des ondes sismiques

Un séisme de forte magnitude s'est produit le 11 mars 2011 à une profondeur de 22 km au large de l'île d'Honshu (Japon) à 05 h 46 min 23 s UT (*Universal Time*). Les sismomètres des stations de détection réparties à la surface du globe ont enregistré les vibrations du sol. L'analyse des données recueillies a permis de remplir le tableau suivant, qui donne, pour quatre stations, leur distance d à l'épicentre* du séisme, ainsi que les dates t_P, t_S et t_L d'arrivée des ondes P, des ondes S et des ondes de surface L.

* *L'épicentre est le point en surface situé à la verticale du foyer du séisme.*

Station	Taïwan	Canberra	Beyrouth	Marseille
Distance d (km)	2 454	8 178	9 037	9 986
t_P (h:min:s)	05:51:16	05:57:53	05:58:36	05:59:20
t_S (h:min:s)	05:55:18	06:07:23	06:08:46	06:10:10
t_L (h:min:s)	05:57:08	06:22:12	06:26:01	06:30:11

1. a. Calculer, en utilisant par exemple un tableur, la vitesse moyenne des ondes P, S et L pour chaque station.

b. Pour chaque type d'onde, tracer le graphe de la vitesse moyenne en fonction de la distance épicentrale d.

2. a. Comparer l'évolution de la vitesse moyenne en fonction de la distance parcourue par chaque type d'onde sismique.

b. À l'aide des documents de l'activité 3, proposer une explication aux résultats précédents.

c. En particulier, critiquer le calcul de la vitesse moyenne pour les ondes P et S.

En route vers le Supérieur

27 Vitesse d'un fluide

On se propose de calculer la vitesse d'écoulement d'un fluide dans une canalisation (pétrole dans un oléoduc par exemple). Pour cela, on place en deux points A et B de la canalisation deux transducteurs sonores T_1 et T_2 pouvant fonctionner indifféremment en émetteur ou en récepteur d'ultrasons.

À l'aide d'un oscilloscope, on mesure la durée Δt que mettent les ultrasons pour parcourir la distance L qui sépare les points A et B.

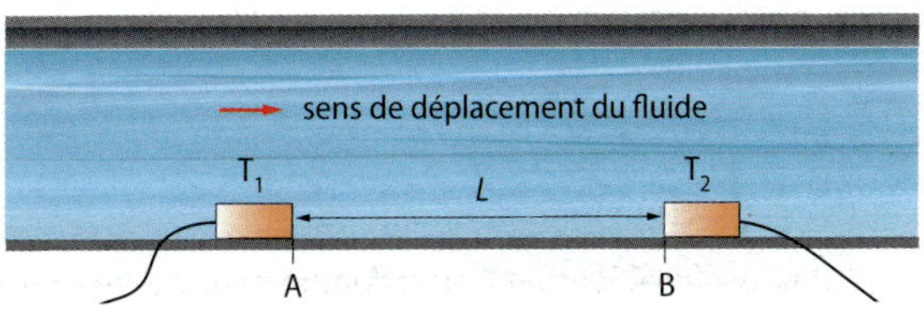

Dans le fluide au repos, les ultrasons se propagent à la vitesse v. Dans le fluide en mouvement à la vitesse u, les ultrasons se propagent :
- à la vitesse $(v + u)$ dans le sens de déplacement du fluide ;
- à la vitesse $(v - u)$ dans le sens opposé.

1. Établir l'expression littérale de la durée Δt_1 que mettent les ultrasons pour aller de A en B en fonction de L, v et u.

2. Établir une expression analogue pour la durée Δt_2 mise par les ultrasons pour aller de B vers A.

3. En déduire la différence τ entre Δt_2 et Δt_1 en fonction de L, V et u.

4. Montrer que la vitesse d'écoulement u du fluide vérifie $u \approx (\tau \cdot v^2)/(2\,L)$ en négligeant u devant la vitesse v des ultrasons dans le fluide.

5. Calculer la vitesse d'écoulement u du fluide dans la canalisation pour $L = 2{,}00$ m, $v = 1{,}5 \times 10^3$ m · s^{-1} et $\tau = 5{,}0$ µs.

Pour préparer le BAC

Énoncé type

Localisation d'un séisme

Ce sont les enregistrements des mouvements de la Terre par les sismomètres qui permettent de déterminer la localisation et la magnitude d'un séisme.
Sur le signal de la *figure 1*, enregistré à la station d'enregistrement de Draguignan le 3 août 2011, on a repéré l'arrivée d'ondes sismiques de compression, les ondes P, et celle d'ondes de cisaillement, les ondes S.

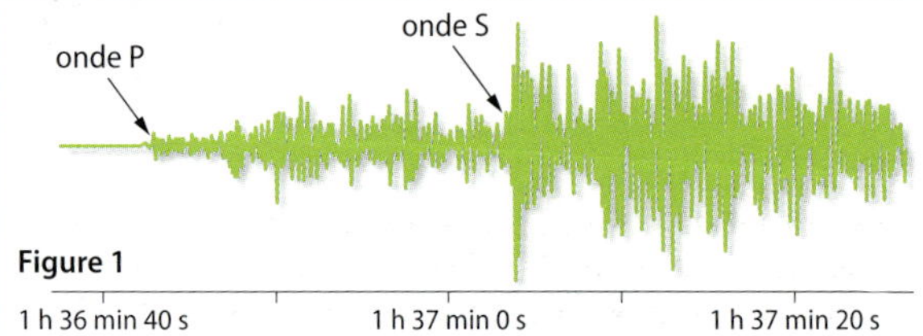

Figure 1

1. a. Expliquer les termes « ondes de compression » et « ondes de cisaillement ».

b. Comment expliquer le décalage temporel entre l'arrivée des ondes P et S ?

c. Donner les dates t_P et t_S correspondant à ces arrivées.

Pour déterminer la distance *d* entre une station d'enregistrement et l'épicentre du séisme, on utilise des hodographes *(fig. 2)*, qui sont des courbes expérimentales obtenues par l'étude des vitesses de propagation des ondes à travers le globe. Ces courbes donnent les durées de propagation des ondes P et S en fonction de *d*.

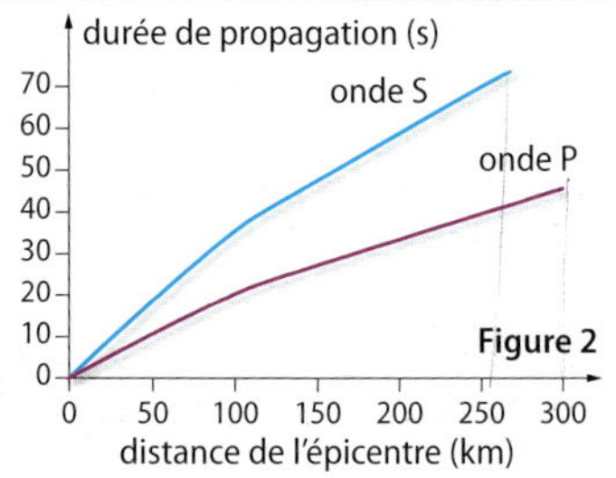

Figure 2

2. a. Les vitesses de propagation des ondes S et P sont-elles constantes ? Justifier.

b. Le sismogramme n'indique pas directement la date du séisme, ni les durées de propagation des ondes. En revanche, il permet de calculer $t_S - t_P$, c'est-à-dire la différence entre les dates d'arrivée des ondes P et des ondes S à la station.

À l'aide de la *figure 2* et de la valeur de $t_S - t_P$, évaluer la distance *d* entre l'épicentre du séisme et la station d'enregistrement du sismogramme de la *figure 1*.

c. En déduire la date t_0 du séisme.

3. a. Avec l'analyse des données d'une seule station sismique, on ne peut pas localiser le séisme. Pourquoi ?

b. Expliquer comment il est possible de déterminer la position de l'épicentre du séisme si on connaît la distance de l'épicentre à plusieurs stations d'enregistrement.

➤ Coups de pouce

1. a. Penser à comparer la direction de déformation du milieu et celle de propagation de l'onde.

2. a. S'intéresser aux grandeurs portées en abscisse et en ordonnée sur la figure 2.

b. Utiliser la figure 2 pour reporter la différence $t_S - t_P$ et en déduire la distance *d* correspondante.

3. a. Y a-t-il un seul point à la distance *d* de la station d'enregistrement ?

EXEMPLE DE **RÉSOLUTION**

1. a. Les **directions de propagation et de déformation** sont **perpendiculaires** pour des ondes de cisaillement et **colinéaires** pour les ondes de compression.

b. Les ondes P et S **ne se propagent pas à la même vitesse** à l'intérieur de la Terre, ce qui explique le décalage temporel entre l'arrivée des ondes P et S.

c. Sur le sismogramme, on lit :

t_P **= 1 h 36 min 43 s** et t_S **= 1 h 37 min 4 s.**

2. a. Elles ne sont pas constantes, car **la distance *d* parcourue par l'onde n'est pas proportionnelle à la durée de propagation.** Si tel était le cas, les hodographes seraient des droites.

b. $t_S - t_P$ = 1 h 37 min 4 s – 1 h 36 min 43 s = 21 s.
Sur la figure 2, on lit que pour $t_S - t_P$ = 21 s : ***d* ≈ 150 km.**

c. Sur l'hodographe des ondes P, on lit que pour *d* ≈ 150 km, $t_P - t_0$ = 28 s et comme t_P = 1 h 6 min 43 s, on en déduit que :

t_0 **= 1 h 6 min 15 s.**

3. a. Le lieu des points à la distance *d* d'une station est un **cercle** ayant pour rayon la distance épicentrale *d* et comme centre la station.

b. La position de l'épicentre se trouvera à l'**intersection des cercles** ayant pour centre les stations et pour rayon les distances épicentrales de chaque station. Plus il y a de stations et plus la détermination sera précise, mais il faut au moins trois stations.

Pour préparer le BAC

Les compétences évaluées

- Connaître les manifestations des ondes mécaniques dans la matière.
- Comprendre l'émission et la détection d'une onde mécanique.
- Connaître et exploiter la relation liant le niveau d'intensité sonore à l'intensité sonore.

Énoncé type

Le téléphone « pot de yaourt »

À l'ère du téléphone portable, il est encore possible de communiquer avec un système bien archaïque…

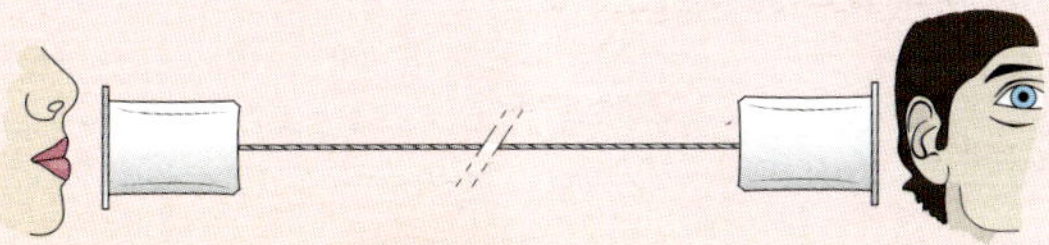

Figure 1

L'onde sonore produite par le premier interlocuteur fait vibrer le fond du pot de yaourt, le mouvement de va-et-vient de celui-ci, imperceptible à l'œil, crée une perturbation qui se propage le long du fil. Cette perturbation fait vibrer le fond du second pot de yaourt et l'énergie véhiculée par le fil peut être ainsi restituée sous la forme d'une onde sonore perceptible par un second protagoniste.

1. Identifier, au sein du dispositif décrit dans l'énoncé, l'émetteur, les différents milieux de propagation, ainsi que le récepteur des ondes sonores.

2. Un fil légèrement élastique peut être modélisé par un ressort à spires non jointives. Les schémas suivants illustrent les deux modes de déformation d'un ressort.

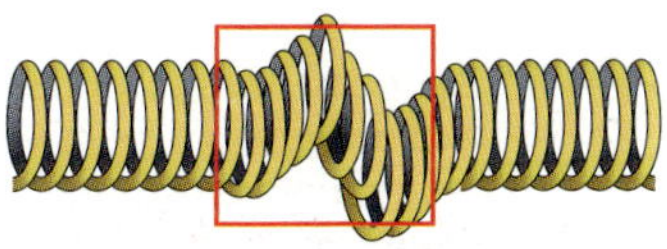

Figure 2

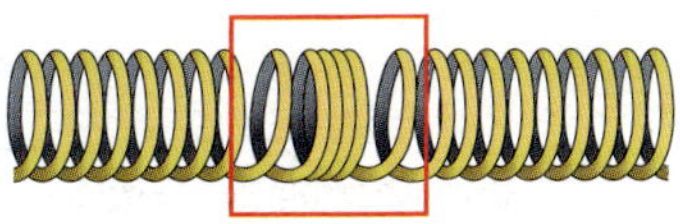

Figure 3

Attribuer à chacun les termes d'onde de compression-dilation et d'onde de cisaillement.

3. Pour connaître l'intensité sonore du son recueilli au niveau du second pot de yaourt, on remplace l'oreille du second protagoniste par un sonomètre. Celui-ci indique 34 dB.

a. Quelle est la grandeur mesurée par le sonomètre ?

b. Donner la relation liant le niveau d'intensité sonore à l'intensité sonore.

c. En déduire l'intensité sonore du son recueilli au niveau du second pot de yaourt.

Donnée. *Seuil d'audibilité à 1 kHz :* $I_0 = 1{,}0 \times 10^{-12}\ W \cdot m^{-2}$.

➤ Coups de pouce

1. Après avoir identifié l'émetteur et le récepteur, faire un bilan de tous les milieux matériels qui interviennent.

2. Comparer la direction de déformation du milieu et celle de propagation de l'onde.

3. a. On peut utiliser le fait que la grandeur lue sur le sonomètre s'exprime en dB.

b. Penser à définir les grandeurs qui interviennent dans la relation liant le niveau sonore à l'intensité sonore.

c. La fonction logarithme décimal et la fonction puissance de 10 sont des fonctions réciproques.

EXEMPLE DE **RÉSOLUTION**

1. Au niveau de la bouche du premier interlocuteur, l'air est mis en vibration par les **cordes vocales** (émetteur). De cette source, l'onde sonore se propage d'abord dans l'**air**, ensuite dans le **fond du premier pot de yaourt**, dans le **fil**, dans le **fond du second pot de yaourt** et enfin dans l'**air**. Les vibrations de l'air contenu dans ce second pot vont être transmises sous forme de signal électrique au cerveau du second protagoniste par son **oreille**, qui est un récepteur d'ondes sonores.

2. Sur la **figure 2**, la direction de la perturbation (ici la verticale) est perpendiculaire à la direction de propagation de l'onde (ici l'horizontale). Il s'agit d'une **onde de cisaillement**.

Sur la **figure 3**, la direction de la perturbation est dans la direction de propagation de l'onde, il s'agit d'une **onde de compression-dilatation**.

3. a. Le sonomètre mesure le **niveau d'intensité sonore**.

b. Le niveau d'intensité sonore L (exprimé en décibel, dB) d'un son d'intensité I est donné par la relation :

$L = 10 \log (I/I_0)$ où I_0 est l'intensité sonore du seuil d'audibilité.

c. $L = 10 \log (I/I_0)$ donc $I = I_0 \cdot 10^{L/10}$

A.N. : $I = 1{,}0 \times 10^{-12} \times 10^{34/10}$

Donc $\boxed{I = 2{,}5 \times 10^{-9}\ W \cdot m^{-2}}$

Avant d'aborder la séquence 3

Évaluation diagnostique

Pour chaque situation présentée, proposer une réponse en argumentant.

Situation 1

Pour traquer les idées fausses

Lorsqu'il souffle à la surface des mers, des océans ou même des lacs, le vent provoque la formation de vagues.

Le vent peut-il être considéré comme une onde ?

▶ Activité 1, p. 50

Situation 2

Pour amorcer la réflexion

Un synthétiseur est un instrument de musique électronique qui permet de reproduire les sonorités d'instruments de musique existants, ou de créer des sons nouveaux.

Qu'est-ce qui différencie deux sons différents correspondant à la même note jouée par un synthétiseur ?

▶ Activité 2, p. 51

Situation 3

Pour vérifier l'indispensable

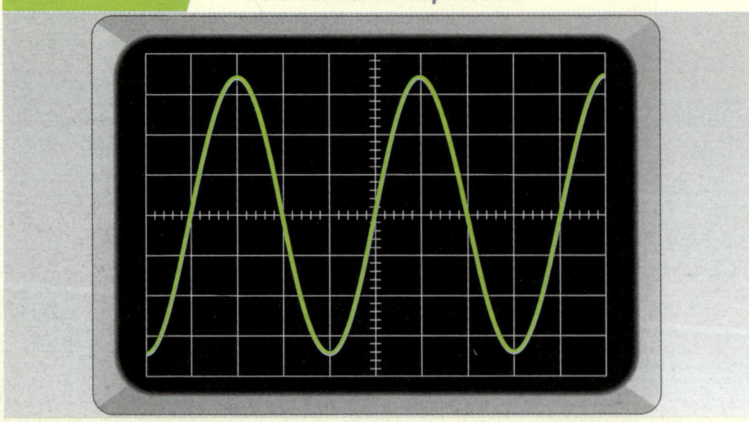

Une tension sinusoïdale est visualisée aux bornes d'un oscilloscope, dont la sensibilité horizontale a pour valeur 5 ms · div^{-1}.

Quelle est la période T de cette tension ? Quelle est sa fréquence f ?

▶ Activités 2 à 4, p. 51 à 53

Caractéristiques des ondes

Le cri des oiseaux se propage tandis que leur mouvement crée des rides circulaires à la surface de l'eau.

Les acquis des classes précédentes

- Une **onde** est la propagation d'une perturbation sans transport de matière.
- Un phénomène qui se reproduit à l'identique au bout d'un même intervalle de temps est qualifié de **périodique**.
- La **fréquence** f (en Hz) et la **période** T (en s) d'un phénomène périodique sont reliées par la relation : $f = 1/T$.
- Une **onde sonore** se propage par une suite de compressions et de dilatations du milieu de propagation.

Les compétences à acquérir

1. **Étudier** le phénomène de propagation d'une onde.
2. **Décrire** une onde progressive sinusoïdale.
3. **Analyser** une onde sonore.

→ **Culture scientifique**
Analyse d'un son musical

Activité 1

Activité de découverte

La « ola »

La « ola », bien connue des sportifs et des spectateurs présents dans certains grands stades, est un terme apparu en 1986 à l'occasion de la Coupe du monde de football au Mexique.

Compétences scientifiques évaluées
- Communiquer et argumenter en utilisant un vocabulaire scientifique adapté.
- Extraire une information utile.

Étude de documents

Une ola à Roland-Garros

Arthur, jeune garçon de 10 ans, est passionné de tennis. Pour son anniversaire, ses parents lui ont offert une place sur le court central Philippe-Chatrier pour assister à un match du tournoi de Roland-Garros.

En rentrant chez lui, il raconte sa journée et, plus particulièrement, sa première participation à une ola (Fig. 1). Ses propos sont les suivants :

« Au changement de côté, à l'autre bout du central, des spectateurs se sont levés ensemble et ont tendu et bougé leurs bras, puis ils se sont assis. Les personnes à côté d'eux ont fait de même et puis, petit à petit, la vague est arrivée vers moi, sur ma droite. Je me suis levé aussi, j'ai tendu mes bras et je me suis rassis. Tous mes voisins ont fait comme moi sur une rangée allant de bas en haut du court. Il y a eu trois olas complètes pendant ce changement de côté, l'ambiance était super, et le match aussi. »

Au tennis, la durée maximale pour les changements de côté est d'une minute et trente secondes. Le court central Philippe-Chatrier peut être assimilé à un rectangle de 80 mètres de long sur 60 mètres de large.

Fig. 1 Lors d'une ola, les spectateurs d'un événement sportif se lèvent les uns après les autres.

Propagations transversale et longitudinale

Au passage d'une perturbation se déplaçant horizontalement, un ressort peut se déformer transversalement (Fig. 2 ⓐ) ou longitudinalement (Fig. 2 ⓑ) par rapport à l'horizontale.

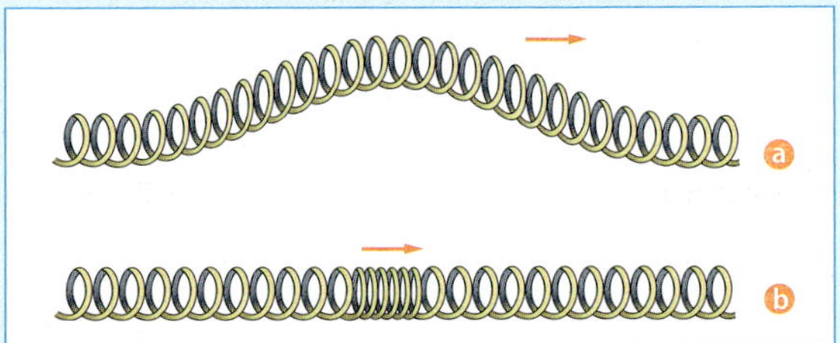

Fig. 2 ⓐ : la déformation des spires du ressort est perpendiculaire à la direction de déplacement de la perturbation ; ⓑ : la déformation des spires du ressort est parallèle à la direction de déplacement de la perturbation.

Pistes de réflexion

1 **a.** Comment est créée la perturbation générant une ola ?

b. Dans quel milieu se propage-t-elle ?

c. Cette « vague » se déplace-t-elle avec ou sans transport de matière ?

2 **a.** Quelle est la durée d'une ola qui effectue le tour du court central ?

b. Calculer le périmètre du court. En déduire la vitesse moyenne d'une ola dans ce court, qui peut contenir environ 15 000 spectateurs.

3 **a.** Quelle est la direction de propagation de la ola ?

b. Le mouvement des spectateurs est-il parallèle ou perpendiculaire à cette direction ?

c. La propagation de la perturbation est-elle longitudinale ou transversale ?

Pour conclure

4 **a.** Une perturbation qui se propage dans un milieu matériel, sans transport de matière, est qualifiée d'onde mécanique progressive.

Une ola peut-elle être considérée comme une onde mécanique progressive ?

b. À partir des questions précédentes, dégager les trois caractéristiques principales d'une onde mécanique progressive.

Activité 2

Activité documentaire

Donnons le *la*

Compétences scientifiques évaluées
- Extraire une information utile.
- Associer un modèle à un phénomène.

Chaque instrument de musique possède une sonorité qui lui est propre : la même note jouée par deux instruments différents n'est ainsi pas perçue par l'oreille de la même manière.

Étude de documents

Avant de jouer toute œuvre musicale, les musiciens d'un orchestre accordent leur instrument. Par tradition, c'est le joueur de hautbois (ou le pianiste) qui donne le *la*, permettant ainsi au premier violon puis à tous les musiciens de s'accorder. « Donner le *la* » signifie que l'on donne une note de référence, le *la*, également appelé « la_3 » ou « *la* 440 », qui permet à chaque instrument une fois accordé de produire un son harmonieux. Cette note peut aussi être produite par un instrument nommé diapason, qui peut être électronique ou mécanique.

À l'aide d'un microphone relié à la carte son d'un ordinateur, on peut enregistrer des sons pour les traiter éventuellement à l'aide d'un logiciel adapté. Il est ainsi possible d'obtenir, pour le son enregistré, son spectre en fréquence, c'est-à-dire la représentation des différentes amplitudes des signaux périodiques qui composent le signal en fonction de leur fréquence.

Il a ainsi été enregistré, sur des durées équivalentes de 10 ms, le *la* 440 émis par un diapason **(Fig. 1)**, par un piano **(Fig. 2)**, puis par une flûte **(Fig. 3)**.

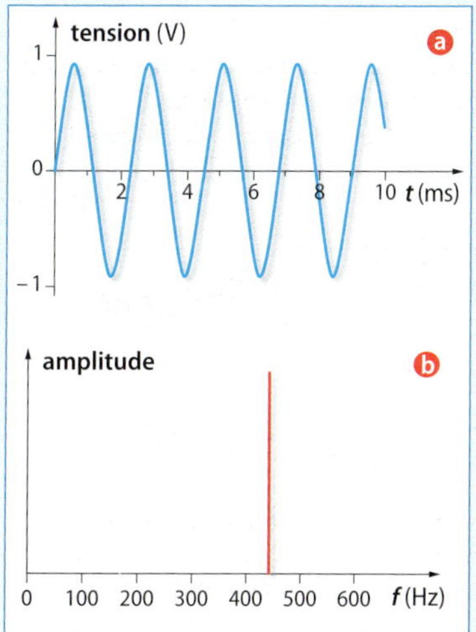

Fig. 1 ⓐ Enregistrement et ⓑ spectre en fréquence du *la* 440 du diapason.

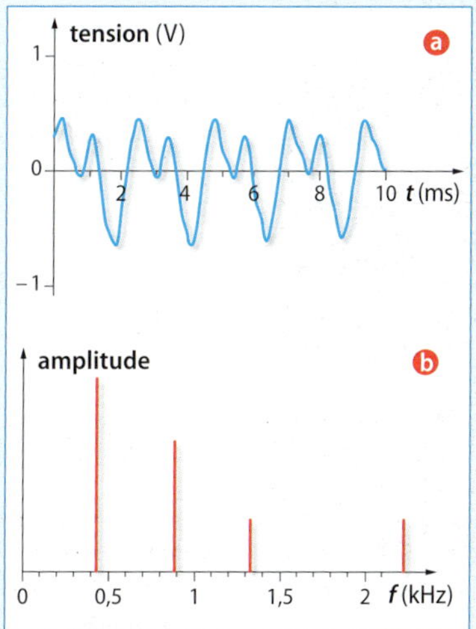

Fig. 2 ⓐ Enregistrement et ⓑ spectre en fréquence du *la* 440 du piano.

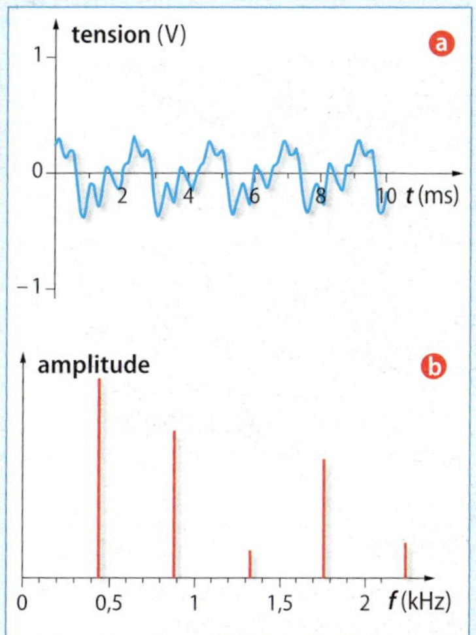

Fig. 3 ⓐ Enregistrement et ⓑ spectre en fréquence du *la* 440 de la flûte.

Pistes de réflexion

1 Quelle est l'allure du signal émis par le diapason ?

2 **a.** Comment mesurer sa période T le plus précisément possible ?

b. Déterminer T, puis en déduire la fréquence f de ce son.

3 Comparer cette fréquence à celle donnée par le seul pic du spectre en fréquence. Justifier le nom donné au « *la* 440 ».

4 Quelle est l'allure des signaux émis par le piano et par la flûte ?

5 **a.** Mesurer la période de ces deux sons et en déduire leur fréquence.

b. La note jouée par ces instruments est-elle la même que celle produite par le diapason ?

6 Retrouve-t-on cette valeur de la fréquence sur les spectres en fréquence du piano et de la flûte ? Quelle est sa particularité par rapport aux autres pics ?

7 **a.** Pour quelles valeurs de fréquence obtient-on des pics sur les spectres en fréquence du piano et de la flûte ?

b. Quelle relation existe-t-il entre ces valeurs ?

Pour conclure

8 **a.** Le son produit par un diapason est qualifié de pur. Proposer une définition d'un « son pur ».

b. Le son joué par une flûte ou un piano est qualifié de complexe. Proposer une définition de « son complexe ».

Activité 3

Démarche d'investigation

Compétences scientifiques évaluées
- Mettre au point un protocole ou une stratégie.
- Identifier les paramètres jouant un rôle dans un phénomène physique.

Le coup du fil de téléphone

À l'heure des smartphones, intéressons-nous à un type de téléphone beaucoup plus simple et bien plus ancien : le téléphone à ficelle.

Pour commencer (situation déclenchante)

Voici un extrait de l'ouvrage du scientifique français Théodose du Moncel (1821-1884), *Le Microphone, le Radiophone et le Phonographe*, paru en 1882.

Suivant M. Preece, le document le plus ancien où cette transmission du son à distance soit formulée d'une manière un peu nette remonte à l'année 1667, comme il résulte d'un écrit d'un certain Robert Hooke, qui dit à ce propos : « On n'a pas encore examiné à fond jusqu'où pouvaient atteindre les moyens acoustiques, ni comment on pourrait impressionner l'ouïe par l'intermédiaire d'autres milieux que l'air, et je puis affirmer qu'en employant un fil tendu, j'ai pu transmettre instantanément le son à une grande distance et avec une vitesse sinon aussi rapide que celle de la lumière, du moins incomparablement plus grande que celle du son dans l'air. Cette transmission peut être effectuée non seulement avec le fil tendu en ligne droite, mais encore quand ce fil présente plusieurs coudes. »

Les téléphones à ficelle sont constitués par des tubes cylindro-coniques en métal ou en carton, dont un bout est fermé par une membrane tendue de parchemin, au centre de laquelle est fixée par un nœud la ficelle ou le cordon destiné à les réunir. Quand deux tubes de ce genre sont ainsi réunis et que le fil est bien tendu, comme on le voit (Fig. 1), il suffit qu'une personne applique un de ces tubes contre l'oreille et qu'une autre personne parle très près de l'ouverture de l'autre tube, pour que toutes les paroles prononcées par cette dernière soient immédiatement transmises à l'autre. [...] Il paraîtrait que la grosseur et la nature des fils exercent une certaine influence.

Fig. 1 Utilisation d'un téléphone à ficelle.

Investigation

La nature du fil utilisé a-t-elle vraiment une influence sur la transmission du son d'un « téléphone à ficelle » ?

Quelques idées (hypothèses)

– Sonia : « *Comme le son passe par le fil, la qualité du son dépend de la qualité du fil !* »

– Enki : « *Le fil canalise le son, quel que soit le fil.* »

– Margot : « *Pour répondre, il faudrait voir si le son transmis change quand on change de fil…* ».

Expérience (recherche de validation)

Matériel
- générateur de fonction relié à un haut-parleur • micro • oscilloscope • 2 gobelets en matière plastique • fils en nylon (type fil de pêche) et en coton ou en laine de 5 mètres • supports verticaux • mètre ruban

- Réaliser un téléphone à ficelle à l'aide du matériel disponible.
- Vérifier si la parole est bien transmise.

1 Proposer, à l'aide du matériel mis à disposition, un protocole permettant :

a. d'afficher les signaux émis et reçu sur l'écran de l'oscilloscope.

b. de modifier la nature et la longueur du fil.

- Régler le générateur pour obtenir un signal sinusoïdal de fréquence $f = 300$ Hz.
- Chercher la longueur minimale du fil utilisé pour obtenir un oscillogramme semblable à celui représenté sur la figure 2.

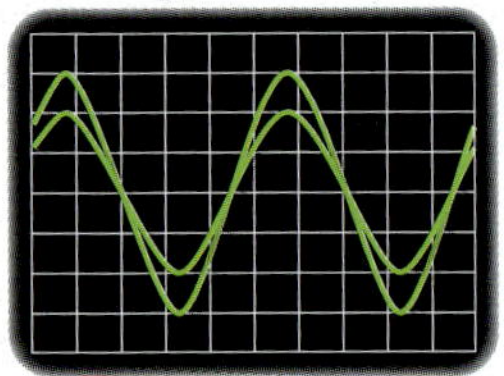

Fig. 2 Oscillogramme attendu.

2 **a.** Que peut-on dire de la période des deux signaux ?

b. La mesurer et en déduire la valeur de leur fréquence f'.

c. La comparer à f. Conclure.

3 Comment pourrait-on expliquer que l'amplitude du signal reçu soit plus faible que celle du signal émis ?

- Allonger le fil de manière à ce que le signal reçu se décale, sur l'écran de l'oscilloscope, exactement d'une durée égale à celle de la période mesurée.

4 **a.** Mesurer la longueur ℓ de fil ajouté.

b. Quelle est la vitesse v du son dans ce fil pour parcourir la longueur ℓ, pendant une période ?

- Utiliser un autre fil dans les mêmes conditions

5 **a.** L'amplitude du signal reçu est-elle modifiée ?

b. En utilisant une méthode identique à la précédente, déterminer la vitesse du son dans cet autre fil.

Pour conclure

6 **a.** B2i À l'aide d'une recherche, éventuellement sur Internet, donner les valeurs de la vitesse du son dans l'air à 25 °C et de la vitesse de la lumière dans l'air, connues en 1667.

b. Comparer la valeur de la vitesse v du son calculée précédemment à ces valeurs. Les propos de Robert Hooke sont-ils exacts ?

7 Quel fil est-il préférable d'utiliser ? Expliquer pourquoi.

Activité 4

TP Activité expérimentale

Animation

Des ondes de longueur variable

Compétences expérimentales évaluées
- Réaliser un montage expérimental.
- Analyser un résultat expérimental.

Depuis l'invention en 1883, par le physiologiste anglais Francis Galton, du sifflet à ultrasons, ces ondes ont connu de très nombreuses applications.

Principe

Les ultrasons sont des ondes mécaniques dont les fréquences varient entre 20 kHz et 1 GHz. Au-delà de cette bande de fréquences, on trouve les hypersons, et en deçà, les sons audibles et les infrasons.

L'utilisation des ultrasons a pris son essor au cours de la Première guerre mondiale, où Paul Langevin, physicien français, eut l'idée de les utiliser pour détecter la présence de sous-marins. De nos jours, les applications des ultrasons sont variées et essentiellement liées au sondage acoustique, comme dans la technique de l'échographie utilisée pour le diagnostic médical, ou celle de la microscopie acoustique, employée dans la recherche scientifique et dans l'industrie. La microscopie acoustique permet de fournir des vues de la constitution interne de certains matériaux (Fig. 1) qui ne laissent passer que les ultrasons et pour lesquels la microscopie optique ne peut être utilisée.

Fig. 1 Une puce électronique vue au microscope acoustique.

Ces différentes techniques de sondage reposent sur les propriétés des ultrasons, qui ne détruisent pas la matière sondée, et dont la longueur d'onde, en choisissant une fréquence adaptée, se rapproche des dimensions du milieu. En effet, les fréquences utilisées pour l'échographie sont de l'ordre du mégahertz, alors qu'elles sont voisines du gigahertz pour la microscopie acoustique.

On cherche ici à déterminer expérimentalement la longueur d'onde d'ondes ultrasonores.

Mise en œuvre au laboratoire

Matériel
- émetteur d'ultrasons de fréquence réglable et son alimentation • règle graduée au millimètre • récepteur d'ultrasons • oscilloscope

- Alimenter l'émetteur d'ultrasons par une source de tension externe, puis le relier aux bornes de l'oscilloscope.
- Choisir la fréquence la plus faible.
- Régler l'oscilloscope afin d'obtenir sur l'écran une (ou deux) période(s).

1 **a.** Mesurer la période T_1 du signal. En déduire la valeur de sa fréquence f_1.

b. Procéder de même pour déterminer la fréquence maximale f_2 générée par l'émetteur.

2 Cette gamme de fréquences correspond-elle à une onde ultrasonore ?

- Réaliser le montage représenté ci-dessous (Fig. 2).

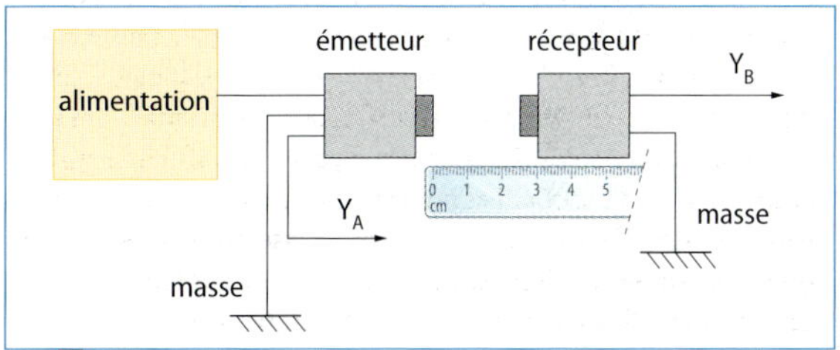

Fig. 2 Montage expérimental.

- Régler l'oscilloscope de manière à obtenir les mêmes sensibilités pour les deux voies.

3 La fréquence du signal reçu est-elle la même que f_1 ?

- Déplacer le récepteur afin que les deux signaux coïncident. On dit alors que ces signaux sont en phase.

4 Noter la graduation x_1 correspondant à cette situation.

- Éloigner le récepteur vers la droite, parallèlement à la règle.

5 **a.** Comment évolue la courbe liée au signal enregistré par ce récepteur ?

b. Noter la position x_2 quand les deux signaux sont à nouveau en phase.

Exploitation

6 Quel est, par rapport à x_1, le retard de l'onde ultrasonore quand le récepteur est en x_2 ?

7 La distance $x_2 - x_1$ est appelée la longueur d'onde. Elle se note λ et s'exprime en mètre.

a. Proposer un protocole permettant de déterminer avec précision la longueur d'onde λ_1 de cette onde ultrasonore.

b. Déterminer de la même manière la longueur d'onde λ_2 de l'onde ultrasonore de fréquence f_2.

Pour conclure

La vitesse des ultrasons dans l'air est $v = 340 \text{ m} \cdot \text{s}^{-1}$.

8 **a.** Quelle est la durée mise par l'onde pour parcourir une distance égale à sa longueur d'onde ?

b. Quelle est la relation entre la célérité d'une onde, sa fréquence et sa longueur d'onde ?

Cours

1 Propagation d'une onde

› Activité 1

Onde mécanique progressive à une dimension

Une onde mécanique progressive est le phénomène de **propagation d'une perturbation** dans un milieu matériel, sans qu'il y ait pour autant transport de matière.

Repère

C'est la **perturbation** qui se propage mais, par abus de langage, on dit aussi que « l'onde se propage ».

Une onde mécanique progressive à une dimension est une onde qui ne se propage que dans une seule direction.

Les ondes mécaniques se propageant le long d'un ressort (Fig. 1 ⓐ) ou d'une corde (Fig. 1 ⓑ) ne se déplacent que dans une seule direction : celle de la corde ou du ressort. Elles sont donc à une dimension.

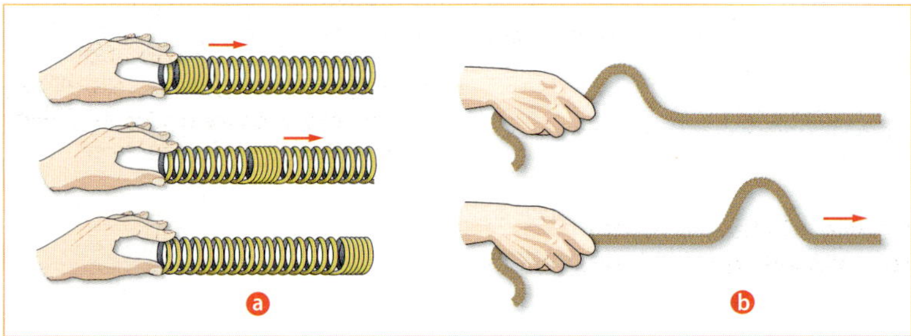

Fig. 1 Propagation d'une onde le long ⓐ d'un ressort et ⓑ d'une corde.

Lorsque la perturbation a la même direction que celle de la propagation de l'onde, l'onde est dite **longitudinale** (Fig. 1 ⓐ). Lorsqu'elle a une direction perpendiculaire, l'onde est dite **transversale** (Fig. 1 ⓑ).

Retard

On considère une perturbation qui reste identique à elle-même lors de sa propagation. À l'instant t, le front de l'onde est en M. À l'instant t', il est en M′. La perturbation s'est déplacée d'une distance d entre les deux instants t et t' (Fig. 2). Le point M′ va reproduire exactement le mouvement du point M avec un « retard » $\tau = t' - t$.

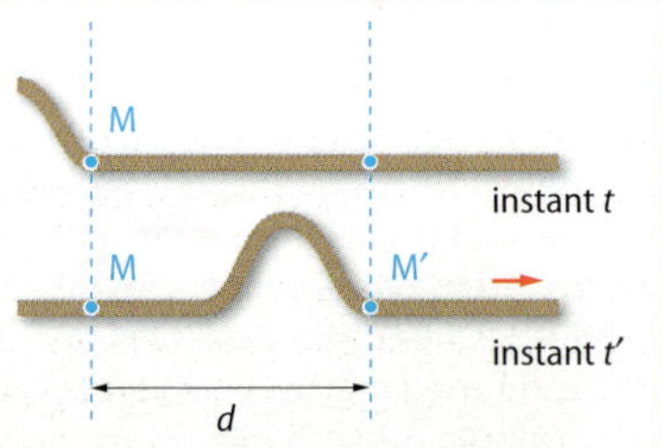

Fig. 2 Déplacement d'une perturbation le long d'une corde entre deux instants.

La perturbation lors d'une propagation d'une onde est la même en M à l'instant t qu'en M′ à l'instant $t' > t$. La grandeur $\tau = t' - t$ est appelée le retard.

Célérité

La célérité, ou vitesse de propagation, d'une onde mécanique progressive exprime le **déplacement par unité de temps** de la perturbation.

Vocabulaire

Célérité : ce terme est souvent employé pour désigner la vitesse d'une onde. Il permet d'insister sur le fait qu'il n'y a pas propagation de matière.

La célérité (ou vitesse de propagation) d'une onde mécanique progressive est donnée par la relation :

$$v = \frac{d}{\tau}$$

- v, célérité de l'onde en $m \cdot s^{-1}$
- d, distance parcourue par la perturbation en m
- τ, durée pour parcourir la distance d (ou retard) en s

➥ Exercices 1 à 5

2 Ondes progressives sinusoïdales

› Activités 3 et 4

Onde sinusoïdale

Une onde mécanique progressive est qualifiée de **périodique** si la perturbation qu'elle génère en un point quelconque du milieu est périodique.

Une onde progressive périodique est qualifiée de sinusoïdale si, en chaque point du milieu, la grandeur caractérisant la perturbation créée par l'onde est une fonction sinusoïdale du temps (Fig. 3).

Fig. 3 Un ébranlement à la surface de l'eau peut provoquer la propagation d'une onde sinusoïdale sur une certaine durée.

Période et fréquence

La **période** T d'un phénomène périodique est le plus petit intervalle de temps au bout duquel le phénomène se reproduit identique à lui-même. Sa **fréquence** f est le nombre de fois que le phénomène se reproduit à l'identique en 1 seconde.

Pour un phénomène périodique, $f = 1/T$ avec f, fréquence en Hz (hertz) et T, période en s.

En chaque point du milieu de propagation, la perturbation créée par une onde mécanique progressive périodique a la **même période** que la vibration de la source qui émet l'onde.

Exemple

Un papillon tombé à l'eau bat des ailes à raison de 5 battements par seconde, générant ainsi une onde progressive de fréquence 5 Hz. La période correspondante est de $T = 1/5 = 0{,}2$ s.

Longueur d'onde

On considère une onde mécanique progressive périodique se déplaçant avec une célérité constante v. Au cours d'une période T, elle s'est propagée d'une distance $v \cdot T$. Cette distance est appelée **longueur d'onde** et se note λ.

La longueur d'onde λ est reliée à la célérité v de l'onde mécanique progressive et à sa période temporelle T par la relation :

$v = \lambda/T$, où v s'exprime en $m \cdot s^{-1}$; λ, en m et T, en s.

Par conséquent, deux points du milieu de propagation distants d'une longueur d'onde vibrent **en phase** (ensemble et de la même manière) (Fig. 4). C'est pourquoi on qualifie la longueur d'onde de **période spatiale**.

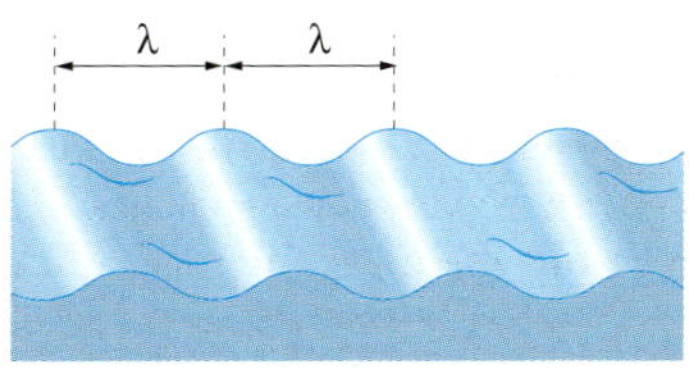

Fig. 4 Longueur d'onde λ d'une onde progressive sinusoïdale à la surface de l'eau.

La longueur d'onde λ est la plus petite distance séparant deux points qui vibrent en phase (ensemble et de la même manière).

Exemple

Les dauphins sont capables d'émettre et de capter des ultrasons leur permettant de se localiser par écho (Fig. 5). Ils émettent ainsi des ondes progressives sinusoïdales de fréquence 50 kHz, qui se propagent dans l'eau avec une célérité de 1 500 $m \cdot s^{-1}$. La longueur d'onde correspondante est :

$$\lambda = 1\,500 \times \frac{1}{50 \times 10^3} = 3{,}0 \times 10^{-2}\ m = 3{,}0\ cm$$

Fig. 5 Un dauphin se repère dans l'espace grâce aux ondes ultrasonores.

Exercices 6 à 9

3 Ondes sonores

› Activité 2

Son et ultrason

Un son est un phénomène périodique de nature ondulatoire. La vibration d'un émetteur sonore, comme celle d'un haut-parleur, engendre une suite de compressions et de dilatations de l'air qui se propage jusqu'à faire vibrer le tympan de l'oreille, ce que le cerveau interprète ensuite comme un son.

Une onde sonore est un phénomène périodique qui se propage par une suite de compressions et de dilatations du milieu de propagation (Fig. 6). Elle nécessite un support matériel et ne se propage donc pas dans le vide : c'est une onde mécanique progressive.

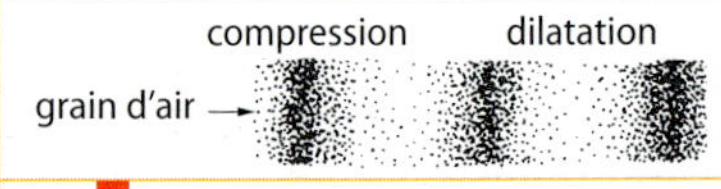

Fig. 6 Schématisation d'une onde sonore.

Un microphone permet de transformer un **signal sonore** en **signal électrique** analogique.

Les variations de tension obtenues en sortie du microphone sont **analogues** aux variations de la pression acoustique captées au niveau du microphone, qui sont continues dans le temps. La fréquence de ce signal électrique permet une première caractérisation de l'onde sonore.

Le domaine des fréquences audibles concernant les sons se situe, selon les individus et leur âge, entre 20 et 20 000 Hz. Au-delà d'une fréquence de 20 000 Hz, on parle d'ultrasons (Fig. 7).

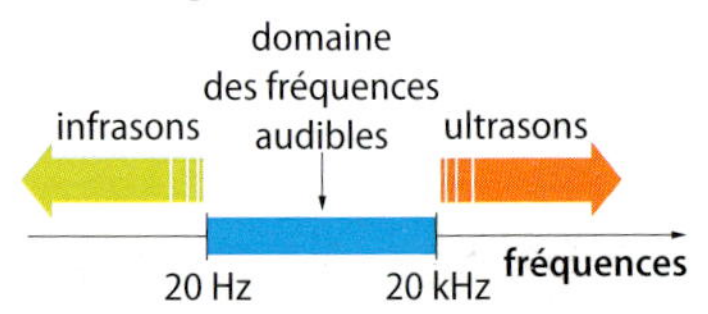

Fig. 7 Domaines de fréquences des ondes sonores.

Les sons de fréquence inférieure à 20 Hz sont appelés **infrasons**.

Dans le domaine des fréquences audibles, les fréquences faibles correspondent aux sons graves et les fréquences élevées, aux sons aigus.

Analyse spectrale

Pour accorder son instrument de musique, on peut utiliser un diapason qui, en vibrant, émet un « la_3 ». L'onde sonore produite est une onde progressive sinusoïdale. Le signal électrique obtenu à l'aide d'un microphone qui capte ce son est un signal parfaitement sinusoïdal (Fig. 8 a) : on dit que le son est **pur**.

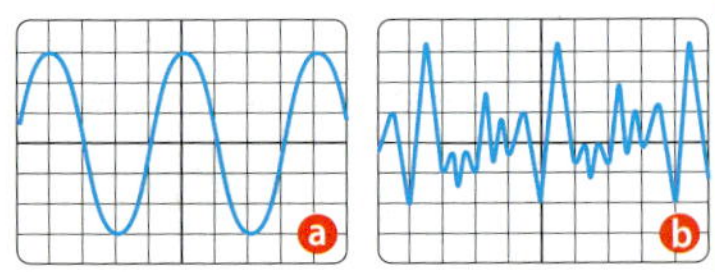

Fig. 8 Signal a d'un son pur et b d'un son complexe.

Le signal électrique correspondant au son d'une voix ou d'un instrument de musique comme une guitare est un signal périodique, mais n'est pas parfaitement sinusoïdal (Fig. 8 b) : on dit que le son est **complexe**.

Pour comprendre la constitution d'un son complexe, on réalise une **analyse spectrale** du signal.

Une analyse spectrale est la représentation de l'amplitude relative d'un signal en fonction de la fréquence.

Cette représentation est appelée **spectre en fréquence**. Le spectre en fréquence d'un son pur se traduit par un seul pic (Fig. 9 a) ; celui d'un son complexe est constitué de plusieurs pics, qui sont régulièrement espacés pour un son harmonieux (Fig. 9 b), et répartis aléatoirement pour un bruit.

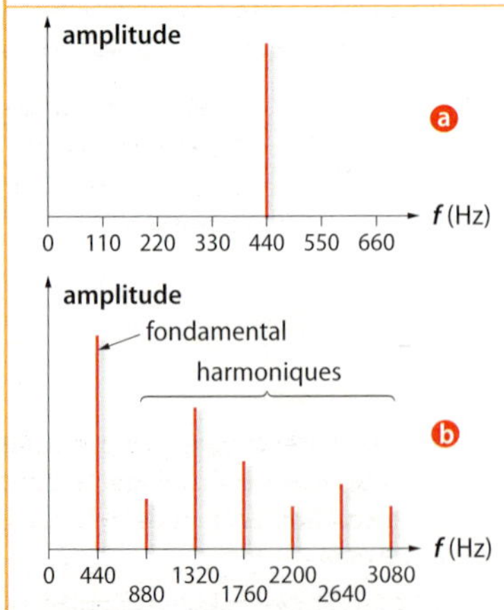

Fig. 9 Analyse spectrale du « la_3 » a d'un diapason et b d'une guitare.

Hauteur et timbre

La même note la_3 émise par le diapason et par une corde d'une guitare produit des signaux de même fréquence : 440 Hz.

La hauteur d'un son est la fréquence du signal correspondant, appelée fréquence fondamentale ou fondamental.

L'analyse spectrale de ces signaux montre que le « la_3 » a un spectre en fréquence constitué d'un seul pic pour le diapason et de plusieurs pics pour une corde de guitare (Fig. 9).

Le timbre d'un son dépend de la présence et de l'importance, dans le spectre de fréquences, de pics appelés harmoniques (Fig. 10).

Dans le spectre en fréquence d'un son, le **fondamental** correspond à la hauteur du son et les **harmoniques**, aux multiples de cette fréquence.

➡ Exercices 10 à 14

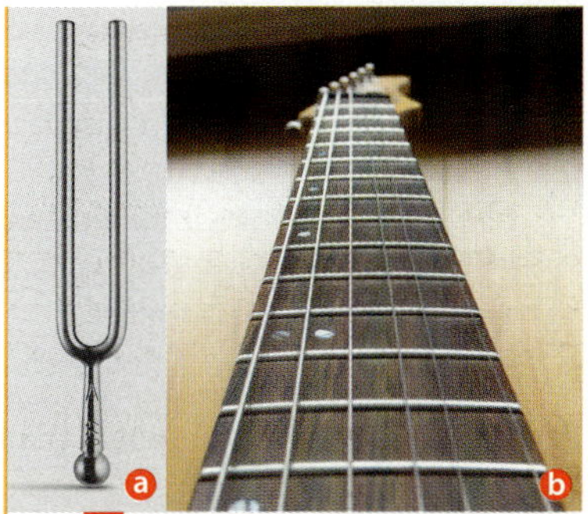

Fig. 10 Un diapason ⓐ et une guitare ⓑ peuvent émettre des sons de même hauteur mais de timbres différents.

Les compétences à acquérir

1 Étudier *le phénomène de propagation d'une onde*

- Une onde mécanique progressive **à une dimension** est une onde qui ne se propage que **dans une seule direction**. Elle est longitudinale quand la perturbation a la même direction que celle de la propagation de l'onde, transversale quand elle a une direction perpendiculaire.
- La perturbation lors d'une propagation d'une onde est la même en M à l'instant t qu'en M′ à l'instant $t' > t$. La grandeur $\tau = t - t'$ est appelée le **retard**.
- La **célérité**, ou **vitesse de propagation**, d'une onde mécanique progressive est donnée par la relation :

$v = \dfrac{d}{\tau}$	v, célérité de l'onde en $m \cdot s^{-1}$ d, distance parcourue par l'onde en m τ, durée pour parcourir la distance d (ou retard) en s

2 Décrire *une onde progressive sinusoïdale*

- Une onde progressive périodique est **sinusoïdale** si, en chaque point du milieu, la grandeur caractérisant la perturbation créée par l'onde est une fonction sinusoïdale du temps.
- Pour un phénomène périodique, $f = 1/T$, avec f, fréquence en Hz (hertz) et T, période en s.
- La **longueur d'onde** λ est la plus petite distance séparant deux points qui vibrent en phase (ensemble et de la même manière).

$v = \dfrac{\lambda}{T}$	v, célérité de l'onde en $m \cdot s^{-1}$ λ, longueur d'onde en m T, période en s

3 Analyser *une onde sonore*

- Une onde sonore nécessite un **support matériel** et ne se propage donc pas dans le vide. C'est une onde mécanique progressive.
- Le domaine des fréquences audibles des sons se situe entre 20 et 20 000 Hz. Au-delà, ce sont les **ultrasons**.
- Dans le domaine des fréquences audibles, les fréquences faibles correspondent aux sons **graves** et les fréquences élevées, aux sons **aigus**.
- Une **analyse spectrale** est la représentation de l'**amplitude** relative d'un signal en fonction de la **fréquence**.
- La **hauteur** d'un son est la fréquence du signal correspondant. Le **timbre** d'un son dépend de la présence et de l'importance des pics dans le spectre en fréquence.
- Dans le spectre en fréquence d'un son, le **fondamental** correspond à la hauteur du son et les **harmoniques**, aux multiples de cette fréquence.

Exercices

Compétence 1

› Étudier le phénomène de propagation d'une onde

1 VRAI ou FAUX ?

Corriger, si nécessaire, les affirmations suivantes.

❶ On parle d'onde mécanique progressive pour une onde qui se propage dans la matière.

❷ Une perturbation à la surface d'une eau calme produit une onde progressive à une dimension.

❸ Le retard est la durée que met une perturbation avant de commencer à se propager.

❹ La célérité d'une onde est sa vitesse de propagation dans le vide.

❺ La valeur du retard dépend de la célérité de l'onde et de la distance parcourue par la perturbation.

2 Notion de retard

Le document suivant présente la propagation d'une perturbation le long d'une corde.

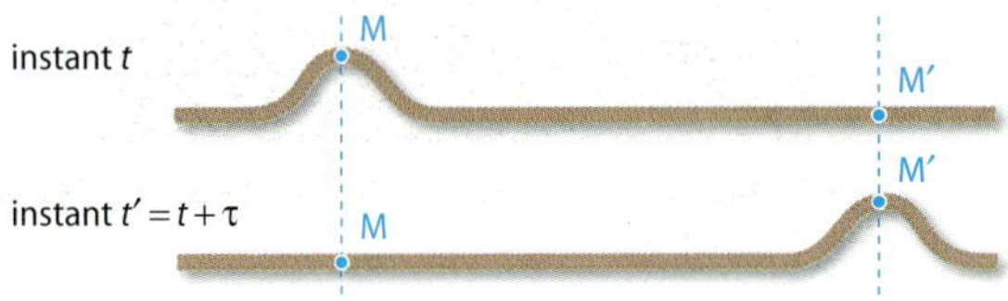

1. a. Pourquoi peut-on parler d'onde progressive à une dimension ?

b. Dans quel sens se déplace l'onde ?

2. a. Que représente la durée τ ?

b. On appelle d la distance séparant les points M et M′. Quel paramètre faut-il connaître pour pouvoir calculer d ? Quelle est alors la relation obtenue ?

c. La perturbation au point M′ est celle qui se trouvait en M à l'instant :

ⓐ $t' = t + \tau$; ⓑ $t' = t - \tau$; ⓒ $t = t' - \tau$; ⓓ $t = t' + \tau$.

d. Pourquoi τ est-il appelé « retard » de l'onde ? Justifier.

e. Comment calculer ce retard entre deux points M et M′ ?

3 La ola

Dans des gradins, les milieux de chaque siège sont distants d'un mètre. Une ola est générée à la date $t = 0$: le personnage assis à la position $x = 0$ déclenche la ola en se levant, puis en s'asseyant. À la date $t = 2$ s, elle a parcouru 2 m. On obtient la situation suivante.

1. a. À quelle vitesse se déplace la ola ?

b. Avec quel retard par rapport à l'instant initial le personnage placé à la position $x = 7$ m va-t-il se lever et s'asseoir ?

2. a. Reproduire la situation du dessin, en ne représentant que les nombrils des différents personnages, dont on admettra qu'ils ont la même taille.

b. Représenter, les uns au-dessus des autres, les positions des nombrils aux dates $t_1 = 2$ s, $t_2 = 7$ s et $t_3 = 11$ s (les nombrils des spectateurs assis sont sur une même droite).

3. La propagation de la ola simule-t-elle la propagation d'une onde mécanique progressive ?

4 Onde le long d'un fil

Afin de mesurer la célérité des ondes le long d'un fil, on réalise le montage suivant.

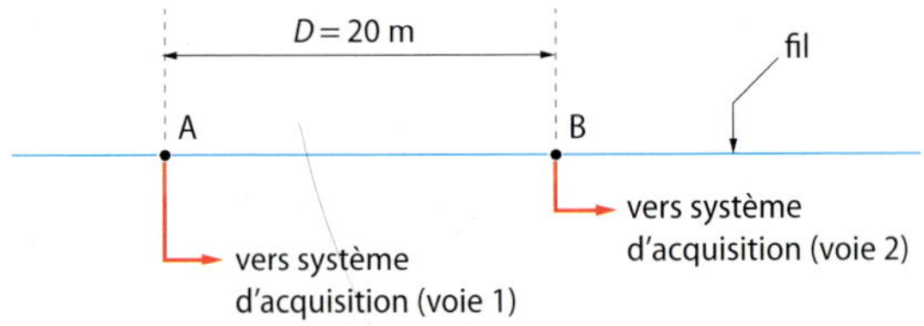

Deux capteurs, reliés aux points A et B sur le fil, enregistrent l'amplitude de cette perturbation au cours du temps :

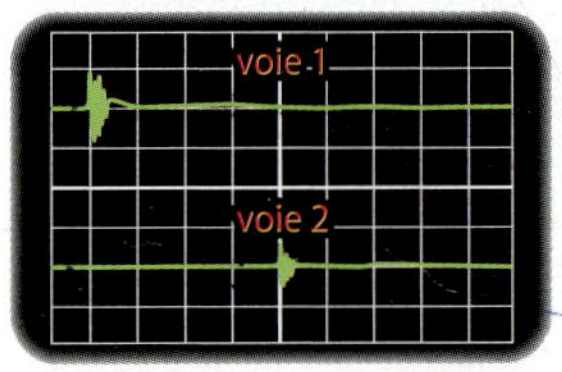

Sensibilité verticale : 1 mV · div^{-1}

Sensibilité horizontale : 5 ms · div^{-1}

1. Déterminer avec quel retard τ, par rapport au point A, le point B est atteint par le signal.

2. Donner l'expression de la célérité v de l'onde sur ce fil, en fonction de D et de τ. Calculer sa valeur.

5 Célérité d'une onde le long d'une corde

Une onde se propage le long d'une corde élastique tendue horizontalement. On représente la situation à deux instants ⓐ et ⓑ, séparés d'une durée $\Delta t = 165$ ms.

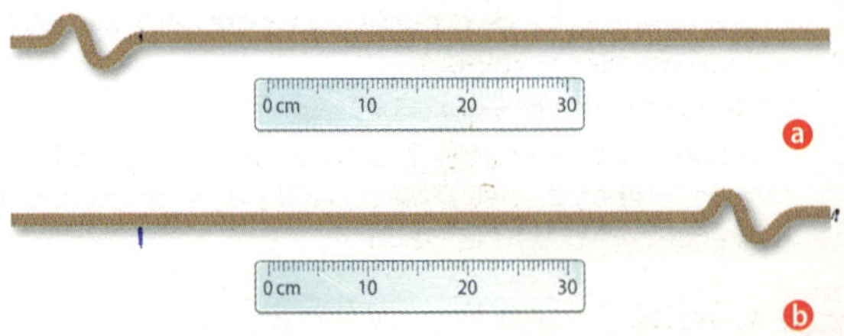

1. Que dire des directions de la propagation de l'onde et du mouvement d'un point de la corde ? Qualifier l'onde.

2. Mesurer la distance franchie par l'onde progressive au cours de la durée Δt.

3. Calculer la célérité v de l'onde le long de la corde.

Compétence 2

› *Décrire une onde progressive sinusoïdale*

6 **QCM**

Indiquer la (ou les) bonne(s) réponse(s).

1 Une onde sinusoïdale est une onde :
- a dont la grandeur qui caractérise la perturbation est une fonction sinusoïdale du temps ;
- b produite par un signal électrique ;
- c périodique.

2 La longueur d'onde est la distance :
- a parcourue par une perturbation en une seconde ;
- b entre deux points qui vibrent en phase ;
- c parcourue par une perturbation pendant une période.

3 La relation entre la longueur d'onde λ et la célérité v est :
- a $v = \lambda \cdot f$, où f est la fréquence de l'onde ;
- b $\lambda = v \cdot T$, où T est la période de l'onde ;
- c $v = \lambda \cdot T$, où T est la période de l'onde.

7 **Vagues à la surface de la mer**

La photographie ci-dessus a été prise, à un instant précis, depuis un hélicoptère au-dessus de la mer. Les vagues constituent une onde mécanique progressive.

1. a. Que peut-on dire de la disposition relative des crêtes des vagues ?
b. Comment appelle-t-on la distance entre deux crêtes ?

2. L'hélicoptère, tout en faisant du surplace, descend un sauveteur par l'intermédiaire d'un treuil et d'un câble dans l'eau. Le sauveteur reçoit donc sur son corps, au cours du temps, les vagues les unes après les autres.
a. Que peut-on dire de la durée qui sépare deux vagues successives pour le sauveteur ?
b. Comment appelle-t-on cette durée ?

3. Quelle relation existe-t-il entre la période spatiale et la période temporelle de l'onde mécanique progressive périodique que constituent les vagues ?

8 **Célérité**

1. À l'aide d'un vibreur, on crée des ondes progressives sinusoïdales de fréquence f à la surface de l'eau. Le phénomène observé possède une longueur d'onde λ.
a. Définir la longueur d'onde λ.
b. Quelle relation existe-t-il entre la longueur d'onde λ, la fréquence f et la célérité v des ondes observées ?

2. On étudie le document photographique suivant :

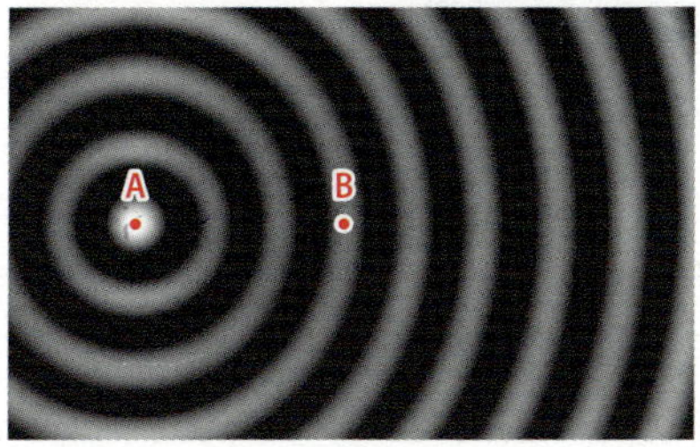

Déterminer le plus précisément possible la longueur d'onde λ_1 et calculer la célérité v_1 des ondes. Pour cette expérience, la fréquence des vibrations est $f_1 = 8{,}0$ Hz.

Donnée. *Échelle : AB = 3 cm.*

3. Une deuxième expérience est réalisée à une fréquence $f_2 = 17$ Hz.

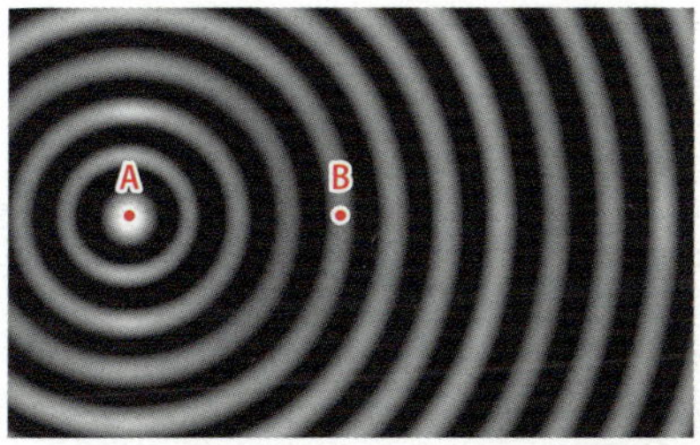

Montrer, à l'aide du document, que la célérité des ondes varie avec leur fréquence.

EXERCICE **RÉSOLU**

9 **Jeter l'ancre**

Arrivant dans un port, un bateau jette l'ancre, entraînant ainsi la formation d'ondes circulaires.

Le schéma ci-contre représente la position du front de l'onde (début de la déformation de l'eau) à deux instants t_1 et t_2 tels que : $t_2 - t_1 = 3{,}0$ s.

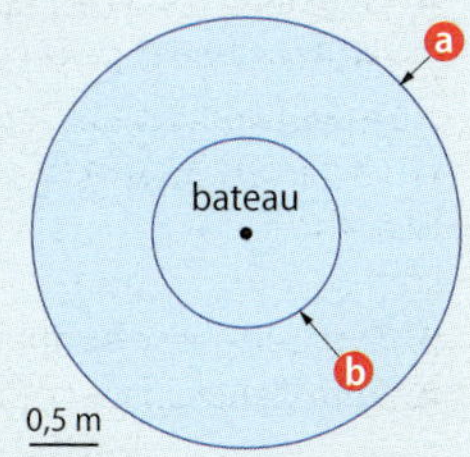

1. Associer à chaque position ⓐ ou ⓑ du front de l'onde l'instant t_1 ou t_2 correspondant.

2. Déterminer la célérité v de l'onde.

Aides et méthodes
1. Identifier le sens de propagation de l'onde.
2. Respecter l'échelle donnée par le document.

Solution

1. Le front d'onde s'est propagé de ⓑ vers ⓐ.
Or, $t_2 - t_1 = 3{,}0$ s, donc $t_2 > t_1$.
On en déduit que la date t_1 est associée à la position ⓑ et que la date t_2 est associée à la position ⓐ.

2. $v = d/\tau$ avec $\tau = t_2 - t_1 = 3{,}0$ s et d, distance entre les positions ⓐ et ⓑ. Or, $d = 2 \times 0{,}5 = 1{,}0$ m.
Donc $v = 1{,}0/3{,}0 = 0{,}33\ \text{m} \cdot \text{s}^{-1}$.

Exercices

Compétence 3

› *Analyser une onde sonore*

10 VRAI ou FAUX ?

Corriger, si nécessaire, les affirmations suivantes.

1. Une onde sonore peut se propager dans le vide.
2. Les ultrasons sont des ondes sonores.
3. Les ondes sonores audibles de hautes fréquences correspondent aux sons aigus.
4. Le spectre en fréquence d'un son pur se traduit par un pic.
5. La hauteur d'un son est liée à son niveau d'intensité sonore.

11 Caractéristiques des ondes sonores

Camille réalise les observations suivantes.

- *Aucun signal sonore ne nous parvient du Soleil, alors qu'il s'y déroule en permanence de gigantesques explosions.*
- *Une bougie est placée devant un haut-parleur qui émet un son très grave. La flamme se rapproche et s'éloigne alternativement de la membrane du haut-parleur, mais elle n'oscille pas dans la direction perpendiculaire.*

Quelles sont les caractéristiques des ondes sonores qui découlent de ces deux observations ?

12 Analyse d'un son reçu

On étudie le son restitué par un récepteur radio à l'aide d'un microphone relié à un système d'acquisition informatisé. On obtient le graphe ci-dessous.

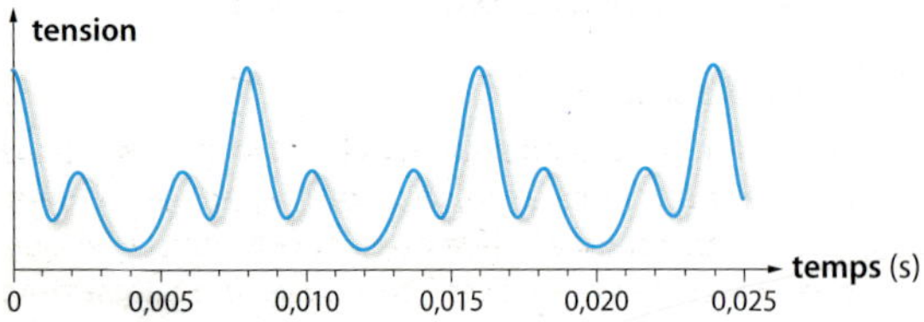

1. Déterminer la hauteur du son.
2. Un logiciel d'analyse spectrale permet ensuite d'obtenir le diagramme suivant.

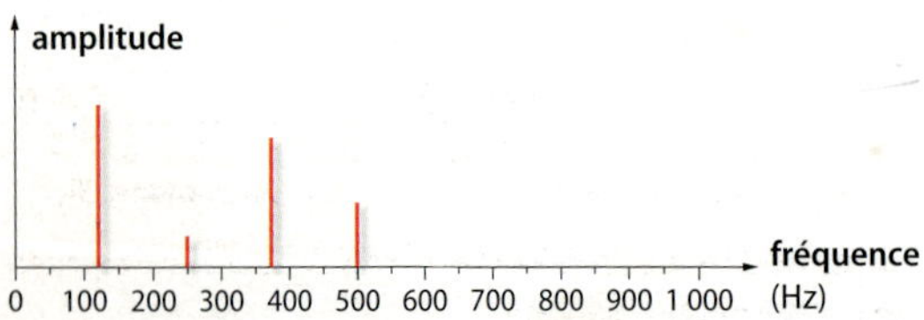

Que représentent les fréquences apparaissant sur ce spectre ?

3. L'analyse par le même dispositif d'un autre son donne le diagramme ci-après.

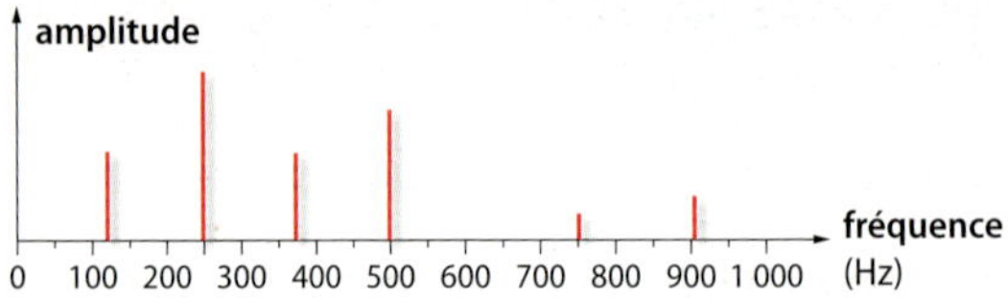

En déduire le point commun et la différence entre ce son et le précédent.

13 A violin playing a note

Here's the frequency spectrum of a violin playing a note :

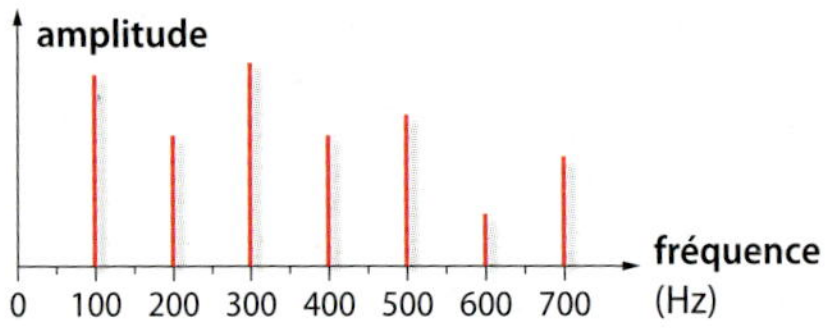

1. Is it a frequency spectrum of a complex sound?
2. What is the frequency of the fundamental?
3. **a.** What is the frequency of the second peak?
b. What is the relation between the frequency of the fundamental and the frequency of the second peak?

14 Étude de la note émise par un piano

Le pianiste, en appuyant sur la touche do_4, frappe la corde associée par l'intermédiaire d'un marteau. Celle-ci oscille librement. On effectue l'enregistrement de la tension électrique aux bornes d'un microphone placé à côté de la corde oscillante. On obtient l'enregistrement simplifié ci-dessous :

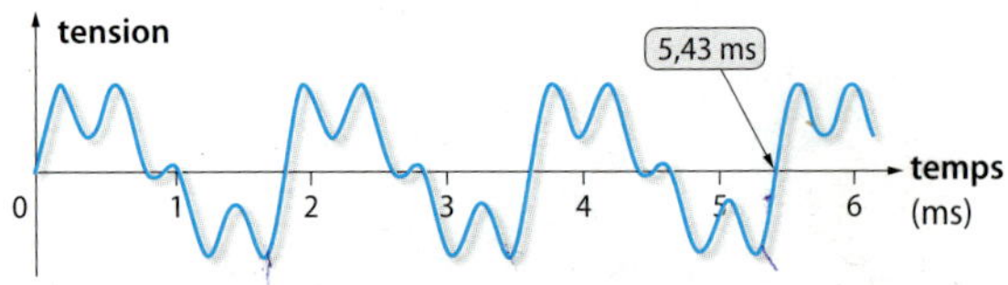

1. Déterminer la fréquence correspondant à la hauteur du son émis parmi les valeurs suivantes :
ⓐ : 184 Hz ; ⓑ : 276 Hz ; ⓒ : 552 Hz ; ⓓ : 1 104 Hz.
2. Déterminer le spectre en fréquence correspondant au son émis par la corde de piano, parmi les propositions suivantes.

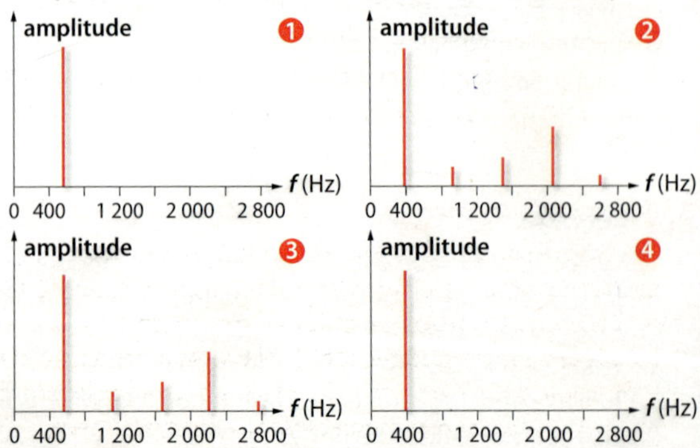

Exercices de synthèse

Pour préparer le BAC

Donnée. Célérité des ondes sonores dans l'air : $v = 340\ m \cdot s^{-1}$.

15 Mesure de la vitesse du son

L'une des expériences historiques permettant de déterminer la célérité du son dans l'air a été réalisée en 1822 près de Paris, sur ordre du Bureau des Longitudes. Présenté ci-dessous, l'extrait du *Traité élémentaire de physique* (1836) de Monsieur l'abbé Pinault relate cette expérience.

> Les deux stations que l'on avait choisies étaient Villejuif et Montlhéry. À Villejuif, le capitaine Boscary fit déposer, sur un point élevé, une pièce de six[1], avec des gargousses[2] de deux et trois livres de poudre.
>
> À Montlhéry, le capitaine Pernetty fit déposer une pièce de même calibre, avec des gargousses de même poids. Les expériences furent faites de nuit et commencèrent à onze heures du soir, le 21 et le 22 juin 1822. De Villejuif on apercevait très distinctement le feu de l'explosion de Montlhéry et vice versa : le ciel était serein et à peu près calme. La température de l'atmosphère était de 15,9 degrés Celsius. Les coups de canon des deux stations opposées étaient réciproques, de sorte que les résultats ne fussent pas influencés par le vent.
>
> Chacun des observateurs notait sur son chronomètre le temps qui s'écoulait entre l'apparition de la lumière et l'arrivée du son. On peut prendre 54,6 secondes entre le temps moyen que le son mettait à passer d'une station à l'autre. Les deux canons étaient à une distance de 9 549,6 toises[3].
>
> 1. Pièce de canon.
> 2. Charge de poudre.
> 3. Unité de longueur ancienne qui correspond à 1,949 m.

Aides au calcul :

$\frac{9\,549{,}6}{1{,}949\,0} = 4\,899{,}7$; $9\,549{,}6 \times 1{,}949\,0 = 18\,612$

$\frac{4\,899{,}7}{54{,}6} = 89{,}7$; $\frac{54{,}6}{18\,612} = 293 \times 10^{-5}$; $\frac{18\,612}{54{,}6} = 341$

1. Les ondes sonores sont des ondes mécaniques longitudinales.
a. Définir une onde mécanique.
b. Que signifie le caractère longitudinal de l'onde sonore ?

2. En utilisant les valeurs mesurées par les observateurs, calculer la valeur de la célérité des ondes sonores, notée v_{exp}.

3. D'après le texte, pour les observateurs, de quel(s) paramètres(s) dépend *a priori* la célérité du son ?

4. Les observateurs déclenchent leur chronomètre à l'apparition de la lumière. Quelle durée négligent-ils ? Pourquoi est-ce raisonnable ?

16 Coup de cymbale

Trois microphones M_1, M_2 et M_3 sont alignés de telle manière que les distances M_1M_2 et M_2M_3 valent respectivement 2,00 m et 3,00 m. Les signaux électriques correspondant aux sons reçus par les microphones sont enregistrés grâce à un ordinateur. Fatia donne un coup de cymbale devant le premier micro M_1 puis lance immédiatement l'enregistrement.

Les courbes obtenues sont représentées ci-après :

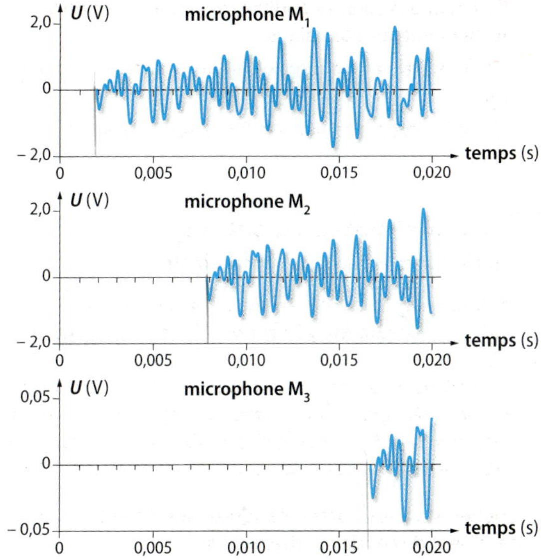

1. Comment peut-on déterminer la célérité de l'onde sonore à l'aide des courbes obtenues ?

2. Effectuer le calcul de la célérité de l'onde sonore pour la distance M_1M_2, puis pour la distance M_2M_3.

3. Les résultats obtenus sont-ils cohérents ?

17 Être en phase

On dispose de deux microphones M_1 et M_2 placés à la même distance *d* d'un diapason, que l'on frappe. On obtient les courbes représentées ci-dessous et l'on remarque que les signaux sont en phase, c'est-à-dire qu'ils sont superposables.

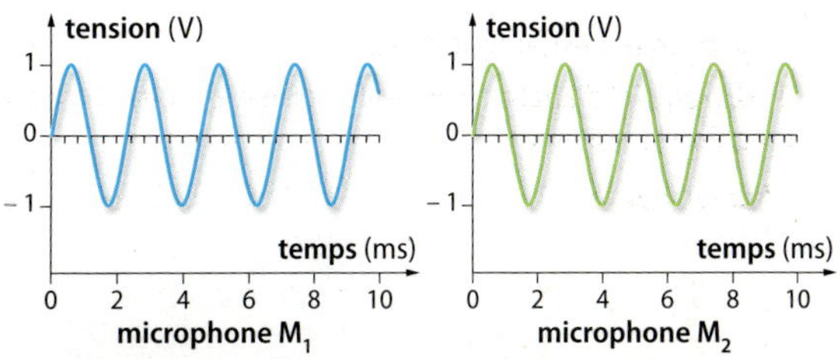

1. a. Déterminer la période du son émis par le diapason.
b. En déduire sa hauteur.

2. a. Représenter le spectre en fréquence du signal obtenu à l'aide d'un microphone.
b. Pourquoi dit-on que le son émis par un diapason est pur ?

On cherche maintenant à calculer la célérité de l'onde. On éloigne le microphone M_2 peu à peu, jusqu'à ce que les courbes soient de nouveau en phase. On réitère l'opération jusqu'à compter cinq positions pour lesquelles les courbes sont en phase. La distance D entre les deux microphones est alors égale à 3,86 m.

3. Pourquoi compte-t-on plusieurs positions plutôt qu'une seule ?

4. a. Définir la longueur d'onde.
b. Déduire de l'expérience sa valeur numérique.

5. Calculer alors la célérité de l'onde.

18 Étude sur une cuve à ondes

On laisse tomber une goutte d'eau sur une cuve à ondes. Le fond de la cuve à ondes présente un décrochement, de telle sorte que l'onde créée par la chute de la goutte d'eau se propage d'abord à la surface de l'eau dont l'épaisseur au repos est e_1 = 3 mm, puis à la surface de l'eau dont l'épaisseur au repos est e_2 = 1 mm (document **a**). On filme la surface de l'eau à l'aide d'une webcam. Le clip vidéo est réalisé avec une fréquence de 24 images par seconde.

Le document **b** représente les positions du front de l'onde créée par la chute de la goutte d'eau, repérées sur les images 1, 7, 8 et 14 du clip.

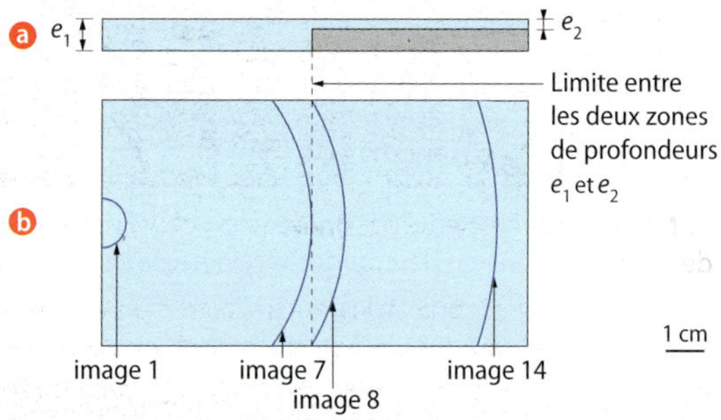

1. Donner les définitions d'une onde transversale et d'une onde longitudinale. À quelle catégorie appartient l'onde créée par la goutte d'eau sur la cuve à ondes ?

2. Calculer la célérité v de cette onde pour les deux épaisseurs d'eau.

3. Comment varie, dans cet exemple, la célérité de l'onde en fonction de l'épaisseur de l'eau ?

19 Émission et réception ultrasonores

Un émetteur et un récepteur d'ultrasons sont placés côte à côte face à une paroi réfléchissante. L'émetteur émet des salves d'ultrasons. Les tensions de sortie de l'émetteur et du récepteur sont observées sur l'écran d'un oscilloscope et sont données sur la figure ci-contre.

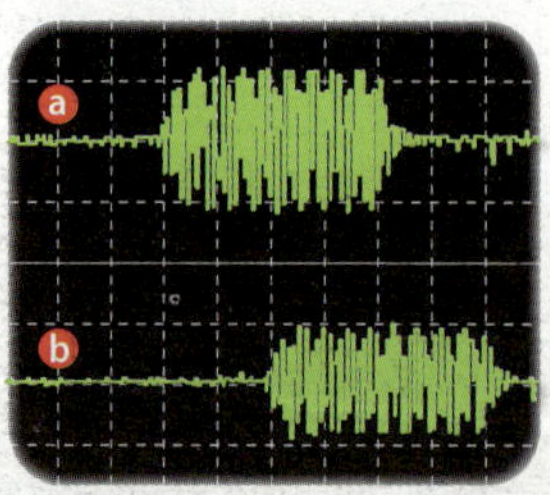

Donnée. *Coefficient de balayage horizontal : 1,0 ms · div⁻¹.*

1. a. Qu'appelle-t-on des ultrasons ?
b. En quoi une onde ultrasonore est-elle une onde mécanique progressive ?

2. a. Quel signal observé à l'oscilloscope correspond à l'émetteur ? au récepteur ?
b. Quel est le retard entre le récepteur et l'émetteur ?

3. a. Quelle est la distance qui sépare l'émetteur et le récepteur de la paroi réfléchissante ?
b. En déduire une application possible des ultrasons.

20 Hauteur d'eau

À l'aide d'une grande éprouvette, d'un émetteur, d'un récepteur d'ultrasons et d'un dispositif d'acquisition, on cherche à mettre en œuvre le principe de la mesure de la hauteur d'eau par ultrasons. Le dispositif est schématisé ci-contre. D est la hauteur de l'éprouvette.

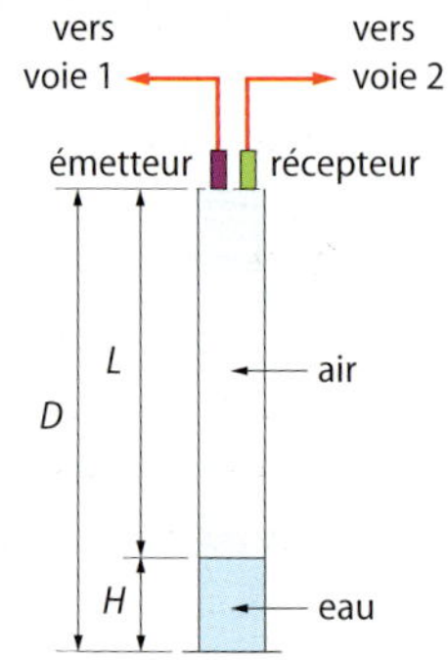

L'émetteur émet des salves courtes d'ultrasons et le récepteur détecte le signal réfléchi par la surface de l'eau. La durée Δt écoulée entre l'émission et la réception du signal peut être traduite en hauteur d'eau H.

Ce principe est utilisé pour mesurer l'importance des marées par des marégraphes.

Donnée. *D = 43 cm.*

1. a. Exprimer Δt en fonction de L et v, où v désigne la célérité des ultrasons dans l'air.
b. Établir l'expression de H en fonction de D, v et Δt.

2. L'enregistrement obtenu apparaît sur le document ci-dessous.

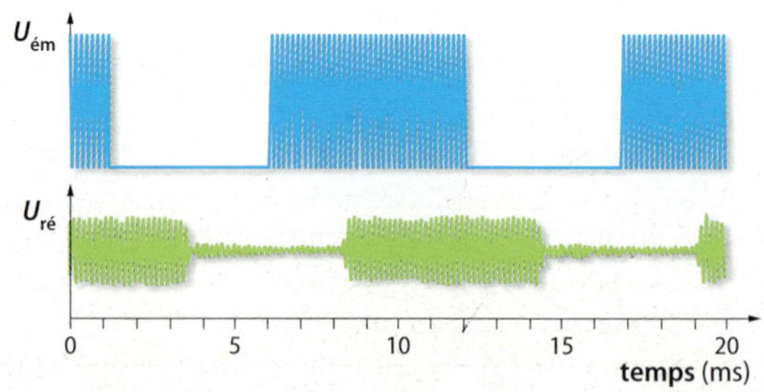

Les tensions $U_{ém}$ et $U_{ré}$ correspondent aux tensions acquises respectivement aux bornes de l'émetteur et du récepteur. Pour faciliter la lecture, on a placé les deux graphes l'un sous l'autre.

Calculer la hauteur H d'eau placée dans l'éprouvette.

21 Son d'un synthétiseur

Le document suivant présente l'enregistrement du son produit par un synthétiseur **a** et son analyse spectrale **b**.

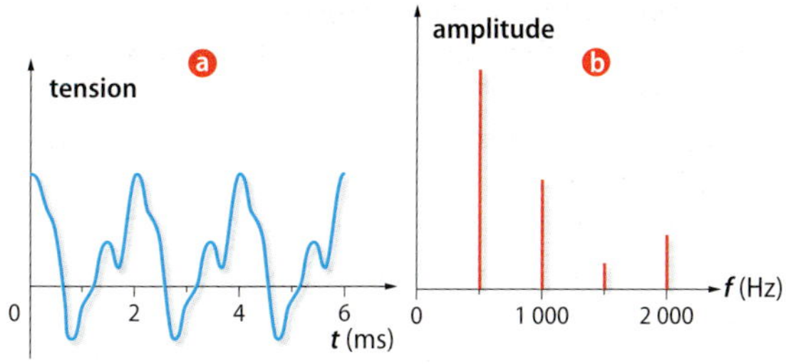

1. Ce son est-il pur ?

2. Déterminer la hauteur du son émis, puis la longueur d'onde correspondant au fondamental.

22 De quoi dépend la vitesse du son ?

En analysant le tableau suivant et en détaillant le raisonnement effectué, indiquer de quoi dépend la vitesse du son.

Type d'onde	Célérité ($m \cdot s^{-1}$)
Onde sonore dans l'air à 20 °C	340
Onde sonore dans l'acier à 20 °C	5 000
Onde sonore dans l'air à 0 °C	331
Onde sonore dans le sol à 20 °C	≈ 8 000
Onde sonore dans la glycérine (liquide) à 20 °C	2 000
Onde sonore dans l'eau à 20 °C	1 500

23 ★ Son musical ou bruit ?

On enregistre le tintement d'une cloche puis l'écoulement de l'eau d'une fontaine. Les documents ci-dessous reproduisent leurs spectres en fréquence respectifs.

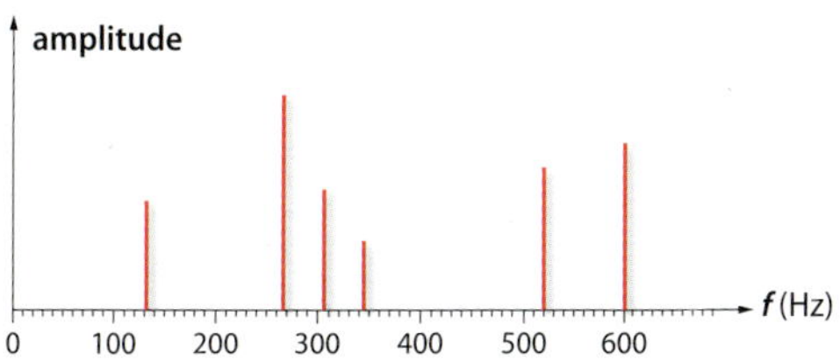

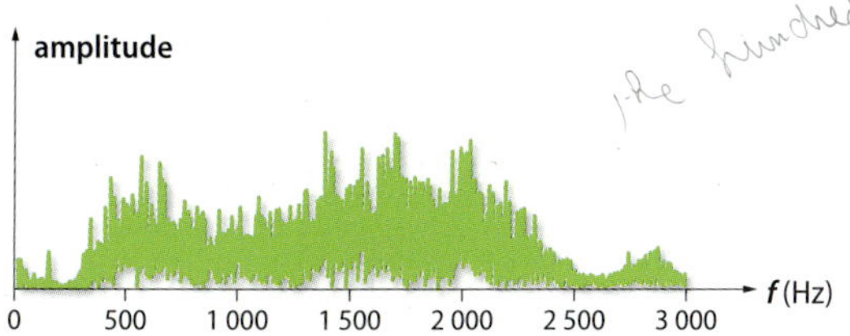

Données.

Note	*do₁*	*ré₁*	*mi₁*	*fa₁*	*sol₁*	*la₁*	*si₁*	*do₂*
Fréquence (Hz)	*65,4*	*73,4*	*82,4*	*87,3*	*98,0*	*110*	*123,5*	*130,8*

1. Quelle note produit la cloche ?

2. Un son musical est caractérisé par la relation $f_n = n \cdot f_1$ (avec *n* entier positif), liant fréquences harmoniques f_n et fondamentale f_1. Cette relation s'applique-t-elle à la cloche ? Justifier.

3. Commenter l'allure du spectre de la fontaine. Peut-on, notamment, y déterminer la fréquence fondamentale ?

4. Justifier que, pour un physicien, ces deux phénomènes sonores ne sont pas des sons musicaux mais des bruits.

En route vers le Supérieur

24 ★ Profondeur de l'eau et célérité des ondes

Pour étudier l'influence de la profondeur *h* de l'eau sur la célérité des ondes, on place sur le fond d'une cuve à ondes une plaque (P) de plexiglas transparent. On délimite ainsi des zones de profondeurs *h* et *h'* ($h' < h$).

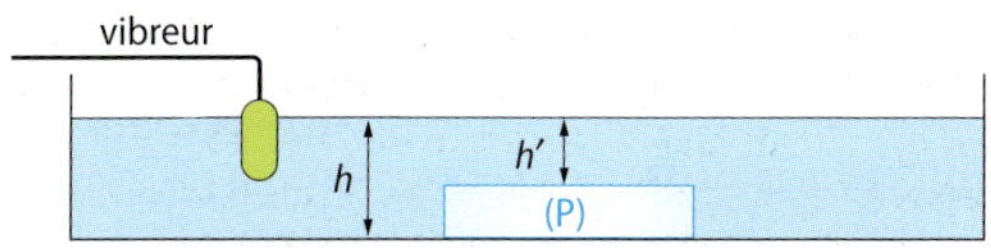

On génère des ondes incidentes planes sinusoïdales de fréquence $f = 11$ Hz. On observe la situation suivante.

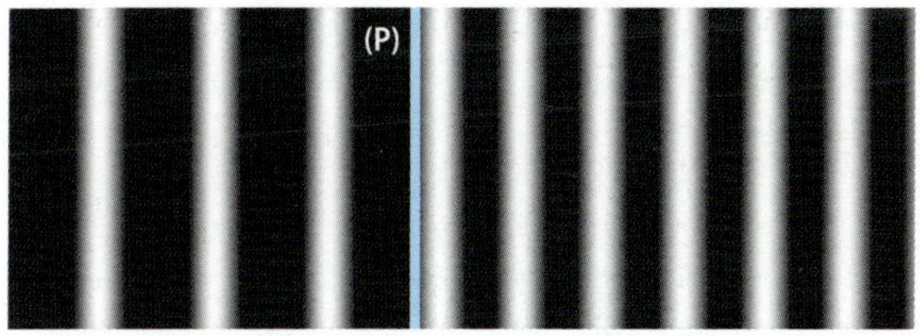

1. Montrer que la célérité des ondes dépend de la profondeur de l'eau.

2. On déplace la plaque en la penchant afin que son bord ne soit plus parallèle aux crêtes des vagues. Voici ce qu'on observe.

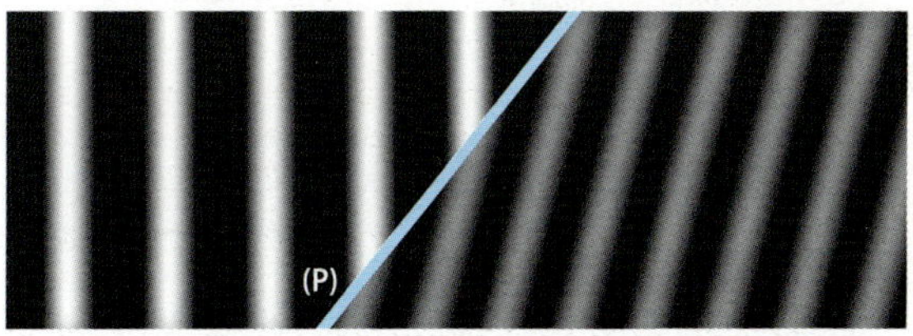

Quel phénomène observe-t-on ? On pourra se référer à des phénomènes lumineux abordés en classe de Seconde.

3. En eau très profonde, pour des vagues de basse fréquence, on peut démontrer que la célérité *v* des ondes ne dépend pratiquement plus de *h*. Elle varie alors proportionnellement à la période *T* suivant la loi : $v = (g/2\pi) \cdot T$, où *g* est l'intensité de la pesanteur ($g = 9{,}8\ m \cdot s^{-2}$).

Calculer v_1 et v_2 pour les fréquences $f_1 = 5{,}0$ Hz et $f_2 = 10$ Hz, ainsi que les longueurs d'onde λ_1 et λ_2 correspondantes.

4. On génère une onde sinusoïdale en un point S à partir de l'instant $t = 0$ s. On observe un point M à 10 m de S.

a. À quel instant t_1 le point M entre-t-il en vibration, si la fréquence générée en S est $f_1 = 5{,}0$ Hz ?

b. Calculer de même l'instant t_2 pour une fréquence $f_2 = 10$ Hz.

Pour préparer le BAC

Énoncé type

À la pêche

Un pêcheur lance sa ligne. Le plomb arrive dans l'eau au point O à l'issue du lancer. La date de l'impact est notée $t_0 = 0$.
On observe alors un phénomène se propageant à la surface de l'eau dont une vue en coupe, à une date t, est schématisée ci-dessous :

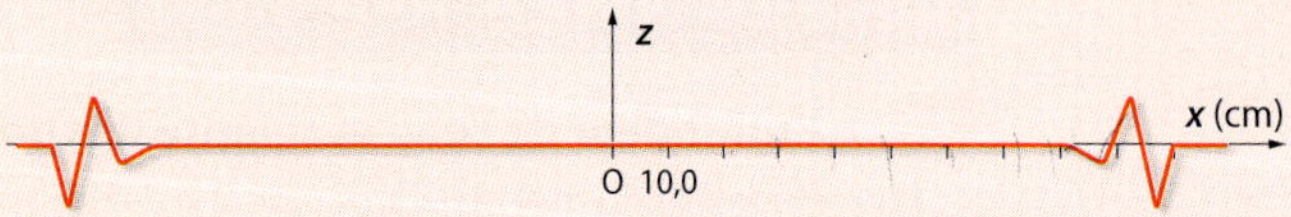

L'onde atteint une feuille située en $x_1 = 2{,}00 \times 10^{-1}$ m à la date $t_1 = 2{,}00$ s. Pour simplifier l'étude, la feuille est considérée comme ponctuelle.

Donnée. *Célérité du son dans l'air dans les conditions de l'expérience :* $v_{air} = 340\ \text{m} \cdot \text{s}^{-1}$.

1. a. Donner la définition d'une onde mécanique progressive.

b. L'onde se propageant à la surface de l'eau est-elle transversale ou longitudinale ? Justifier.

c. L'onde considérée est-elle périodique ? Justifier.

2. a. Déterminer la célérité v de l'onde considérée.

b. À partir du schéma, déterminer la longueur de la perturbation.

c. En déduire la date t'_1 à laquelle la feuille sera à nouveau immobile à la surface de l'eau.

3. Lors de l'impact du plomb à la surface de l'eau, il se produit un son bref se propageant dans l'air et dans l'eau.

a. Une libellule perçoit le son à la date $t_2 = 1{,}0 \times 10^{-2}$ s.
Déterminer la distance entre le point d'impact O et la libellule.

b. Un poisson dans l'eau, situé à une distance $D' = 30$ m de l'impact, perçoit le même son avec un retard $\tau = 1{,}0 \times 10^{-2}$ s par rapport à la libellule.
Exprimer la date t_3 à laquelle le poisson perçoit le son en fonction de τ et t_2.
En déduire la célérité du son dans l'eau v_{eau} dans les conditions de l'expérience.

Les compétences évaluées

- Étudier le phénomène de propagation d'une onde.
- Décrire une onde progressive sinusoïdale.
- Analyser une onde sonore.

➤ Coups de pouce

2. a. Raisonner sur la distance entre l'impact et la feuille et la durée mise par la perturbation pour effectuer cette distance.
Veiller au respect des chiffres significatifs.

c. Déterminer la durée de la perturbation.

3. a. Faire intervenir la vitesse du son dans l'air.

b. Il existe un lien entre t_3 et la vitesse du son dans l'eau.
Être attentif aux unités.

EXEMPLE DE **RÉSOLUTION**

1. a. Une onde mécanique progressive est la propagation d'une **perturbation** dans un milieu matériel **sans qu'il y ait transport de matière.**

b. La direction de propagation étant perpendiculaire à celle de la perturbation, l'onde est **transversale**.

c. L'onde **n'est pas périodique** car la perturbation ne se répète pas régulièrement.

2. a. Par définition $v = d/\Delta t$.

A.N. : La distance parcourue par la perturbation avant d'atteindre la feuille est : $d = x_1 = 2{,}00 \times 10^{-1}$ m.

La durée nécessaire est $\Delta t = t_1 - t_0 = 2{,}00$ s.

D'où $\boxed{v = 0{,}100\ \text{m} \cdot \text{s}^{-1}}$

b. D'après le schéma de coupe, la perturbation fait :
2×10 cm = **20 cm de long.**

c. En un point de la surface, elle a donc une durée :
$\Delta T = d'/v$, où d' est la longueur de la perturbation.

A.N. : $\Delta T = 2{,}0$ s.

La feuille sera à nouveau immobile à l'instant :
$t'_1 = t_1 + \Delta T$.
A.N. : $t'_1 = 2{,}0 + 2{,}0$; donc $\boxed{t'_1 = 4{,}0\ \text{s}}$

3. a. La distance entre le point d'impact et la libellule est $D = v_{air} \cdot (t_2 - t_0)$.

A.N. : $D = 340 \times 1{,}0 \times 10^{-2}$ soit $\boxed{D = 3{,}4\ \text{m}}$

b. Le poisson perçoit le son avec un retard τ par rapport à la libellule.
$\tau = t_3 - t_2$ donc $\boxed{t_3 = \tau + t_2}$

Donc $\dfrac{D'}{v_{eau}} = \tau + t_2$ d'où $v_{eau} = \dfrac{D'}{\tau + t_2}$.

A.N. : $v_{eau} = 30/(1{,}0 \times 10^{-2} + 1{,}0 \times 10^{-2})$

$\boxed{v_{eau} = 1{,}5 \times 10^3\ \text{m} \cdot \text{s}^{-1}}$

Pour préparer le BAC

La compétence évaluée
- Analyser une onde sonore.

Énoncé type

Enregistrements de sons

On réalise l'enregistrement du son émis par une des cordes d'un violon frottée par un archet. L'oscillogramme, relevé sur un oscilloscope numérique par l'intermédiaire d'un microphone, est donné ci-dessous (a). L'oscilloscope numérique permet de calculer et d'afficher le spectre en fréquence (b) du son.

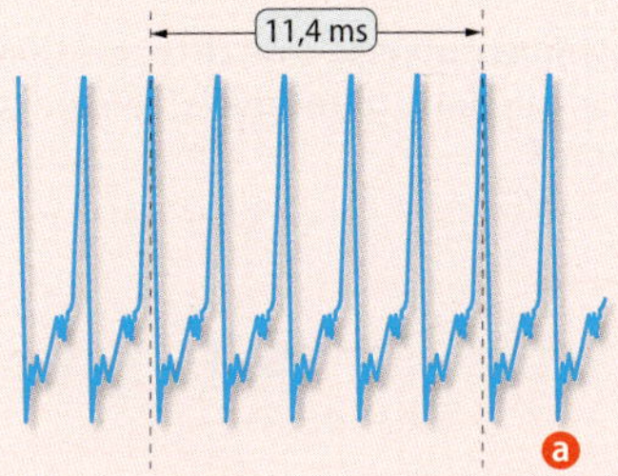

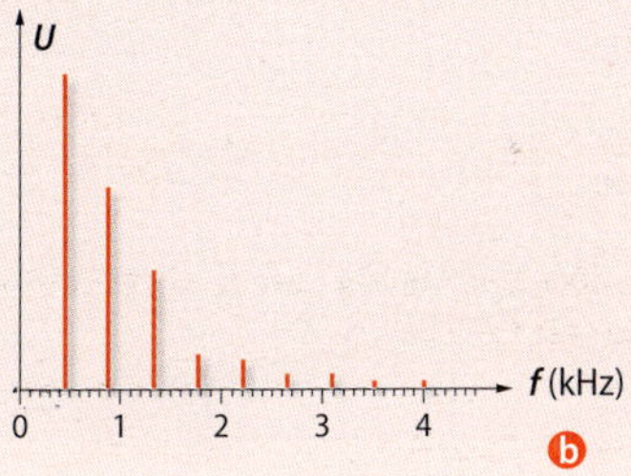

Un deuxième enregistrement a été effectué avec un autre instrument :

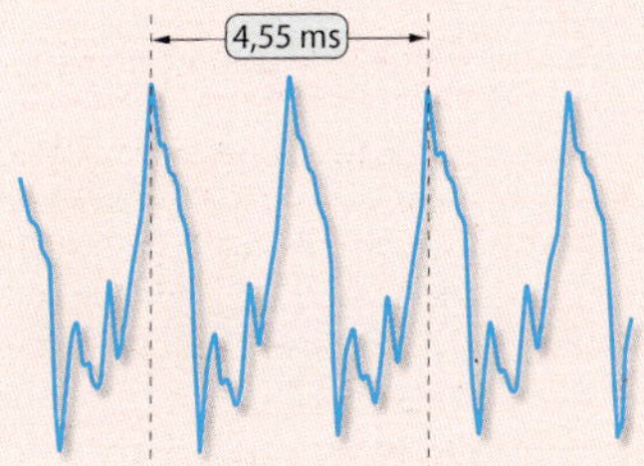

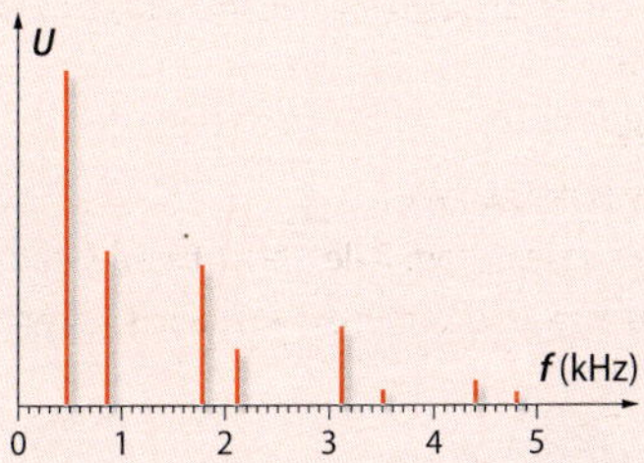

1. On considère l'enregistrement du son émis par la corde de violon.

a. Déterminer la période T_1 du signal.

b. En déduire la fréquence f_1 du fondamental.

2. On étudie le spectre en fréquence de ce signal.

a. Retrouver graphiquement un encadrement de la fréquence du fondamental.

b. Indiquer les fréquences f_2, f_3 et f_4 des trois premières harmoniques, à partir de la gauche sur le spectre en fréquence, en dehors du fondamental.

3. On compare le son émis par les deux instruments.

a. Qu'appelle-t-on hauteur d'un son ? Comparer la hauteur des deux sons.

b. Les sons émis par les deux instruments ont-ils le même timbre ? Justifier en utilisant les spectres en fréquence des deux sons.

➤ Coups de pouce

2. b. Les pics du spectre en fréquence sont régulièrement répartis.

3. a. Déterminer la fréquence du signal du deuxième enregistrement.

b. Comparer les deux spectres en fréquence.

EXEMPLE DE **RÉSOLUTION**

1. a. D'après l'oscillogramme : $5 \times T_1 = 11{,}4$ ms.

$T_1 = 2{,}28$ ms

b. $f_1 = \dfrac{1}{T_1}$.

A.N. : $f_1 = \dfrac{1}{2{,}28 \times 10^{-3}}$, d'où $f_1 = 440$ Hz

2. a. La fréquence du fondamental est la fréquence correspondant au premier pic du spectre en fréquence.

Une lecture graphique permet d'affirmer que :

$400 \text{ Hz} < f_1 < 500 \text{ Hz}$

b. Les pics du spectre en fréquence sont régulièrement répartis.

On peut donc écrire que $f_2 = 2f_1$, $f_3 = 3f_1$ et $f_4 = 4f_1$.

A.N. : $f_2 = 880$ Hz ; $f_3 = 1\,320$ Hz ; $f_4 = 1\,760$ Hz

3. a. La hauteur du son correspond à la fréquence du signal.

On détermine la fréquence f'_1 du signal du deuxième enregistrement :

$2 \times T'_1 = 4{,}55$ ms donc $T'_1 = 2{,}28 \text{ ms} = T_1$.

D'où $f'_1 = f_1$

Les deux sons ont la **même hauteur**.

b. Les sons émis par les deux instruments **n'ont pas le même timbre** car les spectres en fréquence diffèrent.

Avant d'aborder la séquence 4

Évaluation diagnostique

Pour chaque situation présentée, proposer une réponse en argumentant.

Situation 1

Pour vérifier l'indispensable

On fait passer la lumière d'un laser rouge par un prisme.

Comment appelle-t-on ce type de lumière ? Par quelle(s) grandeur(s) le caractérise-t-on ?

▸ **Activités 1 à 3**, p. 68 à 70

Situation 2

Pour amorcer la réflexion

À l'entrée des grandes villes en voiture, il arrive d'entendre des bruits parasites dans l'autoradio. On parle alors d'« interférences ».

Qu'est-ce qui interfère ici ?

▸ **Activités 3 et 4**, p. 70 et 71

Situation 3

Pour amorcer la réflexion

Lors d'une compétition de Formule 1, le son du moteur perçu par un spectateur varie lors du déplacement du véhicule.

Décrire ces variations en termes de fréquence. Citer un autre exemple de ce phénomène dans la vie courante.

▸ **Activités 5 et 6**, p. 72 et 73

Propriétés des ondes

Les propriétés ondulatoires de la lumière expliquent les couleurs iridescentes des bulles de savon.

Les acquis des classes précédentes

- La **lumière visible** est un domaine d'ondes électromagnétiques de **longueurs d'onde** dans le vide comprises entre 380 et 780 nm.
- Une lumière **monochromatique**, comme celle du laser, est caractérisée par sa longueur d'onde dans le vide ou par la **fréquence** associée.
- Chaque entité chimique possède un **spectre de raies d'émission et d'absorption spécifique.**

Les compétences à acquérir

1. **Étudier** le phénomène de diffraction.
2. **Étudier** le phénomène d'interférences.
3. **Utiliser** l'effet Doppler.

→ **Culture scientifique**
L'investigation en astrophysique

Activité 1

Démarche d'investigation

Animation

À la découverte de la diffraction

La lumière se propage en ligne droite dans un milieu homogène et transparent. Mais que se passe-t-il lorsqu'elle rencontre un obstacle ?

Compétences scientifiques évaluées
- Valider ou invalider des hypothèses.
- Identifier les paramètres jouant un rôle dans un phénomène physique.

1 Un rayon de lumière ?

Pour commencer (situation déclenchante)

Afin de chercher à isoler un rayon de lumière laser, on fait passer un faisceau de lumière laser par une fente réglable (Fig. 1).

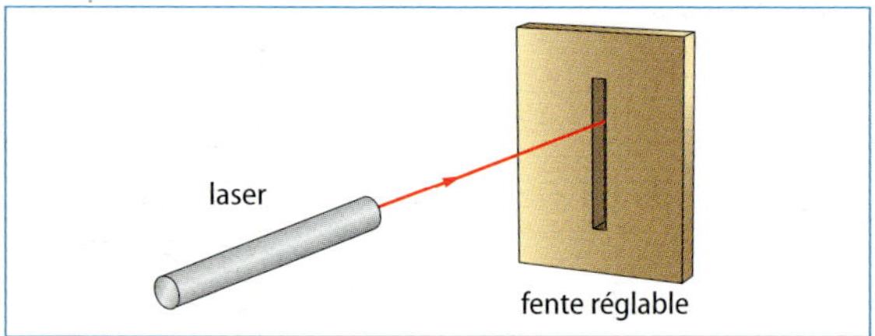

Fig. 1 Expérience avec un laser et une fente réglable.

Investigation

Que va-t-on observer au fur et à mesure que la largeur de la fente diminue ?

Quelques idées (hypothèses)

– Mélissa : « *On va voir un faisceau de plus en plus fin !* »

– Matteo : « *À partir d'une certaine largeur, la lumière ne va plus passer.* »

Expérience (recherche de validation)

Matériel
- diode laser • fente réglable • écran

• Placer la fente à environ 20 cm du laser et un écran à environ 3 m de la fente, parallèle à cette dernière.

• Réduire progressivement l'ouverture de la fente.

1 Noter vos observations et représenter la figure obtenue sur l'écran.

2 Comment évolue cette figure pour une largeur de fente de plus en plus petite ?

Pour conclure

3 Peut-on isoler un rayon de lumière ?

4 La propagation rectiligne de la lumière est-elle encore vérifiée ?

5 Ce phénomène, découvert par Francesco Grimaldi en 1665, fut nommé diffraction, du latin *diffractus* qui signifie « mis en morceau ». Proposer une explication.

2 Un problème de taille !

Pour commencer (situation déclenchante)

Le phénomène de diffraction s'observe lorsqu'une onde (lumineuse, mécanique…) rencontre des objets de petite dimension.

Investigation

À partir de quelle taille un objet diffracte-t-il une onde ?

Quelques idées (hypothèses)

– Jean-Luc : « *Tout dépend de la largeur de l'onde incidente.* »

– Cécile : « *Peut-être de la longueur d'onde, puisque c'est elle qui caractérise la "taille" de l'onde.* »

– Tom : « *Cela dépend avant tout de la forme de l'objet !* »

Expérience (recherche de validation)

Matériel
- cuve à ondes • vibreur • différents obstacles

• Réaliser, à l'aide d'une cuve à ondes, une onde mécanique à la surface de l'eau.

1 Déterminer, en expliquant la méthode utilisée, la longueur d'onde λ de l'onde créée.

• Placer judicieusement des obstacles pour observer un phénomène de diffraction (Fig. 2).

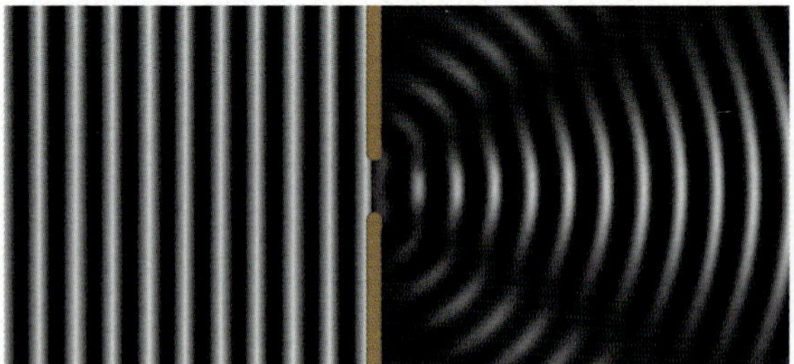

Fig. 2 Diffraction d'une onde mécanique.

2 Comparer l'onde incidente et l'onde diffractée.

3 Déterminer la dimension minimale *e* de l'écartement entre les obstacles conduisant au phénomène de diffraction.

Pour conclure

4 **a.** Comparer *e* à la longueur d'onde de l'onde incidente.
b. Conclure sur les conditions de diffraction.

Activité 2

Animation

Diffraction et mesure de longueur

Lorsqu'une onde rencontre un obstacle de dimension voisine de celle de sa longueur d'onde, elle est diffractée. Cette propriété va permettre d'accéder à la taille de l'obstacle.

Compétences expérimentales évaluées
- Respecter les règles de sécurité.
- Écrire le résultat d'une mesure.

Principe

Pour mesurer l'épaisseur d'un cheveu (Fig. 1), on peut utiliser le phénomène de diffraction.

Fig. 1 Les cheveux peuvent avoir différentes épaisseurs.

Le physicien français Jacques Babinet (1794-1872) énonce un principe affirmant que la figure de diffraction obtenue par un fil tendu est la même que pour une fente de même épaisseur.

Le lien qui existe entre la figure de diffraction et l'épaisseur d'un fil tendu va ainsi permettre de déterminer le diamètre d'un cheveu.

Mise en œuvre au laboratoire

Matériel
- diode laser rouge • fils calibrés • écran et papier millimétré • palmer • tableur-grapheur

1 Quelle précaution faut-il prendre lorsqu'on manipule un laser ?

- Placer successivement deux fils calibrés tendus d'épaisseurs différentes dans le faisceau laser, puis former la figure de diffraction sur un écran situé à une distance $D = 3{,}0$ m du fil.

2 Comment semble varier la longueur d de la tache centrale de diffraction (Fig. 2) en fonction de l'épaisseur a du fil ?

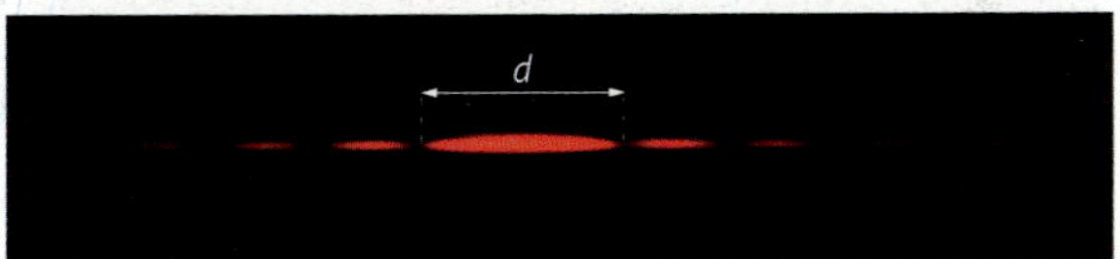

Fig. 2 Mesure de la longueur de la tache centrale de diffraction.

- Pour différentes épaisseurs a de fils calibrés, mesurer la longueur d de la tache centrale de diffraction et recenser les mesures dans un tableau.

a (µm)				
d (cm)				

Exploitation

La grandeur permettant de décrire une figure de diffraction est l'angle θ (exprimé en radian), qui correspond à l'écart angulaire entre le milieu de la tache centrale et la première extinction (Fig. 3).

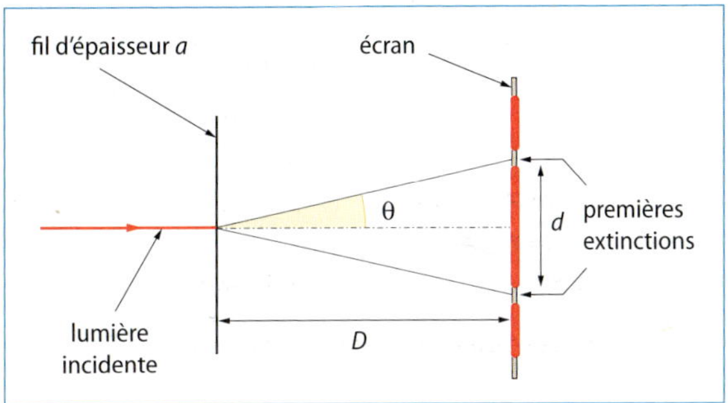

Fig. 3 Modélisation de la diffraction de la lumière laser par un fil.

3 **a.** Dans l'approximation des angles petits ($\tan \theta \approx \theta$), donner l'expression de θ en fonction de D et d.

b. Rajouter une ligne au tableau de la question **3**, puis la compléter avec les valeurs calculées de θ.

4 **a.** En traçant une courbe judicieusement choisie à l'aide d'un tableur-grapheur, montrer que θ est inversement proportionnel à a.

b. Déterminer le coefficient de proportionnalité.

c. À l'aide de l'animation « Diffraction », consultable sur le site *www.bordas-espace.fr/lycee*, indiquer comment évolue l'angle θ en fonction de la longueur d'onde de la lumière, d et D étant fixés.

d. Justifier la formule $\theta = \lambda/a$.

Pour conclure

5 Montrer que la relation qui relie d à a est $d = 2\,\lambda \cdot D/a$.

6 **a.** En s'inspirant des expériences et des résultats précédents, proposer un protocole pour mesurer l'épaisseur d'un cheveu à l'aide du matériel mis à disposition.

b. Après validation par le professeur, réaliser l'expérience et déterminer l'épaisseur du cheveu.

Présenter le résultat de la mesure en sachant que les incertitudes relatives sont reliées par $\Delta a/a = \Delta D/D + \Delta d/d$.

7 À l'aide d'un palmer, mesurer l'épaisseur du cheveu. Présenter le résultat de la mesure.

8 Déterminer l'écart relatif entre les deux mesures d'épaisseur du cheveu et conclure.

Activité 3

Démarche d'investigation

Compétences scientifiques évaluées
- Mettre au point un protocole ou une stratégie.
- Associer un modèle à un phénomène.

Lumière + lumière = ?

L'expérience historique de Thomas Young sur la superposition de lumières a mis en évidence une propriété particulière des ondes.

Pour commencer (situation déclenchante)

En 1801, au cœur de la controverse sur la nature de la lumière, le scientifique britannique Thomas Young (Fig. 1) réalise une expérience historique en faveur de la nature ondulatoire de celle-ci.

Cette expérience consiste à faire se superposer deux faisceaux de lumière issus d'une même source, en les faisant passer à travers deux ouvertures et en observant le résultat sur un écran.

Fig. 1 Thomas Young (1773-1829).

Investigation

Que va-t-on observer en superposant la lumière passée par les deux ouvertures ?

Quelques idées (hypothèses)

Analyse de documents (recherche de validation)

On réalise l'expérience de la figure 2, d'abord en lumière monochromatique puis en lumière blanche.

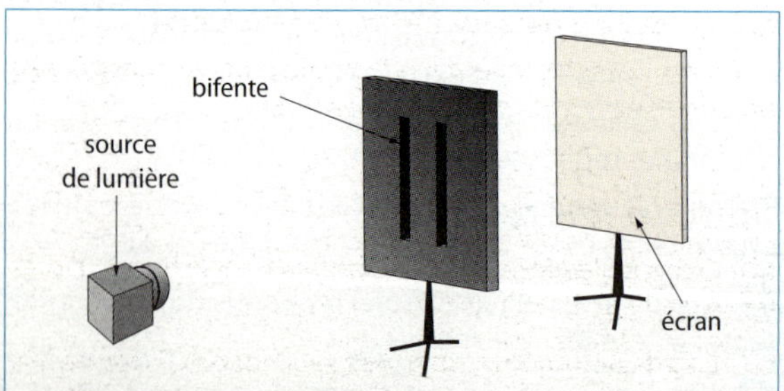

Fig. 2 Schéma de l'expérience de Young.

Les résultats obtenus sont les suivants :

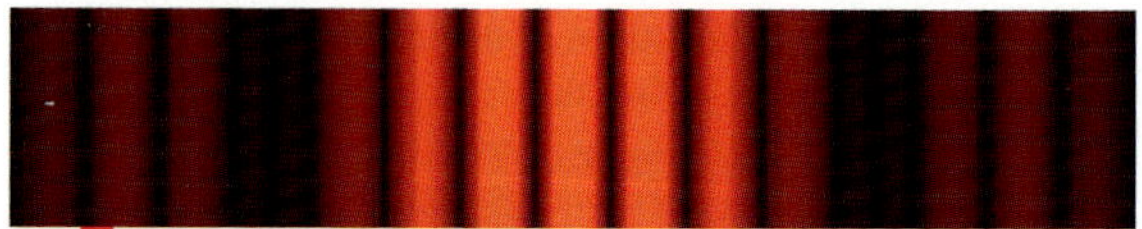

Fig. 3 ⓐ Expérience de Young en lumière monochromatique.

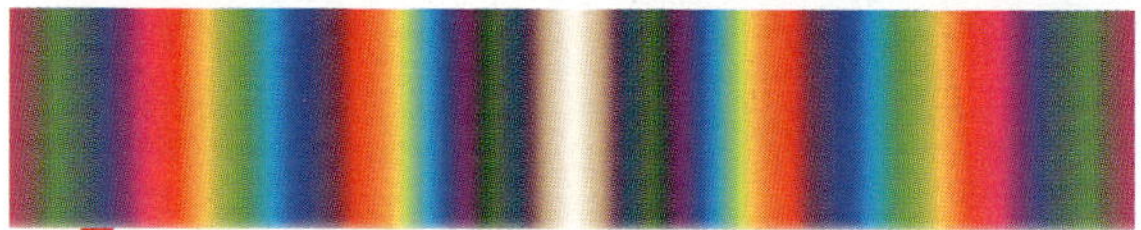

Fig. 3 ⓑ Expérience de Young en lumière blanche.

1 **a.** En lumière monochromatique, on reconnaît l'allure de la figure de diffraction par une fente. Pourquoi ?

b. Quelle différence constate-t-on ?

2 Décrire la figure obtenue en lumière blanche.

3 Compléter l'équation « lumière + lumière = … » pour ces deux expériences.

Pour conclure

En lumière monochromatique

4 Les figures obtenues sont des figures d'interférences. On parle d'interférences « constructives » et « destructives ». Localiser, sur la figure, ce qui pourrait être la zone dite :

a. d'interférences constructives ;

b. d'interférences destructives.

5 On peut modéliser les deux lumières monochromatiques issues des deux fentes par deux fonctions sinusoïdales (Fig. 4).

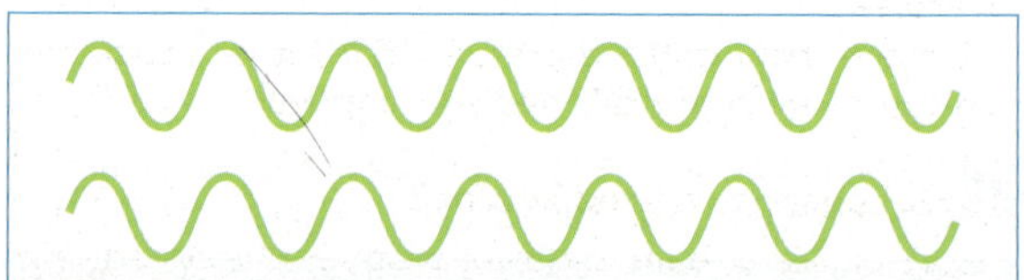

Fig. 4 Modélisation des deux ondes monochromatiques issues des deux fentes.

a. Expliquer pourquoi la superposition des ondes dans la configuration de la figure 4 conduit à des interférences constructives.

b. Dessiner la position des deux ondes conduisant à des interférences destructives.

En lumière blanche

6 Le phénomène d'interférences conduit à l'apparition de « couleurs interférentielles ». Proposer une explication.

Activité 4

TP **Activité expérimentale**

Compétences expérimentales évaluées
- S'approprier un montage expérimental.
- Analyser un résultat expérimental.

Animation

Interférométrie

La propriété qu'ont les ondes d'interférer dans certaines conditions a permis de mettre au point des techniques de mesure de pointe.

Principe

Du fait de la très grande sensibilité des figures d'interférences aux conditions expérimentales, les mesures par interférences, ou interférométrie, se sont répandues dans de nombreux secteurs, comme dans l'industrie, pour la mesure de très faibles variations d'épaisseur.

En astronomie, on s'arrange pour observer la même source en deux endroits à l'aide de deux télescopes (Fig. 1) et l'on fait interférer les deux images. L'évolution de la figure d'interférences obtenue en fonction de l'écartement des télescopes permet de remonter aux dimensions de la source observée.

Fig. 1 Le Grand Interféromètre à 2 Télescopes (GI2T) sur le plateau de Calern, en France.

On va ici modéliser les deux télescopes par deux fentes. L'analyse de la figure d'interférences permet de déterminer l'espacement entre les deux fentes.

Mise en œuvre au laboratoire

Matériel
- bifente • banc optique gradué • diode laser • baguette en verre • écran gradué • tableur-grapheur

1 Qu'appelle-t-on interférences ?

• Réaliser, sur le banc optique gradué, le montage des bifentes de Young (Fig. 2).

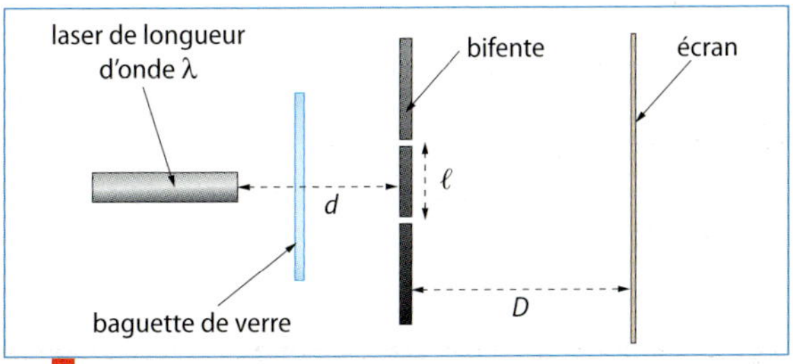

Fig. 2 Montage des bifentes de Young.

La baguette en verre est utilisée ici pour étendre le faisceau laser.

2 Dessiner la figure obtenue sur l'écran et noter les observations.

3 Que peut-on dire sur les deux ondes lumineuses issues des fentes en un point d'une zone brillante ? d'une zone sombre ?

4 Recenser les paramètres expérimentaux susceptibles d'influencer la figure d'interférences obtenue.

Mesures et exploitation

La figure d'interférences est caractérisée par l'interfrange, noté i, qui est la distance séparant deux franges brillantes (ou deux franges sombres) consécutives sur l'écran (Fig. 3).

Pour augmenter la précision des mesures, on effectuera la moyenne sur l'ensemble des interfranges de la figure.

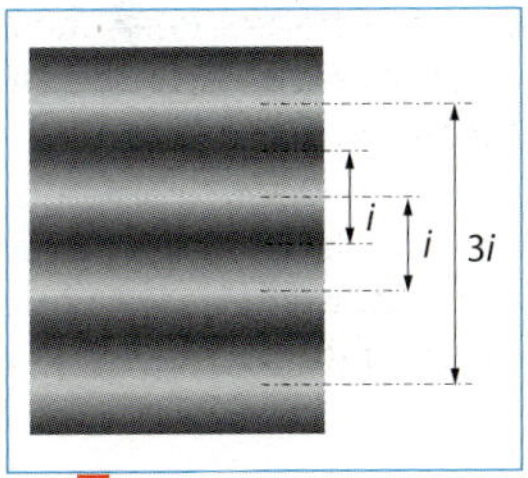

Fig. 3 Mesure d'un interfrange.

5 Pour différentes valeurs de D, entre 1 et 2 m environ, mesurer l'interfrange i sur l'écran.

6 À l'aide de l'animation « Interférences » consultable sur le site *www.bordas.espace.fr/lycee*, et en traçant des courbes judicieusement choisies, préciser comment évolue la valeur de l'interfrange :

a. avec la valeur de l'espacement ℓ entre les fentes ;

b. avec la valeur de la longueur d'onde.

7 Déduire des résultats précédents l'expression correcte de l'interfrange i dans le cas de l'expérience des bifentes de Young :

a. $i = \lambda \cdot \ell / D$; **b.** $i = \lambda \cdot d / \ell$; **c.** $i = \ell / D$;
d. $i = \lambda / \ell$; **e.** $i = \lambda \cdot D / \ell$; **f.** $i = \lambda \cdot D \cdot \ell$.

8 **a.** Tracer la courbe $D = f(i)$.

b. En déduire la distance ℓ entre les deux fentes.

c. Comparer cette valeur à celle fournie par le constructeur en calculant l'écart relatif, puis conclure.

Pour conclure

9 Quels paramètres ont une influence sur la figure d'interférences ?

10 En interférométrie, on utilise souvent des filtres ne laissant passer qu'une longueur d'onde pour faciliter l'étude des interférences. Proposer une explication.

Activité 5

TP Activité expérimentale

Compétences expérimentales évaluées
- Réaliser un montage expérimental.
- Analyser un résultat expérimental.

Animation

Effet Doppler sonore

L'effet Doppler, mis en évidence par Christian Doppler en 1842, permet de mesurer des vitesses dans de nombreux domaines.

Principe

Il est courant de constater une différence de son perçu lorsque la sirène d'un camion de pompier s'approche, puis s'éloigne. Cet effet est appelé « effet Doppler » : c'est le décalage de fréquence d'une onde entre la mesure à l'émission et la mesure à la réception, lorsque la distance entre l'émetteur et le récepteur varie au cours du temps.

On peut montrer que, lorsque l'émetteur est en mouvement à vitesse constante par rapport au récepteur fixe **(Fig. 1)** :

$$f_r/f_e = v/(v+u) \quad (1) \qquad \text{ou} \qquad f_r/f_e = v/(v-u) \quad (2)$$

où f_r désigne la fréquence mesurée à la réception (en Hz), f_e, la fréquence mesurée à l'émission (en Hz), u la vitesse de l'émetteur par rapport au récepteur (en $m \cdot s^{-1}$) et v la célérité de l'onde dans le milieu (en $m \cdot s^{-1}$).

L'effet Doppler est employé pour la mesure de vitesses dans de nombreux domaines, comme la vitesse d'écoulement du sang en échographie Doppler, celle des véhicules avec les dispositifs radar ou celle des fluides par vélocimétrie laser en météorologie. On va ici l'utiliser pour mesurer la vitesse d'une onde sonore.

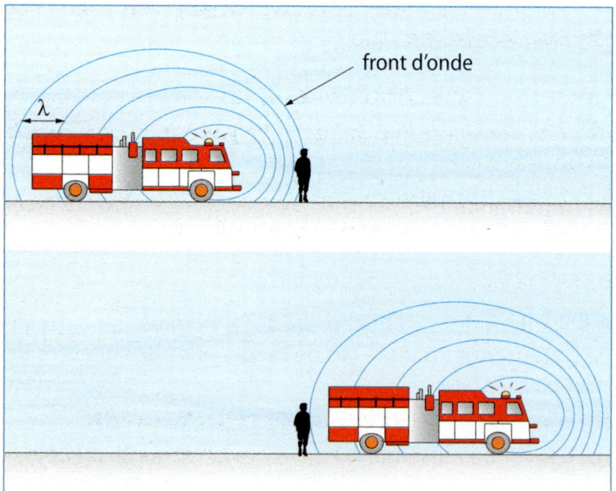

Fig. 1 Illustration du principe de l'effet Doppler.

1 En analysant la **figure 1**, attribuer, en justifiant, la formule (1) ou (2) correspondant à la situation où :

a. le récepteur s'approche de l'émetteur ;

b. le récepteur s'éloigne de l'émetteur.

2 Justifier l'utilisation de l'effet Doppler pour la mesure de vitesses.

3 B2i En effectuant éventuellement une recherche sur Internet, indiquer la nature des ondes mises en jeu dans l'exemple et les applications citées dans le texte.

Mise en œuvre au laboratoire

Matériel
- GBF • haut-parleur • microphone relié à un ordinateur
- logiciel d'analyse de sons • fils de connexion • règle

- Réaliser le montage schématisé sur la **figure 2**, qui permet de modéliser la situation de la sirène d'un camion de pompier en mouvement.

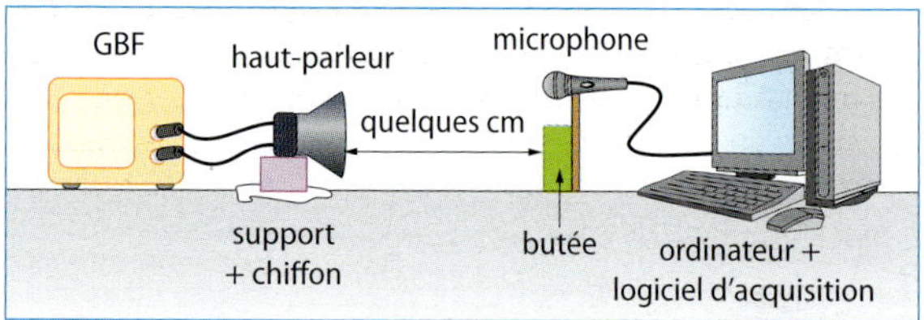

Fig. 2 Montage expérimental.

- Choisir une fréquence du domaine des ondes sonores pour régler le GBF.

4 Déterminer, en réalisant une analyse fréquentielle à l'aide du logiciel, la fréquence f_e du signal reçu au microphone lorsque le haut-parleur est fixe.

- Effectuer rapidement des allers-retours horizontalement avec le haut-parleur, puis réaliser l'acquisition du signal au microphone pour plusieurs allers-retours (repérés grâce au bruit généré par les chocs successifs sur la butée).
- Mesurer la fréquence du signal reçu lorsque l'émetteur s'approche du récepteur (on la notera f_{ra}), puis lorsque l'émetteur s'éloigne du récepteur (on la notera f_{re}).

5 **a.** Les résultats obtenus sont-ils en accord avec ceux de la question **1** ?

b. Déterminer la valeur de la vitesse du haut-parleur par rapport au microphone dans les deux situations, puis calculer la vitesse moyenne d'un aller-retour.

Donnée. *La célérité du son dans l'air dans ces conditions est* $v = 340\ m \cdot s^{-1}$.

6 **a.** Mesurer sur l'acquisition le temps nécessaire pour réaliser plusieurs allers-retours, puis mesurer à la règle la distance parcourue correspondante.

b. Calculer la vitesse moyenne d'un aller-retour.

7 Comparer les valeurs des vitesses obtenues par les deux méthodes (questions **4** et **5**).

Pour conclure

8 L'effet Doppler est-il généralisable à tout type d'ondes ?

9 Expliquer simplement comment l'effet Doppler permet la mesure de vitesses.

TP Activité expérimentale

Animation

Effet Doppler et astrophysique

L'effet Doppler permet d'en apprendre plus sur notre Univers.

Compétences expérimentales évaluées
- Écrire le résultat d'une mesure.
- Analyser un résultat expérimental.

Principe

En appliquant l'effet Doppler sonore à la lumière, Christian Doppler (1803-1853), mathématicien et physicien autrichien, suggère que la couleur des étoiles est une conséquence de leur mouvement par rapport à la Terre. Le physicien et astronome français Hippolyte Fizeau (1819-1896) démontre en 1848 que la vitesse des étoiles est trop faible par rapport à celle de la lumière pour que cet effet soit observable. Il conclut cependant que les raies d'absorption d'un élément chimique sur le spectre d'une étoile en mouvement par rapport à la Terre doivent être décalées par rapport à leur position sur le spectre du Soleil. La mesure de ce décalage permettrait alors de remonter à la vitesse de l'étoile dans la direction d'observation (Fig. 1).

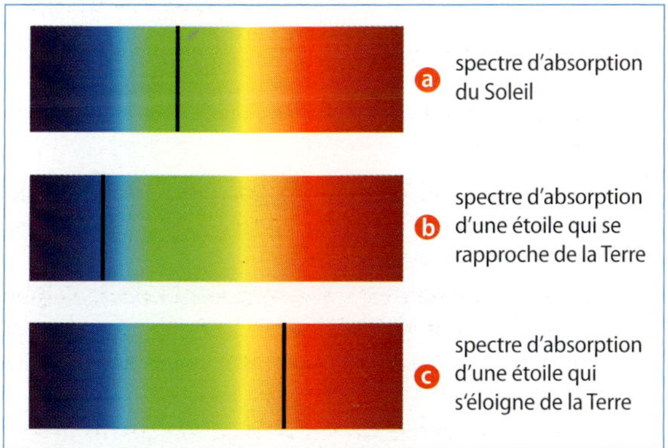

Fig. 1 Spectres d'absorption de trois étoiles.

Cette prévision est confirmée en 1868 par l'astronome britannique William Huggins (1824-1910), qui montre, en mesurant le décalage des raies de l'hydrogène, que l'étoile Sirius s'éloigne de la Terre à une vitesse de 46 $km \cdot s^{-1}$.

L'effet Doppler-Fizeau s'est plus récemment illustré dans la détection des exoplanètes, les planètes en dehors du système solaire. En effet, la présence d'une planète massive autour d'une étoile provoque un léger mouvement périodique de l'étoile, que l'on peut mesurer par cette méthode. La période de ce mouvement permet d'évaluer la masse de la planète et de conclure sur le type de planète détectée.

1 D'où proviennent les raies d'absorption sur le spectre d'une étoile ?

2 **a.** Rappeler la relation liant longueur d'onde, fréquence et célérité d'une onde.

b. À partir des formules (1) et (2) de l'activité 5, donner la relation entre λ_r et λ_e dans le cas ou l'étoile s'éloigne de la Terre ; puis dans le cas où elle se rapproche de la Terre.

c. Interpréter, à l'aide de la question précédente, le décalage de la raie d'absorption dans les cas b et c de la figure 1.

3 À partir de la question **2.b**, donner l'expression de la vitesse de l'étoile dans la direction d'observation, pour les deux situations, en fonction de $|\Delta\lambda| = |\lambda_r - \lambda_e|$, λ_e et de la vitesse de la lumière c.

En pratique, on met en évidence et exploite l'effet Doppler-Fizeau avec des technologies de pointe inaccessibles au niveau du laboratoire de physique. On utilisera donc par la suite une animation.

Mise en œuvre au laboratoire

- Ouvrir l'animation « Effet Doppler-Fizeau », consultable sur le site *www.bordas-espace.fr/lycee*.

Module « Vitesse radiale des étoiles »

4 Pour chaque étoile :

a. dire si elle s'approche ou s'éloigne de la Terre ;

b. mesurer le décalage en longueur d'onde ;

c. déterminer la vitesse de l'étoile par rapport à la Terre dans la direction d'observation.

Module « Détection des exoplanètes »

5 On considère la planète 51 Pegasi B (première exoplanète détectée).

a. À l'aide des mesures effectuées sur le spectre, reproduire et compléter le tableau de valeurs suivant.

t (s)			
$\Delta\lambda$ (nm)			
v ($m \cdot s^{-1}$)			

b. Tracer la courbe $v = f(t)$ et interpréter son allure.

c. Déterminer la période T du mouvement de la planète.

Pour conclure

En 1929, l'astronome américain Edwin Hubble (1889-1953) énonce une loi empirique selon laquelle les galaxies s'éloignent les unes des autres à une vitesse proportionnelle à leur distance. Cette loi est une conséquence du « *redshift* » observé sur la majorité des spectres des étoiles, argument en faveur de l'expansion de l'Univers.

6 **a.** Quelle peut être la signification du « *redshift* » ? Expliquer son lien avec l'expansion de l'Univers.

b. Que peut-on conclure sur la distance des galaxies dans lesquelles se trouvent les étoiles étudiées ?

Cours

1 Diffraction des ondes

› Activités 1 et 2

Observations expérimentales

Lorsqu'un faisceau laser rencontre une fente ou un fil d'un dixième de millimètre, la lumière **ne se propage plus rectilignement** et s'éparpille perpendiculairement à l'obstacle (Fig. 1 ⓐ).

Lorsqu'une onde mécanique plane rencontre une fente de dimension voisine à celle de sa longueur d'onde, elle est transformée en onde circulaire, qui se propage dans une large partie du milieu au-delà de l'obstacle (Fig. 1 ⓑ).

Lorsqu'une onde rencontre un obstacle de petite dimension, sa direction de propagation est modifiée : c'est le phénomène de diffraction.

L'onde diffractée présente alors des **maxima** et des **minima** d'amplitude.

Influence des différents paramètres

On considère une onde incidente progressive sinusoïdale diffractée par un obstacle.

Le phénomène de diffraction dépend de la longueur d'onde λ de l'onde incidente et de la dimension a de l'obstacle. Il est d'autant plus marqué que a est voisin ou inférieur à λ.

Exemple

Lorsque la lumière blanche traverse un fin voilage, chaque lumière colorée la composant, de longueur d'onde propre, crée une figure de diffraction différente. La superposition de ces figures conduit à une dispersion de la lumière blanche et, donc, à l'apparition de couleurs (Fig. 2).

Écart angulaire

La diffraction d'une onde est caractérisée par le demi-angle délimitant les premiers minima d'amplitude. On le nomme écart angulaire θ. Il s'exprime en radian (rad) (Fig. 1 ⓑ et 3).

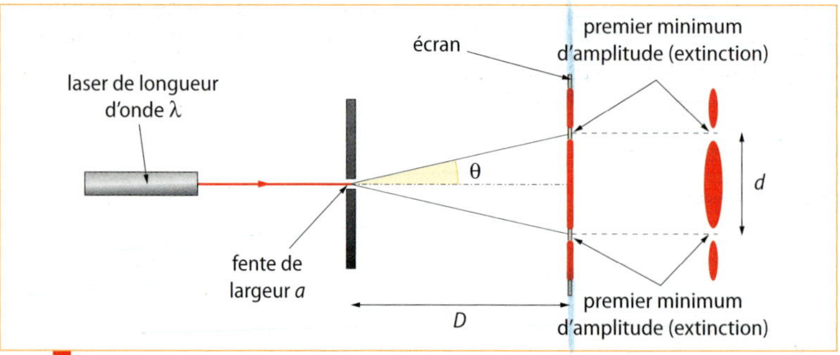

Fig. 3 Diffraction de la lumière d'un laser par un obstacle de dimension a.

L'écart angulaire vérifie la relation :

$$\theta = \lambda / a$$

θ, écart angulaire en rad
λ, longueur d'onde de l'onde incidente en m
a, dimension de l'obstacle en m

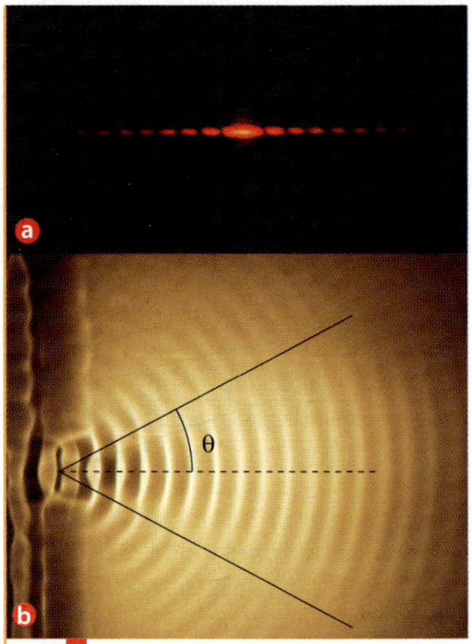

Fig. 1 Diffraction de la lumière d'un laser par une fente verticale ⓐ et d'une onde mécanique par une fente ⓑ.

Fig. 2 Diffraction de la lumière blanche par un fin voilage.

Exemple

Une lumière d'un laser de longueur d'onde $\lambda = 650$ nm est diffractée par un cheveu de diamètre a. La distance cheveu-écran est $D = 3{,}0$ m et la tache centrale de diffraction mesure $d = 4{,}8$ cm. On a : $\tan\theta \approx \theta = (d/2)/D = \lambda/a$.
d'où $a = 2 \cdot D \cdot \lambda/d = 2 \times 3{,}0 \times 650 \times 10^{-9}/(4{,}8 \times 10^{-2}) = 81$ µm.

➥ Exercices 1 à 6

Repère

Dans l'approximation des angles petits, souvent utilisée en optique, on a :

$$\tan\theta \simeq \theta$$
$$\sin\theta \simeq \theta$$
$$\cos\theta \simeq 1$$

2 Interférences

› Activités 3 et 4

Rencontre de deux ondes

Lorsque deux faisceaux de lumière issus d'une même source laser passent par deux ouvertures et se superposent, on observe une succession de **zones brillantes** et **sombres** (Fig. 4).

De même, lorsque deux ondes mécaniques de même longueur d'onde se rencontrent, on constate qu'elles **se renforcent** ou **s'annulent** par endroit (Fig. 5).

Lorsque deux ondes monochromatiques de même nature se superposent, l'amplitude de l'onde résultante varie dans l'espace : c'est le phénomène d'interférences.

Pour observer en pratique des interférences, il faut que les deux ondes respectent des **conditions d'interférences :** elles doivent être **synchronisées** (on dit qu'elles sont cohérentes) et **monochromatiques de même longueur d'onde**.

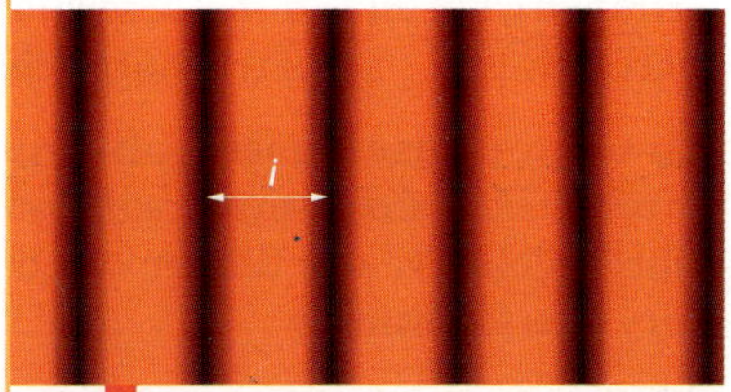

Fig. 4 Figure d'interférences en lumière monochromatique.

Fig. 5 Interférences entre des ondes mécaniques : l'amplitude de l'onde résultante est renforcée ou nulle selon les directions.

Interférences constructives et destructives

Une onde monochromatique peut être modélisée par une succession de crêtes et de creux, c'est-à-dire une **fonction sinusoïdale** prenant alternativement des valeurs positives et négatives. On considère deux ondes monochromatiques de même longueur d'onde se superposant.

• Si les creux et les crêtes coïncident, les ondes se renforcent : elles sont **en phase** et on parle d'**interférences constructives.**

• Si un creux de l'une coïncide avec une crête de l'autre, les ondes s'annulent : elles sont **en opposition de phase** et on parle d'interférences **destructives** (Fig. 6).

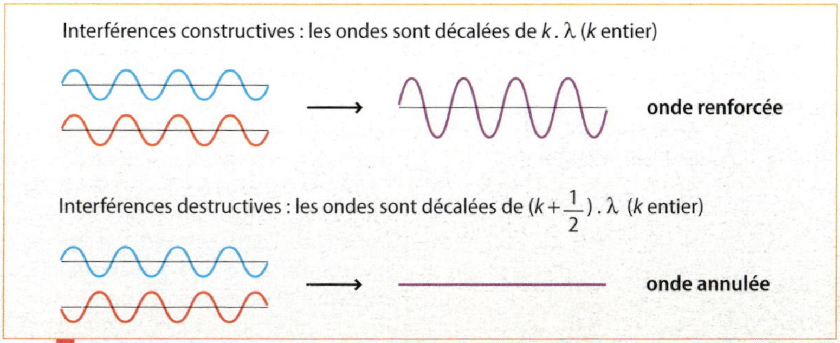

Fig. 6 Conditions d'interférences constructives ou destructives.

Les interférences de deux ondes monochromatiques de même longueur d'onde sont dites :
– constructives si elles sont en phase (l'onde résultante est amplifiée) ;
– destructives si elles sont en opposition de phase (elles s'annulent).

Cas de la lumière

Dans le cas de la lumière, les conditions d'interférences sont obtenues en utilisant **une même source** que l'on divise puis que l'on recombine. Les faisceaux se rencontrant en un point du récepteur n'ont pas parcouru le même trajet et interfèrent.

Si la source est une **lumière monochromatique**, on constate sur l'écran une succession périodique de franges brillantes et sombres, caractérisée par **l'interfrange *i***, qui est la distance séparant deux franges brillantes (ou sombres) consécutives (Fig. 4). L'interfrange dépend, entre autres, de la longueur d'onde.

Si la source est une **lumière polychromatique**, il y a superposition des franges correspondant aux diverses radiations. La position de ces franges étant différente, on observe une décomposition de la lumière : on parle alors de **couleurs interférentielles** (Fig. 7).

La figure d'interférences dépend de la longueur d'onde de la lumière incidente. On observe l'apparition de couleurs interférentielles en lumière polychromatique.

➡ Exercices 7 à 11

Fig. 7 Les interférences provoquent une dispersion de la lumière blanche, donc l'apparition de couleurs interférentielles.

3 Effet Doppler

Définition

› Activité 5

Lorsque la sirène d'un camion de pompier s'approche, le son perçu paraît plus aigu, puis plus grave lorsque celle-ci s'éloigne : la **fréquence** de l'onde sonore reçue **varie** lorsque l'émetteur se déplace.

L'effet Doppler est la variation de fréquence d'une onde mesurée entre l'émission et la réception, lorsque la distance entre l'émetteur et le récepteur varie au cours du temps.

Variation de fréquence et vitesse

› Activité 5

Soit une onde de **fréquence f_e** (en Hz) et de **célérité v** (en $m \cdot s^{-1}$) émise par un émetteur en mouvement à la **vitesse constante u** (en $m \cdot s^{-1}$) du récepteur.

La fréquence de l'onde reçue par le récepteur fixe f_r (en Hz) est telle que :

$f_r = f_e \cdot v/(v - u)$ si l'émetteur s'approche du récepteur ($f_r > f_e$) ;

$f_r = f_e \cdot v/(v + u)$ si l'émetteur s'éloigne du récepteur ($f_r < f_e$).

La variation de fréquence entre l'onde émise et l'onde reçue dépend de la vitesse de l'émetteur par rapport au récepteur.

L'effet Doppler permet donc, entre autres, de **mesurer une vitesse**.

Sciences et culture

En avant la musique

L'histoire de l'effet Doppler est intimement liée à la musique : Christian Doppler (1803-1853 ; photo) est né à quelques pas du lieu de naissance de Mozart (à Salzbourg, en Autriche) et la validation expérimentale de son effet a été réalisée en embarquant des musiciens dans un train. Christoph Buys-Ballot (1817-1890), scientifique néerlandais à l'origine de cette expérience, constata en effet le changement de hauteur d'une note calibrée interprétée par des instruments à vent, lorsque le train s'approche puis s'éloigne d'une gare.

Exemple

Une échographie Doppler permet de déterminer la vitesse d'écoulement des fluides biologiques en déterminant la variation de fréquence d'une onde ultrasonore lorsque celle-ci se réfléchit sur les cellules du fluide en mouvement.

Application à l'astrophysique

› Activité 6

L'effet Doppler appliqué à la **lumière** permet de mesurer les **vitesses des étoiles** par rapport à la Terre dans la direction d'observation.

Lorsqu'une étoile s'éloigne de la Terre, son spectre d'absorption se décale vers les basses fréquences, donc vers les grandes longueurs d'onde, et inversement. On mesure ce décalage, qui permet d'accéder à la **vitesse relative** de l'étoile, en comparant les positions sur le spectre de l'étoile des raies d'absorption d'un élément chimique avec les positions de ces mêmes raies sur le spectre du Soleil, considéré comme fixe (Fig. 8).

La mesure du décalage des raies d'absorption d'un élément chimique sur le spectre d'une étoile permet de déterminer si celle-ci s'éloigne ou se rapproche de la Terre, ainsi que sa vitesse de déplacement.

➥ Exercices 12 à 16

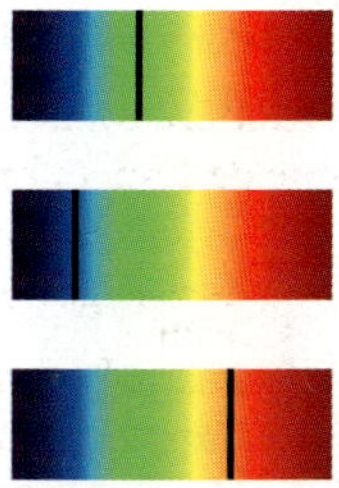

Fig. 8 Position relative de la raie d'absorption d'un même élément chimique selon la situation de l'étoile par rapport à la Terre.

Les compétences à acquérir

1 Étudier *le phénomène de diffraction*

- Le phénomène de **diffraction** est le changement de direction de propagation d'une onde lorsqu'elle rencontre un obstacle.
- Ce phénomène est d'autant plus marqué que la **dimension de l'obstacle** a (en m) est faible devant la **longueur d'onde** λ (en m) de l'onde incidente.
- L'**écart angulaire** θ (en rad) qui caractérise la diffraction vérifie la relation : $\theta = \lambda / a$.

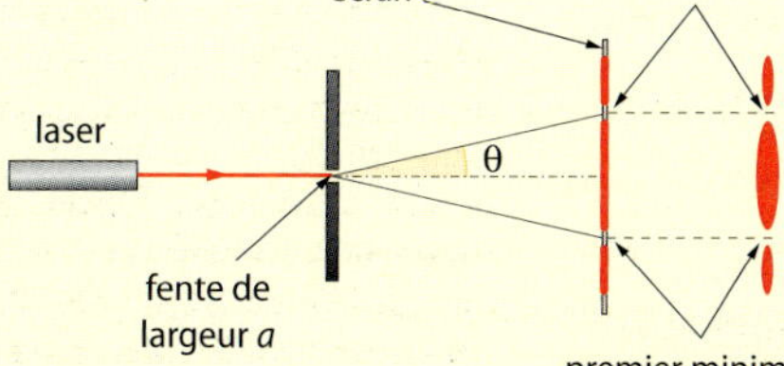

2 Étudier *le phénomène d'interférences*

- Lorsque deux ondes monochromatiques de même longueur d'onde se superposent, elles se renforcent ou s'annulent par endroit : on parle respectivement d'**interférences constructives** (ondes en phase) et d'**interférences destructives** (ondes en opposition de phase).
- La figure d'interférences dépend de la longueur d'onde, ce qui conduit à l'apparition de **couleurs interférentielles** en lumière polychromatique.

3 Utiliser *l'effet Doppler*

- L'**effet Doppler** est la variation de fréquence mesurée entre l'émission et la réception d'une onde, lorsque la distance entre l'émetteur et le récepteur varie au cours du temps.
- Cette **variation** dépend de la vitesse de l'émetteur : on l'utilise donc pour mesurer des vitesses dans de nombreux domaines, comme en **astrophysique**, où le décalage des raies d'absorption sur le spectre d'une étoile permet de déterminer la vitesse de l'étoile par rapport à la Terre.

Exercices

Compétence 1

› Étudier le phénomène de diffraction

1 QCM

Choisir la (ou les) bonne(s) réponse(s).

1 Le phénomène de diffraction :
- **a** ne s'observe que pour les ondes lumineuses ;
- **b** a lieu lorsqu'une onde rencontre un obstacle ;
- **c** ne respecte pas la propagation rectiligne de la lumière.

2 Le phénomène de diffraction dépend :
- **a** de la dimension de l'obstacle ;
- **b** de la longueur d'onde de l'onde incidente ;
- **c** de la célérité de l'onde incidente.

3 L'onde diffractée :
- **a** présente des maxima et des minima d'amplitude ;
- **b** a la même direction de propagation que l'onde incidente ;
- **c** se propage dans une large partie de l'espace au-delà de l'obstacle.

2 Analyse d'une expérience

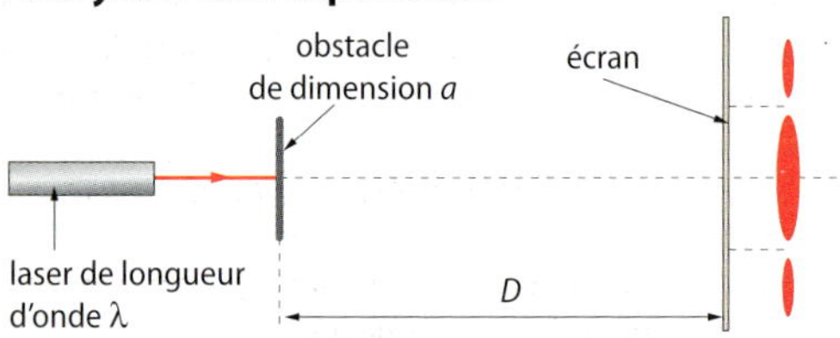

1. Reproduire le schéma ci-dessus et indiquer la position des premières extinctions, la largeur d de la tache centrale de diffraction et l'écart angulaire θ.

2. Donner l'expression de θ en fonction de λ et a, en précisant la signification et l'unité de ces deux grandeurs.

3. En se plaçant dans l'approximation des petits angles, où $\tan\theta \approx \theta$, établir la relation liant λ, a, D et d.

3 Fil et fente

En réalisant le montage de l'exercice **2** avec un laser de longueur d'onde $\lambda = 633$ nm et une fente verticale **a**, puis un fil **b** comme obstacles, on obtient les figures suivantes.

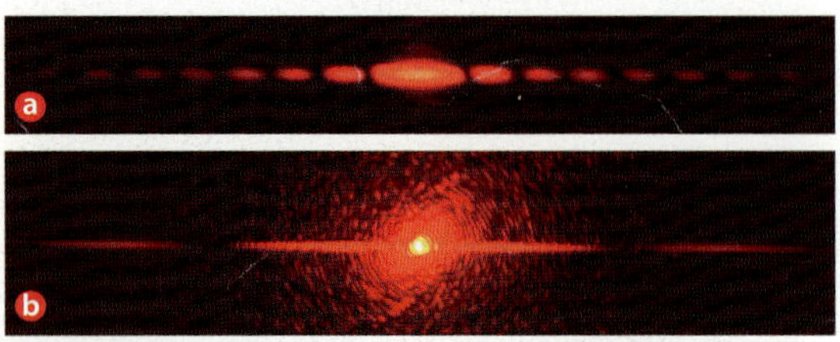

1. Peut-on encore parler de propagation rectiligne de la lumière dans les expériences réalisées ?

2. Que peut-on dire de la dimension du fil et de la fente par rapport à λ ?

3. La distance obstacle-écran étant identique pour la fente et le fil, comparer, en justifiant, les dimensions des deux objets.

4 Figure de diffraction

Représenter schématiquement les figures de diffraction obtenues dans les cas suivants.

1. a. Un faisceau laser rouge passe à travers une fente verticale.
b. Ce même faisceau passe à travers une fente plus fine.

2. a. Un faisceau laser rouge passe à travers une fente horizontale.
b. Un faisceau laser vert passe à travers la même fente.

Données. *Les distances laser-obstacle et obstacle-écran sont fixes. Longueur d'onde du laser rouge : 650 nm ; du laser vert : 532 nm.*

5 Le fil de pêche

Pour vérifier l'épaisseur a_f d'un fil de nylon utilisé pour la pêche, William réalise le montage de l'exercice **2**. Il place plusieurs fils calibrés successivement à 20 cm d'une diode laser de longueur d'onde 650 nm et mesure la tache centrale de diffraction correspondante. Il calcule ensuite la valeur de l'écart angulaire θ pour chaque fil. Il fait de même pour le fil de pêche et mesure une tache centrale de diffraction de 1,5 cm, correspondant à un écart angulaire $\theta_f = 2{,}5 \times 10^{-3}$ rad.

L'ensemble des résultats obtenus sont répertoriés dans le tableau ci-dessous :

a (mm)	0,10	0,20	0,30	0,40	0,50
θ ($\times 10^{-3}$ rad)	6,6	3,3	2,1	1,6	1,3

1. Représenter la courbe $\theta = f(1/a)$.

2. Interpréter l'allure de la courbe obtenue.

3. Déterminer, en expliquant la méthode utilisée, l'épaisseur du fil de pêche.

4. Le constructeur annonce une épaisseur de 0,25 mm. Calculer l'écart relatif de la mesure et commenter.

6 Écouter aux portes…

Un haut-parleur émet un son de fréquence $f = 500$ Hz devant une porte de largeur $a = 0{,}80$ m.

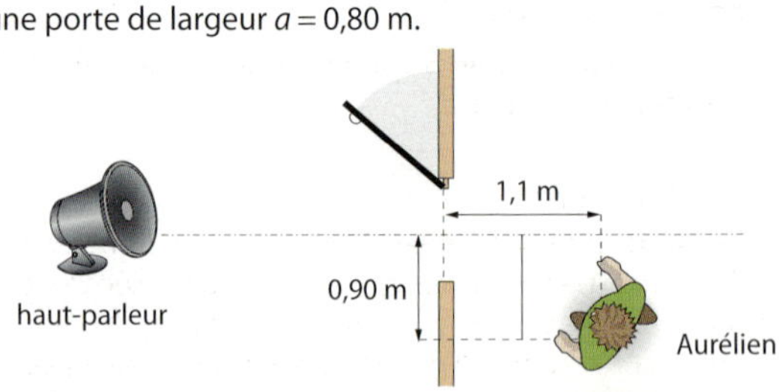

1. Déterminer la longueur d'onde de l'onde sonore.

2. Justifier que l'onde sonore soit diffractée par l'ouverture.

3. Calculer l'écart angulaire de diffraction.

4. Que va entendre Aurélien ?

5. On remplace le haut-parleur par une source de lumière. Aurélien sera-t-il dans l'ombre ou dans la lumière ?

Donnée. *Célérité du son dans l'air : $v = 340$ m · s^{-1}.*

Compétence 2

› *Étudier le phénomène d'interférences*

7 VRAI ou FAUX ?

Corriger, si nécessaire, les affirmations suivantes.

❶ On observe des interférences à chaque fois que l'on superpose deux ondes.

❷ Les interférences en lumière polychromatique conduisent à une décomposition de la lumière.

❸ Deux ondes en phase s'annulent.

8 Onde + onde = ?

Soit deux ondes lumineuses monochromatiques de même longueur d'onde et issues de la même source.

Voici trois situations dans lesquelles elles se superposent, correspondant à trois zones d'un écran.

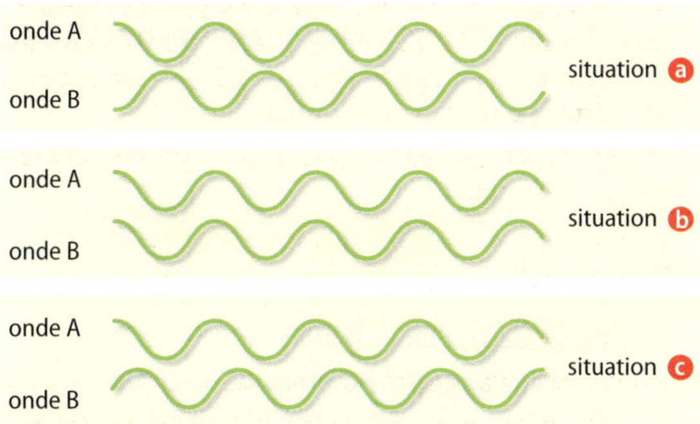

1. Dans chaque cas, attribuer à chaque situation l'expression qui lui convient

a. interférences constructives – interférences destructives – ondes en phase.

b. zone sombre – zone peu éclairée – zone éclairée.

2. Dans quelle situation peut-on affirmer que « lumière + lumière = obscurité » ?

3. Qu'entendrait-on dans chacune des trois situations si les ondes étaient sonores ?

9 Interfrange

Pour caractériser une figure d'interférences lumineuses, on définit l'interfrange, noté *i*, qui est la distance séparant deux franges lumineuses (ou deux franges sombres) consécutives. En réalisant le dispositif des bifentes de Young, on obtient les trois figures d'interférences ci-dessous, pour une lumière laser incidente bleue, rouge, puis verte.

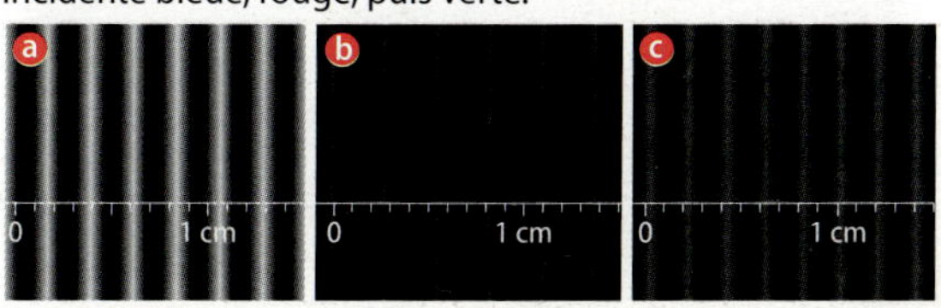

On démontre que *i* est proportionnel à λ, les autres paramètres expérimentaux restant inchangés.

1. a. Définir le phénomène d'interférences.

b. Déterminer l'interfrange des trois figures d'interférences ci-dessous.

3. Attribuer à chaque figure la couleur de la lumière laser incidente. Justifier.

4. Proposer une expérience pour déterminer la longueur d'onde d'un laser à partir des résultats précédents.

10 Casque anti-bruit

Pour illustrer le principe d'un casque anti-bruit, on réalise l'expérience schématisée ci-dessous :

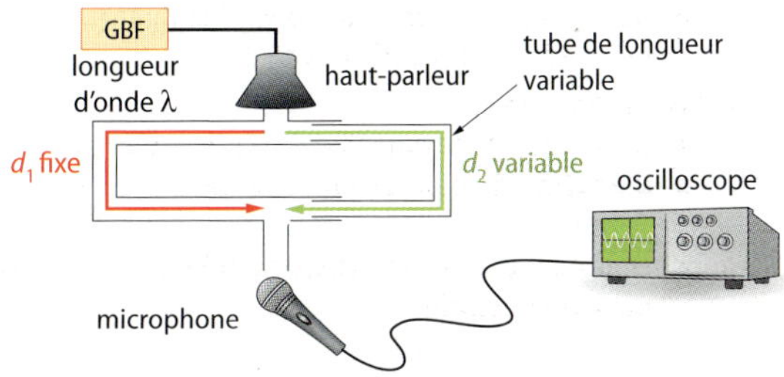

1. Pourquoi l'expérience conduit-elle à des interférences ?

2. On observe que, pour $d_1 = d_2 + k \cdot \lambda$, les interférences sont constructives et que pour $d_1 = d_2 + (k + 1/2) \cdot \lambda$, les interférences sont destructives (*k* est un entier).

a. Rappeler les conditions d'interférences constructives et destructives, puis interpréter les formules.

b. Que va-t-on observer sur l'oscilloscope lorsque le dispositif est réglé en mode « anti-bruit » ?

c. On modifie la fréquence du GBF en conservant le dispositif de la question **b**. Que va-t-on observer sur l'oscilloscope ?

EXERCICE **RÉSOLU**

11 Longueur d'onde d'un laser

Dans le montage des bifentes de Young en lumière laser, on peut montrer que l'interfrange *i* (la distance entre deux franges brillantes consécutives) est telle que $i = \lambda \cdot D/\ell$, où *D* est la distance entre les bifentes et l'écran et ℓ la distance entre les deux fentes. En traçant $i = f(D)$, on obtient une droite qui passe par l'origine, de coefficient directeur $k = 8{,}2 \times 10^{-4}$.

1. L'allure de la courbe obtenue était-elle prévisible ?

2. Déterminer la longueur d'onde du laser pour $\ell = 0{,}65$ mm.

Aides et méthodes

1. La nature de la courbe indique une relation de proportionnalité.

Solution

1. La courbe obtenue est une droite, donc *i* est bien proportionnel à *D*, pour ℓ et λ fixés.

2. $k = i/D = \lambda/\ell$ donc

$\lambda = k \cdot \ell = 8{,}2 \times 10^{-4} \times 0{,}65 \times 10^{-3} = 5{,}3 \times 10^{-7}$ m.

D'où $\lambda = 530$ nm.

Exercices

Compétence 3

› *Utiliser l'effet Doppler*

Donnée. *Vitesse du son dans l'air : $v = 340$ m · s^{-1}.*

12 **QCM**

Choisir la (les) bonne(s) réponse(s) :

1 Soit un émetteur et un récepteur d'onde. L'effet Doppler se manifeste si :
- **a** l'émetteur est en mouvement et le récepteur fixe ;
- **b** l'émetteur et le récepteur sont fixes ;
- **c** le récepteur est en mouvement et l'émetteur fixe.

2 Une voiture à l'arrêt, klaxon enfoncé, s'éloigne ensuite d'un piéton. Le son perçu par le piéton :
- **a** paraît plus aigu ;
- **b** a une fréquence plus basse ;
- **c** a une longueur d'onde plus faible ;
- **d** est le même que lorsque la voiture était à l'arrêt.

3 Pour mesurer la vitesse des étoiles, on utilise :
- **a** les raies d'absorption du spectre des étoiles ;
- **b** le bruit des étoiles s'éloignant de la Terre ;
- **c** la lumière émise par ces étoiles.

13 Effet Doppler par le schéma

Dans un TPE d'élèves, on retrouve ce schéma explicatif de l'effet Doppler. Les courbes en bleu représentent les fronts d'onde, c'est-à-dire les zones où l'amplitude de l'onde est maximale à un instant *t*. L'émetteur se déplace de gauche à droite.

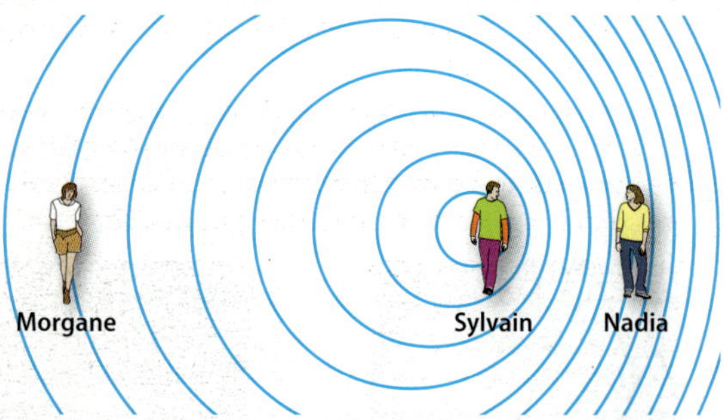

1. Quel(s) personnage(s) correspond(ent) à l'émetteur ? aux récepteurs ?

2. Justifier, à partir du schéma, que la fréquence de l'onde perçue est plus faible lorsque l'émetteur s'éloigne que lorsqu'il s'approche.

14 Au feu les pompiers !

1. Lorsque l'émetteur est en mouvement à vitesse constante par rapport à un récepteur fixe, l'effet Doppler est traduit par la relation $f_r = f_e \cdot v/(v \pm u)$.

a. Préciser la signification et l'unité de chaque grandeur.

b. Quelles sont les deux situations correspondant au signe « ± » de la formule ?

2. La sirène d'un camion de pompier, de fréquence 400 Hz, se rapproche d'Elsa, fixe sur la chaussée. Elsa mesure une fréquence de 417 Hz pour le son de la sirène.

a. Déterminer la formule qui correspond à l'expérience d'Elsa. Justifier.

b. Calculer la vitesse du camion, en m · s^{-1} puis en km · h^{-1}.

15 Effet Doppler pour la lumière

Le document ci-dessous présente les positions des raies d'absorption d'un élément chimique sur le spectre du Soleil et sur celui de deux étoiles A et B. Selon l'effet Doppler-Fizeau, plus une étoile s'éloigne de la Terre et plus son spectre d'absorption se décale vers les grandes longueurs d'onde.

1. Quelle étoile s'éloigne de la Terre ? se rapproche de la Terre ? Justifier.

2. Quelle étoile à la vitesse la plus élevée dans la direction d'observation ? Pourquoi ?

EXERCICE **RÉSOLU**

16 L'expérience de Buys-Ballot

› *Histoire des sciences*

On reproduit l'expérience historique de validation de l'effet Doppler, réalisée par le scientifique néerlandais Buys-Ballot en 1848. Des musiciens jouent une note calibrée de fréquence $f = 440$ Hz à bord d'un train. Un micro enregistre le son sur un quai lorsque le train s'approche, puis s'éloigne du quai à une vitesse constante $u = 110$ km · h^{-1}.

Donnée. *Lorsqu'un émetteur d'onde de fréquence f_e et de célérité v se rapproche d'un récepteur à la vitesse constante u, la fréquence apparente mesurée au niveau du récepteur f_r est telle que $f_r = f_e \cdot v/(v - u)$.*

1. Expliquer en quoi les conditions de cette expérience correspondent bien à celles de l'effet Doppler.

2. a. Calculer la fréquence de l'onde perçue lorsque le train se rapproche du quai.

b. Ce son perçu sera-t-il plus aigu ou plus grave ?

Aides et méthodes

2. a. Homogénéiser les unités dans la formule de l'effet Doppler et ne pas se tromper dans la valeur de la célérité.

Solution

1. Un émetteur d'onde (instrument de musique) est en mouvement par rapport à un récepteur fixe (micro).

2. a. $u = 110$ km · h^{-1} = 30,6 m · s^{-1}.

D'où : $f_r = f_e \cdot v/(v - u) = 440 \times 340/(340 - 30,6) = 483$ Hz.

b. $f_r > f_e$: le son perçu est plus aigu.

Exercices de synthèse

Pour préparer le BAC

17 Paroles de physiciens

➤ Histoire des sciences

Voici quelques citations de physiciens à propos de la lumière :

Thomas Young (1773-1829) : « La loi est la suivante : chaque fois que deux parties d'une même lumière arrivent à l'œil par des trajets différents, exactement ou presque exactement dans la même direction, la lumière est la plus intense lorsque la différence de route est un multiple d'une certaine longueur, et elle est moins intense dans l'état intermédiaire des parties qui interfèrent. Cette longueur est différente pour des lumières de couleurs différentes. »

François Arago (1786-1853) : « Qui se fût imaginé qu'on en viendrait à supposer que l'obscurité pourrait être engendrée en ajoutant de la lumière à la lumière ? »

Augustin Fresnel (1788-1827) : « J'ai observé que les ombres n'étaient jamais terminées nettement comme elles devraient l'être si la lumière ne se propageait que dans le sens de sa direction primitive. »

Hippolyte Fizeau (1819-1896) : « Une source lumineuse qui s'éloigne envoie des ondes dont la coloration tend à varier dans le sens du violet au rouge. »

1. Associer à chaque citation la (les) propriété(s) des ondes évoquée(s).

2. Citer les extraits évoquant les interférences constructives, puis les interférences destructives.

3. Quel principe est remis en cause par Fresnel ?

4. Quelle est la « certaine longueur » évoquée par Young ?

5. Citer une application de la découverte de Fizeau.

18 Sheldon Doppler

In an episode of the American TV show *The Big Bang Theory*, professor Sheldon Cooper disguises himself as a Doppler effect.

1. Give the definition of the Doppler effect.

2. Explain how this disguise shows that the visible frequency of a wave increases as we approach to the source.

[redacted]

19 Une histoire de feuille et de rivière

Je suis au bord d'une rivière et je jette à intervalles réguliers, par exemple toutes les secondes, une feuille morte qui va dériver au fil de l'eau. Si le courant est de un mètre par seconde, je crée donc une file de feuilles mortes séparées les unes des autres par une distance de un mètre.

À 100 m de là, un observateur immobile verra les feuilles arriver et défiler à raison d'une feuille par seconde. Si on suppose maintenant que cet observateur remonte la rivière pour venir à ma rencontre, il verra les feuilles passer plus fréquemment qu'avant. S'il marche à la vitesse de un mètre par seconde, sa vitesse et celle du courant s'ajoutent et les feuilles, toujours séparées d'un mètre évidemment, paraissent défiler à raison d'une feuille toutes les demi-secondes : la fréquence apparente augmente à la rencontre du courant.

Evry Schatzman, *Les Enfants d'Uranie. À la recherche des civilisations extraterrestres*, Seuil, 1998.

1. a. Ce texte illustre une propriété des ondes. Laquelle ?
b. Donner sa définition et un exemple de cet effet dans la vie courante.

2. Quelle est la variation de fréquence mesurée lorsque l'observateur se rapproche de la source ?

3. a. Que va-t-il se passer si l'observateur s'éloigne de la source ?
b. À quelle vitesse l'observateur verra-t-il les feuilles fixes ?

4. Pourquoi l'auteur parle-t-il de « fréquence apparente » ?

20 Spores de lycopode

Les lycopodes sont des plantes utilisées en herboristerie. Leurs spores, cellules de reproduction végétative, sont relativement circulaires, de couleur jaune soufre et toutes de dimensions équivalentes (a).

On étend un faisceau laser ($\lambda = 633$ nm) et on place sur sa trajectoire une lamelle de microscope recouverte d'une fine couche de spores de lycopode. On observe sur un écran placé à une distance $D = 1{,}0$ m de la lamelle la figure de diffraction (b).

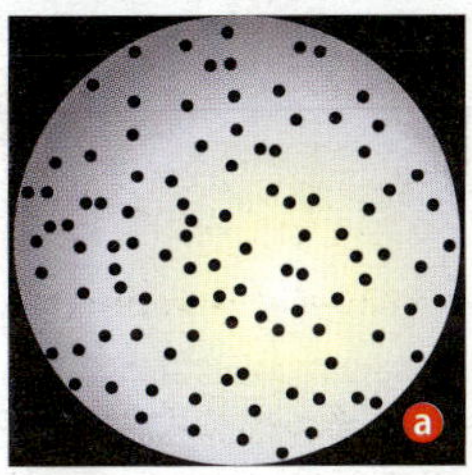

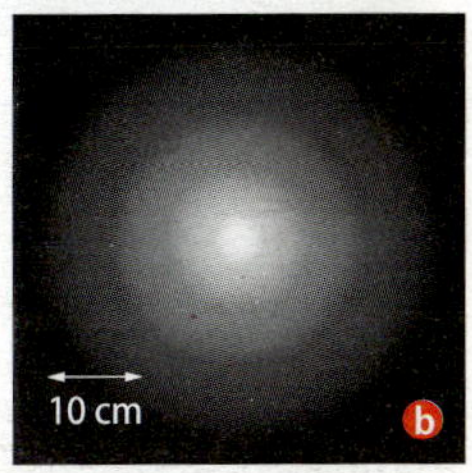

La diffraction de N objets identiques répartis aléatoirement est identique à celle obtenue par un seul de ces objets, mais elle est N fois plus lumineuse. On montre que l'écart angulaire pour la diffraction par un objet circulaire de diamètre a est $\theta = 1{,}22\ \lambda/a$.

1. Réaliser un schéma du montage expérimental, en plaçant l'écart angulaire θ.

2. À partir du document (b), déterminer la taille de la tache centrale de diffraction d.

3. En se plaçant dans l'approximation des petits angles, établir la relation entre a, λ, D et d.

4. Calculer alors le diamètre a d'une spore de lycopode.

21 Expériences sur cuve à ondes

On réalise des expériences de diffraction d'onde mécanique sur cuve à ondes en observation stroboscopique.

On obtient le résultat ci-dessous :

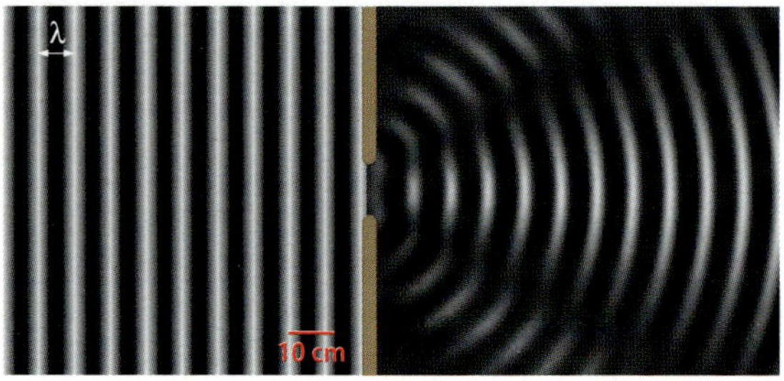

1. **a.** Quelle dimension a doit avoir l'obstacle pour observer le phénomène de diffraction ?
b. Cette condition est-elle respectée dans l'expérience ?
c. La longueur d'onde se conserve-t-elle lors de la diffraction ? Justifier.

2. **a.** Qu'appelle-t-on l'écart angulaire θ ?
b. Reproduire la figure ci-dessus et indiquer la position de θ.
c. Rappeler la relation liant θ, λ et a, puis la vérifier à l'aide de mesures sur la figure.

3. On réalise maintenant une expérience à l'aide deux vibreurs synchronisés. On obtient le résultat ci-dessous.

a. Quel phénomène est ainsi mis en évidence ?
b. Que dire sur les deux ondes mécaniques au point A ?

22 Touché-coulé ?

La houle prend naissance sous l'effet du vent loin des côtes. Des vagues sont espacées de 230 mètres. Une vague remplace la précédente après une durée de 12 secondes. Cette houle arrive sur un port dont l'ouverture entre deux jetées a une largeur $a = 200$ m. Un bateau est stationné au fond du port comme indiqué sur le schéma ci-dessus.

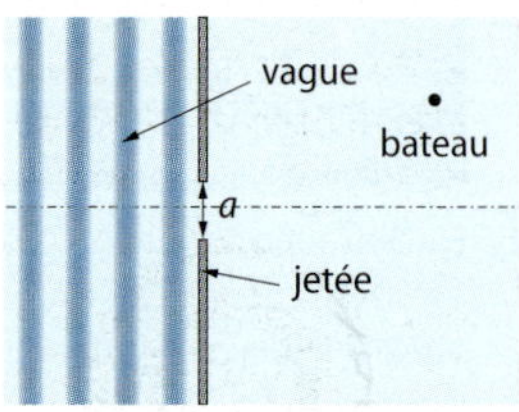

Ce bateau risque-t-il de ressentir les effets de la houle ?

Justifier la réponse en reproduisant et exploitant le schéma ci-dessus. On utilisera un rapporteur.

23 Christine et l'étoile

1. Lorsqu'un émetteur d'onde de fréquence f_e (de longueur d'onde λ_e) et de célérité v s'éloigne d'un récepteur à la vitesse constante u, la fréquence apparente mesurée f_r (de longueur d'onde λ_r) au niveau du récepteur est telle que $f_r/f_e = v/(v+u)$.
a. Comment appelle-t-on cet effet ?
b. En rappelant la relation entre célérité, fréquence et longueur d'onde, établir la relation entre λ_e et λ_r.

2. Christine, professeur, circule dans sa salle de classe à une vitesse $u = 0{,}750\ \text{m}\cdot\text{s}^{-1}$. Elle produit un son de fréquence $f = 500$ Hz en s'éloignant d'un élève et porte un vêtement vert qui diffuse une lumière de longueur d'onde dans le vide $\lambda = 550$ nm.
a. Calculer f_r pour le son et λ_r pour la lumière, en considérant un élève fixe dont elle s'éloigne.
b. Ces variations seront-elles perceptibles pour l'élève ?

3. On considère maintenant une étoile qui s'éloigne de la Terre. Un astronome mesure alors une variation relative de longueur d'onde $|\lambda_r - \lambda_e|/\lambda_e$ de 5,1 %. Quelle est la vitesse de l'étoile ?

Données. *Célérité du son dans l'air :* $v = 340\ \text{m}\cdot\text{s}^{-1}$.
Célérité de la lumière dans le vide : $c = 3{,}00 \times 10^8\ \text{m}\cdot\text{s}^{-1}$.
Limite de perception par l'Homme d'une variation de fréquence sonore : $\Delta f > 1$ Hz.

24 Expériences sonores

Afin de démontrer à une assemblée sceptique que le son est bien une onde, comme la lumière, François décide de mettre au point des expériences prouvant que les ondes sonores sont diffractées et interfèrent. Il a à sa disposition le matériel suivant : haut-parleurs, GBF, microphones, oscilloscope, obstacles. François décide de centrer son étude sur un son pur de fréquence $f = 700$ Hz.

1. Proposer une expérience illustrant la diffraction des ondes sonores, en précisant la dimension de l'obstacle et les observations attendues.

2. Proposer une expérience illustrant les interférences entre ondes sonores, en précisant les précautions de réglage et de disposition des éléments, ainsi que les observations attendues.

3. Quel autre phénomène caractéristique des ondes François aurait-il pu prouver expérimentalement ?

Donnée. *Célérité du son dans l'air :* $v = 340\ \text{m}\cdot\text{s}^{-1}$.

[redacted]

v et λ_0 désignent respectivement la vitesse et la longueur d'onde de l'onde émise. λ est la longueur d'onde de l'onde perçue.

1. Rappeler ce qu'on appelle l'effet Doppler.

2. Quel est dans ce cas l'émetteur ? le récepteur ?

3. **a.** Rappeler l'origine des raies d'absorption du spectre des étoiles.
b. Par rapport au spectre de quelle étoile évalue-t-on le décalage ? Pourquoi ?

4. Pour une longueur d'onde de référence $\lambda_0 = 588{,}995\,0$ nm (dans le spectre du sodium), on mesure un décalage $\Delta\lambda_1 = 0{,}045\,6$ nm à l'instant t_1 et $\Delta\lambda_2 = -0{,}013\,6$ nm à l'instant t_2.
a. Déterminer la vitesse radiale de l'étoile à ces deux instants.
b. Sachant que l'on parle de « décalage vers le rouge » pour une étoile qui s'éloigne de la Terre, à quel instant l'étoile s'approche-t-elle de la Terre ? s'éloigne-t-elle de la Terre ?

26 ★ Couleur des papillons

Les couleurs des ailes de papillon peuvent être pigmentaires ou structurales. Les ailes des morphos bleus mâles (a), famille de papillon d'Amérique centrale et du Sud, constituent un bel exemple de couleur structurale. En effet, la couleur provient d'interférences se créant dans la structure des écailles de l'aile. Ces couleurs sont durables et iridescentes : la couleur observée dépend de la direction d'observation. Si on analyse la structure des écailles au microscope, on constate un réseau de lamelles séparées par de l'air (b).

Pour expliquer l'origine de ces couleurs, on utilise le modèle d'une lame mince d'épaisseur e et d'indice n.

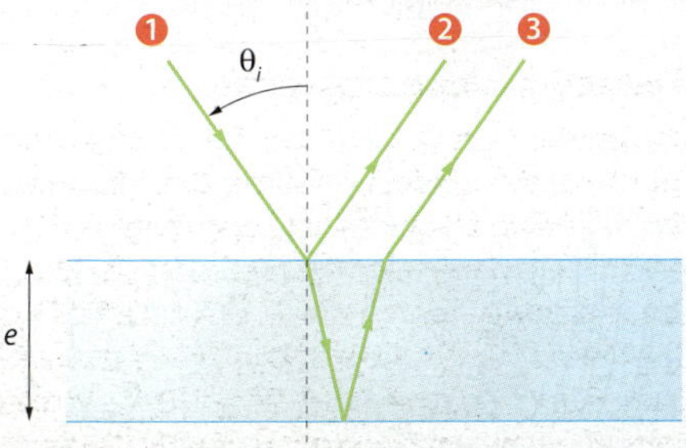

On peut montrer que, pour une direction d'observation donnée θ_i et pour une épaisseur e de la lame mince d'indice n, les interférences ne seront constructives que pour une seule longueur d'onde λ.

1. Quel phénomène est à l'origine des couleurs pigmentaires ?

2. Qu'appelle-t-on interférences constructives ? Dans quelles conditions les obtient-on ?

3. Quels rayons vont interférer dans le modèle de la lame mince ?

4. Expliquer le phénomène d'iridescence.

5. Le modèle de la lame mince permet aussi d'expliquer l'origine des couleurs sur les bulles de savon. Proposer une explication.

En route vers le Supérieur

27 ★★ Les anneaux de Newton

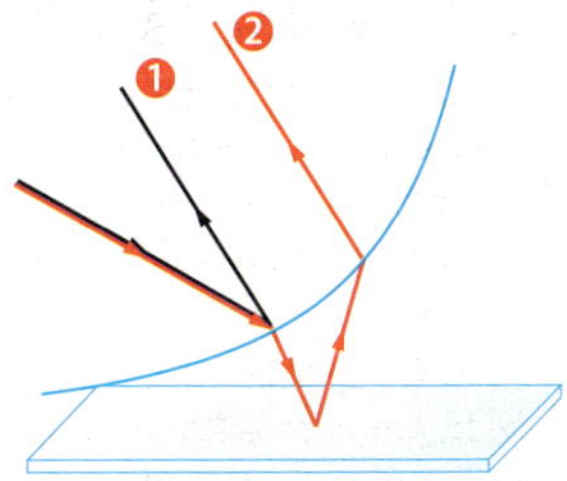

Alors qu'il travaillait sur l'origine des couleurs, en particulier sur celles des bulles de savon, Isaac Newton (1643-1727) fit l'expérience suivante : il éclaira en lumière blanche un dispositif constitué d'une plaque de verre et d'une lentille convexe posée dessus et observa alors des anneaux circulaires concentriques colorés sur la surface de la lentille.

Le schéma ci-dessus illustre l'expérience réalisée.

1. Quel phénomène se produit lorsque la lumière arrive à l'interface entre deux milieux homogènes et transparents ?

2. On considère le dispositif éclairé en lumière monochromatique.
a. Décrire le trajet parcouru par chaque rayon représenté sur le schéma.
b. Justifier l'observation d'interférences.
c. Dans quelles conditions aura-t-on des interférences constructives ? destructives ?

3. On peut montrer théoriquement que, si R est le rayon de courbure de la lentille, k un nombre entier positif et λ la longueur d'onde de la lumière éclairant le dispositif, le rayon du k-ième anneau noir est donné par $r = \sqrt{R \cdot k \cdot \lambda}$.
a. Parmi les figures ci-dessous, préciser celle qui correspond à l'expérience de Newton en lumière monochromatique rouge et celle en lumière monochromatique bleue.

a   b

b. Proposer alors une explication à l'apparition d'anneaux colorés lorsque l'expérience est réalisée en lumière blanche.

Pour préparer le BAC

Énoncé type

Fentes de Young

Les compétences évaluées

- Étudier le phénomène de diffraction.
- Étudier le phénomène d'interférences.

Lorsqu'on envoie la lumière d'un laser de longueur d'onde $\lambda = 632{,}8$ nm sur deux fentes verticales identiques d'ouverture a et distantes entre elles d'une longueur ℓ, on obtient l'image ci-dessous sur l'écran, situé à la distance $D = 2{,}0$ m des fentes.

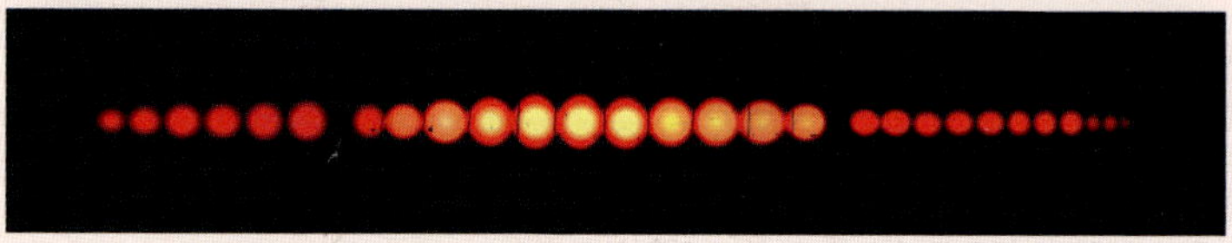

1. Deux phénomènes caractéristiques des ondes se produisent ici.

a. Quels sont ces phénomènes ?

b. Analyser la figure en précisant la contribution de chaque phénomène.

2. On mesure un écart angulaire $\theta = 1{,}6 \times 10^{-3}$ rad.

a. Quel phénomène est caractérisé par l'écart angulaire ?

b. Calculer l'ouverture des fentes a.

3. On mesure une distance de 9,5 cm entre 11 franges sombres.

La distance i entre deux franges sombres est donné par la relation : $i = \lambda \cdot D/\ell$.

a. Que peut-on dire quant aux deux ondes lumineuses au niveau des franges brillantes ? sombres ?

b. Déterminer l'écart ℓ entre les deux fentes.

4. Prévoir l'évolution de la figure observée si l'on modifie les paramètres suivants, les autres paramètres expérimentaux restant inchangés :

a. on écarte les deux fentes ;

b. on diminue l'ouverture des fentes ;

c. on remplace le laser rouge par un laser vert.

Données. *Domaine de longueur d'onde du rouge : 620-780 nm ; du vert : 500-578 nm.*

➤ Coups de pouce

2. b. Énoncer la relation entre θ, λ et a.

Attention aux unités et aux chiffres significatifs.

3. a. Indiquer si les ondes sont en phase ou en opposition de phase.

b. Penser, par exemple, qu'entre 3 arbres, il y a 2 intervalles.

4. Identifier le(s) phénomène(s) concerné(s) par la modification.

Analyser les expressions de θ et de i pour évaluer les modifications.

EXEMPLE DE **RÉSOLUTION**

1. a. Il s'agit de la **diffraction** de la lumière par les fentes et des **interférences** entre les deux lumières diffractées.

b. La **tache centrale** et les deux taches situées de chaque côté constituent la figure de diffraction.

Les **franges** apparaissant sur les taches résultent des interférences.

2. a. L'écart angulaire caractérise la figure de **diffraction**.

b. On a $\theta = \lambda/a$ donc $a = \lambda/\theta$.

A.N. : $a = 632{,}8 \times 10^{-9}/(1{,}6 \times 10^{-3}) = 4{,}0 \times 10^{-4}$ m

$a = 0{,}40$ mm

3. a. Les deux ondes lumineuses sont **en phase** au niveau d'une frange brillante. Elles interfèrent de manière **constructive**.

Les deux ondes lumineuses sont en **opposition de phase** au niveau d'une frange sombre. Elles interfèrent de manière **destructive**.

b. Entre 11 franges, il y a 10 interfranges.

Donc $i = 9{,}5/10 = 0{,}95$ cm.

Or $\ell = \lambda \cdot D/i$.

A.N. : $\ell = 632{,}8 \times 10^{-9} \times 2{,}0/(0{,}95 \times 10^{-2}) = 1{,}3 \times 10^{-4}$ m

$\ell = 0{,}13$ mm

4. a. Si l'on écarte les deux fentes, les **franges seront plus rapprochées** sur une **figure de diffraction identique**.

En effet, si ℓ augmente, i diminue pour λ et D fixées et θ ne dépend pas de ℓ.

b. Si l'on diminue l'ouverture des fentes, la **figure de diffraction sera plus étalée**. Les franges resteront **espacées de la même manière**.

En effet, si a diminue, θ augmente pour λ fixée et i ne dépend pas de a.

c. Si l'on diminue la longueur d'onde (car $\lambda_{vert} < \lambda_{rouge}$), la **figure de diffraction sera moins étalée** et les **franges** d'interférences **seront plus rapprochées**.

En effet, si λ diminue, θ diminue pour a fixée et i diminue pour ℓ et D fixées.

Pour préparer le BAC

La compétence évaluée

- Utiliser l'effet Doppler.

Énoncé type

Excès de vitesse ?

Le radar, acronyme de *Radio Detection And Ranging* (« détection et estimation de la distance par onde radio »), utilise l'effet Doppler pour mesurer la vitesse d'un véhicule. Une antenne émet une onde électromagnétique puis capte sa réflexion par le véhicule en mouvement. La comparaison de ces deux ondes permet de remonter à la vitesse du véhicule.
Un des radars répandu actuellement émet à la fréquence de 24,125 GHz. La vitesse réglementaire sur autoroute est de 130 km · h^{-1}.
La vitesse u_v du véhicule (en m · s^{-1}) peut être obtenue par la formule :
$u_v = c \cdot |\Delta f|/(2f_r \cdot \cos 25{,}0)$, où c est la célérité de l'onde (en m · s^{-1}), f_r, la fréquence de l'onde reçue (en Hz) et $\Delta f = f_r - f_e$, f_e est la fréquence de l'onde émise (en Hz). Le facteur ½ tient compte de la réflexion de l'onde sur le véhicule et le terme « cos 25,0 », de l'orientation (en degré) du radar par rapport au véhicule.

Donnée. *$c = 3{,}00 \times 10^8$ m · s^{-1}.*

1. a. Qu'appelle-t-on l'effet Doppler ? Illustrer cet effet par un exemple.

b. Quelle grandeur va-t-on comparer pour remonter à la vitesse du véhicule ?

2. On considère un émetteur fixe d'ondes électromagnétiques, de fréquence f_e et de célérité c, et un récepteur mobile se rapprochant de l'émetteur à la vitesse constante u. Pendant la période T_e, l'onde parcourt la distance λ_e, et le récepteur la distance d.

a. Exprimer la distance d parcourue par le récepteur pendant la période T_e.

b. Montrer que la longueur d'onde apparente du point de vue du récepteur est telle que $\lambda_r = \lambda_e - u \cdot T_e$.

c. En rappelant la relation entre la fréquence et la longueur d'onde, démontrer que : $u = c \cdot |\Delta f|/f_r$.

3. Quel sera le signe de Δf si le véhicule :

a. s'approche du radar ? **b.** s'éloigne du radar ?

4. Lors d'un contrôle routier sur autoroute, un radar automatique mesure une différence de fréquence par rapport à l'émission de 5 690 Hz. Le véhicule est-il en excès de vitesse ?

5. Lors d'une échographie Doppler, on envoie des ultrasons sur des cellules en mouvement dans un fluide biologique, puis on analyse les ultrasons réfléchis pour déterminer la vitesse du fluide. Comparer cette méthode au principe du radar.

➤ Coups de pouce

1. b. Analyser la formule de l'énoncé.

2. b. S'aider d'un schéma en représentant les fronts d'onde.

c. Une analyse dimensionnelle (voir p. 569) permet de retrouver les formules simples en cas d'oubli.

4. La différence de fréquence est Δf. Utiliser la formule de l'énoncé.

5. Recenser les points communs et les différences.

EXEMPLE DE **RÉSOLUTION**

1. a. L'**effet Doppler** est la variation de fréquence d'une onde mesurée entre l'émission et la réception lorsque la distance entre l'émetteur et le récepteur varie au cours du temps. On peut citer comme exemple le changement de la hauteur d'un son perçu lorsqu'une sirène s'approche ou s'éloigne d'un observateur.

b. On va **comparer la fréquence** des deux ondes.

2. a. Ici, $u = d/T_e$ donc $\boldsymbol{d = u \cdot T_e}$.

b. Le récepteur captera le deuxième front d'onde après avoir parcouru une distance : $\boldsymbol{\lambda_r = \lambda_e - u \cdot T_e}$.

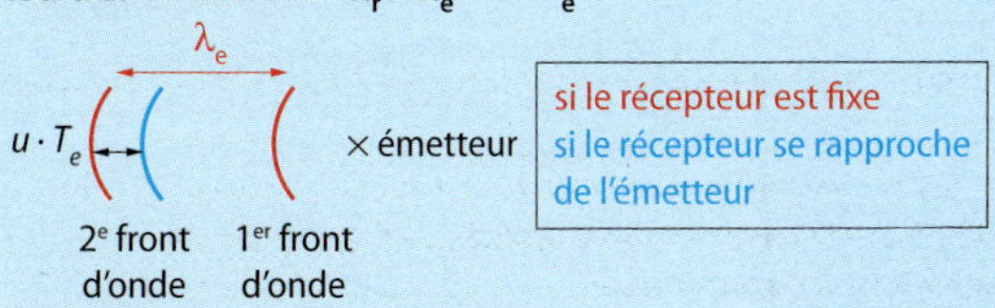

c. On a $\lambda = c/f$ et $T = 1/f$ donc $c/f_r = c/f_e - u/f_e$.
En multipliant par f_e : $c \cdot f_e/f_r = c - u$.

D'où $u = (c - c \cdot f_e)/f_r = c(1 - f_e/f_r) = c \cdot (f_r - f_e)/f_r$

$\boldsymbol{u = c \cdot |\Delta f|/f_r}$.

3. a. Selon la formule établie en **2.b**, lorsque le véhicule se rapproche, $\lambda_r < \lambda_e$ (u et T_e étant positifs). Donc $f_r > f_e$ et $\Delta f > 0$.

b. Lorsque le véhicule s'éloigne, $\lambda_r > \lambda_e$. Donc $f_r < f_e$ et $\Delta f < 0$.

4. $f_r - f_e = \Delta f$ donc $f_r = \Delta f + f_e$.

$u_v = c \cdot |\Delta f|/(2f_r \cdot \cos(25{,}0°)) = c \cdot |\Delta f|/[2(\Delta f + f_e) \cdot \cos(25{,}0)]$

A.N. : $u_v = 3{,}00 \times 10^8 \times 5\,690/(2 \times 2{,}4125 \times 10^{10} \times \cos(25{,}0))$
$= 39{,}0$ m · s^{-1} = 140 km · h^{-1}.

$\boldsymbol{u_v = 140}$ **km · h^{-1}**

Le véhicule est en excès de vitesse.

5. L'échographie Doppler se fonde sur le même principe que le radar, les cellules du fluide ayant ici le rôle du véhicule. Les ondes exploitées sont toutefois de nature différente. La célérité des ondes sera donc différente.

Avant d'aborder la séquence 5

Évaluation diagnostique

Pour chaque situation présentée, proposer une réponse en argumentant.

Situation 1

Pour vérifier l'indispensable

Hydroxyle, carbonyle, carboxyle… ces mots désignent des groupes d'atomes caractéristiques.

Qu'est-ce qu'un groupe d'atomes caractéristique ? Que permet-il de caractériser ?

► Activité 1, p. 88

Situation 2

Pour amorcer la réflexion

En teinture, il existe des dizaines de rouges différents, tels le rouge carmin, qui est tiré d'un insecte (la cochenille), ou le rouge garance, qui provient d'une plante.

Comment un spectromètre UV-visible peut-il différencier ces différents rouges ?

► Activités 2 et 4, p. 89 et 91

Situation 3

Pour amorcer la réflexion

Un quart des délits routiers sont des délits de fuite après accident. Afin d'identifier le véhicule, les laboratoires de police scientifique utilisent la spectrométrie infrarouge.

En quoi cette technique d'analyse chimique peut-elle aider les policiers ?

► Activité 3, p. 90

Spectres UV-visible et infrarouge

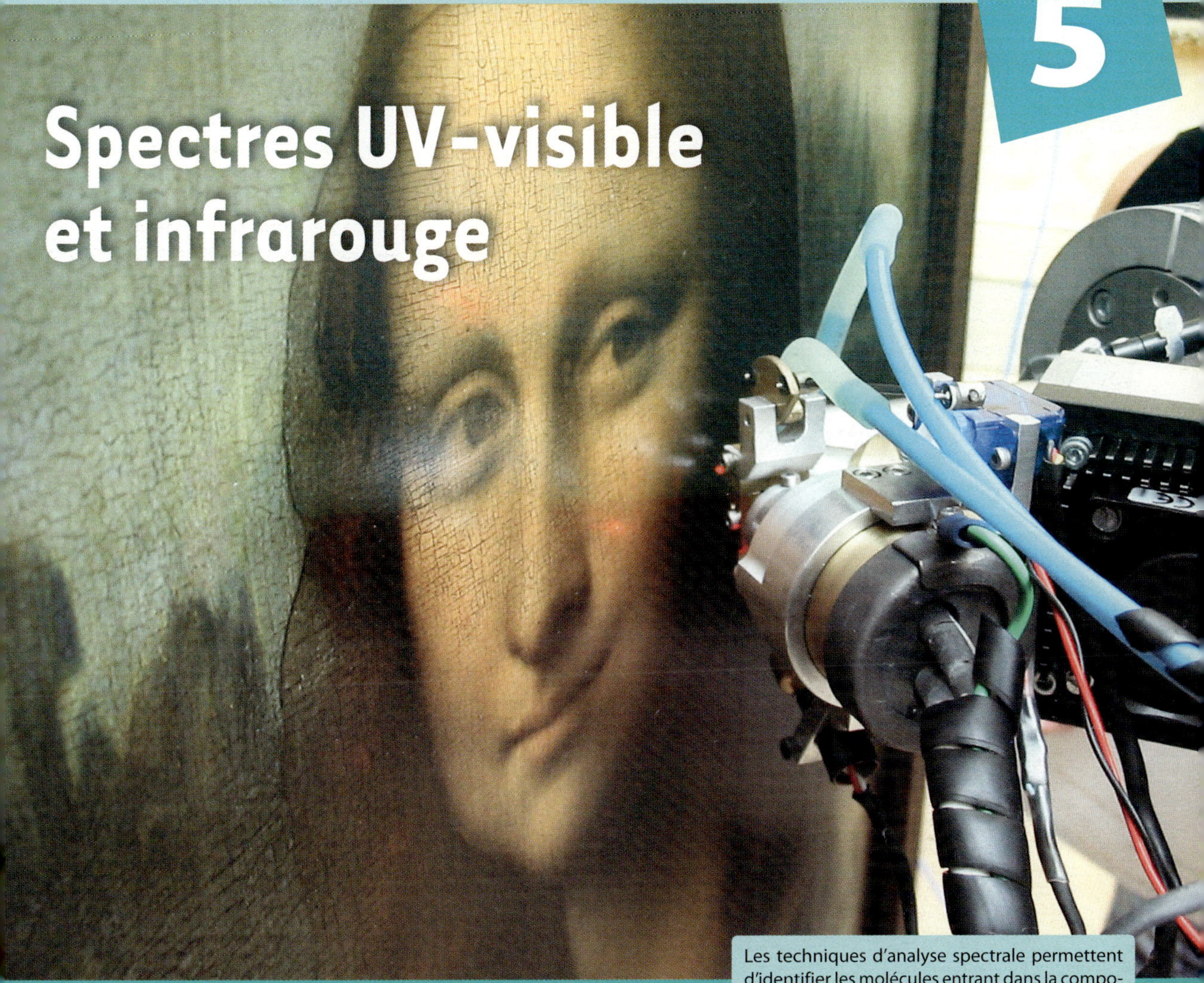

Les techniques d'analyse spectrale permettent d'identifier les molécules entrant dans la composition d'une œuvre d'art.

Les acquis des classes précédentes

- Il existe des **chaînes carbonées** linéaires, ramifiées ou cycliques.
- Les **noms** des molécules organiques obéissent à des **règles**.
- En fonction de sa **longueur d'onde**, une radiation électromagnétique appartient au domaine de l'UV, du **visible** ou de l'IR.
- Les **échanges d'énergie** entre lumière et matière permettent d'interpréter le phénomène d'**absorption**.

Les compétences à acquérir

1. **Connaître** les groupes caractéristiques et les règles de nomenclature.
2. **Exploiter** des spectres UV-visible.
3. **Exploiter** des spectres infrarouge.

→ **Culture scientifique**
Analyse des œuvres d'art

Activité 1

Activité de découverte

Compétences scientifiques évaluées
- Faire preuve de curiosité.
- Extraire une information utile.

Nommer les composés organiques

Les composés organiques appartiennent à différentes familles chimiques et leurs noms permettent de les répertorier.

Étude de document

La nomenclature des molécules organiques

Les molécules organiques sont nommées selon une **nomenclature systématique.**

En Première, on a vu que le nom des alcanes linéaires est formé d'un préfixe numérateur caractérisant le nombre d'atomes de carbone, suivi de la terminaison -ane.

Pour les autres alcanes, c'est la chaîne principale (la plus longue chaîne d'atomes de carbone adjacents) qui donne le nom. Sur cette chaîne principale sont fixées des chaînes secondaires (ou ramifications) : les groupes alkyles. Le nom d'une ramification dérive du nom de l'alcane correspondant (*voir fiche méthode page 574*). Sa position sur la chaîne principale doit être précisée.

La plupart des molécules organiques possèdent au moins un **groupe d'atomes caractéristique.** Les molécules possédant le même groupe caractéristique constituent une **famille.**

Le nom des molécules d'une même famille dérive du nom de l'alcane correspondant (celui qui possède la même chaîne carbonée), auquel on ajoute une terminaison spécifique **(Fig. 1)**, après avoir supprimé le « e » final. On parle de nomenclature substitutive.

La position du groupe d'atomes caractéristique, toujours fixé sur la chaîne principale, est repérée par un indice (1, 2...) si nécessaire, écrit entre des traits d'union avant la terminaison.

Exemple : $H_3C–CH_2–CH_2–OH$ est le propan-1-ol.

Famille	alcool	aldéhyde	cétone	amine	amide
Terminaison	-ol	-al	-one	-amine	-amide
Formule	R–O–H	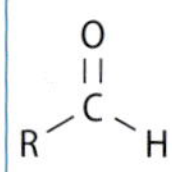	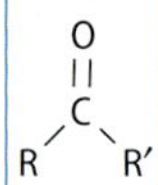	$R–NH_2$	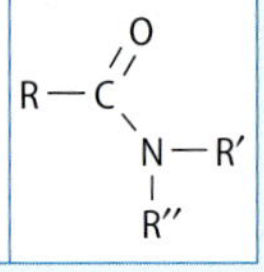

Famille	acide carboxylique	ester
Terminaison	-oïque	-oate
Formule	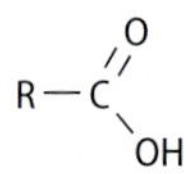	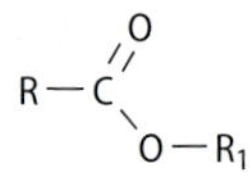
Commentaire sur le nom	Il est précédé du mot acide.	En deux parties : nom de la chaîne contenant R terminé par -oate + de (ou d') + nom du groupe alkyle R_1.

Fig. 1 Quelques familles de molécules organiques. R, R′, R″ sont des groupes alkyles ou des atomes d'hydrogène. R_1 est nécessairement un groupe alkyle.

Pistes de réflexion

1 Qu'est-ce que la nomenclature systématique ?

2 Pourquoi parle-t-on de nomenclature substitutive ?

3 Recopier et compléter la grille ci-contre en exploitant le document et les définitions suivantes. Chaque case peut contenir une lettre, un chiffre, un trait d'union, un espace ou une apostrophe.

a. Alcool dont le groupe caractéristique est situé sur le deuxième carbone d'une chaîne de quatre atomes de carbone.

b. Aldéhyde qui ne comporte qu'un seul atome de carbone.

c. Cétone constituée de cinq atomes de carbone, le groupe caractéristique étant porté par le deuxième.

d. Acide carboxylique composé de cinq atomes de carbone.

e. Ester dont chacune des deux parties est constituée de deux atomes de carbone.

f. Amine qui possède quatre atomes de carbone.

g. Il y a deux atomes de carbone dans cet amide.

Pour conclure

4 Pourquoi faut-il connaître la nomenclature ?

5 **a.** Citer un composé dont le nom usuel n'est pas celui que donne la nomenclature.

b. Pourquoi utilise-t-on alors ce nom ?

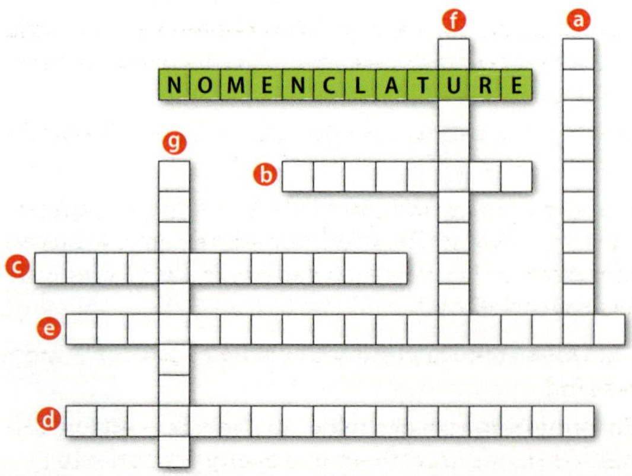

Activité 2

Activité documentaire

Animation

Principe d'un spectrophotomètre

Le spectrophotomètre UV-visible est un outil indispensable au laboratoire de chimie. La plupart des appareils fonctionnent sur le même principe.

Compétences scientifiques évaluées
- Extraire une information utile.
- Identifier les paramètres jouant un rôle dans un phénomène physique.

Étude de document

Un spectrophotomètre mesure l'absorbance d'un échantillon. Il possède deux sources de lumière. L'une couvre l'UV proche (à partir de 180 nm) et l'autre, le visible (380-780 nm). Un monochromateur permet de balayer très rapidement toute la gamme de longueurs d'onde. Pour chaque radiation, le faisceau est divisé en deux : une partie est dirigée vers la solution à analyser, l'autre vers le « blanc » (le solvant) **(Fig. 1)**.

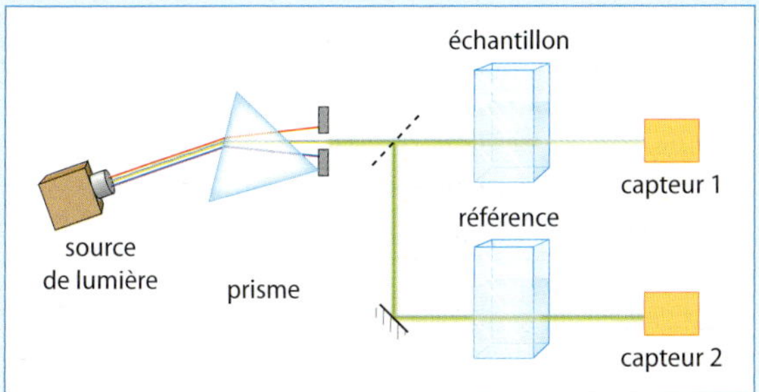

Fig. 1 Principe d'un spectrophotomètre à double faisceau.

Les cuves contenant les échantillons sont généralement en quartz car ce matériau absorbe très peu sur l'ensemble UV-visible **(Fig. 2)**. La détection est assurée, pour chaque faisceau, par un photocapteur. Puis les signaux sont traités par un logiciel qui permet d'afficher le spectre, c'est-à-dire l'absorbance de la solution analysée en fonction de la longueur d'onde **(Fig. 3)**.

Les photons de l'UV proche et du visible peuvent être absorbés par certaines molécules. Sur le spectre, l'absorption se traduit par la présence de bandes, chacune correspondant à la transition d'un électron de valence de l'état fondamental vers un état excité. La grande stabilité des liaisons simples (C–C, C–H) implique qu'une transition des électrons engagés dans ces liaisons nécessite une énergie importante. Par contre les électrons engagés dans les liaisons doubles ou triples (C=C, C=O…) peuvent plus facilement subir une transition car le niveau excité est plus proche du niveau fondamental.

La spectroscopie UV-visible peut être utilisée en analyse qualitative : le spectre permet de déterminer le ou les maximums d'absorption caractéristiques d'une espèce chimique.

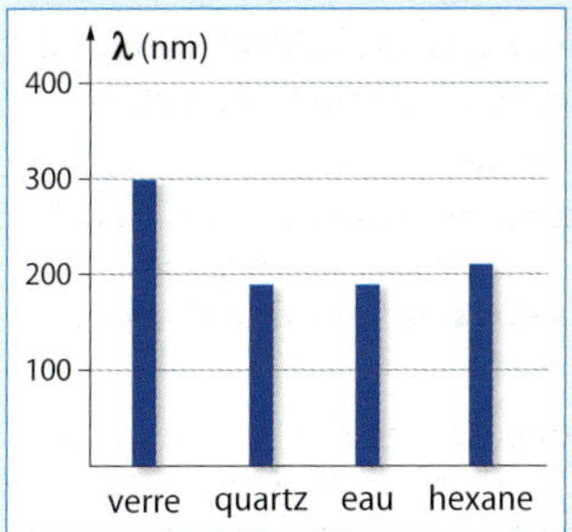

Fig. 2 Zones d'absorption de différents solvants et matériaux.

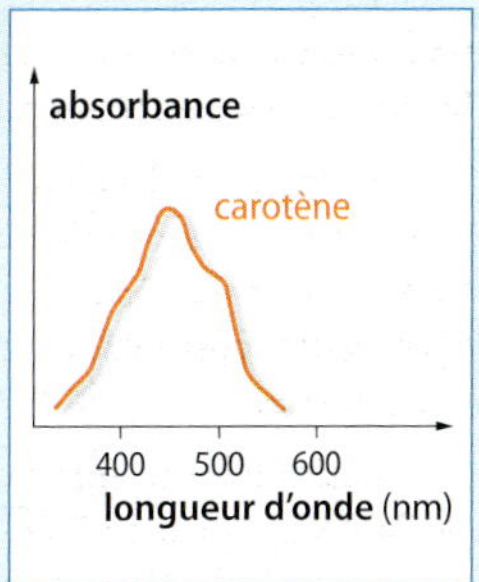

Fig. 3 Exemple de spectre d'absorption obtenu.

Pistes de réflexion

1 Quel est l'intervalle de longueurs d'onde des radiations électromagnétiques du domaine UV proche-visible ?

2 On rappelle que l'énergie d'un photon vaut $E = hc/\lambda$. Quelle est la gamme des énergies balayées par la spectroscopie UV proche-visible ? L'exprimer en eV.

Données. *Constante de Planck : $h = 6{,}62 \times 10^{-34}$ J · s ; vitesse de la lumière dans le vide : $c = 3{,}00 \times 10^{8}$ m · s^{-1} ; 1 eV = $1{,}6 \times 10^{-19}$ J.*

3 En se plaçant au maximum d'absorption sur le spectre de la **figure 3**, évaluer l'écart d'énergie en eV entre le niveau fondamental et le premier niveau excité des électrons de valence du carotène.

4 **a.** Quels sont les électrons concernés par cette spectroscopie ?

b. En terme de longueur d'onde, que signifie le fait que certaines transitions nécessitent une énergie importante ?

5 **a.** Pourquoi dispose-t-on les échantillons dans des cuves en quartz ?

b. Pourrait-on indifféremment utiliser des cuves en verre ?

c. Quelle précaution faut-il prendre quant au choix du solvant dans lequel est placé l'échantillon ?

6 L'absorbance reflète le rapport de l'intensité de la radiation transmise sur celle de la radiation incidente. Quel est l'intérêt de scinder le faisceau en deux parties **(Fig. 1)** ?

Pour conclure

7 Résumer la méthode d'obtention d'un spectre d'absorption.

8 Quelle information peut-on tirer d'un tel spectre ?

Activité 3

Comment identifier un faux tableau ?

Compétences scientifiques évaluées
- Faire preuve de curiosité.
- Extraire une information utile.

La spectroscopie infrarouge peut être utilisée par les experts en œuvres d'art pour traquer les faussaires.

Pour commencer (situation déclenchante)

Lors d'une épreuve à l'examen de restaurateur d'art, on présente à Noémie une miniature (Fig. 1) attribuée à un peintre du XVIe siècle. À partir d'un examen approfondi de la couleur du manteau d'un personnage, on lui demande comment déterminer s'il s'agit bien d'une œuvre authentique.

Fig. 1 Détail d'une miniature d'auteur inconnu.

Investigation

Comment savoir si cette miniature peut être attribuée à un peintre de la Renaissance ?

Quelques idées (hypothèses)

Voici quelques propositions d'élèves :
– Malik : « *Quelle responsabilité ! Ce n'est pas une analyse comme les autres !* »
– Léo : « *Le problème, c'est que si c'est un chef-d'œuvre, il ne faut surtout pas l'abîmer !* »
– Emma : « *Commençons par prélever un tout petit échantillon !* »

Étude de document (recherche de validation)

La spectroscopie infrarouge (IR) permet d'identifier des matières organiques, mais aussi un bon nombre de matières inorganiques, comme certains colorants ou pigments. Même si, comme d'autres analyses physico-chimiques dites destructives, elle nécessite des prélèvements de matière, cette technique présente un grand avantage, car la quantité de l'échantillon qui doit être prélevée est extrêmement faible : les micro-prélèvements se pratiquent à l'aide d'une aiguille dans des endroits discrets.

Des analyses spectroscopiques infrarouges permettent de connaître la nature des pigments et d'en vérifier la compatibilité avec la période historique présumée. Ainsi, le bleu foncé utilisé par les peintres de la Renaissance était obtenu à partir de lapis-lazuli broyé d'origine naturelle. Le bleu de Prusse est, quant à lui, un pigment bleu foncé découvert plus récemment et qui a pour formule brute $C_{18}Fe_7N_{18}$. Il contient l'anion hexacyanoferrate (II), $[Fe(CN)_6]^{4-}$ (Fig. 2).

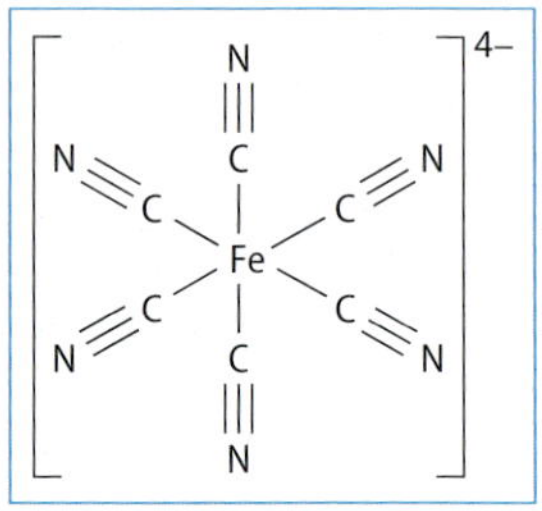

Fig. 2 Formule de l'ion hexacyanoferrate (II).

Les spectres obtenus en spectroscopie IR représentent l'absorbance (ou la transmittance) en fonction du nombre d'onde. Cette grandeur, qui s'exprime en cm^{-1}, est en fait l'inverse de la longueur d'onde λ. Dans une molécule, certains groupes d'atomes peuvent être identifiés par les bandes caractéristiques qu'ils donnent sur le spectre.

1 Rappeler la différence entre un composé organique et un composé inorganique.

2 B2i Rechercher, éventuellement sur Internet, à quelle époque le bleu de Prusse fut découvert. Justifier le nom donné à ce pigment. Quel est l'autre nom du pigment qui le confirme ?

3 **a.** En observant la formule de l'anion hexacyanoferrate (II), citer les groupes d'atomes susceptibles de donner une bande d'absorption caractéristique en spectroscopie infrarouge. On utilisera la table des rabats avant du manuel.
b. Donner la valeur du nombre d'onde correspondant à ces groupes d'atomes.

Pour conclure

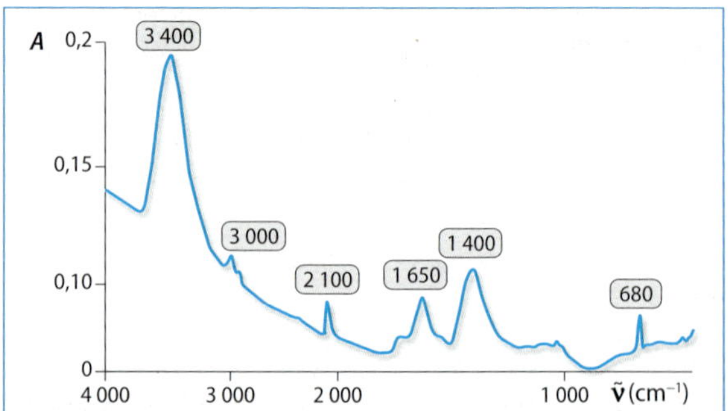

Fig. 3 Spectre IR d'un échantillon de peinture.

Le spectre ci-dessus (Fig. 3) est celui d'un échantillon de peinture prélevé sur le manteau bleu de la figure 1.

4 Ce tableau a-t-il pu être effectivement peint à la Renaissance ?

Activité 4

TP Activité expérimentale

Compétences expérimentales évaluées
- Réaliser un montage expérimental.
- Analyser un résultat expérimental.

Caractériser des espèces colorées

La spectrophotométrie permet d'identifier une espèce colorée, en particulier dans un mélange.

Principe

Sur l'établi d'un jardinier se trouvent quatre solutions aqueuses colorées contenant des ions :

1. et **2.** deux solutions de sulfates de fer, qui servent de fertilisant, afin de corriger les carences du sol. Celle de sulfate de fer (II) est vert pâle et permet aussi de lutter contre la prolifération des mousses et des lichens, alors que la solution de sulfate de fer (III) est de couleur marron ;

3. une solution de sulfate de cuivre (II), bleue, qui est un fongicide et un bactéricide entrant dans la composition de la bouillie bordelaise (Fig. 1) ;

4. une solution de sulfate de cobalt (II), rouge, parfois utilisée comme adjuvant dans les engrais.

Dans un arrosoir, certaines de ces solutions ont été mélangées : on se propose de les identifier par spectrophotométrie.

Fig. 1 Vigne traitée à la bouillie bordelaise.

Mise en œuvre au laboratoire

Matériel
• spectrophotomètre simple faisceau • cuves en polystyrène • fiole jaugée de 100 mL • entonnoir • balance • sulfate de cuivre (II) • sulfate de fer (II) • sulfate de fer (III) • sulfate de cobalt (II) • eau distillée

Préparation des solutions

À partir des solides, on veut préparer 100 mL de solutions aqueuses de sulfate de cuivre (II), de sulfate de fer (II), de sulfate de fer (III) et de sulfate de cobalt (II), de concentration molaire 0,10 mol · L^{-1}.

1 Déterminer la masse nécessaire de chaque soluté.

• Effectuer la pesée, puis la préparation des solutions (*voir fiche pratique p. 591*).

2 Décrire et schématiser les différentes étapes de cette préparation.

Spectre d'émission de la lampe du spectrophotomètre

Le spectre d'émission d'une lampe correspond aux longueurs d'onde qu'elle émet.

3 Rechercher sur la notice du spectrophotomètre :

a. la nature de la source utilisée ;

b. dans quel intervalle de longueurs d'onde se situe l'émission de cette lampe.

4 **a.** En déduire à quel domaine des radiations électromagnétiques appartiennent les photons qui pourront être absorbés.

b. Les solutions préparées absorbent-elles dans ce domaine ?

Étude des cuves utilisées

• Ne pas mettre de cuve dans l'emplacement prévu sur l'appareil et enregistrer un spectre de référence, en choisissant de faire apparaître l'absorbance en ordonnée.

• Positionner ensuite une cuve vide et enregistrer son spectre.

5 **a.** Que constate-t-on sur le spectre ?

b. Justifier pourquoi la cuve peut être utilisée.

Étude du solvant

• Enregistrer maintenant le spectre de la cuve vide comme nouvelle référence.

• Remplir la cuve d'eau et enregistrer son spectre.

6 **a.** Existe-t-il sur ce spectre une zone dans laquelle on observe une forte absorption ?

b. L'eau est-elle un bon solvant sur le domaine étudié ?

Spectre d'absorption des différentes solutions

• Enregistrer un spectre de référence avec une cuve contenant de l'eau.

• Faire apparaître le spectre des solutions colorées (Fig. 2), puis celui d'un mélange inconnu donné par le professeur.

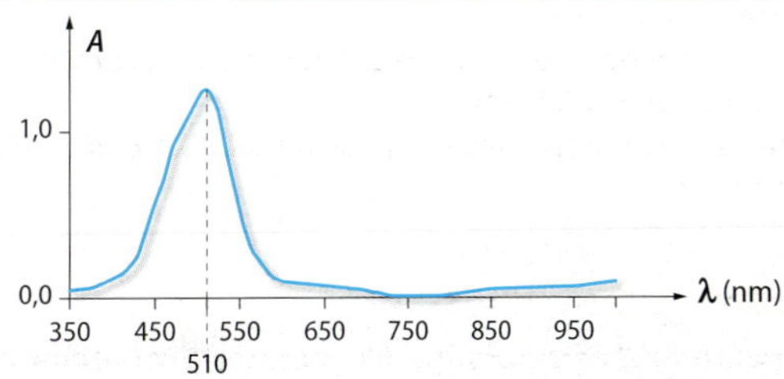

Fig. 2 Spectre d'une solution aqueuse de sulfate de cobalt (II).

Exploitation

7 Sur chacun des cinq spectres obtenus, relever les longueurs d'onde correspondant aux maximums d'absorption.

8 Que peut-on dire du spectre obtenu pour le mélange inconnu comparé aux quatre spectres précédents ?

Pour conclure

9 Quelles sont les solutions qui ont été mélangées ?

Cours

1 Familles en chimie organique

› Activité 1

Animation

• Alcanes et alcènes

Les alcanes non cycliques ont pour formule brute C_nH_{2n+2} ; leurs atomes sont associés uniquement par des liaisons covalentes simples.

La **nomenclature systématique** permet d'associer à une molécule un nom reconnu par tous. Il se compose d'une **racine**, indiquant le nombre d'atomes de carbone de la chaîne carbonée la plus longue (appelée chaîne principale), et d'une **terminaison**.

Exemple

$H_3C–CH_2–CH_3$ est le propane : pour les alcanes, la terminaison -ane s'ajoute à la racine, qui indique ici la présence de trois atomes de carbone (Fig. 1).

Formule	Nom
CH_4	méthane
C_2H_6	éthane
C_3H_8	propane
C_4H_{10}	butane
C_5H_{12}	pentane

Fig. 1 Nomenclature des premiers alcanes.

La chaîne carbonée d'une molécule peut être **linéaire, cyclique** ou **ramifiée** (Fig. 2). Les ramifications sont des groupes **alkyles C_nH_{2n+1}**, groupes hydrocarbonés dérivés des alcanes. Dans le nom de la molécule, leur position sur la chaîne principale est précisée (*voir fiche méthode p. 574*).

Exemples

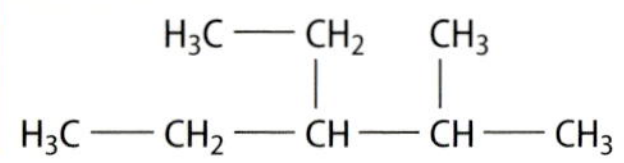

3-éthyl-2-méthylpentane

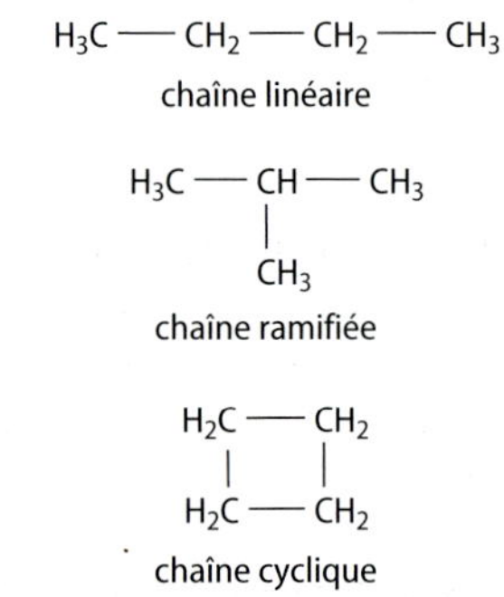

Fig. 2 Différentes chaînes carbonées.

Les alcènes comportent une double liaison >C=C< . Les alcènes non cycliques ont pour formule brute C_nH_{2n}.

Dans le nom des alcènes, la terminaison -ane est remplacée par -ène.

Exemples

Le propène a pour formule $H_2C{=}CH–CH_3$ et le but-2-ène $H_3C–CH{=}CH–CH_3$.

• Quelques groupes caractéristiques

Un groupe d'atomes caractéristique est un groupe d'atomes qui définit une famille de molécules.

Ce groupe confère des propriétés particulières aux molécules d'une même famille. On dit qu'il est associé à une **fonction**.

Formule et nom du groupe caractéristique	Nom de la famille (ou fonction)	Terminaison	Exemple	Commentaire
–OH hydroxyle	Alcool	-ol	$H_3C — CH_2 — CH_2 — OH$ propan-1-ol	
>C=O carbonyle	Aldéhyde	-al	$H_3C — CH_2 — C(=O) — H$ propanal	Le groupe carbonyle est toujours situé à l'extrémité de la chaîne carbonée.
	Cétone	-one	$H_3C — C(=O) — CH_2 — CH_3$ butan-2-one	Le groupe carbonyle est toujours lié à deux atomes de carbone.

Sciences et culture

L'Union internationale de Chimie pure et appliquée

Association fondée en 1919, L'Union internationale de Chimie pure et appliquée (IUPAC en anglais) est une référence pour les chimistes. En particulier, c'est elle qui fixe les règles de nomenclature des composés.

Formule et nom du groupe caractéristique	Nom de la famille (ou fonction)	Terminaison	Exemple	Commentaire
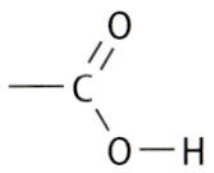 carboxyle	Acide carboxylique	-oïque	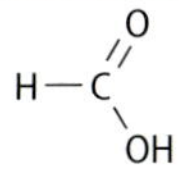 acide méthanoïque	Le nom d'un acide carboxylique est précédé du mot « acide ».
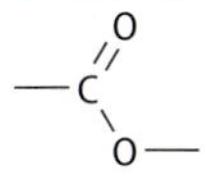 ester	Ester	-oate	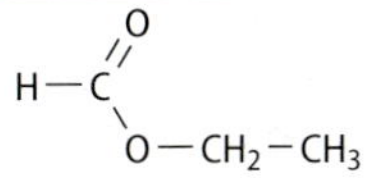 méthanoate d'éthyle	Le nom d'un ester est en deux parties : le nom de la chaîne carbonée contenant le groupe C=O, qui prend la terminaison -oate, est suivi du nom du groupe alkyle fixé à l'oxygène.
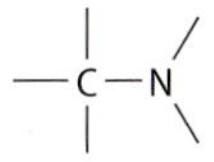 amine	Amine	-amine	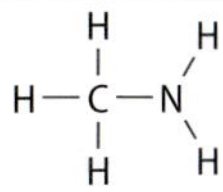 méthanamine	L'atome d'azote est lié à 0, 1 ou 2 atomes d'hydrogène.
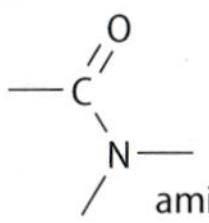 amide	Amide	-amide	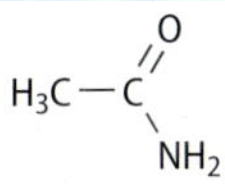 éthanamide	L'atome d'azote est lié à 0, 1 ou 2 atomes d'hydrogène.

La nomenclature des molécules comportant un groupe caractéristique dérive de celle des alcanes. La terminaison remplace le -e final du nom de l'alcane correspondant (*voir fiche méthode p. 574*).

➡ Exercices 1 à 7

2 Spectroscopie UV-visible

› Activités 2 et 4

Animation

La **spectroscopie d'absorption UV-visible** est une technique d'analyse d'échantillons et d'identification d'espèces chimiques organiques ou inorganiques.

• Principe

Dans un spectrophotomètre, on fait passer une radiation électromagnétique à travers une solution. Pour certaines longueurs d'onde, l'intensité I de la radiation transmise est inférieure à celle I_0 de la radiation incidente (Fig. 3) : la solution a absorbé de l'énergie.

Pour une longueur d'onde donnée, l'absorbance *A* d'un échantillon reflète le rapport de l'intensité de la radiation incidente sur l'intensité de la radiation transmise. C'est une grandeur sans unité.

Pour les appareils usuels, le domaine utile de longueur d'onde s'étend, dans l'UV, de 200 à 380 nm et, dans le visible, de 380 à 780 nm environ.

L'absorption d'énergie dans l'UV-visible correspond à une transition électronique, c'est-à-dire au passage d'un électron d'un niveau d'énergie plus faible à un niveau plus élevé.

Les solutions sont placées dans des **cuves** (Fig. 3) qui n'absorbent pas le rayonnement. Il faut aussi choisir un **solvant** transparent dans le domaine de longueurs d'onde étudié, tel que l'eau ou l'hexane (*voir fiche pratique p. 584*).

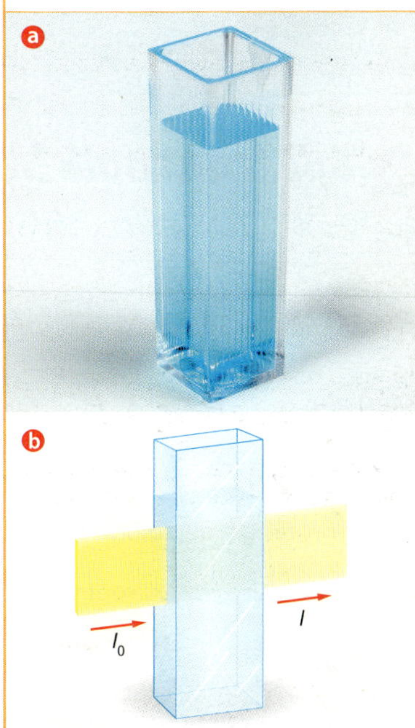

Fig. 3 ⓐ Cuve utilisée en spectroscopie. ⓑ Intensités lumineuses avant et après traversée de l'échantillon.

Cours

Spectres d'absorption et couleur

Un **spectre d'absorption** correspond au tracé de l'absorbance *A* en fonction de la longueur d'onde λ. Le spectre UV-visible d'une espèce en solution est composé de **bandes** assez larges et peu nombreuses. Il est caractérisé par sa **longueur d'onde au maximum d'absorption λ_{max}** (Fig. 4 ⓑ).

La couleur perçue de la solution est la couleur complémentaire de la couleur correspondant au maximum d'absorption (Fig. 5).

Exemple

Une solution de permanganate de potassium qui absorbe dans le vert (λ_{max} = 530 nm) est colorée en violet (Fig. 4 et 5).

Les solutions qui absorbent dans l'UV sont, quant à elles, transparentes.

Chromophores

Un chromophore est un groupe d'atomes responsable d'une absorption caractéristique. Sa longueur d'onde au maximum d'absorption λ_{max} est donnée dans des tables (*voir page de rabat au début du manuel*).

Lorsque le nombre de **liaisons multiples conjuguées** augmente dans une molécule, λ_{max} augmente (le spectre se déplace vers le rouge), ainsi que l'intensité de la bande.

Exemple

Pour l'éthylène $H_2C{=}CH_2$, λ_{max} = 165 nm, alors que pour le buta-1,3-diène $H_2C{=}CH{-}CH{=}CH_2$, qui possède deux doubles liaisons C=C conjuguées, λ_{max} = 217 nm, avec une bande 1,4 fois plus intense.

➥ Exercices 8 à 12

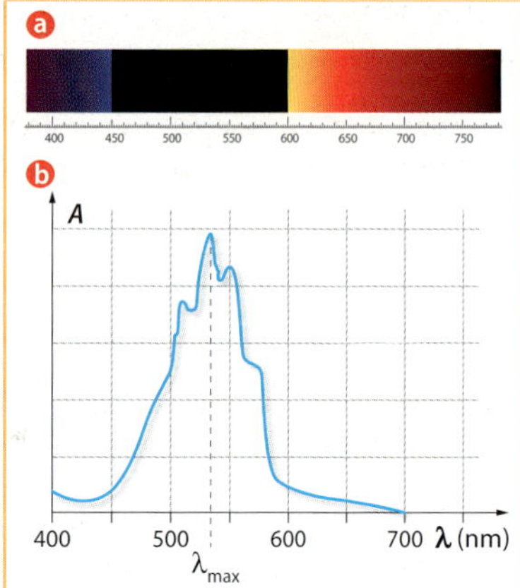

Fig. 4 ⓐ Spectre de la lumière blanche après traversée d'une solution de permanganate de potassium. ⓑ Spectre d'absorption de cette solution.

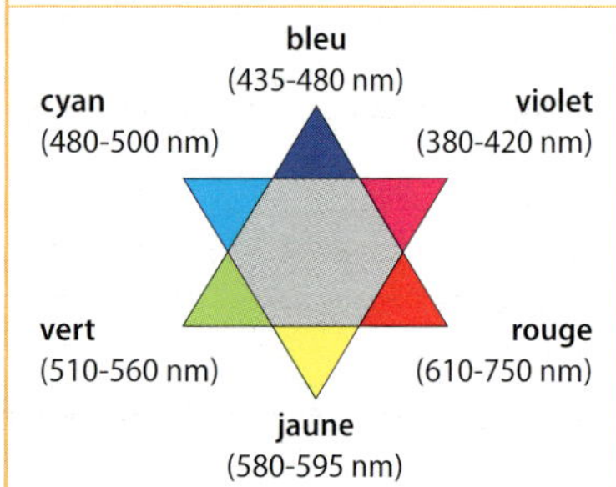

Fig. 5 Dans l'étoile chromatique, la radiation absorbée et la couleur complémentaire sont diamétralement opposées.

3 Spectroscopie infrarouge

› Activité 3

Animation

Principe

Les molécules subissent des **mouvements de vibration** internes (Fig. 6). Il existe des vibrations d'**élongation** et des vibrations de **déformation**.

En **spectroscopie infrarouge** (IR), les radiations qui traversent l'échantillon à analyser appartiennent au domaine de l'infrarouge.

Quand une lumière IR traverse un échantillon (solide, liquide ou gazeux), certaines liaisons absorbent de l'énergie pour changer de fréquence de vibration, faisant apparaître des bandes dans le spectre.

Les énergies mises en jeu sont plus faibles qu'en spectroscopie UV-visible.

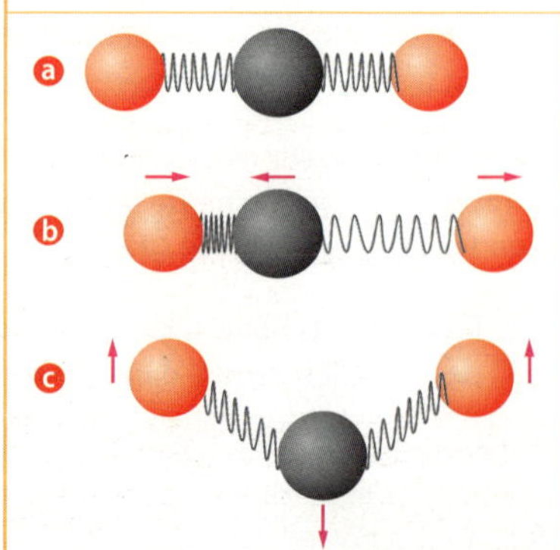

Fig. 6 Une molécule de CO_2 : ⓐ au repos ; ⓑ en mouvement d'élongation ; ⓒ en mouvement de déformation.

Spectres infrarouge

En spectroscopie IR, on utilise par convention l'inverse de la longueur d'onde, appelé nombre d'onde : $\tilde{\nu} = 1/\lambda$. Pour λ en cm, $\tilde{\nu}$ s'exprime en cm^{-1}.

Pour λ variant de 2,5 à 25 μm, $\tilde{\nu}$ va de **4 000 à 400 cm^{-1}**.

La **transmittance** T (exprimé en %) d'une solution est le rapport de l'intensité de la radiation transmise à l'intensité de la radiation incidente.

Un spectre IR représente généralement la transmittance T en fonction du nombre d'onde $\tilde{\nu}$ (Fig. 7).

Un « creux » de transmittance est ainsi équivalent à un « pic » d'absorbance.

Bandes caractéristiques

Certains groupes d'atomes donnent des bandes caractéristiques dont la position dépend peu du reste de la molécule.

Au-dessus de 1 200 cm^{-1}, la spectroscopie IR renseigne sur les **groupes d'atomes caractéristiques** d'une molécule (Fig. 7) (*voir table sur les rabats du manuel*).

Au-dessous de 1 200 cm^{-1}, la « **zone des empreintes digitales** » est plus difficilement exploitable ; elle permet d'identifier une molécule en comparant son spectre IR à ceux enregistrés dans une banque de données.

Mise en évidence de la liaison hydrogène

L'allure d'un spectre est modifiée par l'existence de liaisons hydrogène.

Pour un alcool très dilué, la vibration d'élongation de la liaison O–H donne une bande fine entre 3 590 et 3 650 cm^{-1}. En solution plus concentrée apparaissent des **liaisons hydrogène intermoléculaires** qui affaiblissent la liaison O–H : la bande s'**élargit** et $\tilde{\nu}$ diminue, entre 3 200 et 3 400 cm^{-1} (Fig. 8).

Remarque : avec des liaisons **intramoléculaires**, la dilution ne modifie pas le spectre.

Exercices 13 à 18

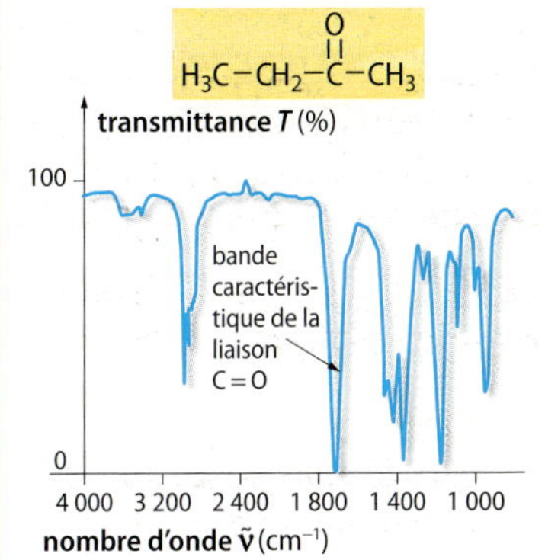

Fig. 7 Spectre IR de la butan-2-one.

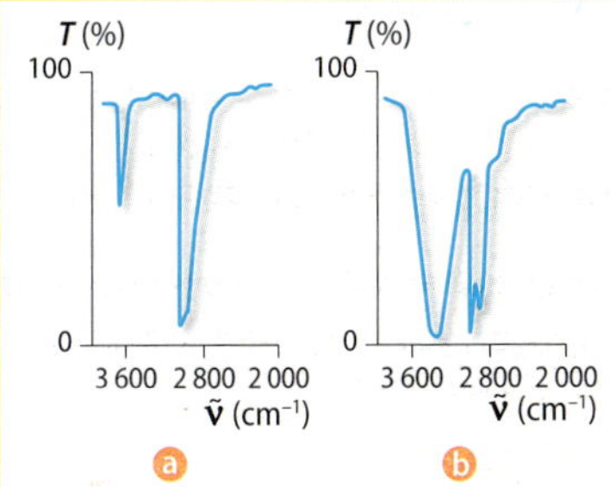

Fig. 8 Effet de la liaison hydrogène sur le spectre IR des alcools. a Pas de liaison hydrogène. b Présence de liaisons hydrogène.

Les compétences à acquérir

1 Connaître *les groupes caractéristiques et les règles de nomenclature*

- Les **groupes d'atomes caractéristiques** confèrent aux molécules d'une même **famille** des propriétés chimiques identiques.
- Les règles de **nomenclature** permettent de nommer les molécules organiques.

2 Exploiter *des spectres UV-visible*

- L'**absorption** d'énergie dans l'UV-visible par une molécule est due à une **transition électronique**.
- La **couleur observée** d'une solution est la couleur complémentaire de celle qui est absorbée.
- Le **spectre d'absorption** correspond au tracé de l'**absorbance A** en fonction de la longueur d'onde λ.
- Un **chromophore** est un groupe d'atomes responsable d'une **absorption caractéristique**.

3 Exploiter *des spectres IR*

- Les **transitions vibrationnelles** dans les molécules sont responsables des **bandes** d'un **spectre infrarouge (IR)**.
- Un **spectre IR** correspond au tracé de la **transmittance T** en fonction du **nombre d'onde** $\tilde{\nu}$, inverse de la longueur d'onde λ.
- La position des bandes caractéristiques de certains groupes d'atomes dépend peu du reste de la molécule.
- L'allure d'un spectre est modifiée par l'existence de **liaisons hydrogène**.

Exercices

Compétence 1

› *Connaître les groupes caractéristiques et les règles de nomenclature*

1 VRAI ou FAUX ?

Répondre vrai ou faux aux propositions suivantes. Corriger les affirmations fausses.

❶ Le 2,4-diméthylpentane est un alcène.

❷ La chaîne carbonée du cyclopropane est ramifiée.

❸ Le but-2-ène est un alcène à chaîne carbonée linéaire.

❹ Le propyle est un groupe alkyle.

2 Hydrocarbures

1. Écrire la formule semi-développée des composés suivants :
a. 3-éthyl-2-méthylpentane ; **b.** 4-éthyl-2-méthylhexane ; **c.** 2,3-diméthylbutane.

2. À quelle famille appartiennent-ils ?

3 Qui suis-je ?

Nommer les molécules suivantes :

ⓐ 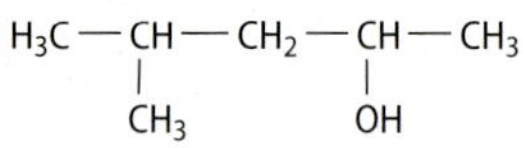

ⓑ 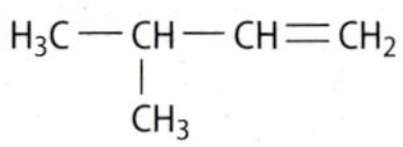

ⓒ 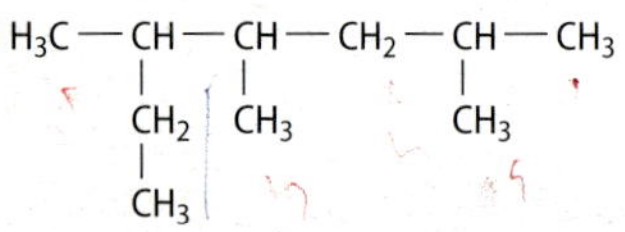

4 Modèles moléculaires

ⓐ 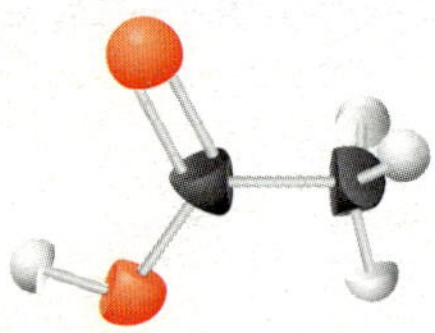

ⓑ 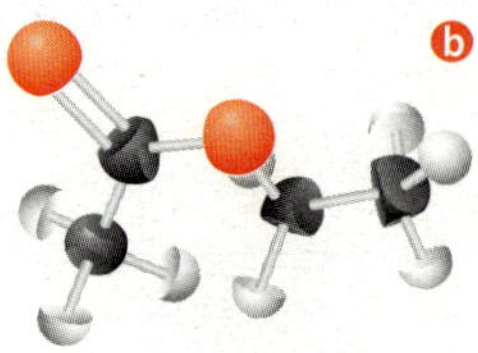

ⓒ 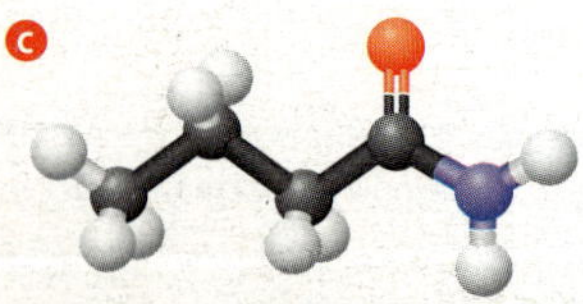

ⓓ 

Identifier les groupes caractéristiques des quatre molécules ci-dessus. Nommer ces molécules.

***Données.** Code des couleurs pour les atomes : C, noir ; O, rouge ; H, blanc ; N, bleu.*

5 Cases vides

Recopier et compléter le tableau suivant.

Nom	Formule
	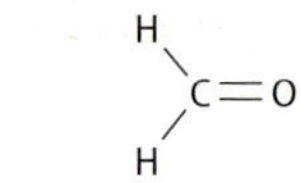
Pentanoate de méthyle	
	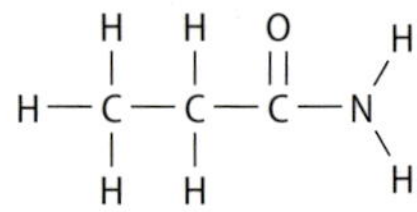
Hex-1-ène	
	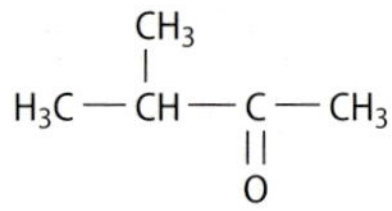
3,4-diméthylpentanal	
	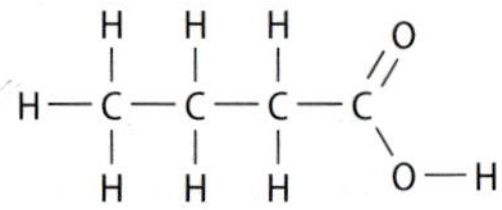

6 IUPAC names and classes

1. What is the correct IUPAC name for the compound ⓐ below?

2. To which class of organic compounds does the molecule ⓑ belong?

ⓐ 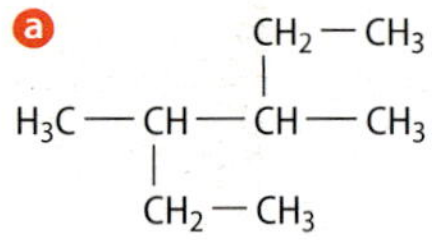

ⓑ 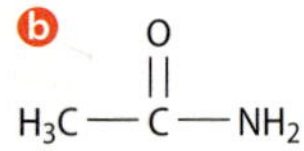

7 Aspirine

La molécule d'aspirine ou d'acide acétylsalicylique a pour formule :

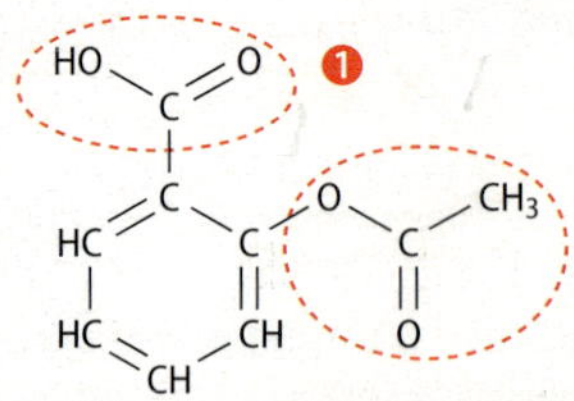

1. À quelle famille de composés correspond chacun des groupes caractéristiques notés ❶ et ❷ et entourés dans la formule de l'acide acétylsalicylique ?

2. Au laboratoire, on peut fabriquer l'acide acétylsalicylique à partir de l'acide salicylique qui a la formule ci-contre.

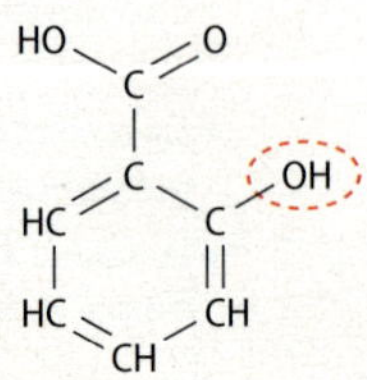

À quelle famille de composés correspond le groupe entouré ? Donner le nom de ce groupe.

Compétence 2

› *Exploiter des spectres UV-visible*

Donnée. *Étoile chromatique :*

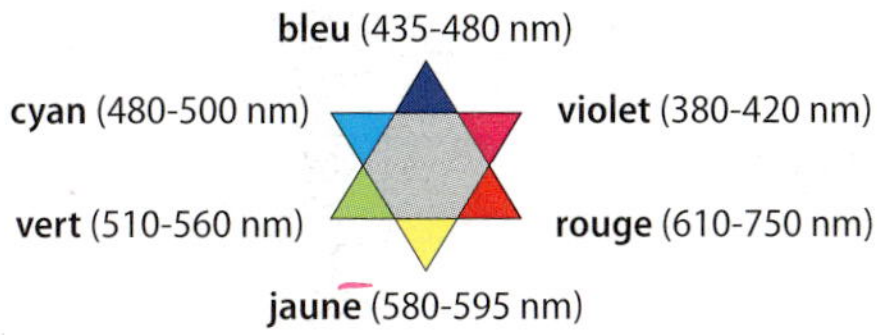

8 QCM

Choisir la (ou les) bonne(s) réponse(s) dans chaque cas.

❶ Les limites de longueurs d'onde du domaine visible sont :
a 40-80 nm ; b 400-800 nm ; c 400-800 µm.

❷ Un groupe d'atomes responsable d'une absorption caractéristique est un :
a chronophage ; b photophore ; c chromophore.

❸ Les longueurs d'onde du domaine ultraviolet sont :
a plus grandes que celles du visible ;
b plus petites que celles du visible.

9 QROC

La spectroscopie d'absorption est une technique d'analyse dans laquelle on fait passer une radiation à travers une solution.

1. Que peut-on dire des intensités des faisceaux entrant et sortant ?
2. À quoi cela correspond-il sur le plan énergétique ?
3. Qu'est-ce que l'absorbance d'une solution ?
4. Justifier le fait qu'il s'agit d'une grandeur sans unité.

EXERCICE **RÉSOLU**

10 Solution de permanganate de potassium

Voici le spectre d'une solution aqueuse de permanganate de potassium.

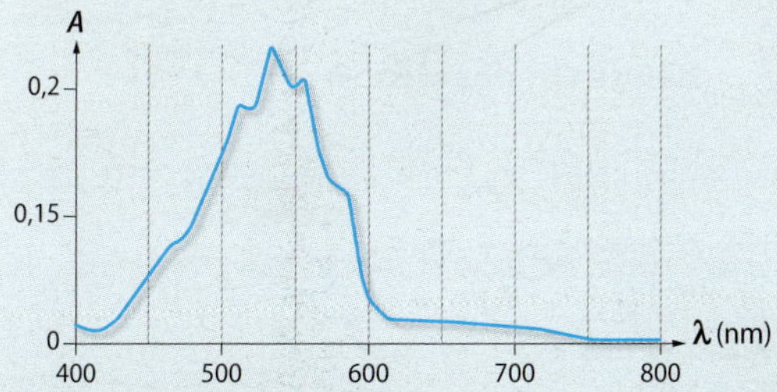

1. Dans quel(s) domaine(s) de longueurs d'onde cette solution absorbe-t-elle le plus ?
2. En déduire la couleur de la solution.
3. Quelle est l'allure du spectre de la lumière blanche après passage dans la solution ?
4. À quelle longueur d'onde faut-il régler le spectrophotomètre pour analyser des solutions de permanganate de potassium ?

Aides et méthodes

2. La couleur observée est la couleur complémentaire de celle qui est absorbée.

Solution

1. C'est autour de $\lambda = 540$ nm, c'est-à-dire dans le vert, qu'elle absorbe le plus.
2. La solution apparaît de la couleur complémentaire du vert, donc violet.
3. Il y a une bande sombre là où devrait être le vert dans le spectre continu allant du rouge au violet.
4. Il faut se placer au maximum d'absorption, soit 540 nm.

11 Spectre et couleur

Afin de tracer le spectre d'absorbance du sulfate de cuivre, on utilise un spectrophotomètre. L'allure du spectre est donnée ci-dessous :

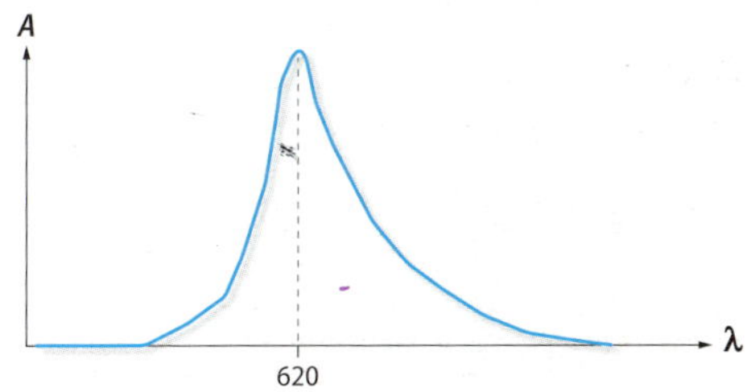

1. Préciser le nom et l'unité des grandeurs portées en abscisse et en ordonnée sur le spectre.
2. Pour quelle longueur d'onde la solution de sulfate de cuivre présente-t-elle un maximum d'absorption ?
3. À quel domaine de longueurs d'onde cela correspond-il ?
4. Quelle est la couleur de la solution ?

12 Solution colorée

On donne le spectre d'absorption d'une solution aqueuse de chlorophylle :

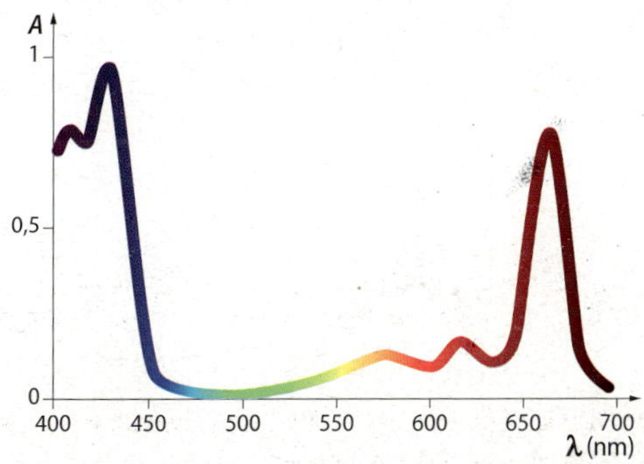

1. Indiquer, en justifiant, la couleur des radiations absorbées.
2. En déduire la couleur de la solution.

Exercices

Compétence 3

› *Exploiter des spectres infrarouge*

***Données.** Le tableau des bandes caractéristiques est sur les rabats.*

13 QCM

Choisir la (ou les) bonne(s) réponse(s) dans chaque cas.

❶ En spectroscopie IR, l'énergie absorbée agit au niveau :
- a d'une transition électronique ;
- b d'une transition d'énergie vibrationnelle.
- c On ne peut pas répondre.

❷ Le nombre d'onde est :
- a l'opposé de la longueur d'onde ;
- b l'inverse de la longueur d'onde ;
- c une grandeur exprimée en cm^{-1}.

❸ La transmittance est :
- a le rapport de l'intensité transmise sur l'intensité reçue ;
- b le rapport de l'intensité reçue sur l'intensité transmise ;
- c le rapport de l'intensité perdue sur l'intensité reçue.

14 QROC

1. Quel domaine de longueurs d'onde est utilisé en spectroscopie infrarouge ?

2. Situer dans un spectre infrarouge la zone des groupes caractéristiques.

3. a. Où se trouve la « zone des empreintes digitales » ?
b. Quelle peut être son utilité ?

15 Bande caractéristique

La bande d'absorption de nombre d'onde $\tilde{\nu} = 1\,650\ cm^{-1}$ est due à des liaisons carbone-carbone.

1. À quelle famille chimique est-elle associée ?

2. Calculer la longueur d'onde correspondante.

EXERCICE **RÉSOLU**

16 Identifier un composé

On donne le spectre d'absorption d'une molécule organique :

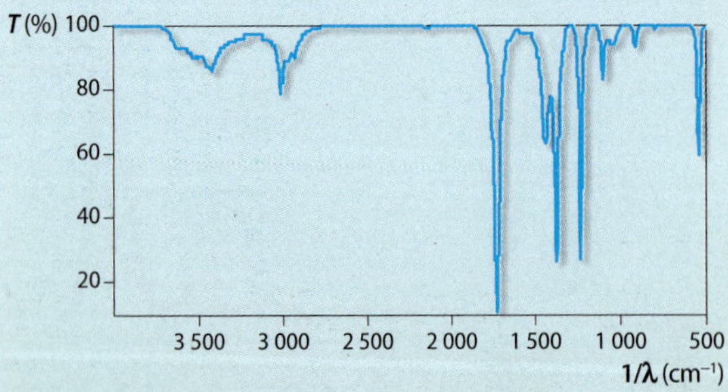

1. Quelle liaison peut-on facilement identifier ?

2. À quelle famille chimique appartient cette molécule ?

Aides et méthodes

1. Une absorption forte entre 1 650 et 1 800 cm^{-1} permet d'identifier une liaison C=O.

Solution

1. La bande vers 1 720 cm^{-1} correspond à la liaison C=O d'un aldéhyde ou d'une cétone.

2. L'absence de bande vers 2 700 cm^{-1}, caractéristique de la liaison C–H d'un aldéhyde, indique qu'il s'agit d'une cétone.

17 Le bon spectre

On donne les formules de deux molécules organiques :

ⓐ
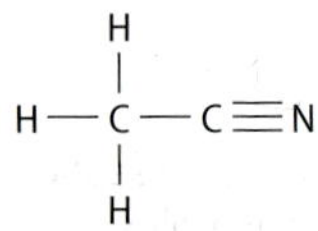

ⓑ
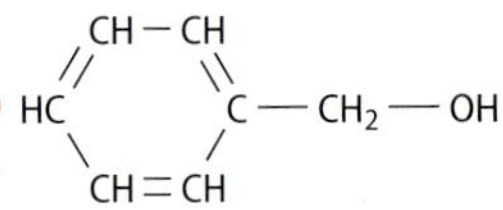

1. Rechercher les nombres d'onde des bandes caractéristiques pour ces molécules.

2. Parmi les spectres infrarouge donnés ci-dessous, identifier celui qui appartient à chacune des trois molécules.

❶
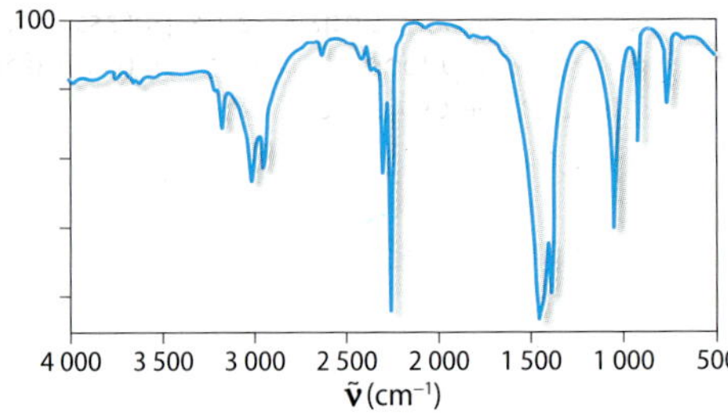

❷
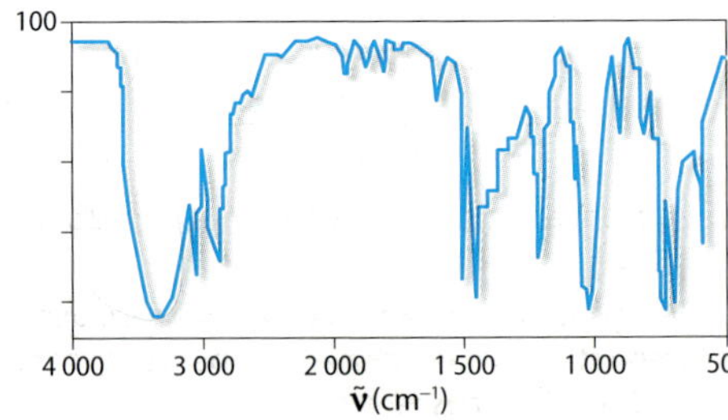

18 ★ Bande OH des alcools

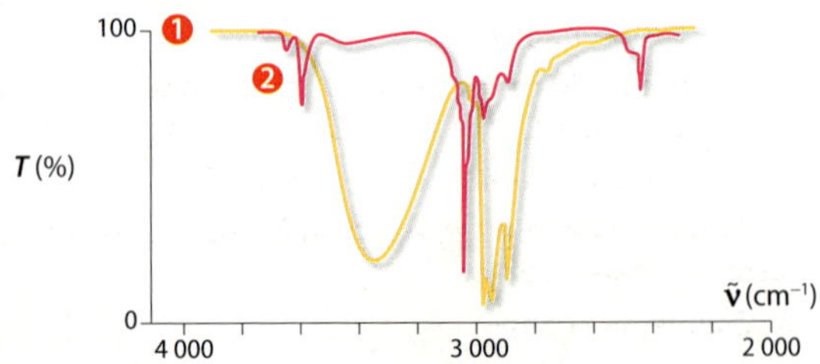

On a enregistré le spectre d'un alcool pur ❶ et celui du même alcool dilué dans un solvant ❷.

1. Quelle différence y a-t-il entre les deux spectres ?

2. Comment peut-on l'interpréter ?

Exercices de synthèse

Pour préparer le BAC

***Données.** Le tableau des bandes caractéristiques en spectroscopie IR est donné sur les rabats avant du manuel.*
L'étoile chromatique est donnée page 97.

19 Qui suis-je ?

On considère une molécule de formule brute C_2H_6O. Dans son spectre IR, on observe une large bande d'absorption, entre 3 200 et 3 400 cm^{-1}, et un pic à 1 380 cm^{-1}.

1. Quelle est la formule semi-développée de cette molécule ?
2. Comment se nomme-t-elle ?

20 Eau de Dakin

L'étiquette d'un flacon d'eau de Dakin, un antiseptique de couleur rose et d'odeur chlorée, mentionne plusieurs principes actifs. On admettra que seul le permanganate de potassium intervient dans la mesure de l'absorbance de l'eau de Dakin.

1. Rappeler ce qu'est un principe actif pour un médicament.
2. À partir du spectre d'absorption ci-dessous, réalisé avec une solution de permanganate de potassium, expliquer comment choisir la longueur d'onde pour un dosage spectrophotométrique de l'eau de Dakin.

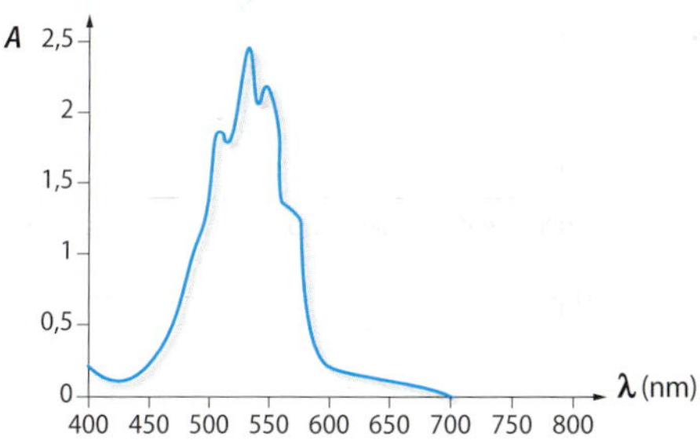

L'absorbance de l'eau de Dakin à la longueur d'onde $\lambda = 530$ nm vaut 0,14.

3. Le spectre donné a-t-il été réalisé avec une solution de concentration molaire plus élevée ou plus faible que l'eau de Dakin ? Justifier sans calcul.
4. Justifier la couleur de l'eau de Dakin.

21 Composé oxygéné

Un composé de formule brute C_3H_6O présente un spectre infrarouge sur lequel on note deux pics à 1 730 cm^{-1} et 2 726 cm^{-1}.

1. À quelle famille chimique appartient-il ?
2. Proposer une formule développée pour ce composé, en justifiant votre réponse.
3. Quel est son nom ?

22 Pigment du paprika

Le paprika, issu du poivron, est une épice de couleur rouge qui contient plusieurs pigments colorés. On analyse l'un d'entre eux, de couleur jaune, au spectrophotomètre.

1. À quel type de transition est associée une bande d'absorption en spectroscopie UV-visible ?
2. La couleur du pigment est compatible avec le spectre d'absorbance obtenu, ci-dessous. Pourquoi ?

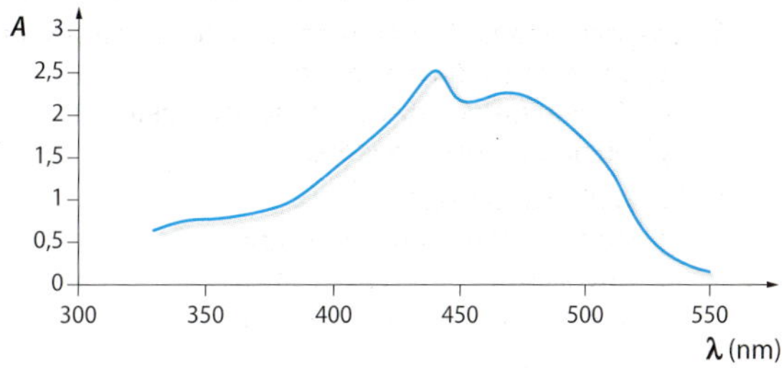

23 Étude IR de cétones

1. Quel groupe caractéristique possèdent les cétones ?
2. Écrire la formule développée de la propan-2-one.
3. Vers quelle longueur d'onde le spectre de la 4-méthylpent-3-èn-2-one doit-il présenter une bande de plus par rapport au spectre de la propan-2-one ?
4. Attribuer un des spectres ci-dessous à la propan-2-one et l'autre à la 4-méthylpent-3-èn-2-one.
5. En utilisant les spectres, calculer la valeur de la longueur d'onde moyenne (en nm) de la bande C=O d'une cétone.

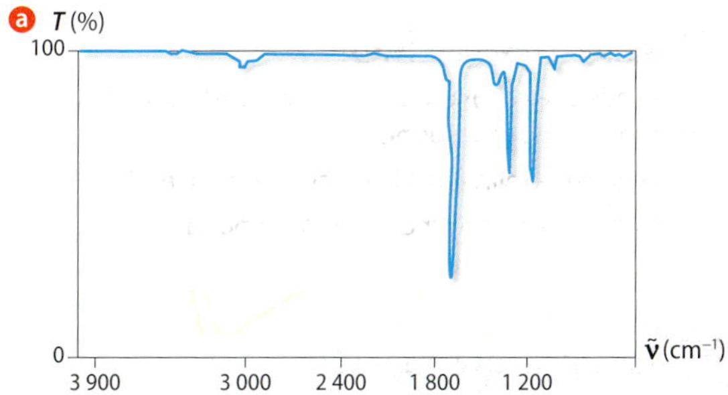

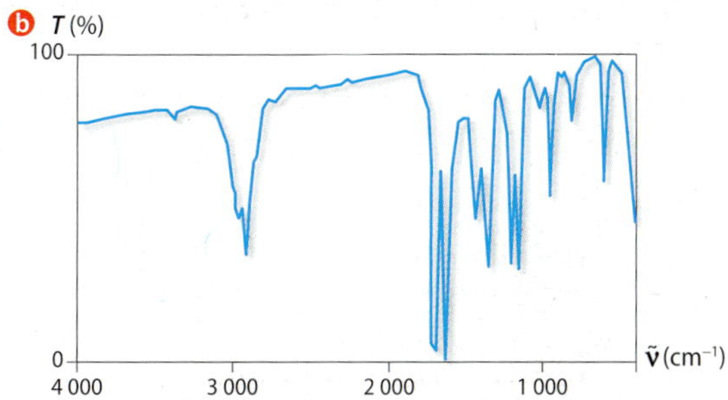

24 Dégradation photochimique

Le salicylate de méthyle est présent dans la fleur de Tiaré. Sa formule semi-développée est donnée ci-après.

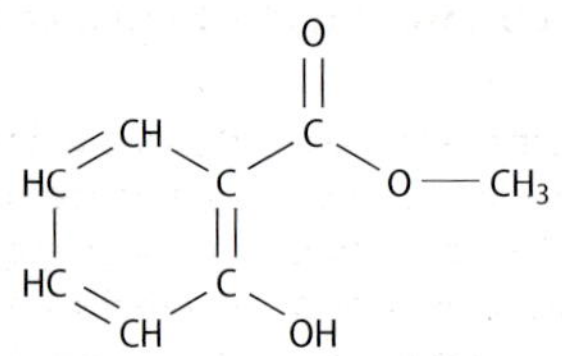

Le salicylate de méthyle se dégrade sous l'action de la lumière. On étudie par spectrophotométrie sa décomposition. Pour cela, on soumet des films contenant du salicylate de méthyle à un rayonnement de longueurs d'onde comprises entre 280 et 350 nm, à une température de 60 °C. La puissance ainsi reçue par unité de surface du film est égale à environ 6 fois celle qui correspond à une irradiation solaire maximale.

1. Nommer les groupes caractéristiques de la molécule.

La courbe donnant l'évolution de l'absorbance du film contenant du salicylate de méthyle en fonction de la longueur d'onde est représentée sur la figure suivante, avant irradiation et après quelques heures d'irradiation :

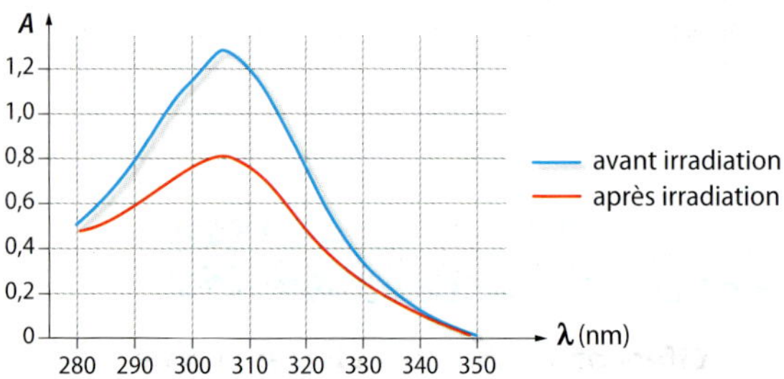

2. Quelle est la longueur d'onde optimale pour l'étude de l'absorbance du film ? Justifier.

3. a. Dans quel domaine du spectre électromagnétique (UV, visible, IR) cette longueur d'onde se situe-t-elle ?
b. Comment expliquer la différence d'absorbance du film contenant du salicylate de méthyle, avant et après irradiation ?

25 ★ Arôme de banane

L'éthanoate de 3-méthylbutyle, dont la saveur et l'odeur sont celles de la banane, est utilisé comme additif alimentaire. Sa formule semi-développée est :

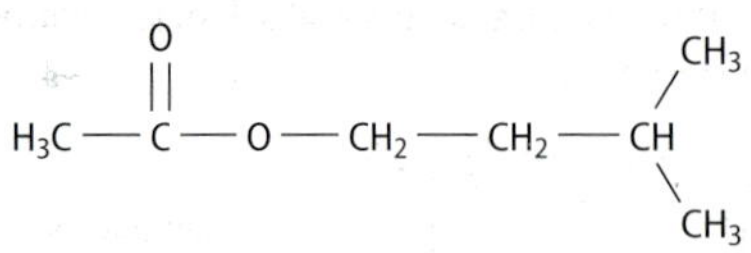

Il peut subir une réaction d'hydrolyse.

1. Faire apparaître le groupe caractéristique de cette molécule et indiquer à quelle famille de composés elle appartient.

2. Sur le spectre infrarouge de la molécule, donné ci-après, repérer les bandes d'absorption caractéristiques.

L'équation de la réaction d'hydrolyse de l'éthanoate de 3-méthylbutyle s'écrit :

$$C_7H_{14}O_2(\ell) + H_2O(\ell) \rightarrow H_3CCOOH(\ell) + HO{-}CH_2{-}CH_2{-}\underset{\displaystyle CH_3}{\underset{|}{CH}}{-}CH_3(\ell)$$

3. a. Préciser le nom de chacune des espèces chimiques obtenues lors de l'hydrolyse.
b. Écrire la formule développée de chacune de ces molécules.
c. Entourer les groupes caractéristiques.
d. Indiquer à quelle famille de composés elles appartiennent.

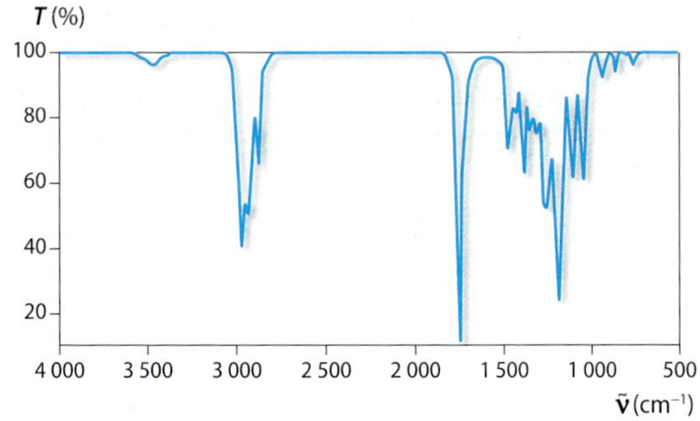

26 ★ Autour du vin

Le vin est obtenu par fermentation du jus de raisin. Le glucose présent dans le raisin est alors dégradé en éthanol et en dioxyde de carbone CO_2. La vinification terminée, on décèle dans le vin la présence de CO_2, à raison de 200 à 700 mg par litre, ce qui correspond à la norme admise par la législation actuelle.

Pour déterminer la concentration en CO_2 du vin, les laboratoires d'œnologie analysent des échantillons par spectrophotométrie. Ils disposent de tables leur permettant d'interpréter les spectres obtenus :

Absorbance	0,020	0,045	0,055	0,100	1,120
Concentration massique en CO_2 ($mg \cdot L^{-1}$)	200	460	590	1 050	1 300

L'analyse d'un échantillon donne le spectre suivant :

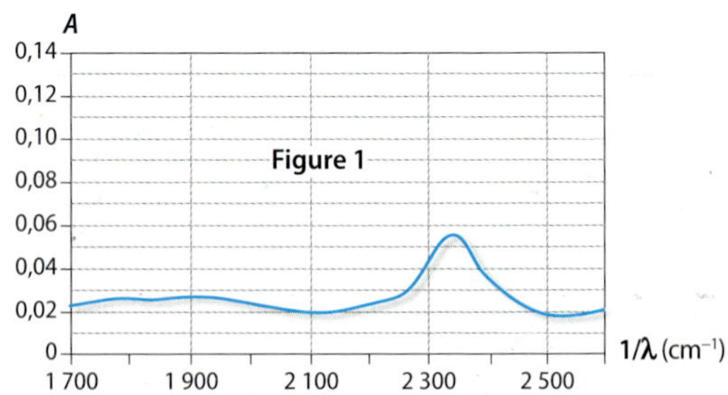

Sur la figure 2 ci-après, on donne deux spectres de l'éthanol, obtenus dans des conditions différentes.

1. Les figures 1 et 2 donnent en abscisse $1/\lambda$, l'inverse de la longueur d'onde. Comment appelle-t-on cette grandeur ?

2. Comment appelle-t-on la grandeur portée en ordonnée dans le cas de la figure 1 ? Même question pour la figure 2.

3. Pourquoi peut-on dire que les spectres de la figure 2 sont obtenus par spectroscopie infrarouge ?

4. a. Où se situe le maximum d'absorption dû à la présence de dioxyde de carbone ?

b. Déterminer graphiquement la valeur de l'absorbance pour ce maximum d'absorption.

5. a. En déduire la teneur en CO_2 de l'échantillon analysé.
b. Cet échantillon respecte-il la norme pour le CO_2 ?

6. Donner la formule développée de l'éthanol.

7. Entourer le groupe caractéristique qu'il renferme et préciser son nom.

8. Sur la figure 2, l'un des spectres a été réalisé en phase gazeuse, l'autre en solution. Les identifier en justifiant la réponse.

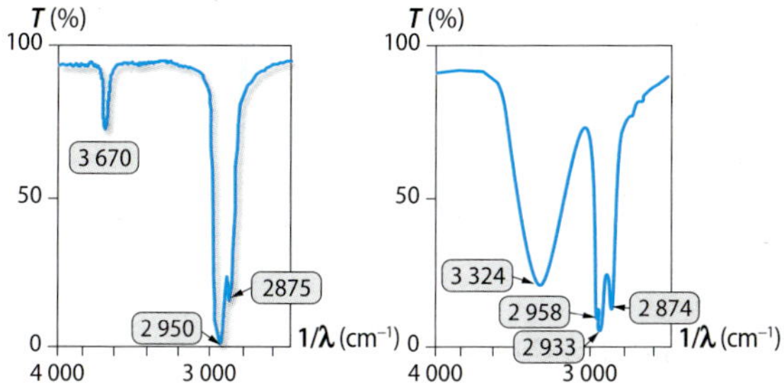

Figure 2

27 ★ Portrait du Fayoum

La spectrométrie infrarouge est notamment utilisée pour déterminer la composition de liants, matériaux constitutifs d'œuvres d'art. Les portraits du Fayoum sont des représentations funéraires égyptiennes d'époque romaine (entre le Ier et le IVe siècle après Jésus-Christ), peints avec un liant que l'on suppose être à base de cire d'abeille. Les spectres infrarouge de la cire d'abeille et du liant sont réalisés.

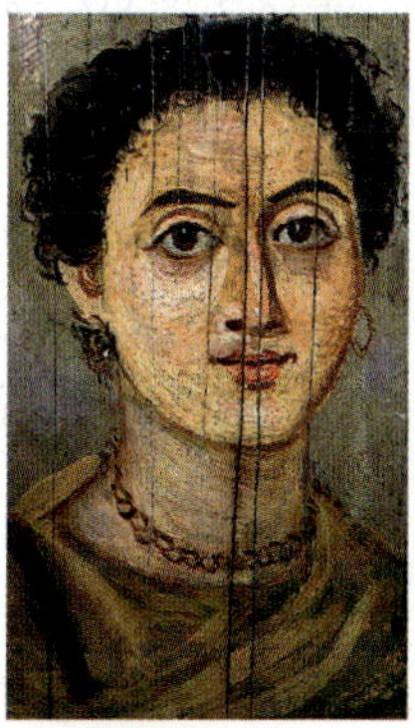

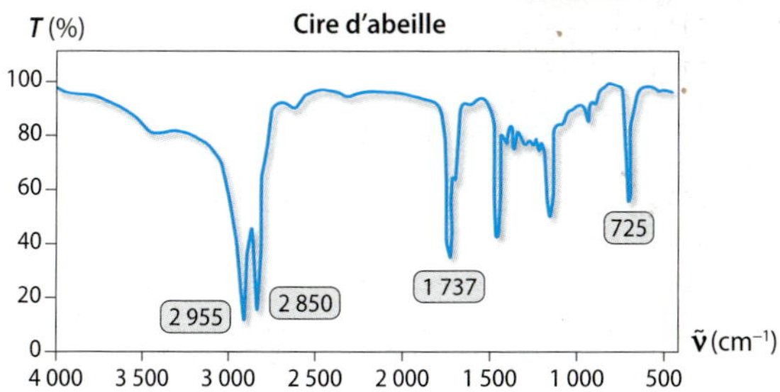

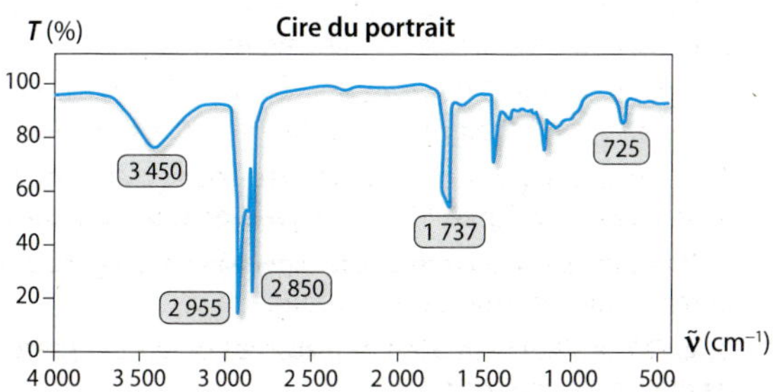

1. Que dire du spectre du liant comparé à celui de la cire d'abeille ?

La recherche menée sur la cire d'abeille montre une légère différence entre les spectres de référence des cires d'abeille actuelles et les prélèvements archéologiques. L'explication tient au vieillissement de la cire d'abeille en contexte archéologique chaud : les esters contenus dans la cire se transforment en un acide carboxylique et un alcool.

2. a. Dessiner la formule semi-développée d'un alcane possédant trois atomes de carbone.
b. Donner son nom en nomenclature systématique.

3. Écrire la formule générale d'un alcool, d'un acide carboxylique, puis d'un ester, en encadrant le groupe caractéristique correspondant.

4. a. Dessiner un exemple de molécule d'alcool et un exemple de molécule d'acide carboxylique, possédant chacune trois atomes de carbone.
b. Nommer les molécules représentées.

5. Dans le spectre du liant, quelle bande est caractéristique de la présence d'un groupe O–H ? À quelles molécules la doit-on ?

En route vers le Supérieur

28 Effets bathochrome et hyperchrome

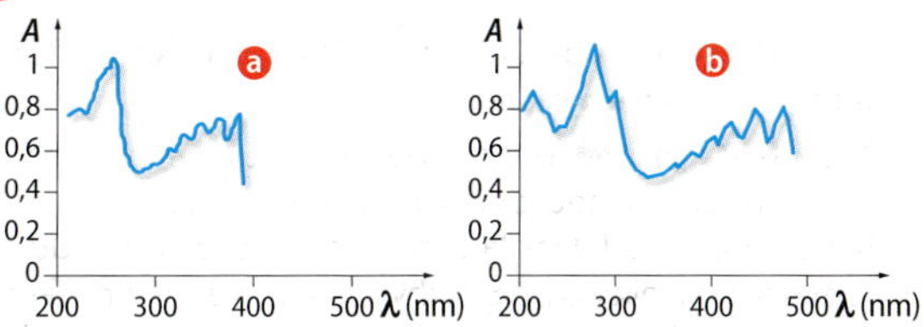

On appelle « effet bathochrome » le déplacement d'une bande d'absorption d'un chromophore vers les grandes longueurs d'onde et « effet hyperchrome » l'augmentation de l'intensité de cette bande. Ces deux effets sont visibles si l'on compare les spectres d'absorption UV-visible (ci-dessus) du naphtacène et de l'anthracène, deux molécules dont les formules sont données ci-dessous :

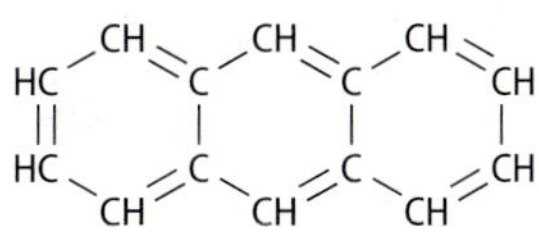

anthracène

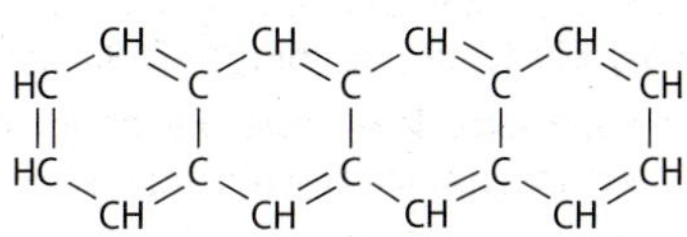

naphtacène

1. Qu'est-ce qu'un chromophore ?

2. Quel est celui présent dans les deux molécules ?

3. Identifier le spectre de chaque molécule en justifiant.

Pour préparer le BAC

Énoncé type

Huile essentielle

Les huiles essentielles ont des effets bénéfiques sur le corps et entrent dans la composition de nombreux parfums, laits pour le corps, gels douche… Ce sont des substances odorantes volatiles contenues dans les végétaux.

L'huile essentielle d'ylang-ylang (signifiant « fleur des fleurs »), dont le nom INCI (*International Nomenclature of Cosmestic Ingredients*) est *Carnanga Odorata*, a des propriétés antiseptiques, hydratantes et odorantes (odeur florale, boisée et balsamique). Cette huile est obtenue à partir des fleurs d'ylang-ylang, arbre aromatique poussant en zone tropicale humide.

Parmi les composants de l'huile essentielle d'ylang-ylang, on trouve le géraniol et l'éthanoate de géranyle.

Données. *Formules des constituants de l'huile essentielle :*

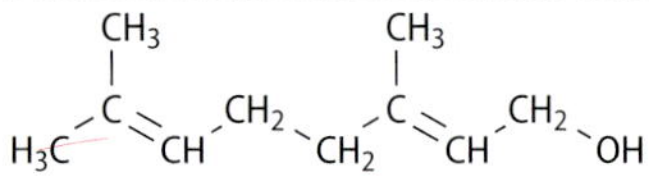

géraniol

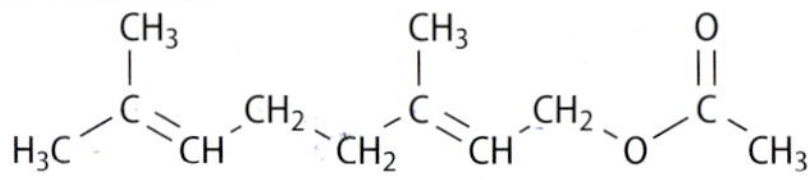

éthanoate de géranyle

Spectre UV-visible du géraniol

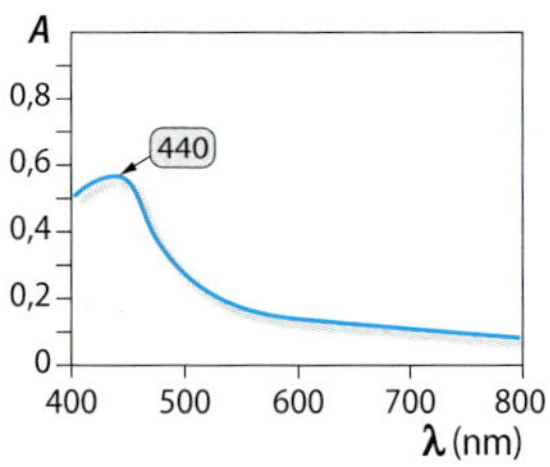

Spectre infrarouge de l'éthanoate de géranyle

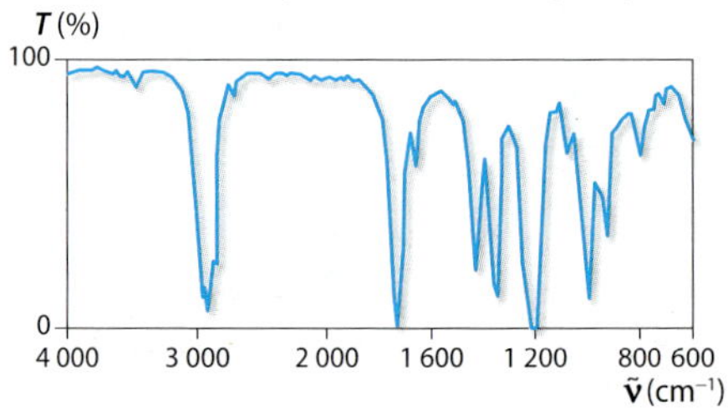

1. Entourer et nommer les groupes caractéristiques présents dans les molécules de géraniol et d'éthanoate de géranyle.

On peut préparer l'éthanoate de géranyle à partir d'un acide carboxylique.

2. Sachant que le mot « éthanoate » dérive de cet acide, donner son nom et sa formule semi-développée.

3. Du spectre d'absorption UV-visible donné ci-dessus, déduire la couleur d'une solution de géraniol. On pourra utiliser l'étoile chromatique donnée page 97.

4. Sur le spectre infrarouge de la molécule d'éthanoate de géranyle, identifier les deux bandes caractéristiques d'un ester. On pourra utiliser la table de bandes caractéristiques donnée sur les rabats avant du manuel.

Les compétences évaluées

- Connaître les groupes caractéristiques et les règles de nomenclature.
- Exploiter des spectres UV-visible.
- Exploiter un spectre infrarouge.

➤ Coups de pouce

1. Un groupe d'atomes caractéristique définit une famille de molécules ; les alcools, par exemple, contiennent le groupe d'atomes caractéristique hydroxyle –OH.

3. La couleur perçue d'une solution est la couleur complémentaire de la couleur correspondant au maximum d'absorption.

4. Certains groupes d'atomes donnent des bandes caractéristiques dont on trouve le nombre d'onde dans des tables.

EXEMPLE DE **RÉSOLUTION**

1.

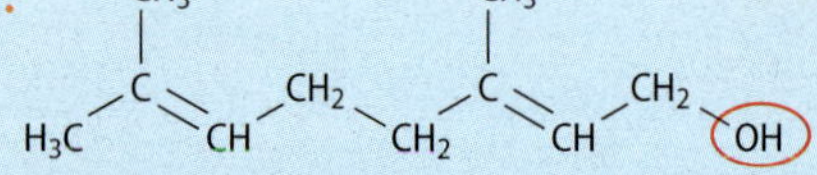

Le géraniol contient le groupe hydroxyle.

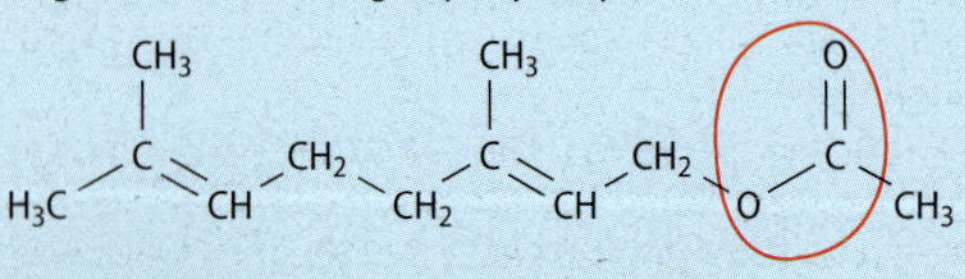

L'éthanoate de géranyle contient le groupe ester.

2. D'après le nom de l'ester, l'acide carboxylique utilisé pour la synthèse est l'acide éthanoïque, de formule semi-développée :

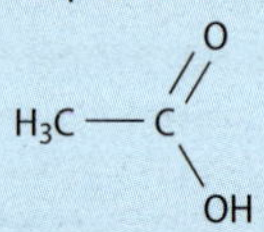

3. Le maximum d'absorption de la solution de géraniol se situe à 440 nm, c'est-à-dire dans le bleu. La solution est donc jaune.

4. Les principales bandes sont dues à la liaison C=O, vers 1 740 cm^{-1}, et à la liaison C–O, vers 1 230 cm^{-1}.

Pour préparer le BAC

Énoncé type

Des preuves irréfutables

Les compétences évaluées
- Connaître les groupes caractéristiques et les règles de nomenclature.
- Exploiter un spectre infrarouge.

Les enquêteurs se basent souvent sur l'analyse des preuves réalisée dans les laboratoires de la police scientifique. Dans le cadre d'une enquête sur un trafic de drogue, ils étudient un échantillon de poudre blanche. Le laboratoire leur a fourni les spectres suivants, qui, excepté peut-être celui de la poudre, correspondent à des produits purs.

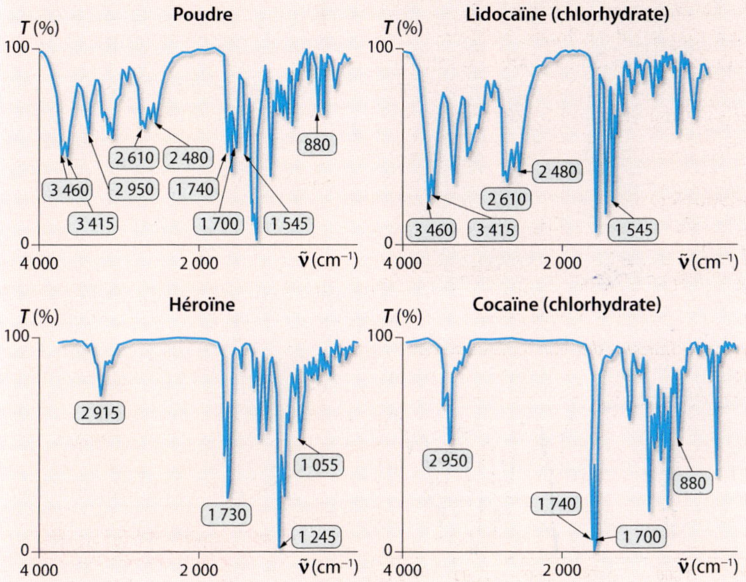

1. En observant les spectres ci-dessus et en justifiant, citer la technique utilisée par les policiers scientifiques pour résoudre cette affaire.

2. Lors de la mise en œuvre de cette technique, que se passe-t-il quand une molécule reçoit des radiations appartenant au bon domaine de longueurs d'onde ?

3. Sur une échelle de longueurs d'onde, situer par rapport au domaine du visible la position des radiations utilisées pour obtenir les spectres.

4. Les enquêteurs hésitent entre un trafic de cocaïne et un trafic d'héroïne. Que peuvent-ils déduire de l'étude des spectres ?

5. Cette drogue est-elle « coupée » (c'est-à-dire est-ce un mélange) ? Justifier.

➤ Coups de pouce

3. Le domaine des longueurs d'onde du visible s'étend de 400 (violet) à 800 nm (rouge) environ.

4. La spectroscopie IR permet d'identifier une molécule en comparant son spectre aux spectres enregistrés dans des banques de données.

EXEMPLE DE RÉSOLUTION

1. Les spectres proposés représentent la transmittance en fonction du nombre d'onde. Il s'agit de spectroscopie infrarouge, qui fait intervenir des nombres d'onde allant de 4 000 à 400 cm^{-1}.

2. Une molécule qui reçoit des radiations dans l'infrarouge peut absorber certaines d'entre elles, à des longueurs d'onde qui correspondent aux fréquences de vibration des groupes chimiques la constituant.

3. $\lambda(\mu m) = 10\,000/\tilde{\nu}$ (cm^{-1}), donc les longueurs d'onde utilisées varient de :
$\lambda = 10\,000/4\,000 = 2{,}5\ \mu m$ à $\lambda = 10\,000/400 = 25\ \mu m$.

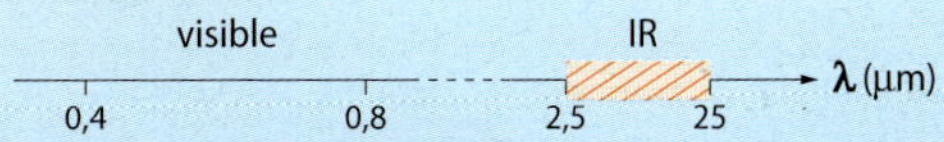

4. Il s'agit d'un trafic de cocaïne car les spectres de la cocaïne et de la poudre présentent plusieurs bandes communes : 2950, (1740-1700) et 880 cm^{-1}.

5. La drogue n'est pas pure : la lidocaïne est un des constituants principaux présents dans l'échantillon car on retrouve plusieurs bandes communes dans les deux spectres : (3460-3415), (2 610-2 480) et 1 545 cm^{-1}.

Avant d'aborder la séquence 6

Évaluation diagnostique

Pour chaque situation présentée, proposer une réponse en argumentant.

Situation 1

Pour vérifier l'indispensable

Une lampe à vapeur d'hydrogène émet une lumière polychromatique dont le spectre est donné ci-contre.

Pourquoi le spectre d'émission de l'hydrogène est-il discontinu ?

Activité 2, p. 107

Situation 2

Pour amorcer la réflexion

La présence d'un champ magnétique influence le comportement d'une aiguille aimantée.

Un noyau d'hydrogène peut-il être influencé par la présence d'un champ magnétique ?

Activité 2, p. 107

Situation 3

Pour amorcer la réflexion

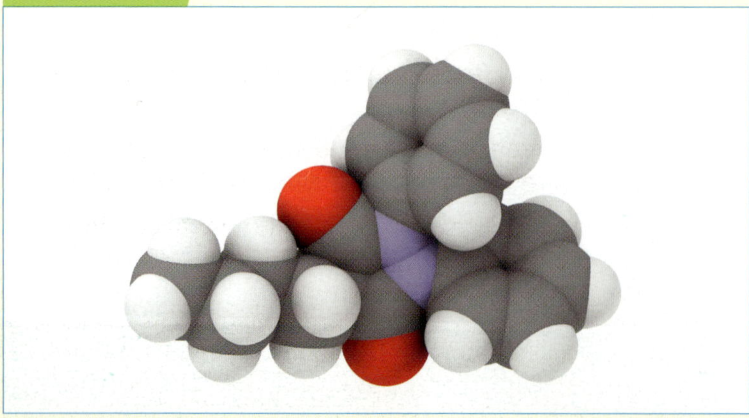

La phénylbutazone est un anti-inflammatoire. Sa molécule contient de nombreux atomes d'hydrogène.

La densité d'électrons est-elle la même autour de tous les atomes d'hydrogène de cette molécule ?

Activité 3, p. 108

PARTIE 1

SÉQUENCE 6

Spectres RMN du proton

La fonction des protéines végétales contenues dans ces légumes dépend directement de leur structure. Celle-ci peut être déterminée par RMN.

Les acquis des classes précédentes

- Un atome est d'autant plus **électronégatif** qu'il attire vers lui les électrons de la liaison covalente dans laquelle il est impliqué.
- Une onde électromagnétique est caractérisée par sa **fréquence**.
- Les atomes possèdent des **niveaux d'énergie quantifiés**.

Les compétences à acquérir

1. **Savoir** ce qu'est le déplacement chimique en RMN.
2. **Identifier** les protons équivalents et **relier** la multiplicité du signal au nombre de voisins.
3. **Utiliser** l'intégration d'un signal et **relier** un spectre RMN simple à une molécule organique donnée.

→ **Culture scientifique**
Imagerie par résonance magnétique (IRM)

Activité 1

Activité de découverte

Compétences scientifiques évaluées
- Faire preuve de curiosité.
- Extraire une information utile.

RMN : découverte et applications

Le principe de la RMN a été découvert dans les années 1940. Cette technique est aujourd'hui largement utilisée en médecine et en biochimie.

Étude de document

Les atomes possèdent des niveaux d'énergie quantifiés. De la même manière, certains noyaux atomiques placés dans un champ magnétique ont deux **niveaux d'énergie *nucléaires*** quantifiés. La **résonance magnétique nucléaire, ou RMN,** est la propriété qu'ont ces noyaux atomiques de changer de niveau d'énergie sous l'effet d'un rayonnement électromagnétique.

Cette propriété est découverte et mesurée en 1938 par I. I. Rabi, ce qui lui vaut le prix Nobel de Physique en 1944. De manière indépendante, F. Bloch, à Stanford, et E. M. Purcell, à Harvard, réalisent des mesures de RMN avec une autre technique, dite par induction magnétique, à la base de celle qui est utilisée actuellement. Ils reçoivent pour cela le prix Nobel de Physique en 1952.

En 1950, W. Proctor et W. Dickinson découvrent que les niveaux d'énergie nucléaires dépendent de l'environnement électronique des noyaux : un noyau entouré de nombreux électrons n'interagit pas de la même manière avec un champ magnétique extérieur qu'un noyau entouré de peu d'électrons. Ils introduisent alors la notion de **déplacement chimique**, qui caractérise un noyau dans un environnement électronique donné : plus la densité d'électrons autour d'un noyau est importante, plus son déplacement chimique est faible.

Aujourd'hui, les principales applications de la RMN touchent les domaines de la biologie et de l'imagerie médicale.

En biologie, elle vise à déterminer la structure tridimensionnelle de molécules complexes, telles les prions par exemple (Fig. 1). Il s'agit de protéines à repliement anormal, qui peuvent générer des maladies du système neuronal telles que la maladie de Creutzfeldt-Jakob.

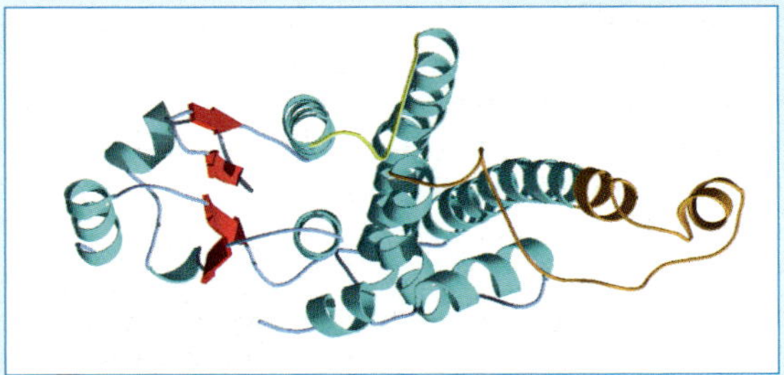

Fig. 1 Modélisation de la structure d'un prion.

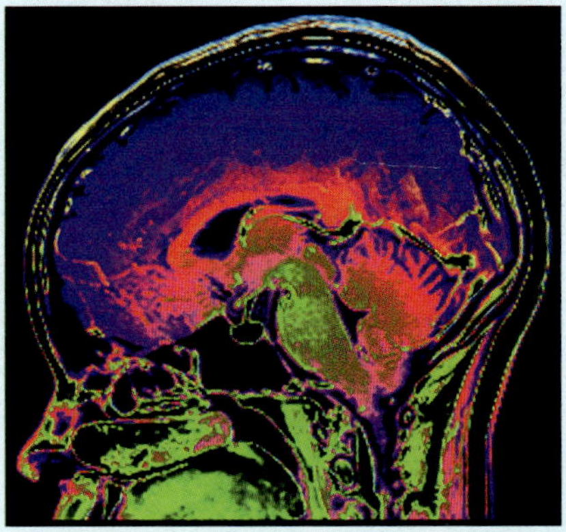

En médecine, l'**IRM**, imagerie par résonance magnétique, basée sur le principe de la RMN, permet d'obtenir des images bi- ou tridimensionnelles de parties internes du corps. Cette technique d'imagerie est principalement utilisée pour l'investigation du cerveau (Fig. 2) et de la moelle épinière, du cœur, des muscles et des tumeurs.

Fig. 2 Image du cerveau obtenue par IRM.

Pistes de réflexion

1. Que signifie le sigle RMN ?
2. Expliquer ce qu'est la RMN en reformulant le premier paragraphe du texte. Faire un schéma rendant compte du phénomène.
3. B2i Rechercher, éventuellement sur Internet, ce qu'est l'induction magnétique.
4. Que caractérise le déplacement chimique ? Comment évolue-t-il en fonction de la densité électronique autour d'un noyau ?
5. Il existe une RMN dite du proton, qui est la résonance magnétique des noyaux d'atomes d'hydrogène.
   a. De quoi est constitué un noyau d'hydrogène ?
   b. Justifier le nom de « RMN du proton ».
6. Rappeler les noms, cités dans le texte, des différents scientifiques ayant permis des avancées dans la connaissance de la RMN et préciser l'objet de leur étude.
7. Donner les deux principaux domaines d'application de la RMN et citer quelques exemples.

Pour conclure

8. En vous aidant des réponses aux questions 4 et 5, expliquer comment, selon vous, la technique de RMN permet d'accéder à la structure des molécules.

Activité 2

Activité documentaire

Compétences scientifiques évaluées
- Extraire une information utile.
- Identifier les paramètres jouant un rôle dans un phénomène physique.

Protons et champ magnétique

Un noyau d'hydrogène, ou proton, peut interagir avec un champ magnétique. Cette interaction dépend, entre autres, de son environnement électronique.

Étude de documents

Un proton dans un champ magnétique

D'après la mécanique quantique, un proton se comporte comme un aimant. Il est caractérisé par une grandeur appelée **moment magnétique nucléaire**, notée μ, qui indique l'orientation de cet « aimant ».

Si le proton « perçoit » un champ magnétique $\vec{B}$, on dira, pour simplifier, que μ est positif s'il est orienté dans le même sens que $\vec{B}$, et négatif dans le cas contraire. Le moment magnétique du proton peut donc prendre deux valeurs, l'une positive : $\mu_1 = +|\mu|$, l'autre négative : $\mu_2 = -|\mu|$ (Fig. 1).

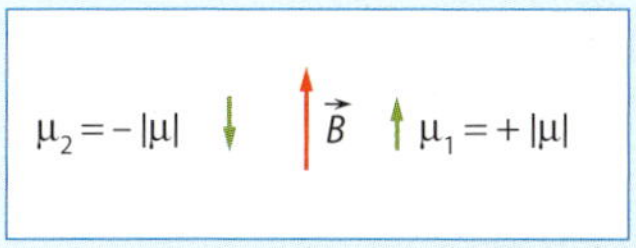

Fig. 1 Deux orientations du moment magnétique nucléaire μ dans un champ magnétique $\vec{B}$.

Le proton placé dans un champ magnétique possède une énergie $E = -\mu \cdot B$. À chaque valeur de moment magnétique nucléaire correspond donc un **niveau d'énergie.**

Le transfert du proton du niveau d'énergie inférieur vers le niveau supérieur peut se faire en lui envoyant une onde électromagnétique de fréquence ν adaptée, appelée **fréquence de résonance.**

Plusieurs protons dans un champ magnétique

Imaginons trois athlètes qui font du saut en hauteur et qui se prêtent au jeu suivant : ils se trouvent à la base de la ligne de saut et doivent attendre le « top » prononcé par l'arbitre pour sauter. Le premier a les oreilles découvertes, le deuxième porte des cache-oreilles, et le troisième porte des boules antibruit (Fig. 2). Les cache-oreilles ou les boules antibruit gênent les athlètes dans leur perception du son émis par l'arbitre. Ainsi, l'intensité que l'arbitre devra mettre dans sa voix ne sera pas la même pour les trois athlètes : plus l'athlète a les oreilles couvertes, plus l'arbitre devra crier pour se faire entendre.

De manière analogue, les électrons à proximité d'un proton « gênent » sa perception du champ magnétique extérieur. Ainsi, un proton entouré de beaucoup d'électrons percevra un champ magnétique moins intense qu'un proton qui l'est moins.

Fig. 2 Trois athlètes prêts à sauter au signal de l'arbitre.

Pistes de réflexion

1 **a.** Donner les deux valeurs possibles de l'énergie que peut posséder un proton plongé dans un champ magnétique de valeur B. On notera E_1 l'énergie la plus basse et E_2 l'énergie la plus haute.

b. Représenter ces deux valeurs sur un diagramme énergétique.

2 **a.** Rappeler la relation entre la fréquence ν de l'onde électromagnétique à imposer pour faire passer le noyau du niveau E_1 au niveau E_2 et la différence d'énergie entre ces deux niveaux $\Delta E = E_2 - E_1$.

b. Déterminer l'expression de ΔE en fonction de μ et B, et en déduire une relation entre ν et B. Quel type de relation mathématique existe-t-il entre ces deux grandeurs ?

c. Déterminer l'ordre de grandeur des fréquences de résonance du proton, sachant que l'intensité des champs magnétiques utilisés varie entre 1 et 2 teslas, que la valeur de la constante de Planck est $h = 6{,}63 \times 10^{-34}$ J · s et que pour le proton, $\mu = 1{,}41 \times 10^{-26}$ USI.

d. Par analyse dimensionnelle, déterminer la dimension, puis l'unité du moment magnétique nucléaire μ.

Pour conclure

3 **a.** Expliquer pourquoi les niveaux d'énergie des protons dans une molécule dépendent de la densité d'électrons qui les entoure.

b. Comment varie la fréquence de résonance d'un proton avec la densité d'électrons qui l'entoure ?

Activité 3

Démarche d'investigation

Compétences scientifiques évaluées
- Formuler des hypothèses pertinentes.
- Communiquer et argumenter en utilisant un vocabulaire scientifique adapté.

Animation

Identifier des molécules

Le spectre d'une molécule en RMN du proton permet de déterminer l'entourage des atomes d'hydrogène et d'accéder à la formule développée.

Pour commencer (situation déclenchante)

Victor, assistant technique dans un laboratoire de recherche, a, par maladresse, mélangé des échantillons contenant tous deux une molécule de formule brute $C_2H_3C\ell_3$, mais de formules développées différentes **A** et **B**. Il sait qu'un spectre RMN pourra l'aider à les identifier. Les spectres qu'il obtient sont donnés **figure 1**.

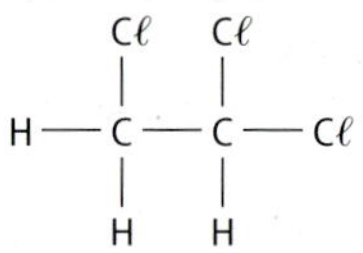

A

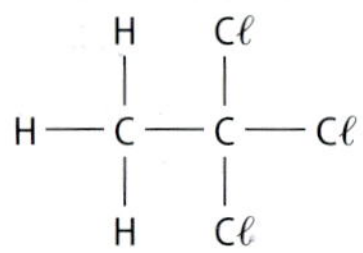

B

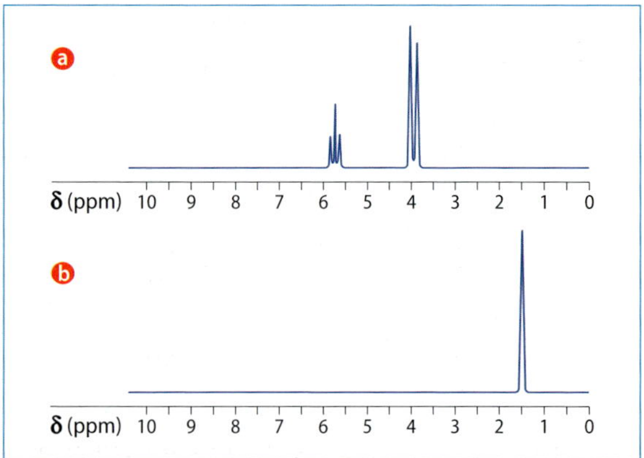

Fig. 1 Spectres RMN des deux molécules.

Investigation

Comment identifier la formule développée des molécules à partir de leur spectre RMN ?

Quelques idées (hypothèses)

– Rébecca : « *Les atomes d'hydrogène sont tous les mêmes !* »

– Yoan : « *Il faut regarder le nombre d'atomes d'hydrogène dans la molécule.* »

– Nathan : « *La position des atomes d'hydrogène dans les deux molécules n'est pas la même !* »

Étude de documents (recherche de validation)

Piste n° 1

L'allure du spectre RMN d'une molécule dépend de l'entourage des noyaux d'atomes d'hydrogène de la molécule, appelés protons.

1 **a.** Considérer chaque atome d'hydrogène dans les deux molécules. Pour chacun, indiquer les atomes voisins par ordre de « proximité » : d'abord les atomes qui lui sont directement liés par liaison covalente, puis les atomes directement liés aux premiers voisins, etc.

b. Que dire du voisinage des atomes d'hydrogène dans la molécule **B** ?

c. Regrouper les atomes d'hydrogène de la molécule **A** en fonction de leur voisinage.

Des protons qui ont le même environnement dans la molécule sont dits **équivalents.** Ils donnent un seul groupe de pics sur le spectre RMN.

d. Attribuer un spectre RMN à chaque molécule.

Piste n° 2

Le pic, ou groupe de pics, engendré par un groupe de protons équivalents est d'autant plus éloigné de l'origine du spectre que la **densité électronique** autour du proton est faible.

2 **a.** Rappeler la définition de l'électronégativité et classer les atomes présents dans les deux molécules en fonction de leur électronégativité.

b. En s'aidant des questions **1.a** et **2.a**, déterminer l'importance relative des densités électroniques autour des protons des différents groupes.

c. Justifier la position des pics correspondant à chaque groupe de protons.

Piste n° 3

Pour chaque groupe de protons équivalents, la présence de protons voisins engendre sur le spectre un groupe de pics, ou **multiplet**, au lieu d'un pic simple.

3 **a.** Déterminer le nombre de protons voisins de chaque groupe de protons équivalents.

b. En utilisant les spectres de la **figure 1**, donner le nombre de pics correspondant à chaque groupe de protons équivalents.

c. En comparant les résultats des deux questions précédentes, indiquer comment sont reliés le nombre de pics correspondant à un groupe de protons équivalents et le nombre de protons voisins.

Pour conclure

4 Récapituler les trois éléments d'un spectre RMN qui permettent d'identifier la formule développée d'une molécule et préciser comment on les utilise.

Activité 4

Démarche d'investigation

Animation

Interpréter la hauteur des pics

La hauteur des pics d'un spectre RMN est directement reliée à la composition de la molécule.

Compétences scientifiques évaluées
- Formuler des hypothèses pertinentes.
- Communiquer et argumenter en utilisant un vocabulaire scientifique adapté.

Pour commencer (situation déclenchante)

Au cours de son stage de recherche, Sarah réalise le spectre RMN de la molécule de 1-chloropropane de formule semi-développée $H_3C{-}CH_2{-}CH_2{-}C\ell$ (Fig. 1). Elle comprend la position et la multiplicité des pics, mais reste intriguée par leur différence de hauteur…

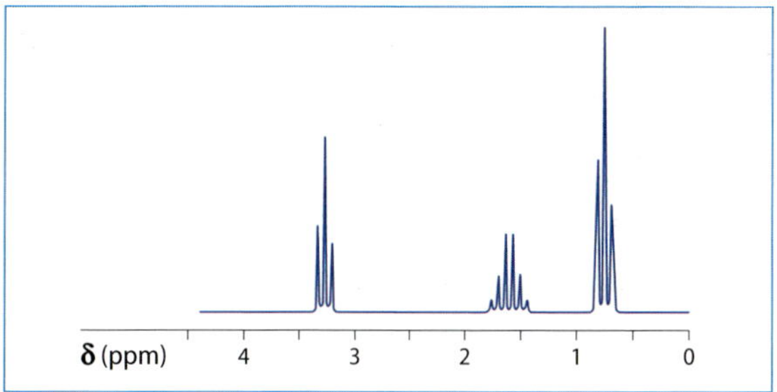

Fig. 1 Spectre RMN du 1-chloropropane.

Investigation

Comment interpréter la hauteur des pics d'un spectre RMN ?

Quelques idées (hypothèses)

Étude de document (recherche de validation)

Attribuer les groupes de pics

1 **a.** Combien y a-t-il de groupes de protons équivalents dans la molécule ?

b. Combien de protons voisins possède chaque groupe de protons équivalents ?

c. En déduire la multiplicité des pics engendrés par chaque groupe de protons équivalents.

d. En analysant leur voisinage, attribuer un multiplet à chaque groupe de protons équivalents.

Analyser la hauteur des pics

2 **a.** Comparer la hauteur des deux triplets.

b. Quelle différence y a-t-il entre les deux groupes de protons équivalents qui engendrent ces deux triplets ?

c. En déduire de quoi dépend la hauteur de deux groupes de pics de même multiplicité.

3 **a.** Comparer la hauteur des pics du sextuplet et du triplet de plus grand déplacement chimique.

b. De combien de protons sont composés les groupes engendrant ces deux multiplets ?

c. En s'aidant du tableau suivant, calculer l'aire sous chacun de ces deux multiplets.

Déplacement chimique (ppm)	Aire sous la courbe (unité arbitraire)
3,324	256
3,302	508
3,280	249
1,672	31
1,648	159
1,625	321
1,601	315
1,579	155
1,555	33

d. Que constate-t-on en comparant les deux aires et le nombre de protons des multiplets ?

On représente parfois la courbe dite d'intégration. La hauteur des paliers qui la constituent est proportionnelle à l'aire sous le spectre (Fig. 2).

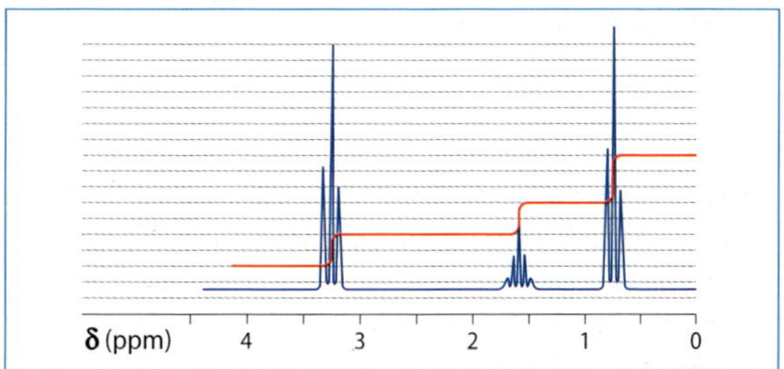

Fig. 2 Spectre avec sa courbe d'intégration.

Pour conclure

4 **a.** Comparer les hauteurs relatives des trois paliers de la courbe d'intégration.

b. Comment la courbe d'intégration permet-elle d'accéder au nombre de protons de chaque groupe de protons équivalents ?

Cours

1 Principe des spectres RMN du proton

> Activités 1 et 2

Niveaux énergétiques

Lorsqu'un noyau d'hydrogène, ou proton, est placé dans un champ magnétique, il peut se retrouver dans deux états d'énergie différents. La différence d'énergie ΔE entre ces deux niveaux est proportionnelle à l'intensité du champ magnétique imposé.

Un proton soumis à un champ magnétique peut passer du niveau d'énergie inférieur vers le niveau supérieur si on le soumet à une onde électromagnétique de fréquence ν, appelée **fréquence de résonance**, telle que $\Delta E = h\nu$ (Fig. 1).

Le transfert d'un proton entre deux niveaux d'énergie provenant de la présence d'un champ magnétique est le phénomène de résonance magnétique nucléaire (RMN) du proton.

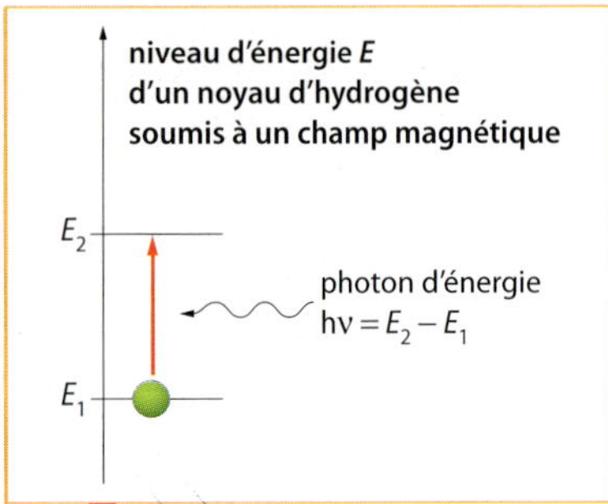

Fig. 1 Transfert d'un proton d'un niveau d'énergie à l'autre par résonance magnétique nucléaire.

Effet d'écran. Blindage

Les électrons à proximité du proton – provenant des liaisons covalentes ou des atomes voisins – sont en mouvement et diminuent l'effet du champ magnétique extérieur : c'est l'effet d'écran ou blindage.

La fréquence de résonance d'un proton dépend donc de son blindage. Si la densité électronique autour d'un proton est importante, l'effet d'écran ou le blindage sont importants et le champ magnétique effectivement ressenti est faible. La fréquence de résonance de ce proton est alors faible.

Tous les protons d'une même molécule n'ont donc pas un comportement équivalent vis-à-vis d'un même champ magnétique extérieur.

Déplacement chimique

Afin de pouvoir comparer toutes les mesures de RMN, on ajoute une molécule de référence dans les échantillons analysés : le tétraméthylsilane (**TMS**) (Fig. 2), inerte vis-à-vis des molécules étudiées, volatil et dont les protons présentent un blindage très fort.

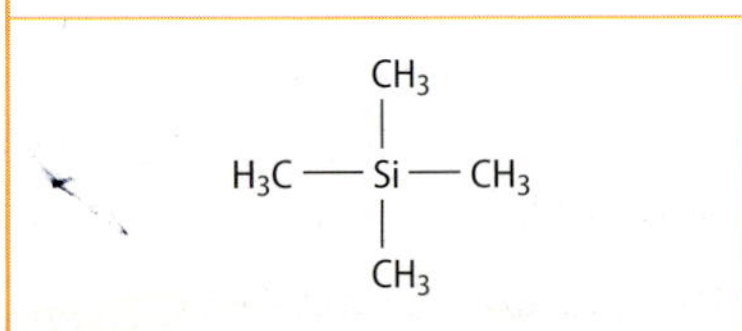

Fig. 2 Formule semi-développée du TMS.

Le champ magnétique ressenti par cette référence étant très faible, la fréquence mettant ses protons en résonance l'est également. Le TMS donne un pic qui sera l'origine de l'échelle.

Pour un proton donné dans une molécule, on définit le déplacement chimique δ_i, en parties par millions (ppm), par :

$$\delta_i = 10^6 \cdot \frac{\nu_i - \nu_{réf}}{\nu_0}$$

ν_i, fréquence de résonance du proton (en Hz)
$\nu_{réf}$, fréquence de résonance du TMS (en Hz)
ν_0, fréquence du rayonnement envoyée sur l'échantillon (en Hz)

Le déplacement chimique est une grandeur sans dimension, indépendante du champ magnétique et de la fréquence du rayonnement utilisé. Il caractérise donc un proton dans un environnement donné.

Repère

Les déplacements chimiques étant de l'ordre du millionième, on préfère donner leur valeur sans utiliser de puissance de 10. On les exprime alors en ppm.
Le ppm n'est pas une unité, mais signifie que la valeur réelle est le millionième de celle qui est donnée : 1 ppm = 10^{-6}.

Sur un spectre RMN du proton, les signaux de résonance des protons sont disposés sur un axe horizontal, orienté vers la gauche, représentant le déplacement chimique (en ppm).

Exemple

La **figure 3** présente le spectre RMN du chloroforme, de formule brute $CHC\ell_3$. Le proton du chloroforme présente un pic pour un déplacement chimique de 7,3 ppm. On observe également un pic à 0 ppm, correspondant à la référence (TMS).

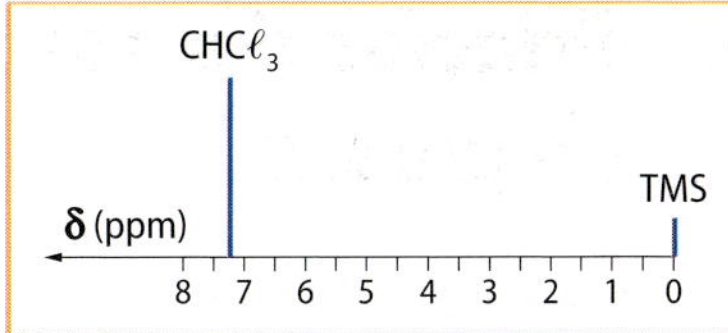

Fig. 3 Spectre RMN du proton du chloroforme.

Lien entre structure de la molécule et déplacement chimique

Lorsque, dans une molécule, un proton est proche d'un atome électronégatif, les électrons entourant le proton sont déplacés vers cet atome et la densité électronique autour du proton est faible. L'effet d'écran est donc plus faible (le champ magnétique ressenti est plus important). On dit que le proton est **déblindé**.

Plus un proton est déblindé, plus il ressent un champ magnétique intense et plus sa fréquence de résonance est grande, donc plus son déplacement chimique est important.

Repère

Les atomes sont d'autant plus électronégatifs qu'on se déplace vers la droite et vers le haut de la classification périodique des éléments.

Exemple

Dans la molécule de chloroforme, il y a trois atomes de chlore très électronégatifs. Le proton de cette molécule est donc beaucoup plus déblindé que les protons du TMS. Son déplacement chimique est beaucoup plus important (Fig. 3).

➡ Exercices 1 à 5

2 Analyse d'un spectre RMN

› Activité 3

Protons équivalents

Le déplacement chimique d'un proton dépend de la densité électronique autour de lui.

Des protons qui ont le même environnement dans la molécule sont équivalents : ils ont le même déplacement chimique.

Exemples

Dans la molécule de bromoéthane (Fig. 4), les deux protons sur l'atome de carbone portant l'atome de brome sont équivalents et les trois protons sur l'autre atome de carbone sont équivalents.

Dans le 1-chloro-2,2-diméthylpropane (Fig. 5), il y a 9 protons équivalents (en rouge), puis deux protons équivalents (en vert), différents des premiers. Sur le spectre RMN de cette molécule, on observe deux pics : un pour chaque groupe de protons équivalents.

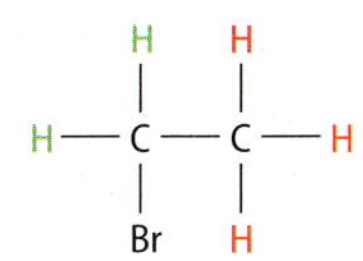

Fig. 4 Formule développée du bromoéthane.

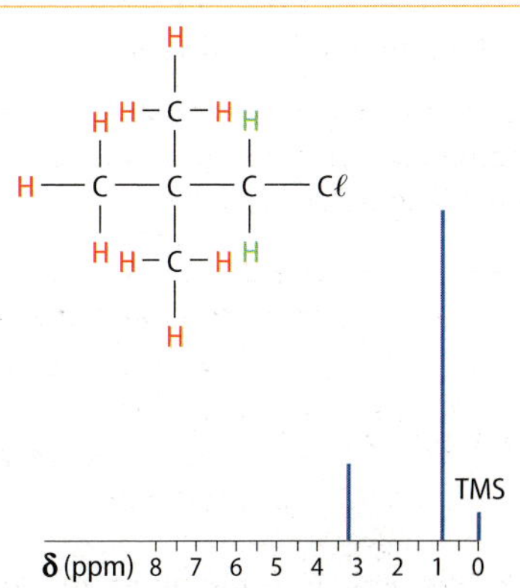

Fig. 5 Formule et spectre RMN du 1-chloro-2,2-diméthylpropane.

Multiplicité du signal

Lorsque des protons non équivalents sont voisins, c'est-à-dire portés par des atomes de carbone **directement liés**, chaque groupe de protons équivalents présente un signal constitué de plusieurs pics, appelé **multiplet**.

Cours

Un groupe de protons équivalents possédant n voisins non équivalents à ce groupe de protons est caractérisé par un multiplet de $n + 1$ pics.

Exemple

Considérons la molécule de formule brute $C_2H_3C\ell_3$.
Si les atomes d'hydrogène sont répartis entre les deux atomes de carbone, il y a deux groupes de protons équivalents voisins et, sur le spectre RMN, on observe deux groupes de pics : un doublet dû à la résonance des deux protons équivalents qui ont 1 voisin, et un triplet dû au proton qui a 2 voisins équivalents (Fig. 6).

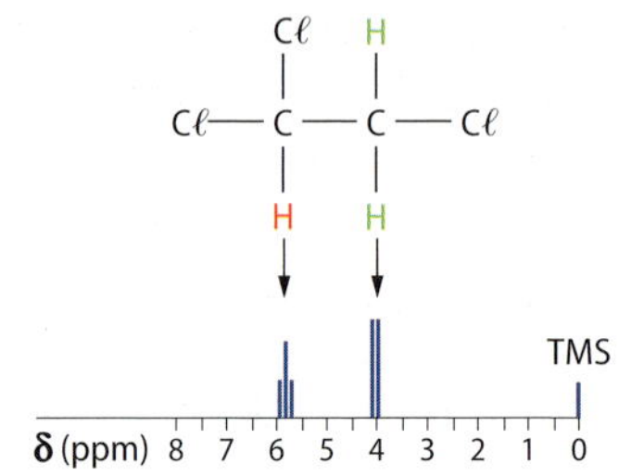

Fig. 6 Spectre RMN de la molécule de formule brute $C_2H_3C\ell_3$ avec deux groupes de protons équivalents voisins.

Les noms correspondant à certains groupes de pics sont donnés ci-après.

Nombre de voisins n	Nombre de pics : $n+1$	Nom du multiplet	Intensité relative des pics
0	0 + 1 = 1	singulet	1
1	1 + 1 = 2	doublet	1 – 1
2	2 + 1 = 3	triplet	1 – 2 – 1
3	3 + 1 = 4	quadruplet	1 – 3 – 3 – 1

La multiplicité du signal RMN permet d'accéder au nombre de voisins équivalents du groupe de protons considéré.

Exercices 6 à 11

3 Courbe d'intégration et exploitation d'un spectre RMN

› Activité 4

Principe de la courbe d'intégration

Sur le spectre RMN, pour chaque groupe de protons équivalents, l'intensité des pics, donc l'aire se situant sous chaque multiplet, est proportionnelle au nombre de protons entrant en résonance.

L'intensité des pics est déterminée grâce à une courbe appelée **courbe d'intégration**, tracée au-dessus du spectre RMN. Elle est constituée d'autant de paliers que de groupes de protons équivalents.

La hauteur relative des paliers de la courbe d'intégration indique les proportions de protons dans chaque groupe de protons équivalents.

Remarque : la hauteur des paliers de la courbe d'intégration est parfois directement inscrite à côté des multiplets.

Exemple

Sur la courbe d'intégration du spectre RMN du bromoéthane (Fig. 7), de formule semi-développée $H_3C–CH_2–Br$, on observe deux paliers : l'un de hauteur h_1 en δ_1, l'autre de hauteur h_2 en δ_2, avec $h_1/h_2 = 3/2$.
Cette molécule contient donc deux groupes de protons équivalents et, comme elle contient 5 protons en tout, 3 entrent en résonance à δ_1, et les 2 autres entrent en résonance à δ_2.

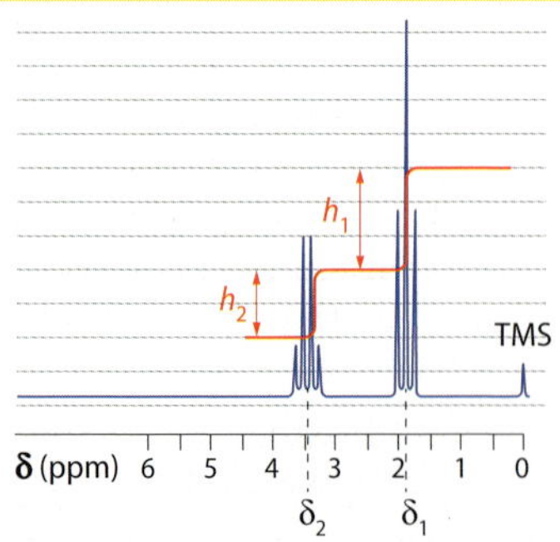

Fig. 7 Spectre RMN du bromoéthane avec sa courbe d'intégration.

Détermination de la formule d'une molécule

Des tables fournissent des fourchettes de valeurs de déplacements chimiques de protons dans un environnement donné *(voir rabat de couverture avant)*.

À partir du spectre RMN d'une molécule, il est possible de déterminer sa formule développée, connaissant sa formule brute. Pour cela, on exploite trois types d'informations : les **valeurs des déplacements chimiques**, la **multiplicité des différents signaux** et la **courbe d'intégration.**

Exemple

Considérons le spectre d'une molécule de formule brute C_4H_8O et qui n'est pas un alcool (Fig. 8). On observe trois multiplets, il y a donc trois groupes de protons équivalents dans la molécule.

D'après les données des tables se trouvant sur les rabats de couverture les multiplets se situant entre 2 et 3 ppm proviennent de protons voisins d'une fonction cétone et le pic à 1,0 ppm correspond à des atomes d'hydrogène d'un groupe alkyle.

La courbe d'intégration et la multiplicité des pics donnent les indications suivantes : 2 protons sont proches de la fonction cétone et ont 3 protons voisins (quadruplet) ; 3 protons sont proches de la fonction cétone et n'ont aucun proton voisin (singulet) ; 3 protons sont plus éloignés de la fonction cétone et ont 2 protons voisins (triplet).

On en déduit la formule semi-développée de cette molécule :

$$H_3C - CH_2 - \underset{\underset{O}{\|}}{C} - CH_3$$

➥ Exercices 12 à 17

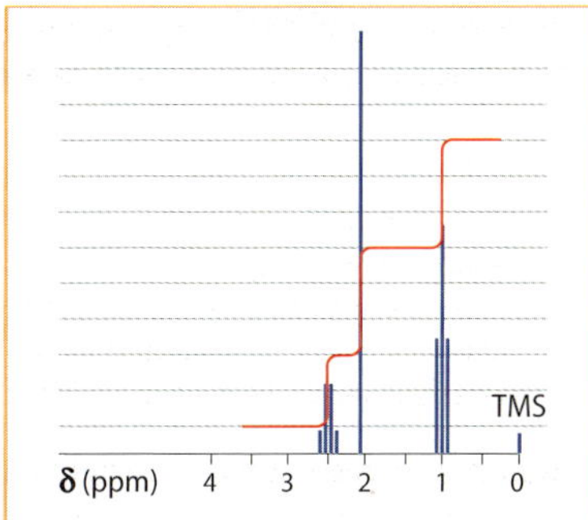

Fig. 8 Spectre RMN d'une molécule de formule brute C_4H_8O avec sa courbe d'intégration.

Les compétences à acquérir

1 Savoir *ce qu'est le déplacement chimique en RMN*

- Sous l'effet d'un champ magnétique, chaque proton entre en **résonance** pour une fréquence donnée, appelée **fréquence de résonance**.
- Le **déplacement chimique** δ_i caractérise la résonance des protons indépendamment de la fréquence et du champ magnétique imposés.
- Un proton est d'autant plus **déblindé** que la densité électronique autour de lui est faible.
- Le déplacement chimique d'un proton est d'autant **plus important** qu'il est **déblindé**.

2 Identifier *les protons équivalents et* relier *la multiplicité du signal au nombre de voisins*

- Des protons ayant le même environnement dans une molécule sont **équivalents**.
- Des protons équivalents ont le même déplacement chimique.
- Un groupe de protons équivalents possédant n protons voisins est caractérisé par un **multiplet** de $n + 1$ pics.

3 Utiliser *l'intégration d'un signal et* relier *un spectre RMN simple à une molécule organique donnée*

- La **courbe d'intégration** du spectre RMN présente un **palier** à chaque résonance.
- La **hauteur relative** des paliers donne les **proportions** des protons pour les différentes résonances.

Exercices

Compétence 1

› Savoir ce qu'est le déplacement chimique en RMN

1 VRAI ou FAUX ?

En justifiant, indiquer si les affirmations suivantes sont vraies ou fausses.

1 Un proton présente toujours deux niveaux d'énergie possibles.

2 Lorsque la densité électronique autour d'un proton augmente, sa fréquence de résonance augmente.

3 Le blindage d'un proton augmente d'autant plus qu'il est lié à un atome électronégatif.

4 Le déplacement chimique d'un proton augmente quand sa fréquence de résonance augmente.

2 QCM

Choisir la (ou les) bonne(s) réponse(s).

1 Deux protons soumis à un même champ magnétique :
- **a** ont toujours le même déplacement chimique ;
- **b** n'ont jamais le même déplacement chimique ;
- **c** peuvent avoir le même déplacement chimique.

2 Plus un proton est lié à un atome électronégatif :
- **a** plus il est déblindé ;
- **b** plus il a un déplacement chimique faible ;
- **c** plus sa fréquence de résonance est élevée.

3 La fréquence de résonance d'un proton augmente quand :
- **a** le champ magnétique subi augmente ;
- **b** il est lié à un atome plus électronégatif ;
- **c** l'effet d'écran diminue.

3 Électronégativité et déplacement chimique

1. a. Comment varie la densité électronique autour d'un proton lorsque l'électronégativité de l'atome dont il est voisin augmente ? Justifier.
b. Dans ce cas, comment varie son déplacement chimique ?

2. On considère les molécules suivantes : CH_3Br, $CH_3C\ell$, CH_3I et CH_3F.
a. Classer les hétéroatomes (atomes différents du carbone et de l'hydrogène) de ces molécules du plus électronégatif au moins électronégatif. Justifier.
b. Le déplacement chimique des trois protons d'une même molécule est le même, mais varie d'une molécule à l'autre. Il vaut, pour les différentes molécules : 2,15 ppm ; 2,70 ppm ; 3,00 ppm et 4,25 ppm. En justifiant, attribuer une valeur de déplacement chimique à chacune des quatre molécules.

4 Déplacement chimique et référence

1. a. En analysant l'électronégativité des atomes de la molécule, expliquer pourquoi les protons du tétraméthylsilane présentent un blindage maximal.
b. Comparer la fréquence de résonance de ses protons à celles des protons de la plupart des autres molécules.

2. a. La relation permettant de calculer le déplacement chimique d'un proton est :

$$\delta_i = 10^6 \cdot \frac{\nu_i - \nu_{réf}}{\nu_0}$$

Préciser la signification et l'unité de chaque terme.
b. Que vaut le déplacement chimique des protons du tétraméthylsilane ?

3. Représenter le spectre RMN d'une molécule dont les protons ont un déplacement chimique de 3,5 ppm. On représentera également le pic de la référence.

Donnée. *Formule semi-développée du TMS :*

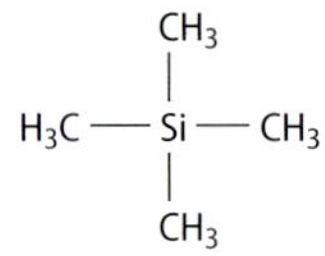

5 Densité électronique et déplacement chimique

Les spectres **a**, **b** et **c** sont ceux des molécules suivantes : $CHC\ell_3$, $CH_2C\ell_2$ et $CH_3C\ell$.

En justifiant, attribuer à chaque molécule son spectre.

a

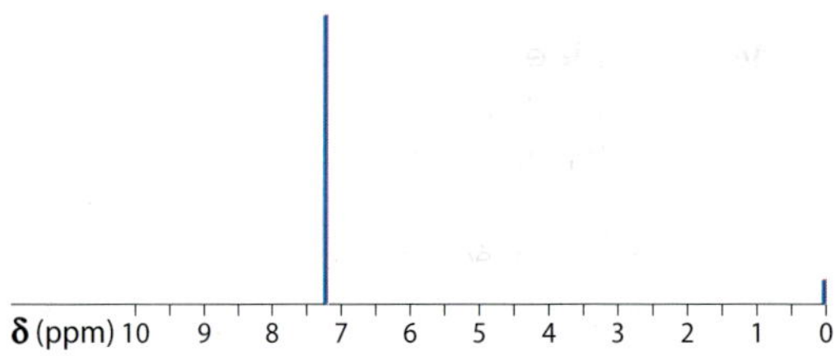

b

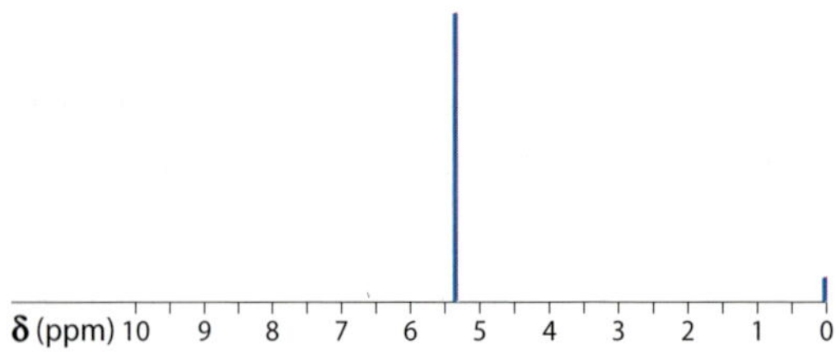

c

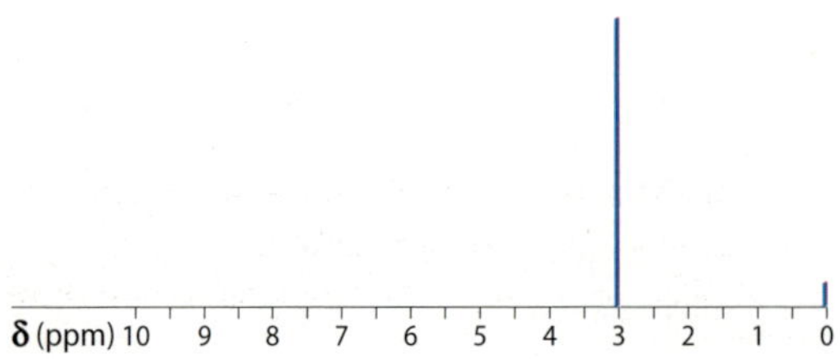

Compétence 2

> ***Identifier les protons équivalents et relier la multiplicité du signal au nombre de voisins***

6 **QCM**

Choisir la bonne réponse.

❶ Des protons équivalents *ont toujours / peuvent avoir* le même déplacement chimique.

❷ Des protons équivalents *sont toujours / peuvent être* portés par le même atome de carbone.

❸ Un groupe de protons équivalents qui possède 3 protons voisins engendre un *doublet / triplet / quadruplet*.

❹ Un groupe de protons équivalents qui génère un doublet possède *1 / 2 / 3* protons voisins.

7 **QROC**

1. Donner la définition de protons équivalents.

2. Expliquer ce que sont les protons voisins d'un groupe de protons équivalents.

3. Combien y a-t-il de signaux, ou groupes de pics, dans le spectre RMN d'une molécule ?

4. Comment est liée la multiplicité d'un signal au nombre de voisins du groupe de protons équivalents qui l'engendre ?

8 **Méthanamine**

La méthanamine, de formule brute CH_5N, possède la formule développée ci-contre.

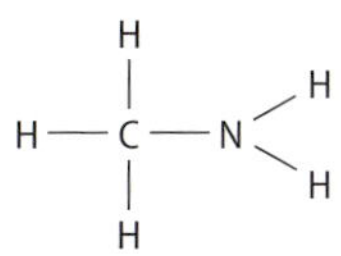

1. Quels protons sont équivalents dans cette molécule ?

2. Combien y a-t-il de signaux sur son spectre RMN ?

3. Préciser la multiplicité des signaux engendrés par chaque groupe de protons équivalents.

EXERCICE **RÉSOLU**

9 **Montre-moi ton spectre, je te dirai qui tu es !**

Une molécule de formule brute C_2H_5I a le spectre RMN suivant :

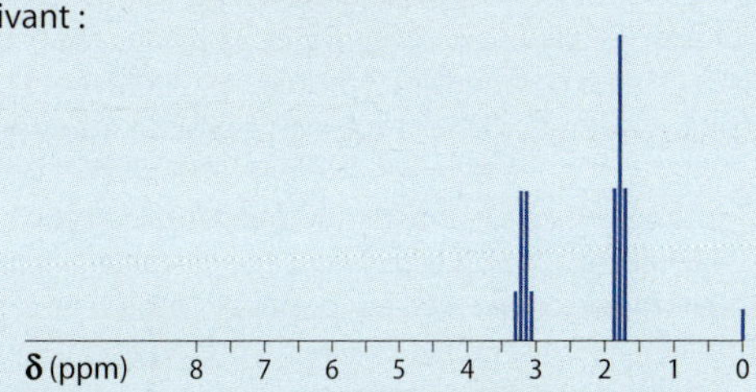

1. Déterminer la formule développée de la molécule.

2. D'après le spectre de la molécule :

a. combien de groupes de protons équivalents possède-t-elle ?

b. Combien de protons voisins possède chaque groupe de protons équivalents ?

3. Relier, en justifiant, chaque groupe de protons équivalents de la molécule à un multiplet du spectre.

Aides et méthodes

2. a. Il y a autant de groupes de protons équivalents que de signaux.

b. Un groupe de protons équivalents génère un multiplet de « nombre de voisins + 1 » pics.

Solution

1. La formule développée de la molécule est :

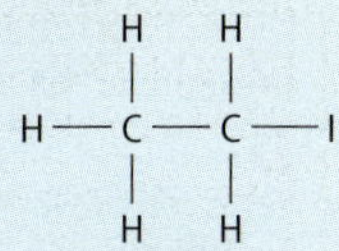

2. a. Hormis le signal du TMS, le spectre comporte deux signaux, donc la molécule contient deux groupes de protons équivalents.

b. Le signal de droite est un triplet, il est donc généré par un groupe de protons équivalents qui a 2 voisins. Le second signal est un quadruplet, il est donc généré par un groupe de protons équivalents qui a 3 voisins.

3. La molécule possède un groupe de 3 protons équivalents ayant 2 voisins, donc représenté par le triplet, et un groupe de 2 protons équivalents ayant 3 voisins, donc représenté par le quadruplet.

10 **Un bromopropane**

Une molécule de formule brute C_3H_7Br a le spectre RMN ci-dessous.

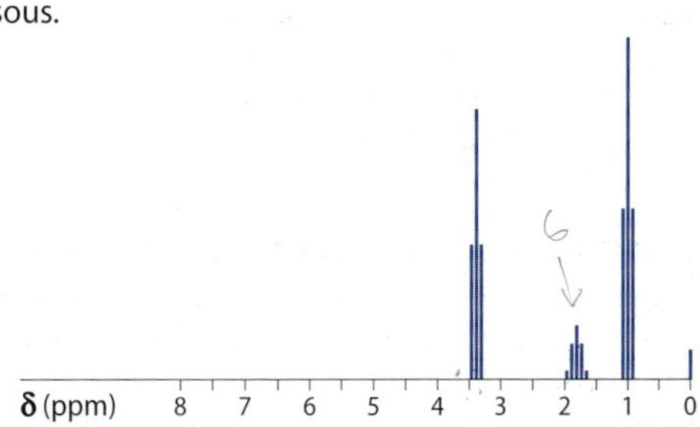

1. Combien de groupes de protons équivalents possède cette molécule ?

2. En déduire sa formule développée.

3. Interpréter la multiplicité des signaux.

11 **Protons équivalents et multiplicité des signaux**

Une molécule de formule brute $C_5H_{10}O$ a un spectre RMN qui présente un triplet et un quadruplet.

1. Combien de groupes de protons équivalents possède cette molécule ?

2. Combien de protons voisins possède chaque groupe de protons équivalents ?

3. En déduire la formule développée de la molécule.

Exercices

Compétence 3

› *Utiliser l'intégration d'un signal et relier un spectre RMN simple à une molécule organique donnée*

Données. *On utilisera le tableau de valeurs du déplacement chimique figurant sur les rabats avant du manuel.*

12 QCM

Choisir la (ou les) bonne(s) réponse(s).

La courbe d'intégration du spectre RMN d'une molécule présente un palier de hauteur 3 et un palier de hauteur 1.

❶ Combien de groupes de protons équivalents possède cette molécule ?

a 2 ; b 4 ; c 6 ; d On ne peut pas savoir.

❷ Combien de protons possède cette molécule ?

a 2 ; b 4 ; c 8 ; d On ne peut pas savoir.

13 La bonne réponse

Choisir la proposition correcte.

1. Sur un spectre RMN, la hauteur des pics *dépend / ne dépend pas* du nombre de protons du groupe entrant en résonance.

2. La hauteur des paliers de la courbe d'intégration indique *le nombre / les proportions* de protons de chaque groupe de protons équivalents.

3. La hauteur des paliers *dépend / ne dépend pas* du nombre de protons voisins.

14 Integration curve and number of protons

1. What is the purpose of the integration curve of the NMR spectrum?

2. The integration curve of the NMR spectrum of a molecule containing 8 protons shows one 3 high step and one 1 high step.

a. How many groups of equivalent protons does it have?

b. How many protons are there in each group of equivalent protons?

15 Plusieurs formules développées

On considère deux molécules qui ont la même formule brute $C_2H_3Br_3$.

1. La courbe d'intégration du spectre RMN de la première présente un seul palier.

a. Combien de groupes de protons équivalents possède-t-elle ?

b. En déduire la formule développée de cette molécule.

2. La courbe d'intégration du spectre RMN de la seconde présente un palier de hauteur 2 et un palier de hauteur 1.

a. Combien de groupes de protons équivalents possède-t-elle ?

b. Combien y a-t-il de protons dans chaque groupe de protons équivalents ?

c. En déduire la formule développée de la molécule.

16 Déplacement chimique et courbe d'intégration

Le spectre d'une molécule de formule brute $C_2H_3O_2C\ell$ est le suivant :

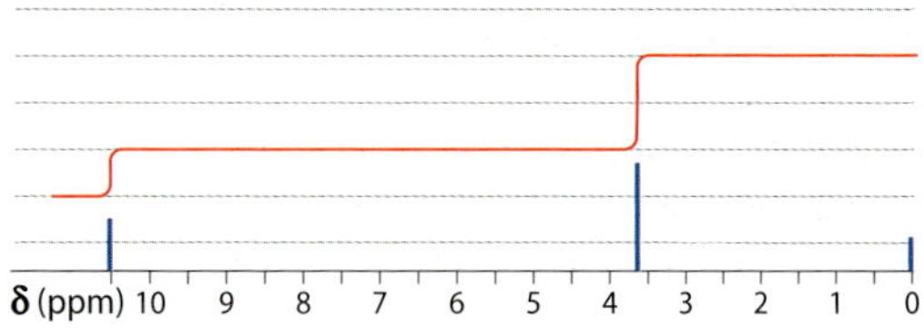

1. Déterminer les groupes d'atomes caractéristiques présents dans cette molécule.

2. Donner le nombre de groupes de protons équivalents, ainsi que le nombre de protons dans chaque groupe.

3. Déterminer le nombre de protons voisins de chaque groupe.

4. En déduire la formule développée de la molécule.

EXERCICE **RÉSOLU**

17 Multiplicité du signal et courbe d'intégration

Le spectre d'une molécule de formule brute $C_3H_7C\ell$ est le suivant :

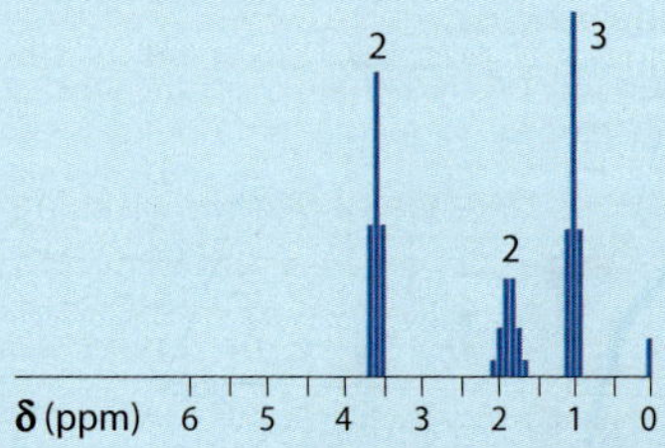

1. Déterminer le nombre de groupes de protons équivalents, ainsi que le nombre de protons dans chaque groupe.

2. En interprétant la multiplicité des signaux, indiquer le nombre de protons voisins de chaque groupe.

3. En déduire la formule développée de la molécule.

Aides et méthodes

1. La valeur du signal d'intégration indique les proportions de protons dans chaque groupe.

Solution

1. Il y a 3 groupes de protons équivalents : un qui comporte 3 protons, et deux qui comportent 2 protons chacun.

2. Le groupe comportant 3 protons est représenté par un triplet, il a donc 2 protons voisins. Le groupe qui comporte 2 protons et qui est représenté par un sextuplet possède 5 protons voisins. Le groupe qui comporte 2 protons et qui est représenté par un triplet possède 2 protons voisins.

3. L'atome de chlore n'est pas porté par l'atome de carbone du milieu, sinon la molécule serait symétrique et il n'y aurait que deux groupes de protons équivalents. La molécule a donc pour formule semi-développée :

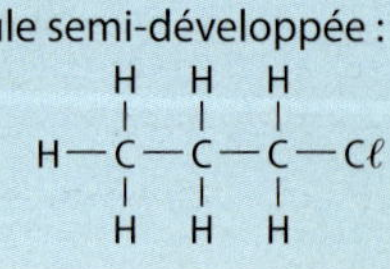

Exercices de synthèse

Pour préparer le BAC

***Données.** On utilisera le tableau de valeurs des déplacements chimiques figurant sur les rabats avant du manuel.*

18 Relier un spectre à une molécule

On considère une molécule de formule brute $C_5H_{10}O$. On donne son spectre RMN et la courbe d'intégration :

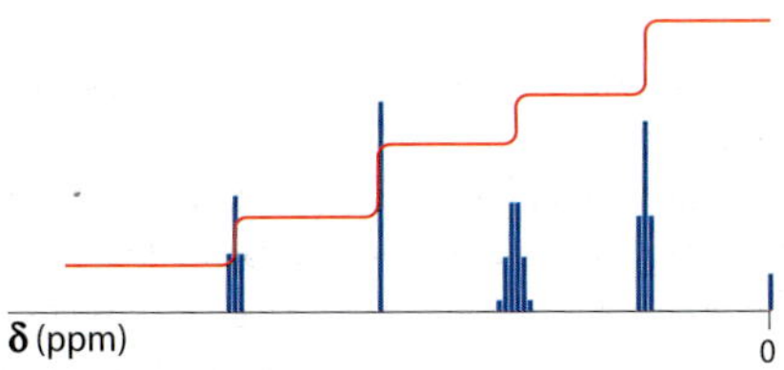

On voudrait savoir à laquelle des trois formules développées ci-dessous correspond ce spectre.

a
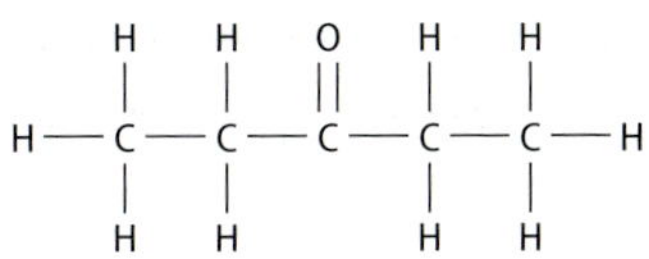

b
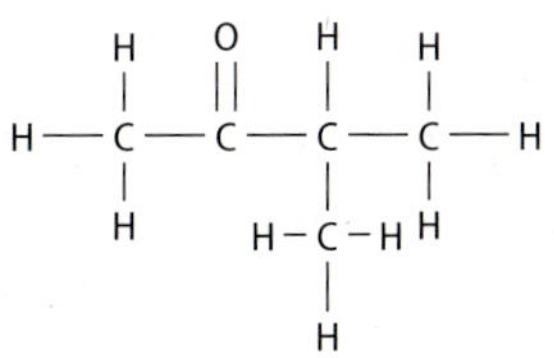

c
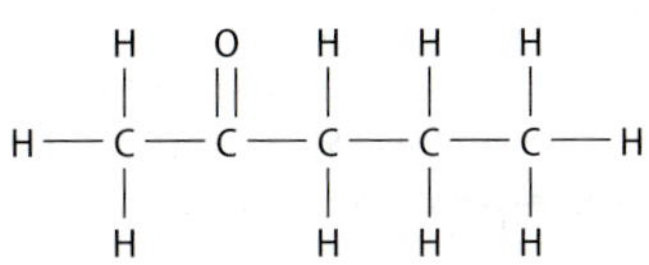

1. Combien de groupes de protons équivalents révèle le spectre ?

2. Combien y a-t-il de groupes de protons équivalents dans chacune des trois molécules a, b, c ?

3. En déduire la formule développée de la molécule correspondant à ce spectre.

4. Attribuer chaque signal au groupe de protons équivalents correspondant. Justifier en interprétant la multiplicité des signaux et les valeurs du signal d'intégration.

19 Identifier une formule développée

On considère une molécule de formule brute $C_7H_{14}O$. Son spectre RMN et la courbe d'intégration sont donnés ci-après.

1. Sachant que cette molécule n'est pas un alcool, identifier le groupe d'atomes caractéristique contenant de l'oxygène qui se trouve dans cette molécule.

2. a. Combien de groupes de protons équivalents révèle le spectre ?

b. Combien de protons y a-t-il dans chaque groupe ?

c. D'après la multiplicité des signaux, quel est le nombre de protons voisins de chaque groupe de protons équivalents ?

3. En déduire la formule développée de la molécule.

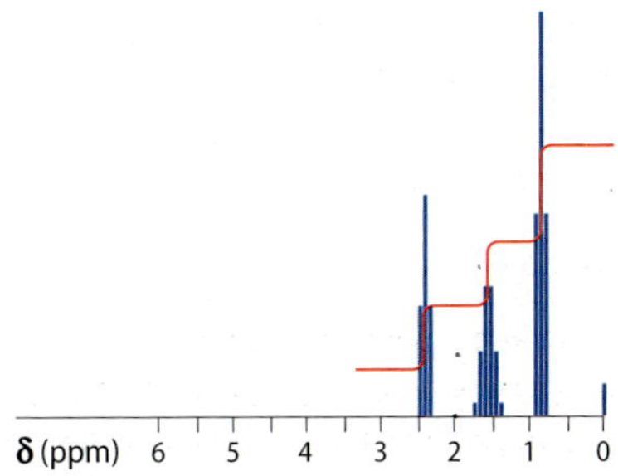

20 Multiplicité et déplacement chimique

Les spectres RMN de deux molécules de formules brutes C_2H_5Br et C_2H_5I sont donnés ci-dessous.

a
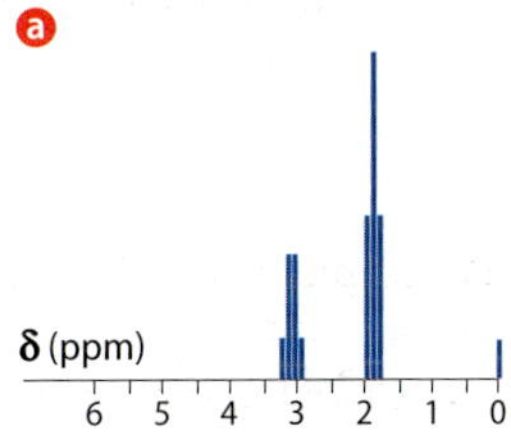

b
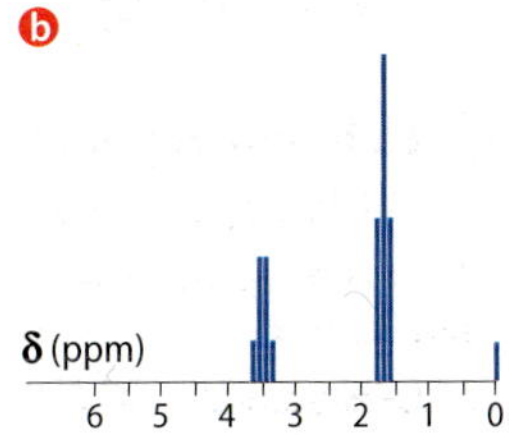

1. a. Combien y a-t-il de groupes de protons équivalents dans ces deux molécules ?

b. Donner la formule développée de chacune d'elles.

c. Interpréter la multiplicité des signaux et préciser à quel groupe de protons équivalents correspondent le triplet et le quadruplet du signal RMN.

2. a. En analysant l'environnement chimique de chaque groupe de protons équivalents, expliquer lequel sera représenté par un déplacement chimique plus élevé.

b. En comparant l'électronégativité du brome et de l'iode, identifier le spectre de chacune des molécules étudiées.

21 Une molécule oxygénée

La formule semi-développée et le spectre RMN d'une molécule de formule brute C_4H_4O sont donnés ci-dessous :

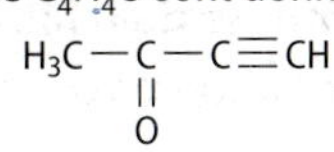

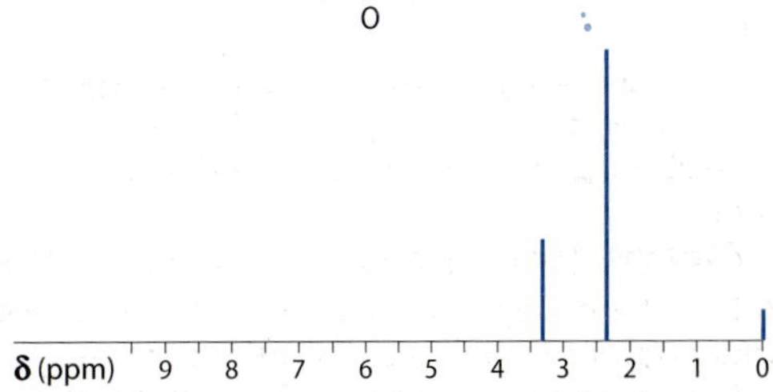

1. En recherchant un groupe d'atomes caractéristique connu, attribuer à chaque groupe de protons équivalents le pic qui lui correspond.

2. Donner l'allure de la courbe d'intégration de ce signal en la justifiant.

EXERCICE **RÉSOLU**

22 Groupes fonctionnels et multiplicité

On considère une molécule de formule brute $C_4H_7OC\ell$, dont le spectre RMN est donné ci-dessous.

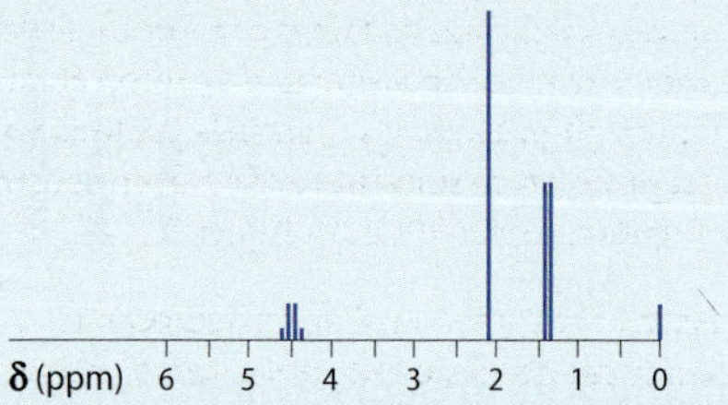

1. a. En analysant les valeurs de déplacements chimiques, indiquer quels sont les groupes d'atomes caractéristiques contenant l'oxygène qui pourraient être présents dans la molécule.
b. Sachant que l'oxygène est engagé dans une double liaison, préciser lequel de ces groupes convient.
c. Identifier le signal engendré par les protons voisins de ce groupe caractéristique.

2. a. Préciser lequel des deux multiplets restants correspond au(x) proton(s) voisin(s) de l'atome de chlore.
b. Combien de protons voisins possède(nt) ce(s) proton(s) ?

3. a. En déduire la formule développée de la molécule.
b. Donner l'allure de la courbe d'intégration associée.

Aides et méthodes
1. a. Regarder la valeur des déplacements chimiques.
2. a. Analyser le voisinage des protons restants.
3. b. La hauteur d'un palier est proportionnelle au nombre de protons équivalents du groupe considéré.

Solution
1. a. Les multiplets du spectre ont des déplacements chimiques inférieurs à 5 ppm et il n'y a pas de pic entre 3 et 4 ppm, donc les groupes d'atomes caractéristiques qui conviennent sont : alcool et cétone.
b. Il s'agit d'une cétone, car l'atome d'oxygène y est engagé dans une double liaison.
c. Les protons qui en sont voisins sont représentés par un pic qui doit se situer entre 2 et 2,7 ppm, il s'agit du pic à 2,1 ppm.
2. a. Les protons restants ont un environnement chimique du type :

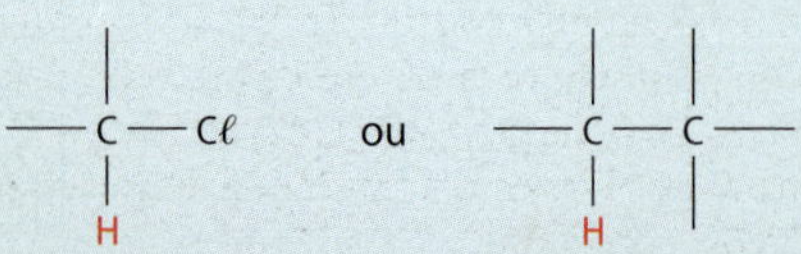

D'après les valeurs de déplacements chimiques, les premiers sont représentés par le doublet à 1,4 ppm et les seconds par le quadruplet autour de 4,5 ppm.
b. Les protons voisins de l'atome de chlore représentés par un quadruplet ont 3 protons voisins.
3. a. La molécule a donc pour formule développée :

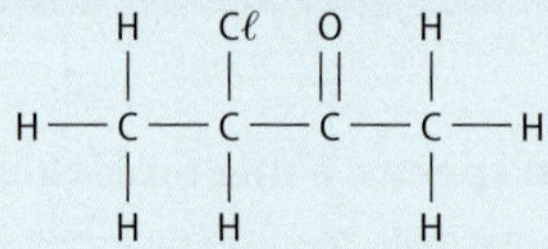

b. La courbe d'intégration présente 3 paliers de hauteurs respectives 1 (à 4,5 ppm), 3 (à 2,1 ppm) et 3 (à 1,4 ppm).

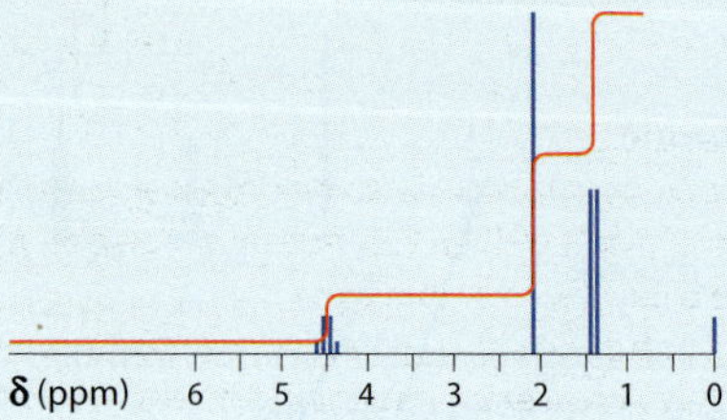

Remarque : les protons voisins du chlore ont un déplacement chimique légèrement supérieur à 4 ppm (valeur donnée dans les tables), car ils sont aussi voisins de la fonction cétone, ce qui les déblinde davantage.

23 Un bromobutane

On considère une molécule de bromobutane de formule brute C_4H_9Br et dont le spectre RMN est donné ci-dessous.

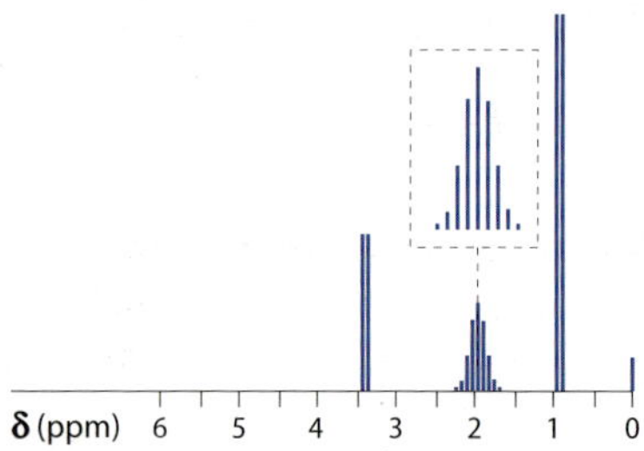

1. a. En analysant les valeurs de déplacements chimiques des multiplets du spectre, identifier celui qui est généré par les protons voisins de l'atome de brome.
b. Combien ont-ils de protons voisins ? Justifier.
c. En déduire la formule développée de la molécule.

2. a. Interpréter la position et la multiplicité des deux autres signaux du spectre.
b. Décrire l'allure de la courbe d'intégration de ce spectre. Justifier.
c. Vérifier votre réponse en utilisant le logiciel de simulation disponible à l'adresse :
www.nmrdb.org/predictor.

24 ★ Deux molécules de même formule brute

On considère deux molécules ⓐ et ⓑ de même formule brute $C_6H_{14}O$ et qui ne sont pas des alcools.

À partir des spectres de ces deux molécules et de la hauteur des paliers des courbes d'intégration, on déterminera leur formule développée.

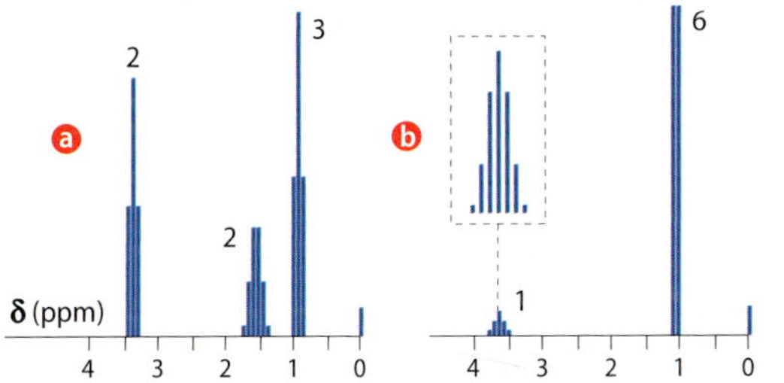

1. Molécule a

a. En considérant les valeurs de déplacements chimiques du spectre a, déterminer la nature des liaisons dans lesquels l'atome d'oxygène est impliqué.

b. Dans cette molécule, combien y a-t-il de groupes de protons équivalents, et combien y a-t-il de protons dans chaque groupe ?

c. En déduire une particularité de la géométrie de la molécule.

d. Déterminer alors la formule développée de la molécule.

e. Attribuer un multiplet à chaque groupe de protons équivalents, puis interpréter la multiplicité des pics et la hauteur du signal d'intégration.

2. Molécule b

a. En réalisant le même raisonnement que précédemment, déterminer la formule développée de la molécule.

b. Attribuer un multiplet à chaque groupe de protons équivalents, puis interpréter la multiplicité des pics et la hauteur du signal d'intégration.

25 ★ Une molécule à 9 atomes de carbone

On considère une molécule de formule brute C_9H_{20}. Son spectre RMN et le signal d'intégration sont donnés ci-dessous.

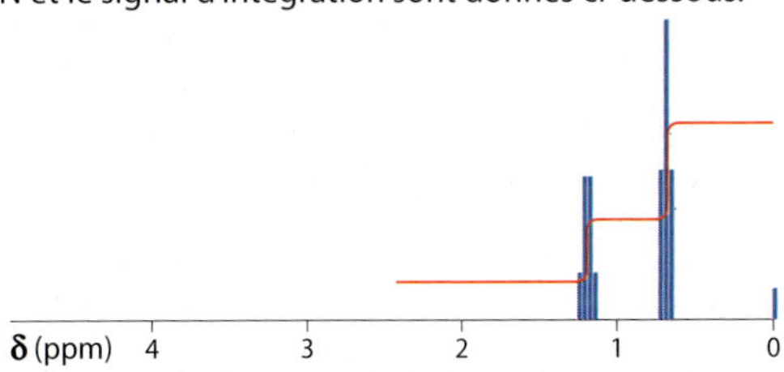

1. Combien de groupes de protons équivalents possède cette molécule, et combien y a-t-il de protons dans chaque groupe ? Justifier.

2. Déterminer le nombre de protons voisins de chacun des groupes de protons équivalents.

3. Que peut-on dire de la symétrie de la molécule ?

4. Déterminer la formule développée de la molécule.

5. Attribuer à chaque groupe de protons équivalents le multiplet correspondant. Vérifier alors la cohérence de la multiplicité des signaux et de la hauteur du signal d'intégration.

En route vers le Supérieur

26 Autour des alcools

1. Un singulet singulier !

Les alcools possèdent le groupe hydroxyle, où un proton est lié à un atome d'oxygène très électronégatif. Ce proton établit des liaisons hydrogène avec les molécules d'alcool voisines et peut, dans certaines conditions, se déplacer entre ces molécules. Le déplacement du proton étant très rapide, il n'interagit pas avec les éventuels protons voisins. Ainsi, un tel proton sera souvent révélé sur un spectre RMN par un singulet, au lieu d'un multiplet.

a. Rappeler ce qu'est une liaison hydrogène.

b. Dans le cas étudié, quels sont les deux atomes intervenant dans la liaison hydrogène ?

c. Faire un schéma de deux molécules d'alcool reliées par une liaison hydrogène.

2. Cas de l'éthanol

Le spectre RMN de l'éthanol, de formule brute C_2H_6O, est le suivant.

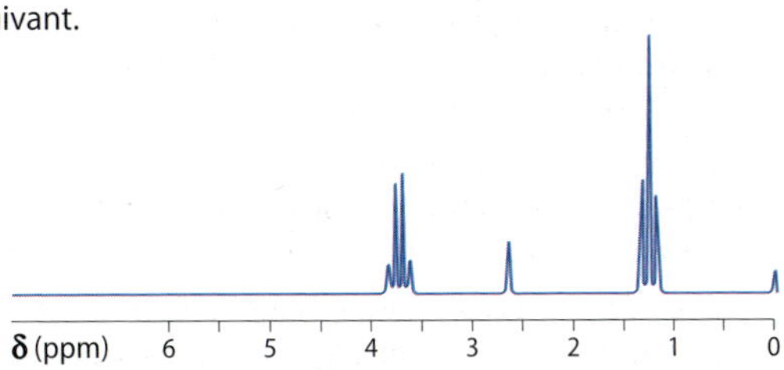

a. Donner la formule développée de l'éthanol.

b. Identifier le singulet du proton de la fonction alcool.

c. Interpréter la multiplicité des pics présents.

d. Tracer l'allure du signal d'intégration en la justifiant.

e. Quelle serait l'allure du spectre si le proton de la fonction alcool ne se déplaçait pas sous l'effet de la liaison hydrogène ?

3. Une autre molécule oxygénée

Le spectre RMN d'une molécule de formule brute $C_4H_{10}O$ est le suivant :

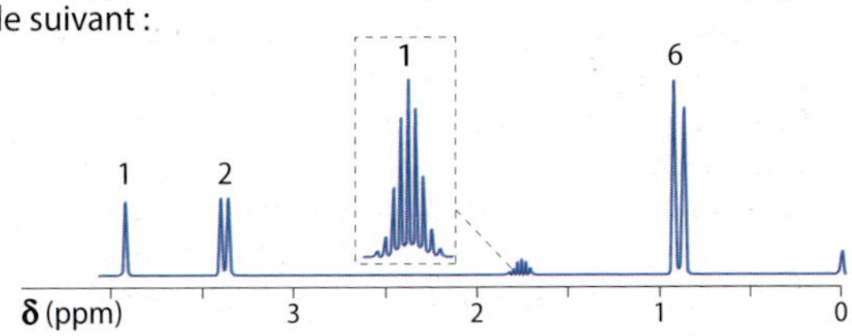

a. En considérant les valeurs de déplacements chimiques du spectre, déterminer la nature des liaisons dans lesquelles l'atome d'oxygène peut être impliqué.

b. En utilisant le texte précédent, identifier de quelle fonction oxygénée il s'agit.

c. En exploitant la multiplicité des signaux et la hauteur des paliers de la courbe d'intégration, déterminer la formule développée de la molécule.

d. Nommer cette molécule d'après la nomenclature officielle.

Pour préparer le BAC

Les compétences évaluées

- Savoir ce qu'est le déplacement chimique en RMN.
- Identifier les protons équivalents et relier la multiplicité du signal au nombre de voisins.
- Utiliser l'intégration d'un signal et relier un spectre RMN simple à une molécule organique donnée.

Énoncé type

Attribuer un spectre à une molécule

On donne le spectre RMN d'une molécule, ainsi que le signal d'intégration associé.

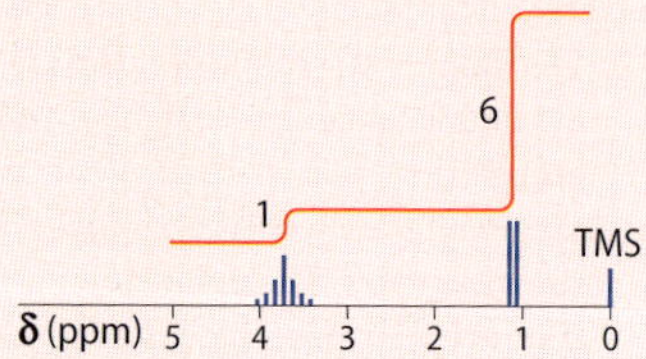

Ce spectre est celui d'une des deux molécules ⓐ et ⓑ dont les formules semi-développées sont données ci-dessous.

ⓐ

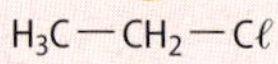

ⓑ

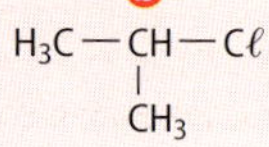

1. a. Que représente la lettre δ sur un spectre RMN du proton ?

b. Que signifie la notation ppm ?

2. À quoi correspond le pic associé au TMS sur le spectre ?

3. a. Combien y a-t-il de groupes de protons équivalents dans chacune des 2 molécules ?

b. Combien y a-t-il de protons dans chaque groupe de protons équivalents de ces molécules ?

c. Recopier chaque molécule en utilisant une couleur différente pour chaque groupe de protons équivalents.

4. En utilisant le signal d'intégration, identifier la molécule associée au spectre RMN. Justifier.

5. En analysant le voisinage de chaque groupe de protons équivalents dans cette molécule, attribuer, en justifiant, un groupe de protons équivalents à chaque multiplet et interpréter la multiplicité des pics sur le spectre.

➤ Coups de pouce

3. a. Des protons équivalents ont le même environnement dans la molécule.

4. La hauteur des paliers d'intégration indique les proportions de protons équivalents dans chaque groupe.

5. Un groupe de protons équivalents génère un multiplet de « $n + 1$ » pics, avec n le nombre de voisins.

EXEMPLE DE **RÉSOLUTION**

1. a. δ représente le **déplacement chimique des protons**.

b. ppm signifie « **parties par millions** », c'est-à-dire « $\times 10^{-6}$ ».

2. Le pic associé au TMS représente la valeur zéro, la **référence du spectre**.

3. a. Les molécules ⓐ et ⓑ comportent chacune **2 groupes de protons équivalents**.

b. La molécule ⓐ comporte un groupe de **3 protons équivalents** et un autre de **2 protons équivalents.**

La molécule ⓑ comporte un groupe de **6 protons équivalents** et un autre de **1 proton**.

c.

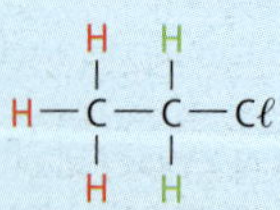

ⓐ

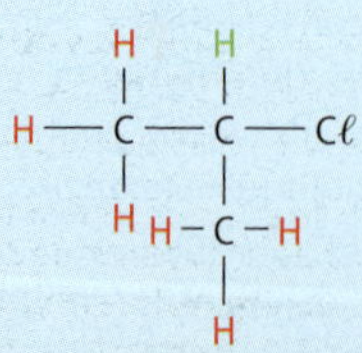

ⓑ

4. Sur le signal d'intégration du spectre, on voit un palier de hauteur 1 et un palier de hauteur 6, ce qui correspond aux proportions du nombre de protons équivalents de la **molécule ⓑ**.

5. Les 6 protons équivalents portés par les deux atomes de carbone en bout de chaîne possèdent 1 proton voisin. Ce groupe est donc représenté par un multiplet contenant $1 + 1 = 2$ pics, soit un doublet. C'est le doublet que l'on voit à 1,1 ppm.

Le proton porté par l'atome de carbone central de la chaîne carbonée possède 6 protons voisins. Il est donc représenté par un multiplet contenant $6 + 1 = 7$ pics, soit un heptuplet. C'est celui que l'on voit à 3,7 ppm.

Pour préparer le BAC

Les compétences évaluées

- Savoir ce qu'est le déplacement chimique en RMN.
- Identifier les protons équivalents et relier la multiplicité du signal au nombre de voisins.
- Utiliser l'intégration d'un signal et relier un spectre RMN simple à une molécule organique donnée.

Énoncé type

Analyser des valeurs de déplacements chimiques

Les spectres RMN suivants sont ceux de deux molécules de même formule brute $C_2H_3Cl_3$.

a

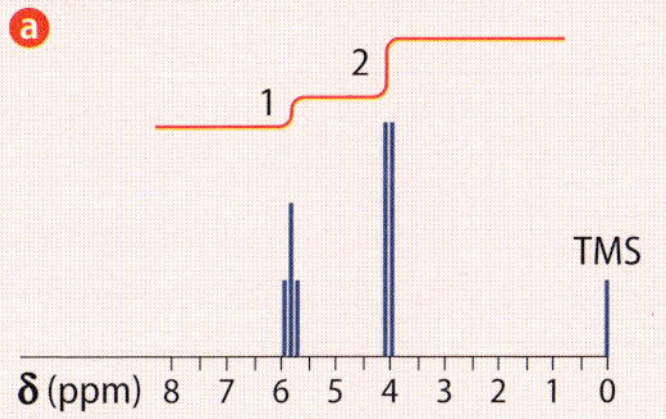

b

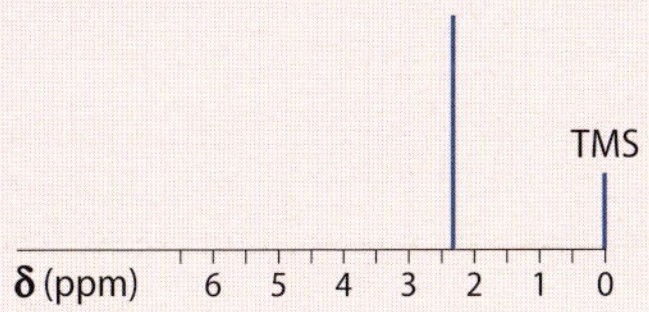

1. Écrire les formules semi-développées des deux molécules possibles.
2. Identifier le nombre de groupes de protons équivalents dans chacune de ces deux molécules.
3. En déduire à laquelle de ces molécules correspond chaque spectre. Justifier en utilisant le nombre de multiplets présents sur chaque spectre.
4. **a.** Interpréter la hauteur des paliers du signal d'intégration du spectre a et attribuer un groupe de protons équivalents à chaque multiplet de ce spectre.
b. En analysant le voisinage de chaque groupe de protons équivalents, interpréter la multiplicité des signaux du spectre a.
5. **a.** Interpréter la multiplicité du pic observé sur le spectre b.
b. Pourquoi n'est-il pas nécessaire de faire apparaître de courbe d'intégration sur ce spectre ?
6. En analysant le voisinage de chaque groupe de protons équivalents dans les deux molécules, interpréter les valeurs de déplacement chimique observées sur les deux spectres. On rappelle que Cℓ est un atome électronégatif.

➤ Coups de pouce

2. Des protons équivalents ont le même environnement dans la molécule.
3. Sur un spectre RMN, il y a autant de multiplets que de groupes de protons équivalents.
4. **a.** La hauteur des paliers d'intégration indique les proportions de protons équivalents dans chaque groupe.
6. Un groupe de protons équivalents est d'autant plus déblindé qu'il est proche d'un atome électronégatif.

EXEMPLE DE **RÉSOLUTION**

1. Les molécules ont pour formule semi-développée :

1

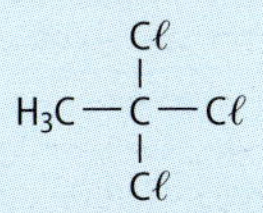

2

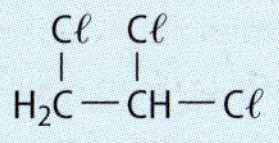

2. La molécule 1 possède **1 seul groupe de protons équivalents** et la molécule 2 en possède 2 : un **groupe de 2 protons équivalents** sur l'atome de carbone qui porte 1 atome de chlore et un **groupe d'un seul proton** sur l'atome de carbone qui porte 2 atomes de chlore.

3. Le spectre a présente 2 multiplets, il correspond donc à une molécule qui a 2 groupes de protons équivalents : la **molécule 2**. En effet, il y a sur un spectre RMN autant de multiplets que de groupes de protons équivalents. Le **spectre b** présente un seul pic, il correspond donc à une molécule qui a 1 seul groupe de protons équivalents : la **molécule 1**.

4. **a.** La molécule 2 comporte un **groupe de 2 protons** qui génère le signal d'intégration de **hauteur 2** et un **groupe d'un seul proton** qui génère le signal d'intégration de **hauteur 1**.

b. Le groupe de 2 protons équivalents possède **1 proton voisin**, il génère donc un multiplet de 1 + 1 = 2 pics, soit un **doublet**, que l'on observe à 4,0 ppm.

Le groupe de 1 proton équivalent possède **2 protons voisins**, il génère donc un multiplet de 2 + 1 = 3 pics, soit un **triplet**, que l'on observe à 5,7 ppm.

5. **a.** La molécule 1 possède un groupe de 3 protons équivalents qui **n'a pas de proton voisin**, il génère donc 0 + 1 = 1 pic, soit un **singulet**.

b. Il n'y a pas besoin ici d'indiquer les proportions du nombre de protons dans chaque groupe **puisqu'il n'y en a qu'un seul**. La présence d'un seul pic signifie déjà que tous les protons de la molécule sont équivalents.

6. Dans la molécule 1, **les atomes de chlore électronégatifs sont éloignés des protons** qui sont donc peu déblindés ; ils ont le déplacement chimique le plus faible (2,3 ppm).

Dans la molécule 2, les deux groupes de protons équivalents sont aussi éloignés des atomes de chlore voisins, sauf que le **groupe de 2 protons équivalents est voisin d'un seul atome de chlore** (δ = 4,0 ppm), alors que le **proton seul est voisin de 2 atomes de chlore**. Ce dernier est donc le plus déblindé (δ = 5,7 ppm).

En route vers le BAC

1 Rayonnements dans l'Univers

L'Univers n'est pas accessible directement, excepté peut-être pour les planètes voisines de la Terre. La connaissance que nous en avons découle pour l'essentiel de l'analyse du rayonnement électromagnétique qui nous parvient. Les astrophysiciens ont pu montrer que ce rayonnement est en partie atténué, et que cette atténuation dépend de sa longueur d'onde.

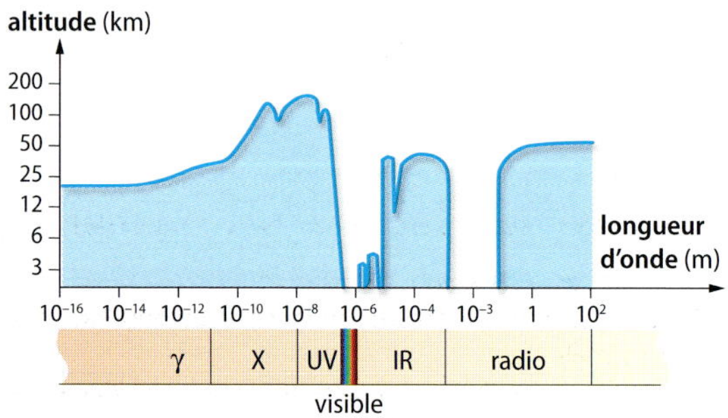

Jusqu'en 1948, seul le domaine visible avait été exploré, limitant par là même la connaissance que nous avions de l'Univers. Il existe d'autres domaines dans le spectre du rayonnement. C'est en réalité un découpage qui résulte du fait que chaque domaine nécessite des détecteurs de type différent.

1. a. L'atténuation d'un rayonnement provenant de l'Univers ne dépend-il que de sa longueur d'onde ?
b. Quel peut être l'intérêt d'utiliser des sondes spatiales pour explorer l'Univers ?

2. a. En quoi la seule exploration de l'Univers par le domaine visible en limite notre connaissance ?
b. Comment pourrait-on expliquer que, jusqu'en 1948, il était difficile d'explorer un autre domaine du spectre électromagnétique ?
c. Donner un exemple de détecteur naturel du rayonnement visible.

3. Par quelle autre « fenêtre » sur l'Univers peut-on observer le rayonnement émis par les objets astronomiques ?

4. Voici la photographie d'un dispositif de détection de rayonnements électromagnétiques provenant de l'Univers.

a. Quel domaine du spectre électromagnétique est ici concerné ?
b. D'après la photographie, indiquer comment sont collectés, concentrés et détectés les rayonnements.

2 Étude d'un séisme

Lors d'un séisme, la Terre est mise en mouvement par des ondes de différentes natures, qui occasionnent des secousses plus ou moins violentes et destructrices en surface.

On distingue :
– les **ondes P**, les plus rapides, se propageant dans les solides et les liquides ;
– les **ondes S**, moins rapides, ne se propageant que dans les solides.

L'enregistrement de ces ondes par des sismographes à la surface de la Terre permet de déterminer l'épicentre du séisme, qui est le lieu de naissance de la perturbation.

Les schémas **a** et **b** modélisent la progression des ondes sismiques dans une couche terrestre :

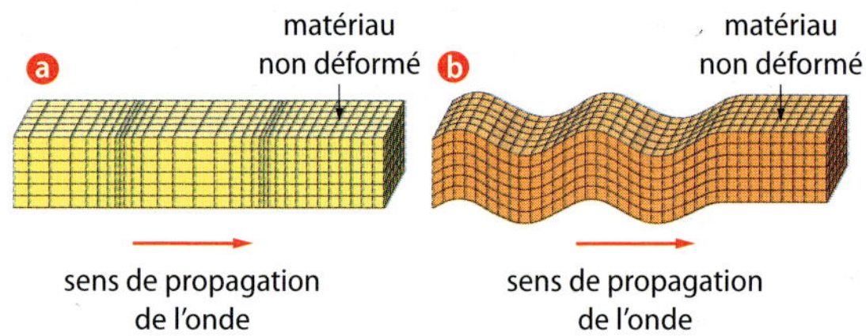

1. Les ondes P, appelées aussi ondes de compression, sont des ondes longitudinales. Les ondes S, appelées aussi ondes de cisaillement, sont des ondes transversales.
a. Définir une onde transversale.
b. Indiquer le schéma correspondant à chaque type d'onde.

2. Un séisme s'est produit à San Francisco (Californie) en 1989. Un sismogramme a été enregistré à Eureka, station sismique située au nord de la Californie :

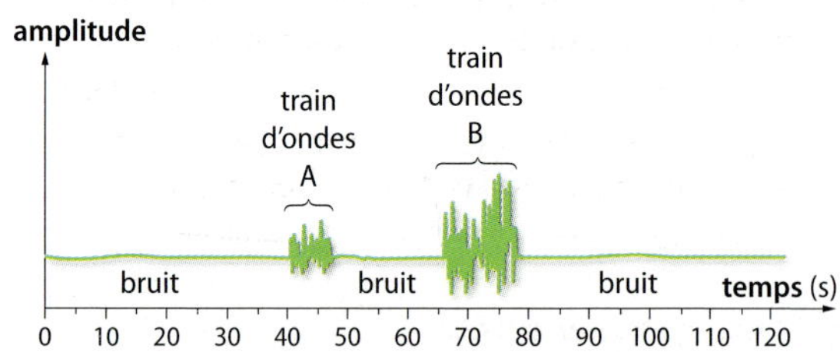

L'origine du repère ($t = 0$ s) a été choisie à la date du début du séisme à San Francisco. Le sismogramme présente deux trains d'ondes repérés par A et B.
a. À quel type d'onde (S ou P) correspond chaque train ? Justifier la réponse à l'aide du texte d'introduction.
b. Sachant que le début du séisme a été détecté à Eureka à 8 h 15 min 20 s TU (Temps Universel), déterminer l'heure TU (h ; min ; s) à laquelle le séisme s'est déclenché à l'épicentre.
c. Sachant que les ondes P se propagent à une vitesse moyenne de 10 km · s^{-1}, calculer la distance séparant l'épicentre du séisme de la station Eureka.
d. Calculer la vitesse moyenne des ondes S.

3 L'échogramme du cerveau

Une sonde, jouant le rôle d'émetteur et de récepteur, envoie une impulsion ultrasonore de faible durée et de faible puissance en direction du crâne d'un patient. L'onde sonore pénètre dans le crâne, s'y propage et s'y réfléchit chaque fois qu'elle change de milieu. Les signaux réfléchis génèrent des échos qui, au retour sur la sonde, y engendrent une tension électrique très brève. Un oscilloscope relié à la sonde permet la détection à la fois de l'impulsion émettrice et des divers échos.

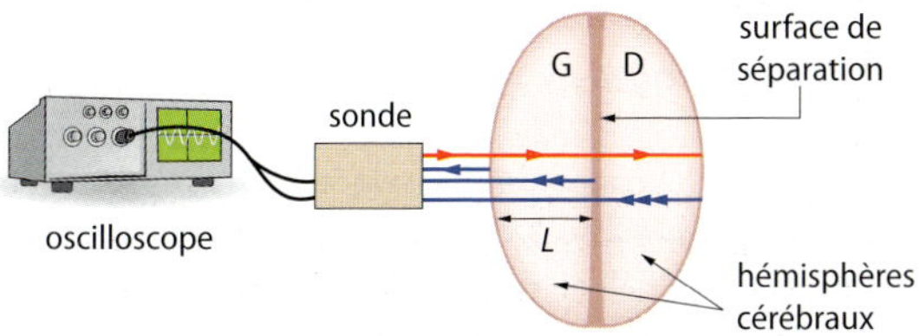

L'oscillogramme obtenu sur un patient permet de tracer l'échogramme ci-dessous : les tensions électriques étant redressées, seule la partie positive de celles-ci est envoyée sur l'oscilloscope ; la durée d'émission de l'impulsion et celle des échos étant très brèves, on observe sur l'écran des pics verticaux : P_0, P_1, P_2 et P_3.

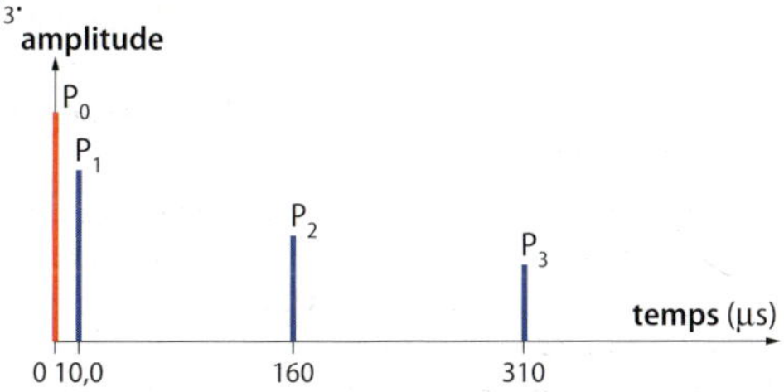

P_0 correspond à l'émission à l'instant de date $t = 0$ s de l'impulsion ; P_1 à l'écho dû à la réflexion sur la surface externe de l'hémisphère gauche (G sur le schéma) ; P_2 à l'écho sur la surface de séparation des deux hémisphères ; P_3 à l'écho sur la surface interne de l'hémisphère droit (D sur le schéma).

La célérité des ultrasons dans les hémisphères est $v = 1\ 500\ \text{m} \cdot \text{s}^{-1}$.

1. Quelle est la durée Δt du parcours de l'onde ultrasonore dans l'hémisphère gauche, ainsi que dans le droit ?

2. En déduire la largeur L de chaque hémisphère.

4 Analyse d'une note

Lors d'un concert, un microphone de bonne qualité, placé près d'un violon, est relié à un oscilloscope à mémoire. On capte une note. L'oscillogramme obtenu est reproduit sur la figure ci-dessous :

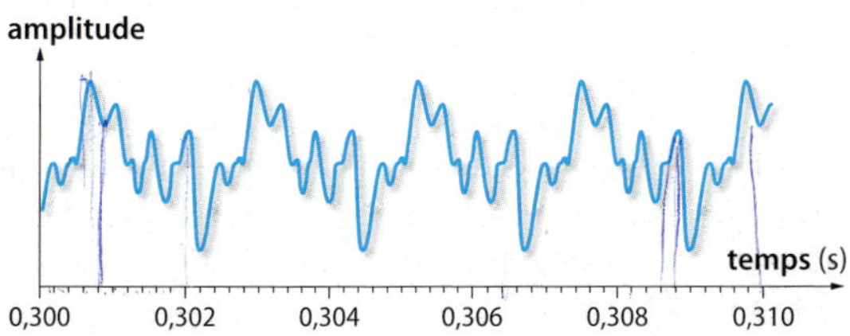

Données.

Note	do_3	$ré_3$	mi_3	fa_3	sol_3	la_3	si_3	do_4
f(Hz)	262	294	330	349	392	440	494	523

Seuil d'audibilité : $I_0 = 1{,}0 \times 10^{-12}\ \text{W} \cdot \text{m}^{-2}$.

1. a. Qu'appelle-t-on la hauteur d'un son ?
b. Déterminer la hauteur de la note captée.
c. Identifier la note jouée.

2. Le spectre en fréquence de la note captée est reproduit sur la figure ci-dessous :

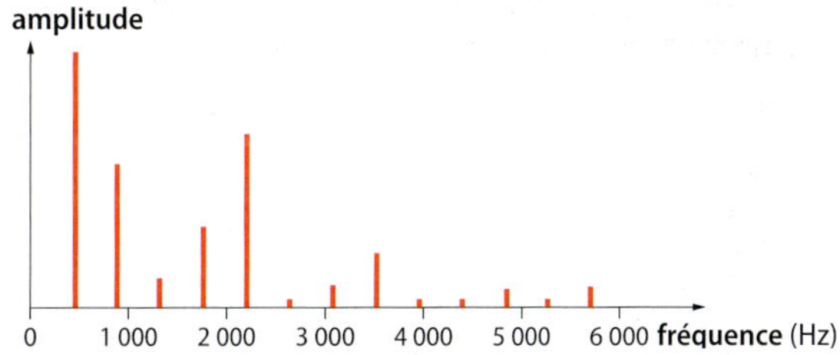

a. Le son est-il un son pur ? Justifier.
b. Calculer les valeurs des fréquences correspondant au 2e pic et au 13e pic.
c. Qu'est-ce qui différencie la note jouée par ce violon de la même note jouée par une flûte ?

3. Lorsque le violon joue seul la note précédente, on mesure un niveau sonore L, au fond de la salle de concert, de 60 dB.
a. Avec quel instrument mesure-t-on le niveau d'intensité sonore ?
b. Calculer l'intensité sonore I reçue au fond de la salle.

5 ★ Effet Doppler

Cet exercice propose d'étudier le principe de l'effet Doppler sonore. Pour simplifier cette approche, la réflexion de l'onde sur l'obstacle ne sera pas prise en compte.

A. Un véhicule muni d'une sirène est immobile. La sirène retentit et émet un son de fréquence $f = 680$ Hz. Le son émis à la date $t = 0$ se propage dans l'air à la vitesse $v = 340\ \text{m} \cdot \text{s}^{-1}$ à partir de la source S. On note λ la longueur d'onde correspondante.

La figure ci-contre représente le front d'onde à la date $t = 4T$ (T étant la période temporelle de l'onde sonore).

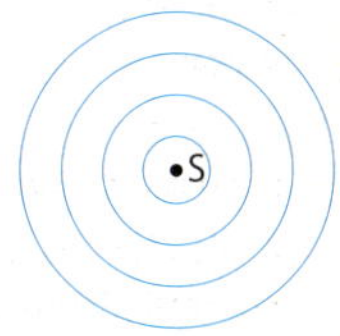

En justifiant, indiquer si les affirmations suivantes sont vraies ou fausses.
a. Une onde sonore est une onde transversale.
b. Une onde mécanique se propage dans un milieu matériel avec transport de matière.
c. Un point M, distant du point S d'une distance égale à 51,0 m du milieu, reproduit le mouvement de la source S avec un retard $\Delta t = 1{,}5$ s.
d. Le front d'onde a parcouru une distance $d = 40{,}0$ m à la date $t = 3T$.
e. Deux points situés à la distance $d' = 55{,}0$ m l'un de l'autre dans la même direction de propagation vibrent en phase.

B. Le véhicule se déplace maintenant vers la droite à la vitesse v, inférieure à c. La figure donnée ci-contre représente le front de l'onde sonore à la date $t = 4T$:

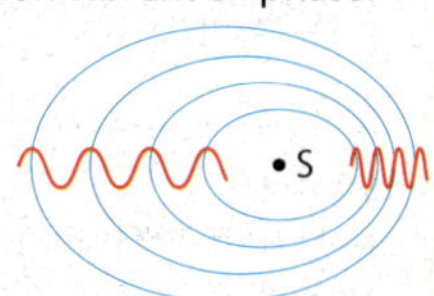

En route vers le BAC

1. Le véhicule se rapproche d'un observateur immobile. Pendant l'intervalle de temps T, le son parcourt la distance λ. Pendant ce temps, le véhicule parcourt la distance $d = u \cdot T$. La longueur d'onde λ' perçue par l'observateur à droite de la source S a donc l'expression suivante : $\lambda' = \lambda - u \cdot T$.
a. Rappeler la relation générale liant la vitesse de propagation, la longueur d'onde et la fréquence.
b. En déduire que : $f' = f \cdot \dfrac{v}{v-u}$, f' étant la fréquence sonore perçue par l'observateur.
c. Le son perçu est-il plus grave ou plus aigu que le son d'origine ? Justifier.
d. Exprimer, puis estimer en $km \cdot h^{-1}$, en arrondissant les valeurs à des nombres entiers, la vitesse du véhicule qui se rapproche de l'observateur, sachant que ce dernier perçoit alors un son de fréquence $f' = 716$ Hz.

2. Dans un deuxième temps, le véhicule s'éloigne de l'observateur à la même vitesse u.
a. Donner, sans démonstration, les expressions de la nouvelle longueur d'onde λ'' et de la nouvelle fréquence f'' perçues par l'observateur en fonction de f, u et v.
b. Le son perçu est-il plus grave ou plus aigu que le son d'origine ? Justifier.

6 La lumière : une onde

On réalise une expérience de diffraction à l'aide d'un laser émettant une lumière monochromatique de longueur d'onde λ. À quelques centimètres du laser, on place successivement des fils verticaux de diamètres a connus. La figure de diffraction obtenue est observée sur un écran blanc, situé à une distance $D = 1{,}60$ m des fils. Pour chacun des fils, on mesure la largeur L de la tache centrale.

À partir de ces mesures et des données, il est possible de calculer l'écart angulaire θ du faisceau diffracté.

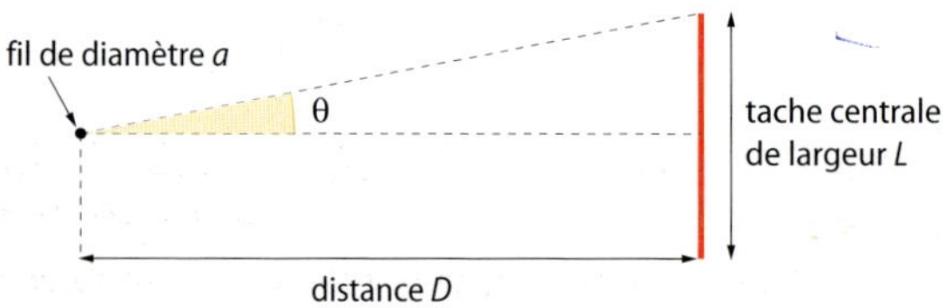

1. a. Donner la relation entre L et D qui a permis de calculer θ pour chacun des fils. (L'angle θ étant petit et θ étant exprimé en radian, on a la relation : $\tan \theta \simeq \theta$.)
b. Donner la relation liant θ, λ et a, en précisant les unités de chacune des variables.

2. On trace la courbe $\theta = f(1/a)$:

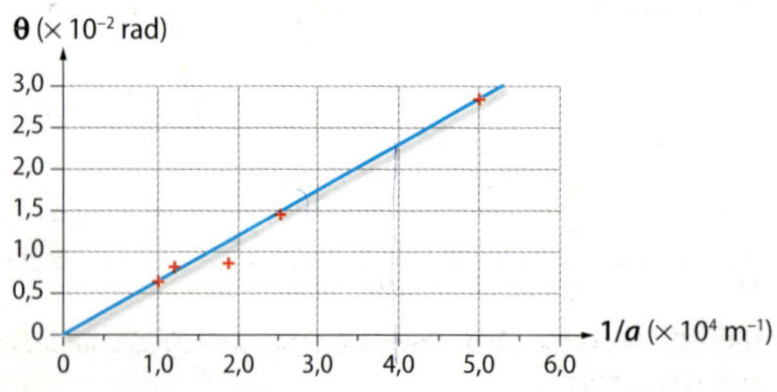

Montrer que cette courbe est en accord avec l'expression de θ donnée à la question **1**.

3. a. À partir de la courbe précédente, comment pourrait-on déterminer la longueur d'onde λ de la lumière monochromatique utilisée ?
b. Déterminer cette valeur.

7 Expériences avec le laser

On réalise successivement deux expériences à l'aide d'un laser. L'expérience 1 consiste à viser une fente à l'aide du laser et l'expérience 2 consiste à viser deux fentes séparées d'une distance a (appelées aussi fentes de Young). En sortie, à une distance D de l'obstacle, on place une barrette CCD reliée à une interface et on observe à l'écran d'un ordinateur les variations de l'intensité lumineuse le long de la barrette.

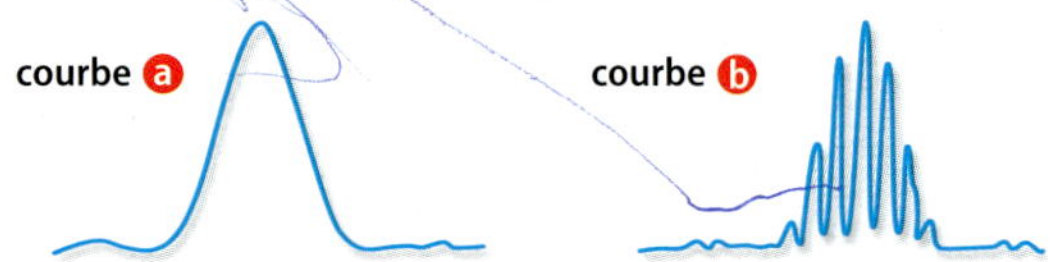

1. a. Associer à chaque expérience réalisée la courbe obtenue et le nom du phénomène observé.
b. Pour chaque expérience, dessiner la figure obtenue sur un écran qu'on placerait à la place de la barrette.

2. a. Reproduire l'allure de la courbe correspondant au phénomène d'interférences et identifier les zones d'interférences constructives et celles d'interférences destructives.
b. Comment montrer expérimentalement que le phénomène d'interférences dépend de la longueur d'onde λ ?

3. On peut notamment montrer que la distance entre deux franges brillantes (ou sombres) sur la figure d'interférences, appelée interfrange i, vérifie l'égalité : $i = \lambda \cdot D/a$.

Comment va varier la figure d'interférences si l'on éloigne la barrette CCD des fentes de Young ?

8 Étude de cétones

On a enregistré le spectre infrarouge d'une cétone.

1. Quel groupe caractéristique possèdent les cétones ?

2. Écrire la formule semi-développée de la propanone.

3. Sur le spectre de la propanone donné ci-dessous, attribuer les bandes caractéristiques numérotées ❶, ❷ et ❸.

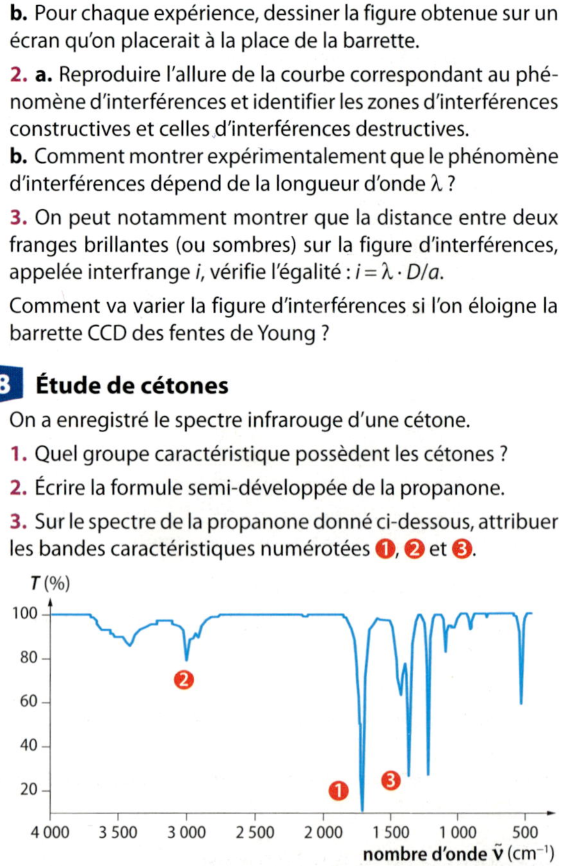

4. Selon vous, quelle serait l'allure du spectre RMN de la propanone ?

5. Le spectre RMN ci-dessous est celui d'une cétone à 5 atomes de carbone. Donner son nom et sa formule semi-développée.

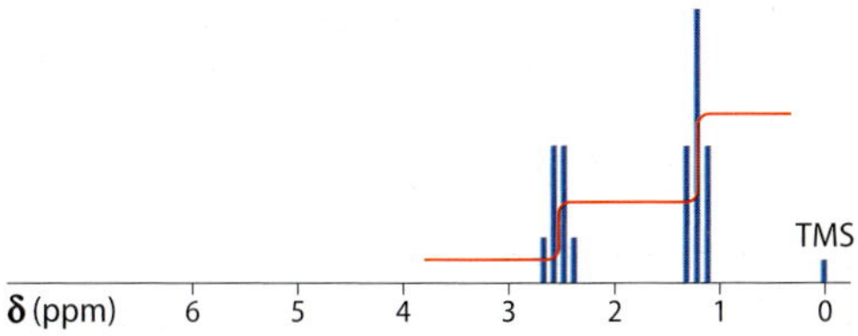

Donnée. Des tables de données spectrales sont situées sur les rabats avant du manuel.

9 Différencier des isomères

Deux composés isomères **A** et **B** ont pour formule brute $C_5H_{12}O$. Leurs spectres RMN peuvent être décrits de la façon suivante :
– celui de **A** présente trois singulets, à respectivement 0,95 ppm, 3,1 ppm et 4,1 ppm, dans des rapports respectifs 9 / 2 / 1 ;
– celui de **B** comporte deux singulets, à 1,1 ppm et 3,1 ppm, dans des rapports respectifs 3 / 1.

Le spectre infrarouge de **A** comporte une bande vers 3 600 cm^{-1}, alors que celui de **B** ne présente aucune bande caractéristique dans la zone 1 600-4 000 cm^{-1}.

1. Rappeler ce que sont des isomères.
2. Quels sont le nom et la formule développée du composé **A** ?
3. Représenter la formule semi-développée du composé **B**.

10 Quel est ce composé ?

Un composé a pour formule brute $C_3H_6O_2$. Sur son spectre infrarouge, on trouve une bande intense vers 1 740 cm^{-1}, mais aucune bande entre 2 500 et 3 300 cm^{-1}.

Le spectre RMN de ce composé est le suivant :

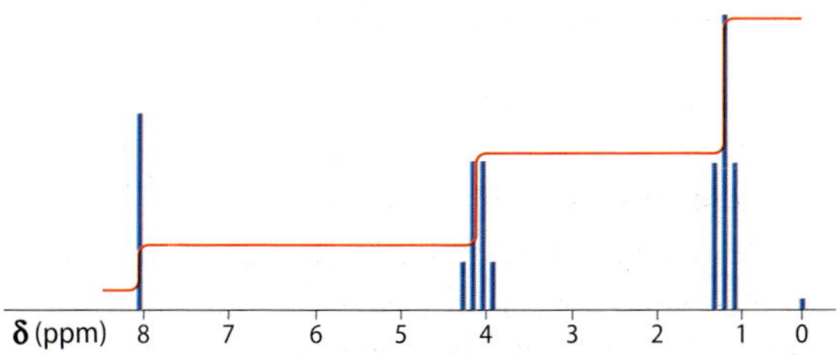

1. À quoi correspond le singulet à 0 ppm ?
2. À quelle famille chimique appartient cette molécule ?
3. Quelle est sa formule semi-développée ?
4. Donner son nom.
5. Quelle serait l'allure du spectre RMN de l'éthanoate de méthyle ?

Donnée. Des tables de données spectrales sont situées sur les rabats avant du manuel.

11 Un produit naturel odorant

Utilisé en cuisine comme aromate, le thym est aussi une plante médicinale aux vertus antiseptiques.

Le thymol est une des molécules constituant son huile essentielle. Il a pour formule topologique :

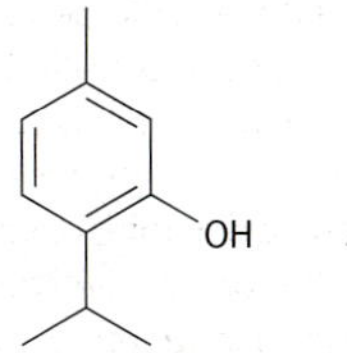

1. Quel groupe d'atomes caractéristique oxygéné reconnaît-on dans sa formule ?
2. À quelle fonction chimique correspond-il ?

Le spectre infrarouge du thymol pur est donné ci-dessous :

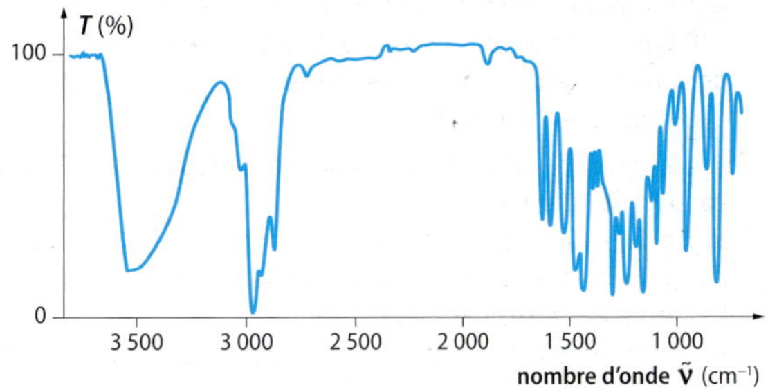

3. En analysant ce spectre, retrouver la bande caractéristique de la fonction déterminée en **2**.

Le spectre IR du thymol en solution dans un solvant organique est le suivant :

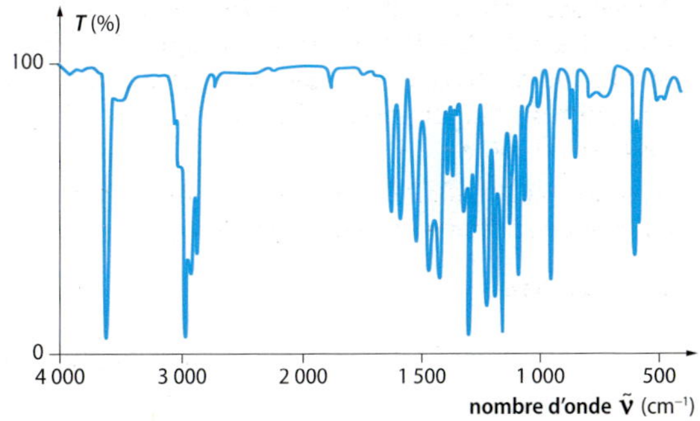

4. Expliquer les différences entre les deux spectres observées au-dessus de 3 000 cm^{-1}.
5. Le BBT, ou bleu de bromothymol, est un indicateur coloré courant dont la molécule dérive de celle du thymol.
a. À partir du spectre d'absorption UV-visible ci-dessous, expliquer pourquoi la forme acide (courbe ❶) apparaît jaune.
b. Quelle est la couleur de la forme basique (courbe ❷) ?

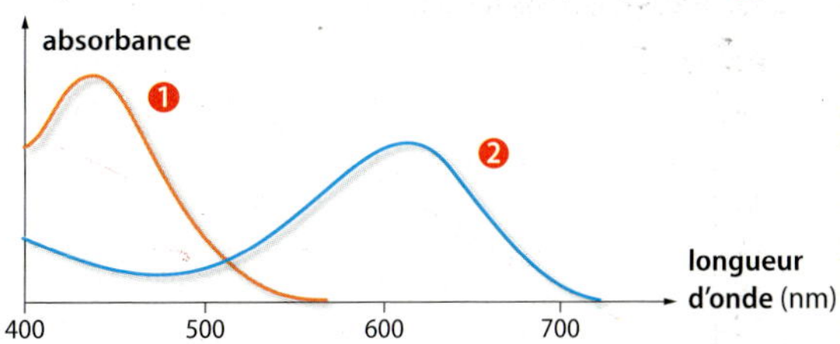

Donnée. Des tables de données spectrales sont situées sur les rabats avant du manuel.

Évaluation des compétences expérimentales

Pour préparer le **BAC**

Énoncé type

Diffraction et interférences

Matériel mis à disposition
• source laser de longueur d'onde λ • fente de largeur a • source de lumière blanche • deux fentes séparées d'une distance b • écran recouvert de papier millimétré • différentes règles graduées

➤ But de la manipulation

On souhaite comparer la figure de diffraction obtenue par une fente avec la figure d'interférences obtenue par deux fentes.

➤ Travail à effectuer

On réalise la figure de diffraction par une fente de largeur a, puis la figure d'interférences par deux fentes de même largeur a et séparées d'une distance b.

À l'aide d'une barrette CCD constituée de photodiodes, placée à une distance D des fentes et reliée à un logiciel de traitement du signal, on obtient successivement les enregistrements suivants :

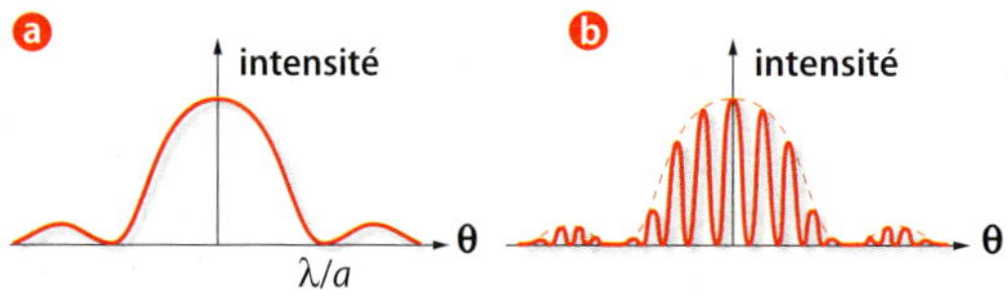

1. Quelle information nous fournissent ces enregistrements ? **Ana**

2. Quelle source de lumière a été utilisée ? Justifier. **Ana**

3. En analysant le schéma ci-dessous et les enregistrements donnés, exprimer la largeur de la tache centrale de diffraction L en fonction de λ, a et D. **Ana**

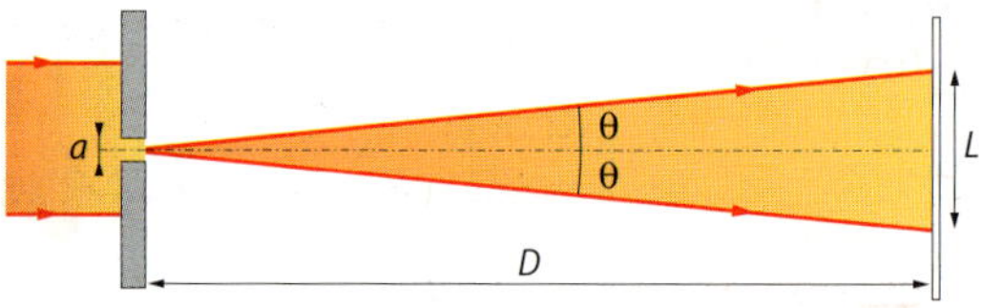

Donnée. *Dans l'approximation des petits angles,* $\sin\theta \simeq \theta$.

4. Proposer un montage expérimental permettant d'observer successivement sur un écran les figures de diffraction et d'interférences. **Réa**

5. Réaliser le montage et réaliser successivement les deux figures demandées à l'écran. **Réa**

Appeler l'évaluateur et lui présenter successivement les deux figures demandées (*appel n°* 1).

6. Dans le cas de la diffraction

En utilisant la relation entre les grandeurs établie à la question **3**, et en réalisant les mesures adaptées, retrouver la longueur d'onde λ de la source de lumière utilisée. **Val**

Appeler l'évaluateur et lui présenter les mesures (*appel n°* 2).

7. Dans le cas des interférences

Montrer que, dans le cas des interférences, la distance i entre les franges vérifie la relation : $i = \lambda \cdot D/b$. **Val**

Appeler l'évaluateur et lui présenter les mesures (*appel n°* 3).

Défaire le montage et ranger la paillasse.

Code	Domaine de compétence
App	S'approprier
Réa	Réaliser
Ana	Analyser
Val	Valider
Com	Communiquer
Auto	Être autonome, faire preuve d'initiative

➤ Pour réussir

1. Les deux enregistrements doivent être comparés.

2. Le choix de la source doit être justifié par l'analyse des courbes.

3. Le résultat devra être justifié. Le raisonnement se fondera sur le schéma et les enregistrements fournis.

4. Le dessin du montage est réalisé de préférence au crayon de papier. Il doit être soigné et annoté.

5. Le montage doit être réalisé avec soin. Les deux figures obtenues successivement à l'écran doivent être visibles.

Appel n° 1 :
Chaque figure présentée à l'écran est présentée à l'évaluateur en la nommant.

6. et **7.** Les valeurs des mesures et du résultat doivent être données avec une unité adaptée et des chiffres significatifs cohérents avec les instruments de mesure.

Appels n° 2 et 3 :
– Les mesures effectuées devant l'évaluateur doivent être soignées.
– Les instruments de mesure utilisés doivent être adaptés aux mesures.

PARTIE 2

TEMPS, MOUVEMENT ET ÉVOLUTION

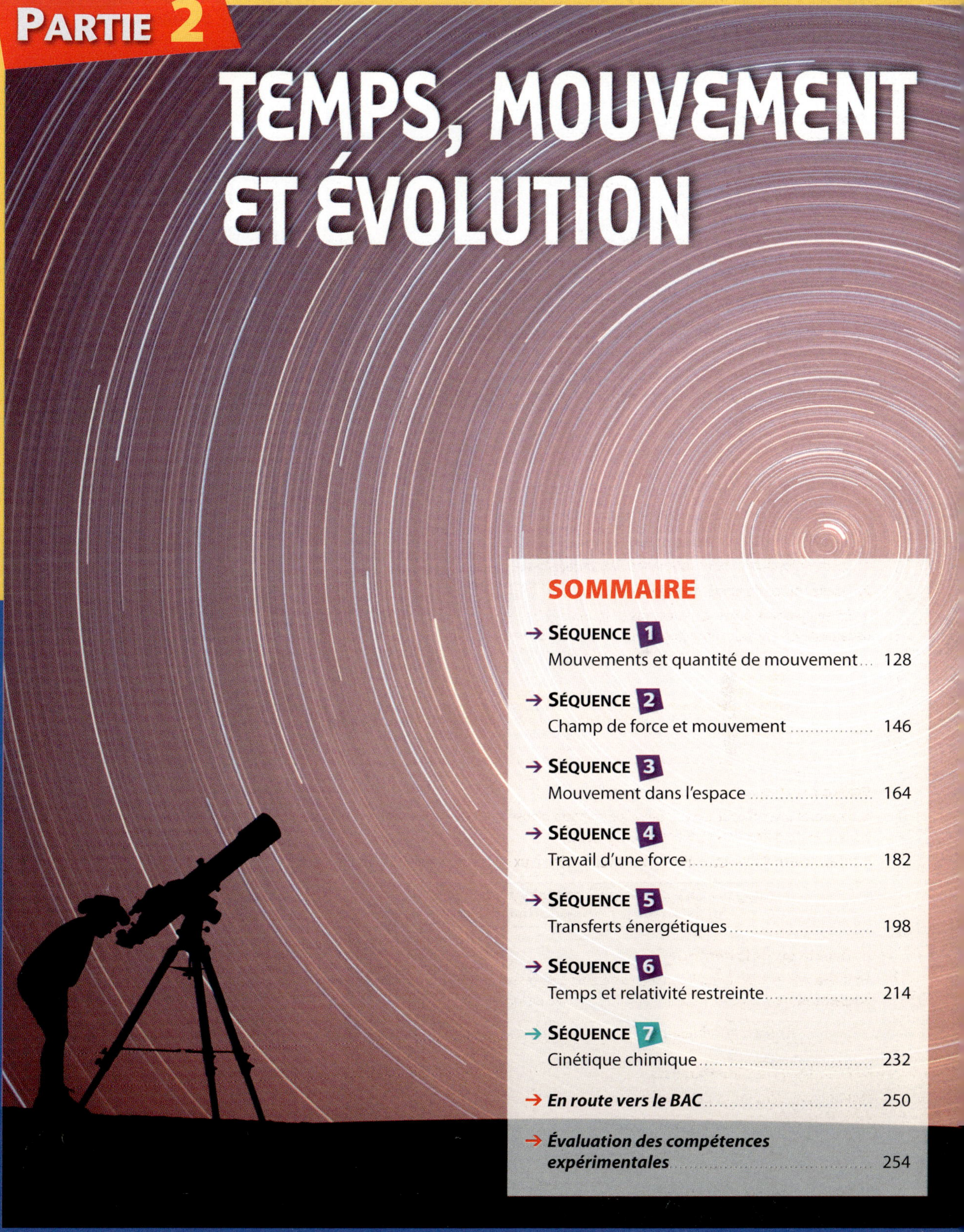

SOMMAIRE

Avant d'aborder la séquence 1

Évaluation diagnostique

Pour chaque situation présentée, proposer une réponse en argumentant.

Situation 1

Pour vérifier l'indispensable

Afin d'être plus légers et de minimiser tout échauffement dangereux, les dragsters utilisent des parachutes pour s'arrêter.

Dans quel référentiel peut-on considérer que la vitesse de ce véhicule est modifiée lors du freinage ? Comment caractériser alors son mouvement ?

▶ **Activités 1 et 3**, p. 130 et 132

Situation 2

Pour traquer les idées fausses

Le mouvement des chevaux de bois sur un manège est circulaire uniforme.

Le vecteur vitesse du centre d'inertie d'un cheval du manège est-il constant ?

▶ **Activités 2 et 4**, p. 131 et 133

Situation 3

Pour vérifier l'indispensable

La sonde *Voyager 1* est, de nos jours, l'engin spatial le plus éloigné de la Terre. Elle se déplace à la vitesse de 17 kilomètres par seconde, soit 61 200 km · h^{-1}.

Cette sonde a-t-elle besoin d'une action mécanique pour se déplacer ainsi dans l'espace interstellaire ?

▶ **Activités 3 et 4**, p. 132 et 133

SÉQUENCE

1

Mouvements et quantité de mouvement

La distance de freinage d'un véhicule est liée à sa quantité de mouvement, c'est-à-dire à sa vitesse et à sa masse.

Les acquis des classes précédentes

- La **nature du mouvement** observé dépend du **référentiel** choisi.
- Une **action mécanique** est modélisée par une **force**.
- Une force s'exerçant sur un corps modifie la valeur de sa **vitesse** et/ou la **direction** de son mouvement. Cette modification dépend de la **masse** du corps.
- Le **principe d'inertie** permet d'interpréter des mouvements simples.

Les compétences à acquérir

1. **Choisir** un référentiel d'étude.
2. **Définir, reconnaître** et **caractériser** des mouvements dans un référentiel d'étude.
3. **Définir** la quantité de mouvement, **connaître** et **exploiter** le principe d'inertie.

→ **Culture scientifique**
Notion d'accélération

Activité 1

Activité de découverte

Le bon référentiel

Il n'est pas possible d'affirmer qu'un objet est en mouvement ou au repos, ou qu'il est animé d'une vitesse grande ou petite sans, dans un premier temps, s'intéresser au référentiel dans lequel on se place.

Compétences scientifiques évaluées
- Extraire une information utile.
- Associer un modèle à un phénomène.

Étude de document

La relativité de la vitesse

Donner une vitesse n'a aucun sens si on ne spécifie pas le référentiel dans lequel on le mesure. Vous n'avez en général pas besoin d'y penser dans la vie courante. Quand le panneau de limitation indique 100 kilomètres/heure, on comprend que notre vitesse est mesurée par rapport à la route et non par rapport au trou noir situé au centre de la Voie lactée. Pourtant, même dans la vie courante, il arrive que l'on doive se soucier du référentiel.

Par exemple, si vous avancez une tasse de thé à la main dans le couloir d'un avion de ligne en vol, vous pouvez dire que vous vous déplacez à 5 kilomètres/heure. Quelqu'un au sol en revanche pourrait considérer que vous vous déplacez à 905 kilomètres/heure. Avant de décider lequel est plus proche de la vérité, rappelez-vous que, la Terre tournant autour du Soleil, un observateur situé à la surface de ce dernier sera en désaccord avec les deux affirmations et prétendra que vous vous déplacez à environ 30 kilomètres par seconde, tout en enviant votre climatisation.

The Grand Design, Stephen Hawking et Leonard Mlodinow, 2010.
Y a-t-il un grand architecte dans l'Univers ? Traduction Marcel Filoche, Odile Jacob, 2011.

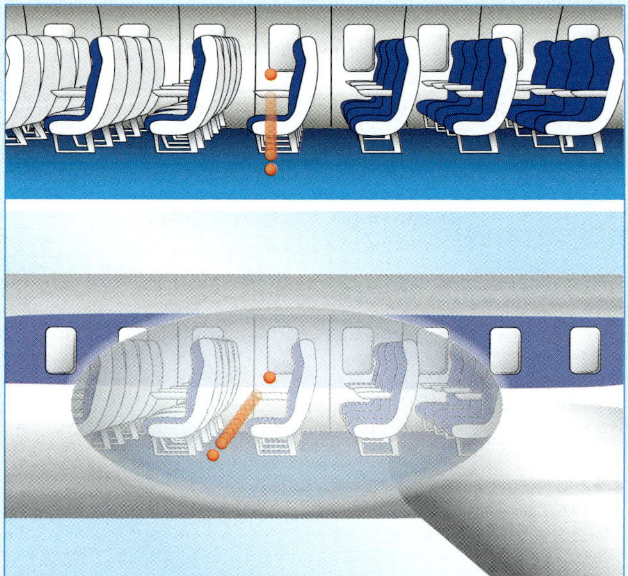

Fig. 1 Si vous faites rebondir une balle dans un avion, un observateur situé dans l'avion pourra croire que la balle rencontre toujours le même point à chaque rebond, tandis qu'un observateur situé sur Terre mesurera une grande différence entre les points de rebond.

Pistes de réflexion

Étude du texte

1 À l'aide du document, et éventuellement de vos acquis des classes précédentes, proposer une définition du mot référentiel.

2 Dans le second paragraphe du document :

a. Quel est l'objet dont on étudie le mouvement ?

b. Quelle est la grandeur, associée à cet objet, dont la valeur change ?

c. Quels sont les trois référentiels choisis par les auteurs ?

3 **a.** Pour un observateur au sol, quelle est la vitesse de l'avion de ligne ?

b. En supposant que la Terre décrit un cercle (dont vous devez trouver la circonférence) de rayon 150 millions de kilomètres en un an (365 jours) autour du Soleil, retrouver la valeur « *30 kilomètres par seconde* ».

Étude de la figure

4 **a.** Quel est l'objet dont on étudie le mouvement dans la figure 1 ?

b. Quels sont les deux référentiels d'étude choisis ?

5 Lors du passage d'un référentiel à l'autre, qu'est-ce qui est modifié au niveau de l'objet d'étude ?

Pour conclure

6 Pourquoi doit-on toujours préciser dans quel référentiel est étudié le mouvement d'un objet ?

Compétences scientifiques évaluées
- Formuler des hypothèses pertinentes.
- Communiquer et argumenter en utilisant un vocabulaire scientifique adapté.

Animation

Looping et accélération

Certaines attractions foraines permettent d'éprouver des sensations fortes, dues notamment aux vitesses atteintes et aux accélérations ressenties.

Étude de document

L'Olympia looping

L'Olympia looping est une attraction du type « montagnes russes » (Fig. 1).

Le mouvement d'un point d'un des wagonnets a été filmé sur la première partie de la piste. L'enregistrement vidéo ainsi obtenu a été traité à l'aide d'un logiciel de pointage, qui a calculé puis tracé sur différents points de la trajectoire des vecteurs vitesse (Fig. 2) et des vecteurs accélération (Fig. 3).

Fig. 1 L'Olympia looping. ▶

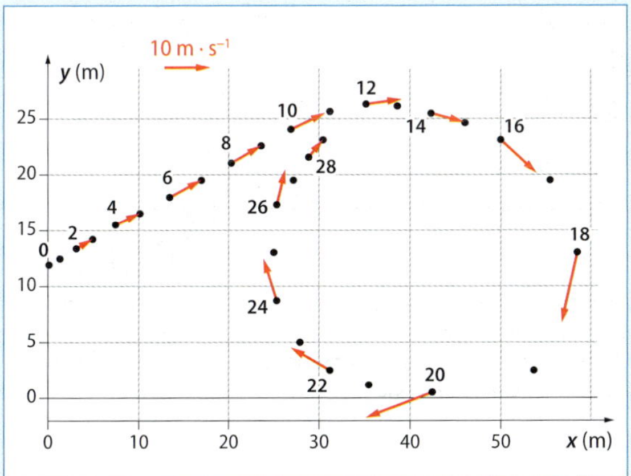

Fig. 2 Tracé des vecteurs vitesse en un point sur deux.

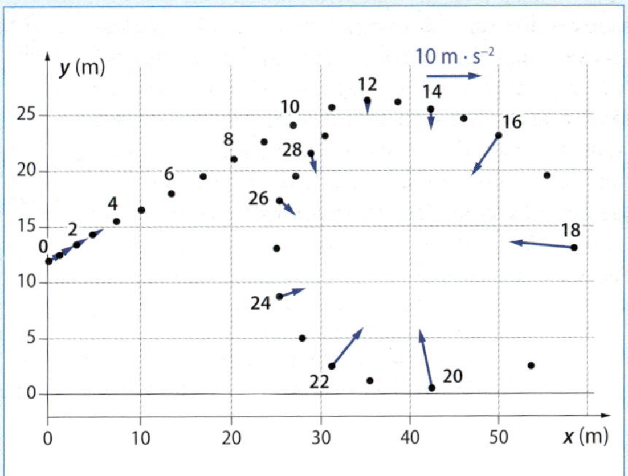

Fig. 3 Tracé des vecteurs accélération en un point sur deux.

Pistes de réflexion

1 La trajectoire

a. Représenter l'allure de la trajectoire du point dont le mouvement est étudié.

b. En utilisant les numéros des points, associer les qualificatifs « rectiligne », « curviligne » ou « circulaire » aux trois parties distinctes qui composent cette trajectoire.

2 Le vecteur vitesse

a. Que peut-on dire de la direction et du sens du vecteur vitesse au cours de ce mouvement ?

b. En utilisant les numéros des points :
- préciser comment ce vecteur évolue pendant les différentes phases du mouvement ;
- associer les qualificatifs « uniforme », « accéléré » ou « ralenti » aux parties distinctes qui composent ce mouvement.

3 Le vecteur accélération

a. Dans la partie rectiligne de la trajectoire, que peut-on dire du vecteur accélération dans chacune des deux parties distinctes qui composent ce mouvement ?

b. Dans la suite de la trajectoire :
- que peut-on dire du vecteur accélération dans chacune des deux parties distinctes qui composent ce mouvement ?
- que peut-on remarquer quant à l'angle qui existe entre le vecteur vitesse et le vecteur accélération ?

Pour conclure

4 Quels « outils » permettent de décrire le mouvement d'un point au cours du temps ? Donner des exemples pour illustrer la réponse.

Activité 3

Démarche d'investigation

Compétences scientifiques évaluées
- Faire preuve de curiosité.
- Valider ou invalider des hypothèses.

Référentiel et principe d'inertie

Pour appliquer le principe d'inertie, il est indispensable de choisir un référentiel. Mais peut-on choisir n'importe quel référentiel ?

Pour commencer (situation déclenchante)

Il existe différents petits objets de formes différentes pouvant être suspendus aux rétroviseurs internes des voitures. Ces objets peuvent servir à décorer, à désodoriser et même, pour certaines cultures, avoir une action protectrice, comme le *Nazar Boncuk* (« œil bleu ») que l'on rencontre en Turquie, ou spirituelle, comme le *dreamcatcher* (« capteur de rêve »), très répandu en Amérique du Nord (Fig. 1).

Fig. 1 Un dreamcatcher suspendu au rétroviseur.

Afin de simplifier l'étude, on modélise l'objet par une petite balle, suspendue au rétroviseur par un fil de masse négligeable.

Quand la voiture est arrêtée ou quand elle roule à vitesse constante sur une route droite et parfaitement horizontale, la balle est verticale et ne bouge pas.

En revanche, dans le cas où la vitesse du véhicule augmente régulièrement pendant une durée $\Delta t = 10$ s, en passant d'une vitesse de valeur $v_0 = 0 \text{ km} \cdot \text{h}^{-1}$ à une vitesse de valeur $v_1 = 90 \text{ km} \cdot \text{h}^{-1}$, sur une portion de route rectiligne et parfaitement horizontale, la balle garde une position stable pendant cette durée, en faisant un angle α par rapport à la verticale (Fig. 2).

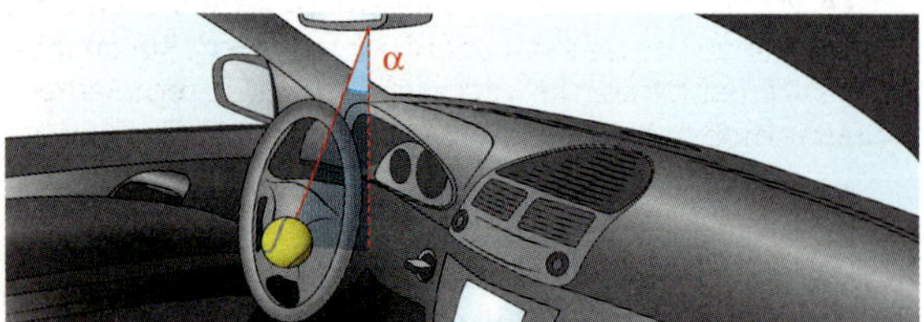

Fig. 2 La balle s'écarte de la verticale d'un angle α constant.

Investigation

Peut-on appliquer le principe d'inertie sur la balle suspendue au retroviseur dans n'importe quel référentiel ?

Quelques idées (hypothèses)

Voici quelques idées exprimées par des élèves :
– « *C'est l'inverse quand la voiture freine.* »
– « *Oui, et quand la voiture tourne à droite, la balle va à gauche.* »
– « *C'est sûrement une force qui fait bouger la balle.* »

Étude de document (recherche de validation)

Le principe d'inertie énonce que tout objet persévère dans son état de repos ou de mouvement rectiligne uniforme si les actions qui s'exercent sur lui se compensent.

Si la balle est à la verticale et la voiture en mouvement uniforme

1 Quel est le système étudié ici ?

2 **a.** Dans quel référentiel peut-on considérer le système au repos ?
b. Dans quel référentiel peut-on considérer le système animé d'un mouvement rectiligne uniforme ?

3 **a.** Faire le bilan des actions mécaniques s'exerçant sur le système (on pourra éventuellement construire un diagramme objets-actions en s'appuyant sur la fiche méthode p. 570).
b. Sur un schéma, représenter, sans souci d'échelle, les forces qui modélisent les actions mécaniques correspondantes en utilisant la notation : $\vec{F}_{\text{donneur/receveur}}$.

4 Le principe d'inertie est-il vérifié dans les deux référentiels choisis ?

Si la balle est inclinée

5 Dans quel référentiel peut-on considérer le système au repos ?

6 Reprendre les questions **3.a** et **b** dans ce cas.

7 Le principe d'inertie est-il vérifié dans ce référentiel ?

8 **a.** De combien la vitesse de la voiture augmente-t-elle pendant la durée Δt ? Quelle est cette grandeur ? Comment qualifier le mouvement de la voiture ?
b. Quel est le mouvement du système si le conducteur prend un virage à droite à vitesse constante ? Comment qualifier le mouvement de la voiture ? Peut-on alors appliquer le principe d'inertie sur le système ?

Pour conclure

9 Pour appliquer le principe d'inertie, quelles doivent être les caractéristiques du référentiel d'étude ?

Activité 4

TP **Activité expérimentale**

Compétences expérimentales évaluées
- Réaliser un montage expérimental.
- Écrire le résultat d'une mesure.

Mouvement, masse et vitesse

L'étude du choc entre deux objets permet de mettre en évidence une nouvelle grandeur qui tient compte de la masse et de la vitesse.

Principe

Au hockey sur glace, un palet est projeté à l'aide d'une crosse (Fig. 1). La masse du palet est comprise entre 156 et 170 grammes, alors que celle de la crosse, qui permet de lancer le palet, n'est pas réglementée. Il est possible de l'augmenter en ajoutant des bandes adhésives en plomb. La crosse ne doit toutefois pas être trop lourde, afin de rester maniable et de ne pas trop fatiguer le joueur.

En admettant que, lors d'un tir, la vitesse de la crosse est constante, quelle va être l'influence de sa masse sur la vitesse du palet ?

Fig. 1 Une crosse venant heurter un palet de hockey.

Mise en œuvre au laboratoire

Matériel
- deux mobiles autoporteurs équipés de bague élastique
- bague de surcharge • lanceur à ressort étalonné • générateur d'impulsions • feuilles d'enregistrement • table en verre horizontale délimitée par un fil en acier • balances de portées différentes

Le premier mobile autoporteur, appelé mobile 1, simule le mouvement de la crosse. Il est propulsé par une force réglable, grâce au lanceur à ressort. Ce lanceur est fixé au bord de la table. Avant d'être lancé, le mobile est maintenu au repos à l'aide d'un aimant placé sur le lanceur. La masse de ce mobile est modifiable à l'aide de la bague de surcharge.

Le second mobile, appelé mobile 2, correspond au palet. Il est immobile et toujours disposé, au début de chaque expérience, à la même distance du premier mobile dans l'axe du lanceur.

L'enregistrement du mouvement du centre d'inertie de chaque mobile est effectué par étincelage. Le générateur délivre une impulsion électrique, de période réglable, à une pointe disposée sur l'axe des mobiles, qui laisse une trace ponctuelle sur la feuille d'enregistrement conductrice.

Mesures

- À l'aide d'une balance adaptée, mesurer la masse m_m des mobiles équipés de leur bague à ressort et la masse m_b de la bague de surcharge.

1 Déterminer l'incertitude Δm et écrire les résultats des mesures.

L'expérience consiste à étudier l'influence de la masse du mobile 1 sur le mouvement du mobile 2.

- Régler le générateur d'impulsion sur une durée $\Delta t = 40$ ms.

On effectuera deux lancements : l'un avec le mobile 1 non lesté et l'autre avec le mobile 1 lesté par la bague de surcharge. **On veillera à ce que, dans les deux cas, la vitesse du mobile soit la même.** Le lanceur peut se régler à cet effet.

- Faire des essais préalables.
- Le mobile 2 est placé à 20 cm du mobile 1 au moment du lancer (effectué à l'aide du lanceur). Pour chacune des deux situations de lancer du mobile 1 sur le mobile 2, effectuer un enregistrement du mouvement des mobiles.

Exploitation

2 **a.** Quel est le mouvement de chaque mobile dans les deux situations étudiées ?

b. Peut-on appliquer à chacun le principe d'inertie ? Comment qualifier le système {mobile} ?

3 Pour chaque situation étudiée, calculer la vitesse du mobile 2 après le choc. Quelle est l'influence de la masse du mobile 1 sur la vitesse du mobile 2 ?

4 En utilisant la fiche méthode p. 571, tracer, sur chaque enregistrement, les vecteurs vitesse $\vec{v}_1$ pour le mobile 1 et $\vec{v}_2$ pour le mobile 2. Sont-ils identiques ? De quelle grandeur doit-on tenir compte pour étudier un mouvement ?

5 Le vecteur quantité de mouvement d'un système de masse m et de vitesse $\vec{v}$ est défini par : $\vec{p} = m \cdot \vec{v}$. Sur chaque enregistrement, tracer les vecteurs quantité de mouvement $\vec{p}_1$ pour le mobile 1 et $\vec{p}_2$ pour le mobile 2. Sont-ils identiques ?

Pour conclure

6 Comment évolue la vitesse du palet si la masse de la crosse augmente ?

7 **a.** Que peut-on dire du vecteur quantité de mouvement du système {crosse + palet} ?

b. Proposer une autre formulation du principe d'inertie en utilisant le vecteur quantité de mouvement.

Cours

1 Référentiel d'étude

› Activités 1 et 3

Référentiels usuels

Le mouvement d'un objet ponctuel est caractérisé par sa trajectoire et sa vitesse par rapport à un solide de référence appelé référentiel.

L'étude du mouvement des planètes et de tout objet se déplaçant dans le système solaire est réalisée dans le **référentiel héliocentrique**, qui est lié au centre du Soleil. Pour les mouvements qui s'effectuent autour de la Terre, on choisit le **référentiel géocentrique**, qui est lié au centre de la Terre.

Le référentiel utilisé pour l'étude des mouvements sur Terre ou à son voisinage proche est le **référentiel terrestre**. Il est lié à la surface terrestre, et tourne donc autour de l'axe des pôles. Tout repère fixe par rapport à la surface de la Terre est assimilé à un référentiel terrestre.

Référentiel galiléen

Par définition, un référentiel est dit galiléen si le principe d'inertie, appelé aussi première loi de Newton, est vérifié dans ce référentiel.

- Le **référentiel héliocentrique** est considéré comme galiléen.
- Le **référentiel géocentrique** est galiléen si l'étude ne dépasse pas quelques heures (pour négliger la rotation de la Terre autour du Soleil).
- Le **référentiel terrestre** est galiléen si l'étude ne dépasse pas quelques minutes (pour négliger le mouvement de rotation propre de la Terre).

Si les actions mécaniques s'exerçant sur un objet au repos dans un référentiel ne se compensent pas (Fig. 1), le principe d'inertie ne peut s'appliquer dans ce référentiel, qui n'est alors pas considéré comme galiléen.

Plus généralement, tout référentiel qui tourne, ralentit ou accélère par rapport à un référentiel galiléen n'est pas galiléen.

➡ Exercices 1 à 6

Fig. 1 Sur un manège qui tourne, des personnes, pour garder leur équilibre, doivent s'incliner par rapport à la verticale. Les actions mécaniques qui s'exercent sur elles – poids et réaction du sol – ne se compensent pas.

2 Décrire quelques mouvements

› Activité 2

Le vecteur position

Dans le référentiel pris pour l'étude d'un mouvement, on choisit un **repère d'espace orthonormé** et un **repère de temps**. Le temps est compté à partir d'une origine à laquelle $t = t_0 = 0$. La position du point mobile est donnée par son vecteur position à un instant t (Fig. 2).

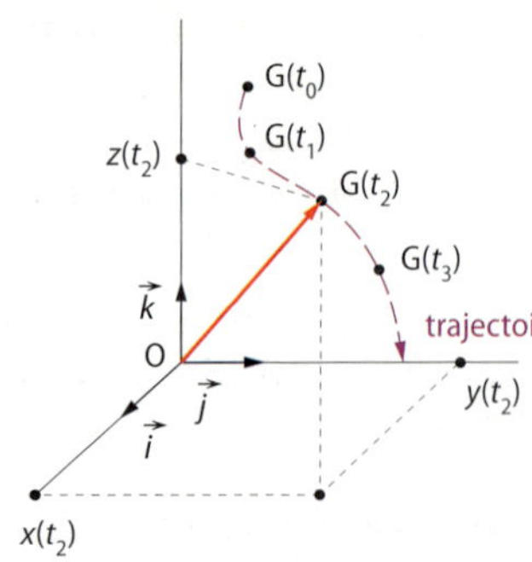

Fig. 2 Vecteur position $\overrightarrow{OG}(t_2)$ d'un point G à la date t_2 dans le repère orthonormé $(O ; \vec{i}, \vec{j}, \vec{k})$.

Le vecteur vitesse

Une variation du vecteur position (en valeur et/ou direction) entraîne l'existence d'un **vecteur vitesse**.

Pour un point $G(t_i)$ marquant la position d'un point mobile G à un instant t_i, le vecteur vitesse $\vec{v}(t_i)$ est défini par :

$$\vec{v}(t_i) = \frac{\overrightarrow{OG}(t_{i+1}) - \overrightarrow{OG}(t_{i-1})}{t_{i+1} - t_{i-1}} = \frac{\Delta\overrightarrow{OG}}{\Delta t}$$ (Fig. 3)

Le vecteur vitesse $\vec{v}(t)$ d'un point mobile à un instant t est caractérisé par :
– sa direction, la tangente à la trajectoire au point considéré ;
– son sens, celui du mouvement à l'instant t ;
– sa valeur v, qui s'exprime en mètre par seconde ($m \cdot s^{-1}$).

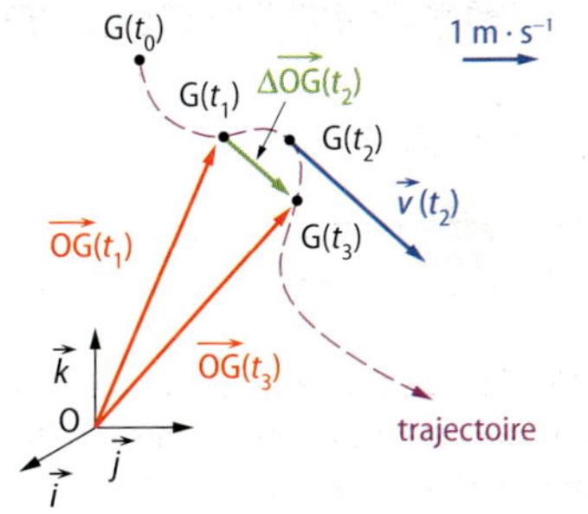

Fig. 3 Vecteur vitesse d'un point mobile G à l'instant t_2 représenté à l'aide d'une échelle adaptée.

La représentation graphique $x = f(t)$ (Fig. 4) donne les variations de x en fonction du temps. La valeur de la coordonnée v_x de la vitesse à l'instant t est : $v_x(t) = \Delta x/\Delta t$. Elle correspond à la pente de la tangente à la courbe $x = f(t)$ à l'instant t.

La valeur de $v_x(t)$ est alors égale au nombre dérivé de la fonction à l'instant t :

$$v_x(t) = \frac{dx(t)}{dt}$$

Le vecteur vitesse est la dérivée du vecteur position par rapport au temps.

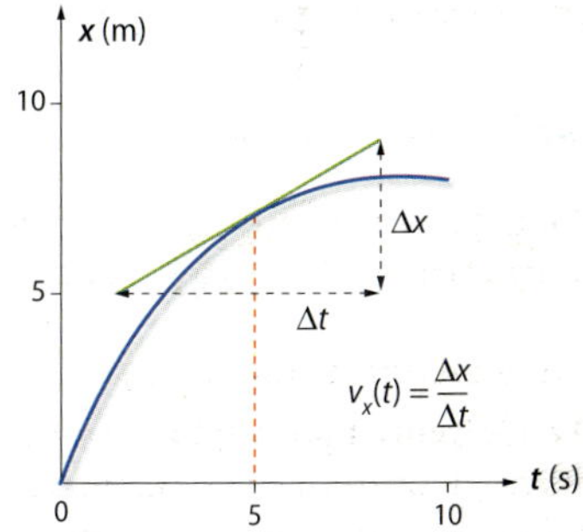

Fig. 4 Calcul de la pente de la tangente à l'instant $t = 5$ s pour une représentation $x = f(t)$.

Dans un repère orthonormé $(O; \vec{i}, \vec{j}, \vec{k})$, le vecteur vitesse peut donc s'écrire :

$$\vec{v}(t) = v_x \cdot \vec{i} + v_y \cdot \vec{j} + v_z \cdot \vec{k} = \frac{dx(t)}{dt} \cdot \vec{i} + \frac{dy(t)}{dt} \cdot \vec{j} + \frac{dz(t)}{dt} \cdot \vec{k}$$

La valeur de la vitesse à un instant t est : $v(t) = \sqrt{v_x^2 + v_y^2 + v_z^2}$.

Le vecteur accélération

Une variation du vecteur vitesse (en valeur et/ou direction) entraîne l'existence d'un **vecteur accélération**.

Pour un point $G(t_i)$ marquant la position d'un point mobile G à un instant t_i, le vecteur accélération $\vec{a}(t_i)$ est défini par :

$$\vec{a}(t_i) = \frac{\vec{v}(t_{i+1}) - \vec{v}(t_{i-1})}{t_{i+1} - t_{i-1}} = \frac{\Delta\vec{v}(t_i)}{\Delta t}$$ (Fig. 5)

Le vecteur accélération d'un point mobile à un instant t est caractérisé par :
– son sens et sa direction, qui sont identiques à ceux du vecteur variation de vitesse $\Delta\vec{v}(t)$;
– sa valeur $a(t) = \frac{\Delta v(t)}{\Delta t}$, qui s'exprime en $m \cdot s^{-2}$.

Comme le vecteur vitesse est la dérivée du vecteur position par rapport au temps, le vecteur accélération est la dérivée du vecteur vitesse par rapport au temps.

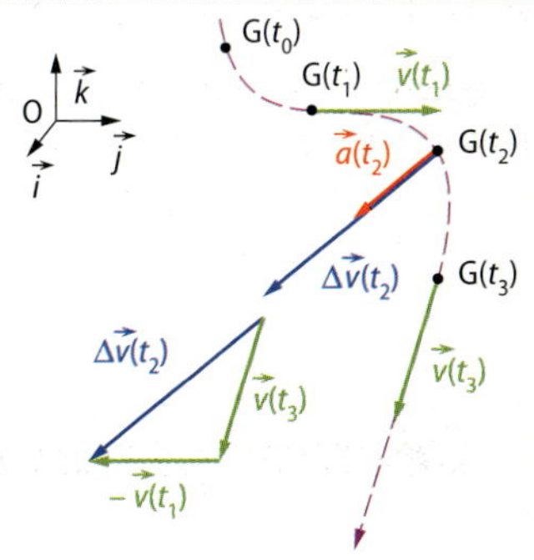

Fig. 5 Le vecteur accélération à l'instant t_2 et le vecteur $\Delta\vec{v}(t_2) = \vec{v}(t_3) - \vec{v}(t_1)$ ont même direction et même sens.

Dans un repère orthonormé $(O; \vec{i}, \vec{j}, \vec{k})$ le vecteur accélération peut s'écrire :

$$\vec{a}(t) = a_x \cdot \vec{i} + a_y \cdot \vec{j} + a_z \cdot \vec{k} = \frac{dv_x(t)}{dt} \cdot \vec{i} + \frac{dv_y(t)}{dt} \cdot \vec{j} + \frac{dv_z(t)}{dt} \cdot \vec{k}.$$

La valeur de l'accélération à un instant t est : $a(t) = \sqrt{a_x^2 + a_y^2 + a_z^2}$.

Cours

Mouvements rectiligne et circulaire

Un mouvement est rectiligne si la trajectoire est une droite.

Un mouvement rectiligne est caractérisé par les vecteurs vitesse et accélération :

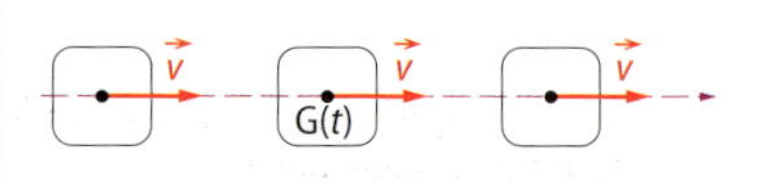

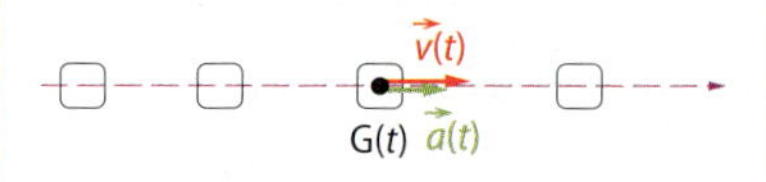

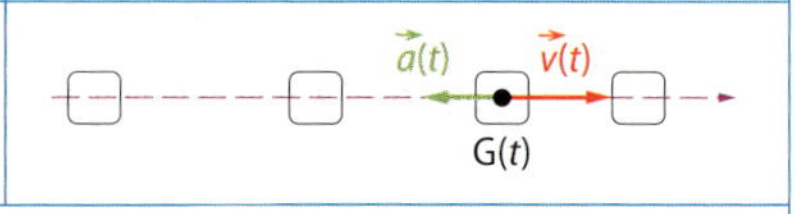

Mouvement rectiligne uniforme	Mouvement rectiligne uniformément accéléré	Mouvement rectiligne uniformément ralenti
Le vecteur vitesse $\vec{v}$ est constant au cours du temps : $\vec{v}(t)=\vec{v}=\overrightarrow{\text{constante}}$. $\vec{a}=\vec{0}$ donc $\vec{v}\cdot\vec{a}=0$.	Le vecteur accélération est constant au cours du temps : $\vec{a}(t)=\vec{a}=\overrightarrow{\text{constante}}$.	
	Les vecteurs $\vec{v}$ et $\vec{a}$ sont de même sens. La valeur de v augmente. $\vec{v}\cdot\vec{a}>0$.	Les vecteurs $\vec{v}$ et $\vec{a}$ sont de sens opposés. La valeur de v diminue. $\vec{v}\cdot\vec{a}<0$.

Un mouvement est circulaire si la trajectoire est un cercle.

Il est caractérisé par les vecteurs vitesse et accélération :

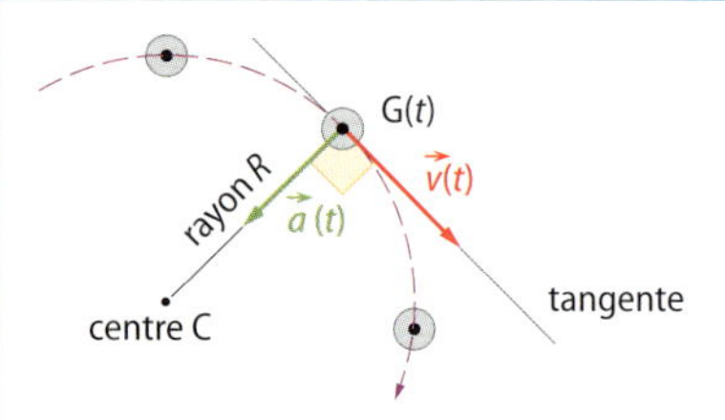

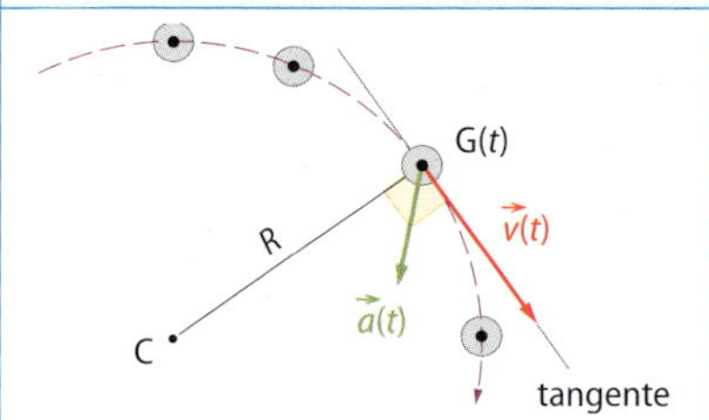

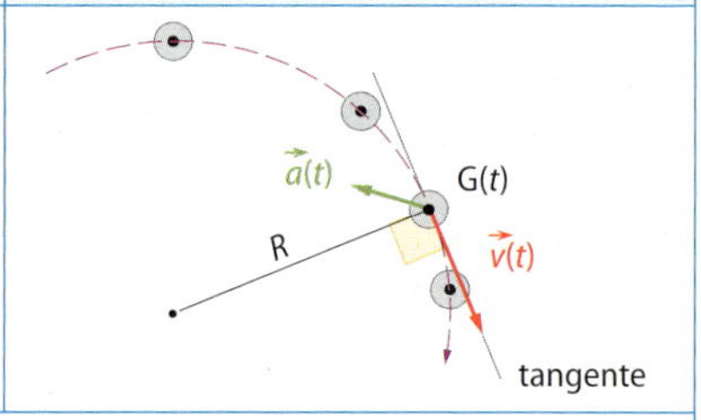

Mouvement circulaire uniforme	Mouvement circulaire uniformément accéléré	Mouvement circulaire uniformément ralenti
Le vecteur vitesse $\vec{v}(t)$ varie mais sa valeur v reste constante. Le vecteur accélération $\vec{a}$ est dirigé vers le centre de la trajectoire. $\vec{v}\cdot\vec{a}=0$.	Le vecteur accélération est constant au cours du temps : $\vec{a}(t)=\vec{a}=\overrightarrow{\text{constante}}$. Il est toujours dirigé vers l'**intérieur** de la trajectoire.	
	La valeur de la vitesse v augmente. $\vec{v}\cdot\vec{a}>0$.	La valeur de la vitesse v diminue. $\vec{v}\cdot\vec{a}<0$.

➥ Exercices 7 à 12

3 La quantité de mouvement

› Activité 4

Système isolé ou pseudo-isolé

Pour désigner l'objet ou l'ensemble d'objets étudiés au cours d'un mouvement, on utilise le terme de **système**.

Un système est dit isolé s'il n'est soumis à aucune action mécanique extérieure.

Sur Terre, il n'existe pas de système isolé, puisque tout objet est soumis à l'action de la Terre. On parle alors de **systèmes pseudo-isolés**.

Un système est pseudo-isolé si les actions mécaniques qui s'exercent sur lui se compensent.

Repère

Le système choisi se note entre accolades : {système}. Le choix d'un système dépend de la situation rencontrée et de l'étude que l'on veut faire.

Le vecteur quantité de mouvement

Deux balles de masses différentes et lancées avec la même vitesse ne parcourent pas la même distance. La masse est une caractéristique invariable d'un système et elle intervient dans une nouvelle grandeur devenue nécessaire pour étudier un mouvement : la **quantité de mouvement**.

Le vecteur quantité de mouvement $\vec{p}(t)$ d'un objet à l'instant t est le produit de sa masse m par le vecteur vitesse $\vec{v}$ de son centre d'inertie :

$$\vec{p}(t) = m \cdot \vec{v}(t)$$ **(Fig. 6).**

Son intensité p s'exprime en kg · m · s^{-1}.

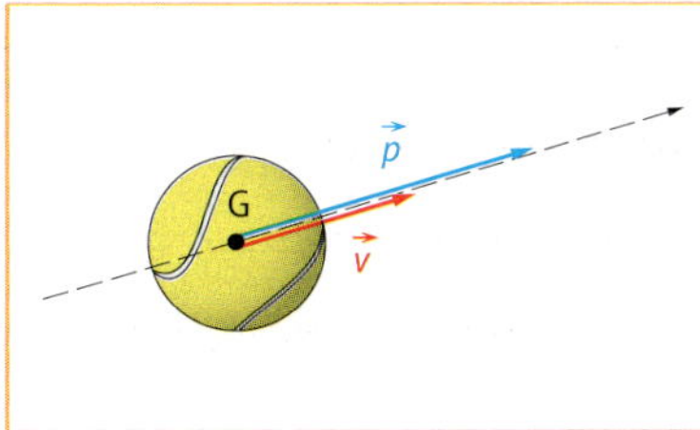

Fig. 6 Vecteur quantité de mouvement du centre d'inertie d'une balle.

La première loi de Newton ou principe d'inertie

La première loi de Newton, également appelée principe d'inertie, dit que tout système persévère dans son état de repos ou de mouvement rectiligne uniforme si les actions mécaniques qui s'exercent sur lui se compensent ou s'il n'est soumis à aucune action mécanique. Un tel système est un système isolé ou pseudo-isolé. Autrement dit :

Dans un référentiel galiléen, le vecteur quantité de mouvement d'un système isolé ou pseudo-isolé est constant. Réciproquement, si ce vecteur est constant, le système est isolé ou pseudo-isolé.

Si le système n'est plus isolé ou pseudo-isolé, le vecteur quantité de mouvement varie au cours du temps.

→ Exercices 13 à 19

Les compétences à acquérir

1 Choisir *un référentiel d'étude*

- L'étude du mouvement implique le choix d'un **référentiel**.
- Un référentiel est dit **galiléen** si la première loi de Newton, ou principe d'inertie, est vérifiée dans ce référentiel.

2 Définir, reconnaître et caractériser *des mouvements dans un référentiel d'étude*

- Dans le référentiel d'étude auquel on associe des repères d'espace et de temps, un point mobile est repéré par son **vecteur position**.
- La trajectoire d'un mouvement **rectiligne** est une **droite**, celle d'un mouvement **circulaire** est un **cercle**.
- Par leurs caractéristiques, les vecteurs vitesse et accélération permettent de décrire un mouvement au cours du temps.
- Le mouvement est **uniforme** si $\vec{v} \cdot \vec{a} = 0$. Pour un vecteur $\vec{a}$ constant, le mouvement est **uniformément accéléré** si $\vec{v} \cdot \vec{a} > 0$ et **uniformément ralenti** si $\vec{v} \cdot \vec{a} < 0$.

3 Définir *la quantité de mouvement,* connaître et exploiter *le principe d'inertie*

- Un **système** est **isolé** s'il n'est soumis à aucune action mécanique extérieure. Il est **pseudo-isolé** si les actions mécaniques qui s'exercent sur lui se compensent.
- Le **vecteur quantité de mouvement** $\vec{p}(t)$ d'un objet à l'instant t est le produit de sa masse m par le vecteur vitesse de son centre d'inertie :

$$\vec{p}(t) = m \cdot \vec{v}(t), \text{ avec } p \text{ en kg} \cdot \text{m} \cdot \text{s}^{-1}$$

- La **première loi de Newton** ou **principe d'inertie** s'énonce ainsi : dans un référentiel galiléen, le vecteur quantité de mouvement d'un système isolé ou pseudo-isolé reste constant.

Exercices

Compétence 1

› *Choisir un référentiel d'étude*

1 QCM

Choisir la (ou les) bonne(s) réponse(s).

❶ Dans quel référentiel les planètes du système solaire sont-elles animées d'un mouvement elliptique ?

- **a** Le référentiel terrestre.
- **b** Le référentiel géocentrique.
- **c** Le référentiel héliocentrique.

❷ Un élève assis sur sa chaise dans une salle de classe est en mouvement dans :

- **a** le référentiel terrestre ;
- **b** le référentiel géocentrique ;
- **c** le référentiel héliocentrique.

❸ On étudie le mouvement d'une balle lancée verticalement vers le haut dans un véhicule par un enfant. Dans quel(s) cas le référentiel voiture est-il considéré comme galiléen ?

- **a** Quand la voiture est immobile.
- **b** Quand la voiture prend un virage.
- **c** Quand la voiture freine.
- **d** Quand la voiture roule à vitesse constante sur une portion de route rectiligne.

2 Mobile autoporteur

Un mobile autoporteur est placé sur une table parfaitement horizontale. Le mobile est lancé et les positions de son centre d'inertie sont enregistrées dans les deux cas suivants : ❶ la table est immobile ; ❷ la table est mise en mouvement dans le plan horizontal à l'aide d'un système de vibreurs.

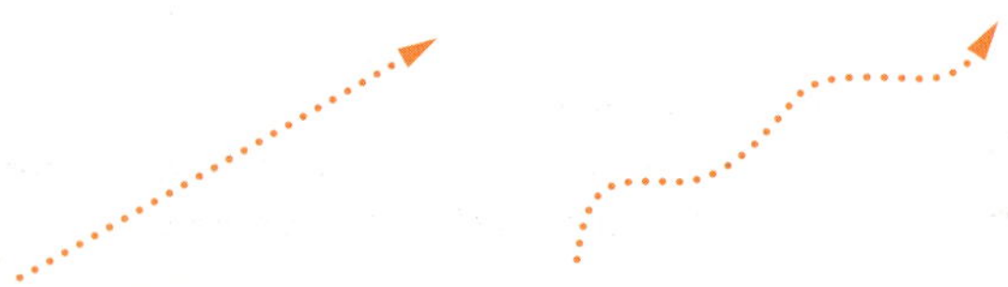

1. Quelles sont les actions mécaniques qui s'exercent sur un mobile autoporteur ? Se compensent-elles ?

2. En justifiant, préciser pour quel enregistrement le référentiel table est considéré comme galiléen dans l'étude de ce mouvement.

3. Quel autre nom peut-on alors donner à ce référentiel ?

3 Satellite géostationnaire

Les paraboles, qui nous permettent de recevoir par exemple des chaînes de télévision, sont pointées vers un satellite dit géostationnaire. En fonction du satellite visé, il faut régler de manière précise deux angles, qui sont l'azimut et l'élévation.

1. Quel est le mouvement d'un tel satellite dans le référentiel terrestre ?

2. Quel est-il dans le référentiel géocentrique ?

4 L'ascenseur

Quand un ascenseur monte d'un étage, sa vitesse augmente dans un premier temps, puis se stabilise et finit par diminuer.

1. Dans quelle partie du mouvement de l'ascenseur peut-on appliquer le principe d'inertie sur une personne immobile à l'intérieur ?

2. Dans quel cas peut-on considérer l'ascenseur comme un référentiel galiléen ?

5 Lune-Terre

1. Dans quel référentiel peut-on dire que la Lune se lève à l'Est et se couche à l'Ouest ?

2. Quel est le mouvement de la Lune dans le référentiel géocentrique ?

3. a. Pour un observateur terrestre, la Lune présente toujours la même face. Pour un astronaute placé sur cette face de la Lune, quel serait le mouvement de la Terre ?
b. Quel est dans ce cas le référentiel ?
c. Par analogie avec le référentiel géocentrique, définir un référentiel lunocentrique.
d. Quel est le mouvement d'un astronaute sur la Lune dans ce référentiel lunocentrique ?
e. Peut-il être considéré comme galiléen pour l'étude d'un mouvement de quelques heures ?

Donnée. *La période de rotation de la Lune sur elle-même est de 27,3 jours.*

6 The analemma

If you take one picture of the Sun, every week, at precisely the same time and in the same place during a whole year, you will get this figure.

The track left by the Sun over the course of a year is called an analemna. The apparent shift of the Sun is caused by the Earth's motion around the Sun combined with the tilt of the Earth's axis.

1. What is the study's reference frame chosen here?

2. When does the Sun appear at the highest point of the analemna?

3. When the Sun is at the lowest point of the analemma, which day of the year is it?

Compétence 2

› *Définir, reconnaître et caractériser des mouvements dans un référentiel d'étude*

7 QCM

Choisir la (ou les) bonne(s) réponse(s).

❶ Quand le mouvement du centre d'inertie d'un objet est rectiligne uniforme :

- a sa vitesse est nulle ;
- b son accélération est nulle ;
- c sa trajectoire est rectiligne ;
- d son vecteur vitesse est constant.

❷ Quand le mouvement du centre d'inertie d'un système est rectiligne uniformément ralenti :

- a son accélération est nulle ;
- b la valeur de sa vitesse diminue ;
- c les vecteurs vitesse et accélération sont de même sens ;
- d ils sont de sens opposés.

❸ Quand le mouvement du centre d'inertie d'un système est circulaire uniforme :

- a sa trajectoire est une courbe quelconque ;
- b la valeur de sa vitesse est constante ;
- c le vecteur vitesse est constant ;
- d le vecteur accélération est tangent à la trajectoire.

❹ Quand le mouvement du centre d'inertie d'un système est circulaire uniformément accéléré :

- a le vecteur vitesse est constant ;
- b la valeur de sa vitesse augmente ;
- c le vecteur accélération est dirigé vers l'intérieur de la trajectoire ;
- d l'angle entre les vecteurs vitesse et accélération est inférieur à 90°.

8 Mouvement d'un point

1. Que doit-on définir pour étudier le mouvement d'un point dans un plan ?

2. Quel vecteur va-t-on alors utiliser ?

9 Vitesse et mouvement

À partir d'un enregistrement vidéo, on obtient les coordonnées d'un point en mouvement toutes les 0,5 seconde :

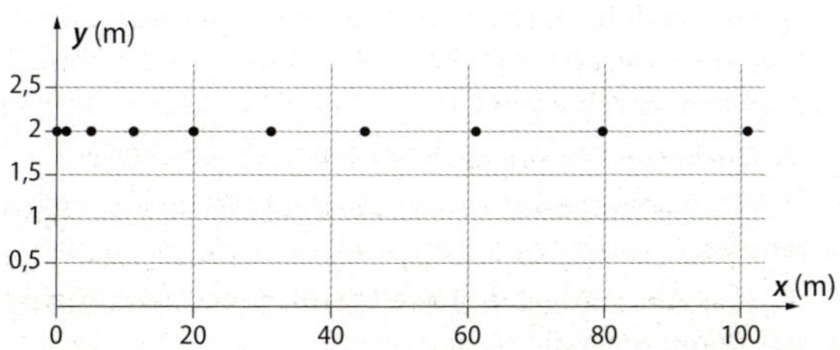

1. Comment évolue la valeur de la vitesse au cours de ce mouvement ?

2. Quel est le type de mouvement enregistré ?

10 Calcul de la vitesse

Le mouvement d'un point sur un axe horizontal est modélisé par la fonction : $x = 3\,t + 5$, avec x en m et t en s.

1. a. Quelle est la position de ce point à l'instant $t = 0$?
b. Même question à $t = 3$ s.

2. Quelle est la valeur de la vitesse ?

3. Quel est le mouvement de ce point ?

EXERCICE **RÉSOLU**

11 Départ arrêté

La rapidité des motos est chronométrée sur 400 ou 1 000 mètres en ligne droite. Les motos les plus puissantes sont celles pour lesquelles les durées chronométrées sont les plus courtes.

On mesure la vitesse sur les cinq premières secondes ($t = 5{,}00$ s) et on obtient pour 400 m la relation $v(t) = 12{,}2\,t$.

1. Quelle est la vitesse maximale atteinte par la moto ?

2. a. Quelle est l'unité de la valeur 12,2 ?
b. Que représente cette valeur ?

Aides et méthodes
1. Elle sera maximale pour $t = 5{,}00$ s.
2. Il faut utiliser la relation $v(t) = 12{,}2\,t$.

Solution
1. Au bout de 5 secondes, la vitesse est :
$v(5) = 12{,}2 \times 5{,}00 = 61{,}0\ \text{m} \cdot \text{s}^{-1} = 220\ \text{km} \cdot \text{h}^{-1}$.
2. a. D'après la relation $v = 12{,}2\,t$, la valeur 12,2 correspond à v/t. Il s'agit d'une variation de vitesse pour une certaine durée, et son unité est $\text{m}/(\text{s} \cdot \text{s})$ soit $\text{m} \cdot \text{s}^{-2}$.
b. Cette valeur est une accélération.

12 Les bons vecteurs

Les trajectoires, vecteurs vitesse et accélération du centre d'inertie d'une balle sont représentés ci-dessous :

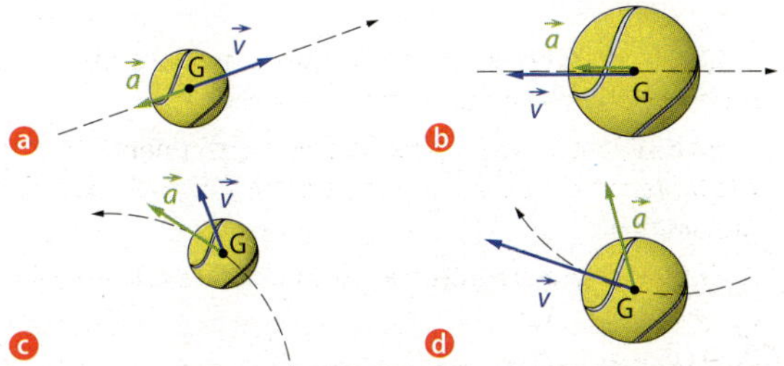

1. En justifiant, indiquer les situations où les vecteurs sont bien représentés.

2. Pour les bonnes représentations, préciser la nature du mouvement du centre d'inertie de la balle.

Compétence 3

> ***Définir la quantité de mouvement, connaître et exploiter le principe d'inertie***

13 VRAI ou FAUX ?

En justifiant, indiquer si les affirmations suivantes sont vraies ou fausses.

❶ Si la valeur du vecteur quantité de mouvement est constante, le vecteur l'est aussi.

❷ Le vecteur quantité de mouvement est colinéaire au vecteur vitesse.

❸ Les vecteurs vitesse et quantité de mouvement sont représentés à l'aide d'une échelle identique.

❹ Un garçon court et saute sur sa planche à roulettes. Le système {garçon + planche} est considéré comme pseudo-isolé. Une fois sur sa planche, sa vitesse va augmenter.

❺ Dans le référentiel héliocentrique, la Terre est un système isolé ou pseudo-isolé.

14 Classement

Calculer les valeurs des quantités de mouvement suivantes et les classer de la plus petite à la plus grande.

1. Une voiture de masse 950 kg roulant à une vitesse de valeur 50,0 km · h^{-1}.
2. Un proton de masse $1{,}67 \times 10^{-27}$ kg se déplaçant à la vitesse de la lumière $c = 3{,}00 \times 10^{8}$ m · s^{-1}.
3. Une pierre de curling de masse 20 kg glissant à 1,0 m · s^{-1}.
4. Un avion de 73 tonnes roulant sur la piste à 50 m · s^{-1}.

15 Momentum

A cannon fires a 35.0 kg shell towards a target. This shell moves with a velocity of 180 km · h^{-1}. Calculate the shell's momentum using the correct unit.

EXERCICE **RÉSOLU**

16 Chute libre

1. Pendant les premières secondes de son saut, un parachutiste (parachute fermé) est en chute libre. Il n'est soumis alors qu'à son propre poids. Le système {parachutiste + parachute} est-il un système pseudo-isolé ?
2. Comment évolue le vecteur quantité de mouvement du centre d'inertie du système pendant cette durée ? Quelles sont ses caractéristiques ?

Aides et méthodes

1. Le bilan des actions mécaniques est donné dans l'énoncé.
2. Raisonner par rapport au vecteur vitesse.

Solution

1. Non, puisqu'il est soumis à une seule action mécanique, qui ne peut se compenser elle-même.
2. Le vecteur quantité de mouvement augmente car la vitesse augmente.
Sa direction et son sens sont ceux de la vitesse (direction verticale, sens vers le bas).

17 Bilan des forces et système

1. Faire le bilan des actions mécaniques s'exerçant sur les systèmes suivants :
a. {lugeur + luge en train de freiner} ;
b. {un astéroïde perdu dans le vide intersidéral} ;
c. {un livre posé sur une table} ;
d. {un enfant sur un remonte-pente à vitesse constante}.
2. Sur un schéma, représenter, sans souci d'échelle, les forces qui modélisent les actions mécaniques correspondantes, en utilisant la notation $\vec{F}_{\text{donneur/receveur}}$.
3. À l'aide de ce bilan des forces, préciser si les systèmes sont, ou non, isolés ou pseudo-isolés.
4. Pour quel(s) système(s) le vecteur quantité de mouvement est-il nul ?

18 Principe d'inertie et système pseudo-isolé

On enregistre le mouvement d'un mobile autoporteur lancé sur une table horizontale et posé sur une table que l'on incline. On obtient les trajectoires suivantes :

Enregistrement 1

Enregistrement 2

1. Rappeler la définition du principe d'inertie ou première loi de Newton.
2. En utilisant cette loi, pour quel enregistrement le système mobile autoporteur est-il pseudo-isolé ?
3. En justifiant, associer à chaque enregistrement la position de la table.
4. Comment évolue le vecteur quantité de mouvement du centre d'inertie du mobile pour chaque enregistrement ?

19 Ski de vitesse

Une skieuse descend de plus en plus vite sur la piste de vitesse de Vars. Un élève propose la représentation ci-contre des forces modélisant les actions mécaniques s'exerçant sur le système {skieuse + skis}.

1. Quelles sont ces deux actions mécaniques ?
2. Si cette représentation est correcte, peut-on appliquer le principe d'inertie sur le système ? Est-ce possible ici ?
3. Comment modifier cette représentation des forces pour qu'elle soit en accord avec l'énoncé ?

Exercices de synthèse

Pour préparer le BAC

20 Nature du mouvement

Les vecteurs vitesse et accélération du centre d'inertie de balles ou de ballons en mouvement sont représentés ci-dessous :

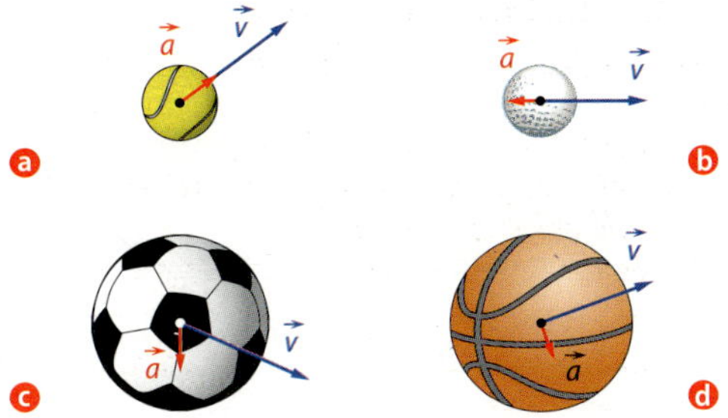

1. Dans quel référentiel sont étudiés ces mouvements ?

2. Pour chaque cas, préciser la nature du mouvement.

21 Une sacrée accélération

Une voiture de course est capable de passer de 0 à 100 km · h^{-1} en 3,7 s sur une portion de circuit rectiligne et horizontale.

1. En supposant l'accélération constante, calculer sa valeur et l'exprimer dans l'unité correcte.

2. Pendant cette phase d'accélération, quels sont, à un instant t, le sens et la direction des vecteurs vitesse et accélération du centre d'inertie du bolide ?

3. Dans le référentiel terrestre, cette voiture est-elle un système pseudo-isolé ?

22 Le bon graphe

Les graphes suivants correspondent à différents mouvements rectilignes sur un seul axe.

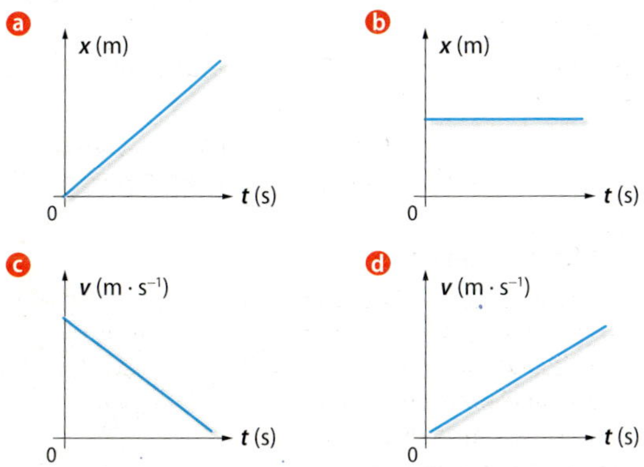

Associer chaque représentation graphique à un des mouvements de la liste ci-dessous :

❶ mouvement uniformément accéléré ;

❷ mouvement uniforme ;

❸ système au repos ;

❹ mouvement uniformément ralenti.

23 Mouvement de la Lune

Deux siècles avant J.-C., Hipparque proposait déjà une description complète du mouvement de la Lune.

Donnée. *Distance moyenne Terre-Lune : $d = 384\ 000$ km.*

1. Dans quel référentiel peut-on affirmer que l'orbite de la Lune autour de la Terre est circulaire et que sa période de révolution est de 27,3 jours ?

2. Calculer la valeur de la vitesse du centre d'inertie de la Lune, supposée constante, dans ce référentiel.

3. Sur la figure ci-contre, que vous reproduirez, et à l'aide d'une échelle adaptée, tracer ce vecteur vitesse.

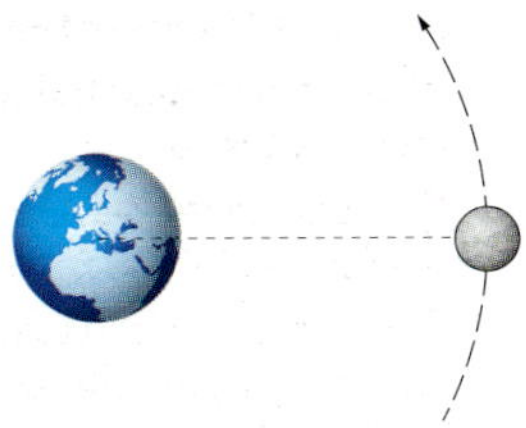

4. Compléter cette figure en ajoutant, sans souci d'échelle, le vecteur accélération du centre d'inertie de la Lune.

5. a. Dans ce référentiel, la Lune est-elle un système pseudo-isolé ou isolé ?

b. Que se passerait-il si la Lune devenait un système isolé ?

24 Coordonnées et vecteur vitesse

Un point matériel de masse $m = 0,1$ kg est mobile dans un plan muni d'un repère orthonormé (O ; x, y). Les coordonnées de ce point au cours du temps sont : $x(t) = 2\,t$ et $y(t) = 4\,t + 2$.

1. a. Comment retrouver l'équation de la trajectoire de ce point, qui est de la forme : $y = f(x)$?

b. D'après cette équation, quelle est la trajectoire du point ?

2. a. Quelles sont les coordonnées v_x et v_y du vecteur vitesse ?

b. En déduire la valeur de ce vecteur. Quelle est la nature du mouvement ?

3. a. Donner l'expression du vecteur quantité de mouvement.

b. Ce point est-il pseudo-isolé ?

25 Calcul de vitesse

Les variations au cours du temps de l'abscisse x d'un point en mouvement sont données ci-dessous :

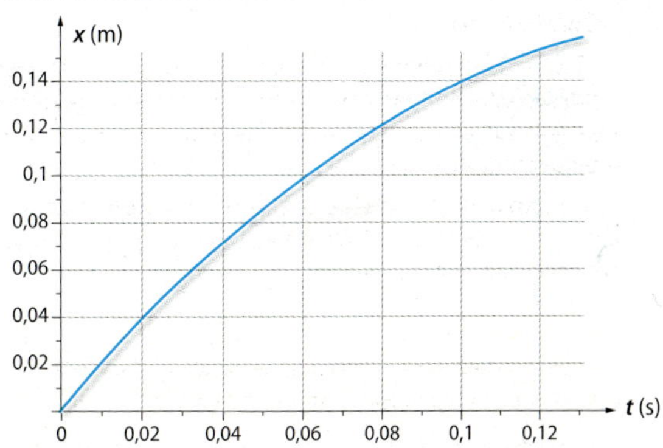

1. Déterminer graphiquement la vitesse de ce point à l'instant $t = 0,08$ s.

2. Comment évolue cette vitesse au cours du temps ?

26 De la trajectoire aux vecteurs

Les coordonnées du centre d'inertie d'un point mobile sont représentées toutes les 125 ms dans un repère (O ; x, y). Sur cette trajectoire figurent également les vecteurs vitesse aux points G_1, G_2 et G_3, qui correspondent aux instants t_1, t_2 et t_3 :

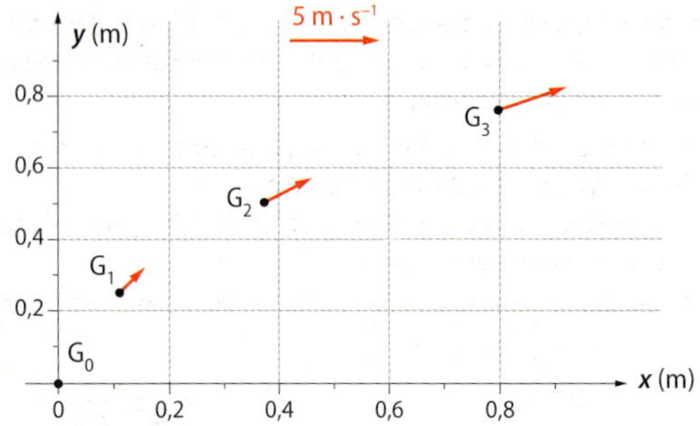

1. a. Recopier la figure et tracer le vecteur variation de vitesse $\Delta\vec{v}(t_2) = \vec{v}(t_3) - \vec{v}(t_1)$ à l'instant t_2.
b. À l'aide de l'échelle proposée pour la vitesse, déterminer la valeur de ce vecteur variation de vitesse.

2. a. Calculer la durée $\Delta t = t_3 - t_1$. En déduire la valeur de l'accélération à l'instant t_2.
b. En choisissant une échelle adaptée, tracer le vecteur accélération $\vec{a}(t_2)$.

27 Des équations à la vitesse et à l'accélération

Un point matériel G est animé d'un mouvement décrit, dans un repère orthonormé, par les équations horaires de ses coordonnées : $x(t) = 4{,}00\,t^2 + 6{,}00\,t$ et $y(t) = 3{,}00\,t$.

1. Pourquoi qualifie-t-on ces équations d'« horaires » ?

2. Quelles sont les coordonnées de G à l'instant $t = 0$?

3. a. Donner l'expression des coordonnées v_x et v_y du vecteur vitesse de G en fonction du temps.
b. Calculer les coordonnées de la vitesse à $t = 1{,}00$ s, puis en déduire la valeur de la vitesse à cet instant.

4. À partir des coordonnées de la vitesse, donner l'expression des coordonnées a_x et a_y de l'accélération de G. En déduire sa valeur.

28 Accéléré ou retardé ?

On enregistre les positions prises par le centre d'inertie d'un mobile à intervalles de temps réguliers égaux : $\tau = 40$ ms.

On obtient la trajectoire suivante :

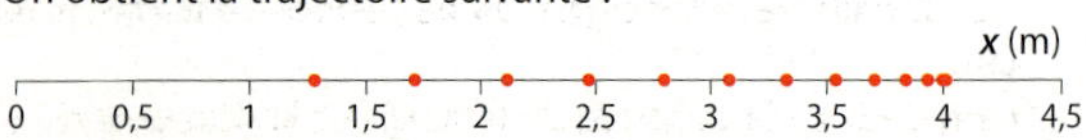

1. Reproduire le schéma et numéroter les points en commençant par le n° 1. Calculer les vitesses aux points 3, 4 et 5, en utilisant la fiche méthode p. 571.

2. Tracer les vecteurs correspondants en utilisant une échelle adaptée.

3. Calculer l'accélération du mobile au point 4. Tracer le vecteur en posant une échelle appropriée.

4. Quel est le signe du produit scalaire $\vec{a} \cdot \vec{v}$ au point 4 ? En déduire la nature du mouvement.

29 Plusieurs mouvements

Le mouvement d'une bille est filmé, puis, à l'aide d'un logiciel, les vecteurs vitesse et accélération du centre d'inertie de la bille sont tracés toutes les deux positions dans un repère (O ; x, y) orthonormé.

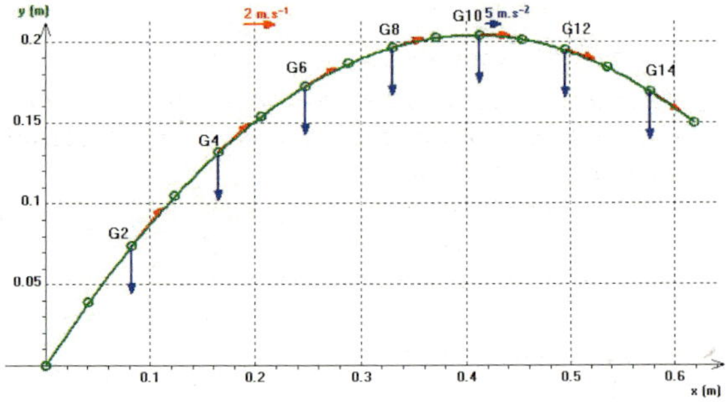

1. Comment nommer ce type de trajectoire ?

2. À l'aide de l'échelle proposée pour la vitesse, repérer le point où le vecteur vitesse a la plus grande valeur.

3. Quelles constatations peut-on faire à propos du vecteur accélération ?

4. a. Autour de quel point le mouvement est-il uniformément accéléré ?
b. Comment décrire les mouvements avant et après ce point ?

30 Billard

Une boule de billard de masse $m = 127$ g se déplace rectilignement à la vitesse $v = 3{,}94\ \text{m}\cdot\text{s}^{-1}$.

Schématiser la boule par un cercle, puis représenter le vecteur quantité de mouvement $\vec{p}$ du centre d'inertie de la boule.

31 Choix du système

Deux billes, notées ❶ et ❷, de petites tailles et de masses différentes, telles que $m_1 = 2\,m_2$, se déplacent sur une table lisse et horizontale, dans la même direction mais en sens contraires et à des vitesses différentes. Pendant une durée Δt très courte, elles se heurtent et repartent ensuite dans des sens opposés. Les vecteurs quantité de mouvement sont tracés avec la même échelle pour chaque bille avant et après le choc.

avant le choc

après le choc

1. Quel est le référentiel d'étude ? Peut-il être considéré comme galiléen ?

2. Quelle est celle des deux billes qui a la plus grande vitesse avant le choc ? après le choc ?

3. a. Comparer entre eux les vecteurs : $\vec{p}_1$ et $\vec{p}\,'_1$; $\vec{p}_2$ et $\vec{p}\,'_2$ puis $\vec{p}_1+\vec{p}_2$ et $\vec{p}\,'_1+\vec{p}\,'_2$.
b. Lequel des trois systèmes proposés : {bille ❶} ; {bille ❷} ou {bille ❶ + bille ❷} est pseudo-isolé avant et après le choc ?

32 ★ Billard français

Afin de réaliser le coup ci-contre, un joueur de billard propulse la boule blanche à la vitesse $v_1 = 0{,}50\ \text{m}\cdot\text{s}^{-1}$ sur la boule rouge, immobile. Au moment du choc, la trajectoire de la boule rouge fait un angle de 90° avec celle de la boule blanche incidente.

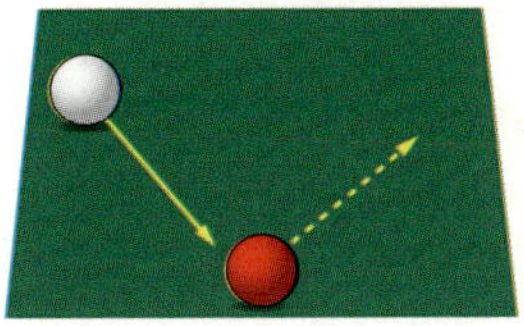

Donnée. *La masse des boules de billard français est de 209 g.*

1. Quel est le référentiel d'étude choisi pour l'étude de ce mouvement ? Peut-il être considéré comme galiléen ?

2. En justifiant, indiquer quel système choisir pour pouvoir appliquer la première loi de Newton.

3. À l'aide d'une construction graphique, déterminer le vecteur quantité de mouvement $\vec{p}\,'_1$ de la boule blanche après le choc, sachant que la boule rouge a une vitesse de valeur $v_2 = 0{,}20\ \text{m}\cdot\text{s}^{-1}$ après le choc. Quelle est la vitesse $\vec{v}\,'_1$ de cette boule après le choc ?

33 ★ B2i Au départ

Au départ d'une descente à ski, on repère toutes les secondes la position d'un point fixe sur le skieur. L'axe x est positionné sur la pente, qui fait un angle α par rapport à l'horizontale. Le temps est compté à partir de la position initiale du skieur. Les 9 premières mesures prises au cours du temps sont les suivantes :

	A	B	C	D	E	F	G	H	I	J
1	t (s)	0,0	1,0	2,0	3,0	4,0	5,0	6,0	7,0	8,0
2	x (m)	0,000	2,500	10,00	22,50	40,00	62,50	90,00	122,5	160,0
3	v_x (m.s^{-1})									
4	a_x (m.s^{-2})									

1. Dans quel référentiel ce mouvement est-il étudié ?

2. En représentant le skieur par un rectangle, faire un schéma de la situation où vous ferez figurer l'axe (Ox).

3. a. Recopier le tableau de valeurs dans un tableur-grapheur.
b. Quelle formule utiliser en C3 pour calculer la vitesse à l'instant $t_1 = 1$ s ? Recopier cette formule jusqu'à la cellule I3.
c. Quelle formule utiliser pour le calcul de l'accélération en D4 ? Recopier cette formule jusqu'en H4.

4. a. Construire la courbe $v_x = f(t)$. Déterminer l'équation de cette fonction à l'aide du tableur-grapheur.
b. Peut-on reconnaître dans cette expression une grandeur déterminée précédemment ?

En route vers le Supérieur

34 Distance de freinage

Afin de comprendre l'intérêt des limitations de vitesse à 30 km · h^{-1} en zone urbaine et notamment à proximité d'écoles, l'association de la prévention routière a mis en place sur son site Internet (http://www.preventionroutiere.asso.fr), une application « moduloroute ».

Le module « distance d'arrêt » indique qu'à 50 km · h^{-1} :
– il faut 26,2 m et 2,8 s pour s'arrêter ;
– qu'au bout d'une distance d'arrêt de 20 m, un véhicule a encore une vitesse de 35 km · h^{-1}.

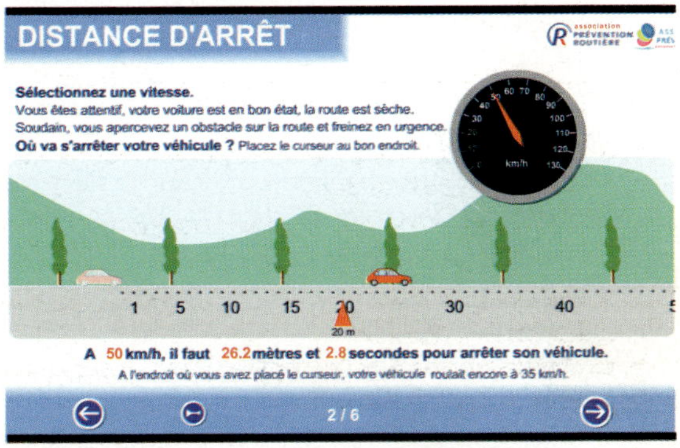

1. Quel est le référentiel d'étude choisi ici ?

2. Comment les repères d'espace et de temps sont-ils choisis ?

3. a. Calculer la coordonnée de l'accélération, notée a, pour que la voiture passe de 50 km · h^{-1} à 0 km · h^{-1}.
b. Comment est le vecteur accélération par rapport au vecteur vitesse ?
c. En déduire le type de mouvement de la voiture.

4. a. Exprimer, à l'aide de l'accélération a, les équations donnant l'évolution de la vitesse $v(t)$ et de l'abscisse $x(t)$ au cours du temps.
b. Au bout de 20 m parcourus, retrouve-t-on une vitesse de 35 km · h^{-1} ?

En réalité, la distance d'arrêt se décompose en deux parties :
– la distance parcourue pendant le temps de réaction, qui est d'une seconde (pour un conducteur en pleine possession de ses moyens) ;
– la distance de freinage, qui correspond à la distance nécessaire au véhicule pour s'arrêter.

5. a. Calculer la distance parcourue pendant le temps de réaction.
b. En déduire la distance de freinage et la durée Δt du freinage.
c. Déterminer la nouvelle coordonnée de l'accélération, notée a', sur cette nouvelle durée de freinage.
d. Donner, à l'aide de l'accélération a', les nouvelles équations donnant l'évolution de la vitesse $v'(t)$ et de l'abscisse $x'(t)$ au cours du temps.
e. Retrouve-t-on maintenant une vitesse de 35 km · h^{-1} au bout de 20 m parcourus ?

Pour préparer le BAC

Les compétences évaluées
- Choisir un référentiel d'étude.
- Définir, reconnaître et caractériser des mouvements dans un référentiel d'étude.

Énoncé type

La chute « libre » d'un boulet vue par Galilée

Selon la légende, Galilée (1564-1642) aurait étudié la chute des corps en lâchant divers objets du sommet de la tour de Pise (Italie). Il y fait référence dans deux ouvrages : *Dialogue sur les deux grands systèmes du monde* et *Discours concernant deux sciences nouvelles*.

Il s'agit de retrouver certains résultats avancés par Galilée concernant la chute verticale dans l'air d'un boulet sphérique en fer, lâché sans vitesse initiale.

Extrait n° 1 : « Avant tout, il faut considérer que le mouvement des corps lourds n'est pas uniforme : partant du repos, ils accélèrent continuellement [...]. Si on définit des temps égaux quelconques, aussi nombreux qu'on veut, et si on suppose que, dans le premier temps, le mobile, partant du repos, a parcouru tel espace, par exemple une aune [1,14 m], pendant le second temps, il en parcourra trois, puis cinq pendant le troisième [...] et ainsi de suite, selon la suite des nombres impairs. »

Donnée. *Intensité du champ de pesanteur, supposé uniforme :* $g = 9{,}8\ \text{m}\cdot\text{s}^{-2}$.

A. Modélisation de la chute

1. Dans le référentiel terrestre, quel repère d'espace le plus simple choisir pour étudier le mouvement du boulet ? Quelle date associer à l'origine de ce repère ?

2. Quel adverbe proposer pour remplacer « continuellement » dans le texte de Galilée ?

B. Étude de la durée de la chute

Extrait n° 2 : « Cherchons à savoir combien de temps un boulet, de fer par exemple, met pour arriver sur la Terre d'une hauteur de cent coudées [une coudée = 57 cm]. Aristote dit qu'une "*boule de fer de cent livres [unité de masse], tombant de cent coudées, touche terre avant qu'une boule d'une livre ait parcouru une seule coudée*", et je vous dis, moi, qu'elles arrivent en même temps. Des expériences répétées montrent qu'un boulet de cent livres met cinq secondes pour descendre de cent coudées. »

3. Parmi les propositions ci-dessous, attribuer celle qui correspond à la théorie d'Aristote et celle qui correspond à la théorie de Galilée :

a. La durée de chute augmente quand la masse du boulet augmente.

b. La durée de chute diminue quand la masse du boulet augmente.

c. La durée de chute est indépendante de la masse.

4. En utilisant l'expression $x(t) = \frac{1}{2}\, g \cdot t^2$, calculer la durée Δt de la chute d'un boulet qui tombe d'une hauteur totale $H = 100$ coudées. Pourquoi ce résultat est-il différent de la valeur annoncée dans l'extrait n° 2 ?

➤ Coups de pouce

1. Le boulet a un mouvement vertical vers le bas.

2. L'accélération est constante.

3. Les théories d'Aristote et de Galilée se trouvent dans l'extrait 2.

4. La coudée n'est pas une unité du Système international.

Le calcul de la durée ne tient pas compte de tous les paramètres réels.

EXEMPLE DE **RÉSOLUTION**

1. Le repère d'espace est un **axe (Ox) vertical orienté vers le bas**. Le boulet est lâché au point O, d'abscisse $x_0 = 0$ à la date $\boldsymbol{t_0 = 0}$.

2. **Uniformément**, puisque l'accélération est constante.

3. La proposition **a** ne correspond ni à Galilée ni à Aristote. La proposition **b** peut être attribuée à **Aristote**, la proposition **c** à **Galilée**.

4. Soit t la date d'arrivée du boulet sur le sol. $\Delta t = t - t_0 = t$. L'expression de la hauteur est :

$$H = x(t) - x(t_0) = (1/2)\, g \cdot t^2 - (1/2)\, g \cdot t_0^2 = (1/2)\, g \cdot t^2 - 0 = (1/2)\, g \cdot \Delta t^2.$$

La durée peut s'exprimer : $\Delta t^2 = \frac{2H}{g}$ soit $\Delta t = \sqrt{\frac{2H}{g}}$.

A.N. : $\Delta t = \sqrt{\frac{2 \times 100 \times 0{,}57}{9{,}8}}$ soit $\boxed{\Delta t = 3{,}4\ \text{s}}$

La valeur mesurée par Galilée est 5 s. La valeur calculée ici ne tient pas compte des actions exercées par l'air. L'imprécision de la mesure de Δt peut également expliquer cet écart.

Pour préparer le BAC

Énoncé type

Un constat amiable

Après un accident de la circulation en zone urbaine, les deux conducteurs des véhicules impliqués remplissent un constat amiable d'accident automobile. Sur ce document, ils font apparaître, notamment, un croquis de l'accident où sont indiqués : les voies avec les numéros des routes, la direction et le sens des trajectoires des véhicules avant le choc, leur position au moment du choc et après celui-ci.

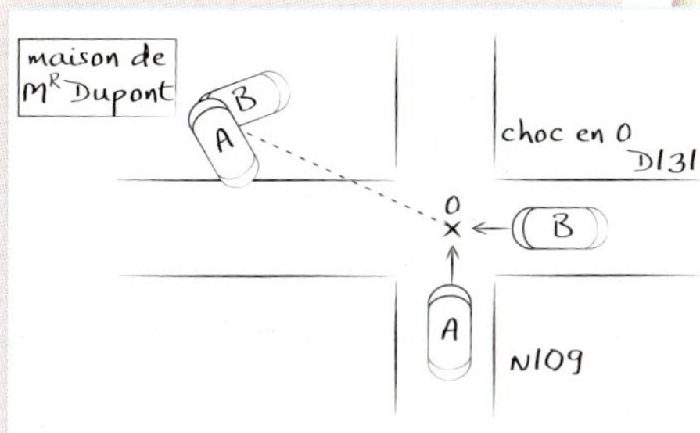

L'expert dispose des informations suivantes :

– vitesses déclarées des véhicules au moment du choc : $v_A = 45\ \text{km} \cdot \text{h}^{-1}$ et $v_B = 50\ \text{km} \cdot \text{h}^{-1}$;

– masses des véhicules : $m_A = 1\ 840$ kg et $m_B = 1\ 800$ kg ;

– sol glissant.

L'expert d'assurance observe avec intérêt le croquis du constat qu'il a reçu. Il met en doute la valeur de la vitesse donnée par le conducteur B.

1. Dans quel référentiel le mouvement est-il étudié ?

2. a. Sur quel système peut-on appliquer la première loi de Newton ?

b. Quelle grandeur vectorielle reste constante avant et après le choc ? Exprimer la relation qui en découle. On considère que les deux voitures restent collées l'une à l'autre.

3. a. Déterminer les valeurs p_A et p_B des quantités de mouvement des deux voitures avant le choc.

b. Sur un schéma, construire un repère orthonormé (xOy) pour y représenter les vecteurs quantité de mouvement des deux voitures, puis celui du système choisi à la question **2.a**.

c. En déduire les coordonnées du vecteur quantité de mouvement $\vec{p}_C$ du système après le choc.

4. a. Déterminer la valeur du vecteur quantité de mouvement $\vec{p}_C$ et sa direction α prise par rapport à l'axe (Oy). En déduire la direction par rapport à (Oy) du vecteur vitesse $\vec{v}_C$ du système après le choc.

b. Comparer α à la direction prise par les deux voitures après le choc sur le croquis. L'expert a-t-il raison de douter de la valeur de la vitesse v_B ?

Les compétences évaluées

- Choisir un référentiel d'étude.
- Définir, reconnaître et caractériser des mouvements dans un référentiel d'étude.
- Définir la quantité de mouvement, connaître et exploiter le principe d'inertie.

➤ Coups de pouce

1. Le référentiel est toujours à préciser même s'il n'est pas demandé.

2. a. Ce système doit être pseudo-isolé.

b. Appliquer la première loi de Newton.

3. a. Penser à utiliser les bonnes unités.

b. Il est souhaitable de prendre des vecteurs unitaires dont la norme simplifiera la représentation.

c. Dans ce repère, le vecteur quantité de mouvement peut s'écrire : $\vec{p}_C = p_{Cx} \cdot \vec{i} + p_{Cy} \cdot \vec{j}$.

4. a. Il faut utiliser une relation de trigonométrie.

b. L'angle α dépend de la grandeur de $\vec{p}_B$.

EXEMPLE DE RÉSOLUTION

1. Le référentiel **terrestre**.

2. a. Sur le système **{voiture A + voiture B}**, qui est pseudo-isolé avant et après le choc, car les actions mécaniques qui résultent du choc sont intérieures au système.

b. Le vecteur quantité de mouvement reste constant, donc :

$$\vec{p}_A + \vec{p}_B = \vec{p}_C$$

où $\vec{p}_C$ est le vecteur quantité de mouvement du système après le choc.

3. a. Il faut convertir les vitesses en $\text{m} \cdot \text{s}^{-1}$:

$p_A = m_A \cdot v_A$ soit $p_A = 1\ 840 \times (45/3{,}6)$

$$p_A = 2{,}3 \times 10^4\ \text{kg} \cdot \text{m} \cdot \text{s}^{-1}$$

$p_B = m_B \cdot v_B$ soit $p_B = 1\ 800 \times (50/3{,}6)$

$$p_B = 2{,}5 \times 10^4\ \text{kg} \cdot \text{m} \cdot \text{s}^{-1}$$

b. L'origine du repère est O, le point de contact entre les 2 voitures.

On choisit des vecteurs unitaires $\vec{i}$ et $\vec{j}$ tels que leur norme soit égale à $1{,}0 \times 10^4\ \text{kg} \cdot \text{m} \cdot \text{s}^{-1}$.

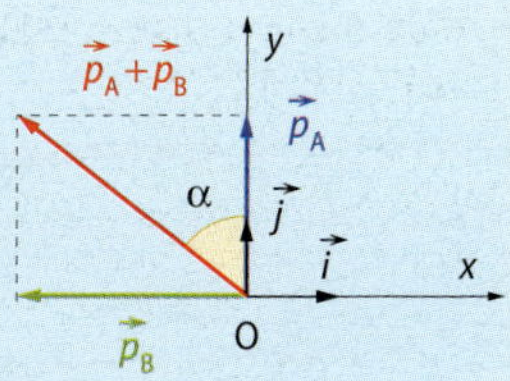

c. $\vec{p}_C = -2{,}5\,\vec{i} + 2{,}3\,\vec{j}$

4. a. $p_C = \sqrt{(-2{,}5)^2 + 2{,}3^2} \times 10^4$

$$p_C = 3{,}4 \times 10^4\ \text{kg} \cdot \text{m} \cdot \text{s}^{-1}$$

On a $\tan \alpha = \dfrac{p_A}{p_B} = \dfrac{2{,}5}{2{,}3}$; $\alpha = \tan^{-1}\left(\dfrac{2{,}5}{2{,}3}\right)$

soit $\alpha = 47°$

La direction du vecteur vitesse $\vec{v}_C$ **est la même que celle de $\vec{p}_C$**.

b. La direction donnée après le choc est **supérieure à α**. La vitesse réelle v_B (et p_B) est supérieure à celle indiquée sur le constat et donc la voiture B semblait **en excès de vitesse**.

Avant d'aborder la séquence 2

Évaluation diagnostique

Pour chaque situation présentée, proposer une réponse en argumentant.

Situation 1

Pour vérifier l'indispensable

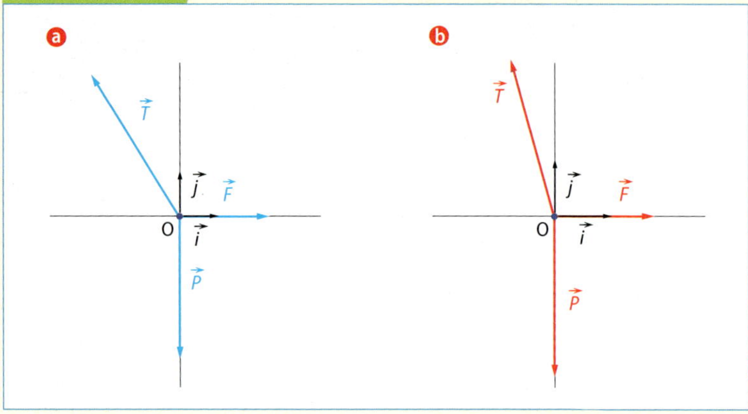

Après avoir réalisé un bilan des actions mécaniques qui s'exercent sur un système, on modélise généralement ces actions par des vecteurs force.

De ces deux représentations, quelle est celle où la somme des vecteurs n'est pas égale au vecteur nul ?

Activité 1, p. 148

Situation 2

Pour amorcer la réflexion

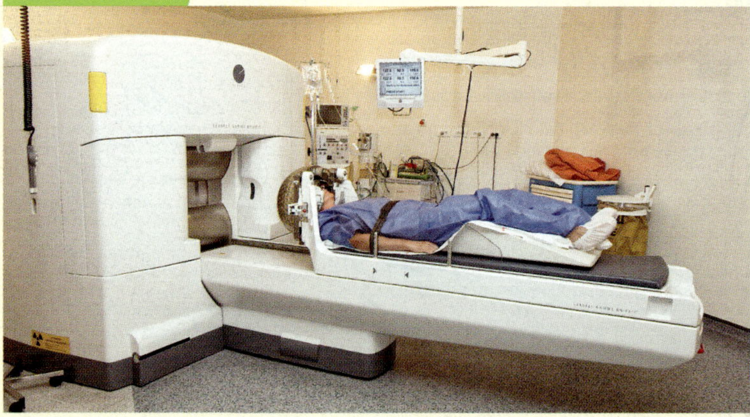

La radiothérapie est une technique de traitement de certains cancers. Les rayons qui détruisent les cellules cancéreuses sont produits par des accélérateurs de particules.

Quel dispositif permet d'accélérer les particules chargées ?

Activité 2, p. 149

Situation 3

Pour amorcer la réflexion

Dans de nombreux sports de lancer comme le javelot, il faut envoyer le projectile le plus loin possible.

Doit-on donner au javelot une direction particulière pour le projeter le plus loin possible ?

Activités 3 et 4, p. 150 et 151

Champ de force et mouvement

Le champ de pesanteur est à l'origine du mouvement de ces gouttes d'eau qui, propulsées vers le haut, terminent toutes leur mouvement sur le sol.

Les acquis des classes précédentes

- Le champ de pesanteur $\vec{g}$ est **vectoriel**, il est défini par la relation : $\vec{g} = \dfrac{\vec{P}}{m}$.

Il est considéré comme **uniforme** dans un domaine restreint au voisinage de la Terre.

- Le champ électrostatique $\vec{E}$ est **vectoriel**, il est défini par la relation : $\vec{E} = \dfrac{\vec{F}}{q}$.

Dans un condensateur plan, il est **uniforme**.

Les compétences à acquérir

1. **Connaître** et **exploiter** la deuxième loi de Newton.
2. **Étudier** un mouvement dans un champ de pesanteur.
3. **Étudier** un mouvement dans un champ électrostatique.

→ **Culture scientifique**
Les accélérateurs de particules

Activité 1

Activité de découverte

Compétences scientifiques évaluées
- Extraire une information utile.
- Associer un modèle à un phénomène.

Le téléski

Lorsqu'un skieur utilise un téléski pour remonter une pente, sa vitesse peut varier, tout comme la force qui modélise l'action de la perche du téléski sur lui. Existe-t-il un lien entre ces deux grandeurs ?

Étude de documents

Le système étudié {skieur + équipement} a une masse $m = 85$ kg, la piste est plane et, à l'altitude de la station de ski, l'intensité de pesanteur a pour valeur $g_0 = 9{,}8 \text{ m} \cdot \text{s}^{-2}$.

Sur la **figure 2**, la situation est modélisée. Dans les **figures 3 et 4**, on représente les forces modélisant les actions mécaniques s'exerçant sur le système dans deux situations différentes.

Fig. 1 Situation réelle : un skieur utilisant un téléski. ▶

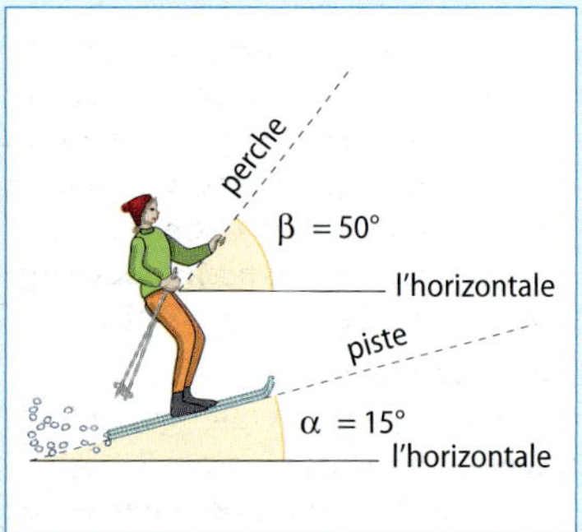

Fig. 2 Modélisation de la situation.

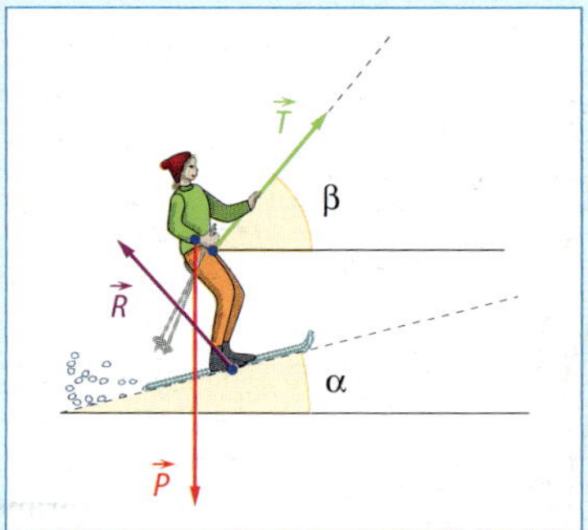

Fig. 3 Représentation des forces dans la situation 1.

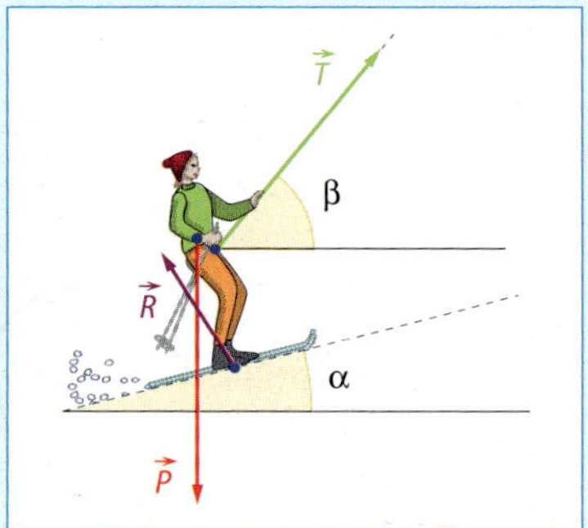

Fig. 4 Représentation des forces dans la situation 2.

Pistes de réflexion

1 Dans quel référentiel étudie-t-on le mouvement du système ?

2 Quelles actions mécaniques modélisent les forces représentées ?

3 Situation 1

Le skieur remonte la piste à vitesse constante.

a. Construire sur un schéma la somme vectorielle des forces représentées.

Cette somme vectorielle se nomme la résultante des forces et se note $\Sigma\vec{F}$.

b. Que vaut $\Sigma\vec{F}$? Que peut-on en déduire concernant les actions mécaniques s'exerçant sur le système ?

c. Ce système est-il pseudo-isolé ?

d. En déduire les caractéristiques du vecteur quantité de mouvement $\vec{p}_1$ du centre d'inertie du système.

4 Situation 2

Pendant une durée Δt très courte, certaines actions mécaniques s'exerçant sur le système sont modifiées. On considère les forces modélisant ces actions, de valeur constante sur cette durée. La vitesse du système augmente alors.

a. Quelles sont les deux forces représentées qui ont été modifiées par rapport à la situation 1 ?

b. Construire sur un schéma la somme vectorielle de ces forces. Quelles sont les caractéristiques de $\Sigma\vec{F}$?

c. Le système est-il pseudo-isolé ?

d. Le vecteur quantité de mouvement $\vec{p}_2$ a-t-il varié par rapport à $\vec{p}_1$? Donner les caractéristiques du vecteur $\Delta\vec{p} = \vec{p}_2 - \vec{p}_1$.

Pour conclure

5 Pendant la durée Δt, quelles sont les caractéristiques communes des vecteurs $\Sigma\vec{F}$ et $\Delta\vec{p}$?

Activité 2

Activité documentaire

Un accélérateur linéaire

Pour sonder la matière, la technologie apporte bien des solutions, notamment les accélérateurs de particules, qui produisent des ions ou des électrons de très hautes énergies.

Compétences scientifiques évaluées
- Extraire une information utile.
- Communiquer et argumenter en utilisant un vocabulaire scientifique adapté.

Étude de document

La composition chimique de la matière constituant des objets d'art ou d'archéologie permet d'identifier un matériau, son origine ou son authenticité, et de prévoir une éventuelle restauration. Le Laboratoire des musées de France dispose de plusieurs techniques d'analyse, dont certaines font appel à des équipements de pointe comme l'AGLAE : l'Accélérateur Grand Louvre d'Analyse Élémentaire, situé dans les sous-sols du musée du Louvre.

Cet appareil est un accélérateur linéaire électrostatique de type tandem de 2 MV. Il produit un faisceau d'ions monoatomiques qui est envoyé sur l'objet à étudier. Celui-ci émet des particules en retour ; elles sont analysées et les chercheurs en déduisent la nature des éléments chimiques se trouvant à la surface de l'objet (Fig. 1). Les avantages de cette technique sont sa rapidité et son caractère non destructif vis-à-vis des œuvres.

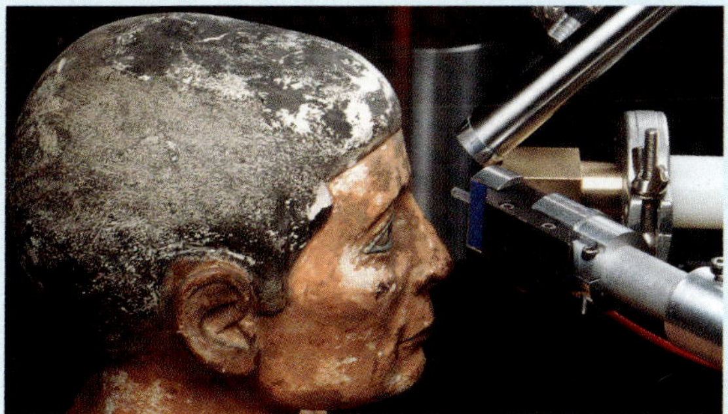

Fig. 1 L'analyse d'un « scribe égyptien ».

Le principe de fonctionnement d'un accélérateur de type tandem est résumé sur la figure 2.

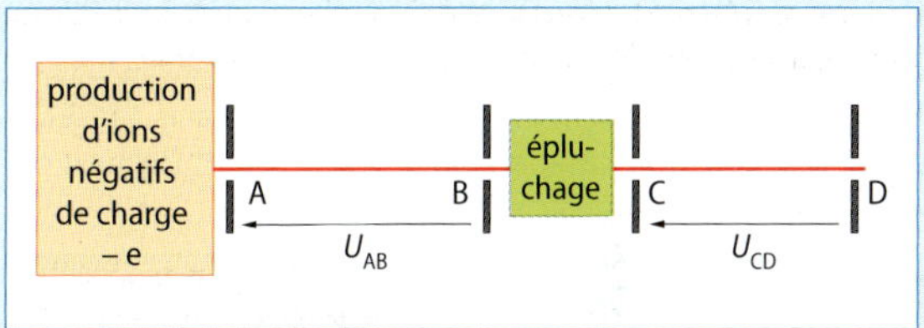

Fig. 2 Schéma de fonctionnement d'un accélérateur type tandem.

On utilise par exemple, des atomes d'hydrogène H ($Z = 1$), qui sont transformés en ions négatifs de charge $q = -\,e$, puis soumis à un champ électrostatique créé par la tension $U = |U_{AB}| = 2{,}0$ MV entre les deux armatures A et B d'un condensateur plan. Au centre du dispositif, entre B et C, les ions sont « épluchés » pour devenir des ions positifs de charge $q' = e$, qui sont soumis à une nouvelle tension $U = |U_{CD}|$.

On dispose des données suivantes :

– l'énergie cinétique, en J, acquise par une particule de charge q soumise à une tension électrique U est $\Delta E_c = |q| \cdot U$, où q est exprimé en C et U en V. On l'exprime souvent en électronvolt ($1\ \text{eV} = 1{,}60 \times 10^{-19}$ J) ;

– la masse d'un atome d'hydrogène est $m = 1{,}67 \times 10^{-27}$ kg ;

– la charge élémentaire a pour valeur $e = 1{,}60 \times 10^{-19}$ C.

Pistes de réflexion

1 **a.** Quel est le champ qui agit sur les ions produits par l'accélérateur ? Quel autre champ néglige-t-on ?

b. Quel est donc obligatoirement le type de particule que l'on doit utiliser dans ces accélérateurs ?

2 **a.** Quels sont les ions accélérés entre les armatures A et B ? Quelle est l'armature chargée positivement ?

b. Sur un schéma, représenter le vecteur champ et le vecteur force responsable du mouvement des particules entre A et B.

3 **a.** Calculer, en MeV, l'énergie cinétique acquise par un ion en B.

b. En admettant que les ions entrent en A sans vitesse initiale ($v_A = 0$), calculer la vitesse v_B d'un ion en B.

4 **a.** Entre B et C, quelle(s) particule(s) élémentaire(s) l'éplucheur enlève-t-il de l'ion incident ?

b. De combien de particules élémentaires l'ion est-il ainsi « épluché » ?

5 **a.** Quelle est, de C ou de D, l'armature chargée positivement ?

b. Représenter sur un schéma le vecteur champ et le vecteur force responsable du mouvement des ions entre C et D.

6 **a.** Comparer la vitesse des ions entre C et D.

b. En supposant que la vitesse des ions ne varie pas entre B et C, comparer leurs vitesses entre A et D.

Pour conclure

7 Justifier le nom d'accélérateur électrostatique linéaire donné à cet appareil.

Activité 3

Démarche d'investigation

Compétences scientifiques évaluées
- Identifier les paramètres jouant un rôle dans un phénomène physique.
- Questionner les résultats d'une démarche.

Un record de saut en longueur

Quels que soient les objets lancés dans un champ de pesanteur, leurs mouvements possèdent des caractéristiques communes.

Pour commencer (situation déclenchante)

Les tentatives pour battre les records mondiaux de saut en longueur avec une voiture, une moto ou même en rollers se multiplient.

Pour le réveillon du jour de l'An 2010, Travis Pastrana, pilote américain de motocross et de voiture de rallye, établit un nouveau record du monde de saut en longueur à l'aide d'une voiture de rallye.

Il pulvérise ainsi le dernier record de 171 pieds, détenu depuis 2006 par son ami Ken Block, en réalisant un saut de 269 pieds. Cet exploit est représenté figure 1.

Fig. 1 Chronophotographie du saut.

Pour ce type de saut, la voiture démarre de A (Fig. 2), puis accélère pour atteindre une vitesse maximale en B sur une piste rectiligne (de A à B). Elle accède à un tremplin de lancement (BC) qui permet de réaliser le saut, et qui fait un angle α (appelé angle de tir) par rapport à l'horizontale. La voiture peut alors atterrir sur un tremplin de réception (DE), qui permet une réception moins dangereuse.

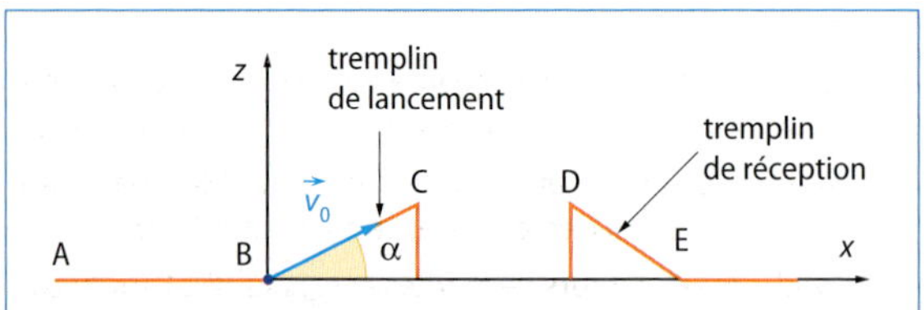

Fig. 2 Schéma de principe du saut.

Investigation

Quelles caractéristiques liées à la voiture ou au mode opératoire utilisé pour le saut pourrait-on modifier pour battre ce record ?

Quelques idées (hypothèses)

Voici les idées exprimées par quelques élèves :

- Malik : « *Il faut sûrement alléger la voiture.* »
- Vesna : « *Oui, ou alors aller plus vite avant le saut.* »
- Arielle : « *Pourquoi ne pas sauter plus haut au départ ?* »

Étude de document (recherche de validation)

La voiture mesure 4,4 m de long. Chaque position successive G_i du centre d'inertie de la voiture est séparée ci-dessus par un intervalle de temps $\Delta t = 0{,}20$ s. La position G_0 n'est pas représentée, elle correspond à l'instant où la voiture arrive au bas du tremplin de lancement, prise pour origine du temps $t = 0$ dans le repère (B ; x, z) représenté sur la figure 2.

La valeur de l'intensité de pesanteur est $g_0 = 9{,}81 \text{ m} \cdot \text{s}^{-2}$.

Description du mouvement

1 Quel est le référentiel d'étude ?

2 Quelle information donne la figure 1 au sujet de la valeur de la vitesse au cours du saut ?

3 Quel est le mouvement de G ?

Étude du mouvement

4 À partir des documents, déterminer la valeur de la vitesse $v = v_0$ de G pendant le saut.

5 **a.** Reproduire le document ci-dessus, éventuellement à l'aide d'un papier calque, et tracer en G_2 et G_4 le vecteur vitesse $\vec{v}$ en utilisant une échelle appropriée.

b. Tracer le vecteur $\Delta\vec{v}$ en G_3.

c. En déduire la valeur de l'accélération, puis tracer en G_3 le vecteur accélération de G, $\vec{a}$, en utilisant une échelle adaptée. Comparer $\vec{a}$ au champ de pesanteur local $\vec{g}_0$.

d. Écrire les coordonnées a_x et a_z de $\vec{a}$ en fonction de g_0.

6 **a.** Établir, en fonction de v_0 et α, les coordonnées v_{0x} et v_{0z} de la vitesse à $t = 0$.

b. Donner l'expression des coordonnées v_x et v_z de la vitesse à partir des coordonnées de $\vec{a}$.

c. Donner l'expression des coordonnées $x(t)$ et $z(t)$ du vecteur position à partir des coordonnées de $\vec{v}$.

7 En éliminant le temps entre $x(t)$ et $z(t)$, déterminer l'équation de la trajectoire $z = f(x)$.

Pour conclure

8 À l'aide de l'équation de la trajectoire, indiquer quels paramètres on pourrait modifier pour battre ce record.

Activité 4

TP Activité expérimentale

Animation

Mouvement d'un projectile

Compétences expérimentales évaluées
- Écrire le résultat d'une mesure.
- Analyser un résultat expérimental.

Un projectile est un objet projeté qui est destiné à atteindre une cible et/ou à parcourir une distance précise. Son mouvement va dépendre des conditions du lancer.

Principe

L'étude du mouvement d'un projectile qui ne dispose pas d'un mode de propulsion propre se nomme la *balistique*.

Si le mouvement du centre d'inertie du projectile est parabolique, il n'est alors soumis qu'au champ de pesanteur local $\vec{g}_0$, considéré comme uniforme. Le projectile est considéré en chute libre, on néglige ainsi la poussée d'Archimède et les frottements dus à l'air.

L'équation d'une parabole dans un repère orthonormé (O ; x, y) est de la forme : $y = ax^2 + bx + c$.

Le mouvement d'une balle de golf de masse m est filmé, puis étudié à l'aide d'un logiciel de pointage et d'un tableur-grapheur. L'intensité de pesanteur est $g_0 = 9{,}81\ \text{m} \cdot \text{s}^{-2}$.

Mise en œuvre au laboratoire

Matériel
• balle • webcam ou tout appareil muni d'une fonction vidéo • tableau blanc muni d'une règle • logiciel de pointage et de traitement des données • tableur-grapheur

• Lancer la balle avec une vitesse initiale $\vec{v}_0$ faisant un angle α avec le plan horizontal. Filmer son mouvement en s'aidant des consignes données par la figure ci-dessous.

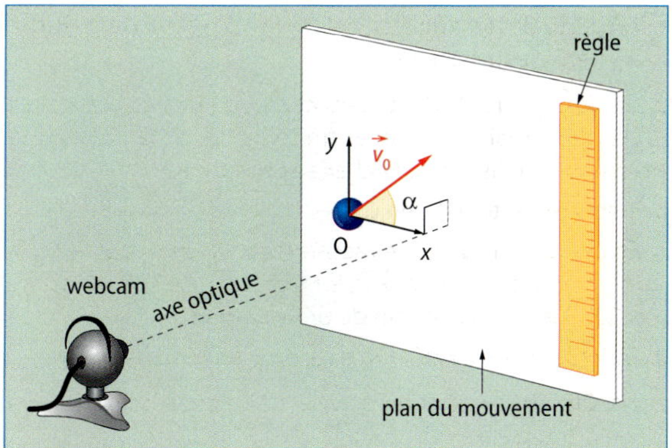

Fig. 1 Position de la webcam.

1 Rappeler l'utilité de la position particulière de la webcam par rapport au plan du mouvement et de la toise.

Mesures

• Ouvrir le logiciel de pointage, puis le fichier correspondant au mouvement filmé. Le mouvement est étudié à partir de l'image où la balle n'est plus en contact avec la main du lanceur.

2 Préciser les réglages à effectuer avant de commencer l'étude du mouvement du centre d'inertie G de la balle.

• Pointer le centre d'inertie de la balle jusqu'à ce qu'il passe au niveau de l'axe des abscisses du repère choisi.

3 Quelles sont les grandeurs mesurées par le logiciel ?

Exploitation des enregistrements

• Transférer les données vers le logiciel tableur-grapheur. À partir des valeurs de x et y, tracer le graphe $y = f(x)$, qui correspond à la trajectoire du centre d'inertie de la balle.

4 **a.** En utilisant l'outil de modélisation du logiciel, modéliser la trajectoire par une parabole et faire apparaître l'équation de la trajectoire.

Pour savoir si ce modèle est adapté pour décrire la trajectoire trouvée expérimentalement, les tableurs proposent de calculer le coefficient de corrélation r (ou de détermination r^2) ou le pourcentage d'écart p. Si r (ou r^2) est proche de la valeur + 1 ou si p est proche de 0 %, le modèle est adapté.

b. Indiquer si le modèle retenu pour décrire la trajectoire est adapté.

• Tracer les courbes $x(t)$ et $y(t)$ à l'aide du logiciel.

5 En utilisant l'outil de modélisation, établir leur équation.

6 **a.** Sachant que $v_x(t) = \dfrac{\text{d}x(t)}{\text{d}t}$ et que $v_y(t) = \dfrac{\text{d}y(t)}{\text{d}t}$, donner l'expression des coordonnées de la vitesse en fonction du temps t.

b. Pour $v_y(t)$, proposer une formule qui permettra au tableur de calculer les valeurs de la vitesse v_y aux différents instants t.

c. À l'aide de ces résultats, trouver les valeurs des coordonnées $v_x(0)$ et $v_y(0)$ du vecteur vitesse à l'instant $t = 0$.

d. En déduire les valeurs de la vitesse v_0, puis de l'angle α.

7 **a.** Calculer les coordonnées du vecteur accélération, sachant que $a_x = \dfrac{\text{d}v_x(t)}{\text{d}t}$ et $a_y = \dfrac{\text{d}v_y(t)}{\text{d}t}$.

b. Quelle est la valeur de l'accélération ? La comparer à la valeur de g_0 en calculant l'écart relatif entre ces deux valeurs.

Pour conclure

8 **a.** Peut-on considérer la balle en chute libre ?

b. Quelle est la seule action mécanique qui s'exerce sur elle ?

9 Exprimer la relation entre le vecteur accélération $\vec{a}$ du centre d'inertie de la balle et le vecteur champ de pesanteur $\vec{g}_0$.

Cours

1 La deuxième loi de Newton

› Activité 1

Forces et quantité de mouvement

La résultante des forces, notée $\Sigma\vec{F}$, est la somme vectorielle des forces modélisant les actions mécaniques qui s'exercent sur un système.

Exemple

Une balle de golf frappée par un club est soumise à trois actions mécaniques modélisées par les forces : $\vec{P}$, $\vec{F}_{tee/balle}$ et $\vec{F}_{club/balle}$ (Fig. 1).

La résultante des forces s'écrit : $\Sigma\vec{F} = \vec{P} + \vec{F}_{tee/balle} + \vec{F}_{club/balle}$.

Comme le poids et l'action exercée par le tee se compensent, il vient :

$\vec{P} + \vec{F}_{tee/balle} = \vec{0}$, soit $\Sigma\vec{F} = \vec{F}_{club/balle}$.

Tout se passe comme si la seule action mécanique exercée sur la balle était celle du club. C'est elle qui met la balle en mouvement.

Lorsque la résultante des forces n'est pas nulle, le système étudié n'est ni isolé ni pseudo-isolé. D'après la première loi de Newton, sa quantité de mouvement n'est donc pas constante.

Dans un référentiel galiléen, pendant une durée Δt, la variation du vecteur quantité de mouvement $\Delta\vec{p}$ d'un système non isolé est proportionnelle à la résultante des forces $\Sigma\vec{F}$:

$$\frac{\Delta\vec{p}}{\Delta t} = \Sigma\vec{F}$$

p en $kg \cdot m \cdot s^{-1}$
t en seconde (s)
F en newton (N)

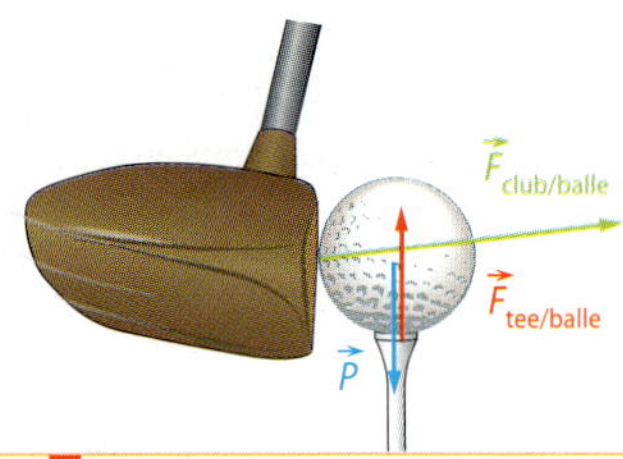

Fig. 1 Représentation des forces s'exerçant sur une balle de golf mise en mouvement par un club.

Énoncé de la deuxième loi de Newton

Si la résultante des forces n'est pas constante dans le temps, il faut réduire la durée Δt à un intervalle de temps infinitésimal, sur lequel $\Sigma\vec{F}$ pourra être considérée comme constante :

$$\Sigma\vec{F} = \lim_{\Delta t \to 0} \frac{\Delta\vec{p}}{\Delta t}$$

Cette limite correspond à la dérivée du vecteur quantité de mouvement par rapport au temps.

Deuxième loi de Newton : dans un référentiel galiléen, la résultante des forces appliquée à un système est égale à la dérivée par rapport au temps du vecteur quantité de mouvement du centre d'inertie de ce système :

$$\Sigma\vec{F} = \frac{d\vec{p}}{dt}$$

Comme, par définition, $\vec{p} = m \cdot \vec{v}$ où m et $\vec{v}$ sont la masse et la vitesse du centre d'inertie du système, il vient :

$$\Sigma\vec{F} = \frac{d(m \cdot \vec{v})}{dt} = m\frac{d\vec{v}}{dt} = m \cdot \vec{a}$$

où $\vec{a}$ est l'accélération du centre d'inertie du système.

La deuxième loi de Newton peut donc aussi s'écrire :

$\Sigma\vec{F} = m \cdot \vec{a}$, avec a en $m \cdot s^{-2}$ et F en N.

$\vec{a}$ et $\Sigma\vec{F}$ sont des vecteurs colinéaires.

➥ Exercices 1 à 6

Sciences et culture

Isaac Newton

C'est dans le premier volume de son ouvrage *Philosophiæ Naturalis Principia Mathematica*, rédigé en 1687, que le savant anglais Isaac Newton (1642-1727) énonce ses trois lois, ainsi que celle de la gravitation universelle.

La deuxième loi de Newton est également connue sous le nom de « théorème du centre d'inertie ».

2 Mouvement dans un champ de pesanteur uniforme

> Activités 3 et 4

Dans un domaine restreint au voisinage de la Terre, on peut considérer que le champ de pesanteur est **uniforme** (Fig. 2) et est décrit par des vecteurs $\vec{g}_0$.

On étudie le mouvement du centre de gravité d'un système quelconque de masse m au voisinage de la Terre. Ce système est lancé de O dans un plan (xOz) avec une vitesse initiale $\vec{v}_0$ faisant un angle α avec l'horizontale. L'étude est effectuée dans le référentiel terrestre, considéré comme galiléen.

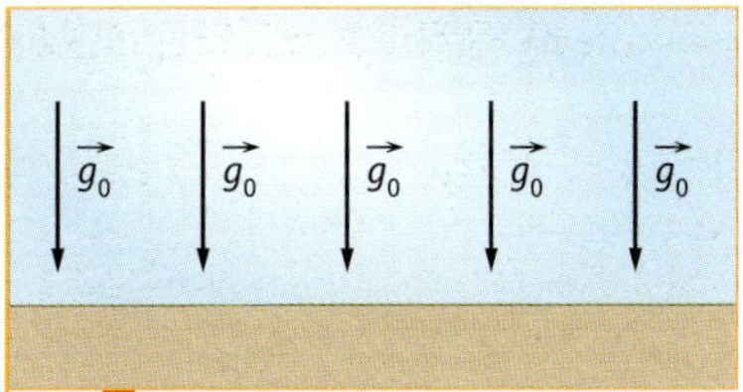

Fig. 2 Le champ de pesanteur est uniforme au voisinage de la Terre.

Vecteur accélération

On se place dans un **repère** d'espace orthonormé $(O\,;\vec{i},\vec{j},\vec{k})$ (Fig. 3).

Dans un tel repère, on a : $\vec{g}_0 \begin{cases} g_{0x} = 0 \\ g_{0y} = 0 \\ g_{0z} = -g_0 \end{cases}$ et : $\vec{v}_0 \begin{cases} v_{0x} = v_0 \cdot \cos\alpha \\ v_{0y} = 0 \\ v_{0z} = v_0 \cdot \sin\alpha \end{cases}$

En négligeant toutes les actions mécaniques dues à l'air, la seule action mécanique qui agit sur l'objet est celle qui résulte du champ de pesanteur et qui se modélise par le poids de l'objet : $\vec{P} = m \cdot \vec{g}_0$.

D'après la **deuxième loi de Newton**, on peut écrire : $\dfrac{d\vec{p}}{dt} = \vec{P} = m \cdot \vec{g}_0$.

En notant $\vec{v}$ et $\vec{a}$ les vitesses et accélération du centre d'inertie G du système, on a donc :

$$\frac{d(m \cdot \vec{v})}{dt} = m \cdot \frac{d\vec{v}}{dt} = m \cdot \vec{g}_0 \quad \text{et donc :} \quad \frac{d\vec{v}}{dt} = \vec{a} = \vec{g}_0$$

Le vecteur accélération du centre d'inertie d'un objet placé uniquement dans un champ de pesanteur est constant et égal au vecteur champ de pesanteur.

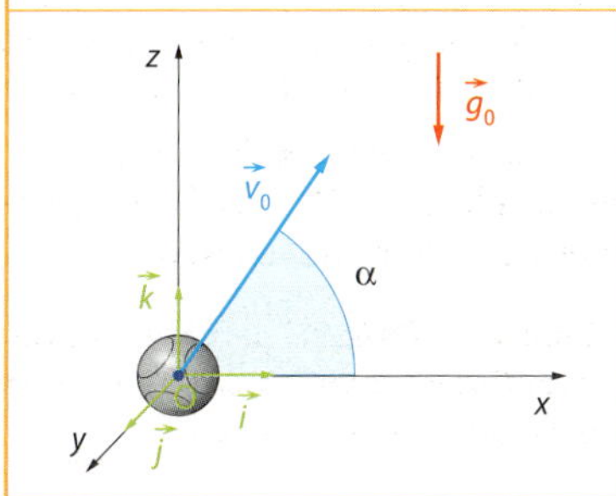

Fig. 3 Le système est lancé de O avec une vitesse initiale $\vec{v}_0$.

Équation horaire du mouvement

Comme $\dfrac{d\vec{v}}{dt} = \vec{a} = \vec{g}_0$, on a donc : $\dfrac{d\vec{v}}{dt} \begin{cases} dv_x / dt = a_x = 0 \\ dv_y / dt = a_y = 0 \\ dv_z / dt = a_z = -g_0 \end{cases}$

Par intégration, on en déduit : $\vec{v}(t) \begin{cases} v_x(t) = k_1 \\ v_y(t) = k_2 \\ v_z(t) = -g_0 \cdot t + k_3 \end{cases}$

où k_1, k_2 et k_3 sont des constantes.

La connaissance de la vitesse initiale (donc à $t = 0$ s) permet d'écrire :

$$\vec{v}_0 \begin{cases} v_{0x} = k_1 = v_0 \cdot \cos\alpha \\ v_{0y} = k_2 = 0 \\ v_{0z} = -g_0 \times 0 + k_3 = k_3 = v_0 \cdot \sin\alpha \end{cases} \quad \text{d'où} \quad \boxed{\vec{v}(t) \begin{cases} v_x(t) = v_0 \cdot \cos\alpha \\ v_y(t) = 0 \\ v_z(t) = -g_0 \cdot t + v_0 \cdot \sin\alpha \end{cases}}$$

Le vecteur vitesse du centre d'inertie d'un objet placé uniquement dans un champ de pesanteur ne dépend pas de la masse de l'objet.

Comme $d\overrightarrow{OG}(t)/dt = \vec{v}(t)$, et connaissant la position initiale (donc à $t = 0$ s),

on peut écrire : $\overrightarrow{OG}(t)\begin{cases} x(t)=v_0\cdot\cos\alpha\cdot t \\ y(t)= 0 \\ z(t)=-\frac{1}{2}g_0\cdot t^2 + v_0\cdot\sin\alpha\cdot t \end{cases}$

Les équations horaires du mouvement du centre d'inertie d'un objet traduisent l'évolution de ses coordonnées de position en fonction du temps.

Ici, comme $y(t) = 0$, le mouvement s'effectue uniquement dans le plan (xOz).

Le mouvement du centre d'inertie d'un objet lancé avec un vecteur $\vec{v}_0$ et soumis uniquement à un champ de pesanteur s'effectue dans un plan formé par les vecteurs $\vec{v}_0$ et $\vec{g}_0$.

Caractéristiques de la trajectoire

Comme le mouvement est dans le plan (xOz), la **trajectoire** du centre d'inertie G de l'objet est donnée par la courbe d'équation $z = f(x)$.

Cette équation s'obtient en éliminant le temps t entre $x(t)$ et $z(t)$.

Comme $x(t) = v_0 \cdot \cos\alpha \cdot t$, on a : $t = \frac{x(t)}{v_0\cdot\cos\alpha}$

En reportant dans $z(t)$, on obtient : $z(x) = -\frac{1}{2}\cdot g_0\cdot\left(\frac{x}{v_0\cdot\cos\alpha}\right)^2 + x\cdot\tan\alpha.$

La trajectoire du centre d'inertie d'un objet lancé avec un vecteur $\vec{v}_0$ non nul et soumis uniquement à un champ de pesanteur est une parabole.

➥ Exercices 7 à 12

Repères

La **portée du tir** est la distance entre le point de lancer et le point d'impact sur l'axe horizontal. La **flèche du tir** est la hauteur maximale atteinte par le centre d'inertie du système (Fig. 4).

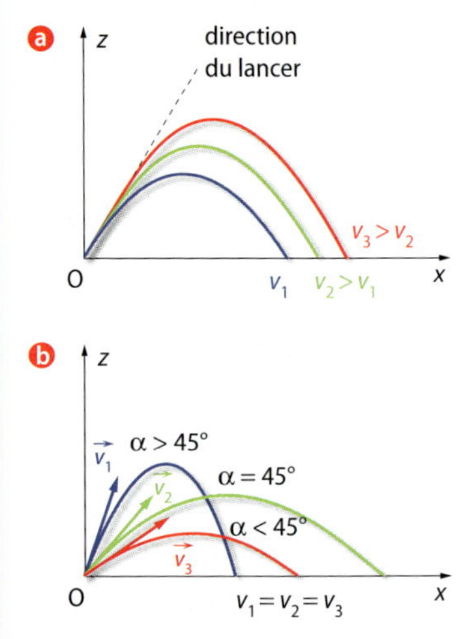

Fig. 4 ⓐ Influence de v_0 sur la portée et la flèche. ⓑ Influence de l'angle α sur la portée et la flèche.

3 Mouvement dans un champ électrostatique uniforme

› Activité 2

Équations du mouvement

On considère, comme **système** d'étude, une particule ponctuelle de charge q et de masse m, qui pénètre à l'instant $t = 0$ avec une vitesse $\vec{v}_0$ dans un champ électrostatique uniforme $\vec{E}$ perpendiculaire aux armatures d'un condensateur plan (Fig. 5). L'étude s'effectue dans le **référentiel** du laboratoire considéré comme **galiléen**. On se place dans un **repère** d'espace orthonormé $(O\,;\vec{i},\vec{j},\vec{k})$.

Ce système n'est soumis qu'à l'**action mécanique** qui résulte du champ électrostatique, modélisée par la force $\vec{F} = q\cdot\vec{E}$, car le poids P est négligeable par rapport à F.

D'après la **deuxième loi de Newton**, on peut écrire :

$m\cdot\vec{a} = \vec{F}$ d'où : $m\cdot\vec{a} = q\cdot\vec{E}$ soit $\vec{a} = \frac{q}{m}\vec{E}$

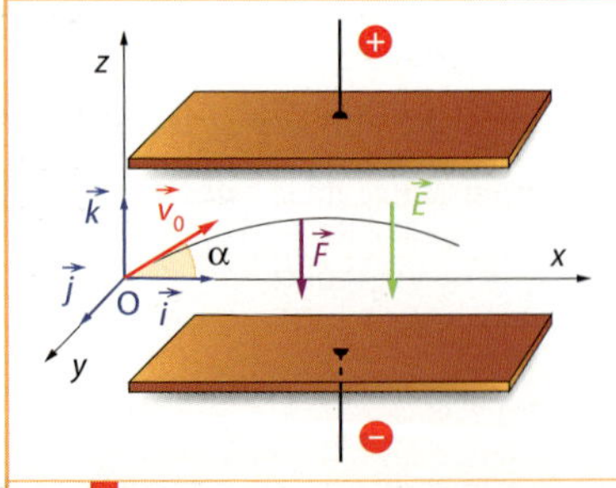

Fig. 5 Charge q positive entrant dans un condensateur plan avec une vitesse v_0.

Le vecteur accélération du centre d'inertie d'une particule chargée placée dans un champ électrostatique est dirigé selon le vecteur champ électrostatique.

On en déduit que :

$$\vec{v}(t)\begin{cases} v_x(t) = v_0 \cdot \cos\alpha \\ v_y(t) = 0 \\ v_z(t) = -\dfrac{q \cdot E}{m} \cdot t + v_0 \cdot \sin\alpha \end{cases}$$

d'où les **équations horaires du mouvement** :

$$\overrightarrow{OG}(t)\begin{cases} x(t) = v_0 \cdot \cos\alpha \cdot t \\ y(t) = 0 \\ z(t) = -\dfrac{1}{2}\dfrac{q \cdot E}{m} \cdot t^2 + v_0 \cdot \sin\alpha \cdot t \end{cases}$$

Le mouvement du centre d'inertie d'une particule chargée placée dans un champ électrostatique avec un vecteur $\vec{v}_0$ non nul s'effectue dans un plan formé par les vecteurs $\vec{v}_0$ et $\vec{E}$.

Caractéristiques de la trajectoire

Dans le plan (xOz), la trajectoire a pour équation :

$$z(x) = -\frac{1}{2}\frac{q \cdot E}{m \cdot v_0^2 \cdot \cos^2\alpha} \cdot x^2 + x \cdot \tan\alpha$$

La trajectoire du centre d'inertie d'une particule chargée placée dans un champ électrostatique avec un vecteur $\vec{v}_0$ non nul est une parabole dont la concavité dépend du signe de la charge q (Fig. 6).

➥ Exercices 13 à 18

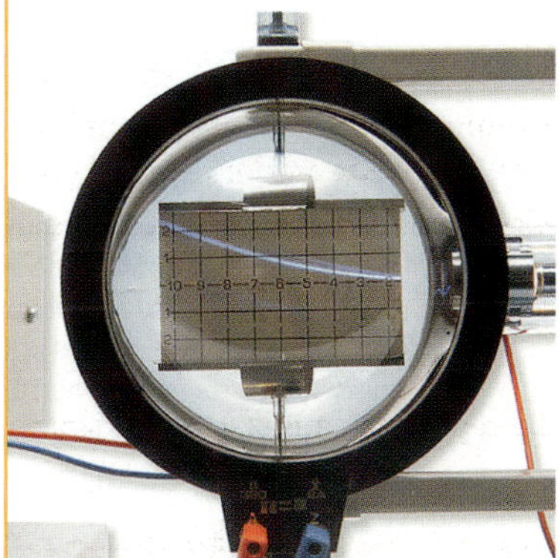

Fig. 6 Matérialisation de la déviation d'un faisceau d'électrons dans un condensateur.

Les compétences à acquérir

1 Connaître *la deuxième loi de Newton*

- Dans un **référentiel galiléen**, la résultante des forces qui modélisent les actions mécaniques appliquées à un système est égale à la dérivée par rapport au temps du vecteur quantité de mouvement du centre d'inertie G de ce système :

$\Sigma\vec{F} = \dfrac{d\vec{p}}{dt}$	avec p en $kg \cdot m \cdot s^{-1}$ t en seconde (s) F en newton (N)

2 Étudier *un mouvement dans un champ de pesanteur*

- Le **vecteur accélération** du centre d'inertie d'un objet placé uniquement dans un champ de pesanteur est constant et égal au **vecteur champ de pesanteur**.
- Sa **trajectoire** est une **parabole**.

3 Étudier *un mouvement dans un champ électrostatique*

- Le **vecteur accélération** du centre d'inertie d'une particule placée dans un champ électrostatique est dirigé selon le **vecteur champ électrostatique**.
- Sa **trajectoire** est une **parabole** dont la concavité dépend du signe de la charge q.

Exercices

Compétence 1

› *Connaître et exploiter la deuxième loi de Newton*

1 QCM

Choisir la (ou les) bonne(s) réponse(s).

❶ Si deux actions mécaniques se compensent :
- a la résultante des forces est un vecteur non nul ;
- b la résultante des forces est le vecteur nul ;
- c ces deux actions mécaniques sont de même intensité et de même sens ;

❷ Le vecteur accélération du centre d'inertie d'un système en mouvement et la résultante des forces qui s'exercent sur ce système ont :
- a même sens et même direction ;
- b même sens et même intensité ;
- c même direction et même intensité ;
- d des sens opposés et même direction.

❸ Si, pendant une durée Δt, un point est animé d'un mouvement horizontal uniformément accéléré :
- a son vecteur quantité de mouvement est constant ;
- b son vecteur quantité de mouvement varie ;
- c la résultante des forces est verticale ;
- d le vecteur variation de quantité de mouvement est dans le sens du mouvement.

❹ Choisir la représentation exacte de la résultante des deux forces $\vec{F}_1$ et $\vec{F}_2$, qui ont même intensité :

2 Somme vectorielle

1. Construire la représentation de la résultante $\Sigma\vec{F}$ des trois forces dans les deux cas suivants :

2. Dans quelle situation peut-on appliquer la deuxième loi de Newton ?

EXERCICE **RÉSOLU**

3 Vitesse finale

Un véhicule de masse $m = 750$ kg se déplace sur une route horizontale, à une vitesse $v_i = 25$ m · s^{-1}. Le conducteur accélère pendant une durée Δt de 5,0 secondes. La voiture subit une action mécanique modélisée par une force résultante $\Sigma\vec{F}$ dans le sens du mouvement, d'une valeur moyenne de 750 N.

1. Quel est le référentiel d'étude ?
2. Calculer la variation de la quantité de mouvement Δp du système.
3. Déterminer la vitesse v_f atteinte par le véhicule au bout des 5 secondes.

Aides et méthodes
1. Ce référentiel doit être galiléen.
2. Utiliser la deuxième loi de Newton.
3. $p = m \cdot v$.

Solution
1. Le référentiel terrestre est le référentiel d'étude, il est galiléen car la durée de l'accélération est courte.
2. La force résultante a même direction que l'accélération.
La relation vectorielle $\frac{\Delta\vec{p}}{\Delta t} = \Sigma\vec{F}$ projetée sur un axe horizontal donne $\Delta p = \Sigma F \cdot \Delta t$.
A.N. : $\Delta p = 750 \times 5{,}0 = 3{,}8 \times 10^3$ kg · m · s^{-1}.
3. $\Delta p = m \cdot \Delta v = m \cdot (v_f - v_i)$ soit $v_f = \frac{\Sigma F \cdot \Delta t}{m} + v_i$
A.N. : $v_f = \frac{750 \times 5{,}0}{750} + 25 = 30$ m · s^{-1}.

4 The resultant of the forces

Draw the representation of the resultant of the forces shown in these illustrations, and give its magnitude.

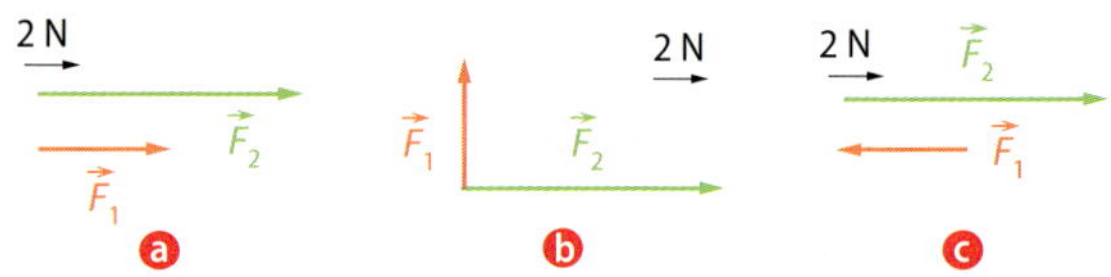

5 Masse et accélération

Un camion de 2,5 tonnes non chargé possède un moteur qui procure au véhicule une accélération constante $a = 1{,}5$ m · s^{-2}.

Si le camion transporte maintenant une charge d'une tonne, et que son moteur fonctionne dans les mêmes conditions, quelle est la nouvelle valeur de l'accélération ?

6 Coup de frein

Un conducteur de scooter se déplace horizontalement à une vitesse de valeur $v = 10$ m · s^{-1}. Il freine pendant une durée $\Delta t = 2{,}0$ s, avant d'arriver à un stop et de s'immobiliser.

La masse du système {scooter + conducteur} est $m = 200$ kg.

1. Dans quel référentiel doit-on se placer pour étudier le mouvement du centre d'inertie du système ?
2. **a.** Calculer la variation de la quantité de mouvement Δp pendant la durée Δt.
b. Donner les caractéristiques du vecteur $\Delta\vec{p}$.
c. Quelle loi de Newton doit-on utiliser pour l'étude de ce mouvement ?
d. En déduire le sens et la direction de la résultante des forces.
e. Calculer la valeur de cette résultante.

Compétence 2

› Étudier un mouvement dans un champ de pesanteur

Donnée. *Intensité de la pesanteur terrestre :* $g_0 = 9{,}81\ m \cdot s^{-2}$.

7 QCM

Choisir la (ou les) bonne(s) réponse(s).

1 La trajectoire plane d'un projectile dans le repère (O ; *x*, *y*) est donnée, à un instant *t*, par l'équation :

a $y = f(t)$; **b** $x = f(t)$;
c $x = f(y)$; **d** $y = f(x)$.

2 À un point à proximité de la Terre, le champ de pesanteur est :

a uniforme ; **b** vertical ;
c un champ scalaire ; **d** le poids.

3 Dans un plan (*x*O*y*), un objet est lancé vers le haut à la vitesse initiale v_0 faisant un angle α par rapport à l'horizontale (O*x*). À un instant *t*, la valeur de la vitesse v_x de cet objet est :

a $v_x = g \cdot t + v_0 \cdot \cos\alpha$; **b** $v_x = -g \cdot t + v_0 \cdot \sin\alpha$;
c $v_x = v_0 \cdot \cos\alpha$; **d** $v_x = v_0 \cdot \sin\alpha$.

4 Dans les mêmes conditions, la valeur de v_y est :

a $v_y = g \cdot t + v_0 \cdot \cos\alpha$; **b** $v_y = -g \cdot t + v_0 \cdot \sin\alpha$;
c $v_y = -g \cdot t + v_0 \cdot \cos\alpha$; **d** $v_y = v_0 \cdot \sin\alpha$.

8 Différents mouvements

Au voisinage de la surface de la Terre, une balle est lancée dans un plan (*x*O*z*), comme indiqué sur la figure.

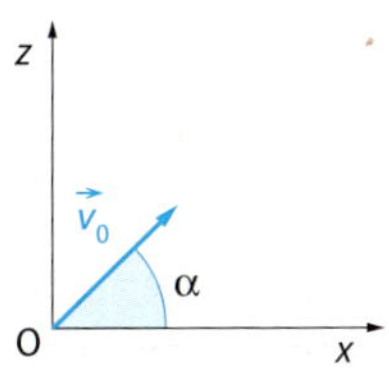

Pour les valeurs suivantes de l'angle α, indiquer quel est le mouvement du centre d'inertie de la balle :

a. $\alpha = 0$; **b.** $\alpha = 90\,°$; **c.** $\alpha = -90\,°$.

9 Chute libre verticale

On souhaite étudier les caractéristiques du mouvement d'une petite bille de masse *m*, qui est lâchée sans vitesse initiale d'une hauteur $h = 1{,}0$ m. On choisit le référentiel terrestre, que l'on considère comme galiléen pour cette étude. On lui associe un axe vertical (O*z*), dirigé vers le bas, dont l'origine correspond à la position initiale de la bille à $t = 0$.

La bille n'est soumise qu'à l'action mécanique de la Terre, qui se modélise par le poids $\vec{P}$ de la bille : elle est dite en chute libre.

1. Établir la relation entre le vecteur accélération du centre d'inertie de la bille et le vecteur champ de pesanteur.

2. En déduire les équations horaires du vecteur vitesse $v_z(t)$ et du vecteur position $z(t)$.

3. Quelle est la durée de la chute ?

4. Quelle est la vitesse de la bille à l'instant où elle va toucher le sol ?

10 Lancer vertical

1. Reprendre les questions de l'exercice 9 en supposant que la bille est lancée verticalement vers le haut, avec une vitesse initiale de valeur $v_0 = 3{,}00\ m \cdot s^{-1}$.

2. Quelle hauteur maximale la bille peut-elle atteindre ?

11 Lancer saturnien du javelot

L'athlète tchèque Barbora Špotáková détient le record du monde de lancer du javelot, avec un jet de 72,28 m établi le 13 septembre 2008, à Stuttgart (Allemagne).

On assimile le javelot à un objet ponctuel de masse *m*, lancé au niveau du sol avec une vitesse initiale v_0 faisant un angle $\alpha = 45°$ par rapport à l'horizontale. Sa trajectoire est étudiée dans un repère (O ; *x*, *y*) dont l'origine correspond au point de départ du javelot. On néglige toute action de l'air sur le javelot.

1. Donner l'expression de la trajectoire dans le référentiel terrestre, considéré comme galiléen.

2. En déduire la valeur de v_0.

3. Quel serait ce record sur la planète Saturne, où l'intensité du champ de pesanteur a pour valeur $g_{0S} = 11{,}50\ m \cdot s^{-2}$?

12 ★ Champ de pesanteur solaire

L'intensité du champ de pesanteur d'une planète ou d'une étoile de masse *M* et de rayon *R* a pour expression à une altitude *h* :

$$g(h) = G\frac{M}{(R+h)^2}$$

1. Quelle est l'expression du champ de pesanteur local g_{0S} du Soleil ?

2. Calculer sa valeur et justifier son unité.

3. Comparer g_{0S} à g_0, l'intensité de pesanteur au voisinage de la Terre.

4. Donner l'équation de la trajectoire d'un objet ponctuel lancé avec une vitesse initiale $v_0 = 25\ m \cdot s^{-1}$ et faisant un angle $\alpha = 30°$ avec l'horizontale, dans le champ de pesanteur terrestre, puis dans le champ de pesanteur solaire.

5. La portée de cet objet sera-t-elle la même à la surface de la Terre et à la surface du Soleil ?

Données. *Constante de gravitation universelle :*
$G = 6{,}67 \times 10^{-11}\ m^3 \cdot kg^{-1} \cdot s^{-2}$.
Rayon du Soleil : $R_S = 6{,}96 \times 10^5$ km.
Masse du Soleil : $M_S = 1{,}99 \times 10^{30}$ kg.

Compétence 3

› Étudier un mouvement dans un champ électrostatique

Donnée. *Charge élémentaire : e = 1,6 × 10⁻¹⁹ C.*

13 VRAI ou FAUX ?

En justifiant, indiquer si les affirmations suivantes sont vraies ou fausses.

❶ Un champ électrostatique $\vec{E}$ est uniforme si son intensité E est la même dans tout l'espace.

❷ Dans un condensateur plan, le champ électrostatique est toujours orienté de l'armature chargée positivement vers l'armature chargée négativement.

❸ L'accélération $\vec{a}$ d'une particule dans un champ électrostatique uniforme $\vec{E}$ est toujours perpendiculaire à $\vec{E}$.

❹ La trajectoire d'une particule de charge q et de masse m dans un champ électrostatique uniforme est toujours indépendante de m.

14 La bonne polarité

Un faisceau d'électrons pénètre avec une vitesse initiale v_0 horizontale entre les deux armatures horizontales d'un condensateur plan.

1. Représenter cette situation à l'aide d'un schéma.

2. a. On souhaite que les électrons soient déviés vers le haut. Représenter sur ce schéma la force électrostatique $\vec{F}$ responsable de cette déviation.
b. Ajouter sur le schéma le vecteur champ électrostatique $\vec{E}$.
c. En déduire la polarité des armatures.

15 Placer les vecteurs

Une particule chargée positivement entre dans un condensateur plan où règne un champ électrostatique uniforme $\vec{E}$. Sur les deux figures ci-dessous, seul le vecteur vitesse initiale $\vec{v_0}$ de cette particule est représenté.

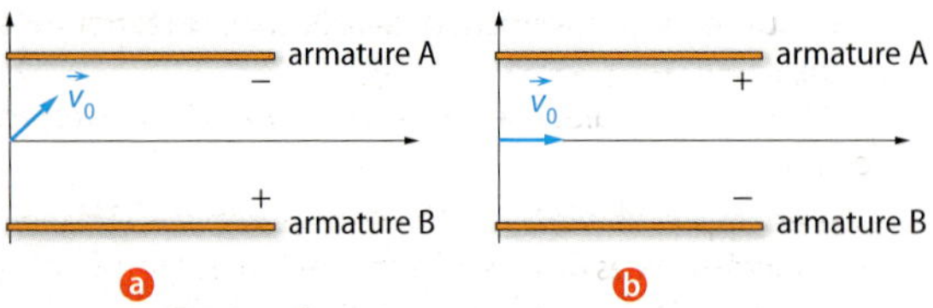

1. Reproduire ces figures et tracer sur chacune d'elles le vecteur $\vec{E}$ puis le vecteur accélération $\vec{a}$ de la particule.

2. Compléter les figures en traçant l'allure de la trajectoire de la particule.

16 Poids d'un électron

Un électron de masse $m = 9{,}1 \times 10^{-31}$ kg et de charge – e pénètre dans un champ électrostatique uniforme de valeur $E = 100$ V · m⁻¹.

La valeur de l'intensité de pesanteur est, dans ce condensateur plan : $g_0 = 9{,}81$ m · s⁻².

1. Calculer la valeur de la force électrostatique $\vec{F}$ qui modélise l'action mécanique qui s'exerce sur l'électron dans le champ $\vec{E}$.

2. Calculer son poids P.

3. Peut-on négliger le poids de l'électron par rapport à la force électrostatique ?

17 Accélération d'un proton

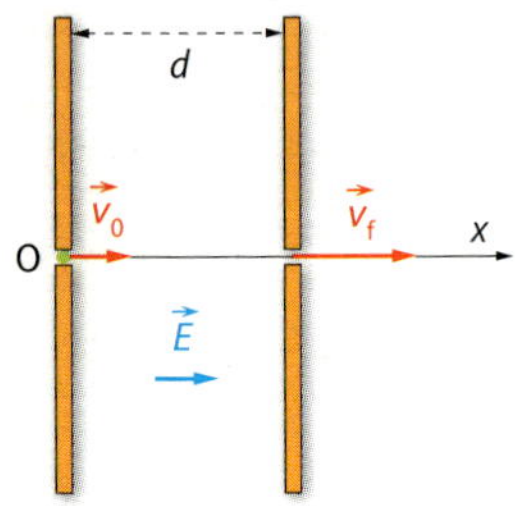

Dans un accélérateur linéaire de particules, un proton de charge e et de masse $m = 1{,}7 \times 10^{-27}$ kg pénètre avec une vitesse initiale de valeur $v_0 = 2{,}0 \times 10^3$ m · s⁻¹, perpendiculaire aux armatures d'un condensateur plan. Dans ce condensateur règne un champ électrostatique uniforme de valeur $E = 1{,}0$ kV · m⁻¹. Le poids du proton est négligé. Sa vitesse finale doit être $v_f = 2\,v_0$.

1. a. Quelles sont les caractéristiques de la force $\vec{F}$ qui modélise l'action mécanique appliquée au proton ?
b. Écrire la deuxième loi de Newton appliquée au proton. Projeter cette relation sur l'axe (Ox) et établir une relation entre l'accélération a_x, E, m et e.

2. a. Quel est le mouvement du proton ?
b. Justifier le nom d'accélérateur linéaire donné à ce dispositif.

3. Le mouvement est étudié selon un axe horizontal (O*x*), orienté dans le sens du mouvement, dont l'origine coïncide avec la position d'entrée de la particule dans le condensateur. Déterminer les équations horaires de la vitesse $v(t)$ et de la position $x(t)$ du proton.

4. a. À quel instant t le proton a-t-il atteint la vitesse v_f ?
b. En déduire la distance d entre les deux armatures.

18 Le bon angle

Un électron pénètre dans un condensateur plan, comme indiqué sur la figure ci-dessous.

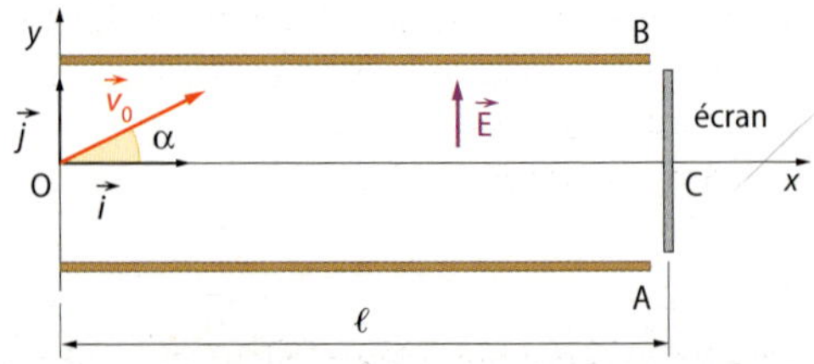

1. a. Établir l'équation de la trajectoire de cet électron.
b. Quelle est la nature de cette trajectoire ?

2. a. Exprimer littéralement la condition que doit vérifier α pour que l'électron arrive au centre C de l'écran.
b. Calculer α pour ℓ = 15 cm.

Données. *$E = 790$ V · m⁻¹ ; masse de l'électron : $m = 9{,}1 \times 10^{-31}$ kg ; $v_0 = 1{,}0 \times 10^7$ m · s⁻¹.*

Exercices de synthèse

Pour préparer le BAC

Données. Intensité de la pesanteur terrestre : $g_0 = 9{,}81\ m \cdot s^{-2}$.
Charge élémentaire : $e = 1{,}6 \times 10^{-19}$ C.

19 De la position à l'accélération

On considère un repère plan orthonormé dont l'origine est au niveau du sol et l'axe (O*y*) orienté vers le haut. Dans ce repère, le centre d'inertie d'un solide de masse $m = 0{,}250$ kg a pour coordonnées, en fonction du temps *t* :

$$x(t) = -4{,}00\ t^2 + 6{,}00\ t \quad \text{et} \quad y(t) = 3{,}00\ t + 1{,}00.$$

1. À quelle hauteur se trouve le centre d'inertie G du solide à l'instant initial $t = 0$?

2. Donner l'expression des coordonnées $v_x(t)$ et $v_y(t)$ du vecteur vitesse de G en fonction du temps *t*.

3. Quelle est la valeur de la vitesse initiale v_0 ?

4. Sous quel angle α par rapport à l'axe (Ox) le solide a-t-il été lancé ?

5. Quelles sont les coordonnées du vecteur accélération ? En déduire ses caractéristiques.

6. Quelles sont les caractéristiques de la résultante $\Sigma\vec{F}$ des forces qui modélisent les actions mécaniques qui s'appliquent sur le solide ?

20 Poids et poussée d'Archimède

La poussée d'Archimède est l'action exercée par un fluide (gaz ou liquide) sur un solide dans lequel il est partiellement ou entièrement immergé. Cette action est modélisée par une force que l'on notera $\vec{P}_A$. Elle est verticale, dirigée vers le haut et a pour intensité $P_A = \rho_{fluide} \cdot V \cdot g_0$ où *V* est le volume immergé du solide et ρ_{fluide}, la masse volumique du fluide.

Une bille en verre de masse volumique $\rho_v = 2{,}5 \times 10^3\ kg \cdot m^{-3}$ et de rayon $r = 1{,}0 \times 10^{-2}$ m se déplace dans l'air, de masse volumique $\rho_{air} = 1{,}3\ kg \cdot m^{-3}$ au voisinage de la Terre.

1. Quelle est l'autre action mécanique qui s'exerce sur la bille ?

2. Calculer les valeurs des forces modélisant ces actions mécaniques.

3. Peut-on négliger la poussée d'Archimède par rapport à l'autre force dans l'écriture de la deuxième loi de Newton ?

4. Donner un exemple de solide pour lequel on ne peut pas négliger la poussée d'Archimède.

***Donnée.** Volume d'une sphère : $V = 4/3\ \pi r^3$.*

21 La luge

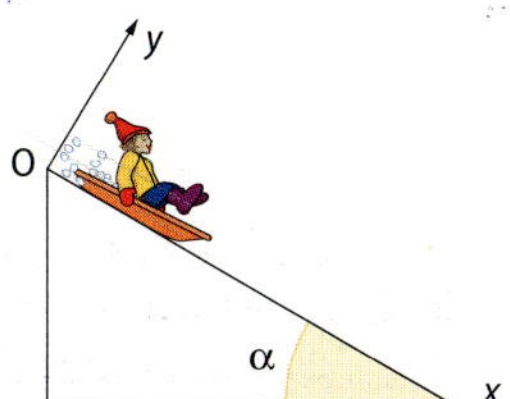

Le système {enfant + luge}, de masse *m*, dévale une piste faisant un angle α avec l'horizontale. On néglige les frottements de l'air et de la piste.

Le mouvement du centre d'inertie du système est enregistré et on obtient, à l'aide d'un logiciel, la représentation graphique $v = f(t)$ suivante.

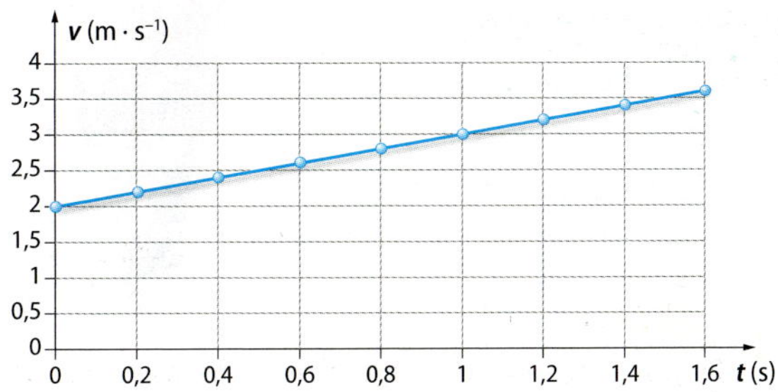

1. Dans quel référentiel ce mouvement est-il étudié ?

2. Quelle est la vitesse initiale du système ?

3. a. À l'aide de la courbe $v = f(t)$, déterminer la valeur de l'accélération du centre d'inertie du système.
b. Quels sont le sens et la direction du vecteur $\vec{a}$?

4. a. Quelles sont les actions mécaniques qui s'exercent sur le système ?
b. Représenter les forces modélisant ces actions sur un schéma.

5. a. Établir la relation vectorielle liant ces forces et l'accélération.
b. Écrire cette relation dans le repère (O ; *x*, *y*).
c. En déduire la valeur de l'angle α.

22 Le putt

Pour terminer son parcours, un golfeur doit effectuer son dernier putt au trou n° 18. Pour cela, la balle doit parcourir en ligne droite une distance $d = 5{,}0$ m, sur un green parfaitement horizontal, pendant une durée $\Delta t = 3{,}0$ s. Par l'intermédiaire de son putter, le golfeur communique à la balle une vitesse initiale $v_0 = 3{,}0\ m \cdot s^{-1}$. La balle doit s'arrêter au niveau du trou. Sa masse est $m = 46$ g.

1. a. Quel est le mouvement de la balle dans le référentiel terrestre, supposé galiléen ?
b. Déterminer la valeur de l'accélération de la balle, supposée constante.

2. a. En appliquant la loi de Newton appropriée, déterminer les caractéristiques de la résultante des forces qui modélisent les actions mécaniques qui agissent sur la balle.
b. À quelle action mécanique correspond cette résultante ?

23 Hauteur et vitesse

Une balle est lancée verticalement vers le haut à la vitesse v_0 à partir du sol. Elle atteint une hauteur $h = 20$ m avant de retomber et de s'immobiliser au niveau du point de lancer.

1. Quel référentiel d'étude choisir pour étudier le mouvement du centre d'inertie de cette balle ?

2. Quel repère utiliser afin que l'étude soit la plus simple possible ?

3. On néglige toute action due à l'air sur la balle. Écrire la deuxième loi de Newton.
a. En déduire la coordonnée du vecteur accélération dans le repère choisi.
b. Déterminer la coordonnée de la vitesse et celle de la position à un instant t dans ce repère.

4. Quelle est la vitesse de la balle quand elle a parcouru la distance h ? En déduire la valeur de la vitesse initiale donnée à cette balle.

5. Quelle est la durée totale du mouvement ?

24 Vrai ou faux ?

À chaque affirmation, répondre par vrai ou par faux en justifiant votre choix.

On considère un projectile évoluant dans le champ de pesanteur terrestre, supposé uniforme. Le projectile, de masse m, est lancé à la date $t = 0$ s d'un point O, origine du repère (O ; x, z). Le vecteur vitesse initiale $\vec{v}_0$ fait un angle $\alpha = 55°$ avec l'horizontale. Le mouvement s'effectue dans le plan vertical contenant les axes (Ox) et (Oz), dans le champ de pesanteur $\vec{g}_0$, parallèle à (Oz). On se place dans le référentiel terrestre, supposé galiléen et on néglige toute résistance de l'air.

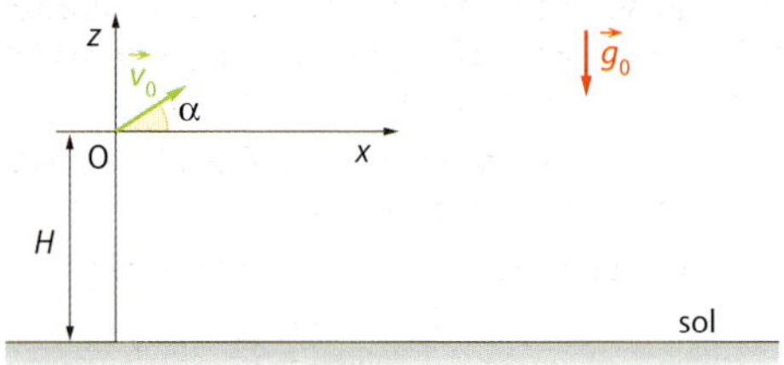

1. Le vecteur accélération $\vec{a}$ du centre d'inertie G du projectile ne dépend pas des conditions initiales.

2. Le projeté du centre d'inertie G du projectile sur l'axe vertical (Oz) est animé d'un mouvement rectiligne et uniforme.

3. La trajectoire du centre d'inertie G du projectile est parabolique, quelle que soit la valeur de α.

4. Dans le cas où le projectile est lancé d'une hauteur H au-dessus du sol avec une vitesse $\vec{v}_0$ horizontale, l'abscisse de son point de chute est : $x = v_0\sqrt{\dfrac{2H}{g_0}}$.

25 Pénalité

Au rugby, les points marqués grâce aux pénalités ou aux transformations prennent une importance parfois capitale dans certains matchs très serrés au niveau du score.

Étudions les caractéristiques d'un coup de pied. Le ballon est posé au sol à 40 m des poteaux. Lors de la frappe, il acquiert une vitesse v_0 et il s'élève en faisant un angle $\alpha = 55°$ par rapport à l'horizontale. Pour que les points soient marqués, le ballon doit passer au-dessus de la barre transversale, qui est à une hauteur de 3,4 m par rapport à la pelouse.

Le ballon de masse m est assimilé à son centre d'inertie. Sa trajectoire est dans un plan vertical. On néglige donc les effets donnés au ballon et toute action de l'air. Le repère d'espace (O ; x, y) a pour origine le point de départ du ballon. L'axe (Oy) est vertical et dirigé vers le haut.

1. Faire un schéma de la situation.

2. Exprimer dans le repère les coordonnées du vecteur $\vec{v}_0$ en fonction de v_0 et α.

3. Appliquer la deuxième loi de Newton pour déterminer les coordonnées du vecteur accélération dans le repère considéré.

4. En déduire les coordonnées du vecteur vitesse et du vecteur position à un instant t.

5. Quelle est l'équation de la trajectoire ?

6. Quelle est la valeur minimale de la vitesse initiale à donner au ballon afin que le coup de pied soit réussi ?

7. Si le joueur ne peut donner une telle vitesse au ballon, sur quel autre paramètre peut-il agir au moment de la frappe ?

26 ★ Primitive

Dans un repère (O ; x, z), un solide est lancé dans le champ de pesanteur $\vec{g}_0$ parallèle à (Oz), avec une vitesse initiale v_0 et selon un angle α. On étudie le mouvement de son centre d'inertie, mesuré par rapport à l'horizontale, ce qui permet de tracer les courbes suivantes.

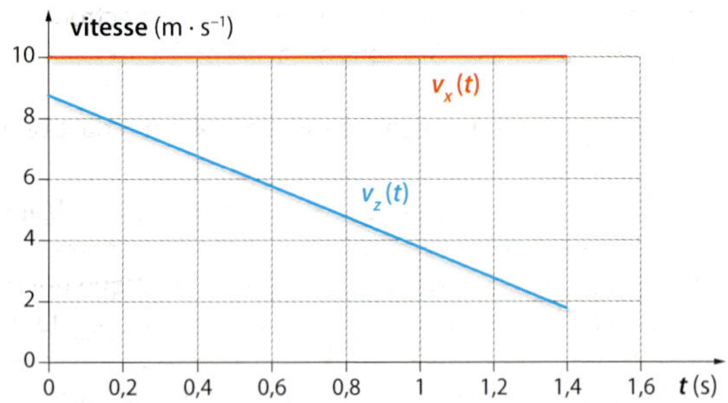

1. **a.** Exprimer les coordonnées de $\vec{v}_0$ en fonction de v_0 et α.
b. En déduire, à partir des graphes, les valeurs de v_0 et de α.

2. **a.** Pour t compris entre 0 et 1,4 s, calculer les aires entre chaque courbe et l'axe des abscisses.
b. Quelles sont les unités de ces aires ?
c. En déduire ce que représentent ces surfaces.

27 ★ L'oscilloscope

Un oscilloscope comporte un tube cathodique, qui se divise en quatre parties :
– un canon à électrons, où le faisceau d'électrons est créé et les électrons accélérés ;

– un condensateur plan C_1 d'armatures verticales, à l'intérieur duquel les électrons sont déviés horizontalement ;
– un condensateur plan C_2 d'armatures horizontales, à l'intérieur duquel les électrons sont déviés verticalement ;
– un écran fluorescent, sur lequel l'impact du faisceau laisse une trace lumineuse : le spot.

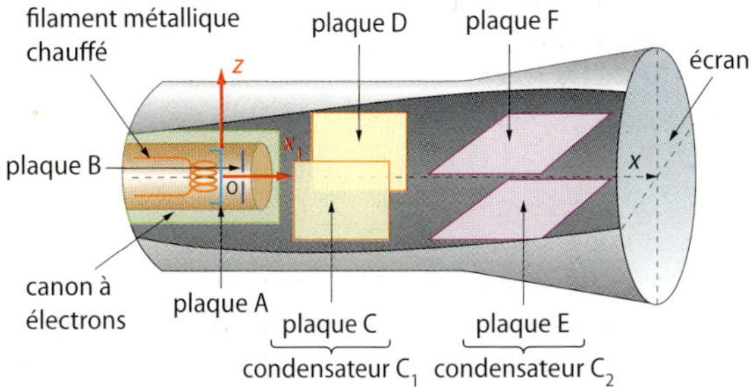

On étudie le système électron, de charge – e, dans le référentiel terrestre supposé galiléen. L'action mécanique de la Terre sur l'électron est négligée.

***Donnée.** Masse de l'électron : $m = 9,1 \times 10^{-31}$ kg.*

Les électrons émis ont une vitesse initiale négligeable. Ils sont ensuite accélérés à l'intérieur d'un condensateur plan où règne un champ électrostatique uniforme $\vec{E}_1$. Sa valeur est $E_1 = U_{AB}/d_{AB}$, avec $U_{AB} = -1,8$ kV et d_{AB} la distance entre les deux armatures.

1. Rappeler les trois caractéristiques du vecteur champ électrostatique à l'intérieur d'un condensateur plan.

2. a. Dans le repère (O ; x_1), appliquer la deuxième loi de Newton à l'électron afin de déterminer les expressions de la vitesse $v_1(t)$ de l'électron et de sa position $x_1(t)$ entre les armatures A et B.
b. Déterminer l'expression de la vitesse v_1 d'un électron lorsqu'il parvient à la plaque B du condensateur en fonction de e, m et U_{AB}.
c. Calculer la valeur de cette vitesse en utilisant l'égalité approchée : $\sqrt{6,4} = 2,5$.

3. Pour simplifier l'étude, on ne s'intéresse qu'à la déviation du faisceau dans le condensateur C_2. Celui-ci est soumis à une tension $U_{FE} = U$, qui crée un champ électrostatique uniforme $\vec{E}_2$ tel que $E_2 = U/d_{EF}$ où d_{EF} est la distance entre les deux armatures. On considère que le mouvement de l'électron est plan et s'effectue dans le plan (xOz). Un électron arrive en O avec la vitesse v_1 de direction (Ox) à la date $t_0 = 0$.

Dans ce nouveau repère, établir, en fonction de E_2, m et e, les expressions des coordonnées du vecteur vitesse v_2 de l'électron, les expressions des coordonnées du vecteur position à l'intérieur du condensateur C_2 et l'équation de la trajectoire.

En route vers le Supérieur

28 ★★ La chute d'un grêlon

La grêle se forme dans les cumulo-nimbus situés entre 1 000 m et 10 000 m d'altitude, où la température est très basse, jusqu'à – 40 °C. Le grêlon tombe lorsqu'il n'est plus maintenu au sein du nuage. Au sol, sa vitesse peut atteindre 160 km · h^{-1}.

On étudie un grêlon de masse $m = 13$ g qui tombe d'un point O d'altitude 1 500 m sans vitesse initiale. Il peut être assimilé à une sphère de diamètre $D = 3,0$ cm.

Le point O sera pris comme origine d'un axe (Oz) orienté positivement vers le bas.

***Données.** L'intensité de la pesanteur sera considérée comme constante et de valeur $g_0 = 9,80$ m · s^{-2}.*

Volume d'une sphère de rayon r : $V = \frac{4}{3}\pi r^3$.

Masse volumique de l'air : $\rho = 1,3$ kg · m^{-3}.

A. Chute libre

On admettra que le grêlon tombe en chute libre (on ne considère donc que l'action mécanique de la Terre).

1. En appliquant la deuxième loi de Newton, déterminer les équations horaires donnant la vitesse et la position du centre d'inertie G du grêlon en fonction de la durée t de la chute.

2. Calculer la valeur de la vitesse lorsqu'il atteint le sol. Ce résultat est-il vraisemblable ? Justifier.

B. Chute réelle

En réalité, le grêlon est soumis à deux autres actions mécaniques qui se modélisent par deux forces : la poussée d'Archimède $\vec{P}_A$ et la force de frottement fluide $\vec{F}$ proportionnelle au carré de la vitesse v, telle que $F = K \cdot v^2$.

3. Par une analyse dimensionnelle, déterminer l'unité du coefficient K dans le système international.

4. L'expression de la poussée d'Archimède est :

$$\vec{P}_A = \rho \cdot V \cdot \vec{g}_0.$$

Calculer sa valeur et la comparer à celle du poids. Conclure.

5. On néglige maintenant la poussée d'Archimède.
a. Montrer que l'accélération peut s'écrire sous la forme :

$$\frac{dv}{dt} = A - B \cdot v^2$$

b. Le tableau suivant est un extrait d'une feuille de calcul des valeurs de la vitesse (v) et de l'accélération (a) en fonction du temps (t). Il correspond aux valeurs A = 9,80 m · s^{-2} et B = $1,56 \times 10^{-2}$ m^{-1}, avec un pas de variation $\Delta t = 0,5$ s.
Déterminer a_4 et v_5 en détaillant les calculs.
c. Exprimer littéralement la vitesse limite atteinte par le grêlon en fonction de A et B, puis calculer sa valeur numérique.

t (s)	v (m · s^{-1})	a (m · s^{-2})
0,00	0,00	9,80
0,50	4,90	9,43
1,00	9,61	8,36
1,50	13,8	6,83
2,00	17,2	a_4
2,50	v_5	3,69
3,00	21,6	2,49

Pour préparer le BAC

Énoncé type

L'Airbus A300 Zéro-G

Le Centre national d'études spatiales (CNES) mène un programme de vols paraboliques à l'aide d'un Airbus spécialement aménagé, l'A300 Zéro-G, afin de réaliser des expériences scientifiques en impesanteur.

Avant d'effectuer une parabole, l'A300 est en situation de vol en palier (*fig. 1*). Sa trajectoire est une droite, son altitude et sa vitesse sont constantes. L'avion est soumis à quatre actions mécaniques modélisées par les forces suivantes (*fig. 2*) : le poids $\vec{P}$ de l'avion, la poussée des moteurs $\vec{\pi}$, la traînée $\vec{T}$ due aux frottements de l'air et la portance $\vec{R}$ due à la circulation de l'air autour des ailes, qui crée une surpression sous l'aile et une dépression au-dessus de l'aile.

Figure 1

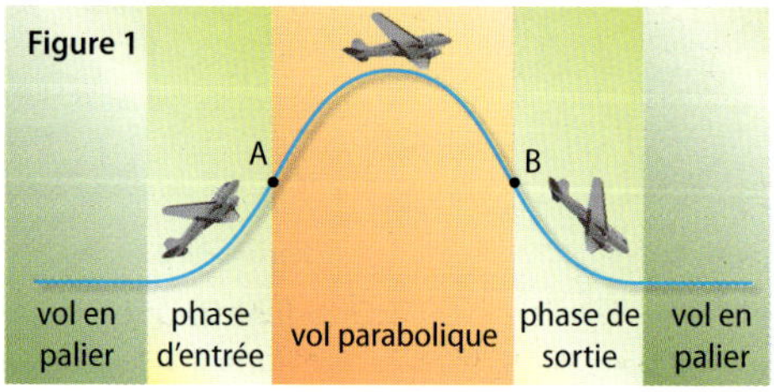

Figure 2

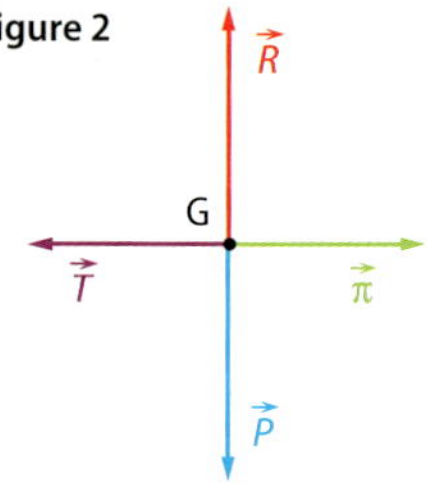

Les compétences évaluées

- Connaître et exploiter la deuxième loi de Newton.
- Étudier un mouvement dans un champ de pesanteur.

Donnée. *Intensité de la pesanteur à l'altitude où évolue l'avion : $g = 9{,}78\ \text{m}\cdot\text{s}^{-2}$.*

Afin d'effectuer une parabole, le pilote cabre d'abord l'avion pour atteindre un angle α. Puis il manœuvre l'avion afin que la portance exercée sur les ailes s'annule et que $\vec{\pi}$ compense exactement $\vec{T}$.

1. Énoncer la deuxième loi de Newton. Déterminer le vecteur accélération $\vec{a}$ du centre d'inertie G de l'avion.

2. On souhaite étudier la trajectoire du centre d'inertie G de l'avion dans le repère d'étude $(O\,;\vec{i}, \vec{k})$ (*fig. 3*). L'origine des dates est choisie à l'instant où l'avion arrive au point A se trouvant à une altitude z_A. Le vecteur vitesse initiale $\vec{v}_A$ du point G est incliné d'un angle $\alpha = 49°$ par rapport à l'horizontale et $v_A = 145\ \text{m}\cdot\text{s}^{-1}$.

Figure 3

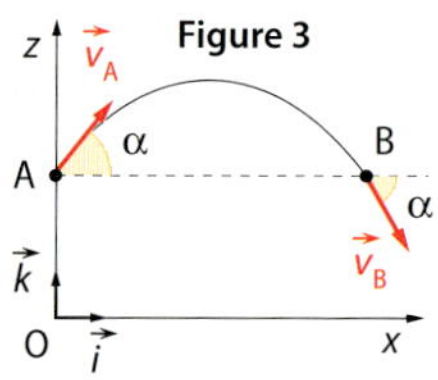

a. Donner les expressions de a_x et de a_z, coordonnées du vecteur accélération du point G dans le repère d'étude.

b. En déduire les coordonnées v_x et v_z du vecteur vitesse du point G.

3. À la date t_B, le système se trouve au point B, de même altitude que le point A, avec un vecteur vitesse $\vec{v}_B$ dont la direction fait un angle α avec l'horizontale (*fig. 3*) et dont la valeur est la même qu'au point A : $v_B = v_A = 145\ \text{m}\cdot\text{s}^{-1}$.

Déterminer, au point B, l'expression littérale de la projection v_{Bz} du vecteur vitesse sur l'axe (Oz) en fonction uniquement de v_A et α. En déduire la valeur de la date t_B en seconde.

➤ Coups de pouce

1. La relation qui découle de la deuxième loi de Newton est vectorielle.

2. a. Vérifier l'orientation des axes du repère par rapport aux vecteurs.

b. Les coordonnées du vecteur vitesse sont déduites des coordonnées du vecteur accélération et des conditions initiales.

3. $v_z(t_B) = v_{Bz}$.

EXEMPLE DE **RÉSOLUTION**

1. Dans un référentiel galiléen, la résultante des forces appliquées à un système est égale à la dérivée par rapport au temps du vecteur quantité de mouvement du centre d'inertie de ce système.

Soit : $\vec{P}+\vec{R}+\vec{T}+\vec{\pi} = \dfrac{d\vec{p}}{dt} = m\cdot\vec{a}$.

Or ici, la poussée des moteurs compense la traînée et donc : $\vec{T}+\vec{\pi} = \vec{0}$.

La portance s'annule soit : $\vec{R} = \vec{0}$, il ne reste que : $\vec{P} = m\cdot\vec{a} = m\cdot\vec{g}$ soit $\boldsymbol{\vec{a} = \vec{g}}$.

2. a. (Oz) est orienté vers le haut, donc : $\boldsymbol{a_x = 0}$ et $\boldsymbol{a_z = -g}$.

b. Comme $a_x = \dfrac{dv_x(t)}{dt} = 0$ et $a_z = \dfrac{dv_z(t)}{dt} = -g$, on en déduit :

$v_x(t) = k_1$ et $v_z(t) = -g\cdot t + k_2$ avec k_1 et k_2 des constantes.

À $t = 0$, $v_{0x} = v_A\cdot\cos\alpha = k_1$ et $v_{0z} = v_A\cdot\sin\alpha = k_2$.

On a donc $\boldsymbol{v_x(t) = v_A\cdot\cos\alpha}$ et $\boldsymbol{v_z(t) = -g\cdot t + v_A\cdot\sin\alpha}$.

3. $v_{Bx} = v_B\cdot\cos\alpha$ et $v_{Bz} = -v_B\cdot\sin\alpha$.

Or comme $v_B = v_A$, on a : $\boldsymbol{v_{Bz} = -v_A\cdot\sin\alpha}$.

D'après l'expression de v_z établie à la question **2.b** :

$v_z(t_B) = -g\cdot t_B + v_A\cdot\sin\alpha = -v_A\cdot\sin\alpha$.

$$t_B = \frac{2\,v_A\cdot\sin\alpha}{g}$$

A.N. : $t_B = \dfrac{2\times 145\times\sin 49°}{9{,}78}$ soit $\boxed{t_B = 22\ \text{s}}$

Pour préparer le BAC

Les compétences évaluées
- Connaître et exploiter la deuxième loi de Newton.
- Étudier un mouvement dans un champ électrostatique.

Énoncé type

Déviation dans un champ électrostatique

Un champ électrostatique uniforme de valeur $E = 5\,200\ \text{V} \cdot \text{m}^{-1}$, est créé par un condensateur plan constitué de deux armatures planes et horizontales A_1 et A_2 reliées à un générateur de tension. Des électrons pénètrent dans le champ $\vec{E}$ à l'ordonnée y_0 et sont animés de la même vitesse $\vec{v}_0$ parallèle aux plaques.

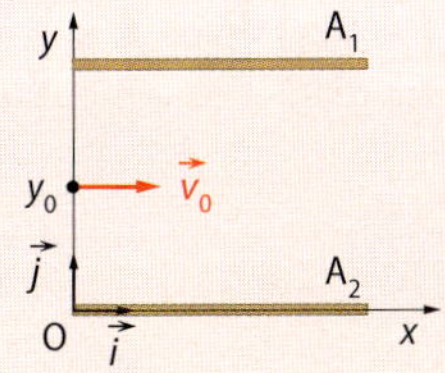

Données. *Masse de l'électron :* $m = 9{,}1 \times 10^{-31}$ *kg.*
Charge élémentaire : $e = 1{,}6 \times 10^{-19}$ *C.*
Intensité du champ de pesanteur local : $g_0 = 9{,}81\ \text{m} \cdot \text{s}^{-2}$.

1. Montrer par un calcul qu'il est légitime de négliger la valeur du poids $\vec{P}$ de l'électron, qui modélise l'action de la Terre sur l'électron, par rapport à la valeur de la force électrostatique $\vec{F}$, qui modélise l'action du champ $\vec{E}$ sur l'électron.

2. En citant la loi utilisée, établir l'expression vectorielle de l'accélération de l'électron en fonction de e, m et $\vec{E}$.

3. a. On souhaite que l'électron soit dévié vers le bas. Reproduire la figure ci-dessus et représenter (sans souci d'échelle) $\vec{E}$ et la force électrostatique $\vec{F}$.

b. Quelle est l'armature chargée positivement ?

4. a. Exprimer les composantes du vecteur accélération dans le repère représenté sur la figure ci-dessus.

b. En déduire les équations horaires du mouvement de l'électron dans ce repère.

c. Montrer que l'équation de la trajectoire est de la forme :

$y = \text{A}x^2 + \text{B}$ où A et B sont des constantes.

d. Vérifier que la constante A est liée à l'accélération a par la relation : $\text{A} = -\dfrac{a}{2v_0^2}$.

e. Calculer A pour $v_0 = 1{,}5 \times 10^7\ \text{m} \cdot \text{s}^{-1}$.

➤ Coups de pouce

1. Rappeler, puis utiliser les relations permettant de calculer les valeurs de P et F.

2. Chercher la résultante des forces s'exerçant sur l'électron.

3. b. Rappeler l'orientation du champ électrostatique dans un condensateur plan.

4. a. L'axe vertical est orienté vers le haut.

b. Les coordonnées du vecteur vitesse sont déduites de celles du vecteur accélération et des conditions initiales. Puis les coordonnées du vecteur position sont déduites de celles du vecteur vitesse et des conditions initiales.

c. Écrire l'expression du temps t en fonction de x, puis reporter t dans $y(t)$.

d. Déterminer l'expression de la valeur de l'accélération.

e. Ce résultat doit être exprimé avec une unité.

EXEMPLE DE **RÉSOLUTION**

1. $P = m \cdot g_0$ soit $P = 9{,}1 \times 10^{-31} \times 9{,}81 = 8{,}9 \times 10^{-30}$ N.

$F = |-e| \cdot E$ soit $F = 1{,}6 \times 10^{-19} \times 5\,200 = 8{,}3 \times 10^{-16}$ N.

Cette force est 10^{14} fois plus élevée que le poids, **qui peut donc être négligé.**

2. La **deuxième loi de Newton** permet d'écrire $\dfrac{d\vec{p}}{dt} = m \cdot \vec{a} = \vec{F}$

avec $\vec{F} = -e \cdot \vec{E}$ soit : $\vec{a} = \dfrac{-e \cdot \vec{E}}{m}$.

3. a. La force électrostatique va dévier l'électron vers le bas.

Comme $\vec{E} = -\dfrac{\vec{F}}{e}$, le champ est de sens opposé à la force.

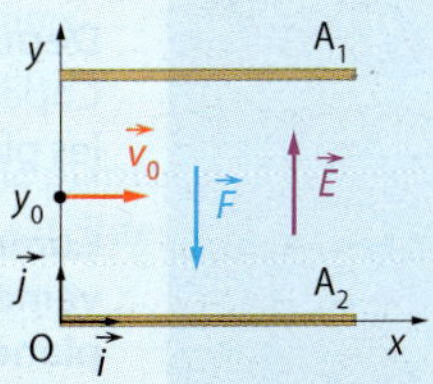

b. Le champ électrostatique est orienté de l'armature chargée positivement vers l'armature chargée négativement, l'armature **A_2 est donc chargée positivement**.

4. a. Dans le repère $(O\,; \vec{i}, \vec{j})$, les coordonnées du vecteur accélération sont : $a_x = 0$ et $a_y = -e \cdot E/m$.

b. On en déduit, à l'aide des conditions initiales, que :

$\boldsymbol{v_x(t) = v_0}$ **et** $\boldsymbol{v_y(t) = (-e \cdot E/m) \cdot t}$.

De même, les coordonnées du vecteur position sont déduites de $v_x(t)$ et $v_y(t)$ et des conditions à $t = 0$:

$\boldsymbol{x(t) = v_0 \cdot t}$ **et** $\boldsymbol{y(t) = (-\frac{1}{2}\, e \cdot E/m) \cdot t^2 + y_0}$.

c. À partir de $x(t)$, on détermine : $t = x/v_0$, que l'on reporte dans $y(t)$

soit $\boldsymbol{y(x) = (-\frac{1}{2} \cdot e \cdot E/m) \cdot (x/v_0)^2 + y_0}$.

Cette équation est bien de la forme : $y = \text{A}x^2 + \text{B}$

avec $\text{A} = -\dfrac{1}{2}\dfrac{e \cdot E}{m \cdot v_0^2}$ et $\text{B} = y_0$.

d. Comme $a = \dfrac{e \cdot E}{m}$ on obtient : $\text{A} = \dfrac{-a}{2v_0^2}$.

e. $a = \dfrac{1{,}6 \times 10^{-19} \times 5\,200}{9{,}1 \times 10^{-31}} = 9{,}1 \times 10^{14}\ \text{m} \cdot \text{s}^{-2}$.

$\text{A} = \dfrac{-9{,}1 \times 10^{14}}{2 \times (1{,}5 \times 10^7)^2}$

Soit : **A = –2,0 m⁻¹**

Activité 1

Démarche d'investigation

Compétences scientifiques évaluées
- Formuler des hypothèses pertinentes.
- Communiquer et argumenter en utilisant un vocabulaire scientifique adapté.

Mode de propulsion par réaction

Le mode de propulsion par réaction des fusées a permis à l'Homme d'envoyer des satellites, des sondes spatiales et des êtres humains dans l'espace afin d'explorer l'Univers.

Pour commencer (situation déclenchante)

Le premier satellite artificiel de la Terre, *Spoutnik-1*, fut lancé par l'URSS (la Russie actuelle) le 4 octobre 1957. Ce lancement marqua le début de la conquête spatiale. Depuis, plus de 5 000 satellites, sondes interplanétaires et vaisseaux habités ont été envoyés dans l'espace grâce à des fusées, comme Ariane 5 **(Fig. 1)**, qui est l'actuel lanceur européen.

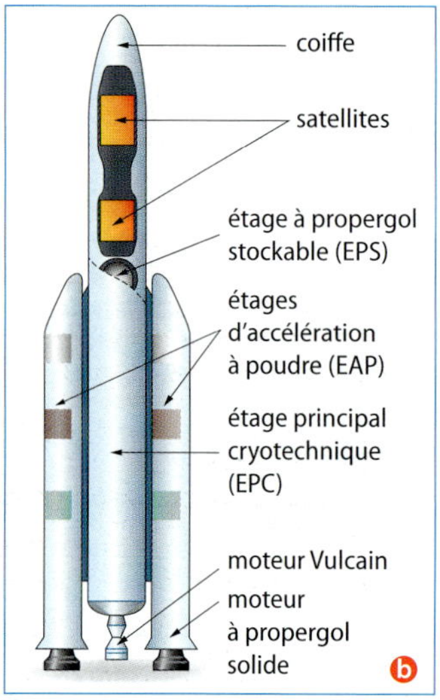

Fig. 1 ⓐ Lancement de la fusée Ariane 5 depuis Kourou en Guyane. ⓑ Schématisation d'Ariane 5.

Lors de son ascension, lorsqu'elle a atteint une certaine altitude, la fusée Ariane 5 se sépare de ses EAP **(Fig. 1 ⓑ)**. L'ouverture de la coiffe libère au final le satellite sur son orbite.

Investigation
Comment expliquer l'ascension de la fusée ?

Quelques idées (hypothèses)

Expérience (recherche de validation)

1 **a.** Décrire une expérience simple avec un ballon de baudruche permettant de modéliser le vol d'une fusée.
b. Réaliser cette expérience.

2 Ce ballon a-t-il besoin de l'air de la salle pour voler ? Pourrait-il voler dans le vide ?

3 Quelles analogies peut-on faire entre le vol d'une fusée et celui d'un ballon de baudruche ?

Étude de document (recherche de validation)

Alors qu'il est instituteur à Kalouga, Tsiolkovski publie en 1883 un ouvrage, *L'Espace libre*, dans lequel il propose d'utiliser la propulsion par réaction pour les vols dans l'espace. Mais c'est son ouvrage de 1903, *L'Exploration de l'espace cosmique à l'aide d'engins à réaction*, et ses additifs de 1911, 1912, 1914 et 1926 qui vont faire autorité. Tsiolkovski est le premier à comprendre et à mettre en équation le fonctionnement de la fusée. Notons qu'un autre Russe, Konstantin Ivanovitch Konstantinov, dans son *Traité d'artillerie* (1857), avait cerné le principe fondamental du fonctionnement de la fusée. Il écrivait, en effet, que « la quantité de mouvement communiquée à la fusée par la combustion du combustible et du comburant est, à tout instant, égale à la quantité de mouvement des gaz éjectés ». Tsiolkovski s'intéresse à la propulsion à liquides et préconise, plus de cinquante ans avant son avènement, l'utilisation de l'hydrogène et de l'oxygène liquides.

Jacques Villain, extrait de « La conquête de l'espace - Des pionniers à la fin de la guerre froide » *Encyclopædia Universalis.*

On considère un système isolé (S), constitué d'une fusée et de son contenu (y compris son combustible et son comburant), de masse m_0 dans un référentiel galiléen où il est immobile à la date $t = 0$.

4 Que vaut alors, à $t = 0$, la quantité de mouvement de ce système ?

À un instant t, on décompose le système (S) en deux : fusée et gaz éjectés.

5 **a.** Que vaut alors, à l'instant t, la quantité de mouvement de ce système ?
b. En déduire l'expression de la vitesse de la fusée en fonction des autres paramètres.

Pour conclure

6 Comment expliquer le mode de propulsion d'une fusée ?

Activité 2

Activité de découverte

Compétences scientifiques évaluées
- Extraire et exploiter des informations utiles.
- Associer un modèle à un phénomène.

Mouvement d'une planète

Comment expliquer le mouvement d'une planète autour du Soleil ? Quelles sont les caractéristiques d'un tel mouvement ?

Étude de documents

1. La loi de la gravitation

La loi de la gravitation est telle que tout corps qui approche trois fois plus du centre de son mouvement gravite neuf fois davantage ; que, s'il s'éloigne trois fois plus, il gravitera neuf fois moins ; et que s'il s'éloigne cent fois plus, il gravitera dix mille fois moins.

Un corps se mouvant autour d'un centre pèse donc en raison inverse du carré de sa distance actuelle au centre, comme aussi en raison directe de sa masse ; or, il est démontré que c'est la gravitation qui le fait tourner autour de ce centre, puisque, sans cette gravitation, il s'en éloignerait en décrivant une tangente. Cette gravitation agira donc plus fortement sur un mobile qui tournera plus vite autour de ce centre ; et plus ce mobile sera éloigné, plus il tournera lentement, car alors il pèsera bien moins.

D'après Voltaire, *Éléments de la philosophie de Newton*, 1738.

2. L'orbite de la Terre

L'orbite de la Terre autour du Soleil n'est pas un cercle, mais une ellipse. Un cercle est donné par son centre C et son rayon r (Fig. 1 ⓐ), tandis qu'une ellipse est donnée par son centre O, son demi-grand axe a, ses deux foyers F et F′, et son excentricité $e = c/a$, où $c = \text{OF} = \text{OF}'$ (Fig. 1 ⓑ). Le Soleil occupe l'un des deux foyers de cette ellipse. Vers le 2 janvier, la Terre est le plus près du Soleil (périhélie) à une distance d'environ 147 millions de kilomètres, tandis que, vers le 2 juillet, elle se trouve le plus loin du Soleil (aphélie), à une distance d'environ 152 millions de kilomètres.

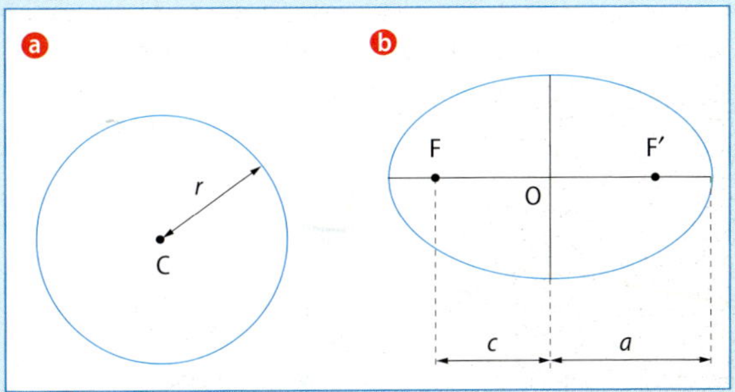

Fig. 1 ⓐ Cercle de centre C et de rayon r ; ⓑ ellipse de centre O, de demi-grand axe a et de foyers F et F′.

3. La Terre et Neptune

Voici les caractéristiques des orbites de la Terre et de Neptune.

Planète	Excentricité e	Demi-grand axe a ($\times 10^6$ km)	Période de révolution T (années)
Terre	0,017	150	1,0
Neptune	0,009	4 488	$1{,}7 \times 10^2$

Pistes de réflexion

1 **a.** Quel scientifique est à l'origine de la loi de la gravitation ?

b. Comment cette loi permet-elle d'expliquer le mouvement d'une planète autour du Soleil ?

2 À l'aide du texte de Voltaire, retrouver l'expression de l'intensité de la force d'attraction gravitationnelle $F_{S/T}$ qui modélise l'action mécanique du Soleil sur la Terre. Préciser les noms des grandeurs intervenant dans cette relation, ainsi que leurs unités.

3 **a.** D'après le texte de Voltaire, que se passerait-il pour la Terre sans l'existence cette action mécanique ?

b. Est-ce compatible avec le principe d'inertie ? Justifier.

4 Neptune tourne-t-elle plus vite ou moins vite que la Terre autour du Soleil ?

5 **a.** Que devient une ellipse de demi-grand axe a lorsque son excentricité e est nulle ?

b. Que peut-on dire des excentricités de la Terre et de Neptune ? Justifier alors l'approximation des trajectoires circulaires.

Pour conclure

6 Dans l'approximation des trajectoires circulaires, le mouvement des planètes est circulaire uniforme.

a. Calculer alors les vitesses respectives de la Terre et de Neptune autour du Soleil, v_T et v_N. On exprimera les résultats en km · s^{-1}.

b. Ces valeurs sont-elles cohérentes avec la réponse à la question **4** ?

7 La vitesse d'une planète en orbite circulaire de rayon r autour du Soleil est-elle proportionnelle à :

$\sqrt{r}$; r ; $\dfrac{1}{\sqrt{r}}$ ou $\dfrac{1}{r}$?

Activité 3

Activité documentaire

Animation

Les lois de Kepler

De l'Antiquité à la Renaissance, la Terre était considérée comme le centre de l'Univers. Il faudra attendre le XVII*e siècle pour qu'un astronome, Kepler, propose une description correcte du mouvement des planètes et des satellites.*

Compétences scientifiques évaluées
- Communiquer et argumenter en utilisant un vocabulaire scientifique adapté.
- Identifier les paramètres jouant un rôle dans un phénomène physique.

Étude de documents

Histoire et vision du système solaire

Claude Ptolémée (IIe siècle après J.-C.) fut le premier à décrire avec précision le mouvement du Soleil, de la Lune et des planètes autour de la Terre, considérée alors comme le centre du monde, par une combinaison de mouvements circulaires uniformes [...].

Trois siècles plus tard, Nicolas Copernic (1473-1543), astronome polonais, propose son modèle héliocentrique du système solaire : à l'instar de Ptolémée, l'astronome polonais décrit le mouvement des planètes comme une combinaison de mouvements circulaires mais son système – dans lequel le Soleil a remplacé la Terre au centre du monde – est finalement plus compliqué que celui de Ptolémée.

Fig. 1 Johannes Kepler.

Les observations très précises de la position de Mars faites par son maître et astronome danois Tycho Brahe (1546-1601) convainquent Johannes Kepler (1571-1630), astronome allemand (Fig. 1), que l'orbite de la planète rouge ne peut être décrite ni par un cercle ni par une combinaison de cercles, mais qu'elle est elliptique, le Soleil occupant un des foyers de l'ellipse. Il publie ce résultat – qui constitue la première loi de Kepler – en 1609 dans son *Astronomia nova* (*Astronomie nouvelle*).

Puis, il généralise cette loi à d'autres planètes dans ses *Epitome astronomiae copernicanae* de 1618-1621, qui contiennent la première description correcte du système solaire et dans lesquelles est correctement formulée la deuxième loi de Kepler : les aires balayées en des temps égaux par la droite joignant la planète au Soleil sont égales. La dernière loi – le carré de la période de révolution des planètes est proportionnel au cube de leur distance moyenne au Soleil – est énoncée en 1619 dans *Harmonice mundi* (*L'Harmonie du monde*).

James Lequeux, extraits de « Tables pruténiques » et « Lois de Kepler », *Encyclopædia Universalis*.

Les lunes galiléennes

Les lunes galiléennes, Io, Europe, Ganymède et Callisto (Fig. 2), sont quatre satellites naturels de Jupiter parmi les 63 connus. Ils se nomment ainsi car ils ont été découverts par Galilée (1564-1642) en 1610. Leurs trajectoires peuvent être considérées comme circulaires (Fig. 3).

Fig. 2 Les lunes galiléennes.

Nom	Rayon r de l'orbite quasi circulaire (km)	Période de révolution T (j)
Io	$4{,}22 \times 10^5$	1,77
Europe	$6{,}71 \times 10^5$	3,55
Ganymède	$1{,}07 \times 10^6$	7,15
Callisto	$1{,}88 \times 10^6$	16,7

Fig. 3 Rayons et périodes des lunes galiléennes.

Pistes de réflexion

1 **a.** À partir des informations du texte, représenter sur un schéma l'orbite de Mars et y placer le Soleil.

b. Énoncer les trois lois de Kepler pour toute planète du système solaire.

c. Que peut-on déduire de la deuxième loi de Kepler sur la vitesse des planètes en orbite elliptique autour du Soleil ?

2 **a.** Dans le cas des lunes galiléennes, quel est l'astre attracteur ?

b. Que devient l'énoncé de la troisième loi de Kepler appliquée aux lunes galiléennes ?

3 **a.** En utilisant éventuellement un tableur-grapheur, construire la représentation graphique de l'évolution de T^2 en fonction de r^3 pour les lunes galiléennes.

b. La troisième loi de Kepler est-elle vérifiée ?

Pour conclure

4 Qu'apportent les lois des Kepler sur la connaissance des trajectoires des planètes et des satellites ? de leur vitesse ? de leur période de révolution ?

Cours

1 Mode de propulsion par réaction

Principe des actions réciproques

› Activité 1

La **troisième loi de Newton**, ou principe des actions réciproques, s'énonce de la manière suivante.

Si un objet (A) exerce une action mécanique sur un objet (B), modélisée par la force $\vec{F}_{A/B}$, alors l'objet (B) exerce une action mécanique sur (A) modélisée par la force $\vec{F}_{B/A}$. Ces deux forces sont d'égale intensité, de même direction, mais de sens opposés :

$$\vec{F}_{A/B} = -\vec{F}_{B/A}$$

Exemple

La propulsion des fusées est une illustration de ce principe : comme la fusée (A) exerce une action mécanique sur les gaz (B) qu'elle expulse, modélisée par la force $\vec{F}_{A/B}$, les gaz exercent une action mécanique sur la fusée, modélisée par la force $\vec{F}_{B/A}$, qui est à l'origine du mouvement de la fusée (Fig. 1).

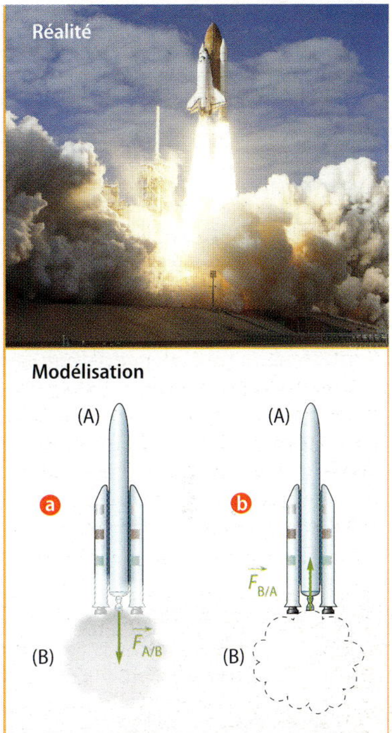

Fig. 1 Les gaz sont propulsés vers le bas ⓐ et la fusée vers le haut ⓑ.

Conservation de la quantité de mouvement d'un système isolé

› Activité 1

Un **système** est dit **isolé** s'il n'est soumis à aucune action mécanique extérieure. Un objet dans l'espace, suffisamment éloigné d'autres objets massiques pour pouvoir en négliger l'influence, peut être considéré comme un système isolé.

Un système est dit **pseudo-isolé** s'il est soumis à des actions mécaniques extérieures qui se compensent.

Pour un système isolé ou pseudo-isolé, on a la relation vectorielle suivante :

$$\sum \vec{F}_{ext} = \vec{0}$$

Dans un référentiel galiléen, si l'on applique la seconde loi de Newton à un système isolé ou pseudo-isolé, on obtient :

$$\sum \vec{F}_{ext} = \frac{d\vec{p}}{dt} = \vec{0}$$

On trouve ainsi la **première loi de Newton** (ou **principe d'inertie**) pour un système isolé :

Dans un référentiel galiléen, le vecteur quantité de mouvement d'un système isolé ou pseudo-isolé est constant : $\vec{p} = \overrightarrow{constante}$.

Interprétation du mode de propulsion par réaction

› Activité 1

Dans un référentiel galiléen, on considère un système isolé (S) constitué d'une fusée ainsi que de son contenu (y compris son combustible et son comburant), de masse m_0.

- À l'instant $t = 0$, le système est immobile (Fig. 2 ⓐ).

Le vecteur quantité de mouvement du système s'écrit :

$$\vec{p}_{(S)}(t=0) = m_0 \cdot \vec{0} = \vec{0}$$

Vocabulaire

Combustible : substance capable de brûler en présence d'un comburant, pour fournir de l'énergie.

• À un instant t, la fusée a éjecté une masse de gaz m_g à une vitesse $\vec{v}_g$. On note alors m_f la masse de la fusée à cet instant et $\vec{v}_f$ sa vitesse (Fig. 2 ⓑ) :

Le vecteur quantité de mouvement du système s'écrit :

$$\vec{p}_{(S)}(t) = \vec{p}_{(\text{gaz éjectés})}(t) + \vec{p}_{(\text{fusée})}(t) = m_g \cdot \vec{v}_g + m_f \cdot \vec{v}_f.$$

Comme, dans un référentiel galiléen, le vecteur quantité de mouvement d'un système isolé est constant : $\vec{p}_{(S)}(t=0) = \vec{p}_{(S)}(t)$.

Donc $\vec{0} = m_g \cdot \vec{v}_g + m_f \cdot \vec{v}_f$ soit $\vec{v}_f = -\dfrac{m_g \cdot \vec{v}_g}{m_f}$.

La vitesse de la fusée dépend donc de la vitesse des gaz expulsés, de leur masse et de la masse de la fusée.

Les gaz expulsés par la fusée sont à l'origine de son mouvement : c'est le mode de propulsion par réaction.

➥ Exercices 1 à 5

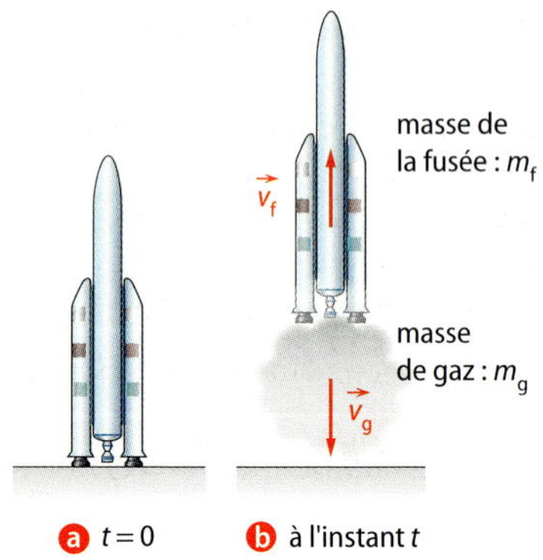

Fig. 2 Système (S) ⓐ à t = 0 et ⓑ à l'instant t.

2 Mouvement des planètes et des satellites

• Loi de la gravitation universelle

› Activité 2

Tous les corps massiques s'attirent mutuellement. Cette interaction gravitationnelle, due à la masse, est universelle : elle s'applique à tous les objets de l'Univers.

Deux objets A et B, de masses respectives m_A et m_B, et dont les centres sont séparés d'une distance d, exercent l'un sur l'autre des actions mécaniques attractives modélisées par des forces, appelées forces d'attraction gravitationnelle, de même intensité. L'expression vectorielle de ces forces est donné par :

$$\vec{F}_{A/B} = -\vec{F}_{B/A} = G \cdot \frac{m_A \cdot m_B}{d^2} \cdot \vec{u}_{BA}$$

$\vec{u}_{BA}$ est un vecteur unitaire porté par la droite (AB), orienté de B vers A (Fig. 3).

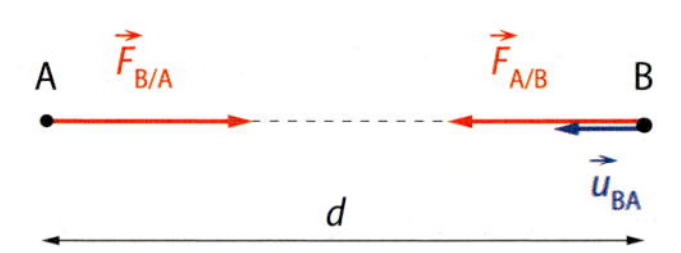

Fig. 3 Représentation des forces d'attraction gravitationnelle s'exerçant entre deux objets A et B.

**G est la constante de gravitation universelle : G = 6,67 × 10^{-11} m^3 · kg^{-1} · s^{-2}.
$F_{A/B}$ et $F_{B/A}$ s'expriment en newton (N), m_A et m_B en kilogramme (kg) et d en mètre (m).**

Exemple

L'intensité de la force d'attraction gravitationnelle qui modélise l'action mécanique de la Terre (de masse $M_T = 5{,}98 \times 10^{24}$ kg) sur la Lune (de masse $M_L = 7{,}35 \times 10^{22}$ kg), distantes de $d = 3{,}84 \times 10^5$ km est :

$$F_{\text{Terre/Lune}} = \frac{G \cdot M_T \cdot M_L}{d^2} = \frac{6{,}67 \times 10^{-11} \times 5{,}98 \times 10^{24} \times 7{,}35 \times 10^{22}}{(3{,}84 \times 10^8)^2} = 1{,}99 \times 10^{20}\ \text{N}.$$

Remarque : $F_{\text{Lune/Terre}} = F_{\text{Terre/Lune}} = 1{,}99 \times 10^{20}$ N.

Vecteur accélération et mouvement

Dans le référentiel héliocentrique et dans le cadre de l'**approximation des trajectoires circulaires**, une planète de centre P de masse m tourne autour du Soleil de centre S, de masse M, selon une orbite circulaire de rayon r. Elle n'est soumise qu'à l'action mécanique exercée par le Soleil, qui se modélise par la force gravitationnelle (on néglige l'influence des autres astres, soit très éloignés, soit de masse très inférieure à celle du Soleil).

D'après la deuxième loi de Newton, on peut écrire :

$$\frac{d\vec{p}}{dt} = \vec{F}_{S/P}, \quad \text{donc} \quad m\frac{d\vec{v}}{dt} = G \cdot \frac{m \cdot M}{r^2} \cdot \vec{u}_{PS}, \quad \text{soit} \quad \vec{a} = \frac{G \cdot M}{r^2} \cdot \vec{u}_{PS}.$$

Plus généralement, une planète ou un satellite tournant autour de son astre attracteur a un vecteur accélération dirigé vers le centre de sa trajectoire circulaire (Fig. 4). Comme $\vec{v} \cdot \vec{a} = 0$, son mouvement est circulaire uniforme.

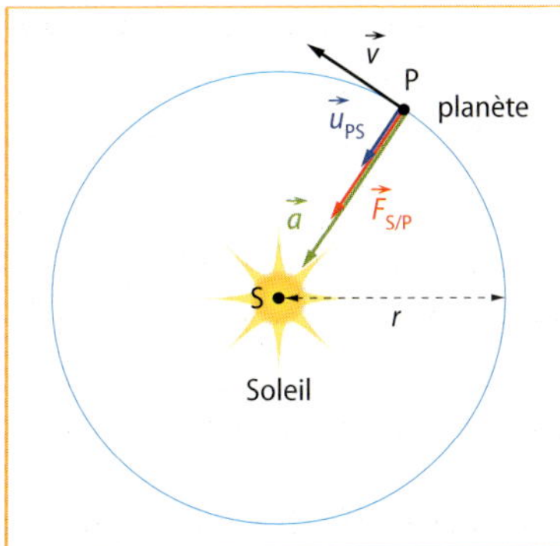

Fig. 4 Le vecteur accélération de la planète de centre P est dirigé vers le centre S du Soleil.

Dans un mouvement circulaire uniforme, l'accélération et la vitesse ont des valeurs particulières.

Pour un mouvement circulaire uniforme, les valeurs de l'accélération et de la vitesse d'une planète ou d'un satellite sont reliées par l'égalité :

$$a = \frac{v^2}{r}$$

- a, accélération (en $m \cdot s^{-2}$) ;
- v, vitesse (en $m \cdot s^{-1}$) ;
- r, rayon de l'orbite circulaire (en m).

Vocabulaire

Orbite : trajectoire d'un satellite ou d'une planète autour d'un astre attracteur.

Vitesse d'une planète ou d'un satellite

› Activité 2

D'après ce qui précède, le mouvement étant circulaire uniforme, on a :

$$a = \frac{G \cdot M}{r^2} = \frac{v^2}{r}.$$

On peut ainsi en déduire l'expression de la vitesse.

La vitesse d'une planète ou d'un satellite (en $m \cdot s^{-1}$) sur une orbite circulaire autour d'un astre attracteur est :

$$v = \sqrt{\frac{G \cdot M}{r}}$$

Elle ne dépend que de la masse M (en kg) de l'astre attracteur et du rayon r de l'orbite circulaire (en m).

Dans le cas d'un satellite terrestre, le référentiel est géocentrique et on note : $r = R_T + h$, où R_T désigne le rayon de la Terre ($R_T = 6,37 \times 10^6$ m) et h l'altitude du satellite en mètre (m).

Exemple

Les satellites géostationnaires (Fig. 5) sont des satellites en orbite circulaire à une altitude $h = 3,58 \times 10^4$ km de la Terre (de masse $M_T = 5,98 \times 10^{24}$ kg). Ils possèdent la particularité d'être toujours positionnés au-dessus du même point de la surface de la Terre. La vitesse de tels satellites est :

$$v = \sqrt{\frac{G \cdot M_T}{R_T + h}} = \sqrt{\frac{6,67 \times 10^{-11} \times 5,98 \times 10^{24}}{6,37 \times 10^6 + 3,58 \times 10^7}} = 3,08 \times 10^3 \ m \cdot s^{-1}$$

Fig. 5 Les satellites de télécommunication sont des satellites géostationnaires.

Période de révolution

› Activité 2

La période de révolution *T* d'une planète ou d'un satellite est la durée qu'il lui faut pour accomplir un tour complet sur son orbite.

Si l'orbite décrite par une planète ou un satellite est un cercle de rayon r, la distance parcourue pendant la durée T est la circonférence du cercle $2\pi r$.

On en déduit donc que $v = \frac{2\pi r}{T} = \sqrt{\frac{G \cdot M}{r}}$, soit $T = 2\pi\sqrt{\frac{r^3}{G \cdot M}}$.

La période de révolution *T* d'une planète ou d'un satellite sur une orbite circulaire autour d'un astre attracteur est :

$$T = 2\pi \cdot \sqrt{\frac{r^3}{G \cdot M}}$$

- ***T*, période de révolution (en s)**
- ***r*, rayon de l'orbite circulaire (en m)**
- ***M*, masse de l'astre attracteur (en kg)**

On peut ainsi déterminer la période de révolution de toutes les planètes du système solaire connaissant leur distance au Soleil (Fig. 6).

Exemple

On cherche à déterminer la période de révolution T_T de la Terre, sachant que la masse du Soleil est $M_S = 1{,}99 \times 10^{30}$ kg et la distance Soleil-Terre est $d_{ST} = 149{,}6 \times 10^9$ m.

$T_T = 2\pi\sqrt{d_{ST}^3 / G \cdot M_S} = 2\pi \times \sqrt{(149{,}6 \times 10^9)^3/(6{,}67 \times 10^{-11} \times 1{,}99 \times 10^{30})}$

$= 3{,}16 \times 10^7$ s $= 1{,}00$ an.

➥ Exercices 6 à 9

Planète	Période (jours)
Mercure	88
Vénus	225
Terre	365
Mars	687
Jupiter	4 333
Saturne	10 759
Uranus	30 685
Neptune	60 189

Fig. 6 Périodes de révolution des huit planètes du système solaire.

3 Lois de Kepler

Animation

Les trois lois de Kepler

› Activités 2 et 3

Au XVIIe siècle, Johannes Kepler (1571-1630) constate que les planètes tournent autour du Soleil selon des trajectoires qui ne sont pas parfaitement circulaires et énonce trois lois pour décrire leur mouvement.

Première loi de Kepler : dans le référentiel héliocentrique, la trajectoire d'une planète est une ellipse (Fig. 7) et le centre du Soleil occupe un des deux foyers. On dit que l'orbite est elliptique.
Deuxième loi de Kepler : le segment reliant le Soleil à la planète balaye des aires égales pendant des durées égales (Fig. 8).

La vitesse d'une planète n'est donc pas constante : elle augmente lorsque la planète se rapproche du Soleil et diminue lorsqu'elle s'en éloigne.

Troisième loi de Kepler :

$$\frac{T^2}{a^3} = k = \text{constante}$$

- ***T*, période de révolution de la planète (en s)**
- ***a*, demi-grand axe de son orbite elliptique (en m)**

La constante ne dépend que de l'astre attracteur : $\mathbf{k = 4\pi^2/(G \cdot M)}$, avec G, constante de gravitation universelle ($G = 6{,}67 \times 10^{-11}$ m$^3 \cdot$ kg$^{-1} \cdot$ s^{-2}) et M, masse de l'astre attracteur en kilogramme (kg).

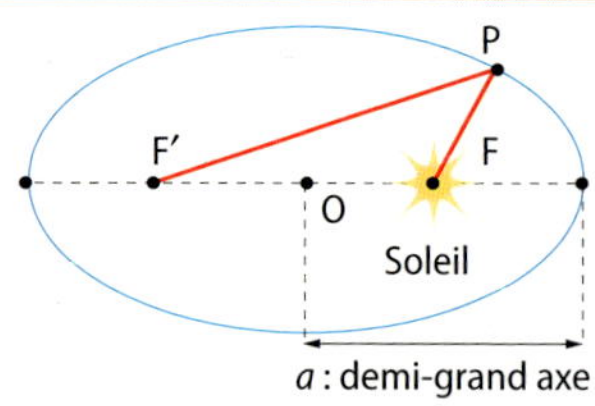

Fig. 7 Le centre d'une planète P décrit une ellipse de foyers F et F' (à chaque instant, PF + PF' = 2a).

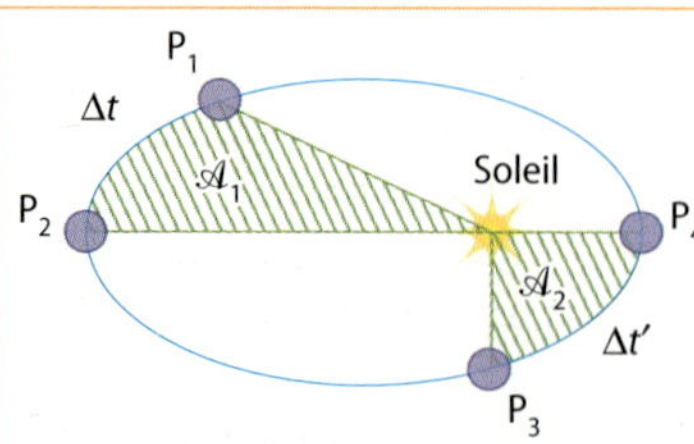

Fig. 8 Si les durées Δt et $\Delta t'$ sont égales, les aires balayées par la planète $\mathcal{A}_1$ et $\mathcal{A}_2$ sont égales.

Les trois lois de Kepler s'appliquent à tous les corps en orbite autour d'un objet massique.

De la troisième loi de Kepler à la période

Dans le cas où l'on considère que les trajectoires des planètes et des satellites sont des cercles, on peut déterminer leurs périodes de révolution T en remplaçant, dans la troisième loi de Kepler, le demi-grand axe a de l'ellipse par le rayon r de l'orbite circulaire.

Si $a = r$, la troisième loi de Kepler s'écrit $\frac{T^2}{r^3} = \frac{4\pi^2}{G \cdot M}$.

Dans ce cas, la période de révolution T d'une planète ou d'un satellite est : $T = 2\pi \cdot \sqrt{\frac{r^3}{G \cdot M}}$. On retrouve bien la relation établie p. 172.

➥ Exercices 10 à 15

Sciences et culture

Johannes Kepler

C'est entre 1609 et 1619 que l'astronome allemand Johannes Kepler (1571-1630) établit les trois lois qui portent son nom, à partir des nombreuses et très précises observations de l'astronome danois Tycho Brahe (1546-1601), dont il était l'assistant.

Les compétences à acquérir

1 Interpréter *un mode de propulsion par réaction*

- Si un objet (A) exerce une action mécanique sur un objet (B) modélisée par la force $\vec{F}_{A/B}$, alors l'objet (B) exerce une action mécanique sur (A) modélisée par la force $\vec{F}_{B/A}$ et $\vec{F}_{A/B} = -\vec{F}_{B/A}$. C'est le **principe des actions réciproques**.
- Dans un référentiel galiléen, la quantité de mouvement $\vec{p}$ d'un système isolé ou pseudo-isolé se conserve. Cela permet d'interpréter le **mode de propulsion par réaction** d'une fusée : les gaz éjectés par la fusée sont à l'origine de son mouvement.

2 Décrire *les caractéristiques du mouvement d'une planète ou d'un satellite*

- Le mouvement d'une planète ou d'un satellite en **orbite circulaire** de rayon r (en m) autour d'un astre attracteur de masse M (en kg) est **uniforme**. Sa vitesse v (en m · s^{-1}) est : $v = \sqrt{\frac{G \cdot M}{r}}$, où $G = 6{,}67 \times 10^{-11}$ m^3 · kg^{-1} · s^{-2}.
- La **période de révolution T** d'une planète ou d'un satellite est la durée qu'il lui faut pour accomplir un tour complet sur son orbite.
- Dans le cas d'une orbite circulaire de rayon r autour d'un astre attracteur de masse M, on a **$v = 2\pi r/T$**, donc :

$T = 2\pi \cdot \sqrt{\frac{r^3}{G \cdot M}}$	T, en s r, en m M, en kg

3 Connaître *les lois de Kepler* et exploiter *la troisième*

- **Première loi de Kepler** : l'orbite d'une planète ou d'un satellite est une **ellipse** dont l'un des foyers est l'astre attracteur.

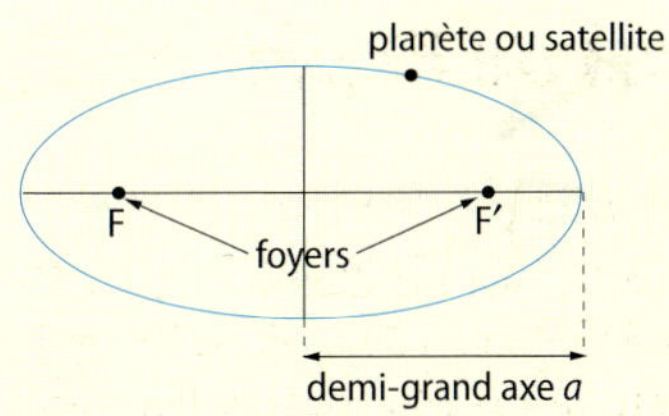

- **Deuxième loi de Kepler** : le segment reliant l'astre attracteur et la planète ou le satellite balaye des aires égales pendant des durées égales.
- **Troisième loi de Kepler** :

$\frac{T^2}{a^3} = \frac{4\pi^2}{G \cdot M}$	T, période de révolution de la planète ou du satellite (en s) a, demi-grand axe de son orbite (en m) M, masse de l'astre attracteur

- Dans l'**approximation des trajectoires circulaires**, $a = r$, donc : $T = 2\pi \cdot \sqrt{\frac{r^3}{G \cdot M}}$, où r désigne le rayon de l'orbite circulaire (en m).

Exercices

Compétence 1

› Interpréter un mode de propulsion par réaction

1 QCM

Choisir la (ou les) bonne(s) réponse(s).

❶ L'interaction entre deux systèmes (A) et (B) peut se traduire par la relation :

- a $\vec{F}_{A/B} + \vec{F}_{B/A} = \vec{0}$;
- b $\vec{F}_{A/B} = -\vec{F}_{B/A}$;
- c $\vec{F}_{A/B} = \vec{F}_{B/A}$.

❷ Lorsqu'on enfonce une punaise dans un mur avec le pouce :

- a le pouce exerce une action mécanique sur le mur ;
- b la punaise exerce une action mécanique sur le mur ;
- c la punaise exerce une action mécanique sur le pouce.

❸ Un système est dit isolé ou pseudo-isolé si :

- a il est soumis à des actions mécaniques extérieures qui se compensent ;
- b il n'est soumis qu'à son poids ;
- c il n'est soumis à aucune action mécanique extérieure.

❹ Si $\vec{p}$ est la quantité de mouvement d'un système isolé, alors :

- a $\vec{p} = \vec{0}$;
- b $p = $ constante ;
- c $\vec{p}$ est un vecteur constant.

2 Livre

Un livre, de poids $P = 8,2$ N, est posé sur une table.

1. Quelles sont les forces qui modélisent les actions mécaniques qui s'exercent sur ce livre ? Préciser leurs caractéristiques.

2. Ce livre exerce-t-il une action mécanique sur cette table ? Si oui, préciser les caractéristiques de la force qui modélise cette action mécanique.

3 Dynamomètres

Titouan accroche le crochet d'un premier dynamomètre (D_1) à celui d'un second dynamomètre (D_2), puis il tire sur ce dernier.

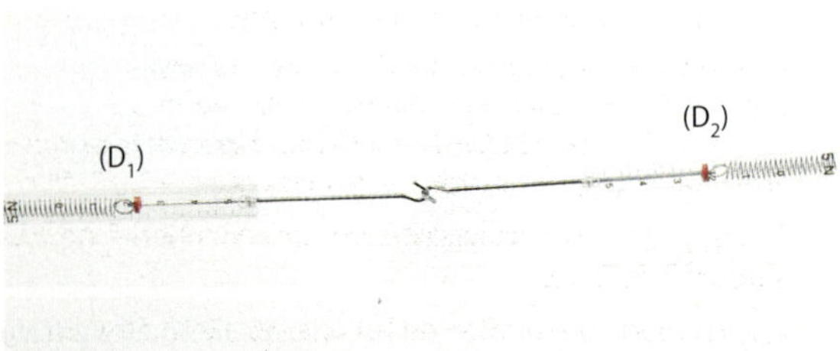

Que peut-on dire des valeurs indiquées sur ces deux dynamomètres ? Pourquoi ?

4 Une pierre pour avancer

Louisa est assise dans un canoë au milieu d'un lac. Le canoë est immobile et Louisa, qui a perdu sa pagaie, souhaite regagner la rive avec son embarcation. Elle ne dispose alors que d'une pierre présente dans son canoë. Se rappelant de ses cours de Terminale, elle décide de la jeter par-dessus bord, horizontalement vers l'arrière de l'embarcation.

On définit le système (S), constitué de Louisa, du canoë et de la pierre.

Données. *Masse de Louisa : $m_L = 55$ kg. Masse du canoë : $m_C = 39$ kg. Masse de la pierre : $m_P = 4,2$ kg. Vitesse de lancer de la pierre : $v_P = 2,5\ m \cdot s^{-1}$. On négligera les frottements dus à l'air et à l'eau.*

1. **a.** Sans justifier, indiquer ce qui va se passer après ce lancer.
b. Une action mécanique est-elle responsable de ce mouvement ? Justifier.

2. **a.** Avant le lancer, le système (S) est-il isolé ou pseudo-isolé ?
b. Quel est son vecteur quantité de mouvement $\vec{p}_{avant}(S)$?

3. **a.** Exprimer, puis calculer la valeur de la vitesse *v* du canoë (et de Louisa) après le lancer.
b. Dans quel sens se déplace le canoë après le lancer ?
c. Quelle est alors la nature du mouvement du canoë ? Est-ce cohérent avec une situation réelle ? Justifier.

5 Watercraft

A personal watercraft (or jet ski) is a recreational watercraft propelled by a hydrojet. A hydrojet is a reaction propulsion system: water is pumped from under the craft, accelerated through a turbine, then discharged out of the rear of the craft at a high velocity.

1. Explain why the hydrojet is a reaction propulsion system.

2. What are the main differences between the propulsion of a personal watercraft and the propulsion of a rocket?

3. What can you say about the momentum vector of a personal watercraft?

4. A personal watercraft can go in reverse. Explain how it is possible.

Compétence 2

› *Décrire les caractéristiques du mouvement d'une planète ou d'un satellite*

Donnée. *Constante de gravitation universelle : $G = 6{,}67 \times 10^{-11}\ m^3 \cdot kg^{-1} \cdot s^{-2}$.*

6 VRAI ou FAUX ?

Corriger, si nécessaire, les affirmations suivantes.

❶ La loi de la gravitation universelle ne s'applique que pour les étoiles, les planètes et les satellites.

❷ L'interaction gravitationnelle est attractive.

❸ Dans le cas d'un mouvement circulaire uniforme de rayon r, la valeur de l'accélération a et celle de la vitesse v sont reliées par la relation : $v = a^2/r$.

❹ La période de révolution T d'une planète ou d'un satellite est la durée qu'il faut à l'astre pour accomplir un tour sur lui-même.

EXERCICE **RÉSOLU**

7 Hubble

Le satellite Hubble est un télescope spatial en orbite circulaire autour de la Terre. Depuis son lancement en 1990, il a permis de faire de nombreuses découvertes et d'améliorer notre connaissance de l'Univers. En effet, sa position au-dessus de l'atmosphère terrestre lui permet d'avoir une vision bien supérieure à celle des télescopes basés au sol.

Données. *Altitude de Hubble : $h = 570$ km.*
Rayon de la Terre : $R_T = 6{,}37 \times 10^3$ km.
Masse de la Terre : $M_T = 5{,}98 \times 10^{24}$ kg.
Masse de Hubble : $m_H = 1{,}17 \times 10^4$ kg.

1. a. Déterminer l'intensité de la force d'attraction gravitationnelle $F_{T/H}$ qui modélise l'action mécanique exercée par la Terre sur le satellite Hubble.
b. Représenter cette force en différentes positions de la trajectoire de Hubble, sans souci d'échelle.
c. En déduire que le mouvement est circulaire uniforme.

2. a. Déterminer la vitesse v_H de Hubble sur son orbite.
b. Déterminer sa période de révolution T_H.

Aides et méthodes

1. a. La distance entre la Terre et Hubble dépend du rayon de la Terre et de l'altitude de Hubble.
b. Cette force est toujours orientée vers le centre de la Terre.
c. Appliquer la seconde loi de Newton.

2. a. Pour un mouvement circulaire uniforme : $a = \dfrac{v^2}{r}$.

Solution

1. a. $F_{T/H} = \dfrac{G \cdot M_T \cdot m_H}{(R_T + h)^2}$

$$F_{T/H} = \frac{6{,}67 \times 10^{-11} \times 5{,}98 \times 10^{24} \times 1{,}17 \times 10^4}{(6{,}37 \times 10^6 + 570 \times 10^3)^2}$$

$F_{T/H} = 9{,}69 \times 10^4$ N.

b. Schéma ci-contre.

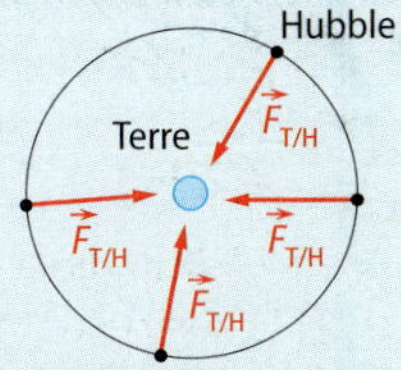

c. D'après la deuxième loi de Newton appliquée à Hubble :

$$\vec{a}_H = \frac{G \cdot M_T}{(R_T + h)^2} \cdot \vec{u}_{HT}.$$

On a alors : $\vec{v}_H \cdot \vec{a}_H = 0$. Le mouvement de Hubble est uniforme.

2. a. On a : $a_H = \dfrac{G \cdot M_T}{(R_T + h)^2} = \dfrac{v_H^2}{(R_T + h)}$, donc :

$$v_H = \sqrt{\frac{G \cdot M_T}{(R_T + h)}} = \sqrt{\frac{6{,}67 \times 10^{-11} \times 5{,}98 \times 10^{24}}{6{,}37 \times 10^6 + 570 \times 10^3}}$$

$v_H = 7{,}58 \times 10^3\ m \cdot s^{-1}$.

b. $T_H = 2\pi \cdot \dfrac{R_T + h}{v_H} = 2\pi \times \dfrac{6{,}37 \times 10^6 + 570 \times 10^3}{7{,}58 \times 10^3}$

$T_H = 5{,}75 \times 10^3$ s.

8 Mouvement de la Terre autour du Soleil

On souhaite étudier le mouvement de la Terre autour du Soleil dans le cadre de l'approximation des trajectoires circulaires.

Données. *Distance entre les centres de la Terre et du Soleil : $d_{ST} = 149{,}6 \times 10^9$ m.*
Masse du Soleil : $M_S = 1{,}99 \times 10^{30}$ kg.

1. Dans quel référentiel doit-on se placer afin d'étudier ce mouvement ?

2. Exprimer vectoriellement la force qui modélise l'action mécanique exercée par le Soleil sur la Terre, puis la représenter sur un schéma, sans souci d'échelle.

3. En appliquant la deuxième loi de Newton, établir l'expression vectorielle de l'accélération $\vec{a}_T$ de la Terre.

4. Montrer que le mouvement de la Terre est uniforme.

5. Exprimer littéralement la vitesse de la Terre autour du Soleil, puis calculer sa valeur.

6. Exprimer puis calculer la période de révolution T_T de la Terre autour du Soleil, en seconde puis en jour.

9 Période de révolution de la Lune

La Lune est l'unique satellite naturel de la Terre. Son orbite peut être considérée comme circulaire et sa vitesse de rotation autour de la Terre comme constante.

Données. *Rayon de l'orbite lunaire : $r_L = 3{,}84 \times 10^5$ km.*
Vitesse de la Lune autour de la Terre : $v_L = 1{,}02 \times 10^3\ m \cdot s^{-1}$.
La vitesse d'une planète ou d'un satellite sur une orbite circulaire de rayon r autour d'un astre attracteur de masse M est : $v = \sqrt{G \cdot M / r}$.

1. Exprimer, puis calculer la période de révolution T_L de la Lune autour de la Terre.

2. La période de rotation de la Lune sur elle-même est égale à 27,3 jours.
a. Comparer cette période à T_L.
b. Quelle est la conséquence de ce résultat ?

Exercices

Compétence 3

› Connaître les lois de Kepler et exploiter la troisième

Données. *Constante de gravitation universelle :*
$G = 6{,}67 \times 10^{-11}\ m^3 \cdot kg^{-1} \cdot s^{-2}$.
Caractéristiques de quelques planètes :

Planète	*Masse (kg)*	*Période de révolution T (jours)*	*Rayon de l'orbite circulaire r (millions de km)*
Vénus	$4{,}87 \times 10^{28}$	225	108
Terre	$5{,}98 \times 10^{24}$	365	150
Mars	$6{,}42 \times 10^{23}$	687	228
Jupiter	$1{,}90 \times 10^{27}$	4 333	778

10 VRAI ou FAUX ?

Corriger, si nécessaire, les affirmations suivantes.

1. On peut déduire de la deuxième loi de Kepler que la vitesse d'une planète augmente lorsqu'elle s'éloigne du Soleil et diminue lorsqu'elle s'en rapproche.
2. Les trois lois de Kepler s'appliquent aux satellites en orbite autour d'une planète.
3. La période d'une planète ou d'un satellite augmente lorsque le demi-grand axe augmente.
4. La période d'une planète ou d'un satellite est indépendante de la masse de l'astre attracteur.
5. La période d'une planète ou d'un satellite est indépendante de sa masse.

11 Lois de Kepler

1. Donner la définition d'un référentiel planétocentrique.

2. Énoncer les trois lois de Kepler dans un référentiel planétocentrique pour un satellite.

On considère que ce satellite a une trajectoire circulaire.

3. Que peut-on alors déduire de la deuxième loi de Kepler ?

4. a. Que devient la troisième loi de Kepler ?

b. En déduire l'expression du rayon r de l'orbite circulaire du satellite en fonction de sa période de révolution T, de la masse M de la planète et de G.

12 Encelade, lune de Saturne

Saturne possède plus de 60 satellites naturels. Encelade est l'un d'entre eux, en orbite circulaire autour de Saturne.

Données. *Masse de Saturne :* $M_{Saturne} = 5{,}69 \times 10^{26}$ *kg.*
Période de révolution d'Encelade : $T_E = 1{,}37$ *jour.*

1. Dans quel référentiel doit-on se placer afin d'étudier le mouvement d'Encelade ?

2. Énoncer la troisième loi de Kepler appliquée à ce satellite.

3. En déduire l'expression du rayon r_E de l'orbite circulaire d'Encelade, puis calculer sa valeur.

13 La comète de Halley

› Histoire des sciences

La comète de Halley porte le nom de l'astronome anglais Edmund Halley (1656–1742). C'est grâce à son observation depuis la Terre, en 1682, que le scientifique démontra que l'orbite de la comète autour du Soleil était elliptique, la distance entre le Soleil et la comète de Halley variant entre 0,59 ua et 35 ua. L'astronome arriva ensuite à prévoir que cette comète serait à nouveau visible en 1758, en appliquant pour la première fois les lois de Newton sur le mouvement. La réapparition de la comète, en 1758, permit de valider les travaux de Halley et de Newton mais ils n'étaient plus en vie pour assister à leur triomphe.

Donnée. *L'unité astronomique (ua) est une unité de longueur qui correspond au demi-grand axe de l'orbite terrestre.*

1. a. Énoncer la première loi de Kepler appliquée à la comète de Halley.

b. Dessiner l'allure de l'orbite de cette comète. Placer sur ce schéma le centre d'inertie S du Soleil et les points A et P, correspondant respectivement aux valeurs 35 ua et 0,59 ua données.

2. a. Énoncer la deuxième loi de Kepler appliquée à la comète.

b. Montrer, sans calcul, que la vitesse de cette comète sur son orbite n'est pas constante.

c. Préciser les points de son orbite où sa vitesse est maximale, puis minimale.

14 What is this planet?

A satellite (S) orbits a planet (P) in a uniform circular motion.

Data. *(S)'s orbital radius:* $r_S = 6{,}7 \times 10^5$ *km.*
(S)'s orbital period: $T_S = 3$ *d 13 h 14 min.*

1. What becomes of Kepler's third law in the case of this satellite (S) moving in uniform circular motion?

2. Calculate the orbital period of the satellite (S) in seconds.

3. a. Express the mass M_P of the planet (P), then calculate it.

b. Deduce the planet's identity from the above result.

15 La troisième loi de Kepler

On souhaite vérifier la troisième loi de Kepler, à l'aide de l'étude de trois planètes du système solaire en orbite circulaire autour du Soleil : Vénus, la Terre et Mars.

1. Dans quel référentiel doit-on se placer afin d'étudier le mouvement de ces trois planètes ?

2. Tracer la représentation graphique de l'évolution de T^2 en fonction de r^3 pour ces trois planètes.

3. a. La troisième loi de Kepler est-elle vérifiée ?

b. À l'aide du graphe, déduire la masse M_S du Soleil.

Exercices de synthèse

Pour préparer le BAC

Données. *Constante de gravitation universelle :*
$G = 6{,}67 \times 10^{-11}\ m^3 \cdot kg^{-1} \cdot s^{-2}$.
Rayon de la Terre : $R_T = 6{,}37 \times 10^3$ km.
Masse de la Terre : $M_T = 5{,}98 \times 10^{24}$ kg.

16 Recul d'une barque

Un pêcheur se trouve à l'avant de sa barque, immobile au milieu d'un étang. Il souhaite récupérer un filet qui vient de tomber à l'arrière de sa barque. Il se déplace alors dans l'embarcation à une vitesse constante $v_P = 1{,}3\ m \cdot s^{-1}$.

Données. *Masse du pêcheur : $m_P = 85$ kg.*
Masse de la barque et de son équipement : $m_B = 105$ kg.
On négligera les frottements dus à l'air et à l'eau.

1. Parviendra-t-il à récupérer son filet ?
2. Exprimer puis calculer la vitesse v_B de la barque au cours du déplacement du pêcheur, en justifiant.
3. Sur un schéma, représenter le pêcheur au cours de son mouvement dans sa barque, ainsi que les vecteurs vitesses $\vec{v}_P$ et $\vec{v}_B$. On prendra comme échelle 1 cm pour $0{,}4\ m \cdot s^{-1}$.

17 Mission sur Mars

Un des grands défis du XXIe siècle sera d'envoyer une mission d'exploration humaine sur la planète Mars. Le but de cet exercice est d'étudier quelques-uns des nombreux problèmes à résoudre avant de pouvoir effectuer une telle mission.

On imagine une base relais (pour le matériel comme pour les communications avec la Terre) sur Phobos, un des satellites de Mars, dont nous allons étudier le mouvement.

On supposera que Phobos, de masse m_P, a une trajectoire circulaire autour de Mars.

Données. *Masse de Mars : $M_M = 6{,}42 \times 10^{23}$ kg.*
Rayon de l'orbite circulaire de Phobos : $r = 9{,}38 \times 10^3$ km.

1. Dans quel référentiel doit-on se placer afin d'étudier le mouvement de Phobos ?
2. Appliquer la deuxième loi de Newton à ce satellite, afin d'établir l'expression vectorielle de son accélération $\vec{a}_P$.
3. Représenter ce vecteur accélération sur un schéma, sans souci d'échelle.
4. Montrer que le mouvement de Phobos est uniforme.
5. **a.** Donner l'expression (sans justification) de la valeur de l'accélération de Phobos en fonction de sa vitesse v_P et de r.
b. En déduire l'expression littérale de sa vitesse v_P en fonction de G, M_M et de r.
c. Vérifier l'homogénéité de cette relation.
d. Calculer sa valeur, en $m \cdot s^{-1}$ puis en $km \cdot h^{-1}$.
6. **a.** Déterminer l'expression de la période de révolution T_P de Phobos en fonction de v_P et de r.
b. En déduire l'expression littérale de T_P^2/r^3.
c. Quel résultat retrouve-t-on ?
d. Exprimer T_P en fonction de G, M_M et r, puis calculer sa valeur en seconde, puis en heure.

18 Le satellite GOCE

Après deux années en orbite, le satellite GOCE (*Gravity field and steady-state Ocean Circulation Explorer*, mission d'étude de la gravité et de la circulation océanique en régime stable) de l'agence spatiale européenne (ESA), lancé en mars 2009 par une fusée russe Rockot, a achevé sa mission de cartographie du champ de gravité terrestre.

Les données très précises recueillies par ce satellite d'orbite circulaire vont permettre aux scientifiques d'en apprendre davantage sur la structure interne du globe ainsi que sur l'évolution du climat et des séismes.

Donnée. *Altitude du satellite GOCE : $h = 265$ km.*

1. Expliquer le mode de propulsion de la fusée Rockot.
2. Dans quel référentiel doit-on se placer afin d'étudier le mouvement de ce satellite ?
3. En utilisant la troisième loi de Kepler, exprimer puis calculer sa période de révolution T.
4. En déduire la valeur de sa vitesse v autour de la Terre.

19 Deux satellites de Neptune

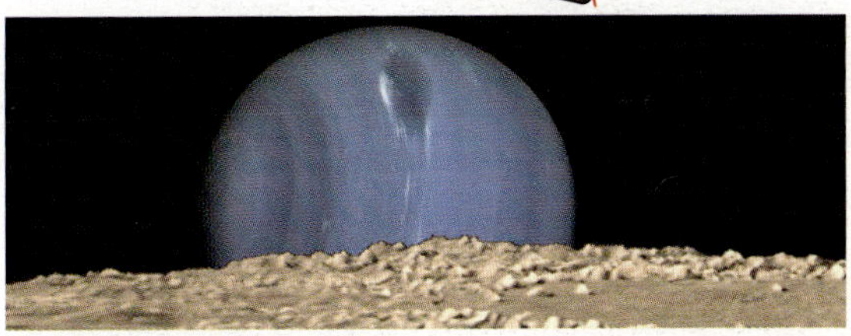

Avant l'arrivée de la sonde Voyager 2 dans le système de Neptune, seuls deux satellites de cette planète étaient connus : Triton (découvert en 1846) et Néréide (découvert en 1949).

Ces deux satellites sont très différents : Triton a un mouvement circulaire uniforme autour de Neptune, tandis que Néréide gravite sur une orbite fortement excentrique.

Données. *Rayon de l'orbite de Triton :* $r_T = 3{,}6 \times 10^5$ *km.*
Vitesse de Triton autour de Neptune : $v_T = 4{,}4 \times 10^3\ \text{m} \cdot \text{s}^{-1}$.
Demi-grand axe de l'orbite de Néréide : $a_N = 5{,}5 \times 10^6$ *km.*

Aides aux calculs : $\frac{3{,}6 \times \pi}{2{,}2} = 5{,}1$ et $5{,}1 \times \sqrt{\left(\frac{55}{3{,}6}\right)^3} = 3{,}0 \times 10^2$.

1. a. D'après le texte, comment peut-on qualifier l'orbite de Néréide ? Selon vous, qu'est-ce que ce terme peut signifier ?
b. Dessiner l'allure de l'orbite de Néréide et placer sur ce schéma le centre d'inertie P de Neptune.
c. La vitesse de Néréide sur son orbite est-elle constante ? Justifier.

2. Exprimer, puis calculer la période de révolution T_T de Triton.

3. a. Énoncer la troisième loi de Kepler pour les satellites de Neptune.
b. Utiliser cette loi afin d'exprimer puis de calculer la période de révolution T_N de Néréide.

20 Mise en orbite de satellites

Le lanceur européen Ariane 5 a mis sur orbite deux satellites de télécommunication, après avoir décollé samedi 6 août à 19 h 53 locales (22 h 53 GMT) du centre spatial de Kourou, en Guyane française, a annoncé Arianespace.

Vingt-sept minutes et douze secondes après le décollage, le satellite de télécommunications Astra 1N était placé sur orbite de transfert géostationnaire. D'un poids de plus de cinq tonnes, Astra 1N offrira des services de télédiffusion directe DTH (Direct To Home) sur toute l'Europe pendant environ quinze ans.

Le lancement d'Ariane a eu lieu avec une heure de retard sur l'horaire prévu, juste après la tombée de la nuit, à cause des vents en altitude qui ont décalé le compte à rebours.

La mission s'est finalement achevée sous les applaudissements de la salle de contrôle Jupiter, au Centre spatial guyanais. Ce quatrième succès de l'année pour Arianespace est le 59e d'une Ariane 5 et la 203e mission depuis le vol inaugural.

D'après Franck Lecomte, *Reuters*, 7 août 2011.

Donnée. *Rayon de l'orbite géostationnaire du satellite Astra 1N :* $r_S = 4{,}2 \times 10^4$ *km.*

1. Ascension de la fusée Ariane 5
a. Quelle action mécanique est responsable du mouvement d'ascension de la fusée ? Justifier.
b. Déterminer, au cours de cette ascension, l'expression du vecteur quantité de mouvement de la fusée en fonction de celui des gaz expulsés.
c. Pourquoi le lancement d'Ariane a-t-il eu lieu avec une heure de retard ? Pourquoi était-il indispensable de décaler ce lancement ?

2. Mise en orbite du satellite Astra 1N
a. B2i En effectuant éventuellement une recherche sur Internet, donner la définition d'une orbite de transfert géostationnaire, puis celle d'une orbite géostationnaire.
b. Le satellite Astra 1N est-il placé par Ariane 5 directement sur son orbite définitive ?

3. Étude du satellite Astra 1N en orbite géostationnaire
a. Dans quel référentiel doit-on se placer pour étudier le mouvement de ce satellite ?
b. Déterminer l'expression vectorielle de l'accélération $\vec{a}_S$ de ce satellite, de masse m_S.
c. Que peut-on alors en déduire sur son mouvement ?
d. Exprimer, puis calculer la vitesse v_S de ce satellite autour de la Terre.
e. Exprimer, puis calculer sa période de révolution T_S, en seconde puis en heure.
f. En déduire la particularité d'un satellite en orbite géostationnaire.

21 ★ Mouvement de Vénus autour du Soleil

Vénus est la deuxième planète du système solaire la plus proche du Soleil. Elle a un mouvement circulaire uniforme autour de ce dernier et est, avec Uranus, l'une des deux seules planètes du système solaire dont la rotation est rétrograde. C'est aussi la seule dont la période de rotation (243 jours) est supérieure à sa période de révolution.

Données. *Distance entre les centres du Soleil et de Vénus :* $d_{SV} = 1{,}0 \times 10^8$ *km.*
Masse du Soleil : $M_S = 2{,}0 \times 10^{30}$ *kg.*
Aides aux calculs : $\sqrt{13} = 3{,}6$; $2\pi \times 3{,}6 = 23$; $2\pi/3{,}6 = 1{,}7$ et $1{,}7/(2{,}4 \times 3{,}6) = 0{,}20$.

1. B2i En effectuant éventuellement une recherche sur Internet, donner les définitions des expressions de l'énoncé : « rotation rétrograde », « période de rotation » et « période de révolution ».

2. Dans quel référentiel doit-on se placer afin d'étudier le mouvement de Vénus ?

3. En appliquant la deuxième loi de Newton, déterminer l'expression vectorielle de l'accélération $\vec{a}_V$ de Vénus.

4. En déduire la vitesse de Vénus autour du Soleil.

5. a. Exprimer, puis calculer sa période de révolution T_V, en seconde puis en jours.
b. Comparer cette période de révolution à celle de rotation.

22 ★ Le canon de Newton

Histoire des sciences

Ainsi, si un boulet de canon était tiré horizontalement du haut d'une montagne, avec une vitesse capable de lui faire parcourir un espace de deux lieues avant de retomber sur la terre ; avec une vitesse double, il n'y retomberait qu'après avoir parcouru à peu près quatre lieues, et avec une vitesse décuple, il irait dix fois plus loin (pourvu qu'on ait point d'égard à la résistance de l'air), et en augmentant la vitesse de ce corps, on augmenterait à volonté le chemin qu'il parcourrait avant de retomber sur la terre, et on diminuerait la courbure de la ligne qu'il décrirait ; *en sorte qu'il pourrait ne retomber sur la terre qu'à la distance de 10, de 30, ou de 90 degrés ; ou qu'enfin il pourrait circuler autour, sans y retomber jamais*, et même s'en aller en ligne droite à l'infini dans le ciel.

Isaac Newton, *Principes mathématiques de la philosophie naturelle*, Définition V, 1759.

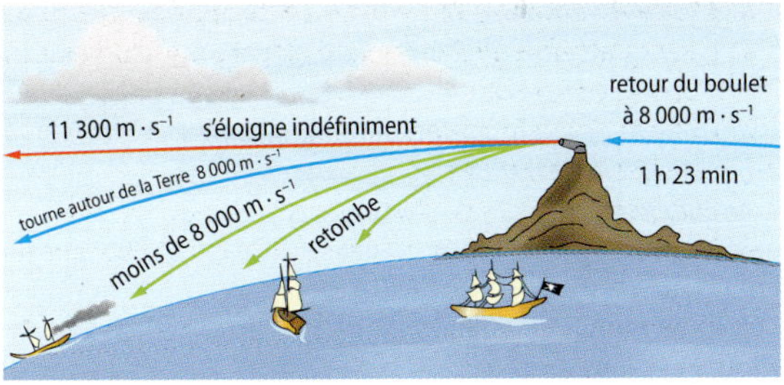

Les parties A et B de cet exercice sont indépendantes.

Soit (S) le système constitué du canon et du boulet de canon.

A. Recul d'un canon

Le recul d'un canon est la réaction de celui-ci consécutivement au tir, ce qui se traduit par son déplacement en arrière.

1. a. Avant le tir, le système (S) est-il isolé ou pseudo-isolé ?
b. Quel est son vecteur quantité de mouvement $\vec{p}_{avant}(S)$?

2. Déterminer le vecteur quantité de mouvement du canon après le tir $\vec{p}_{après}(\text{canon})$ en fonction de celui du boulet de canon $\vec{p}_{après}(\text{boulet})$.

3. Expliquer alors le phénomène de recul d'un canon.

B. Mouvement du boulet de canon

1. À l'aide du texte, faire l'inventaire des forces qui modélisent les actions mécaniques s'exerçant sur le boulet de canon au cours de son mouvement.

2. À l'aide d'un schéma, expliquer le passage du texte en italique.

Dans la suite de cette partie, on s'intéresse au cas où le boulet de canon circule autour de la Terre sans jamais y retomber.

3. Dans ce cas, que peut-on dire du boulet de canon ?

4. Pourquoi peut-on dire que le rayon r de son orbite est approximativement égal au rayon de la Terre ? Justifier.

5. a. Énoncer la troisième loi de Kepler appliquée à ce boulet de canon.
b. Utiliser cette loi afin d'exprimer, puis de calculer, la période de révolution T_B du boulet, en seconde puis en heure.
c. En déduire la valeur de sa vitesse v_B autour de la Terre.

6. Les deux valeurs de T_B et de v_B sont-elles cohérentes avec les données de l'image de l'énoncé ?

En route vers le Supérieur

23 ★★ Trajectoire elliptique et orbite de transfert

Soit F le foyer d'une ellipse et M un point quelconque de cette ellipse. On peut déterminer la distance $r = FM$ à l'aide de la relation suivante :

$$r = \frac{p}{1 + e \cdot \cos\theta}$$

avec p, paramètre de l'ellipse (en m) et e, excentricité de l'ellipse (sans unité).

θ est l'angle orienté défini sur le schéma suivant. Le point P est le *périgée* et le point A est l'*apogée*.

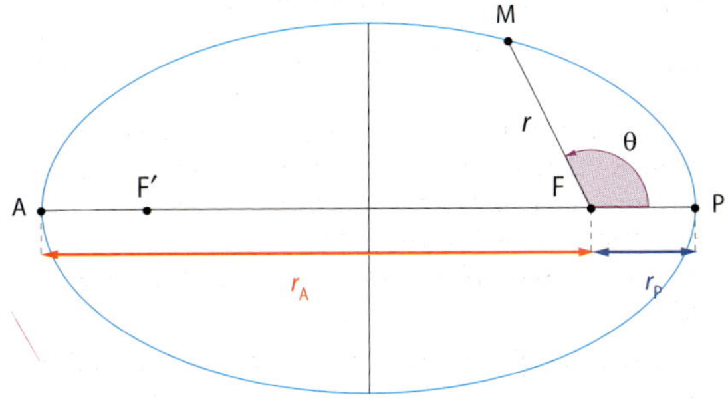

1. a. Déterminer l'expression de la distance $r_P = FP$ en fonction de p et de e.
b. Faire de même pour la distance $r_A = FA$.

2. Pour quelles valeurs de θ a-t-on $r = p$?

On considère un satellite (S) placé sur une orbite circulaire basse autour de la Terre (T). On souhaite le faire passer sur une orbite circulaire définitive. Ce transit s'opère sur une orbite de transfert qui est elliptique. Son périgée P est sur l'orbite circulaire basse et son apogée A est sur l'orbite circulaire définitive.

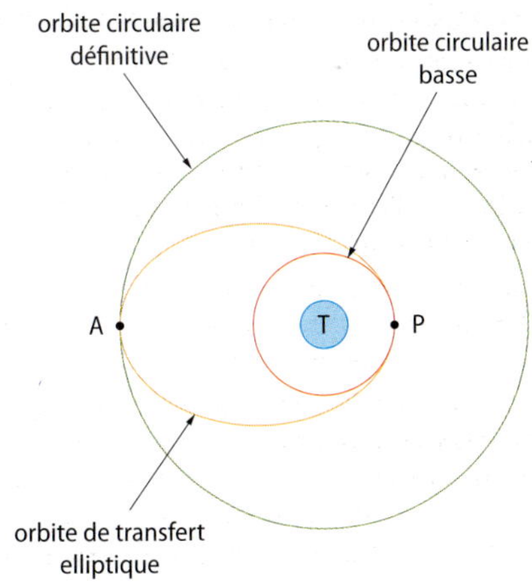

Données. *Rayon de l'orbite circulaire basse : $r_1 = 200$ km.*
Rayon de l'orbite circulaire définitive : $r_2 = 800$ km.

3. a. Une fois sur son orbite circulaire définitive, la période de révolution T_2 de ce satellite sera-t-elle plus grande ou moins grande que sa période de révolution T_1 lorsqu'il était sur son orbite circulaire basse ? Justifier.
b. Calculer alors le rapport $\frac{T_2}{T_1}$.

4. a. Que représente le centre de la Terre pour l'ellipse correspondant à l'orbite de transfert ?
b. En déduire la relation entre r_P et r_1, puis entre r_A et r_2.

5. a. Exprimer le paramètre p et l'excentricité e de l'orbite de transfert en fonction de r_1 et r_2.
b. Calculer les valeurs de p et e.

6. a. Exprimer le demi-grand axe a de l'orbite de transfert en fonction de r_1 et r_2.
b. Calculer sa valeur.

Pour préparer le BAC

Énoncé type

Le système de positionnement Galileo

Connaître sa position exacte dans l'espace et dans le temps : autant d'informations qu'il sera nécessaire d'obtenir de plus en plus fréquemment avec une grande fiabilité. Dans quelques années, ce sera possible avec le système de radionavigation par satellite Galileo, initiative lancée par l'Union européenne et l'Agence spatiale européenne (ESA). Ce système mondial assurera une complémentarité avec le système actuel GPS (*Global Positioning System*).
Complémentaire du GPS, Galileo offrira une précision au mètre près sur toute la surface du globe, contre 5 à 10 m pour le système américain. Il assurera également une meilleure couverture dans les zones à haute latitude (notamment en Arctique). En combinaison avec le GPS, il pourra fonctionner dans les grands centres urbains peu dégagés et en environnement contraint.
Le 28 décembre 2005, le satellite Giove-A, qui est le premier des 30 satellites du projet Galileo, a été mis sur une orbite circulaire par une fusée Soyouz-Frégate.

Données. *Constante de gravitation universelle :* $G = 6{,}67 \times 10^{-11}\ m^3 \cdot kg^{-1} \cdot s^{-2}$.
Rayon de la Terre : $R_T = 6{,}37 \times 10^3$ *km.*
Masse de la Terre : $M_T = 5{,}98 \times 10^{24}$ *kg.*
Altitude du satellite Giove-A : $h = 23\,260$ *km.*
On notera S le satellite et T le centre de la Terre.

1. Expliquer le mode de propulsion de la fusée Soyouz-Frégate.

2. a. Dans quel référentiel doit-on se placer afin d'étudier le mouvement du satellite Giove-A ?

b. Exprimer vectoriellement la force qui modélise l'action mécanique exercée par la Terre sur ce satellite.

3. a. En appliquant la deuxième loi de Newton, déterminer l'expression vectorielle de l'accélération $\vec{a}_S$ de ce satellite.

b. Que peut-on alors en déduire sur son mouvement ?

4. Exprimer, puis calculer la vitesse v_S de ce satellite autour de la Terre.

5. a. Définir la période de révolution T_S de ce satellite.

b. Exprimer puis calculer T_S, en seconde puis en heure.

Les compétences évaluées
- Interpréter un mode de propulsion par réaction.
- Décrire les caractéristiques du mouvement d'une planète ou d'un satellite.

Coups de pouce

2. b. Utiliser la loi de la gravitation universelle.

3. a. On a : $\frac{d\vec{p}}{dt} = m_S \cdot \vec{a}_S$.

b. Déterminer le produit scalaire des vecteurs vitesse et accélération du satellite.

4. Pour un mouvement uniforme, on a : $a_S = \frac{v_S^2}{r}$.

5. b. L'orbite du satellite est un cercle de rayon $R_T + h$: la distance parcourue pendant la durée T_S est la circonférence du cercle d'un tel rayon, soit $2\pi(R_T + h)$.

EXEMPLE DE **RÉSOLUTION**

1. Les gaz expulsés par la fusée Soyouz-Frégate sont à l'origine de son mouvement : c'est le **mode de propulsion par réaction.**

2. a. On doit se placer dans un référentiel **géocentrique supposé galiléen.**

b. $\vec{F}_{T/S} = \frac{G \cdot m_S \cdot M_T}{r^2} \cdot \vec{u}_{ST}$, où $\vec{u}_{ST}$ est un vecteur unitaire porté par la droite (TS) orienté de S vers T, r est le rayon de l'orbite du satellite : $r = R_T + h$, m_S est la masse du satellite.

3. a. On applique la deuxième loi de Newton à ce satellite :
$d\vec{p}/dt = \vec{F}_{T/S}$ (car $\vec{F}_{T/S}$ est la seule force qui s'exerce sur le satellite) ;

donc $m_S \cdot \vec{a}_S = \frac{G \cdot m_S \cdot M_T}{r^2} \cdot \vec{u}_{ST}$;

d'où $\vec{a}_S = \frac{G \cdot M_T}{r^2} \cdot \vec{u}_{ST}$.

b. On a alors : $\vec{v}_S \cdot \vec{a}_S = 0$.

On en déduit que le mouvement du satellite est **uniforme.**

4. On a : $a_S = \frac{G \cdot M_T}{r^2} = \frac{v_S^2}{r}$, car le mouvement est uniforme.

Donc $v_S = \sqrt{\frac{G \cdot M_T}{R_T + h}}$.

A.N. : $v_S = \sqrt{\frac{6{,}67 \times 10^{-11} \times 5{,}98 \times 10^{24}}{6{,}37 \times 10^6 + 23\,260 \times 10^3}}$

$v_S = 3{,}67 \times 10^3\ m \cdot s^{-1}$

5. a. La période de révolution T_S de ce satellite est **la durée qu'il lui faut pour accomplir un tour complet sur son orbite.**

b. On a : $T_S = \frac{2\pi(R_T + h)}{v_S}$.

A.N. : $T_S = \frac{2\pi \times (6{,}37 \times 10^6 + 23\,260 \times 10^3)}{3{,}67 \times 10^3} = 5{,}07 \times 10^4$ **s.**

Soit $T_S = \frac{5{,}07 \times 10^4}{3\,600}$, donc $T_S = 14{,}1$ h

Pour préparer le BAC

La compétence évaluée

- Connaître les lois de Kepler et exploiter la troisième.

Énoncé type

Des lois de Kepler à l'étude d'un astéroïde

1. Planètes en orbite elliptique

La figure ci-contre représente la trajectoire elliptique du centre d'inertie M d'une planète du système solaire de masse m dans le référentiel héliocentrique considéré galiléen. Les deux foyers F_1 et F_2 de l'ellipse et son centre O sont indiqués.

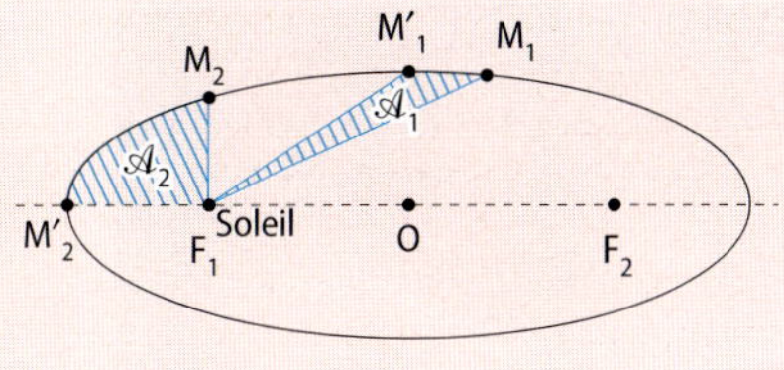

a. Énoncer la première loi de Kepler. Justifier alors la position du Soleil sur cette figure.

b. On suppose que les durées de parcours entre les points M_1 et M'_1 puis M_2 et M'_2 sont égales. Énoncer la deuxième loi de Kepler, puis en déduire la relation entre les aires $\mathcal{A}_1$ et $\mathcal{A}_2$.

2. Planètes en orbite circulaire

Dans cette partie, pour simplifier, on modélise les trajectoires des planètes du système solaire dans le référentiel héliocentrique par des cercles de rayon r, dont le centre O est le Soleil de masse M_S. Le graphe ci-contre représente l'évolution du carré de la période de révolution des planètes Terre, Mars et Jupiter en fonction du cube du rayon de leur orbite.

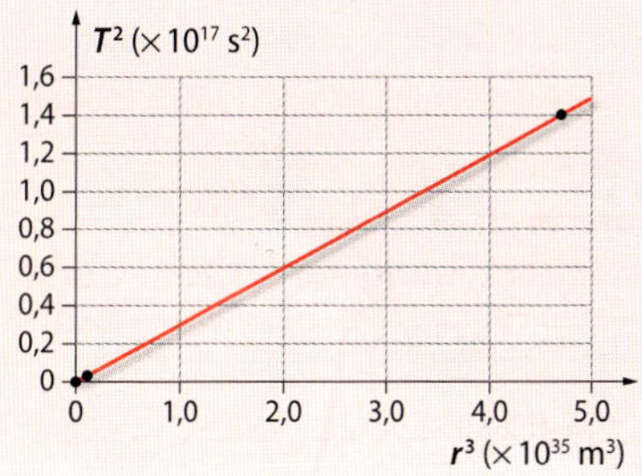

a. Énoncer la troisième loi de Kepler. Ce graphe est-il en accord avec cette loi ?

b. En utilisant ce graphe, montrer que $\frac{T^2}{r^3} = 3{,}0 \times 10^{-19}$ USI, puis déterminer l'unité de ce rapport et en déduire la valeur de la masse M_S du Soleil.

3. Étude de l'astéroïde Rhea Sylvia

L'astéroïde Rhea Sylvia gravite à une distance constante du Soleil avec une période de révolution de 6,521 ans. En déduire la distance r_R séparant les centres respectifs de l'astéroïde et du Soleil.

Données. *Constante de gravitation universelle : $G = 6{,}67 \times 10^{-11}\ m^3 \cdot kg^{-1} \cdot s^{-2}$. 1 an = 365 j.*

Coups de pouce

1. a. Le Soleil est confondu avec un point particulier de l'ellipse.

2. a. Les points sont alignés suivant une droite passant par l'origine.

b. Déterminer le coefficient directeur de cette droite.

On a : $3{,}0 \times 10^{-19} = \frac{4\pi^2}{G \cdot M_S}$.

3. Le rapport $\frac{T^2}{r^3}$ est le même pour tous les corps qui gravitent autour du Soleil.

EXEMPLE DE **RÉSOLUTION**

1. a. La première loi de Kepler énonce que, dans le référentiel héliocentrique, l'orbite d'une planète est **une ellipse dont le centre du Soleil occupe un des deux foyers**. Le centre du Soleil est ici **confondu avec le foyer F_1**.

b. La deuxième loi de Kepler énonce que le segment reliant le Soleil à la planète balaye des aires égales pendant des durées égales. Comme les durées de parcours sont égales, on a : $\mathcal{A}_1 = \mathcal{A}_2$.

2. a. La troisième loi de Kepler énonce que le rapport entre le carré de la période de révolution T de chaque planète et le cube du rayon r de son orbite circulaire est constant, soit :

$\frac{T^2}{r^3}$ **= k = constante** ; avec T en seconde (s) et r en mètre (m). k est une constante qui ne dépend que de l'astre attracteur : le Soleil.

$k = \frac{4\pi^2}{G \cdot M_S}$, où M_S est la masse du Soleil en kilogramme (kg).

Les points sont alignés suivant une droite passant par l'origine donc **T^2 est proportionnelle à r^3**. La troisième loi de Kepler est bien vérifiée : le rapport entre le carré de la période de révolution des planètes et le cube du rayon de leur orbite est constant.

b. Soit a le coefficient directeur de la droite du graphe précédent,

on a : $\frac{T^2}{r^3} = a = \frac{1{,}2 \times 10^{17}}{4{,}0 \times 10^{35}} = \mathbf{3{,}0 \times 10^{-19}\ s^2 \cdot m^{-3}}$.

De plus, $a = \frac{4\pi^2}{G \cdot M_S}$ donc $M_S = \frac{4\pi^2}{G \cdot a}$.

A.N. : $M_S = \frac{4\pi^2}{6{,}67 \times 10^{-11} \times 3{,}0 \times 10^{-19}}$. Soit $\boxed{M_S = 2{,}0 \times 10^{30}\ kg}$

3. $r_R = \sqrt[3]{\frac{T^2}{3{,}0 \times 10^{-19}}} = \sqrt[3]{\frac{(6{,}521 \times 365 \times 24 \times 3\,600)^2}{3{,}0 \times 10^{-19}}}$

Donc $\boxed{r_R = 5{,}2 \times 10^{11}\ m}$

Activité 1

Démarche d'investigation

Animation

Accélérateur de particules

Dans les collisionneurs de particules, les physiciens ajustent les paramètres des forces mises en jeu afin de se rapprocher des conditions énergétiques du Big Bang.

Compétences scientifiques évaluées
- Formuler des hypothèses pertinentes.
- Identifier les paramètres jouant un rôle dans un phénomène physique.

Pour commencer (situation déclenchante)

Dans les accélérateurs de particules linéaires, les physiciens utilisent un champ électrostatique pour lancer des projectiles (des particules électriquement chargées comme des électrons, des protons ou des ions) sur une piste rectiligne (Fig. 1). Lors de ces déplacements, des forces électriques permettent aux particules d'être dans les meilleures conditions avant d'aborder l'étape de collision. Il s'agit, pour les chercheurs, de communiquer au paquet de particules la plus grande énergie cinétique possible.

Fig. 1 Piste d'un accélérateur de particules, située à plusieurs dizaines de mètres sous terre.

Investigation

Lors de la mise en mouvement d'une particule électriquement chargée, quels paramètres peuvent modifier l'effet produit par la force électrique ?

Quelques idées (hypothèses)

Expérience (recherche de validation)

Matériel
- tableur-grapheur informatique
- animation « Travail d'une force électrique constante » consultable sur le site *www.bordas-espace.fr/lycee*

Pour évaluer l'effet d'une force sur un objet, le physicien dispose d'une grandeur appelée « travail ». À l'aide d'une animation (Fig. 2), on peut faire varier différents paramètres permettant d'estimer théoriquement la valeur du travail, noté $W_{AB}(\vec{F})$, fourni par une force $\vec{F}$ lors de la mise en mouvement d'une particule entre deux points A et B.

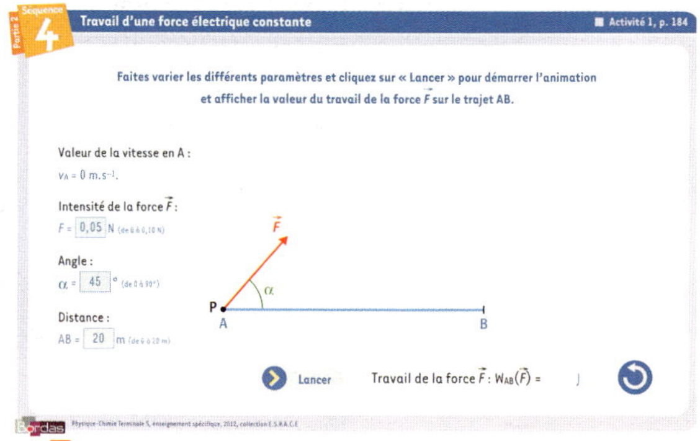

Fig. 2 Simulation informatique.

1 Pour chaque hypothèse avancée :

a. indiquer la grandeur physique testée et celles qui restent constantes ;

b. prévoir l'effet d'une modification de cette grandeur sur le travail fourni par la force ;

c. tester la prévision en réalisant une série de simulations.

2 **a.** Récapituler l'ensemble des résultats dans un tableau.

b. Comparer l'effet attendu à celui observé.

3 **a.** Un ou plusieurs paramètres ont-ils une influence sur le travail fourni ?

b. Si oui, détailler l'influence de chaque paramètre identifié.

Pour conclure

4 Le travail $W_{AB}(\vec{F})$ d'une force constante $\vec{F}$, pour un déplacement rectiligne de son point d'application de A vers B, est la grandeur qui caractérise l'effet qu'elle produit.

Proposer une relation liant $W_{AB}(\vec{F})$ à F, AB et $\cos \alpha$ (α désignant l'angle entre les vecteurs $\vec{F}$ et $\overrightarrow{AB}$).

5 Dans quelle(s) condition(s) :

a. une force ne fournit-elle aucun travail ?

b. le travail d'une force est-il maximal ?

6 En déduire l'expression du travail de la force électrique $\vec{F}_e$ s'exerçant sur une particule de charge q dans un accélérateur de particules linéaire de longueur ℓ. On rappelle que $\vec{F}_e = q \cdot \vec{E}$ et $F_e = |q| \cdot E$.

Activité 2

TP **Activité expérimentale**

Hommes volants

Compétences expérimentales évaluées
- S'approprier un montage expérimental.
- Analyser un résultat expérimental.

Différents chemins peuvent être empruntés pour déplacer un objet d'un point à un autre. Lors de ces déplacements, les forces mises en jeu fournissent un travail mécanique.

Principe

En saut à skis, la prise d'élan qui s'effectue sur un tremplin incliné est fondamentale. Différents types de tremplins existent (le grand tremplin, le tremplin normal..., Fig. 1) et le point d'application de la force de pesanteur peut alors suivre des trajets de pentes et de longueurs différentes. Lors de ces déplacements, le travail de la force de pesanteur permet au sauteur d'atteindre la vitesse d'environ 100 km · h^{-1} en sortie.

Fig. 1 Différents tremplins du saut à skis.

La prise d'élan du sauteur peut être modélisée au laboratoire par la chute d'un mobile sur un banc à coussin d'air.

Mise en œuvre au laboratoire

Matériel
- banc à coussin d'air d'inclinaison variable • mobile • webcam • logiciel de pointage • logiciel tableur-grapheur

- Réaliser le montage correspondant à la figure 2.

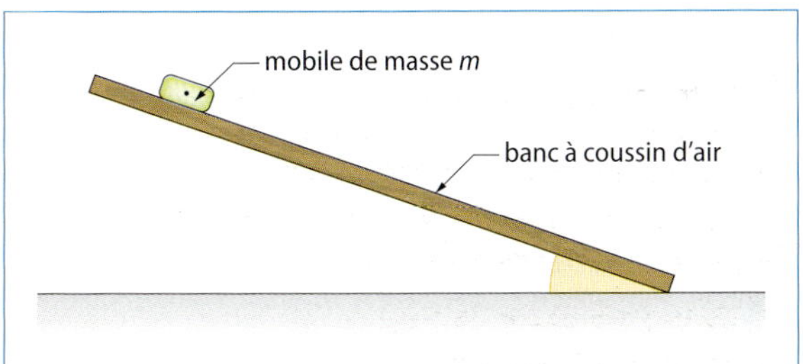

Fig. 2 Schématisation du montage expérimental.

- Ajuster le banc pour avoir une inclinaison d'environ 10°.
- Lâcher le mobile sans vitesse initiale depuis le haut du banc incliné et filmer son mouvement sur la rampe.

Mesures

- Mesurer la masse du mobile, la longueur L de la rampe et la hauteur d'élévation H.
- Ouvrir le fichier vidéo à l'aide du logiciel de pointage.
- Sélectionner l'image correspondant au départ du mobile et choisir l'origine O d'un repère d'espace (O ; x, y) au centre d'inertie du mobile. Étalonner le document vidéo.
- Réaliser le pointage des positions successives du mobile de coordonnées (x ; y) lors de son déplacement, puis transférer les mesures dans le tableur.

Exploitation

1 Quel type de mouvement décrit le mobile ?

2 **a.** Sans souci d'échelle, reproduire le schéma de l'expérience en faisant apparaître le repère (O ; x, y), la longueur L, la hauteur d'élévation H et l'angle d'inclinaison, noté β_1.

b. Calculer la valeur de l'angle β_1 à partir de H et de L.

3 Exprimer la distance ℓ parcourue par le mobile sur le plan en fonction des coordonnées y et x.

- À partir du tableur, calculer automatiquement la distance ℓ, puis la vitesse instantanée v du mobile.
- Afficher le graphe $\ell = f(v)$, puis modéliser la courbe.
- Sur la courbe, déterminer la valeur ℓ_1 de ℓ pour laquelle le mobile atteint une vitesse $v = 1{,}2$ m · s^{-1}.

4 **a.** Faire le bilan des forces qui modélisent les actions mécaniques exercées sur le mobile, puis les représenter sur le schéma sans souci d'échelle.

b. Exprimer le travail du poids en fonction des paramètres m, g, ℓ et β_1 de l'expérience.

c. Calculer la valeur du travail $W_1(\vec{P})$ du poids pour le déplacement $\ell = \ell_1$. On prendra $g = 9{,}8$ m · s^{-2}.

5 À partir du tracé d'un graphe, déterminer la variation de hauteur h_1 du mobile correspondant à la distance parcourue ℓ_1.

6 Réaliser à nouveau la manipulation pour une pente deux fois plus importante. Les mesures seront repérées par l'indice 2. Comparer ℓ_1 et ℓ_2, h_1 et h_2, $W_1(\vec{P})$ et $W_2(\vec{P})$. Que constate-t-on ?

Pour conclure

7 **a.** La valeur du travail du poids $W(\vec{P})$ lors d'un déplacement de son point d'application dépend-elle de la longueur du chemin suivi lors du déplacement ?

b. De quoi dépend-elle alors ?

Activité 3

Activité documentaire

Compétences scientifiques évaluées
- Faire preuve de curiosité.
- Associer un modèle à un phénomène.

Un travail non négligeable

Parfois négligés dans l'étude du mouvement de certains systèmes mécaniques, les frottements jouent un rôle prépondérant dans certaines situations.

Étude de document

Un solide en mouvement sur un support ou dans un fluide (gaz ou liquide) subit de la part de celui-ci une action mécanique qui s'oppose à son mouvement. Cette action peut être modélisée par une force de même direction que le vecteur vitesse, mais de sens contraire. Cette force est nommée force de frottement de glissement pour un support solide ou force de frottement fluide pour un fluide. Elle est notée $\vec{f}$.

Au hockey sur glace par exemple, le palet (un disque de caoutchouc) lancé sur la patinoire glacée finit par s'arrêter en raison de l'action mécanique de la glace. La valeur de la force de frottement de glissement qui modélise cette action est indépendante de la vitesse du palet, mais dépend de l'état de la piste. Quelques heures avant le coup d'envoi d'un match, la préparation technique de la patinoire consiste à « refaire » la glace à l'aide d'une surfaceuse. Le passage de ce véhicule permet de lisser la piste afin de réduire le travail produit par les forces de frottement.

Le *sky surf* **(Fig. 1)** constitue un autre exemple. Dans ce sport, le parachutiste debout sur sa planche est en chute verticale dans l'air. Pour un saut à 4 000 m d'altitude, et après une phase d'accélération, le travail résistant produit par les forces de frottement fluide, qui modélisent l'action mécanique de l'air sur le *skysurfer*, conduit à un mouvement uniforme. Le sportif dispose alors d'environ 50 s de chute « libre », à près de 200 $km \cdot h^{-1}$. Cette durée lui permet de réaliser des figures, qui peuvent être filmées, avant d'ouvrir son parachute.

Fig. 1 Des skysufers en chute dans l'air.

Pistes de réflexion

1 a. Quelles actions mécaniques sont ici évoquées ?

b. Citer deux caractéristiques des forces les modélisant.

c. Lors d'un déplacement, quel sera le signe du travail produit par de telles forces ? Justifier la réponse.

2 a. On modélise la situation du palet ci-dessous. Sans souci d'échelle, représenter la force de frottement $\vec{f}$ modélisant l'action mécanique de la glace sur le palet de hockey lors d'un déplacement de A en B, puis de C en B.

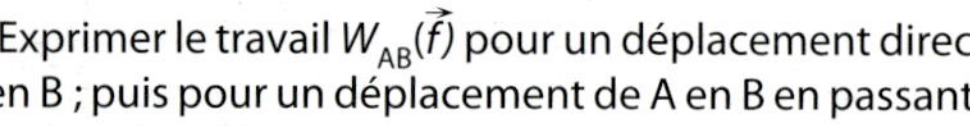

b. Exprimer le travail $W_{AB}(\vec{f})$ pour un déplacement direct de A en B ; puis pour un déplacement de A en B en passant par un rebond en C.

c. Que constate-t-on ?

Un objet de volume V subit de la part du fluide dans lequel il est plongé, de masse volumique ρ, une action mécanique modélisée par une force nommée poussée d'Archimède, et notée $\vec{\Pi}$: $\vec{\Pi} = -\rho \cdot V \cdot \vec{g}$.

3 a. Réaliser le bilan des forces qui modélisent les actions mécaniques s'exerçant sur le *skysurfer* dans sa chute verticale, puis les représenter sur un schéma, sans souci d'échelle.

b. Lors de la phase uniforme du mouvement, quelle relation existe-t-il entre ces forces ? Justifier la réponse.

c. Les points d'application des forces subissent le même déplacement, noté $\vec{AB}$. Montrer que le travail $W_{AB}(\vec{F}_{ext})$ de leur résultante est nul.

d. En déduire l'expression du travail de la force de frottement fluide $W_{AB}(\vec{f})$.

e. Calculer le travail de chaque force. Que constate-t-on ? Ce résultat est-il en accord avec la question **1.c** ?

Données. *Volume du skysurfer :* $V_S = 0{,}30\ m^3$.
Masse du skysurfer : $m = 80\ kg$.
Intensité de la pesanteur : $g = 9{,}8\ m \cdot s^{-2}$.
Masse volumique de l'air : $\rho_{air} = 1{,}0\ kg \cdot m^{-3}$.

Pour conclure

4 Écrire l'expression du travail d'une force de frottement constante $\vec{f}$ lors d'un déplacement de son point d'application de A en B.

5 Une force est dite conservative lorsque le travail qu'elle produit est indépendant du chemin suivi par son point d'application.

Une force de frottement est-elle conservative ?

Cours

Une force modélise une action mécanique. Elle est caractérisée par son point d'application, sa direction, son sens et sa valeur. Pour traduire les effets, lors d'un **déplacement**, d'une action mécanique modélisée par une force constante (Fig. 1), les physiciens ont créé une grandeur appelée **travail**.

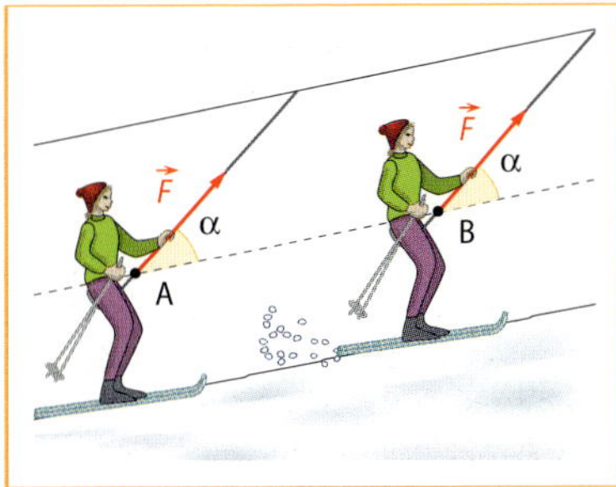

Fig. 1 Le point d'application de la force $\vec{F}$ constante se déplace et modifie l'altitude du skieur.

Travail d'une force constante

Le **travail d'une force constante au cours d'un déplacement** dépend de l'intensité de la force, de la longueur du déplacement mais aussi de la direction selon laquelle la force est appliquée.

Le travail d'une force $\vec{F}$ constante, lors du déplacement rectiligne de son point d'application de A vers B, se note $W_{AB}(\vec{F})$.

$$W_{AB}(\vec{F}) = \vec{F} \cdot \overrightarrow{AB} = F \cdot AB \cdot \cos \alpha.$$

$W_{AB}(\vec{F})$ s'exprime en joule (J).
$\vec{F} \cdot \overrightarrow{AB}$ désigne le produit scalaire des vecteurs force $\vec{F}$ et déplacement $\overrightarrow{AB}$.
F est l'intensité de la force en newton (N), AB la longueur du déplacement en mètre (m) et α l'angle formé par les vecteurs $\vec{F}$ et $\overrightarrow{AB}$.

Repère

Une **force** $\vec{F}$ est vectoriellement **constante** lorsque sa direction, son sens et son intensité restent inchangés au cours du temps.

Le travail $W_{AB}(\vec{F})$ est une grandeur algébrique dont le signe est déterminé par la valeur de α (F et AB étant toujours positives).

Si $0° \leqslant \alpha < 90°$, alors $W_{AB}(\vec{F}) > 0$: le travail est **moteur** et la force favorise le déplacement.

Si $90° < \alpha \leqslant 180°$, alors $W_{AB}(\vec{F}) < 0$: le travail est **résistant** et la force s'oppose au déplacement.

Si $\vec{F}$ est perpendiculaire au déplacement $\overrightarrow{AB}$, ou si son point d'application ne se déplace pas, alors la force **ne travaille pas** : $W_{AB}(\vec{F}) = 0$.

Exemple

Une perche exerce sur un skieur une force constante de valeur $F = 3{,}5$ kN et son point d'application se déplace rectilignement sur $AB = 2{,}0 \times 10^2$ m. $\vec{F}$ et $\overrightarrow{AB}$ forment un angle $\alpha = 40°$ (Fig. 1). Le travail produit est moteur et vaut :

$$W_{AB}(\vec{F}) = 3{,}5 \times 10^3 \times 2{,}0 \times 10^2 \times \cos 40° = 5{,}4 \times 10^5 \text{ J}.$$

1 Travail d'une force électrique constante

Expression du travail

> Activité 1

Une particule de charge électrique q, placée dans un champ électrostatique uniforme $\vec{E}$, est soumise à une force électrique $\vec{F}_e$ constante d'intensité $F_e = |q| \cdot E$.

Lors du déplacement de A à B d'une particule dans un champ électrostatique uniforme (Fig. 2), le travail $W_{AB}(\vec{F}_e)$ de la force électrique $\vec{F}_e$ exercée a pour expression :

$$W_{AB}(\vec{F}_e) = \vec{F}_e \cdot \overrightarrow{AB} = F_e \cdot AB \cdot \cos \alpha = |q| \cdot E \cdot AB \cdot \cos \alpha$$

avec q, charge électrique portée par la particule en coulomb (C) ; E, intensité du champ électrique en volt par mètre ($V \cdot m^{-1}$).

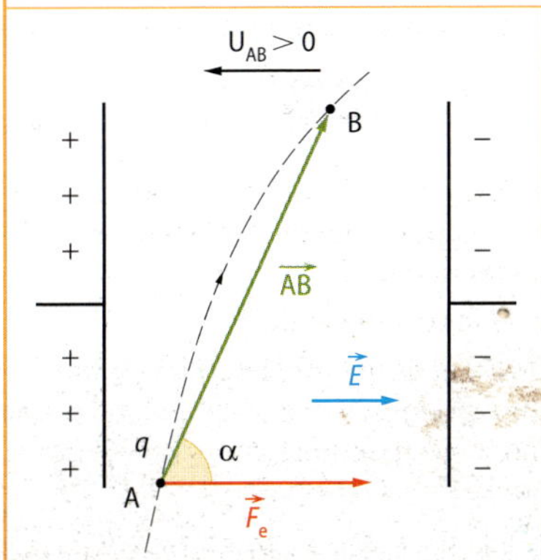

Fig. 2 Particule de charge $q > 0$ se déplaçant de A à B dans le champ électrique $\vec{E}$.

Cours

Travail et tension électrique

Un champ électrostatique uniforme $\vec{E}$ est produit entre deux points A et B par une tension électrique U_{AB} (en V) appliquée entre ces deux points : $U_{AB} = \vec{E} \cdot \overrightarrow{AB}$. L'expression du travail de la force électrique $\vec{F}_e$ devient alors :

$$\boldsymbol{W_{AB}(\vec{F}_e) = q \cdot \vec{E} \cdot \overrightarrow{AB} = q \cdot U_{AB}}.$$

La valeur et le signe du travail de la force électrique dépendent uniquement de ceux de q et de U_{AB}, et non du chemin suivi par la particule entre A et B.

Exemples

Le champ $\vec{E}$ **(Fig. 2)** est produit par la tension électrique $U_{AB} = 9{,}0$ V. Le travail de la force $\vec{F}_e$ sur un proton est moteur : $W_{AB}(\vec{F}_e) = 1{,}6 \times 10^{-19} \times 9{,}0 = 1{,}4 \times 10^{-18}$ J.
Si la particule est un électron ($q = -$ e), le travail est résistant, car $\vec{F}_e$ et $\overrightarrow{AB}$ sont colinéaires mais de sens contraires. $W_{AB}(\vec{F}_e) = -1{,}6 \times 10^{-19} \times 9{,}0 = -1{,}4 \times 10^{-18}$ J.

Exercices 1 à 5

Sciences et culture

L'électronvolt, une autre unité d'énergie

Si q est exprimé en unité de charge élémentaire e et U_{AB} en volt, le travail électrique s'exprime en électronvolt (eV) : 1 eV = $1{,}6 \times 10^{-19}$ J.
1 eV représente ainsi l'énergie acquise par une particule de charge e soumise à une tension de 1 V. Cette unité est notamment employée pour exprimer les énergies rencontrées dans les accélérateurs de particules.

2 Travail de la force de pesanteur

Expression du travail

> Activité 2

Le travail de la force de pesanteur, aussi appelée poids, ne dépend pas du chemin suivi par le corps entre A et B, mais seulement de leur différence d'altitude $z_A - z_B$. En effet, le travail de la force de pesanteur $\vec{P}$ lors du déplacement de son point d'application entre A et B **(Fig. 3)** s'écrit :

$$\boldsymbol{W_{AB}(\vec{P}) = \vec{P} \cdot \overrightarrow{AB} = P \cdot AB \cdot \cos\alpha}.$$

Or, $\overrightarrow{AB} = \overrightarrow{AH} + \overrightarrow{HB}$; $(\vec{P} ; \overrightarrow{HB}) = 90°$ et $(\vec{P} ; \overrightarrow{AH}) = 0°$. Donc :

$$W_{AB}(\vec{P}) = \vec{P} \cdot \overrightarrow{AH} + \vec{P} \cdot \overrightarrow{HB} = \boldsymbol{\vec{P} \cdot \overrightarrow{AH}}.$$

De plus, $\vec{P} = m \cdot \vec{g}$ et, dans le repère (O ; x, y, z), $AH = z_A - z_B$ donc :

$$W_{AB}(\vec{P}) = P \cdot AH = m \cdot g \cdot (z_A - z_B).$$

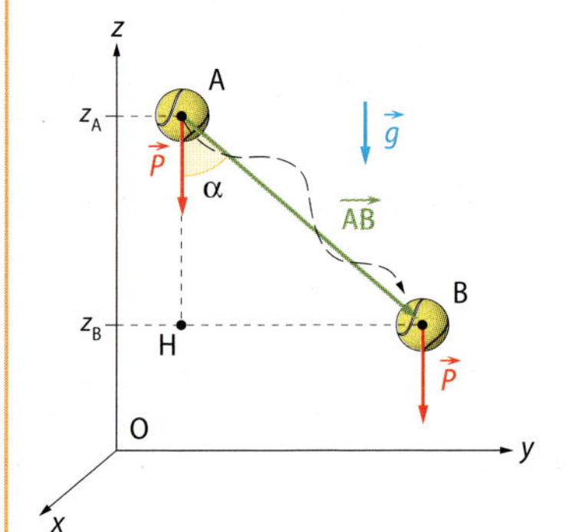

Fig. 3 Mouvement d'une balle de tennis.

Le travail de la force de pesanteur exercée sur un corps de masse m se déplaçant de A vers B dans un champ de pesanteur d'intensité constante g a pour expression : $W_{AB}(\vec{P}) = m \cdot g \cdot (z_A - z_B)$.
$W_{AB}(\vec{P})$ s'exprime en joule (J), g en $m \cdot s^{-2}$, m en kg ; z_A et z_B en m.

Repère

Cette expression n'est valable que pour un déplacement suffisamment court à la surface de la Terre, afin que g soit constant.

Exemple

Si $z_A - z_B > 0$, alors $W_{AB}(\vec{P}) > 0$ et le travail est moteur : la force de pesanteur contribue à une diminution de l'altitude.

Travail et énergie potentielle de pesanteur

Soit E_{ppA} et E_{ppB} les énergies potentielles de pesanteur du corps en A et B **(Fig. 3)**.
Par définition, $E_{pp} = m \cdot g \cdot z$ et $\Delta E_{ppA \to B} = E_{ppB} - E_{ppA}$.

L'expression du travail de la force de pesanteur s'écrit alors :

$$W_{AB}(\vec{P}) = m \cdot g \cdot (z_A - z_B) = m \cdot g \cdot z_A - m \cdot g \cdot z_B = E_{ppA} - E_{ppB} = -\Delta E_{ppA \to B}.$$

Ainsi, $\boldsymbol{W_{AB}(\vec{P}) = -\Delta E_{ppA \to B}}$. Le **travail** d'une force traduit donc une **variation d'énergie.** Ces deux grandeurs sont exprimées dans la même unité.

Force conservative

> Activité 2

Une force est dite **conservative** lorsque le travail qu'elle produit est indépendant du chemin suivi par son point d'application. La force de pesanteur est donc conservative.

➡ Exercices 6 à 9

3 Travail d'une force de frottement

Lorsqu'un solide est en mouvement sur un support ou au sein d'un fluide, il est soumis à une action mécanique de la part de ce dernier nommée **force de frottement** $\vec{f}$ (Fig. 4 et 5). Dans le cas d'un contact avec le support, on appelle **réaction du support** la force $\vec{R}$ modélisant l'action du support. Cette réaction peut être décomposée en ses composantes normale $\vec{R}_n$ et tangentielle $\vec{R}_t$ au support : $\vec{R}_t = \vec{f}$ (Fig. 5).

Expression du travail

> Activité 3

Si un solide est soumis à une force de frottement d'intensité constante f (en N) constamment opposée à sa vitesse (Fig. 4 et 5), le travail de cette force, lors d'un déplacement est toujours résistant :

$$W_{AB}(\vec{f}) = \vec{f} \cdot \overrightarrow{AB} = f \cdot AB \cdot \cos\alpha = -f \cdot AB$$

$\vec{f}$ et $\overrightarrow{AB}$ sont colinéaires et de sens opposés ($\alpha = 180°$).

Force non conservative

> Activité 3

Une force de frottement est **non conservative**. Son sens, toujours contraire au mouvement, change avec celui du vecteur vitesse. Par conséquent, le travail qu'elle fournit dépend du chemin suivi par son point d'application.

➡ Exercices 10 à 14

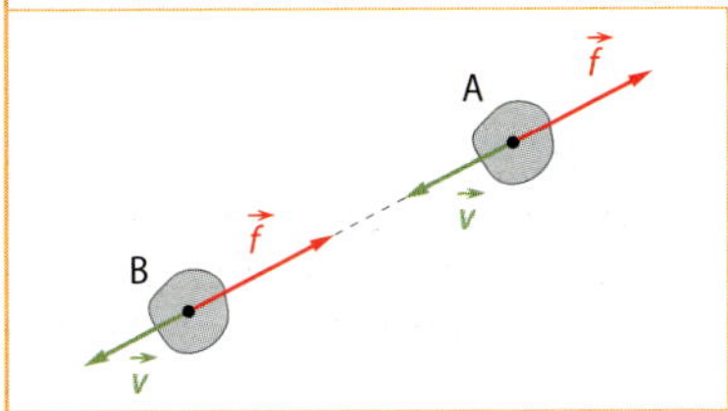

Fig. 4 Le travail de la force de frottement $\vec{f}$ s'oppose au mouvement du solide.

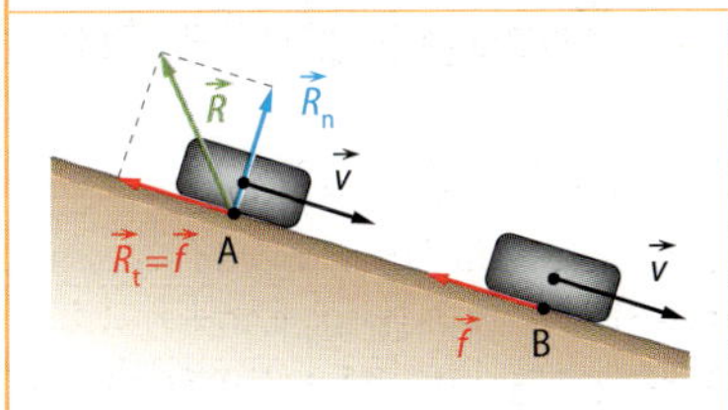

Fig. 5 Le travail de la réaction $\vec{R}$ d'un support est réduit à celui de sa composante tangentielle $\vec{R}_t$ ou force de frottement $\vec{f}$.

Les compétences à acquérir

1 Établir et exploiter *l'expression du travail de la force électrique*

- Lors du déplacement de A vers B d'une particule chargée dans un champ électrostatique uniforme, le **travail de la force électrique** $\vec{F}_e$ a pour expression :

$$W_{AB}(\vec{F}_e) = \vec{F}_e \cdot \overrightarrow{AB} = |q| \cdot E \cdot AB \cdot \cos\alpha$$

avec q, charge électrique de la particule (en C) ; E, intensité du champ électrique (en $V \cdot m^{-1}$) ; AB, distance entre A et B (en m), α, angle $(\vec{F} ; \overrightarrow{AB})$. $W_{AB}(\vec{F}_e)$ s'exprime en J.

2 Établir et exploiter *l'expression du travail de la force de pesanteur*

- Le **travail de la force de pesanteur** $\vec{P}$ exercée sur un corps se déplaçant de A vers B a pour expression :

$$W_{AB}(\vec{P}) = \vec{P} \cdot \overrightarrow{AB} = m \cdot g \cdot (z_A - z_B)$$

avec m, masse du corps (en kg) ; g, intensité du champ de pesanteur (en $m \cdot s^{-2}$) ; z_A et z_B, altitudes de A et B (en m).

- La force de pesanteur est **conservative**.

3 Établir *l'expression du travail d'une force de frottement*

- Le **travail d'une force de frottement** d'intensité constante f (en N), constamment opposée à la vitesse d'un solide se déplaçant de A vers B, est toujours résistant.

$$W_{AB}(\vec{f}) = \vec{f} \cdot \overrightarrow{AB} = -f \cdot AB$$

- Une force de frottement est **non conservative**.

Exercices

Compétence 1

› *Établir et exploiter l'expression du travail de la force électrique*

Données. *Charge électrique élémentaire : $e = 1{,}6 \times 10^{-19}$ C.*
1 eV $= 1{,}6 \times 10^{-19}$ J. Cette quantité représente l'énergie acquise par une charge e soumise à une tension de 1 V.

1 VRAI ou FAUX ?

Corriger, si nécessaire, les affirmations suivantes.

❶ Une force électrique fournit un travail dès que son point d'application se déplace.

❷ Le travail d'une force électrique s'exprime en joule si l'intensité de la force est exprimée en newton.

❸ Le travail d'une force électrique constante reste inchangé lorsque le déplacement de son point d'application est doublé et si l'intensité de cette force est divisée par deux.

❹ Ce travail est proportionnel à la charge électrique de la particule qui subit la force.

2 Le travail, une grandeur algébrique

1. a. Écrire l'expression permettant de calculer la valeur du travail d'une force électrique $\vec{F}_e$ constante lors du déplacement $\overrightarrow{AB}$ de son point d'application.
b. Associer un schéma à cette expression.
c. Préciser la signification et l'unité de chaque terme.
d. Quel paramètre de l'expression en impose le signe ?

2. Dans quel(s) cas le travail fournit est-il nul ? moteur ? résistant ? résistant et maximal ? moteur et maximal ?

EXERCICE **RÉSOLU**

3 Travail fourni à un proton

Dans les quatre situations ci-dessous, une force électrique $\vec{F}_e$ constante, d'intensité $F_e = 2{,}5$ N, s'exerce sur un proton en mouvement sur une distance AB = 5,0 cm.

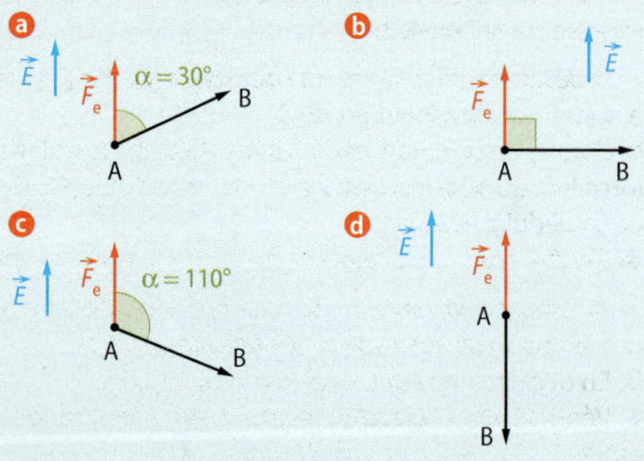

1. Calculer, dans chaque cas, le travail de la force électrique.

2. Indiquer quel qualificatif convient pour décrire ce travail.

Aides et méthodes

1. Appliquer la définition du travail d'une force. Observer la valeur des angles avant de passer à l'application numérique. Si nécessaire, paramétrer la calculatrice en degré.

2. Raisonner à partir du signe du résultat obtenu ou de la valeur de l'angle.

Solution

1. $W_{AB}(\vec{F}_e) = \vec{F}_e \cdot \overrightarrow{AB} = F_e \cdot AB \cdot \cos \alpha$. L'usage de la calculatrice n'est pas nécessaire pour les applications numériques des cas ⓑ et ⓓ. On trouve :

ⓐ : $W_{AB}(\vec{F}_e) = 1{,}1 \times 10^{-1}$ J ;
ⓑ : $W_{AB}(\vec{F}_e) = 0$ J ;
ⓒ : $W_{AB}(\vec{F}_e) = -4{,}3 \times 10^{-2}$ J ;
ⓓ : $W_{AB}(\vec{F}_e) = -1{,}3 \times 10^{-1}$ J.

2. Le travail est nul en ⓑ ; moteur dans la situation ⓐ car $W_{AB}(\vec{F}_e) > 0$ ($0° \leqslant \alpha < 90°$) ; résistant en ⓒ et ⓓ car $W_{AB}(\vec{F}_e) < 0$ ($90° < \alpha \leqslant 180°$).

4 Travail fourni à un électron

On remplace la particule de l'exercice **3** par un électron. Le champ $\vec{E}$ est identique.

1. Schématiser les quatre situations alors obtenues.

2. Donner l'expression du travail de la force électrique en fonction de e, E, AB et α.

3. Dans quel(s) cas la valeur du travail change-t-elle par rapport au proton ? Justifier.

4. Indiquer, le cas échéant, la nouvelle valeur et le qualificatif adapté.

5 Accélérateur de particules

Dans un accélérateur linéaire, un noyau d'hélium He^{2+} ($Z = 2$, $A = 4$) subit le travail moteur et maximal d'une force électrique constante $\vec{F}_e$. Il se déplace dans l'un des tubes de l'accélérateur, sur une longueur $\ell = 50$ cm, sous l'action d'un champ électrique d'intensité $E = 400$ kV · m^{-1}.

1. a. Établir l'expression du travail que fournit la force électrique $\vec{F}_e$ lors du déplacement du noyau d'hélium.
b. Quelle est la valeur de l'angle entre $\vec{F}_e$ et le déplacement ? Justifier.
c. Calculer la valeur du travail de la force électrique.

2. a. Quelle est la valeur de la tension électrique U permettant de générer le champ $\vec{E}$?
b. Exprimer, en eV, l'énergie acquise par le noyau accéléré.
c. Convertir cette énergie en joule.

3. a. En déduire l'expression du travail de la force électrique en fonction de la charge q d'une particule et de la tension U à laquelle elle est soumise.
b. Le travail de la force électrique dépend-il du chemin suivi par son point d'application entre ses positions initiale et finale ? Justifier.

Compétence 2

› Établir et exploiter l'expression du travail de la force de pesanteur

Donnée. *Intensité du champ de pesanteur : $g = 9{,}81\ m \cdot s^{-2}$.*

6 QCM

Indiquer la (ou les) bonne(s) réponse(s).

❶ Le travail $W_{AB}(\vec{P})$ de la force de pesanteur $\vec{P}$ lorsque son point d'application se déplace de A vers B, d'altitudes respectives z_A et z_B, s'écrit :

- **a** $W_{AB}(\vec{P}) = P \cdot AB$;
- **b** $W_{AB}(\vec{P}) = m \cdot g \cdot (z_B - z_A)$;
- **c** $W_{AB}(\vec{P}) = P \cdot AB \cdot \cos\alpha$;
- **d** $W_{AB}(\vec{P}) = P \cdot (z_A - z_B)$.

❷ Ce travail est résistant lorsque :

- **a** l'altitude augmente ;
- **b** $z_B < z_A$;
- **c** $\vec{P}$ et $\overrightarrow{AB}$ sont de même sens ;
- **d** l'angle entre $\vec{P}$ et $\overrightarrow{AB}$ vaut 90°.

EXERCICE **RÉSOLU**

7 **Direction de la force et déplacement**

Le point d'application d'une force de pesanteur constante d'intensité $P = 250$ N subit un déplacement rectiligne $AB = \ell = 15{,}4$ m.

1. Pourquoi ne peut-on pas affirmer que le travail qu'elle fournit vaut $W_\ell(\vec{P}) = 3{,}85 \times 10^3$ J ?

2. a. Quel est l'angle α entre la direction de la force et celle du déplacement si $W_\ell(\vec{P}) = 1{,}68 \times 10^3$ J ?

b. Représenter la situation sur un schéma, sans souci d'échelle.

Aides et méthodes

1. Écrire l'expression littérale du travail d'une force et identifier les paramètres dont dépend sa valeur. Associer ensuite ces paramètres et les données de l'énoncé.

2. Appliquer la définition du travail du poids puis écrire l'expression littérale de $\cos\alpha$ en fonction de $W_{AB}(\vec{P})$, P et ℓ. Pour l'application numérique, s'assurer que la calculatrice est bien paramétrée en degrés.

Solution

1. $W_{AB}(\vec{F}) = F \cdot AB \cdot \cos\alpha$ soit, ici, $W_\ell(\vec{P}) = P \cdot \ell \cdot \cos\alpha$.
La valeur du travail fourni dépend de l'angle entre les vecteurs poids et déplacement. Il faut donc le préciser.

2. a. $\cos\alpha = W_\ell(\vec{P})/(P \cdot \ell) = 0{,}436$. Soit $\alpha = 64{,}1°$.

b.

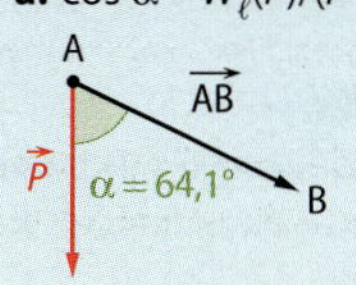

8 **La naissance d'une grandeur**

Histoire des sciences

C'est en étudiant la chute libre de différents corps dans l'air que le savant allemand Gottfried Wilhelm Leibniz s'intéressa à l'effet d'une force. Il remarqua qu'un corps d'une livre lâché d'une hauteur de quatre aunes produisait le même effet qu'un corps de quatre livres lâché d'une hauteur d'une aune. Il en conclut que l'effet produit par une force pouvait être caractérisé par une grandeur homogène au produit d'une force et d'une longueur.

1. B2i En effectuant une recherche sur Internet :

a. dater les travaux de Leibniz ;

b. définir les termes « aune » et « livre ».

2. a. Quelle grandeur est aujourd'hui associée à l'effet d'une force ?

b. À quelle condition la conclusion de Leibniz est-elle valable ?

c. Exprimer le travail produit par la force mise en jeu en fonction des données du texte

d. Calculer sa valeur pour chacune des chutes évoquées.

9 **Expressions du travail**

Un bobsleigh de masse $m = 450$ kg dévale une piste rectiligne, inclinée d'un angle $\beta = 16{,}0°$ avec l'horizontale, sur une longueur $L = 150$ m. Le mouvement est étudié dans un repère $(O\ ; x, z)$.

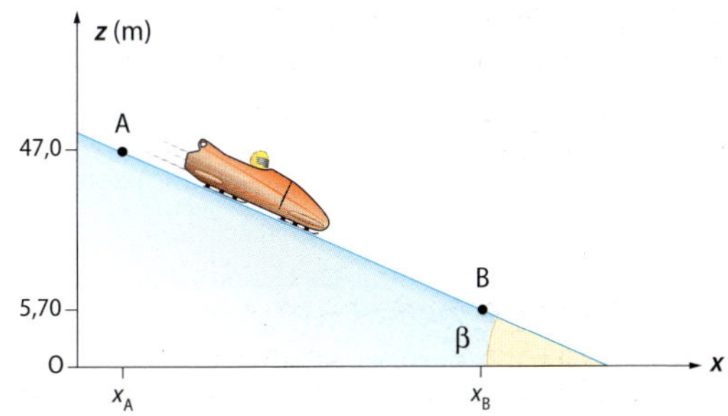

1. Reproduire le schéma et représenter la force de pesanteur exercée sur le bobsleigh.

2. α désigne l'angle entre les vecteurs force et déplacement.

a. Exprimer α en fonction de β.

b. Établir, en fonction de β, l'expression du travail de cette force lors du déplacement $\overrightarrow{AB}$ de son point d'application.

c. En déduire sa valeur.

d. S'agit-il d'un travail moteur, résistant ou nul ? Justifier.

3. a. Exprimer la variation de hauteur, notée AH, en fonction de AB et α ; puis en fonction des altitudes z_A et z_B.

b. En déduire une autre expression de $W_{AB}(\vec{P})$.

c. Vérifier cette expression en effectuant l'application numérique.

4. Quelle expression met en évidence que le travail de la force de pesanteur est indépendant du chemin suivi par son point d'application ? Justifier.

Exercices

Compétence 3

> ***Établir l'expression du travail d'une force de frottement constante***

10 **QCM**

Indiquer la (ou les) bonne(s) réponse(s).

Le travail $W_{AB}(\vec{f})$ d'une force de frottement $\vec{f}$, constante lors d'un déplacement AB de son point d'application…

1 a pour expression :

- **a** $-\vec{f} \cdot \overrightarrow{AB}$;
- **b** $f \cdot AB \cdot \cos\alpha$;
- **c** $-f \cdot AB$;
- **d** $f \cdot (z_A - z_B)$.

(α est l'angle entre $\vec{f}$ et $\overrightarrow{AB}$, z_A et z_B les altitudes de A et B).

2 est toujours :

- **a** résistant ;
- **b** moteur ;
- **c** nul ;
- **d** maximal.

3

- **a** dépend du chemin suivi entre A et B ;
- **b** ne dépend pas du chemin suivi entre A et B.

11 Palet

Un palet glisse rectilignement d'un bout à l'autre d'une table plane et horizontale de longueur $\ell = 2{,}50$ m. Les frottements de l'air sont négligés, tandis que ceux dus à l'action de la table sont constants, d'intensité $f = 3{,}0$ N.

1. Sur un schéma et sans souci d'échelle, représenter :
a. le vecteur vitesse du palet ;
b. la force de frottement $\vec{f}$ due à l'action de la table.

2. Peut-on affirmer que le travail de la force $\vec{f}$ vaut $W_\ell(\vec{f}) = -7{,}5$ J ? Justifier la réponse.

12 Retour d'une sonde spatiale

Lors de son retour dans l'atmosphère, une sonde spatiale décrit, après l'ouverture de son parachute, un mouvement vertical et uniforme.

1. Représenter sur un schéma de la situation, sans souci d'échelle :
a. le vecteur vitesse de la sonde ;
b. la force de frottement $\vec{f}_{air}$ due à la résistance de l'air.

2. a. Le travail de cette force de frottement est-il moteur, résistant, nul ou maximal ? Justifier.
b. Donner l'expression du travail de cette force lors d'un déplacement rectiligne de longueur AB.

3. La vitesse de descente v de la sonde vaut 35 km · h^{-1}.
a. Quelle distance parcourt-elle pendant la dernière minute de sa chute ?
b. Écrire l'expression du travail $W_{AB}(\vec{f}_{air})$ en fonction de la vitesse v de la sonde et de la durée de sa chute Δt.
c. Calculer sa valeur pendant cette dernière minute de chute, sachant que $f_{air} = 2{,}3$ kN. Le résultat est-il en accord avec la réponse à la question **2.a** ?

13 Le schlittage

Un bûcheron descend à vitesse constante un chargement de bois de masse m sur une piste rectiligne de longueur ℓ et inclinée. La résistance de l'air est négligée.

1. a. Quelle relation existe-t-il entre la force de pesanteur $\vec{P}$ et la force de réaction $\vec{R}$ de la piste ? Justifier la réponse.
b. Représenter la réaction $\vec{R}$ sur un schéma.

2. a. Faire apparaître les composantes normale $\vec{R}_n$ et tangentielle $\vec{R}_t$ de la force de réaction.
b. Quelle composante empêche le mobile de pénétrer dans la piste ? Que représente l'autre composante ?

3. Lors du déplacement ℓ, écrire l'expression du travail de :
a. la force de réaction $\vec{R}$;
b. la composante normale $\vec{R}_n$;
c. la force de frottement $\vec{f}$ exercée par la piste.

4. a. En déduire à quel travail se réduit le travail de la force de réaction d'un support.
b. En l'absence de frottement, que peut-on dire du travail de la réaction d'un support ?

14 Différents frottements

La figure ci-dessous présente trois des forces exercées sur un scooter des neiges en mouvement. La force $\vec{R}_1$ est exercée par la piste sur les skis ; la force motrice $\vec{R}_2$, par la piste sur la chaîne en rotation ; la force $\vec{f}_{air}$ est due à la résistance de l'air.

1. Schématiser la situation en représentant, à l'aide de projections, la force de frottement $\vec{f}_1$ exercée par la piste sur les skis et la force de frottement $\vec{f}_2$ exercée par la piste sur la chaîne.

2. a. Lors du déplacement du scooter, quel est le signe du travail des forces $\vec{f}_1$, $\vec{f}_2$ et $\vec{f}_{air}$?
b. Justifier le terme « motrice » utilisée pour la force $\vec{R}_2$.

3. La chaîne est remplacée par une roue en mouvement de rotation. Que peut-on dire du travail de la force $\vec{f}_2$ lors d'un déplacement du véhicule ? Justifier.

Exercices de synthèse

Pour préparer le BAC

Donnée. *Intensité du champ de pesanteur :* $g = 9{,}81\ m \cdot s^{-2}$.
Charge élémentaire : $e = 1{,}60 \times 10^{-19}$ C.

15 Établir l'expression du travail

Dans la situation suivante, la force électrique $\vec{F}_e$ est exercée sur une particule se déplaçant de A en B.

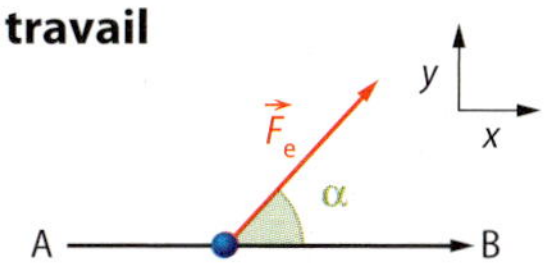

1. Donner, en fonction de l'angle α, l'expression du travail de la force $\vec{F}_e$ lors de ce déplacement.

2. a. Tracer les composantes $\vec{F}_x$ et $\vec{F}_y$ de $\vec{F}_e$ selon les deux axes perpendiculaires (*x*) et (*y*).
b. Exprimer F_x et F_y en fonction de F_e et de l'angle α.
c. Quelle composante favorise le mouvement ? Justifier.
d. En déduire l'expression du travail de $\vec{F}_x$ et $\vec{F}_y$.

3. Comparer les expressions de $W_{AB}(\vec{F}_e)$, $W_{AB}(\vec{F}_x)$ et $W_{AB}(\vec{F}_y)$. Conclure.

16 Flight of a paraglider

A paraglider jumps from the top of Puy Mary at an altitude of $z_1 = 1{,}520$ m for a flight of an altitude difference of $h = 506$ m. The mass of the paraglider and their material is $m = 82.5$ kg.

1. Give the expression of the work of the force of gravity using the data of the above statement. Calculate its value.

During the flight, carried by an ascending airstream, the paraglider reaches an altitude $z = 1{,}753$ m before gliding down.

2. a. Is the work of the force of gravity during this displacement modified? Justify your answer.
b. Is the same answer applicable to the work of the forces of friction of the air?

17 Migration d'ions sur une plaque

On réalise l'expérience schématisée ci-dessous.

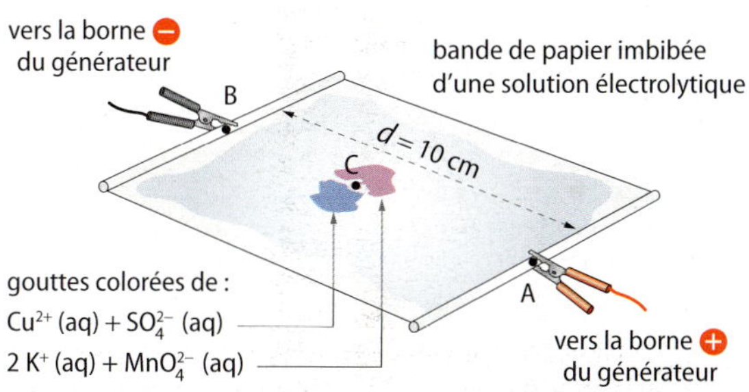

Les extrémités A et B de la bande de papier sont reliées aux bornes d'un générateur délivrant une tension continue $U_{AB} = 20$ V pendant plusieurs minutes. Les taches se déplacent rectilignement depuis le centre C jusqu'aux points A et B.

1. Représenter la bande de papier en fin d'expérience et faire apparaître :
a. le champ électrique $\vec{E}$ régnant sur la bande de papier ;
b. la force électrique qui modélise l'action exercée sur un ion Cu^{2+} (présent dans la solution bleue) et celle qui modélise l'action exercée sur un ion MnO_4^{2-} (présent dans la solution mauve).

2. a. En s'aidant des unités utilisées, proposer une relation entre *E*, U_{AB} et $d = AB$. En déduire l'intensité *E* du champ électrique.
b. Pour chaque ion coloré, écrire l'expression du travail de la force électrique en fonction de leur charge *q*, de *E* et de AB.
c. Calculer leur valeur.
d. Le travail est-il moteur ou résistant ?

3. L'ion potassium K^+ incolore subit le même déplacement CB. Le travail de la force électrique est-il identique ? Justifier.

18 Quel déplacement choisir ?

Lors d'un vol en montgolfière, différents trajets permettent d'atteindre l'altitude d'un point B depuis le point A.

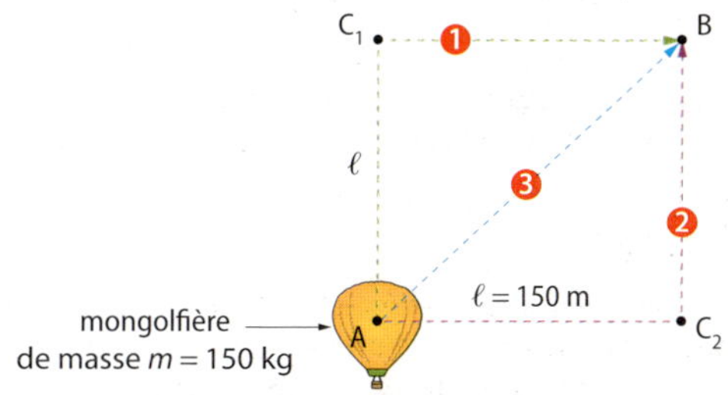

1. Entre quels points A, B, C_1 et C_2 la force de pesanteur fournit-elle un travail résistant ? un travail nul ? Justifier.

2. a. Donner, pour chaque trajet parmi ①, ② et ③, l'expression du travail de la force de pesanteur en fonction de ℓ.
b. Calculer leur valeur.
c. Le travail de la force de pesanteur dépend-il du chemin suivi par son point d'application ?
d. En déduire une expression générale pour un déplacement AB.

3. Que vaudrait le travail de la force de pesanteur pour :
a. un déplacement de B vers A ?
b. un aller-retour de A à B ?

19 Saut en parachute

Un parachutiste de masse $m = 75$ kg effectue un saut depuis un avion situé à 3 000 m d'altitude. Après une phase de chute libre, il ouvre son parachute à 800 m d'altitude puis termine la descente par un mouvement rectiligne et uniforme.

1. a. Représenter sur un schéma les forces exercées sur le parachutiste après l'ouverture de son parachute.
b. Calculer le travail de la force de pesanteur au cours de cette seconde phase.
c. En déduire la valeur du travail des forces de frottement.

2. Pourquoi ne peut-on pas calculer le travail des forces de frottement de l'air avant l'ouverture du parachute ?

20 Ski de vitesse

Un skieur équipé, de masse $m = 72{,}5$ kg, glisse à vitesse constante sur une piste rectiligne de longueur $\ell = 740$ m, inclinée d'un angle $\alpha = 48{,}6°$ par rapport à l'horizontale.

1. a. Quelle donnée de l'énoncé permet d'affirmer la présence de frottement entre les skis et la piste ?
b. Quelle relation existe entre les intensités du poids $\vec{P}$ du skieur et de la réaction $\vec{R}$ de piste ? Justifier.
c. Reproduire le schéma et représenter les forces $\vec{P}$ et $\vec{R}$. Préciser l'échelle utilisée.

2. a. Calculer le travail de la force $\vec{P}$ lors de la descente.
b. En déduire le travail de la réaction $\vec{R}$.

3. a. Tracer sur le schéma le composantes normale $\vec{R}_n$ et tangentielle $\vec{R}_t$ de la réaction $\vec{R}$ de la piste.
b. Quelle composante est la force de frottement $\vec{f}$ de la piste ?
c. Exprimer son travail lors du déplacement, en fonction de P et α, puis calculer sa valeur.
d. Le résultat obtenu était-il prévisible ? Justifier.

21 La construction de la Grande Pyramide

La construction de la pyramide de Khéops (vers 2 500 av. J.-C.) a nécessité l'élévation de blocs de calcaire de plusieurs tonnes jusqu'à des hauteurs atteignant parfois plus de 100 mètres. Selon l'hypothèse la plus connue, les Égyptiens firent glisser les blocs à l'aide de rampes inclinées ⓐ ; des rouleaux intercalés entre le bloc et le sol rendant les frottements négligeables. Une autre hypothèse envisage le recours à un système de levage vertical ⓑ.

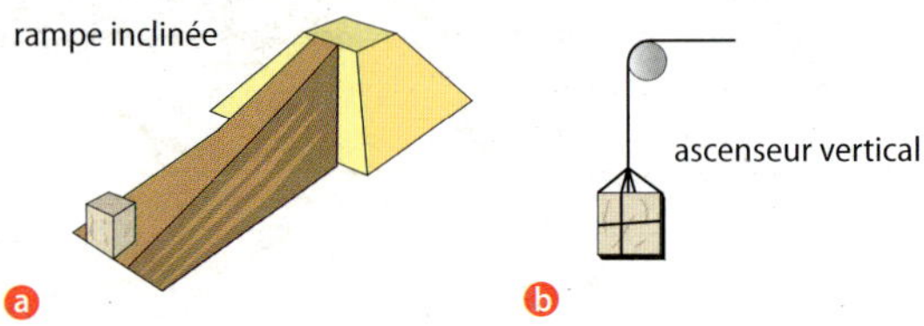

Un bloc de masse $m = 2{,}50$ t est élevé, à vitesse constante, d'une hauteur $h = 20$ m. Dans le cas ⓐ, le plan est incliné d'un angle $\alpha = 25°$ par rapport à l'horizontale.

1. Pour chacune des deux hypothèses, représenter sur un schéma (sans souci d'échelle) les forces qui modélisent les actions mécaniques agissant sur le bloc.

2. a. Calculer, dans les deux cas, la valeur minimale T de la force de traction qui doit être exercée.
b. Combien d'hommes, exerçant chacun une force de 900 N, seraient nécessaires pour soulever le bloc ?

3. Dans chaque cas, exprimer le travail de la force de traction en fonction de T puis calculer sa valeur.

4. a. Quel est l'intérêt que présente chaque technique ?
b. Peut-on alors privilégier une des hypothèses ?

5. B2i En effectuant éventuellement une recherche sur Internet, expliquer quelle hypothèse est aujourd'hui privilégiée.

22 Remonte-pente

Un skieur alpin est tracté à vitesse constante sur une piste rectiligne et inclinée. Les frottements exercés par la piste sont modélisés par une force unique $\vec{f}$ et la traction de la perche par la force $\vec{T}$.

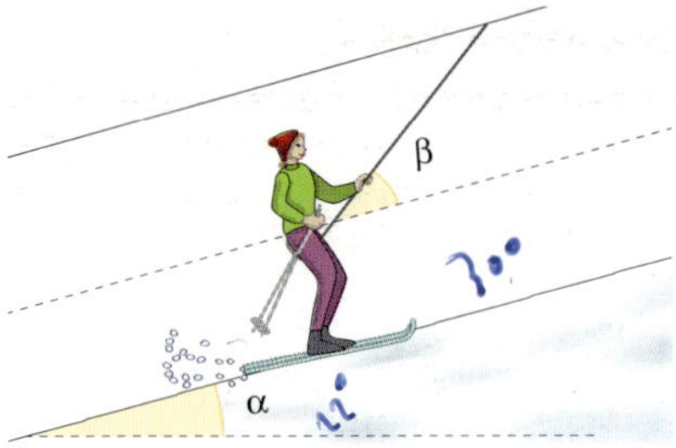

Données. *Masse du skieur :* $m_{skieur} = 85{,}5$ *kg.*
Vitesse de la remontée : $v = 8{,}0\ km \cdot h^{-1}$.
Longueur de la remontée : $L = 300$ *m.*
$\alpha = 22°$; $\beta = 30°$, $T = 430$ N.

1. a. Effectuer le bilan des forces qui modélisent les actions mécaniques agissant sur le skieur, puis les représenter sur un schéma.
b. Que peut-on dire de la résultante de ces forces ?
c. En déduire la valeur du travail de la résultante des forces.

2. Comment qualifier le travail (moteur, résistant, nul, maximal) associé à chaque force ?

3. a. Déterminer la différence d'altitude entre les deux extrémités de la piste.
b. Établir l'expression littérale du travail de chaque force, puis calculer sa valeur.
c. En déduire l'intensité de la force de frottement $\vec{f}$.

23 ★ Le pendule simple

On écarte un pendule de sa position d'équilibre d'un angle $\alpha_0 = 40°$ et on le lâche sans vitesse initiale.

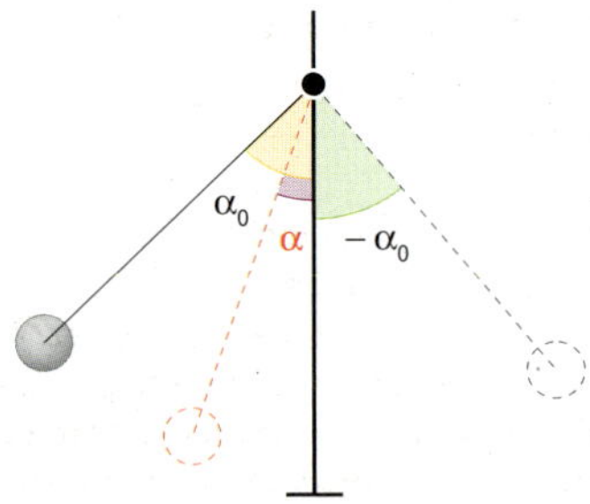

Données. *Masse du pendule :* $m = 200$ *g.*
Longueur du pendule : $L = 50$ *cm.*
Les frottements sont négligeables.

1. a. Établir l'expression du travail de la force de pesanteur lorsque le pendule passe de la position $\alpha = \alpha_0$ à une position α comprise entre α_0 et 0°.
b. Quel est le signe du travail fourni lors de ce déplacement ? Est-il moteur, résistant ou nul ?
c. Calculer sa valeur pour $\alpha = 0°$.

2. a. Calculer le travail de la force de pesanteur lorsque le pendule passe de la position $\alpha = 0°$ à la position $\alpha = -\alpha_0$.
b. Que peut-on dire du travail fourni au cours d'une oscillation ?

3. Que dire du travail de la force exercée par le fil sur la sphère ?

24 ★ Travail et énergie

Un palet de masse $m = 63{,}2$ g et de largeur $\ell = 5{,}0$ cm est lancé d'un point A, avec une vitesse initiale $v_A = 3{,}0\ \text{m}\cdot\text{s}^{-1}$, sur un plan incliné. Il arrive en B, où il occulte un faisceau de lumière pendant une durée $\Delta t = 35{,}7$ ms.

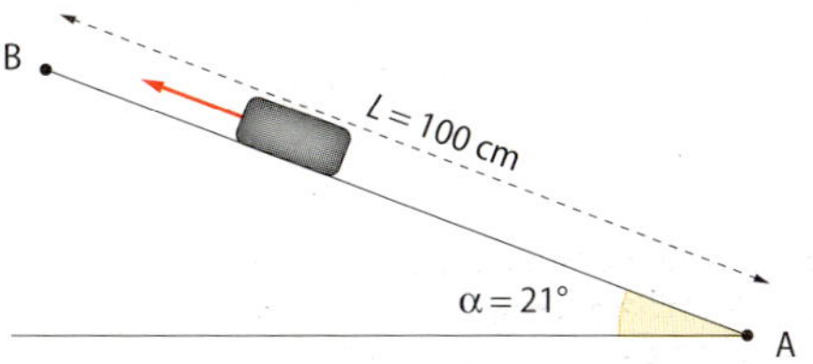

1. Calculer la variation d'énergie cinétique ΔE_c entre A et B.

2. Calculer le travail du poids lors du déplacement AB.

3. a. Comparer les deux résultats précédents.
b. En utilisant les données de l'énoncé, indiquer ce que l'on peut dire des forces de frottement.

25 ★ L'énergie des skieurs

Un snowboarder et un skieur équipé de miniskis (de même masse $m = 75{,}0$ kg) s'élancent sans vitesse initiale du sommet A d'une piste rectiligne, présentant un dénivelé $h = 15{,}0$ m.

1. L'origine O des altitudes étant choisie au bas de la piste, quelle est l'énergie potentielle de pesanteur des deux sportifs au sommet de la piste ?

2. a. En supposant les frottements sur le snowboarder négligeables, déterminer son énergie cinétique, puis sa vitesse en bas de la piste.
b. En déduire la variation d'énergie cinétique ΔE_c.
c. Que peut-on dire de l'énergie mécanique du snowboarder ?

3. a. Faire le bilan des forces qui modélisent les actions mécaniques agissant sur le snowboarder, puis les représenter sur un schéma.
b. Donner les expressions littérales, puis les valeurs des travaux des forces mises en jeu.
c. Écrire une relation entre le travail de la force de pesanteur et la variation d'énergie potentielle ΔE_{pp} du snowboarder.
d. Comparer la somme des travaux des forces appliquées au snowboarder et ΔE_c. Que peut-on en conclure ?

4. Les frottements entre les miniskis, de surface plus faible que la planche de snowboard, et la piste ne sont pas négligeables. Que peut-on dire alors :
a. de l'énergie mécanique du skieur lors de la descente ?
b. de la variation de son énergie cinétique ?

5. Le skieur atteint en bas de piste la vitesse $v = 40\ \text{km}\cdot\text{h}^{-1}$.

En utilisant la conclusion établie en **3.d**, exprimer le travail fourni par les forces de frottement $\vec{f}$ en fonction de :
a. ΔE_c et du travail de la force de pesanteur ;
b. v, m, g et h, puis calculer sa valeur.

6. Déterminer la variation d'énergie mécanique du skieur. Que constate-t-on ?

7. Que peut-on conclure de cette étude ?

En route vers le Supérieur

26 ★★ De l'énergie pour les particules

Les accélérateurs linéaires sont constitués d'une succession de tubes disposés en ligne droite et placés sous vide. Les tubes sont alternativement chargés positivement et négativement pour qu'une particule chargée, en passant d'un tube au suivant, soit soumise à un champ électrique accélérateur. Pour que l'accélération soit efficace, les particules traversent les cavités entre les tubes quand le champ électrique est maximal. En revanche, le champ électrique est nul à l'intérieur d'un tube.

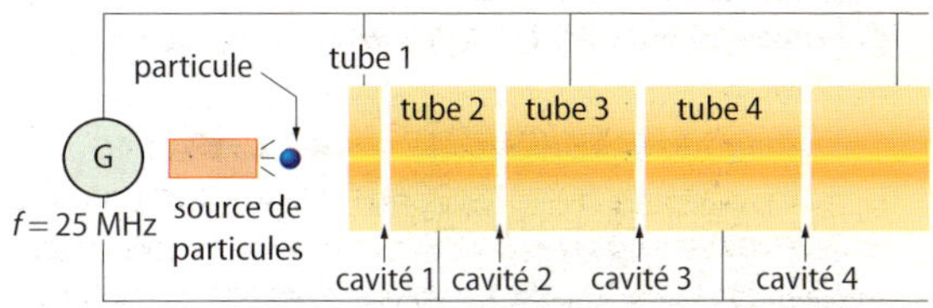

1. Quel est le rôle du générateur de tension alternatif ?

2. À l'instant t_1, un proton se présente à la sortie du tube 1 devant la première cavité accélératrice de longueur $L = 2{,}0$ cm. Sa vitesse est négligeable et orientée selon l'axe des tubes.
a. Reproduire le schéma ci-dessus et situer y la particule.
b. Quel doit être, à cet instant, le signe des charges électriques portées par les tubes 1 et 2 ?
c. En déduire le signe des bornes du générateur de tension et repérer l'instant t_1 sur le graphe de la tension ci-contre.

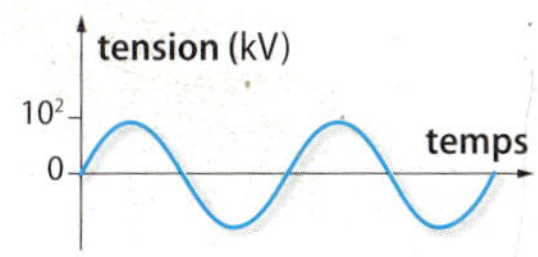

3. a. Représenter le champ électrique $\vec{E}$ au sein de la première cavité et la force électrique $\vec{F}_e$ exercée sur le proton.
b. Calculer son intensité F_e.
c. Justifier le fait que le travail de la force électrique soit moteur et maximal, puis calculer sa valeur.
d. Sachant que $\Delta E_c = W(\vec{F}_e)$, déterminer la vitesse acquise par la particule.

4. La particule arrive, à l'instant t_2, à la sortie du tube 2 devant une nouvelle cavité accélératrice.
a. Quel est, à cet instant, le signe des bornes du générateur ?
b. Repérer l'instant t_2 sur le graphe.
c. Exprimer, en fonction de la période T de la tension, la durée du trajet du proton dans le tube 1. Donner sa valeur.
d. En déduire la longueur du tube.

5. a. Pourquoi les tubes sont-ils de plus en plus longs ?
b. Pour n tubes, montrer que l'énergie cinétique acquise par les particules vaut $E_c = n \cdot e \cdot U_G$.
c. Calculer E_c en J, puis en eV, pour $n = 12$.
d. Comparer alors la vitesse acquise par le proton à celle de la lumière dans le vide. Justifier la taille des accélérateurs permettant d'approcher la célérité de la lumière.

6. Quelle conséquence sur l'accélération pourrait avoir :
a. une modification de la longueur des cavités ?
b. un décalage de l'instant t_1 d'un quart de période ?

Pour préparer le BAC

La compétence évaluée

• Établir et exploiter l'expression du travail de la force électrique.

Énoncé type

Fonctionnement d'un oscilloscope

Un oscilloscope est constitué d'un tube cathodique : un canon y produit des électrons, de masse m, puis les accélère. Ces électrons sont émis à la cathode C avec une vitesse v_C négligeable. Une tension électrique U_{CA} établie entre deux armatures verticales les accélère jusqu'à l'anode A, où ils ont alors pour vitesse v_A. Un deuxième condensateur, constitué de plaques horizontales P_1 et P_2 entre lesquelles règne un champ électrique $\vec{E}$, permet ensuite une déviation verticale des électrons. Un dernier condensateur assure la déviation horizontale des électrons, dont les impacts sur un écran fluorescent laissent une trace lumineuse.

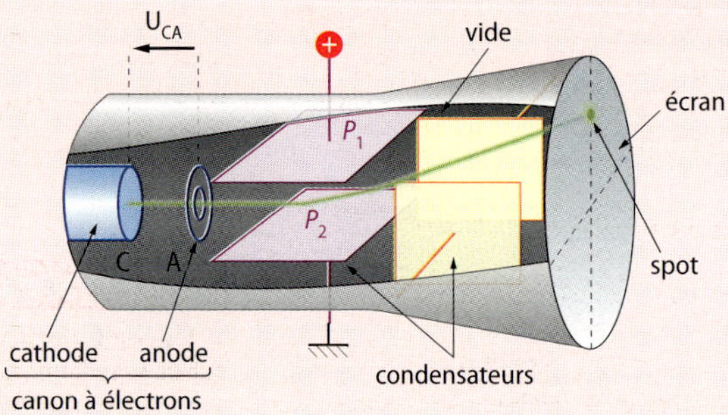

Données. $e = 1{,}6 \times 10^{-19}$ C ; $m = 9{,}1 \times 10^{-31}$ kg ; $U_{CA} = -1{,}8$ kV ; $E = 8{,}2$ kV · m^{-1}.

1. a. Représenter, sur un schéma simplifié et sans souci d'échelle, le champ électrique $\vec{E}_1$ régnant dans le condensateur plan CA et la force électrique $\vec{F}_e$ modélisant l'action mécanique exercée sur un électron. Indiquer le signe des charges électriques portées par chaque armature C et A.

2. a. Écrire l'expression littérale du travail $W_{CA}(\vec{F}_e)$ produit par la force électrique $\vec{F}_e$ constante exercée sur un électron lors de son trajet entre C et A. On rappelle que $\vec{E}_1 \cdot \overrightarrow{CA} = U_{CA}$.

b. Quel type de travail fournit $\vec{F}_e$ pour permettre l'accélération de l'électron ?

c. En déduire que la tension U_{CA} appliquée doit bien être négative.

d. Calculer la valeur du travail $W_{CA}(\vec{F}_e)$.

e. En A, à la sortie du canon, l'énergie cinétique acquise par l'électron est égale au travail $W_{CA}(\vec{F}_e)$. En déduire par le calcul la valeur de v_A.

3. a. Représenter sur un schéma, sans souci d'échelle, les forces modélisant les actions mécaniques agissant sur un électron en mouvement entre P_1 et P_2.

b. Proposer une expression du travail $W_\ell(\vec{F}'_e)$ de la force électrique $\vec{F}'_e$ exercée sur l'électron lors de son déplacement entre ces plaques.

➤ Coups de pouce

1. L'électron est une particule portant une charge $q < 0$.

2. e. L'énergie cinétique d'une particule dépend de sa masse et de sa vitesse.

3. a. Observer sur la figure de l'énoncé le sens de la déviation subie par le faisceau d'électrons et le signe des charges portées par P_1 et P_2.

b. Repérer et nommer sur le schéma la position de l'électron lorsqu'il quitte le condensateur P_1P_2.

EXEMPLE DE **RÉSOLUTION**

1.

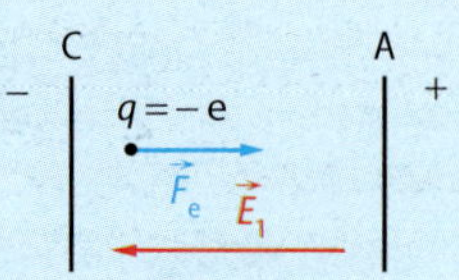

2. a. Par définition, le travail $W_{CA}(\vec{F}_e)$ s'écrit :

$$\mathbf{W_{CA}(\vec{F}_e) = \vec{F}_e \cdot \overrightarrow{CA} = q \cdot \vec{E}_1 \cdot \overrightarrow{CA} = -\,e \cdot U_{CA}.}$$

b. Le travail doit être **moteur et maximal**.

c. $W_{CA}(\vec{F}_e) > 0$ donc $-e \cdot U_{CA} > 0$ et $\mathbf{U_{CA} < 0}$.

d. $W_{CA}(\vec{F}_e) = -\,1{,}6 \times 10^{-19} \times (-\,1{,}8 \times 10^3)$.

$\boxed{\mathbf{W_{CA}(\vec{F}_e) = 2{,}9 \times 10^{-16}\ J}}$

e. D'après l'énoncé : $E_{c(A)} = W_{CA}(\vec{F}_e)$,

soit $(1/2)m \cdot v_A^2 = -\,e \cdot U_{CA}$ donc $v_A = (-\,2e \cdot U_{CA}/m)^{1/2}$.

A.N. : $\boxed{\mathbf{v_A = 2{,}5 \times 10^7\ m \cdot s^{-1}}}$

3. a.

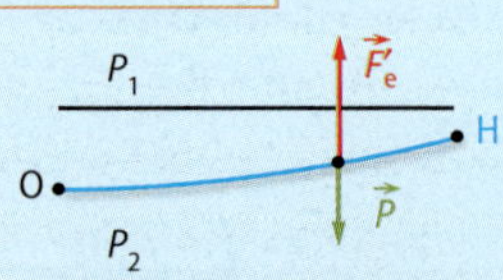

b. On note O le point d'entrée et H le point de sortie de l'électron du condensateur.

$\mathbf{W_\ell(\vec{F}'_e) = e \cdot E \cdot OH \cdot \cos\alpha}$, où α désigne l'angle $(\vec{F}'_e\,;\,\overrightarrow{OH})$.

Pour préparer le BAC

Énoncé type

Viscosité d'une huile moteur

Les compétences évaluées
- Établir et exploiter l'expression du travail de la force de pesanteur.
- Établir l'expression du travail d'une force de frottement.

La viscosité est une grandeur qui mesure la capacité d'un fluide à résister à l'écoulement. Dans les moteurs à combustion, on minimise ainsi le travail des frottements entre les pièces mécaniques en utilisant des huiles de viscosité élevée. Pour déterminer expérimentalement la viscosité η (en Pa · s) d'une huile moteur, on filme la chute verticale d'une bille métallique, lâchée sans vitesse initiale, dans une éprouvette remplie de cette huile. Lors de sa chute, la bille est soumise à l'action de la Terre (la force de pesanteur $\vec{P}$) et aux actions du fluide : la poussée d'Archimède $\vec{\Pi}$ et la force de frottement fluide $\vec{f}$. Sa position, étudiée dans le référentiel du laboratoire, est repérée sur un axe (Oz) vertical. L'exploitation du film permet d'obtenir les variations de sa vitesse v et de sa position z en fonction du temps.

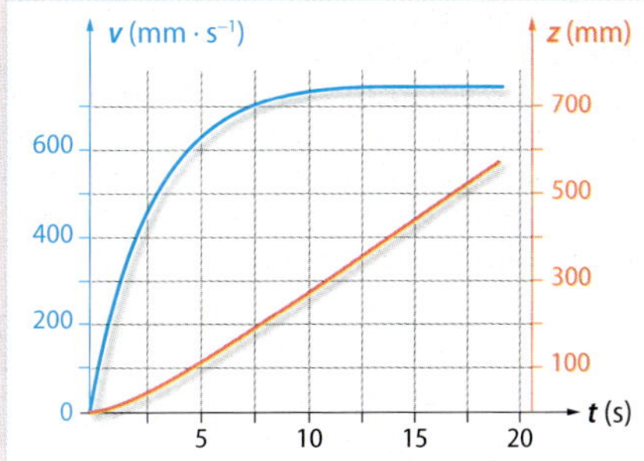

Données. $\vec{f} = -k \cdot \vec{v}_G$ *où* $\vec{v}_G$ *est la vitesse du centre d'inertie de la bille et k, le coefficient de frottement.*
$\vec{\Pi}$ *est opposée à la force de pesanteur et son intensité est égale au poids du volume de fluide déplacé :* $\vec{\Pi} = -\rho_{huile} \cdot V_{bille} \cdot \vec{g}$.
$\rho_{huile} = 0{,}910\ g \cdot cm^{-3}$; $m_{bille} = 6{,}20\ g$; $V_{bille} = 0{,}692\ cm^3$; $R_{bille} = 0{,}55\ cm$; $g : 9{,}81\ m \cdot s^{-2}$.

1. a. Représenter sur un schéma, sans souci d'échelle, les forces qui modélisent les actions mécaniques agissant sur la bille en chute verticale dans l'huile.

b. Faire apparaître l'axe (Oz), l'origine O et le vecteur vitesse $\vec{v}_G$.

2. a. Relever la valeur de la vitesse limite atteinte par la bille sur le graphique.

b. Entre quelles positions z_A et z_B la force $\vec{f}$ est-elle constante ? Justifier.

3. a. Écrire l'expression du travail $W_{AB}(\vec{f})$ de la force de frottement $\vec{f}$, constante lors de la chute AB de la bille, en fonction de k, v_G, z_A et z_B.

b. Lors de la chute entre les points A et B, exprimer puis calculer le travail de la force de pesanteur $W_{AB}(\vec{P})$ et le travail de la poussée d'Archimède $W_{AB}(\vec{\Pi})$.

c. Le travail résistant de la poussée d'Archimède est-il négligeable ?

4. Déduire d'une des lois de Newton l'expression de $W_{AB}(\vec{f})$ en fonction de $W_{AB}(\vec{P})$ et $W_{AB}(\vec{\Pi})$. En déduire la valeur de $W_{AB}(\vec{f})$.

5. Pour des vitesses faibles, la formule de Stokes énonce que : $\vec{f} = -6\Pi \cdot \eta \cdot R_{bille} \cdot \vec{v}_G$. Calculer la viscosité η de l'huile étudiée.

➤ Coups de pouce

1. a. Les forces appliquées à la bille sont données dans l'énoncé, le sens de la poussée d'Archimède figure en données.

b. D'après le graphique, les positions z de la bille en chute verticale sont positives et croissent au cours du temps.

2. b. L'intensité de la force de frottement dépend de la vitesse v_G de la bille.

4. L'étude est réalisée dans le référentiel terrestre considéré comme galiléen et le mouvement du centre d'inertie de la bille est rectiligne et uniforme.

5. Comparer les deux expressions données de $\vec{f}$ pour déterminer une expression littérale de η.

EXEMPLE DE **RÉSOLUTION**

1. a. et **b.**

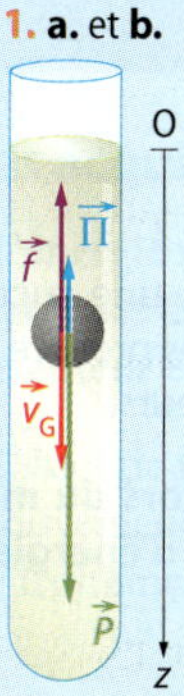

2. a. On mesure graphiquement : $\mathbf{v_{limite} = 0{,}75\ m \cdot s^{-1}}$.

b. De $\mathbf{z_A = 33{,}0\ cm}$ à $\mathbf{z_B = 58{,}0\ cm}$, $v_G = v_{limite}$. De plus, direction et sens du mouvement ne changent pas.
$\vec{f} = -k \cdot \vec{v}_G$ est donc une force constante entre z_A et z_B.

3. a. $\mathbf{W_{AB}(\vec{f})} = \vec{f} \cdot \overrightarrow{AB} = -k \cdot v_G \cdot AB = \mathbf{-k \cdot v_G \cdot (z_B - z_A)}$.

b. $\mathbf{W_{AB}(\vec{P})} = \vec{P} \cdot \overrightarrow{AB} = \mathbf{m \cdot g \cdot (z_B - z_A)}$.

$\mathbf{W_{AB}(\vec{\Pi})} = \vec{\Pi} \cdot \overrightarrow{AB} = \mathbf{-\rho_{huile} \cdot V_{bille} \cdot g \cdot (z_B - z_A)}$.

A.N. : $W_{AB}(\vec{P}) = 6{,}20 \times 10^{-3} \times 9{,}81 \times (58{,}0 - 33{,}0) \times 10^{-2}$.

$\mathbf{W_{AB}(\vec{P}) = 1{,}52 \times 10^{-2}\ J}$

$W_{AB}(\vec{\Pi}) = -0{,}910 \times 0{,}692 \times 10^{-3} \times 9{,}81 \times (58{,}0 - 33{,}0) \times 10^{-2}$.

$\mathbf{W_{AB}(\vec{\Pi}) = -1{,}54 \times 10^{-3}\ J}$

c. $W_{AB}(\vec{P}) / |W_{AB}(\vec{\Pi})| \simeq 10$. Il convient donc ici de **ne pas négliger** le travail de la poussée d'Archimède.

4. Dans le référentiel du laboratoire, considéré comme galiléen, on déduit de la première loi de Newton que : $\Sigma \vec{F}_{ext} = \vec{\Pi} + \vec{f} + \vec{P} = \vec{0}$. Les trois forces sont colinéaires au déplacement $\overrightarrow{AB}$, donc $W(\Sigma \vec{F}_{ext}) = \Sigma W(\vec{F}_{ext}) = 0$.

$W_{AB}(\vec{\Pi}) + W_{AB}(\vec{f}) + W_{AB}(\vec{P}) = 0$.

donc $W_{AB}(\vec{f}) = -W_{AB}(\vec{P}) - W_{AB}(\vec{\Pi})$.

A.N. : $\mathbf{W_{AB}(\vec{f}) = -1{,}37 \times 10^{-2}\ J}$

5. a. $k = 6\Pi \cdot \eta \cdot R_{bille}$ et, d'après la question **3.a**, $k = -W_{AB}(\vec{f}) / (v_G \cdot (z_B - z_A))$. Donc :

$\mathbf{\eta = -W_{AB}(\vec{f}) / (6\Pi \cdot R_{bille} \cdot v_G \cdot (z_B - z_A))}$.

A.N. : $\mathbf{\eta = 0{,}705\ Pa \cdot s}$

Activité 1

Activité de découverte

Les pendules de Galilée

Au début du XVIIe siècle, le physicien italien Galileo Galilei (1564-1642) étudie expérimentalement le comportement d'un oscillateur mécanique constitué d'un solide accroché à un fil inextensible, le pendule.

Compétences scientifiques évaluées
- Extraire une information utile.
- Identifier les paramètres jouant un rôle dans un phénomène physique.

Étude de document

Dans son dernier ouvrage *Discours et démonstrations mathématiques concernant deux sciences nouvelles*, publié en 1638, Galilée **(Fig. 1)** relate les résultats d'expériences menées sur les oscillations de pendules :

« J'ai pris deux boules, l'une de plomb et l'autre de liège, celle-là au moins cent fois plus lourde que celle-ci, puis j'ai attaché chacune d'elles à deux fils très fins, longs tous deux de quatre coudées ; les écartant alors de la position perpendiculaire, je les lâchais en même temps ; une bonne centaine d'allées et venues, accomplies par les boules elles-mêmes, m'ont clairement montré qu'entre la période du corps pesant et celle du corps léger, la coïncidence est telle que sur mille vibrations comme sur cent, le premier n'acquiert sur le second aucune avance, fût-ce la plus minime, mais que tous deux ont un rythme de mouvement rigoureusement identique.

On observe également l'action du milieu qui, en gênant le mouvement, ralentit bien davantage les vibrations du liège que celles du plomb, sans toutefois modifier leur fréquence ; même si les arcs décrits par le liège n'ont plus que cinq ou six degrés, contre cinquante ou soixante pour le plomb, ils sont traversés en des temps égaux.

Ensuite, quant à la proportion des temps des oscillations des mobiles suspendus à des fils de différentes longueurs, des expériences répétées, que chacun peut faire, m'ont démontré que, si l'on veut que le temps des oscillations d'un pendule soit double du temps des oscillations d'un autre, il faut que la longueur de la corde du second soit quadruple de la longueur de la corde du premier. Et alors dans le temps d'une oscillation d'un pendule, un autre en fera trois, si sa corde est neuf fois moins longue que celle de l'autre. »

Une coudée équivaut à 0,573 m et l'intensité de la pesanteur g vaut 9,81 $m \cdot s^{-2}$.

Fig. 1 Galilée aurait commencé à étudier les pendules en étudiant le mouvement d'une lampe de l'église de Pise.

Pistes de réflexion

1 **a.** Quelles expressions sont employées pour désigner les oscillations du pendule ?

b. Qu'appelle-t-on alors période dans le cas d'un pendule ?

c. Pourquoi Galilée raisonne-t-il sur un grand nombre de périodes ?

2 **a.** Quels paramètres susceptibles d'influencer le mouvement des pendules sont analysés dans ses expériences ?

b. Expliquer l'effet d'une modification de chacun d'entre eux sur la valeur de la période des oscillations.

3 Voici quatre expressions proposées pour la période T d'une oscillation :

$T_1 = 2\pi\sqrt{\ell/g}$; $T_2 = 2\pi\sqrt{\ell}$;

$T_3 = 2\pi\sqrt{m/\ell}$; $T_4 = 2\pi\sqrt{\ell/(m \cdot g)}$.

ℓ désigne la longueur du fil et m la masse du pendule.

a. Quelles expressions ne conviennent pas d'après les réponses précédentes ?

b. Quelle expression est confirmée par une analyse dimensionnelle ?

4 En déduire, par le calcul, la période des pendules utilisés par Galilée.

5 **a.** Quel pendule est le plus amorti ? Justifier en précisant comment l'amortissement se traduit sur le mouvement.

b. Quelle est la cause de l'amortissement des oscillations ?

6 Le pendule constitué de la bille de plomb est écarté de sa position d'équilibre verticale et lâché sans vitesse initiale. Il effectue une oscillation de période T.

a. Tracer l'allure des graphiques représentant l'évolution de son énergie cinétique et de son énergie potentielle avec le temps.

b. Quelle(s) force(s) travaille(nt) lors des oscillations du pendule ? Justifier.

Pour conclure

7 Quels paramètres influencent la période de l'oscillateur mécanique étudié ?

8 Quels transferts énergétiques se produisent lors des oscillations d'un pendule ?

Activité 2

Démarche d'investigation

Vidéos

Période et amortissement d'un oscillateur mécanique

Il est possible de régler la période et l'amortissement des oscillations d'un système oscillant par l'ajustement de certains paramètres.

Compétences scientifiques évaluées
- Questionner les résultats d'une démarche.
- Mettre au point un protocole ou une stratégie.

1 Paramètres d'un pendule

Pour commencer (situation déclenchante)

Par définition, un pendule simple est constitué d'un objet solide de petites dimensions, de masse m, fixé à l'extrémité d'un fil inextensible de longueur ℓ (Fig. 1). Écarté de sa position d'équilibre, il oscille sous l'effet du champ de pesanteur local.

Fig. 1 Pendule simple.

Investigation

Quels paramètres sont susceptibles de modifier la période des oscillations libres d'un pendule simple ?

Quelques idées (hypothèses)

Expérience (recherche de validation)

Matériel
- pendule simple • différents fils et masses • chronomètre • rapporteur

1 Proposer une méthode permettant de mesurer la période de l'oscillateur avec une bonne précision à l'aide d'un chronomètre.

2 Pour chaque paramètre testé :

a. élaborer un protocole expérimental permettant une étude quantitative de son influence ;

b. prévoir l'effet de sa modification sur la période ;

c. tester la prévision en réalisant plusieurs mesures.

3 Récapituler l'ensemble des résultats dans un tableau.

2 Étude de l'amortissement

Pour commencer (situation déclenchante)

Pour atténuer les vibrations verticales qui nuisent au confort et à une bonne tenue de route, la suspension d'une automobile (Fig. 2) associe un ressort à un amortisseur. Ces éléments permettent au véhicule de revenir rapidement à sa position d'équilibre, en limitant les oscillations.

Fig. 2 Une suspension d'automobile.

Investigation

Comment amortir les oscillations d'un pendule élastique vertical (un solide accroché à un ressort vertical) pour qu'il retrouve rapidement une position d'équilibre ?

Quelques idées (hypothèses)

Voici quelques idées exprimées par des élèves :
- Luca : « *Il faudrait réduire l'amplitude des oscillations.* »
- Maya : « *Ou plutôt leur durée !* »
- Clément : « *On pourrait ajouter des frottements.* »

Expérience (recherche de validation)

Matériel
- pendule élastique vertical de masse et constante de raideur données • webcam • logiciel de pointage • tableur-grapheur • éprouvette • liquides plus ou moins visqueux (eau, huile…)

4 Élaborer un protocole expérimental permettant de visualiser l'amortissement des oscillations du pendule.

5 **a.** Prévoir l'effet de chaque hypothèse avancée sur l'amplitude et le nombre des oscillations.

b. Réaliser les enregistrements et les mesures nécessaires.

Pour conclure

6 Quels paramètres influencent la période des oscillations d'un pendule simple ?

7 **a.** Comment amortir les oscillations d'un pendule ?

b. Quelles sont les conséquences d'une augmentation de l'amortissement sur les oscillations ?

Activité 3

TP Activité expérimentale

Compétences expérimentales évaluées
- S'approprier un montage expérimental.
- Analyser un résultat expérimental.

Vidéos

Se peser dans l'espace

En état d'impesanteur, la pesée des astronautes s'effectue grâce à des échanges entre les différentes formes d'énergie d'un oscillateur.

Principe

Dans une navette spatiale, les astronautes, n'ayant plus de poids, mesurent leur masse en se plaçant sur un siège oscillant (Fig. 1). Soumis à l'action de ressorts, le système est mis en oscillation et est alors le siège de transferts énergétiques.

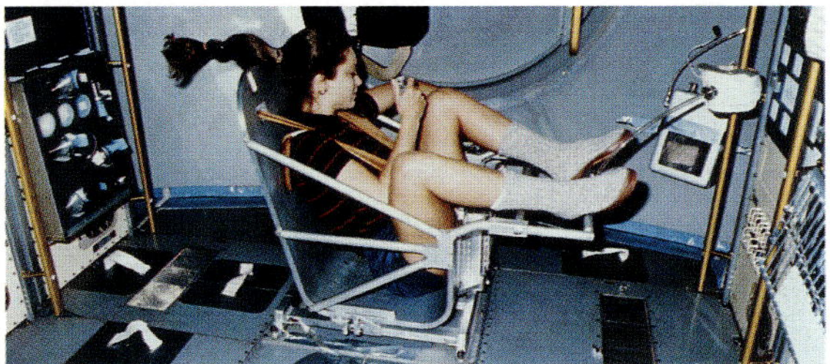

Fig. 1 Une astronaute qui se « pèse ».

Mise en œuvre au laboratoire

Matériel
• banc à coussin d'air • mobile • 2 ressorts identiques de masse négligeable • règle graduée • webcam • logiciel de pointage et de traitement de données

• Sur un banc à coussin d'air, placer un solide de masse m relié à deux ressorts de constante de raideur k, de telle sorte qu'à l'équilibre, les deux ressorts soient étirés (Fig. 2).

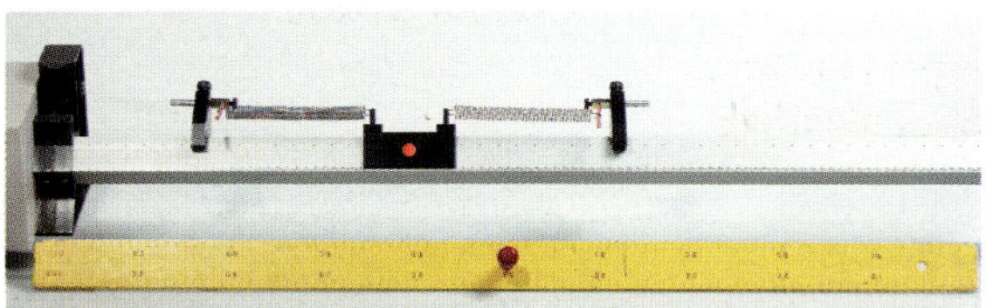

Fig. 2 Le montage expérimental.

• Écarter le mobile de sa position d'équilibre de quelques centimètres selon la direction des ressorts, puis le lâcher.

• Filmer le mouvement du mobile avec une durée d'acquisition permettant d'observer quatre à cinq oscillations.

Mesures

• Mesurer la masse m du mobile.

• Ouvrir le fichier vidéo à l'aide du logiciel de pointage.

• Choisir l'origine O d'un repère (O ; x, y) au centre d'inertie du mobile à l'équilibre. Étalonner le document vidéo et sélectionner l'image correspondant au lâcher du mobile.

• Réaliser le pointage des positions successives de coordonnées (x ; y) du mobile lors de son déplacement, puis transférer les mesures dans le tableur.

Exploitation

• Afficher le graphe montrant l'évolution de la position x_G du centre d'inertie G du mobile en fonction du temps.

• Modéliser la courbe par une fonction mathématique.

1 **a.** Quel type de mouvement décrit le mobile ?

b. Déterminer graphiquement la période T et l'amplitude maximale x_m des oscillations.

c. Comparer cette période T à la période propre T_0 de l'oscillateur modélisée par $T_0 = 2\pi\sqrt{m/k'}$, sachant que deux ressorts identiques de constante de raideur k sont assimilables à un ressort unique de constante de raideur $k' = 2k$.

• À partir du tableur, faire calculer pour chaque position la vitesse instantanée v_G du mobile, puis faire afficher le graphe $v_G = f(x_G)$.

2 Pour quelle(s) position(s) la vitesse du mobile est-elle la plus grande ? la plus faible ?

• À partir du tableur, faire calculer pour chaque position du système l'énergie cinétique E_c, l'énergie potentielle élastique $E_{pe} = 1/2\ k \cdot x_G^2$ et l'énergie mécanique E_m.

• Sur un même graphe, afficher l'évolution temporelle des énergies cinétique, potentielle et mécanique.

3 **a.** Sous quelle forme est emmagasinée l'énergie du système au début du mouvement ($t = t_0$) ? à l'instant $t = t_0 + T/4$?

b. En déduire les variations d'énergie potentielle, cinétique et mécanique au cours de cette durée $\Delta t = T/4$.

c. Quel transfert énergétique se produit entre ces deux instants ?

4 **a.** Quel transfert énergétique se produit entre $T/4$ et $T/2$?

b. Quelle est la caractéristique de l'énergie mécanique ?

• Réaliser une nouvelle acquisition après avoir réduit le débit d'air produit par la soufflerie du banc. Effectuer l'exploitation comme précédemment.

5 **a.** Quel est l'effet de la baisse de la soufflerie sur les actions exercées sur le mobile ?

b. Comment le mouvement du mobile en est-il modifié ?

Pour conclure

6 Comment un astronaute peut-il mesurer sa masse avec le dispositif de la figure 1 ?

7 Quelle est l'influence des frottements sur :

a. l'amplitude et la période des oscillations ?

b. les transferts et la conservation de l'énergie ?

Cours

1 Transferts énergétiques

› Activités 1 et 3

Énergie cinétique

L'**énergie cinétique** d'un solide caractérise son état de mouvement.

L'énergie cinétique E_c d'un solide de masse m dont le centre d'inertie G est animé d'un mouvement de translation de vitesse v_G s'écrit :

$$E_c = \frac{1}{2} m \cdot v_G^2$$

avec m en kg ; v_G en $m \cdot s^{-1}$; E_c en J (joule).

Énergies potentielles

L'**énergie potentielle** d'un système est liée à la position des éléments qui le composent.

Après avoir été étiré ou comprimé, un ressort revient, une fois lâché, vers sa position d'équilibre. Sa déformation lui confère ainsi une certaine forme d'énergie, appelée **énergie potentielle élastique** et notée E_{pe}.

L'énergie potentielle élastique E_{pe} d'un ressort de constante de raideur k est liée à la position x_G de son extrémité libre par rapport à sa position d'équilibre (Fig. 1) :

$$E_{pe}(x_G) = \frac{1}{2} k \cdot x_G^2$$

avec E_{pe} en J (joule) ; k en $N \cdot m^{-1}$; x_G est l'élongation, en m.

Exemple

En position d'équilibre, un ressort de constante $k = 14{,}0\ N \cdot m^{-1}$ n'est ni allongé ni comprimé : $x_G = x_0 = 0$ m et $E_{pe} = 0$ J. Un allongement ou une compression tel que $|x_G| = 3{,}0$ cm lui confère l'énergie potentielle élastique $E_{pe} = 6{,}3 \times 10^{-3}$ J.

Du fait de l'interaction gravitationnelle, la position d'un solide par rapport à la Terre lui confère une certaine forme d'énergie appelée **énergie potentielle de pesanteur** et notée E_{pp}.

L'énergie potentielle de pesanteur E_{pp} d'un solide de masse m dont le centre d'inertie G est situé à une altitude z_G a pour expression :

$$E_{pp}(z_G) = m \cdot g \cdot z_G$$

avec E_{pp} en J ; m en kg ; z_G en m.
g est l'intensité de la pesanteur, en $N \cdot kg^{-1}$.

L'utilisation de l'énergie potentielle de pesanteur impose la définition d'un niveau de référence des altitudes ($z = 0$ m), pour lequel $E_{pp} = 0$ J.

Énergie mécanique

Par définition, l'énergie mécanique d'un système est la somme de ses énergies potentielle et cinétique :

$$E_m = E_p + E_c$$

En l'absence de frottements ou lorsqu'ils restent négligeables, les variations d'énergie potentielle compensent les variations d'énergie cinétique (Fig. 2) : il y a conservation de l'énergie mécanique.

➥ Exercices 1 à 5

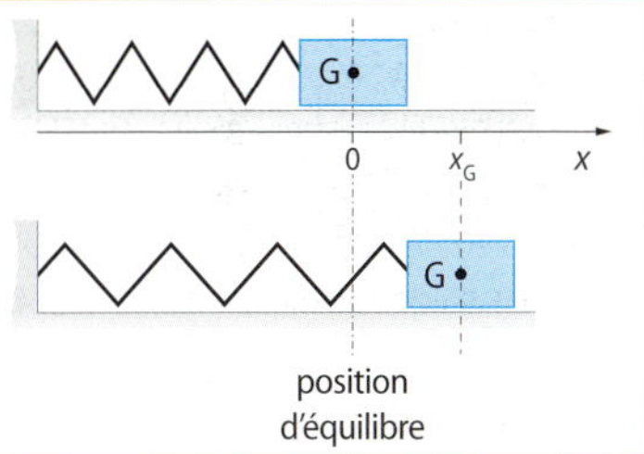

Fig. 1 La déformation d'un ressort lui confère une énergie potentielle élastique.

Repère

La **constante de raideur** k d'un ressort traduit sa capacité à résister à son allongement.

Fig. 2 Au cours d'un saut à l'élastique, lors de la descente, l'énergie potentielle de pesanteur emmagasinée par le sauteur est libérée sous la forme d'énergie cinétique, puis convertie en énergie potentielle élastique.

2 Étude des oscillateurs

› Activités 2 et 3

Notions sur les oscillateurs mécaniques

Un **oscillateur mécanique** est un système qui évolue de façon périodique autour d'une position d'équilibre.

Lorsque le système est abandonné à lui-même, les oscillations sont dites **libres.** La **période propre**, notée T_0, caractérise alors la durée d'une oscillation, c'est-à-dire d'un aller-retour. Pour décrire le mouvement d'un oscillateur autour de sa position d'équilibre, on étudie l'évolution temporelle de son **élongation.** L'**amplitude** est la valeur maximale de l'élongation.

Exemple

Pour un pendule simple, l'élongation angulaire θ est l'angle orienté formé par le fil et sa position d'équilibre à la verticale (Fig. 3). Pour un pendule élastique (ressort notamment), l'élongation x_G est la position prise par le centre d'inertie du système repérée par rapport à sa position d'équilibre (Fig. 1).

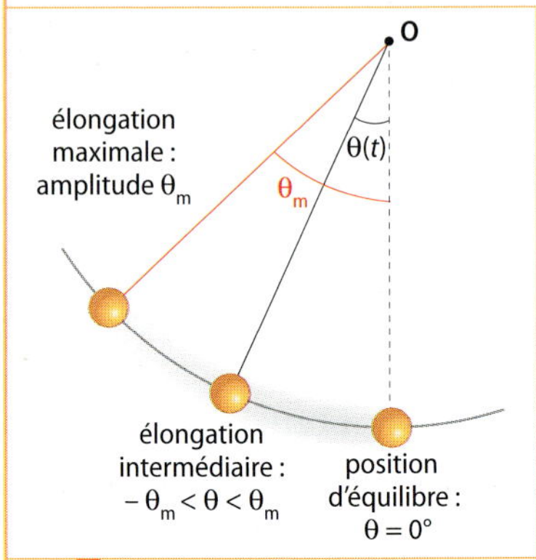

Fig. 3 Oscillations d'un pendule simple.

Paramètres influençant la période propre

Pour un *pendule simple*, si l'amplitude θ_m des oscillations est suffisamment faible ($\theta_m < 20°$), la période propre T_0 est indépendante de l'amplitude θ_m. Elle est proportionnelle à la racine carrée de la longueur ℓ du pendule et indépendante de sa masse m : $T_0 = 2\pi\sqrt{\ell/g}$.

Pour un *pendule élastique* (ressort), la période propre ne dépend que de la constante k du ressort et de la masse m du système : $T_0 = 2\pi\sqrt{m/k}$.

Transferts énergétiques lors d'oscillations non amorties

Lorsqu'il est en mouvement, un oscillateur est le siège d'une succession d'échanges énergétiques (Fig. 4) : l'énergie potentielle emmagasinée est transférée sous forme d'énergie cinétique et inversement.

Si les frottements peuvent être négligés ou en leur absence, l'énergie mécanique d'un oscillateur reste constante. Sa valeur ne dépend que des conditions initiales (vitesse initiale ou amplitude). L'oscillateur est non amorti.

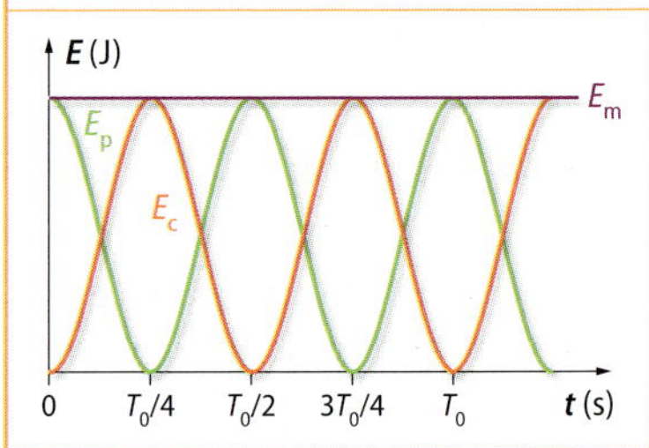

Fig. 4 Les transferts d'énergie dans un oscillateur non amorti. L'énergie potentielle E_p est périodiquement convertie en énergie cinétique E_c et inversement. L'énergie mécanique E_m est constante.

Exercices 6 à 10

3 Amortissement et dissipation d'énergie

› Activités 2 et 3

Oscillations libres amorties

En présence de **frottements** non négligeables (dus à l'air par exemple), il y a **amortissement des oscillations.**

Dans le cas de frottements faibles, l'amplitude des oscillations décroît progressivement au cours du temps : l'oscillateur n'effectue que quelques oscillations avant de reprendre sa position d'équilibre (Fig. 5 ⓑ). On parle de **régime pseudo-périodique.** La période T, appelée **pseudo-période**, est proche de T_0

tant que l'amortissement n'est pas trop fort. Elle augmente d'autant plus que l'amortissement est important.

Dans le cas de frottements importants, il n'y a plus d'oscillation du tout : on parle de **régime apériodique** (Fig. 5 c).

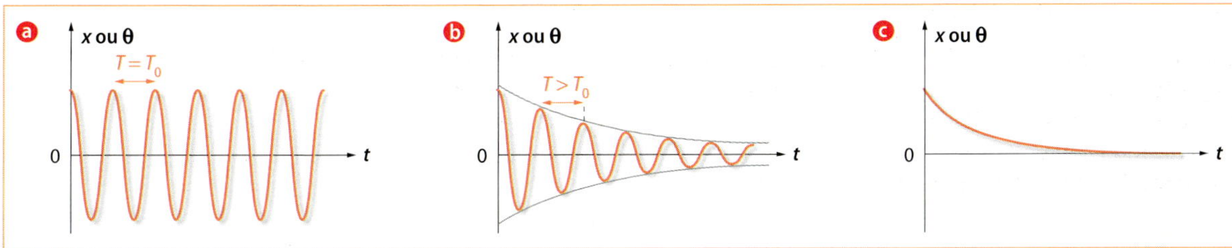

Fig. 5 Les différents types de régimes d'oscillations. a Régime **périodique** de période T égale à la période propre T_0. b Régime pseudo-périodique de pseudo-période T. c Régime **apériodique**.

Dissipation d'énergie

La présence de frottements entraîne une diminution de l'énergie mécanique du système au cours du temps (Fig. 6).

La variation de l'énergie mécanique entre deux positions A et B d'un système est égale au travail de la force $\vec{f}$ qui modélise l'action des frottements entre ces deux positions :

$$\Delta E_{mA \to B} = W_{AB}(\vec{f})$$

Le travail des forces de frottements étant résistant ($W_{AB}(\vec{f}) < 0$), alors $\Delta E_{mA \to B} < 0$. L'énergie mécanique diminue.

Elle est dissipée sous forme d'énergie thermique au milieu extérieur, dont la température s'élève.

Exercices 11 à 15

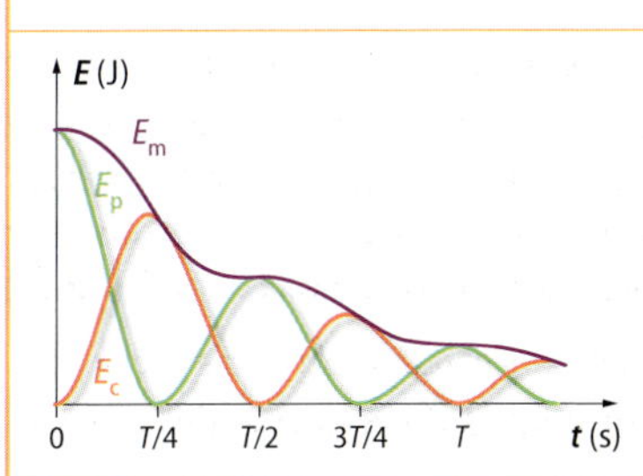

Fig. 6 En présence de frottements, l'énergie mécanique d'un oscillateur décroît.

Les compétences à acquérir

1 Analyser des transferts énergétiques

- Au cours du mouvement d'un solide, des **transferts** se produisent entre les énergies potentielles et cinétique du solide.
- En l'**absence de frottements**, les variations d'énergie potentielle et d'énergie cinétique se compensent. Il y a **conservation de l'énergie mécanique**.

2 Faire l'étude énergétique d'un oscillateur

- Un **oscillateur mécanique** évolue de façon périodique autour d'une position d'équilibre. Son **amplitude** est la valeur maximale de l'**élongation**. Si les oscillations sont libres, leur période est appelée **période propre** T_0.
- Les oscillations se traduisent par une succession de **transferts énergétiques** entre les énergies potentielle et cinétique de l'oscillateur. En l'**absence de frottement**, l'énergie mécanique se conserve : $\Delta E_m = 0$.

3 Mettre en évidence l'amortissement et la dissipation d'énergie

- En **présence de frottements**, l'amplitude des oscillations diminue progressivement : l'oscillateur est **amorti** et le régime est **pseudo-périodique** ou **apériodique**. Il y a **dissipation d'énergie** :

$$\Delta E_{mA \to B} = W_{AB}(\vec{f})$$

où $W_{AB}(\vec{f})$ est le travail de la force qui modélise l'action des frottements.

Exercices

Compétence 1

› Analyser les transferts énergétiques au cours de mouvements

Données. *Intensité du champ de pesanteur : $g = 9{,}81\ m \cdot s^{-2}$.*
Énergie potentielle élastique d'un ressort : $E_{pe}(x_G) = (1/2)\ k \cdot x_G^2$, avec k, constante de raideur en $N \cdot m^{-1}$; x_G, élongation en m ; E_{pe} en J.

1 QCM

Choisir la (ou les) bonne(s) réponse(s).

❶ L'expression de l'énergie mécanique d'un corps en chute libre est :

- **a** $E_m = m \cdot g \cdot z_G$
- **b** $E_m = (1/2) m \cdot v^2 + (1/2) m \cdot z_G^2$
- **c** $E_m = (1/2)\ m \cdot v^2 + m \cdot g \cdot z_G$
- **d** $E_m = (1/2)\ m \cdot v^2$

❷ L'énergie potentielle de pesanteur E_{pp} d'un solide de masse $m = 8{,}2$ kg dont l'altitude diminue de 7,0 m :

- **a** reste constante ;
- **b** augmente de $5{,}6 \times 10^2$ J ;
- **c** diminue de $2{,}0 \times 10^2$ J ;
- **d** diminue de $5{,}6 \times 10^2$ J.

❸ L'énergie potentielle élastique emmagasinée dans un ressort de constante de raideur $k = 8{,}0\ N \cdot m^{-1}$ allongé de 4,0 cm vaut :

- **a** $E_{pe} = 6{,}4$ mJ ;
- **b** $E_{pe} = 1{,}3$ J ;
- **c** $E_{pe} = 64$ J.

2 Différents transferts énergétiques

Parmi les transferts énergétiques ⓐ à ⓓ proposés ci-dessous, quels sont ceux qui peuvent être associés aux situations 1 à 4 ?

1. Dans un flipper, le lanceur met en mouvement la boule.
2. Un wagonnet dévale une piste de montagnes russes.
3. Une boule de flipper atteint le sommet de la piste.
4. Un gymnaste déforme un trampoline.

ⓐ Énergie cinétique en énergie potentielle de pesanteur.
ⓑ Énergie cinétique en énergie potentielle élastique.
ⓒ Énergie potentielle de pesanteur en énergie cinétique.
ⓓ Énergie potentielle élastique en énergie cinétique.

3 Chute libre verticale

Un projectile de masse $m = 800$ g, lâché d'une altitude $z_0 = 10{,}0$ m sans vitesse initiale dans le champ de pesanteur terrestre, est animé d'un mouvement de translation rectiligne. Le document ci-après représente les variations de l'énergie cinétique E_c, de l'énergie potentielle de pesanteur E_{pp} et de l'énergie mécanique E_m lors de sa chute libre verticale.

1. Identifier chaque graphe en justifiant la réponse.

2. **a.** Calculer la valeur de E_{pp} à l'instant $t = 0$ s.
b. En déduire la variation ΔE_{pp} de l'énergie potentielle de pesanteur au cours de la chute.
c. Montrer que ΔE_{pp} est égale et opposée au travail $W(\vec{P})$ de la force de pesanteur qui modélise l'action de la Terre sur le projectile.

3. **a.** À quelle date l'énergie cinétique est-elle maximale ?
b. En déduire la variation d'énergie cinétique ΔE_c au cours de la chute.
c. Montrer que ΔE_c est égale au travail de la force qui modélise la seule action mécanique qui agit sur le projectile.

4. **a.** Quel transfert énergétique se produit lors de la chute du projectile ?
b. En déduire la vitesse maximale du projectile.

5. Que dire de l'énergie mécanique du projectile au cours de la chute ? Justifier.

Donnée. Sur un déplacement AB, la variation d'énergie cinétique d'un solide est égale à la somme des travaux des forces qui modélisent les actions mécaniques qui agissent sur le solide : $\Delta E_{cA \to B} = \sum W_{AB}(\vec{F})$.

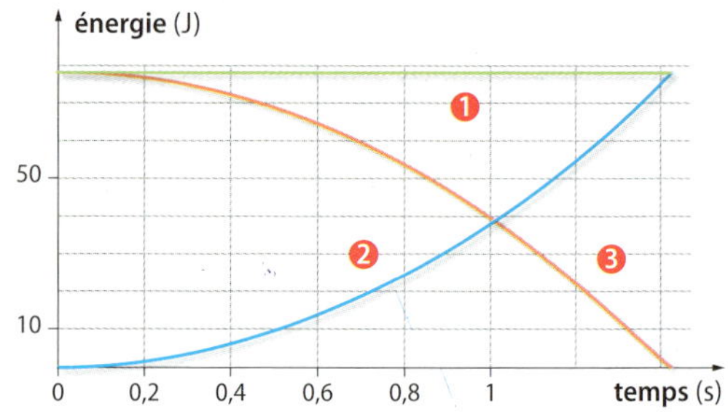

4 Hauteur maximale d'un lancer

Une balle, de masse $m = 45$ g, est lancée verticalement vers le haut depuis une hauteur $h = 90$ cm, avec une vitesse initiale $v_0 = 12{,}0\ m \cdot s^{-1}$.

1. Calculer l'énergie mécanique initiale de la balle.

2. **a.** En supposant les frottements négligeables, quelle sera son énergie mécanique au sommet de sa trajectoire ?
b. En déduire l'altitude maximale z_{max} atteinte.

3. Quelle sera son altitude lorsque sa vitesse sera de $5\ m \cdot s^{-1}$?

5 ★ Catapultage d'un avion

La catapulte d'un porte-avion est assimilable à un ressort de constante de raideur k. Elle propulse un avion de masse $m = 9{,}5$ t sur une piste de longueur $\ell = 75$ m, jusqu'à une vitesse $v_f = 260\ km \cdot h^{-1}$.

1. Calculer l'énergie cinétique de l'avion en bout de piste.
2. Quel transfert énergétique permet ce catapultage ?
3. Donner l'expression de l'énergie mécanique du dispositif catapulte-avion en fonction des données de l'énoncé.
4. En déduire la valeur de la constante de raideur du ressort équivalent comprimé sur la longueur ℓ de la piste (l'action des frottements est négligée).

Compétence 2

› *Effectuer l'étude énergétique d'un oscillateur*

Données. *Intensité du champ de pesanteur :* $g = 9{,}81\ \text{m} \cdot \text{s}^{-2}$.
Énergie potentielle élastique d'un ressort : $E_{pe}(x_G) = 1/2\ k \cdot x_G^2$, *avec k, constante de raideur en* $\text{N} \cdot \text{m}^{-1}$; x_G, *élongation en m ;* E_{pe} *en J.*

6 VRAI ou FAUX ?

Un jouet de masse $m = 171$ g suspendu à un ressort vertical, de constante de raideur $k = 3{,}0\ \text{N} \cdot \text{m}^{-1}$, oscille autour de sa position d'équilibre. Le graphe ci-dessous donne la position de son centre d'inertie en fonction du temps.

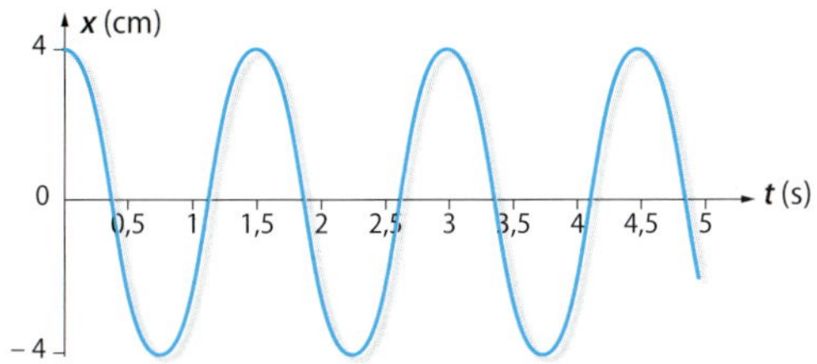

Indiquer les bonnes réponses et corriger les affirmations fausses.

1 L'enregistrement montre un peu plus de 6 oscillations.

2 La période propre des oscillations est $T_0 = 1{,}5$ s.

3 À l'instant $t_1 = 1{,}5$ s, le dispositif possède :
a. une énergie potentielle élastique $E_{pe} = 2{,}4$ J ;
b. une énergie cinétique E_c nulle ;
c. une énergie mécanique $E_m = (1/2)\ k \cdot x_m^2$.

4 À l'instant $t_2 = 1{,}9$ s :
a. la vitesse du jouet est minimale ;
b. son énergie potentielle élastique est nulle.

5 **a.** Entre t_1 et t_2, il y a transfert d'énergie cinétique en énergie potentielle élastique.
b. Au cours d'une oscillation, le transfert d'énergie change 3 fois de sens.

7 QROC

Pour chaque question, proposer une réponse éventuellement accompagnée de commentaires brefs (définition, exemples…).

1. Qu'est-ce qu'un oscillateur mécanique ?

2. Définir la période propre d'oscillations libres.

3. Quelle est la position d'équilibre d'un pendule simple ?

4. Nommer la valeur maximale prise par l'élongation d'un oscillateur au cours de son mouvement.

8 Bungy jumping

During a bungy jump, big thrills enthusiasts undergo many oscillations around a position of balance. Indicate the order in which the following energy transfers occur:
a. kinetic energy into gravitational potential energy ;
b. kinetic energy into elastic potential energy ;
c. gravitational potential energy into kinetic energy ;
d. elastic potential energy into kinetic energy.

EXERCICE **RÉSOLU**

9 Oscillateur horizontal

Un solide de masse $m = 0{,}20$ kg accroché à un ressort ($k = 15\ \text{N} \cdot \text{m}^{-1}$) peut se déplacer horizontalement et sans frottement. À la date $t = 0$ s, il est écarté de 6,0 cm de sa position d'équilibre, puis lâché sans vitesse initiale.

1. a. Sous quelle forme l'énergie du système solide-ressort est-elle emmagasinée au départ ?
b. Calculer sa valeur.

2. a. Que dire de l'énergie cinétique à la date $t = 0$ s ?
b. En déduire l'énergie mécanique de l'oscillateur.

3. a. Que dire de l'énergie mécanique au cours du temps ?
b. Déterminer la vitesse du solide lorsqu'il passe par la position d'équilibre.

Aides et méthodes

1. et 2. Identifier les grandeurs physiques mises en jeu, puis utiliser l'expression de la forme d'énergie adéquate.
3. a. Savoir dans quel cas l'énergie mécanique d'un oscillateur se conserve.
b. Identifier le transfert d'énergie. En position d'équilibre, l'énergie potentielle élastique d'un système est nulle.

Solution

1. a. À $t = 0$ s, le système dispose d'une énergie potentielle élastique notée E_{pe}.
b. $E_{pe} = (1/2)\ k \cdot x_G^2 = 0{,}5 \times 15 \times (6{,}0 \times 10^{-2})^2$; $E_{pe} = 2{,}7 \times 10^{-2}$ J.
2. a. Le solide est lâché sans vitesse initiale, donc $E_c = 0$ J.
b. $E_m = E_c + E_{pe}$ soit $E_m = 2{,}7 \times 10^{-2}$ J.
3. a. En l'absence de frottement, E_m reste constante.
b. Il y a transfert d'énergie potentielle élastique en énergie cinétique. En position d'équilibre, $x_G = 0$ m, donc $E_{pe} = 0$ J et $E_c = 2{,}7 \times 10^{-2}$ J : $v = \sqrt{2E_c/m}$ soit $v = 5{,}2 \times 10^{-1}\ \text{m} \cdot \text{s}^{-1}$.

10 ★ Oscillations d'un pendule simple

Un pendule constitué d'un fil inextensible auquel est suspendue une petite sphère de masse $m = 60$ g oscille autour de sa position d'équilibre. Le tableau suivant donne quelques valeurs de grandeurs associées à son mouvement.

t (s)	0	0,08	0,2	0,36
z_G (cm)	– 22,0		– 31,9	– 24,4
θ (°)	46,4	31,5	– 0,75	– 40
v_G ($\text{m} \cdot \text{s}^{-1}$)	0	1,03		
E_c (mJ)		32	59	
E_{pp} (mJ)		– 161	– 188	
E_m (mJ)	– 129			

1. Nommer les grandeurs physiques du tableau.

2. a. Pourquoi les valeurs E_{pp} sont-elles négatives ?
b. Compléter les cases vides.

3. a. L'énergie mécanique se conserve-t-elle ?
b. En déduire les transferts énergétiques qui se produisent.

Compétence 3

› *Mettre en évidence l'amortissement et la dissipation d'énergie*

Donnée. *Intensité du champ de pesanteur : $g = 9{,}81\ \text{m} \cdot \text{s}^{-2}$.*

11 Amortissement d'un oscillateur

Pour chaque question, proposer une réponse éventuellement accompagnée de commentaires brefs (définition, exemples…).

1. Quelle est la cause de l'amortissement d'un oscillateur ?
2. Pourquoi des oscillations amorties ne peuvent-elles pas être qualifiées de périodiques ?
3. Nommer le régime décrit par un oscillateur peu amorti.
4. Définir la pseudo-période.
5. À quelle condition pseudo-période et période propre ont-elles des valeurs proches ?

12 Les différents régimes d'un oscillateur

Les graphiques ci-dessous représentent deux régimes possibles pour le centre d'inertie d'un système oscillant.

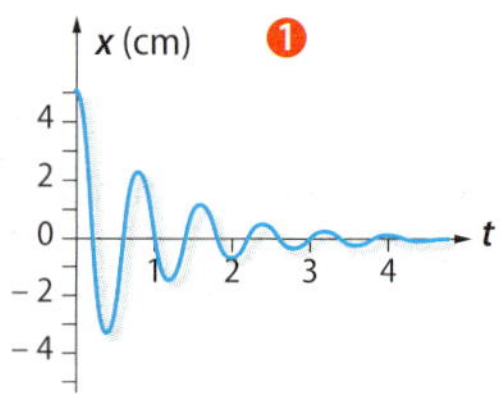

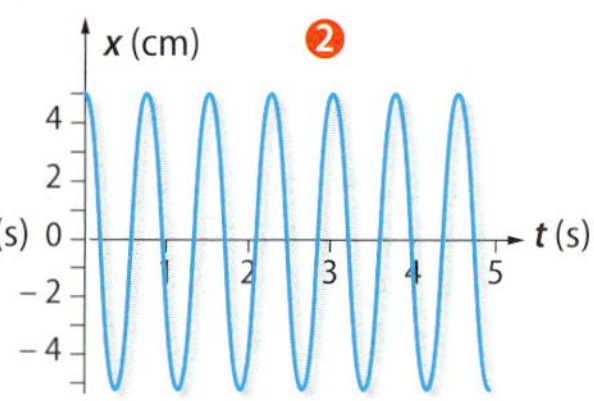

1. a. Associer le nom d'un régime à chaque courbe.
b. Quelle est la position initiale du centre d'inertie du système ?
c. Donner, pour chaque régime, le nom d'une grandeur temporelle caractéristique et déterminer sa valeur.

2. a. Dans quel cas les frottements sont-ils les plus importants ? Justifier la réponse.
b. Que se passerait-il si la valeur de la force qui modélise l'action des frottements augmentait encore ?
c. Tracer l'allure du graphique correspondant à ce nouveau régime et le nommer.

EXERCICE **RÉSOLU**

13 Hauteur d'un lancer

Une balle, de masse $m = 45$ g, lancée verticalement vers le haut depuis le sol ($z_0 = 0$ m), avec une vitesse $v_0 = 12{,}0\ \text{m} \cdot \text{s}^{-1}$, atteint une altitude maximale $z_{max} = 6{,}0$ m.

1. En justifiant, indiquer les formes d'énergie dont la valeur change au cours de l'ascension de la balle.
2. Calculer la valeur de ces variations d'énergies.
3. En déduire la présence ou non de frottements.
4. Le cas échéant, indiquer la valeur :

a. du travail fourni par la force qui modélise l'action des frottements ;
b. de l'énergie dissipée au cours du mouvement.

Aides et méthodes

3. Calculer ΔE_m et interpréter le résultat.
4. **a.** Le travail de la force qui modélise l'action des frottements est résistant.
b. Un travail traduit un transfert d'énergie.

Solution

1. L'énergie cinétique E_c, liée à la vitesse v de la balle, diminue, alors que l'énergie potentielle de pesanteur E_{pp}, liée à son altitude z, augmente.
2. $\Delta E_c = -(1/2)\, m \cdot v_0^2 = -3{,}2$ J ; $\Delta E_{pp} = m \cdot g \cdot z_{max} = 2{,}6$ J.
3. $\Delta E_m = \Delta E_c + \Delta E_{pp} = -0{,}6\ \text{J} < 0$ J. L'énergie mécanique diminue. Les frottements ne sont donc pas négligeables.
4. **a.** $\Delta E_m = W(\vec{f}) = -0{,}6$ J. Il s'agit bien d'un travail résistant.
b. L'énergie dissipée par le travail des frottements est de 0,6 J.

14 Effets énergétiques des frottements

Les graphiques ci-dessous donnent les variations des énergies cinétique, potentielle élastique et mécanique de systèmes oscillants en régime périodique et pseudopériodique.

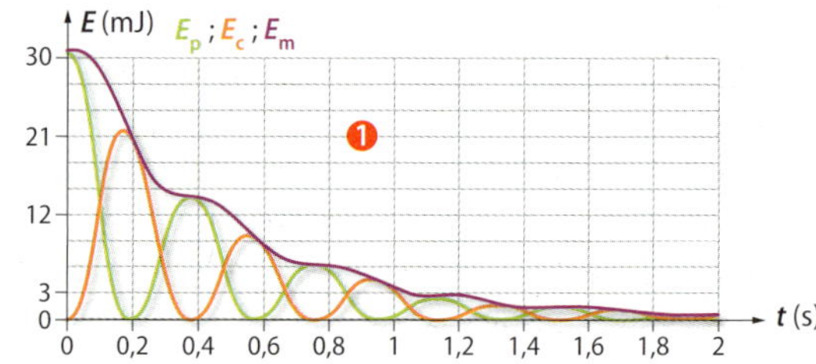

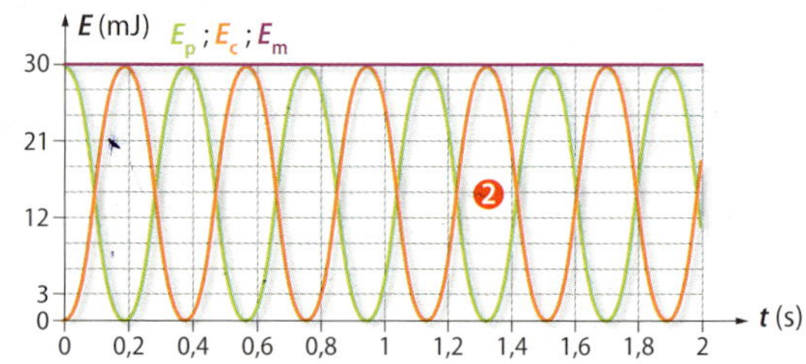

1. Dans chaque cas, indiquer :

a. les formes d'énergie qui varient au cours du temps ;
b. les transferts énergétiques mis en jeu ;
c. la quantité d'énergie dissipée éventuellement.

2. Quelle est la cause des différences constatées ?
3. Associer le nom d'un régime à chaque graphique.

15 ★ Saut à ski

Un tremplin de saut à ski présentant un dénivelé $h = 50{,}0$ m permet à un sauteur (de masse $m = 75{,}0$ kg) d'atteindre une vitesse d'envol $v_G = 26{,}5\ \text{m} \cdot \text{s}^{-1}$.

1. a. Exprimer la vitesse maximale théorique v_{max} d'envol en fonction des données de l'énoncé, puis calculer sa valeur.
b. Commenter le résultat en termes de transferts d'énergie.

2. a. Déterminer la valeur de l'énergie dissipée.
b. Quelle en est la cause et comment réduire sa valeur ?

Exercices de synthèse

Pour préparer le BAC

Données. Intensité du champ de pesanteur : $g = 9{,}81$ m · s^{-2}.
Période propre d'un pendule simple : $T_0 = 2\pi\sqrt{\ell/g}$; d'un pendule élastique : $T_0 = 2\pi\sqrt{m/k}$.
Énergie potentielle élastique d'un ressort : $E_{pe}(x_G) = 1/2\ k \cdot x_G^2$, avec k, constante de raideur en N · m^{-1} ; x_G, élongation en m ; E_{pe} en J.

16 VRAI ou FAUX ?

Le graphique ci-dessous montre les variations des énergies cinétique E_c, potentielle de pesanteur E_{pp} et mécanique E_m d'un ballon de rugby lors d'une transformation.

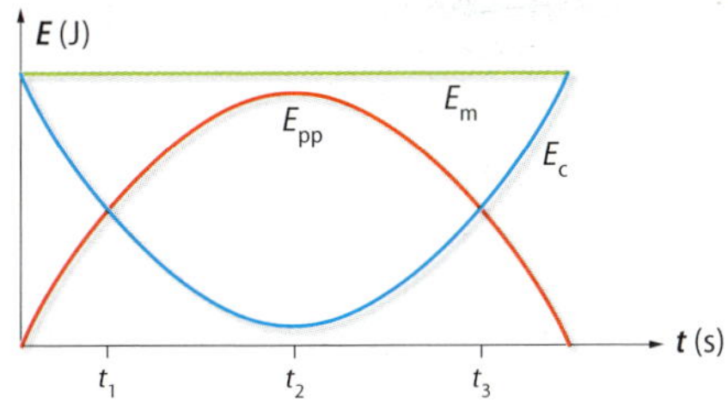

Indiquer les bonnes réponses et corriger les affirmations fausses.

1. À $t = 0$ s, E_c est nulle, E_{pp} est maximale et égale à E_m.
2. À $t = t_1$ et $t = t_3$, $E_c = E_{pp} = (1/2)\ E_m$.
3. À $t = t_2$, E_c est nulle, E_{pp} est maximale et E_m est égale à E_{pp}.
4. À la fin du mouvement, $E_c = E_m$ car $E_{pp} = 0$ J.
5. Au cours du mouvement, $\Delta E_m < 0$: il y a dissipation d'énergie car le travail de la force qui modélise l'action des frottements est non négligeable.
6. Entre $t = 0$ s et $t = t_2$, $\Delta E_c < 0$, $\Delta E_{pp} > 0$ et $\Delta E_c + \Delta E_{pp} = 0$.
7. Au cours du mouvement, $\Delta E_c = \Delta E_{pp} = 0$.
8. Il y a un transfert d'énergie potentielle en énergie cinétique entre $t = 0$ s et $t = t_2$, puis d'énergie cinétique en énergie potentielle.

17 Oscillations d'un gratte-ciel

Lors de séismes ou de fortes rafales de vent, les gratte-ciel effectuent une série d'oscillations autour de leur position d'équilibre. Le balancement du sommet peut atteindre plusieurs dizaines de centimètres. Afin d'éviter qu'elle ne se brise ou se lézarde, la structure est élastique et dispose de systèmes anti-oscillations.

1. Sur un schéma, repérer :
a. la position d'équilibre du gratte-ciel ;
b. les positions extrêmes d'une oscillation.

2. a. S'agit-il d'oscillations amorties ou non amorties ?
b. Tracer l'allure d'un graphique représentant l'élongation en fonction du temps.

3. a. Quels sont les transferts énergétiques au cours d'une oscillation ?
b. Dans quelle(s) position(s) chaque forme d'énergie est-elle maximale ?
c. Tracer l'allure d'un graphique représentant les variations des énergies cinétique et potentielle en fonction du temps.

4. a. Quel est le rôle des systèmes anti-oscillations en termes :
– d'amortissement ?
– de transferts énergétiques ?
b. B2i En effectuant éventuellement une recherche sur Internet, décrire brièvement les systèmes anti-oscillations utilisés.

18 Damping

The following recordings represent the movements of four different solids fixed to the same spring ($k = 10$ N · m^{-1}).

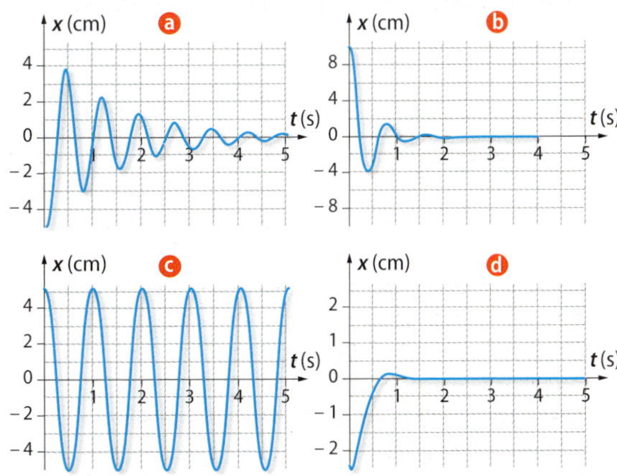

1. For each recording:
a. measure the initial elongation of the oscillations;
b. deduce elastic potential energy stored initially;
c. indicate if the oscillations are damped or not and qualify the movement described by the solid;
d. determine, if necessary, the period or pseudo-period of the phenomenon.

2. Classify the oscillators by rate of increase in damping.

19 Analyse dimensionnelle

On propose trois expressions littérales pour la période propre T_0 des oscillations libres non amorties d'un dispositif solide-ressort :

$T_0 = 2\pi\sqrt{m/k}$ $\qquad$ $T_0 = 2\pi\sqrt{k/m}$ $\qquad$ $T_0 = 2\pi \cdot m/k$

1. a. Rappeler l'unité de la période.
b. En déduire la dimension de la période propre.

2. a. Montrer que les unités N · m^{-1} et kg · s^{-2} sont équivalentes.
b. En déduire, par analyse dimensionnelle, l'expression cohérente.

20 Précision d'une mesure

1. Détailler le raisonnement permettant de mesurer, à l'aide d'une règle graduée et avec une précision satisfaisante, la période T des oscillations des graphiques ❶ et ❷ de l'exercice **12**.

2. On mesure $T_1 = 0{,}80$ s et $T_2 = 0{,}76$ s.

a. Combien de chiffres significatifs ces résultats comportent-ils ?

b. Quelle est l'incertitude $\Delta\ell$ sur une mesure de longueur réalisée à l'aide d'une règle graduée ?

c. En déduire l'erreur ΔT commise sur la mesure de la période.

d. Donner un encadrement de T_1 et T_2.

e. Calculer la précision de chaque résultat. Conclure.

21 ★ Horloge à balancier

Histoire des sciences

Le balancier d'une horloge est un oscillateur constitué d'une tige verticale et d'un disque métallique. Le mouvement oscillatoire de ce pendule, associé à un mécanisme comportant un échappement, des roues et des engrenages, permet un comptage des secondes, des minutes et des heures. La période T_0 du balancier peut être modélisée par la relation : $T_0 = 2\pi\sqrt{\ell/g}$. Dans les anciennes pendules, le mouvement était entretenu par la descente d'un contrepoids qu'il fallait périodiquement remonter à l'aide d'une chaînette.

1. a. Quelles grandeurs physiques symbolisent les lettres ℓ et g dans le modèle proposé ?

b. Préciser les unités à utiliser.

2. a. B2i À Paris, la période d'un balancier est $T_0 = 2{,}0$ s. En effectuant éventuellement une recherche sur Internet, expliquer pourquoi cette valeur ne reste pas inchangée (elle augmente) lorsqu'on déplace le balancier à La Paz (Bolivie).

b. Quel paramètre du pendule faut-il modifier pour éviter ce retard ?

3. a. Expliquer pourquoi la forme du disque est conçue de manière à réduire l'influence de l'air.

b. Pourquoi les oscillations doivent-elles être entretenues ? À quelle forme d'énergie a-t-on recours ?

22 Voyage sur Mars

Un dispositif masse-ressort et un pendule simple oscillent à la période d'une seconde à Paris.

1. Déterminer la modification éventuellement subie par la période de chaque oscillateur dans le cas où :

a. la masse du système est doublée ;

b. l'intensité de la pesanteur est réduite de moitié.

2. a. Expliquer les différences de comportement de ces oscillateurs.

b. Quel dispositif faut-il privilégier pour une mesure de durée lors d'un voyage spatial ?

3. Sur Mars, un pendule simple de longueur $\ell = 50{,}0$ cm effectuerait 20 oscillations en une durée $\Delta t = 46{,}0$ s.

a. Déterminer l'intensité de la pesanteur sur Mars.

b. Combien d'oscillations le pendule effectuerait-il à Paris pendant la même durée ?

23 Lanceur de flipper

Un lanceur de flipper, constitué d'un ressort de constante de raideur $k = 20\ \text{N} \cdot \text{m}^{-1}$, permet de propulser une bille d'acier de masse $m = 80$ g. En position d'équilibre, la longueur du ressort est $\ell_0 = 15$ cm. Un joueur le comprime jusqu'à la longueur $\ell = 9{,}0$ cm, puis le lâche sans vitesse initiale à la date $t = 0$ s. L'action des frottements est négligée.

1. a. Représenter sur un schéma, sans souci d'échelle, le système ressort-bille à la date $t = 0$ s.

b. Tracer un axe (Ox) permettant de repérer la position de l'extrémité du ressort, dont l'origine O coïncide avec sa position à l'équilibre.

c. Repérer l'élongation x du ressort à $t = 0$ s et donner sa valeur.

2. a. Sous quelle forme se trouve l'énergie du système à $t = 0$ s ?

b. Donner sa valeur à $t = 0$ s, puis lors du passage par la position d'équilibre.

3. a. Quel transfert d'énergie se produit au cours du lancement de la bille ?

b. En déduire la valeur de l'énergie cinétique du système à $t = 0$ s, puis lors du passage par la position d'équilibre.

c. Déterminer la vitesse de lancement de la bille lorsqu'elle quitte le ressort dans sa position d'équilibre.

24 Suspension d'automobile

Une roue, de masse $m = 20$ kg, est fixée à l'extrémité d'une suspension constituée d'un ressort ($k = 1{,}5 \times 10^4\ \text{N} \cdot \text{m}^{-1}$) dépourvu de son amortisseur. L'action des frottements est négligée. En percutant un obstacle, le choc donne à la roue une vitesse initiale $v_0 = 10{,}0\ \text{m} \cdot \text{s}^{-1}$. La roue oscille alors verticalement avec une période propre $T_0 = 2\pi\sqrt{m/k}$.

1. a. Donner la forme et la valeur initiales de l'énergie.

b. Sous quelle forme est-elle progressivement transférée ?

2. a. Quelle forme d'énergie se conserve au cours des oscillations ? Justifier.

b. Donner l'expression de cette énergie en fonction des données de l'énoncé.

c. Identifier les formes d'énergie dont les évolutions au cours du temps sont représentées ci-dessous.

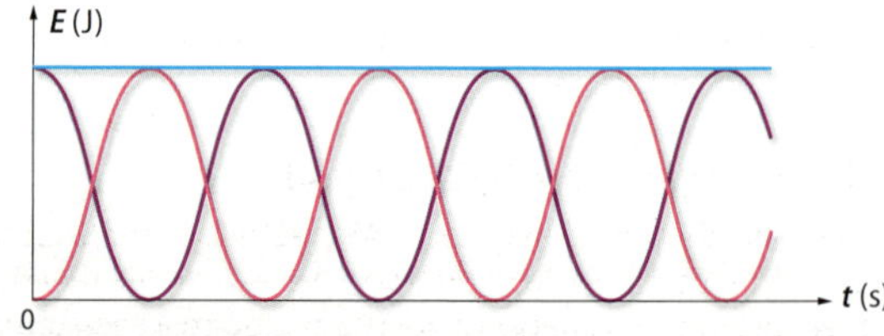

3. a. Calculer la valeur de l'amplitude x_{max} des oscillations, puis leur période propre.

b. En déduire une graduation des axes du graphique.

25 Chute dans un fluide visqueux

La chute verticale d'une bille lâchée sans vitesse initiale dans un fluide visqueux est enregistrée par une webcam. Par traitement informatique des données, on représente l'évolution de la vitesse v_G du centre d'inertie de la bille ❶ et l'évolution des énergies cinétique et potentielle de pesanteur ❷ en fonction du temps.

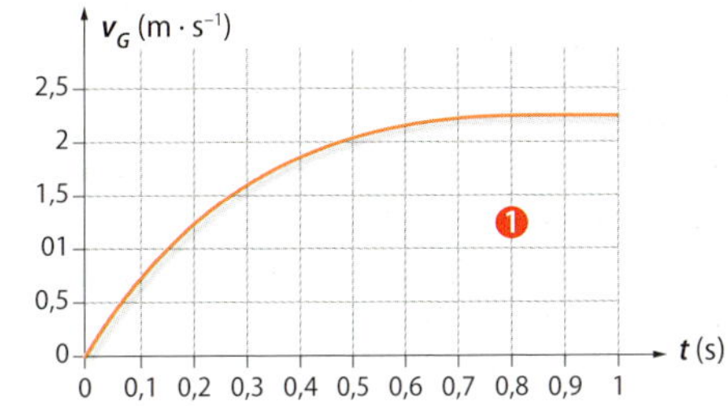

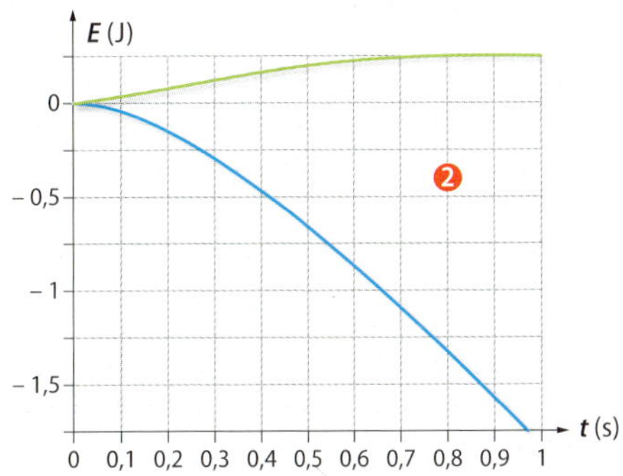

1. a. Décrire les différentes phases du mouvement de la bille.
b. Interpréter chaque phase à l'aide des lois de la physique.

2. a. Comment évoluent les énergies cinétique, potentielle de pesanteur et mécanique de la bille au cours du temps ?
b. Sur le document ❷, identifier les courbes.
c. Reproduire le graphique et tracer la courbe manquante.

3. a. Déterminer graphiquement les variations d'énergies cinétique ΔE_c et potentielle de pesanteur ΔE_{pp} au cours de chaque phase.
b. En déduire les variations d'énergie mécanique ΔE_m.
c. Les résultats sont-ils en accord avec la réponse **1.b** ?

4. a. Déterminer la valeur du travail fourni par la force qui modélise l'action des frottements au cours de chaque phase. Caractériser ce travail.
b. En déduire la caractéristique du travail du poids, puis sa valeur.

5. Décrire les transferts énergétiques qui ont lieu au cours des phases du mouvement.

26 ★ Énergie d'une balle de golf

Une balle de golf, de masse $m = 45$ g, est située sur le green à une distance AB = 5,00 m du trou. Le green monte régulièrement avec une inclinaison $\alpha = 5{,}0°$ par rapport à l'horizontale. Le golfeur frappe la balle en lui communiquant une vitesse $v_0 = 3{,}0 \text{ m} \cdot \text{s}^{-1}$.
On suppose les frottements négligeables.

1. Quels sont les transferts d'énergie au cours du mouvement de la balle ?

2. a. Calculer l'énergie mécanique initiale de la balle.
b. Quelle sera sa valeur en B ? Justifier la réponse.

3. a. La balle peut-elle atteindre le trou ?
b. Si oui, quelle sera alors sa vitesse ? Si non, à quelle distance du trou s'arrêtera-t-elle ?
On suppose maintenant que les frottements ne sont pas négligeables et que le travail fourni par la force qui modélise l'action des frottements est égal au cinquième de celui du poids de la balle.

4. Exprimer le travail de la force qui modélise l'action des frottements en fonction des données de l'énoncé.

5. a. La balle peut-elle atteindre le trou ?
b. Si oui, quelle sera alors sa vitesse ? Si non, à quelle distance du trou s'arrêtera-t-elle ?

En route vers le Supérieur

27 ★★ Incertitude et précision

On souhaite déterminer la meilleure méthode pour une mesure précise de la période propre T_0 d'un pendule simple. Deux groupes d'élèves effectuent une série de neuf mesures de la durée Δt de dix oscillations du pendule. Le premier groupe déclenche le chronomètre à l'instant où le pendule passe par sa position d'équilibre, le second groupe à l'instant où le pendule passe par une des positions extrêmes. Les groupes obtiennent les mesures suivantes :

Mesures Δt du groupe 1 (en s)								
12,47	12,37	12,46	12,35	12,40	12,31	12,53	12,56	12,56
Mesures Δt du groupe 2 (en s)								
12,40	12,53	12,50	12,53	12,53	12,53	12,53	12,59	12,62

1. a. Sur un schéma, repérer la position d'équilibre et les positions extrêmes d'un pendule simple.
b. De quelle(s) forme(s) d'énergie(s) un pendule en mouvement dispose-t-il dans chaque position ?

2. L'erreur commise par un chronométreur lors de la mesure d'une durée est de l'ordre d'un dixième de seconde.
a. En argumentant à partir d'un exemple, indiquer pourquoi il est préférable de mesurer la durée de dix oscillations pour réaliser une mesure précise de T_0.
b. Peut-on néanmoins en prendre un très grand nombre ? Justifier la réponse.

3. Pour chaque série de mesures :
a. préciser quelle est la meilleure valeur à retenir pour T_0 ;
b. calculer l'écart type σ sur la mesure ;
c. en déduire l'incertitude ΔT_0, puis la précision de la mesure.

4. En déduire les meilleures conditions pour effectuer une mesure précise de la période propre.

Pour préparer le BAC

Énoncé type

Mouvement d'une balle

Les compétences évaluées

- Analyser les transferts énergétiques au cours de mouvements.

Une balle de masse $m = 60$ g lancée avec une vitesse initiale $\vec{v}_0$ effectue un rebond sur le sol.

L'enregistrement vidéo de son mouvement et le traitement informatique des données permettent de visualiser :

– les positions successives de son centre d'inertie dans un repère (O ; *x*, *y*) (*fig. 1*). L'origine des altitudes est choisie en O au niveau du sol ;

– les variations des énergies cinétique E_c, potentielle de pesanteur E_{pp} et mécanique E_m de la balle au cours du mouvement (*fig. 2*).

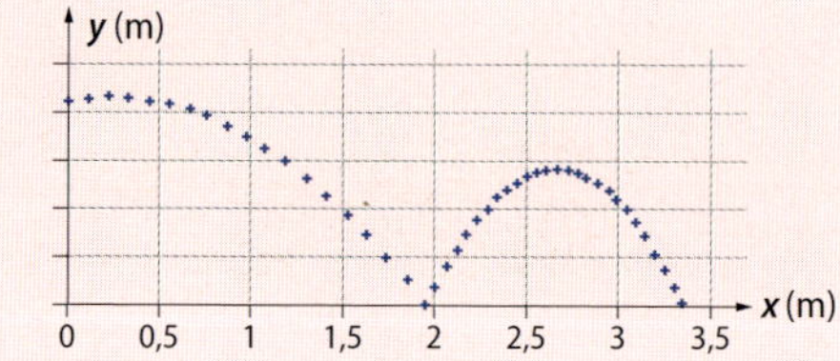

Figure 1

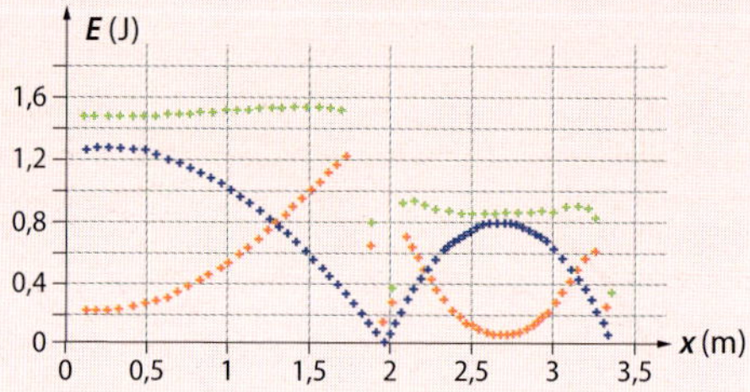

Figure 2

1. a. Donner les expressions littérales des énergies E_c, E_{pp} et E_m en fonction des données de l'énoncé et de la vitesse *v* de la balle.

b. Identifier chaque courbe de la *figure 2* en justifiant les choix.

2. Déduire des courbes la valeur de la vitesse initiale v_0 de la balle ; l'altitude y_0 de départ de la balle et la vitesse maximale v_{max} atteinte par la balle lorsqu'elle touche le sol.

3. De quoi résulte la variation de vitesse de la balle entre le départ et le rebond ?

4. a. Commenter la courbe représentative de l'énergie mécanique à l'instant du choc. Proposer une explication.

b. Évaluer l'énergie dissipée à cet instant.

5. Après le rebond :

a. Quel transfert d'énergie permet à la balle d'atteindre le point culminant de sa trajectoire ?

b. Déterminer les valeurs de la vitesse v_1 et de l'altitude y_1 de la balle au sommet de sa trajectoire.

6. a. Avant et après un rebond, les frottements dus à la résistance de l'air sont négligeables. Justifier.

b. Dans le cas de frottements non négligeables, quelle serait l'allure des courbes représentatives de l'évolution des énergies E_c, E_{pp} et E_m ?

➤ Coups de pouce

1. b. D'après la figure 1, l'altitude *y* de la balle diminue au cours du mouvement. L'énergie mécanique est la somme des énergies potentielle et cinétique.

2. La figure 2 permet d'estimer la valeur des différentes formes d'énergie au cours du mouvement.

3. Commenter l'évolution des courbes représentatives des énergies avant le rebond en termes de transferts et de dissipation d'énergie.

4. b. Une énergie cédée est comptée négativement.

6. a. Au cours d'un mouvement, la conservation de l'énergie mécanique traduit l'absence de frottements.

b. En présence de frottements, l'énergie potentielle de pesanteur n'est que partiellement convertie en énergie cinétique.

EXEMPLE DE **RÉSOLUTION**

1. a. $E_c = 1/2\, m \cdot v^2$; $E_{pp} = m \cdot g \cdot y$; $E_m = E_c + E_{pp}$.

b. L'évolution de E_c est la courbe rouge, celle de E_{pp} la courbe bleue et celle de E_m, leur somme, la courbe verte.

2. $E_{c(0)} = 0{,}2$ J au départ de la balle, donc $v_0 = 3\ m \cdot s^{-1}$

$E_{pp(0)} = 1{,}3$ J au départ de la balle, donc $y_0 = 2{,}2$ m

$E_{c(max)} = 1{,}3$ J donc $v_{max} = 6{,}6\ m \cdot s^{-1}$

3. L'énergie mécanique, se conserve. Il se produit un **transfert total d'énergie de la forme potentielle de pesanteur vers la forme cinétique**.

4. a. Lors du choc en $x \approx 2$ m, il y a une forte diminution de l'énergie mécanique de la balle. Lors du rebond, une partie de l'énergie de la balle est donc dissipée.

b. Graphiquement, on estime : $\Delta E_m = \Delta E_c = -0{,}6$ J.

5. a. Après le rebond, il y a **transfert d'énergie de la forme cinétique vers la forme potentielle de pesanteur**.

b. Graphiquement : on estime $E_{pp(1)} = 0{,}8$ J et $E_{c(1)} \approx 0{,}05$ J donc $y_1 = 1{,}4$ m et $v_1 = 1{,}3\ m \cdot s^{-1}$

6. a. Avant et après le rebond, l'**énergie mécanique se conserve**. Le travail des forces de frottements est donc négligeable.

b. La présence de frottements entraîne une **diminution progressive de l'énergie mécanique au cours du temps**.

Pour préparer le BAC

Les compétences évaluées
- Effectuer l'étude énergétique d'un oscillateur.
- Mettre en évidence l'amortissement et la dissipation d'énergie.

Énoncé type

Suspensions d'un véhicule

La suspension d'un véhicule est constituée d'un ressort et d'un amortisseur au niveau de chaque roue (*fig. 1*). G est le centre d'inertie du véhicule. Lorsqu'on écarte verticalement le véhicule de sa position d'équilibre G_0 et qu'on le lâche, il oscille autour de cette position. L'amplitude des oscillations décroît suivant le degré d'amortissement de la suspension.

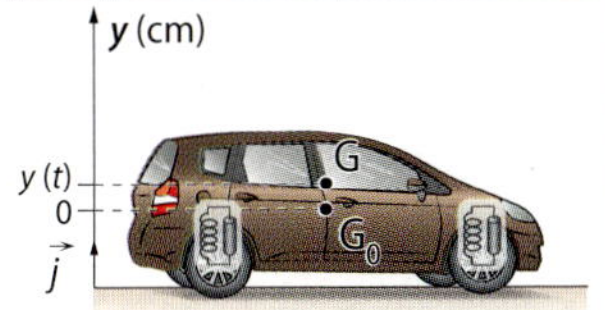

Figure 1

On repère l'ordonnée y de G sur un axe (Oy) orienté vers le haut. Le véhicule est équivalent à un oscillateur de masse $m = 1,5$ t et de constante de raideur $k = 6,0 \times 10^5\ \text{N} \cdot \text{m}^{-1}$.
La force qui modélise les frottements exercés sur la masse m est $\vec{F} = -\lambda \cdot v_y \cdot \vec{j}$ avec v_y la composante verticale de la vitesse de G par rapport à l'axe de la roue et λ le coefficient d'amortissement.
La *figure 2* présente trois courbes $y = f(t)$ pour trois véhicules dont seules les valeurs du coefficient d'amortissement λ sont différentes.

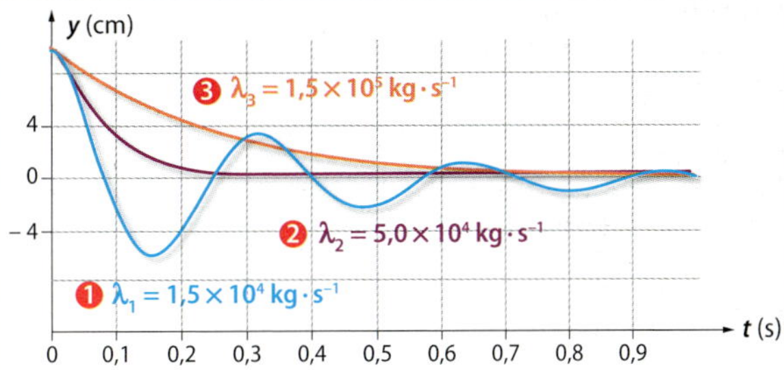

Figure 2

Données. *Énergie potentielle élastique d'un ressort :* $E_{pe}(x_G) = 1/2\, k \cdot x_G^2$*, avec k, constante de raideur en* $\text{N} \cdot \text{m}^{-1}$ *;* x_G*, élongation en m ;* E_{pe} *en J.*

1. Expliquer pourquoi les courbes 1 et 3 correspondent respectivement aux coefficients λ_1 et λ_3.

2. a. Quelle courbe correspond à un mouvement pseudo-périodique ?

b. Définir la pseudo-période T et la déterminer graphiquement.

3. Le régime critique est le meilleur pour le confort et la sécurité des passagers. Il permet en effet un retour rapide du véhicule vers sa position d'équilibre, sans oscillation. Quelle valeur du coefficient d'amortissement convient le mieux parmi les trois valeurs proposées ?

4. a. Donner l'expression littérale de l'énergie mécanique du ressort et calculer sa valeur à l'instant $t = 0$ s.

b. Quelle particularité présente-t-elle lors de la vibration du véhicule ? Justifier.

5. a. Quels sont les sens respectifs de variation des énergies cinétique et potentielle du système lors des premiers instants d'une vibration ?

b. De quoi résulte la pseudo-périodicité du mouvement du véhicule autour de sa position d'équilibre ?

Coups de pouce

1. Le lien entre l'intensité des forces de frottement et le coefficient d'amortissement est donné dans l'énoncé.

2. b. Raisonner sur plusieurs pseudo-périodes.

4. a. Au départ, le système est immobile. Estimer sur le graphique l'élongation $y_{(0)}$ initiale.

5. a. L'élongation y diminue progressivement au cours du temps.

EXEMPLE DE **RÉSOLUTION**

1. La courbe 1 correspond à un régime pour lequel les oscillations existent mais sont amorties. Il est la conséquence de la présence de frottements faibles et doit donc être associé au coefficient d'amortissement λ_1, le plus faible des trois proposés.

2. a. La **courbe 1** correspond à un régime pseudopériodique.

b. La pseudo-période T est la durée entre deux maximums consécutifs de la courbe $y = f(t)$; $\boldsymbol{T = 0,32}$ **s.**

3. Le régime est critique pour $\boldsymbol{\lambda_2 = 5,0 \times 10^4\ \text{kg} \cdot \text{s}^{-1}}$.

4. a. $E_m = E_c + E_{pe}$ soit $\boldsymbol{E_m = (1/2)\, k \cdot y^2 + (1/2)\, m \cdot v_y^2}$.
À $t = 0$ s, le système dispose seulement d'énergie sous forme potentielle élastique. $E_{m(0)} = E_{pe(0)} = (1/2)\, k \cdot y_{(0)}^2$.
A.N. : $E_{m(0)} = 0,5 \times 6,0 \times 10^5 \times (10 \times 10^{-2})^2$; $\boxed{\boldsymbol{E_{m(0)} = 3,0\ \text{kJ}}}$

b. L'**énergie mécanique diminue lors des oscillations** du véhicule. L'oscillateur étant soumis à des frottements, les transferts d'énergie s'accompagnent d'une dissipation d'énergie, responsable de l'amortissement des oscillations.

5. a. L'**énergie potentielle élastique**, maximale au départ, diminue lors des premiers instants du mouvement. Cette diminution s'accompagne d'une augmentation de l'énergie cinétique.

b. Il y a des **transferts successifs d'énergie** de la forme potentielle élastique vers la forme cinétique, puis de la forme cinétique vers la forme potentielle élastique.

Activité 1

Activité de découverte

Compétences scientifiques évaluées
- Extraire une information utile.
- Communiquer et argumenter en utilisant un vocabulaire scientifique adapté.

La mesure du temps

La recherche constante d'une référence dans la mesure du temps a conduit à la réalisation d'horloges de plus en plus précises et de plus en plus stables.

Étude de document

La seconde la plus précise

Les premières horloges étaient mécaniques : elles utilisaient des phénomènes périodiques mécaniques, comme le mouvement oscillant d'un balancier **(Fig. 1)**. Si ces horloges permettaient de se repérer dans une journée, elles présentaient comme inconvénient d'être peu précises et nécessitaient, par ailleurs, une intervention manuelle régulière pour faire « repartir » leur mécanisme.

Aujourd'hui, la quasi-totalité des montres sont dites « à quartz ». En effet, elles renferment une fine lamelle de cristal de quartz. Pourquoi ? Parce que ce cristal présente une particularité : il vibre de façon stable – un peu plus de 32 768 fois par seconde lorsqu'on lui applique un courant électrique (fourni, par exemple, par une pile). Ces vibrations permettent d'entraîner à un rythme d'une régularité extrême le mécanisme de la montre. La fiabilité est telle qu'une montre à quartz ne « perd » qu'une seconde tous les six ans.

Mais il existe encore plus précis : l'horloge atomique. Son principe repose sur le fait que l'atome de césium (généralement utilisé pour les horloges atomiques) absorbe ou émet de l'énergie dont la fréquence correspondante, de 9 192 631 770 Hz, permet une précision encore plus grande dans la mesure du temps. Ainsi, une horloge atomique ne « perdrait » qu'une seconde tous les trois millions d'années !

Cette précision atteinte et inégalée est telle qu'elle est à l'origine de la définition actuelle (depuis 1967) de l'unité du temps : la seconde est ainsi définie comme la durée de 9 192 631 770 périodes de la radiation correspondant à la transition de deux niveaux d'énergie de l'atome de césium. La définition antérieure de la seconde s'appuyait sur les phénomènes astronomiques : elle était définie comme 1/86 400 du jour solaire moyen.

Fig. 1 Des horloges mécaniques.

Pistes de réflexion

1 **a.** Quel est le principe d'une horloge mécanique ?
b. Quels défauts présente ce type d'horloge ?

2 **a.** Quel est le principe d'une montre à quartz ?
b. Quels sont les avantages d'une telle horloge ?

3 **a.** Quel est le principe d'une horloge atomique ?
b. Qu'apporte une telle horloge par rapport aux autres types d'horloge ?
c. Combien de fois une horloge atomique est-elle plus précise qu'une montre à quartz ?

4 Expliquer les deux définitions de la seconde évoquées dans le document.

Pour conclure

5 Quelles sont les qualités attendues d'une horloge ?

6 Comment expliquer l'évolution de la définition de la seconde ?

Activité 2

Activité documentaire

Animation

La vitesse de la lumière en question

Il y a plus d'un siècle, une découverte sur la vitesse de la lumière allait modifier à tout jamais la physique.

Compétences scientifiques évaluées
- Identifier les paramètres jouant un rôle dans un phénomène physique.
- Questionner les résultats d'une démarche.

Étude de documents

L'expérience de Michelson et Morley

La vitesse d'un objet dépend du référentiel d'étude. À la fin du XIXe siècle, deux physiciens américains, Albert Michelson et Edward Morley **(Fig. 1)**, cherchent à appliquer à la lumière la relativité du mouvement de la physique classique.

La Terre tourne autour du Soleil avec une certaine vitesse. Si une lumière est émise dans la même direction et le même sens que cette vitesse, un observateur terrestre, qui a la même vitesse que la Terre, devrait alors pouvoir observer la lumière se déplacer avec une vitesse inférieure à celle d'une lumière émise, par exemple, dans une direction perpendiculaire.

Michelson et Morley conçoivent un dispositif dans l'espoir de mettre en évidence ce phénomène.

Ce dispositif consiste à faire interférer deux faisceaux lumineux, issus d'une même source, après leur avoir fait parcourir des trajets aller-retour égaux dans deux directions perpendiculaires grâce à des miroirs **(Fig. 2)**. La figure d'interférences obtenue en sortie se déforme si la lumière prend du retard dans l'une des directions : soit parce que la distance parcourue est différente, soit parce que la vitesse de la lumière est différente.

Les deux physiciens s'attendent à voir se modifier la figure d'interférences, visible au niveau du détecteur, en faisant tourner le dispositif sur lui-même, ce qui mettrait en évidence l'existence de différentes valeurs possibles de la vitesse de la lumière. Le résultat est inattendu : la figure d'interférences reste inchangée. Michelson et Morley sont alors forcés d'admettre que la vitesse de la lumière reste résolument constante, ce qui est en contradiction avec la physique de l'époque et la relativité du mouvement admise jusqu'alors.

Dans un premier temps, personne ne saura expliquer cette découverte, qui reste l'une des plus importantes et des plus célèbres de l'histoire de la physique. Elle vaudra à Michelson, qui était à l'initiative de l'expérience, le prix Nobel de physique en 1907.

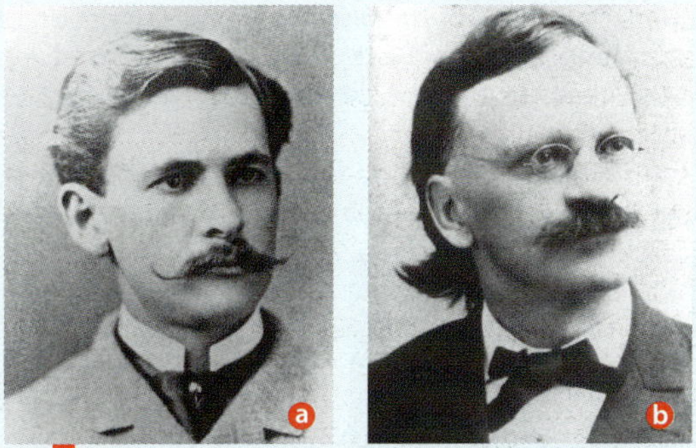

Fig. 1 a Albert Michelson (1852-1931) et b Edward Morley (1838-1923).

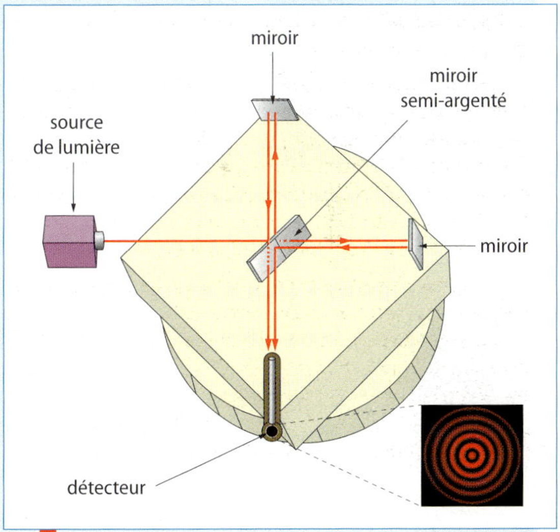

Fig. 2 Dispositif de l'expérience.

Pistes de réflexion

1 **a.** Quel est initialement le but de l'expérience mise en œuvre par Michelson et Morley ?

b. En quoi le dispositif expérimental mis en œuvre peut-il permettre d'atteindre l'objectif fixé ?

2 **a.** Quel est l'intérêt du miroir semi-argenté ?

b. Comment doit-il être positionné dans le dispositif ?

3 **a.** Quels phénomènes optiques sont ici utilisés ?

b. Quels sont les paramètres identifiés par Michelson et Morley qui peuvent avoir une influence sur le phénomène étudié ?

Pour conclure

4 **a.** Quel résultat important et imprévisible Michelson et Morley ont-ils mis en évidence grâce à leur expérience ?

b. En quoi ce résultat est-il en contradiction avec la physique classique étudiée jusque-là ?

Activité 3

Démarche d'investigation

Animation

La relativité du temps

Compétences scientifiques évaluées
- Formuler des hypothèses pertinentes.
- Valider ou invalider des hypothèses.

Vitesse et durée sont étroitement liées. Dans quelle mesure les propriétés de l'une influent-elles sur celles de l'autre ?

Pour commencer (situation déclenchante)

Pour déterminer la distance entre la Terre et la Lune, les astronomes envoient un faisceau laser en direction de la Lune, plus précisément vers un réflecteur déposé à la surface de celle-ci lors d'une des missions Apollo des années 1970 **(Fig. 1)**.

Il suffit alors de mesurer la durée d'un aller-retour de la lumière laser pour calculer la distance cherchée.

Fig. 1 ⓐ Tir laser depuis la Terre et ⓑ réflecteur lunaire.

Imaginons qu'une navette spatiale en mouvement rectiligne uniforme soit présente à proximité de la Terre au moment d'un tir laser, perpendiculaire à la trajectoire de la navette.

Investigation

La durée d'un aller-retour de la lumière laser est-elle la même pour un observateur terrestre que pour un passager de la navette ?

Quelques idées (hypothèses)

Étude de documents (recherche de validation)

On modélise le parcours de la lumière tel que perçu par un observateur terrestre **(Fig. 2 ⓐ)** et un observateur embarqué à bord de la navette spatiale **(Fig. 2 ⓑ)**.

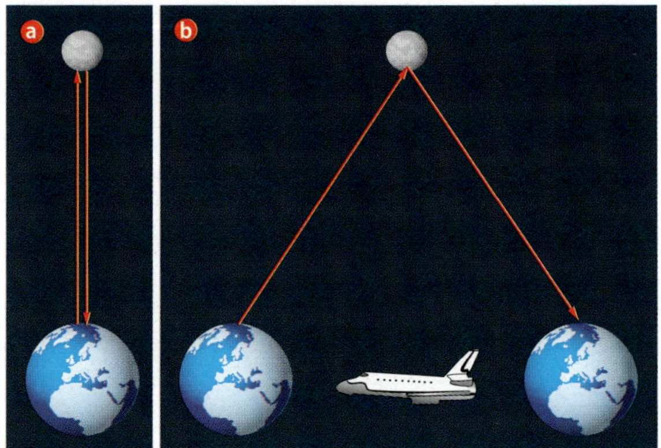

Fig. 2 Modélisation du parcours de la lumière.

Albert Einstein, se fondant notamment sur les résultats de l'expérience de Michelson et Morley, énonça en 1905 un postulat toujours d'actualité :

« La vitesse de la lumière dans le vide ne dépend ni du mouvement de la source ni de celui de l'observateur. »

1 **a.** Où se situe la Terre par rapport à la navette spatiale au moment du tir laser ? au moment de la détection du signal réfléchi ?

b. Dans la **figure 2 ⓐ**, quel est le référentiel ?

c. Dans la **figure 2 ⓑ**, quel est le référentiel ?

2 D'après le postulat d'Einstein, la vitesse de la lumière dépend-elle du référentiel ?

3 **a.** Dans quel référentiel la lumière laser va-t-elle parcourir une distance plus importante ?

b. Quelle va en être la conséquence sur la durée de propagation de cette lumière ?

Pour conclure

4 La vitesse de la lumière est-elle la même pour un observateur fixe et pour un observateur en mouvement ?

5 **a.** La durée séparant deux événements qui se produisent au même endroit est-elle la même pour un observateur fixe et pour un observateur en mouvement ?

b. On parle de « dilatation du temps ». Quel observateur est concerné par ce phénomène ?

Activité 4

Activité de modélisation

Compétences scientifiques évaluées
- Associer un modèle à un phénomène.
- Mettre au point un protocole ou une stratégie.

Modéliser la dilatation du temps

La modélisation mathématique de la dilatation du temps permet au physicien de définir le domaine d'influence de ce phénomène.

Principe

L'intervalle de temps entre deux événements se produisant en un même lieu s'appelle durée propre et se note Δt_p. Pour un observateur en mouvement uniforme de translation, ces deux événements ne se produisent plus en un même lieu. La durée mesurée Δt_m entre ces deux événements est alors différente de leur durée propre Δt_p. C'est la conséquence directe du phénomène de dilatation du temps pour un observateur en mouvement.

Dans la vie courante, l'effet de cette dilatation n'est pas perceptible : en effet, pour des vitesses de déplacement habituelles, et en l'absence d'une volonté de précision extrême (Fig. 1), l'écart entre les durées Δt_m et Δt_p est négligeable.

Fig. 1 Pour assurer une certaine précision, les horloges atomiques présentes dans les satellites de géolocalisation doivent tenir compte de la dilatation du temps.

Les outils mathématiques dont dispose le physicien permettent de déterminer une relation simple entre la durée mesurée Δt_m et la durée propre Δt_p.

Mise en œuvre

Pour la situation d'étude, on considère le parcours de la lumière dans le cas d'un tir laser utilisé pour déterminer la distance Terre-Lune, tel qu'observé :
- par une personne placée sur Terre d'une part (Fig. 2 ⓐ) ;
- par une personne embarquée à bord d'une navette spatiale d'autre part (Fig. 2 ⓑ).

Pour permettre une étude mathématique, la situation d'étude est modélisée comme suit.

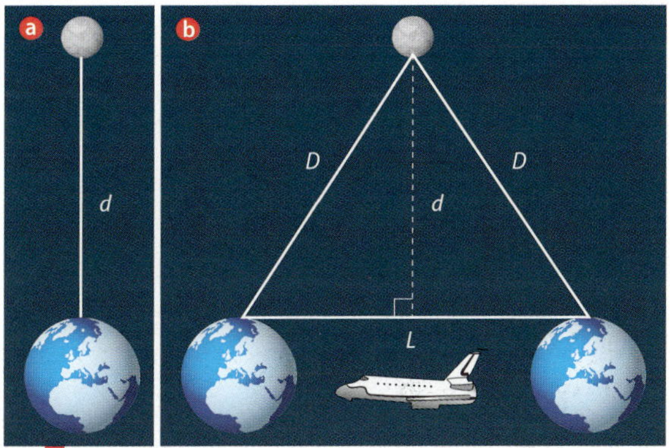

Fig. 2 Modélisation de la situation.

Exploitation

1 On se place dans le cas de l'observateur terrestre.

a. Exprimer, en fonction de la distance d, la distance parcourue par la lumière laser pour effectuer un aller-retour Terre-Lune.

b. En déduire l'expression de la durée propre Δt_p mise par le rayon laser pour effectuer l'aller-retour Terre-Lune, en fonction de la distance d et de la vitesse de la lumière c.

2 On se place maintenant dans le cas de l'observateur embarqué dans la navette spatiale, qui se déplace à une vitesse v.

a. Donner l'expression de la durée mesurée Δt_m mise par la lumière laser pour effectuer l'aller-retour Terre-Lune en fonction de la distance D et de la vitesse de la lumière c.

b. Exprimer la durée mesurée Δt_m en fonction de la distance L et de la vitesse v du vaisseau spatial.

3 **a.** En utilisant le théorème de Pythagore, établir une relation entre D, d et L.

b. En déduire une relation entre Δt_m, Δt_p, c et v.

Pour conclure

4 **a.** Montrer que la durée mesurée est reliée à la durée propre par la relation : $\Delta t_m = \gamma \cdot \Delta t_p$ où $\gamma = 1/(1 - (v/c)^2)^{1/2}$. γ est appelé « coefficient de Lorentz ».

b. En admettant que la vitesse de lumière dans le vide est une vitesse limite, mettre en évidence la dilatation des durées pour un observateur en mouvement.

5 **a.** À l'aide d'un tableur-grapheur ou d'une calculatrice, représenter l'évolution de γ en fonction de v/c.

b. Montrer que la dilation du temps est :
- notable, dès que v atteint une vitesse de l'ordre du vingtième de celle de la lumière ;
- colossale, si v se rapproche de la vitesse de la lumière.

Cours

1 Le temps et sa mesure

• Une quête de mesure du temps

› Activité 1

L'ingéniosité de l'Homme lui a permis de développer des instruments de mesure du temps, comme la clepsydre ou le sablier, pour le rendre indépendant des cycles de la nature. Les progrès de la connaissance scientifique l'ont conduit à créer des **mouvements mécaniques périodiques** susceptibles de mesurer le temps : horloges et montres.

Les systèmes mécaniques oscillants (horloges, montres…) ont permis à l'Homme de mesurer le temps en se substituant aux repères périodiques naturels (jours, saisons…).

Le quartz, un minéral qui a la propriété de vibrer à fréquence quasi constante lorsqu'il est soumis à un courant électrique (comme celui fourni par une pile) offre à l'Homme, grâce au développement des montres dites « à quartz » (Fig. 1), une maîtrise sans précédent de la mesure du temps.

Alors que les systèmes mécaniques oscillants subissent des phénomènes dissipatifs, le quartz vibre toujours quasi rigoureusement à la même fréquence lorsqu'il est traversé par un courant.

Remarque : La fréquence propre du quartz est de 32 768 Hz. Soumis à un courant électrique, il vibre 32 768 fois par seconde, ce qui en fait un étalon de temps remarquable. L'horloge à quartz comptabilise les périodes des vibrations de cet oscillateur.

Fig. 1 Un petit morceau de cristal quartz ⓐ est présent dans toute montre à quartz ⓑ.

• L'avènement de l'horloge atomique

› Activité 1

Le développement des **horloges atomiques** est une étape majeure dans la course à la précision. Comme les montres à quartz, les horloges atomiques se fondent sur un **étalon de fréquence**, permettant toutefois une meilleure précision.

Le principe de l'horloge atomique repose sur la **physique quantique.** Un atome peut exister sous différents niveaux d'énergie, qui sont quantifiés. Il existe un lien entre l'énergie absorbée ou libérée lors d'une transition de niveau d'énergie et la **fréquence du rayonnement** respectivement absorbé ou libéré.

L'horloge atomique de référence est celle au césium (Fig. 2). La fréquence étalon est la fréquence stable du rayonnement qui accompagne la transition entre deux niveaux d'énergie, parfaitement connue, de l'atome de césium.

Remarque : La fréquence étalon de l'horloge atomique au césium est celle du rayonnement qui assure la transition entre deux niveaux très rapprochés appartenant à l'état fondamental de l'atome de césium. Cette fréquence a pour valeur 9 192 631 770 Hz.

La dernière **définition de la seconde** a été établie lors de la 13e Conférence générale de des poids et des mesures (1967) et découle de la précision atteinte par les horloges atomiques : « La seconde est définie comme la durée de 9 192 631 770 périodes de la radiation correspondant à la transition entre les deux niveaux de l'état fondamental de l'atome de césium 133. »

Dès lors, le temps est la grandeur physique qui est définie avec la plus grande précision.

Fig. 2 Une horloge atomique au césium.

Le temps atomique

Le **temps atomique international** (TAI) est communiqué par le Bureau international des poids et mesures.

Le temps atomique international (TAI) est établi en effectuant la moyenne des informations provenant de plusieurs centaines d'horloges atomiques réparties en différents endroits du globe.

Le TAI est l'échelle de temps la plus précise jamais réalisée. Le temps légal, utilisé dans tous les pays et nommé UTC (temps universel coordonné), découle du TAI mais s'oblige à maintenir une cohérence avec l'alternance des jours et des nuits, en effectuant des correctifs au besoin (pour que midi reste au milieu de la journée et minuit, au milieu de la nuit).

Exemple

Dans la nuit du 31 décembre 1998 au 1er janvier 1999, il a été ajouté une seconde pour assurer la cohérence entre le temps légal utilisé (UTC) et le temps mesuré (TAI).

➡ Exercices 1 à 6

2 La dilatation du temps

L'invariance de la vitesse de la lumière

› Activité 2

La vitesse d'un objet dépend du mouvement de l'observateur, lui-même pris comme référentiel : on dit que **le mouvement est relatif**.

En raisonnant ainsi, si un passager d'un vaisseau spatial pouvait se déplacer aussi vite que la lumière, il pourrait avoir l'impression que la lumière fait du surplace.

Le fait que la lumière puisse être immobile dans un référentiel était inconcevable pour Einstein (Fig. 3). S'appuyant sur les résultats de l'expérience de Michelson et Morley, il énonça en 1905 un **postulat** qui allait bouleverser la physique.

La vitesse de la lumière dans le vide ne dépend ni du mouvement de la source ni de celui de l'observateur. Elle a la même valeur c quelles que soient les circonstances :

$$c = 3{,}00 \times 10^8 \text{ m} \cdot \text{s}^{-1}$$

Fig. 3 Albert Einstein (1879-1955), physicien de génie et père de la relativité.

Vocabulaire

Postulat : principe non démontré, mais utilisé dans la construction d'une théorie.

Le caractère relatif du temps

› Activité 3

Si la vitesse de la lumière dans le vide est toujours la même quels que soient les observateurs, alors les deux autres termes de la formule de la vitesse, c'est-à-dire d'une part la **distance parcourue** et d'autre part la **durée du parcours**, doivent avoir un rapport constant.

Exemple

Lors d'un tir laser entre la Terre et la Lune, la distance parcourue par la lumière est plus grande pour le passager d'une navette spatiale en mouvement que pour un observateur terrestre (Fig. 4). Comme la lumière ne peut avoir qu'une seule vitesse, cela signifie que, pour l'observateur en mouvement dans la navette, le temps se dilate.

Le **mouvement** provoque un **ralentissement du temps.** Pour Einstein, le temps est simplement ce que mesure une horloge : ainsi, une horloge en mouvement fonctionne plus lentement qu'une horloge stationnaire.

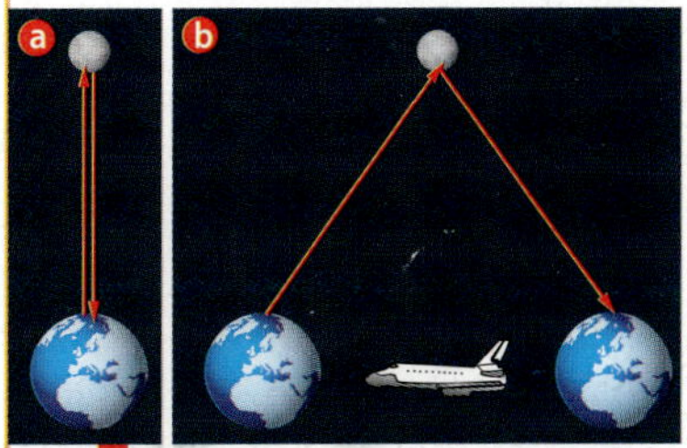

Fig. 4 Parcours de la lumière perçu a par un observateur terrestre et b par un observateur embarqué à bord d'une navette spatiale.

Le temps n'est pas absolu : il possède un caractère relatif. Il s'écoule plus lentement pour un système en mouvement que pour un système fixe : on parle de dilatation du temps pour un système en mouvement (Fig. 5).

Fig. 5 Le temps est relatif et non pas absolu : il se dilate pour une horloge en mouvement.

Exemple

Après un voyage d'un an à une vitesse proche de celle de la lumière, les passagers d'un vaisseau spatial n'auraient vieilli que d'un an, alors que des personnes restées sur Terre seraient plus âgées de 20 ans.

Le concept de dilation du temps présente ses limites. En effet, c'est seulement quand un système est en **mouvement rectiligne uniforme** que son horloge ralentit. Cette restriction importante a conduit Einstein à parler de **relativité restreinte**.

Des preuves expérimentales

Il faudra attendre 50 ans pour voir la théorie d'Einstein démontrée expérimentalement : l'invention de l'**horloge atomique**, qui permet des mesures extrêmement précises, aura servi à la réalisation d'expériences appropriées.

Exemple

Dans les années 1950, une horloge atomique a été placée dans un avion pendant un vol de plusieurs heures, alors qu'une deuxième horloge du même type est restée au sol. On a ainsi pu observer que l'horloge de l'avion « retardait » de quelques nanosecondes par rapport à celle restée au sol.

La dilatation du temps pour un système en mouvement peut se démontrer expérimentalement à l'aide d'horloges très précises et pour une vitesse très importante.

➥ Exercices 7 à 11

3 Durée propre et durée mesurée

Durée propre

› Activité 4

Un **événement** est un phénomène qui se produit en un point de l'espace et à un instant unique dans le temps.

L'intervalle de temps entre deux événements se produisant en un même lieu s'appelle durée propre et se note Δt_p.

Exemple

Lors de la mesure de la distance Terre-Lune, l'intervalle de temps qui sépare l'émission de la réception laser sur Terre est une durée propre, car ces deux événements se produisent en un même lieu.

Durée mesurée

› Activité 4

On parle de durée mesurée pour un **observateur en mouvement** par rapport aux événements observés.

Pour un observateur en mouvement uniforme de translation, la durée mesurée Δt_m (en s) entre deux événements peut être reliée à la durée propre Δt_p (en s) par la relation :

$$\Delta t_m = \gamma \cdot \Delta t_p$$

γ est le coefficient de Lorentz : $\gamma = 1/(1 - (v/c)^2)^{1/2}$,
où v désigne la vitesse de l'observateur et c, celle de la lumière dans le vide (en $m \cdot s^{-1}$).

Remarque : Comme $\gamma \geqslant 1$, la durée mesurée Δt_m par l'observateur en mouvement est toujours supérieure ou égale à la durée propre Δt_p.

On estime que la dilatation du temps pourrait s'observer de façon notable, sans avoir recours à des horloges de précision, pour des vitesses qui atteindraient au moins 20 % de la vitesse de la lumière (les vaisseaux spatiaux actuels sont loin de pouvoir atteindre de telles vitesses).

En effet pour $v = 0{,}2$ c, alors $\gamma = 1/(1 - (v/c)^2)^{1/2} = 1/(1 - 0{,}2^2)^{1/2} = 1{,}02$.

➥ Exercices 12 à 16

Sciences et culture

Dilatation du temps et contraction des longueurs

L'invariance de la vitesse de la lumière conduit à la dilation du temps, mais également à la contraction des longueurs, selon le même coefficient γ de Lorentz. Ainsi, $L_p = \gamma \cdot L_m$ où L_p désigne la longueur propre d'un objet et L_m sa longueur mesurée quand il y a un mouvement relatif entre l'objet et un observateur qui le mesure.

Les compétences à acquérir

1 S'informer *sur la problématique de la mesure du temps*

- Les **systèmes mécaniques oscillants** (horloges, montres) ont permis de mesurer le temps en se substituant aux **repères périodiques naturels** (jours, saisons).
- Ces systèmes sont néanmoins ralentis en raison des **phénomènes dissipatifs** qu'ils subissent. Les horloges à quartz utilisent le **quartz**, un cristal qui vibre à une fréquence constante lorsqu'il est traversé par un courant.
- L'**horloge atomique** au césium repose sur la **fréquence** du rayonnement qui accompagne la **transition entre deux niveaux d'énergie** parfaitement connus de l'atome de césium.
- Le **temps atomique** international (TAI) est établi en effectuant la **moyenne** des informations provenant de **centaines d'horloges atomiques**.

2 Prendre en compte *l'invariance de la vitesse de la lumière et le caractère relatif du temps*

- La vitesse de la lumière dans le vide a la **même valeur** c quelles que soient les circonstances :

$$c = 3{,}00 \times 10^8\ m \cdot s^{-1}$$

- On parle d'**invariance de la vitesse de la lumière** (postulat d'Einstein).
- Le **temps** n'est pas absolu : il a un **caractère relatif**. Il s'écoule plus lentement pour un système en mouvement que pour un système fixe.
- On peut démontrer expérimentalement cette **dilation du temps** à l'aide d'horloges très précises et pour une vitesse très importante.

3 Exploiter *la relation entre durée propre et durée mesurée*

- L'intervalle de temps entre deux événements se produisant **en un même lieu** s'appelle **durée propre Δt_p**.
- Pour un observateur en mouvement uniforme de translation, la **durée mesurée Δt_m** (en s) entre deux événements peut être reliée à la durée propre Δt_p (en s) par la relation :

$$\Delta t_m = \gamma \cdot \Delta t_p$$

γ est le **coefficient de Lorentz** : $\gamma = 1/(1 - (v/c)^2)^{1/2}$,
où v désigne la vitesse de l'observateur en mouvement et c, celle de la lumière dans le vide (en $m \cdot s^{-1}$).

Exercices

Compétence 1

› S'informer sur la problématique de la mesure du temps

1 QCM

Choisir la (ou les) bonne(s) réponse(s).

❶ Dans la mesure du temps, le quartz présente l'intérêt :
- a d'être un cristal solide ;
- b de ne pas subir de phénomène dissipatif, contrairement à un oscillateur mécanique ;
- c d'avoir une fréquence de vibration quasi constante.

❷ Le principe de l'horloge atomique repose sur :
- a la fréquence de vibration d'un atome ;
- b la fréquence d'un rayonnement ;
- c la fréquence de vibration d'une pile atomique.

❸ Le temps atomique correspond :
- a à une moyenne des temps mesurés par des centaines d'horloges atomiques ;
- b au temps donné par une centrale nucléaire ;
- c à une période de vibration d'un atome.

2 VRAI ou FAUX ?

Corriger, si nécessaire, les affirmations suivantes.

❶ L'alternance des jours et celle des saisons sont des phénomènes périodiques qui ont longtemps permis à l'Homme de se repérer dans le temps.

❷ Les systèmes mécaniques oscillants construits par l'Homme permettent une mesure régulière du temps.

❸ Le quartz vibre naturellement à une fréquence connue.

❹ Le principe d'une horloge atomique au césium est d'utiliser comme référence la différence d'énergie existant entre deux niveaux d'énergie de cet atome.

3 Qu'est-ce qu'une horloge ?

Le sentiment subjectif primitif du flux du temps nous rend capables d'ordonner nos impressions, de juger si un événement a lieu avant ou après un autre. Mais pour montrer que l'intervalle de temps entre deux événements est de dix secondes, nous avons besoin d'une horloge. Par l'emploi de l'horloge, le concept de temps devient objectif. Un phénomène physique quelconque peut servir d'horloge, pourvu qu'il se répète exactement autant de fois qu'on le désire. En prenant pour unité de temps l'intervalle entre le commencement et la fin d'un tel événement, des intervalles de temps arbitraires peuvent être mesurés par la répétition de ce processus physique. Toutes les horloges, depuis le simple sablier jusqu'aux instruments les plus raffinés, reposent sur cette idée.

Albert Einstein et Léopold Infeld, *L'Évolution des idées en physique*, trad. Maurice Solovine, Flammarion.

1. À quelle condition un phénomène physique peut-il servir d'horloge ?

2. a. Comment est alors définie l'unité de temps correspondante ?

b. Pourquoi les auteurs parlent-ils d'« intervalles de temps arbitraires » ?

3. À quoi sert une horloge ?

4 L'horloge mécanique à poids

C'est en observant le balancement d'un lustre dans la cathédrale de Pise que Galilée formule au XVIe siècle la loi d'isochronisme d'un pendule : la durée d'une oscillation ne dépend que de sa longueur et non pas de l'amplitude du mouvement. Un balancier peut ainsi réguler la mesure du temps.

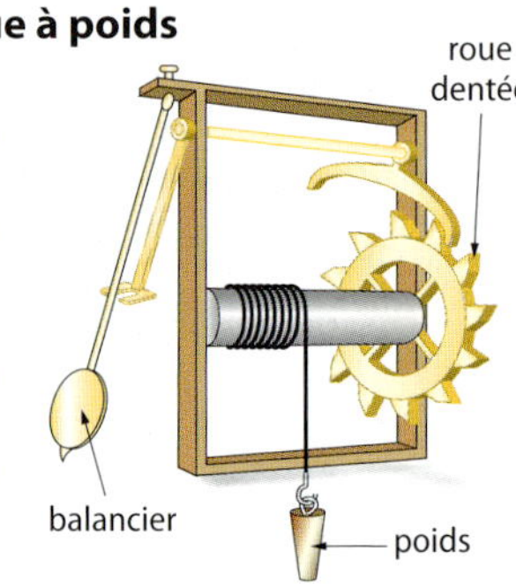

Pour maintenir les oscillations, qui ont tendance à s'amortir, une source d'énergie est nécessaire : une horloge mécanique à poids utilise l'énergie potentielle d'un « poids » qui entraîne une roue dentée.

1. Quelle propriété d'un pendule est utilisée dans une horloge mécanique à poids ?

2. Quel est le rôle du poids ?

3. Quelle peut être la limite d'un tel système ?

5 La définition de la seconde

La définition actuelle de la seconde, établie en 1967 lors de la 13e Conférence générale des poids et mesures, s'énonce ainsi : « La seconde est définie comme étant la durée de 9 192 631 770 périodes de la radiation correspondant à la transition entre les deux niveaux hyperfins de l'état fondamental de l'atome de césium. »

1. Sur quel type d'horloge se fonde cette définition ?

2. À quoi correspond le nombre de périodes donné dans cette définition ?

3. En quoi cette définition de la seconde est-elle précise et stable ?

6 Le temps universel coordonné

L'UTC (temps universel coordonné) repose à la fois sur le temps universel (UT), qui est lié à la rotation de la Terre, et sur le temps atomique international (TAI). Il intègre donc une référence observable ainsi que la régularité des horloges atomiques. Dès que l'écart entre l'UT et le TAI atteint une seconde, celle-ci est ajoutée ou soustraite à l'UTC.

1. Quel est l'étalon de temps utilisé pour établir le temps universel (UT) ?

2. Qu'appelle-t-on le temps atomique international (TAI) ?

3. Pourquoi est-il pertinent de tenir compte de ces deux types de temps ?

Compétence 2

› *Prendre en compte l'invariance de la vitesse de la lumière et la relativité du temps*

7 QCM

Choisir la (ou les) bonne(s) réponse(s).

❶ Si un vaisseau spatial pouvait se déplacer à une vitesse presque égale à celle de la lumière, son passager verrait la lumière :
- **a** quasiment immobile ;
- **b** se propager à la vitesse de la lumière ;
- **c** se déplacer à une vitesse quasiment égale au double de celle de la lumière.

❷ Pour un observateur en mouvement :
- **a** la vitesse de la lumière dans le vide est égale à $3,00 \times 10^{8}\ m \cdot s^{-1}$;
- **b** le temps se contracte ;
- **c** le temps se dilate.

❸ Une horloge en mouvement :
- **a** se dilate ;
- **b** ralentit ;
- **c** se déplace à la vitesse de la lumière.

8 VRAI ou FAUX ?

Corriger, si nécessaire, les affirmations suivantes.

❶ La vitesse de la lumière dépend du mouvement de l'observateur.

❷ Le temps est absolu.

❸ La durée qui sépare deux événements dépend de l'observateur.

❹ La dilatation du temps est une théorie qui n'a jamais pu être observée expérimentalement.

9 The Nobel Prize in Physics 1907

Michelson invented his interferometer in order to discover the effect of the Earth's motion on the observed velocity of light. In cooperation with Morley, and using the interferometer, it was shown that light travels at a constant speed in all systems of reference. This experiment on light waves is one of the historically significant experiments in physics, and led to the development of Einstein's theory of relativity. Michelson received the Nobel Prize in 1907 for his work.

1. What is the particularity of the velocity of light?

2. Why was the Michelson-Morley experiment important in physics?

10 La simultanéité en question

Les résultats expérimentaux indiquaient que la lumière se propage, dans tout référentiel, toujours à la même vitesse c ; or cette circonstance est en contradiction avec la mécanique rationnelle galiléenne, puisqu'elle viole de manière flagrante l'une des lois essentielles de cette mécanique, la loi de composition des vitesses, qui interdit à toute vitesse d'être un invariant. [...] Einstein prend acte de l'invariance de la vitesse de la lumière dans le vide, qu'il interprète désormais comme la constante universelle [...] [Il] fait valoir en effet que si l'on tient compte du temps que met la lumière à se propager, il est impossible de décider de manière absolue de la simultanéité de deux événements spatialement séparés, alors que la simultanéité était une notion absolue en mécanique rationnelle galiléenne et newtonienne. [...] Le temps lui-même perd le caractère absolu qu'il avait dans l'ancienne mécanique rationnelle.

Gilles Cohen-Tannoudji, « Le réel, à l'horizon de la dialectique » dans *Sciences et dialectiques de la nature*, La Dispute, 1998.

1. a. Donner un exemple de résultat expérimental qui indique que la lumière se propage, dans tout référentiel, toujours à la même vitesse c.
b. En quoi ce résultat est-il en contradiction avec la mécanique rationnelle galiléenne ?

2. a. Qu'est-ce que « deux événements spatialement séparés » ?
b. Pourquoi deux événements, en apparence simultanés, ne le sont-ils pas nécessairement ?
c. Quelle est la conséquence importante pour le temps ?

11 Le paradoxe des jumeaux

Imaginons deux jumeaux, Arthur et Ben, vivant sur Terre. Arthur, qui est astronaute, est envoyé pour une mission dans un vaisseau spatial se déplaçant avec une vitesse proche de celle de la lumière. À son retour sur Terre, après une période qui aura duré pour lui 5 ans, il constate que 37 années se sont écoulées depuis son départ : Ben est donc plus âgé que lui de 32 années.

Cette expérience théorique n'a jamais pu être réalisée. En revanche, il est actuellement possible de montrer, dans un accélérateur de particules, qu'en accélérant des particules de durée de vie très faible à de très grandes vitesses, celles-ci ont une durée de vie d'autant plus importante que leur vitesse se rapproche celle de la lumière.

1. Pourquoi parle-t-on de « paradoxe » des jumeaux ?

2. Quelle conséquence de la théorie d'Einstein est validée par l'expérience réalisée dans les accélérateurs de particules ?

3. De quoi semble dépendre la dilatation du temps ?

Compétence 3

› Exploiter la relation entre durée propre et durée mesurée

Données. *Vitesse de la lumière dans le vide : $c = 3{,}00 \times 10^8\ m \cdot s^{-1}$.*
Relation entre durée mesurée et durée propre : $\Delta t_m = \gamma \cdot \Delta t_p$ avec $\gamma = 1/(1 - (v/c)^2)^{1/2}$.

12 QCM

Choisir la (ou les) bonne(s) réponse(s).

1 La durée propre est la durée qui sépare deux événements :
- **a** qui ont lieu au même endroit ;
- **b** et qui est mesurée par un observateur fixe ;
- **c** et qui est mesurée par une horloge en mouvement.

2 La durée mesurée est la durée qui sépare deux événements :
- **a** qui ont lieu au même endroit ;
- **b** et qui est mesurée par un observateur fixe ;
- **c** et qui est mesurée par une horloge en mouvement.

3 Une durée mesurée :
- **a** est toujours supérieure à une durée propre ;
- **b** dépend de la vitesse de l'horloge qui la mesure ;
- **c** dépend de la durée propre correspondante.

13 VRAI ou FAUX ?

Corriger, si nécessaire, les affirmations suivantes.

1 Si la vitesse de déplacement est celle de la lumière, durée mesurée et durée propre se confondent.

2 La durée mesurée entre deux événements est déterminée par une horloge placée au lieu où se déroulent ces événements.

3 La relation entre durée mesurée et durée propre $\Delta t_m = \gamma \cdot \Delta t_p$ n'est applicable que pour un observateur en mouvement uniforme de translation.

14 « Le train d'Einstein »

Un télémètre, qui utilise la lumière laser pour effectuer des mesures de hauteur sol-plafond, est utilisé dans un train se déplaçant à une vitesse constante v sur des rails rectilignes.

Du fait du déplacement du train, la scène perçue par une personne présente sur le quai **b** peut être bien différente de celle observée par un passager l'intérieur du train **a**.

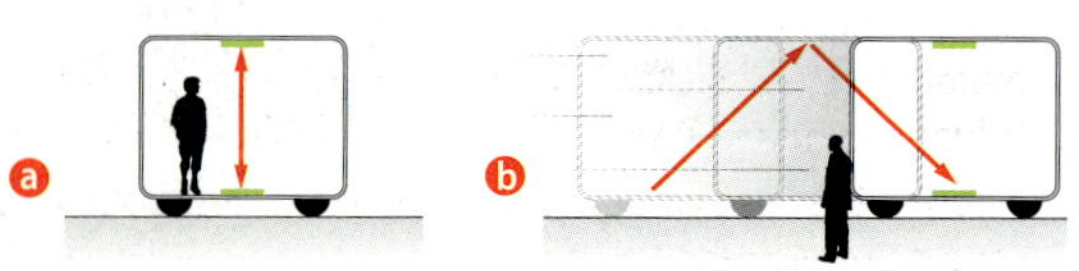

1. Pour quelle personne la durée de la mesure au télémètre est-elle plus longue ? Pourquoi ?

2. Pour quel personnage la durée de la mesure est-elle :
a. la « durée propre » ? **b.** la « durée mesurée » ?

3. De quoi dépend la relation entre ces deux durées ?

EXERCICE **RÉSOLU**

15 La sonde spatiale la plus rapide

La sonde solaire Hélios 2 est, à ce jour, l'objet le plus rapide construit par l'Homme. Elle se déplace à une vitesse de $70\ km \cdot s^{-1}$, avec un mouvement qu'on admettra de translation uniforme par rapport à la Terre.

L'horloge présente à bord de cette sonde ressent-elle les effets de la dilation du temps ?

Aides et méthodes

Il y a dilation du temps si le coefficient de Lorentz γ, qui relie durée mesurée et durée propre, est sensiblement supérieur à 1.

Solution

La relation entre durée mesurée et durée propre est donnée par $\Delta t_m = \gamma \cdot \Delta t_p$, où $\gamma = 1/(1 - (v/c)^2)^{1/2}$. La sonde se déplace en translation uniforme avec une vitesse $v = 70\ km \cdot s^{-1}$.
$\gamma = 1/[1 - (70 \times 10^3/(3{,}00 \times 10^8))^2]^{1/2}$
$\gamma = 1{,}0$.
Le coefficient de Lorentz n'est pas supérieur à 1 : l'horloge présente à bord de cette sonde ne ressent donc pas les effets de la dilation du temps.

16 Voyage vers l'étoile la plus proche

L'étoile la plus proche de la Terre, après le Soleil, est Proxima du Centaure, qui se trouve à 4,2 années de lumière de la Terre. On admet qu'il soit possible de concevoir un vaisseau spatial voyageant à une vitesse de 0,80 c pour effectuer le trajet vers cette étoile.

Donnée. *L'année de lumière est la distance parcourue par la lumière en un an.*

1. Quelle serait la durée du voyage pour un observateur resté sur Terre ?

2. a. Quelle serait la durée du voyage pour les passagers ?
b. Que faudrait-il faire, en théorie, pour diviser par 2 la durée du voyage pour les passagers ?

Exercices de synthèse

Pour préparer le BAC

Données. Vitesse de la lumière dans le vide : $c = 3{,}00 \times 10^8\ m \cdot s^{-1}$.
Relation entre durée mesurée et durée propre : $\Delta t_m = \gamma \cdot \Delta t_p$ *avec* $\gamma = 1/(1 - (v/c)^2)^{1/2}$.

17 Effet dans un TGV

Un TGV met 2 h pour relier Paris à Lyon, à une vitesse moyenne de 260 km · h⁻¹.

On considère que le mouvement du TGV est rectiligne uniforme entre les deux gares.

1. Quel est le décalage de temps entre une horloge embarquée et une horloge restée à quai ?

2. Commenter le résultat obtenu.

18 Une horloge adaptée

Une horloge atomique au césium permet une précision à la nanoseconde.

Avec une telle horloge, à partir de quelle vitesse de déplacement la dilation du temps peut-elle être mesurable ?

19 The accuracy of time measurement

The following figure shows the evolution of the accuracy of time measurement over centuries.

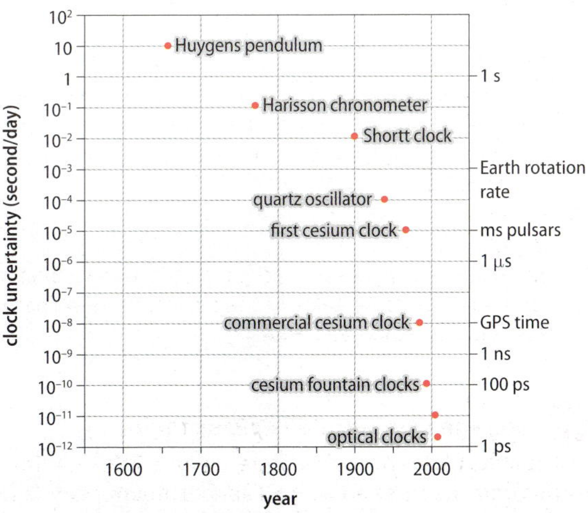

1. a. What was the measurement uncertainty for a mechanical oscillator, such as the Huygens pendulum?
b. How would you explain this important uncertainty in time measurement?

2. a. By how many times are commercial atomic clocks more accurate than quartz oscillators?
b. Where are these ultra-accurate clocks used?

3. After how many years do the most recent clocks show a one-second error?

20 Le coefficient de Lorentz

On considère un objet en mouvement de translation uniforme à une vitesse v par rapport à un observateur stationnaire.

La représentation graphique qui suit traduit l'évolution du coefficient de Lorentz γ en fonction du rapport v/c.

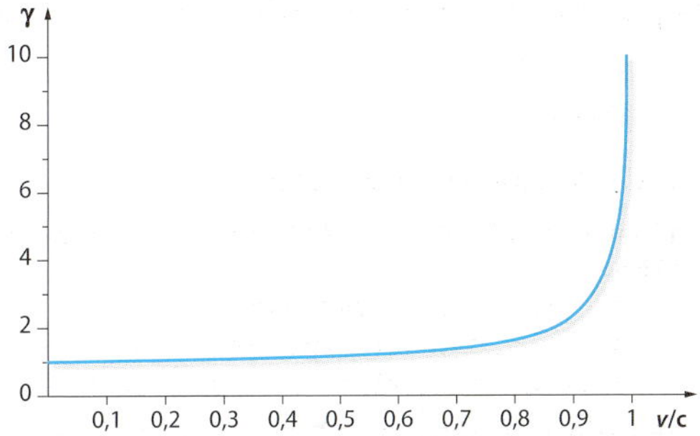

1. a. Que remarque-t-on quand le rapport v/c tend vers 1 ?
b. Que cela traduit-il au niveau de l'horloge associée à l'objet en mouvement ?

2. a. Quelle doit être la valeur du coefficient de Lorentz pour dilater le temps par 2 au niveau de l'horloge associé à l'objet en mouvement ?
b. Quelle est alors la vitesse de l'objet ?

21 Tirs laser en science-fiction

Dans un film de science-fiction, un vaisseau spatial émet des tirs laser toutes les 0,5 s. Ce vaisseau se déplace à une vitesse de 0,5 c.

1. Quelle est la vitesse de la lumière par rapport au vaisseau spatial ?

2. Quelle est la durée propre entre deux tirs ?

3. Quelle est la durée mesurée entre ces deux tirs pour un observateur extérieur ?

22 « La Planète des singes »

Dans son célèbre roman de science-fiction, *La Planète des singes* (1963), Pierre Boulle décrit un vaisseau qui emmène les héros de son histoire vers une étoile du nom de Bételgeuse, située à 300 années de lumière de la Terre. L'auteur écrit : « Grâce à ses fusées perfectionnées [...] ce vaisseau peut se déplacer à la plus grande vitesse imaginable dans l'Univers pour un corps matériel, c'est-à-dire la vitesse de la lumière moins *epsilon*. »

À cette vitesse, le voyage ne dure que deux ans pour les passagers du vaisseau.

1. a. Pour une personne restée sur Terre, combien de temps dure le voyage de la Terre à Bételgeuse ?

b. Comment expliquer la différence importante avec la durée perçue par les voyageurs du vaisseau ?

2. Déduire de cette différence de durée la vitesse du vaisseau, puis la comparer à celle donnée par l'auteur du roman.

23 Des fusées en relativité

Une fusée quitte la Terre avec une vitesse v_1 proche de la vitesse de la lumière. L'horloge atomique terrestre et l'horloge atomique placée dans la fusée se synchronisent à l'instant du décollage, pris comme origine des dates ($t = 0$ s).

À la date $t = T$ mesurée par l'horloge atomique terrestre, une deuxième fusée est lancée, dans la même direction que la précédente, avec une vitesse v_2 proche de la vitesse de la lumière.

À la date $t = \tau$ mesurée par l'horloge atomique terrestre, la deuxième fusée rattrape la première.

1. a. Quel est l'intérêt d'utiliser des horloges atomiques ?
b. Que signifie que les horloges « se synchronisent » ?

2. a. Exprimer les distances parcourues par les deux fusées par rapport à la Terre à la date $t = \tau$.
b. En déduire l'expression de τ en fonction de v_1, v_2 et T.

3. Pour la première fusée :
a. à quel instant a lieu le départ de la seconde fusée ?
b. à quel instant se rencontrent les deux fusées ?

24 Preuve expérimentale

Pour confirmer expérimentalement les prédictions d'Einstein concernant la dilatation du temps, on réalisa en 1971 une expérience utilisant des horloges atomiques très précises. L'une d'entre elles fut embarquée à bord d'un avion à réaction, tandis que l'autre resta au sol. La vitesse d'un avion à réaction étant de l'ordre de 10^3 km · h^{-1}, ce qui est très faible devant la vitesse de la lumière, la précision de ces horloges devait être de 10^{-13} s (ce qui est le cas pour les horloges atomiques) pour détecter la dilation du temps.

1. Déterminer le coefficient de Lorentz dans le cas où l'objet en mouvement est un avion à réaction.

2. Montrer que, dans les conditions de l'expérience, les horloges atomiques ont effectivement pu déceler la dilatation du temps.

Aide. *Penser à paramétrer sa calculatrice en affichage scientifique.*

25 Des signaux vers la Terre

Dans un film de science-fiction, un astronaute situé à bord d'une fusée qui se déplace de façon rectiligne à une vitesse constante de 250 000 km · s^{-1}, envoie vers la Terre des signaux lumineux toutes les secondes.

Ces signaux sont détectés sur Terre, mais avec un intervalle de temps différent.

1. a. À quoi correspond ici la durée propre Δt_p ?
b. À quoi correspond ici la durée mesurée Δt_m ?

2. a. La relation entre durée mesurée et durée propre est-elle applicable dans ce cas ?

b. Déterminer l'intervalle de temps avec lequel sont perçus les signaux détectés sur Terre.

26 ★ L'énigme des muons

Les muons sont des particules créées dans la haute atmosphère terrestre à 20 km de hauteur, lors de la collision de protons (provenant du rayonnement cosmique issu de la mort d'une étoile) avec les atomes de l'atmosphère.

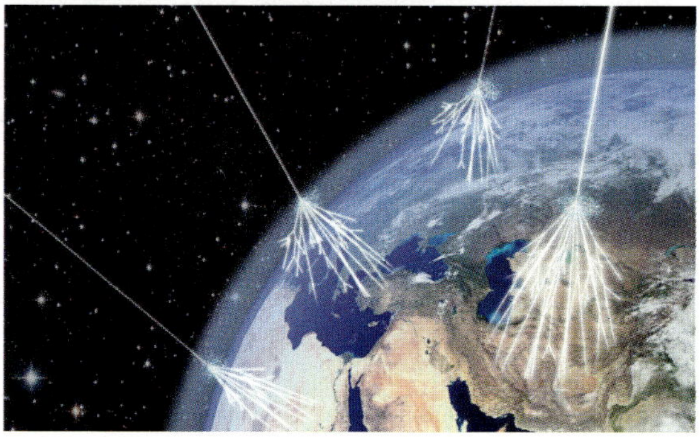

Les muons sont très instables et leur durée de vie propre n'est que de 2,2 µs. Ils se déplacent à une vitesse de 0,9997 c, proche donc de celle la lumière.

1. En raisonnant en physique classique, c'est-à-dire sans tenir compte de la relativité, montrer que la distance parcourue par les muons ne devrait être que de quelques centaines de mètres.

Pourtant, ces muons peuvent être détectés au niveau du sol.

2. En raisonnant en physique relativiste :
a. déterminer la valeur du coefficient de Lorentz ;
b. en déduire la durée de vie d'un muon mesurée par un observateur terrestre ;
c. justifier que les muons atteignent effectivement le sol.

27 ★ Géolocalisation par GPS

La géolocalisation par GPS nécessite trois satellites, qui se déplacent par rotation autour de la Terre à la vitesse de 3 874 m · s^{-1}.

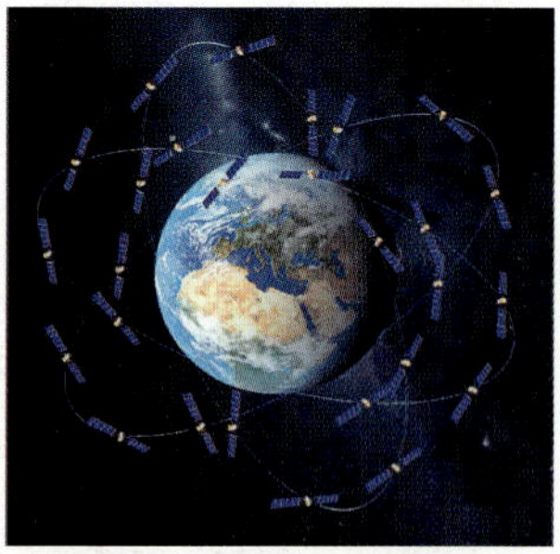

1. B2i En effectuant éventuellement une recherche sur Internet, expliquer pourquoi la géolocalisation par GPS exige une mesure précise des durées de propagation des ondes électromagnétiques entre les satellites associés et l'appareil GPS.

2. Montrer que, dans le cas de la géolocalisation par GPS, il faut prendre en compte les effets de la dilatation du temps prévus par la théorie de la relativité d'Einstein.

3. Déterminer l'écart de temps, dû à la dilatation du temps, susceptible d'exister entre une horloge présente dans le GPS et une horloge d'un satellite, au bout d'un jour mesuré sur Terre.

Aide. *Penser à paramétrer sa calculatrice en affichage scientifique.*

28 ★ Accélérateurs de particules

Dans certains accélérateurs de particules, comme ceux du CERN à Genève, on crée en abondance des particules appelées mésons π, lors de collisions entre d'autres particules.

La vie moyenne propre d'un méson est de $2{,}6 \times 10^{-8}$ s et sa vitesse est de 0,999 999 c.

1. Dans le référentiel d'un méson, quelle est la distance moyenne parcourue par la particule avant désintégration ?

2. Dans le référentiel du laboratoire, quelle est la distance moyenne parcourue par la particule avant désintégration ?

29 ★★ Un astéroïde qui menace la Terre

Dans un film d'anticipation, un vaisseau spatial se déplaçant à une vitesse de 0,20 c à pour mission d'envoyer un missile dont l'explosion doit détourner l'astéroïde de sa trajectoire, qui menace la Terre. À bord du vaisseau, l'astronaute a pour mission de lancer le missile 30,0 min précisément après son départ de la Terre. Ce missile est lancé à une vitesse de 0,80 c.

Dès ce lancement, un détonateur interne au missile se déclenche pour provoquer l'explosion au bout de 5 min 30 s.

Déterminer la durée écoulée entre le départ du vaisseau de la Terre et le moment où le missile explose :

a. pour le missile ;
b. pour le pilote présent dans le vaisseau spatial ;
c. pour le centre spatial terrestre.

En route vers le Supérieur

30 ★★ La contraction des longueurs

Mesurer la longueur d'un objet, c'est regarder où se trouvent ses extrémités à un moment déterminé (pour un système de référence donné). Or, nous avons vu que deux observateurs en mouvement relatif ne sont pas d'accord sur la simultanéité. Ils ne seront donc pas d'accord sur les mesures de longueur. On peut montrer que si le temps d'un système en mouvement semble s'écouler moitié moins vite, les longueurs des objets qui l'accompagnent semblent deux fois plus courtes dans la direction du mouvement. Le coefficient de contraction des longueurs est l'inverse du coefficient de dilatation du temps. Mais à nouveau les deux observateurs peuvent dire la même chose. Chacun voit « rétrécir » les objets en mouvement.

La contraction apparente résulte de la manière différente dont les observateurs situent les extrémités de ceux-ci : les objets ne sont pas modifiés par le mouvement, mais les observateurs sont en désaccord sur la position de leurs deux bouts.

Imaginons une grange de 20 mètres de long, et une échelle de 25 mètres (mesures faites dans un système où les objets sont au repos). *A priori*, aucun espoir de pouvoir ranger l'échelle dans la grange. Pourtant, le fermier, qui a lu Einstein, pense avoir trouvé la solution : il va lancer l'échelle à très grande vitesse, de sorte qu'elle ne mesure plus que 20 mètres.

Adoptons maintenant le point de vue de la fourmi qui se trouve sur l'échelle. Pour elle, la grange se rapproche à très grande vitesse… et ne mesure que 16 mètres (le facteur de contraction est exactement le même que pour le fermier, soit 5/4). Le fermier pense que l'échelle entre tout juste, la fourmi pense qu'elle n'entre pas du tout. Qui a raison ?

Les deux raisonnements sont corrects dans leur système de référence, mais aucun des deux n'est absolu. Pour le fermier, l'échelle sera un court instant entièrement dans la grange… avant de démolir le mur du fond ! Pour la fourmi, à aucun moment l'échelle n'est entièrement dans la grange : l'avant cogne le mur du fond alors que l'arrière n'est pas encore entré. Chacun a raison, de son point de vue.

Élisa Brune et Philippe Mergny, « La relativité restreinte »,
La Recherche n° 353, mai 2002.

1. **a.** Qu'appelle-t-on le « coefficient de dilation du temps » évoqué dans le texte ?
b. En déduire le coefficient de contraction des longueurs.
c. Que pourrait être la relation entre la longueur mesurée et la longueur propre ?

2. Quelle doit être la « très grande vitesse » évoquée dans le texte qui permettrait à une échelle de 25 mètres de rentrer dans une grange de 20 mètres ?

3. Expliquer pourquoi la perception du fermier et celle de la fourmi sont différentes.

Pour préparer le BAC

Énoncé type

Les muons du CERN

Le CERN, Centre européen pour la recherche nucléaire, est l'un des plus grands et des plus prestigieux laboratoires scientifiques du monde. Situé à Genève, il a pour vocation des études dans le cadre de la physique fondamentale, c'est-à-dire la découverte des constituants et des lois de l'Univers.
Un muon positif, de symbole μ^+, est une particule élémentaire de charge positive, environ 200 fois plus lourde qu'un électron. C'est une particule instable, c'est-à-dire que sa durée de vie au repos est très faible : ainsi, un muon se désintègre au bout de 2,2 millionièmes de seconde.
Dans les accélérateurs de particules du CERN, de plusieurs kilomètres de circonférence, on communique à des muons la vitesse $v = 0{,}9994$ c, si proche de la vitesse de la lumière que la relativité des durées devient très importante. Les scientifiques du CERN ont ainsi mesuré, à l'aide d'horloges atomiques, que les muons accélérés « vivent » 63,6 µs et non plus 2,2 µs : ce résultat expérimental constitue une mise en évidence indiscutable de la prévision d'Einstein concernant le temps.

Données. *Vitesse de la lumière dans le vide :* $c = 3{,}00 \times 10^8\ m \cdot s^{-1}$.
Relation entre durée mesurée et durée propre : $\Delta t_m = \gamma \cdot \Delta t_p$ *avec* $\gamma = 1/(1 - (v/c)^2)^{1/2}$.

1. a. Quelle est la prévision d'Einstein, concernant le temps, mise en évidence expérimentalement au CERN ?

b. Quelle condition expérimentale permet cette mise en évidence ? Comment est-elle obtenue ?

2. a. Quelle est la durée de vie propre d'un muon Δt_p ? Quelle est sa durée mesurée Δt_m ?

b. Quel instrument de mesure permet une mesure précise de ces durées ?

3. a. Dans le cas du muon, à quoi est égal le coefficient qui relie durée propre et durée mesurée ?

b. Vérifier la valeur de ce coefficient pour la vitesse atteinte par un muon dans un accélérateur de particules du CERN.

4. Quelle doit être au moins la longueur de l'accélérateur pour déterminer la durée mesurée Δt_m ? Le résultat est-il cohérent avec l'indication du document ?

Les compétences évaluées

- S'informer sur la problématique de la mesure du temps.
- Prendre en compte l'invariance de la vitesse de la lumière et la relativité du temps.
- Exploiter la relation entre durée propre et durée mesurée.

➤ Coups de pouce

1. b. Il existe une condition sur la vitesse pour que la relativité du temps puisse être mise en évidence.

2. b. Pour pouvoir déceler une différence entre une durée propre et une durée mesurée, il faut disposer d'une horloge très précise.

3. b. L'expression du coefficient de Lorentz est donnée dans l'énoncé. *v* désigne la vitesse de la particule.

4. Connaissant la vitesse de la particule et sa durée de vie, on peut déterminer la distance parcourue pendant cette durée.

EXEMPLE DE **RÉSOLUTION**

1. a. La prévision d'Einstein mise en évidence expérimentalement est celle concernant la **dilation des durées.**

b. La mise en évidence de la dilatation des durées n'est possible que pour des **vitesses proches de celle de la lumière**. Cette condition est atteinte grâce aux **accélérateurs de particules**.

2. a. La durée de vie propre du muon est sa durée de vie au repos. On a donc $\mathbf{\Delta t_p = 2{,}2\ \mu s}$. Sa durée de vie mesurée est la durée de vie mesurée par un observateur extérieur : $\mathbf{\Delta t_m = 63{,}6\ \mu s}$.

b. L'utilisation d'une **horloge atomique** permet des mesures précises de durée.

3. a. Le coefficient γ qui relie durée propre et durée mesurée est tel que $\Delta t_m = \gamma \cdot \Delta t_p$, soit $\gamma = \Delta t_m / \Delta t_p$.

A.N. : $\gamma = 63{,}6/2{,}2$

$\boxed{\gamma = 29}$

b. Le coefficient γ qui relie durée propre et durée mesurée est le coefficient de Lorentz :
$\gamma = 1/(1 - (v/c)^2)^{1/2}$, où *v* désigne la vitesse de la particule dans l'accélérateur.

A.N. : $\gamma = 1/(1 - (0{,}9994\ c/c)^2)^{1/2}$

$\boxed{\gamma = 28{,}87}$

4. La longueur *L* de l'accélérateur doit être au moins égale à $L = \Delta t_m \cdot v$.

A.N. : $L = 63{,}6 \times 10^{-6} \times 0{,}9994 \times 3{,}00 \times 10^8$
$L = 1{,}91 \times 10^4$ m.

$\boxed{L = 19{,}1\ km}$

Le résultat est cohérent avec l'indication du document : « de plusieurs kilomètres de circonférence ».

Pour préparer le BAC

Énoncé type

L'avancée de la connaissance scientifique au service du progrès technologique

Pour Einstein, le temps est simplement ce que mesure une horloge… mais que mesure une horloge ?
Le principe des premières horloges mécaniques repose sur la mesure des oscillations d'un pendule, qui ont la propriété d'avoir une période constante $T = 2\pi(\ell/g)^{1/2}$, où ℓ désigne la longueur du pendule. Toutefois, ces oscillations présentent l'inconvénient de dépendre de plusieurs paramètres.
Les montres à quartz, plus stables et plus précises, ont modifié le rapport au temps, mais c'est sans nul doute les horloges atomiques qui ont révolutionné la mesure du temps. La précision de la mesure du temps atteinte par ces horloges a permis le développement du système de positionnement GPS, qui exige des mesures extrêmement précises pour un résultat optimal.
Les horloges atomiques utilisées fonctionnent au césium : elles ont comme fréquence étalon ν = 9 129 631 770 Hz, c'est-à-dire la valeur qui définit la seconde. La précision obtenue et exigée par le système GPS est telle qu'il n'est pas possible de rendre négligeable l'effet de la dilatation du temps qui existe entre les horloges présentes à bord des satellites et celles présentes sur Terre. *Sans synchronisation, le décalage est de 7,2 µs en seulement 24 h.*

Données. *Vitesse des satellites servant au GPS : $v = 3\,870\ m \cdot s^{-1}$.*
Vitesse de la lumière dans le vide : $c = 3{,}00 \times 10^8\ m \cdot s^{-1}$.
Relation entre durée mesurée et durée propre : $\Delta t_m = \gamma \cdot \Delta t_p$, avec $\gamma = 1/(1-(v/c)^2)^{1/2}$.

1. a. Quels sont les paramètres exerçant une influence sur la période d'un pendule ?

b. Quel est le principal inconvénient de ce type d'horloge mécanique ?

2. a. À quoi correspond la fréquence étalon utilisée dans les horloges atomiques au césium ?

b. Connaissant la valeur de cette fréquence, retrouver la définition actuelle de la seconde.

3. a. À quelle vitesse, par rapport au satellite en mouvement, se propage l'onde électromagnétique (assimilée à une onde lumineuse) qui permet la synchronisation des horloges ? Et par rapport au GPS présent sur Terre ?

b. Si la durée propre entre deux événements sur Terre est de 1 seconde, combien vaut la durée mesurée par une horloge embarquée par le satellite ?

c. Vérifier l'exactitude de la phrase en italique.

Les compétences évaluées

- S'informer sur la problématique de la mesure du temps.
- Prendre en compte l'invariance de la vitesse de la lumière et la relativité du temps.
- Exploiter la relation entre durée propre et durée mesurée.

Coups de pouce

1. b. Les oscillateurs mécaniques présentent tous le même inconvénient.

2. b. La fréquence en hertz est, par définition, le nombre de périodes ou d'oscillations par seconde.

3. b. Écrire $\Delta t_m - \Delta t_p$ et donner sa valeur pour $\Delta t_p = 1$ s.

c. La réponse précédente donne le décalage pour 1 seconde propre. Dans cette question, on cherche à le déterminer pour 24 h.

EXEMPLE DE **RÉSOLUTION**

1. a. L'expression de la période du pendule est donnée dans l'énoncé : $T = 2\pi(\ell/g)^{1/2}$.

Elle met en évidence que la **longueur ℓ et l'intensité de pesanteur g** sont les paramètres influençant la période T.

b. Les horloges mécaniques finissent par s'arrêter en raison des **phénomènes dissipatifs** dont elles sont le siège.

2. a. La fréquence étalon ν de l'horloge atomique correspond à la **fréquence du rayonnement émis ou absorbé lors de la transition entre deux niveaux d'énergie identifiés de l'atome de césium.**

b. La fréquence étalon est ν = 9 129 631 770 Hz. Elle permet la définition de la seconde, qui est la **durée de 9 129 631 770 périodes correspondant à la transition entre deux niveaux d'énergie identifiés de l'atome de césium.**

3. a. La vitesse de la lumière dans le vide est égale à **$3{,}00 \times 10^8\ m \cdot s^{-1}$**. Elle ne dépend pas du référentiel choisi (satellite en mouvement ou GPS).

b. La relation entre la durée mesurée et la durée propre est $\Delta t_m = \gamma \cdot \Delta t_p$ avec $\gamma = 1/(1-(v/c)^2)^{1/2}$. γ est le coefficient de Lorentz : il traduit la dilation du temps.

On en déduit l'écart entre ces deux durées :
$\Delta t_m - \Delta t_p = \gamma \cdot \Delta t_p - \Delta t_p = \Delta t_p(\gamma - 1)$.
A.N. : $(\Delta t_m - \Delta t_p)_{1\,s} = 1/(1-(3\,870/(3{,}00 \times 10^8))^2)^{1/2} - 1$

$$\boldsymbol{(\Delta t_m - \Delta t_p)_{1\,s} = 8{,}32 \times 10^{-11}\ s}$$

c. Si, pour une durée propre de 1 seconde, l'écart est de $8{,}32 \times 10^{-11}$ s, alors l'écart pour une durée de 24 h est :
$(\Delta t_m - \Delta t_p)_{24\,h} = (\Delta t_m - \Delta t_p)_{1\,s} \times 24 \times 60 \times 60$
A.N. : $(\Delta t_m - \Delta t_p)_{24\,h} = 8{,}32 \times 10^{-11} \times 24 \times 60 \times 60$

$$\boldsymbol{(\Delta t_m - \Delta t_p)_{24\,h} = 7{,}19 \times 10^{-6}\ s}$$

Ce résultat correspond bien au décalage donné dans l'énoncé (7,2 µs).

Activité 1

Activité de découverte

Compétences scientifiques évaluées
- Extraire une information utile.
- Formuler des hypothèses pertinentes.

Autour de la catalyse

Du four au pot d'échappement, catalyse et catalyseurs se déclinent au quotidien. Qu'est-ce qu'un catalyseur et quel est son mode d'action ?

Étude de document

La plupart des réactions biologiques, celles qui nous permettent de respirer, qui régissent le transport et l'assimilation des aliments, sont catalysées par des biocatalyseurs : les enzymes.

La catalyse hétérogène, où catalyseur et réactifs ne sont pas dans le même état physique, joue un rôle déterminant dans des processus industriels : les engrais sont produits à partir de l'ammoniac, dont la synthèse est un processus catalytique. Le pétrole brut n'est pas utilisable ; sa transformation et sa valorisation ne peuvent être réalisées que par un procédé catalytique. La catalyse nous permet de trouver des solutions pour élaborer plus efficacement les molécules que nous utilisons, en économisant les matières premières, l'énergie et en réduisant de fait notre impact sur l'environnement.

Je vais essayer d'expliquer ce qu'est la catalyse.

Commençons par une histoire bien connue que mon grand-père m'avait racontée lorsque j'étais enfant. « *Un homme avait 3 enfants et 17 chameaux ; à sa mort, son testament attribuait la moitié des chameaux à son fils aîné, le tiers au second et le neuvième au plus jeune mais interdisait que l'on découpât un chameau. Les frères alors consultèrent un sage qui leur conseilla d'emprunter un chameau et de faire le partage sur le tout, 18 chameaux : 9 pour l'aîné, 6 pour le second, 2 pour le cadet. Au terme du partage, il était resté alors un chameau indemne pour rembourser l'emprunt.* » Le chameau emprunté et rendu me semblait mystérieux mais me semble donner une bonne image de ce qu'est un catalyseur, rejoignant ce que proposait déjà Berzelius (Fig. 1) : un composé qui rend possible une réaction chimique, mais qui n'est pas lui-même modifié lors de cette réaction ; comme le chameau, il rend possible le partage et en ressort indemne.

La notion de catalyse est liée à la cinétique, c'est-à-dire à l'étude de la durée d'évolution des systèmes chimiques. La catalyse peut favoriser des processus qui, théoriquement permis, n'étaient pas spontanés. Elle peut accélérer une transformation ou encore orienter l'évolution d'un système vers une réaction : les réactifs peuvent se combiner de multiples façons pour conduire à des produits différents en passant par des réactions concurrentes. Le catalyseur modifie les données du jeu et donc oriente vers un résultat plutôt qu'un autre ; on parle alors de sa sélectivité.

Christian Minot, *La catalyse*, 236ᵉ conférence de l'Université de tous les savoirs, 23 août 2000.

Fig. 1 Jöns Jacob Berzelius (1779-1848), chimiste suédois à l'origine du terme « catalyse ».

Pistes de réflexion

1 Définir ce qu'est un catalyseur.

2 Qu'est-ce qu'une enzyme ?

3 Lors d'une synthèse industrielle ou au laboratoire, que permet la catalyse ?

4 Citer quelques applications de la catalyse hétérogène données dans le texte.

5 Le texte propose une définition de la catalyse hétérogène. En déduire une définition de la catalyse homogène.

6 Il existe deux voies pour la décomposition thermique de l'éthanol ($H_3C{-}CH_2{-}OH$) :

$$H_3C{-}CH_2{-}OH\ (g) \xrightarrow{\text{catalyseur : Cu (s)}} H_3C{-}CH{=}O\ (g) + H_2\ (g)\ ;$$

$$H_3C{-}CH_2{-}OH\ (g) \xrightarrow{\text{catalyseur : } Al_2O_3\ (s)} H_2C{=}CH_2\ (g) + H_2O\ (g).$$

Quel aspect de la catalyse cet exemple illustre-t-il ?

7 B2i Pour chacun des procédés ou synthèses suivants, rechercher sur Internet le catalyseur utilisé et indiquer la nature de la catalyse :
craquage – reformage – synthèse de l'ammoniac – dimérisation des alcènes – synthèse du styrène.

Pour conclure

8 En quoi la catalyse permet-elle de répondre aux besoins de l'industrie chimique ?

Activité 2

Démarche d'investigation

Compétences scientifiques évaluées
- Extraire une information utile.
- Formuler des hypothèses pertinentes.

Animation

Les enzymes : des biocatalyseurs ?

Produites par les êtres vivants, les enzymes interviennent dans nombre de réactions au cœur du vivant : les réactions biochimiques.

Pour commencer (situation déclenchante)

Lorsqu'on mâche de la mie de pain, elle s'imprègne de salive et, au terme d'une dizaine de minutes de mastication, une saveur sucrée apparaît (Fig. 1). L'amidon contenu dans la mie de pain se transforme en maltose, au pouvoir sucrant avéré.

Fig. 1 Lorsqu'on mâche longtemps du pain, une saveur sucrée apparaît. ▶

Investigation

À quelle(s) condition(s) cette transformation se produit-elle ?

Quelques idées (hypothèses)

Étude de document (recherche de validation)

Les glucides, plus communément appelés « sucres », sont les principaux fournisseurs d'énergie de l'organisme. Il en existe de différentes sortes : l'amidon $(C_6H_{10}O_5)_n$, le saccharose $C_{12}H_{22}O_{11}$, le maltose $C_{12}H_{22}O_{11}$ ou encore le glucose $C_6H_{12}O_6$. Ils se transforment les uns en les autres au sein de l'organisme, le glucose étant la forme principalement utilisée par notre corps.

1. On dit de l'amidon que c'est un polymère du glucose. Justifier.

2. Écrire l'équation de la réaction entre l'amidon et l'eau, produisant le maltose. Cette réaction est appelée hydrolyse de l'amidon.

3. B2i Rappeler, à l'aide d'une recherche éventuelle sur Internet, les tests de reconnaissance de l'amidon et des sucres réducteurs comme le glucose ou le maltose.

Expérience (recherche de validation)

Matériel
- tubes à essais • bain-marie • solution d'amidon à 1 % • solution enzymatique d'amylase • acide chlorhydrique à 0,1 mol · L^{-1} • eau iodée • liqueur de Fehling

4. À l'aide du matériel proposé, réaliser les expériences décrites sur la figure 2. Déclencher un chronomètre en mettant les solutions en présence.

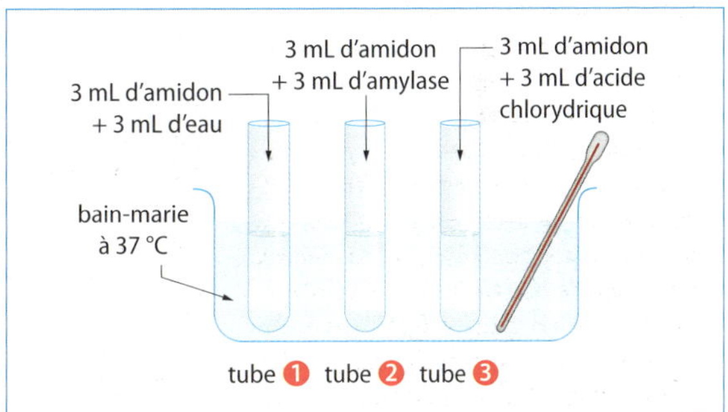

Fig. 2 Expériences à réaliser.

- Aux dates indiquées dans le tableau ci-dessous, réaliser sur un échantillon de chacun de ces tubes à essais les tests de reconnaissance de l'amidon et du maltose.

	t_0	$t_1 = 2$ min	$t_2 = 5$ min	$t_3 = 6$ min	$t_4 = 8$ min
Tube 1					
Tube 2					
Tube 3					

5. Compléter le tableau en indiquant la couleur observée.

6. Pourquoi les réactions sont-elles réalisées à 37 °C ?

7. D'après les résultats expérimentaux obtenus dans le tube 1, que peut-on dire de la réaction entre l'amidon et l'eau ?

8. Quel est le rôle de l'acide chlorhydrique ajouté au contenu du tube 3 ?

9. Quel est le rôle de la solution enzymatique d'amylase ? Comparer son action à celle de l'acide chlorhydrique.

Pour conclure

10. On dit d'une enzyme que c'est un catalyseur biochimique. Pourquoi ?

11. Quelle enzyme doit contenir la salive ?

Activité 3

TP Activité expérimentale

Compétences expérimentales évaluées
- Réaliser un montage expérimental.
- Analyser un résultat expérimental.

Vidéo

Facteurs cinétiques

Une réaction chimique est lente ou rapide. Quels sont les facteurs susceptibles d'influencer son évolution temporelle ?

Principe

Pour nettoyer les lentilles de contact, on utilise de l'eau oxygénée. À son efficacité décontaminante s'ajoute le « massage » effectué par les bulles d'oxygène libérées lors de sa décomposition, qui nécessite 6 heures (Fig. 1). Ce processus peut néanmoins être accéléré.

On cherche ici à mettre en évidence les facteurs qui influencent l'évolution temporelle de trois réactions chimiques, dont la décomposition de l'eau oxygénée.

Fig. 1 La décomposition de l'eau oxygénée dans un étui à lentilles produit du dioxygène.

Mise en œuvre au laboratoire

Matériel
- chronomètre - acide chlorhydrique (1,0 mol · L^{-1}) - acide sulfurique concentré - solutions aqueuses de thiosulfate de sodium (1,0 × 10^{-1} mol · L^{-1}), d'acide oxalique (1,0 × 10^{-1} mol · L^{-1}), de permanganate de potassium (5,0 × 10^{-2} mol · L^{-1}), de sulfate de fer (II) (0,5 mol · L^{-1}) - eau oxygénée à 20 volumes

Dismutation des ions thiosulfate

Les ions thiosulfate $S_2O_3^{2-}$ (aq) réagissent sur eux-mêmes (dismutation) selon l'équation :
$2\ S_2O_3^{2-}\ (aq) + 4\ H^+\ (aq) \rightarrow 2\ S\ (s) + 2\ SO_2\ (aq) + 2\ H_2O\ (l)$.

- Sous un bécher de 100 mL, placer une feuille de papier marquée d'une croix.
- À l'aide d'une éprouvette graduée, introduire dans le bécher un volume V_1 = 40 mL de la solution de thiosulfate de sodium.
- Ajouter un volume V_2 = 10 mL d'acide chlorhydrique en déclenchant simultanément le chronomètre.
- Arrêter le chronomètre lorsque, placé à la verticale du bécher, on ne distingue plus la croix, puis noter la durée Δt.
- Répéter l'expérience en modifiant l'état initial du système chimique, comme indiqué dans le tableau ci-dessous.

V_1 (mL)	V_2 (mL)	V_{eau} (mL)	$[H_3O^+]_i$	$[S_2O_3^{2-}]_i$	Δt (s)
40	10	0			
20	10	20			
10	10	30			

1 Quelle caractéristique physique du système permet de suivre l'évolution de la réaction dont il est le siège ?

2 Pour quelle raison doit-on utiliser des béchers identiques, contenant le même volume total et observés dans les mêmes conditions ?

3 Recopier et compléter le tableau.

Réaction entre l'acide oxalique et les ions permanganate

4 Écrire l'équation d'oxydation de l'acide oxalique $H_2C_2O_4$ (aq) par les ions permanganate MnO_4^- (aq). Les couples redox sont CO_2 (aq)/$H_2C_2O_4$ (aq) et MnO_4^- (aq)/Mn^{2+} (aq).

5 Quelle caractéristique physique du système permet de suivre l'évolution de la réaction ?

- À l'aide d'une éprouvette graduée, introduire dans un bécher 10 mL de la solution de permanganate de potassium acidifiée.
- Introduire dans le bécher 20 mL de la solution d'acide oxalique, homogénéiser et déclencher le chronomètre.
- Arrêter le chronomètre lorsque le milieu réactionnel est complètement décoloré et noter la durée nécessaire.
- Répéter l'expérience en modifiant l'état initial du système chimique comme indiqué ci-dessous :
– les deux solutions sont placées dans un bain-marie à 40 °C avant de les mettre en présence ;
– les deux solutions sont placées dans un bain à 0 °C avant de les mettre en présence.

Décomposition de l'eau oxygénée

L'eau oxygénée H_2O_2 (aq) appartient aux couples redox O_2 (g)/H_2O_2 (aq) et H_2O_2 (aq)/H_2O (l).

6 Écrire l'équation associée à la réaction de l'eau oxygénée sur elle-même en solution aqueuse.

7 Quelle caractéristique physique du système permet de suivre l'évolution de la réaction ?

- Dans deux béchers, introduire 10 mL d'eau oxygénée. Ajouter 5 mL d'une solution d'ions fer (II) dans l'un des béchers.

8 À l'issue du dégagement gazeux, ajouter quelques gouttes de soude au contenu du bécher et conclure quant à la présence d'ions fer (II).

Pour conclure

9 À l'aide des résultats expérimentaux, déterminer les facteurs qui agissent sur la durée d'évolution d'un système chimique, en précisant en quoi ils influencent.

Activité 4

TP **Activité expérimentale**

Compétences expérimentales évaluées
- Réaliser un montage expérimental.
- Analyser un résultat expérimental.

Suivi d'une réaction lente

La chromatographie sur couche mince permet de suivre l'évolution temporelle de l'avancement d'une réaction lente.

Principe

Les esters sont des molécules responsables du goût et de l'odeur agréable de nombreux fruits et fleurs. L'extraction et la séparation étant des opérations coûteuses et complexes, leur synthèse est une alternative utilisée en parfumerie ou dans l'industrie agroalimentaire.

On se propose de synthétiser l'éthanoate de benzyle, ester majoritairement présent dans le parfum du jasmin (Fig. 1), et d'effectuer un suivi temporel de la réaction par CCM pour s'assurer de sa formation.

Fig. 1 L'odeur de jasmin résulte de la combinaison de 250 espèces chimiques.

Mise en œuvre au laboratoire

Matériel
- montage à reflux • pierre ponce • anhydride acétique • alcool benzylique • éthanoate de benzyle • plaque pour CCM • capillaire • cyclohexane • éthanoate d'éthyle • lampe UV • éprouvette graduée

Données.

Espèce chimique	Anhydride acétique	Alcool benzylique
Formule	$(H_3C\text{–}CO)_2O$	$C_6H_5\text{–}CH_2OH$
Masse volumique	$1{,}08\ g \cdot cm^{-3}$	$1{,}04\ g \cdot cm^{-3}$

- Introduire, dans un ballon bicol bien sec, 15 mL d'anhydride acétique et 12 mL d'alcool benzylique mesurés à l'éprouvette graduée. Ajouter quelques grains de pierre ponce.
- Adapter le réfrigérant à eau au ballon, puis placer ce dernier dans le chauffe-ballon. Boucher le second col du ballon et mettre en route la circulation d'eau, puis chauffer le mélange à ébullition douce pendant 30 minutes environ (Fig. 2).

1 Pour quelle raison convient-il de chauffer le milieu réactionnel lors de cette synthèse organique ?

2 Pourquoi ne peut-on pas catalyser cette réaction avec une solution aqueuse d'acide sulfurique concentré ?

Pour suivre la formation de l'éthanoate de benzyle, on réalise, à l'aide d'un capillaire, cinq prélèvements du milieu réactionnel aux dates :
- $t_1 = 10$ min ;
- $t_2 = 15$ min ;
- $t_3 = 20$ min ;
- $t_4 = 25$ min ;
- $t_5 = 30$ min.

Fig. 2 Montage expérimental.

- Préparer une solution R, obtenue en dissolvant 1 goutte d'alcool benzylique dans 2 mL de cyclohexane, puis une solution P, obtenue en dissolvant 1 goutte d'éthanoate de benzyle dans 2 mL de cyclohexane.
- À l'aide d'un capillaire, déposer une goutte des solutions R et P sur deux plaques pour CCM.
- Répartir sur ces plaques les prélèvements effectués en n'en déposant qu'une goutte à l'aide d'un capillaire.
- Réaliser la chromatographie sur couche mince. L'éluant retenu est un mélange de cyclohexane (10 volumes) et d'éthanoate d'éthyle (1 volume). Révéler le chromatogramme à la lampe UV.

Exploitation

L'équation de la réaction de synthèse s'écrit :

$$(H_3C\text{–}CO)_2O + C_6H_5\text{–}CH_2OH \rightarrow H_3C\text{–}COO\text{–}CH_2\text{–}C_6H_5 + H_3C\text{–}COOH.$$

3 Comment se nomme le produit formé en plus de l'éthanoate de benzyle $H_3C\text{–}COO\text{–}CH_2\text{–}C_6H_5$? Apparaît-il sur le chromatogramme ?

4 Calculer les quantités de matière de réactifs introduits. En déduire la nature du réactif limitant.

5 Justifier l'intérêt des dépôts R et P sur la plaque à chromatographie.

6 À l'aide du chromatogramme, discuter de l'évolution temporelle du milieu réactionnel.

7 Le chromatogramme à la date t_5 est-il en accord avec la réponse à la question **4** ?

Pour conclure

8 D'après le chromatogramme, à partir de quelle date peut-on considérer que l'état final du système chimique est atteint ?

Cours

1 *Temps caractéristique d'une réaction chimique*

› Activité 4

La **cinétique** a pour objet l'étude de **l'évolution dans le temps** d'un système siège d'une réaction chimique, c'est-à-dire la **durée nécessaire** pour que ce système passe de son état initial à son état final.

• Réactions lentes et rapides

Les qualificatifs utilisés pour désigner la durée d'évolution d'une réaction chimique dépendent de l'échelle du temps utilisée pour apprécier l'évolution de son avancement.

Une réaction chimique est dite lente si l'expérimentateur peut apprécier à l'œil nu, ou avec un appareil de mesure courant (spectrophotomètre, manomètre…), l'évolution dans le temps d'un paramètre physique (couleur, pression d'un gaz…) du système.

Exemple

L'eau oxygénée H_2O_2 (aq) réagit avec les ions iodure I^- (aq) selon la réaction (1) d'équation $H_2O_2\text{ (aq)} + 2\ I^-\text{ (aq)} + 2\ H^+\text{ (aq)} \rightarrow I_2\text{ (aq)} + 2\ H_2O\text{ (l)}$.
L'évolution de la teinte orangée du milieu réactionnel, due à la formation du diiode, est appréciable à l'œil nu (Fig. 1).

Fig. 1 Oxydation lente des ions iodure par l'eau oxygénée.

Les systèmes chimiques sièges d'une réaction, pour lesquels on ne peut apprécier aucune évolution après plusieurs jours, sont dits **cinétiquement inertes** : la réaction est alors **infiniment lente**.

Exemple

La formation de la rouille est une réaction d'oxydation infiniment lente.

Une réaction chimique est dite rapide si sa durée n'excède pas 1/10 s, soit la durée de persistance rétinienne.

Dans ce cas, l'expérimentateur ne peut apprécier l'évolution temporelle d'un paramètre physique du système ni à l'œil nu ni avec un appareil de mesure courant.

Exemple

Les ions iodure réagissent avec les ions plomb selon la réaction de précipitation d'équation $2\ I^-\text{ (aq)} + Pb^{2+}\text{ (aq)} \rightarrow PbI_2\text{ (s)}$. Cette réaction peut être qualifiée d'instantanée (Fig. 2).

Fig. 2 La précipitation de l'iodure de plomb peut être qualifiée d'instantanée.

• Suivi temporel d'une réaction chimique

Effectuer le suivi temporel d'une réaction chimique consiste à connaître à chaque instant l'état du système chimique.

Il convient donc de déterminer, à différents instants, la quantité de matière ou la concentration d'un réactif ou d'un produit (Fig. 3) de la réaction. Pour cela, on dispose de plusieurs méthodes d'investigation, comme la spectrophotométrie, la chromatographie ou encore la manométrie.

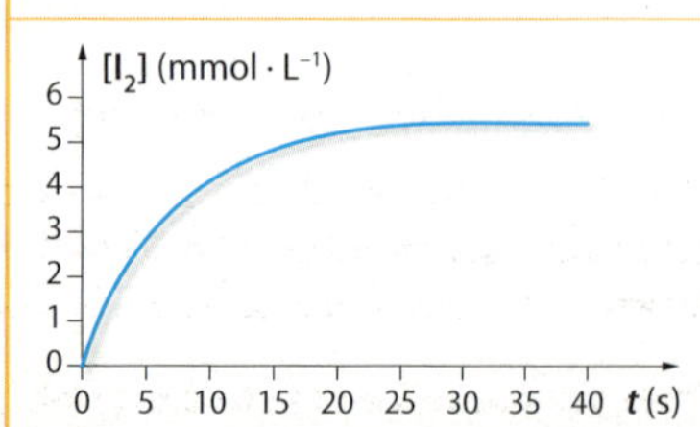

Fig. 3 Suivi temporel de la réaction d'oxydation des ions iodure par l'eau oxygénée.

Exemple

Le suivi spectrophotométrique de la réaction (1) donne l'évolution de l'absorbance A du milieu réactionnel en fonction du temps. La loi de Beer-Lambert, qui s'écrit $A = k \cdot [I_2]$, permet d'en déduire le graphe $[I_2] = f(t)$ **(Fig. 3)**.

Temps de demi-réaction

Le temps de demi-réaction, noté $t_{1/2}$, est la durée au terme de laquelle l'avancement $x(t_{1/2})$ de la réaction est égal à la moitié de l'avancement final x_f.

On détermine cette durée à partir du **graphe** donnant la variation de l'avancement de la réaction au cours du temps, $x = f(t)$.

Sur le graphe $x = f(t)$, $t_{1/2}$ est l'abscisse du point d'ordonnée $x_f/2$ (Fig. 4).

Le temps de demi-réaction est aussi la durée nécessaire pour que la moitié de la **quantité de matière du réactif limitant** ait été consommée, ou, à volume constant, que la **concentration** de ce même réactif ait été divisée par deux.

On considère que l'état final du système est atteint au bout de **6 à 7 fois** le temps de demi-réaction. Ce dernier est donc **caractéristique** de l'évolution temporelle du système chimique considéré.

➥ Exercices 1 à 5

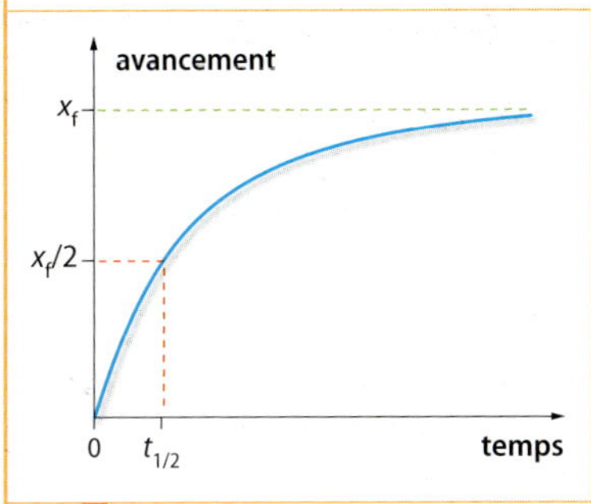

Fig. 4 Détermination graphique d'un temps de demi-réaction.

2 Facteurs cinétiques

Animation

› Activité 3

Les paramètres qui **modifient la durée d'évolution** du système chimique sont appelés « **facteurs cinétiques** ».

Température

Tous les autres paramètres du système étant maintenus constants, l'augmentation de la température du milieu réactionnel diminue la durée d'évolution du système et inversement (Fig. 5).

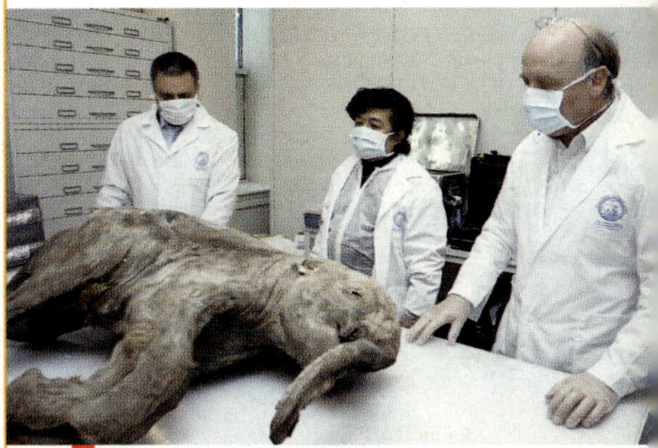

Fig. 5 Enfoui dans le sol gelé, un bébé mammouth de 10 000 ans a été découvert parfaitement conservé en 2007.

Concentration des réactifs

Tous les autres paramètres du système étant maintenus constants, l'augmentation de la concentration d'au moins un des réactifs diminue la durée d'évolution du système.

État de surface des réactifs

Une transformation chimique est le résultat d'une succession de rencontres élémentaires se produisant à l'échelle de l'atome : le fait d'augmenter les lieux de rencontre conduit à accélérer la transformation.

Tous les autres paramètres du système étant maintenus constants, l'augmentation de l'état de division d'au moins un des réactifs diminue la durée d'évolution du système (Fig. 6).

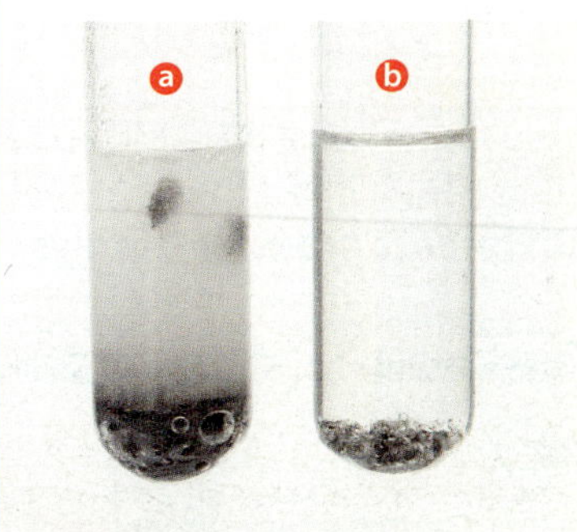

Fig. 6 Action de l'acide chlorhydrique sur le zinc : le dégagement de dihydrogène est plus important quand le zinc est en poudre **a** que lorsqu'il se présente sous la forme d'un fil ou de grenaille **b**.

Influence du solvant

Le **solvant** est le lieu de la réaction : présent en excès, il n'intervient pas mais n'est pas inactif pour autant. Par exemple, de par la polarité des molécules qui le constituent, il peut, à l'échelle microscopique, **favoriser ou défavoriser** la rencontre des réactifs. La cinétique de la réaction s'en trouve alors **modifiée**.

Exemple

La réaction de type $R{-}I + C\ell^- \rightarrow R{-}C\ell + I^-$ est un million de fois plus rapide dans une solution de DMF (diméthylformamide) que dans une solution de méthanol.

➥ Exercices 6 à 9

3 La catalyse

› Activités 1 et 2

Mode d'action d'un catalyseur

Un catalyseur est une espèce chimique qui accélère ou oriente une réaction sans modifier l'état final du système chimique.
Le catalyseur est consommé, mais régénéré en égale proportion au cours de la réaction : il ne figure pas dans l'équation de la réaction.

Exemple

Les ions tartrate $C_4H_4O_6^{2-}$ (aq) réagissent avec l'eau oxygénée selon :
$5\ H_2O_2\ (aq) + C_4H_4O_6^{2-}\ (aq) + 2\ H^+\ (aq) \rightarrow 4\ CO_2\ (g) + 8\ H_2O\ (l)$.
Cette réaction lente est catalysée par les ions cobalt (II) qui participent à deux réactions rapides dont la combinaison présente le même bilan réactionnel (Fig. 7) :
$5\ H_2O_2\ (aq) + 10\ Co^{2+}\ (aq) + 10\ H^+\ (aq) \rightarrow 10\ Co^{3+}\ (aq) + 10\ H_2O\ (l)$ et
$10\ Co^{3+}\ (aq) + C_4H_4O_6^{2-}\ (aq) + 2\ H_2O\ (l) \rightarrow 4\ CO_2\ (g) + 8\ H^+\ (aq) + 10\ Co^{2+}\ (aq)$.

Selon la nature du catalyseur, un système chimique peut évoluer différemment : on parle de sélectivité du catalyseur.

Exemple

La décomposition à chaud de l'éthanol est différente selon le catalyseur :
$H_3C{-}CH_2{-}OH\ (g) \xrightarrow{\text{catalyseur : Cu (s)}} H_3C{-}CHO\ (g) + H_2\ (g)$
ou $H_3C{-}CH_2{-}OH\ (g) \xrightarrow{\text{catalyseur : }Al_2O_3\text{ (s)}} H_2C{=}CH_2\ (g) + H_2O\ (g)$.

Différents types de catalyse

La catalyse est homogène lorsque le catalyseur et les réactifs ne forment qu'une seule phase fluide (liquide ou gazeuse).

Exemple

La synthèse d'un ester (ou estérification) à partir d'un acide carboxylique et d'un alcool est une réaction lente, catalysée par les ions H_3O^+ (aq) en solution aqueuse. C'est une catalyse homogène.

La transformation chimique est d'autant plus **accélérée** que la **concentration en catalyseur** dans le milieu est **importante**.

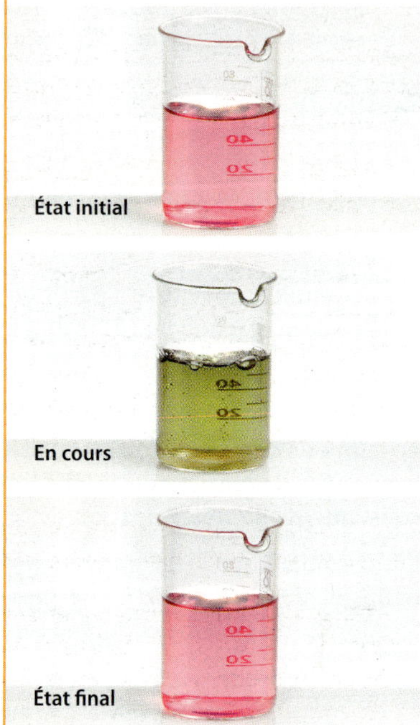

Fig. 7 Catalyseurs de la réaction entre les ions tartrate et l'eau oxygénée, les ions cobalt (II) (rose) sont consommés puis régénérés.

La catalyse est hétérogène lorsque le catalyseur et les réactifs forment deux phases distinctes.

Quand le catalyseur est solide, la réaction se produit à sa surface, en contact avec les réactifs liquides ou gazeux. On l'utilise donc sous forme très divisée (poudre, mousse…) afin d'**augmenter cette surface.**

La catalyse est enzymatique lorsque le catalyseur est une macromolécule d'origine biologique : une enzyme.

Les enzymes catalysent les **réactions biochimiques** du vivant. Dans ce type de catalyse, réactifs et catalyseurs ne forment qu'une seule phase, comme en catalyse homogène, mais la réaction a lieu à la surface de l'enzyme, comme en catalyse hétérogène.
Une enzyme est un **catalyseur spécifique** (Fig. 8) : chaque enzyme ne peut catalyser qu'une réaction chimique particulière.

Exemple

La rétinal isomérase est une enzyme qui catalyse la reconversion du (*E*)-11-rétinal en (*Z*)-11-rétinal, permettant ainsi la régénération des pigments visuels.

La catalyse accélère les réactions chimiques, en améliore le caractère sélectif, et permet parfois leur réalisation dans de meilleures conditions de température et de pression. Elle présente donc un intérêt certain pour l'**industrie chimique**, car elle permet de diminuer les produits secondaires des réactions et de réduire la consommation d'énergie.

➥ Exercices 10 à 14

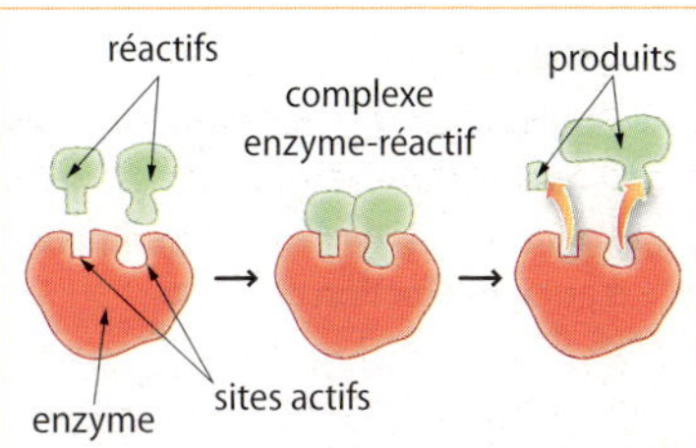

Fig. 8 Les sites actifs d'une enzyme ne peuvent accueillir que des molécules particulières pour une réaction bien spécifique.

Les compétences à acquérir

1 Suivre *l'évolution dans le temps d'une réaction chimique*

- Un système chimique dont on peut apprécier l'évolution à l'œil nu ou avec un appareil de mesure courant est le siège d'une **réaction lente**. Une réaction qui se déroule en moins de 1/10 s est qualifiée de **rapide**.
- Le **suivi temporel d'une réaction** consiste à connaître l'état du système à chaque instant.
- Le **temps de demi-réaction $t_{1/2}$** est la durée nécessaire pour que l'avancement de la réaction ait atteint la moitié de sa valeur finale.

2 Connaître *quelques paramètres influençant l'évolution temporelle d'une réaction chimique*

- La **température du système**, la **concentration en réactifs**, l'**état de division** d'un réactif solide ou la **nature du solvant** sont des facteurs cinétiques : ils modifient la durée d'évolution du système chimique.
- Une réaction est d'autant plus **rapide** que la température du système et/ou la concentration en l'un des réactifs est élevée.

3 Mettre en évidence *le rôle d'un catalyseur*

- Un **catalyseur** est une espèce chimique qui **accélère** ou **oriente** une réaction sans modifier son état final.
- Un **catalyseur** est **consommé** mais **régénéré** en égale proportion au cours de la réaction.
- On distingue la catalyse **homogène**, où réactifs et catalyseur forment une phase unique, de la catalyse **hétérogène**, où ils forment deux phases distinctes.

Compétence 1

› Suivre l'évolution dans le temps d'une réaction chimique

1 VRAI ou FAUX ?

Corriger, si nécessaire, les affirmations suivantes.

❶ Une réaction est dite rapide si elle se déroule en moins de 1/24 s.

❷ Un système est « cinétiquement inerte » s'il n'est le siège d'aucune réaction chimique.

❸ La chromatographie permet de suivre l'évolution au cours du temps d'une réaction chimique.

❹ Au terme d'une durée égale à deux fois son temps de demi-réaction, un système chimique a atteint son état final.

2 Les propriétés du salicylate de méthyle

Le salicylate de méthyle est l'un des constituants des crèmes solaires, mais il se dégrade sous l'action de la lumière. On étudie par spectrophotométrie la cinétique de sa décomposition par la lumière en soumettant un échantillon de salicylate de méthyle à un rayonnement ultraviolet.

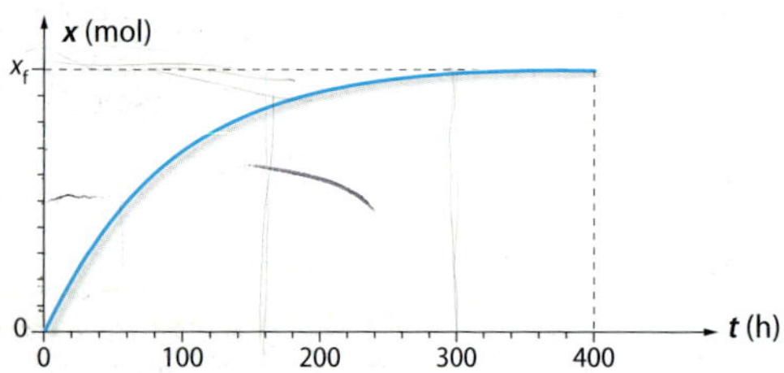

1. Définir le temps de demi-réaction.

2. Déduire de la courbe le temps de demi-réaction associé à la décomposition du salicylate de méthyle.

3. Est-il envisageable de l'utiliser pour une durée d'exposition au soleil d'une demi-journée ?

3 The airbag

An airbag consists of a flexible envelope, that can be filled in with gaseous dinitrogen (N_2) in the case of shock. This gas results essentially from the thermal decomposition of sodium azide (NaN_3) into dinitrogen and metallic sodium.

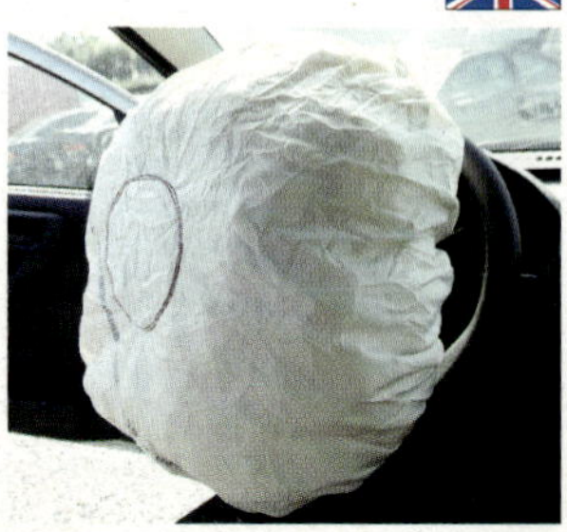

1. Write the equation associated with the decomposition of the sodium azide at 300°C.

2. Is this reaction slow or fast? Justify your answer.

4 Mesure de volume et suivi cinétique

Dans un ballon, on introduit 2,0 g de carbonate de calcium $CaCO_3$ (s) et on ajoute, à la date $t = 0$ s, 100 mL d'acide chlorhydrique à 0,10 mol · L^{-1}.

On recueille par dégagement d'eau du CO_2 (g), formé par la réaction d'équation CO_3^{2-} (aq) + 2 H^+ (aq) → CO_2 (g) + H_2O (l). On relève au cours du temps les valeurs du volume V_{CO_2} dégagé, reportées dans le tableau ci-dessous.

t (s)	0	20	40	60	...	380	400	420
V_{CO_2} (mL)	0	29	49	63	...	119	120	120

1. À quelle date l'état final du système chimique est-il atteint ?

À partir des valeurs calculées de l'avancement *x*, on trace la courbe proposée ci-dessous.

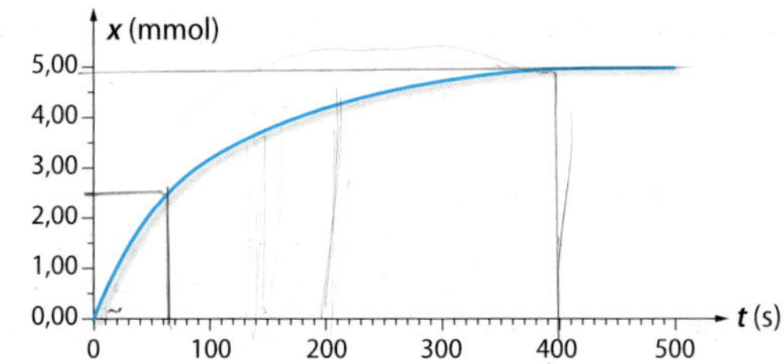

2. a. Déterminer le temps de demi-réaction à l'aide de la courbe.
b. Comparer ce résultat avec celui de la question **1**. Conclure.

5 Cinétique de la réduction de l'eau oxygénée

À la date $t = 0$, on introduit dans un erlenmeyer des volumes $V_1 = 5{,}0$ mL d'une solution d'iodure de potassium (K^+ (aq) + I^- (aq)), de concentration $c_1 = 5{,}0 \times 10^{-3}$ mol · L^{-1}, et $V_2 = 5{,}0$ mL d'eau oxygénée H_2O_2 (aq), de concentration $c_2 = 2{,}5 \times 10^{-2}$ mol · L^{-1}, préalablement acidifiée par de l'acide sulfurique.

Données. *Couples redox : I_2 (aq)/I^- (aq) et H_2O_2 (aq)/ H_2O (l). Seul le diiode est coloré (brun).*

1. Écrire l'équation de la réaction d'oxydoréduction qui se produit.

2. Cette réaction est lente. Quel paramètre physique du milieu permet d'en suivre l'évolution temporelle ?

3. Déterminer l'avancement maximal ainsi que la nature du réactif limitant.

4. Un suivi spectrophotométrique permet de déterminer la concentration en diiode *c* du milieu à des intervalles de temps réguliers :

t (min)	2	4	6	8	10	12	14
c (mmol · L^{-1})	0,26	0,51	0,81	0,98	1,15	1,22	1,25

Tracer la courbe $c = f(t)$.

5. L'état final du système chimique est-il atteint à la date $t = 14$ min ?

6. Déterminer le temps de demi-réaction.

Compétence 2

› *Connaître quelques paramètres influençant l'évolution temporelle d'une réaction*

6 **VRAI ou FAUX ?**

Corriger, si nécessaire, les affirmations suivantes.

❶ Agir sur un facteur cinétique signifie diminuer la durée d'évolution d'un système chimique.

❷ La nature du solvant est susceptible d'influencer la durée d'une réaction dont il est le siège.

❸ L'avancement final d'une réaction reste constant si on augmente la température du système.

❹ Pour une réaction donnée, l'augmentation de la concentration d'un réactif conduit à diminuer le temps de demi-réaction.

7 Autour du butanal

On ajoute du butanal C_3H_7CHO à de la liqueur de Fehling, bleue du fait des ions cuivre qu'elle contient. On répartit le milieu réactionnel dans trois tubes à essais : le tube 1 est laissé à température ambiante, le tube 2 est placé dans un bain à 40 °C, le tube 3 est chauffé à ébullition.

Données. *Couples redox :* Cu^{2+} *(aq) (bleu)/*Cu_2O *(s) (rouge) et* $C_3H_7CO_2^-$ *(aq)/*C_3H_7CHO *(aq).*

1. Écrire l'équation de la réaction d'oxydation en milieu basique du butanal par la liqueur de Fehling.

2. Quel paramètre physique permet de suivre l'évolution temporelle du système ?

3. À la date $t = 2$ min, on peut observer les résultats ci-dessous. Pourquoi est-il nécessaire de chauffer le milieu ?

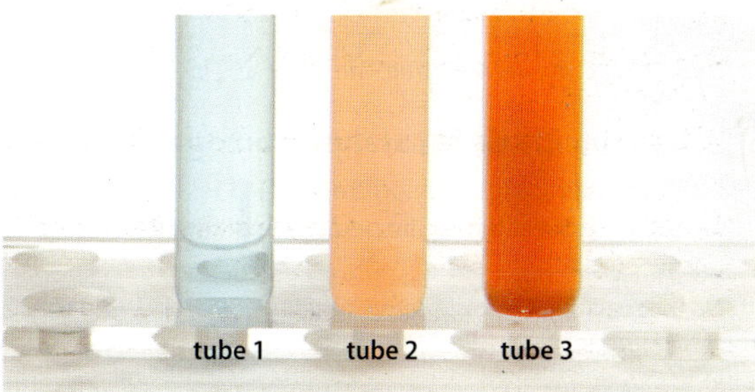

4. Le butanal est une espèce présente dans le beurre qui peut s'oxyder au contact de l'air. Pour quelle raison sa conservation est-elle meilleure au réfrigérateur ?

8 La corrosion des gouttières

Le zinc des gouttières réagit avec les eaux de pluies acides selon la réaction lente, d'équation :

$$Zn\ (s) + 2\ H^+\ (aq) \rightarrow Zn^{2+}\ (aq) + H_2\ (g).$$

1. Quel paramètre physique du milieu permet d'en suivre l'évolution temporelle ?

On se propose d'étudier l'influence de l'état de division du zinc sur la cinétique de cette réaction : on réalise deux expériences où l'on utilise du zinc en poudre (1) et en copeaux (2).

2. À chacune des expériences 1 et 2, associer l'une des courbes ⓐ ou ⓑ représentant l'évolution temporelle de l'avancement de la réaction. Justifier.

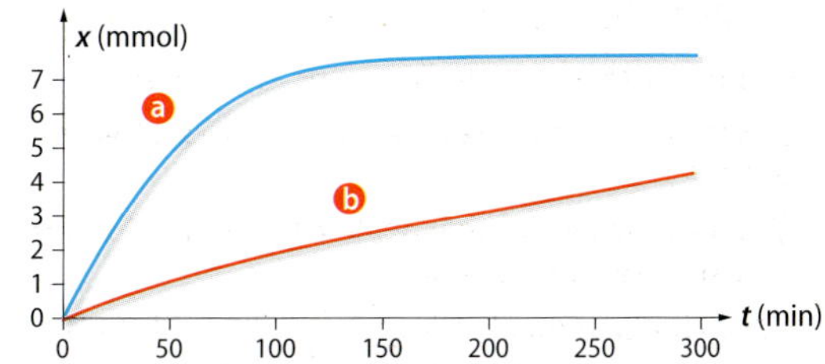

EXERCICE **RÉSOLU**

9 Stabilité d'une eau de Javel

L'eau de Javel nécessite d'être conservée au frais, à l'abri de la lumière. Sa concentration est définie par son degré chlorométrique (°chl). Les courbes suivantes présentent l'évolution temporelle de trois de ses décompositions possibles.

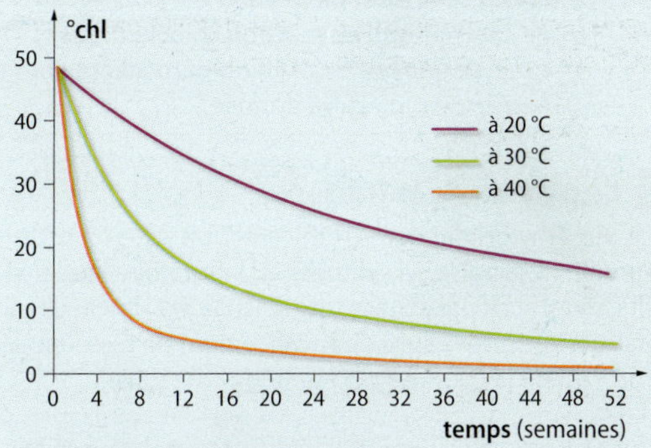

1. Quel facteur cinétique l'examen de ces courbes met-il en évidence ?

2. La recommandation « conserver au frais » est-elle justifiée ?

3. Aucun délai d'utilisation ne figure sur les flacons d'eau de Javel (12 °chl) contrairement aux berlingots (48 °chl). Justifier cette différence.

Aides et méthodes

1. Analyser ce qui différencie les trois courbes.

3. La concentration en réactif est un facteur cinétique.

Solution

1. La température de l'eau de Javel influence la durée d'évolution de sa décomposition : celle-ci est d'autant plus rapide que la température est élevée.

2. Conserver l'eau de Javel au frais contribue à ralentir sa décomposition.

3. La concentration en réactif est un facteur cinétique. Ainsi, une eau de Javel au moindre degré chlorométrique sera moins sujette à la décomposition selon cette réaction.

Compétence 3

› *Mettre en évidence le rôle d'un catalyseur*

10 QCM

Indiquer la (les) réponse(s) correcte(s).

1 Un catalyseur permet :
- a d'accélérer une réaction chimique ;
- b de ralentir une réaction chimique ;
- c d'orienter une réaction chimique.

2 Un catalyseur n'apparaissant pas dans l'équation de la réaction qu'il catalyse :
- a ne participe pas à la réaction ;
- b est le lieu de la réaction ;
- c est autant consommé que produit.

3 La durée d'évolution d'un système chimique est d'autant plus courte :
- a que le catalyseur est concentré ;
- b que le catalyseur est divisé ;
- c que la catalyse est homogène.

4 Une enzyme :
- a est un catalyseur biologique ;
- b ne catalyse que les réactions biochimiques ;
- c catalyse un type de réaction particulière pour une famille de molécules donnée.

11 Le parfum de la fraise

Le 2-méthylpropanoate d'éthyle est un ester constitutif de l'arôme de la fraise. Sa synthèse au laboratoire (appelée estérification) est lente et nécessite de chauffer le milieu réactionnel. On effectue le suivi de l'avancement de l'estérification et l'on obtient la courbe a présentée ci-dessous.

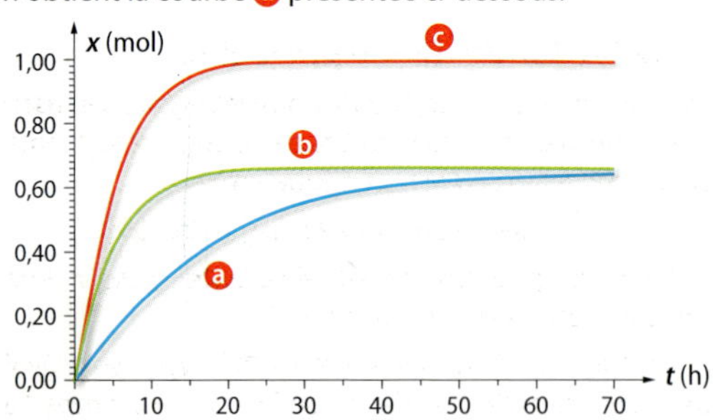

1. Déterminer graphiquement l'avancement final de la réaction considérée.

2. Rappeler la définition d'un catalyseur.

3. B2i Rechercher, sur Internet, le nom d'un catalyseur couramment utilisé pour les réactions d'estérification.

4. On ajoute ce catalyseur dans le ballon. Laquelle des deux courbes b ou c est obtenue ? Justifier.

12 Entretien des lentilles cornéennes

La décontamination des lentilles de contact nécessite une solution S de peroxyde d'hydrogène H_2O_2 (aq), qu'il convient ensuite d'éliminer pour que la lentille puisse être remise au contact de l'œil.

Donnée. *Couples redox : O_2 (g)/H_2O_2 (aq) et H_2O_2 (aq)/H_2O (l).*

1. Écrire la réaction d'oxydoréduction de neutralisation de l'eau oxygénée par réaction sur elle-même.

2. Cette réaction, très lente, doit être catalysée.

À l'instant $t = 0$, on introduit du platine dans un échantillon a de solution S et une enzyme, la catalase, qui y est soluble, dans un autre échantillon b de même volume. Un suivi cinétique permet d'obtenir les courbes suivantes :

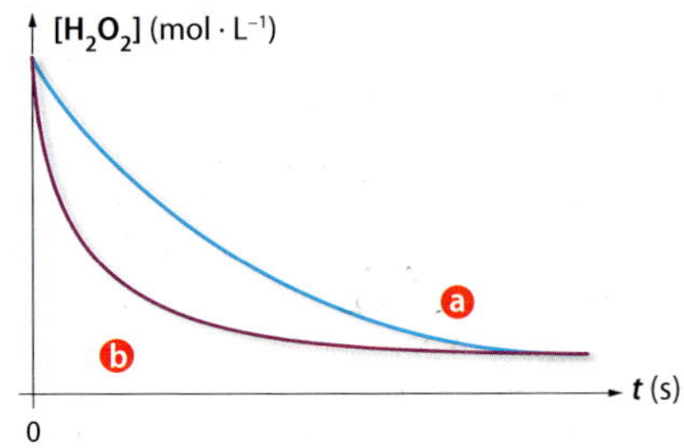

a. Par quel terme peut-on qualifier la catalyse par le platine ?
b. Quel intérêt majeur présente la catalyse enzymatique en regard d'une catalyse chimique ?

13 An autocatalytic reaction

In an acidic environment, the permanganate ions MnO_4^- (aq) slowly oxidize the oxalic acid $C_2H_2O_4$ (aq).

We prepare the same solution in two separate beakers and we add the equivalent of the tip of a spatula of sulfate of manganese $MnSO_4$ (s) to the second. As a result, the purple coloring of the solution disappears more quickly.

1. Write the redox half-equations, then the equation of the reaction of oxydo-reduction which occurs.

2. We say about this reaction that it is "autocatalytic". Explain why.

Data. *Redox couples: MnO_4^- (aq)/Mn^{2+} (aq); CO_2 (aq)/$H_2C_2O_4$ (aq).*

14 Le principe de la catalyse homogène

La réaction entre les ions iodure I^- (aq) et les ions peroxodisulfate $S_2O_8^{2-}$ (aq) est lente. Elle peut être catalysée par les ions fer (III) Fe^{3+} (aq).

Données. *Couples redox : I_2 (aq)/I^- (aq) ; $S_2O_8^{2-}$ (aq)/SO_4^{2-} (aq) ; Fe^{3+} (aq)/Fe^{2+} (aq).*

1. Écrire la demi-équation électronique associée à chacun de ces couples.

2. Écrire l'équation (1) d'oxydation des ions iodure par les ions fer (III).

3. Écrire l'équation (2) de réduction des ions peroxodisulfate par les ions fer (II).

4. En « additionnant » les équations (1) et (2), montrer que l'on retrouve l'équation de la réduction des ions peroxodisulfate par les ions iodure.

5. Un catalyseur participe-t-il à la réaction qu'il catalyse ? Pourquoi ne figure-t-il pas alors dans son bilan ?

Exercices de synthèse

Pour préparer le BAC

15 Le pot catalytique

Les moteurs à essence rejettent des gaz polluants : monoxyde de carbone CO, hydrocarbures non brûlés, oxydes d'azote NO_x, etc. Le pot catalytique contribue à diminuer cette pollution. En fonctionnement normal, 95 % des gaz polluants sont dégradés. Le noyau d'un pot catalytique est constitué d'une céramique en nid d'abeille imprégnée de métaux, tels que le platine Pt, le rhodium Rh ou le palladium Pd, qui recouvrent des milliards de microalvéoles dont la surface totale peut atteindre 4 500 m^2.

Les gaz d'échappement qui passent à travers le noyau sont fixés à la surface de ces métaux qui facilitent leur réaction, sans pour autant y participer : oxydation du CO en CO_2, des hydrocarbures imbrûlés en CO_2 et eau, des NO_x en diazote. Pour fonctionner, les pots catalytiques nécessitent une essence sans plomb, ce dernier étant un « poison » du catalyseur. Ils sont par ailleurs inefficaces sur de courts trajets, puisqu'ils nécessitent une température de fonctionnement élevée.

1. Extraire du texte les éléments mettant en évidence les propriétés d'un catalyseur.
2. Indiquer la nature des catalyseurs utilisés.
3. De quel type de catalyse s'agit-il ?
4. Préciser les limites d'utilisation du pot catalytique.

16 La décomposition de l'eau oxygénée

On étudie la décomposition au cours du temps, en présence d'un catalyseur, d'une solution aqueuse d'eau oxygénée H_2O_2, de concentration molaire $c_0 = 9{,}0 \times 10^{-2}$ mol · L^{-1} à $t = 0$ s, suivant la réaction : $2\,H_2O_2\,(aq) \rightarrow O_2\,(g) + 2\,H_2O\,(l)$.

La courbe ❶ donne l'évolution de la concentration de la solution d'eau oxygénée en fonction du temps, à température ambiante.

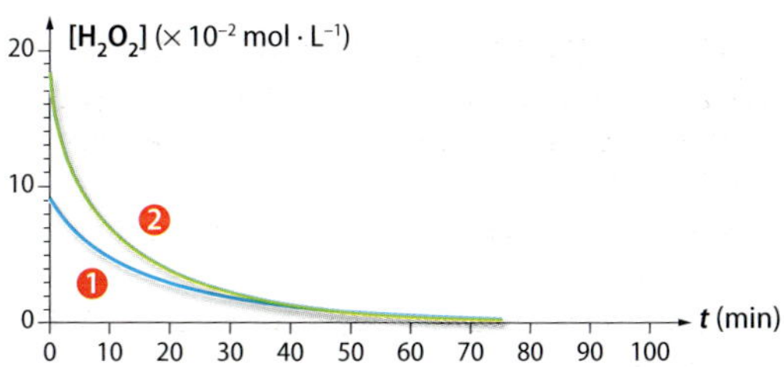

1. L'eau oxygénée est le réducteur du couple O_2 (g)/H_2O_2 (aq). En utilisant l'équation de l'énoncé donner le second couple auquel appartient l'eau oxygénée.
2. En exploitant la courbe ❶, justifier le fait que l'on peut considérer la décomposition de l'eau oxygénée comme une réaction lente et totale.
3. La courbe ❷ donne l'évolution de la concentration de la solution d'eau oxygénée en fonction du temps, avec une concentration initiale $c'_0 = 1{,}8 \times 10^{-1}$ mol · L^{-1}.

À partir des deux courbes, déterminer l'influence de la concentration initiale sur le temps de demi-réaction.

4. Tracer sur la figure l'allure de la courbe donnant, pour une température plus faible, l'évolution temporelle de la concentration de la solution d'eau oxygénée, avec une concentration initiale $c''_0 = c_0 = 9{,}0 \times 10^{-2}$ mol · L^{-1}.

17 Suivi par CCM d'une réaction

Depuis l'Antiquité, l'écorce de saule est connue pour ses vertus curatives. Au XIXe siècle, on isole son principe actif, l'acide salicylique, à partir duquel on peut synthétiser l'acide acétylsalicylique, ou aspirine.

Pour réaliser cette synthèse, on chauffe à reflux un mélange d'acide salicylique, d'anhydride éthanoïque et de quelques gouttes d'acide sulfurique. Pour suivre la formation de l'aspirine, on réalise quatre prélèvements du mélange réactionnel, numérotés de ❶ à ❹, aux dates : $t_1 = 0$ min ; $t_2 = 5$ min ; $t_3 = 15$ min ; $t_4 = 20$ min. Ces prélèvements sont placés au fur et à mesure dans une enceinte à basse température. On réalise ensuite la chromatographie de chacun des prélèvements sur une même plaque de silice. On obtient le chromatogramme ci-contre, où seuls l'acide salicylique et l'aspirine apparaissent.

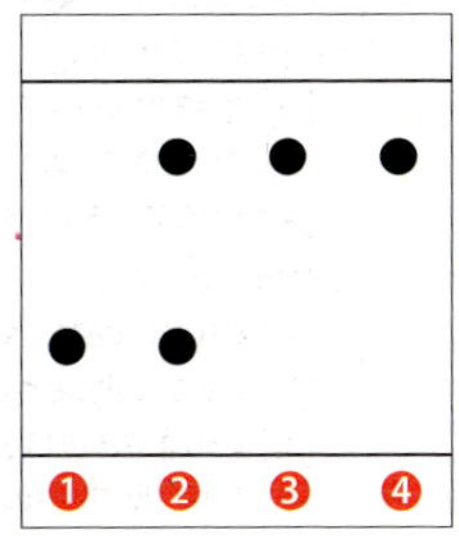

1. Quel est le rôle de l'acide sulfurique ?
2. Quel est l'intérêt du montage de chauffage à reflux ?
3. Pour quelle raison les prélèvements du milieu réactionnel sont-ils placés « dans une enceinte à basse température » ?
4. À partir du chromatogramme, à quelle date peut-on considérer que la réaction est terminée ?

18 Réduction du diiode par le zinc

On vend en pharmacie, sous le nom de Lugol, un antiseptique à base de diiode de couleur brune. Le Lugol réagit lentement sur le zinc selon la réaction d'équation :

$$I_2\,(aq) + Zn\,(s) \rightarrow 2\,I^-\,(aq) + Zn^{2+}\,(aq).$$

1. La spectrophotométrie est-elle adaptée au suivi de la cinétique de cette réaction ? Justifier.

Pour étudier la cinétique de cette réaction, on suit l'évolution de la concentration du diiode en fonction du temps. La température est de 20 °C et la concentration initiale du diiode est $c_0 = 2{,}0 \times 10^{-2}$ mol · L^{-1}. On obtient la courbe ci-dessous :

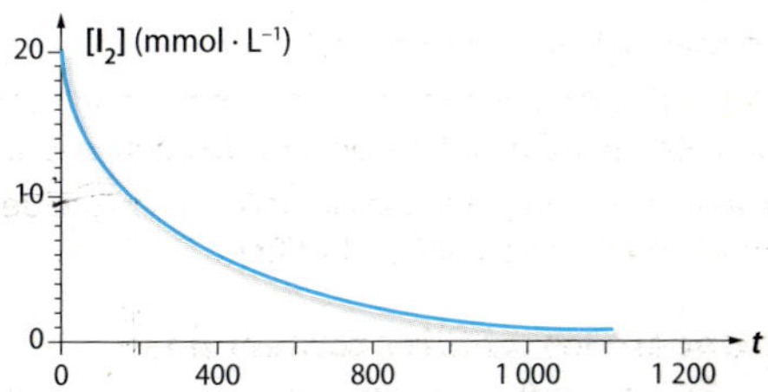

2. Déterminer le temps de demi-réaction.

3. On porte la solution de Lugol à 60 °C et l'on y ajoute une plaque de zinc. Tracer l'allure de l'évolution temporelle de la concentration en diiode.

4. On prélève un volume $V = 50$ mL de Lugol que l'on verse dans une fiole jaugée de 100 mL. On ajoute de l'eau distillée jusqu'au trait de jauge.
a. Calculer la concentration du diiode dans la solution diluée ainsi obtenue.
b. Comme précédemment, on plonge la plaque de zinc dans la solution diluée maintenue à une température de 20 °C. Tracer l'allure de l'évolution temporelle de la concentration en diiode.

19 Oxydation des ions iodure

On mélange, à 20 °C, 20 mL d'une solution de peroxodisulfate de sodium, de concentration $1,0 \times 10^{-1}$ mol · L^{-1}, et 20 mL d'une solution d'iodure de potassium, de concentration $5,0 \times 10^{-1}$ mol · L^{-1}. On constate que le milieu, initialement incolore, se colore progressivement en brun, selon la réaction :

$$2\,I^-\,(aq) + S_2O_8^{2-}\,(aq) \rightarrow 2\,SO_4^{2-}\,(aq) + I_2\,(aq).$$

1. On dispose de bains à 0 °C et à 40 °C. Lequel convient-il d'utiliser pour diminuer la durée d'évolution du système ?

2. On réalise le même mélange en changeant seulement la concentration de la solution d'iodure de potassium, qui vaut alors $8,0 \times 10^{-1}$ mol · L^{-1}.
a. L'état final est-il atteint plus rapidement ?
b. La coloration du milieu à l'état final est-elle la même que pour l'expérience initiale ?

20 Oxydation des ions tartrate

L'eau oxygénée H_2O_2 (aq) est capable d'oxyder les ions tartrate $C_4H_4O_6^{2-}$ (aq) en milieu acide selon une réaction extrêmement lente, que l'on peut catalyser par les ions cobalt (II) Co^{2+} (aq).

La courbe ci-dessous représente l'évolution temporelle de la concentration en ions Co^{3+} (aq) présents dans le mélange réactionnel.

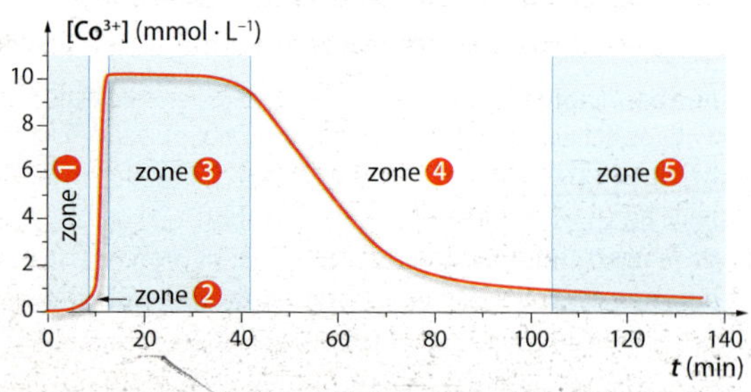

Données. Couples redox : H_2O_2 (aq)/H_2O (l) ; CO_2 (aq)/$C_4H_4O_6^{2-}$ (aq) ; Co^{3+} (aq) (vert)/Co^{2+} (aq) (rose).

1. Rappeler ce qu'est une réaction lente.

2. Quelle est la méthode physique la plus adaptée pour le suivi temporel de la concentration en ions Co^{3+} (aq) ? Justifier.

3. Dans les zones ❷ et ❹, le mélange réactionnel a une couleur verdâtre. Quelle est la couleur du mélange réactionnel dans les zones ❶, ❸ et ❺ ? Justifier.

3. Écrire les demi-équations redox associées à chacun des couples figurant en données.

4. a. Écrire l'équation des réactions d'oxydoréduction se déroulant respectivement dans les zones ❷ et ❹.
b. Laquelle des deux réactions est la plus rapide ?

5. Comment la courbe met-elle en évidence le fait qu'un catalyseur ne figure pas dans l'équation de la réaction ?

6. La quantité de matière finale de dioxyde de carbone obtenu est-elle plus grande, plus petite ou inchangée avec la présence du catalyseur ? Justifier.

7. Pourquoi peut-on parler de catalyse homogène ?

21 Synthèse d'un arôme

On étudie la réaction conduisant au butanoate de méthyle ($C_5H_{10}O_2$), un arôme alimentaire au parfum de pomme. À l'instant initial, on mélange $n_A(0) = 1,0$ mol d'acide butanoïque A et $n_B(0) = 1,0$ mol de méthanol B. Le milieu réactionnel est maintenu à une température constante de 25 °C.

1. À quelle famille de composés appartient chacun des deux réactifs ? Donner leur formule semi-développée.

L'équation de la réaction de synthèse s'écrit :

$$A + B \rightarrow C_5H_{10}O_2 + H_2O.$$

2. Exprimer la quantité de matière $n_C(t)$ de butanoate de méthyle en fonction des quantités de matière d'acide $n_A(t)$ et $n_A(0)$.

3. Les mesures expérimentales de $n_A(t)$ ont permis d'obtenir les courbes ci-dessous.

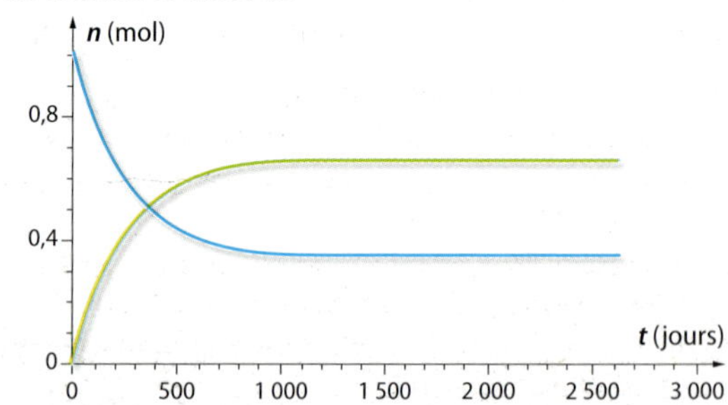

a. Identifier la courbe représentant l'évolution temporelle de la quantité de matière de butanoate de méthyle.
b. À quelle date l'état final du système chimique est-il atteint ? Déterminer l'avancement final.
c. Définir puis déterminer le temps de demi-réaction $t_{1/2}$.

4. a. Pour quelle raison cette synthèse ne présente-t-elle pas d'intérêt industriel à température ambiante ?
b. Proposer une méthode pour écourter la durée de cette synthèse.
c. Tracer l'allure de la courbe donnant la quantité de matière $n_C(t)$ de butanoate de méthyle en fonction du temps dans ce cas.

22 ★ Le luminol au service de la police

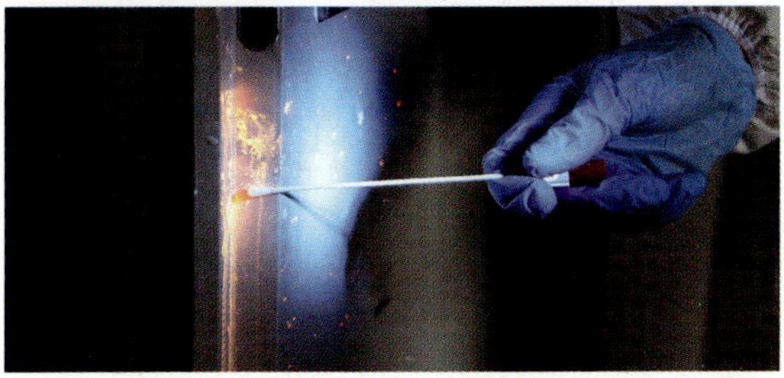

L'oxydation du luminol $C_8H_7N_3O_2$ par l'eau oxygénée conduit à l'émission d'une lumière bleutée. Toutefois, cette réaction est très lente : sa durée se compte en mois. On étudie sa cinétique en présence d'un catalyseur, les ions fer (III).

Données. *Demi-équations électroniques :*
$H_2O_2\,(aq) + 2\,e^- \rightleftharpoons 2\,HO^-\,(aq)$;
$C_8H_7N_3O_2\,(aq) + 6\,HO^-\,(aq) \rightleftharpoons 4\,H_2O\,(l) + C_8H_5NO_4^{2-}\,(aq) + N_2\,(g) + 4\,e^-$.
Pour un gaz considéré comme parfait, il existe une relation entre sa pression P, le volume V qu'il occupe, sa quantité de matière n et sa température T : $P(Pa) \cdot V(m^3) = n(mol) \cdot R(USI) \cdot T(K)$ *où* $R = 8{,}314$ *USI.*

1. Écrire l'équation de l'oxydation du luminol.

2. Quelle caractéristique physique du système permet de suivre l'évolution de la réaction ?

Dans une enceinte fermée, on introduit une solution basique contenant 1,0 g de luminol et 0,50 mL d'eau oxygénée à 5,6 mol · L^{-1} en présence d'ions fer (III). On mesure l'évolution temporelle de la pression P du volume de gaz $V_{gaz} = 2{,}1$ L contenu dans l'enceinte à la température de 300 K.

3. Soit n_{air} la quantité de matière d'air initialement présente dans l'enceinte. Exprimer la pression de l'air initiale P_0 en fonction de n_{air}, V_{gaz}, R et T.

4. a. Soit n_{N_2} la quantité de matière de diazote formé au cours de la réaction. Exprimer P en fonction de n_{air}, n_{N_2}, V_{gaz}, R et T.

b. En déduire l'expression de la surpression $P - P_0$.

5. Déterminer la valeur de l'avancement maximal noté x_{max}.

6. a. Établir la relation entre l'avancement de la réaction x, la surpression $(P - P_0)$, V_{gaz}, R et T.

b. On mesure, dans l'état final, une surpression de 1 660 Pa. Retrouver la valeur x_{max} de l'avancement maximal.

7. Un logiciel permet de tracer la courbe $x = f(t)$ à partir des résultats expérimentaux :

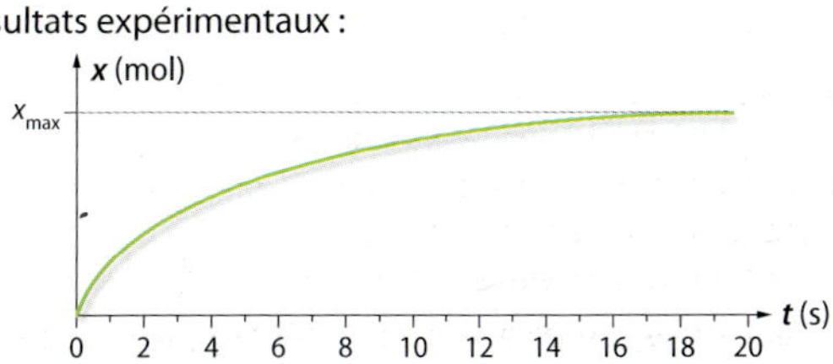

Déterminer le temps de demi-réaction.

8. Les ions fer (III) jouent le rôle de catalyseur. Qu'est-ce qu'un catalyseur ?

9. B2i Expliquer, à l'aide d'une recherche sur Internet, pourquoi cette transformation est intéressante en criminologie.

En route vers le Supérieur

23 ★★ La vitesse de réaction

L'ion permanganate MnO_4^- (aq) réagit avec l'acide oxalique $C_2H_2O_4$ (aq) en milieu acide au cours d'une transformation modélisée par l'équation chimique suivante :

$$2\,MnO_4^-\,(aq) + 5\,C_2H_2O_4\,(aq) + 6\,H^+\,(aq) \rightarrow 2\,Mn^{2+}\,(aq) + 10\,CO_2\,(aq) + 8\,H_2O\,(l)$$

Toutes les espèces chimiques intervenant dans cette réaction sont incolores, sauf l'ion permanganate. On mélange un volume $V_1 = 1{,}00$ mL de la solution aqueuse acidifiée de permanganate de potassium, de concentration $c_1 = 9{,}50 \times 10^{-4}$ mol · L^{-1}, à un volume $V_2 = 1{,}00$ mL d'une solution aqueuse d'acide oxalique, de concentration $c_2 = 2{,}50 \times 10^{-2}$ mol · L^{-1}. La transformation chimique étant lente, on peut suivre son évolution en mesurant l'absorbance A du mélange réactionnel en fonction du temps et en déduire ainsi l'évolution temporelle de l'avancement.

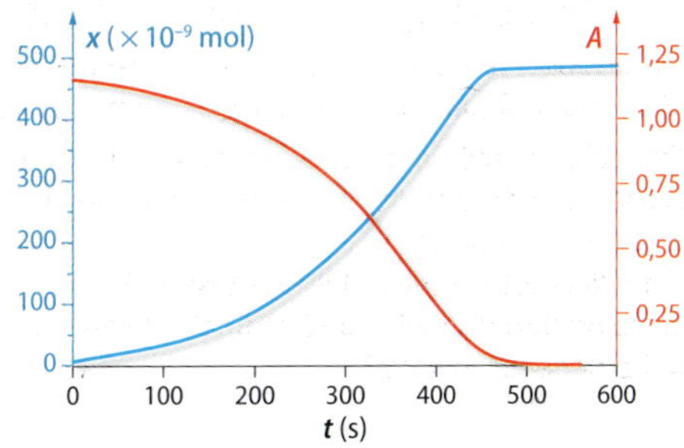

1. Donner la relation entre l'absorbance du milieu et la concentration de l'espèce qui est responsable de sa couleur.

2. En quoi la courbe $A = f(t)$ permet-elle de déterminer le réactif limitant ?

3. Déterminer la valeur de l'avancement final x_f.

4. Calculer la valeur de la concentration molaire en ions Mn^{2+} (aq) produits lors de cette réaction chimique.

5. La vitesse volumique de réaction v (en mol · L^{-1} · s^{-1}) est donnée par l'expression $\frac{1}{V_1 + V_2} \cdot \frac{dx(t)}{dt}$. Expliquer de quelle façon, à l'aide de la courbe $x = f(t)$, on peut apprécier qualitativement son évolution temporelle.

6. Justifier l'affirmation suivante :

« À température constante, la vitesse volumique de réaction augmente en général avec la concentration des réactifs. »

7. Décrire précisément l'évolution temporelle de la vitesse volumique de réaction dans le cas de la réaction étudiée. Cette évolution est-elle conforme à l'affirmation donnée à la question **6** ?

8. On fait l'hypothèse que l'un des produits formés au cours de la réaction est un catalyseur.

En quoi cette hypothèse permet-elle d'expliquer la différence entre l'affirmation proposée à la question **6** et le résultat expérimental ?

Pour préparer le BAC

Énoncé type

Synthèse industrielle de l'ammoniac

L'ammoniac NH_3 est l'un des précurseurs fondamentaux de la chimie industrielle. Il est synthétisé à partir de diazote N_2 et de dihydrogène H_2, selon la réaction d'équation $N_2\ (g) + 3\ H_2\ (g) \rightarrow 2\ NH_3\ (g)$.
On cherche à choisir les meilleures conditions expérimentales pour favoriser cette réaction. Si un abaissement de la température favorise la formation de l'ammoniac, il augmente cependant significativement la durée de la réaction chimique. L'utilisation d'un catalyseur est donc envisagée : en effet, celui-ci permet d'abaisser la durée d'évolution d'une réaction. Par ailleurs, l'injection des deux gaz à haute pression dans le réacteur favorise la formation de l'ammoniac.
Considérant tous ces facteurs, la synthèse industrielle de l'ammoniac s'effectue en phase gazeuse. Les réactifs sont introduits dans les proportions stœchiométriques et leur réaction a lieu à la surface d'un catalyseur très divisé, sous une pression comprise entre 100 et 200 bars et à une température comprise entre 350 et 500 °C.

1. a. Quelles sont les conditions de synthèse qui influencent l'état final du système en favorisant la formation d'ammoniac ?

b. Quelle est l'incidence d'une augmentation de la température sur la réaction de synthèse considérée ? Commenter relativement à la réponse précédente.

2. a. Quel est le rôle d'un catalyseur ?

b. Comment qualifier la catalyse envisagée lors de cette synthèse ?

3. Expliciter l'expression « catalyseur très divisé » et en préciser l'intérêt.

4. En supposant l'avancement final atteint lors de cette réaction, calculer le volume de dihydrogène, pris dans les conditions normales de température et de pression, nécessaire à la synthèse quotidienne de 1,0 t d'ammoniac.

Données. *Dans les conditions normales de température et de pression, une mole de gaz occupe un volume de 22,4 L.*

5. Le dihydrogène nécessaire à la synthèse de l'ammoniac est obtenu par reformage du méthane selon : $CH_4\ (g) + 2\ H_2O\ (l) \rightarrow 4\ H_2\ (g) + CO_2\ (g)$.

a. Calculer la masse de CO_2 coproduite lors de la synthèse de 1,0 t de NH_3.

b. Quel inconvénient majeur présente cette coproduction d'un point de vue environnemental ?

Les compétences évaluées

- Connaître quelques paramètres influençant l'évolution temporelle d'une réaction chimique.
- Mettre en évidence le rôle d'un catalyseur.

➤ Coups de pouce

1. b. La température est un facteur cinétique.

2. b. Comparer l'état physique des réactifs et celui du catalyseur.

3. À l'échelle microscopique, une réaction implique que les molécules engagées se rencontrent.

5. b. Le dioxyde de carbone est un gaz à effet de serre.

EXEMPLE DE RÉSOLUTION

1. a. La formation de l'ammoniac est favorisée si la **température est abaissée** et si la **pression** des gaz injectés dans le réacteur est **élevée**.

b. La température est un facteur cinétique, son augmentation conduit à la diminution de la durée d'évolution du système considéré. Toutefois, dans le cas de la synthèse de l'ammoniac, une **température intermédiaire** sera privilégiée pour ne pas aller à l'encontre de la formation de l'ammoniac.

2. a. Un catalyseur **accélère** ou **oriente** une réaction sans modifier l'état final.

b. La catalyse est **hétérogène** : le catalyseur est solide et les réactifs sont gazeux, ils ne sont pas dans le même état physique.

3. Le fait que le catalyseur soit « très divisé » signifie que l'on **multiplie les lieux de la réaction**, ce qui diminue la durée d'évolution du système chimique.

4. En notant $n_f(NH_3)$ la quantité d'ammoniac formé :

$n_f(NH_3) = m(NH_3)/M(NH_3)$.

$n_f(NH_3) = 1{,}0 \times 10^6/17{,}0 = 5{,}9 \times 10^4$ mol.

En regard de la stœchiométrie de la réaction de synthèse,

$n_f(NH_3)/2 = n_i(H_2)/3$, soit $n_i(H_2) = 8{,}9 \times 10^4$ mol.

Le volume de dihydrogène nécessaire est donc :

$$\boldsymbol{V(H_2) = 22{,}4 \times 8{,}9 \times 10^4 = 2{,}0 \times 10^6\ L}$$

5. a. D'après la stœchiométrie de la réaction de reformage, la quantité de matière de CO_2 produite est :

$n_f(CO_2) = n_f(H_2)/4 = 2{,}2 \times 10^4$ mol.

La masse de CO_2 produite est :

$m_f(CO_2) = n_f(CO_2) \cdot M(CO_2) = 2{,}2 \times 10^4 \times 44$

$$\boldsymbol{m_f(CO_2) = 9{,}7 \times 10^5\ g = 0{,}97\ t}$$

b. Le dioxyde de carbone est un **gaz à effet de serre**, sa production, si elle n'est pas stockée ou recyclée, participe donc au réchauffement climatique.

Pour préparer le BAC

Les compétences évaluées

- Suivre l'évolution dans le temps d'une réaction chimique.
- Connaître quelques paramètres influençant l'évolution temporelle d'une réaction chimique.
- Mettre en évidence le rôle d'un catalyseur.

Énoncé type

La synthèse d'une phéromone

Le transfert d'informations par signaux chimiques est courant chez les êtres vivants. Il se fait par le biais de molécules appelées phéromones.

On étudie la cinétique de la synthèse de la phéromone d'alarme de l'abeille, de formule brute $C_7H_{14}O_2$, produit de la réaction entre l'acide éthanoïque et le 3-méthylbutan-1-ol selon l'équation $H_3C–COOH + C_5H_{11}OH \rightarrow C_7H_{14}O_2 + H_2O$.

On prépare dix ampoules identiques, contenant chacune un mélange de 0,10 mol de chacun des réactifs et 3 gouttes d'acide sulfurique. Les ampoules sont fermées et placées dans une enceinte à température constante de 80 °C, à une date prise comme date initiale ($t = 0$).

À une date t donnée, on extrait une ampoule de l'enceinte, on la plonge dans un bain d'eau glacée et, par une méthode adaptée, on détermine l'avancement de la réaction de synthèse. On obtient la courbe ci-contre.

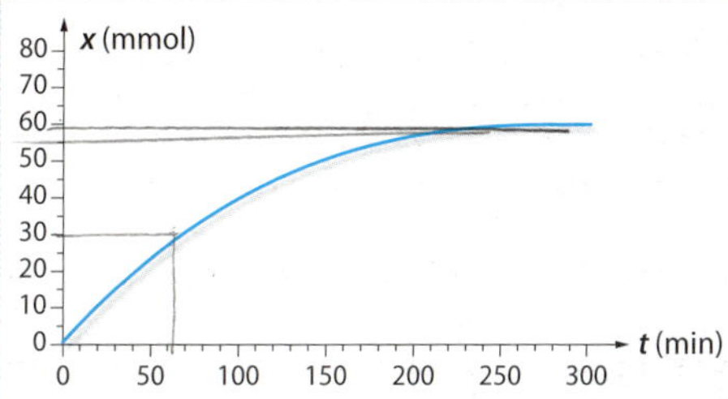

1. a. Pour quelle raison le milieu réactionnel est-il maintenu à 80 °C ?

b. Quel rôle joue l'acide sulfurique ?

2. Avant chaque mesure de l'avancement de la réaction, pourquoi plonge-t-on l'ampoule dans un bain d'eau glacée ?

3. Rechercher graphiquement la date à partir de laquelle le système atteint son état final et en déduire la valeur de l'avancement final x_f.

4. Définir le temps de demi-réaction $t_{1/2}$ et déterminer graphiquement sa valeur approchée.

5. a. L'avancement final de la réaction serait-il augmenté si l'on maintenait les ampoules dans une enceinte à une température supérieure à 80 °C ?

b. Tracer l'allure de la courbe $x = f(t)$ que l'on obtiendrait alors.

➤ Coups de pouce

1. a. La température est un facteur cinétique.

b. L'acide sulfurique n'apparaît pas dans le bilan.

2. On souhaite déterminer l'avancement à une date donnée d'une réaction qui continue à se dérouler.

5. Les facteurs cinétiques n'influencent pas l'avancement final d'une réaction.

EXEMPLE DE **RÉSOLUTION**

1. a. Si la réaction était effectuée à température ambiante, elle serait encore **plus lente**.

b. L'acide sulfurique est un **catalyseur**, il est ajouté au milieu réactionnel mais n'apparaît pas dans le bilan de la réaction. Son ajout conduit à réduire la durée d'évolution du système chimique.

2. Afin de déterminer l'avancement de la réaction de synthèse à une date donnée, il convient de « **stopper** » l'avancement de cette réaction, en refroidissant le milieu réactionnel.

3. Le système atteint son état final lorsque l'avancement reste constant, soit à partir de la date $t = 250$ min.

À cette date, l'avancement final de la réaction est égal à :

$x_f = 6{,}0 \times 10^{-2}$ **mol**

4. Le temps de demi-réaction est la durée au terme de laquelle l'avancement vaut la moitié de sa valeur finale. Graphiquement, on lit :

$t_{1/2} = 70$ **min**

5. a. L'état final d'un système chimique **n'est pas modifié par sa température**. Celle-ci n'a d'influence que sur la durée d'évolution du système. L'avancement final ne peut donc être augmenté grâce aux facteurs cinétiques.

b.

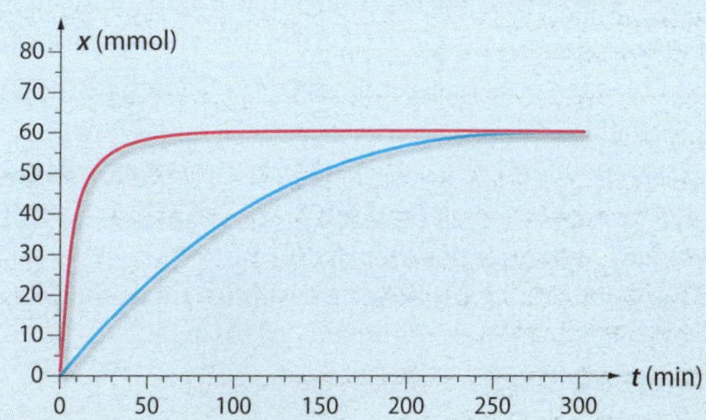

En route vers le BAC

1 Le curling

Dans une un revue sportive, on peut lire la définition suivante :

> *Curling* : jeu écossais qui remonte au XVIe siècle. On y joue sur une patinoire horizontale ; il s'agit d'atteindre un but circulaire avec un palet de pierre, muni d'une poignée, que l'on fait glisser sur la glace. Le palet pèse 20 kg.
>
> Le curling se joue entre équipes de quatre. Quand un joueur tire, deux de ses partenaires peuvent balayer la glace devant le palet pour en faciliter le glissement. Chaque joueur lance deux palets.

A. Dans cette partie, les frottements sont négligés.

Un joueur pousse le palet pendant 3,0 s avec une action mécanique modélisée par une force $\vec{F}$ constante, suivant une trajectoire rectiligne. Le palet passe ainsi de l'immobilité (à $t_0 = 0$ s) à la vitesse de lancement $v_L = 2{,}1$ m · s^{-1} (à $t_L = 3{,}0$ s).

Le palet poursuit ensuite, seul, sa trajectoire sur la glace.

1. a. Quel est le référentiel d'étude choisi pour l'étude de ce mouvement ? Peut-il être considéré comme galiléen ?
b. Quel système choisir ? Est-il pseudo-isolé ?

2. a. Après avoir écrit la deuxième loi de Newton pour le système pendant la phase de lancement, montrer que, pendant cette phase, son mouvement est rectiligne uniformément accéléré.
b. Exprimer cette accélération en fonction de v_L et de t_L, puis la calculer.
c. En déduire l'intensité de la force $\vec{F}$.

3. Quel est le mouvement du centre d'inertie à une date $t > 3{,}0$ s ?

B. En réalité, il existe des frottements : le palet lancé avec la vitesse v_L précédente parcourt une distance $d = 40$ m avant d'atteindre le but avec une vitesse que l'on considère comme nulle.

1. a. Exprimer puis calculer la variation d'énergie cinétique ΔE_c du palet.
b. À quoi peut être due cette variation d'énergie cinétique ?

2. a. Exprimer le travail de la force $\vec{f}$ qui modélise les frottements, puis indiquer pourquoi il est résistant.
b. Que peut-on dire du travail des autres forces modélisant les actions mécaniques qui s'exercent sur le palet ?

3. En déduire l'intensité de la force $\vec{f}$.

4. En déduire l'intensité de la force $\vec{F}'$, qui modélise l'action mécanique réellement exercée par le joueur.

2 Oscillateur mécanique

Une table à digitaliser est un dispositif permettant d'enregistrer les positions d'un système mécanique en fonction du temps.

Un solide S, de masse $m = 100$ g, relié à une soufflerie réglable, est accroché à deux ressorts identiques à spires non jointives. On enregistre la position de son centre d'inertie G au cours du temps à l'aide de l'ordinateur connecté à une table à digitaliser horizontale.

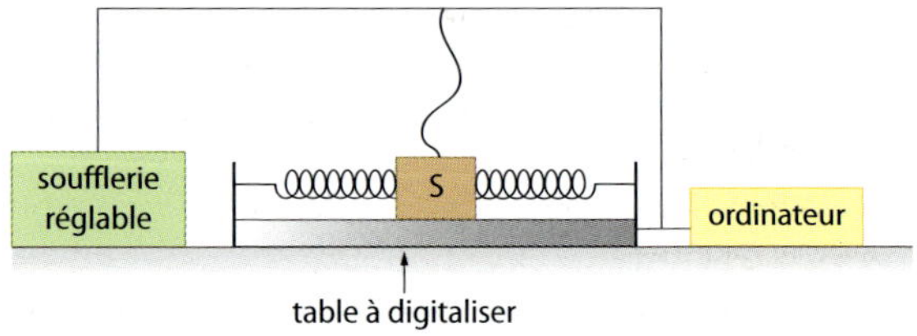

L'oscillateur décrit ci-dessus est équivalent à un solide de masse m accroché à un seul ressort à spires non jointives de constante de raideur k. La position du centre d'inertie G du solide est repérée par son abscisse x dans le repère (O ; x) :

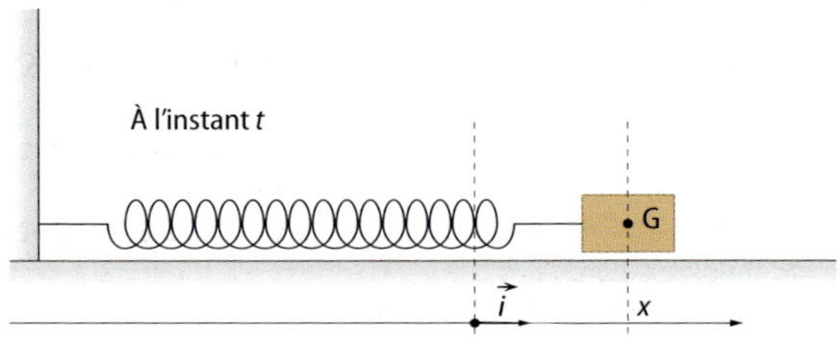

À l'équilibre, le centre d'inertie G coïncide avec l'origine O du repère.

L'action mécanique exercée par le ressort sur le solide peut se modéliser par une force de valeur $F = k \cdot x$.

On réalise trois enregistrements dans les conditions suivantes :

ⓐ soufflerie à puissance maximale ;

ⓑ puissance de la soufflerie légèrement diminuée ;

ⓒ puissance de la soufflerie fortement diminuée.

Les enregistrements 1, 2 et 3 ci-dessous sont obtenus :

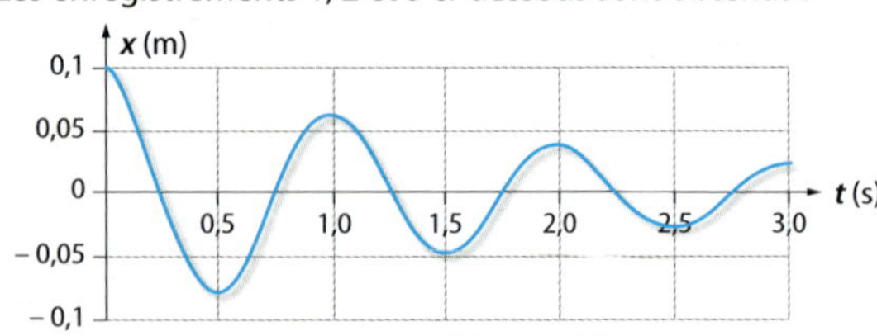

enregistrement 1

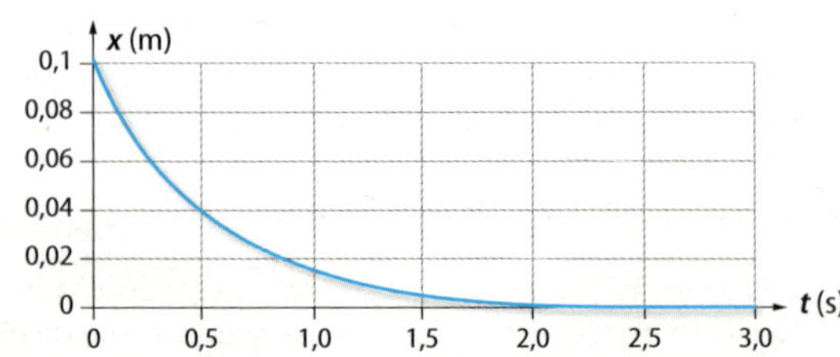

enregistrement 2

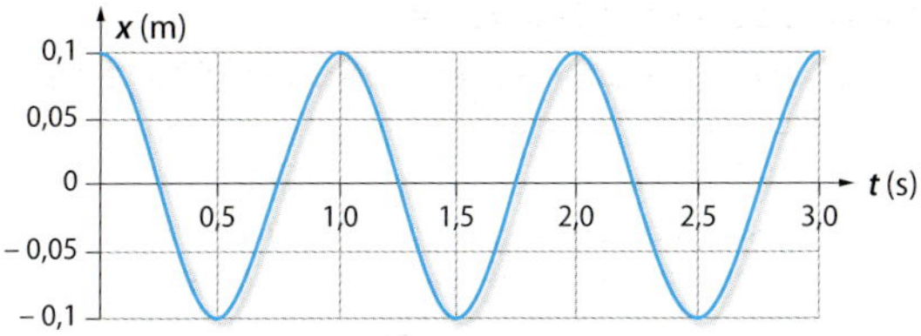

enregistrement 3

1. Pour chacun des trois enregistrements, indiquer :
– la condition (a, b ou c) de fonctionnement de la soufflerie ;
– le régime d'évolution (périodique, pseudo-périodique ou apériodique).

Dans toute la suite, on se place dans le cas où les frottements sont négligeables.

2. a. Déterminer la période propre T_0 de l'oscillateur en utilisant l'un des enregistrements précédents.
b. À l'aide d'une analyse dimensionnelle, déterminer l'expression de la période propre T_0 parmi celles proposées ci-dessous :

$$T_0 = 2\pi\sqrt{\frac{m}{k}}\ ; \quad T_0 = 2\pi\sqrt{\frac{k}{m}}\ ; \quad T_0 = 2\pi\frac{m}{k}$$

c. En déduire la valeur numérique de la constante de raideur k du ressort équivalent.

3. On étudie maintenant les différentes formes d'énergie du solide dans le cas du régime périodique.
a. Pour le système {ressort-solide S}, exprimer à une date t, en fonction de k, m, x et v :
– l'énergie potentielle élastique E_p ;
– l'énergie cinétique E_c.
b. Donner l'expression de l'énergie mécanique E_m en fonction de E_p et E_c.
c. Que peut-on dire de l'énergie mécanique au cours du mouvement ?
d. Exprimer et calculer l'énergie mécanique à $t = 0$ (date à laquelle le ressort est lâché).
e. En déduire la vitesse de S au passage par sa position d'équilibre.

4. Les figures ci-dessous représentent les variations au cours du temps des différentes énergies E_m, E_p et E_c :

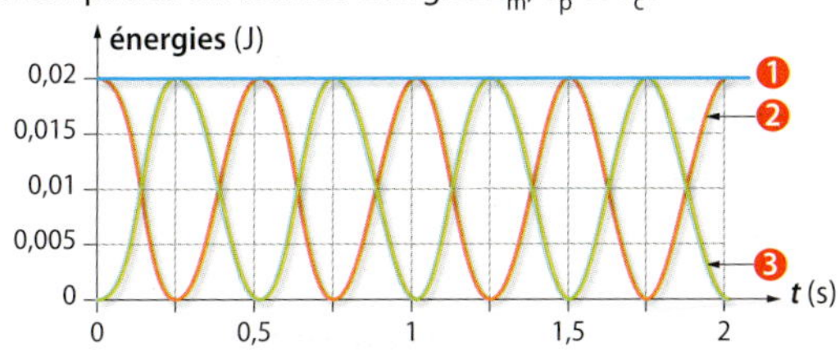

Associer à chaque courbe 1, 2 et 3, le type d'énergie.

Dans le cas d'un régime pseudo-périodique, pourquoi l'énergie mécanique E_m diminue-t-elle au cours du temps ?

3 L'ascension de la fusée Ariane

Le lanceur Ariane est une fusée à trois étages dont la hauteur totale est de 47,4 m. Elle pèse, avec le satellite qu'elle transporte, 208 tonnes au décollage.

Le premier étage, qui fonctionne pendant 145 secondes, est équipé de 4 moteurs Viking V, alimentés par 147,5 tonnes de peroxyde d'azote N_2O_4.

L'intensité de la force de poussée totale $\vec{F}$ de ces 4 réacteurs est constante pendant leur fonctionnement, et vaut $F = 2\,445$ kN. Ce lanceur permet de mettre sur orbites différents types de satellites.

Le champ de pesanteur $\vec{g}$ est supposé uniforme : son intensité est $g_0 = 9{,}8\ \text{m} \cdot \text{s}^{-2}$.

On étudie le mouvement de la fusée dans le référentiel terrestre, qu'on suppose galiléen. On choisit un axe (Oz) vertical, dirigé vers le haut.

1. Représenter sur un schéma, en les nommant, les deux forces qui modélisent les actions mécaniques agissant sur la fusée Ariane lorsqu'elle s'élève verticalement. On néglige les frottements de l'air.

2. À un instant quelconque, la masse de la fusée est m. Déterminer, en fonction de m et des intensités des deux forces précédentes, la valeur de l'accélération a.

3. a. On considère d'abord la situation au décollage. La masse de la fusée vaut alors m_1.
Calculer la valeur numérique de l'accélération a_1 à cet instant.
b. On envisage la situation immédiatement avant que tout le peroxyde d'azote ne soit consommé. La masse de la fusée vaut alors m_2.
Calculer la valeur numérique de m_2, puis celle de l'accélération a_2 à cet instant.
c. Le mouvement d'ascension de la fusée est-il uniformément accéléré ?

4. La vitesse d'éjection $\vec{v}_g$ des gaz issus de la combustion du peroxyde d'azote est donnée par la relation : $\vec{v}_g = \dfrac{\Delta t}{\Delta m} \cdot \vec{F}$, où $\dfrac{\Delta t}{\Delta m}$ est l'inverse de la variation de masse de la fusée par unité de temps et caractérise la consommation des moteurs.
a. Vérifier l'unité de v_g par analyse dimensionnelle.
b. Calculer la valeur numérique de v_g.
c. Quel est le signe de $\dfrac{\Delta t}{\Delta m}$?
d. En déduire le sens de $\vec{v}_g$.

5. À l'aide d'une loi connue, que l'on énoncera, expliquer pourquoi l'éjection des gaz propulse la fusée vers le haut.

4 Satellites et GPS

Quel que soit l'endroit où l'on se trouve, le GPS (de l'anglais *Global Positional System*) renseigne à la fois sur la position géographique, l'altitude et l'heure exacte.

L'utilisateur est muni d'un récepteur qui mesure la distance qui le sépare d'au moins 4 des 24 satellites qui forment le système Navstar. Le récepteur convertit ensuite ces distances pour retrouver les coordonnées de l'utilisateur (latitude, longitude et altitude).

En route vers le BAC

Ces satellites sont répartis sur six orbites circulaires, inclinées d'un angle de 55° par rapport à l'équateur. Ils se situent à une altitude de 20 180 kilomètres et leur vitesse, voisine de 14 000 $km \cdot h^{-1}$, leur permet d'orbiter autour de la Terre en 12 heures.

La disposition de ces satellites est telle que, 99,9 % du temps, et quelle que soit sa position sur Terre, on puisse observer quatre d'entre eux.

Données. *Intensité de la pesanteur :* $g = 9{,}81\ m \cdot s^{-2}$.
Masse de la Terre : $M_T = 5{,}98 \times 10^{24}$ *kg.*
Rayon de la Terre : $R_T = 6\ 380$ *km.*
Constante de gravitation : $G = 6{,}67 \times 10^{-11}\ N \cdot kg^{-2} \cdot m^2$.

On rappelle que l'orbite des satellites est circulaire.

1. a. Définir le référentiel d'étude.
b. Quelle est l'expression vectorielle de l'accélération $\vec{a}$ d'un satellite en fonction des données de l'énoncé ?
c. Montrer que le mouvement circulaire d'un satellite est uniforme.

2. Établir l'expression de la vitesse d'un satellite en fonction de G, R_T, M_T, h dans un référentiel géocentrique. (h désigne l'altitude du satellite.)

3. Vérifier que la vitesse des satellites sur leur orbite et la période T de rotation, données dans le texte, sont compatibles avec l'altitude.

4. Un satellite est dit géostationnaire lorsqu'il est fixe par rapport à un point de la surface terrestre. Les satellites utilisés pour le GPS sont-ils géostationnaires ? Justifier.

5 Satellites de Neptune

Neptune est le dernier et le plus lointain des mondes géants que la sonde Voyager 2 nous ait fait découvrir. Cette planète porte le nom du dieu romain de la mer. Les photographies de la planète, par leur couleur bleu sombre, justifient pleinement cette association avec la mer.

Neptune possède plusieurs satellites, parmi lesquels Triton et Néréide, les plus connus. L'astronome britannique William Lassel a découvert Triton un mois après la découverte de la planète, en 1845. C'est un satellite gros comme la Lune, qui mesure environ 4 200 km de diamètre. Il fait partie des plus gros satellites du système solaire après Ganymède, Titan et Callisto. L'orbite de Triton est circulaire autour du centre de Neptune. Découvert en 1949, *Néréide est au contraire assez petit (320 km de diamètre) et a une orbite très elliptique*, la plus allongée de tous les satellites. Néréide met 360 jours pour boucler son orbite. Voyager 2 a permis de localiser six nouveaux satellites entre Neptune et Triton.

D'après un article publié sur le site du Club Astro Antares.

Données. *1 jour solaire = 86 400 s.*
Constante de gravitation : $G = 6{,}67 \times 10^{-11}\ m^3 \cdot kg^{-1} \cdot s^{-2}$.
Masse de Neptune : $M_N = 1{,}025 \times 10^{26}$ *kg.*
Masse de Triton : $M_t = 2{,}147 \times 10^{22}$ *kg.*
Rayon orbital de Triton : $R_t = 3{,}547 \times 10^5$ *km.*
Période de révolution de Triton : $T_{rév} = 5{,}877$ *jours solaires.*
Période de rotation de Triton : $T_{rot} = 5{,}877$ *jours solaires.*
Vitesse orbitale de Triton : $v_0 = 4\ km \cdot s^{-1}$.
Longueur du demi-grand axe de Néréide : $a = 5\ 513 \times 10^3$ *km.*

Les rayons ou les demi-grands axes des orbites sont supposés grands devant les dimensions de Neptune ou de ses satellites.

1. Parmi les qualificatifs suivants, choisir celui qui est adapté pour qualifier le référentiel dans lequel est décrite l'orbite dans la phrase du texte en italique.
a. héliocentrique ; **b.** néreidocentrique ;
c. neptunocentrique ; **d.** géocentrique.

2. Énoncer les première et deuxième lois de Kepler appliquées au cas étudié ici.

3. Recopier la figure ci-dessous et placer sur celle-ci la longueur a du demi-grand axe de Néréide.

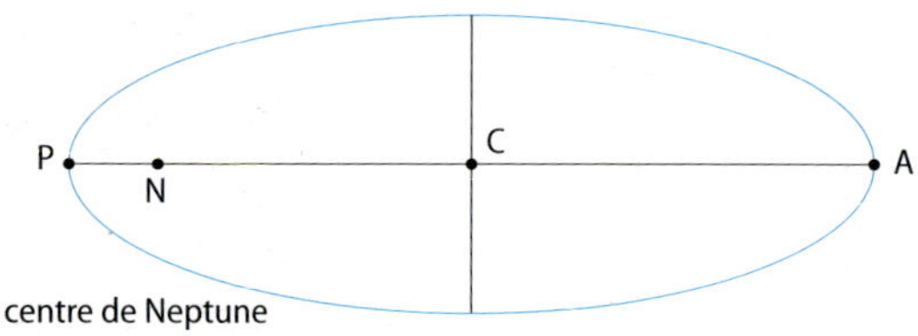

N : centre de Neptune
C : centre de l'ellipse

4. On considère les aires balayées par le segment reliant Neptune à Néréide pendant une même durée en différents points de l'orbite. Sur la figure ci-dessous, elles correspondent aux aires des surfaces formées par les points N, P_1 et P_2 autour du point P, d'une part, et N, A_1 et A_2 autour du point A, d'autre part.

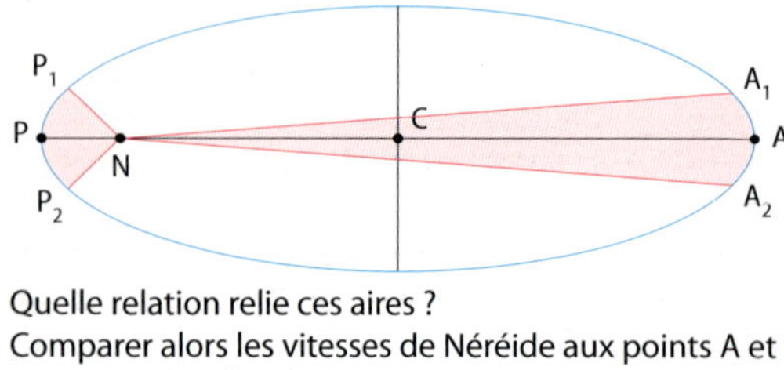

a. Quelle relation relie ces aires ?
b. Comparer alors les vitesses de Néréide aux points A et P.

5. On souhaite déterminer la période de révolution $T_{Nér}$ de Néréide.
a. Écrire la troisième loi de Kepler.
b. Calculer la valeur de $T_{rév}/R_t$ en $s^2 \cdot m^{-3}$.
c. À l'aide des questions précédentes, en déduire la période de révolution T_{Ner} de Néréide. Comparer à la valeur donnée dans le texte.

6 Horloges

Les êtres humains ont une connaissance intuitive de « l'écoulement du temps ».

1. Citer des phénomènes naturels permettant à l'Homme de mesurer cet écoulement, en l'absence de tout instrument de mesure préalablement construit.

2. Voici deux propositions :
« Le skieur a effectué la descente en 76 s. »
« Le train est entré en gare à 6 h 48 min. »

Existe-t-il une différence entre les deux concepts de mesure qui leur sont associés ? Si oui, préciser ces deux concepts et indiquer celui qui, selon vous, intervient dans la réalisation des divers instruments de « mesure du temps ».

3. Les appareils utilisés pour dater les événements sont appelés horloges.
a. Quelles doivent être les qualités du phénomène commandant le fonctionnement d'une horloge ?
b. Citer des types d'horloges utilisées au cours de l'Histoire pour mesurer des intervalles de temps.

4. Quel est le phénomène qui permet de définir actuellement la seconde ?

7 Neutrons cosmiques

Le rayonnement cosmique regroupe l'ensemble des particules qui circulent dans le vide de l'espace. Ses origines ne sont pas encore clairement identifiées et sont sans doute multiples. On évoque comme sources possibles les étoiles ou les supernovas.

Ce rayonnement est notamment constitué de neutrons, qui se propagent à une vitesse proche de celle de la lumière : 0,999 999 999 999 995 c. Leur durée de vie propre est d'environ 1 000 s.

Données. *Vitesse de la lumière dans le vide :* $c = 3{,}00 \times 10^8\ m \cdot s^{-1}$.
Relation entre durée mesurée et durée propre :
$\Delta t_m = \gamma \cdot \Delta t_p$ *avec* $\gamma = 1/(1 - (v/c)^2)^{1/2}$.
1 année de lumière est la distance parcourue par la lumière en une année.

1. a. Déterminer la durée de vie d'un neutron cosmique mesurée par un observateur considéré comme fixe.
b. En déduire la distance que peut parcourir un neutron cosmique dans l'espace selon ce même observateur.

2. a. Un tel neutron pourrait-il provenir de l'étoile Alpha du Centaure, distante de la Terre de 4 années de lumière ?
b. Si oui, quelle serait la durée du trajet pour le neutron ? pour un observateur terrestre ?

8 Oxydation du propan-2-ol

À 30 °C, le propan-2-ol est lentement oxydé par les ions permanganate MnO_4^- (aq) pour former de la propanone C_3H_6O.

À une date $t = 0$, on introduit dans un erlenmeyer 1,0 mL de propan-2-ol et 50,0 mL d'une solution de permanganate de potassium acidifié (K^+ (aq) + MnO_4^- (aq)), de concentration molaire $c_0 = 0{,}20\ mol \cdot L^{-1}$.

Données. *Masse volumique du propan-2-ol :* $\rho(C_3H_8O) = 0{,}785\ g \cdot mL^{-1}$.
Couples redox : C_3H_6O *(aq)/*C_3H_8O *(aq) ;* MnO_4^- *(aq)/*Mn^{2+} *(aq).*
Seul l'ion MnO_4^- *(aq) est coloré (violet).*

On souhaite étudier les variations temporelles de l'avancement x de la réaction. Pour cela, on prélève à une date t un volume du mélange réactionnel auquel on ajoute de l'eau glacée. On détermine ensuite, par une méthode appelée dosage, la concentration des ions permanganate contenus dans ce prélèvement pour pouvoir déterminer l'avancement x de la réaction étudiée. On renouvelle l'opération à différentes dates et on obtient la courbe ⓐ ci-dessous :

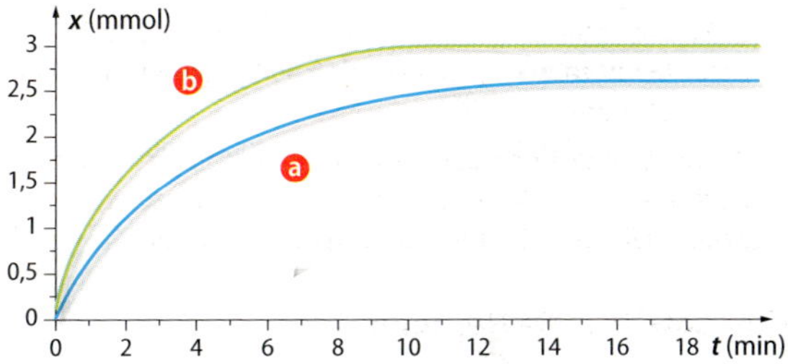

1. Écrire l'équation de la réaction étudiée.

2. a. Quelle caractéristique physique du système varie au cours de la réaction considérée ?
b. De quelle façon aurait-on pu alors également suivre la cinétique de cette réaction ?

3. Pour quelle raison introduit-on de l'eau glacée dans les prélèvements ?

4. Définir le temps de demi-réaction $t_{1/2}$, puis déterminer graphiquement sa valeur.

On met maintenant en œuvre cette même réaction, mais en faisant varier les conditions expérimentales :

	Quantité d'ions MnO_4^- introduits	Quantité de C_3H_8O introduit	Température
Expérience 2	$1{,}0 \times 10^{-2}$ mol	$1{,}3 \times 10^{-2}$ mol	20 °C
Expérience 3	$2{,}0 \times 10^{-2}$ mol	$1{,}3 \times 10^{-2}$ mol	30 °C

5. Pour chacune des expériences réalisées, représenter l'allure de la courbe d'évolution temporelle de l'avancement que l'on obtiendrait.

6. La courbe ⓑ aurait-elle pu être obtenue en ajoutant un catalyseur au milieu réactionnel de l'expérience 3 ? Justifier.

Activité 1

Activité de découverte

Compétences scientifiques évaluées
- Extraire une information utile.
- Communiquer et argumenter en utilisant un vocabulaire scientifique adapté.

Représentations de molécules

Les chimistes ont proposé plusieurs façons de représenter les molécules, dont la représentation topologique et la représentation de Cram.

Étude de documents

Le tableau suivant donne différentes représentations de quelques molécules. Le code des couleurs utilisé par le logiciel de modélisation est : C, gris ; H, blanc ; O, rouge ; N, bleu ; Cℓ, vert ; Br, bordeaux.

	méthanol	acide 2-hydroxypropanoïque	glycine (acide α-aminé)	éthène
Représentation avec des modèles moléculaires	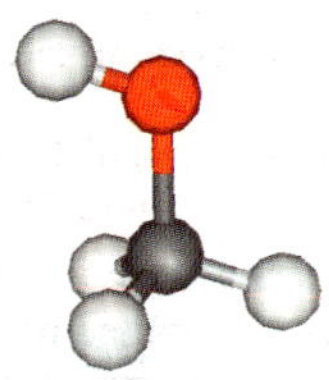	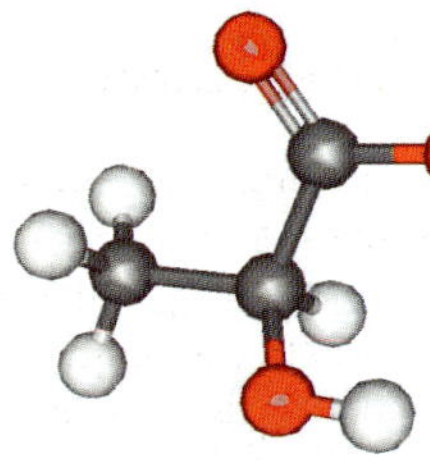	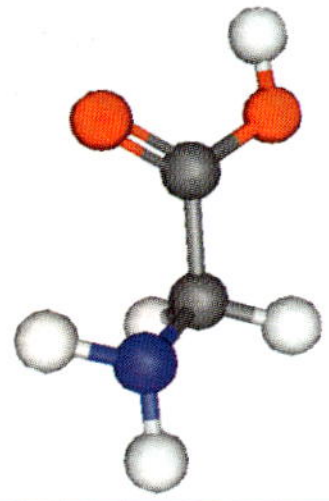	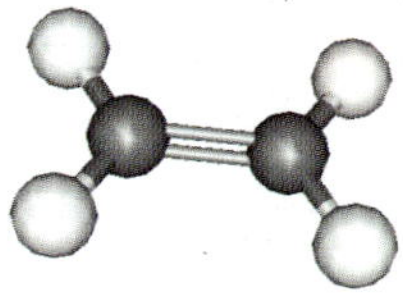
Représentation topologique	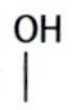	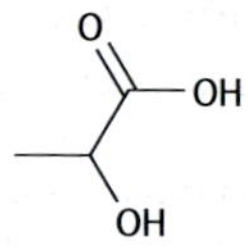	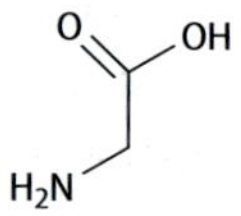	
Représentation de Cram	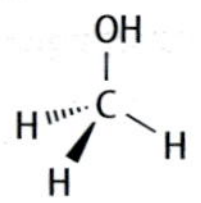	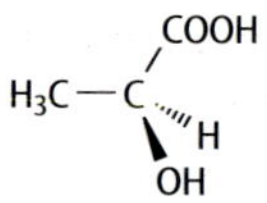	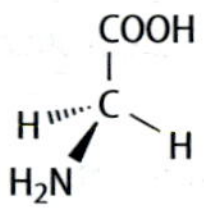	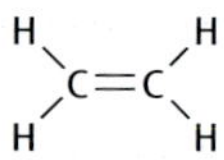

Pistes de réflexion

1 Dans la représentation topologique :

a. quels sont les atomes qui ne sont pas écrits ?

b. comment sont représentées les liaisons simples carbone-carbone ? Comment sont représentées les liaisons doubles ?

2 On souhaite comparer la représentation topologique à la représentation à l'aide de modèles moléculaires.

a. Quel est le principal intérêt de la représentation topologique ?

b. Quel est son inconvénient majeur ?

3 La représentation de Cram est parfois appelée « représentation des coins volants ». Justifier.

4 Recopier et compléter le tableau suivant, qui précise les conventions utilisées dans la représentation de Cram pour dessiner les liaisons entre les atomes.

Position de la liaison	Dans le plan de la feuille	En avant du plan	En arrière du plan
Dessin			

5 Quel est l'intérêt de la représentation de Cram :

a. par rapport à la représentation à l'aide de modèles moléculaires ?

b. par rapport à la représentation topologique ?

Pour conclure

6 Écrire la représentation topologique et la représentation de Cram du bromochlorométhane **a** et du butan-3-èn-2-ol **b** représentés ci-dessous. Dans la représentation de Cram de la molécule **b**, le groupe méthyle sera noté CH_3 et celui comportant la fonction alcène, C_2H_3.

a

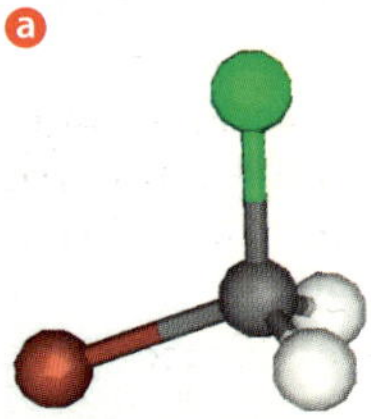

b

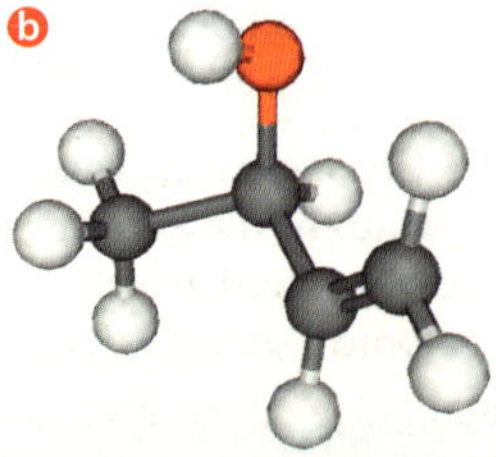

Activité 2

Activité documentaire

Compétences scientifiques évaluées
- Extraire une information utile.
- Formuler des hypothèses pertinentes.

Vidéo

Comment bien cuire un œuf ?

On dit souvent qu'il faut ajouter une pincée de sel ou un filet de vinaigre à l'eau de cuisson d'un œuf pour coaguler le blanc en cas de fêlure de la coquille.

Étude de documents

Le blanc des œufs est essentiellement constitué d'eau (environ 90 %) et de protéines, longues molécules biologiques constituées d'acides alpha-aminés. Tous les acides α-aminés ont la formule générale $H_2N–CHR–COOH$, où R constitue la chaîne latérale. Par exemple, dans l'ovalbumine, principale protéine du blanc d'œuf, on trouve, entre autres, les acides α-aminés représentés sur la **figure 1**.

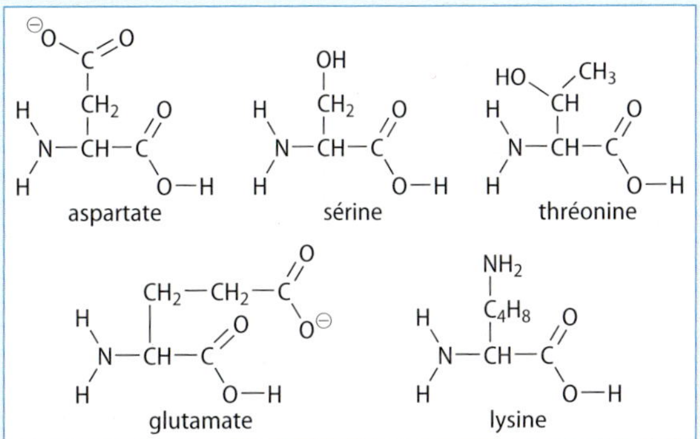

Fig. 1 Quelques acides α-aminés à l'origine des protéines présentes dans l'œuf.

Deux acides α-aminés peuvent réagir entre eux pour former une liaison, appelée liaison peptidique **(Fig. 2)**, par réaction entre un groupe –COOH d'un des acides α-aminés et le groupe $–NH_2$ de l'autre.

La nouvelle molécule formée présentant encore un groupe $–NH_2$ et un groupe –COOH, elle peut à son tour réagir avec un nouvel acide α-aminé… Il peut ainsi se former une protéine, macromolécule biologique, qui peut être représentée

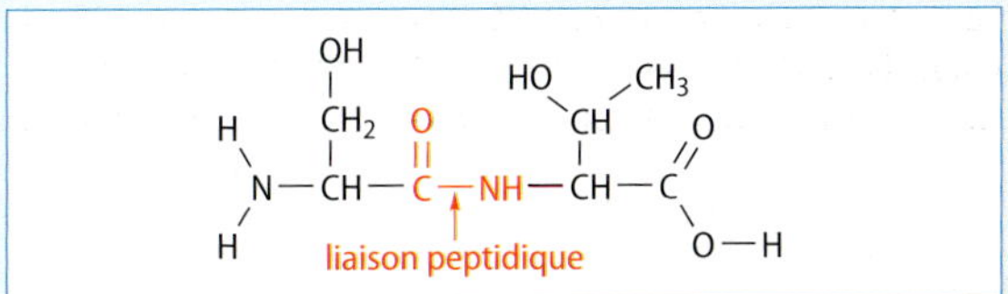

Fig. 2 Liaison peptidique entre la sérine et la thréonine.

par un long fil portant différents groupes d'atomes caractéristiques, qui dépendent des acides α-aminés de départ.

Sous l'effet de différentes interactions entre ces groupes (forces électrostatiques, liaisons hydrogène, interactions de van der Waals), les « fils » acquièrent une structure tridimensionnelle repliée **(Fig. 3 a)**, sans laquelle la protéine ne peut remplir sa fonction biologique.

Mais quand on chauffe les protéines, l'agitation des molécules augmente et les interactions qui permettaient leur repliement sont brisées : la protéine est *dénaturée*. Ces interactions rompues peuvent être reformées entre protéines voisines. Il se forme alors un réseau de filaments composé de plusieurs protéines : c'est pourquoi un œuf cuit est opaque **(Fig. 3 b)**.

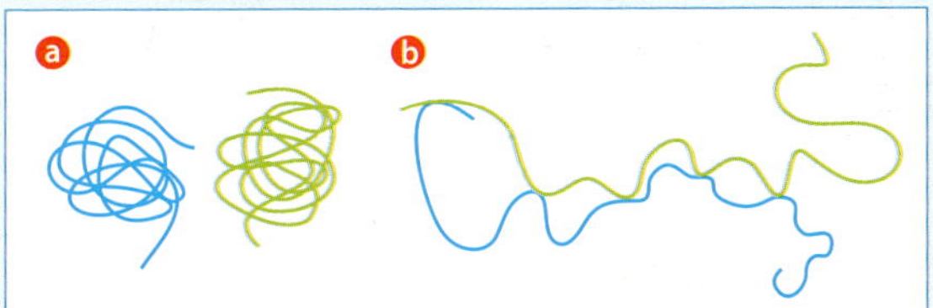

Fig. 3 Représentation de deux protéines (modélisées par un fil vert et un fil bleu) **a** dans l'œuf cru ; **b** dans l'œuf cuit.

Pistes de réflexion

1 Parmi les acides α-aminés de la **figure 1**, quels sont ceux qui peuvent être responsables :

a. de forces électrostatiques ?

b. de liaisons hydrogène ?

2 Lors de l'ajout de sel, des ions sodium Na^+ et chlorure $C\ell^-$ sont libérés dans l'eau.

a. Parmi les trois types d'interactions citées dans le document, quelles sont celles qui peuvent être perturbées par les ions sodium et chlorure, et donc conduire à la dénaturation des protéines ?

b. L'ajout de sucre, composé de molécules de saccharose, aurait-il le même effet ? Justifier.

3 On peut « cuire » suffisamment un œuf en le plongeant dans du vinaigre pendant plusieurs heures pour le rendre rebondissant.

Le vinaigre est une solution acide : quelle espèce chimique doit-il contenir ? En déduire pourquoi le vinaigre a ici le même effet que le sel.

Pour conclure

4 **a.** Lors de la cuisson de l'œuf, les liaisons covalentes entre atomes constitutifs d'une protéine donnée sont-elles modifiées ?

b. Quelle transformation structurale subissent les protéines lors de la cuisson de l'œuf ?

Activité 3

TP **Activité de simulation**

Compétences scientifiques évaluées
- Valider ou invalider des hypothèses.
- Extraire une information utile.

Conformations et énergie

Les conformations d'une molécule sont les différents arrangements de ses atomes qui peuvent être obtenus sans rupture de liaisons.

Principe

Pour une molécule donnée, les différents arrangements spatiaux des atomes, obtenus par rotation autour d'une liaison simple carbone-carbone, ne sont pas tous équivalents.

Mise en œuvre au laboratoire

Matériel
- boîte de modèles moléculaires compacts et éclatés

A. Molécule d'éthane

- Utiliser les modèles moléculaires mis à disposition pour construire le modèle éclaté et le modèle compact de l'éthane. Placer le modèle éclaté réalisé sur le bureau du professeur.

1 Les modèles éclatés des différents groupes sont-ils tous identiques ? Sinon, comment expliquer ces différences ?

- Reprendre le modèle éclaté et regarder la molécule selon l'axe C–C. Placer le groupe méthyle $-CH_3$ de derrière de telle sorte qu'une liaison C–H soit en position verticale, puis le maintenir fixe et faire tourner le groupe $-CH_3$ de devant. L'angle de torsion α, défini sur la figure 1, peut varier de 0° à 360°.

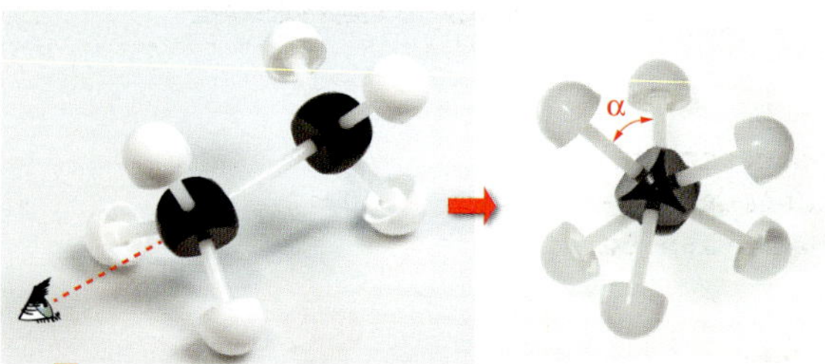

Fig. 1 Définition de l'angle de torsion α pour l'éthane.

2 Combien de conformations différentes peut-on obtenir ?

Parmi toutes les conformations possibles, on distingue :
– les conformations **éclipsées**, dans lesquelles les atomes d'hydrogène placés devant occultent ceux de derrière ;
– les conformations **décalées**, dans lesquelles les atomes d'hydrogène placés devant sont situés exactement à la même distance de deux atomes d'hydrogène de derrière.

3 Pour quelles valeurs de l'angle α les conformations sont-elles éclipsées ? décalées ?

4 **a.** À l'aide des modèles moléculaires, représenter une conformation éclipsée de l'éthane et écrire la représentation de Cram correspondante.

b. Même question pour une conformation décalée.

Des analyses conformationnelles permettent de tracer la courbe représentant l'évolution de l'énergie de la molécule en fonction de la valeur de l'angle α (Fig. 2), en prenant comme origine des énergies la conformation la plus stable.

5 D'après la figure 2, est-ce la conformation éclipsée ou la conformation décalée qui est la plus stable ?

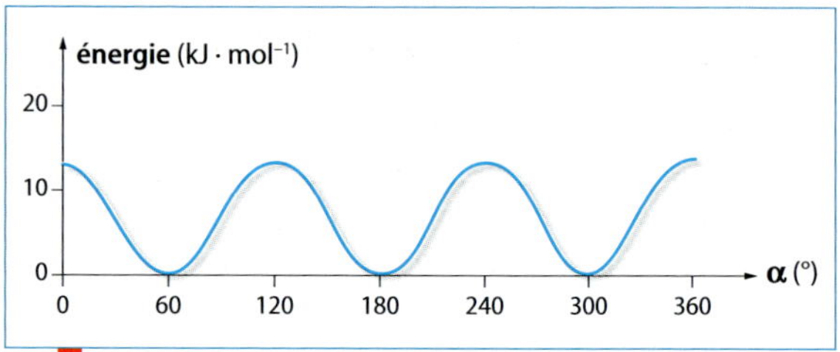

Fig. 2 Courbe d'énergie conformationnelle de l'éthane.

B. Molécule de 1,2-dichloroéthane

- Sur les modèles moléculaires éclaté et compact de l'éthane, substituer deux atomes d'hydrogène par deux atomes de chlore pour former le 1,2-dichloroéthane.
- Regarder la molécule selon l'axe C–C, en commençant par placer les deux liaisons C–Cℓ vers le haut en position verticale, puis maintenir fixe l'atome de carbone de derrière et faire tourner l'atome de carbone placé devant, faisant ainsi varier l'angle α, repéré entre les deux atomes de chlore, de 0° à 360°.

6 **a.** Utiliser les modèles moléculaires pour prévoir pour quelle valeur de l'angle α la molécule est la moins stable.

b. La courbe qualitative donnant l'énergie de la molécule en fonction de la valeur de l'angle α est donnée sur la figure 3. Confirme-t-elle la réponse à la question précédente ?

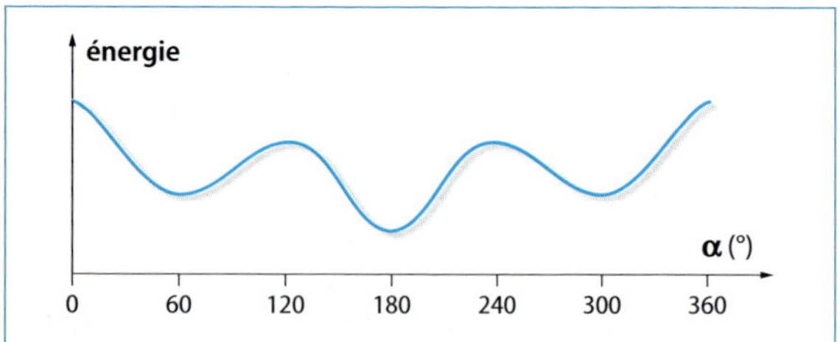

Fig. 3 Courbe d'énergie conformationnelle du 1,2-dichloroéthane.

7 **a.** D'après la figure 3, pour quel(s) angle(s) obtient-on la conformation la plus stable ?

b. Interpréter qualitativement ce résultat.

Pour conclure

8 **a.** Utiliser les modèles moléculaires pour visualiser ce qui vous semble être la conformation la plus stable du butane, en ne s'intéressant qu'à la rotation autour de la liaison entre les atomes de carbone 2 et 3 de la chaîne carbonée.

b. Donner la représentation de Cram correspondante.

1 Représentation topologique et représentation de Cram

› Activité 1

• La représentation topologique

Pour simplifier les représentations des molécules en chimie organique, on utilise souvent la **représentation topologique**, dans laquelle :
– les liaisons carbone-carbone sont représentées par des segments continus qui forment une ligne brisée ;
– les liaisons carbone-hydrogène, les atomes de carbone et les atomes d'hydrogène liés à des atomes de carbone ne sont pas représentés. Les liaisons mettant en jeu des atomes d'hydrogène sont également omises.

Exemple

Formule développée	Représentation topologique	Formule semi-développée	Représentation topologique
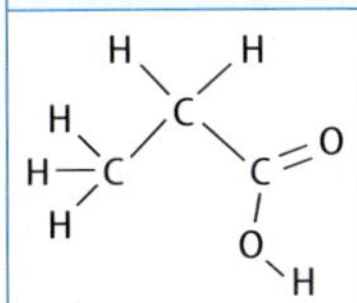	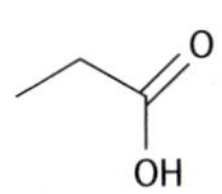	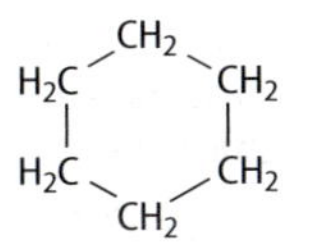	
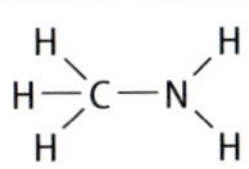	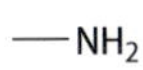	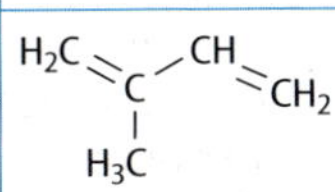	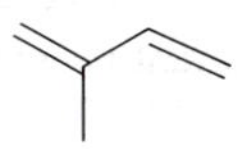

• La représentation de Cram

Les atomes qui constituent les molécules ne sont que très rarement contenus dans un même plan : les chimistes ont donc établi des conventions de représentation des molécules à **trois dimensions**. La **représentation de Cram** est l'une des plus utilisées.

La représentation de Cram repose sur les conventions suivantes :
– une liaison entre deux atomes contenus dans le plan de la feuille est représentée par un trait plein ;
– une liaison entre un atome dans le plan de la feuille et un atome situé en avant de ce plan est représentée par un triangle plein, dont la pointe est du côté de l'atome situé dans le plan ;
– une liaison entre un atome dans le plan de la feuille et un atome situé à l'arrière de ce plan est représentée par un segment en pointillés ou un triangle hachuré, dont la pointe est du côté de l'atome situé dans le plan.

Les **angles** entre les différentes liaisons doivent être **respectés au mieux** :
– **109°** entre des liaisons impliquant un carbone portant **4** atomes ou groupes ;
– **120°** entre des liaisons impliquant un carbone portant **3** atomes ou groupes.

Exemple

Le modèle moléculaire de la figure 1 ⓐ correspond à la molécule de 2-chloroéthanol. Les liaisons C–H et C–OH sont dans le plan de la feuille ; la liaison C–Cℓ est dirigée vers l'avant de ce plan, la liaison C–CH_3 est dirigée vers l'arrière, ce que traduisent les conventions de la représentation de Cram ⓑ et ⓒ.

➥ Exercices 1 à 6

Science et culture

Donald J. Cram

D.J. Cram, chimiste américain, a été colauréat du prix Nobel de Chimie en 1987, avec le Français J.-M. Lehn et l'Américain C. Pedersen, pour l'élaboration de molécules complexes qui, grâce à leur structure dans l'espace, interagissent de façon sélective avec d'autres molécules ou ions. Ce n'est donc pas pour sa célèbre représentation des molécules que Cram a obtenu le prix Nobel, mais cette représentation contribue à la compréhension de la structure des molécules.

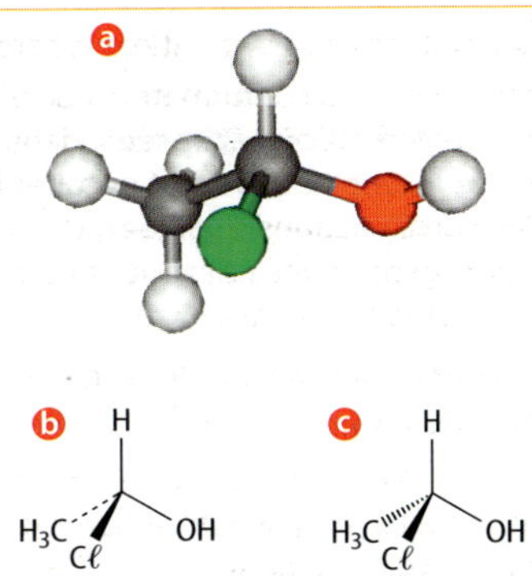

Fig. 1 Représentation d'une molécule : ⓐ avec un logiciel de simulation ; ⓑ avec la représentation de Cram et un segment en pointillés ; ⓒ avec la représentation de Cram et un triangle hachuré.

2 Conformations d'une molécule
› Activité 3

Rotation autour d'une liaison simple

L'utilisation de modèles moléculaires ou d'un logiciel de simulation montre qu'une **rotation est possible** autour des liaisons simples carbone-carbone : on obtient ainsi une infinité de **conformations** pour une même molécule.

Les conformations d'une molécule sont les différents arrangements de ses atomes qui peuvent être obtenus sans rupture de liaisons.

En Terminale, nous nous limiterons aux conformations obtenues par rotation autour de liaisons carbone-carbone.

Conformation la plus stable pour l'éthane

Pour une molécule donnée, il existe une **infinité de conformations**, mais certaines sont énergétiquement plus stables que les autres. Ainsi, si l'on regarde la molécule d'éthane selon l'axe C–C (Fig. 2), que l'on fixe le groupe méthyle $-CH_3$ placé derrière et que l'on fait tourner le groupe $-CH_3$ de devant, l'angle de torsion α défini sur la figure varie.

– Lorsque α = 0° (ou 120° ou 240°), les atomes d'hydrogène situés devant occultent ceux de derrière : la conformation est dite **éclipsée.**

– Lorsque α = 60° (ou 180° ou 300°), les atomes d'hydrogène situés devant sont exactement à la même distance de deux atomes d'hydrogène placés derrière : la conformation est dite **décalée.**

La figure 3 représente l'énergie des conformations de l'éthane en fonction de la valeur de l'angle de torsion α, en prenant comme référence des énergies nulles la conformation la plus stable.

Cette courbe montre que la conformation **la plus stable** de l'éthane (c'est-à-dire celle qui correspond à une énergie minimale) est la conformation **décalée. La moins stable** (c'est-à-dire la plus énergétique) est la conformation **éclipsée.**

Pour une molécule donnée, la conformation la plus stable est celle qui correspond à l'énergie minimale : les atomes ou groupes portés par les atomes de la liaison carbone-carbone autour de laquelle se fait la rotation sont alors, en général, le plus éloignés possible.

L'écart d'énergie entre les différentes conformations est suffisamment faible pour que, à la température ambiante, une molécule passe incessamment d'une conformation à une autre : dans un échantillon, à un instant donné, toutes les conformations sont présentes, les conformations les plus stables étant les plus nombreuses.

Conformation la plus stable pour le butane

Dans le cas du butane, on s'intéresse aux différentes conformations obtenues par rotation autour de la liaison entre les atomes de carbone 2 et 3 de la chaîne carbonée (notés C_2 et C_3). La figure 4 montre que :
– la conformation **la plus stable** est celle pour laquelle les groupes $-CH_3$ sont **diamétralement opposés ;**

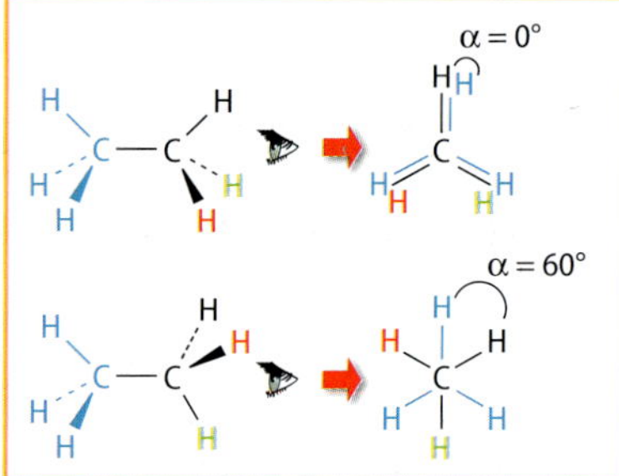

Fig. 2 Définition de l'angle de torsion α.

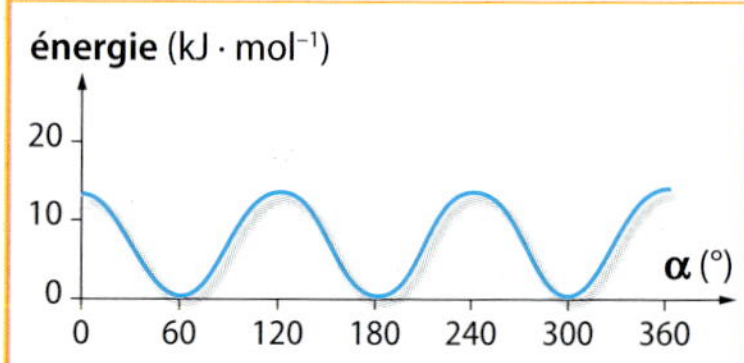

Fig. 3 Énergies des conformations de l'éthane en fonction de l'angle de torsion α.

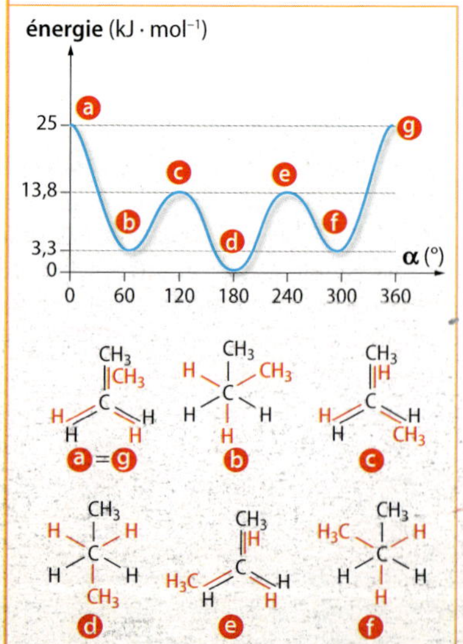

Fig. 4 Énergies des conformations du butane en fonction de l'angle de torsion α.

– la conformation **la moins stable** est celle pour laquelle les groupes $-CH_3$ sont **éclipsés.** Cela s'interprète qualitativement par le fait que c'est dans cette conformation que les groupes $-CH_3$, qui occupent un certain volume, se gênent le plus.

Les conformations pour lesquelles les groupes $-CH_3$ sont face à des atomes d'hydrogène correspondent à des maxima locaux d'énergie.

➡ Exercices 7 à 11

3 Importance de la conformation des molécules biologiques

Conformations des protéines

› Activité 2

Les protéines sont des macromolécules biologiques constituées par un enchaînement d'**acides α-aminés** (Fig. 5), liés entre eux par des **liaisons peptidiques** (Fig. 6). Elles remplissent de nombreuses fonctions dans les organismes vivants (hémoglobine, insuline, kératine, enzymes…).

Les protéines ne sont **biologiquement actives** que sous certaines **conformations** privilégiées bien précises.

Un chauffage, une agitation mécanique ou l'ajout de certains réactifs peuvent conduire à la **dénaturation** des protéines en modifiant leur conformation : les protéines perdent alors la plupart du temps leur fonction.

Conformations de l'ADN

L'ADN (**a**cide **d**ésoxyribo**n**ucléique), macromolécule support de l'hérédité, existe sous différentes **conformations**.

➡ Exercices 12 à 14

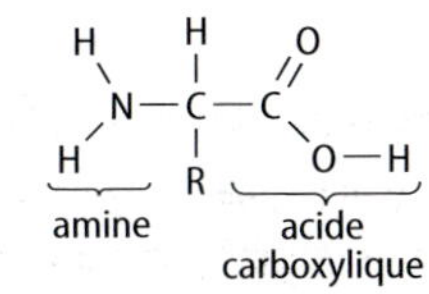

Fig. 5 Formule générale des acides α-aminés.

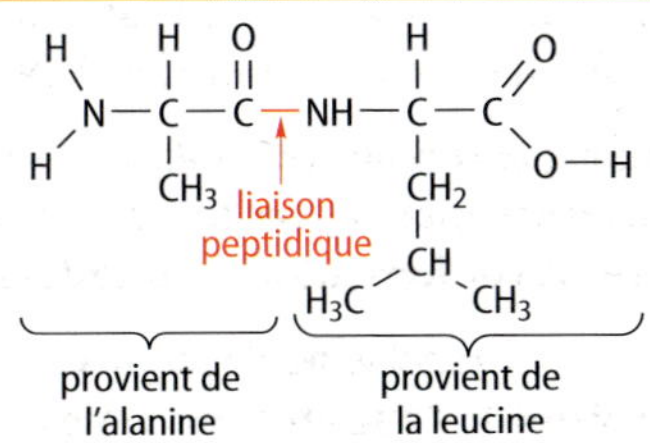

Fig. 6 Liaison peptidique entre l'alanine et la leucine, deux acides α-aminés.

Les compétences à acquérir

1 Utiliser *la représentation topologique et la représentation de Cram*

- La **représentation topologique** donne une représentation simplifiée des molécules dans le plan.
- La **représentation** de Cram définit des conventions pour représenter la structure tridimensionnelle des molécules.

2 Savoir *qu'une molécule peut exister sous différentes conformations*

- Les **conformations** d'une molécule sont les différentes structures obtenues par rotation autour d'une liaison simple carbone-carbone.
- Pour une molécule donnée, la **conformation la plus stable** est celle d'énergie minimale : les groupes ou atomes portés par les atomes de carbone de la liaison autour de laquelle se fait la rotation sont alors le plus éloignés possible.

3 Connaître *l'importance de la conformation des molécules biologiques*

- De nombreuses molécules ne sont **actives biologiquement** que sous certaines conformations.
- Sous l'effet de facteurs physiques ou chimiques, les protéines peuvent être **dénaturées** : elles perdent la structure particulière qui leur confère leur fonctionnalité.

Exercices

Compétence 1

› *Utiliser la représentation topologique et la représentation de Cram*

***Données.** Code des couleurs pour les modèles moléculaires : C, gris ; H, blanc ; O, rouge ; N, bleu ; Cℓ, vert.*

1 VRAI ou FAUX ?

Corriger, si nécessaire, les affirmations suivantes.

❶ Dans la représentation topologique d'une molécule, les atomes d'hydrogène ne sont jamais représentés.

❷ Si l'on veut étudier l'arrangement dans l'espace des atomes d'une molécule, il faut utiliser la représentation de Cram et non la représentation topologique.

❸ Dans la représentation de Cram, les liaisons en avant du plan de la feuille sont représentées par un triangle plein.

❹ Dans le cas de l'éthène, la représentation de Cram est identique à la formule développée.

EXERCICE **RÉSOLU**

2 Représentations d'une molécule

La molécule de 2-chloroéthanol est représentée ci-contre à l'aide d'un logiciel de simulation.

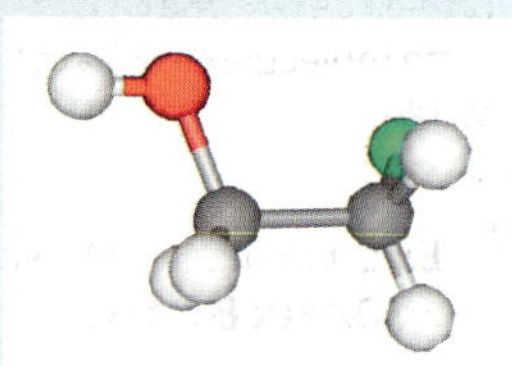

1. Donner sa représentation topologique.

2. Donner sa représentation de Cram.

Aides et méthodes

1. Les liaisons carbone-carbone sont représentées par des segments ; les atomes de carbone, les atomes d'hydrogène liés à des atomes de carbone et les liaisons mettant en jeu des atomes d'hydrogène sont omis.

2. Commencer par repérer quelles sont les liaisons dans le plan de la feuille, quelles sont celles qui sont en avant, et quelles sont celles qui sont en arrière.

Solution

1. La représentation topologique est :

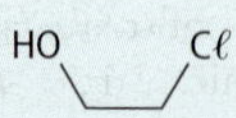

2. Positions des liaisons :

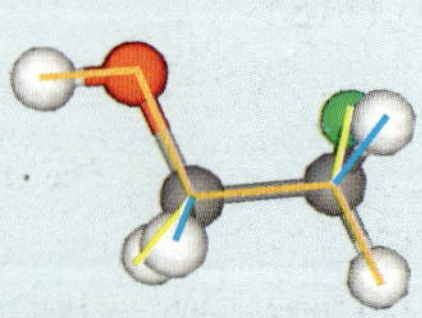

liaison dans le plan
liaison vers l'avant
liaison vers l'arrière

Représentation de Cram :

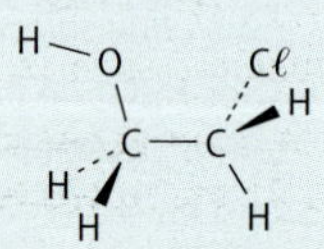

3 Utiliser la représentation topologique

1. Donner la représentation topologique des molécules suivantes :

a. acide éthanoïque ; **b.** 2-méthylpentan-3-ol ;
c. 3-éthyl-2-méthylhexane ; **d.** 3-méthylpent-2-ène.

2. Calculer la masse molaire des molécules suivantes :

ⓐ 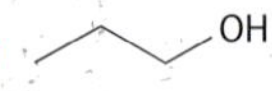

ⓑ 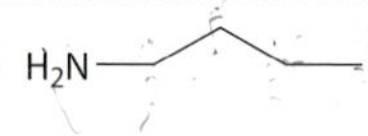

ⓒ 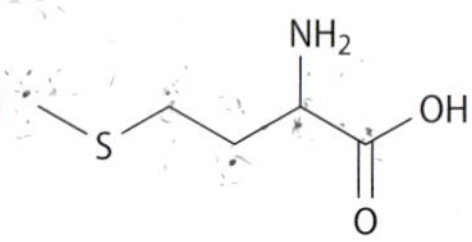

4 Interpréter une représentation de Cram

La diméthylamine est un composé organique qui dégage une odeur d'ammoniac et de poisson. Une représentation de Cram de cette molécule est donnée ci-dessous. Les atomes de même nature ont été numérotés, afin de les différencier.

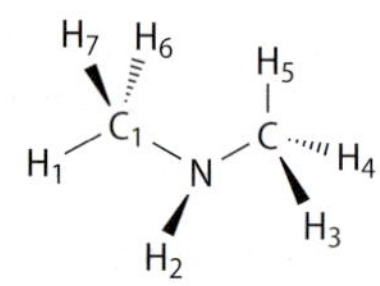

1. Quels sont les atomes d'hydrogène situés à l'avant du plan passant par les atomes C_1, C_2 et N ?

2. Même question pour les atomes d'hydrogène situés à l'arrière de ce plan.

5 Mauvaise représentation de Cram

1. Parmi les représentations de Cram proposées ci-dessous, quelle est celle qui ne convient pas ? Expliquer pourquoi.

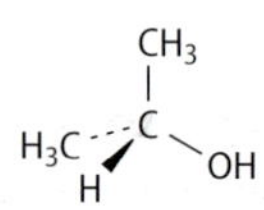

ⓐ

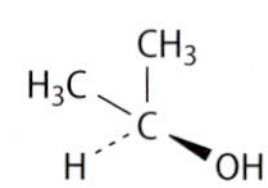

ⓑ

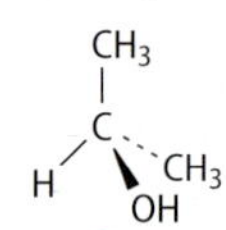

ⓒ

2. Donner le nom de la molécule représentée ci-dessus en nomenclature officielle.

6 Représentations de l'alanine

L'alanine est un acide aminé dont une représentation à l'aide d'un logiciel de simulation est proposée ci-contre.

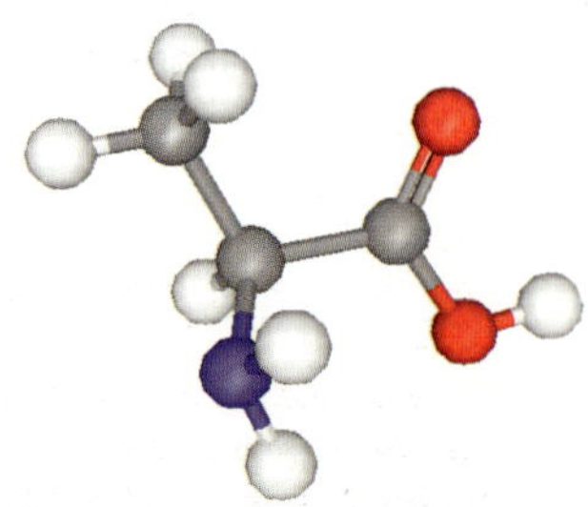

Donner :

a. sa formule brute ;

b. sa représentation topologique ;

c. sa représentation de Cram (le groupe $-CH_3$ ne sera pas développé).

Compétence 2

› *Savoir qu'une molécule peut exister sous différentes conformations*

7 QCM

Indiquer la (les) bonne(s) réponse(s) parmi celles proposées ci-dessous.

1 À la température ambiante, une molécule :
- **a** est uniquement dans sa conformation la plus stable ;
- **b** existe sous une infinité de conformations ;
- **c** est majoritairement dans sa conformation la plus stable.

2 Deux molécules qui diffèrent par leurs conformations :
- **a** peuvent être séparées par des techniques physiques à la température ambiante ;
- **b** se correspondent par rotation autour de liaisons simples carbone-carbone ;
- **c** ont la même représentation de Cram ;
- **d** correspondent à des énergies différentes.

8 Plusieurs conformations ?

Parmi les molécules proposées ci-dessous, quelles sont celles qui peuvent exister sous différentes conformations ? Justifier.

a. le méthanol ;
b. l'éthanol ;
c. l'éthène ;
d. l'acide éthanoïque ;
e. l'éthanal.

EXERCICE **RÉSOLU**

9 Conformation la plus stable du propane

On s'intéresse aux différentes conformations obtenues par rotation autour de la liaison C_1–C_2 du propane.

1. Quels sont les atomes ou groupes portés par l'atome de carbone C_1 ? Même question pour l'atome de carbone C_2.

2. En représentant en bleu les atomes ou groupes portés par l'atome de carbone C_1 et en rouge ceux portés par l'atome de carbone C_2, représenter la conformation la plus stable du propane regardée dans l'axe C_1–C_2. Justifier.

Aides et méthodes

1. Écrire la formule semi-développée du propane pour repérer les atomes ou groupes portés par le carbone central (C_2) et un carbone terminal (C_1 et C_3 sont identiques).

2. La conformation la plus stable est celle qui minimise les interactions entre les différents atomes ou groupes portés par C_1 et C_2, donc celle qui les éloigne le plus possible.

Solution

1. Le propane a pour formule semi-développée H_3C–CH_2–CH_3, donc le carbone C_2 porte deux atomes d'hydrogène et un groupe –CH_3, le carbone C_1 porte trois atomes d'hydrogène.

2. Pour minimiser les interactions entre les différents atomes et groupes portés par les atomes C_1 et C_2, il ne faut pas que ces atomes et groupes « s'éclipsent », mais au contraire qu'ils soient le plus décalés possible :

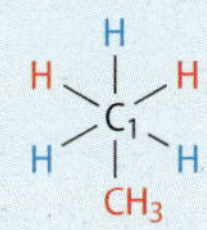

(L'atome C_2 est « caché » par l'atome C_1.)

10 Conformations du 2,3-diméthylbutane

1. Écrire la formule semi-développée du 2,3-diméthylbutane.

2. On s'intéresse aux différentes conformations obtenues par rotation autour de la liaison C_2–C_3.

a. Quels sont les atomes ou substituants portés par l'atome de carbone C_2 ? Même question pour l'atome de carbone C_3.

b. En représentant en bleu les atomes ou substituants portés par l'atome de carbone C_2 et en rouge ceux portés par l'atome de carbone C_3, représenter ce que l'on voit si on regarde cette molécule dans l'axe C_2–C_3 dans sa conformation la plus stable.

11 Extract of Nobel Lecture of Derek Barton

Derek Barton was joint winner of the Nobel Price in Chemistry in 1969 for his «contributions to the development of the concept of conformation and its application in chemistry». This is an abstract of the speech he made at the award ceremony.

«In the decade starting in 1930, [it] was clear that [it exists in ethane] a barrier to free rotation about the two methyl groups […].

[…] In fact, the appropriate word «conformation» had already been used in sugar chemistry by W. N. Haworth. […] Thus all molecules have theoretically an infinite number of conformations. It is fortunate that the complexities which might arise from such a definition are minimised by the fact that, in general, only a few of the possible conformations are energetically preferred.»

© The Nobel Foundation.

1. According to the text, is it correct to speak of "free rotation" around a carbon-carbon single bond?

2. At room temperature, how many conformations can we find for the molecule of ethane?

3. In the case of ethane, which conformation is "energetically preferred"?

Compétence 3

> ***Extraire et exploiter des informations sur la conformation des molécules biologiques***

12 QCM

Indiquer la ou les bonnes réponses parmi celles proposées ci-dessous.

1 Les protéines :

- **a** sont des macromolécules constituées d'acides α-aminés ;
- **b** ne sont actives que sous certaines conformations ;
- **c** sont des organismes vivants.

2 La dénaturation d'une protéine :

- **a** est le nom que l'on donne à la rupture d'une ou plusieurs des liaisons covalentes qui constituent la molécule. On passe d'une macromolécule à plusieurs de tailles inférieures ;
- **b** a des conséquences sur les fonctions que cette protéine assure dans l'organisme.

13 Conformations de l'ADN

L'ADN est la molécule support de l'hérédité. James Watson et Francis Crick (tous deux prix Nobel de Médecine en 1962) ont proposé une structure en double hélice pour la molécule d'ADN.

On distingue aujourd'hui trois types d'hélice pour l'ADN, dont quelques caractéristiques sont données dans le tableau ci-dessous. Le pas d'une hélice peut être vu comme la distance qu'elle parcourrait si on la vissait d'un tour dans un écrou.

	ADN A	ADN B	ADN Z
Pas de l'hélice (nm)	2,5	3,3	4,6
Diamètre de l'hélice (nm)	2,55	2,37	1,84
Sens de rotation de l'hélice	Vers la droite	Vers la droite	Vers la gauche

In vitro, l'ADN B évolue réversiblement vers l'ADN A quand la teneur en eau diminue, et l'ADN Z peut être observé quand la teneur en sel augmente.

1. Associer chacun des schémas ci-dessous à la conformation de l'ADN qu'il représente.

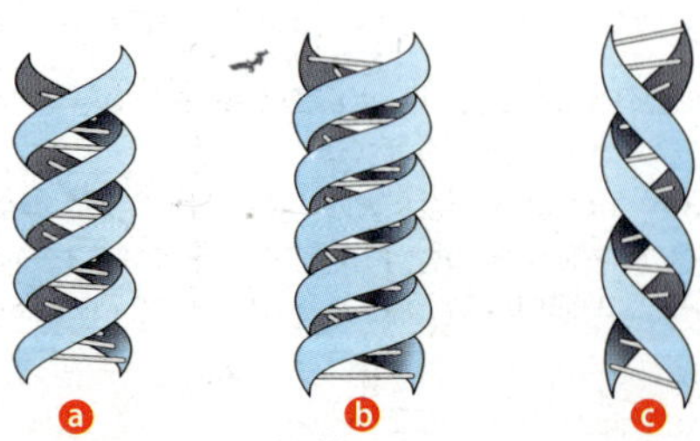

2. Le passage de l'ADN A à l'ADN B nécessite-t-il la rupture de liaisons covalentes ? Justifier.

14 Conformation de la pepsine, une enzyme

Les enzymes sont des protéines. Leur particularité est de catalyser de façon très spécifique certaines réactions, en réagissant sélectivement avec une molécule donnée, appelée substrat de l'enzyme. En effet, la conformation spécifique d'une enzyme fait apparaître un site actif, par lequel le substrat se lie à elle. Tout facteur qui influence la conformation d'une enzyme peut modifier son activité catalytique.

1. La courbe ci-dessous représente l'évolution de l'activité relative d'une enzyme en fonction de la température.

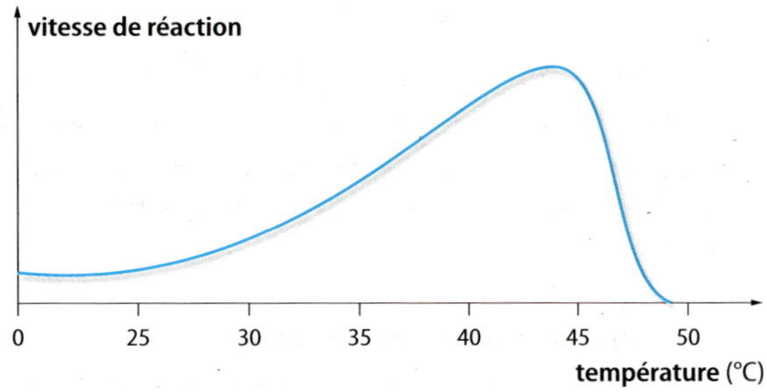

a. Comment expliquer que cette activité augmente dans un premier temps ?

b. Donner une estimation de la température au-dessus de laquelle l'enzyme est dénaturée.

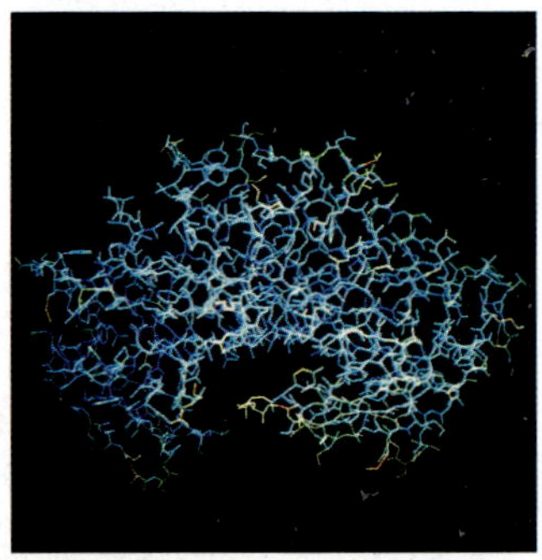

La pepsine est une enzyme digestive présente dans le suc gastrique : elle dégrade les protéines du bol alimentaire. Elle est composée de deux lobes disposés autour d'une cavité centrale, qui accueille le substrat (modèle ci-contre).

La pepsine est synthétisée sous forme de pepsinogène dans l'estomac. L'activation du pepsinogène en pepsine est obtenue par action de l'acide chlorhydrique sécrété par les cellules de la muqueuse gastrique.

2. Parmi les trois courbes ci-dessous, qui représentent l'évolution de l'activité relative d'une enzyme en fonction du pH, quelle est celle qui correspond à la pepsine ? Justifier.

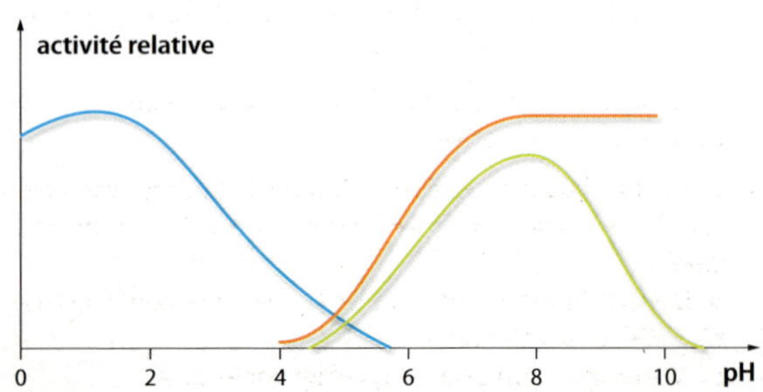

Exercices de synthèse

Pour préparer le BAC

15 Passage d'une représentation à une autre

La molécule organique représentée ci-dessous forme, dans les conditions usuelles, un liquide incolore à l'odeur agréable, mais qui est irritant.

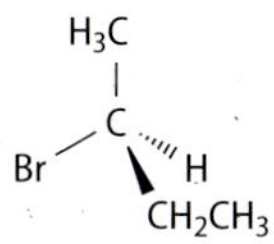

1. Comment appelle-t-on cette représentation ?
2. Donner la représentation topologique de cette molécule.
3. Quelle information est perdue quand on passe de la représentation donnée dans l'énoncé à la représentation topologique ?

16 Comparaison de conformations

Les schémas ci-dessous représentent deux conformations particulières de deux molécules différentes que l'on regarde dans l'axe d'une liaison carbone-carbone. Les atomes ou groupes portés par le carbone de devant sont représentés en noir, ceux portés par le carbone de derrière sont représentés en rouge.

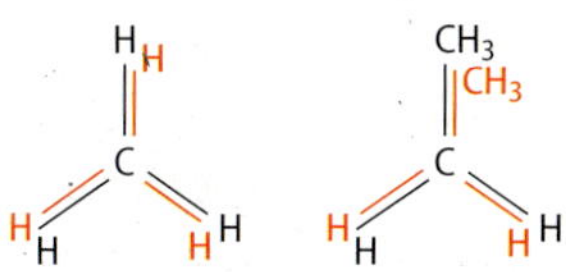

1. Donner le nom de ces molécules.
2. Les conformations proposées correspondent-elles aux conformations les plus stables ? Sinon, représenter pour chacune la conformation la plus stable :
a. en reprenant les conventions de représentation des schémas ci-dessus ;
b. en utilisant la représentation de Cram.
3. Des deux conformations représentées dans l'énoncé, quelle est celle qui doit avoir l'énergie la plus grande ? Justifier la réponse.

17 Courbes d'énergie conformationnelle

Les courbes ⓐ et ⓑ ci-après représentent l'évolution de l'énergie des différentes conformations du 1,2-dibromoéthane et de l'éthane en fonction de la valeur de l'angle de torsion α.

1. Comparer les deux courbes et en déduire quelle est celle qui correspond à l'éthane.
2. **a.** Pour chaque molécule, donner la (ou les) valeur(s) de l'angle de torsion qui correspond à la conformation la plus stable.
b. Donner la représentation de Cram de la conformation la plus stable de l'éthane.
c. Même question pour le 1,2-dibromoéthane.
3. L'échelle en ordonnée n'est pas précisée. À votre avis, pour quelle molécule l'énergie maximale est-elle la plus grande ?

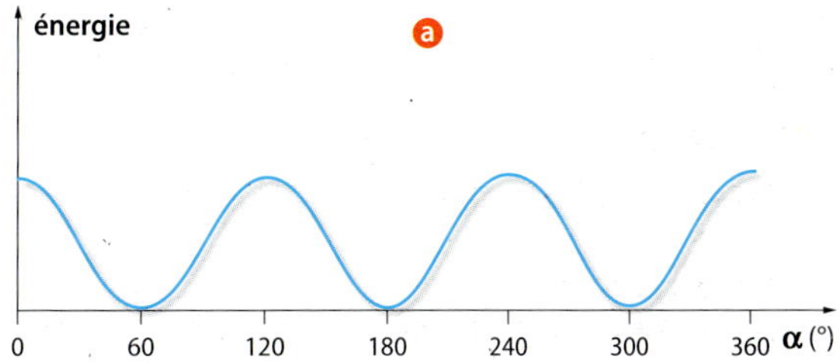

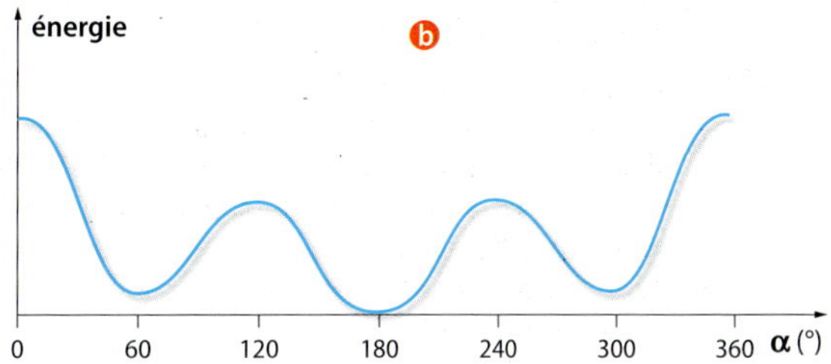

18 Conformations du 2-méthylbutane

1. Donner la représentation topologique du 2-méthylbutane.
2. On s'intéresse aux différentes conformations obtenues par rotation autour de la liaison C_2–C_3. Donner la représentation de Cram de la conformation qui vous semble être la plus stable.
3. L'énergie de la conformation la plus stable a-t-elle été prise comme référence des énergies nulles pour tracer cette courbe ? Justifier.

La courbe représentant les variations de l'énergie des différentes conformations en fonction de l'angle de torsion est donnée ci-dessous.

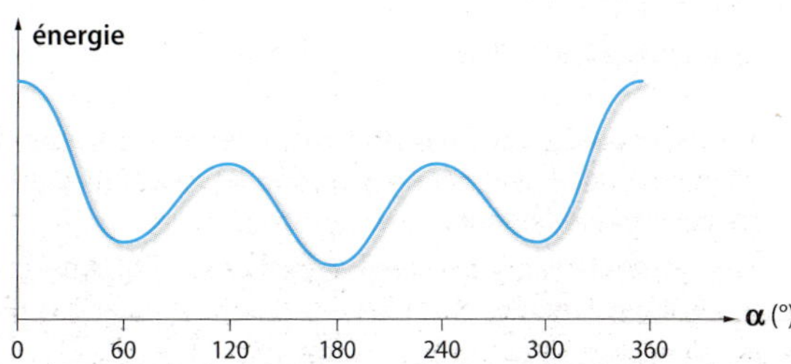

4. D'après cette courbe, quel(s) angle(s) correspond(ent) à la conformation la plus stable ?
5. La conformation dont une représentation de Cram est donnée ci-dessous correspond-elle à la conformation la plus stable du butane ? Expliquer qualitativement pourquoi.

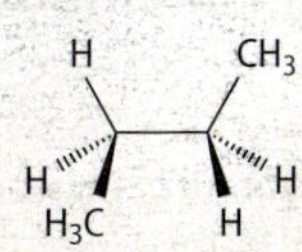

19 Chaînes carbonées en zigzag

1. Écrire la formule semi-développée du butane.

2. On s'intéresse aux différentes conformations obtenues par rotation autour de la liaison C_2–C_3 du butane. En représentant en bleu les atomes ou groupes portés par l'atome de carbone C_2 et en rouge ceux portés par l'atome de carbone C_3, représenter ce que l'on voit si on regarde cette molécule dans l'axe C_2–C_3 dans sa conformation la plus stable.

3. Donner la représentation topologique du butane dans sa conformation la plus stable, en respectant au mieux les angles que font les liaisons carbone-carbone.

4. Pour représenter la molécule d'hexane, choisir la meilleure représentation parmi celles proposées ci-dessous. Justifier votre choix.

a 

b 

c 

20 ★ Influence de la température

Pour un échantillon donné de molécules, le rapport entre le nombre n_1 de molécules ayant la conformation d'énergie E_1 et le nombre n_2 de molécules ayant la conformation d'énergie E_2 est donné par la relation suivante :

$$\frac{n_1}{n_2} = e^{-\frac{E_1 - E_2}{RT}}$$

avec R, constante des gaz parfaits : $R = 8{,}31\ J \cdot mol^{-1} \cdot K^{-1}$;

E_1 et E_2 en joule ;

T, température en kelvin : $T(\text{en K}) = T(\text{en °C}) + 273$.

La différence d'énergie entre la conformation la moins stable et la conformation la plus stable de l'éthane vaut $11{,}2\ kJ \cdot mol^{-1}$.

1. Calculer la valeur du rapport n_s/n_i entre le nombre de molécules dans la conformation stable et le nombre de molécules dans la conformation instable pour l'éthane à la température de 25,0 °C.

2. On considère un échantillon de 30,0 g d'éthane. Calculer les valeurs de n_s et n_i à la température de 25,0 °C en supposant que toutes les molécules sont soit dans la conformation la plus stable soit dans la conformation la moins stable.

3. Expliquer comment évolue le rapport n_s/n_i quand la température augmente :

a. en vous appuyant sur la formule donnée dans l'énoncé ;

b. en raisonnant sur l'effet de la température sur l'énergie moyenne des molécules.

Donnée. *Nombre d'Avogadro :* $N_A = 6{,}02 \times 10^{23}\ mol^{-1}$.

21 Molécules à groupes hydroxyle

1. Rappeler ce qu'est une liaison hydrogène et entre quels atomes elle s'établit.

Un logiciel de simulation a permis d'obtenir la représentation d'une molécule :

a de glycol, ou éthane-1,2-diol, liquide visqueux, incolore et inodore à température ambiante, utilisé comme antigel dans certains liquides de refroidissement des véhicules ;

b de 1,2-dibromoéthane, liquide incolore à température ambiante, parfois utilisé pour la fumigation d'insectes tels que les termites.

a 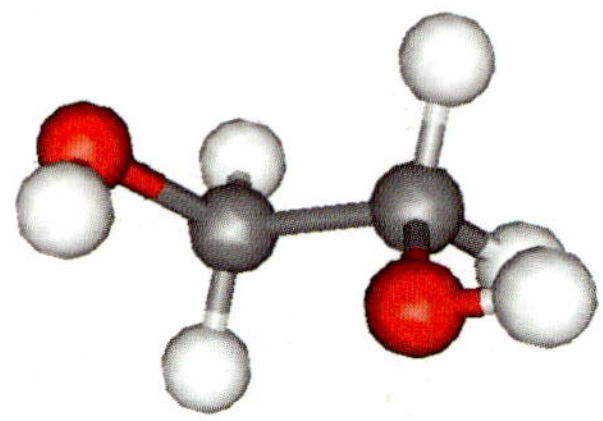

b 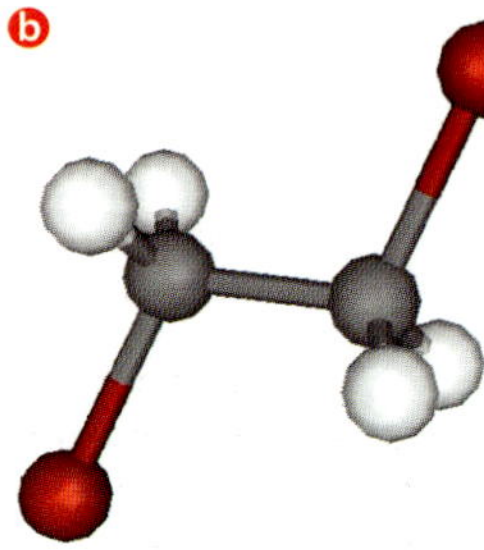

2. Donner la représentation topologique et la représentation de Cram associée à chacune des molécules dans la conformation proposée par le logiciel.

3. Les conformations proposées par le logiciel pour ces deux molécules correspondent aux conformations les plus stables.

a. Comparer la position relative des atomes de brome dans la conformation la plus stable de la molécule de 1,2-dibromoéthane et celle des groupes hydroxyle dans la conformation la plus stable du glycol.

b. Expliquer comment on pouvait prévoir que la conformation la plus stable du composé bromé était celle donnée par le logiciel.

c. Comment expliquer que la conformation la plus stable du glycol ne s'obtient pas en remplaçant les atomes de brome par des groupes hydroxyle à partir de la conformation la plus stable du 1,2-dibromoéthane ?

22 ★ Conformation des enzymes

Histoire des sciences

La vitesse de certaines réactions est plus grande en présence d'enzymes. La plupart des enzymes sont des protéines et sont donc composées d'une ou de plusieurs chaînes d'acides α-aminés. Chaque chaîne d'acides α-aminés acquiert une forme tridimensionnelle selon la séquence d'acides α-aminés et la façon dont les acides α-aminés de la chaîne interagissent entre eux et avec la solution environnante.

Lors de la réaction enzymatique, la molécule qui subit la réaction (le substrat) est modifiée, mais l'enzyme se retrouve inchangée et peut ainsi accélérer la réaction d'un nouveau substrat.

Afin de comprendre le mécanisme de fonctionnement des enzymes, le chimiste allemand Emil Fischer a proposé, en 1894, le **modèle clé-serrure** qui repose sur le principe selon lequel le substrat et le site actif de l'enzyme s'emboîtent comme une clé dans une serrure (illustration ci-après). Ce modèle est utile à la compréhension de la notion de site actif, site de fixation et de transformation du substrat, mais présente l'inconvénient de laisser croire à la rigidité totale des molécules et du site actif.

analogue de l'enzyme **analogue du substrat**

En 1958, l'Américain D. Koshland (photo) a proposé le **modèle de l'ajustement induit**, dans lequel l'enzyme possède toujours une zone localisée permettant la fixation sélective du substrat, mais cette zone subit des modifications conformationnelles au cours de la fixation du substrat.

En outre, la conformation de l'enzyme est sensible aux changements de nombreux paramètres, qui peuvent induire une modification de sa conformation et donc une perte de son activité : l'enzyme est alors dite dénaturée.

1. Les enzymes sont des catalyseurs. Extraire du texte les informations qui confirment cette affirmation.

2. À qui est dû le modèle clef-serrure pour décrire l'interaction entre l'enzyme et le substrat ? Quel est le principal inconvénient de ce modèle ?

3. Parmi les analogies suivantes, quelle est celle qui vous paraît la mieux adaptée pour représenter le modèle de l'ajustement induit entre une enzyme et son substrat ?
a. vis-écrou ;
b. gant droit-main droite ;
c. gant droit-main gauche ;
d. clou-marteau.

4. En quoi le fait que la différence d'énergie entre plusieurs conformations soit faible peut expliquer l'intérêt des enzymes ?

5. **a.** Quand dit-on qu'une enzyme est dénaturée ?
b. Citer deux paramètres dont la modification peut conduire d'après vous à la dénaturation d'une enzyme.

En route vers le Supérieur

23 Conformations du cyclohexane

De nombreux produits naturels (saccharose, progestérone, menthol, etc.) renferment des cycles à six atomes de carbone : ceci explique l'importance donnée à l'étude du cyclohexane.

La figure ci-dessous est une représentation de la molécule de menthol, réputée pour son pouvoir décongestionnant, qui peut être extraite de la menthe poivrée. À température ambiante, le menthol est un solide blanc, mais il fond dès que la température augmente légèrement : à 45 °C, c'est un liquide de densité $d = 0{,}90$.

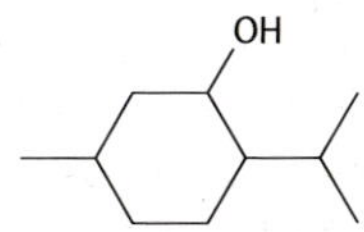

1. Quelle quantité de matière de menthol est contenue dans un échantillon de 5,0 mL de menthol pur à 45 °C ?

2. Écrire la représentation topologique du cyclohexane.

3. **a.** Si tous les atomes de carbone du cyclohexane forment un hexagone plan, que valent les angles $\widehat{CCC}$?
b. On rappelle que, dans le cas où un atome de carbone porte quatre atomes ou groupes, la géométrie est telle que l'atome de carbone est au centre d'un tétraèdre et les quatre atomes ou groupes à son sommet : que doit alors valoir l'angle entre les liaisons reliant l'atome de carbone à deux des atomes ou groupes qu'il porte ?
c. En déduire que les atomes de carbone d'un cyclohexane ne sont probablement pas contenus dans un même plan.

En 1890, l'Allemand Hermann Sachse propose, en se basant sur des considérations géométriques pour minimiser la tension dans le cycle, une structure « chaise » pour le cyclohexane. Les techniques d'analyse modernes, dont la RMN, ont confirmé l'existence de cette structure et ont montré qu'il existe un équilibre entre deux formes chaises. À la température ambiante, le passage d'une forme à l'autre s'effectue environ 10^5 fois par seconde :

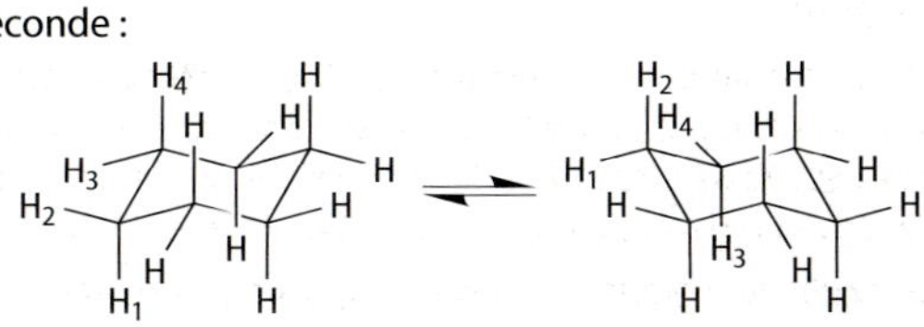

chaise 1 chaise 2

4. Estimer la valeur de l'angle $\widehat{CCC}$ dans la structure chaise du cyclohexane. Conclure.

5. Les structures chaise 1 et chaise 2 représentent deux conformations différentes du cyclohexane. Justifier.

6. Peut-on isoler le cyclohexane sous la forme chaise 1 à température ambiante ?

7. Quand la température diminue, comment doit évoluer le nombre d'interconversions entre les deux chaises possibles ? Pourquoi ?

Pour préparer le BAC

Les compétences évaluées

- Utiliser la représentation topologique et la représentation de Cram.
- Savoir qu'une molécule peut exister sous différentes conformations.

Énoncé type

Protéines et acides α-aminés

Les protéines sont des macromolécules particulières, fabriquées à partir d'acides α-aminés. De formule générale H_2N–CHR–COOH, les acides α-aminés comportent tous un groupe $-NH_2$ et un groupe –COOH, mais ils diffèrent les uns des autres par la présence d'un groupe latéral R, appelé résidu.

On donne ci-dessous la représentation de quelques molécules, nommées de ⓐ à ⓕ.

ⓐ
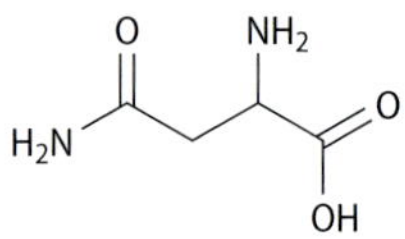

ⓑ
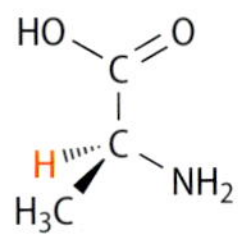

ⓒ HOOC — CH_2 — COOH

ⓓ
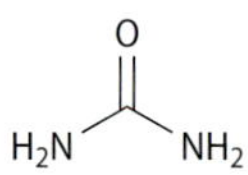

ⓔ
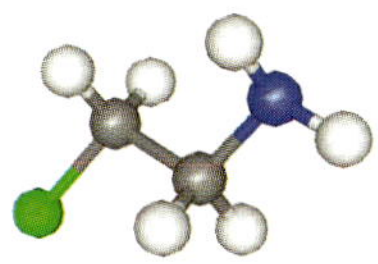

ⓕ
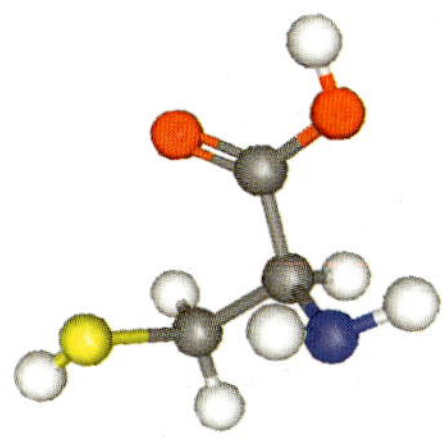

Données. *Code de couleurs pour les modèles moléculaires : C, gris ; H, blanc ; O, rouge ; N, bleu ; S, jaune ; Cℓ, vert.*

1. Donner le nom des groupes $-NH_2$ et –COOH.

2. Parmi les molécules ci-dessus, quelles sont celles qui ne sont pas des acides α-aminés ?

3. a. Donner la formule développée de la molécule ⓐ et entourer le résidu, en justifiant la réponse.

b. Comment nomme-t-on la représentation de la molécule ⓐ ?

c. Donner la représentation de la molécule ⓒ avec ce même type de représentation.

4. a. Comment nomme-t-on la représentation de la molécule ⓑ ? Quel est son intérêt par rapport à la représentation utilisée pour la molécule ⓐ ?

b. Où se situe, par rapport au plan de la feuille, l'atome d'hydrogène représenté en rouge sur la molécule ⓑ ?

5. Pour la molécule ⓔ, la conformation représentée est la plus stable. Justifier cette affirmation.

➤ Coups de pouce

2. Chercher dans le texte ce qui caractérise un acide α-aminé.

5. Regarder comment sont situés les groupes les plus volumineux l'un par rapport à l'autre.

EXEMPLE DE **RÉSOLUTION**

1. Le groupe $-NH_2$ est le groupe **amine**, le groupe –COOH est le groupe **carboxyle**.

2. Les molécules ⓒ, ⓓ et ⓔ ne sont pas des acides α-aminés puisque ⓓ et ⓔ ne comportent pas de groupe –COOH et ⓒ n'a pas de groupe $-NH_2$.

3. a. Pour identifier le résidu, il faut distinguer le $-NH_2$ du groupe amine de celui qui fait partie de la fonction amide, d'où :

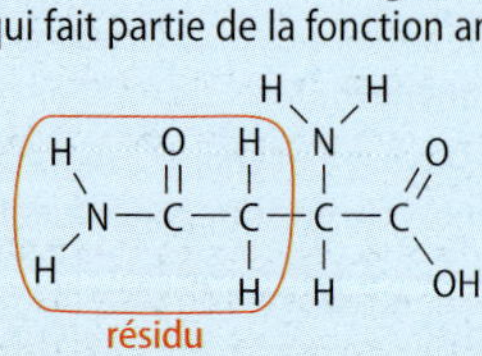

b. La représentation proposée pour la molécule ⓐ est la représentation **topologique**.

c. La représentation topologique de la molécule ⓒ est :

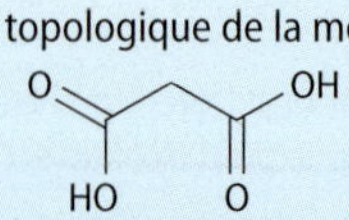

4. a. La représentation proposée pour la molécule ⓑ est la **représentation de Cram** : elle permet de renseigner sur l'arrangement des atomes dans l'espace.

b. Par convention, un triangle hachuré est utilisé dans la représentation de Cram pour modéliser une liaison qui pointe vers l'arrière du plan : l'atome d'hydrogène repéré en rouge sur la figure est donc situé **en arrière du plan de la feuille**.

5. Les deux atomes ou groupes les plus volumineux (–Cℓ sur C_1 et $-NH_2$ sur C_2) sont le plus éloignés possibles dans la conformation proposée pour ⓔ : cette conformation est la plus stable pour cette molécule.

Pour préparer le BAC

Les compétences évaluées
- Savoir qu'une molécule peut exister sous différentes conformations.
- Connaître l'importance des conformations des molécules biologiques.

Énoncé type

Le mécanisme de repliement des protéines

Le **repliement** des protéines est un mécanisme extrêmement important, puisque c'est ce mécanisme qui fait passer la protéine de l'état de chaîne linéaire dépliée à un état replié fonctionnel. Une notion associée au repliement est la **dénaturation** : elle consiste à passer de la forme active repliée à la forme inactive dépliée, sous l'influence de divers facteurs.
La grande question du repliement, c'est la cinétique de ce phénomène : le temps mis par une protéine pour trouver sa conformation active est de l'ordre de la seconde. Comment comprendre que ce temps soit aussi court ?
Il faut revenir aux 20 acides α-aminés naturels qui servent de base aux protéines. Ces 20 acides α-aminés peuvent se regrouper en familles. Une première famille est constituée par les acides α-aminés **hydrophobes**. Qu'est-ce qu'un acide α-aminé hydrophobe ou l'effet hydrophobe ? Il s'agit de l'effet qui fait que l'eau et l'huile (qui est hydrophobe) ne se mélangent pas. Si, sur une chaîne, on dispose des acides α-aminés hydrophobes, alors ceux-ci vont faire « *collapser* » la chaîne afin de se regrouper et de se « *protéger* » de l'eau, tout comme l'eau et l'huile ont tendance à ne pas se mélanger. Ce mécanisme tend à créer ainsi une poche hydrophobe qui permet à ces acides α-aminés d'éviter l'eau : la protéine ne va pas essayer toutes les conformations, elle va commencer à utiliser dans un premier temps ce mécanisme qui, à lui seul, va éliminer un grand nombre de conformations possibles.

D'après une conférence de Didier Chatenay, directeur de recherche au CNRS, prononcée le 17 juillet 2005 dans le cadre de l'Université de tous les savoirs.

1. Quand dit-on qu'une protéine est dénaturée ? Quelle conséquence cela a-t-il sur son activité biologique ?
2. Le passage de la structure linéaire d'une protéine à sa forme repliée implique-t-elle la rupture et/ou la formation de liaisons covalentes ? Justifier.
3. Dans cette question, on modélise à deux dimensions une protéine en représentant les acides α-aminés qui la constituent par des rectangles rouges s'ils sont hydrophobes ; noirs dans le cas contraire. Parmi les schémas ci-contre, quel est celui qui vous paraît le mieux représenter la conformation adoptée par la protéine en milieu aqueux ?

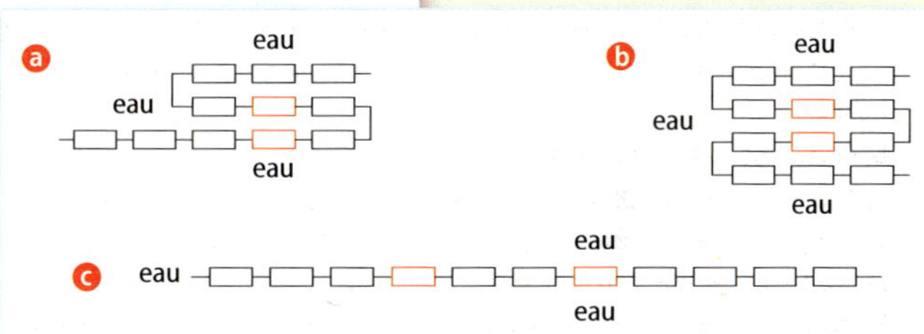

4. Par quel mot ou expression peut-on remplacer le terme « collapser » ?
5. Sachant que certains acides α-aminés portent des charges électriques et que tous comportent des atomes d'hydrogène liés à des atomes d'oxygène ou d'azote, citer deux types d'interactions (autres que l'effet hydrophobe) qui peuvent se produire entre acides α-aminés et expliquent que les protéines adoptent spontanément une conformation privilégiée.

➤ Coups de pouce

1. Chercher l'information dans le texte sans le paraphraser.
2. **b.** Revenir à la définition du mot conformation.

EXEMPLE DE **RÉSOLUTION**

1. Une protéine est dénaturée quand **elle est passée de son état replié fonctionnel à un état déplié** : elle perd alors son activité biologique.
2. Les conformations d'une molécule sont les différents arrangements de ses atomes qui peuvent être obtenus sans rupture de liaisons. Or, d'après le texte, le passage de la structure linéaire à la forme repliée correspond à un changement de conformation : il se fait donc **sans rupture ni formation de liaisons covalentes**.
3. Le schéma **b** modélise le mieux la conformation adoptée en milieu aqueux, car c'est avec cet arrangement que les acides aminés hydrophobes sont le moins au contact de l'eau.
4. « Collapser » peut être remplacé par « **s'effondrer** » ou « **se replier sur soi-même** ».
5. Les deux types d'interactions que l'on peut citer sont :
– la **liaison hydrogène**, qui peut s'établir entre un atome d'hydrogène lié à un atome d'oxygène, d'azote (ou de fluor) et un autre atome d'oxygène, d'azote (ou de fluor) ;
– des **interactions électrostatiques** entre acides aminés chargés.

Avant d'aborder la séquence 2

Évaluation diagnostique

Pour chaque situation présentée, proposer une réponse en argumentant.

Situation 1

Pour amorcer la réflexion

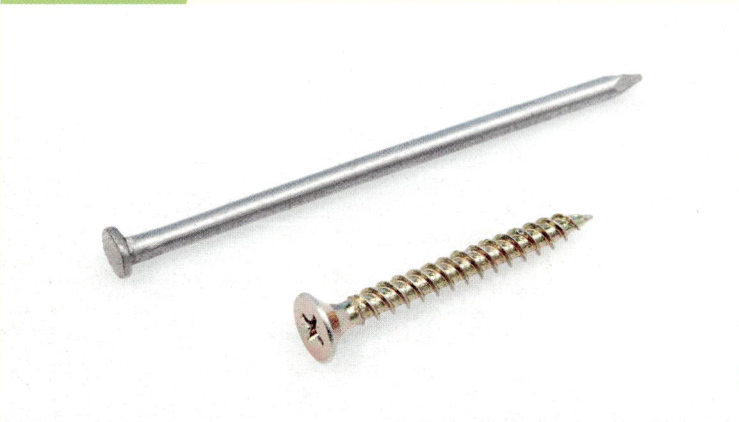

Une vis est un objet chiral, un clou est un objet non chiral (ou achiral).

Que peut signifier « chiral » ?

▶ **Activité 1**, p. 274

Situation 2

Pour traquer les idées fausses

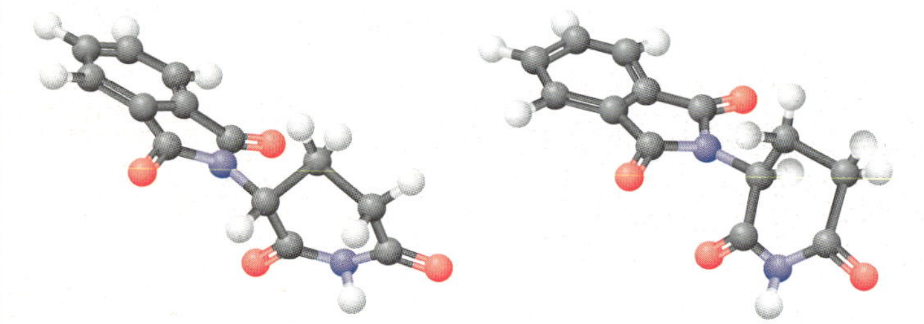

A B

La molécule **A** est un médicament sédatif et anti-nauséeux, qui a été utilisé par des femmes enceintes, vers 1960.

Un comprimé contenant la molécule A et la molécule B aura-t-il le même effet qu'un comprimé constitué uniquement de molécules A ?

▶ **Activités 2 et 3**, p. 275 et 276

Situation 3

Pour vérifier l'indispensable

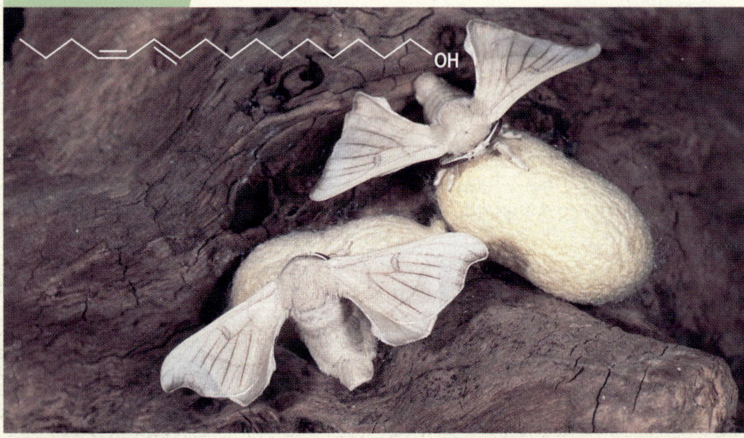

Les phéromones sont des substances chimiques utilisées comme « messagères » par les êtres vivants. Ainsi, la molécule ci-contre est sécrétée par le papillon femelle du ver à soie pour attirer un partenaire mâle.

Quel type d'isomérie peut présenter cette molécule ?

▶ **Activité 4**, p. 277

Chiralité

L'odeur du citron est différente de celle de l'orange, bien que cette odeur soit due dans les deux cas à la molécule de limonène. En effet, le limonène peut exister sous deux formes, de géométries différentes.

Les acquis des classes précédentes

- Des molécules ayant la même formule brute mais des enchaînements d'atomes différents sont des **isomères**.
- L'**isomérie spatiale** *Z*/*E* se rencontre dans les molécules possédant des doubles liaisons carbone-carbone de la forme R–CH=CH–R′.

Les compétences à acquérir

1. **Reconnaître** des espèces chirales et des atomes de carbone asymétriques.
2. **Reconnaître** si des molécules sont identiques, énantiomères ou diastéréoisomères.
3. **Extraire** et **exploiter** des informations sur les propriétés des stéréoisomères.

→ **Culture scientifique**
La tragédie du thalidomide

Activité 1

Activité de découverte

Compétences scientifiques évaluées
- Faire preuve de curiosité.
- Extraire une information utile.

Le mystère de l'acide racémique

La notion de molécule chirale est apparue vers la fin du XIXe siècle.

Étude de document

La lumière « naturelle » peut être décrite comme une onde qui vibre dans toutes les directions perpendiculaires à sa direction de propagation. Une lumière polarisée ne vibre que dans une seule direction. Dès le début du XIXe siècle, les savants constatèrent que certains composés (cristal de quartz, essence de térébenthine) font tourner la direction de vibration de la lumière polarisée qui les traverse, alors que d'autres (éthanol, eau) ne la modifient pas **(Fig. 1)**.

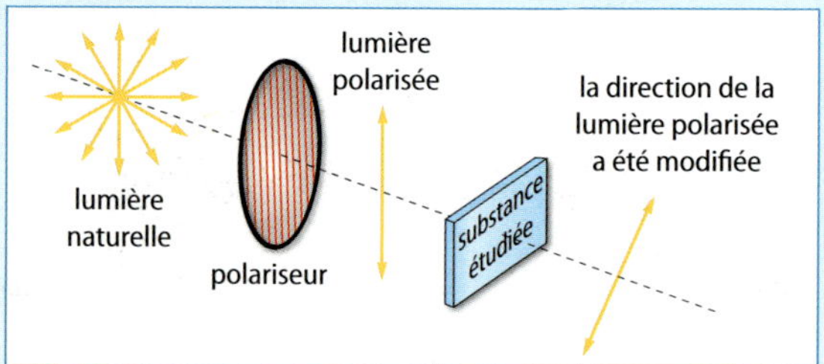

Fig. 1 Déviation de la direction d'une lumière polarisée.

L'acide tartrique est une molécule présente dans de nombreuses plantes ; elle peut aussi être synthétisée. Vers 1820, un industriel constata l'apparition d'un nouvel acide dans ses préparations d'acide tartrique. Les chimistes s'y intéressèrent et l'appelèrent **acide racémique** : ils constatèrent qu'il avait la même formule brute que l'acide tartrique ($C_4H_6O_6$), mais était sans effet sur la lumière polarisée, alors qu'une solution d'acide tartrique naturel déviait la direction de polarisation vers la droite.

En 1848, en examinant à la loupe un dérivé d'acide tartrique, Louis Pasteur constata que les minuscules cristaux qui le constituaient présentaient une dissymétrie, toujours orientée de la même façon **(Fig. 2 ⓐ)**. Dans le même dérivé d'acide racémique, Pasteur observa la coexistence de **deux types** de minuscules cristaux en quantités égales : l'un était celui du dérivé d'acide tartrique, l'autre était son image dans un miroir **(Fig. 2 ⓑ)**. Ces deux formes étaient non superposables. Pasteur sépara à la pince les deux types de cristaux : la solution dans l'eau d'une des formes fit tourner la direction de polarisation de la lumière vers la droite, l'autre solution la fit tourner en sens inverse.

Fig. 2 Représentation des cristaux observés par Pasteur.

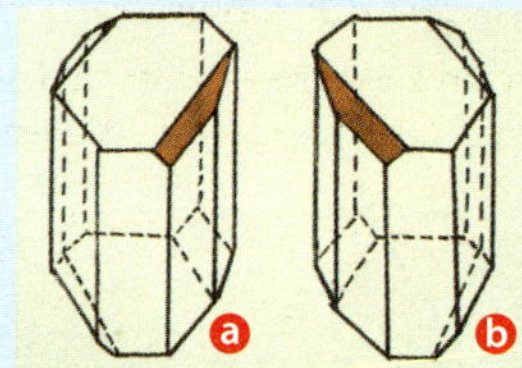

Pasteur venait de mettre en évidence le lien entre l'activité optique et la **chiralité**, qui est la propriété des corps qui ne sont pas superposables à leur image dans un miroir plan. Il restait à comprendre pourquoi certaines molécules sont chirales et d'autres pas.

En 1874, le caractère chiral de certaines molécules est expliqué par le chimiste néerlandais Van't Hoff : « Dans le cas où un atome de carbone établit des liaisons avec quatre groupes différents entre eux, on peut obtenir deux tétraèdres différents, lesquels sont images spéculaires[(1)] l'un de l'autre et ne peuvent jamais être superposables, c'est-à-dire qu'on a affaire à deux isomères dans l'espace. » Ce type de carbone est appelé carbone asymétrique et noté C*.

(1) Images spéculaires : images dans un miroir.

Pistes de réflexion

1 L'essence de térébenthine fait partie de la famille des composés « optiquement actifs ». Expliquer ce terme.

2 Le mot chiralité vient du grec *cheir*, qui signifie « main ». En quoi cette racine étymologique est-elle pertinente ?

3 D'après l'expérience de Pasteur, comment expliquer que l'acide racémique n'ait pas d'effet sur la lumière polarisée ?

4 **a.** Une représentation de la molécule d'acide tartrique est proposée ci-contre. Donner la représentation de Cram de cette molécule.

b. Dessiner l'image dans un miroir de cette représentation et en déduire que la molécule est chirale.

c. Identifier, sur cette représentation, les atomes de carbone asymétriques.

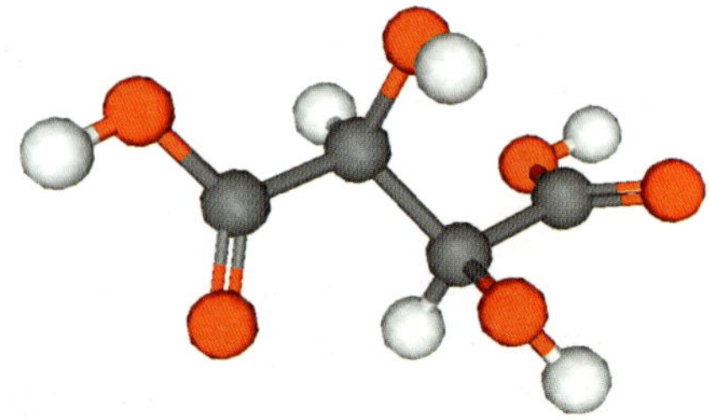

Pour conclure

5 Donner le nom :

a. de deux objets chiraux ;

b. de deux molécules chirales comportant un seul atome de carbone.

Activité 2

Démarche d'investigation

Compétences scientifiques évaluées
- Extraire une information utile.
- Mettre au point un protocole ou une stratégie.

Séparer des énantiomères

Certaines molécules existent sous différentes formes (énantiomères et diastéréoisomères), qu'il peut être nécessaire de séparer.

Pour commencer (situation déclenchante)

Un objet chiral peut exister sous deux formes, images l'une de l'autre dans un miroir plan, et non superposables. Si le composé chiral est une molécule, les deux formes associées sont appelées **énantiomères**, et elles ont des **propriétés physiques** et **chimiques identiques**, tant que le réactif ou le phénomène physique mis en jeu n'est pas lui-même chiral.

Des molécules qui ont des enchaînements identiques d'atomes mais qui ne sont ni superposables ni images l'une de l'autre dans un miroir sont des **diastéréoisomères**. Elles ont en général des **propriétés physiques** et **chimiques différentes**.

La synthèse en laboratoire de l'acide 2-méthylbutanoïque a conduit au mélange des molécules **A** et **B** ci-dessous :

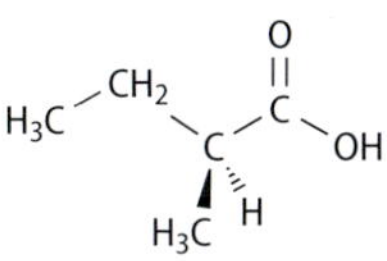
A

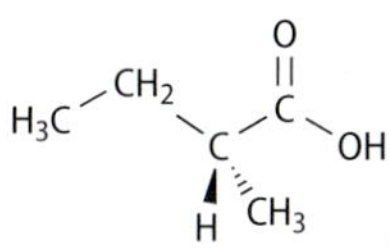
B

On dispose en outre au laboratoire des molécules **C** et **D** :

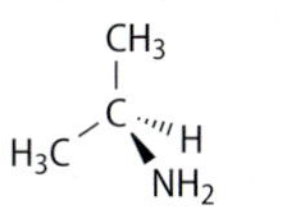
C

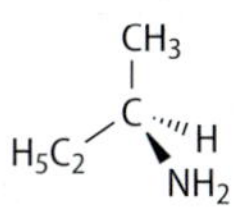
D

Enfin, les chimistes savent que la fonction amine peut réagir avec une fonction acide carboxylique, selon :

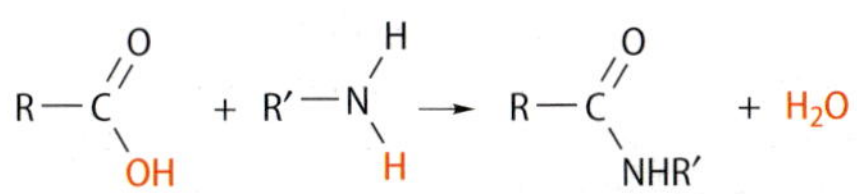

Par acidification du milieu réactionnel, l'amide formé et l'eau redonnent l'acide carboxylique et l'amine de départ.

Investigation

Comment procéder expérimentalement pour séparer les deux molécules A et B ?

Quelques idées (hypothèses)

Voici quelques idées exprimées par des élèves :
- Noémie : « *A et B ont un carbone asymétrique.* »
- Raphaël : « *La molécule D est chirale, C ne l'est pas.* »
- Garance : « *Si les propriétés sont les mêmes, on ne va jamais pouvoir les séparer !* »

Étude de documents (recherche de validation)

Le produit (**AC**) obtenu par réaction entre **A** et **C** et son image dans un miroir (**AC**)′ sont représentés ci-dessous à l'aide d'un logiciel. De la même façon, on a représenté (**BC**), formée par réaction entre **B** et **C**, et (**BC**)′, image de (**BC**) dans un miroir.

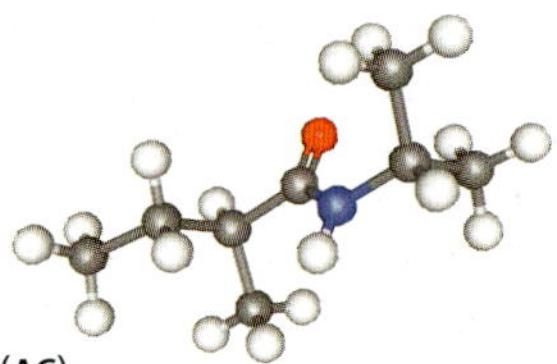
(AC)

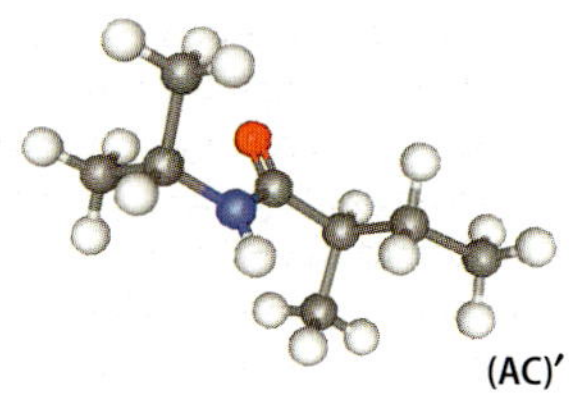
(AC)′

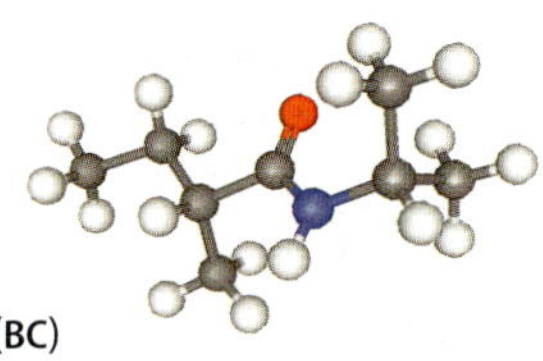
(BC)

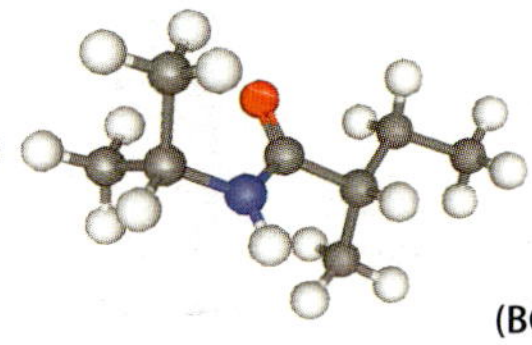
(BC)′

1 **a.** Dessiner **A**′, l'image dans un miroir de la molécule **A**.

b. Comparer **A**′ et **B**. En justifiant la réponse, en déduire que les molécules **A** et **B** sont énantiomères.

c. Pourquoi ne peut-on pas séparer **A** et **B** directement par une technique physique telle que la distillation ?

2 Pourquoi les molécules **A** et **B** peuvent-elles réagir avec les molécules **C** ou **D** ?

3 **a.** Si l'on fait réagir les molécules **A** puis **B** avec la molécule **C**, les produits (**AC**) et (**BC**) obtenus sont-ils identiques, énantiomères ou diastéréoisomères ? On pourra s'aider des représentations ci-dessus ou de modèles moléculaires.

b. En déduire si ces produits sont directement séparables par une technique physique telle que la distillation.

4 **a.** Par analogie avec les représentations ci-dessus, donner la représentation de Cram des produits (**AD**) et (**BD**) formés par réaction entre **A** et **D** d'une part, **B** et **D** d'autre part.

b. Les produits obtenus sont-ils identiques, énantiomères ou diastéréoisomères ?

c. En déduire si ces produits sont directement séparables par une technique physique telle que la distillation.

Pour conclure

5 Proposer un schéma qui résume les différentes étapes permettant de séparer deux molécules énantiomères par la technique étudiée dans cette activité.

6 À quelles conditions une réaction peut-elle être utilisée pour séparer deux énantiomères ?

Activité 3

Activité documentaire

Animation

Énantiomérie dans le vivant

Le thalidomide, un sédatif prescrit aux femmes enceintes vers 1960, illustre les différences dramatiques qui peuvent exister entre deux énantiomères.

Compétences scientifiques évaluées
- Extraire une information utile.
- Communiquer et argumenter en utilisant un vocabulaire scientifique adapté.

Étude de documents

1. L'histoire du thalidomide

L'histoire a débuté en 1954 par la synthèse initiale du médicament, puis sa commercialisation en 1957 et sa distribution à travers le monde. En 1961, je soupçonne déjà que le thalidomide soit à l'origine d'une vague de malformations aux membres et aux oreilles chez des nouveaux-nés en Allemagne de l'Ouest. Ainsi, dès le 16 novembre, j'en suis suffisamment convaincu, après avoir poursuivi mes recherches, pour informer Chemie Gruenenthal (le fabricant du thalidomide) par téléphone. Après dix jours de discussions intensives avec des représentants de la firme manufacturière, des autorités en matière de santé et des spécialistes, le médicament est finalement retiré du marché, en grande partie dû à la couverture médiatique. Pendant des mois, le débat se poursuit pour savoir s'il existe ou non un lien entre le thalidomide et ces malformations. Chemie Gruenenthal s'entêtera à nier les effets tératogènes du thalidomide pendant des années. Près de 40 % des victimes du thalidomide seront décédées avant leur premier anniversaire.

Extrait d'une présentation du Dr Widukind Lenz dans le cadre du congrès de l'UNITH en 1992, disponible sur le site : www.thalidomide.ca

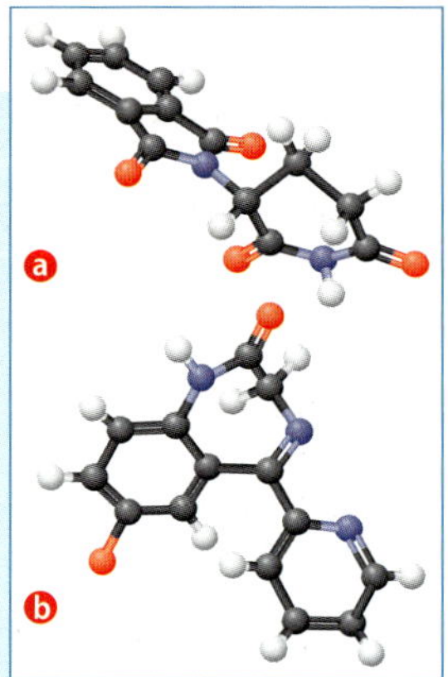

Fig. 1 Représentation de deux molécules ayant un effet sédatif.

2. La chiralité dans le vivant

La chiralité moléculaire joue un rôle clef dans la science et la technologie. En particulier, la vie dépend de la chiralité, car de nombreuses fonctions biologiques sont dissymétriques. La plupart des phénomènes physiologiques proviennent d'interactions moléculaires très précises, dans lesquelles les molécules chirales réceptrices parviennent à distinguer deux molécules énantiomères de différentes façons.

Il existe de nombreux exemples illustrant les effets différents de deux énantiomères. Deux énantiomères ont souvent des odeurs et des goûts différents. La différence de structure entre deux énantiomères peut avoir de grandes conséquences en ce qui concerne l'action des médicaments de synthèse. Dans le corps humain, les sites récepteurs chiraux interagissent uniquement avec les molécules de médicaments qui ont exactement la structure requise, entraînant des différences marquées dans l'activité pharmacologique de deux énantiomères.

D'après le *Discours de remise du Prix Nobel* de R. Noyori, co-lauréat du Prix Nobel de Chimie 2001.
© The Nobel Foundation.

Fig. 2 Modélisation des interactions de deux énantiomères sur un récepteur biologique chiral.

Pistes de réflexion

1 Déduire du document 1 ce qu'est un effet tératogène.

2 En quelle année le thalidomide a-t-il été commercialisé ? En quelle année les premiers soupçons sur sa nocivité sont-ils apparus ? Comment expliquer ce laps de temps ?

3 Quelle spécificité des récepteurs biologiques explique qu'ils réagissent différemment avec deux énantiomères ?

4 Le thalidomide est une molécule chirale. En déduire quelle est la molécule de la figure 1 qui correspond à l'énantiomère du thalidomide ayant un effet sédatif.

Deux énantiomères ont des propriétés physiques et chimiques identiques tant que le réactif ou le phénomène mis en jeu n'est pas chiral.

5 **a.** Pourquoi est-il difficile de séparer le « bon » énantiomère du thalidomide du « mauvais » lors de la synthèse de ce médicament ?

b. Cette séparation était-elle réalisée par Chemie Gruenenthal ?

Pour conclure

6 En quoi la tragédie du thalidomide illustre-t-elle les différences qui peuvent exister entre deux énantiomères ?

Activité 4

TP Activité expérimentale

Compétences évaluées
- Choisir le matériel approprié.
- Mettre au point un protocole.

Comparer des stéréoisomères

Les propriétés physiques et chimiques de deux diastéréoisomères sont-elles identiques ?

Principe

On dispose de deux flacons contenant deux solides A et B, de même formule brute $C_4H_4O_4$. On souhaite comparer quelques propriétés de A et B.

Mise en œuvre au laboratoire

Matériel
• tubes à essais • balance • agitateur magnétique • burette • pipette jaugée de 20 mL • erlenmeyer • solution de phénolphtaléine • solution d'hydroxyde de sodium 0,10 mol · L^{-1} • banc Kofler ou tube de Thiele • papier pH • spatules • dispositif de filtration par gravité

Comparaison des températures de fusion

• Utiliser un banc Kofler ou un tube de Thiele pour évaluer la température de fusion des composés étudiés.

1 Écrire les formules développées possibles pour A et B sachant que chacun comporte deux groupes d'atomes caractéristiques des acides carboxyliques.

2 Peut-on attribuer les températures de fusion déterminées expérimentalement à chacune des formules écrites ci-dessus ? Justifier, en vous appuyant sur les liaisons intermoléculaires établies dans chaque cas.

Comparaison de la solubilité

On rappelle que la solubilité est la masse maximale d'un composé que l'on peut dissoudre dans un litre de solution.

• Introduire environ 0,2 g de produit A dans un tube à essais contenant environ 3 mL d'eau. Boucher, agiter et observer. Faire de même avec le composé B.

3 Quel est le composé le plus soluble dans l'eau ?

On souhaite déterminer la solubilité dans l'eau du composé qui y est le moins soluble d'après l'expérience qualitative réalisée ci-dessus. Pour cela, on prépare une solution saturée du composé, puis on effectue un dosage de ce composé, selon le protocole suivant.

• Dans un bécher, introduire environ 1 g du composé dans 50 mL d'eau. Utiliser un barreau aimanté et un agitateur magnétique pour agiter ce mélange pendant 5 minutes.

• Vérifier que la solution reste saturée et filtrer par gravité.

• Prélever à la pipette jaugée un volume V_0 = 20,0 mL du filtrat, l'introduire dans un erlenmeyer, puis ajouter quelques gouttes d'une solution de phénolphtaléine.

• Remplir une burette avec une solution aqueuse d'hydroxyde de sodium, de concentration molaire C_b = 0,10 mol · L^{-1} et ajuster le zéro (*voir fiche pratique p. 586*).

• Introduire un barreau aimanté dans l'erlenmeyer, mettre en route l'agitation et verser lentement la solution d'hydroxyde de sodium, jusqu'à ce que le mélange contenu dans l'erlenmeyer, initialement incolore, garde une teinte rose persistante pendant environ 30 secondes. Noter alors V_b, le volume de solution d'hydroxyde de sodium versé à la burette.

Les deux groupes carboxyle du composé de formule brute $C_4H_4O_4$ réagissent lors de ce dosage avec les ions hydroxyde apportés par la solution d'hydroxyde de sodium. Il s'en suit que la quantité de matière de ce composé présente dans les 20 mL de solution saturée introduits dans l'erlenmeyer est donnée par la formule : $n = C_b \cdot V_b/2$.

4 Calculer n et en déduire la valeur de la solubilité du composé de formule $C_4H_4O_4$ le moins soluble.

5 La valeur de la solubilité de l'autre composé vaut 780 g · L^{-1}. Peut-on utiliser le même protocole que ci-dessus pour vérifier cette valeur ? Pourquoi ?

Comparaison de l'acidité

On considère que l'espèce X est plus acide que l'espèce Y si une solution de concentration molaire C en X a un pH plus faible qu'une solution de même concentration en Y.

6 Proposer un protocole expérimental utilisant tout ou partie du matériel représenté ci-dessous pour déterminer qui, de A et B, est le plus acide.

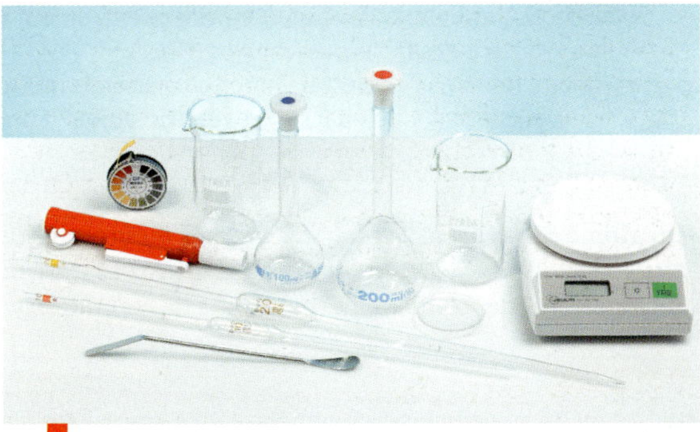

Fig. 1 Le matériel disponible.

7 Mettre en œuvre le protocole défini et conclure.

Pour conclure

8 En vous appuyant sur les formules écrites en 1, expliquer pourquoi A et B sont dits diastéréoisomères.

9 D'après les expériences réalisées, que peut-on dire des propriétés de deux diastéréoisomères ?

Cours

1 Notion de chiralité

› Activité 1

La chiralité dans les objets quotidiens

Le mot « chiral » a été proposé dès 1884 par le physicien britannique William Thomson, plus connu sous le nom de Lord Kelvin. Il vient du grec *cheir*, qui signifie « main ».

Un objet est dit chiral s'il n'est pas superposable à son image dans un miroir plan.

Exemples

Une main est l'exemple typique d'un objet chiral. La coquille d'un escargot, une vis, un escalier en colimaçon sont d'autres exemples d'objets chiraux (Fig. 1).
En revanche, une fourmi ou une fourchette sont des objets achiraux (non chiraux).

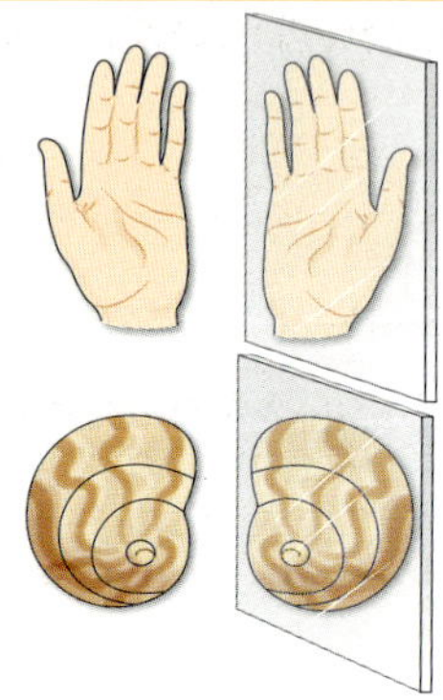

Fig. 1 Deux objets chiraux.

Molécules chirales

La découverte du caractère chiral en chimie est attribuée à Pasteur. Elle remonte à ses expériences historiques sur l'acide tartrique et l'acide racémique : dans un dérivé d'acide racémique, Pasteur réussit à séparer, à l'aide d'une simple loupe et de pinces, deux types de cristaux images l'un de l'autre dans un miroir.

Ces cristaux étaient constitués de molécules chirales.

Une molécule est chirale si elle n'est pas superposable à son image dans un miroir plan.

Une molécule est achirale s'il existe au moins une conformation pour laquelle elle est superposable à son image dans un miroir plan.

Exemples

L'hexahélicène, dont la structure rappelle celle d'un escalier en colimaçon, et le butan-2-ol sont des molécules chirales (Fig. 2).
Le chlorobromométhane est une molécule achirale, puisqu'il est superposable à son image dans un miroir par simple rotation autour d'une liaison simple (Fig. 3).

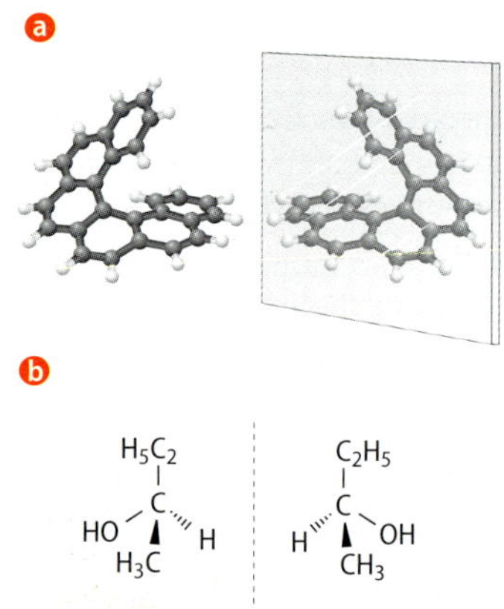

Fig. 2 Deux molécules chirales : a l'hexahélicène ; b le butan-2-ol.

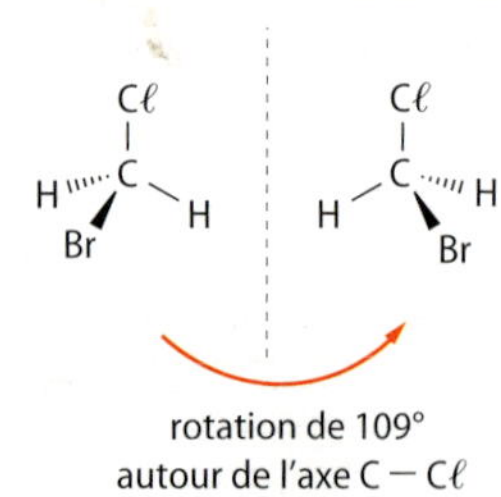

Fig. 3 Le chlorobromométhane n'est pas une molécule chirale.

La chiralité de la molécule de butan-2-ol est due à l'atome de carbone d'indice 2.

Un atome de carbone lié à quatre atomes ou groupes différents les uns des autres est dit asymétrique. Il est noté avec un astérisque : C*.
Une molécule qui contient un seul atome de carbone asymétrique est chirale.

Exemple

La molécule de butan-2-ol comporte un atome de carbone asymétrique :

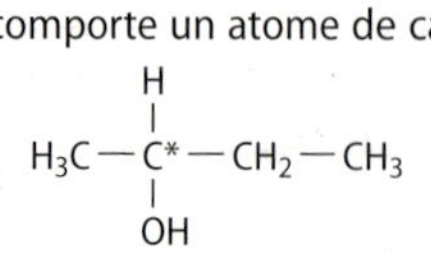

Il est important de retenir :
– qu'il existe des molécules chirales qui ne comportent pas de carbone asymétrique (Fig. 2 a),
– que la présence d'un carbone asymétrique n'est pas une condition suffisante pour rendre une molécule chirale (voir partie 2).

➥ Exercices 1 à 7

2 Énantiomères et diastéréoisomères

On appelle stéréoisomères des molécules qui ont la même formule semi-développée mais des arrangements d'atomes différents dans l'espace.

La stéréoisomérie est donc un type particulier d'isomérie.

On peut citer les **stéréoisomères de conformation**, qui sont des molécules superposables après une rotation autour d'une liaison simple. Mais lorsque le passage d'un stéréoisomère à un autre nécessite la rupture d'une liaison covalente, il s'agit alors d'**énantiomères** ou de **diastéréoisomères**.

Molécules énantiomères

› Activité 2

Des énantiomères sont des molécules images l'une de l'autre dans un miroir plan, mais non superposables, même après rotation autour de liaisons simples.

Une molécule chirale existe sous deux formes énantiomères.

C'est le cas des **acides α-aminés**, qui sont les constituants élémentaires des protéines. Leur formule générale est $H_2N–CHR–COOH$, où R représente un groupe qui caractérise l'acide α-aminé. La plupart des acides α-aminés sont chiraux et présents dans le vivant sous la forme d'un seul énantiomère.

Exemple

L'alanine est un acide α-aminé, présent dans la nature uniquement sous la forme de la figure 4 ⓐ.

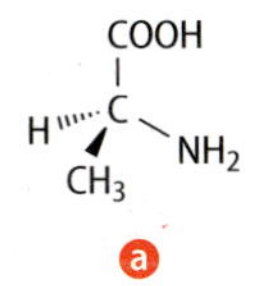

Fig. 4 Deux acides α-aminés énantiomères de formule $H_2N–CHCH_3–COOH$. ⓐ est l'alanine naturelle.

Lors de la synthèse d'une molécule chirale, au laboratoire ou dans l'industrie, on obtient généralement un mélange des deux énantiomères.

Un mélange équimolaire d'énantiomères est appelé racémique ou mélange racémique.

Molécules diastéréoisomères

Animation

› Activité 2

Les deux définitions suivantes sont équivalentes :

1. Des diastéréoisomères sont des stéréoisomères qui ne sont ni énantiomères ni stéréoisomères de conformation.

2. Des diastéréoisomères sont des molécules qui ont le même enchaînement d'atomes, mais qui ne sont ni images l'une de l'autre dans un miroir plan, ni superposables, même après rotation autour de liaisons simples.

Exemples

Quelle que soit leur conformation, les deux diastéréoisomères de l'acide tartrique de la figure 5 ne sont ni images l'un de l'autre ni superposables.
Les deux diastéréoisomères du but-2-ène (Fig. 6) ont la même formule semi-développée ($H_3C–CH{=}CH–CH_3$), mais ils ne sont ni superposables ni images l'un de l'autre dans un miroir.

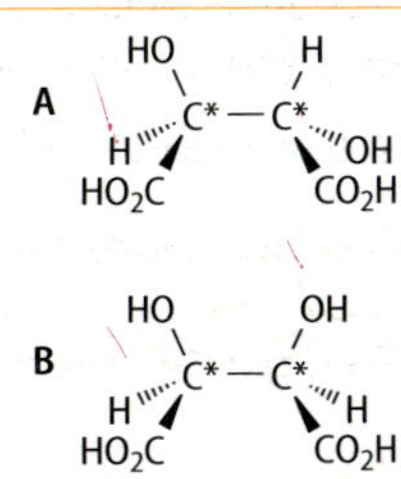

Fig. 5 Deux diastéréoisomères de l'acide tartrique.

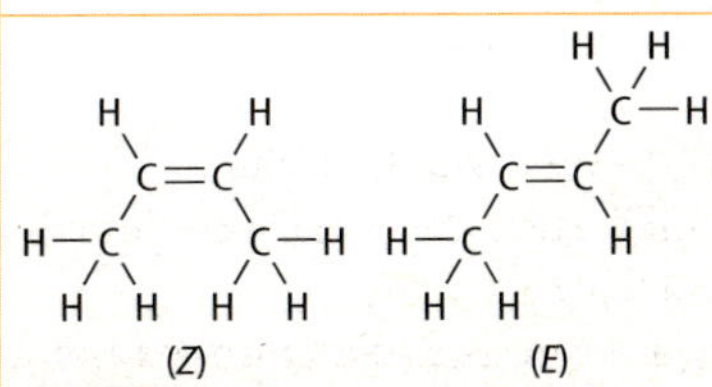

Fig. 6 Deux diastéréoisomères Z/E.

L'existence de deux diastéréoisomères peut être due à la présence :
– de deux atomes de carbone asymétriques dans la molécule (Fig. 5) ;
– d'une isomérie *Z*/*E* (Fig. 6).

On rappelle que, pour une molécule du type R–CH=CH–R′, l'isomère *Z* est celui pour lequel R et R′ sont situés du même côté de la double liaison ; l'isomère *E* est celui pour lequel R et R′ sont situés de part et d'autre de la double liaison (Fig. 6).

Attention ! Certains diastéréoisomères sont chiraux, d'autres sont non chiraux. Ainsi, la molécule **A** de la figure 7 est chirale (non superposable à son image dans un miroir), contrairement à la molécule **B**.

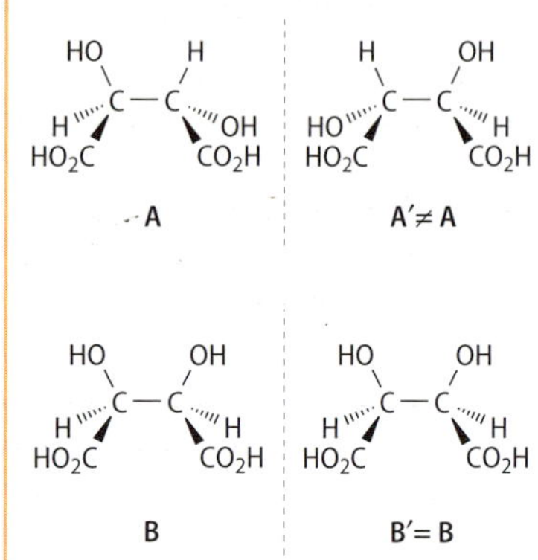

Fig. 7 Le diastéréoisomère **A** de l'acide tartrique est chiral ; le diastéréoisomère **B** est non chiral.

Récapitulatif

L'organigramme suivant résume les questions à se poser pour reconnaître si deux molécules **A** et **B**, qui ont la même formule semi-développée, sont des molécules identiques, énantiomères ou diastéréoisomères.

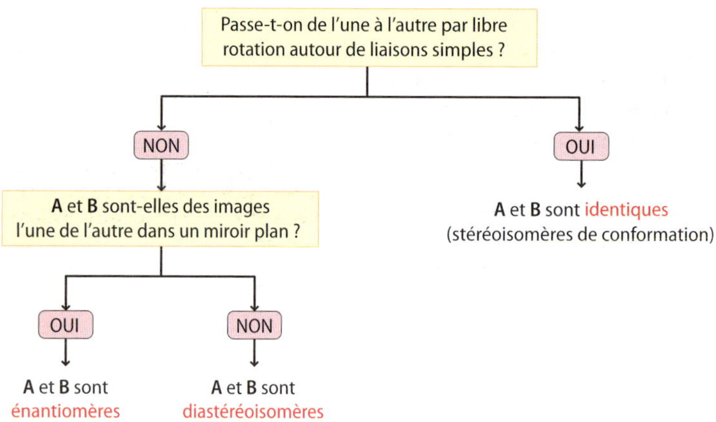

➡ Exercices 8 à 13

3 Comparaison des propriétés des stéréoisomères

Les distances et les angles entre les différents atomes sont identiques pour deux énantiomères, mais pas pour deux diastéréoisomères : cela a de grandes conséquences sur leurs propriétés respectives.

Cas des diastéréoisomères

› Activité 4

Deux diastéréoisomères ont généralement des propriétés physiques, chimiques et biologiques différentes.

Exemples

Le tableau de la figure 8 permet de comparer quelques propriétés de diastéréoisomères de l'acide tartrique de la figure 7.

Diastéréoisomère	Fig. 7 A	Fig. 7 B
Température de fusion (°C)	170	140
Densité	1,58	1,67
Solubilité dans l'eau à 25 °C ($g \cdot mL^{-1}$)	1,4	1,2

Fig. 8 Quelques propriétés de diastéréoisomères de l'acide tartrique.

Cas des énantiomères

› Activité 3

Deux énantiomères ont des propriétés physiques et chimiques identiques tant que le réactif ou le phénomène mis en jeu est non chiral.

On peut faire une analogie avec un pied, qui est chiral comme une main : un pied droit et un pied gauche se comportent de la même façon vis-à-vis d'une chaussette (composé achiral), mais différemment vis-à-vis d'une chaussure droite (composé chiral).

La plupart des processus du vivant mettent en jeu des phénomènes chiraux. Un récepteur biologique, par exemple, ne reconnaîtra qu'une forme énantiomère d'une molécule chirale et pas l'autre.

Deux énantiomères ont des propriétés biologiques différentes.

Exemples

L'aspartame (Fig. 9 ⓐ) est un édulcorant artificiel découvert en 1965. Il a un fort pouvoir sucrant, alors que son énantiomère est amer. La molécule L-dopa (Fig. 9 ⓑ) est utilisée dans le traitement de la maladie de Parkinson. Son énantiomère est inefficace et plus toxique, d'où l'importance d'éviter de donner au malade un mélange racémique.

À l'état naturel, de nombreuses substances chirales n'existent que sous la forme d'un seul énantiomère. C'est le cas en particulier des acides α-aminés.

➥ Exercices 14 à 18

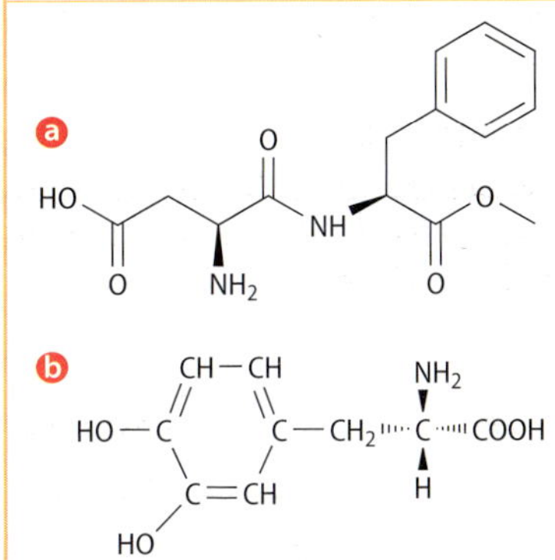

Fig. 9 ⓐ La molécule d'aspartame, énantiomère au goût sucré. ⓑ La molécule de L-dopa, médicament contre la maladie de Parkinson.

Les compétences à acquérir

1 Reconnaître des espèces chirales et des atomes de carbone asymétriques

- Un objet est chiral s'il n'est pas superposable à son image dans un miroir plan.
- Un atome de carbone lié à quatre atomes ou groupes différents les uns des autres est dit asymétrique. Il est noté avec un astérisque : C*.

2 Reconnaître des molécules identiques, énantiomères ou diastéréoisomères

- Des stéréoisomères sont des molécules qui ont la même formule semi-développée, mais des arrangements différents dans l'espace.
- En plus des stéréoisomères de conformation, on distingue :
  - les énantiomères, molécules images l'une de l'autre dans un miroir plan, mais non superposables ;
  - les diastéréoisomères, molécules qui ont le même enchaînement d'atomes, mais qui ne sont ni images l'une de l'autre dans un miroir plan, ni superposables.
- Un mélange équimolaire d'énantiomères est appelé mélange racémique ou racémique.

3 Connaître les propriétés des stéréoisomères

- Des diastéréoisomères ont des propriétés physiques, chimiques et biologiques qui sont en général différentes.
- Des énantiomères ont la même réactivité chimique vis-à-vis des composés achiraux.
- Dans le domaine biologique, de nombreuses substances sont chirales et deux énantiomères peuvent donc avoir des actions très différentes.

Exercices

Compétence 1

> ***Reconnaître des espèces chirales et des atomes de carbone asymétriques***

1 VRAI ou FAUX ?

Indiquer si les affirmations ci-dessous sont vraies ou fausses. Corriger celles qui sont fausses.

1. Le mot chiralité provient du mot « main » en grec.
2. La tour Eiffel est un objet chiral.
3. La statue de la Liberté est un objet chiral.
4. La molécule de bromochlorométhanol est chirale.
5. Si une molécule contient un atome de carbone asymétrique, alors elle est chirale.
6. Une molécule qui ne contient pas d'atome de carbone asymétrique est achirale.

2 QROC

1. Qu'est-ce qu'un objet chiral ?

2. Qu'est-ce qu'un atome de carbone asymétrique ? Justifier ce terme.

3 Objets courants chiraux

Parmi les objets suivants, lesquels sont chiraux ?

a. Un escalier en colimaçon. **b.** Un clou.
c. Une limace. **d.** Un tire-bouchon.
e. Un escargot. **f.** Une chaussure.

EXERCICE **RÉSOLU**

4 Carbone asymétrique et chiralité

On considère la molécule dont la représentation de Cram est donnée ci-contre.

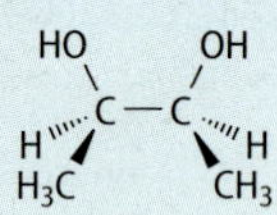

1. Combien cette molécule comporte-t-elle d'atomes de carbone asymétriques ?

2. Cette molécule est-elle chirale ? Justifier.

Aides et méthodes

2. Pour savoir si une molécule est chirale, on peut dessiner son image dans un miroir : la molécule est chirale si elle n'est pas superposable à son image.

Solution

1. Les atomes de carbone 2 et 3 de cette molécule sont liés à quatre groupes différents : ils sont donc asymétriques.

2. On a représenté ci-dessous la molécule et son image dans un miroir.

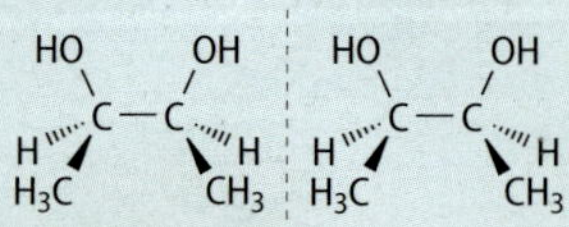

Ces deux représentations étant superposables, la molécule n'est pas chirale.
On note sur cet exemple que la présence d'un atome de carbone asymétrique n'implique pas nécessairement que la molécule est chirale.

5 Identifier des atomes de carbone asymétriques

Écrire la formule développée des molécules suivantes et identifier les atomes de carbone asymétriques le cas échéant.

On rappelle le code des couleurs pour les modèles moléculaires : carbone, gris ; hydrogène, blanc ; oxygène, rouge ; chlore, vert.

a

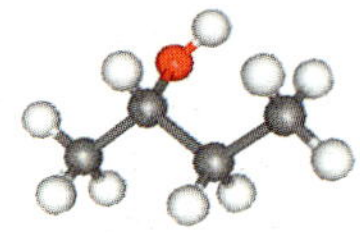

b

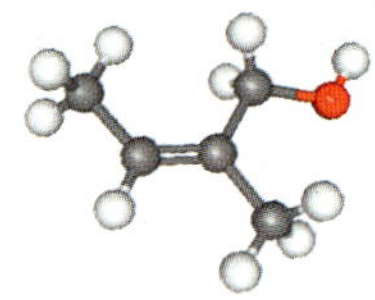

c

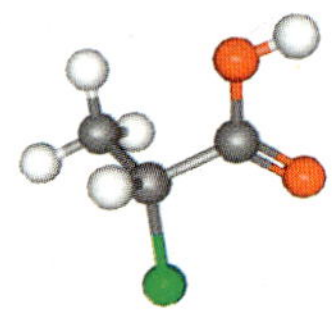

d

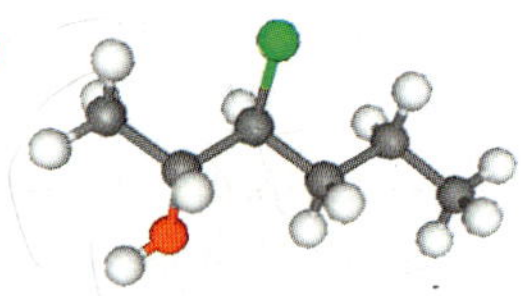

6 Carbone asymétrique et molécules chirales

1. Identifier, s'il y en a, les atomes de carbone asymétriques dans les molécules suivantes.

a

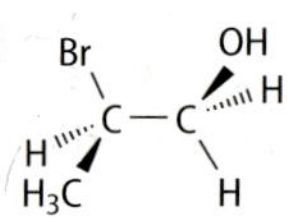

b

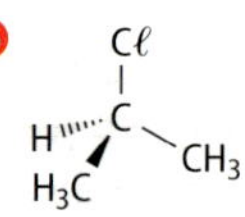

c

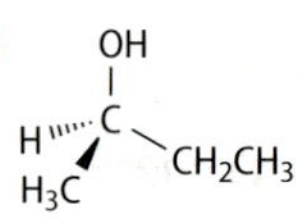

d

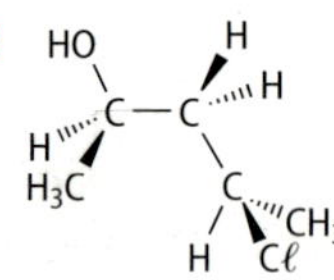

2. Parmi ces molécules, quelles sont celles qui sont chirales ?

7 Molécules chirales

Parmi les molécules suivantes, quelles sont celles qui sont chirales ? Justifier la réponse.

a.

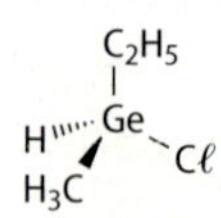

b.

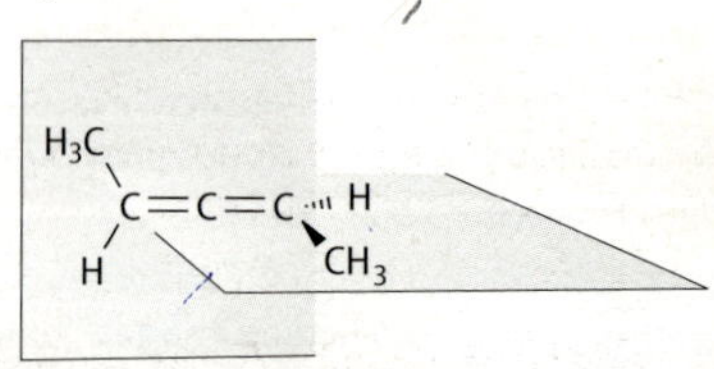

c. pentan-3-ol **d.** hexan-3-ol
e. 2-méthylbutan-1-ol **f.** (*Z*)-pent-2-ène.

Compétence 2

› *Reconnaître si des molécules sont identiques, énantiomères ou diastéréoisomères*

8 VRAI ou FAUX ?

Indiquer si les affirmations ci-dessous sont vraies ou fausses. Corriger celles qui sont fausses.

1. Si deux molécules ont des représentations dans l'espace différentes, alors elles ne sont pas identiques.
2. Des énantiomères ont la même formule développée, mais des représentations de Cram différentes.
3. On ne peut pas toujours reconnaître deux diastéréoisomères à partir de leur formule semi-développée.
4. Une molécule chirale existe sous deux formes énantiomères.
5. Deux diastéréoisomères sont tous deux chiraux.

9 Vocabulaire

1. Quand dit-on que deux molécules sont énantiomères ?
2. Qu'est-ce qu'un mélange racémique ?
3. Quand dit-on que deux molécules sont diastéréoisomères ?

10 Diastéréoisomérie *Z/E*

1. Écrire la représentation de Cram des diastéréoisomères *Z* et *E* des molécules suivantes : **a.** pent-2-ène ; **b.** hex-3-ène.
2. Expliquer pourquoi les molécules écrites dans chaque cas sont des diastéréoisomères.

EXERCICE **RÉSOLU**

11 Molécules identiques ou énantiomères

Pour chacun des couples représentés ci-dessous, indiquer si les molécules sont identiques ou énantiomères.

a
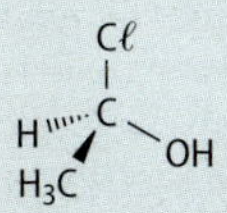

a'
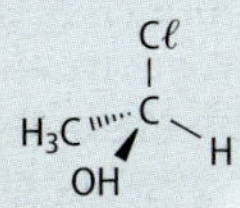

b
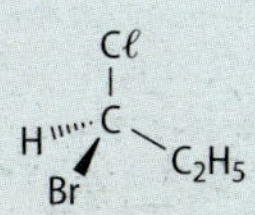

b'
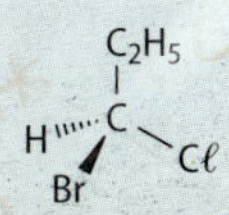

Aides et méthodes

Des représentations qui sont superposables par rotations autour de liaisons simples carbone-carbone correspondent à des molécules identiques.

Solution

Les schémas ci-dessous montrent qu'il existe au moins une conformation pour laquelle :

– les molécules a et a' sont identiques ;
– les molécules b et b' sont images l'une de l'autre dans un miroir mais non superposables : b et b' sont énantiomères.

a
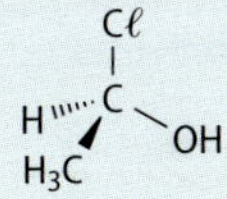

a'
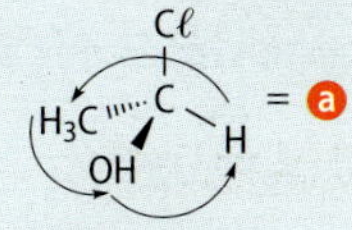

rotation de 109°

b
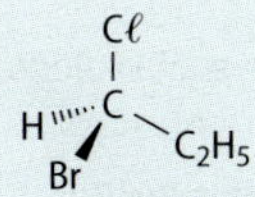

b'
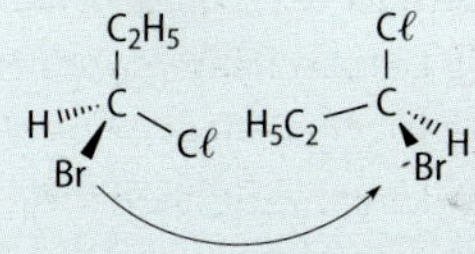

pivotement de la molécule pour mettre la liaison C—Cℓ verticale

12 Énantiomères ou diastéréoisomères

Pour chacun des couples représentés ci-dessous, indiquer si les molécules sont énantiomères ou diastéréoisomères.

On rappelle le code des couleurs pour les modèles moléculaires : carbone, gris ; hydrogène, blanc ; oxygène, rouge ; chlore : vert.

a
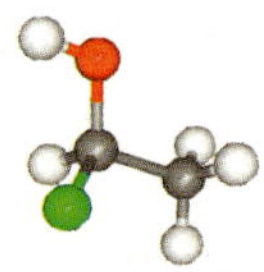
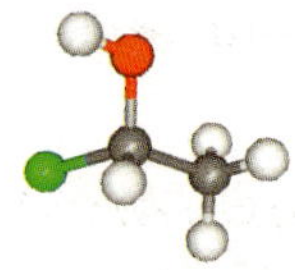

b
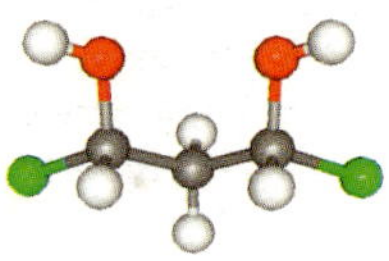
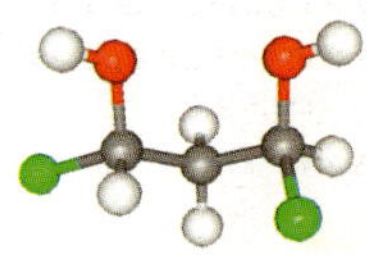

c
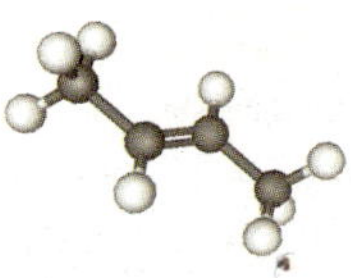
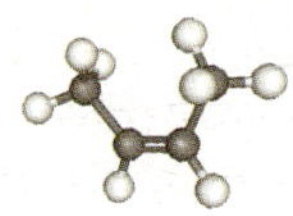

13 Différents types de stéréoisomères

Pour chacun des couples représentés ci-dessous, choisir le terme adapté parmi : *identiques*, *énantiomères* et *diastéréoisomères*.

a
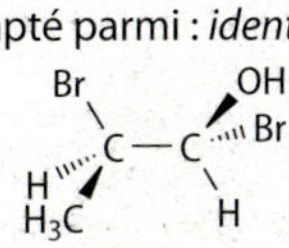

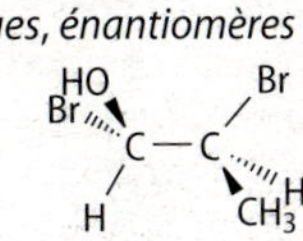

b
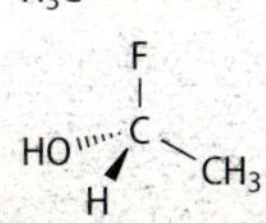

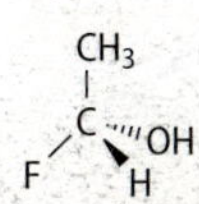

c
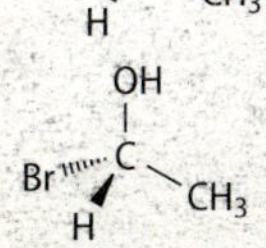

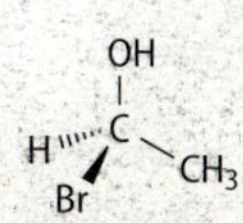

d
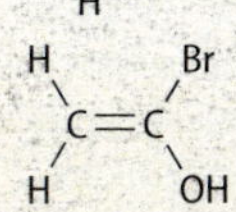

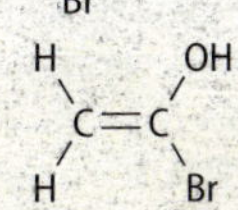

Compétence 3

› *Extraire et exploiter des informations sur les propriétés des stéréoisomères*

14 VRAI ou FAUX ?

Indiquer si les affirmations ci-dessous sont vraies ou fausses. Corriger celles qui sont fausses.

❶ Les propriétés physiques, chimiques et biologiques de deux molécules énantiomères sont identiques.

❷ Deux diastéréoisomères n'ont généralement pas les mêmes températures de changement d'état.

❸ Pour une molécule chirale donnée, un médicament contenant un seul énantiomère a les mêmes effets thérapeutiques qu'un médicament contenant un mélange des deux énantiomères.

15 Comparaison des propriétés de stéréoisomères

1. Parmi les propriétés suivantes, quelles sont celles qui peuvent être différentes pour deux énantiomères ?

a. Température de changement d'état.
b. Masse molaire. **c.** Masse volumique.
d. Odeur. **e.** Indice de réfraction.
f. Activité thérapeutique.

2. Même question pour deux diastéréoisomères.

16 Géraniol et néraniol

Le géraniol (ci-dessous à gauche) et le néraniol (à droite) sont des molécules présentes dans plusieurs huiles essentielles.

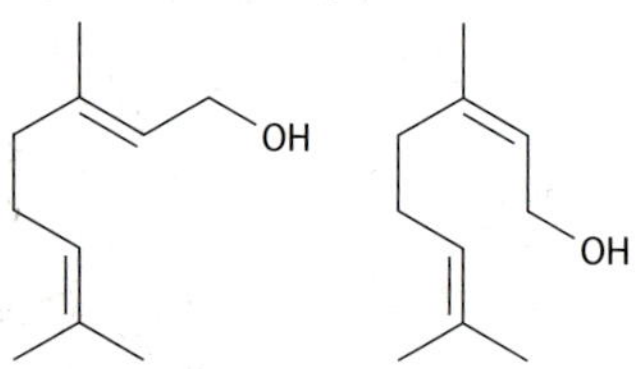

1. Calculer la valeur de la masse molaire du géraniol.

2. Compléter, lorsque c'est possible, le tableau ci-dessous en utilisant les données qu'il comporte. Justifier vos réponses.

Espèce chimique	géraniol	néraniol
Odeur	de rose	…
Masse molaire ($g \cdot mol^{-1}$)	…	…
Température d'ébullition (°C)	229	…

17 Ballast isomérique

« À première vue, la symétrie est très répandue dans la nature. Néanmoins, au niveau moléculaire, l'asymétrie prédomine, à la fois dans les matériaux de base comme les acides α-aminés et les sucres, et dans les processus métaboliques et de régulation dans lesquels des enzymes et des récepteurs spécifiques sont impliqués. C'est pourquoi la présence d'un élément chiral dans les médicaments ou les agents bioactifs entraîne en général de grandes différences entre les énantiomères, à la fois pour l'activité au sens strict et pour les transformations métaboliques et la pharmacocinétique en général. »

D'après E. J. Ariëns, « Stereochemistry: A Source of Problems in Medicinal Chemistry », *Medicinal Research Review*, 1986.

Compte tenu de ces observations, E. Ariëns réclame que l'avertissement « contient un ballast isomérique » soit mentionné sur les boîtes de médicaments qui ne contiennent pas uniquement l'énantiomère dont l'activité thérapeutique est recherchée.

1. Citer deux familles de composés naturels chiraux.

2. Donner un exemple de médicament dont l'une des formes énantiomères a des effets néfastes sur la santé.

3. a. B2i Effectuer si besoin une recherche pour définir le métabolisme.
b. Quels sont les trois grands types de différences biologiques entre deux énantiomères citées par le texte ?

4. a. Utiliser si besoin un dictionnaire pour préciser ce qu'on appelle ballast sur un navire.
b. Par analogie avec la définition donnée, expliquer l'expression « ballast isomérique ».

18 Différents goûts de l'asparagine

La molécule représentée ci-dessous est le premier acide α-aminé à avoir été découvert : il s'agit de la L-asparagine, qui fut isolée en 1806 par le chimiste français Louis-Nicolas Vauquelin.

En 1886, A. Piutti synthétisa l'asparagine : il observa la formation de deux types de cristaux, chiraux, qu'il sépara et goûta. Il constata que l'asparagine naturelle a peu de goût, alors que son énantiomère a une saveur sucrée. L. Pasteur proposa une interprétation de cette observation :

« Pourquoi cette différence dans la saveur des deux asparagines ? [...] Si deux corps dissymétriques inverses offrent dans leurs combinaisons avec des corps inactifs des propriétés chimiques et physiques absolument semblables et même identiques, ces mêmes corps dissymétriques inverses donnent des combinaisons tout à fait différentes quand ils s'unissent à des corps eux-mêmes dissymétriques. »

1. B2i Effectuer une recherche, éventuellement sur Internet, pour justifier que la formule chimique de l'asparagine en fait un acide α-aminé.

2. D'après le raisonnement de Pasteur, quelle propriété structurale doivent avoir les récepteurs biologiques mis en jeu dans la perception du goût de l'asparagine ?

Exercices de synthèse

Pour préparer le BAC

Données. Code des couleurs pour les modèles moléculaires : carbone, gris ; hydrogène, blanc ; oxygène, rouge ; chlore, vert ; soufre, jaune.

19 Stéréoisomères de l'acide tartrique

L'acide tartrique est le nom usuel de l'acide 2,3-dihydroxybutanedioïque, qui a pour formule :
HOOC–CHOH–CHOH–COOH.

Il est présent dans de nombreuses plantes et a été isolé pour la première fois en 1769, par le chimiste suédois C. W. Scheele.

Il possède une importance historique dans l'histoire de la chiralité car c'est lors de l'étude d'un de ses dérivés que Louis Pasteur (1822-1895 ; photo) a mis en évidence le premier mélange racémique.

1. Pour les chimistes, le nom de Pasteur est associé à la chiralité. Quelle autre contribution de Pasteur aux sciences pouvez-vous citer ?
2. Combien d'atomes de carbone asymétriques sont présents dans la molécule d'acide tartrique ?
3. Donner les représentations de Cram de tous les stéréoisomères de cette molécule.
4. Parmi les molécules proposées, lesquelles sont chirales ?
5. Classer les molécules écrites à la question **3** en couples d'énantiomères et de diastéréoisomères.

20 Composés de formule brute $C_4H_{10}O$

Deux molécules **A** et **B** de même formule brute $C_4H_{10}O$ ont les propriétés physiques données dans le tableau ci-dessous.

Molécule	A	B
Température d'ébullition	99,5	99,5
Masse volumique	0,81	0,81
Indice de réfraction	1,397	1,397

1. Écrire les formules semi-développées de tous les alcools possédant cette formule brute.
2. Compléter le tableau avec les unités manquantes.
3. **a.** D'après le tableau, quelle est la relation de stéréoisomérie existant entre les molécules **A** et **B** ?
b. En déduire le nom de ces deux molécules en nomenclature officielle.

21 La stéréochimie des acides α-aminés

Une protéine est une macromolécule biologique constituée de l'enchaînement d'acides α-aminés, parmi lesquels on peut citer la glycine (Gly), l'alanine (Ala) et la cystéine (Cys), dont des représentations à trois dimensions sont données ci-après.

Alanine

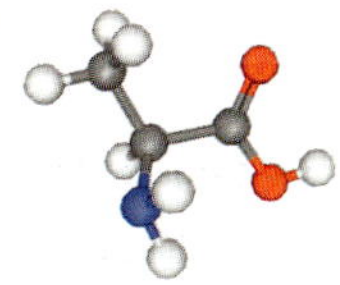

Cystéine

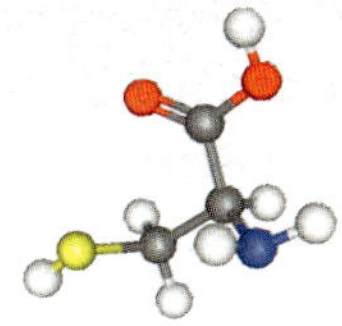

Glycine

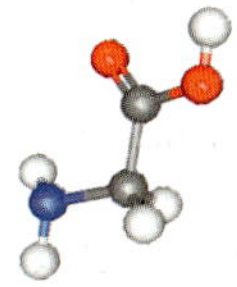

1. Quels groupes d'atomes caractéristiques reconnaissez-vous sur ces molécules ? Les nommer.
2. Rappeler la définition d'un atome de carbone asymétrique. Combien d'atomes de carbone asymétriques contiennent les acides α-aminés ci-dessus ? Les repérer à l'aide d'un astérisque.
3. Les représentations ci-dessus sont celles des seules formes naturelles de ces trois acides α-aminés sur Terre. Cependant, au laboratoire, lorsqu'on synthétise des acides α-aminés, on obtient toujours un mélange de deux formes : la molécule identique à la molécule naturelle et son image dans un miroir. Comment qualifie-t-on ces deux formes ? Comment qualifie-t-on le mélange s'il est équimolaire en chacune des molécules ?

22 Abeilles et stéréochimie

L'Autrichien Karl von Frisch a été co-lauréat du prix Nobel de Médecine en 1973 pour sa découverte du mode de communication des abeilles. Il a également montré que les abeilles distinguent différents isomères des sucres : elles apprécient le goût du D-fructose, mais pas celui du D-sorbose. Les représentations données ci-dessous combinent représentation topologique et représentation de Cram.

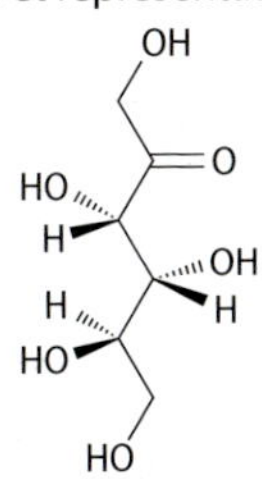

D-fructose

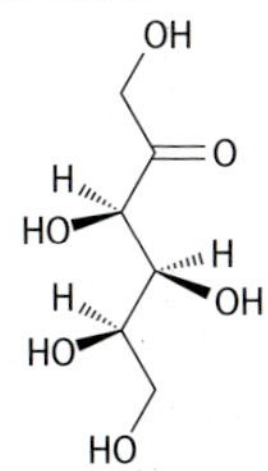

D-sorbose

1. Recopier les molécules. Quels groupes d'atomes caractéristiques reconnaissez-vous ? Les entourer et les nommer.
2. Combien d'atomes de carbone asymétriques contiennent ces molécules ? Les repérer à l'aide d'un astérisque.
3. Quelles différences existe-t-il entre les molécules de D-fructose et de D-sorbose ?
4. Ces molécules sont-elles énantiomères ou diastéréoisomères ? Est-il étonnant que les abeilles les distinguent ?

23 Séparation d'énantiomères

La plupart du temps, la synthèse de molécules chirales au laboratoire conduit à un mélange équimolaire des deux énantiomères, qu'il est souvent nécessaire de séparer. Une technique couramment utilisée est le **dédoublement racémique**. Soit A et A* les deux énantiomères à séparer. On fait réagir ces composés par une réaction réversible avec une forme énantiomère d'un composé chiral, que l'on peut noter B*. On obtient alors les couples AB* et A*B*, que l'on peut séparer. Une réaction chimique permet ensuite de libérer les formes A et A*, séparées.

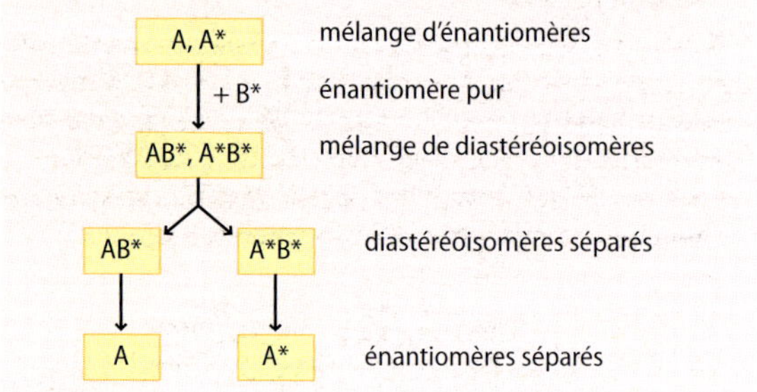

1. Quel nom donne-t-on à un mélange équimolaire de deux énantiomères ?

2. Pourquoi souhaite-t-on parfois séparer les deux énantiomères au lieu d'utiliser leur mélange équimolaire ?

3. Pourquoi ne peut-on pas séparer directement A et A* ?

4. Pourquoi est-il possible de séparer AB* et A*B* ?

5. Citer trois conditions que doit remplir l'espèce B* pour permettre la séparation de A et A*.

24 Différents stéréoisomères

On donne ci-dessous la représentation de Cram de différentes molécules.

a 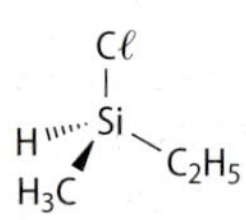

b 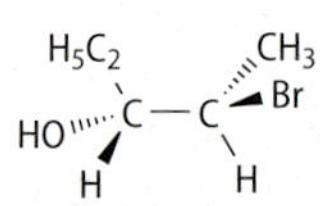

c 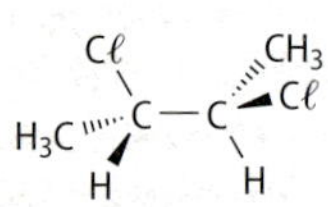

d 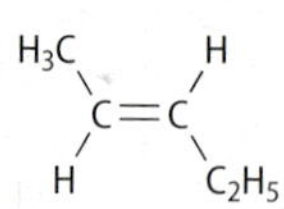

1. Parmi ces molécules :
a. quelles sont celles qui sont chirales ?
b. quelles sont celles qui comportent au moins un atome de carbone asymétrique ?

2. **a.** Donner la représentation de Cram de tous les stéréoisomères de la molécule b et les classer par couple d'énantiomères et de diastéréoisomères.
b. Parmi les molécules représentées à la question **2.a**, combien ont la même température d'ébullition que b ? Justifier la réponse.

25 Identification d'un composé

L'analyse d'un composé de masse molaire moléculaire égale à 58 g · mol^{-1} révèle qu'il comporte une double liaison carbone-carbone, ainsi qu'un groupe d'atomes caractéristique de la fonction alcool, et que les pourcentages massiques respectifs en carbone et oxygène valent 62 % et 28 %.

1. Déterminer la formule brute de ce composé.

2. Écrire les représentations topologiques des molécules correspondant à cette formule brute.

3. Parmi les molécules écrites, y a-t-il des énantiomères ? des diastéréoisomères ?

26 ★ La stéréochimie des sucres

Les oses, ou monosaccharides, sont des composés de formule brute $C_n(H_2O)_n$, qui ont pour la plupart un pouvoir sucrant. Dans les années 1890, le chimiste allemand Emil Fischer, lauréat du prix Nobel de Chimie en 1902, montra que la fermentation du glucose par des levures dépend de la stéréochimie de la molécule : la forme de gauche ci-dessous est fermentée, mais pas celle de droite.

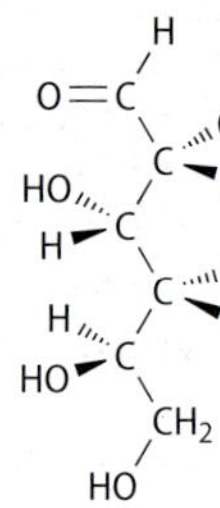

D-glucose

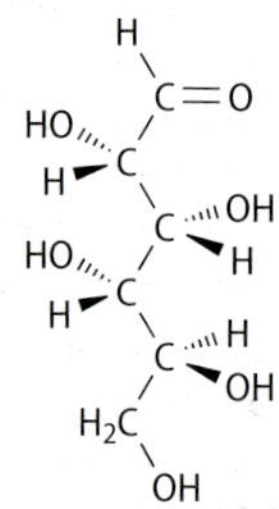

L-glucose

1. Les oses sont aussi appelés « hydrate de carbone ». Justifier ce nom.

2. Donner la formule brute du glucose et montrer qu'il appartient à la famille des oses.

3. Combien d'atomes de carbone asymétriques sont présents dans la molécule de D-glucose ? Recopier la molécule et repérer les atomes de carbone asymétriques à l'aide d'un astérisque.

4. Que peut-on dire des molécules de D-glucose et de L-glucose ?

5. Si la molécule de D-glucose a un goût sucré prononcé, peut-on être sûr que le goût du L-glucose sera exactement identique ? Justifier.

27 Parfum de fleurs

La jasmone est une molécule odorante qui peut être extraite du jasmin. Elle a alors la formule représentée ci-dessous.

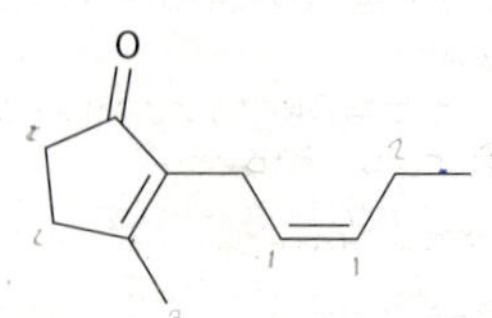

1. Déterminer la formule brute de cette molécule.

2. Quel groupe d'atomes caractéristique reconnaissez-vous ?

3. La double liaison située à l'extérieur du cycle correspond-elle à une stéréochimie *Z* ou *E* ? Justifier.

4. La jasmone existe aussi comme parfum de synthèse : elle contient alors la forme représentée ci-dessus, mais aussi son diastéréoisomère.
a. Donner la représentation topologique de ce diastéréoisomère.
b. Peut-on être sûr que la jasmone de synthèse aura exactement la même odeur que la jasmone naturelle ? Justifier la réponse.

5. Une huile essentielle de densité 0,88 contient environ 2 % en masse de jasmone. Quel volume de jasmone est contenu dans un flacon de 2,0 mL de cette huile essentielle ?

Donnée. *Masse volumique de la jasmone : 0,94 g · mL⁻¹.*

28 Asymmetric synthesis

In the study of any of the life sciences, chiral compounds are important. In the past when chiral compounds were needed, chemists have had to use biochemical processes or make racemic mixtures followed by laborious [separations called] resolutions. In industry the problem is particularly severe since resolution with its numerous recycle loops and fractional crystallizations, is an inherently expensive process. [...]

Phosphorus like carbon is tetrahedral, and when four different substituents are attached, can exist in [different enantiomeric] forms. In the case of phosphines the lone pair of electrons counts as a substituent. [...]

This experiment was performed on α-phenylacrylic acid [A] using the known chiral methylpropylphenylphosphine, giving an enantiomeric excess [of B] of 15% [...].

William S. Knowles, extract from Nobel Lecture, December 8, 2001. © The Nobel Foundation, 2011.

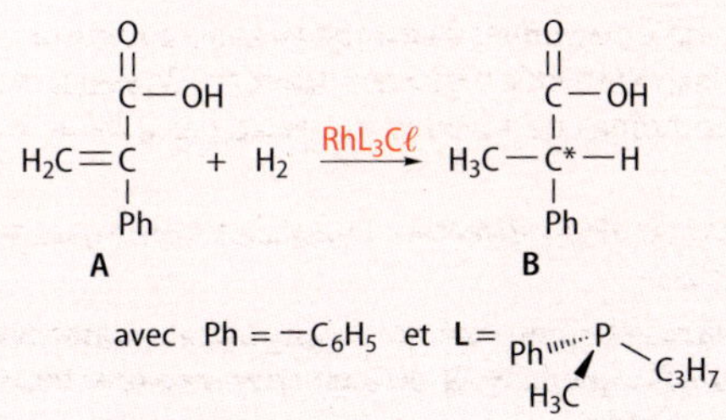

1. D'après le texte, pourquoi est-il important d'éviter la formation d'un mélange racémique dans l'industrie ?

2. Comment appelle-t-on les composés tels que celui écrit en rouge, qui ne sont ni des réactifs ni des produits de la réaction ?

3. **a.** Représenter l'énantiomère de la molécule **L**, nommée méthylpropylphénylphosphine.
b. Pensez-vous qu'on pourrait remplacer cette molécule par une molécule de formule $P(CH_3)_2H$? Pourquoi ?

4. La molécule **A** est-elle chirale ? Justifier.

5. Même question pour la molécule **B**.

6. En quoi la dernière ligne du texte montre-t-elle l'intérêt de la synthèse présentée ?

En route vers le Supérieur

29 ★★ Détermination de la pureté énantiomérique

La lumière « naturelle » peut être décrite comme une onde qui vibre dans toutes les directions perpendiculaires à sa direction de propagation. Lorsqu'elle traverse un *polariseur*, elle ne vibre plus que dans une seule direction, et est alors appelée « lumière polarisée ».

Si cette lumière polarisée traverse une solution contenant un énantiomère, la direction de vibration est déviée d'un angle α, qui est proportionnel à la concentration *C* de l'énantiomère et à la longueur ℓ de la solution traversée. Le coefficient de proportionnalité est noté [α] et appelé pouvoir rotatoire spécifique. Ceci est résumé par la loi de Biot : $\alpha = [\alpha] \cdot \ell \cdot C$.

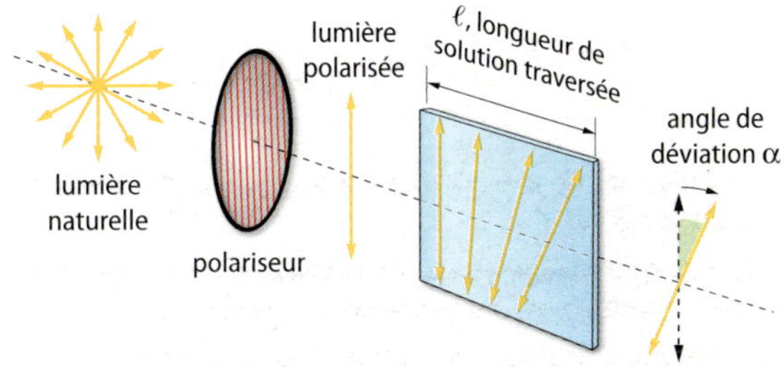

Quand une solution contient plusieurs molécules chirales, leurs pouvoirs rotatoires s'additionnent. D'autre part, les deux formes énantiomères d'une molécule chirale ont des pouvoirs rotatoires opposés.

1. Que vaut l'angle de déviation α si la solution traversée par la lumière polarisée est de l'éthanol ?

2. Donner l'unité du pouvoir rotatoire spécifique si *C* est donnée en $g \cdot mL^{-1}$, ℓ en cm et α en degré.

3. Les substances chirales sont parfois appelées « substances optiquement actives ». Justifier cette expression.

4. Lorsqu'un faisceau de lumière polarisée traverse une solution contenant un mélange racémique, le plan de polarisation n'est pas dévié. Comment expliquer cette observation ?

5. On prépare 200 mL d'une solution aqueuse en dissolvant $4{,}5 \times 10^{-2}$ mol de glucose ($C_6H_{12}O_6$). Placée dans une cuve de longueur ℓ = 20,0 cm de long, cette solution dévie le plan de polarisation de la lumière d'un angle α = 4,2°.
a. Déterminer la valeur du pouvoir rotatoire spécifique du glucose dans les conditions de l'expérience.
b. Quelle serait la concentration massique d'une solution de glucose pour laquelle la déviation obtenue serait, dans les mêmes conditions, de 6,3° ?

6. Aux 200 mL de la solution étudiée en **4**, on ajoute 10 g de fructose. On suppose la variation de volume négligeable et on donne la valeur du pouvoir rotatoire spécifique du fructose : $\alpha_{fructose} = -90° \cdot dm^{-1} \cdot kg^{-1} \cdot L$.
a. Que peut signifier le signe moins du pouvoir rotatoire spécifique du fructose ?
b. Calculer la valeur du pouvoir rotatoire de cette nouvelle solution.

Pour préparer le BAC

Énoncé type

Stéréochimie de l'éphédrine, molécule naturelle

L'éphédrine A est une molécule naturelle qui peut être extraite de petits arbustes appelés éphédras. Elle a des activités thérapeutiques (décongestionnant, broncho-dilatateur), mais accroît les risques d'hypertension. Une représentation de cette molécule est donnée par la figure A ci-dessous.

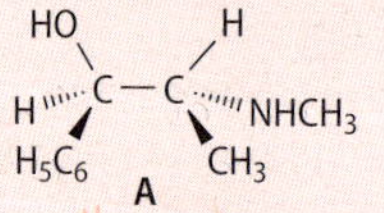

A

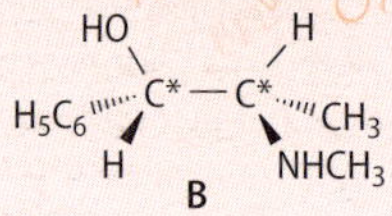

B

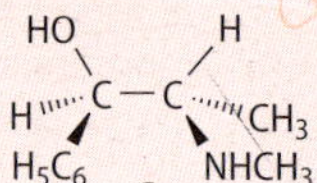

C

1. L'éphédrine est-elle une molécule chirale ? Justifier la réponse.

2. Combien l'éphédrine comporte-t-elle d'atomes de carbone asymétriques ? Les identifier par un astérisque sur la figure **A** (à rendre avec la copie).

3. Parmi les molécules **B** et **C** représentées ci-dessus :

a. laquelle est énantiomère de la molécule **A** ?

b. laquelle est diastéréoisomère ?

4. La molécule **B** a-t-elle :

a. la même température de fusion que celle de la figure **A** ?

b. la même activité thérapeutique ?

5. Mêmes questions pour la molécule **C**.

6. Comment appelle-t-on le type de représentation donné pour la molécule **A** ?

7. Quels groupes d'atomes caractéristiques reconnaissez-vous dans la molécule **A** ?

Les compétences évaluées

- Reconnaître des espèces chirales et des atomes de carbone asymétriques.
- Reconnaître si des molécules sont identiques, énantiomères ou diastéréoisomères.
- Extraire et exploiter des informations sur les propriétés des stéréoisomères.

➤ Coups de pouce

1. Dessiner l'image **A′** de **A** dans un miroir et regarder si **A** et **A′** sont superposables.

3. a. Comparer **B** et **A′** : sont-elles identiques, éventuellement après des rotations autour de liaisons simples ? Si oui, alors **B** est l'image de **A** dans un miroir : **B** et **A** sont énantiomères.

EXEMPLE DE **RÉSOLUTION**

1. L'éphédrine est une **molécule chirale** puisqu'elle n'est pas superposable à son image dans un miroir plan, comme le montre le schéma ci-contre. **A′**, image de **A** dans un miroir, est une molécule non superposable à **A**.

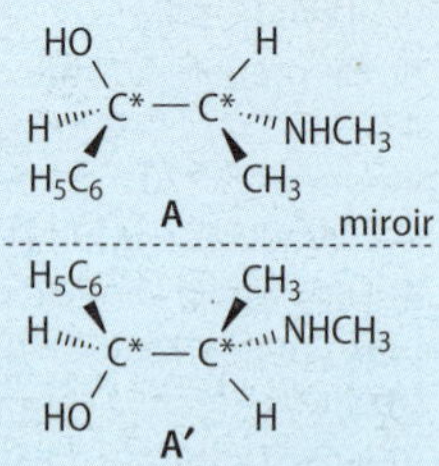

2. L'éphédrine comporte deux atomes de carbone asymétriques, repérés par un astérisque sur le schéma de la molécule **A**.

3. a. La molécule B est énantiomère de la molécule **A** puisque par rotation autour de la liaison C*–C*, **B** est identique à l'image dans un miroir de **A** représentée par A′.

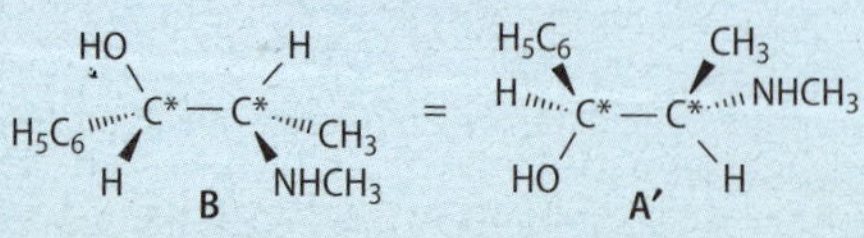

b. La molécule C est un diastéréoisomère de **A** puisqu'elles ont même formule semi-développée, mais des dispositions d'atomes dans l'espace différentes. On ne peut pas passer de l'une à l'autre par rotation autour d'une liaison simple et elles ne sont pas images l'une de l'autre dans un miroir.

4. B est énantiomère de **A**, or deux énantiomères ont les mêmes propriétés vis-à-vis de phénomènes ou réactifs non chiraux : **elles ont donc la même température de fusion mais peuvent avoir des propriétés thérapeutiques différentes** car les processus biologiques mettent souvent en jeu des espèces chirales.

5. C est diastéréoisomère de **A**, donc elle a *a priori* des **propriétés physiques** (température de fusion) et **biologiques différentes**.

6. Il s'agit de la **représentation de Cram**.

7. On reconnaît un **groupe hydroxyle** et un **groupe amine**.

Pour préparer le BAC

Énoncé type

Notion de synthèse asymétrique

Il est souvent nécessaire de disposer d'une molécule sous la forme d'un énantiomère pur. Or, lors des synthèses organiques au laboratoire ou dans l'industrie, les chimistes obtiennent généralement deux énantiomères en proportions égales. Cependant, lorsqu'un des réactifs est présent sous la forme d'un seul énantiomère et que l'on introduit un nouvel atome de carbone asymétrique, on obtient généralement deux produits dont l'un est majoritaire : on parle de *synthèse asymétrique*. Ainsi, pour la réaction écrite ci-dessous, les produits **B** et C ne sont pas obtenus en quantités égales.

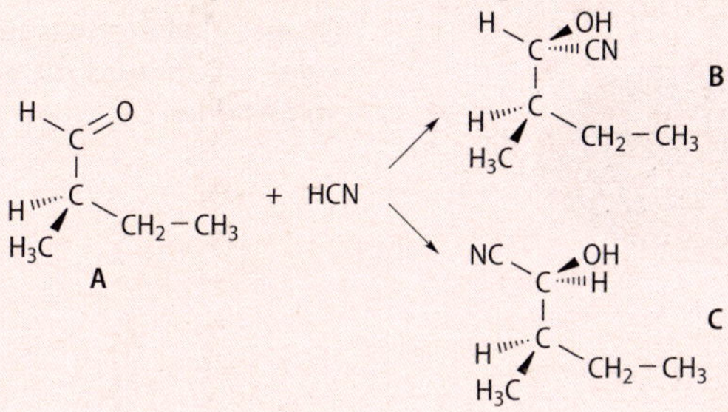

1. Donner un exemple de composé pour lequel il peut être fondamental de disposer d'un énantiomère pur.

2. Comment appelle-t-on le mélange équimolaire de deux énantiomères ?

3. Quel groupe d'atomes caractéristique reconnaissez-vous dans **A** ?

4. Donner le nom du réactif **A**.

5. Le réactif **A** est-il chiral ? Justifier la réponse.

6. Les molécules **B** et **C** sont-elles chirales ? Justifier la réponse.

7. a. Que peut-on dire des molécules **B** et **C** l'une par rapport à l'autre ?

b. En déduire si l'on peut espérer séparer **B** et **C** par distillation.

Les compétences évaluées

- Reconnaître des espèces chirales et des atomes de carbone asymétriques.
- Reconnaître si des molécules sont identiques, énantiomères ou diastéréoisomères.
- Extraire et exploiter des informations sur les propriétés des stéréoisomères.

➤ Coups de pouce

5. Remarquer la présence d'un seul atome de carbone asymétrique dans la molécule **A**.

6. Représenter l'image de **B** dans un miroir et la comparer à **B**. De même pour **C**.

7. a. Utiliser les représentations de **B** et **C** dans un miroir pour en déduire si elles sont identiques, énantiomères ou diastéréoisomères.

EXEMPLE DE **RÉSOLUTION**

1. Dans le **cas des médicaments** par exemple, il peut arriver que l'un des énantiomères ait des propriétés thérapeutiques et que l'autre soit toxique.

2. Le mélange équimolaire de deux énantiomères est un **racémique**.

3. On reconnaît le groupe –CHO, caractéristique d'un **aldéhyde**.

4. Le réactif **A** est le **2-méthylbutanal**.

5. A est une molécule **chirale** puisqu'elle contient **un atome de carbone asymétrique et un seul**.

6. Les molécules **B** et **C** possédant deux atomes de carbone asymétriques, on ne peut en déduire si elles sont chirales ou pas. Cependant, les schémas suivants montrent que **B n'est pas superposable à son image dans un miroir**, même après rotation autour de liaisons simples. De même pour **C**, donc **B et C sont chirales**.

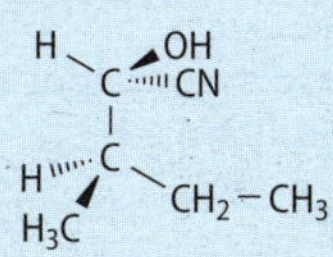

B

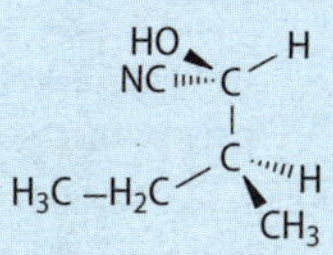

B′, image de **B** dans un miroir

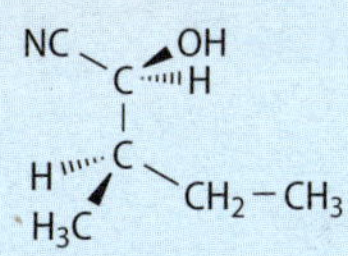

C

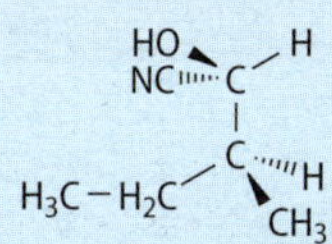

C′, image de **C** dans un miroir

7. a. Les schémas ci-dessus montrent que **C est un diastéréoisomère de B** puisque **B** et **C** ont même formule semi-développée, mais des dispositions d'atomes dans l'espace différentes, et ne sont pas images dans un miroir.

b. Deux diastéréoisomères ont des propriétés physiques différentes, donc **B** et **C** ont *a priori* des températures d'ébullition différentes : **il doit être possible de les séparer par distillation.**

Avant d'aborder la séquence 3

Évaluation diagnostique

Pour chaque situation présentée, proposer une réponse en argumentant.

Situation 1

Pour amorcer la réflexion

Le pétrole est un mélange essentiellement constitué d'alcanes, que l'on doit séparer, puis transformer, pour obtenir des hydrocarbures utiles tels que carburants, solvants, matières plastiques…

Quelles modifications subissent les molécules organiques du pétrole pour être valorisables ?

▶ **Activité 1**, p. 292

Situation 2

Pour vérifier l'indispensable

Le vinaigre, qui contient de l'acide acétique (éthanoïque), est obtenu par oxydation de l'éthanol du vin par le dioxygène, sous l'action de la bactérie *Acetobacter*.

Quelle modification subit la molécule d'éthanol lors de sa transformation en acide éthanoïque ?

▶ **Activité 2**, p. 293

Situation 3

Pour traquer les idées fausses

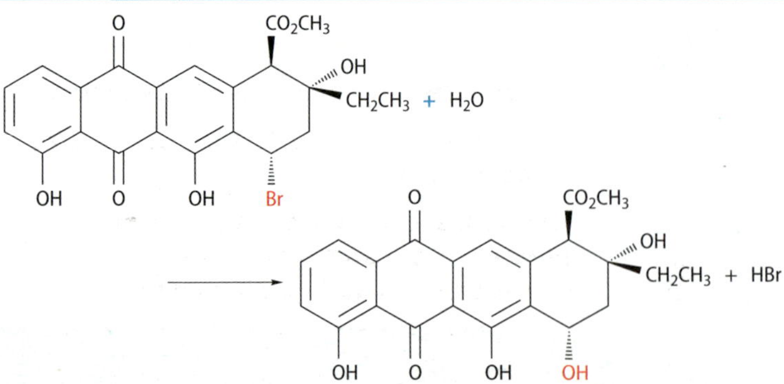

aklavinone

L'aklavinone, composant d'un médicament anticancéreux, est le produit d'une réaction de substitution, alors que dans son équation, apparaît le symbole « + » entre les deux réactifs mis en jeu.

Pourquoi cette réaction ne porte-t-elle pas le nom d'« addition » ?

▶ **Activité 3**, p. 294

Les réactions en chimie organique

Appelé désespoir du parfumeur, le muguet est trop fragile pour que l'on puisse en extraire ses composés olfactifs. Son odeur est recréée grâce à des molécules obtenues par réaction chimique.

Les acquis des classes précédentes

- La **chaîne carbonée** d'une molécule peut être linéaire, ramifiée ou cyclique.
- Un **groupe caractéristique** est un groupe d'atomes qui confère des propriétés spécifiques aux molécules qui le possèdent.
- Une **réaction chimique** est symbolisée par une équation chimique qui traduit la consommation des réactifs et la formation des produits.

Les compétences à acquérir

1. **Reconnaître** une modification de chaîne.
2. **Reconnaître** une modification de groupe caractéristique.
3. **Connaître** les grandes catégories de réactions en chimie organique (substitution, addition, élimination).

→ **Culture scientifique**
Le raffinage du pétrole

Activité 1

Activité de découverte

Compétences scientifiques évaluées
- Faire preuve de curiosité.
- Extraire une information utile.

Le pétrole, c'est raffiné !

Les molécules organiques qui constituent le pétrole brut subissent des modifications de chaîne carbonée afin d'être utilisables ou valorisables.

Étude de document

Le pétrole est un mélange de plusieurs centaines d'hydrocarbures différents issus de la dégradation d'organismes végétaux ou animaux effectuée il y a environ cent millions d'années. N'étant pas directement adapté aux besoins économiques, le pétrole brut doit être raffiné, c'est-à-dire subir un ensemble de procédés permettant de le transformer en produits utiles.

La première étape du raffinage est la distillation fractionnée. Elle permet d'obtenir différentes « coupes » pétrolières **(Fig. 1)**. Certaines de ces coupes sont directement exploitables, par exemple les gaz (méthane, éthane, propane, butane), utilisés comme combustibles domestiques, ou le kérosène, utilisé comme carburant dans les réacteurs d'avion. Ce n'est pas le cas du naphta, qui sert de base à la fabrication du carburant automobile.

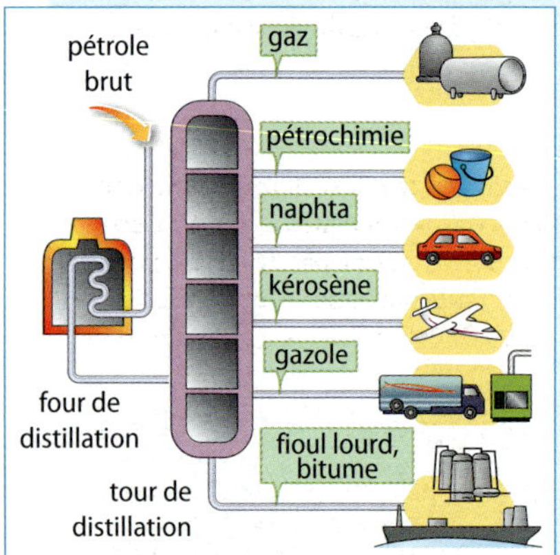

Fig. 1 Tour de distillation et usage des différentes coupes pétrolières.

Le naphta est constitué principalement d'alcanes linéaires contenant cinq à dix atomes de carbone. Dans le moteur à combustion des voitures, ce carburant, mélangé à l'air, présente l'inconvénient de s'auto-enflammer avant que l'étincelle n'ait jailli de la bougie. Ce phénomène de pré-allumage se produit beaucoup moins avec les alcanes ramifiés. Le **reformage** des alcanes linéaires permet d'augmenter la proportion d'alcanes ramifiés et donc d'améliorer la qualité de l'essence, mesurée par son indice d'octane. Par exemple, dans le cas du pentane, un reformage catalytique permet d'obtenir majoritairement du méthylbutane (33 %), ainsi que les produits suivants : pent-1-ène, pent-2-ène, 2-méthylbut-1-ène, 3-méthylbut-1-ène, méthylbut-2-ène et cyclopentane.

Les coupes pétrolières dites « lourdes » (comme le gazole, constitué d'alcanes contenant treize à vingt atomes de carbone) subissent quant à elles une opération de **craquage**, au cours de laquelle les molécules à longue chaîne carbonée sont « cassées » afin d'obtenir des molécules à chaîne plus courte. La **figure 2** en donne un exemple.

Certains produits obtenus par reformage ou craquage du pétrole servent de base à la fabrication des matières plastiques. Ainsi, la **polymérisation** de l'éthylène $H_2C{=}CH_2$, obtenu par craquage, permet d'obtenir le polyéthylène $\cdots{-}CH_2{-}CH_2{-}CH_2{-}CH_2{-}\cdots$ utilisé principalement dans les emballages et sacs plastiques.

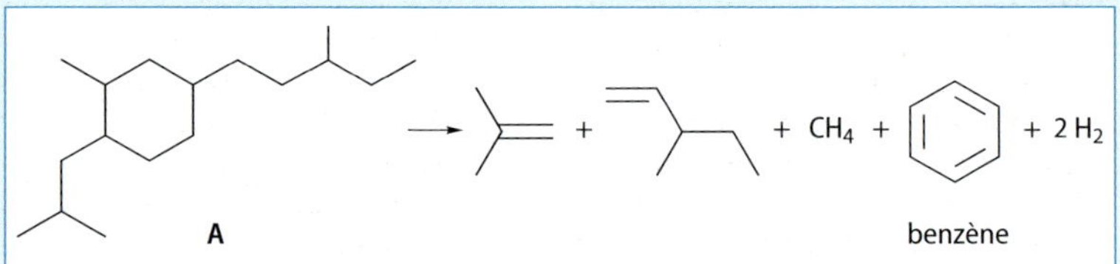

Fig. 2 Équation de la réaction de craquage catalytique de la molécule **A**.

Pistes de réflexion

1 Rappeler le principe de la distillation fractionnée.

2 B2i La mention « 95 » traduit la valeur de l'indice d'octane d'une essence Super sans plomb. En effectuant une recherche, éventuellement sur Internet, déterminer ce que cela signifie.

3 **a.** Donner la formule topologique du pentane et de chaque produit obtenu lors de son reformage.

b. Pour chacun des produits obtenus lors du reformage du pentane, choisir parmi les mots suivants celui ou ceux qui vous paraissent décrire la réaction qui conduit à sa formation : *isomérisation*, *déshydrogénation*, *cyclisation*.

4 **a.** Donner la formule semi-développée de la molécule **A** et repérer les liaisons carbone-carbone qui sont « cassées » lors du craquage.

b. Nommer les deux alcènes obtenus.

c. Qu'ont de particulier les trois doubles liaisons présentes dans le benzène ?

Pour conclure

5 Qu'est-ce qui, dans la chaîne carbonée, se conserve lors d'un reformage et ne se conserve pas lors d'un craquage ou d'une polymérisation ?

6 En déduire une classification des modifications de chaîne en trois catégories.

Activité 2

Activité documentaire

Compétences scientifiques évaluées
- Extraire une information utile.
- Formuler des hypothèses pertinentes.

Du glucose au fructose...

L'industrie agro-alimentaire transforme le glucose en fructose. Quel type de modification cette réaction met-elle en jeu ?

Étude de documents

Dans la vie de tous les jours, le « sucre » est du saccharose. En chimie, l'appellation « sucre » recouvre en fait une vaste famille de molécules, aussi nommées « hydrates de carbone », ou « saccharides », ou « oses », dont font partie le glucose et le fructose (Fig. 1).
Sur le site Internet www.lanutrition.fr, on trouve les informations suivantes sur différents sucres.

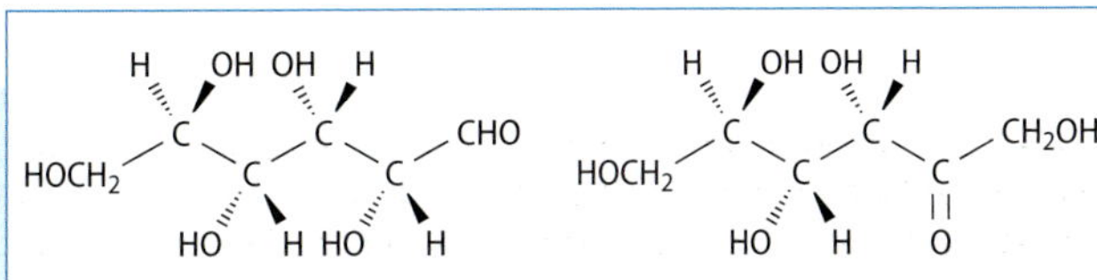

glucose fructose

Fig. 1 Représentations de Cram du glucose et du fructose.

Le saccharose

C'est le sucre de table que vous mettez dans votre café ou dans vos gâteaux. Le saccharose est extrait de la betterave ou de la canne à sucre. Il est constitué d'une molécule de fructose liée à une molécule de glucose. Comme tous les sucres, il apporte 4 kcal/g. C'est la référence, on lui attribue donc un pouvoir sucrant de 100.

Le glucose

Sucre constitué d'une seule molécule. Il se présente sous forme d'une poudre blanche. Le glucose a un faible pouvoir sucrant, de 70 à 75. Il est donc bien moins utilisé dans l'industrie alimentaire. Il est plutôt utilisé en tant qu'agent de charge (sous forme cristalline monohydratée ou de sirop concentré).

Le fructose

Utilisé comme élément sucrant en biscuiterie et en pâtisserie industrielle. Sa valeur calorique, comme celle de tous les sucres, est de 4 kcal/g. Par son pouvoir sucrant élevé (130 à 150), le fructose permet, pour un niveau sucré donné, de diminuer la quantité totale de glucides et de réduire l'apport énergétique. Mais une consommation trop importante est associée à une augmentation du risque de maladies cardiovasculaires.

L'isoglucose

Sirop de glucose qui contient une proportion de fructose. Il est obtenu par isomérisation grâce à une enzyme. L'isoglucose est réglementé par des quotas imposés par les sucriers (volumes de production à ne pas dépasser) pour limiter la concurrence de cette matière sucrante par rapport au sucre. Son pouvoir sucrant est proche de celui du saccharose. [...] L'isoglucose est aussi appelé sirop de glucose-fructose ou sirop de glucose à haute teneur en fructose selon sa composition. Aux États-Unis, c'est le produit le plus utilisé pour sucrer les sodas.

Pistes de réflexion

1 Le site rapporte que le glucose est un « *sucre constitué d'une seule molécule* ». L'adjectif « seule » est-il pertinent ? Pourquoi est-il employé ici ?

2 Recopier les représentations des molécules de glucose et de fructose (Fig. 1), puis entourer et nommer les groupes caractéristiques présents dans chaque molécule.

3 Les sucres, ou oses, sont subdivisés en aldoses et en cétoses. Déterminer, en utilisant un critère pertinent, de quelle sous-famille fait partie le glucose d'une part, et le fructose d'autre part.

4 On fait réagir la liqueur de Fehling avec du glucose ou du fructose. À quel résultat peut-on s'attendre dans chaque cas ?

5 **a.** Donner la formule brute du glucose et du fructose.
b. En déduire la relation qui existe entre le glucose et le fructose.
c. Justifier l'appellation « isoglucose » pour le sirop de glucose-fructose.

Pour conclure

6 Qu'est-ce qui se conserve au cours de la transformation du glucose en fructose ?

7 Qu'est-ce qui est modifié au cours de cette même transformation ?

Activité 3

Démarche d'investigation

Vidéo

Réactions autour du cyclohexanol

Compétences scientifiques évaluées
- Formuler des hypothèses pertinentes.
- Associer un modèle à un phénomène.

La plupart des réactions en chimie organique mettent en jeu une substitution, une addition ou une élimination.

Pour commencer (situation déclenchante)

En raison de son importance en tant que précurseur dans la synthèse du nylon, par le biais de l'acide adipique, le cyclohexanol est un alcool produit industriellement chaque année à hauteur de plusieurs millions de tonnes.

En milieu acide, le cyclohexanol peut donner lieu à trois réactions différentes selon la nature de l'acide utilisé (Fig. 1).

En présence d'acide chlorhydrique ($H^+ + C\ell^-$), il se forme du chlorocyclohexane (réaction a).

En présence d'acide nitrique ($H^+ + NO_3^-$), il se forme de l'acide adipique (réaction b).

En présence d'acide sulfurique ($2\,H^+ + SO_4^{2-}$), qui joue le rôle de catalyseur, il se forme du cyclohexène (réaction c), qui peut réagir à son tour avec le dibrome (réaction d).

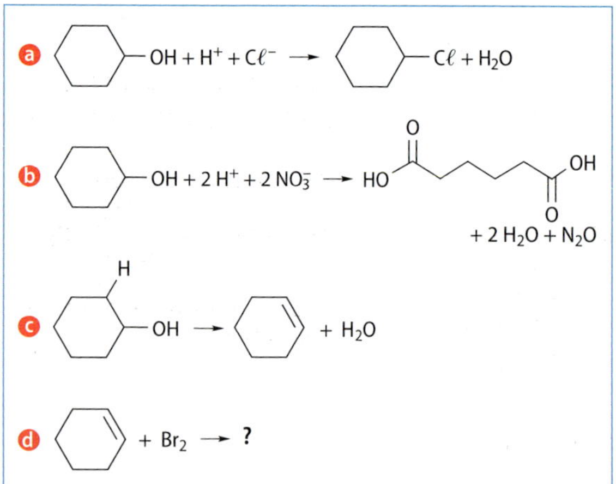

Fig. 1 Réactions a, b, c et d.

Investigation

Substitution, addition, élimination… Quel type de réaction associer aux équations a, b, c et d ?

Quelques idées (hypothèses)

Voici quelques idées exprimées par des élèves.

– « *Une addition, c'est quand il y a au moins deux réactifs !* »

– « *Une substitution, c'est comme un remplacement ?* »

– « *Dans une élimination, une molécule est rejetée.* »

Étude de document (recherche de validation)

Les définitions suivantes sont données dans un ouvrage de chimie organique destiné aux étudiants scientifiques.

> Substitution : un atome (ou un groupe d'atomes) en remplace un autre dans la molécule initiale.
>
> Addition : une molécule se scinde en deux fragments, qui se fixent sur une autre molécule.
>
> Élimination : une molécule perd certains de ses atomes et il en résulte la création d'une liaison supplémentaire en son sein (liaison multiple, cyclisation).
>
> D'après *Les cours de Paul Arnaud. Chimie organique*, Dunod, 2009.

1 **a.** La réaction a met en jeu plusieurs réactifs. Peut-on pour autant la qualifier d'addition ? De quel type de réaction s'agit-il alors ?

b. Cette réaction met-elle en jeu une modification de groupe caractéristique ? Si oui, préciser laquelle.

2 **a.** Quel(s) type(s) de modification subit le cyclohexanol lors de la réaction b ?

b. Cette réaction peut-elle être décrite par une substitution, une addition ou une élimination ?

3 **a.** À quel type de réaction correspond la réaction c ?

b. Quelle est la « petite molécule » éliminée lors de cette réaction ?

Expérience (recherche de validation)

Matériel

- cyclohexane • cyclohexène • eau de dibrome

On se munira de gants pendant toute la manipulation et on manipulera l'eau de dibrome sous une hotte ventilée.

Dans deux tubes à essais, placer 1 mL d'eau de dibrome, puis ajouter quelques gouttes de cyclohexane dans l'un et de cyclohexène dans l'autre. Boucher et agiter chaque tube.

4 Qu'observe-t-on concernant la couleur de l'eau de dibrome dans chaque tube ?

5 Au vu des deux résultats précédents, indiquer sur quelle partie d'une molécule le dibrome se fixe.

6 Sachant que le dibrome se scinde en deux fragments au cours de la réaction, proposer la formule topologique de l'unique produit de la réaction d.

7 À quel type de réaction correspond la réaction d ?

Pour conclure

8 Recopier chacune des trois définitions en l'adaptant à la réaction correspondante parmi les quatre réactions présentées (Fig. 1), c'est-à-dire en remplaçant les mots « atome », « groupe d'atomes », « molécule » et « liaison multiple » par les termes adéquats.

Cours

1 Modification de chaîne

› Activité 1

Les réactions subies par les molécules organiques peuvent impliquer des modifications de la chaîne carbonée.

Avec conservation du nombre d'atomes de carbone

Une chaîne carbonée :
– peut être **linéaire**, **ramifiée** ou **cyclique** ;
– est **saturée** si elle ne contient que des liaisons simples ;
– est **insaturée** si elle contient au moins une liaison multiple (Fig. 1).

Les modifications de chaîne peuvent avoir lieu avec conservation du nombre d'atomes de carbone dans la molécule. C'est alors le type de chaîne qui est modifié.

Dans le **reformage** utilisé dans l'industrie pétrolière, par exemple, on augmente l'indice d'octane d'une coupe pétrolière constituée initialement d'hydrocarbures saturés. Trois types de réactions ont lieu : l'**isomérisation**, la **déshydrogénation** et la **cyclisation** (Fig. 2).

L'*isomérisation* permet notamment de transformer un hydrocarbure en un isomère plus ramifié. Dans la *déshydrogénation*, il y a formation d'une double liaison dans la chaîne carbonée. La *cyclisation* est la formation d'un cycle.

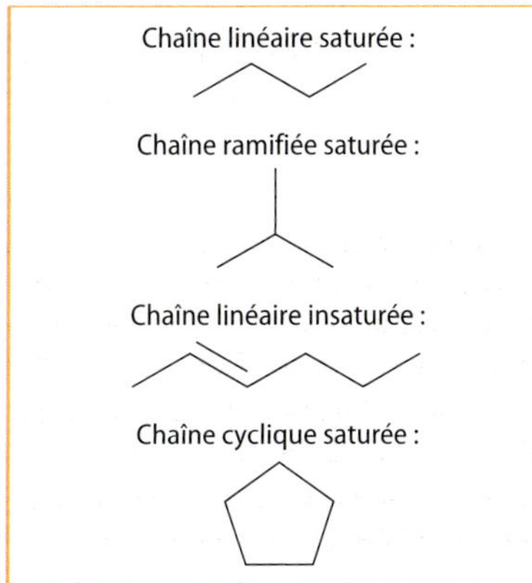

Fig. 1 Différents types de chaînes carbonées.

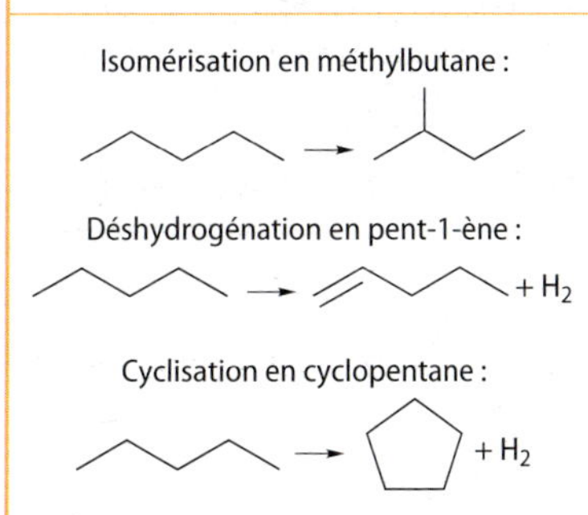

Fig. 2 Réactions subies par le pentane lors de son reformage.

Avec diminution du nombre d'atomes de carbone

Les molécules à longue chaîne carbonée peuvent être « cassées » et subir un raccourcissement de chaîne.

Dans l'industrie pétrolière, notamment, le **craquage** est la conversion des hydrocarbures saturés d'une coupe pétrolière en hydrocarbures plus légers.

Exemple

Par craquage catalytique, la paraffine (assimilée à l'eicosane $C_{20}H_{42}$) peut produire de l'hexadécane $C_{16}H_{34}$, ainsi qu'un mélange d'alcènes :

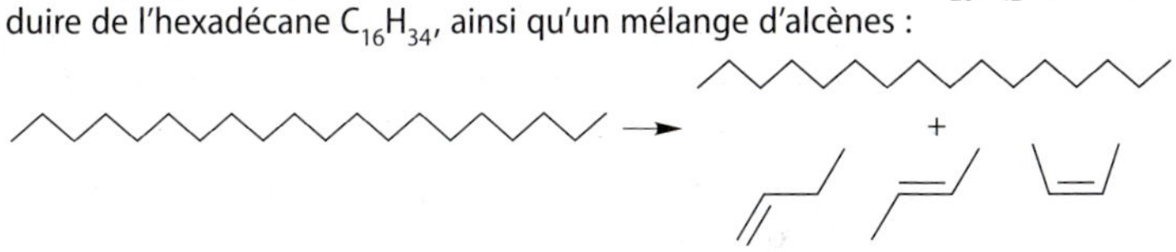

Avec augmentation du nombre d'atomes de carbone

La réaction entre plusieurs molécules carbonées peut conduire à un allongement de chaîne.

Exemple

Par polymérisation du styrène, on peut produire le polystyrène. Ce polymère, sous sa forme expansée, est utilisé comme isolant thermique.

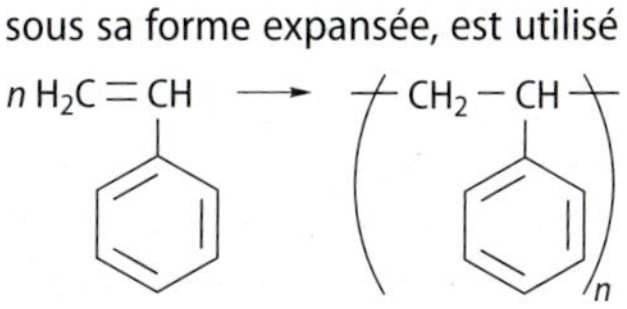

où n est le degré de polymérisation

Exercices 1 à 8

2 Modification de groupe caractéristique

› Activité 2

Un **groupe caractéristique** est un groupe d'atomes qui confère des propriétés spécifiques à la molécule qui le possède (*voir partie 1, séquence 5*). Il est associé à une **fonction chimique** de la molécule (Fig. 3).

Les réactions subies par les molécules organiques peuvent impliquer des modifications de groupe(s) caractéristique(s) de la molécule.

Exemple

L'oxydation ménagée de l'octan-2-ol par l'acide hypochloreux HCℓO produit de l'octan-2-one. Dans cette réaction, le groupe caractéristique hydroxyle (fonction alcool) est transformé en groupe carbonyle (fonction cétone) :

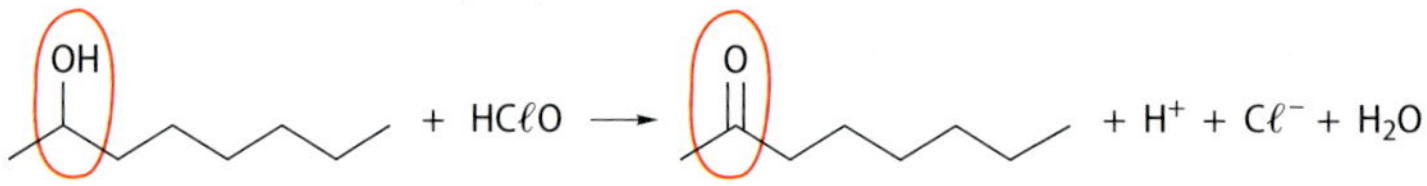

➥ Exercices 9 à 14

Groupe caractéristique	Fonction chimique
hydroxyle –OH	alcool R–OH
amine $-\underset{|}{N}-$	amine R′–NR″R‴
carbonyle $-\underset{\|\|}{C}-$ O	aldéhyde R′—C(=O)—H
	cétone R—C(=O)—R_1
carboxyle —C(=O)—OH	acide carboxylique R′–COOH
ester —C(=O)—O—	ester R′–COOR
amide —C(=O)—NH_2	amide R′–$CONH_2$

Fig. 3 Fonctions chimiques et groupes caractéristiques associés. R et R_1 sont des chaînes carbonées. R′, R″ et R‴ peuvent être des chaînes carbonées ou des atomes d'hydrogène.

3 Grandes catégories de réactions en chimie organique

› Activité 3

La plupart des réactions en chimie organique peuvent être classées en trois catégories, à partir de l'examen de la nature des réactifs et des produits.

• Réaction de substitution

Une molécule subit une réaction de substitution si l'un de ses atomes ou groupes d'atomes, lié à un carbone par une liaison simple, est remplacé par un autre atome ou groupe d'atomes.

Exemples

Réactifs		Produits		Substitution mise en jeu
$H_3C—CH(CH_3)—NH_2$ propan-2-amine	$Na^+ + NO_2^-$ $H^+ + Cℓ^-$ H_2O	$H_3C—CH(CH_3)—OH$ propan-2-ol	NaCℓ N_2 2 H_2O	C'est la transformation d'une amine en alcool : le **groupe NH_2** est substitué par le **groupe OH**.
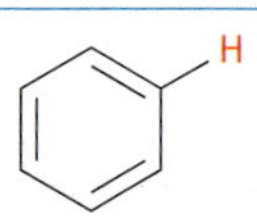 benzène	$CH_3CH_2Cℓ$	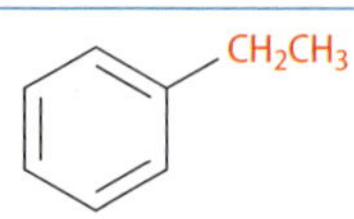 éthylbenzène	HCℓ	C'est la transformation du benzène en éthylbenzène : l'**atome H** est substitué par le **groupe CH_2CH_3**.

• Réaction d'addition

Une molécule possédant une liaison double subit une réaction d'addition si cette liaison double se transforme en liaison simple.

Exemples

Réactifs		Produit	Addition mise en jeu
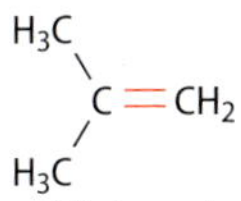 méthylpropène	H_2O	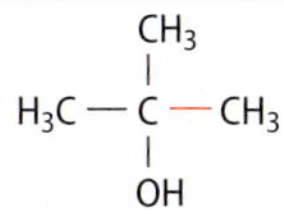 méthylpropan-2-ol	C'est l'hydratation d'un alcène en alcool : la molécule H_2O se fragmente en H et OH, chaque fragment s'**additionnant** sur la liaison double C=C. La **liaison double C=C** se transforme en **liaison simple C–C**.
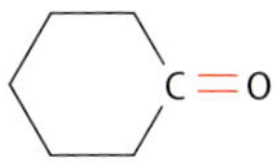 cyclohexanone	H^- puis H^+	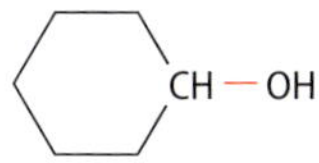 cyclohexanol	C'est la réduction d'une cétone en alcool : H^- puis H^+ s'**additionnent** sur la liaison double C=O. La **liaison double C=O** se transforme en **liaison simple C–O**.

Réaction d'élimination

Une molécule subit une réaction d'élimination si l'une de ses liaisons simples se transforme en liaison double (réaction inverse d'une réaction d'addition) ou si cette molécule subit une cyclisation.

Il y a alors élimination d'une « petite molécule ».

Exemples

Réactif	Produits		Élimination mise en jeu
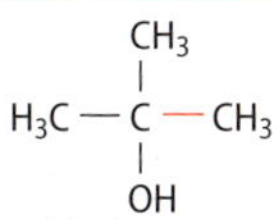 méthylpropan-2-ol	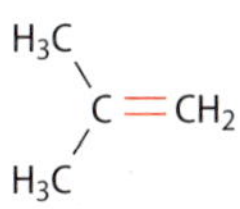 méthylpropène	H_2O	C'est la déshydratation d'un alcool en alcène (réaction inverse de l'hydratation d'un alcène) : deux atomes de carbone voisins perdent respectivement un groupe OH et un atome H. Il y a formation d'une **liaison double C=C** et **élimination** d'une molécule H_2O.
 pentane	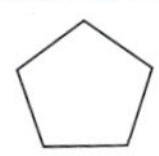 cyclopentane	H_2	C'est la **cyclisation** d'un alcane en cycloalcane avec **élimination** d'une molécule H_2.

➥ Exercices 15 à 20

Les compétences à acquérir

1 Reconnaître *une modification de chaîne*

- Une molécule organique peut subir une **modification de chaîne** carbonée. Cette modification peut impliquer une conservation, une augmentation ou une diminution du nombre d'atomes de carbone de la chaîne.

2 Reconnaître *une modification de groupe caractéristique*

- Une molécule organique peut subir une **modification de groupe(s) caractéristique(s)**.

3 Connaître *les grandes catégories de réaction en chimie organique*

- Une molécule subit une **substitution** si l'un de ses atomes ou groupes d'atomes, lié à un carbone par une **liaison simple**, est **remplacé** par un autre atome ou groupe d'atomes.
- Une molécule possédant une liaison double subit une **addition** si cette liaison double se transforme en liaison simple.
- Une molécule subit une **élimination** si l'une de ses liaisons simples se transforme en liaison double ou si cette molécule subit une cyclisation.

Exercices

Compétence 1

› *Reconnaître une modification de chaîne*

1 VRAI ou FAUX ?

Indiquer si les affirmations suivantes sont vraies ou fausses, puis corriger les affirmations fausses.

❶ Lors d'une modification de chaîne, le nombre d'atomes de carbone du squelette carboné se conserve.

❷ Pour un hydrocarbure, le passage d'une chaîne saturée à une chaîne insaturée s'accompagne toujours d'une production de dihydrogène.

❸ La réaction d'équation $C_{10}H_{22} \rightarrow C_8H_{18} + C_2H_4$ correspond à un craquage.

❹ La réaction d'oxydation de l'octan-2-ol $C_8H_{18}O$ en octan-2-one $C_8H_{16}O$ met en jeu une modification de chaîne.

2 Modification de chaîne carbonée

Pour chacune des réactions ci-dessous, indiquer si les modifications de chaîne se font avec conservation, diminution ou augmentation du nombre d'atomes de carbone :

a. 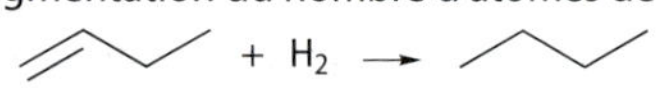

b. 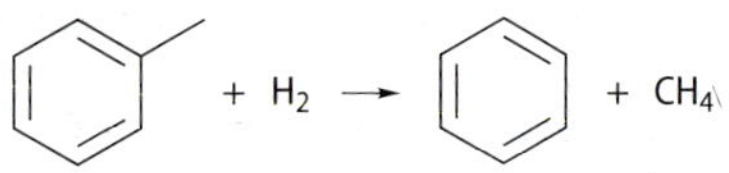

c. 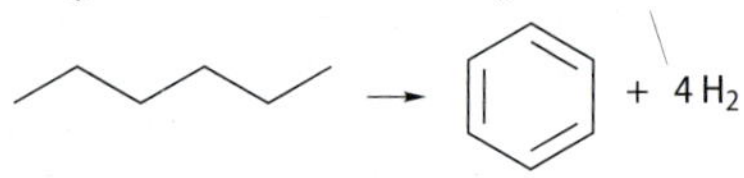

d. polymérisation du propène $H_2C{=}CH{-}CH_3$ en polypropène :

$$\cdots - CH_2 - \underset{\displaystyle CH_3}{\underset{|}{CH}} - CH_2 - \underset{\displaystyle CH_3}{\underset{|}{CH}} - \cdots$$

3 Déshydrogénation du pentane

Par déshydrogénation du pentane, on peut obtenir trois alcènes différents. Donner leur nom et leur formule topologique.

EXERCICE **RÉSOLU**

4 Reformage et craquage du pentane

1. Le reformage catalytique du pentane peut conduire à la formation du (*E*)-pent-2-ène par déshydrogénation.
En utilisant les formules topologiques, écrire l'équation de cette réaction.

2. Le craquage catalytique du pentane peut conduire, quant à lui, à la formation de propène et d'un alcane ⓐ.
a. En utilisant les formules topologiques, écrire l'équation de cette réaction.
b. Donner le nom et la formule brute de ⓐ.

Aides et méthodes

1. Le dihydrogène H_2 fait partie des produits de la réaction de déshydrogénation.

Solution

1. L'équation est :

2. a. L'équation est :

b. ⓐ est l'éthane, de formule brute C_2H_6.

5 Écriture d'équation de réactions

En utilisant les formules topologiques pour la représentation des réactifs et des produits, écrire l'équation de la réaction qui, à partir de l'hexane, donne :

a. l'hex-1-ène ;
b. le 2,2-diméthylbutane ;
c. le 2-méthylpent-2-ène ;
d. le cyclohexane ;
e. le méthylcyclopentane ;
f. le benzène (cyclohexatriène).

6 Reformage du butane

Par reformage catalytique du butane, on obtient majoritairement un mélange d'hydrocarbures (alcane(s) et alcène(s)) non cycliques.

1. Représenter tous les produits de réaction possibles en formule topologique, et donner leur nom.

2. Préciser, dans chaque cas, le nom de la réaction mise en jeu : isomérisation et/ou déshydrogénation.

7 Craquage du butane

Proposer deux réactions conduisant à l'obtention d'un alcane et d'un alcène lors du craquage catalytique du butane. On utilisera les formules semi-développées pour la représentation du réactif et des produits.

8 Caoutchouc

Si le caoutchouc naturel est le latex, sécrété par l'hévéa, le caoutchouc synthétique est le polyisoprène, polymère de l'isoprène ou 2-méthylbuta-1,3-diène.

1. Proposer la formule semi-développée de l'isoprène.

2. Qu'ont de remarquable les doubles liaisons de cette molécule ?

3. Une des voies d'obtention possibles de l'isoprène est la déshydrogénation d'un alcane. Donner son nom et sa formule semi-développée.

4. La polymérisation de l'isoprène conduit au polyisoprène, de formule topologique :

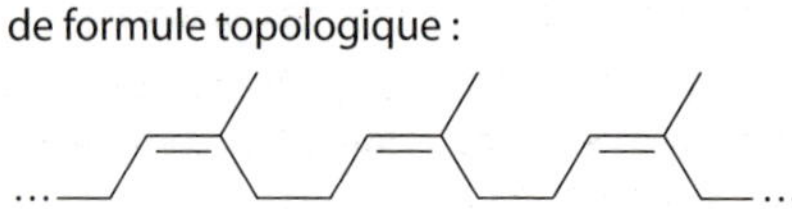

Quel type de modification de chaîne cette réaction met-elle en jeu ?

Compétence 2

› *Reconnaître une modification de groupe caractéristique*

9 **VRAI ou FAUX ?**

Indiquer si les affirmations suivantes sont vraies ou fausses, puis corriger les affirmations fausses.

Une modification de groupe caractéristique présent dans une molécule :

❶ implique un changement de la fonction chimique de la molécule ;

❷ s'accompagne toujours d'un changement du squelette carboné de la molécule ;

❸ implique un changement des propriétés physico-chimiques de la molécule.

10 **Groupe caractéristique et fonction chimique**

Parmi les réactions d'hydrogénation ci-dessous, quelle est celle mettant en jeu une modification de groupe caractéristique ?

Préciser dans ce cas, pour le réactif **A** et le produit **B**, la nature du groupe caractéristique présent, ainsi que la fonction chimique à laquelle il est associé.

a. $\underset{\textbf{A}}{H_2C{=}CH{-}CH_3} + H_2 \longrightarrow \underset{\textbf{B}}{H_3C{-}CH_2{-}CH_3}$

b. $\underset{\textbf{A}}{H_3C{-}\underset{\underset{O}{\|}}{C}{-}CH_2{-}CH_3} + H_2 \longrightarrow \underset{\textbf{B}}{H_3C{-}\underset{\underset{OH}{|}}{CH}{-}CH_2{-}CH_3}$

11 **L'alcootest**

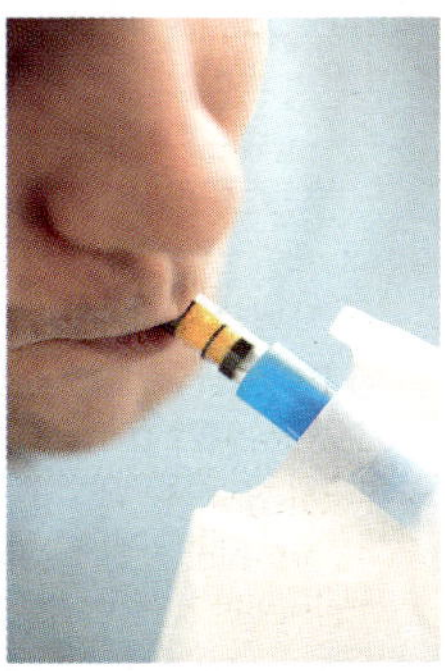

L'alcootest (ou éthylotest) chimique se présente sous la forme d'un tube qui contient du dichromate de potassium. Lorsqu'une personne qui a consommé de l'alcool (éthanol) souffle dans l'alcootest, l'éthanol présent dans l'air expiré est oxydé par les ions dichromate $Cr_2O_7^{2-}$ en excès, de couleur orange, qui se transforment en ions chrome (III) Cr^{3+}, de couleur verte.

Lors de cette oxydation, le produit obtenu à partir de l'éthanol est un aldéhyde, celui-ci s'oxydant alors à son tour en acide carboxylique.

1. Donner la formule semi-développée de l'éthanol.

2. L'aldéhyde puis l'acide carboxylique obtenus ont même squelette carboné que l'éthanol. Donner leur formule semi-développée, ainsi que leur nom.

3. Préciser la nature du groupe caractéristique présent dans l'éthanol et dans les deux produits d'oxydation obtenus.

12 **Oxydation of an alcohol into a ketone**

An alcohol, of C_3H_8O as a chemical formula, is oxidized into a ketone.

1. Specify the nature of the characteristic group present in the alcohol and in the product.

2. Give the semi-developed formula and name of the alcohol and of the product.

13 **Acide lactique et acide pyruvique**

L'acide lactique $H_3C–CHOH–COOH$ est présent dans le lait, mais également dans le vin et les muscles.

1. Écrire la formule semi-développée de l'acide lactique, puis entourer et nommer ses différents groupes caractéristiques.

2. Dans la cellule musculaire, l'acide lactique est formé à partir de l'acide pyruvique $H_3C–CO–COOH$.

a. Écrire la formule semi-développée de l'acide pyruvique, puis entourer et nommer ses différents groupes caractéristiques.

b. En quoi la formation de l'acide lactique met-elle en jeu une modification de groupe caractéristique ?

14 **Le sorbitol, un édulcorant de choix**

Malgré le succès commercial des édulcorants de synthèse que sont la saccharine et l'aspartame, ces substances ne peuvent pas remplacer totalement le sucre dans des produits tels que le chocolat, parce que leurs propriétés physiques sont très différentes de celles du saccharose. De ce fait, les préparations qui contiennent ces édulcorants doivent contenir en outre d'autres substances pour leur conférer des caractéristiques organoleptiques acceptables par le consommateur. On emploie fréquemment à de telles fins des alditols tels que le D-glucitol (D-sorbitol). Le sorbitol est environ 0,6 fois aussi sucré que le saccharose et est couramment incorporé dans les bonbons à sucer de même que dans les chewing-gums. Vous serez sans doute surpris d'apprendre que cette substance n'est *pas* un édulcorant acalorique ; en fait, son ingestion apporte pratiquement autant de calories que le saccharose. Mais son intérêt comme remplaçant du sucre est double : primo, les bactéries qui sont responsables de la formation des caries sont incapables de consommer le sorbitol et secundo, le catabolisme du sorbitol est insulino-dépendant, fournissant principalement du CO_2 à la place du glucose. Voilà pourquoi le sorbitol est l'édulcorant de choix pour les diabétiques.

P.C. Vollhardt et N.E. Schore, *Traité de chimie organique*, trad. P. Depovere, De Boeck, 2009.

1. a. Est-il exact de dire que le sorbitol est un édulcorant au pouvoir sucrant environ deux fois plus faible que le saccharose ?
b. À votre avis, que cela signifie-t-il ?

2. Le glucose a pour formule $HOCH_2–(CHOH)_4–CHO$. Le sorbitol a le même squelette carboné que le glucose, mais ne contient que des groupes caractéristiques hydroxyle.

Écrire la formule semi-développée du sorbitol.

3. Le sorbitol fait partie de la famille des polyols. Justifier.

Exercices

Compétence 3

> ***Connaître les grandes catégories de réactions en chimie organique***

15 QCM

Dans chaque cas, indiquer la (les) bonne(s) réponse(s).

1 Une réaction de substitution :
- **a** met en jeu au moins deux réactifs ;
- **b** conduit à la formation d'au moins deux produits ;
- **c** implique la création d'une liaison multiple.

2 Une réaction d'addition :
- **a** met en jeu au moins deux réactifs ;
- **b** implique la création d'une liaison double au sein d'une molécule ;
- **c** est la réaction inverse d'une réaction d'élimination.

3 Une réaction d'élimination :
- **a** conduit à la formation de plus d'un produit ;
- **b** conduit toujours à la formation d'eau ;
- **c** implique toujours la création d'une liaison double au sein d'une molécule.

16 Différentes catégories de réactions

Pour chacune des équations ci-dessous, indiquer s'il s'agit d'une réaction de substitution, d'addition, d'élimination ou aucune de ces trois catégories de réactions.

a. 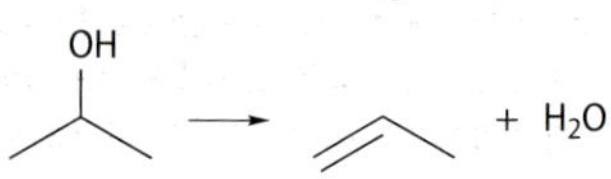

b. 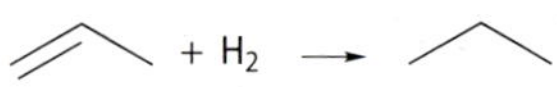

c. 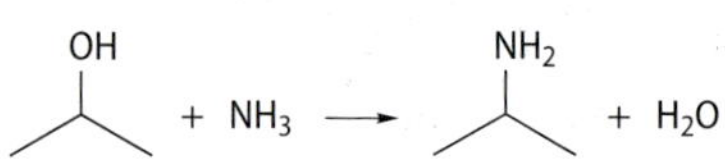

d. 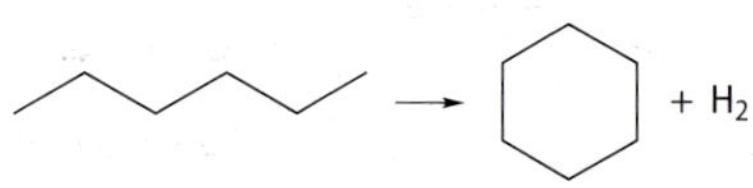

e. 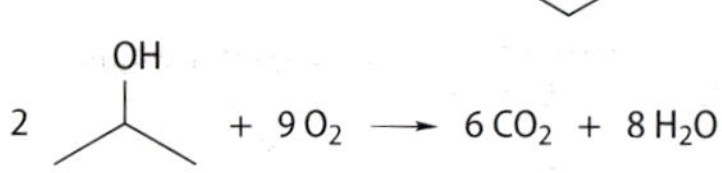

f. 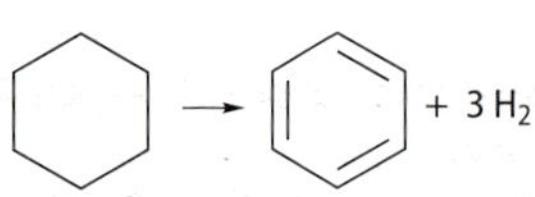

17 Hydratation de différents alcènes

L'hydratation d'un alcène est la réaction de cet alcène avec l'eau pour donner un alcool ou un mélange d'alcools.

1. À quelle catégorie de réactions appartient l'hydratation ?

2. Donner la formule semi-développée et le nom du ou des alcool(s) obtenu(s) lors de l'hydratation des alcènes suivants :
a. le propène ; **b.** le but-2-ène ;
c. le 2,3-diméthylbut-1-ène.

EXERCICE **RÉSOLU**

18 Déshydratation du 2-méthylbutan-2-ol

La déshydratation du 2-méthylbutan-2-ol conduit à un mélange de deux alcènes et d'une molécule d'eau.

1. À quelle catégorie de réaction appartient cette déshydratation ?

2. Écrire la formule topologique du 2-méthylbutan-2-ol.

3. Écrire la formule topologique des deux alcènes que l'on obtient par cette déshydratation et donner leur nom.

4. Sachant que la double liaison se forme préférentiellement entre le carbone porteur du groupe hydroxyle et le carbone voisin le moins hydrogéné, indiquer l'alcène majoritaire.

Aides et méthodes

3. Envisager toutes les possibilités : l'atome d'hydrogène qui est éliminé pour former la molécule d'eau est pris sur un atome de carbone lié au carbone porteur du groupe OH.

Solution

1. C'est une élimination.

2. 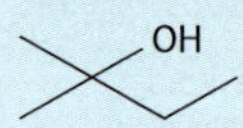

3. 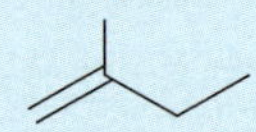 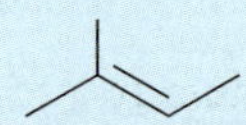

2-méthylbut-1-ène — 2-méthylbut-2-ène

4. L'alcène majoritaire est le 2-méthylbut-2-ène.

19 Déshydratation de différents alcools

Donner la formule semi-développée et le nom du ou des alcène(s) obtenu(s) lors de la déshydratation (élimination d'une molécule d'eau) de chacun des alcools suivants (penser à l'isomérie *Z*/*E*) :
a. le butan-2-ol ; **b.** le 3-méthylbutan-1-ol ;
c. le méthanol.

20 ★ Le lycopène

La molécule responsable de la couleur rouge de la tomate est appelée lycopène, membre de la famille des caroténoïdes. Sa formule topologique est donnée ci-dessous.

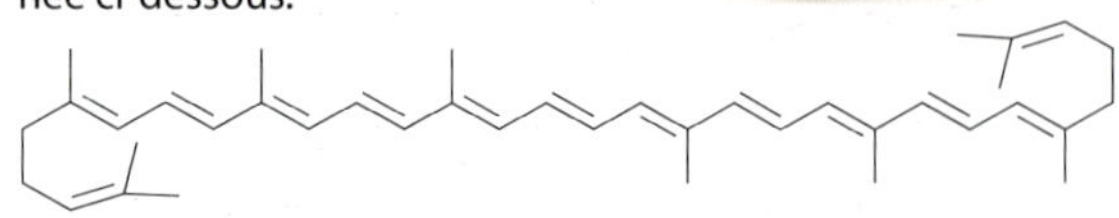

On extrait le lycopène d'un concentré de tomates avec du dichlorométhane : la phase organique se colore en rouge-orangé. On ajoute à cette solution de lycopène quelques gouttes de dibrome : on observe alors une décoloration de la solution organique.

Proposer une explication à ce phénomène.

Exercices de synthèse

Pour préparer le BAC

Données. *Masses molaires atomiques en g · mol⁻¹ :*
M(H) = 1,0 ; M(C) = 12,0 ; M(O) = 16,0 ; M(Cℓ) = 35,5.

21 Modification de chaîne ou de groupe caractéristique

1. Parmi les transformations ci-dessous, indiquer celles qui mettent en jeu une modification de chaîne ou une modification de groupe caractéristique.

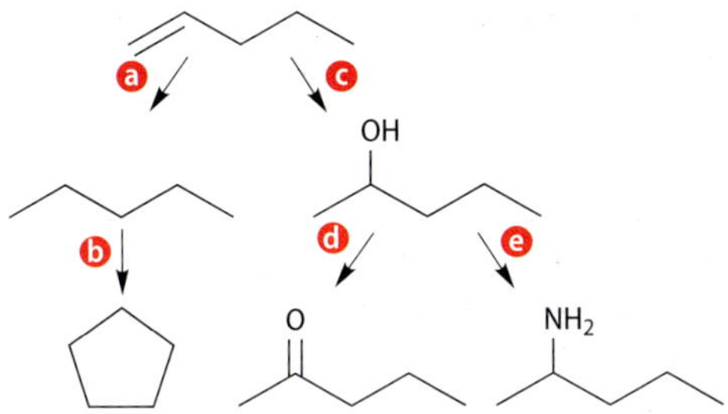

2. Dans le cas d'une modification de groupe caractéristique, préciser la fonction chimique du réactif et du produit, ainsi que la nature du groupe caractéristique associé.

22 Les alcaloïdes

Histoire des sciences

Les alcaloïdes sont une famille d'amines naturellement abondantes dans les plantes. L'étude de ces molécules a permis l'essor de la chimie organique au cours du XIXᵉ siècle et reste, encore aujourd'hui, un sujet de recherche attrayant.

Un des chefs de file des alcaloïdes est la morphine, dont les applications médicales, ainsi que celles de ses dérivés, sont connues depuis le XVIIᵉ siècle : les extraits bruts du pavot, *Papaver somniferum*, servaient à soulager les douleurs. L'étude de la morphine occupa quelques-uns des meilleurs chimistes du XIXᵉ et du début du XXᵉ siècles et ce n'est qu'en 1924 que sa structure fut finalement résolue par Robert Robinson.

Si la morphine fut le premier alcaloïde pur à être isolé du pavot, son homologue codéine est aussi présent dans la nature.

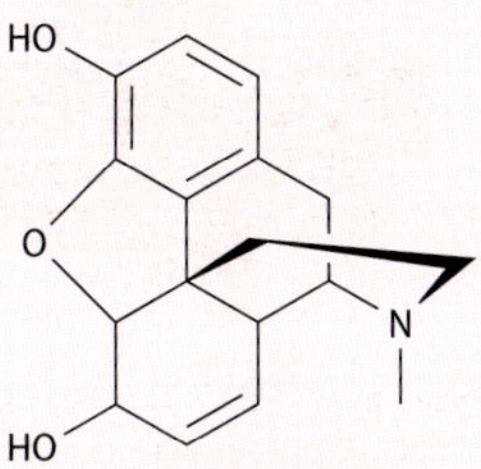

morphine

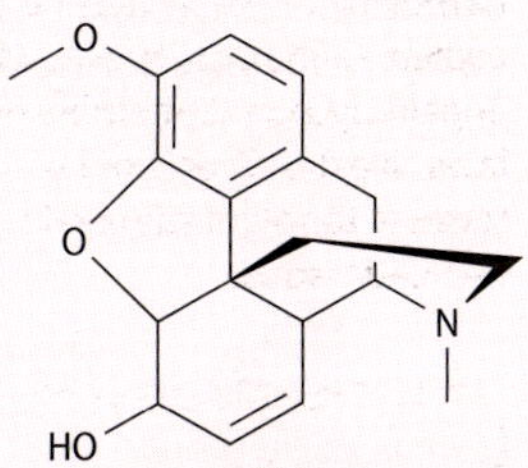

codéine

La morphine et ses dérivés sont extrêmement utiles comme agents thérapeutiques ; ils posent cependant aussi d'énormes problèmes de société à cause de leurs effets secondaires.

D'après McMurry, *Chimie organique, Les grands principes*, Dunod, 2000.

1. a. Nommer tous les groupes caractéristiques que vous reconnaissez dans les molécules de morphine et de codéine.
b. Ces molécules sont qualifiées de « polyfonctionnelles ». Pourquoi ?

2. Dans quelle catégorie de réactions peut-on classer la transformation de la morphine en codéine ?

3. B2i Rechercher, éventuellement sur Internet :
a. quelles sont les propriétés thérapeutiques de la codéine ;
b. quels sont les effets secondaires de la morphine et de ses dérivés.

23 Oxydations du glucose

Le glucose, produit de la photosynthèse par les plantes vertes, est un sucre que l'on trouve à l'état naturel dans beaucoup de fruits, ainsi que dans le sang humain, à des concentrations (glycémie) allant de 0,08 % à 0,1 %.

Le glucose peut, entre autres réactions, subir des oxydations variées. Parmi les différentes oxydations possibles du glucose, on peut citer :
❶ l'oxydation complète (combustion complète) ;
❷ la glycolyse au niveau des cellules, au cours de laquelle le glucose est dégradé en acide pyruvique ;
❸ le clivage oxydatif par l'acide periodique HIO_4, au cours duquel le glucose est dégradé en acide méthanoïque et en méthanal ;
❹ l'oxydation par la liqueur de Fehling (ions cuivre Cu^{2+}), au cours de laquelle la fonction aldéhyde du glucose est oxydée en acide carboxylique pour former l'acide gluconique ;
❺ l'oxydation par l'acide nitrique HNO_3, au cours de laquelle les fonctions aldéhyde et alcool primaire du glucose sont oxydées en acide carboxylique pour former l'acide glucarique.

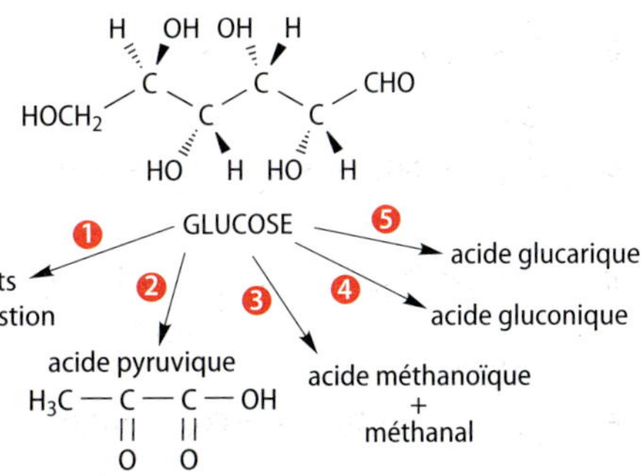

1. a. Comment s'appelle la représentation utilisée pour le glucose dans le schéma ci-dessus ?
b. Recopier la formule de la molécule de glucose, puis entourer et nommer les groupes caractéristiques présents.
c. À l'exception des deux atomes de carbone en bout de chaîne, qu'ont de remarquable les autres atomes de carbone de la molécule de glucose ?

2. a. Donner la formule brute du glucose.
b. Écrire l'équation de combustion du glucose (réaction ❶).

3. Écrire les formules semi-développées de l'acide méthanoïque et du méthanal (réaction ❸), de l'acide gluconique (réaction ❹) et de l'acide glucarique (réaction ❺).

4. Qu'est-ce qui se conserve au cours des oxydations ❹ et ❺, mais pas au cours des oxydations ❶, ❷ et ❸ ?

5. Qu'est-ce qui est modifié au cours des oxydations ❹ et ❺ ?

24 Réactions mettant en jeu l'acétone

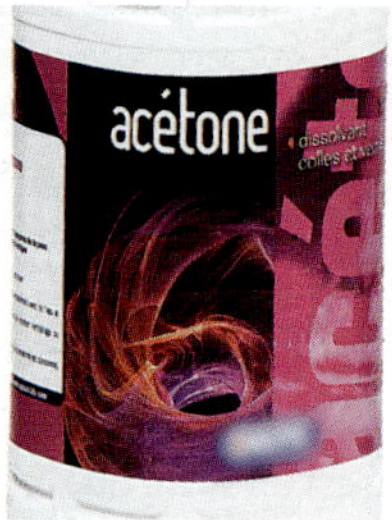

L'acétone, nom d'usage de la propanone, est un des solvants les plus couramment utilisés en chimie organique.

C'est aussi un réactif pouvant donner lieu à différentes réactions :
- en réagissant avec le dibrome en milieu acide, l'acétone conduit à la bromopropanone $BrCH_2COCH_3$ (réaction ❶) ;
- en réagissant sur elle-même en milieu basique, l'acétone conduit à la 4-hydroxy-4-méthylpentan-2-one (réaction ❷), puis, après chauffage, à la 4-méthylpent-3-èn-2-one (réaction ❸) ;
- en réagissant avec le bromure de butylmagnésium, de formule $H_3C–CH_2–CH_2–CH_2–Mg–Br$, puis avec l'eau en milieu acide, l'acétone conduit au 2-méthylhexan-2-ol (réaction ❹).

1. Donner la formule semi-développée de l'acétone.

2. Pour chacune des quatre réactions citées :
a. donner la formule semi-développée du produit obtenu ;
b. indiquer si elle met en jeu ou pas une modification de chaîne ;
c. préciser si elle correspond à une réaction de substitution, d'addition ou d'élimination.

25 Le polystyrène

1. La réaction de fabrication du styrène à partir du benzène a pour équation :

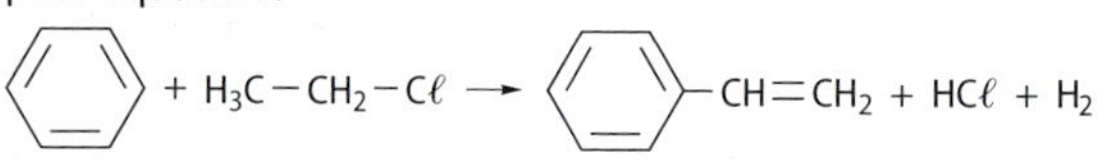

benzène — styrène

Cette réaction peut être considérée comme une substitution suivie d'une élimination. Justifier.

2. Le polystyrène est un polymère qui, sous sa forme expansée, est utilisé comme isolant thermique.

Sa synthèse, à partir du styrène, a pour équation :

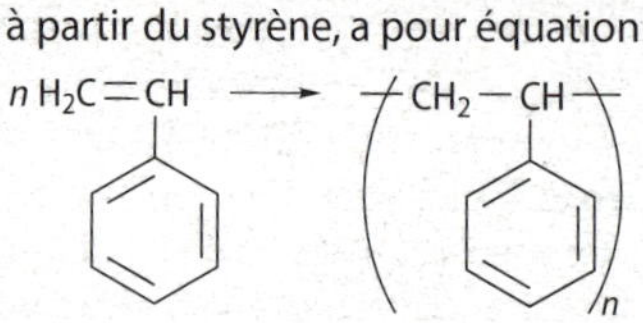

Le degré de polymérisation n est le nombre de motifs qui se répètent dans le polymère.
a. Cette réaction est appelée polyaddition. Justifier.
b. Quelle modification est mise en jeu dans cette réaction ?
c. Quelle est la masse molaire d'un polystyrène dont le degré de polymérisation est égal à 2000 ?

26 Le PVC

Le PVC, ou polychlorure de vinyle (*polyvinyl chloride* en anglais) est un polymère très utilisé dans le revêtement des sols, en particulier celui des gymnases.

Ce polymère se prépare industriellement en trois étapes.

1. Dans une première étape, l'éthylène (ou éthène) réagit avec du chlorure d'hydrogène et du dioxygène pour donner du 1,2-dichloroéthane $C\ell H_2C\text{-}CH_2C\ell$ et de l'eau.

Écrire l'équation de cette réaction (penser à ajuster les nombres stœchiométriques).

2. Dans une deuxième étape, le 1,2-dichloroéthane donne, par pyrolyse, du chlorure de vinyle (chloroéthène $C\ell HC{=}CH_2$) et du chlorure d'hydrogène.
a. Écrire l'équation de cette réaction.
b. Dans quelle catégorie de réactions peut-on classer cette étape ?

3. Dans une troisième étape, le chlorure de vinyle est polymérisé en PVC.

Sur le modèle de la synthèse du styrène en polystyrène (*voir exercice 25*), écrire l'équation de cette réaction de polymérisation.

27 ★ Le camphre

1. Solide organique bicyclique, le camphre est le principal composant du baume du Tigre, utilisé pour calmer les douleurs musculaires. Sa formule est donnée ci-contre.

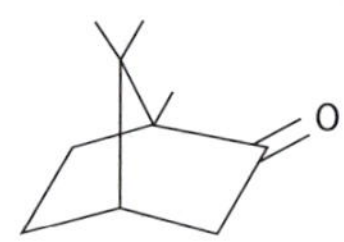

a. Quel est le groupe caractéristique présent dans cette molécule ?
b. Recopier la formule de la molécule de camphre et repérer les atomes de carbone asymétriques par un astérisque.
c. Donner sa formule brute et calculer sa masse molaire.

2. La réduction de 1,50 g de camphre par le tétraborohydrure de sodium $NaBH_4$ conduit à l'obtention de 1,20 g d'un mélange de deux solides, le bornéol et l'isobornéol :

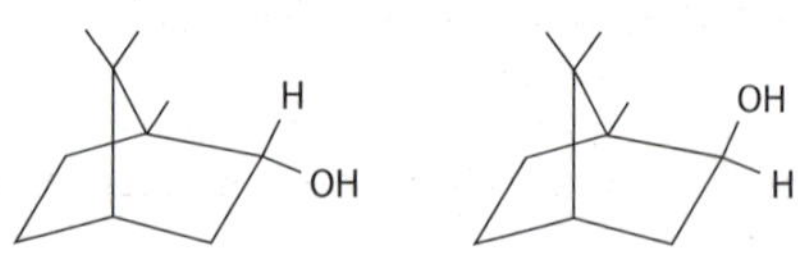

bornéol — isobornéol

a. Quel est le groupe caractéristique présent dans ces deux molécules ?
b. Dans quelle catégorie de réactions peut-on classer la réduction du camphre en bornéol et isobornéol ?
c. Recopier les formules des molécules de bornéol et isobornéol et repérer les atomes de carbone asymétriques par un astérisque.
d. Ces deux composés sont-ils énantiomères ou diastéréoisomères ?

e. Donner la formule brute de ces deux produits et calculer leur masse molaire.
f. Calculer le rendement de cette synthèse.

28 ★ Synthèse d'une phéromone

Appelées « messagers chimiques », les phéromones sont des substances permettant la communication entre les êtres vivants. Quand une ruche est attaquée, par exemple, les abeilles gardiennes émettent immédiatement une phéromone, l'heptan-2-one. Celle-ci, ainsi que la posture tendue des abeilles, mettent en mouvement toute la ruche. Les ouvrières défendent la ruche au prix de leur propre vie.

L'heptan-2-one peut être préparée à partir d'un alcool **A** par oxydation ménagée (c'est-à-dire sans modification du squelette carboné).

1. a. Écrire la formule semi-développée de l'heptan-2-one.
b. Préciser la nature du groupe caractéristique présent dans cette molécule.
c. Donner la formule brute de l'heptan-2-one.
d. Calculer sa masse molaire.

2. a. Écrire la formule semi-développée de l'alcool **A** qui permet de préparer cette phéromone.
b. Quel est le nom de cet alcool ?
c. Donner sa formule brute.
d. Calculer sa masse molaire.

3. L'oxydation de l'alcool **A** en heptan-2-one est réalisée à l'aide d'une solution d'eau de Javel, dont l'espèce active est l'acide hypochloreux $HC\ell O$ (aq).

Les couples oxydant/réducteur mis en jeu lors de cette réaction sont $HC\ell O$ (aq)/$C\ell^-$ (aq) et heptan-2-one (aq)/**A** (aq).
a. Écrire la demi-équation d'oxydoréduction associée à chaque couple en milieu acide.
b. En déduire l'équation de la réaction d'oxydation mise en jeu.
c. Dans quelle catégorie de réactions peut-on classer cette oxydation ?

4. Lors d'une activité expérimentale, on mélange 4,0 g d'alcool et 30 mL d'eau de Javel de concentration molaire $1,8\ mol \cdot L^{-1}$ en acide hypochloreux. Après réaction, extraction et purification, on obtient 2,4 g d'heptan-2-one.
a. Établir le tableau descriptif de l'évolution du système.
b. Montrer que l'alcool est le réactif limitant.
c. Calculer la masse maximale d'heptan-2-one que l'on peut obtenir par cette transformation.
d. En déduire le rendement de cette synthèse.

En route vers le Supérieur

29 ★★ La chimie des éthers

1. a. Traité par l'acide sulfurique à 180 °C, l'éthanol subit une réaction de déshydratation (élimination d'une molécule d'eau). Quels sont les deux produits formés ?
b. Toujours traité par l'acide sulfurique, mais à 130 °C cette fois, l'éthanol conduit à la formation de diéthyléther et d'eau :

$$2\ H_3C-CH_2-OH \longrightarrow H_3C-CH_2-O-CH_2-CH_3 + H_2O$$

Le diéthyléther, très utilisé comme solvant organique et autrefois anesthésique en médecine, est membre de la famille des éthers, de formule générale R–O–R', où R et R' sont des chaînes carbonées.

Pourquoi cette réaction de formation d'un éther à partir de deux molécules d'alcool est-elle appelée « déshydratation intermoléculaire » ?

2. a. Une autre voie d'obtention des éthers est la réaction entre un dérivé chloré et un alcool, comme l'illustre l'exemple suivant :

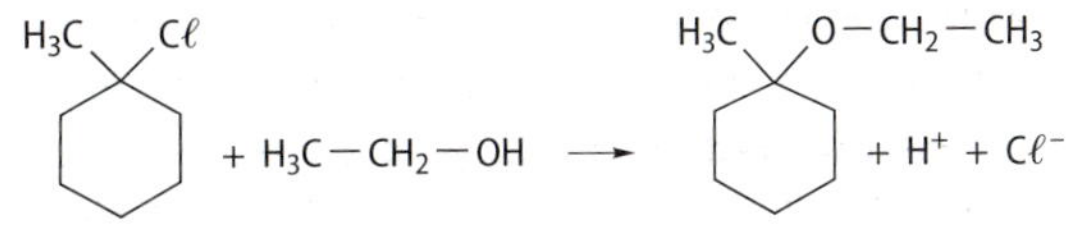

En quoi cette réaction est-elle une substitution ?
b. En mettant cette réaction à profit entre un dérivé dichloré (possédant deux atomes de chlore) et un diol (possédant deux groupes hydroxyle), on peut synthétiser un polyéther cyclique, le 18-couronne-6.

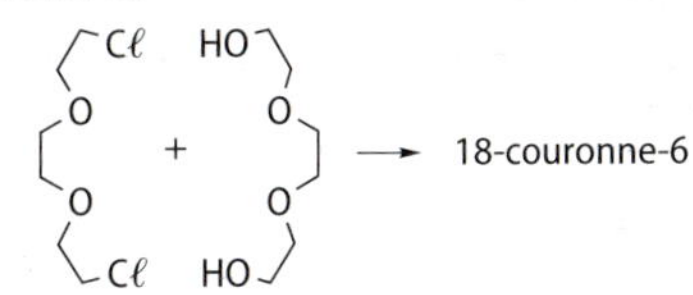

Représenter le produit obtenu en formule topologique.
c. Justifier son nom de « 18-couronne-6 ».
d. Ce composé, de la famille des éthers-couronnes, a la propriété d'« encapsuler » l'ion potassium K^+, le rendant ainsi soluble dans les solvants non polaires. Les travaux du Français Jean-Marie Lehn (photo), de Donald Cram et de Charles Pedersen sur les éthers-couronnes, et sur leurs analogues en trois dimensions appelés cryptands, ont été récompensés par le prix Nobel de Chimie en 1987.

Quelle est la nature des interactions mises en jeu entre le 18-couronne-6 et l'ion potassium ?

Pour préparer le BAC

Les compétences évaluées

- Reconnaître une modification de chaîne.
- Reconnaître une modification de groupe caractéristique.
- Connaître les grandes catégories de réactions en chimie organique : substitution, addition, élimination.

Énoncé type

Odeur de lavande

L'essence naturelle de lavande, très utilisée en parfumerie, est composée d'environ 200 espèces chimiques, dont le linalol et l'acétate de linalyle (éthanoate de linalyle).

A. ***Le linalol*** a pour formule topologique :

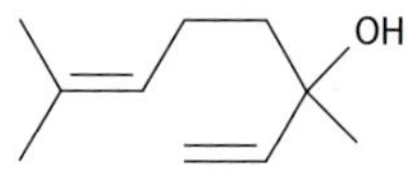

1. Préciser la nature du groupe caractéristique présent dans cette molécule.

2. La déshydratation du linalol conduit à la formation d'eau et d'un mélange de trois alcènes isomères les uns des autres.

a. À quelle catégorie de réaction appartient cette déshydratation ? Justifier.

b. Écrire la formule topologique de chacun des trois isomères (on exclura la formation d'un allène, c'est-à-dire d'une molécule présentant l'enchaînement –C=C=C–).

3. À partir de chacun de ces trois isomères, l'addition de dihydrogène, à haute température et en présence d'un catalyseur, conduit au même composé ne comportant que des liaisons simples C–C.

a. Proposer une formule topologique pour ce composé.

b. Donner sa formule brute.

c. Donner son nom en nomenclature officielle.

d. La chaîne carbonée de ce composé est-elle linéaire, ramifiée ou cyclique ?

e. Quel type de modification est mis en jeu dans cette réaction d'addition ?

B. ***L'acétate de linalyle*** peut être synthétisé à partir du linalol par une réaction d'estérification d'équation :

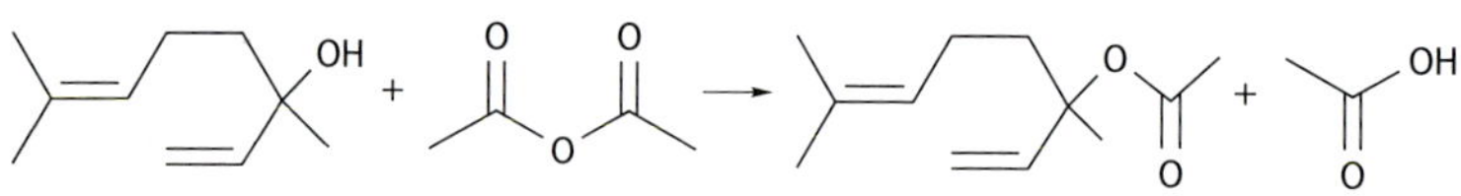

linalol — anhydride acétique — acétate de linalyle

1. À quelle catégorie de réaction appartient cette estérification ? Justifier.

2. En quoi la transformation du linalol en acétate de linalyle met-elle en jeu une modification de groupe caractéristique ?

3. On s'intéresse au deuxième produit de réaction formé.

a. Quel est le groupe caractéristique présent dans ce produit ?

b. Quelle est la fonction chimique correspondant à ce groupe caractéristique ?

c. Donner le nom de ce produit en nomenclature officielle.

➤ Coups de pouce

A. 2. a. Comparer la structure (groupe(s) caractéristique(s), chaîne carbonée) du réactif et des produits.

b. Penser à la stéréoisomérie *Z*/*E*.

EXEMPLE DE **RÉSOLUTION**

A. 1. C'est le groupe OH, appelé **groupe hydroxyle**.

2. a. La déshydratation d'un alcool en alcène avec formation d'eau est une **élimination**. Le groupe OH est éliminé, ainsi qu'un atome d'hydrogène lié au carbone voisin du carbone porteur de ce groupe OH : une liaison simple C–C se transforme en liaison double C=C.

b.

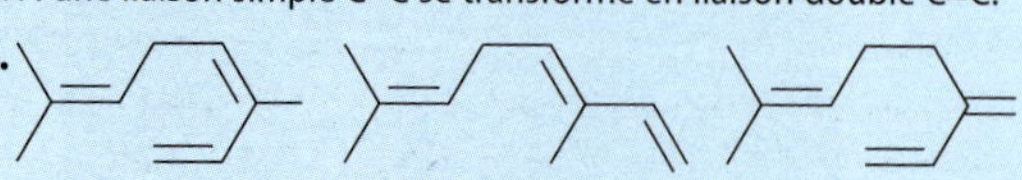

(*Z*) (*E*)

3. a.

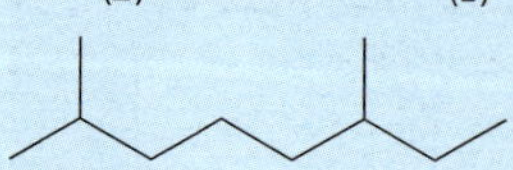

b. Sa formule brute est $C_{10}H_{22}$.

c. Son nom en nomenclature officielle est le **2,6-diméthyloctane**.

d. La chaîne carbonée de ce composé est **ramifiée**.

e. C'est une **modification de chaîne** avec conservation du nombre d'atomes de carbone : la chaîne insaturée devient saturée.

B. 1. Cette estérification est une **substitution** : l'atome d'hydrogène du groupe OH du linalol est remplacé par le groupe d'atomes $COCH_3$.

2. Le groupe caractéristique hydroxyle OH du linalol (alcool) est modifié en groupe caractéristique $OCOCH_3$ de l'acétate de linalyle (ester).

3. a. C'est le groupe COOH, appelé **groupe carboxyle**.

b. C'est la fonction **acide carboxylique**.

c. Son nom en nomenclature officielle est l'**acide éthanoïque**.

Pour préparer le BAC

Les compétences évaluées

- Reconnaître une modification de chaîne.
- Reconnaître une modification de groupe caractéristique.
- Connaître les grandes catégories de réactions en chimie organique : substitution, addition, élimination.

Énoncé type

Les solvants chlorés

Les composés chlorés sont des dérivés des alcanes ou des alcènes, dans lesquels un ou plusieurs atomes d'hydrogène sont remplacés par un ou plusieurs atomes de chlore. Parmi les composés chlorés, trois sont utilisés comme solvants industriels : le dichlorométhane $CH_2C\ell_2$, le trichloroéthylène $C\ell HC{=}CC\ell_2$ et le perchloroéthylène $C\ell_2C{=}CC\ell_2$.

- Le **dichlorométhane** peut être préparé à partir du méthanol, selon deux réactions successives, d'équations :

❶ $CH_3OH + HC\ell \rightarrow CH_3C\ell + H_2O$

❷ $CH_3C\ell + C\ell_2 \rightarrow CH_2C\ell_2 + HC\ell$

- Le **trichloroéthylène** peut être préparé à partir de l'éthylène (éthène), selon quatre réactions successives, d'équations :

❸ $H_2C{=}CH_2 + C\ell_2 \rightarrow C\ell H_2C{-}CH_2C\ell$

❹ $C\ell H_2C{-}CH_2C\ell + C\ell_2 \rightarrow C\ell H_2C{-}CHC\ell_2 + HC\ell$

❺ $C\ell H_2C{-}CHC\ell_2 + C\ell_2 \rightarrow C\ell_2HC{-}CHC\ell_2 + HC\ell$

❻ $C\ell_2HC{-}CHC\ell_2 \rightarrow C\ell HC{=}CC\ell_2 + HC\ell$

- Le **perchloroéthylène** peut être préparé à partir de l'éthylène, selon cinq réactions successives, d'équations :

❸ $H_2C{=}CH_2 + C\ell_2 \rightarrow C\ell H_2C{-}CH_2C\ell$

❹ $C\ell H_2C{-}CH_2C\ell + C\ell_2 \rightarrow C\ell H_2C{-}CHC\ell_2 + HC\ell$

❺ $C\ell H_2C{-}CHC\ell_2 + C\ell_2 \rightarrow C\ell_2HC{-}CHC\ell_2 + HC\ell$

❼ $C\ell_2HC{-}CHC\ell_2 + C\ell_2 \rightarrow C\ell_3C{-}CHC\ell_2 + HC\ell$

❽ $C\ell_3C{-}CHC\ell_2 \rightarrow C\ell_2C{=}CC\ell_2 + HC\ell$

Secteurs d'utilisation des composés chlorés

Dichlorométhane	Décapage des peintures ; dégraissage à chaud des métaux ; fabrication des colles, vernis, films, produits pharmaceutiques ; extraction de la caféine.
Trichloroéthylène	Dégraissage des métaux en phase vapeur ; industries des colles, encres et peintures ; fluide de transfert de chaleur.
Perchloroéthylène	Nettoyage à sec des vêtements ; dégraissage des métaux ; intermédiaire pour la fabrication de fréons et de bombes fumigènes.

1. Quel solvant est utilisé pour la production du « déca » (café décaféiné) ?

2. Pour chaque réaction d'équation ❶ à ❽, préciser s'il s'agit d'une substitution, d'une addition ou d'une élimination, en justifiant brièvement la réponse.

3. La réaction d'équation ❶ illustre-t-elle une modification de chaîne ou de groupe caractéristique ? Justifier la réponse.

4. a. Écrire l'équation chimique traduisant l'obtention du perchloroéthylène à partir de l'éthylène.

b. Quelle est la masse d'éthylène nécessaire pour préparer 200 tonnes de perchloroéthylène ?

Données. *Masses molaires atomiques en* $g \cdot mol^{-1}$:
$M(H) = 1{,}0$; $M(C) = 12{,}0$; $M(C\ell) = 35{,}5$.

➤ Coups de pouce

4. a. Penser à sommer membre à membre les équations ❸, ❹, ❺, ❼ et ❽.

EXEMPLE DE **RÉSOLUTION**

1. C'est le **dichlorométhane**.

2.

Équation	Type de réaction	Justification
❶	Substitution	Le groupe d'atomes OH est remplacé par l'atome $C\ell$.
❷ ❹ ❺ ❼	Substitution	L'atome H est remplacé par l'atome $C\ell$.
❸	Addition	La liaison double C=C se transforme en liaison simple C–C.
❻ ❽	Élimination	La liaison simple C–C se transforme en liaison double C=C.

3. La réaction d'équation ❶ illustre une **modification de groupe caractéristique** puisque le groupe hydroxyle est remplacé par un atome de chlore.

4. a. $H_2C{=}CH_2 + 4\,C\ell_2 \longrightarrow C\ell_2C{=}CC\ell_2 + 4\,HC\ell$.

b. $M(H_2C{=}CH_2) = 28{,}0\ g \cdot mol^{-1}$ et $M(C\ell_2C{=}CC\ell_2) = 166{,}0\ g \cdot mol^{-1}$.

Une masse de 200 tonnes de perchloroéthylène correspond à une quantité de matière $n = 200 \times 10^6/166{,}0 = 1{,}20 \times 10^6$ mol.

Une mole d'éthylène donnant une mole de perchloroéthylène, la masse d'éthylène nécessaire est donc :

$m = 1{,}20 \times 10^6 \times 28{,}0 = 3{,}37 \times 10^7$ g

soit **$m = 33{,}7$ tonnes**

Avant d'aborder la séquence 4

Évaluation diagnostique

Pour chaque situation présentée, proposer une réponse en argumentant.

Situation 1

Pour vérifier l'indispensable

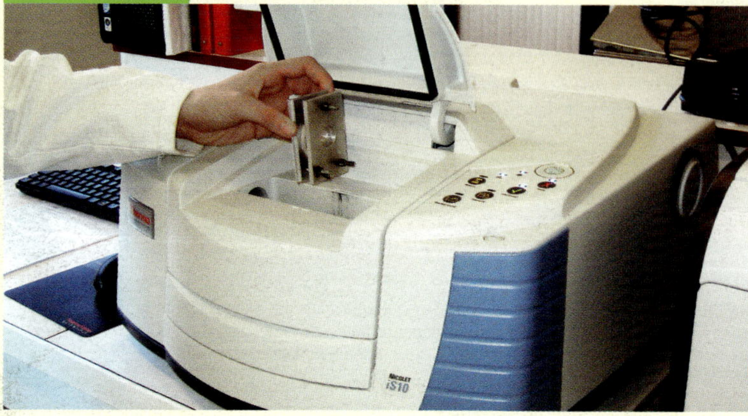

Les cellules de mesure utilisées en spectroscopie infrarouge peuvent être en fluorure de césium, l'un des composés possédant la liaison la plus « ionique ».

Comment expliquer cette propriété à partir de l'électronégativité des éléments fluor et césium ?

Activité 1, p. 308

Situation 2

Pour amorcer la réflexion

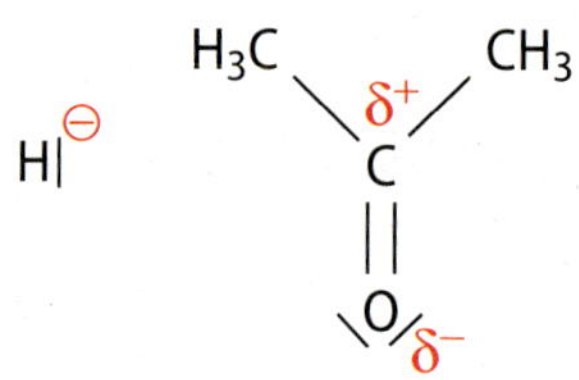

L'addition de l'ion hydrure H^- sur la fonction cétone de la propanone (acétone) est un exemple de réaction impliquant une espèce chargée et une liaison polarisée.

Sur chacune de ces deux entités, identifier un ou des sites donneurs de doublet d'électrons et un ou des sites accepteurs de doublet d'électrons.

Activité 3, p. 311

Situation 3

Pour traquer les idées fausses

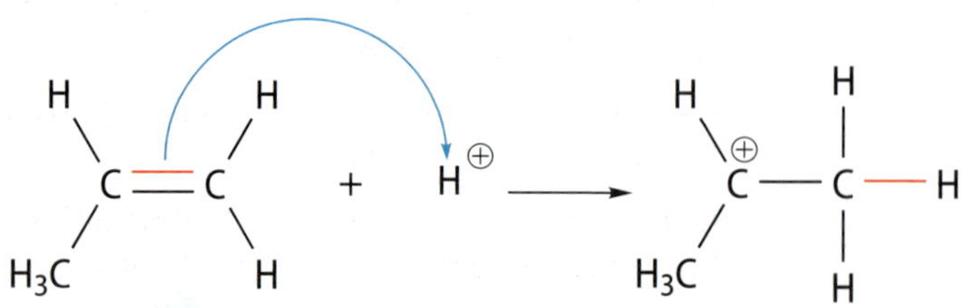

Lors de la protonation du propène, il y a rupture d'une liaison C–C et formation d'une liaison C–H. Cette réaction est modélisée en utilisant une flèche courbe.

De quoi la flèche courbe représente-t-elle le mouvement ?

Activités 2 et 3, p. 310 et 311

Déplacements d'électrons en chimie organique

À Saclay, le CEA dispose de lasers à impulsions ultra brèves dont la lumière permet de détecter, au niveau microscopique, le mouvement des électrons dans les molécules.

Les acquis des classes précédentes

- Un **doublet d'électrons** peut être **liant** (liaison covalente) ou **non liant**.
- Un atome est plus **électronégatif** que celui auquel il est lié s'il attire à lui les électrons de la liaison.
- Une liaison entre deux atomes présentant une différence d'électronégativité est dite **polarisée**.

Les compétences à acquérir

1. **Déterminer** la polarisation des liaisons en lien avec l'électronégativité.
2. **Identifier** les sites donneurs ou accepteurs de doublet d'électrons.
3. **Représenter** le mouvement d'un doublet d'électrons à l'aide d'une flèche courbe.

→ **Culture scientifique**
Le modèle de la flèche courbe

Activité 1

Activité de découverte

Électronégativité de Pauling et polarisation de liaison

Compétences scientifiques évaluées
- Faire preuve de curiosité.
- Extraire une information utile.

Linus Pauling a établi le lien entre la polarisation d'une liaison et l'électronégativité de chacun des deux atomes engagés dans cette liaison.

Étude de documents

1. Pauling, un scientifique hors du commun

L'Américain **Linus Carl Pauling** (1901-1994 ; **Fig. 1**) est l'un des plus grands scientifiques du XXe siècle. Décrit également comme l'un des plus grands penseurs et visionnaires du millénaire avec Galilée, Newton et Einstein, Pauling a apporté sa contribution dans des domaines aussi divers que la mécanique quantique, la chimie organique et inorganique, la biochimie, la biologie moléculaire et la médecine.

Fig. 1 Linus Carl Pauling.

En 1952, Albert Einstein dit de lui : « *Professor Pauling is one of the most prominent and inventive scientists in this country. I have the highest esteem for his character and for his reliability as a man and as a citizen.* »

Pauling est le seul à recevoir, dans deux catégories différentes, deux prix Nobel sans les partager avec aucune autre personne : **prix Nobel de Chimie en 1954** « *for his research into the nature of the chemical bond and its application to the elucidation of the structure of complex substances* » et prix Nobel de la Paix en 1962, pour sa lutte pacifiste contre la prolifération des armes nucléaires.

Il manque de peu la découverte de la structure de l'ADN, en proposant à tort un modèle en triple hélice. La structure exacte est proposée par James Watson et Francis Crick en 1953, ce qui leur vaut le prix Nobel de Médecine en 1962.

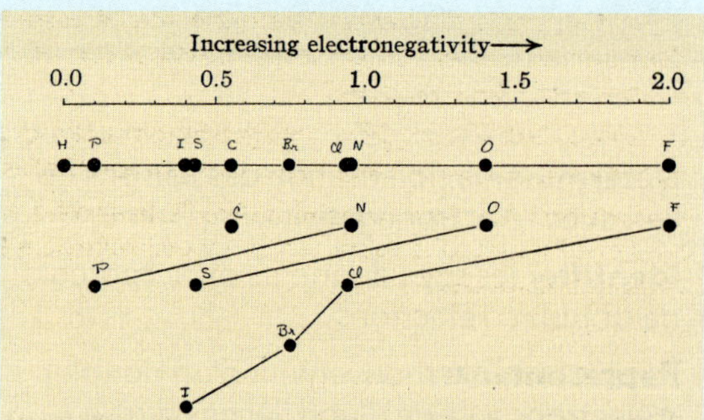

Fig. 4.—Map representing the relative degree of electronegativity of atoms.

Fig. 2 Extrait d'un article de Pauling publié en 1932 : valeurs croissantes de l'électronégativité des éléments H, P, I, S, C, Br, Cℓ, N, O et F.

2. Électronégativité de Pauling

Ses travaux sur la nature de la liaison chimique aboutissent à l'ouvrage *The Nature of the Chemical Bond* en 1939, l'un des plus importants livres de chimie jamais publiés, cité plus de 16 000 fois dans les trente années qui ont suivi sa première édition. De nombreux articles scientifiques y font encore référence en ce début du XXIe siècle.

Pauling y développe la notion d'**électronégativité**, grandeur sans dimension, qui traduit la tendance d'un atome à attirer à lui les électrons de la liaison dans laquelle il est engagé. L'électronégativité évolue selon la position des éléments chimiques dans la classification périodique. Pauling a dans un premier temps bâti une échelle en attribuant la valeur 0,0 à l'hydrogène **(Fig. 2)**, puis dans un second temps a établi une nouvelle échelle d'électronégativité **(Fig. 3)**.

Parmi les différentes échelles d'électronégativité existantes, la plus couramment utilisée par les chimistes à l'heure actuelle reste l'échelle de Pauling **(Fig. 4)**.

3. Polarisation d'une liaison

La différence d'électronégativité entre deux atomes s'avère être la grandeur la plus pertinente pour prédire la **polarisation** d'une liaison. Pauling s'est intéressé à la compréhension du rapport entre deux types de liaisons.

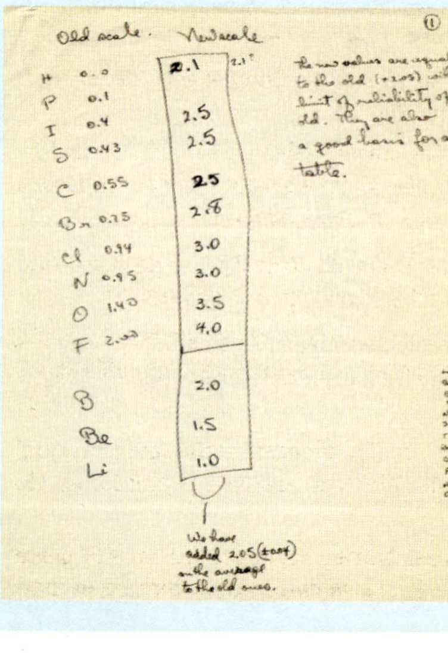

Fig. 3 Notes manuscrites de Pauling : passage de l'ancienne échelle à la nouvelle échelle.

H 2,20																	He
Li 0,98	Be 1,57											B 2,04	C 2,55	N 3,04	O 3,44	F 3,98	Ne
Na 0,93	Mg 1,31											Al 1,61	Si 1,90	P 2,19	S 2,58	Cℓ 3,16	Ar
K 0,82	Ca 1,00	Sc 1,36	Ti 1,54	V 1,63	Cr 1,66	Mn 1,55	Fe 1,83	Co 1,88	Ni 1,91	Cu 1,90	Zn 1,65	Ga 1,81	Ge 2,01	As 2,18	Se 2,55	Br 2,96	Kr 3,0
Rb 0,82	Sr 0,95	Y 1,22	Zr 1,33	Nb 1,64	Mo 2,16	Tc 1,92	Ru 2,18	Rh 2,28	Pd 2,20	Ag 1,93	Cd 1,69	In 1,78	Sn 1,80	Sb 2,05	Te 2,09	I 2,66	Xe 2,6
Cs 0,79	Ba 0,89	La 1,10	Hf 1,29	Ta 1,50	W 2,26	Re 1,94	Os 2,18	Ir 2,20	Pt 2,28	Au 2,54	Hg 2,00	Tl 2,04	Pb 2,33	Bi 2,02	Po 2,0	At 2,2	Rn
Fr 0,7	Ra 0,9	Ac 1,1															

Fig. 4 Valeurs de l'électronégativité des éléments de la classification périodique dans l'échelle de Pauling.

• Dans la **liaison covalente apolaire** (non polarisée ou non polaire), les électrons sont mis en commun et équitablement répartis entre deux atomes (cas de deux atomes identiques ou ayant une différence d'électronégativité faible, inférieure à 0,3).

• Dans la **liaison ionique**, les électrons sont transférés d'un atome à l'autre (cas de deux atomes ayant une différence d'électronégativité très forte, supérieure à 2,0). Dans ce cas, les deux atomes deviennent des ions.

Pauling a montré que ces deux types de liaison sont en réalité des cas « limites » et que la plupart des liaisons sont en fait un mélange de liaison covalente « pure » et de liaison ionique « pure ». On parle alors de liaison **covalente polarisée** (ou **polaire**) entre deux atomes A et B, lorsqu'elle relie deux atomes ayant une différence d'électronégativité moyenne à forte. Le doublet d'électrons mis en commun n'est alors pas réparti de manière symétrique entre les deux atomes **(Fig. 5)** :

– l'atome le plus électronégatif A porte un excès de charge négative, noté δ^- ;

– l'atome le moins électronégatif B porte un défaut de charge négative, noté δ^+.

Les charges δ^- (delta –) et δ^+ (delta +) sont des charges « partielles », fractions de la charge électrique élémentaire e ($e = 1{,}6 \times 10^{-19}$ C).

Fig. 5 Représentation d'une liaison polarisée. ▶

$$\overset{\delta^-}{A}\text{———}\overset{\delta^+}{B}$$

Pistes de réflexion

1 a. B2i Hormis Pauling, quelle personnalité a reçu deux prix Nobel (dont un partagé) dans deux catégories différentes ?

b. Pour quels travaux de recherche Pauling a-t-il reçu le prix Nobel de Chimie en 1954 ?

c. L'ADN fait partie des « molécules complexes » sur lesquelles Pauling a travaillé. Quelle erreur a-t-il commise en proposant une structure en triple hélice ?

2 a. Par quelle opération Pauling est-il passé de l'ancienne échelle à la nouvelle échelle d'électronégativité ?

b. Quel intérêt peut-on trouver à ce changement d'échelle quant au signe de l'électronégativité des éléments chimiques ?

3 a. Hormis le francium (Fr), élément radioactif rare, quel est l'élément chimique d'électronégativité la plus faible ? la plus forte ?

b. Comment évolue l'électronégativité lorsqu'on se déplace le long d'une ligne de la classification périodique ? le long d'une colonne ?

c. Pourquoi le tableau de la **figure 4** ne fait-il pas apparaître les valeurs d'électronégativité pour les premiers éléments de la famille des gaz rares ?

d. Quelle place particulière occupe l'élément carbone dans l'échelle d'électronégativité de Pauling ?

4 a. Calculer la différence d'électronégativité entre les deux atomes mis en jeu dans les liaisons H–H et C–H. Ces liaisons sont-elles polarisées ?

b. Calculer la différence d'électronégativité entre le sodium et le fluor. Quel type de liaison est mis en jeu dans NaF (s) ?

c. Étant donné la place du carbone dans l'échelle d'électronégativité, pourquoi la liaison ionique est-elle rare dans les composés carbonés ?

Pour conclure

5 Calculer la différence d'électronégativité entre les deux atomes mis en jeu dans les liaisons suivantes, puis prévoir leur polarisation, en faisant apparaître les charges partielles δ^- et δ^+ :

C–O C–N O–H N–H H–Cℓ.

Activité 2

Activité de modélisation

Mouvement d'un doublet d'électrons

Compétences scientifiques évaluées
- Associer un modèle à un phénomène.
- Communiquer et argumenter en utilisant du vocabulaire scientifique.

La description microscopique des transformations chimiques nécessite l'utilisation de modèles permettant de représenter les doublets d'électrons et leur mouvement.

Étude de documents

Le modèle de Lewis

Dans la **représentation de Lewis** d'une espèce chimique, les atomes usuels vérifient la règle du duet ou de l'octet, en s'entourant d'un ou de quatre doublets d'électrons.

Lorsque l'atome ne porte pas de charge, la répartition des doublets liants et non liants autour de cet atome est donnée dans le tableau suivant :

Atome	H	C	N	O	Cℓ
Nombre de doublets liants	1	4	3	2	1
Nombre de doublets non liants	0	0	1	2	3

Fig. 1 Nombre de doublets de quelques atomes usuels.

Lorsque l'atome porte une charge, la répartition est différente :
– un atome qui perd un doublet liant et gagne un doublet non liant porte une charge entière négative, symbolisée par ⊖ (Fig. 2 ⓐ) ;
– un atome qui perd un doublet non liant et gagne un doublet liant porte une charge entière positive, symbolisée par ⊕ (Fig. 2 ⓑ) ;
– les atomes C et H peuvent perdre un doublet liant (ils ne vérifient donc plus la règle de l'octet et du duet). Ils portent alors une charge ⊕ (Fig. 2 ⓒ).

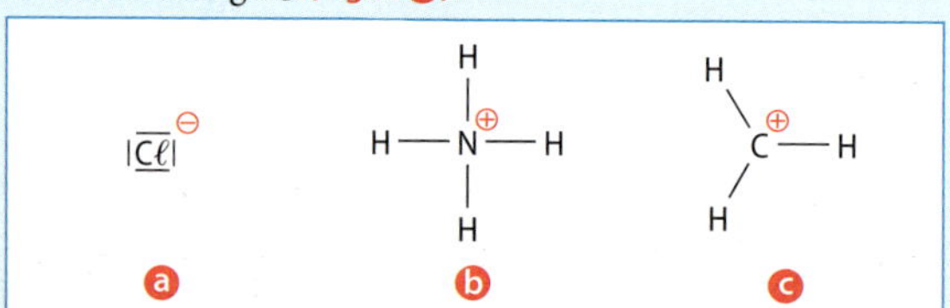

Fig. 2 Représentation de Lewis : ⓐ de l'ion chlorure $C\ell^-$; ⓑ de l'ion ammonium NH_4^+ ; ⓒ de l'ion H_3C^+.

Le modèle de la flèche courbe

En se basant sur des observations expérimentales, les chimistes élaborent un **mécanisme réactionnel** qui décrit dans le détail, et à l'échelle moléculaire, le déroulement de chaque étape d'une transformation chimique, en particulier la nature des liaisons formées et rompues, et l'ordre dans lequel se font ces formations et ces ruptures. Lors de chaque étape, la formation (Fig. 3 ⓐ) et/ou la rupture (Fig. 3 ⓑ) de liaisons sont la conséquence du déplacement d'un ou plusieurs doublet(s) d'électrons, représenté par le modèle de la flèche courbe. **La flèche courbe part d'un doublet d'électrons liant ou non liant et pointe vers un site déficient en électrons.**

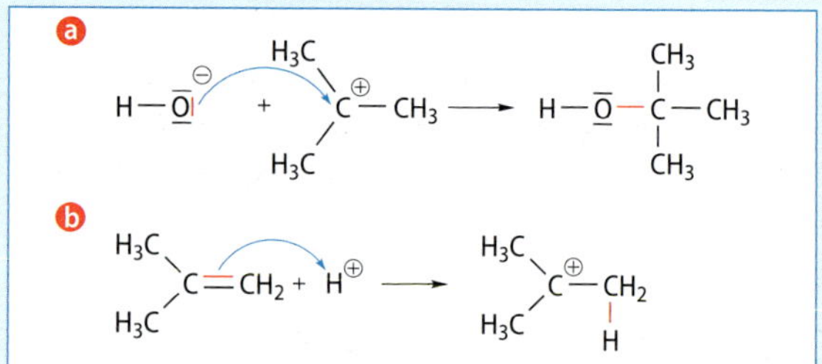

Fig. 3 ⓐ Formation d'une liaison O–C. ⓑ Rupture d'une liaison C–C et formation d'une liaison C–H.

L'arrivée d'une flèche sur un atome déclenche souvent le départ d'une autre flèche (Fig. 4).

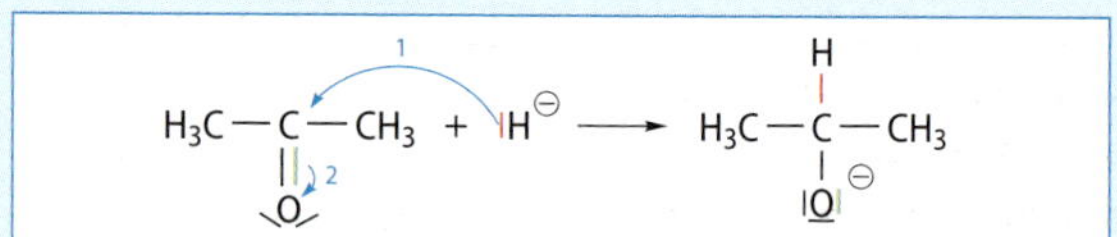

Fig. 4 Étape mettant en jeu deux déplacements de doublets.

Pistes de réflexion

1 Pour chaque représentation de la figure 2, justifier la charge portée par les atomes Cℓ, N et C en faisant le décompte des doublets liants ou non liants entourant ces atomes.

2 Donner la représentation de Lewis des espèces chargées : H^+ ; H^- ; HO^- ; $H_3C–CH_2^+$; $H_3C–CO_2^-$; Br^- ; H_3CO^- ; NH_2^-.

3 **a.** En se référant à la figure 4 de l'activité 1, calculer la différence d'électronégativité entre les deux atomes mis en jeu dans la liaison C=O, puis prévoir sa polarisation.

b. En déduire ce qui, au sein de cette liaison, permet d'expliquer le sens du déplacement du doublet d'électrons modélisé par la flèche 1 de la figure 4.

4 **a.** Réécrire l'étape de la figure 4 en ne représentant que le déplacement du doublet d'électrons modélisé par la flèche 1.

b. Dans l'espèce formée dans ce cas, quelle est la charge portée par l'atome de carbone central ?

c. Cet atome respecte-t-il la règle de l'octet ?

d. En déduire pourquoi l'arrivée de la flèche 1 sur l'atome de carbone déclenche le départ de la flèche 2.

Pour conclure

5 Quelle peut être la nature initiale (liant ou non liant) du doublet d'électrons qui se déplace lors d'une étape de formation de liaison ? lors d'une étape de rupture de liaison ?

Activité 3

TP **Activité expérimentale**

Sites donneurs et accepteurs de doublet d'électrons

Compétences expérimentales évaluées
- Analyser un résultat expérimental.
- Associer un modèle à un phénomène.

Formation et rupture de liaisons s'expliquent par le déplacement d'électrons depuis un site donneur vers un site accepteur de doublet d'électrons.

Principe

La réaction d'estérification entre l'acide éthanoïque et l'éthanol conduit à la formation d'un ester odorant, l'éthanoate d'éthyle. Appelé plus couramment acétate d'éthyle, c'est un solvant qui entre dans la composition des dissolvants.

Mise en œuvre au laboratoire

Produits
- acide éthanoïque pur • éthanol à 95 % • acide sulfurique à 95 % dans un flacon compte-gouttes • solution saturée de chlorure de sodium

On portera des lunettes et des gants.

Tests de solubilité

- Verser un peu de solution saturée de chlorure de sodium dans deux tubes à essais, l'un contenant de l'éthanol, et l'autre de l'acide éthanoïque. Observer le nombre de phases liquides dans les deux cas.

Synthèse de l'acétate d'éthyle

- Dans un erlenmeyer, introduire 10 mL d'éthanol, 10 mL d'acide éthanoïque et quelques gouttes d'acide sulfurique.
- Adapter un réfrigérant à air sur l'erlenmeyer et agiter le mélange dans un bain-marie bouillant (Fig. 1).
- Au bout de quelques minutes, verser le mélange dans un verre à pied contenant une solution saturée de chlorure de sodium. Observer.

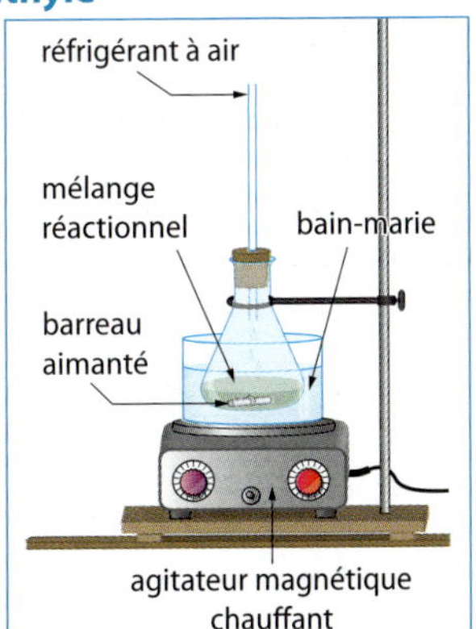

Fig. 1 Montage expérimental.

Exploitation

1 Quel est l'intérêt de l'ajout de la solution de chlorure de sodium au mélange réactionnel à la fin de la manipulation ?

2 La réaction chimique mise en jeu est une estérification, au cours de laquelle l'acide éthanoïque réagit avec l'éthanol pour former de l'éthanoate d'éthyle et de l'eau. Écrire l'équation de cette réaction en utilisant la représentation de Lewis pour les réactifs et les produits.

3 **a.** La réaction d'estérification met en jeu ici une catalyse acide, l'acide sulfurique fournissant des ions hydrogène H^+. L'ion hydrogène H^+ est-il un site donneur ou accepteur de doublet d'électrons ?

La première étape du mécanisme réactionnel est une étape de protonation de l'acide éthanoïque, qui peut s'écrire :

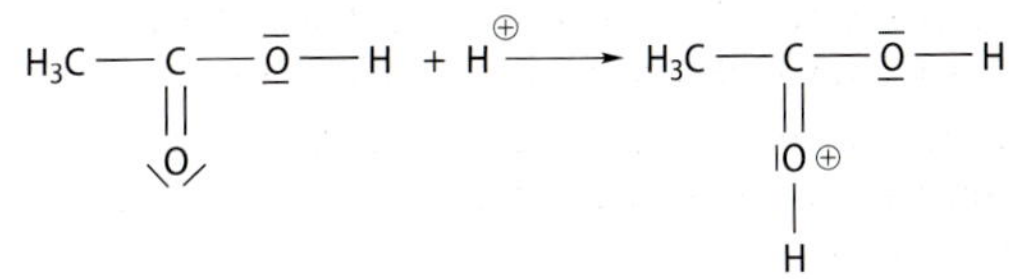

b. Identifier, dans la molécule d'acide éthanoïque, le site donneur du doublet d'électrons permettant d'expliquer la formation de la liaison entre O et H.

c. Recopier cette étape et relier par une flèche courbe les sites donneur et accepteur de doublet d'électrons identifiés dans les deux questions précédentes.

4 Les deuxième et quatrième étapes du mécanisme réactionnel de la réaction d'estérification sont les suivantes :

Étape 2 :

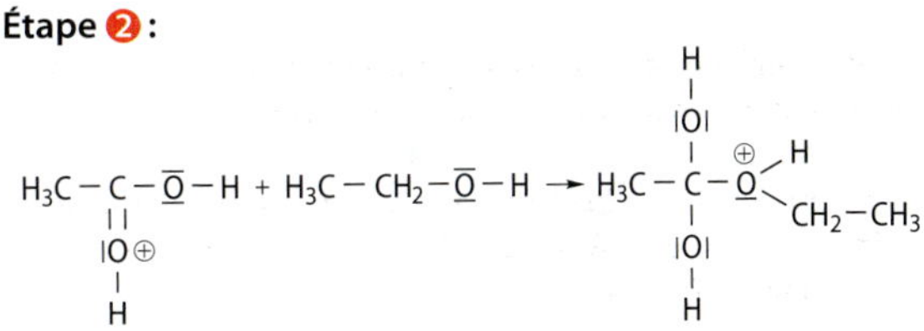

Étape 4 :

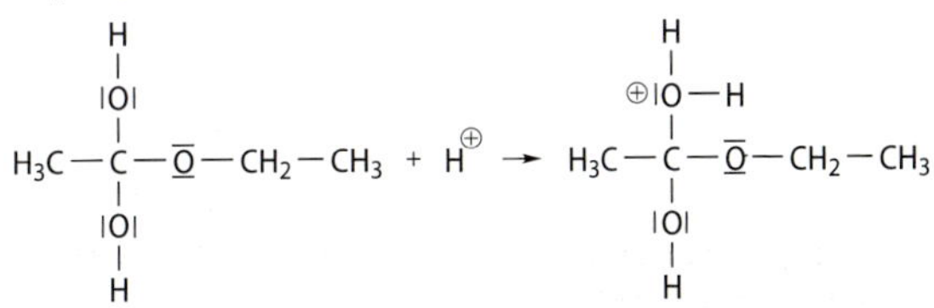

a. À chaque étape, associer un des termes de la liste suivante : « protonation » ; « déprotonation » ; « addition d'éthanol » ; « élimination d'eau ».

b. Recopier chaque étape. Relier par une flèche courbe les sites donneur et accepteur de doublet d'électrons et représenter, si nécessaire, toute autre flèche courbe qui explique la formation ou la rupture des liaisons mises en jeu.

Pour conclure

5 Un site donneur de doublet d'électrons peut-il être uniquement localisé sur un atome possédant un doublet non liant ?

6 Sur quel type d'atome peut être localisé un site accepteur de doublet d'électrons ?

Cours

1 Électronégativité et polarisation de liaison

› Activité 1

• Électronégativité

L'électronégativité est une grandeur sans dimension qui traduit la tendance d'un atome à attirer à lui les électrons de la liaison dans laquelle il est engagé.

Parmi les différentes échelles d'électronégativité, la plus couramment utilisée par les chimistes est l'échelle de Pauling (Fig. 1).

H 2,2							He
Li 1,0	Be 1,6	B 2,0	C 2,6	N 3,0	O 3,4	F 4,0	Ne
Na 0,9	Mg 1,3	Al 1,6	Si 1,9	P 2,2	S 2,6	Cℓ 3,2	Ar

Fig. 1 Valeurs de l'électronégativité des éléments des trois premières lignes de la classification périodique dans l'échelle de Pauling.

L'électronégativité des atomes évolue selon la position des éléments chimiques dans la classification périodique :
– elle augmente de gauche à droite le long d'une ligne (période) ;
– elle augmente de bas en haut le long d'une colonne (famille).

Exemples

– Le fluor F (d'électronégativité égale à 4,0) est l'élément le plus électronégatif de la classification périodique.
– Le carbone C (d'électronégativité égale à 2,6) se situe « au milieu » de l'échelle d'électronégativité : aucun autre élément ne peut avoir avec lui une très grande différence d'électronégativité.

• Polarisation d'une liaison

La liaison covalente entre deux atomes A et B est polarisée (ou polaire) lorsqu'elle relie deux atomes ayant une différence d'électronégativité moyenne à forte, c'est-à-dire comprise entre 0,3 et 2,0.

Le doublet d'électrons mis en commun n'est alors pas réparti de manière symétrique entre les deux atomes. L'atome le plus électronégatif A porte un excès de charge négative, noté δ^- (delta –). L'atome le moins électronégatif B porte un défaut de charge négative, noté δ^+ (delta +) (Fig. 2).

ⓐ

$$\overset{\delta^-}{A}—\overset{\delta^+}{B}$$

ⓑ

Liaison	Différence d'électronégativité
$^{\delta+}$C–O$^{\delta-}$	0,8
$^{\delta-}$N–H$^{\delta+}$	0,8
$^{\delta+}$H–Cℓ$^{\delta-}$	1,0
$^{\delta-}$O–H$^{\delta+}$	1,2

Fig. 2 ⓐ Représentation d'une liaison polarisée. ⓑ Exemples de liaisons polarisées.

Les charges δ^- et δ^+ ne sont pas des charges « entières » : ce sont des charges « partielles », c'est-à-dire des fractions de la charge électrique élémentaire e ($e = 1{,}6 \times 10^{-19}$ C).

La **liaison covalente polarisée** est une situation intermédiaire entre deux cas « limites » :

1. La **liaison covalente apolaire** (*non polarisée ou non polaire*) relie deux atomes identiques ou deux atomes ayant une différence d'électronégativité faible, inférieure à 0,3. Le doublet d'électrons mis en commun est alors équitablement réparti entre les deux atomes (Fig. 3 ⓐ).

Exemples

Les liaisons H–H, Cℓ–Cℓ ou B–H sont apolaires ; les différences d'électronégativité entre les deux atomes mis en jeu dans ces liaisons sont de 0 ; 0 et 0,2.

2. La **liaison ionique** relie deux atomes ayant une différence d'électronégativité très forte, supérieure à 2,0. Le doublet d'électrons est alors totalement capté par l'atome le plus électronégatif et les deux atomes deviennent des ions, porteurs de charges « entières », multiples de la charge électrique élémentaire e (Fig. 3 ⓑ).

ⓐ A — B

ⓑ A^- B^+

Fig. 3 Représentations d'une liaison apolaire et d'une liaison ionique.

Exemple

Dans le chlorure de sodium NaCℓ à l'état solide (sel de cuisine), les liaisons entre cations Na^+ et anions $C\ell^-$ sont ioniques ; la différence d'électronégativité entre les deux atomes mis en jeu dans ces liaisons est de 2,3.

➥ Exercices 1 à 7

2 Sites donneurs ou accepteurs de doublet d'électrons

Représentation de Lewis

› Activité 2

Dans la **représentation de Lewis** d'une espèce chimique, tous les doublets liants et non liants des atomes sont représentés. Les atomes usuels vérifient la règle du duet ou de l'octet, en s'entourant d'un ou de quatre doublets d'électrons.

Lorsque l'atome ne porte pas de charge, la répartition des doublets liants et non liants autour de cet atome est donnée dans le tableau de la figure 4.

Atome	H	C	N	O	Cℓ
Nombre de doublets liants	1	4	3	2	1
Nombre de doublets non liants	0	0	1	2	3

Fig. 4 Nombre de doublets de quelques atomes usuels.

Lorsque l'atome porte une charge, cette répartition est différente (Fig. 5) :
– un atome qui perd un doublet liant et gagne un doublet non liant porte une charge entière négative, symbolisée par ⊖ ;
– un atome qui perd un doublet non liant et gagne un doublet liant porte une charge entière positive, symbolisée par ⊕ ;
– les atomes C et H peuvent perdre un doublet liant (ils ne vérifient donc plus la règle de l'octet et du duet). Ils portent alors une charge ⊕.

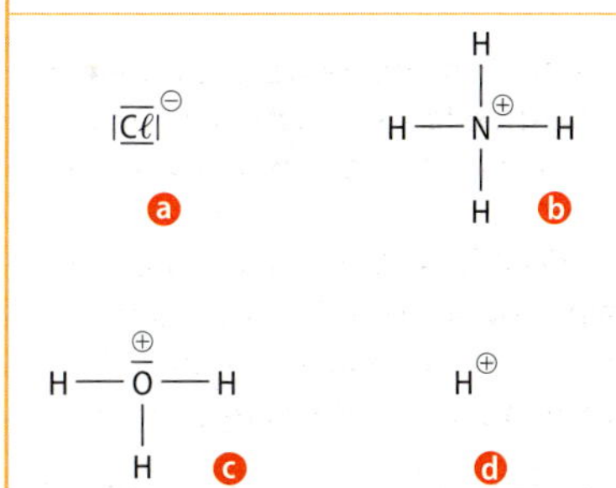

Fig. 5 Représentations de Lewis des ions a chlorure ; b ammonium ; c oxonium ; d hydrogène.

Site donneur de doublet d'électrons

› Activité 3

Un site donneur de doublet d'électrons, site de forte densité électronique, peut être localisé sur un atome possédant un doublet non liant ou entre deux atomes (doublet liant).

Exemples

– L'ion hydroxyde H—$\overline{\underline{O}}$|⊖ possède un site donneur de doublet d'électrons localisé sur l'atome d'oxygène. Le doublet d'électrons susceptible d'être donné est un des trois doublets non liants.
– L'éthylène ci-dessous possède un site donneur de doublet d'électrons localisé entre les deux atomes de carbone. Le doublet d'électrons susceptible d'être donné est un des deux doublets de la liaison double :

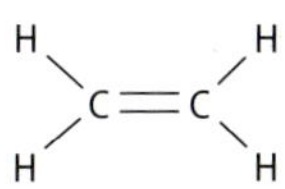

Site accepteur de doublet d'électrons

› Activité 3

Un site accepteur de doublet d'électrons, site de faible densité électronique, peut être localisé sur un atome possédant une charge entière positive ou sur l'atome d'une liaison polarisée possédant une charge partielle positive δ^+.

Exemples

– L'ion hydrogène $H^{\oplus}$ est un site accepteur de doublet d'électrons.
– Le méthanal ci-dessous possède un site accepteur de doublet d'électrons localisé sur l'atome de carbone, du fait de la polarisation de la liaison C=O :

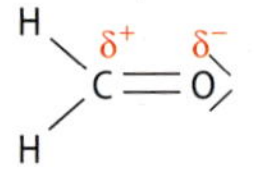

➥ Exercices 8 à 10

3 Mouvement d'un doublet d'électrons

› Activités 2 et 3

• Étape d'un mécanisme réactionnel

Un mécanisme réactionnel décrit le déroulement, à l'échelle moléculaire, de chaque étape d'une transformation chimique, en particulier la nature des liaisons formées et rompues, et l'ordre dans lequel se font ces formations et ces ruptures.

Lors de chaque étape, la formation et/ou la rupture de liaisons sont la conséquence du déplacement d'un ou plusieurs doublet(s) d'électrons. Ce déplacement est représenté par le **modèle de la flèche courbe**.

• Modèle de la flèche courbe

Animation

Des charges opposées s'attirant l'une l'autre, un site donneur de doublet d'électrons d'une entité chimique a tendance à réagir avec un site accepteur de doublet d'électrons d'une autre entité chimique.

La flèche courbe part d'un doublet d'électrons d'un site donneur de doublet d'électrons et pointe vers un site accepteur de doublet d'électrons.

Chaque flèche courbe représente le déplacement d'un doublet d'électrons.

Exemples

– Dans l'étape ci-dessous, la flèche courbe part du doublet non liant de l'atome d'oxygène (site donneur) et pointe vers l'atome de carbone chargé positivement (site accepteur) ; il y a formation d'une liaison O–C :

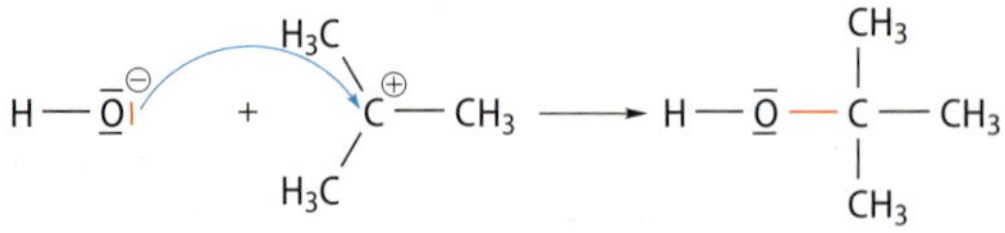

– Dans l'étape ci-dessous, la flèche courbe part du doublet liant entre les deux atomes de carbone (site donneur) et pointe vers l'atome d'hydrogène chargé positivement (site accepteur) ; il y a donc simultanément rupture d'une liaison C–C et formation d'une liaison C–H :

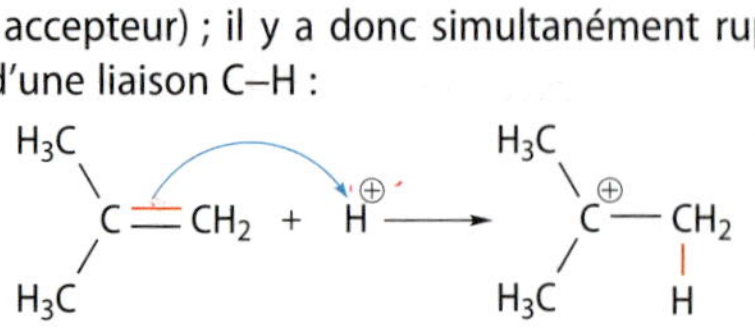

Sciences et culture

Le prix Nobel de Chimie 1947

En 1922, Sir Robert Robinson (1886-1975) publie le premier article faisant appel aux flèches courbes pour représenter le déplacement des électrons. En 1947, il reçoit le prix Nobel de Chimie pour ses travaux de recherche sur des produits naturels, en particulier les alcaloïdes, molécules organiques pouvant présenter une activité pharmacologique (morphine, quinine, etc.).

L'arrivée d'une flèche sur un atome déclenche souvent le départ d'une autre flèche afin d'éviter l'apparition de charges défavorables sur cet atome et pour que celui-ci respecte au mieux la règle de l'octet.

Exemple

Dans l'étape ci-dessous, la flèche courbe 1 part du doublet non liant de l'ion hydrure H^- (site donneur) et pointe vers l'atome de carbone porteur d'une charge partielle positive (site accepteur). Il y a formation d'une liaison C–H, qui déclenche simultanément le déplacement du doublet liant entre C et O vers l'atome d'oxygène. Ce déplacement est représenté par la flèche courbe 2.

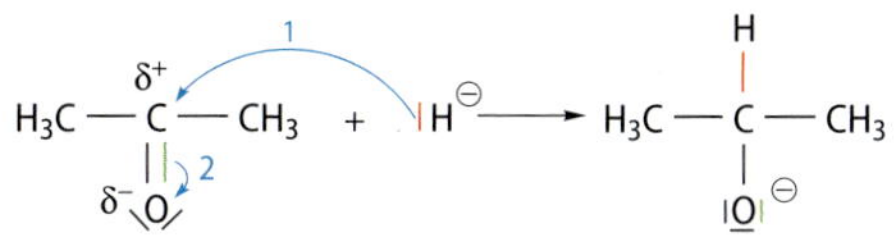

Remarque : lors d'une étape de dissociation *à l'intérieur* d'une molécule, la flèche courbe ne relie pas un site donneur et un site accepteur, mais traduit juste la rupture d'une liaison.

Exemple

Dans l'étape ci-dessous, la flèche courbe part du doublet liant entre les atomes de carbone et de brome et pointe vers l'atome de brome ; il y a rupture d'une liaison C–Br.

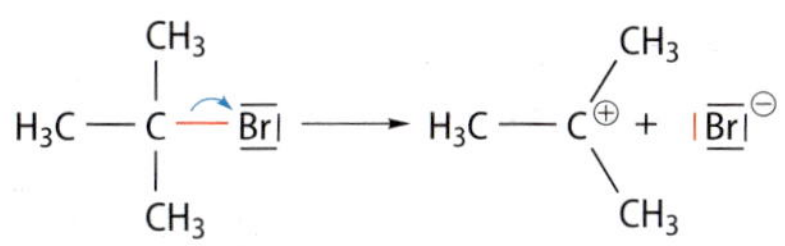

Exercices 11 à 14

Les compétences à acquérir

1 Déterminer *la polarisation des liaisons en lien avec l'électronégativité*

- L'**électronégativité** traduit la tendance d'un atome à attirer à lui les électrons de la liaison dans laquelle il est engagé.
- La **polarisation d'une liaison** est liée à la **différence d'électronégativité** entre les deux atomes de cette liaison.

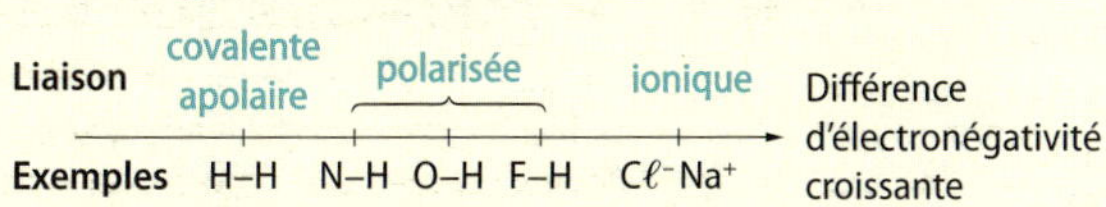

2 Identifier *les sites donneurs ou accepteurs de doublet d'électrons*

- Un **site donneur de doublet d'électrons** peut être localisé sur un atome possédant un doublet non liant ou entre deux atomes.
- Un **site accepteur de doublet d'électrons** peut être localisé sur un atome possédant une charge entière positive ou sur l'atome d'une liaison polarisée possédant une charge partielle positive δ^+.

3 Représenter *le mouvement d'un doublet d'électrons à l'aide d'une flèche courbe*

- Un **mécanisme réactionnel** décrit le déroulement, à l'échelle moléculaire, de chaque **étape** d'une transformation chimique.
- La **flèche courbe** part d'un doublet d'électrons d'un site donneur de doublet d'électrons et pointe vers un site accepteur de doublet d'électrons.

Exercices

Données. *Valeurs d'électronégativité dans l'échelle actuelle de Pauling :*

H 2,2							He
Li 1,0	Be 1,6	B 2,0	C 2,6	N 3,0	O 3,4	F 4,0	Ne
Na 0,9	Mg 1,3	Al 1,6	Si 1,9	P 2,2	S 2,6	Cℓ 3,2	Ar

Compétence 1

› ***Déterminer la polarisation des liaisons en lien avec l'électronégativité***

1 VRAI ou FAUX ?

Indiquer si les affirmations suivantes sont vraies ou fausses. Corriger les affirmations fausses.

❶ L'électronégativité indique le nombre d'électrons d'un atome.

❷ Une liaison entre deux atomes identiques est forcément apolaire.

❸ Une liaison comportant deux atomes différents est forcément ionique.

❹ La polarisation d'une liaison est liée à la différence d'électronégativité des deux atomes qui la composent.

2 Atomes et liaisons

1. Comment choisir deux atomes de la classification périodique pour obtenir une liaison :
a. apolaire ? **b.** polarisée ? **c.** ionique ?

2. En utilisant les données ci-dessus, donner un exemple dans chaque cas.

EXERCICE **RÉSOLU**

3 Différents types de liaisons

En utilisant les données, répondre aux questions suivantes.

1. a. Quelle est la liaison la plus polarisée pouvant être formée ?
b. Quel nom porte ce type de liaison ?

2. a. La liaison F–H est-elle plus ou moins polarisée que la liaison N–H ?
b. Représenter ces liaisons en faisant apparaître les charges partielles sur les atomes.

Aides et méthodes
1. a. et **2. a.** Plus la différence d'électronégativité entre deux atomes est grande, plus la liaison est polarisée.

Solution
1. a. Les atomes ayant la plus grande différence d'électronégativité sont les atomes de sodium et de fluor.
La liaison la plus polarisée est donc celle entre Na et F.
b. C'est en fait une liaison ionique, d'où la notation $Na^+ F^-$.
2. a. La différence d'électronégativité entre F et H est égale à 1,8 et celle entre N et H est égale à 0,8.
La liaison F–H est donc plus polarisée que la liaison N–H.
b. $\overset{\delta^-}{F}$ — $\overset{\delta^+}{H}$ $\overset{\delta^-}{N}$ — $\overset{\delta^+}{H}$

4 Des molécules avec deux atomes

On considère les molécules suivantes : N_2 ; CℓF ; HCℓ ; O_2.

1. Quelles sont les liaisons apolaires ? Les représenter.

2. Quelles sont les liaisons polarisées ? En utilisant les données, représenter ces liaisons en faisant apparaître les charges partielles sur les atomes.

5 Électronégativités comparées

1. La molécule d'hydrure de tellure TeH_2 comporte deux liaisons H–Te quasiment apolaires. Que peut-on en déduire quant aux électronégativités des atomes H et Te ?

2. La molécule d'hydrure de calcium CaH_2 comporte deux liaisons polarisées :

$\overset{\delta^-}{H}$ —— $\overset{\delta^+}{Ca}$

Que peut-on en déduire quant aux électronégativités des atomes H et Ca ?

3. La molécule d'iodure d'hydrogène HI comporte une liaison polarisée :

$\overset{\delta^+}{H}$ —— $\overset{\delta^-}{I}$

Que peut-on en déduire quant aux électronégativités des atomes H et I ?

4. En déduire un classement des atomes H, Te, Ca et I par électronégativité croissante.

6 Pauling electronegativity scales

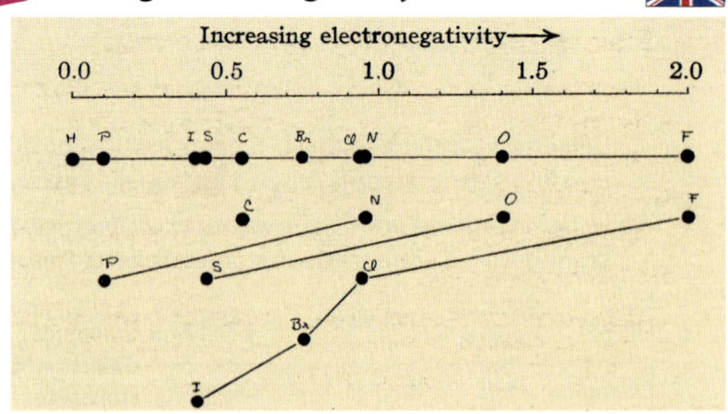

1. a. Using the old scale above established by Pauling, give the electronegativity values of phosphor, oxygen and fluorine.
b. Determine the electronegativity difference between phosphor and oxygen, and between oxygen and fluorine.

2. Answer the same questions using the new Pauling scale, currently in use.

3. For the prediction of the polarization of a chemical bond, is it necessary to choose one of these two scales?

7 ★ De la liaison polarisée à la molécule

En utilisant les données, répondre aux questions suivantes.

1. On s'intéresse aux liaisons entre le carbone et l'atome, autre que C ou H, auquel il est lié, dans les molécules suivantes :
HC≡C–Na ; H_3C–SH ; H_3C–NH_2 ; H_3C–Mg–CH_3 ; H_3C–Cℓ.
a. Toutes ces liaisons sont-elles polarisées ?
b. Représenter les liaisons polarisées en faisant apparaître les charges partielles sur les atomes.

2. Classer ces molécules en fonction de la charge partielle portée par le carbone, du plus grand δ^+ au plus grand δ^- en valeur absolue.

Compétence 2

› *Identifier les sites donneurs ou accepteurs de doublet d'électrons*

8 VRAI ou FAUX ?

Indiquer si les affirmations suivantes sont vraies ou fausses. Corriger les affirmations fausses.

1 Un site donneur de doublet d'électrons :
a. est un site électroniquement appauvri ;
b. peut donner un doublet liant ou un doublet non liant ;
c. appartient forcément à une espèce chargée négativement.

2 Un site accepteur de doublet d'électrons :
a. est forcément localisé sur un atome portant une charge entière positive ;
b. peut être localisé sur un atome d'une liaison polarisée ;
c. peut être localisé entre deux atomes.

EXERCICE **RÉSOLU**

9 Sites donneurs de doublet d'électrons

1. Donner la représentation de Lewis des espèces suivantes :
a. ion hydrure H^- ; **b.** ion hydroxyde HO^- ;
c. ion bromure Br^- ; **d.** ion méthanolate H_3CO^- ;
e. éthylène H_2C=CH_2 ; **f.** méthylamine H_3C–NH_2.

2. Identifier le site donneur de doublet d'électrons présent dans chaque espèce.

3. Dans quel cas le doublet d'électrons susceptible d'être donné est-il liant ?

Aides et méthodes
1. Dans la représentation de Lewis d'une espèce chargée, la répartition des doublets liants et non liants autour de l'atome portant la charge n'est pas la même que lorsqu'il ne porte pas de charge.
2. Un site donneur de doublet d'électrons peut être localisé sur un atome possédant un doublet non liant ou entre deux atomes.

Solution

1. a.  **b.** 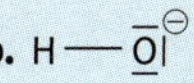 **c.** 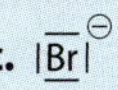

d. 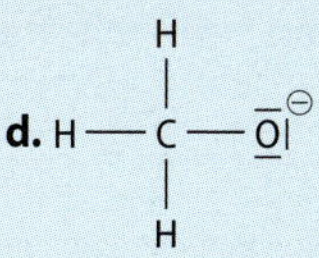 **e.** 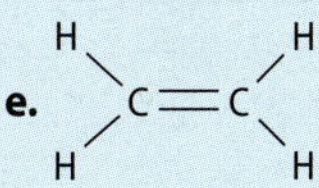

f. 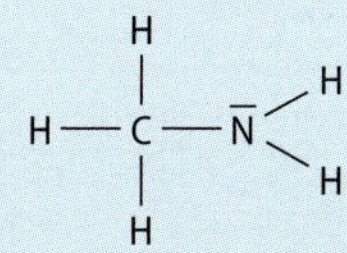

2. a. Atome d'hydrogène. **b.** Atome d'oxygène.
c. Atome de brome. **d.** Atome d'oxygène.
e. Entre les atomes de la liaison double C=C.
f. Atome d'azote.

3. Dans le cas de la molécule d'éthylène H_2C=CH_2.

10 Sites accepteurs de doublet d'électrons

1. Donner la représentation de Lewis des espèces suivantes :
a. ion hydrogène H^+ ;
b. cation éthyle H_3C–CH_2^+ ;
c. chlorure d'hydrogène H–Cℓ ;
d. propanone H_3C–CO–CH_3 ;
e. chlorométhane H_3C–Cℓ.

2. Dans les espèces **c**, **d** et **e**, les liaisons polarisées sont respectivement H–Cℓ, C=O et C–Cℓ. Sur les représentations de Lewis, faire apparaître, en les justifiant, les charges partielles sur les atomes de ces liaisons.

3. Identifier le site accepteur de doublet d'électrons présent dans chacune des cinq espèces de la question **1**.

Compétence 3

› *Représenter le mouvement d'un doublet d'électrons à l'aide d'une flèche courbe*

11 QCM

Choisir la (ou les) bonne(s) réponse(s).

1 Le modèle de la flèche courbe :
- a représente le déplacement d'un atome ;
- b représente le déplacement d'un électron ;
- c représente le déplacement d'un doublet d'électrons.

2 La flèche courbe :
- a part toujours d'un doublet d'électrons non liant ;
- b pointe vers un site donneur de doublet d'électrons ;
- c pointe vers un site accepteur de doublet d'électrons.

3 L'écriture d'une étape d'un mécanisme réactionnel :
- a fait forcément apparaître une seule flèche courbe ;
- b fait apparaître la nature des liaisons formées et rompues.

Exercices

12 Find the mistakes

Among the following propositions using the curved-arrow method, find which one is correct, and justify why the other ones are wrong.

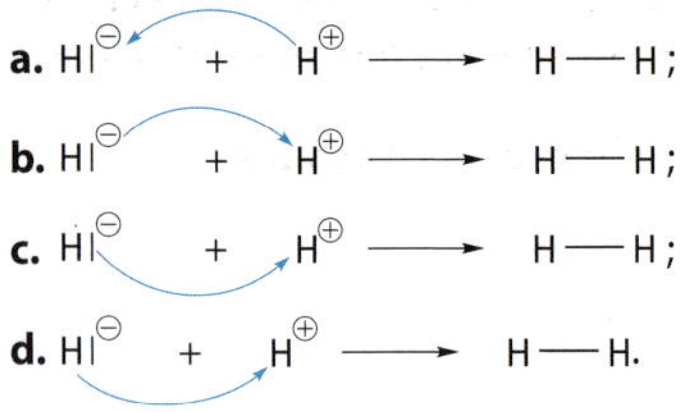

EXERCICE **RÉSOLU**

13 Sites donneurs de doublet d'électrons et H^+

Relier par une flèche courbe le site donneur de toutes les espèces proposées en représentation de Lewis dans l'exercice **9** avec le site accepteur de H^+.

Aides et méthodes

La flèche courbe part du doublet d'électrons du site donneur et pointe vers le site accepteur.

Solution

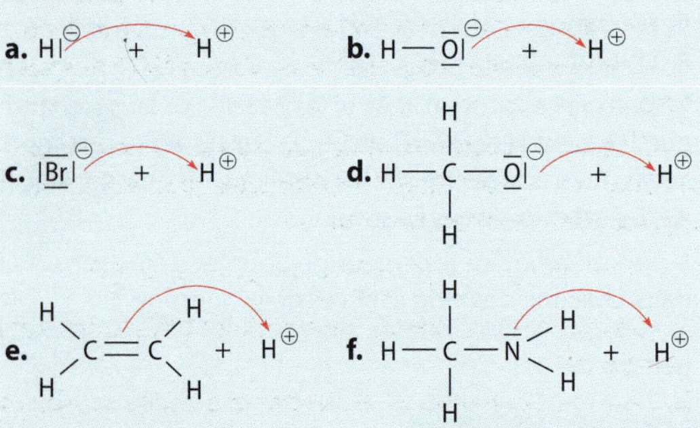

14 Sites accepteurs de doublet d'électrons et H^-

1. Donner la représentation de Lewis des espèces suivantes :
a. cation méthyle H_3C^+ ;
b. fluorométhane H_3CF ;
c. méthanal H_2CO.

2. Dans les espèces **b** et **c**, les liaisons polarisées sont respectivement C–F et C=O. Sur les représentations de Lewis, faire apparaître, en les justifiant, les charges partielles sur les atomes de ces liaisons.

3. Identifier le site accepteur de doublet d'électrons présent dans chacune des trois espèces de la question **1**.

4. Relier par une flèche courbe rouge le site donneur de H^- avec le site accepteur de ces trois espèces.

5. Dans quelle(s) espèce(s) le carbone ne vérifie-t-il pas la règle de l'octet ?

6. En déduire dans quel(s) cas l'arrivée de la flèche courbe représentée à la question **4** déclenche le départ d'une autre flèche. Représenter cette deuxième flèche en bleu.

Exercices de synthèse

Pour préparer le BAC

15 Modèle de la flèche courbe

On considère les équations suivantes :

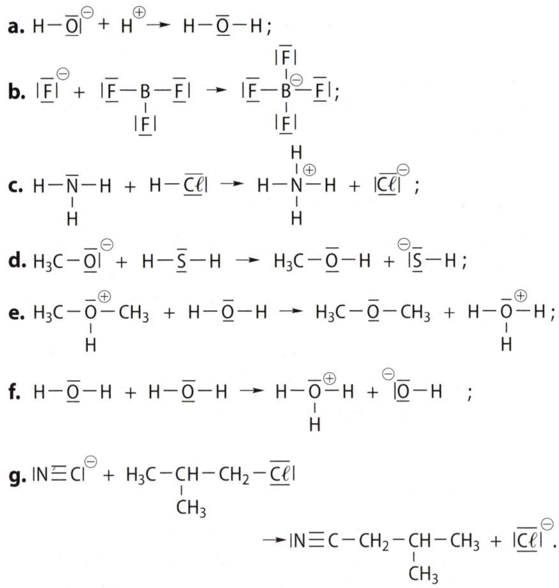

Recopier chaque équation. Afin d'expliquer la formation du ou des produits dans chaque réaction, identifier, parmi les deux réactifs, le site donneur et le site accepteur de doublet d'électrons. Les relier par une flèche courbe rouge, et représenter, si besoin, toute autre flèche courbe nécessaire en bleu.

16 Réduction du benzile

Par action du tétraborohydrure de sodium, le benzile (diphényléthanedione, molécule possédant deux fonctions cétone) peut être réduit en hydrobenzoïne (1,2-diphényléthane-1,2-diol, molécule possédant deux fonctions alcool).

L'équation de cette réaction s'écrit :

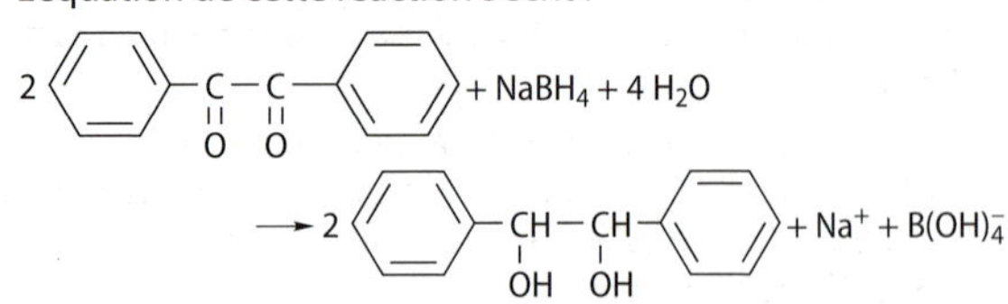

On peut modéliser la première étape du mécanisme réactionnel de réduction de la fonction carbonyle par l'action d'un ion hydrure H^- sur chaque liaison C=O :

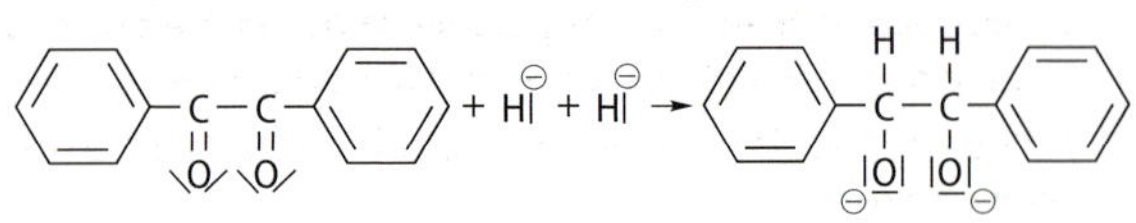

A

1. L'ion hydrure H^- est-il un site donneur ou accepteur de doublet d'électrons ?

2. Calculer la différence d'électronégativité entre les deux atomes mis en jeu dans la liaison C=O, puis prévoir la polarisation de cette liaison, en faisant apparaître les charges partielles δ^- et δ^+.

3. Sur le groupe carbonyle, identifier le site accepteur de doublet d'électrons permettant d'expliquer la formation de la liaison entre C et H.

4. Recopier la première étape du mécanisme réactionnel. Relier par une flèche courbe rouge les sites donneur et accepteur de doublet d'électrons identifiés dans les questions **1** et **3** et représenter en bleu toute autre flèche courbe justifiant la formation de l'espèce **A**.

17 Expérience du jet d'eau Vidéo

L'« expérience du jet d'eau » a le mode opératoire suivant.

• Sur un cristallisoir rempli d'eau et de BBT, on retourne un ballon contenant du chlorure d'hydrogène et muni d'un tube en caoutchouc hermétiquement fermé (schéma ⓐ). Le BBT est un indicateur coloré qui prend une teinte jaune en solution acide, c'est-à-dire en présence d'ions H_3O^+.

• On ouvre la pince, on fait entrer une goutte d'eau dans le tuyau et on referme la pince.

• On retourne le ballon et on fait tomber la goutte d'eau dans le fond de ce dernier.

• On retourne à nouveau le ballon, on replonge le tuyau en caoutchouc dans le cristallisoir et on ouvre la pince. Le ballon se remplit alors d'eau sous forme d'un jet de couleur jaune ⓑ.

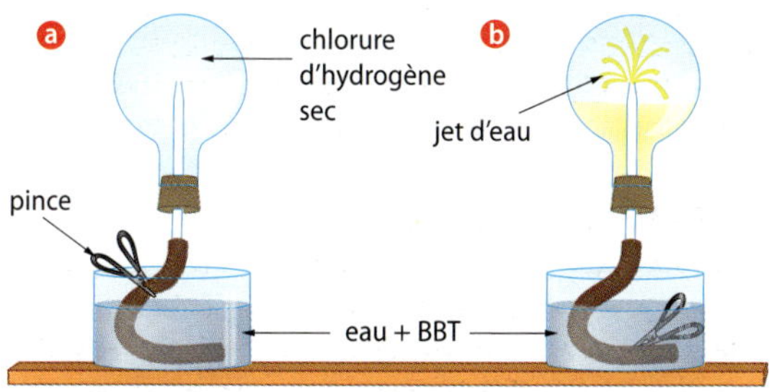

1. Le chlorure d'hydrogène est un gaz soluble dans l'eau. Comment cette propriété explique-t-elle la montée d'eau dans le ballon ?

Dans un tube à essais, on verse un peu de la solution obtenue dans le ballon et on ajoute quelques gouttes de solution de nitrate d'argent ; on observe la formation d'un précipité blanc, noircissant à la lumière.

2. Déduire de ce test et de la couleur de la solution dans le ballon la nature des deux ions présents dans la solution.

3. La transformation chimique mise en jeu dans l'expérience du jet d'eau peut être décrite par une unique étape. Écrire son équation en utilisant des représentations de Lewis.

4. Identifier le site donneur de doublet d'électrons dans la molécule d'eau.

5. Calculer la différence d'électronégativité entre les deux atomes mis en jeu dans la liaison H–Cℓ, puis prévoir sa polarisation, en faisant apparaître les charges partielles δ^- et δ^+.

6. Identifier le site accepteur de doublet d'électrons dans la molécule de chlorure d'hydrogène.

7. Relier par une flèche courbe rouge les sites donneur et accepteur de doublet d'électrons identifiés aux questions **4** et **6**.

8. Trouver et représenter dans une autre couleur ce que déclenche l'arrivée de la flèche sur l'atome d'hydrogène.

18 Substitution sur le bromométhane

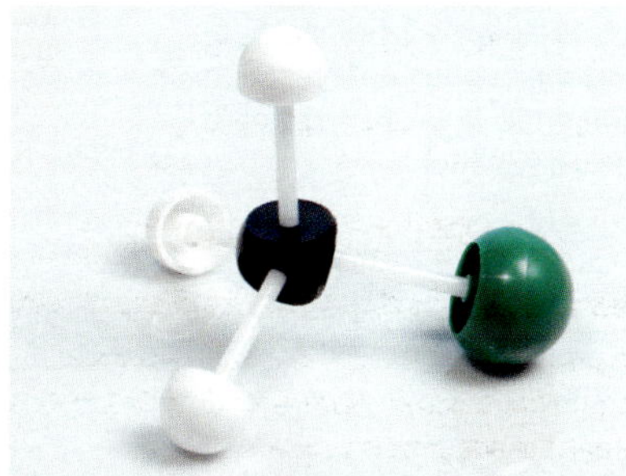

1. Le bromométhane H_3C–Br peut subir des réactions de substitution.

a. Sachant que l'électronégativité du brome dans l'échelle de Pauling est de 3,0, calculer la différence d'électronégativité entre les deux atomes mis en jeu dans la liaison C–Br, puis prévoir sa polarisation, en faisant apparaître les charges partielles δ^- et δ^+.
b. Identifier le site accepteur de doublet d'électrons sur cette liaison.

2. L'atome de brome peut être remplacé par le groupe –OH au cours de la réaction en une étape, d'équation ❶, entre l'ion hydroxyde et le bromométhane :

$$H-\overline{\underline{O}}|^{\ominus} + H_3C-\overline{\underline{Br}}| \rightarrow H-\overline{\underline{O}}-CH_3 + |\overline{\underline{Br}}|^{\ominus}$$

a. Identifier le site donneur de doublet d'électrons sur l'ion hydroxyde.
b. Recopier l'équation ❶. Relier par une flèche courbe rouge les sites donneur et accepteur de doublet d'électrons et représenter en bleu toute autre flèche courbe qui explique la formation des produits dans la réaction d'équation ❶.
c. Quel est le nom de la molécule carbonée formée au cours de cette étape ?

3. L'atome de brome peut être remplacé par le groupe $-CH_3$ au cours de la réaction en une étape, d'équation ❷, entre le bromure de méthylmagnésium et le bromométhane :

$$H_3C-Mg-\overline{\underline{Br}}| + H_3C-\overline{\underline{Br}}| \rightarrow H_3C-CH_3 + |\overline{\underline{Br}}-Mg-\overline{\underline{Br}}|$$

a. Calculer la différence d'électronégativité entre les deux atomes mis en jeu dans la liaison C–Mg, puis prévoir sa polarisation, en faisant apparaître les charges partielles δ^- et δ^+.
b. Identifier, dans la molécule de bromure de méthylmagnésium, le site donneur du doublet d'électrons permettant d'expliquer la formation de la liaison C–C.
c. Recopier l'équation ❷. Relier par une flèche courbe rouge les sites donneur et accepteur de doublet d'électrons et représenter en bleu toute autre flèche courbe qui explique la formation des produits dans la réaction d'équation ❷.
d. Quel est le nom de la molécule carbonée formée au cours de cette étape ?

19 Test à la 2,4-DNPH sur la propanone

Le test à la 2,4-DNPH est un test caractéristique des aldéhydes et des cétones, que l'on réalise avec la propanone, en en ajoutant quelques gouttes dans un tube à essais contenant 2 mL de solution de 2,4-DNPH. Après agitation du tube, on observe un précipité jaune de 2,4-dinitrophénylhydrazone, produit de la réaction chimique entre la propanone et la 2,4-DNPH, d'équation :

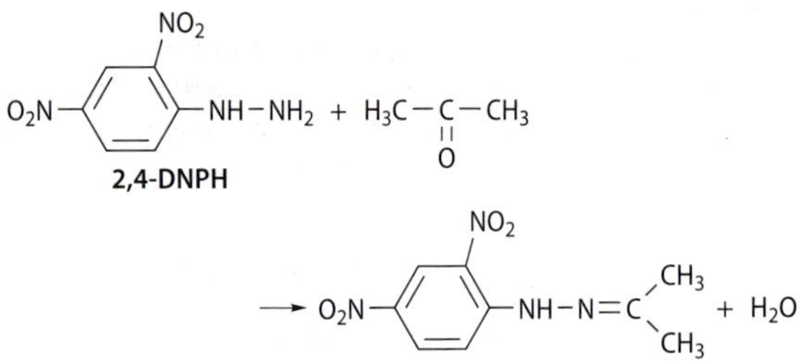

La création de la liaison entre N et C a lieu dans la première étape du mécanisme réactionnel, qui peut s'écrire :

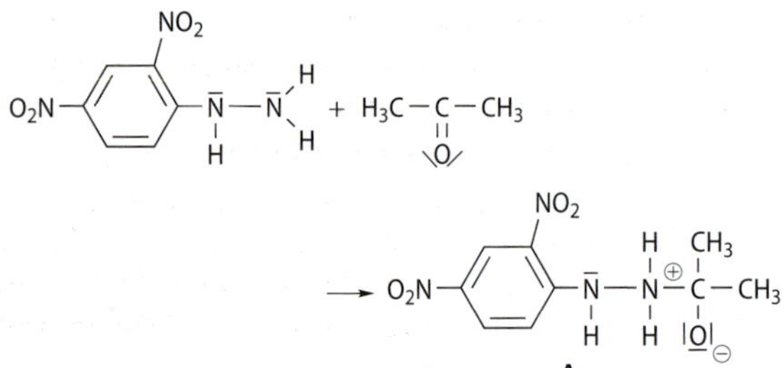

A

1. Identifier, dans la molécule de 2,4-DNPH, le site donneur du doublet d'électrons permettant d'expliquer la formation de la liaison entre N et C.
2. Calculer la différence d'électronégativité entre les deux atomes mis en jeu dans la liaison C=O, puis prévoir sa polarisation, en faisant apparaître les charges partielles δ^- et δ^+.
3. Identifier sur cette liaison le site accepteur du doublet d'électrons venant de la 2,4-DNPH.
4. Relier par une flèche courbe rouge les sites donneur et accepteur de doublet d'électrons identifiés ci-dessus et représenter en bleu toute autre flèche courbe justifiant la formation de l'espèce **A**.

20 Saponification de l'éthanoate d'éthyle

La réaction au cours de laquelle un ester réagit avec l'eau pour former un acide carboxylique et un alcool est une *hydrolyse*. Effectuée en milieu basique (contenant des ions HO^-), cette hydrolyse porte le nom de saponification. La saponification de l'éthanoate d'éthyle conduit à la formation d'ions éthanoate et d'éthanol. Cette réaction passe par un mécanisme d'addition-élimination en plusieurs étapes décrites ci-dessous.

- **Étape 1 : addition de l'ion hydroxyde**

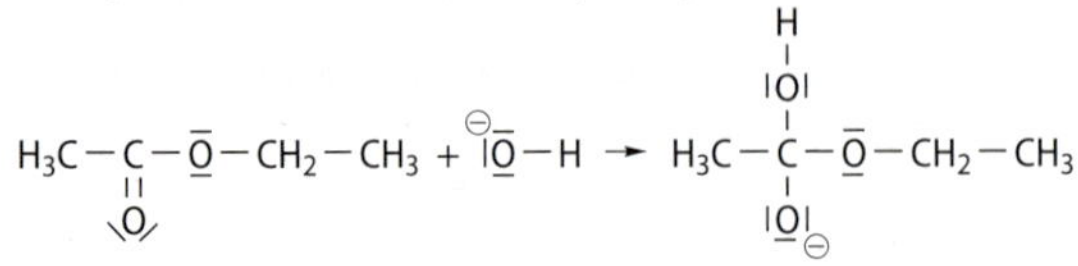

- **Étape 2 : élimination de l'ion éthanolate**

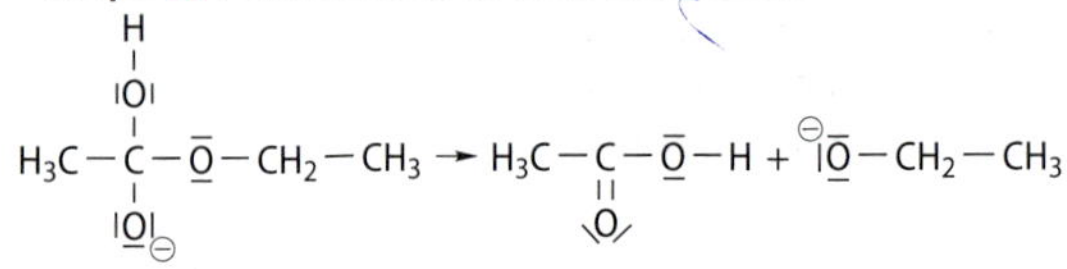

- **Étape 3 : échange de proton**

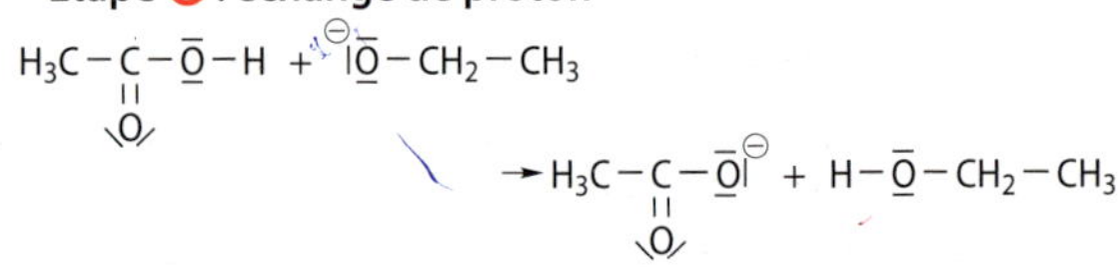

1. Recopier chaque étape du mécanisme réactionnel.
2. Dans les étapes 1 et 3, relier par une flèche courbe rouge les sites donneur et accepteur de doublet d'électrons et représenter en bleu toute autre flèche courbe qui explique la formation des espèces obtenues.
3. Dans l'étape 2, représenter les deux flèches courbes qui expliquent la formation ou la rupture des liaisons mises en jeu.

21 Déshydratation du méthylpropan-2-ol

La réaction de déshydratation du méthylpropan-2-ol en milieu acide conduit à la formation de méthylpropène et d'eau.

1. Écrire l'équation associée à cette réaction chimique.
2. Le mécanisme réactionnel comprend les trois étapes suivantes :

- **Étape 1 :**

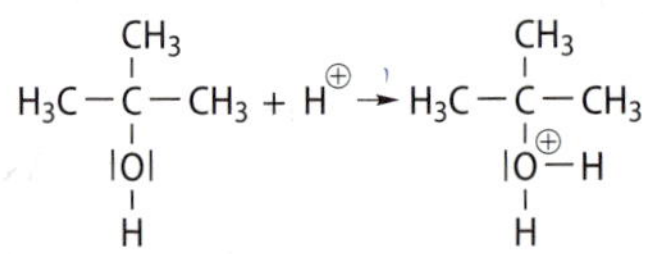

- **Étape 2 :**

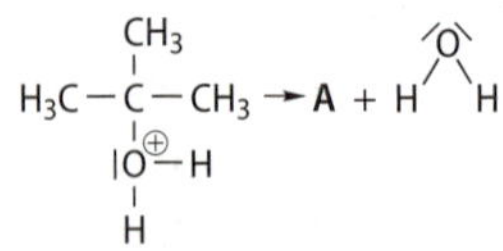

- **Étape 3 :**

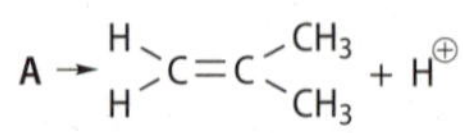

a. À chaque étape, associer un des termes de la liste suivante : « protonation » ; « déprotonation » ; « élimination d'eau ».

b. Recopier l'étape 1. Identifier, parmi les réactifs, les sites donneur et accepteur de doublet d'électrons et les relier par une flèche courbe afin d'expliquer la formation de l'espèce obtenue.

c. Recopier les étapes 2 et 3. Identifier l'espèce **A** et représenter toute flèche courbe qui explique la formation et/ou la rupture des liaisons mises en jeu dans chaque étape.

22 ★ Les méthylations biologiques

Les cellules des organismes vivants synthétisent bon nombre des composés dont elles ont besoin à partir de molécules plus petites. Ces biosynthèses ressemblent souvent aux synthèses organiques que les chimistes réalisent en laboratoire.

Un exemple de réaction biologique dans les cellules animales est le transfert d'un groupe méthyle **$-CH_3$** à partir d'un acide aminé, appelé méthionine, pour former un autre composé, appelé choline :

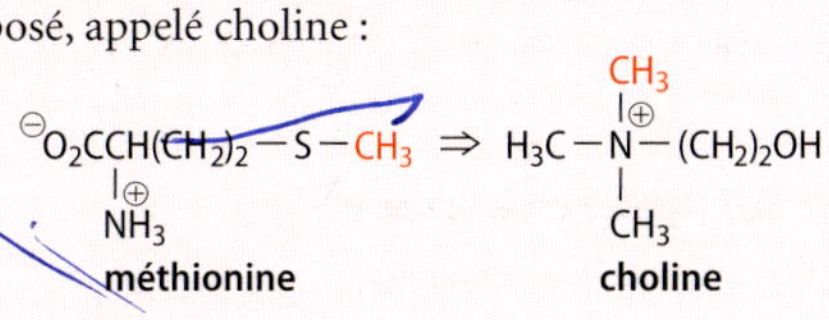

Le transfert du groupe méthyle de la méthionine à la choline ne s'effectue pas directement.

L'agent méthylant n'est pas la méthionine, mais la *S*-adénosylméthionine, un composé résultant de la réaction entre la méthionine et l'adénosine triphosphate (ATP) (étape ❶) :

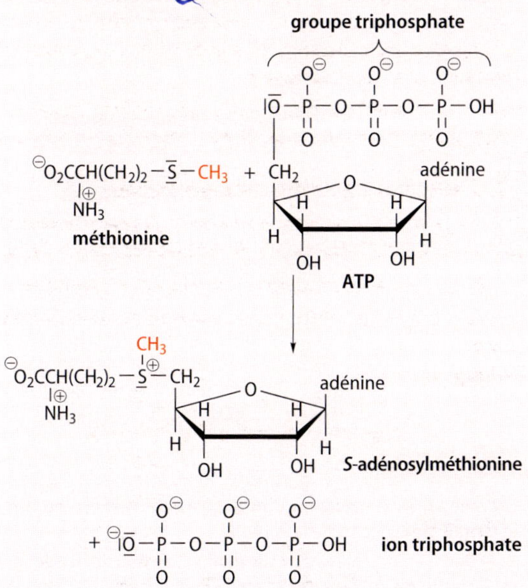

adénine est le groupe :

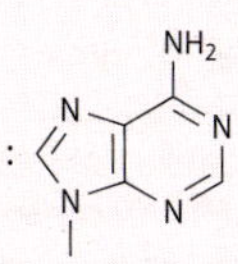

Le groupe méthyle de la *S*-adénosylméthionine est ensuite transféré à l'atome d'azote du 2-(*N*,*N*-diméthylamino)éthanol, pour former la choline (étape ❷) :

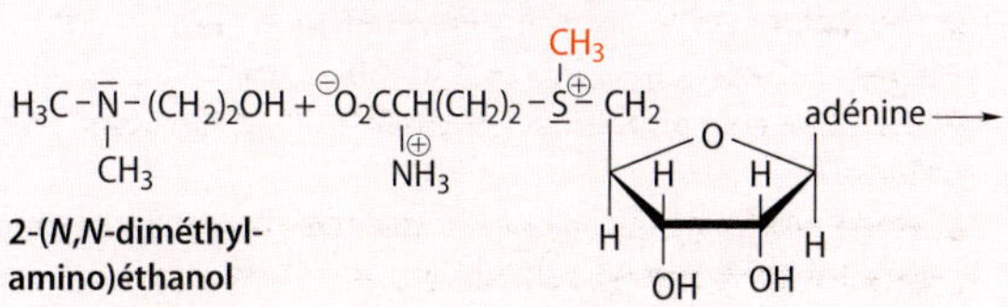

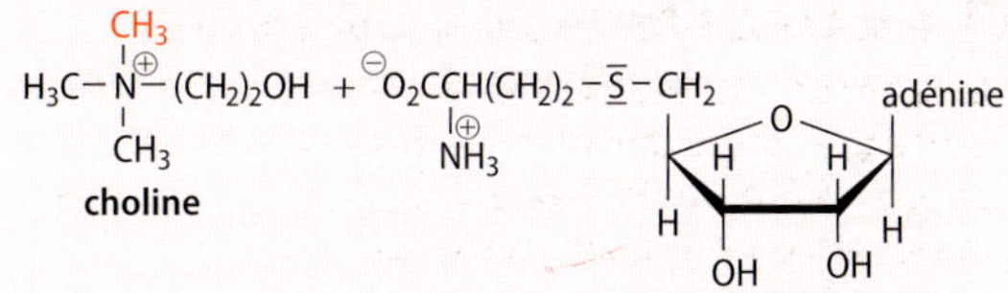

D'après G. Solomons et C. Fryhle, *Chimie organique*, Modulo, 2000.

1. Que signifie l'expression « agent méthylant » ?

2. En vue d'expliquer la formation et la rupture des liaisons mises en jeu dans les étapes ❶ et ❷ :

a. identifier les sites donneurs et accepteurs de doublet d'électrons ;

b. recopier les étapes ❶ et ❷. Relier les sites donneurs et accepteurs identifiés à la question précédente par une flèche courbe rouge. Représenter en bleu toute autre flèche courbe qui explique la formation des espèces obtenues.

En route vers le Supérieur

23 ★★ Substitution nucléophile monomoléculaire

Le 1-chloro-1-phényléthane (molécule **A**) a la représentation de Cram ci-contre.

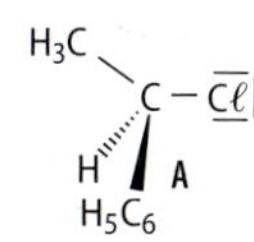

1. Quelle particularité présente l'atome de carbone central de la molécule **A** ?

2. Quelle propriété cela confère-t-il à cette molécule ?

Traitée par une solution aqueuse diluée d'hydroxyde de sodium, la molécule **A** subit une réaction de substitution nucléophile monomoléculaire (SN1) en deux étapes, au terme de laquelle on obtient un mélange racémique de deux produits énantiomères.

3. La première étape du mécanisme réactionnel passe par la formation d'un carbocation de géométrie plane, obtenu par dissociation à l'intérieur de la molécule **A** :

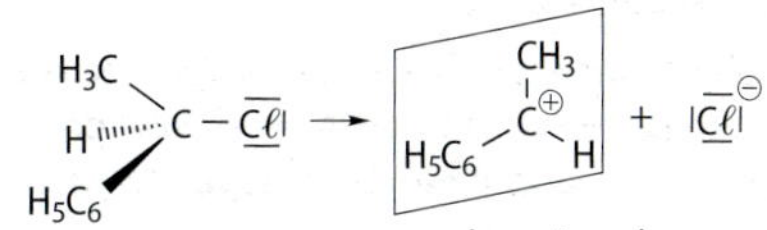

carbocation plan

Recopier cette étape et représenter la flèche courbe traduisant la rupture de la liaison C–Cℓ.

4. La seconde étape du mécanisme réactionnel passe par la réaction entre le carbocation plan et l'ion hydroxyde.

a. Donner la représentation de Lewis de l'ion hydroxyde.

b. Identifier le site donneur de doublet d'électrons sur l'ion hydroxyde.

c. Identifier le site accepteur de doublet d'électrons dans le carbocation.

d. En utilisant le modèle de la flèche courbe, proposer l'écriture de la deuxième étape du mécanisme réactionnel de cette SN1, permettant d'expliquer l'obtention du mélange racémique de deux produits. Donner les structures en représentation de Cram de ces deux produits.

Pour préparer le BAC

Les compétences évaluées

- Déterminer la polarisation des liaisons en lien avec l'électronégativité.
- Identifier les sites donneurs ou accepteurs de doublet d'électrons.
- Représenter le mouvement d'un doublet d'électrons à l'aide d'une flèche courbe.

Énoncé type

Synthèse d'un amide à l'aide du DCC

Utilisé dans la synthèse automatisée des peptides mise au point par R. B. Merrifield, le dicyclohexylcarbodiimide (DCC) est un réactif utile dans la synthèse des amides à partir des acides carboxyliques. Sa structure est représentée *figure 1* :

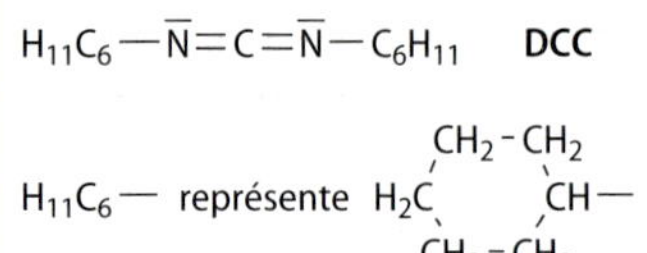

Figure 1

1. En justifiant la réponse, identifier le site accepteur de doublet d'électrons dans le groupe –N=C=N–.

On étudie la synthèse du *N*-méthyléthanamide CH_3–CO–NH–CH_3 à partir de l'acide éthanoïque CH_3–CO_2H. La première étape du mécanisme réactionnel est représentée *figure 2* :

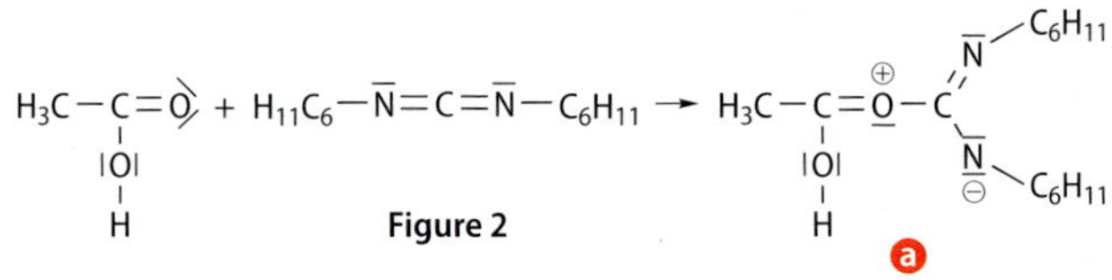

Figure 2

2. Recopier cette étape. En justifiant, identifier le site donneur de doublet d'électrons dans l'acide éthanoïque. Le relier par une flèche courbe au site accepteur du DCC, identifié à la question **1**, et représenter toute autre flèche courbe qui explique la formation de l'espèce **a**.

3. Après réarrangement interne de l'espèce **a** en une espèce **b**, l'étape suivante passe par la réaction de la méthanamine sur l'espèce **b** :

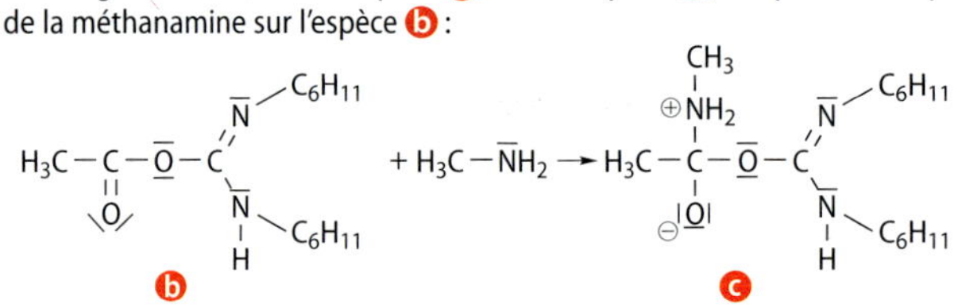

a. En justifiant, identifier le site donneur de doublet d'électrons dans la méthanamine.

b. En justifiant, identifier le site accepteur de doublet d'électrons sur la liaison double C=O de l'espèce **b**.

c. Recopier la troisième étape. Relier par une flèche courbe les sites donneur et accepteur identifiés aux questions **a** et **b** et représenter toute autre flèche courbe qui explique la formation de l'espèce **c**.

Données. *Les valeurs de l'électronégativité, dans l'échelle actuelle de Pauling, des éléments carbone, azote et oxygène, sont respectivement égales à 2,6 ; 3,0 et 3,4.*

Coups de pouce

1. et **3. b.** Un site accepteur de doublet d'électrons peut être localisé sur l'atome d'une liaison polarisée possédant une charge partielle positive δ^+.

2. Parmi les sites donneurs potentiels de l'acide éthanoïque, identifier celui qui justifie la formation de l'espèce **a**, une fois relié par une flèche courbe au site accepteur du DCC.

EXEMPLE DE **RÉSOLUTION**

1. La différence d'électronégativité entre C et N est égale à 0,4 : la liaison C=N est polarisée, le carbone porte une charge partielle δ^+.

Le site accepteur de doublet d'électrons dans le groupe –N=C=N– est donc **l'atome de carbone**.

2.

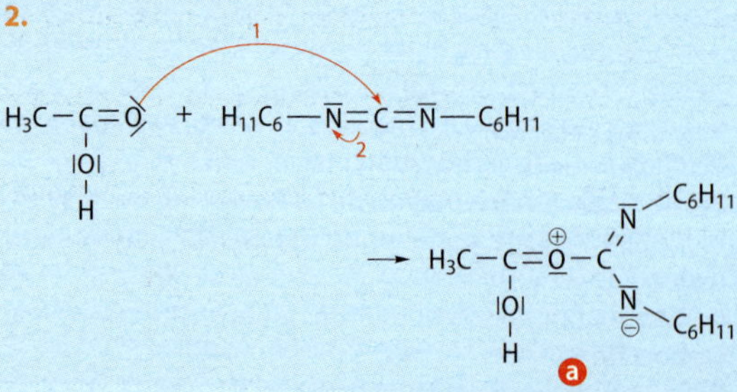

Dans l'acide éthanoïque, le site donneur de doublet d'électrons est **l'atome d'oxygène** de la liaison C=O, porteur de deux doublets non liants.

La flèche 1 relie les sites donneur et accepteur de doublet d'électrons, et déclenche le départ de la flèche 2.

3. a. Dans la méthanamine, le site donneur de doublet d'électrons est **l'atome d'azote**, porteur d'un doublet non liant.

b. La différence d'électronégativité entre C et O est égale à 0,8 : la liaison C=O est polarisée, le carbone porte une charge partielle δ^+.

Le site accepteur de doublet d'électrons sur la liaison double C=O de l'espèce **b** est donc **l'atome de carbone**.

c.

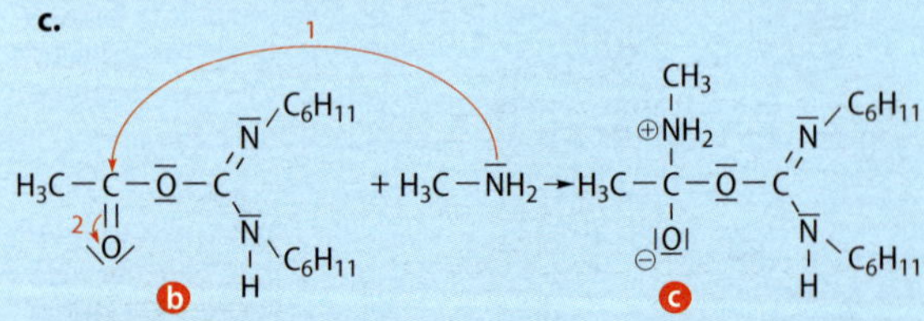

La flèche 1 relie les sites donneur et accepteur de doublet d'électrons, et déclenche le départ de la flèche 2.

Pour préparer le BAC

Énoncé type

Les lactones

Les δ-hydroxyacides sont des acides carboxyliques dont les molécules comportent un groupe hydroxyle lié à un carbone δ (voir schéma ci-dessous). Ils peuvent donner des esters cycliques, appelés **δ-lactones**, par une réaction d'estérification intramoléculaire catalysée par un acide (ions H^+).

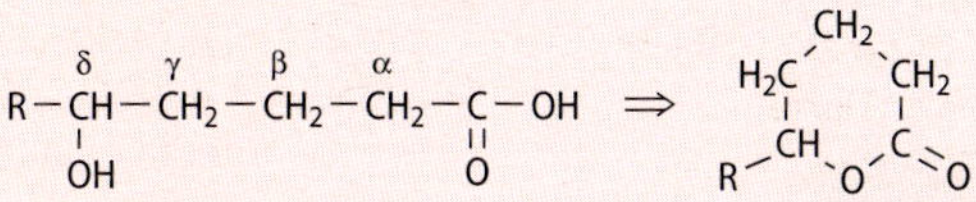

δ-hydroxyacide — δ-lactone

Dans tout l'énoncé, R est une chaîne carbonée.

1. Parmi les différentes étapes du mécanisme réactionnel associé à la formation d'une δ-lactone à partir d'un δ-hydroxyacide, l'étape de cyclisation intramoléculaire est représentée sur la *figure 1*.

Recopier cette étape. En justifiant, identifier les sites donneur et accepteur de doublet d'électrons dans l'espèce ⓐ. Les relier par une flèche courbe, et représenter toute autre flèche courbe qui explique la formation de l'espèce ⓑ.

Figure 1

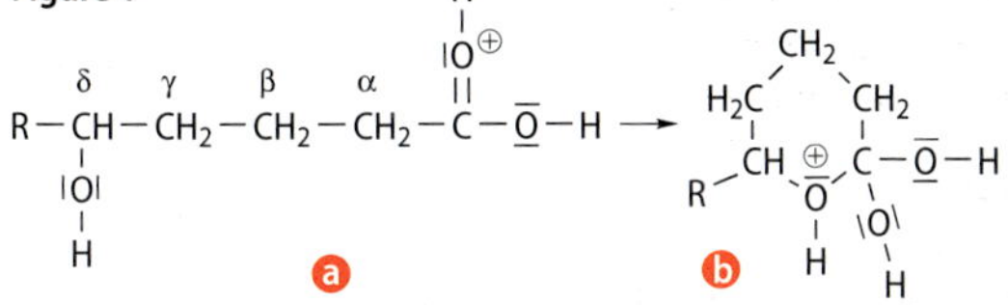

2. Quand on tente de préparer une β-lactone (cycle à quatre atomes) à partir d'un β-hydroxyacide en milieu acide, on provoque plutôt une réaction d'élimination *(fig. 2)*.

La première étape du mécanisme réactionnel associé à cette déshydratation est représentée sur la *figure 3*.

Recopier cette étape. En justifiant, identifier les sites donneur et accepteur de doublet d'électrons. Les relier par une flèche courbe afin d'expliquer la formation de l'espèce ⓒ.

Figure 2

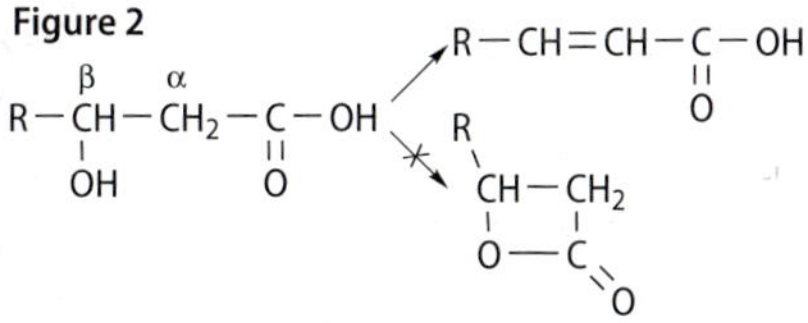

Figure 3

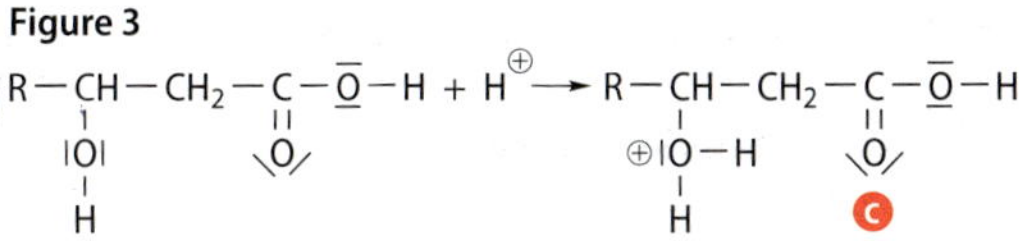

Données. *Les valeurs de l'électronégativité des éléments carbone et oxygène sont respectivement égales à 2,6 et 3,4 dans l'échelle actuelle de Pauling.*

Les compétences évaluées

- Déterminer la polarisation des liaisons en lien avec l'électronégativité.
- Identifier les sites donneurs ou accepteurs de doublet d'électrons.
- Représenter le mouvement d'un doublet d'électrons à l'aide d'une flèche courbe.

Coups de pouce

1. et **2.** Parmi les sites donneurs et accepteurs potentiels, bien identifier ceux qui, une fois reliés par une flèche courbe, justifient la formation de l'espèce obtenue.

EXEMPLE DE **RÉSOLUTION**

1. Le site donneur de doublet d'électrons de l'espèce ⓐ est **l'atome d'oxygène**, porteur de deux doublets non liants, relié au **carbone δ**.

La différence d'électronégativité entre C et O est égale à 0,8 : la liaison C=O est polarisée, le **carbone de cette liaison** porte une charge partielle δ^+ : c'est le site accepteur de doublet d'électrons de l'espèce ⓐ.

La flèche 1 relie les sites donneur et accepteur de doublet d'électrons et déclenche le départ de la flèche 2.

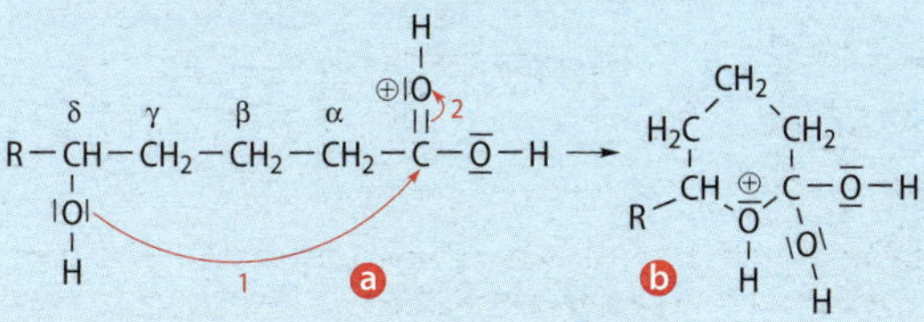

2. Le site donneur de doublet d'électrons est **l'atome d'oxygène**, porteur de deux doublets non liants, **relié au carbone β** du β-hydroxyacide.

Le site accepteur de doublet d'électrons est **l'atome d'hydrogène** de l'ion hydrogène H^+.

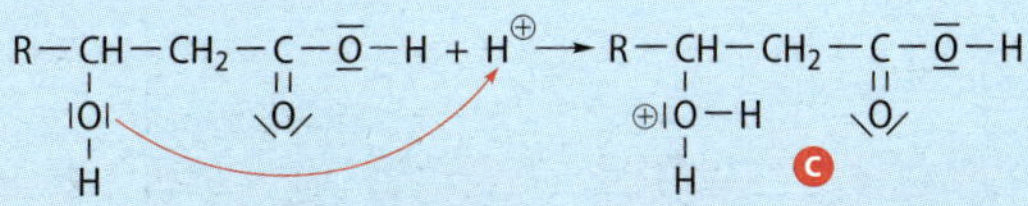

Avant d'aborder la séquence 5

Évaluation diagnostique

Pour chaque situation présentée, proposer une réponse en argumentant.

Situation 1

Pour vérifier l'indispensable

Le pH de l'eau d'une piscine doit être contrôlé et ajusté si nécessaire pour assurer la qualité de l'eau de la baignade.

Quelle espèce chimique est liée au pH de l'eau d'une piscine ?

▶ **Activité 1**, p. 326

Situation 2

Pour amorcer la réflexion

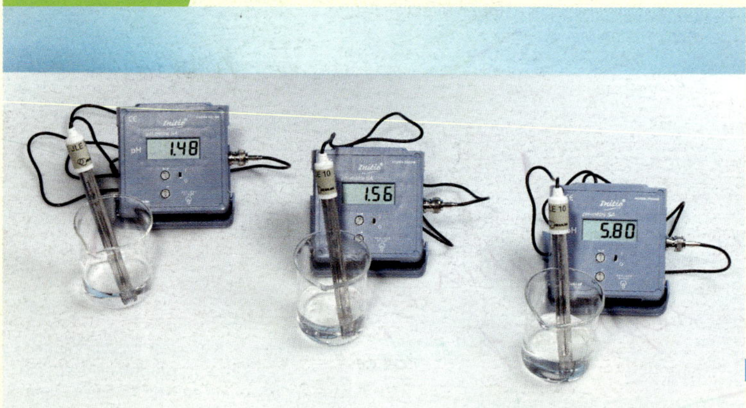

Les trois solutions aqueuses présentées ci-contre contiennent des espèces acides en solution à des concentrations identiques.

Comment expliquer que leurs pH soient différents ?

▶ **Activités 2 et 3**, p. 327 et 328

Situation 3

Pour traquer les idées fausses

L'hélianthine est une espèce colorée dont la teinte dépend du pH : elle a une forme acide et une forme basique, qui présentent des couleurs différentes.

La forme basique n'est-elle présente que lorsque le pH indique une solution basique ?

▶ **Activités 3 et 4**, p. 328 et 329

Acides et bases

La couleur des fleurs de certaines variétés d'hortensias dépend du pH du sol. Il est alors possible de la modifier en intervenant sur les propriétés acido-basiques du sol.

Les acquis des classes précédentes

- Le **pH** d'une solution peut être mesuré à l'aide d'une sonde et d'un pH-mètre, ou avec du papier pH. Il permet d'identifier les solutions **neutres**, **acides** ou **basiques**.
- Une solution aqueuse **neutre** (respectivement **acide**) contient autant (respectivement plus) d'ions hydrogène que d'ions hydroxyde.
- Le pH est un paramètre qui peut intervenir dans la couleur de certaines substances, appelées **indicateurs colorés**.

Les compétences à acquérir

1. **Définir** le pH d'une solution aqueuse.
2. **Connaître** la notion d'équilibre acido-basique.
3. **Identifier** l'espèce prédominante d'un couple acide-base en solution.

→ **Culture scientifique**
Les acides α-aminés.

Activité 1

Activité de découverte

L'évolution de la notion d'acide

Compétences scientifiques évaluées
- Extraire une information utile.
- Associer un modèle à un phénomène.

La définition d'un acide et celle du pH ont été établies au cours des deux derniers siècles. Comment ont-elles évolué ?

Étude de document

The concept of acid

Svante Arrhenius (Fig. 1), in 1884, suggested, as part of his doctoral thesis, that certain substances become ionised in solution. The idea was not well received, and his thesis was awarded a fourth class degree. By 1903, opinion had so changed that he won the third Nobel Prize in chemistry for this work [...].

By 1887, Arrhenius had extended his ideas, suggesting that the characteristic properties of acids might be explained in terms of dissociation. He proposed the definition of an acid as a substance that dissociates in water into hydrogen ions and anions. He defined a base as a substance that dissociates in water into hydroxyl ions and cations [...].

Fig. 1 Svante Arrhenius (1859-1927).

Independently, in 1923, in two separate publications, Johannes N. Brönsted of Copenhagen and T. Martin Lowry of the University of Cambridge published the definition of an acid as "a substance which gives up a proton" (which is similar to that of Arrhenius' definition), and that of a base, as "a substance capable of accepting protons" [...].

The concept of pH

Once the crucial role of hydrogen in acidity had been established, the way became clear for the development of a quantitative scale of acid strength based on the concentration of hydrogen.

This is the basis of the pH scale introduced by Sören Sörensen (Fig. 2) in 1909.

Fig. 2 Sören Sörensen (1868-1939).

He went on to say: "The value of the hydrogen ion concentration [...] will have the form of a negative power of 10... Since in the following section I usually refer to this, I will explain here that I use the designation pH for the numerical value of this power."

He notes that in a solution whose [...] hydrogen ions (concentration) equals 0.01, "pH" can be written briefly as 10^{-2}. Sörensen does not explain his notation any further, nor does he account for his choice of the letter 'P'. Others, though, have claimed that it comes from the German word *potenz*, meaning power or concentration.

John W. Nicholson, "A brief history of acidity", *Education in chemistry*, January 2004. Reproduced by permission of the Royal Society of Chemistry.

Pistes de réflexion

1 L'acide nitrique est un acide de formule chimique HNO_3. Écrire l'équation de la réaction qui se produit, selon Arrhenius, quand on met cet acide dans l'eau.

2 Quelles sont les différences et les similitudes entre les définitions données par Brönsted et Lowry et celles données par Arrhenius ?

3 **a.** Pourquoi l'échelle de pH est-elle liée à la concentration en ions hydrogène dans une solution aqueuse ?

b. Quelle est la relation mathématique formulée par Sörensen liant la concentration en ions hydrogène au pH ?

c. Utiliser cette relation pour calculer la concentration en ions hydrogène d'une solution dont le pH vaut 3,0.

d. Quelle est la concentration en ions hydrogène d'une solution dont le pH vaut 4,0 ? Comment évolue la concentration en ions hydrogène lorsque le pH augmente d'une unité ?

e. Déterminer le pH d'une solution aqueuse 100 fois moins concentrée en ions hydrogène. Que remarque-t-on ?

La fonction logarithme décimal, notée « log », est la fonction réciproque de la fonction puissance de 10.

4 En déduire le résultat du calcul log (10^{-pH}).

Pour conclure

L'ion hydrogène est en fait hydraté en solution : on remplace alors la notation H^+ par H_3O^+, appelé ion oxonium.

5 Quelle est la relation liant le pH à la concentration en ions oxonium H_3O^+ ?

Activité 2

TP **Activité expérimentale**

Compétences expérimentales évaluées
- Réaliser un montage expérimental.
- Écrire le résultat d'une mesure.

pH et équilibre chimique

La mesure du pH d'une solution contenant un acide AH permet de calculer la valeur de la constante d'acidité du couple AH/A⁻.

Principe

La mesure du pH de solutions d'acide éthanoïque de concentrations différentes met en évidence que la réaction de cet acide avec l'eau n'est pas totale, et qu'elle peut être caractérisée par une constante chimique : la constante d'acidité.

Mise en œuvre au laboratoire

Matériel
• solution aqueuse d'acide éthanoïque de concentration molaire en soluté apporté 0,10 mol · L^{-1} • pH-mètre étalonné • fiole jaugée de 100 mL • pipette jaugée de 10 mL

1 Rédiger le protocole permettant de réaliser la mesure du pH de la solution d'acide éthanoïque fournie.

• Mettre en œuvre le protocole, après validation par le professeur (Fig. 1).

Fig. 1 Montage expérimental

• À partir de la solution d'acide éthanoïque fournie, préparer précisément un volume V = 100 mL d'une solution-fille diluée de concentration c_1 = 0,010 mol · L^{-1}.
• Mesurer le pH de la solution diluée.

Exploitation

Solution A d'acide éthanoïque à 10^{-1} mol · L^{-1}

2 La valeur du pH indiquée par le pH-mètre l'est généralement à 0,1 près.

a. Donner un encadrement de la valeur du pH de la solution, puis en déduire un encadrement de la concentration en ions oxonium dans cette solution.

b. Calculer la valeur moyenne de la quantité de matière d'ions oxonium contenus dans un volume V = 0,100 L de solution.

3 Écrire l'équation de la réaction se produisant entre l'acide éthanoïque et l'eau, conduisant à la formation d'ions oxonium et d'une autre espèce.

4 Déterminer la quantité de matière d'acide éthanoïque introduite pour préparer un volume V = 0,100 L.

5 **a.** En considérant que l'eau est un réactif en excès, construire le tableau d'avancement correspondant à cette réaction.

b. Quelle quantité d'ions oxonium peut être théoriquement libérée si la réaction est totale ?

c. Quelle concentration $[H_3O^+]$ et quel pH résulteraient d'une réaction totale ?

6 **a.** À l'aide des questions 3 et 5, donner la valeur de l'avancement maximal x_{max} et la valeur finale de l'avancement x_f lorsque la réaction est finie.

b. Comparer alors les quantités de matière théorique et réelle d'ions oxonium formés. La réaction est-elle totale ?

Solution B d'acide éthanoïque à 10^{-2} mol · L^{-1}

7 **a.** Construire le tableau d'avancement correspondant à la réaction entre l'acide éthanoïque et l'eau pour cette solution.

b. Quel est l'avancement maximal de cette réaction ?

c. Quelle concentration $[H_3O^+]$ et quel pH résulteraient d'une réaction totale ?

d. Quelle est la quantité de matière d'ions oxonium réellement contenue dans un volume V = 0,100 L de solution ?

Notion de constante d'acidité

8 **a.** À l'aide des résultats obtenus dans les expériences précédentes, compléter le tableau suivant, en prenant bien en compte les concentrations réelles des espèces chimiques à la fin de la réaction.

	$[CH_3COOH]$	$[CH_3COO^-]$	$[H_3O^+]$	$\frac{[CH_3COO^-]\cdot[H_3O^+]}{[CH_3COOH]}$
Solution A				
Solution B				

b. La fraction se trouvant dans la dernière colonne s'appelle « constante d'acidité du couple acide éthanoïque/ion éthanoate ». Comparer sa valeur pour les deux solutions.

Pour conclure

Jusqu'à présent, on considérait que les réactifs limitants étaient totalement consommés au cours d'une réaction.

9 Est-ce toujours le cas ? Doit-on toujours prendre x_{max} comme valeur finale de l'avancement d'une réaction chimique ?

10 La constante d'acidité dépend-elle des quantités initiales de réactifs ?

Activité 3

Démarche d'investigation

Compétences scientifiques évaluées
- Formuler des hypothèses pertinentes.
- Extraire une information utile.

L'aspirine arrive en retard

L'aspirine, médicament centenaire, existe sous différentes formulations, incluant l'une des deux formes conjuguées d'un couple acide-base.

Pour commencer (situation déclenchante)

Thibault désire acheter de l'aspirine pour sa mère à la pharmacie. La préparatrice lui demande s'il a besoin de cachets simples, d'aspirine effervescente, d'aspirine entérique. Il reste dubitatif devant ce large choix de formulations.

Investigation

En quoi la formulation de l'aspirine peut-elle jouer un rôle dans son action sur l'organisme ?

Quelques idées (hypothèses)

Étude de document (recherche de validation)

On introduit un cachet d'aspirine du Rhône 500 mg dans un bécher ⓐ contenant un volume $V = 50$ mL d'acide chlorhydrique de pH 2,0, placé sur un agitateur magnétique. On recommence l'expérience, en utilisant cette fois-ci une solution aqueuse d'hydroxyde de sodium de pH 13, contenue dans un bécher ⓑ.

Le pH de chacune des solutions est mesuré et l'on obtient les résultats suivants après agitation (Fig. 1).

Fig. 1 Résultats des deux dissolutions (première expérience).

On recommence les expériences précédentes en remplaçant les cachets d'aspirine du Rhône broyés par des cachets d'aspirine pH8 entiers. Cette formulation contient de l'aspirine avec un enrobage. On prend soin de ne pas abîmer l'enrobage avant d'introduire chaque cachet dans un bécher, ainsi que lors de l'agitation. On obtient les résultats suivants (Fig. 2).

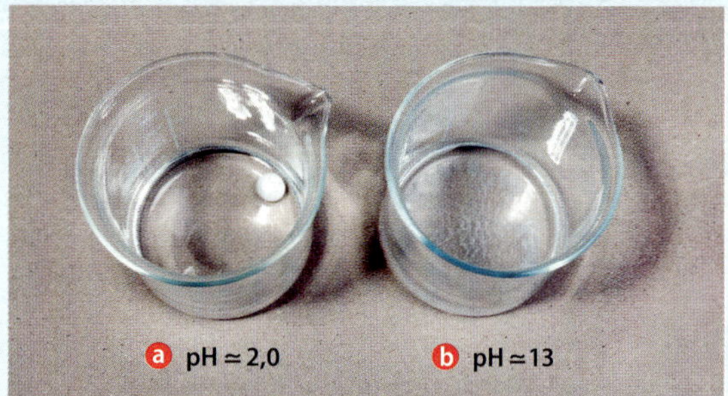

Fig. 2 Résultats des deux dissolutions (seconde expérience).

Le principe actif de l'aspirine est l'acide acétylsalicylique, qu'on notera AH. Sa base conjuguée est l'ion acétylsalicylate, noté A^-. Le pK_a du couple AH/A^- vaut 3,5.

Les cachets d'aspirine du Rhône contiennent de l'acide acétylsalicylique et un excipient n'ayant pas de propriétés acido-basiques.

1 **a.** Les ions hydroxyde HO^- font partie du couple H_2O/HO^-. Une réaction peut-elle se produire entre l'acide AH et les ions hydroxyde ? Si oui, écrire son équation chimique.

b. D'après les observations réalisées, quelle espèce chimique du couple AH/A^- est la plus soluble dans l'eau ?

c. Le pH des sucs gastriques est de l'ordre de 2. Quelle forme du couple AH/A^- prédomine dans l'estomac ?

La forme acide de l'aspirine peut franchir la muqueuse de l'estomac et provoquer des ulcères.

2 **a.** En utilisant les résultats de la figure 2, expliquer, en argumentant de manière rigoureuse, pourquoi les comprimés d'aspirine pH8 peuvent passer l'estomac sans être décomposés.

b. Les notices des deux formulations d'aspirine stipulent que les cachets doivent être avalés avec un verre d'eau, en précisant bien « sans le croquer » pour l'aspirine pH8.

Proposer une hypothèse permettant d'expliquer cette consigne.

c. Le pH de l'intestin est proche de 8. Quelle sera la forme AH/A^- majoritaire dans cette partie du système digestif ? La dissolution sera-t-elle aisée ? Justifier.

Pour conclure

3 Quel est le rôle de l'enrobage dans l'aspirine pH8 ?

Activité 4

TP Activité expérimentale

Compétences expérimentales évaluées
- Réaliser un montage expérimental.
- Écrire le résultat d'une mesure.

Détermination du pK_a d'un couple

Le pK_a d'un couple acide-base est une grandeur importante, qui peut être déterminée à partir de mélanges des deux espèces conjuguées.

Principe

Pour un couple acide-base AH/A^-, le pH est lié au pK_a du couple par la relation pH = pK_a + log ([A^-]/[AH]).

Ainsi, le pK_a d'un couple peut être déterminé graphiquement, en mesurant le pH de différentes solutions obtenues par des mélanges de volumes variables de l'acide et de sa base conjuguée. On considère, lors de cette activité, qu'il n'y a pas de réaction entre les espèces conjuguées AH et A^- mises en présence.

Mise en œuvre au laboratoire

Matériel
- solutions aqueuses d'acide éthanoïque et d'ions éthanoate de concentration c = 0,10 mol · L^{-1} • pH-mètre étalonné • agitateur magnétique • 2 burettes graduées de 25 mL

• Dans une burette, verser la solution d'acide éthanoïque et ajuster le zéro (voir *Fiche pratique 9, p. 586*). Faire de même avec la solution d'ions éthanoate.

• Dans un bécher, introduire à l'aide des burettes graduées un volume V_{AH} = 25 mL de la solution d'acide éthanoïque, puis un volume V_{A^-} = 5,0 mL de la solution d'ions éthanoate.

• Homogénéiser la solution à l'aide de l'agitateur magnétique, puis mesurer le pH **(Fig. 1)**.

On souhaite recommencer pour les différentes valeurs indiquées ci-dessous.

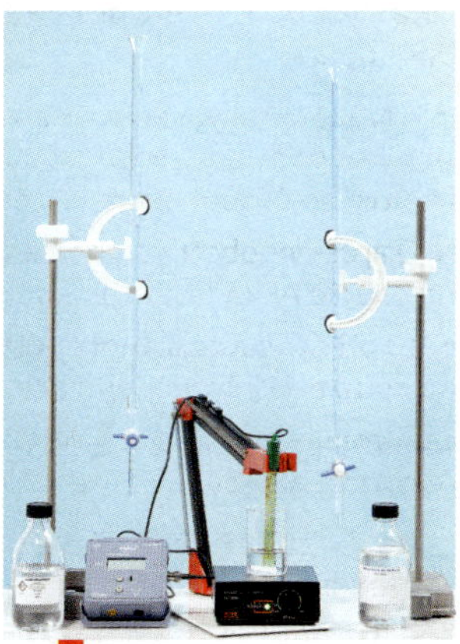

Fig. 1 Montage expérimental.

V_{AH} (mL)	25,0	25,0	25,0	25,0	20,0	10,0	5,0
V_{A^-} (mL)	5,0	10,0	20,0	25,0	25,0	25,0	25,0
pH mesuré							

1 **a.** Doit-on refaire intégralement les mélanges pour chaque nouvelle colonne du tableau, ou bien est-il possible de partir du mélange précédent et de réaliser un ajout judicieux d'une des solutions ?

b. Effectuer les manipulations, puis recopier et compléter le tableau.

Exploitation

On mélange un volume V_{AH} d'un acide AH de concentration c et un volume V_{A^-} de sa base conjuguée A^- de même concentration.

2 **a.** Calculer littéralement la concentration en acide [AH] dans le mélange, en considérant qu'aucune réaction ne se produit.

b. Calculer littéralement la concentration en base conjuguée [A^-] dans le mélange, en considérant qu'aucune réaction ne se produit.

c. Démontrer alors l'égalité : [A^-]/[AH] = V_{A^-}/V_{AH}.

3 B2i Utiliser un tableur pour :

a. calculer les valeurs des rapports V_{A^-}/V_{AH} et log (V_{A^-}/V_{AH}) pour chaque colonne du tableau précédent ;

b. tracer la courbe du pH en fonction de log (V_{A^-}/V_{AH}) (ou de log ([A^-]/[AH])).

4 Quelle est la nature de la courbe obtenue ? Modéliser cette courbe et déterminer son équation.

5 À l'aide de la formule donnée au début de l'activité, indiquer pour quelle valeur de log ([A^-]/[AH]) on a pH = pK_a.

6 Déterminer graphiquement la valeur du pK_a du couple acide éthanoïque/ion éthanoate.

7 À quoi correspond la valeur du pK_a dans l'équation de la courbe modélisée ?

8 Déterminer la moyenne des valeurs de pK_a obtenues par les différents groupes de votre classe de TP. Commenter.

Pour conclure

Le pK_a est une constante essentielle pour un couple acide-base.

9 Lorsque le pH est inférieur au pK_a du couple, quelle forme du couple a la concentration la plus élevée ?

10 Le tableau suivant correspond aux résultats obtenus si l'on remplace les solutions aqueuses d'acide éthanoïque et d'ions éthanoate par des solutions aqueuses d'ions ammonium NH_4^+ et d'ammoniac NH_3 de même concentration.

a. En déduire la valeur du pK_a du couple NH_4^+/NH_3.

V_{AH} (mL)	25,0	25,0	25,0	25,0	20,0	10,0	5,0
V_{A^-} (mL)	5,0	10,0	20,0	25,0	25,0	25,0	25,0
pH mesuré	8,5	8,8	9,1	9,2	9,3	9,5	9,9

b. De l'ion ammonium ou de l'acide éthanoïque, lequel réagit le plus avec l'eau ? Justifier.

Cours

1 pH d'une solution aqueuse

› Activités 1 et 2

• Définition du pH

Le **pH** (potentiel hydrogène) indique la nature **acide**, **neutre** ou **basique** d'une solution.

Le pH d'une solution aqueuse est une grandeur sans unité, donnée par la relation $pH = -\log [H_3O^+]$, où $[H_3O^+]$ désigne la concentration en ions oxonium H_3O^+, en $mol \cdot L^{-1}$. « log » désigne le logarithme décimal.

À 25 °C, le pH d'une solution aqueuse est compris entre 0 et 14 (Fig. 1). Plus une solution contient d'ions H_3O^+, plus son pH est faible et plus elle est acide.

Exemple

Une solution S a une concentration en ions oxonium $[H_3O^+] = 5{,}9 \times 10^{-3}\ mol \cdot L^{-1}$. Son pH vaut $-\log (5{,}9 \times 10^{-3}) = 2{,}2$. Cette solution est donc acide à 25 °C.

La concentration $[H_3O^+]$ (en $mol \cdot L^{-1}$) est liée au pH par la relation $[H_3O^+] = 10^{-pH}$.

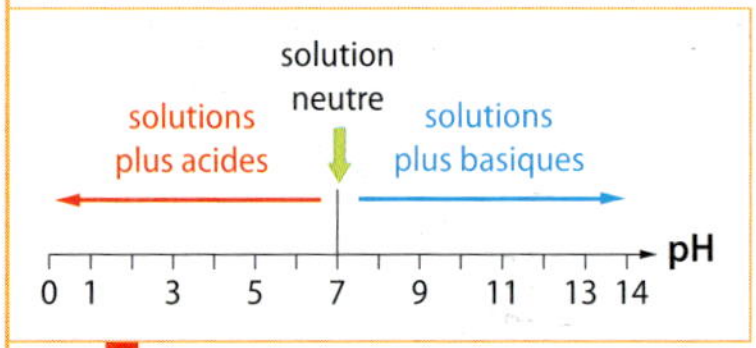

Fig. 1 Échelle de pH à 25 °C.

• Mesure du pH

Le pH d'une solution aqueuse homogène peut être déterminé approximativement en utilisant du **papier pH** (Fig. 2), ou de manière plus précise avec un **pH-mètre** étalonné (voir *Fiche pratique 8, p. 584*).

Fig. 2 Détermination du pH avec du papier pH.

➡ Exercices 1 à 8

2 Équilibre acido-basique

› Activités 1 et 2

• Acides et bases : définitions

• Une espèce acide selon Brönsted (Fig. 3) est une espèce chimique capable de céder au moins un proton (H^+). Une solution aqueuse de cette espèce a un pH acide.

• Une espèce basique selon Brönsted est une espèce chimique capable de capter au moins un proton. Une solution aqueuse de cette espèce a un pH basique.

Fig. 3 Joannes Brönsted (1879-1947), chimiste suédois, a participé à la définition des acides et bases en solution aqueuse.

• Couples acide-base

Deux espèces AH et A^- qui, au cours d'une réaction chimique, se transforment l'une en l'autre par gain ou perte d'un proton sont dites conjuguées et forment un couple acide-base AH/A^-. La demi-équation reliant l'acide et la base est une demi-équation acido-basique : $AH \rightleftharpoons A^- + H^+$.

Les demi-équations acido-basiques obéissent aux lois de conservation des éléments chimiques et de la charge électrique.

La double flèche $\rightleftharpoons$ indique que la réaction peut aller dans les deux sens.

Repère

Dans l'écriture d'un couple acide-base, l'acide est toujours écrit en premier.

Exemple

L'ion méthanoate $HCOO^-$ est la base conjuguée de l'acide méthanoïque HCOOH, comme le montre la demi-équation : HCOOH (aq) $\rightleftharpoons$ $HCOO^-$ (aq) + H^+ (aq). Le couple formé est $HCOOH/HCOO^-$.

L'eau fait partie de deux couples acide-base : H_3O^+ (aq)/H_2O (l) (l'eau est la base conjuguée de H_3O^+) et H_2O (l)/HO^- (aq) (l'eau est l'acide conjugué de HO^-). L'eau est à la fois acide et base : c'est une espèce **amphotère**.

Réaction acido-basique

Une réaction acido-basique est un transfert de proton(s) entre l'acide d'un couple acide-base et la base d'un autre couple, pour former les espèces conjuguées.

L'équation associée à une réaction acido-basique ne fait pas apparaître de protons : elle s'écrit en combinant les deux demi-équations acido-basiques correspondant aux deux couples acide-base présents, de manière à égaliser le nombre de protons cédés et captés.

Exemple

Soit la réaction entre l'eau et l'acide méthanoïque HCOOH, appartenant au couple HCOOH (aq)/$HCOO^-$ (aq). L'acide cède un proton : l'eau doit le capter et joue donc le rôle de base. On écrit les demi-équations acido-basiques pour chaque espèce : l'équation finale est la somme des demi-équations après simplification.

HCOOH (aq) $\rightleftharpoons$ $HCOO^-$ (aq) + H^+ (aq)

H_2O (l) + H^+ (aq) $\rightleftharpoons$ H_3O^+ (aq)

HCOOH (aq)+ H_2O (l) $\rightleftharpoons$ $HCOO^-$ (aq) + H_3O^+ (aq)

Notion d'équilibre chimique

Dans certaines réactions chimiques, le réactif limitant ne disparaît pas totalement à l'état final : la transformation chimique atteint un **équilibre**.

Un système chimique est à l'équilibre chimique quand les concentrations des réactifs et des produits n'évoluent plus.

L'équation de la transformation comporte alors une double flèche pour montrer qu'elle peut évoluer dans les deux sens. Dans ce cas, l'avancement final x_f est nécessairement inférieur à l'avancement maximal x_{max}.

Acides faibles et bases faibles

Un acide faible AH (respectivement une base faible A^-) ne réagit pas totalement avec l'eau : la réaction conduit à un équilibre.

Les **acides carboxyliques** sont des acides faibles, les **amines** sont des bases faibles et les **acides α-aminés** sont à la fois des acides faibles et des bases faibles.

Exemple

La méthylamine est une base faible. Sa réaction sur l'eau est modélisée par l'équation : CH_3NH_2 (aq) + H_2O (l) $\rightleftharpoons$ $CH_3NH_3^+$ (aq) + HO^- (aq).

Repère

Le CO_2 a des propriétés acides : il fait partie du couple CO_2 (aq), H_2O (aq)/HCO_3^- (aq). On note CO_2 (aq), H_2O (aq) de préférence à H_2CO_3 (aq), qui n'est pas stable en solution.

Sciences et culture

Les acides α-aminés

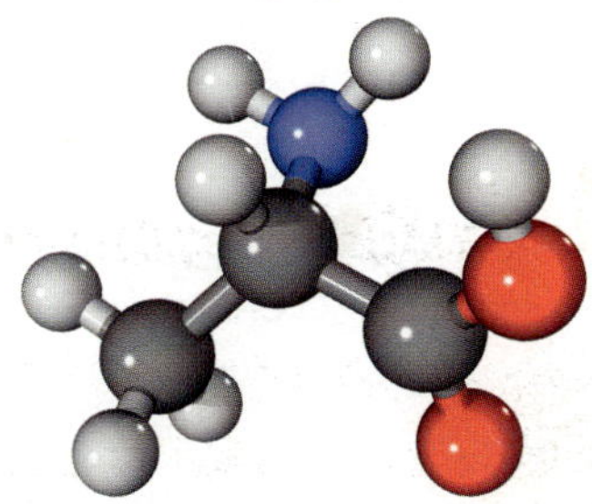

Les acides α-aminés sont des molécules organiques comportant, sur un même atome de carbone, un groupe carboxyle, responsable de leur nature acide, et un groupe amine, responsable de leur nature basique.

Ce sont les briques élémentaires constituant les protéines, qui en contiennent des centaines. Il existe plus de 500 acides α-aminés différents, mais une vingtaine d'entre eux constituent les protéines de tous les êtres vivants.

L'alanine (ci-dessus) est l'un des acides α-aminés les plus simples. Sa formule chimique est :

$$H_3C-CH(NH_2)-COOH$$

Cours

L'eau est à la fois un acide et une base faibles : la réaction entre deux molécules d'eau, appelée **autoprotolyse de l'eau**, conduit à un équilibre chimique modélisé par l'équation $H_2O\ (l) + H_2O\ (l) \rightleftharpoons H_3O^+\ (aq) + HO^-\ (aq)$.

• Produit ionique de l'eau

On appelle produit ionique de l'eau, noté K_e, la grandeur sans dimension donnée par la relation $K_e = [H_3O^+]_{éq} \cdot [HO^-]_{éq}$, où $[X]_{éq}$ désigne la concentration à l'équilibre de l'espèce X, en $mol \cdot L^{-1}$.
On lui associe la grandeur pK_e, donnée par la relation $pK_e = -\log K_e$.

À 25 °C, $\mathbf{K_e = 1,0 \times 10^{-14}}$ et $\mathbf{pK_e = 14}$, quelle que soit la concentration des ions oxonium. L'expression du produit ionique de l'eau permet donc de calculer la concentration en ions HO^-.

➥ Exercices 9 à 15

Repère

Par convention, pour une grandeur X :
$\mathbf{pX = -\log X}$ et $\mathbf{X = 10^{-pX}}$.

3 Domaines de prédominance

› Activités 3 et 4

• Constante d'acidité K_a et pK_a

On appelle constante d'acidité dans l'eau du couple AH/A^-, notée K_a, la grandeur sans dimension : $K_a = \dfrac{[A^-]_{éq} \cdot [H_3O^+]_{éq}}{[AH]_{éq}}$, où $[X]_{éq}$ désigne la concentration à l'équilibre de l'espèce X, en $mol \cdot L^{-1}$.

Exemple

La réaction se produisant entre l'acide éthanoïque CH_3COOH et l'eau a pour équation $CH_3COOH\ (aq) + H_2O\ (l) \rightleftharpoons CH_3COO^-\ (aq) + H_3O^+\ (aq)$, donc :

$$K_a(CH_3COOH\ (aq)/CH_3COO^-\ (aq)) = \frac{[CH_3COO^-]_{éq} \cdot [H_3O^+]_{éq}}{[CH_3COOH]_{éq}}.$$

Le pK_a d'un couple acide-base est défini par $pK_a = -\log K_a$. Le pK_a d'un couple acide faible-base faible est compris entre 0 et 14.

Le pK_a est une grandeur caractéristique de chaque couple acide-base et ne dépend que de la température du milieu (Fig. 4).

Pour un acide faible de concentration donnée, plus la valeur de K_a du couple acide-base est grande (et donc plus le pK_a est faible), plus l'acide réagit avec l'eau (et donc plus le pH est faible) (Fig. 5).

Inversement, une base faible réagit d'autant plus avec l'eau pour une concentration donnée que K_a est faible (et donc que pK_a est élevé).

Le pK_a d'un couple AH (aq)/A^- (aq) est lié au pH de la solution par la relation : $pH = pK_a + \log \dfrac{[A^-]_{éq}}{[AH]_{éq}}$.

Couples acide-base	pK_a	K_a
H_3O^+/H_2O	0	1,0
$H_3C{-}CH(NH_3^+){-}COOH/$ $H_3C{-}CH(NH_3^+){-}COO^-$	2,3	$5,0 \times 10^{-3}$
$H_3C{-}COOH/H_3C{-}COO^-$	4,8	$1,6 \times 10^{-5}$
NH_4^+/NH_3	9,2	$6,3 \times 10^{-10}$
$H_3C{-}CH(NH_3^+){-}COO^-/$ $H_3C{-}CH(NH_2){-}COO^-$	9,9	$1,3 \times 10^{-10}$
$H_3C{-}NH_3^+/H_3C{-}NH_2$	10,7	$2,0 \times 10^{-11}$
H_2O/HO^-	14	$1,0 \times 10^{-14}$

Fig. 4 Quelques couples acide-base importants et les valeurs de leurs pK_a et K_a à 25 °C.

Acide	pH	pK_a du couple
Acide méthanoïque	2,9	3,8
Acide benzoïque	3,1	4,2
Acide éthanoïque	3,4	4,8
Ion ammonium	5,6	9,2

Fig. 5 pH de quelques solutions d'acides de concentration $1,0 \times 10^{-3}\ mol \cdot L^{-1}$ et pK_a des couples associés, à 25 °C.

Zone de prédominance d'une espèce acido-basique

L'espèce X prédomine sur l'espèce Y dès que [X] > [Y].

Si l'acide conjugué prédomine sur la base conjuguée, $[A^-]_{éq}/[AH]_{éq} < 1$, donc $\log([A^-]_{éq}/[AH]_{éq}) < 0$. De la relation $pH = pK_a + \log([A^-]_{éq}/[AH]_{éq})$, on déduit que $pH < pK_a$.

La forme acide **prédomine** donc lorsque le pH est inférieur au pK_a du couple.

Le diagramme de prédominance d'un couple acide-base (Fig. 6) est un axe de pH sur lequel apparaissent la valeur du pK_a du couple et les domaines où les espèces conjuguées prédominent.

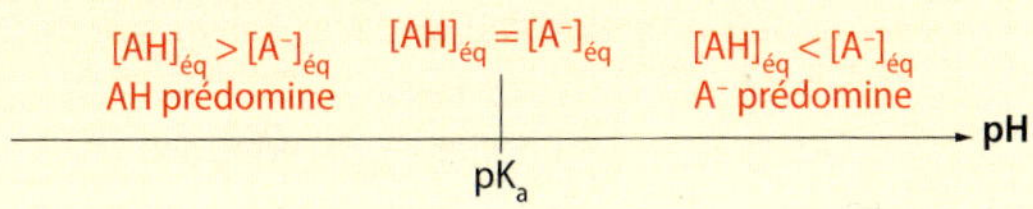

Les **acides α-aminés** font partie d'au moins deux couples acide-base : ils ont donc au moins deux valeurs de pK_a. Le diagramme de prédominance de la glycine comporte ainsi trois domaines de prédominance (Fig. 6 c).

→ Exercices 16 à 21

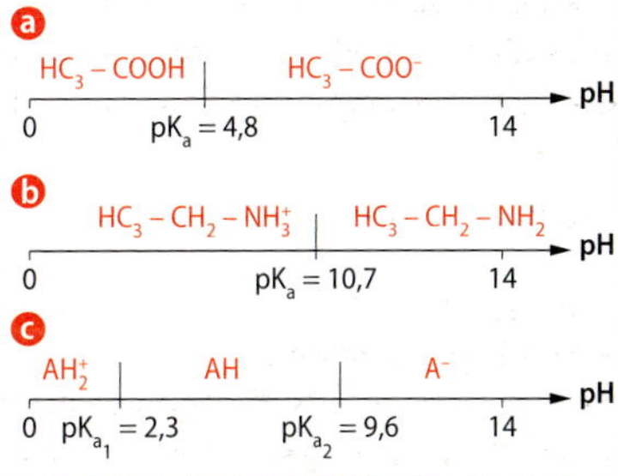

Fig. 6 Diagrammes de prédominance correspondant aux couples :
a acide éthanoïque/ion éthanoate ;
b ion éthylammonium/éthanamine ;
c de la glycine AH, le plus simple des acides α-aminés.

Les compétences à acquérir

1 Définir *le pH d'une solution aqueuse*

- Le **pH** d'une solution aqueuse (sans unité) et la concentration en ions oxonium $[H_3O^+]$ (en $mol \cdot L^{-1}$) sont liés par les relations :

$$pH = -\log[H_3O^+] \quad \text{et} \quad [H_3O^+] = 10^{-pH}$$

- Le pH d'une solution peut être mesuré avec du **papier pH** ou un **pH-mètre** étalonné.

2 Connaître *la notion d'équilibre acido-basique*

- Un **acide** (respectivement une **base**) est une espèce chimique capable de **céder** (respectivement **capter**) un **proton**.
- Un couple **acide-base** AH/A^- est constitué de deux espèces entre lesquelles il est possible d'écrire une demi-équation acido-basique $AH \rightleftharpoons A^- + H^+$. Une réaction acido-basique correspond à un **transfert de proton(s)** entre un acide et une base.
- Les **acides** et les **bases faibles** ne réagissent pas totalement avec l'eau : la réaction conduit à un **équilibre chimique**.

- Le **produit ionique de l'eau** est une grandeur définie par la relation :

$$K_e = [H_3O^+]_{éq} \cdot [HO^-]_{éq}$$

- À 25 °C, $K_e = 1,0 \times 10^{-14}$ et $pK_e = -\log K_e = 14$.

3 Identifier *l'espèce prédominante d'un couple acide-base*

- La **constante d'acidité** dans l'eau du couple AH/A^- est une grandeur sans unité, donnée par la relation :

$$K_a = \frac{[A^-]_{éq} \cdot [H_3O^+]_{éq}}{[AH]_{éq}}$$

- La grandeur $pK_a = -\log K_a$ est la valeur de pH qui sépare la zone de prédominance de l'acide de celle de sa base conjuguée.
- Le pK_a d'un couple AH/A^- est lié au pH de la solution par la relation :

$$pH = pK_a + \log\frac{[A^-]_{éq}}{[AH]_{éq}}$$

Exercices

Compétence 1

› *Définir le pH d'une solution aqueuse*

1 VRAI ou FAUX ?

Corriger, si nécessaire, les affirmations suivantes.

❶ Le pH d'une solution permet d'apprécier son acidité.

❷ À 25 °C, le pH d'une solution acide est inférieur à 7.

❸ Un pH-mètre indique la valeur du pH à 0,1 près.

2 QCM

Choisir la (les) bonne(s) réponse(s).

❶ Le pH d'une solution est défini par :

a $pH = 10^{-[H_3O^+]}$; b $pH = -\log [H_3O^+]$;
c $pH = -[H_3O^+]$.

❷ La concentration en ions oxonium $[H_3O^+]$ est liée au pH par la relation :

a $[H_3O^+] = -\log pH$; b $[H_3O^+] = 10^{-pH}$;
c $[H_3O^+] = 7 + pH$.

3 Is there a mistake?

A pupil measures the pH of a solution with a pH paper. For that purpose, he cuts a piece of pH paper and dips it into the solution to be tested. He compares the resulting color with the scale of tint.

Is the protocol followed by the pupil correct?

EXERCICE **RÉSOLU**

4 C'est basique !

Le pH d'un jus d'orange est égal à 4,2 et celui d'une eau minérale est égal à 8,8.

1. Indiquer si chaque solution est acide, basique ou neutre.
2. Calculer la concentration en ions oxonium dans chacune d'elles.

Aides et méthodes

1. La valeur de pH = 7 sépare les milieux acide et basique à 25 °C.
2. La concentration en ions oxonium est liée au pH selon la relation $[H_3O^+] = 10^{-pH}$.

Solution

1. Le jus d'orange a un pH inférieur à 7, il est donc acide L'eau minérale a un pH supérieur à 7, elle est basique.
2. La concentration en ions oxonium vaut :

$[H_3O^+] = 10^{-4,2} = 6,3 \times 10^{-5}$ mol · L^{-1} dans le jus d'orange ;
$[H_3O^+] = 10^{-8,8} = 1,6 \times 10^{-9}$ mol · L^{-1} dans l'eau minérale.

5 Les solutions utilisées au quotidien

La concentration en ions oxonium de différentes solutions employées usuellement est indiquée dans le tableau suivant.

Solution	Vinaigre	Eau pure	Eau de Javel
$[H_3O^+]$ (mol · L^{-1})	$7,9 \times 10^{-4}$	$1,0 \times 10^{-7}$	$3,2 \times 10^{-12}$

1. Calculer le pH de chaque solution.
2. En déduire si chaque solution est acide, basique ou neutre.

6 Comme un poisson dans l'eau !

Maxime et Mathilde veulent faire varier le pH d'un aquarium, initialement rempli de 50 litres d'eau du robinet. Voici leur discussion :

– Maxime : « Le pH de l'aquarium vaut 6,0 : il est trop élevé. Si je verse un verre d'acide chlorhydrique, de pH égal à 2,0, le pH va directement diminuer de quatre unités ! »

– Mathilde : « Si le pH est trop faible, nous pourrons toujours ajouter un peu d'eau de Javel, j'ai vu que c'est une solution basique. »

Qui a raison ? Identifier leur(s) erreur(s).

7 Le pH sans pH-mètre

On emploie trois indicateurs colorés, l'hélianthine, le bleu de bromothymol (BBT) et la phénolphtaléine, pour déterminer le pH d'une solution A, initialement incolore. Un indicateur coloré est une espèce chimique dont la couleur varie selon le pH de la solution dans laquelle on l'introduit.

Le tableau ci-dessous indique la couleur prise par la solution A après l'ajout de chaque indicateur coloré.

Hélianthine	BBT	Phénolphtaléine
jaune	jaune	incolore

1. Pour chaque indicateur coloré, déduire de la couleur observée un encadrement de la valeur du pH de la solution A.
2. **a.** En déduire un intervalle de pH pour la solution étudiée.
b. Donner l'intervalle de concentrations en ions oxonium de cette solution.
3. **a.** Peut-on déterminer le pH de toutes les solutions de cette manière ?
b. Quels sont les avantages et les inconvénients de cette méthode par rapport à l'utilisation d'un pH-mètre ?

***Donnée.** Teintes des indicateurs colorés : voir rabat de couverture.*

8 Utilisation d'un pH-mètre

La notice d'un pH-mètre indique une incertitude absolue sur l'affichage de $\Delta pH = +/- 0,1$. Le pH d'une solution alimentaire mesuré avec cet appareil est 3,4.

1. Indiquer si la solution est acide, basique ou neutre.
2. **a.** Déterminer entre quelles valeurs est compris son pH.
b. Quelle est la précision relative du pH-mètre pour ce pH mesuré ?
3. **a.** En déduire l'intervalle dans lequel se trouve la concentration en ions oxonium de cette solution.
b. Quelle est la précision de la mesure de la concentration en ions oxonium de cette solution ?

Compétence 2

› Connaître la notion d'équilibre acido-basique

***Données.** À 25 °C : $pK_e = 14,0$; $K_e = [H_3O^+]_{éq} \cdot [HO^-]_{éq} = 1,0 \times 10^{-14}$.*

9 Une histoire de couples

Indiquer la base conjuguée associée à chacun des acides suivants, puis écrire les couples acide-base correspondants.

a. CH_3COOH ; **b.** HNO_3 ; **c.** HNO_2 ; **d.** NH_4^+.

10 Retrouver les couples

Constituer des couples acide-base à partir des espèces chimiques proposées.

H_3O^+ ; $HCOO^-$; SO_4^{2-} ; H_2O ; CO_3^{2-} ; $HCOOH$; HCO_3^- ; HSO_4^-.

11 Des ions oxonium aux ions hydroxyde

Une solution aqueuse acide a un pH de 4,5 à 25 °C.

1. Déterminer la concentration en ions oxonium dans la solution.

2. En déduire la concentration en ions hydroxyde présents dans la solution.

3. Comment évoluent ces deux concentrations si l'on dilue la solution ?

12 Solutions mystères

Compléter le tableau en calculant les concentrations en ions ou le pH. Les concentrations sont données en $mol \cdot L^{-1}$.

	pH	$[H_3O^+]_{éq}$	$[HO^-]_{éq}$
Solution 1	2,6		
Solution 2		$5,2 \times 10^{-5}$	
Solution 3			$7,8 \times 10^{-4}$

13 L'acide des fourmis

L'acide formique, ou méthanoïque, a pour formule HCOOH. C'est un acide faible. On le trouve dans le dard de plusieurs insectes, comme les abeilles et les fourmis, mais aussi sur les poils de certaines plantes urticantes comme les orties.

1. Le pH d'une solution d'acide méthanoïque est-il supérieur, inférieur ou égal à 7 ?

2. a. Rappeler ce qu'est un acide faible.

b. Quelle est la base conjuguée de l'acide méthanoïque ?

3. Écrire l'équation de la réaction se produisant entre l'acide méthanoïque et l'eau.

EXERCICE **RÉSOLU**

14 L'acide éthanoïque

Un volume $V = 1,0$ L d'une solution aqueuse d'acide éthanoïque de concentration $c = 0,010\ mol \cdot L^{-1}$ a un pH de 3,4.

1. Écrire l'équation de la réaction de cet acide avec l'eau.

2. En déduire le couple acide-base auquel appartient l'acide éthanoïque.

3. a. Déterminer l'avancement maximal x_{max} en utilisant un tableau d'avancement. Quelle quantité maximale d'ions oxonium peut être formée ?

b. À partir du pH, trouver la concentration finale en ions oxonium $[H_3O^+]_f$. En déduire la quantité $n(H_3O^+)_f$ d'ions oxonium formés.

c. La réaction est-elle totale ?

Aides et méthodes

1. Un acide cède un proton, qui va être capté par une base.

3. On peut calculer la quantité d'ions oxonium formés grâce à la concentration des ions oxonium et au volume de la solution.

Solution

1. $CH_3COOH\ (aq) + H_2O\ (l) \rightleftharpoons CH_3COO^-\ (aq) + H_3O^+\ (aq)$.

2. Il appartient au couple $CH_3COOH\ (aq)/CH_3COO^-\ (aq)$.

3. a. Le tableau d'avancement associé à la réaction est :

État	x	CH_3COOH +	H_2O $\rightleftharpoons$	CH_3COO^- +	H_3O^+
initial	0	$c \cdot V$	excès	0	0
en cours	x	$c \cdot V - x$	excès	x	x
maximal	x_{max}	$c \cdot V - x_{max}$	excès	x_{max}	x_{max}

Si la réaction est totale, alors l'acide éthanoïque disparaît. Ainsi, $c \cdot V - x_{max} = 0$, soit $x_{max} = c \cdot V = 0,010$ mol. L'avancement maximal vaut donc 0,010 mol. C'est aussi la quantité maximale d'ions oxonium pouvant être formés.

b. La concentration en ions oxonium formés est trouvée grâce au pH : $[H_3O^+]_f = 10^{-pH} = 10^{-3,4} = 4,0 \times 10^{-4}\ mol \cdot L^{-1}$.

D'où $n(H_3O^+)_f = [H_3O^+]_f \cdot V = 10^{-3,4} \times 1,0 = 4,0 \times 10^{-4}$ mol.

c. La quantité d'ions oxonium formés est inférieure à la quantité maximale possible : la réaction n'est donc pas totale.

15 La vitamine C

La vitamine C est une molécule organique comportant un groupe carboxyle. Sa formule chimique est $C_6H_8O_6$.

Une solution de vitamine C, de concentration $c = 0,025\ mol \cdot L^{-1}$ et de volume $V = 200$ mL, a un pH de 2,8.

1. Écrire l'équation de la réaction se produisant entre la vitamine C, notée AH, et l'eau.

2. a. Déterminer l'avancement maximal x_{max} en utilisant un tableau d'avancement. Quelle est la quantité maximale d'ions oxonium pouvant être formés ?

b. À partir du pH, trouver la concentration finale en ions oxonium. En déduire la quantité d'ions oxonium formés.

c. La réaction de l'acide AH sur l'eau est-elle totale ? AH est-il un acide faible dans l'eau ?

Exercices

Compétence 3

› *Identifier l'espèce prédominante d'un couple acide-base en solution*

Données. *À 25 °C : $pK_e = 14{,}0$; $K_e = [H_3O^+]_{éq} \cdot [HO^-]_{éq} = 1{,}0 \times 10^{-14}$.*

16 VRAI ou FAUX ?

Corriger, si nécessaire, les affirmations suivantes.

❶ La constante d'acidité dépend de la concentration initiale en acide dans la solution.

❷ La forme basique d'un couple acide-base prédomine nécessairement lorsque le pH de la solution est supérieur à 7.

❸ La valeur du pK_a est une caractéristique essentielle d'un couple acide-base.

17 Quand un acide rencontre une base

Le pH d'une solution aqueuse d'acide nitreux HNO_2 (aq), de concentration en soluté apporté $c_1 = 0{,}20$ mol · L^{-1}, a pour valeur $pH_1 = 2{,}0$. Celui d'une solution aqueuse de méthanoate de sodium ($HCOO^-$ (aq) + Na^+ (aq)), de concentration en soluté apporté $c_2 = 0{,}40$ mol · L^{-1}, a pour valeur $pH_2 = 8{,}7$.

Données. *$pK_a(HNO_2/NO_2^-) = 3{,}3$; $pK_a(HCOOH/HCOO^-) = 3{,}8$.*

1. a. Écrire l'équation de la réaction entre l'acide nitreux et l'eau.
b. Écrire l'équation de la réaction entre l'ion méthanoate et l'eau.

2. a. Tracer le diagramme de prédominance pour chacun des couples acide-base mis en jeu.
b. Préciser l'espèce prédominante dans chacune des deux solutions précédentes.

EXERCICE **RÉSOLU**

18 Le jus de citron

Le jus de citron frais a un pH voisin de 2,5. L'espèce responsable de l'acidité du jus est l'acide citrique, de formule $C_6H_8O_7$.

1. Écrire l'équation de la réaction de l'acide citrique avec l'eau.

2. En déduire le couple auquel appartient cet acide.

3. Quelle est l'espèce prédominante de ce couple dans ce jus de citron, sachant que le pK_a du couple auquel appartient l'acide citrique vaut 3,1 ?

Aides et méthodes

1. Un acide cède un proton, qui va être capté par une base.

3. Comparer le pH de la solution au pK_a du couple.

Solution

1. L'équation de la réaction de l'acide citrique avec l'eau est : $C_6H_8O_7$ (aq) + H_2O (l) $\rightleftharpoons$ $C_6H_7O_7^-$ (aq) + H_3O^+ (aq).

2. Le couple est $C_6H_8O_7$ (aq)/$C_6H_7O_7^-$ (aq).

3. L'espèce prédominante est l'acide, car le pH de la solution est inférieur au pK_a du couple auquel appartient l'acide citrique.

19 Une solution d'ions nitrite

Une solution d'ions nitrite NO_2^-, contenant cet ion à la concentration $c = 0{,}018$ mol · L^{-1}, a un pH de 7,7.

1. Quelle est la forme prédominante du couple auquel appartiennent les ions nitrite dans cette solution ?

2. Déterminer la valeur du rapport $[NO_2^-]/[HNO_2]$.

3. En déduire la concentration molaire réelle de chaque espèce conjuguée dans cette solution.

Donnée. *$pK_a(HNO_2/NO_2^-) = 3{,}3$.*

20 Un acide α-aminé

L'alanine est un acide aminé dont la formule est :

$$H_3C–CH(NH_2)–COOH$$

1. Recopier la formule de cet acide aminé, puis entourer les groupes caractéristiques en les nommant et en indiquant s'ils ont des propriétés acides ou basiques en solution.

2. En solution, l'alanine peut donner trois formes selon le pH : $H_3C–CH(NH_3^+)–COOH$; $H_3C–CH(NH_3^+)–COO^-$ et $H_3C–CH(NH_2)–COO^-$.
Constituer les deux couples acide-base auxquels appartiennent ces espèces.

3. Les pK_a associés à ces deux couples ont pour valeurs $pK_{a_1} = 2{,}3$ et $pK_{a_2} = 9{,}9$.
Attribuer ces valeurs aux deux couples constitués précédemment.

4. Sur un axe de pH, placer les deux valeurs pK_{a_1} et pK_{a_2}, puis attribuer aux trois espèces leur zone de prédominance.

21 Il est frais mon poisson !

Lorsque le poisson n'est plus frais, sa décomposition progressive conduit à la formation d'espèces chimiques malodorantes, comme la triméthylamine $(CH_3)_3N$.
Une solution de cette espèce chimique a un pH de 11,5.

1. Cette amine a-t-elle des propriétés acides ou basiques en solution ?

2. Écrire la formule de l'espèce conjuguée, puis le couple acide-base correspondant.

3. En déduire l'équation de la réaction de la triméthylamine avec l'eau.

4. Quelle espèce conjuguée prédomine dans cette solution ?

5. Déterminer le rapport de la concentration de la forme basique sur celle de la forme acide, à partir du pK_a du couple et du pH de la solution.

Donnée. *pK_a du couple de la triméthylamine : 9,8.*

Exercices de synthèse

Pour préparer le BAC

Données. *À 25 °C : $pK_e = 14,0$; $K_e = [H_3O^+]_{éq} \cdot [HO^-]_{éq} = 1,0 \times 10^{-14}$.*

22 Un pH neutre… qui varie

Le pH d'une solution neutre, c'est-à-dire pour laquelle la concentration en ions oxonium est égale à la concentration en ions hydroxyde, dépend de la température, car le produit ionique de l'eau dépend également de celle-ci.

Le tableau ci-dessous présente la valeur du pH d'une solution neutre selon différentes températures.

Température (°C)	pH
0	7,47
25	7,00
37	6,86
50	6,14

1. Déduire de ce tableau la concentration en ions oxonium et ions hydroxyde d'une solution neutre aux différentes températures proposées.

2. En déduire la valeur du produit ionique de l'eau et du pK_e aux différentes températures.

3. Le sang a un pH de 7,3 à 37 °C. Ce fluide est-il acide, basique ou neutre ?

23 L'acidité d'un vin

> L'acidité d'un vin peut être exprimée de deux façons, à partir de son acidité totale ou de son pH […]. L'acidité totale est surtout un indicateur des caractéristiques gustatives, alors que le pH intervient dans la stabilité du vin. L'acidité du vin (pH compris entre 2,7 et 3,7) est principalement due à la présence d'acides organiques en partie à l'état libre ; l'acidité totale d'un vin est constituée par les acides représentant l'acidité fixe (acides tartrique, malique, lactique, citrique, etc.) et par des molécules représentant l'acidité volatile (essentiellement l'acide éthanoïque, et l'éthanoate d'éthyle susceptible de libérer l'acide éthanoïque par saponification) […].
>
> Le goût aigre de l'acide éthanoïque est perçu lorsque sa concentration est supérieure à $0,6\ g \cdot L^{-1}$.
>
> D'après *Chimie dans la maison*, Cultures et Techniques, 1996.

Données. *Masse molaire de l'acide éthanoïque : $M = 60\ g \cdot mol^{-1}$.*
À 25 °C : pK_a(acide éthanoïque/ion éthanoate) = 4,8.

1. a. Déterminer la valeur de la concentration molaire en ions oxonium H_3O^+ d'un vin dont le pH est égal à 3,0.
b. Calculer la concentration molaire de l'acide éthanoïque pour que le goût aigre soit perçu.

2. On dispose d'un volume $V = 50$ mL d'une solution S d'acide éthanoïque, de concentration molaire en soluté apporté $c = 1,0 \times 10^{-2}\ mol \cdot L^{-1}$ et de pH égal à 3,4.
a. Écrire l'équation de la réaction de l'acide éthanoïque avec l'eau. Tracer le diagramme de prédominance du couple acide éthanoïque/ion éthanoate et en déduire l'espèce prédominante dans la solution S.
b. Calculer la concentration molaire en ions oxonium H_3O^+ de la solution S, puis l'avancement final de la réaction (on peut s'aider d'un tableau d'avancement).
c. Déduire de la question précédente que la transformation n'est pas totale.

24 L'acide lactique

> Ennemi numéro un des cafetières, le tartre s'y installe au quotidien. Il peut rendre ces machines inutilisables et altérer le goût du café. Pour préserver ces appareils, il est donc indispensable de les détartrer régulièrement. Plusieurs fabricants d'électroménager recommandent d'utiliser des détartrants à base d'acide lactique. En plus d'être efficace contre le tartre, cet acide est biodégradable et non corrosif pour les pièces métalliques se trouvant à l'intérieur des cafetières.

Le détartrant à base d'acide lactique est conditionné sous forme liquide dans un petit flacon. La notice d'utilisation indique qu'il faut verser la totalité de son contenu dans le réservoir de la cafetière et qu'il faut ajouter de l'eau. On prépare ainsi un volume $V = 0,60$ L d'une solution aqueuse d'acide lactique de concentration molaire en soluté apporté $c = 1,0\ mol \cdot L^{-1}$. Après agitation, la valeur du pH mesuré est 1,9.

Données. *Formule de l'acide lactique :*

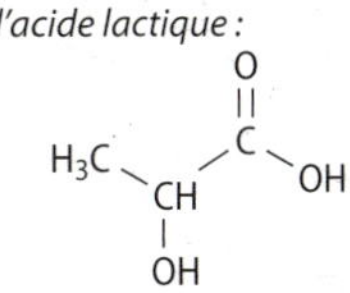

À 25 °C : K_a(acide lactique/ion lactate) = $1,3 \times 10^{-4}$.

1. Recopier la formule de l'acide lactique, puis entourer et nommer le groupe caractéristique responsable de l'acidité de la molécule.

2. a. On note AH la molécule d'acide lactique. Écrire l'équation de la réaction de l'acide lactique avec l'eau, puis construire et compléter le tableau descriptif de l'évolution du système en utilisant les notations de l'énoncé.
b. Donner l'expression de l'avancement final x_f en fonction du pH de la solution et du volume V. Calculer sa valeur.

3. a. Donner l'expression de la constante d'acidité K_a du couple acide lactique/ion lactate.
b. À partir de l'expression de K_a, calculer le rapport $[A^-]_{éq}/[AH]_{éq}$.
c. En déduire l'espèce qui prédomine dans la solution de détartrant.

25 Les fleurs d'hortensias

Certaines fleurs, comme celles des hortensias, possèdent des couleurs variées dues à des pigments naturels.

Les couleurs rouge, mauve, violette et bleue viennent de la présence d'anthocyanines dans les pétales. La couleur violette est due à une molécule, que l'on notera AH dans la suite de l'exercice.

AH peut appartenir à deux couples : AH_2^+/AH, de $pK_{a_1} = 4{,}3$ et AH/A^-, de $pK_{a_2} = 7$.

L'espèce AH_2^+ est rouge, l'espèce AH est violette et l'espèce A^- est bleue.

1. a. Donner la définition d'un acide selon Brönsted.
b. Préciser, pour chacun des deux couples cités, la forme acide et la forme basique.

2. a. Écrire l'équation de la réaction de AH en tant qu'acide avec l'eau.
b. Donner l'expression de la constante d'acidité du couple mis en jeu dans la réaction précédente, puis donner sa valeur.

Le pH d'une solution contenant AH est de 10.
c. À partir de l'expression de K_{a_2}, donner l'expression littérale du rapport $[A^-]_{éq}/[AH]_{éq}$ puis calculer sa valeur.
d. En déduire l'espèce prédominante. Conclure sur la couleur de la solution.

3. a. Écrire l'équation de la réaction de AH en tant que base avec l'eau.
b. Donner l'expression de la constante d'acidité du couple mis en jeu dans la réaction précédente, puis donner sa valeur.

4. a. Placer sur un diagramme les domaines de prédominance des espèces AH_2^+, AH et A^- suivant les valeurs du pH.
b. Pourquoi les fleurs d'hortensias peuvent-elles changer de couleur suivant la nature du sol ?

26 L'aspirine

L'aspirine est un médicament permettant de lutter contre la fièvre, la douleur et favorisant la fluidité du sang. Son nom chimique est l'acide acétylsalicylique et sa formule est donnée ci-contre.

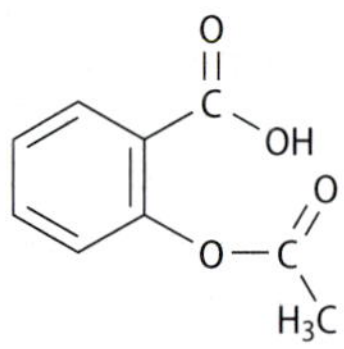

1. Recopier la formule de l'aspirine et entourer le groupe carboxyle.

2. La solubilité de l'aspirine est faible dans l'eau : elle vaut $3{,}3\ g \cdot L^{-1}$. Il est plus facile d'avaler un cachet non effervescent avec de l'eau que d'essayer de le dissoudre, car on obtient alors une solution saturée.
a. Comment obtenir une solution limpide à partir de la solution saturée ?
b. Quelle est la concentration molaire maximale de cette solution en acide acétylsalicylique ?

3. Tracer le diagramme de prédominance. L'acide acétylsalicylique sera noté AH et sa base conjuguée, A^-.

4. a. Le pH de l'estomac est voisin de 2 durant la digestion. Quelle est la forme prédominante du couple AH/A^- auquel appartient l'aspirine dans l'estomac ?
b. La forme acide est peu soluble dans l'eau mais plus soluble dans les lipides, en particulier ceux constituant la barrière lipidique des cellules de l'estomac. Le pH à l'intérieur des cellules vaut 7,4.
Déterminer le rapport $[A^-]/[AH]$ des concentrations molaires des espèces conjuguées à l'intérieur des cellules de l'estomac. Quelle est alors l'espèce conjuguée prédominante ?

Données. *Masse molaire de l'aspirine : $180\ g \cdot mol^{-1}$.*
$pK_a(AH/A^-) = 4{,}2$.

27 Une bonne amine

L'éthanamine, de formule semi-développée $H_3C{-}CH_2{-}NH_2$, est une base dans l'eau. Elle se trouve à l'état gazeux à température ambiante et est miscible en toutes proportions à l'eau.

On l'emploie comme intermédiaire de synthèse en chimie organique.

Les informations de danger présentes sur une bouteille contenant ce gaz comprimé sont données ci-dessous.

H220 : Gaz extrêmement inflammable
H329 : Provoque une sévère irritation des yeux
H335 : Peut irriter les voies respiratoires

1. Quelles précautions doivent être prises pour manipuler ce gaz comprimé ?

On dissout 3,6 L de ce gaz à température ambiante sous pression atmosphérique dans un volume $V = 300$ mL d'eau pure, sans changement de volume. La solution a alors un pH égal à 12,2.

2. Déterminer la concentration en amine obtenue par dissolution de ce gaz.

3. Donner la définition d'une base selon Brönsted.

4. a. Quelle est la formule semi-développée de l'acide conjugué de l'éthanamine ?
b. Indiquer alors le couple auquel appartient l'éthanamine.

5. a. Écrire l'équation de la réaction se produisant entre cette amine et l'eau.
b. Construire le tableau d'avancement associé à cette réaction et déterminer l'avancement maximal x_{max}.

6. a. Calculer la concentration, puis la quantité de matière d'ions hydroxyde présents à la fin de la réaction grâce au pH de la solution.
b. La réaction est-elle totale ?
c. En déduire les quantités de matière, puis les concentrations molaires des espèces conjuguées du couple acide-base de l'éthanamine.
d. Calculer alors la constante d'acidité et le pK_a du couple acide-base de cette amine.

Données. *Couples acide-base de l'eau :*
$H_3O^+ (aq)/H_2O (l)$ et $H_2O (l)/HO^- (aq)$.
À température ambiante, une mole de gaz occupe un volume de 24,4 L.

28 ★ Votez pour les conservateurs

On souhaite utiliser une solution antioxydante à base d'acide pour conserver des crudités et éviter ainsi qu'elles ne perdent leur fraîcheur.

On dispose de deux solutions acides de même concentration en soluté apporté $c = 1{,}5 \times 10^{-3}\ mol \cdot L^{-1}$.

La première, notée S_1, a été préparée à partir de jus de citron. Elle contient de l'acide citrique, noté A_1H, et a un pH égal à 2,9. La seconde, notée S_2, a été préparée à partir de vitamine C et a un pH égal à 3,8. Elle contient de l'acide ascorbique, noté A_2H. Le jus de citron contient aussi un peu de vitamine C, mais en concentration considérée comme négligeable dans la solution S_1.

1. a. Écrire l'équation de la réaction de l'acide A_1H avec l'eau.
b. Construire le tableau d'avancement correspondant à cette réaction en considérant un volume $V = 100$ mL.
c. Quel est l'avancement maximal x_{max} de cette réaction ?
d. Établir un lien entre la quantité d'ions oxonium formés réellement, le pH de la solution et le volume V. Calculer la quantité d'ions oxonium formés réellement.
e. Comparer la quantité d'ions oxonium formés réellement et l'avancement maximal x_{max} de cette réaction. Conclure.

Soit x_f l'avancement final réel de la réaction : il est ici égal à la quantité d'ions oxonium formés réellement. On définit le taux d'avancement de la réaction par $\tau = x_f / x_{max}$. Il précise si la réaction s'est réalisée totalement ($\tau = 1$) ou si elle est partielle ($\tau < 1$).
f. Calculer le taux d'avancement τ_1 correspondant à la première réaction.

2. a. Écrire l'équation de la réaction de l'acide A_2H avec l'eau.
b. Calculer le taux d'avancement τ_2 correspondant à la deuxième réaction, de manière analogue à la première réaction.

3. a. Les acides A_1H et A_2H réagissent-ils totalement avec l'eau ?
b. Quel acide réagit le plus avec l'eau pour une même concentration ?
c. À l'aide des données, recopier puis compléter la phrase suivante avec les qualificatifs « faible » ou « forte ».

Entre deux acides, celui qui réagit le plus avec l'eau pour une concentration donnée est celui dont le pK_a du couple acide-base a la plus … valeur et une constante d'acidité K_a la plus … .

4. Quelle solution va le plus acidifier les crudités ? Selon vous, quel conservateur est le plus approprié à la maison ?

5. a. Quel serait le pH d'une solution aqueuse dont la concentration en ions oxonium serait : $[H_3O^+] = c = 1{,}5 \times 10^{-3}$ mol · L^{-1} ?
b. En comparant ce pH à ceux des deux solutions S_1 et S_2, peut-on affirmer que les acides A_1H et A_2H sont faibles dans l'eau ?

Données. *pK_a du couple de l'acide citrique : 3,1.*
pK_a du couple de la vitamine C : 4,7.

En route vers le Supérieur

29 ★★ L'électrophorèse

Les acides α-aminés naturels sont tous porteurs, sur un même atome de carbone, du groupe amine et du groupe carboxyle.

On les nomme α-aminés, car le groupe amine est positionné sur le carbone adjacent au carbone porteur du groupe carboxyle, appelé carbone alpha en chimie.

Ils sont donc de la forme :

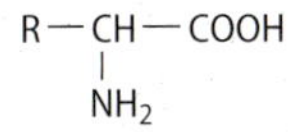

où R peut être un atome d'hydrogène, une chaîne alkyle simple ou porteuse d'autres groupes.

Les acides α-aminés ont des propriétés acido-basiques liées à la présence d'un groupe acide (COOH) et d'un groupe basique (NH_2). Ils donnent essentiellement le composé $R{-}CHNH_3^+{-}COO^-$ en solution aqueuse.

1. a. Expliquer la présence de ce composé en solution aqueuse.
b. Quelle est la formule de sa base conjuguée ?
c. Quelle est la formule de son acide conjugué ?
d. Combien de couples acide-base contenant ce composé peuvent être ainsi constitués ?

2. a. Écrire la réaction (1) avec l'eau de l'acide du couple $R{-}CH(NH_3^+){-}COOH / R{-}CH(NH_3^+){-}COO^-$.
b. En déduire l'expression de la constante d'acidité K_{a_1} associée à cette réaction.

3. a. Écrire la réaction (2) avec l'eau de l'acide du couple $R{-}CH(NH_3^+){-}COO^- / R{-}CH(NH_2){-}COO^-$.
b. En déduire l'expression de la constante d'acidité K_{a_2} associée à cette réaction.

Les deux groupes amine et carboxyle correspondent respectivement à des base et acide faibles. On peut donc attribuer un pK_a à chaque couple acide-base. Le premier couple acide-base, correspondant au couple du groupe carboxyle, a un pK_a de valeur comprise entre 1,9 et 2,8, alors que le second couple, correspondant au groupe amine, a un pK_a de valeur comprise entre 8,5 et 11.

4. Justifier, à l'aide du texte précédent et d'un diagramme de prédominance, que la forme amphion (où les deux ions coexistent simultanément sur la même molécule) se trouvera toujours majoritairement dans une solution aqueuse ayant un pH neutre ou modérément acide ou basique.

On place une solution d'acide α-aminé entre deux électrodes soumises à une tension continue : on note que le comportement de l'acide α-aminé dépend du pH.

Pour une valeur de pH faible, l'acide α-aminé est chargé positivement et se déplace vers l'électrode négative.

Pour une valeur de pH élevée, l'acide α-aminé est chargé négativement et se déplace vers l'électrode positive.

5. Que faudrait-il pour que l'ion ne se déplace pas, alors que les électrodes sont toujours soumises à une tension continue ?

Pour préparer le BAC

Énoncé type

Ça décape !

L'eau de Javel est une solution liquide fréquemment utilisée comme désinfectant ou comme décolorant. L'espèce active contenue dans l'eau de Javel est l'ion hypochlorite $C\ell O^-$ (aq).

1. a. Définir la notion d'acide selon Brönsted.

b. L'ion hypochlorite constitue la forme basique d'un couple acide-base. Déterminer sa forme acide conjuguée, puis écrire le couple acide-base auquel il appartient.

2. a. Le pK_a de ce couple vaut 7,3. Tracer le diagramme de prédominance, en utilisant les formules conjuguées du couple acide-base.

b. Justifier alors que l'ion hypochlorite soit l'espèce majoritaire dans l'eau de Javel, dont le pH est égal à 10.

3. Il est possible d'utiliser une représentation plus complète que le diagramme de prédominance, permettant de trouver rapidement les concentrations molaires des espèces conjuguées selon le pH, pour une solution de concentration molaire donnée. Il s'agit du diagramme de distribution, comportant deux courbes donnant chacune le pourcentage d'une des espèces conjuguées selon le pH de la solution.

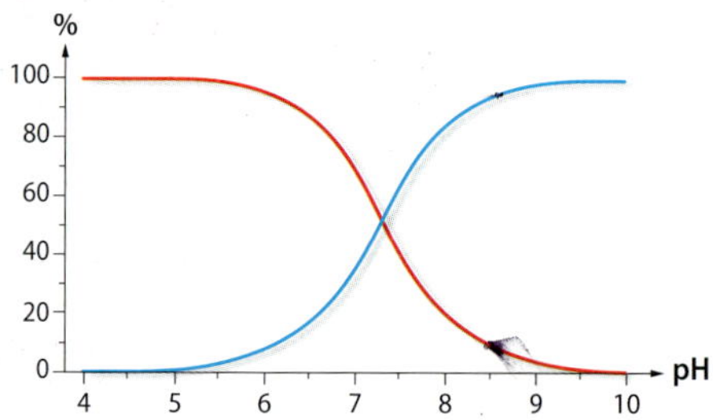

a. Quelle est l'espèce conjuguée dont le pourcentage en solution est représenté par la courbe bleue ? Justifier.

b. À partir du diagramme, déterminer la valeur du pK_a du couple auquel appartient l'ion hypochlorite. Quel est le pourcentage respectif de chaque espèce conjuguée lorsque le pH est égal au pK_a ?

4. a. Quel est le pourcentage respectif de chaque espèce conjuguée pour un pH de 8,5 ?

b. En déduire la concentration de chaque espèce conjuguée dans une solution de concentration molaire $c = 0{,}15$ mol · L^{-1} et de pH 8,5.

c. Déduire de ces concentrations la valeur du pK_a du couple. La valeur obtenue est-elle cohérente avec la valeur précédemment trouvée et celle fournie par l'énoncé ?

Les compétences évaluées

- Connaître la notion d'équilibre acido-basique.
- Identifier l'espèce prédominante d'un couple acide-base en solution.

➤ Coups de pouce

1. a. La formule de la forme acide s'obtient en ajoutant un proton à celle de la forme basique.

2. a. Le pK_a est la valeur de pH séparant les zones de prédominance de chaque espèce conjuguée.

3. a. En dessous du pK_a, la forme acide prédomine sur la forme basique, et inversement au-dessus du pK_a.

4. a. Les pourcentages sont lus directement sur la courbe.

c. On dispose de la valeur du pH et des concentrations des espèces : il faut donc utiliser la relation

$$pH = pK_a + \log \frac{[A^-]_{éq}}{[AH]_{éq}}.$$

EXEMPLE DE **RÉSOLUTION**

1. a. Une espèce acide selon Brönsted est une espèce chimique susceptible de **céder un proton**.

b. La forme acide conjuguée de l'ion hypochlorite est **$HC\ell O$ (aq)**. Le couple acide-base auquel appartient l'ion hypochlorite est **$HC\ell O$ (aq)/$C\ell O^-$ (aq)**.

2. a. Le diagramme de prédominance est donc :

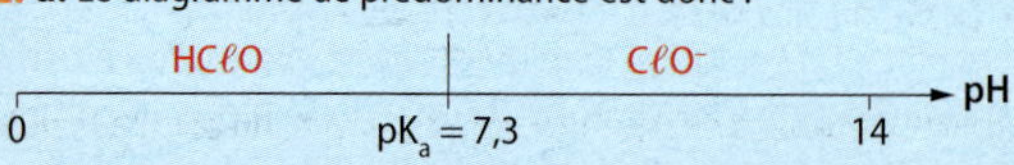

b. Le pH proposé est **supérieur au pK_a du couple**. C'est donc la forme basique qui prédomine, soit l'ion hypochlorite.

3. a. La courbe bleue représente le pourcentage de l'**ion hypochlorite**, forme basique, car son pourcentage augmente avec le pH.

b. Sur le diagramme, la valeur du pK_a vaut **7,3**. Le pourcentage de chaque espèce conjuguée vaut **50 %**.

4. a. Par lecture graphique, le pourcentage de $HC\ell O$ vaut **8 %** et celui de $C\ell O^-$, **92 %**.

b. La concentration de chaque espèce conjuguée s'obtient en multipliant la concentration molaire c par le pourcentage de chaque espèce. D'où :

$$[HC\ell O] = 0{,}08 \times 0{,}15 = 0{,}012 \text{ mol} \cdot L^{-1}$$
$$[C\ell O^-] = 0{,}92 \times 0{,}15 = 0{,}14 \text{ mol} \cdot L^{-1}$$

c. On sait que $pH = pK_a + \log ([C\ell O^-]_{éq}/[HC\ell O]_{éq})$, d'où $pK_a = pH - \log ([C\ell O^-]_{éq}/[HC\ell O]_{éq}) = 8{,}5 - \log (0{,}14/0{,}012)$

d'où $\boxed{pK_a = 7{,}4}$

La valeur obtenue est cohérente avec la valeur précédemment trouvée et celle fournie par l'énoncé.

Pour préparer le BAC

Énoncé type

Déterminer une valeur de pK_a

Le chlorure d'hydroxylammonium, de formule $NH_3OHC\ell$, est un solide ionique blanc, utilisé dans le domaine industriel pour la synthèse de colorants et de produits pharmaceutiques.
On se propose d'étudier le caractère acide d'une solution aqueuse S de chlorure d'hydroxylammonium de concentration $c = 3{,}0 \times 10^{-2}$ mol · L^{-1}, préparée au laboratoire.

1. Écrire l'équation de dissolution du chlorure d'hydroxylammonium dans l'eau.
L'ion hydroxylammonium NH_3OH^+ appartient au couple ion hydroxylammonium/hydroxylamine (NH_3OH^+ (aq)/NH_2OH (aq)), de pK_a égal à 6,0.

2. a. Donner la définition d'un acide au sens de Brönsted.

b. Écrire l'équation de la réaction entre l'ion hydroxylammonium et l'eau.

c. Donner le diagramme de prédominance du couple acide-base.

3. a. Le pH de la solution aqueuse S est 3,8. En déduire la concentration en ions oxonium $[H_3O^+]$ dans cette solution.

b. Établir le tableau d'avancement de la réaction pour un volume $V = 0{,}100$ L, en considérant l'état final réel.

c. Exprimer la constante d'acidité K_a du couple acide-base étudié.

d. Calculer cette constante d'acidité.

e. En déduire la valeur du pK_a, puis la comparer à celle donnée dans l'énoncé.

4. Les ions NH_4^+ font partie du couple NH_4^+ (aq)/NH_3 (aq), dont le pK_a vaut 9,2.

a. Une solution de chlorure d'ammonium (NH_4^+ (aq) + $C\ell^-$ (aq)), de concentration $c = 3{,}0 \times 10^{-2}$ mol · L^{-1}, a un pH de 5,4. Quelle espèce du couple NH_4^+ (aq)/NH_3 (aq) prédomine dans cette solution ?

b. De NH_3OH^+ ou NH_4^+, quel est l'acide qui réagit le plus avec l'eau pour une même concentration ?

Les compétences évaluées

- Définir le pH d'une solution aqueuse.
- Connaître la notion d'équilibre acido-basique.
- Identifier l'espèce prédominante d'un couple acide-base en solution.

➤ Coups de pouce

1. a. Il s'agit ici de l'équation de dissolution d'un solide ionique, qui va fournir en particulier un ion chlorure.

2. b. Il s'agit maintenant de la réaction d'une espèce acide avec l'eau.

3. d. Les différentes concentrations finales sont calculées à partir de la quantité de matière d'ions oxonium trouvée à l'aide du pH.

e. $pK_a = -\log K_a$.

EXEMPLE DE **RÉSOLUTION**

1. $NH_3OHC\ell$ (s) $\rightarrow$ NH_3OH^+ (aq) + $C\ell^-$ (aq).

2. a. Un acide au sens de Brönsted est une espèce chimique capable de **céder un proton** en solution.

b. NH_3OH^+ (aq) + H_2O (l) $\rightleftharpoons$ NH_2OH (aq) + H_3O^+ (aq).

c. Le pK_a de ce couple vaut 6,0. Le diagramme de prédominance est alors :

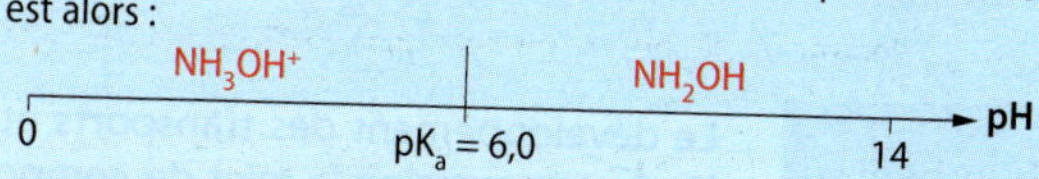

3. a. $[H_3O^+] = 10^{-pH} = 1{,}6 \times 10^{-4}$ **mol · L^{-1}.**

b. Le tableau d'avancement est :

État	x	NH_3OH^+ (aq) +	H_2O (aq) $\rightleftharpoons$	NH_2OH (aq) +	H_3O^+ (aq)
initial	0	$c \cdot V$	solvant	0	0
en cours	x	$c \cdot V - x$	solvant	x	x
final réel	x_f	$c \cdot V - x_f$	solvant	x_f	x_f

c. La constante d'acidité s'écrit : $K_a = \dfrac{[NH_2OH]_{éq} \cdot [H_3O^+]_{éq}}{[NH_3OH^+]_{éq}}$

d. Il faut déterminer les quantités de matière, puis les concentrations des trois espèces figurant dans l'expression de K_a.

D'après le tableau d'avancement :
$n(NH_2OH) = n(H_3O^+) = [H_3O^+]_{éq} \cdot V = 10^{-pH} \cdot V$.

Ainsi : $[NH_2OH]_{éq} = [H_3O^+]_{éq} = 10^{-pH} = 10^{-3,8} = 1{,}6 \times 10^{-4}$ mol · L^{-1}.

De même :
$n(NH_3OH^+) = c \cdot V - n(H_3O^+) = c \cdot V - [H_3O^+]_{éq} \cdot V = (c - 10^{-pH}) \cdot V$.
$[NH_3OH^+]_{éq} = c - [H_3O^+]_{éq} = c - 10^{-pH} = 3{,}0 \times 10^{-2}$ mol · L^{-1}.

D'où : $K_a = \dfrac{1{,}6 \times 10^{-4} \times 1{,}6 \times 10^{-4}}{3{,}0 \times 10^{-2}}$

soit $\boxed{K_a = 8{,}4 \times 10^{-7}}$

e. Le pK_a du couple vaut $\boxed{pK_a = -\log K_a = 6{,}1}$

La valeur trouvée correspond à la valeur du pK_a du couple fournie par l'énoncé.

4. a. Le pH de la solution est inférieur au pK_a du couple considéré. C'est donc **la forme acide NH_4^+** qui **prédomine.**

b. Les deux solutions étudiées ont la même concentration en soluté apporté, mais le pH de la solution de chlorure d'hydroxylammonium est plus faible. **L'acide NH_3OH^+** a donc formé plus d'ions oxonium que l'acide NH_4^+ : il **réagit le plus avec l'eau.**

Cours

1 Acides forts et bases fortes

› Activité 1

• Définition d'un acide fort

Animation

Un acide est dit fort si sa réaction sur l'eau est quasi totale.

Exemple

L'acide nitrique est un acide fort. Sa réaction sur l'eau s'écrit donc :
HNO_3 (l) + H_2O (l) → NO_3^- (aq) + H_3O^+ (aq).

La flèche simple indique que la réaction inverse ne s'effectue pas : la base conjuguée d'un acide fort n'a pas tendance à capter un proton. On dit que c'est une **base indifférente** (ou **négligeable**) dans l'eau : c'est le cas par exemple des ions nitrate NO_3^- (aq).

À l'état final de la réaction, la quasi-totalité de l'acide fort AH initialement présent a réagi : la quantité de AH restant en solution est considérée comme nulle (Fig. 1), ce qui permet de dresser le tableau d'évolution suivant (c_0 désigne la concentration initiale en AH et V, le volume de la solution).

État	Avancement	AH +	H_2O (l) →	A^- (aq) +	H_3O^+ (aq)
initial	0	$c_0 \cdot V$	excès	0	0
en cours	x	$c_0 \cdot V - x$	excès	x	x
final	x_f	0	excès	$c_0 \cdot V$	$c_0 \cdot V$

À l'état final : $[H_3O^+]_f = c_0$ donc $pH = -\log [H_3O^+]_f = -\log c_0$.

Le pH d'une solution aqueuse d'acide fort de concentration en soluté apporté c_0 (en mol · L⁻¹) est : $pH = -\log c_0$.

Exemple

Le pH d'une solution d'acide nitrique de concentration en soluté apporté égale à 10^{-2} mol · L^{-1} vaut $pH = -\log 10^{-2} = 2$.

Le pK_a du couple associé à un acide fort est négatif ou nul (Fig. 2).

Remarque : Les concentrations notées sur les flacons des produits chimiques indiquent les substances utilisées pour préparer la solution, mais pas nécessairement les substances présentes dans la solution. Une solution d'« acide nitrique à 0,1 mol · L^{-1} » ne contient ainsi quasiment aucune molécule HNO_3.

• Définition d'une base forte

Une base est dite forte si sa réaction sur l'eau est quasi totale.

L'acide conjugué d'une base forte ne réagit pas sur l'eau.

Exemple

L'ion éthanolate est une base forte. Sa réaction avec l'eau est quasi totale et peut donc être modélisée par l'équation :
$H_3C{-}CH_2O^-$ (aq) + H_2O (l) → $H_3C{-}CH_2OH$ (aq) + HO^- (aq).

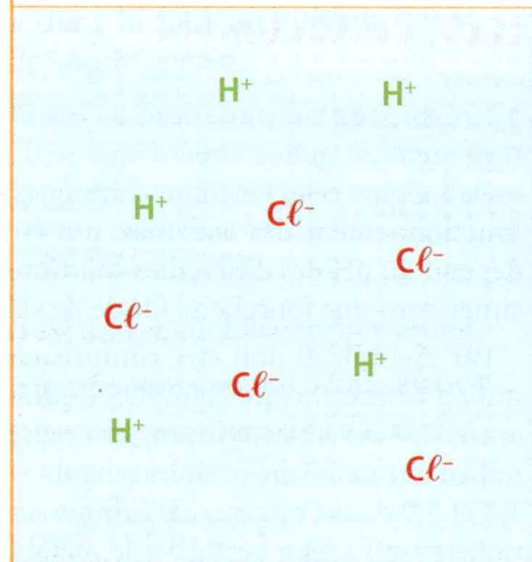

Fig. 1 HCℓ, acide fort, est complètement dissocié dans l'eau (H^+ et $C\ell^-$ sont en réalité solvatés).

AH	Nom d'usage	pK_a (AH/A⁻)
$HC\ell O_4$ (l)	Acide perchlorique	– 10
H_2SO_4 (l)	Acide sulfurique	– 3
HNO_3 (l)	Acide nitrique	– 2
H_3O^+ (aq)	Ion oxonium	0

Fig. 2 Quelques acides forts et les valeurs de pK_a des couples associés.

Repère

L'**acide chlorhydrique** est le nom d'usage de la solution obtenue par dissolution dans l'eau de chlorure d'hydrogène HCℓ (g).
La **soude** est le nom d'usage de la solution obtenue par dissolution dans l'eau d'hydroxyde de sodium NaOH (s).

À l'état final de la réaction, la quasi-totalité de la base forte A^- initialement présente a réagi, ce qui permet de dresser le tableau d'évolution suivant (c_0 désigne la concentration initiale en A^- et V, le volume de la solution).

État	Avancement	A^- (aq) +	H_2O (l) →	AH (aq) +	HO^- (aq)
initial	0	$c_0 \cdot V$	excès	0	0
en cours	x	$c_0 \cdot V - x$	excès	x	x
final	x_f	0	excès	$c_0 \cdot V$	$c_0 \cdot V$

À l'état final : $[HO^-]_f = c_0$. De $K_e = [H_3O^+]_f \cdot [HO^-]_f$, on déduit que :
$[H_3O^+]_f = K_e/c_0$ d'où $\mathbf{pH} = -\log(K_e/c_0) = -\log K_e + \log c_0 = \mathbf{pK_e + \log c_0}$.

Le pH d'une solution aqueuse de base forte de concentration en soluté apporté c_0 (en mol · L^{-1}) est : $pH = pK_e + \log c_0$
À 25 °C, on retient : $pH = 14 + \log c_0$

Exemple

À 25 °C, le pH d'une solution d'éthanolate de sodium de concentration en soluté apporté égale à 10^{-2} mol · L^{-1} est pH = 14 + log 10^{-2} = 12.

Le pK_a du couple associé à une base forte est supérieur ou égal à pK_e (Fig. 3).

➥ Exercices 1 à 7

A^-	Nom d'usage	pK_a (AH/A^-)
HO^- (aq)	Ion hydroxyde	14
$H_3C{-}CH_2O^-$ (aq)	Ion éthalonate	16
NH_2^- (aq)	Ion amidure	38

Fig. 3 Quelques bases fortes et les valeurs de pK_a des couples associés.

2 Réactions entre acides et bases forts

Mélange d'un acide fort et d'une base forte dans l'eau

On considère une solution préparée en mélangeant 0,1 mol d'acide nitrique et 0,1 mol d'éthanolate de sodium dans l'eau. Il se produit les réactions quasi totales :

HNO_3 (l) + H_2O (l) → NO_3^- (aq) + H_3O^+ (aq)

et $H_3C{-}CH_2ONa$ (s) + H_2O (l) → Na^+ (aq) + $H_3C{-}CH_2OH$ (aq) + HO^- (aq).

NO_3^- (aq) et $H_3C{-}CH_2OH$ (aq) sont respectivement des base et acide négligeables dans l'eau. Les seules espèces acido-basiques à considérer sont les ions oxonium et hydroxyde, respectivement acide fort et base forte, qui réagissent ensemble selon l'équation H_3O^+ (aq) + HO^- (aq) → 2 H_2O (l).

Lorsqu'un acide fort et une base forte sont introduits dans l'eau, il se produit une réaction quasi totale d'équation :
H_3O^+ (aq) + HO^- (aq) → 2 H_2O (l)

Les acides et les bases forts sont dits **nivelés** par l'eau, puisque ce sont toujours les formes acide H_3O^+ (aq) (du couple H_3O^+ (aq)/H_2O (l)) et basique HO^- (aq) (du couple H_2O (l)/HO^- (aq)) de l'eau qui réagissent (Fig. 4).

Exemple

Un mélange stœchiométrique d'acide chlorhydrique et de soude forme de l'eau salée, de pH égal à 7.

Solution d'acide fort à 0,1 mol · L^{-1}	Solution de base forte à 0,1 mol · L^{-1}	pH du mélange
10 mL de solution d'acide nitrique	5 mL de soude	1,5
	15 mL de soude	12,3
10 mL de solution d'acide perchlorique	5 mL de solution d'ions éthanolate	1,5
	15 mL de solution d'ions éthanolate	12,3

Fig. 4 Le pH de mélanges de solutions d'acides forts et de bases fortes est indépendant de la nature de l'acide et de la base.

Cours

Caractère exothermique

> Activité 3

La réaction entre un acide fort et une base forte est exothermique : elle libère de l'énergie. La température du milieu réactionnel augmente d'autant plus que la quantité de matière du réactif limitant est grande.

L'énergie dégagée dépend peu de l'acide et de la base mis en jeu, puisque la réaction qui se produit est la même dans tous les cas. Des mesures précises de calorimétrie permettent de déterminer que l'énergie libérée pour une mole de réactif limitant vaut 57 kJ.

Sécurité

Les acides et bases forts provoquent des brûlures, d'autant plus graves qu'ils sont concentrés et que le temps de contact est long. En général, dès que leur concentration dépasse 0,1 mol · L^{-1}, leur manipulation implique de porter, en plus d'une **blouse en coton**, des **gants** et des **lunettes de protection**.

Par ailleurs, pour effectuer le mélange d'un acide fort et d'une base forte, il est important :
– de **ne pas tenir à la main le récipient** dans lequel le mélange est effectué, car il peut devenir très chaud ;
– de s'assurer que le matériau du récipient résiste aux **variations brutales de température** (verre borosilicaté par exemple) ;
– d'effectuer le mélange **lentement**, en **agitant** continuellement.

La réaction d'un acide fort sur l'eau est également **exothermique** : si l'on verse un peu d'eau dans un grand volume d'acide, l'énergie libérée peut entraîner une vaporisation locale de la solution, et donc des projections d'acide (Fig. 5).

Fig. 5 Il ne faut jamais verser l'eau dans l'acide.

Pour préparer une solution aqueuse d'acide fort, on verse l'acide dans l'eau et jamais le contraire.

➥ Exercices 8 à 13

3 Contrôle de la valeur du pH

> Activités 2 et 4

Solution tampon

On appelle solution tampon une solution dont le pH varie peu par addition d'une petite quantité d'acide ou de base, et par dilution modérée.

Une solution qui ne remplit qu'une seule de ces conditions est appelée solution pseudo-tampon.

Exemple

Soit A une solution aqueuse d'acide éthanoïque et d'ions éthanoate à 0,1 mol · L^{-1}, B, une solution aqueuse d'hydroxyde de sodium à 0,1 mol · L^{-1}, et C, une solution de chlorure de sodium.
Les valeurs obtenues après ajout d'une faible quantité d'acide ou dilution modérée montrent que seule la solution A est une solution tampon (Fig. 6).

	pH_0	pH_1	pH_2
A	4,8	4,7	4,8
B	13,0	12,9	12,0
C	6,5	2	6,5

Fig. 6 Valeurs de pH initiale (pH_0) ; après ajout d'une petite quantité d'acide chlorhydrique (pH_1) ; après dilution modérée (pH_2) pour les solutions A, B et C.

Une solution tampon est constituée d'un mélange en proportions voisines d'un acide faible et de sa base conjuguée. Le pH contrôlé est alors proche du pK_a du couple.

En effet, si un mélange contient la même quantité d'acide et de base conjugués, la relation $pH = pK_a + \log([A^-]_f/[AH_f])$ conduit à $pH = pK_a$.

Exemple

Une solution équimolaire d'acide éthanoïque et d'ions éthanoate est une solution tampon de pH égal au pK_a du couple, soit 4,8.

En chimie, les solutions tampon ont de nombreuses applications : on peut citer, entre autres, leur utilisation pour l'étalonnage d'un pH-mètre.

Importance du contrôle du pH en milieu biologique

L'activité des protéines, comme les enzymes, et la vie en général, ne sont possibles que dans des domaines de pH limités, qui stabilisent les conformations actives des macromolécules biologiques et optimisent les vitesses des réactions biochimiques. Ainsi, le **pH du sang humain** doit être maintenu voisin de 7,4 à 37 °C : cela est possible grâce, entre autres, au couple acide-base CO_2 (aq), H_2O (l)/HCO_3^- (aq), qui fait du sang un **milieu tamponné**.

Le contrôle du pH est fondamental pour de nombreux milieux biologiques.

Exercices 14 à 18

Sciences et culture

Les solutions tampon « Good »

Avant le début du XXe siècle, on ignorait l'importance du pH sur les propriétés des liquides biologiques, et les préparations non tamponnées conduisaient souvent à des résultats inexploitables. Par ailleurs, peu de substances courantes appartenant à un couple acide-base ayant un pK_a voisin de 7, les biochimistes effectuant des préparations *in vitro* trouvaient difficilement un tampon adéquat.
En 1966, Norman Good et ses collaborateurs ont mis au point une série de tampons synthétiques pour remédier à ce problème, et on dispose aujourd'hui d'une liste de tampons « Good » couvrant les domaines de pH souhaités.

Les compétences à acquérir

1 Calculer *le pH d'une solution aqueuse d'acide fort ou de base forte*

- Un **acide** est **fort** si sa réaction sur l'eau est **totale**. Le pK_a du couple auquel il appartient est négatif ou nul.
- Une **base** est **forte** si sa réaction sur l'eau est **totale**. Le pK_a du couple auquel elle appartient est supérieur ou égal à pK_e (soit 14 à 25 °C).
- Le pH d'une solution aqueuse d'acide fort de concentration en soluté apporté c_0 vaut $pH = -\log c_0$. Le pH d'une solution aqueuse de base forte de concentration en soluté apporté c'_0 vaut $pH = pK_e + \log c'_0$.

2 Connaître *quelques aspects des réactions entre acides et bases forts*

- La réaction entre un acide fort et une base forte est quasi totale et peut être représentée par l'équation : $H_3O^+(aq) + HO^-(aq) \rightarrow 2\,H_2O\,(l)$.
- Cette réaction est **exothermique** : elle provoque une augmentation de la température du milieu réactionnel.
- Les acides et bases forts doivent être manipulés en respectant des **règles de sécurité strictes**.

3 Extraire et exploiter *des informations sur l'importance du contrôle du pH*

- Le pH d'une **solution tampon** varie peu par addition d'une petite quantité d'acide ou de base, et par dilution modérée.
- Une solution tampon est constituée d'un mélange **en proportions voisines** d'un acide faible et de sa base conjuguée. Le pH contrôlé est alors proche du pK_a du couple.
- Le **contrôle du pH** est fondamental pour de nombreux **milieux biologiques**.

Exercices

Compétence 1

› Calculer le pH d'une solution aqueuse d'acide fort ou de base forte

***Données.** À 25 °C, $pK_e = 14$. Le chlorure d'hydrogène est un acide fort. L'hydroxyde de sodium est une base forte.*

1 VRAI ou FAUX ?

Corriger, si nécessaire, les affirmations suivantes.

❶ À 25 °C, le pH d'une solution d'hydroxyde de sodium de concentration 0,05 mol · L^{-1} est 12,7.

❷ Le pK_a du couple associé à un acide fort est strictement positif.

❸ Le pH d'une solution d'acide chlorhydrique de concentration 0,04 mol · L^{-1} est égal à 1,4.

❹ Le pK_a du couple associé à une base forte est inférieur à pK_e.

❺ Le pH d'une base forte de concentration c est donné par pH = 14 – log c.

2 Acides et bases forts ?

Identifier si les solutions suivantes, dont on donne la concentration en soluté apporté et le pH, contiennent un acide fort ou une base forte.

Solution	ⓐ	ⓑ	ⓒ	ⓓ	ⓔ
c (mol · L^{-1})	$1{,}0 \times 10^{-2}$	$3{,}0 \times 10^{-3}$	$2{,}0 \times 10^{-4}$	$1{,}8 \times 10^{-3}$	$2{,}2 \times 10^{-2}$
pH	2	10,5	3,9	2,7	12,0

3 pH et concentrations

On considère des solutions d'acide fort ou de base forte de concentration c_0 en soluté apporté.

Recopier puis compléter le tableau suivant.

c_0 (mol · L^{-1})	$[H_3O^+]$ (mol · L^{-1})	$[HO^-]$ (mol · L^{-1})	pH
			10
$6{,}3 \times 10^{-4}$	$6{,}3 \times 10^{-4}$		
			11,7
$1{,}0 \times 10^{-2}$			2
$1{,}6 \times 10^{-2}$		$1{,}6 \times 10^{-2}$	

4 Solution d'acide nitrique

1. Rappeler la définition d'un acide fort.

2. Écrire l'équation de la réaction de l'acide nitrique HNO_3 (l), un acide fort, avec l'eau.

3. Une solution d'acide nitrique a pour concentration en soluté apporté $c = 1{,}0 \times 10^{-3}$ mol · L^{-1}. Quel est son pH ?

EXERCICE **RÉSOLU**

5 Soude

On dispose d'hydroxyde de sodium solide NaOH, à partir duquel on veut préparer un litre de solution aqueuse, appelée soude. Pour cela, on pèse une masse m = 1,60 g d'hydroxyde de sodium, qu'on introduit dans une fiole jaugée de volume V = 2,00 L. On ajoute de l'eau distillée pour dissoudre tout le solide, puis on complète jusqu'au trait de jauge.

1. Quelle quantité de matière de solide a-t-on introduite ?

2. Quelle est la concentration molaire de la solution obtenue ?

3. En déduire son pH.

Aides et méthodes

3. Le pH d'une solution aqueuse de base forte de concentration c est $\quad pH = pK_e + \log c = 14{,}0 + \log c \quad$ à 25 °C.

Solution

1. La quantité de matière introduite dans la fiole est :
$n = m/M(\text{NaOH}) = 1{,}60/40{,}0 = 4{,}00 \times 10^{-2}$ mol.

2. La concentration molaire est :
$c = n/V = 4{,}00 \times 10^{-2}/2{,}00 = 2{,}00 \times 10^{-2}$ mol · L^{-1}.

3. $pH = 14 + \log c = 14{,}0 + \log (2{,}00 \times 10^{-2}) = 12{,}3$.

6 Un acide courant

On dissout 2,0 L de chlorure d'hydrogène HCℓ (g) dans 5,0 L d'eau. On obtient 5,0 L de solution.

1. Écrire l'équation de dissolution.

2. Comment appelle-t-on la solution obtenue ?

3. a. Quelle quantité de matière de chlorure d'hydrogène a-t-on introduite ?

b. En déduire la concentration molaire de la solution.

4. Quel est son pH ?

***Donnée.** Dans les conditions de l'expérience, une mole de gaz occupe un volume V = 24 L.*

7 Caustic potash

Potassium hydroxide is a compound with the formula KOH, its common name being caustic potash. In the past, it was made by the leaching of wood ashes and then evaporating the resulting solution in large iron pots, leaving a white residue called "pot ash". Along with sodium hydroxide (NaOH), this colorless solid is a prototypical strong base. It has many industrial applications.

1. What is the main property of caustic potash?

2. Define a strong base.

3. The molar concentration of a potassium hydroxide solution is 0.02 mol · L^{-1}. Determine its pH.

Compétence 2

› Connaître quelques aspects des réactions entre acides forts et bases fortes

8 QCM

Choisir la (ou les) bonne(s) réponse(s).

❶ Lors de la réaction entre un acide fort et une base forte :
- a seuls réagissent les ions oxonium et hydroxyde ;
- b on aboutit à un équilibre chimique ;
- c il se produit une réaction quasi totale.

❷ Cette réaction est :
- a endothermique ;
- b athermique ;
- c exothermique.

❸ Le mélange de volumes égaux d'un acide fort et d'une base forte de même concentration a un pH :
a acide ; b neutre ; c basique.

9 VRAI ou FAUX ?

Corriger, si nécessaire, les affirmations suivantes.

Lorsqu'on mélange un acide fort et une base forte il faut :

❶ porter des lunettes ou des lentilles de contact.

❷ effectuer rapidement le mélange.

❸ agiter le mélange.

❹ toujours poser le récipient sur la paillasse.

10 Précautions

On souhaite préparer 1 L de solution contenant 1 mL d'une solution d'acide sulfurique de pourcentage massique égal à 98 %.

1. Indiquer les précautions à prendre lorsqu'on manipule l'acide sulfurique.

2. Est-ce que l'on verse l'acide sur l'eau ou l'eau sur l'acide ? Pourquoi ?

3. Doit-on refroidir ou chauffer la solution lorsqu'on effectue cette dilution ?

4. Décrire le mode opératoire de cette dilution.

11 Mélange

On mélange un volume $V_1 = 0{,}5$ L de soude, de concentration $c_1 = 0{,}2 \text{ mol} \cdot \text{L}^{-1}$, et un volume $V_2 = 1{,}0$ L d'acide chlorhydrique, de concentration $c_2 = 0{,}1 \text{ mol} \cdot \text{L}^{-1}$.

1. Comment peut-on aussi désigner la soude et l'acide chlorhydrique ?

2. Écrire l'équation de la réaction qui se produit lors du mélange.

3. a. Comparer les quantités d'ions H_3O^+ et HO^- introduites.
b. Que peut-on en conclure ?

4. Quelle est la nature de la solution obtenue ? Donner son pH.

12 Effet thermique

Dans un calorimètre, on mélange 1,5 mol d'un acide fort avec *n* mol d'une base forte. Un thermomètre permet de constater une élévation de température. Des calculs montrent que l'énergie libérée sous forme thermique vaut 28,5 kJ.

1. a. Comment qualifie-t-on la réaction qui se produit entre l'acide fort et la base forte ?
b. Écrire son équation.

2. Calculer *n*.

3. Quelle aurait été l'énergie libérée pour $n = 1{,}5$ mol ?

4. Quelles précautions doit-on prendre quand on mélange un acide fort et une base forte ?

Donnée. *Énergie libérée par mole de réactif limitant : $Q = 57$ kJ.*

13 Déboucheur de canalisations

Les déboucheurs chimiques à destination du grand public sont très utilisés. Il s'agit d'une solution plus ou moins concentrée de soude ou d'acide sulfurique, qui peut provoquer des brûlures. En conséquence, certaines informations doivent figurer sur l'étiquette.

Le petit nombre d'accidents connus concerne aussi bien la soude que l'acide sulfurique et ne permet pas d'établir que l'un est vraiment plus dangereux que l'autre. Il est connu que « les bases pénètrent profondément dans les tissus » et les acides « provoquent une nécrose de coagulation superficielle de la muqueuse ».

Voici l'étiquette présente sur la bouteille d'un déboucheur contenant de la soude.

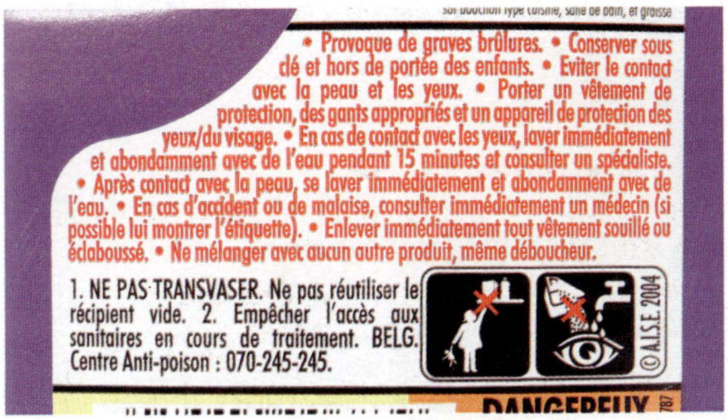

1. Comparer l'action de l'acide sulfurique et de la soude sur la peau.

2. Que signifie le pictogramme de gauche ?

3. Quelle est la tenue adaptée pour manipuler cette solution en toute sécurité ?

4. Combien de phrases de risque et de conseils figurent sur l'étiquette ci-dessus ?

5. Quel est le premier réflexe à avoir en cas de contact de la solution avec la peau ou les yeux ?

6. S'agissant d'une substance corrosive, de quel type de fermeture l'emballage doit-il être doté pour les enfants ?

7. À votre avis, que doit-il porter à destination des personnes non voyantes ?

Exercices

Compétence 3

> ***Extraire et exploiter des informations sur l'importance du contrôle du pH***

14 QCM

❶ Une solution constituée d'un mélange en proportions égales d'un acide faible et de sa base conjuguée a un pH proche :

a de pK_e ; b du pK_a du couple ; c de 7.

❷ Le pH d'une solution tampon est peu modifié :

a par addition modérée d'une solution acide ;
b par addition importante d'une solution basique ;
c par dilution modérée.

❸ Il est possible d'obtenir une solution tampon pour :

a presque toutes les valeurs de pH ;
b des valeurs de pH supérieures à 7 uniquement ;
c des valeurs de pH inférieures à 7 uniquement.

EXERCICE **RÉSOLU**

15 Étude d'une solution

On prépare une solution de volume $V = 500$ mL en mélangeant des volumes $V_1 = 300$ mL de solution aqueuse d'acide méthanoïque, de concentration $c_1 = 0{,}20\ \text{mol} \cdot \text{L}^{-1}$, et $V_2 = 200$ mL de solution aqueuse de méthanoate de sodium HCO_2Na, de concentration $c_2 = 0{,}30\ \text{mol} \cdot \text{L}^{-1}$. On suppose que l'acide et la base ne réagissent pas.

1. Calculer la valeur du pH de cette solution.

2. Quel est le nom donné à cette solution ?

Donnée. *$pK_a(HCO_2H\ (aq)/HCOO^-\ (aq)) = 3{,}8$.*

Aides et méthodes

1. Pour un couple acide-base AH/A^-, on a la relation : $pH = pK_a + \log([A^-]_{éq}/[AH]_{éq})$.

Solution

1. $n(HCO_2H) = c_1 \cdot V_1 = 0{,}20 \times 0{,}300 = 0{,}060$ mol et $n(HCOO^-) = c_2 \cdot V_2 = 0{,}30 \times 0{,}200 = 0{,}060$ mol.
Ainsi, $[HCO_2H]_{éq} = [HCO_2^-]_{éq}$, d'où $pH = pK_a = 3{,}8$.

2. Cette solution est appelée solution tampon.

16 Acide et base conjugués

Un litre de solution aqueuse contient 0,20 mol d'acide éthanoïque et 0,20 mol d'éthanoate de sodium. Le pH de cette solution est égal à 4,8.

1. Quel est le pK_a du couple $H_3C–COOH\ (aq)/H_3C–COO^-\ (aq)$?

On dissout dans cette solution 0,40 g d'hydroxyde de sodium. Son pH prend alors la valeur 4,9.

2. Pourquoi la variation du pH de la solution est-elle faible ?

3. Que vaudrait le pH si l'on dissolvait la même masse de soude dans 1,0 L d'eau pure ?

17 Culture de cellules animales

Le développement des biotechnologies permet de nouvelles techniques, telles les cultures de cellules animales. Il s'agit de cultures *in vitro* de cellules dans un milieu artificiel. Elles ont pour but d'étudier des phénomènes physiologiques sans avoir recours à l'expérimentation *in vivo*, c'est-à-dire sur des êtres vivants. Ces techniques sont délicates, car les cellules animales sont fragiles. La majorité d'entre elles ne peut survivre que dans un intervalle de pH compris entre 6,8 et 7,6. Toute modification du pH extracellulaire entraîne un blocage métabolique. On utilise souvent comme milieu de culture de l'HEPES, qui appartient à un couple acide-base dont le pK_a vaut 7,55.

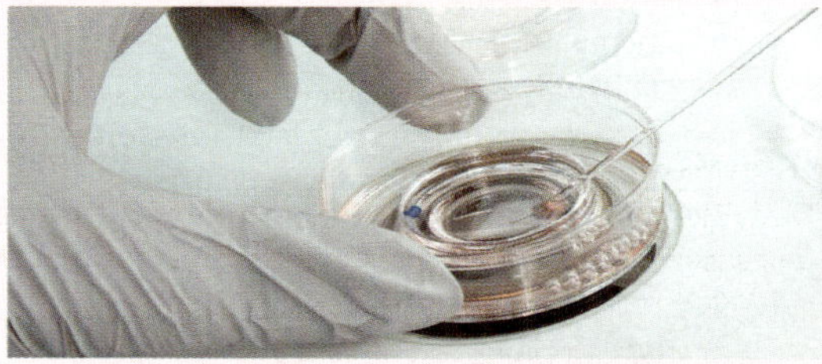

1. Pourquoi le pH du milieu de culture doit-il être maintenu constant ?

2. En déduire le type de milieu qu'il faut utiliser pour ces cultures.

3. Pourquoi l'HEPES convient-il ?

4. Pour suivre les variations de pH du milieu de culture, on ajoute un indicateur coloré, le rouge de phénol. Quel renseignement donne aux chercheurs une couleur jaune du milieu ?

Donnée. *Zone de virage du rouge de phénol :*

jaune		rouge		rouge-violet	
	6,8		8,4		pH

18 Solutions tampons Good

On utilise souvent en physiologie le tampon phosphate, qui peut être obtenu à partir d'une solution de dihydrogénophosphate de potassium KH_2PO_4 et d'une solution de monohydrogénophosphate de potassium K_2HPO_4, mais aussi les tampons Good. Ces derniers comprennent une vingtaine de produits (HEPES, PIPES, ACES, etc.), synthétisés dans le but de trouver les produits les plus appropriés possibles aux applications biologiques, présentant par exemple une certaine résistance aux dilutions. Leur pK_a s'étend de 6 à 8.

1. Énoncer une des propriétés des solutions tampon citée dans le texte.

2. Justifier l'intérêt d'une gamme de pK_a allant de 6 à 8 pour des applications biologiques.

3. Calculer les volumes respectifs des deux solutions de KH_2PO_4 et K_2HPO_4, de concentration $0{,}1\ \text{mol} \cdot \text{L}^{-1}$, à mélanger pour obtenir 1,0 L d'un tampon phosphate à $pH = 7{,}2$. On suppose que $H_2PO_4^-\ (aq)$ et $HPO_4^{2-}\ (aq)$ ne réagissent pas.

Donnée. *$pK_a(H_2PO_4^-\ (aq)/HPO_4^{2-}\ (aq)) = 7{,}2$.*

Exercices de synthèse

Pour préparer le BAC

Donnée. À 25 °C, $pK_e = 14$. Le chlorure d'hydrogène est un acide fort. L'hydroxyde de sodium est une base forte.

19 Acides et bases

Recopier, puis compléter le tableau suivant.

Espèce chimique	pK_a du couple associé	Acide fort ou base forte ?
HNO_3	– 2	
Ion éthanolate $H_3C–CH_2O^-$	16	
	0	
	14	

20 Réaction acide-base

On mélange 1,0 L de solution aqueuse d'hydroxyde de sodium, de concentration molaire 0,10 mol · L^{-1}, à 1,0 L d'acide chlorhydrique, de même concentration.

1. Que constate-t-on lors du mélange ?

2. Écrire l'équation de la réaction qui a lieu.

3. Quelle est la concentration en ions H_3O^+ (aq) dans le mélange ainsi formé ?

21 Comparaison de deux solutions d'acide fort

L'acide nitrique HNO_3 et l'acide perchlorique $HC\ell O_4$ sont des acides forts liquides dans les conditions de l'expérience.

1. Rappeler la définition d'un acide fort.

2. Écrire l'équation de leur réaction avec l'eau.

3. Quelles précautions s'imposent lors de ces réactions ?

4. On mesure le pH de 100 mL d'une solution aqueuse d'acide nitrique, qui contient $5{,}0 \times 10^{-3}$ mol d'ions NO_3^- (aq), et celui d'une solution d'acide perchlorique, de concentration molaire $c = 3{,}0 \times 10^{-2}$ mol · L^{-1}. Lequel est le plus élevé ?

22 Base forte ?

L'hydroxyde de potassium est une base forte.

1. Qu'est-ce qu'une base forte ?

2. Citer une autre base forte bien connue.

3. La concentration molaire d'une solution de base forte est $c = 2{,}0 \times 10^{-2}$ mol · L^{-1}. Que vaut son pH ?

4. Une autre solution aqueuse de base de concentration c_1 a un pH égal à 12,3. On dilue 100 fois cette solution et on mesure un pH de 10,3. Cette base est-elle forte ? Justifier.

23 Réaction exothermique

On mélange dans un calorimètre 50 mL d'une solution d'acide fort à 1,0 mol · L^{-1}, pesant environ 50 g, et 200 mL d'une solution d'hydroxyde de sodium à 0,25 mol · L^{-1}, pesant environ 200 g. À l'aide d'un thermomètre, on relève une élévation de température $\Delta T = 2{,}7$ °C.

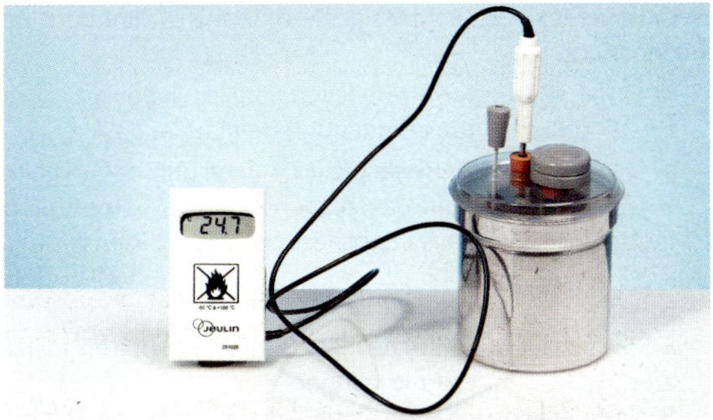

En assimilant les solutions à de l'eau et en négligeant la capacité thermique du calorimètre, le transfert thermique Q mis en jeu lors de la réaction s'obtient par la relation :
$Q = m \cdot c_{eau} \cdot \Delta T$, où m représente la masse de la solution et c_{eau}, la capacité thermique massique de l'eau.

1. Calculer la quantité d'énergie Q libérée sous forme thermique par la réaction.

2. Calculer la quantité d'énergie libérée par la réaction d'une mole de base forte.

3. La mesure précise de cette quantité donne 57 kJ · mol^{-1}. Comment expliquer l'écart observé ?

Donnée. $c_{eau} = 4{,}18$ J · g^{-1} · °C^{-1}.

24 Solutions biologiques

Les biologistes utilisent des solutions aqueuses d'acide cacodylique $(CH_3)_2AsO_2H$ afin de réaliser des solutions tampon, qu'ils utilisent pour travailler dans des conditions proches du milieu plasmatique. Pour cela, ils mélangent l'acide cacodylique à des solutions aqueuses de cacodylate de sodium $(CH_3)_2AsO_2Na$. L'acide cacodylique est un acide faible et l'ion cacodylate est sa base conjuguée.

1. Calculer le pH d'une solution pour laquelle $[(CH_3)_2AsO_2H\text{ (aq)}]_f = 2{,}0 \times 10^{-2}$ mol · L^{-1} et $[(CH_3)_2AsO_2^-\text{ (aq)}]_f = 2{,}4 \times 10^{-2}$ mol · L^{-1}. Que peut-on dire de cette solution ?

2. Quel intérêt ont les biologistes à utiliser cette solution ?

3. Calculer la masse totale d'arsenic As contenue dans 1,0 L de cette solution.

Données. $pK_a((CH_3)_2AsO_2H\text{ (aq)}/(CH_3)_2AsO_2^-\text{ (aq)}) = 6{,}2$.
$M((CH_3)_2AsO_2Na) = 160$ g · mol^{-1}.

25 Espèces acides en solution

On prépare deux solutions aqueuses S_1 et S_2, à partir de deux espèces chimiques acides différentes notées A_1H et A_2H et d'eau distillée, de telle manière que la concentration en soluté apporté soit $c_0 = 1{,}0 \times 10^{-2}$ mol · L^{-1} pour chacune d'elles. On considère que la réaction de chaque espèce acide dans l'eau est instantanée. On cherche à différencier ces deux espèces acides en observant leur action sur l'eau, par l'intermédiaire d'une mesure de pH réalisée dans les mêmes conditions pour chaque solution.

1. Rappeler la définition d'un acide selon Brönsted.

2. Écrire l'équation qui représente la réaction d'une espèce acide quelconque AH avec l'eau.

Indiquer les deux couples acide-base mis en jeu dans cette équation.

3. On néglige toute autre réaction. Quelle relation a-t-on, dans ces conditions, entre les quantités de matière de A^- et H_3O^+ ?

4. On réalise la mesure du pH, à 25 °C, en utilisant un volume $V = 200$ mL de chacune des solutions S_1 et S_2. Ces mesures permettent de calculer leurs concentrations en ions oxonium : $[H_3O^+]_1 = 1{,}3 \times 10^{-3}$ mol · L^{-1} pour S_1 et $[H_3O^+]_2 = 1{,}0 \times 10^{-2}$ mol · L^{-1} pour S_2.
a. Calculer les quantités de matière en ions oxonium, $n_1(H_3O^+)$ et $n_2(H_3O^+)$, dans chaque solution.
b. Calculer la quantité de matière d'acide A_1H et A_2H initialement présente dans les 200 mL de chaque solution avant toute réaction avec l'eau.
c. Comparer les résultats et conclure sur la nature de chacune des deux espèces acides.

26 Dilution et pH

L'acide nitrique HNO_3 est un acide fort. On prélève une masse $m = 1{,}26$ g d'une solution commerciale d'acide nitrique à 50 % en masse afin de préparer un volume $V = 1{,}0$ L de solution aqueuse.

1. Calculer la concentration molaire c_0 en acide nitrique de la solution S_0 obtenue.

2. Quelle est la concentration en ions oxonium dans S_0 ?

3. Donner la valeur du pH de la solution aqueuse S_0.

On prépare une solution S_1 par dilution au dixième de la solution précédente dans une fiole jaugée de 200 mL.

4. a. Calculer le volume de solution-mère qu'il faut prélever.
b. Comment doit-on procéder pour réaliser cette dilution ?

5. Quel est le pH de la solution diluée S_1 ?

27 Acide sulfamique

L'acide sulfamique H_2NSO_3H est un solide blanc souvent utilisé comme détartrant. On en dissout une masse $m = 3{,}8$ g dans un volume $V = 500$ mL d'eau distillée pour obtenir une solution notée S, de concentration c_a en ions oxonium.

1. a. Sachant que la réaction entre l'acide et l'eau est totale, comment qualifie-t-on l'acide sulfamique ?
b. Écrire l'équation de la réaction qui se produit.

2. Exprimer la quantité de matière d'ions oxonium dans la solution.

3. a. Calculer c_a.
b. En déduire le pH de la solution.

On fait réagir un volume $V_1 = 20{,}0$ mL de la solution S avec un volume $V_2 = 15{,}6$ mL de solution d'hydroxyde de sodium, de concentration $c_b = 0{,}10$ mol · L^{-1}.

4. Quelle est l'équation de la réaction qui se produit ?

5. a. Que peut-on observer lors du mélange des deux solutions ?
b. Citer trois conseils de prudence à respecter lors du mélange.

6. Calculer les quantités de matière d'acide et de base qui ont été mélangées.

7. Que peut-on dire de la solution obtenue ?

28 Différents pH, différentes solutions

On dispose de quatre solutions aqueuses de même concentration *c* et dont les mesures de pH donnent 3 ; 3,5 ; 7 et 11.

1. Indiquer si chaque solution est acide, basique ou neutre.

2. Parmi ces solutions, il y a une solution d'acide chlorhydrique, une solution de soude, une solution d'acide méthanoïque (un acide faible) et de l'eau salée. Retrouver le pH de chacune.

3. Que vaut la concentration *c* ?

4. a. Si l'on mélange des volumes identiques de la solution d'acide méthanoïque et d'une solution de méthanoate de sodium de même concentration, on obtient une solution S de pH = 3,8. Comment se nomme la solution obtenue ?
b. En déduire le pK_a du couple acide méthanoïque/ion méthanoate. Justifier.

5. Que se passe-t-il si l'on ajoute à la solution S, en quantité modérée, un volume de solution d'acide chlorhydrique, de soude ou d'eau salée ?

29 Réaction dans le plasma sanguin

Le plasma sanguin a un pH de 7,4. Ce milieu est tamponné, entre autres, par le couple $H_2PO_4^-$ (aq)/HPO_4^{2-} (aq), de pK_a égal à 7,2. Les concentrations molaires de ces deux espèces conjuguées sont $[H_2PO_4^-] = 0{,}17$ mol · L^{-1} et $[HPO_4^{2-}] = 0{,}28$ mol · L^{-1}, lorsque se produit une réaction métabolique qui libère 0,05 mol d'ions oxonium par litre de sang.

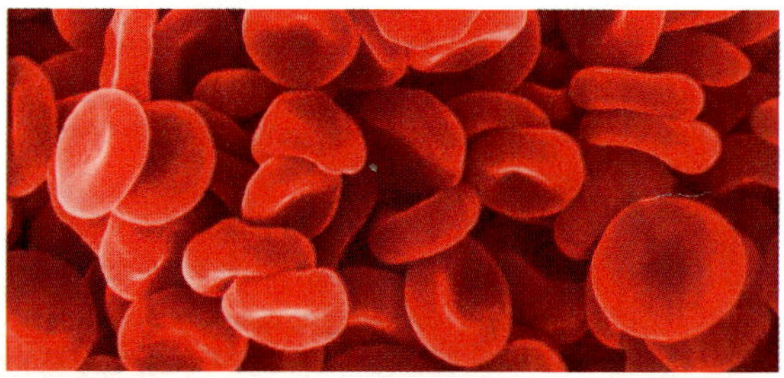

1. Écrire l'équation de la réaction qui se produit.

2. Calculer les concentrations molaires des deux espèces conjuguées après la réaction métabolique.

3. a. Que vaut alors le pH ?
b. Comparer avec la valeur du pH qu'on obtiendrait si la même réaction métabolique se produisait dans de l'eau pure.

4. Pourquoi dit-on que le plasma est un milieu tamponné ?

30 ★ Le tampon bicarbonate du sang

Le « tampon bicarbonate » intervient dans l'équilibre acide-base du sang par le couple CO_2 (aq), H_2O (l)/HCO_3^- (aq). Il présente l'avantage important de pouvoir fonctionner en système ouvert, c'est-à-dire relié à l'extérieur, les concentrations en base et en acide pouvant être régulées par contrôle de leurs excrétions (CO_2 par voie respiratoire et HCO_3^- par voie rénale).

On cherche à illustrer le rôle du tampon bicarbonate et ses rapports avec la respiration. On considérera que les concentrations dans le sang sont de 24 mmol · L^{-1} pour les ions HCO_3^- (aq) et de 1,2 mmol · L^{-1} pour le CO_2 (aq).

1. a. Écrire la relation entre le pH et le pK_a du couple acide-base CO_2 (aq), H_2O (l)/HCO_3^- (aq).
b. Effectuer l'application numérique.

L'équation de la réaction qui se produit si un excès d'acidité arrive dans le sang est :
$H^+ (aq) + HCO_3^- (aq) \rightleftharpoons CO_2 (aq) + H_2O (l)$.

On considère un apport dans le sang de 2,0 mmol · L^{-1} d'ions H^+ (aq).

2. a. Quelles sont les nouvelles concentrations molaires en HCO_3^- (aq) et CO_2 (aq) si l'on est en système fermé, c'est-à-dire isolé de l'extérieur ?
b. Que devient le pH ?

3. En système ouvert, il y a élimination du CO_2 en excès par voie respiratoire.
a. Que peut-on dire de la concentration molaire en CO_2 (aq) pour un apport identique d'ions H^+ (aq) dans le sang ?
b. Calculer la valeur du pH en système ouvert et la comparer à celle en système fermé.

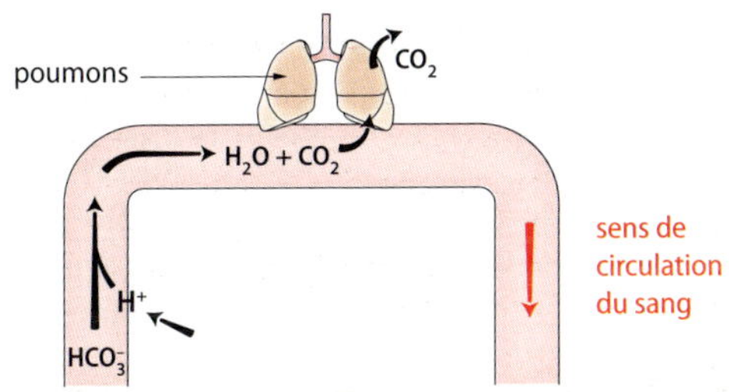

4. Dans quel cas le tampon bicarbonate du sang est-il le plus efficace ?

Donnée. *$pK_a(CO_2 (aq), H_2O (l)/HCO_3^- (aq)) = 6,1$.*

31 ★ Acide lactique

Lors d'un effort prolongé, il peut se former, dans la cellule musculaire, de l'acide lactique qui, lorsqu'il passe dans le sang, provoque une diminution locale de son pH du fait de la création en abondance de dioxyde de carbone dissous dans le sang.

Le sang peut être assimilé à une solution aqueuse ionique dont le pH, voisin de 7,4, est quasiment constant et ne peut subir que de très faibles fluctuations.

1. Comment appelle-t-on un milieu tel que le sang ?

Le maintien de la valeur du pH se fait, entre autres, grâce à des espèces chimiques régulatrices, dont le couple acide-base CO_2 (aq), H_2O (l)/HCO_3^- (aq) (couple dioxyde de carbone dissous/ion hydrogénocarbonate), grâce à l'équilibre :
$CO_2 (aq), H_2O (l) + H_2O (l) \rightleftharpoons HCO_3^- (aq) + H_3O^+ (aq)$.

2. a. Donner l'expression de la constante d'acidité K_a associée au couple régulateur.
b. En déduire la relation entre le pH et le pK_a du couple CO_2 (aq), H_2O (l)/HCO_3^- (aq).
c. Calculer alors la valeur du rapport $[HCO_3^-]_f/[CO_2, H_2O]_f$ dans le sang artériel normal.

3. a. L'acide lactique a pour formule $H_3C–CHOH–COOH$. Écrire la formule de sa base conjuguée.
b. Lorsque l'acide lactique produit dans la cellule musculaire est en partie transféré dans le sang, il réagit avec les ions hydrogénocarbonate. Donner l'équation de cette réaction.

4. a. Pourquoi, lors d'un effort physique, la concentration en dioxyde de carbone dissous dans le sang augmente-t-elle au voisinage du muscle ?
b. Comment devrait varier le pH du sang ?
c. Est-ce en accord avec le texte ?

5. a. Calculer le pH local du sang après effort, en utilisant la relation établie à la question **2.b** et les données.
b. Est-ce en accord avec le texte ?

Données. *À une température de 37 °C, pH d'un sang artériel « normal » : 7,4 ; $pK_a(CO_2 (aq), H_2O (l)/HCO_3^- (aq)) = 6,1$.*
Pour le sang, après l'effort : $[HCO_3^-]_f = 2,4 \times 10^{-2}$ mol · L^{-1} et $[CO_2, H_2O]_f = 4,4 \times 10^{-3}$ mol · L^{-1}.

En route vers le Supérieur

32 ★★ Préparation d'une solution tampon

À partir d'une solution d'acide chlorhydrique S de concentration molaire $c = 1,0 \times 10^{-2}$ mol · L^{-1}, on veut préparer un litre d'une solution tampon de pH = 3,5 en ajoutant une masse m de méthanoate de sodium solide HCO_2Na(s). On suppose qu'il n'y a aucune variation de volume lors du mélange.

1. Quelle est la valeur du pH de la solution S ?

2. L'acide méthanoïque est un acide faible.
a. Écrire l'équation de la réaction entre cet acide et l'eau.
b. Donner l'expression de la constante d'acidité K_a du couple HCO_2H (aq)/HCO_2^- (aq).
c. En déduire la valeur du rapport $[HCO_2^-]_f/[HCO_2H]_f$ dans le tampon de pH = 3,5.

3. Sachant que la quantité de matière apportée par HCO_2Na (s) se retrouve dans HCO_2H (aq) et HCO_2^- (aq) :
a. exprimer $[HCO_2^-]_f + [HCO_2H]_f$ en fonction de la masse m de méthanoate de sodium ;
b. utiliser le résultat de la question **2.c** pour en déduire la valeur de la concentration $[HCO_2^-]_f$ en fonction de m.

4. La solution est électriquement neutre.
a. Quelle est la relation entre les concentrations des différentes espèces chargées en solution ?
b. Calculer m.

Donnée. *$pK_a(HCO_2H (aq)/HCO_2^- (aq)) = 3,7$.*

Pour préparer le BAC

Énoncé type

Étude de solutions

Le chlorure d'hydrogène, de symbole chimique $HC\ell$, est un gaz incolore, toxique et hautement corrosif. C'est un acide fort. Dissous dans l'eau, il forme l'acide chlorhydrique.
On cherche à préparer au laboratoire une solution aqueuse S_1 d'acide chlorhydrique, de concentration en soluté apporté $c_1 = 0{,}010 \text{ mol} \cdot \text{L}^{-1}$. Pour ce faire, on dissout un volume V_g de chlorure d'hydrogène dans l'eau pour obtenir un volume $V_1 = 800 \text{ cm}^3$ de solution S_1.

Données. *Une mole de gaz occupe un volume $V = 24{,}5$ L dans les conditions de l'expérience.*
Produit ionique de l'eau dans les conditions de l'expérience : $K_e = 10^{-14}$.

1. Quelles précautions faut-il prendre pour préparer la solution S_1 ?

2. a. Qu'est-ce qu'un acide fort ?

b. Parmi les valeurs suivantes, laquelle est celle du pK_a du couple associé à cet acide : 0 ; 7 ; 14 ?

c. Écrire l'équation de la réaction qui se produit lors de la mise en solution du chlorure d'hydrogène dans l'eau.

3. Calculer le volume V_g de chlorure d'hydrogène dissous dans le volume V_1.

4. Quel est le pH de la solution S_1 ?

5. a. Une solution S de soude a pour concentration $c = 0{,}10 \text{ mol} \cdot \text{L}^{-1}$. Calculer son pH.

b. On mélange les solutions S_1 et S. La réaction qui se produit donne-t-elle lieu à un équilibre chimique ?

c. Écrire l'équation de la réaction.

d. Que constate-t-on lors du mélange ?

On dispose maintenant d'une solution aqueuse d'un acide S_2 de concentration c_2 et de pH égal à 2,4. Après avoir dilué 10 fois cette solution, on mesure son pH. On obtient 2,9.

6. Que peut-on dire de cet acide ?

7. a. On souhaite préparer une solution tampon en utilisant la solution S_2. Expliquer comment il faut procéder.

b. Pour quelle valeur de pH ce tampon sera-t-il le plus performant ?

Les compétences évaluées

- Calculer le pH d'une solution aqueuse d'acide fort ou de base forte.
- Connaître quelques aspects des réactions entre acides forts et bases fortes.
- Extraire et exploiter des informations sur l'importance du contrôle du pH.

➤ Coups de pouce

2. b. Le pK_a du couple associé à un acide fort est négatif ou nul.

5. a. Pour des solutions aqueuses de concentration *c*, on a :
pH = – log *c* pour un acide fort ;
$pH = pK_e + \log c$ pour une base forte.

b et **d.** La réaction quasi totale entre un acide fort et une base forte est exothermique.

7. Un mélange équimolaire d'un acide faible et de sa base conjuguée constitue une solution tampon dont le pH est égal au pK_a du couple.

EXEMPLE DE **RÉSOLUTION**

1. Le chlorure d'hydrogène est un gaz toxique et corrosif : on se place **sous la hotte** et on porte **gants**, **lunettes** et **blouse** pour réaliser la solution.

2. a. Un acide est fort si **sa réaction sur l'eau est quasi totale**.

b. Le pK_a du couple associé à un acide fort est négatif ou nul : c'est donc **0**.

c. L'équation de la réaction est :
$$HC\ell\,(g) + H_2O\,(l) \rightarrow H_3O^+(aq) + C\ell^-(aq).$$

3. On a $n_1 = c_1 \cdot V_1$ moles d'acide dissous dans l'eau, qui occupait à l'état gazeux un volume :
$V_g = n_1 \cdot V = 0{,}010 \times 0{,}800 \times 24{,5}$. Soit $\boxed{V_g = 0{,}20 \text{ L}}$

4. Le chlorure d'hydrogène est un acide fort :
$pH = -\log c_1$ soit
pH = – log 0,010. Donc $\boxed{pH = 2{,}0}$

5. a. La soude est une base forte. Son pH se calcule par la relation :
pH = 14 + log *c*.
pH = 14 + log 0,10. Donc $\boxed{pH = 13}$

b. Non, la réaction est **quasi totale**.

c. $H_3O^+\,(aq) + HO^-\,(aq) \rightarrow 2\,H_2O\,(l)$.

d. La réaction est **exothermique** : on constate un échauffement.

6. Si l'acide était fort, le pH augmenterait d'une unité après dilution d'un facteur 10. Ici, la variation est moindre : **cet acide est faible**.

7. a. Pour préparer une solution tampon, on doit prendre un **mélange équimolaire de l'acide faible et de sa base conjuguée**.

b. Le **pH** optimal d'une solution tampon est **égal au pK_a** du couple acide-base faible.

Pour préparer le BAC

Les compétences évaluées

- Extraire et exploiter des informations sur l'importance du contrôle du pH.

Énoncé type

Sang et effort musculaire

Le sang est assimilé à une solution aqueuse dont le pH est égal à 7,4, contenant des molécules d'hémoglobine. Une molécule d'hémoglobine est constituée de plusieurs sous-unités. On ne considèrera dans tout l'exercice que la sous-unité notée Hb (aq).
Au niveau des poumons, une sous-unité d'hémoglobine fixe une molécule de dioxygène pour donner une sous-unité d'oxyhémoglobine, que l'on notera HbO_2 (aq).
L'équation de la réaction associée à la transformation chimique, notée (1), est :

$$Hb\ (aq) + O_2\ (aq) \rightleftharpoons HbO_2\ (aq).$$

Du sang des poumons vers les organes, le dioxygène est transporté sous forme de dioxygène dissous dans le sang, noté O_2 (aq), et sous forme d'oxyhémoglobine.
Au cours d'un effort, du dioxyde de carbone est formé au niveau des muscles. Il se dissout dans le sang. Le couple acide-base mis en jeu est CO_2 (aq), H_2O (l)/HCO_3^- (aq), de pK_a égal à 6,4.

1. a. Écrire l'équation, notée (2), de la réaction associée à la transformation entre le dioxyde de carbone dissous et l'eau.

b. Peut-on considérer le dioxyde de carbone dissous comme un acide fort ?

2. a. Représenter sur un diagramme les domaines de prédominance des espèces du couple CO_2 (aq), H_2O (l)/HCO_3^- (aq).

b. En déduire l'espèce prédominante de ce couple dans le sang, au niveau des tissus.

3. Pourquoi la dissolution du dioxyde de carbone provoque-t-elle une diminution du pH sanguin en l'absence d'autres réactions ?

Chez un être humain en bonne santé, le pH du sang ne peut varier que dans des limites très étroites, de 7,36 à 7,42. D'autre part, l'oxyhémoglobine peut réagir avec les ions oxonium selon l'équation, notée (3) :

$$HbO_2\ (aq) + H_3O^+\ (aq) \rightleftharpoons O_2\ (aq) + HbH^+\ (aq) + H_2O\ (l).$$

4. Montrer que les ions H_3O^+ (aq) produits par la réaction d'équation (2) permettent la libération du dioxygène nécessaire à l'effort musculaire, tout en limitant la variation de pH vue à la question **3**.

5. a. Comment peut-on qualifier une solution telle le sang ?

b. Quelles sont ses propriétés ?

➤ Coups de pouce

1. Une réaction acido-basique correspond à un transfert de proton entre un acide et une base.

2. Utiliser la valeur de pK_a donnée dans l'énoncé.

4. Le pH est lié à la concentration des ions oxonium par une relation mathématique.

EXEMPLE DE **RÉSOLUTION**

1. a. L'acide CO_2, H_2O cède un proton à la base H_2O selon l'équation (2) :

$$CO_2\ (aq), H_2O\ (l) + H_2O\ (l) \rightleftharpoons HCO_3^-\ (aq) + H_3O^+\ (aq).$$

b. Le pK_a du couple auquel appartient CO_2 (aq), H_2O (l) est positif. Le dioxyde de carbone dissous est donc un **acide faible**.

2. a. Diagramme de prédominance du couple CO_2 (aq), H_2O (l)/HCO_3^- (aq) :

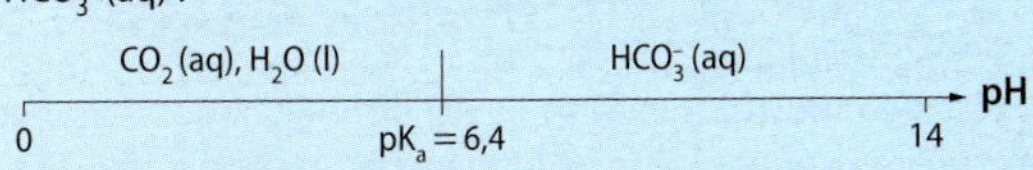

b. Pour une valeur de pH supérieure à $pK_a = 6,4$, c'est la base **HCO_3^- qui prédomine**.

3. La dissolution du dioxyde de carbone libère des ions oxonium H_3O^+ (équation (2)) dans le sang.
$[H_3O^+]$ augmente, donc **le pH diminue**, car $pH = -\log [H_3O^+]$.

4. Les ions H_3O^+ apportés par la réaction d'équation (2) peuvent réagir selon la réaction d'équation (3). Les ions oxonium sont ainsi consommés, ce qui **évite la diminution du pH sanguin** évoquée à la question **3** et ce qui permet la **libération de dioxygène nécessaire** à l'effort musculaire.

5. a. C'est une **solution tampon**.

b. Son **pH varie peu** par dilution modérée et par addition d'une faible quantité de base ou d'acide.

En route vers le BAC

1 L'azote Kjeldahl

Afin de déterminer la teneur en protéines des céréales utilisées dans la fabrication de la bière, le Danois Johan Kjeldahl a mis au point, en 1883, une méthode permettant de doser l'azote présent sous forme organique ou sous forme d'ions ammonium (NH_4^+) : toutes ces formes d'azote sont transformées en ammoniac NH_3. La concentration massique équivalente en ammoniac constitue l'« azote Kjeldahl », parfois noté NTK.

La première étape de la méthode Kjeldahl consiste à verser, sur l'échantillon analysé, une solution d'acide sulfurique concentré en excès, puis à chauffer à 250 °C pendant 2 heures : tout l'azote Kjeldahl est alors transformé en ions NH_4^+.

On laisse ensuite refroidir le mélange, puis on ajoute à l'échantillon un excès d'une solution d'hydroxyde de sodium (Na^+ (aq) + HO^- (aq)), de concentration 10 mol · L⁻¹.

1. Parmi les molécules représentées ci-dessous, quelles sont celles qui contribuent à l'azote Kjeldahl ? Justifier.

a $O{=}N{-}O^-$

b 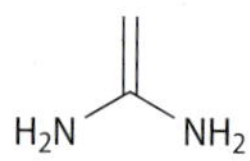

c NO_3^-

d 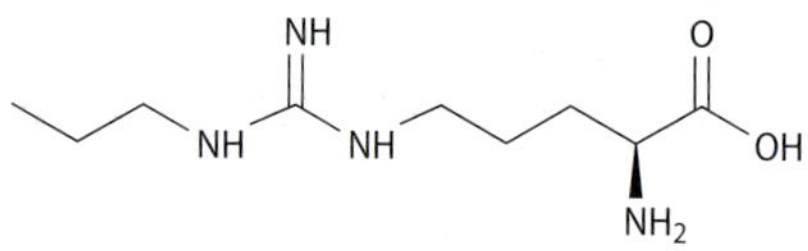

e 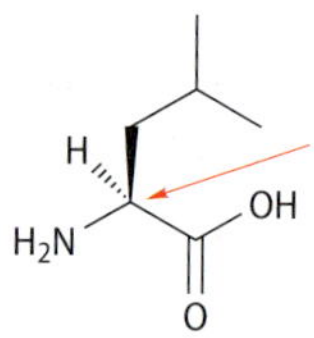

2. Donner la formule brute des molécules **d** et **e**.

3. Comment appelle-t-on un atome de carbone tel que celui désigné par la flèche rouge sur la molécule **e** ?

4. a. L'acide sulfurique est-il un acide faible ou fort ? Justifier la réponse.
b. Quelles précautions faut-il prendre lorsqu'on ajoute l'acide sulfurique dans l'échantillon analysé ?

5. Donner l'équation de la réaction qui se produit entre les ions ammonium et les ions hydroxyde apportés par la soude.

6. L'ajout de soude est réalisé dans une enceinte fermée : cela permet de protéger l'expérimentateur. Pourquoi cette étape demande-t-elle des précautions particulières ?

L'azote sous forme ammoniacale et organique peut être toxique pour la faune et la flore. La mesure de NTK, exprimée en masse d'ammoniac obtenu, peut être utilisée pour évaluer la pollution d'une eau. Ainsi, en sortie de station d'épuration, NTK doit être inférieur à 15 mg · L⁻¹.

7. Lors de l'analyse d'un volume V_0 = 100 mL d'eau, la quantité d'ammoniac NH_3 obtenue vaut $4{,}7 \times 10^{-4}$ mol. Cette eau est-elle conforme au seuil de rejet ?

Données. *$pK_a(H_2SO_4\,(aq)/HSO_4^-\,(aq)) = -3$; $pK_a(H_2O\,(l)/HO^-\,(aq)) = 14$; $pK_a\,(NH_4^+\,(aq)/NH_3\,(aq)) = 9{,}2$.*

2 Résines échangeuses d'ions

Un échangeur d'ions est un polymère porteur de groupes susceptibles d'échanger des ions lorsqu'il est mis en contact avec une solution ionique (photo).

Par exemple, une résine cationique sur laquelle sont greffés des groupements sulfonates SO_3^- retiendra des ions chargés positivement, mais laissera passer les composés neutres ou chargés négativement. L'échangeur d'ions est généralement placé dans une colonne munie à sa base d'un robinet.

On souhaite séparer les molécules **a** et **b**, représentées ci-dessous, en utilisant une résine cationique.

a $H_3C{-}NH_2$

b 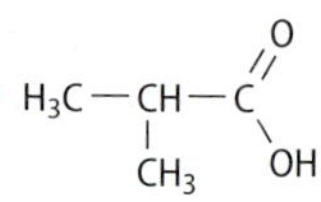

1. Quel groupe d'atomes caractéristique reconnaît-on dans la molécule **a** ? Nommer cette molécule.

2. Mêmes questions pour la molécule **b**.

3. La molécule **b** contient-elle un atome de carbone asymétrique ? Justifier.

4. **a** est une base qui appartient à un couple dont le pK_a vaut 10,6. **b** est un acide qui appartient à un couple dont le pK_a vaut 4,9.
a. Tracer le diagramme de prédominance de **a**, puis de **b**.
b. On fixe le pH de l'échantillon (un mélange de **a** et **b**) à 2. Donner la formule des espèces présentes dans cet échantillon. Quelle est celle qui est retenue par la résine ? Quelle est celle que l'on récupère au bas de la colonne ?

3 Analyse d'un corps gras

A. Les corps gras

Les corps gras sont essentiellement des triglycérides, composés dont la formule générale est donnée ci-contre (R_1, R_2 et R_3 sont des groupes alkyles).

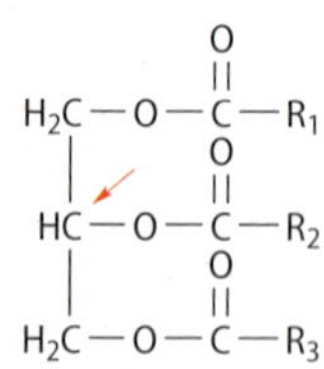

1. Quel groupe d'atomes caractéristique comporte un triglycéride ?

2. À quelle condition sur R_1 et R_3 le carbone désigné par la flèche rouge est-il asymétrique ?

3. La stéarine, dont la formule est donnée ci-dessous, est un acide gras qui peut être obtenu par la réaction entre 3 moles d'acide stéarique et 1 mole de glycérol, composé de formule $HOCH_2{-}CHOH{-}CH_2OH$. Il se forme également 3 moles d'eau.
a. En déduire la formule brute de l'acide stéarique.

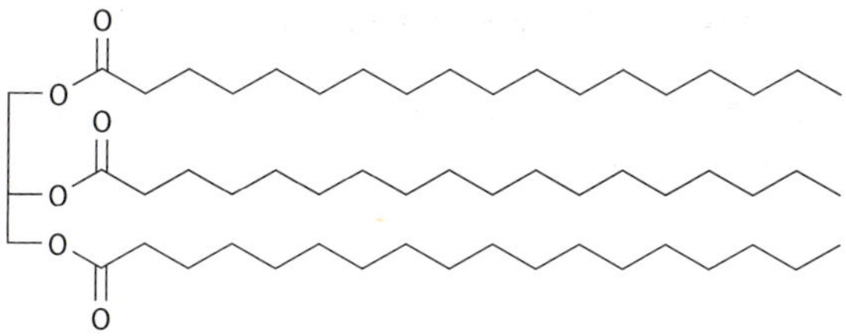

b. Comment appelle-t-on la représentation de la stéarine proposée ci-dessus ?

B. L'indice d'acide

L'indice d'acide d'un composé, noté IA, est la masse de potasse (KOH (s)), exprimée en mg, qui peut réagir avec les groupes acides contenus dans 1,0 g de composé.

1. Écrire l'équation de la réaction acido-basique entre les ions hydroxyde HO^- (aq) (base forte) et un acide carboxylique de formule R–COOH.

2. a. Parmi les formules générales suivantes, quelle est celle qui correspond à un acide carboxylique dans lequel toutes les liaisons carbone-carbone sont simples ?
ⓐ $C_nH_{2n+2}O_2$; ⓑ $C_nH_{2n}O_2$; ⓒ $C_nH_{2n-1}O_2$; ⓓ $C_nH_{2n-2}O_2$.
b. En déduire que la masse molaire de cet acide vaut $M = 14n + 32$.

3. Montrer que la relation entre l'indice d'acide IA et le nombre d'atomes de carbone n d'un acide gras qui ne contient que des simples liaisons C–C est : $IA = 56{,}1 \times 10^3/(14n + 32)$.

4. Calculer les indices d'acide de l'acide butanoïque et de l'acide stéarique. Conclure.

4 Déshydratation d'un alcool

On s'intéresse à la déshydratation d'un alcool, qui conduit à un mélange d'alcènes et d'eau. La première étape du mécanisme mis en jeu dans cette réaction est représentée ci-dessous :

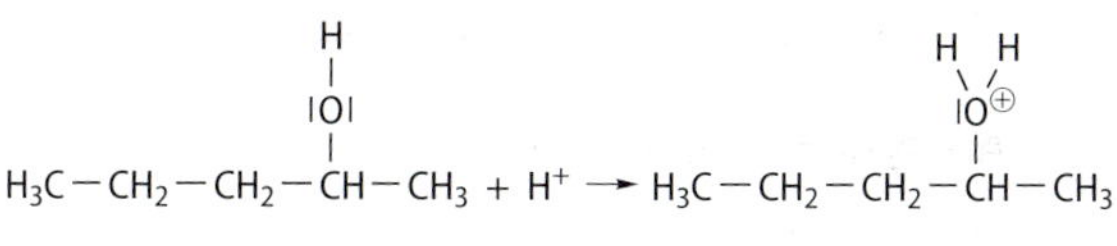

1. Quel est le nom de l'alcool utilisé ?

2. Cet alcool est-il chiral ? Justifier.

3. Recopier la première étape du mécanisme ; identifier les sites donneur et accepteur de doublet d'électrons et les relier par une flèche courbe afin d'expliquer la formation de l'espèce obtenue.

4. Écrire la formule topologique des alcènes que l'on obtient par cette déshydratation et donner leurs noms.

5. Les alcènes obtenus sont-ils isomères ? énantiomères ? diastéréoisomères ? Justifier.

6. À quelle catégorie de réactions appartient la déshydratation ?

5 Préparation d'un ester

On souhaite préparer un ester à partir de propan-1-ol et de divers réactifs non organiques. Pour cela, on commence par oxyder l'alcool en présence d'un excès d'ions dichromate $Cr_2O_7^{2-}$ (aq). Il se forme, entre autres produits, de l'acide propanoïque.

1. a. Écrire les formules semi-développées du propan-1-ol et de l'acide propanoïque.
b. L'alcool utilisé est-il chiral ?
c. La réaction met-elle en jeu une modification de chaîne ? une modification de groupe caractéristique ?

L'acide propanoïque ainsi obtenu est isolé, purifié, puis mélangé à du propan-1-ol et à quelques gouttes d'une solution d'acide sulfurique. Ce mélange est chauffé à reflux pendant 2 heures ; on obtient du propanoate de propyle.

2. Donner la représentation topologique du propanoate de propyle.

3. a. Le pK_a du couple auquel l'acide sulfurique H_2SO_4 (l) appartient vaut – 3. Que peut-on dire de cet acide ?
b. Quelles précautions faut-il prendre lorsqu'on manipule l'acide sulfurique ? Justifier.

4. Les deux premières étapes du mécanisme réactionnel mis en jeu dans la réaction de formation de l'ester sont écrites ci-dessous.

Étape 1

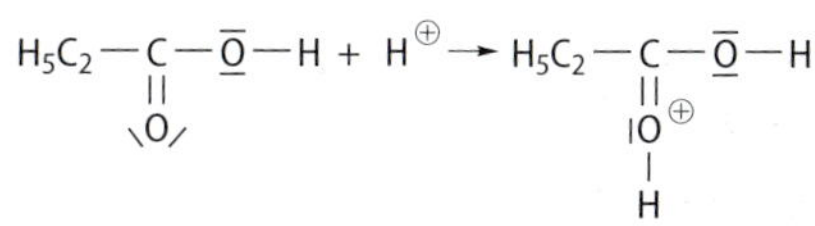

Étape 2

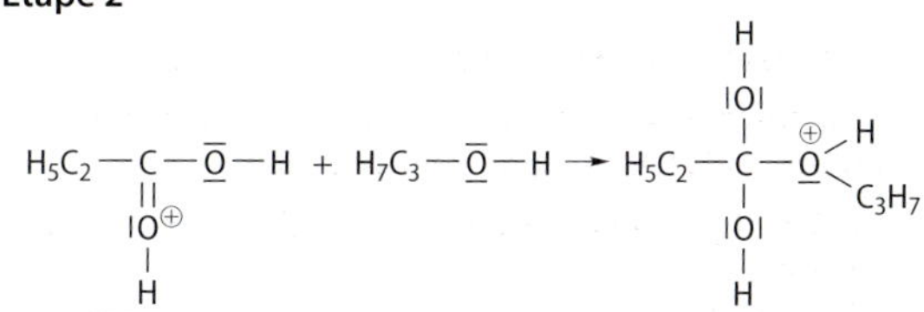

Recopier ces deux étapes. Pour chacune, identifier les sites donneurs et accepteurs de doublet d'électrons et les relier par une flèche courbe. Représenter toute autre flèche courbe qui explique la rupture ou la formation des liaisons mises en jeu.

6 Réactions en chimie organique

Les exemples ci-dessous illustrent la variété des réactions en chimie organique.

❶ 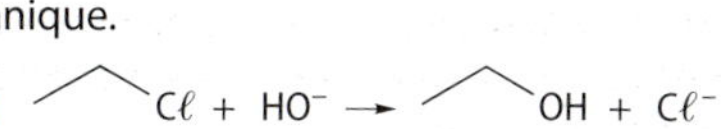
A

❷ 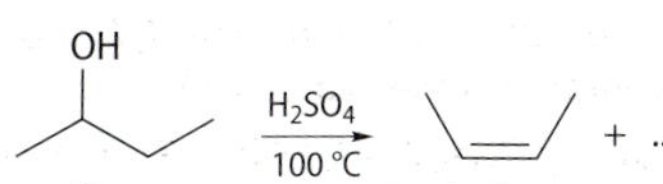
B C

En route vers le BAC

3
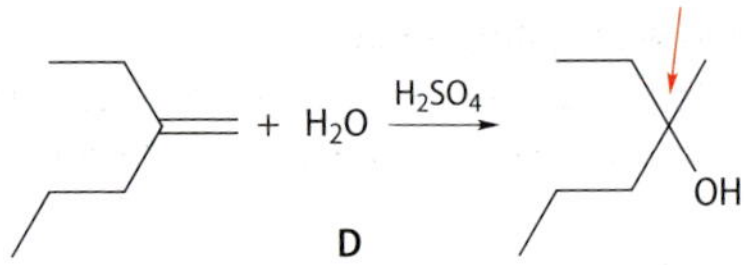

4
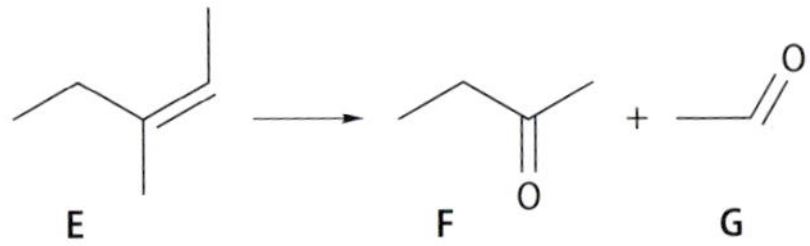

H_2SO_4 est un catalyseur.

1. Pour chaque exemple, répondre aux questions suivantes :
a. La réaction s'accompagne-t-elle d'une modification de chaîne ? d'une modification de fonction ?
b. La réaction peut-elle être classée dans la catégorie des réactions d'addition ? d'élimination ? de substitution ?

2. a. Préciser la polarisation de la liaison C–Cℓ dans la molécule de chloroéthane **A**. Justifier.
b. En déduire où est situé le site accepteur de doublet d'électrons pour cette liaison C–Cℓ.
c. Où est situé le site donneur de doublet d'électrons dans l'ion hydroxyde HO^- ?
d. Relier par une flèche courbe les sites donneur et accepteur identifiés plus haut et ajouter toute autre flèche permettant d'expliquer la formation et la rupture de liaisons pour cette réaction.

3. a. Nommer les molécules **B** et **C**.
b. La molécule **B** est-elle chirale ? Même question pour **C**.
c. Donner la formule semi-développée du diastéréoisomère de **C**.

4. a. Comment appelle-t-on un atome de carbone tel que celui désigné par la flèche rouge sur la molécule **D** ?
b. La présence d'un tel atome de carbone permet-elle de conclure que la molécule **D** est chirale ?

5. Nommer les molécules **E**, **F** et **G**.

Données. *Des valeurs d'électronégativité, dans l'échelle actuelle de Pauling, sont données Fig. 1 p. 312 du manuel.*

7 L'acide lactique

Comme son nom l'indique, l'acide lactique est présent dans le lait, mais aussi dans le vin, dans certains fruits et légumes et il peut également se former dans les cellules musculaires lors d'efforts prolongés. La figure a donne une représentation de l'acide lactique à l'aide d'un logiciel de modélisation de molécules.

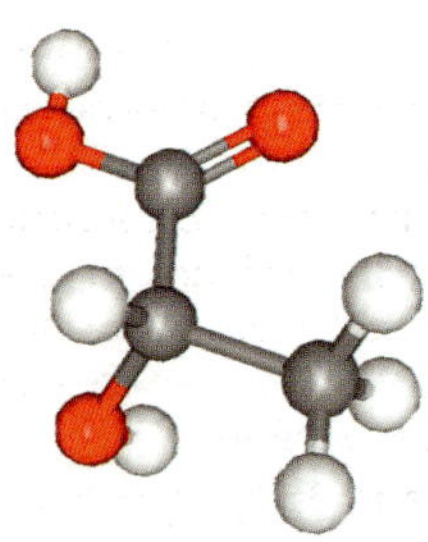
a

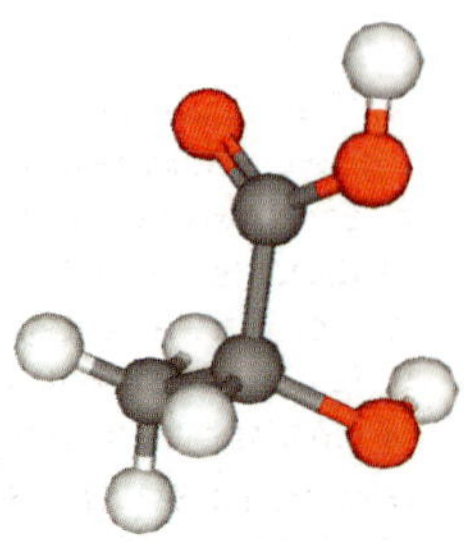
b

1. a. Donner la représentation de Cram correspondant à cette image.
b. L'acide lactique est-il chiral ? Justifier.
c. Que représente la molécule dont une représentation est donnée sur la figure b pour celle de la figure a ? Comparer les propriétés physiques, chimiques et biologiques de ces deux molécules.

2. Au laboratoire, on prépare un mélange d'acide lactique et de sa base conjuguée, l'ion lactate. Le pH mesuré vaut 3,9.
a. Comment appelle-t-on ce type de mélange ?
b. Donner la formule semi-développée de l'ion lactate.
c. La masse d'ions lactacte contenue dans ce mélange à l'état final vaut 2,4 g.
Quel est le volume V_{acide} d'acide lactique pur qui contiendrait autant d'acide lactique que ce mélange ?

Données. *pK_a du couple acide lactique/ion lactate : 3,9.*
L'acide lactique pur est un liquide de densité $d = 1,35$.
Masse volumique de l'eau : $\rho_0 = 1,0\ kg \cdot L^{-1}$.

8 Préparation d'un tampon à base de glycine

La glycine est un acide α-aminé, disponible au laboratoire sous la forme $^+H_3N–CH_2–COO^-$ à l'état solide. Le pK_a associé à la fonction acide carboxylique vaut 2,4 ; celui associé à la fonction amine vaut 9,6.

On souhaite préparer 500 mL d'un tampon à base de glycine de pH = 9,0, ayant une concentration totale en glycine de $1,2\ mol \cdot L^{-1}$. On dispose pour cela :
– de glycine solide, de masse molaire $75,0\ g \cdot mol^{-1}$;
– d'une solution aqueuse d'hydroxyde de sodium, de concentration $1,00\ mol \cdot L^{-1}$;
– d'acide chlorhydrique, de concentration $1,00\ mol \cdot L^{-1}$.

1. Tracer le diagramme de prédominance de la glycine en faisant bien apparaître les différentes formules de ce composé en fonction du pH. On notera qu'il y a deux valeurs de pK_a pour la glycine, donc trois domaines de prédominance.

2. Quelle masse de solide faut-il prélever pour préparer la solution tampon ?

3. On dissout cette masse dans environ 300 mL d'eau déminéralisée. Le pH mesuré est proche de 6.
a. On cherche à ajuster le pH à la valeur 9,0. Faut-il ajouter de l'acide chlorhydrique ou de la solution d'hydroxyde de sodium ? Justifier.
b. Écrire l'équation de la réaction qui se produit lors de l'ajout de cette solution.
c. Pourquoi la solution obtenue est-elle qualifiée de solution tampon ?

Données. *$pK_a(H_3O^+ (aq)/H_2O (l)) = 0$; $pK_a(H_2O (l)/HO^- (aq)) = 14$.*

9 Gravure à l'eau forte

L'« eau forte » est le nom donné historiquement à l'acide nitrique HNO_3. Cette expression désigne également les gravures obtenues en dessinant, à l'aide d'une pointe métallique, sur une plaque de cuivre recouverte d'un vernis protecteur. Quand le dessin est fini, la plaque est immergée dans un bain d'acide nitrique concentré : les parties non protégées par le vernis sont alors attaquées, faisant apparaître une gravure en creux. Le bain est plus ou moins dilué et l'attaque plus ou moins longue, selon la profondeur de gravure que l'on souhaite obtenir.

1. a. L'acide nitrique est-il un acide faible ou fort ? Justifier.
b. Écrire l'équation de sa réaction sur l'eau.

On dispose d'une solution commerciale d'acide nitrique, de densité $d = 1{,}38$ et de pourcentage massique en acide nitrique égal à 62 %.

2. a. Calculer la valeur de la concentration molaire de cette solution.
b. À partir de cette solution commerciale, on souhaite préparer 500 mL d'une solution de concentration égale à $5{,}0 \times 10^{-2}\,\text{mol} \cdot \text{L}^{-1}$. Détailler le protocole expérimental à suivre, en précisant bien les précautions à prendre.
c. Calculer le pH de la solution ainsi préparée.

L'équation de la réaction qui se produit lorsque l'acide nitrique attaque le cuivre est la suivante :

$$2\,NO_3^-\,(aq) + 3\,Cu\,(s) + 8\,H_3O^+\,(aq) \rightarrow 2\,NO\,(g) + 3\,Cu^{2+}\,(aq) + 12\,H_2O\,(l).$$

3. a. Cette réaction est-elle une réaction acido-basique ? Justifier.
b. S'il se forme 0,20 mol de monoxyde d'azote, quelle est la masse de cuivre qui a réagi ?

Donnée. *pK_a du couple $HNO_3\,(l)/NO_3^-\,(aq)$: –1,4.*

10 Comparaison de quelques molécules organiques

Les molécules organiques contiennent toutes des atomes de carbone. On en donne quelques exemples ci-dessous.

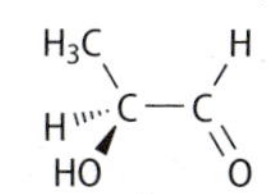

A

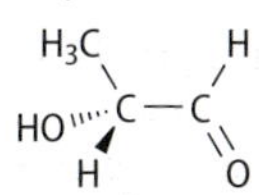

B

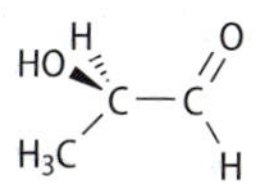

C

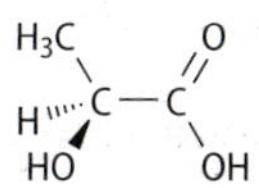

D

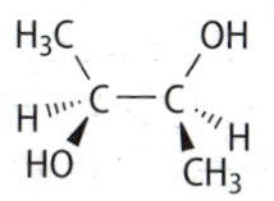

E

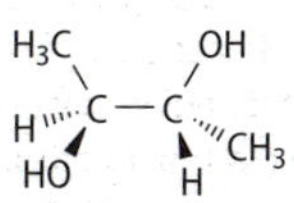

F

1. Recopier le tableau suivant et le compléter afin d'indiquer les molécules qui sont identiques (Id), énantiomères (Én), diastéréoisomères (Dia) ou non isomères (NonIso).

	A	B	C	D	E	F
A						
B						
C						
D						
E						
F						

2. Quels groupes d'atomes caractéristiques reconnaît-on dans ces molécules ?

3. Comment évolue le pH d'une solution dans laquelle on ajoute une quantité non négligeable de composé **D** ?

4. Même question pour le composé **E**.

Données. *Pour un couple alcool/ion alcoolate, $pK_a > 14$; pour un couple acide carboxylique/ion carboxylate : $pK_a \simeq 5$.*

11 Le cycle de la chaux

Le terme « chaux » désigne les produits dérivés du calcaire, utilisés depuis la Préhistoire comme matériaux de construction, liants, etc. Le calcaire peut être chauffé et transformé en chaux vive, elle-même transformée par ajout d'eau en chaux éteinte, qui peut redonner du calcaire par action du dioxyde de carbone. Le diagramme ci-dessous résume le cycle de la chaux.

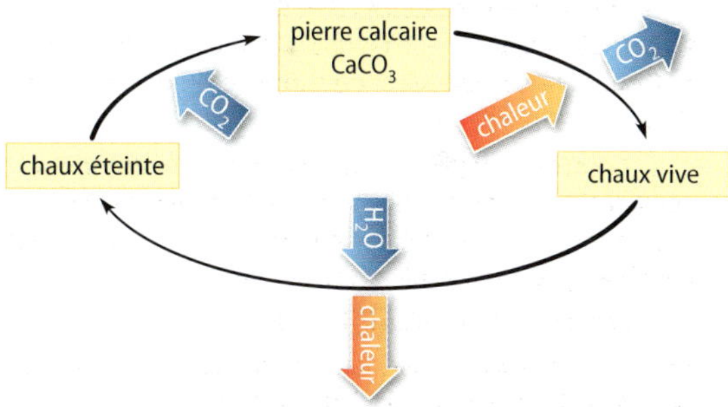

1. Utiliser le diagramme pour donner les formules chimiques de la chaux vive et de la chaux éteinte. Justifier cette dernière appellation.

L'eau de chaux est une solution aqueuse saturée d'hydroxyde de calcium $Ca(OH)_2$ (aq). La solubilité de cette base forte dans l'eau à 25 °C vaut $1{,}6\,\text{g} \cdot \text{L}^{-1}$.

2. Écrire l'équation de la dissolution de l'hydroxyde de calcium dans l'eau pure.

3. Déterminer la valeur du pH d'une solution d'eau de chaux.

4. L'eau de chaux est utilisée pour mettre en évidence la présence du dioxyde de carbone.
a. Écrire les équations des réactions qui se produisent quand le dioxyde de carbone est mis en solution avec les ions hydroxyde, sachant qu'il se forme des ions carbonate CO_3^{2-}.
b. Les ions carbonate forment, avec les ions calcium, un précipité blanc. Écrire la formule de ce précipité.

Données. *$pK_a(CO_2, H_2O/HCO_3^-) = 6{,}4$; $pK_a(HCO_3^-/CO_3^{2-}) = 10{,}3$; $pK_a(H_2O/HO^-) = 14$.*

Évaluation des compétences expérimentales

Pour préparer le BAC

Énoncé type

pK_a du couple acide-base d'un indicateur coloré

Matériel mis à disposition

• acide chlorhydrique et soude de concentration molaire apportée $c_A = 1{,}0 \times 10^{-2}$ mol · L^{-1} • solution S préparée par le professeur • bleu de bromothymol (BBT) • solutions tampon de pH = 7 et pH = 4 • pH-mètre • burette • béchers • agitateur magnétique • éprouvette de 25 mL

Code	Domaine de compétence
App	S'approprier
Réa	Réaliser
Ana	Analyser
Val	Valider
Com	Communiquer
Auto	Être autonome, faire preuve d'initiative

➤ But de la manipulation

Le bleu de bromothymol, noté AH (aq), est un indicateur coloré. C'est une espèce chimique faisant partie d'un couple acide-base AH (aq)/A^- (aq), dont les formes acide et basique ont des teintes différentes. On appelle teinte sensible de l'indicateur l'intermédiaire entre ces deux teintes.

On cherche à déterminer le pK_a du couple AH (aq)/A^- (aq).

➤ Travail à effectuer

1. a. Préparer 3 béchers, numérotés de 1 à 3, en suivant le protocole donné ci-après. **Réa**

Bécher	Contenu	Teinte
1	20 mL d'acide chlorhydrique et 10 gouttes de BBT	
2	20 mL de soude et 10 gouttes de BBT	
3	20 mL de la solution S et 10 gouttes de BBT	

b. Dans les béchers 1 et 2, on obtient les teintes correspondant aux formes acide et basique de l'indicateur. Dans le bécher 3, on obtient la teinte sensible. Compléter le tableau. **Auto**

Appeler l'évaluateur et lui montrer les 3 béchers (*appel n°* 1).

2. Remplir une burette avec de la soude. **Réa**

3. Placer le bécher 1, muni d'un turbulent, sur un agitateur magnétique, puis y verser doucement de la soude jusqu'à obtention de la teinte sensible de l'indicateur. **Réa**

Si l'on a versé trop de soude et passé cette teinte sensible, il faut revenir en arrière en ajoutant un peu d'acide chlorhydrique, puis à nouveau de la soude.

Appeler l'évaluateur et lui montrer le bécher (*appel n°* 2).

4. a. Étalonner le pH-mètre à l'aide des solutions tampon de pH = 7 et pH = 4. **Auto**

b. Mesurer le pH de la solution lorsque la teinte sensible est obtenue. **Réa**

Appeler l'évaluateur et lui présenter la mesure du pH (*appel n°* 3).

5. a. Écrire l'équation de la réaction entre le BBT et l'eau, puis donner l'expression de la constante d'acidité du couple AH (aq)/A^- (aq). **Ana**

b. Sachant que la teinte sensible correspond à $[AH\ (aq)]_{éq} = [A^-\ (aq)]_{éq}$, en déduire le pK_a du couple AH (aq)/A^- (aq) auquel appartient le BBT. **Ana**

c. Sur un diagramme de prédominance du couple acide-base de l'indicateur coloré, faire figurer les différentes teintes rencontrées. **Auto**

Défaire le montage et ranger la paillasse.

➤ Pour réussir

***Appel n°* 1 :**

– Les trois béchers sont identifiables, repérés par des étiquettes ou une indication au crayon à verre.

– Les teintes correspondant aux formes acide et basique et la teinte sensible de l'indicateur doivent apparaître.

3. La vitesse d'agitation doit être adaptée à la situation.

***Appel n°* 2 :**

La réalisation de la teinte sensible doit être précise.

4. b. L'électrode de pH est immergée et la lecture du pH doit être faite en situation stabilisée.

***Appel n°* 3 :**

La mesure doit être présentée avec un nombre de chiffres significatifs adapté.

5. Le pH et le pK_a du couple sont reliés par une relation mathématique.

PARTIE 4

ÉNERGIE, MATIÈRE ET RAYONNEMENT

SOMMAIRE

Avant d'aborder la séquence 1

Évaluation diagnostique

Pour chaque situation présentée, proposer une réponse en argumentant.

Situation 1

Pour amorcer la réflexion

Pour remuer un mélange chauffé dans une casserole, on utilise souvent une cuillère en bois.

Pourquoi risque-t-on moins de se brûler en utilisant une cuillère en bois plutôt qu'une cuillère en métal ?

▸ Activités 1 et 4, p. 368 et 371

Situation 2

Pour traquer les idées fausses

Lorsque la température extérieure baisse fortement, il vaut mieux utiliser des « vêtements chauds », comme une écharpe de laine, par exemple.

Pour faire fondre rapidement un glaçon à température ambiante, doit-on l'envelopper dans une écharpe de laine ou le laisser à l'air libre ?

▸ Activité 2, p. 369

Situation 3

Pour traquer les idées fausses

Les microscopes en champ proche permettent d'accéder aux dimensions des atomes.

Quelles informations nous fournissent les images données par ces microscopes ?

▸ Activité 3, p. 370

Transferts thermiques

Le rayonnement thermique est un transfert d'énergie qui peut être visualisé grâce à une caméra spéciale. Cela permet, par exemple, de déceler les « fuites de chaleur » d'une habitation.

Les acquis des classes précédentes

- Un **transfert thermique** entraîne une variation de température ou un changement d'état.
- La **température** est une grandeur macroscopique liée à l'**agitation microscopique** des particules : plus l'agitation est grande, plus la température est importante.
- Lorsqu'un conducteur électrique est traversé par un courant, il s'échauffe : c'est l'**effet Joule.**

Les compétences à acquérir

1. **Interpréter** les transferts thermiques.
2. **Savoir** faire le lien entre le microscopique et le macroscopique.
3. **Exploiter** la relation $\Phi = \Delta T/R$.

→ **Culture scientifique**
« Voir » le microscopique

Activité 1

Démarche d'investigation

Compétences scientifiques évaluées
- Formuler des hypothèses pertinentes.
- Valider ou invalider des hypothèses.

Sensation de température

Notre sens du toucher nous donne la sensation de « chaud » et de « froid ». Mais ce que nous ressentons est-il lié à la température des objets ou à autre chose ?

Pour commencer (situation déclenchante)

Dans une salle sont disposés, depuis un certain temps, des objets différents : un morceau de polystyrène, un bloc en bois, un tube en cuivre et une bassine contenant de l'eau (Fig. 1). Ne disposant d'aucun thermomètre, seule la sensation du toucher peut éventuellement nous renseigner sur la température de chaque objet.

Fig. 1 Des objets de température inconnue.

Investigation

Sans l'aide d'appareil de mesure, est-il possible de classer différents objets, présents depuis un certain temps dans une salle, par ordre de température croissante ?

Quelques idées (hypothèses)

Expérience (recherche de validation)

Piste n° 1

Matériel
- morceau de polystyrène • bloc en bois • tube en cuivre • bassine contenant de l'eau • plaque chauffante • bécher • thermomètre

- Toucher les différents objets mis à disposition.

1 **a.** Classer ces objets selon la sensation rendue par le sens du toucher, du « plus froid » au « plus chaud ».

b. Ce classement est-il reproductible par une autre personne ?

- Plonger la main dans l'eau de la bassine pendant un petit moment, puis la mettre en contact immédiatement avec le cuivre et le polystyrène.

2 **a.** Entre le cuivre et le polystyrène, lequel semble être le plus chaud au toucher ?

b. Qu'est-ce qui a été modifié par rapport à la situation initiale ? (Comparer la température des objets à celle des mains.)

- Chauffer de l'eau à 50 °C, puis y immerger le morceau de polystyrène et le morceau de cuivre pendant quelques minutes.

3 **a.** Entre le cuivre et le polystyrène, lequel semble être maintenant le plus chaud au toucher ?

b. Qu'est-ce qui a été modifié par rapport à la situation initiale ? (Comparer la température des objets à celle des mains.)

Piste n° 2

Matériel
- bassine d'eau glacée • bassine d'eau chaude • bassine d'eau à température ambiante

- Plonger la main droite dans un bain d'eau glacée et la main gauche dans un bain d'eau chaude. Plonger ensuite les deux mains dans la bassine d'eau à température ambiante.

4 **a.** L'eau dans la bassine à température ambiante semble-t-elle « chaude » ou « froide » ?

b. Que peut-on en conclure à propos de la sensation de chaud ou de froid donnée par notre peau ?

Pour conclure

L'énergie thermique se transmet d'un corps chaud vers un corps froid.

5 **a.** Quel lien peut-il exister entre la sensation de « chaud » et de « froid » et le sens du transfert thermique ?

b. Comment pourrait-on expliquer le résultat de **3.a** ?

c. Comment pourrait-on expliquer le résultat de **2.a** ?

L'aptitude à transférer l'énergie thermique par contact est appelée **conduction** thermique.

6 Du polystyrène ou du cuivre, lequel apparaît comme le meilleur conducteur thermique ?

7 **a.** Le sens du toucher nous permet-il de classer les objets par ordre de température croissante ?

b. À quoi correspond le classement effectué en **1.a** ?

Activité 2

TP Activité expérimentale

Compétences expérimentales évaluées
- Réaliser un montage expérimental.
- Identifier les paramètres jouant un rôle dans un phénomène physique.

Vidéos

La « bouteille thermos »

La bouteille isotherme, appelée communément « bouteille thermos », permet de conserver, par exemple, des boissons fraîches en été ou des boissons chaudes en hiver.

Principe

Une bouteille isotherme est constituée d'un récipient en verre en suspension dans un autre récipient, sans contact ou presque. Entre les deux, le vide d'air a été fait. La surface externe du récipient central a été recouverte d'une fine couche métallique ; de même pour la surface interne du récipient extérieur (Fig. 1).

Fig. 1 Structure d'une bouteille isotherme.

Comprendre le principe d'une bouteille isotherme revient à étudier comment elle peut, grâce à sa structure, limiter les transferts thermiques.

Expérience 1 : transfert par conduction

Matériel
- 2 clous en acier • cire de bougie • 2 pinces en bois • dispositif de chauffage

Mise en œuvre au laboratoire

- Chauffer légèrement la pointe d'un des clous pour y fixer le morceau de cire, par contact.
- À l'aide de pinces en bois, maintenir les deux clous de sorte que leurs têtes soient bien en contact.
- Chauffer la pointe du clou ne comportant pas de cire (Fig. 2).

1 Quelle observation peut-on faire ?

- Refaire la même expérience en séparant les têtes des clous de quelques millimètres.

2 Quelle observation peut-on faire ?

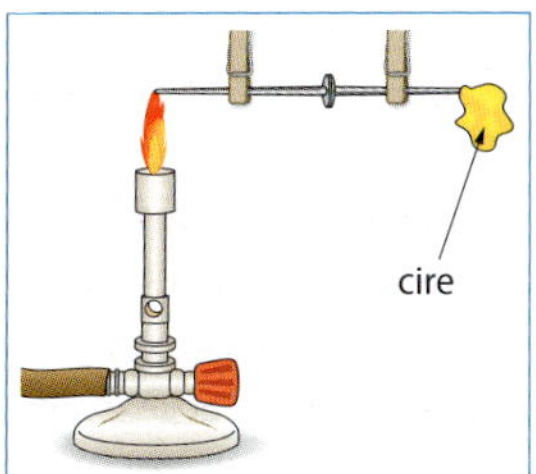

Fig. 2 Le montage.

Exploitation

3 Proposer une interprétation aux observations réalisées.

Expérience 2 : transfert par rayonnement

Matériel
- lampe • lentille de courte focale • thermomètre • feuille de papier • morceau de feuille d'aluminium

Mise en œuvre au laboratoire

- À l'aide d'une lentille de courte focale, faire converger le faisceau de lumière issu d'une lampe sur une feuille de papier. Placer un thermomètre juste derrière, en contact avec la feuille.

4 Quelle observation peut-on faire ?

- Refaire la même expérience en remplaçant la feuille de papier par une feuille d'aluminium.

5 Quelle observation peut-on faire ?

- Refaire la même expérience en plaçant la feuille et le thermomètre dans une cloche dans laquelle on fait le vide.

6 Quelle observation peut-on faire ?

Exploitation

7 Proposer une interprétation aux observations réalisées.

Expérience 3 : transfert par convection

Matériel
- 2 thermomètres • résistance chauffante • cloche à vide

Mise en œuvre au laboratoire

- Placer un thermomètre à environ 2 cm au-dessus d'une résistance chauffante et un autre thermomètre à côté de la résistance, à environ 2 cm de celle-ci.

8 Quelle observation peut-on faire ?

- Refaire la même expérience en plaçant le tout dans une cloche dans laquelle on fait le vide d'air.

9 Quelle observation peut-on faire ?

Exploitation

10 Proposer une interprétation aux observations réalisées.

Pour conclure

11 Retrouver les techniques employées dans la bouteille isotherme qui permettent de limiter chacun des trois modes de transferts illustrés : *par conduction* ; *par convection* et *par rayonnement*.

Activité 3

Activité documentaire

Compétences scientifiques évaluées
- Extraire une information utile.
- Faire preuve de curiosité.

Voir l'infiniment petit

La structure de la matière est décrite par le modèle atomique depuis l'Antiquité, mais il a fallu attendre la toute fin du XXe siècle pour pouvoir l'« observer ».

Étude de document

La microscopie

Les microscopes classiques (optiques) permettent d'accéder à des dimensions très petites : on peut ainsi observer des êtres vivants dont la taille est de l'ordre de quelques dixièmes de micromètres. Mais si l'on veut aller au-delà, on est confronté à un problème : la diffraction des ondes lumineuses ne permet plus d'obtenir une image nette. L'objet observé au microscope doit avoir une dimension supérieure à la longueur d'onde de la lumière permettant l'observation (la limite est donc de quelques centaines de nanomètres).

D'autres types de microscopies permettent néanmoins d'accéder à des dimensions plus petites **(Fig. 1)**.

Les microscopes qui permettent actuellement d'explorer au plus loin la matière sont les microscopes dits « en champ proche », comme le microscope à effet tunnel. Ce dernier est constitué d'une pointe très fine (de la taille de quelques atomes), placée très près de l'échantillon à analyser (quelques dixièmes de nanomètres). L'échantillon est obligatoirement conducteur. Un très faible courant électrique traverse la pointe. Il est lié à la distance entre l'échantillon et la pointe.

On fait défiler latéralement l'échantillon sous la pointe. Afin de maintenir la valeur du courant, il faut sans arrêt ajuster la position de la pointe pour qu'elle se trouve toujours à la même distance de l'échantillon. On mesure précisément la position de la pointe à chaque instant. Grâce à un ordinateur qui traite ces données, on peut alors dessiner le relief de l'échantillon **(Fig. 2)**.

Le microscope à force atomique reprend à peu près le même principe, sauf qu'il ne nécessite pas que l'échantillon soit un conducteur électrique : il utilise le fait qu'à ces distances, les atomes exercent des interactions d'attraction et de répulsion. En maintenant toujours la pointe à la même distance, on maintient constantes ces interactions.

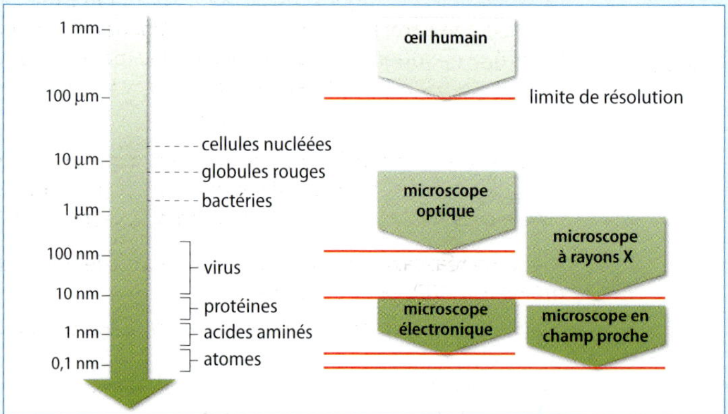

Fig. 1 Échelle de dimension et limites de résolution des microscopes.

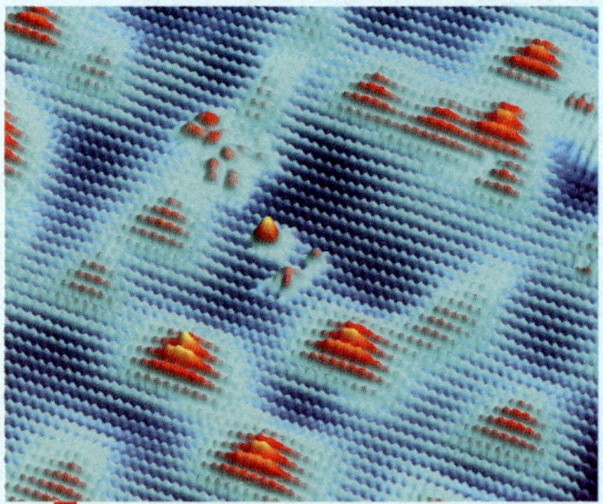

Fig. 2 Image obtenue par microscopie à effet tunnel. Les couleurs permettent de représenter le relief. Chaque petite « bosse » est un atome.

Pistes de réflexion

1 **a.** Rappeler le domaine des longueurs d'onde du visible.

b. En déduire la limite de résolution des microscopes optiques.

2 **a.** Donner les deux noms des microscopes en champ proche cités dans le texte.

b. Leur mode de fonctionnement est-il comparable à celui d'un microscope « classique » ? Expliquer.

c. Les couleurs observées sur les images obtenues correspondent-elles aux couleurs des atomes ?

3 D'après la **figure 1**, quel est le rapport de grandeur entre les dimensions accessibles par l'œil humain et celles accessibles par un microscope en champ proche ?

Pour conclure

4 Les microscopes en champ proche permettent-ils de « voir » au sens propre les atomes ?

Activité 4

TP Activité expérimentale

Bien isoler une habitation

Compétences expérimentales évaluées
- S'approprier un montage expérimental.
- Analyser un résultat expérimental.

Pour réduire la consommation énergétique des foyers, il convient d'optimiser l'isolation thermique dans l'habitat. Cela nécessite notamment de mener une réflexion sur le choix des matériaux à utiliser.

Principe

Tous les matériaux ne présentent pas les mêmes intérêts pour la construction des murs des maisons. Certains isolent mieux que d'autres.

Mise en œuvre au laboratoire

Matériel
• 3 boîtes de dimensions identiques : une en laine de chanvre épaisse, une en laine de chanvre fine, une en béton • 6 thermomètres électroniques • 3 résistances chauffantes • 3 générateurs de tension réglable • 3 voltmètres • 3 ampèremètres • barre en cuivre

Pour comparer les propriétés thermiques des matériaux, on se propose de mesurer la différence de température entre l'intérieur et l'extérieur de boîtes de dimensions comparables, fabriquées dans des matériaux différents. Ces boîtes sont chauffées par une résistance placée à l'intérieur. La puissance fournie pour chauffer doit être constante et doit être la même pour toutes les boîtes.

Pour chacune des boîtes :

- Placer un thermomètre à l'intérieur de la boîte et un à l'extérieur, contre la boîte.
- Placer la résistance chauffante à l'intérieur de la boîte.
- Câbler le circuit représenté ci-dessous (Fig. 1).

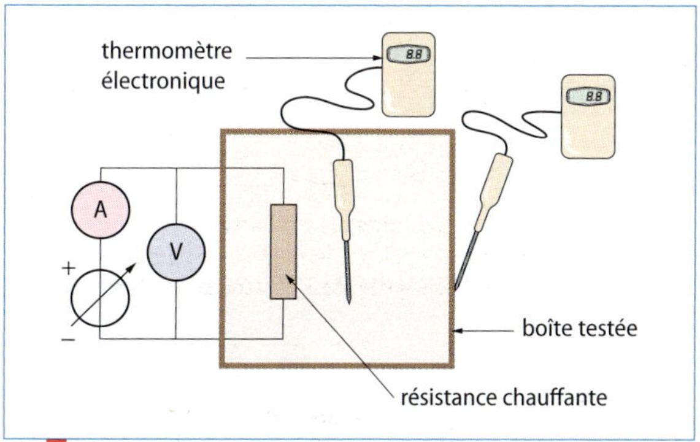

Fig. 1 Schéma de l'expérience.

- Mettre en route le générateur.
- Attendre la stabilisation de la température intérieure avant chaque mesure.

1 Tels qu'ils sont branchés, que mesurent les multimètres dans le montage ?

2 Pour chaque boîte, relever les valeurs données par les multimètres et les thermomètres.

Pour aller plus loin

• *Percer l'une des parois de la boîte en chanvre épais à l'aide de la barre en cuivre. Placer le thermomètre extérieur au contact de la barre.*

2 bis *Relever les valeurs données par les multimètres et les thermomètres.*

Exploitation

3 **a.** Rappeler la relation entre la puissance P (en W) reçue par un dipôle, la tension U (en V) à ses bornes et l'intensité I (en A) du courant qui le traverse.

b. Sous quelle forme est transformée cette puissance électrique dans une résistance ? Comment s'appelle cet effet ?

c. En déduire la puissance thermique fournie à l'intérieur de la boîte.

d. Que peut-on dire de la puissance fournie par la résistance chauffante si la température à l'intérieur de la boîte n'augmente plus ?

La résistance thermique R est la grandeur qui mesure l'aptitude d'une paroi à limiter le transfert d'énergie thermique lorsqu'on maintient une différence de température entre chacun de ses côtés. Elle est définie par la relation :

$$T_{\text{chaude}} - T_{\text{froide}} = R \cdot \Phi$$

où Φ est la puissance thermique qui traverse la paroi (en W), T_{chaude} et T_{froide} sont respectivement les températures du côté le plus chaud et du côté le plus froid de la paroi (en K).

4 **a.** En réalisant une analyse dimensionnelle (*voir fiche méthode p. 569*), donner l'unité de R.

b. Calculer les résistances thermiques des différentes boîtes.

Pour aller plus loin

4 bis **a.** *Calculer la valeur de la résistance thermique de l'ensemble {boîte + barre}.*

b. *Quel est l'effet de la barre sur la résistance thermique de la structure ?*

c. B2i *En s'aidant éventuellement d'Internet, expliquer ce qu'on appelle un « pont thermique ».*

Pour conclure

5 Parmi les matériaux utilisés, quel est le meilleur isolant ?

Pour aller plus loin

5 bis *Pour un matériau donné, qu'est-ce qui peut avoir une influence sur la résistance thermique ?*

Cours

1 Différents transferts thermiques

› Activités 1 et 2

Ce qu'on appelle couramment la chaleur est un transfert d'énergie thermique, qui peut prendre différentes formes.

• Transfert thermique par convection

Une habitation peut être chauffée grâce à des radiateurs. L'air à proximité de ces derniers s'échauffe et se dilate, de telle sorte qu'il devient moins dense et se déplace en s'élevant : c'est le phénomène de **convection** (Fig. 1).

Le transfert thermique par convection nécessite un milieu matériel. L'énergie est transportée par des mouvements de matière, au sein d'un gaz ou d'un liquide.

Exemple

Un feu chauffe l'air, qui s'élève en créant un courant vertical ascendant, donnant leurs formes aux flammes et entraînant les fumées.

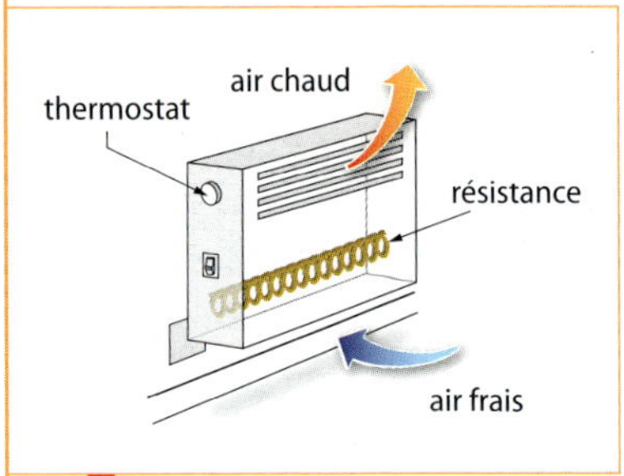

Fig. 1 Principe d'un convecteur électrique.

• Transfert thermique par conduction

Un radiateur électrique est en métal, car c'est un matériau qui est un bon conducteur thermique (Fig. 2). L'énergie thermique issue de la résistance chauffante va se répandre de proche en proche au sein du métal.

Le transfert thermique par conduction nécessite un milieu matériel. L'énergie est transportée de proche en proche, généralement dans un solide, sans déplacement de matière.

Exemple

L'énergie thermique produite par un processeur d'ordinateur est d'abord évacuée par conduction thermique grâce à un dissipateur thermique en métal (appelé aussi radiateur ; voir exercice 19).

Fig. 2 Un radiateur électrique est en métal.

• Transfert thermique par rayonnement

De l'énergie thermique est transférée depuis le Soleil vers la Terre, à travers le **vide** de l'espace. Cette énergie, qui nous parvient sous forme de rayonnement, réchauffe le sol et l'atmosphère de notre planète.

Le transfert thermique par rayonnement ne nécessite pas de milieu matériel. L'énergie est transportée par des ondes électromagnétiques.

L'énergie est transportée par un rayonnement électromagnétique, tel que, par exemple, la lumière visible, les micro-ondes, ou bien encore les ondes radios.

Exemple

Les miroirs du four d'Odeillo (Pyrénées-Orientales) concentrent le rayonnement solaire (Fig. 3). Des températures supérieures à 3 500 °C sont atteintes en quelques secondes.

Fig. 3 Les miroirs du four d'Odeillo (Pyrénées-Orientales).

➥ Exercices 1 à 6

2 Aspects microscopiques

› Activité 3

Ordres de grandeur

Il y a une très grande différence d'ordre de grandeur entre l'échelle microscopique (au niveau des atomes et des molécules) et l'échelle macroscopique (notre échelle).

La constante d'Avogadro nous donne une idée de la différence d'échelle entre le microscopique et le macroscopique.

En effet, elle correspond, par définition, au nombre d'atomes présents dans 12 g de carbone 12 (c'est-à-dire 1 mole de l'isotope ^{12}C). Sa valeur est : $\mathbf{N_A = 6{,}022\ 141\ 79 \times 10^{23}\ mol^{-1}}$ soit environ 600 000 milliards de milliards.

La valeur de la constante d'Avogadro est $N_A = 6{,}022 \times 10^{23}\ mol^{-1}$.

Images microscopiques

Les microscopes optiques classiques donnent des images d'objets dont les dimensions doivent être au moins de quelques dixièmes de micromètres (10^{-7} m). Or les atomes et molécules sont environ 100 à 1 000 fois plus petits et sont donc inaccessibles avec ce type de microscope.

De nos jours, il est possible de « visualiser » les atomes et les molécules en ayant recours à des techniques particulières, comme la **microscopie à effet tunnel** ou la **microscopie à force atomique**. Ces techniques d'exploration consistent à sonder la surface de la matière pour en élaborer une « image ».

Exemple

La figure 4 est une image obtenue par un microscope à effet tunnel. Elle fait apparaître des reliefs (par un jeu de couleurs et d'ombres), qui traduisent la répartition des atomes à la surface du matériau étudié.

Les microscopes à effet tunnel ou les microscopes à force atomique permettent d'obtenir une image de synthèse de la surface d'un matériau, élaborée par un ordinateur, et renseignent sur la disposition des atomes au niveau de cette surface.

Transferts thermiques au niveau microscopique

Animation

Les particules de matière sont en permanence agitées.

Les atomes et les molécules qui constituent les solides vibrent constamment. De la même façon, même en l'absence d'une tension électrique aux bornes d'un conducteur, les électrons libres s'y déplacent de façon aléatoire.

Cette agitation permanente est d'autant plus marquée dans les liquides et les gaz ; les particules qui les constituent (molécules, atomes, ions) sont incessamment en mouvement (Fig. 5).

Lorsqu'un milieu reçoit de l'énergie thermique, l'agitation de ses particules augmente. Cette agitation étant liée à la température, on parle d'**agitation thermique.**

Exemple

Quand on chauffe de l'eau, au niveau microscopique, les molécules d'eau s'agitent de plus en plus, et, au niveau macroscopique, on finit par voir l'eau frémir.

Sciences et culture

Le choix d'Avogadro

La définition du nombre d'Avogadro N_A est une **convention**. N'importe quel atome autre que le carbone aurait pu servir de référence.
Avogadro choisit de compter les quantités de matière en prenant comme référence 1 g d'hydrogène.
Plusieurs références différentes coexistèrent même, par la suite. La définition actuelle de N_A est finalement imposée par l'Union internationale de chimie pure et appliqué (IUPAC) en 1961.

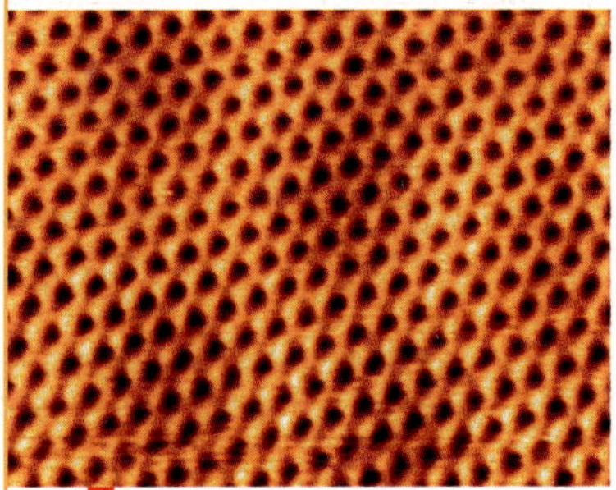

Fig. 4 Image obtenue par un microscope à effet tunnel.

Fig. 5 Vue au microscope, une particule de fumée est animée d'un mouvement aléatoire et saccadé en raison des chocs des molécules d'air sur elle.

Le phénomène de conduction thermique s'explique au niveau microscopique par la propagation de proche en proche de l'agitation des particules dans un matériau.

L'augmentation de l'agitation thermique au niveau microscopique se traduit par une augmentation de volume au niveau macroscopique : les particules occupent l'espace environnant pour s'agiter. Cette augmentation du volume occupé par un même nombre de particules induit une baisse de la densité en particules.

Dans le cas d'un liquide ou d'un gaz, cette baisse de densité entraîne un déplacement vertical vers le haut de la partie chauffée.

Le phénomène de convection thermique s'explique au niveau microscopique par le déplacement des particules au sein d'un liquide ou d'un gaz.

➥ Exercices 7 à 11

3 Flux thermiques dans la matière › Activité 4

Sens du transfert thermique

L'énergie thermique ne se transmet spontanément que **dans un sens** (Fig. 6) : du système de plus haute température T_c, appelé **source chaude**, vers le système de plus basse température T_f, appelé **source froide**.

Un transfert thermique est un transfert d'énergie qui est irréversible.

Exemple

Un café chaud laissé dans sa tasse va transférer son énergie thermique au milieu environnant et donc se refroidir de façon irréversible.

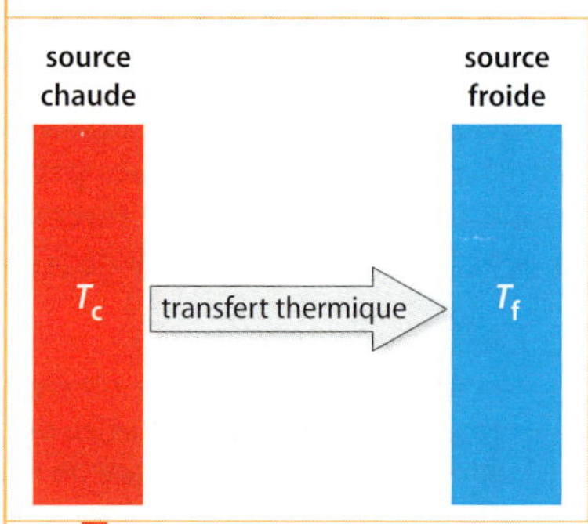

Fig. 6 Sens irréversible d'un transfert thermique.

Flux thermique

Le transfert thermique peut se faire plus ou moins rapidement. Pour évaluer cette vitesse de transfert, on crée une nouvelle grandeur qu'on appelle le **flux thermique**. Le flux thermique Φ correspond à la variation d'énergie thermique ΔE (en J) transférée au cours d'une durée Δt (en s) :

$$\Phi = \frac{\Delta E}{\Delta t}$$

Le flux thermique a donc les dimensions d'une puissance. On parle d'ailleurs de **puissance thermique**.

Le flux thermique Φ traduit la vitesse du transfert thermique, donc il est une puissance, exprimée en watt (W), qui traduit une vitesse de transfert d'énergie.

Une habitation est bien isolée si les matériaux qui la constituent assurent un faible flux thermique, permettant ainsi de ralentir les transferts thermiques avec l'extérieur (Fig. 7).

Fig. 7 Il est nécessaire d'optimiser l'isolation thermique d'une habitation.

Notion de résistance thermique

Animation

Quand on coupe le chauffage d'une habitation en hiver, sa température va baisser d'autant plus rapidement que l'amplitude de température entre l'intérieur et l'extérieur est importante et que les murs sont mal isolés.

Le flux thermique Φ qui traduit la vitesse du transfert thermique à travers une paroi dépend donc du **matériau** utilisé et de la **différence de température ΔT** entre les deux faces de la paroi.

Le flux thermique Φ (en W) traversant une paroi par conduction a pour expression :

$$\Phi = \frac{\Delta T}{R}$$

avec ΔT, différence de température (en K ou en °C) et R, résistance thermique (en $K \cdot W^{-1}$).

La résistance thermique de la paroi dépend de sa constitution et de son épaisseur. Plus la résistance thermique est grande, plus le flux thermique est faible. Un bon isolant thermique a une résistance thermique importante.

Exemple

Si, pour maintenir une température $T_B = 70$ °C dans un sauna, alors que la température extérieure est $T_A = 20$ °C, il faut fournir une puissance de 1 500 W, alors la résistance thermique du sauna est :

$$R = \frac{T_B - T_A}{\Phi} = \frac{70 - 20}{1\,500} = \frac{50}{1\,500} = 3{,}3 \times 10^{-2}\ K \cdot W^{-1}.$$

Exercices 12 à 16

Repère

La loi $\Phi = \Delta T/R$ est aussi appelée **loi d'Ohm thermique**, par analogie avec la loi d'Ohm utilisée en électricité, qui définit la résistance électrique.

Les compétences à acquérir

1 Interpréter *les transferts thermiques*

- Le transfert thermique par **convection** nécessite un milieu matériel. L'énergie est transportée par des **mouvements de matière**, généralement au sein d'un gaz ou d'un liquide.
- Le transfert thermique par **conduction** nécessite un milieu matériel. L'énergie est transportée de **proche en proche**, généralement dans un solide, sans déplacement de matière.
- Le transfert thermique par **rayonnement** ne nécessite pas de milieu matériel. L'énergie est transportée par des **ondes électromagnétiques**.

2 Savoir *faire un lien entre le macroscopique et le microscopique*

- La **constante d'Avogadro ($N_A = 6{,}022 \times 10^{23}\ mol^{-1}$)** renseigne sur la quantité de particules qui constitue les milieux matériels.
- Les **microscopes à effet tunnel** ou les **microscopes à force atomique** permettent d'obtenir une « image » de la disposition des atomes à la surface d'un matériau.
- Les particules élémentaires qui constituent la matière sont en mouvement incessant. C'est l'**agitation thermique**. Plus on augmente la température et plus cette agitation augmente.
- Dans un **solide**, cette agitation peut se propager de proche en proche entre les particules qui le constituent : il s'agit du phénomène de **conduction thermique**.
- Un liquide ou un gaz chaud est moins dense, donc va se déplacer : c'est le phénomène de **convection thermique**, qui met en jeu un déplacement de particules.

3 Exploiter *la relation $\Phi = \Delta T/R$*

- Un **transfert thermique** d'une source chaude vers une source froide est **irréversible**.
- Le **flux thermique Φ** (en W) traversant une paroi par conduction a pour expression :

$$\Phi = \frac{\Delta T}{R}$$

avec ΔT, différence de température (en K ou en °C) et R, résistance thermique (en $K \cdot W^{-1}$)

Exercices

Compétence 1

› *Interpréter les transferts thermiques*

1 VRAI ou FAUX ?

Indiquer si les affirmations suivantes sont vraies ou fausses. Corriger les affirmations fausses.

❶ On se brûle en touchant un objet chaud. C'est un phénomène de transfert thermique par rayonnement.

❷ « L'air chaud monte. » Ce phénomène est un transfert thermique par convection.

❸ On recouvre parfois les aliments en fin de cuisson à l'aide d'un papier aluminisé. Ceci évite un transfert thermique par conduction.

2 QCM

Choisir dans chaque cas la réponse la plus appropriée.

❶ Le transfert thermique à travers le vide se fait par :
- a conduction ;
- b convection ;
- c rayonnement.

❷ Lorsque la propagation thermique se fait grâce au déplacement de molécules, il s'agit d'un phénomène de :
- a conduction ;
- b convection ;
- c rayonnement.

❸ Un solide chauffé permet un transfert thermique :
- a uniquement par conduction ;
- b uniquement par rayonnement ;
- c par rayonnement et par conduction.

3 Expérience étrange

De la glace est maintenue grâce à une grille au fond d'un tube à essais rempli d'eau. On chauffe l'eau en surface.

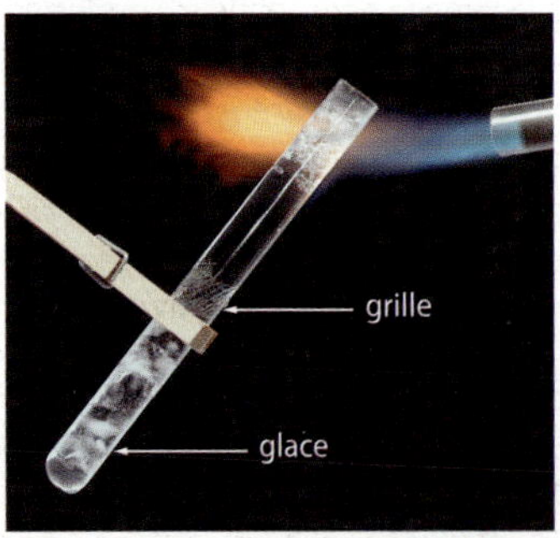

1. Le transfert thermique de l'eau chauffée à la glace peut-il se faire par convection ? Justifier.

2. Au bout de quelques minutes, l'eau chauffée se met à bouillir, alors que la glace ne semble toujours pas fondre. Que peut-on en conclure quant à l'aptitude de l'eau à permettre un transfert thermique ?

4 Couverture de survie

Une couverture de survie est constituée d'un matériau imperméable, en plastique métallisé de 13 µm d'épaisseur. Elle s'utilise en cas d'urgence, afin d'éviter les hypothermies ou bien encore les insolations.

1. Pourquoi est-il peu probable que la couverture de survie limite les transferts thermiques par conduction ?

2. Lorsqu'on l'utilise pour éviter les insolations, quel est le mode de transfert thermique qui est principalement limité par la couverture de survie ?

3. Expliquer alors pourquoi elle permet tout de même d'éviter l'hypothermie, malgré sa faible épaisseur.

5 La flamme de la bougie

La flamme d'une bougie est le siège d'une transformation chimique où un combustible (la « cire » de la bougie apportée par la mèche) et un comburant (le dioxygène apporté par l'air alentour) réagissent pour former essentiellement du dioxyde de carbone et de l'eau.

1. Expliquer pourquoi on ressent plus la « chaleur » de la flamme si on se place 1 cm au-dessus plutôt qu'à 1 cm sur le côté.

On observe qu'une bougie s'éteint lorsqu'elle est mise en impesanteur.

2. Quel mode de transfert thermique ne peut plus avoir lieu en impesanteur ? Pourquoi ?

3. En quoi ce mode de transfert est-il utile pour alimenter la flamme de la bougie ?

6 Cuisson avec une plaque vitrocéramique

Le principe de production de « chaleur » d'une plaque vitrocéramique est fondé sur l'effet Joule : une résistance est traversée par un courant électrique et s'échauffe. La résistance est recouverte par une plaque en vitrocéramique, moins conductrice thermique qu'un métal.

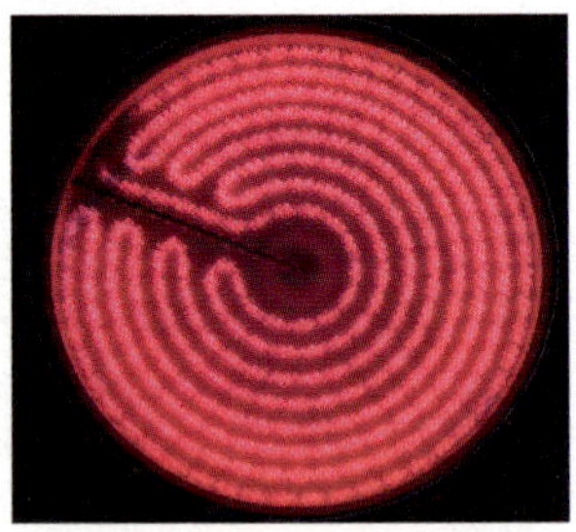

1. a. Énumérer les différents modes de transfert thermique qui existent.
b. Quel est le mode de transfert prépondérant qui permet de faire chauffer une casserole posée sur ce type de plaque ? Justifier.

On pose sur cette plaque une « poêle à grillade », dont le fond a un profil ondulé.

2. a. À l'aide des modes de transferts thermiques connus, expliquer pourquoi la viande cuite dans une telle poêle comporte une alternance de zones grillées et non grillées.
b. Pourquoi cette alternance est-elle moins marquée sur la viande si l'on verse une grande quantité d'huile au fond de la poêle pour effectuer la cuisson ?

Compétence 2

> **Savoir faire un lien entre microscopique et macroscopique**

7 QCM

Choisir dans chaque cas la réponse la plus appropriée.

❶ Dans le phénomène de rayonnement :

a ce sont les chocs entre les particules qui transmettent l'énergie thermique ;

b puisque les molécules s'agitent, elles prennent un plus grand volume, la densité du fluide chaud est donc plus faible : il se déplace verticalement vers le haut ;

c il n'est pas nécessaire qu'il y ait des particules pour que l'énergie thermique se transmette.

❷ Le transfert thermique par convection ne peut pas avoir lieu dans les solides, car :

a un solide est complètement figé, rien ne peut passer à travers lui ;

b il faut que les entités chimiques puissent se déplacer librement, comme dans le cas des fluides ;

c ce transfert nécessite des particules élémentaires particulières qui n'existent que dans les gaz ou les liquides.

8 VRAI ou FAUX ?

Indiquer si les affirmations suivantes sont vraies ou fausses et corriger les affirmations fausses.

❶ La photographie ci-dessous est l'image d'une molécule obtenue grâce à un microscope optique :

❷ L'agitation thermique est un phénomène qui est également observé dans les solides.

❸ L'image ci-dessous représente la surface d'une couche d'atomes de cuivre observée au microscope à effet tunnel. Elle montre que les atomes de cuivre n'ont pas tous la même couleur.

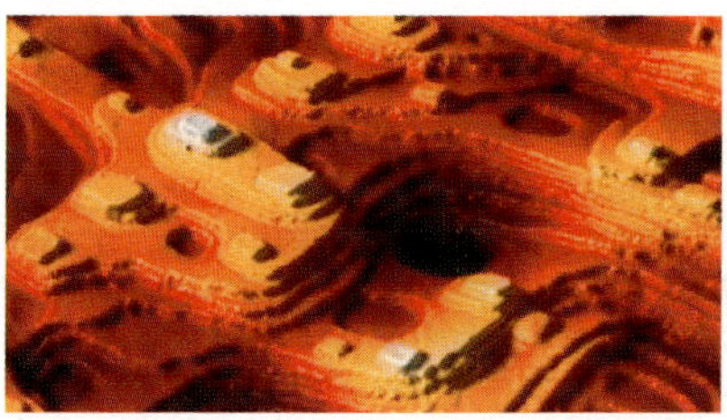

9 Molécules dans une casserole

On verse de l'eau dans une casserole. Des particules microscopiques (poussières) se trouvent au fond de la casserole. Un système optique permet d'observer leur mouvement.

On place la casserole sur une plaque chauffante.

1. a. Les particules microscopiques, immobiles au départ, s'agitent de plus en plus. Expliquer ce phénomène.
b. Au niveau microscopique, expliquer comment l'énergie thermique s'est transmise depuis le métal de la casserole jusqu'aux molécules d'eau.

2. Au bout de quelques secondes, les particules microscopiques effectuent des mouvements circulaires verticaux. Expliquer ce phénomène au niveau microscopique.

3. Quels types de transferts thermiques viennent d'être décrits aux questions **1.b** et **2** ?

10 Température et agitation dans un gaz

L'énergie cinétique moyenne d'une molécule contenue dans l'air à la température T (en K) se calcule par la formule :

$$E_c = (5/2)\ k_B \cdot T$$

où $k_B = 1{,}38 \times 10^{-23}\ J \cdot K^{-1}$ est la constante de Boltzmann.

On chauffe de l'air contenue dans une enceinte.

1. a. Quelle est l'énergie moyenne reçue par une molécule d'air si la température du gaz passe de 20,0 °C à 50,0 °C ?
b. Quelle est la puissance moyenne reçue par une molécule d'air si la durée de chauffe est $\Delta t = 10{,}0$ min ?

2. 1,50 mol d'air est enfermé dans l'enceinte. Quelle est la puissance thermique qui a été transmise pendant l'expérience ?

Données. *Constante d'Avogadro :* $N_A = 6{,}022 \times 10^{23}\ mol^{-1}$.
La puissance (en W) correspond à la variation d'énergie (en J) par unité de temps (en s) : $P = \Delta E / \Delta t$.

11 Chauffer « à coup de molécules d'air »

Lorsque des molécules d'air entrent en collision avec des atomes à la surface d'un solide, elles cèdent un peu de leur énergie cinétique aux atomes du solide, qui se mettent alors à vibrer un peu plus (énergie thermique).

1. Quel type de transfert permet à l'énergie thermique du gaz d'être transformée en énergie thermique pour les atomes du solide ?

2. a. Une couche d'atomes de cuivre de 1 cm² de surface et d'une épaisseur de 0,290 nm (soit la dimension d'un atome de cuivre) pèse 0,125 µg. Sachant qu'une mole d'atomes de cuivre pèse 63,5 g, déterminer, par deux méthodes différentes, le nombre d'atomes de cuivre dans cette couche.
b. Sachant qu'une molécule d'air cède ici en moyenne $3{,}45 \times 10^{-23}$ J par choc, combien de chocs faudra-t-il pour apporter $4{,}76 \times 10^{-8}$ J à la couche d'atomes (ce qui permet d'augmenter sa température de 1 °C) ?
c. Quelle est l'énergie moyenne reçue par chaque atome de cuivre ?

Donnée. *Constante d'Avogadro :* $N_A = 6{,}022 \times 10^{23}\ mol^{-1}$.

Exercices

Compétence 3

› Exploiter la relation $\Phi = \Delta T/R$

12 QCM

En justifiant, choisir dans chaque cas la réponse la plus appropriée.

1 Le transfert thermique à travers une paroi est d'autant plus important que :

- **a** la température des deux côtés est importante ;
- **b** la différence de température entre les deux côtés est importante ;
- **c** la résistance thermique du matériau est importante, quelles que soient les températures de chaque côté.

2 Un flux thermique à travers une paroi donnée est constant.

- **a** Si la température augmente d'un côté de la paroi, elle diminue de l'autre côté.
- **b** Si la température augmente d'un côté de la paroi, elle augmente aussi de l'autre côté.
- **c** Les températures de chaque côté de la paroi sont forcément fixées.

13 VRAI ou FAUX ?

Indiquer si les affirmations suivantes sont vraies ou fausses. Corriger les affirmations fausses.

1 Le flux thermique à travers une paroi est l'énergie qui traverse cette paroi sous forme de chaleur.

2 Dans la relation $\Phi = \Delta T/R$, la température peut être exprimée en °C ou en K.

3 Si une paroi permet de séparer deux compartiments aux températures respectives de 20,0 °C et – 10,0 °C, en étant traversée par un flux thermique de 50,0 W, alors sa résistance thermique est de $6{,}00 \times 10^{-1}$ K · W^{-1}.

4 Une paroi de résistance thermique 0,50 K · W^{-1} isole un récipient clos chauffé de l'intérieur. Le flux thermique qui la traverse est de 25 W. Si la température extérieure est de 10 °C, la température dans le récipient clos sera de 60 °C.

14 Même température, chaleur différente

Deux objets de même forme sont sortis d'un four à 50 °C. L'un des deux est fait d'acier, l'autre de bois. Le rapport des résistances thermiques de ces deux objets est d'environ 150.

1. En utilisant la relation $\Delta T = R \cdot \Phi$, calculer le rapport des flux thermiques de ces deux objets quand on les touche avec la main.

2. Expliquer pourquoi, avec la même température, l'acier semble plus chaud.

15 Profil thermique d'un double vitrage

On a représenté ci-après l'évolution de la température à la traversée d'un double vitrage, pour un flux thermique constant :

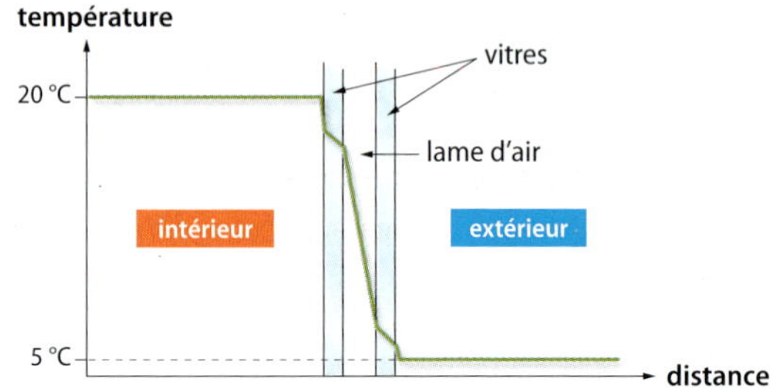

1. En utilisant la relation définissant la résistance thermique et la courbe précédente, comparer qualitativement les résistances thermiques du verre et de l'air.

2. a. Ramené à 1 m^2 de surface de vitre, le flux thermique qui traverse le double vitrage est de 35,0 W. En déduire la résistance thermique du double vitrage.

b. Un excellent double vitrage peut avoir une résistance thermique de 0,91 K · W^{-1} par m^2 de surface. Si la température intérieure est toujours de 20 °C, quelle température extérieure est nécessaire pour que les pertes énergétiques à travers la vitre soient toujours de 35,0 W par m^2 de surface ?

EXERCICE **RÉSOLU**

16 Tour de magie ?

Lorsqu'on chauffe à l'aide d'une bougie un récipient en papier contenant de l'eau, il ne s'enflamme pas.

1. À l'aide de la relation $\Phi = \Delta T/R$, expliquer pourquoi le flux thermique fourni par la flamme ne fait pas monter la température suffisamment pour permettre au papier de s'enflammer au début de l'expérience.

2. Sachant que la température de l'eau augmente petit à petit, si la résistance thermique du papier est constante, que devient la puissance thermique dissipée par le papier ? Quelle pourrait être alors la conséquence si le papier ne s'imprégnait pas d'eau ?

Aides et méthodes

1 et **2.** R est constant. Que peut-on dire de ΔT et donc de Φ ?

Solution

1. R pour la feuille de papier est relativement faible (la feuille est fine). ΔT est assez important, donc Φ est très grand : la puissance thermique fournie par la flamme est transmise à l'eau, avant d'avoir pu amener la température du papier à une valeur suffisante pour qu'il brûle.

2. Si la température de l'eau augmente, alors ΔT diminue, donc Φ diminue. Ainsi, de l'énergie thermique s'accumule, permettant à la température d'augmenter. Le papier pourrait alors atteindre sa température de combustion.

Exercices de synthèse

Pour préparer le BAC

17 Transfert à travers la lithosphère

La lithosphère est l'enveloppe terrestre rigide à la surface de la Terre.

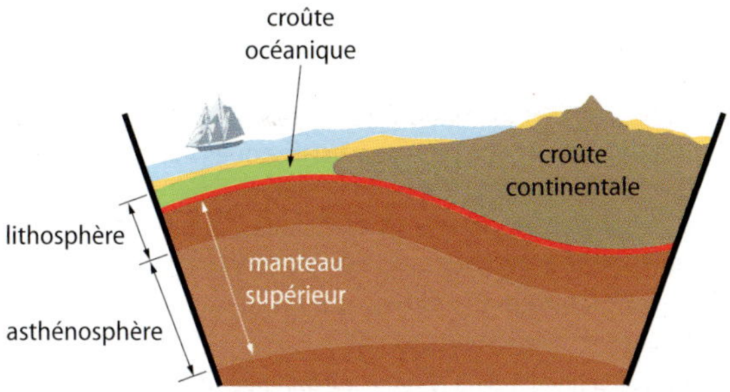

À la surface de la lithosphère, il règne une température moyenne de 15 °C. À la limite entre la lithosphère et l'asthénosphère (couche immédiatement inférieure à la lithosphère), il règne une température moyenne d'environ 1 300 °C. Le flux thermique à travers la lithosphère est d'environ 40×10^{12} W.

1. Quel type de transfert thermique peut avoir lieu dans la lithosphère ?

2. Donner une valeur approximative de la résistance thermique de la lithosphère.

18 Chauffer de l'eau dans une casserole

Pour faire chauffer de l'eau contenue dans une casserole, on place la casserole sur une plaque chauffante. La plaque fonctionne grâce à des résistances placées en dessous, sans contact avec la plaque.

1. Faire un schéma de l'ensemble et placer les légendes : « transfert thermique par conduction » ; « transfert thermique par rayonnement » ; « transfert thermique par convection ».

La plaque fournit à la base de la casserole une puissance de 0,75 kW. Sa température est de 450 °C. La température de l'eau dans la casserole est de 100 °C.

2. Calculer la résistance thermique du matériau utilisé pour fabriquer le fond de la casserole.

3. Pourquoi le fait de mettre un couvercle accélère-t-il la mise en ébullition de l'eau ?

19 Refroidir un processeur

Le processeur de l'unité centrale est un des éléments qui produit le plus d'énergie thermique, par effet Joule, dans un ordinateur. Il est maintenu à une température de 60 °C par le système ci-après, prévu pour dissiper rapidement la chaleur produite.

Le radiateur métallique est mis en contact avec le processeur par l'intermédiaire d'une pâte thermique. L'air sortant du ventilateur, par le dessus, a une température de 50 °C.

1. a. Quel est le mode de transfert qui a lieu entre le processeur et l'air contenu dans le radiateur ?

b. En déduire pourquoi le contact entre le processeur et le radiateur est indispensable.

Le TDP d'un processeur est la puissance thermique (en W) que doit dissiper le système de refroidissement pour que le processeur fonctionne correctement.

2. Le TDP du processeur est de 130 W. Calculer la résistance thermique de l'ensemble {pâte thermique + radiateur}.

3. a. Le transfert thermique entre l'air du radiateur et l'air extérieur s'effectue par convection forcée. Quel est le principe du transfert thermique par convection et pourquoi dit-on ici qu'il est forcé ?

b. Chaque molécule d'air qui traverse le radiateur capture en moyenne une énergie égale à $2{,}42 \times 10^{-22}$ J. Combien faut-il de molécules d'air par seconde pour absorber la puissance thermique ?

c. Sachant qu'à 50 °C, un litre d'air à pression atmosphérique contient $3{,}77 \times 10^{-2}$ mole d'air, quel doit être le débit du ventilateur, en $L \cdot s^{-1}$?

Donnée. *Constante d'Avogadro :* $N_A = 6{,}022 \times 10^{23}\ mol^{-1}$.

20 La lampe à lave

Une lampe à lave est un objet décoratif contenant un liquide transparent. Au fond du récipient se trouve de la cire solide, dont la densité est très légèrement supérieure à celle du liquide transparent.

Le récipient est chauffé par le bas, à l'aide d'une lampe ou d'une bougie.

1. Le transfert thermique entre la source de chaleur et la base du récipient se fait-il par conduction ? Justifier.

2. a. Lorsque la cire est chauffée, elle fond. Que se passe-t-il au niveau microscopique ?

b. La cire a alors un mouvement ascendant. Expliquer pourquoi. Quel transfert thermique est ainsi illustré ?

3. Lorsque la cire fondue arrive au sommet de la lampe, elle se solidifie et redescend alors. En déduire que, pour que la lampe fonctionne, le liquide transparent doit être mauvais conducteur thermique.

4. Le système de chauffage fournit une puissance thermique d'environ 15 W au récipient. Quelle doit être la résistance thermique du liquide transparent pour qu'il règne une différence de température d'au moins 10 °C entre la base et le sommet du récipient, en négligeant les pertes ?

21 Le four solaire

Un four solaire est constitué de miroirs qui réfléchissent les rayons du Soleil en direction d'une cavité vitrée, à l'intérieur de laquelle se trouve l'aliment à cuire.

1. **a.** Quel type de transfert thermique permet d'apporter de l'énergie à l'intérieur d'un four solaire ? Justifier.
b. Quel(s) mode(s) de transfert(s) thermique(s) la paroi vitrée permet-elle de limiter ? Justifier.

2. Le fond noir du four absorbe l'énergie provenant des miroirs. L'énergie est transmise depuis la paroi noire aux molécules d'air. Expliquer ce phénomène au niveau microscopique.

3. **a.** La puissance qui rentre dans le four est de 200 W. La température à l'intérieur est de 120 °C. La température à l'extérieur, à la surface de la vitre, est de 70 °C. Quelle doit être la résistance thermique de la vitre du four pour que les pertes dues au transfert thermique par conduction ne fassent pas diminuer la température (on néglige les autres pertes) ?
b. L'énergie thermique n'est-elle transférée vers l'extérieur du four que par conduction ?

22 Le Soleil

Le Soleil est essentiellement constitué d'atomes d'hydrogène et d'hélium à l'état de plasma : les noyaux et les électrons sont séparés, en raison de la très haute température qui y règne. L'énergie est produite au cœur du Soleil par des transformations nucléaires.

1. Expliquer pourquoi la très haute température a séparé les électrons des noyaux des atomes.

2. Le Soleil possède un intense champ magnétique. Un champ magnétique peut être créé par des mouvements circulaires de particules chargées. Proposer un mécanisme possible pouvant être à l'origine de ces mouvements circulaires de matière.

3. L'énergie thermique du Soleil traverse l'espace pour parvenir, entre autres, jusqu'à la Terre. De quel type de transfert thermique s'agit-il ? Justifier.

23 Le réfrigérateur

L'intérieur d'un réfrigérateur est refroidi à l'aide d'un système de tube en métal (un échangeur thermique), dans lequel circule un fluide refroidi par évaporation.

1. **a.** Quel transfert thermique est mis en jeu au niveau du tube de métal ?
b. En déduire l'intérêt d'avoir choisi un métal plutôt qu'un autre matériau.

Ce système de tube en métal est toujours installé sur le fond ou en haut du réfrigérateur.

2. **a.** Pourquoi ce système n'est-il jamais installé dans la partie basse du réfrigérateur ?
b. Expliquer, au niveau moléculaire, comment se transfère l'énergie thermique dans l'air à l'intérieur du réfrigérateur.

La température à l'intérieur du réfrigérateur est de 4,0 °C. À l'extérieur, elle est de 20,0 °C.

3. **a.** Sachant que la résistance thermique du réfrigérateur est de 0,89 $K \cdot W^{-1}$, en déduire le flux thermique échangé entre le réfrigérateur et l'extérieur.
b. En déduire l'énergie dissipée en kWh sur une année.
c. Dans quel sens a lieu ce transfert au niveau de la paroi du réfrigérateur ?

24 Solar water-heating

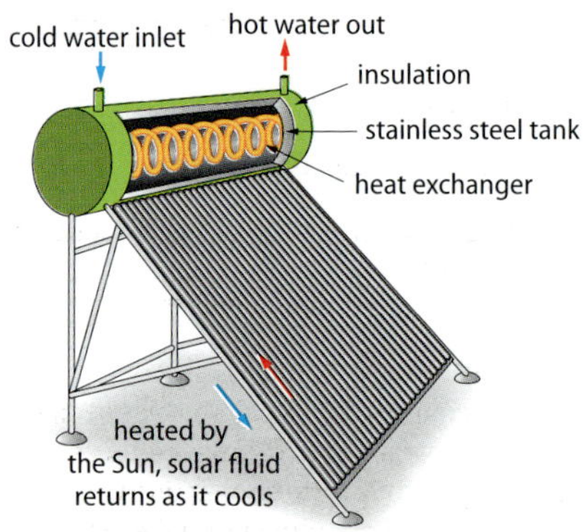

1. **a.** What heat transfer heats the solar fluid of the water heater?
b. There is no pump to transport fluid to the reservoir. How does the system work?

2. The tank is covered with metallic paper and thermal insulation. Explain how the three modes of heat transfer are seriously limited in the system.

The tank loses energy of 6.0kJ an hour at night when the outside temperature is 46°F (7.8°C) and the water inside reaches 131°F (55°C).

3. **a.** Calculate the power that runs through the insulation.
b. Calculate the thermal resistance of the insulating material.

25 Association de matériaux

On fabrique une paroi en associant trois plaques A, B et C, de résistances thermiques R_A, R_B et R_C. La résistance thermique de l'ensemble est R_T.

1. Association « en série »

Les plaques sont associées comme suit :

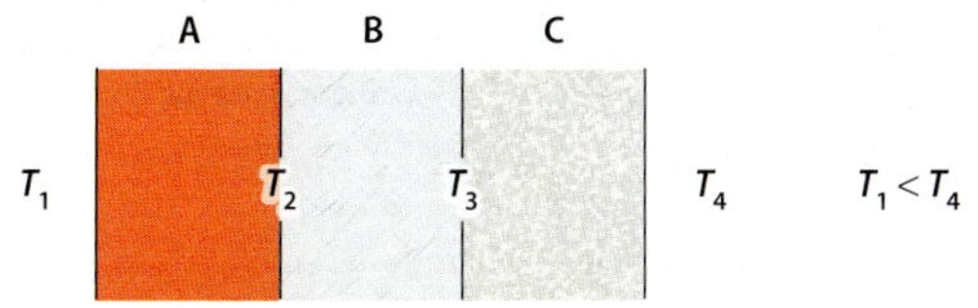

T_2 et T_3 sont les températures aux interfaces A/B et B/C ; Φ est le flux thermique à travers l'ensemble des plaques.

a. Exprimer la relation entre Φ, T_1 et T_2 ; puis entre Φ, T_2 et T_3 et enfin entre Φ, T_3 et T_4.

b. Exprimer la relation entre Φ, T_1, T_4 et R_T.

c. En déduire la relation : $R_T = R_A + R_B + R_C$.

2. Association en parallèle

Les plaques sont maintenant associées comme suit :

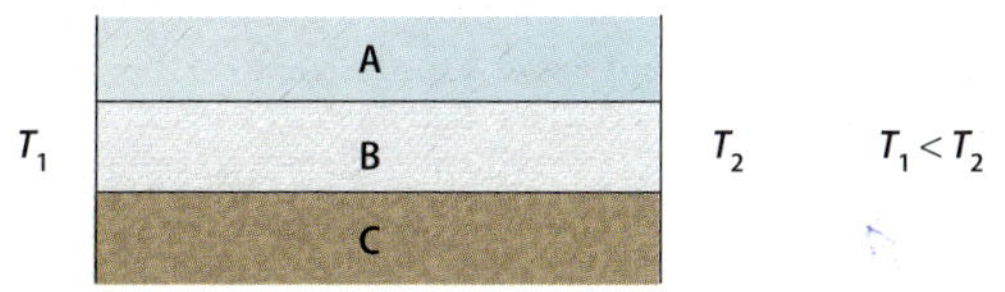

Chaque plaque A, B, C est traversée par son propre flux thermique Φ_A, Φ_B et Φ_C.

a. Exprimer le flux thermique total en fonction de Φ_A, Φ_B et Φ_C.

b. Exprimer Φ_A, Φ_B et Φ_C en fonction de T_1 et T_2.

c. On appelle conductance la grandeur : $G = \dfrac{1}{R}$.

Exprimer la conductance totale G_T en fonction des conductances de A, B et C.

26 Ohm's Law

The voltage U is the difference of the electrical state between two points of a circuit. This difference causes the flow of an electric current I through the connecting wires to compensate for the difference. The connecting wires through which the current flows "resist" the current, according to the law: $U = R \cdot I$, where R is the electrical resistance of the wire.

1. From the information provided, find the correspondence between the electrical quantities mentioned above and the thermal quantities mentioned in the lesson.

2. A heat pump can maintain a temperature difference between two sides of a material. What is the electrical equivalent of the heat pump?

En route vers le Supérieur

27 Notion de résistivité

La résistance thermique R d'un objet est liée à ses dimensions, ainsi qu'à la nature de ses matériaux.

La résistivité thermique ρ est une grandeur qui n'est liée qu'au matériau lui-même. Elle s'exprime en $K \cdot W^{-1} \cdot m$.

On définit ainsi la résistance thermique par la relation $R = k \cdot \rho$, où k ne dépend que des dimensions de l'objet : la surface totale S de la paroi séparant les milieux de températures différentes et son épaisseur e.

1. Parmi les expressions suivantes, laquelle conviendrait pour k ? Justifier à l'aide des unités.

a. $k = e \cdot S$; **b.** $k = e/S$

c. $k = S/e$; **d.** $k = 1/(e \cdot S)$

2. a. Que peut-on dire de la résistance thermique R si l'on augmente l'épaisseur e de matériau ?

b. Que peut-on dire de la résistance thermique R si l'on augmente la surface S ?

3. On considère une tige métallique parfaitement isolée, de longueur 10 cm et de diamètre 0,50 cm. L'une des extrémités de la tige plonge dans de l'eau à 50 °C et l'autre est au contact d'un courant d'eau qui arrive à 20 °C. On mesure la puissance thermique reçue par le courant d'eau. On trouve $P = 0{,}394$ W.

a. Calculer la résistance thermique de la tige.

b. En déduire sa résistivité.

c. On donne ci-dessous quelques résistivités de matériaux en $mK \cdot W^{-1} \cdot m$.

Titane	Aluminium	Étain	Argent	Fer
45	4,5	15	2,3	12,5

Identifier le métal de la tige.

d. Dans les mêmes conditions, quelle puissance aurait été transmise avec une tige identique d'argent ?

28 ★★ Mécanique de formation d'un nuage

À mesure que l'on s'élève dans l'atmosphère, la température et la pression de l'air diminuent. En air sec, le fait d'élever un volume d'air de 100 m le fait se détendre (sa pression diminue) et lui fait perdre 1 °C (on parle de « détente adiabatique »). Lorsque le Soleil chauffe le sol terrestre, l'atmosphère se réchauffe légèrement par conduction thermique : la variation de température de l'air atmosphérique pour une hauteur de 100 m devient supérieure à 1 °C : on dit qu'il se forme une « couche d'instabilité ».

1. Expliquer le phénomène de transfert thermique par conduction au niveau microscopique.

2. a. Au niveau du sol, la température de l'air peut être légèrement plus élevée localement. L'air se met alors en mouvement. Comment s'appelle ce phénomène ?

b. À mesure qu'il monte, cet air subit la « détente adiabatique ». Comment varie sa température ?

c. Comment évolue la température de l'atmosphère alentour ? Pourquoi parle-t-on de couche d'instabilité ?

3. a. Si l'air est chargé de vapeur d'eau, la baisse de pression engendre la condensation de la vapeur. Il se dégage alors de la chaleur. Expliquer pourquoi le phénomène est alors amplifié.

b. Comment les fines gouttelettes qui se forment sont-elles maintenues dans le nuage ?

Pour préparer le BAC

Énoncé type

Dans un sauna

Un sauna a été installé dans un centre nautique. Il est constitué d'une pièce de taille réduite équipée de cloisons en bois, doublées d'un bon isolant thermique. Il reçoit de l'énergie thermique grâce à une résistance électrique se trouvant à l'intérieur de la pièce.

La puissance thermique délivrée par la résistance se transmet tout d'abord à des pierres de lave, positionnées sur une grille au-dessus de la résistance. Les pierres de lave ont une faible résistance thermique. Les personnes se trouvant dans le sauna peuvent, s'ils le désirent, arroser les pierres avec de l'eau, qui s'évapore à leur contact. Ceci permet d'augmenter la sensation de chaleur dans le sauna, qui est équipé de bancs en bois. Il y est déconseillé de porter des bijoux en métal afin d'éviter de se brûler.

La température extérieure au sauna est de 18 °C. Pour maintenir une température de 80 °C à l'intérieur du sauna, la résistance reçoit une puissance électrique $P = 7{,}5$ kW pendant 1,0 minute, toutes les 5,0 minutes.

Donnée. *La puissance (en W) correspond à une variation d'énergie (en J) par unité de temps (en s) :* $P = \Delta E/\Delta t$.

1. a. Quels sont les modes de transferts permettant à l'énergie thermique de passer de la résistance aux pierres de lave ?

b. Décrire chacun de ces modes de transfert au niveau microscopique.

c. Pourquoi est-il préférable que les pierres aient une faible résistance thermique lorsqu'on les arrose ?

2. Pourquoi la sensation de chaleur est-elle plus intense si l'on ajoute de l'eau sur les pierres ?

3. a. Quelle énergie thermique reçoit le sauna pendant la minute de chauffe ?

b. Quelle est l'énergie thermique perdue en 5,0 minutes ? En déduire la puissance thermique qui traverse la paroi du sauna.

c. Que vaut la résistance thermique du sauna ?

4. Quelle serait la durée de chauffe de la résistance si, dans les mêmes conditions, elle devait maintenir une température de 120 °C ?

Les compétences évaluées

- Interpréter les transferts thermiques.
- Savoir faire un lien entre microscopique et macroscopique.
- Exploiter la relation $\Phi = \Delta T/R$.

➤ Coups de pouce

1. a. Il n'y a pas de contact direct entre les pierres et la résistance électrique.

c. Il est préférable que les pierres ne restent pas froides.

2. Comparer les conducteurs thermiques.

3. b. La température à l'intérieur du sauna est maintenue constante.

4. Calculer le flux thermique qui correspond à la puissance thermique qui traverse la paroi.

En déduire l'énergie perdue en 5 minutes pour déterminer la durée de chauffe correspondante, avec la résistance utilisée.

EXEMPLE DE **RÉSOLUTION**

1. a. La résistance chauffe l'air par **rayonnement** et un peu par **conduction**. Le rayonnement chauffe également les pierres se trouvant à la base, qui, par conduction, transmettent l'énergie thermique sur la totalité des pierres. De plus, l'air chauffé par la résistance s'élève (phénomène de convection). Au contact des pierres, l'air chaud transmet, par conduction, de l'énergie thermique.

b. Au niveau microscopique, le transfert par **conduction** consiste à transférer une **agitation (vibration) des atomes du solide de proche en proche**, par chocs successifs. Le transfert par **convection** vient du fait que les molécules d'air s'éloignent les unes des autres lorsqu'elles sont plus agitées (lorsqu'elles ont reçu de l'énergie). **L'air chaud devient donc moins dense et s'élève** au milieu de l'air plus frais. Le **rayonnement** est un phénomène ondulatoire, de **type électromagnétique**.

c. Le fait que les pierres aient une faible résistance thermique leur permet de **récupérer de l'énergie thermique rapidement** par conduction : elles sont ainsi traversées par un flux thermique important afin de compenser leur refroidissement.

2. L'eau est **meilleur conducteur thermique** que l'air. La vapeur se condense sur la peau et améliore le transfert thermique vers le corps.

3. a. Le sauna reçoit une énergie $\Delta E = P \cdot \Delta t_{chauffe}$.

A.N. : $\Delta E = 7{,}5 \times 60$ donc **$\Delta E = 4{,}5 \times 10^2$ kJ**

b. Cette énergie est perdue en 5,0 minutes car la température est constante dans le sauna.

La puissance qui traverse la paroi est donc : $\Phi = \Delta E/\Delta t$.

A.N. : $\Phi = 450/300$ donc **$\Phi = 1{,}5$ kW**

c. $R = \Delta T/\Phi$.

A.N. : $R = (80 - 18)/1\,500$ donc **$R = 4{,}1 \times 10^{-2}$ K·W^{-1}**

4. On aurait $\Phi' = \Delta T'/R$.

A.N. : $\Phi' = (120 - 18)/(4{,}13 \times 10^{-2}) = 2\,470$ W.

L'énergie perdue en 5,0 minutes serait : $\Delta E' = \Phi' \cdot \Delta t$.

A.N. : $\Delta E' = 2\,470 \times 300 = 740$ kJ.

Il faudrait alors une durée $\Delta t' = \Delta E'/P$.

A.N. : $\Delta t' = 740/7{,}5 = 100$ s donc **1 min 40 s de chauffe**

Pour préparer le BAC

Les compétences évaluées
- Interpréter les transferts thermiques.
- Savoir faire un lien entre microscopique et macroscopique.
- Exploiter la relation $\Phi = \Delta T/R$.

Énoncé type

Une centrale nucléaire

Les trois circuits d'eau d'une centrale nucléaire n'échangent pas de matière, mais seulement de l'énergie thermique.
L'eau du circuit primaire est chauffée par le réacteur à 320 °C dans une enceinte fermée sous pression et isolée thermiquement. L'eau du circuit secondaire est chauffée à une température de 283 °C dans le générateur de vapeur par le circuit primaire. Elle passe à l'état de vapeur sous pression et entraîne la turbine de l'alternateur, qui produit l'énergie électrique.
Cette vapeur est ensuite condensée, grâce à de l'eau provenant d'une rivière (circuit tertiaire). À la sortie du condenseur, l'eau du circuit tertiaire est déversée sur une surface à la base d'une tour de refroidissement. Un courant d'air frais rentre par la base de la tour et entraîne les vapeurs, qui se condensent partiellement et retombent sous forme de fines gouttelettes. L'eau ainsi refroidie retourne dans la rivière.

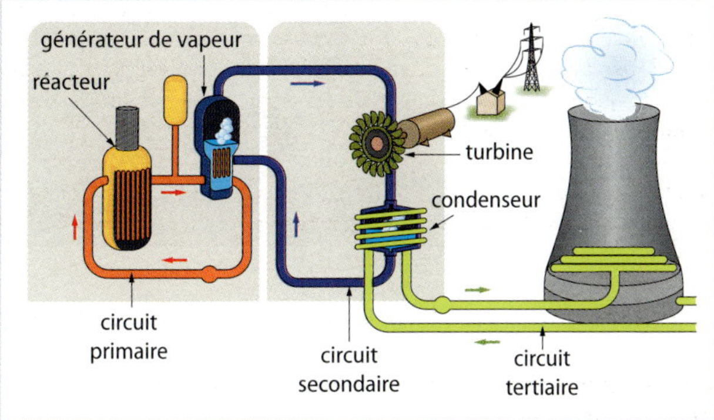

1. a. Les transformations nucléaires ont lieu à l'intérieur de longs tubes en métal appelés « crayons », en contact avec l'eau. Selon quel(s) mode(s) l'énergie thermique de la transformation est-elle transférée à l'eau du circuit primaire ?

b. Expliquer, au niveau microscopique, pourquoi ce transfert se fait mieux entre un solide et un liquide qu'entre un solide et un gaz.

c. Grâce à une pompe, la puissance thermique circule dans le circuit primaire en « convection forcée ». Expliquer ce terme.

2. a. Quelle doit être la résistance thermique de l'échangeur dans le générateur de vapeur pour que le circuit primaire transfère une puissance de 1 000 MW au circuit secondaire ?

b. Compte tenu du rôle de l'échangeur, la valeur trouvée est-elle cohérente ?

3. Expliquer le phénomène à l'origine du courant d'air frais qui rentre spontanément dans la tour de refroidissement, sachant qu'un déplacement d'air crée une aspiration.

➤ Coups de pouce

1. b. Comparer les densités moléculaires d'un gaz et d'un liquide.

c. La pompe a un rôle prédominant.

2. b. Par définition l'échangeur doit permettre le transfert thermique.

3. L'eau du circuit tertiaire déversée à la base de la tour est chaude.

EXEMPLE DE **RÉSOLUTION**

1. a. Le transfert d'énergie se fait au contact d'un solide. Une partie du transfert se fait donc par **conduction.** Le métal doit également rayonner, du fait de sa très haute température. La convection est impossible, étant donné que le milieu intermédiaire (métal) est solide.

b. Au niveau microscopique, la **densité de molécules est plus importante** pour un liquide que pour un gaz. Les vibrations des atomes du solide se transmettront aux molécules du liquide dès qu'il y aura contact. Ces contacts seraient moins nombreux s'il s'agissait d'un gaz.

c. Le transfert thermique par convection est un mode de transfert qui s'accompagne d'un déplacement de matière. Ce déplacement se fait spontanément lorsque la portion de fluide chauffé, moins dense, s'élève à travers le reste du fluide. Ici, le déplacement de matière est forcé **car il est dû à une pompe.**

2. a. On a la relation suivante : $R = \Delta T/\Phi$.

A.N. : $R = (320 - 283)/(1{,}000 \times 10^9)$

Donc $\boxed{R = 3{,}70 \times 10^{-8}\ \text{K} \cdot \text{W}^{-1}}$

b. Le transfert thermique doit se faire au mieux dans l'échangeur. La valeur de la résistance thermique doit donc être très faible.

3. L'air se trouvant à la base de la tour est chauffé par l'eau provenant du circuit tertiaire. Il se dilate alors et devient donc moins dense. Il va ainsi s'élever dans la tour. C'est le **phénomène de convection.**

Le « vide » engendré par ce déplacement vertical vers le haut va créer une aspiration de l'air extérieur par les ouvertures se trouvant à la base de la tour. Le phénomène s'entretient de lui-même et refroidit l'eau dans la tour.

Avant d'aborder la séquence 2

Évaluation diagnostique

Pour chaque situation présentée, proposer une réponse en argumentant.

Situation 1

Pour traquer les idées fausses

L'eau colorée contenue dans ces récipients posés sur une table est parfaitement stable.

Cette eau peut-elle être le siège d'un transfert d'énergie sans que sa position ou sa vitesse soient modifiées ?

Activité 1, p. 386

Situation 2

Pour vérifier l'indispensable

Les états physiques possibles d'un corps sont : solide, liquide et gaz.

Au niveau microscopique, en quoi diffère l'arrangement des particules dans ces trois états ?

Activité 2, p. 387

Situation 3

Pour amorcer la réflexion

À l'intérieur d'un réfrigérateur, la température maintenue basse permet de conserver plus longtemps les aliments naturellement périssables.

Quels sont les transferts d'énergie qui peuvent expliquer le fonctionnement d'un réfrigérateur ?

Activité 4, p. 389

Énergie interne

Lors de son entrée dans l'atmosphère, la navette spatiale voit son énergie interne augmenter en raison du travail des forces de frottements.

Les acquis des classes précédentes

- L'**énergie cinétique** E_c d'un objet dépend de sa vitesse et de sa masse. L'**énergie potentielle de pesanteur** E_{pp} d'un objet au voisinage de la Terre dépend de sa masse et de son altitude.
- La **température** T est une grandeur liée à l'agitation microscopique des particules.
- La **cohésion** des corps solides et liquides provient d'interactions électrostatiques intermoléculaires ou entre les ions.

Les compétences à acquérir

1. **Savoir** que l'énergie interne d'un système macroscopique résulte de contributions microscopiques.
2. **Connaître** et **exploiter** la relation $\Delta U = C \cdot \Delta T$.
3. **Établir** un bilan énergétique faisant intervenir transfert thermique et travail.

→ **Culture scientifique**
Machines thermiques

Activité 1

Une nouvelle forme d'énergie

En apportant de l'énergie à un système sous forme de travail, on peut observer des variations d'énergie potentielle de pesanteur ou d'énergie cinétique. D'autres effets sont observés lors la compression d'un ressort.

Compétences scientifiques évaluées
- Formuler des hypothèses pertinentes.
- Valider ou invalider des hypothèses.

Pour commencer (situation déclenchante)

Dans un bâtiment, les portes coupe-feu **(Fig. 1)** sont des portes qui se referment automatiquement après le passage d'une personne. En cas d'incendie, elles permettent ainsi de ralentir la propagation du feu. La fermeture automatique des portes peut être assurée grâce à l'action de ressorts.

Fig. 1 Portes coupe-feu. ►

Investigation

Quand on ouvre la porte, y a-t-il un transfert d'énergie au niveau du ressort ?

Quelques idées (hypothèses)

Étude de document (recherche de validation)

Dans un premier temps, le ressort doit être comprimé par la porte lors de l'ouverture **(Fig. 2 ⓐ)**, pour être ensuite relâché à la fermeture **(Fig. 2 ⓑ)**.

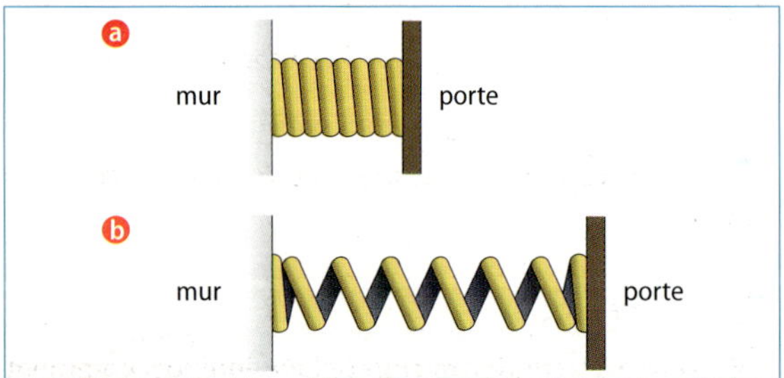

Fig. 2 ⓐ Porte ouverte : le ressort est comprimé. ⓑ Porte fermée : le ressort est détendu.

Si, en transférant de l'énergie à un système, on observe des effets qui n'affectent ni le mouvement de son centre d'inertie ni l'altitude à laquelle il se trouve, on dira que ce système a accumulé une énergie interne, notée U.

Action de la porte sur le ressort à l'ouverture

1 Quand on ouvre la porte, la force qui modélise l'action mécanique de la porte sur le ressort travaille-t-elle ?

2 Reproduire le diagramme énergétique suivant, qui rend compte de l'ouverture de la porte. Indiquer le nom des deux corps étudiés, le sens et la nature du transfert énergétique.

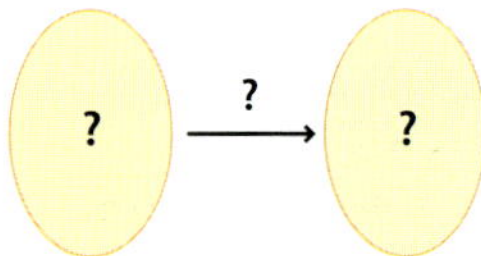

3 Pouvez-vous apporter une première réponse à la question de l'investigation ?

Étude du ressort à l'ouverture

4 **a.** Comment s'appelle l'énergie macroscopique liée au mouvement des objets ? Quels paramètres influent sur la valeur de cette énergie ?

b. Pour le système ressort, que vaut cette énergie liée au mouvement lorsque la porte est fermée ? ouverte ?

5 **a.** Préciser les paramètres qui influent sur l'énergie potentielle de pesanteur E_{pp}.

b. L'énergie potentielle de pesanteur du ressort varie-t-elle au cours de l'ouverture de porte ?

6 Donner les deux types d'énergie que le ressort n'a pas pu stocker pendant l'ouverture de la porte. Quel type d'énergie a stocké le ressort ?

7 **a.** B2i Un ressort est un système dit élastique. En effectuant éventuellement une recherche sur Internet :
- définir le mot *élastique* ;
- donner des exemples de matériaux élastiques ;
- dire s'il existe des exemples à l'état liquide ou gazeux.

b. Que peut-il se passer pour les atomes constituant un matériau élastique lors d'une compression ? lors d'une détente ?

Pour conclure

8 Un corps peut-il accumuler de l'énergie sans qu'il y ait variation ni de sa vitesse et de son altitude ?

9 Quelles caractéristiques donner à cette énergie qu'a accumulée le ressort au cours de sa compression ?

Activité 2

Activité documentaire

Animation

Une énergie au cœur de la matière

Quelle est la nature des contributions microscopiques à l'énergie interne ?

Compétences scientifiques évaluées
- Associer un modèle à un phénomène.
- Identifier les paramètres jouant un rôle dans un phénomène physique.

Étude de document

Comprendre l'énergie interne

Pour étudier les transferts d'énergie dans la matière, il convient de définir précisément le **système** étudié. Il contient un très grand nombre d'entités microscopiques ou particules et est séparé du milieu extérieur par une frontière **(Fig. 1)**.

En plus des énergies macroscopiques cinétique $E_{c,\,macro}$ et potentielle de pesanteur $E_{pp,\,macro}$, un système possède une **énergie interne** U. L'énergie interne U acquise à l'intérieur d'un système, stockée par ses entités microscopiques, est la somme de deux termes :

$$U = \Sigma E_{c,\,micro} + \Sigma U_p$$

Le premier terme $\Sigma E_{c,\,micro}$ est appelée énergie d'agitation microscopique ou énergie cinétique microscopique ; elle dépend de la vitesse des entités. Elle est liée à la température du système. Contrairement à l'énergie cinétique macroscopique, cette énergie résulte d'un mouvement *désordonné* des entités qui constituent le système **(Fig. 2)**.

Le second terme ΣU_p est l'énergie potentielle d'interaction du système, qui lie entre elles les différentes entités. Chaque contribution U_p prend une forme différente selon la nature des interactions entre les entités, mais ne dépend que de la distance d entre ces entités **(Fig. 3 et 4)**.

L'énergie interne U d'un système résulte donc de contributions microscopiques variées et difficiles à dénombrer. Pour étudier un système constitué d'un nombre important de particules, les physiciens ont recours à une approche statistique et raisonnent en valeurs moyennes.

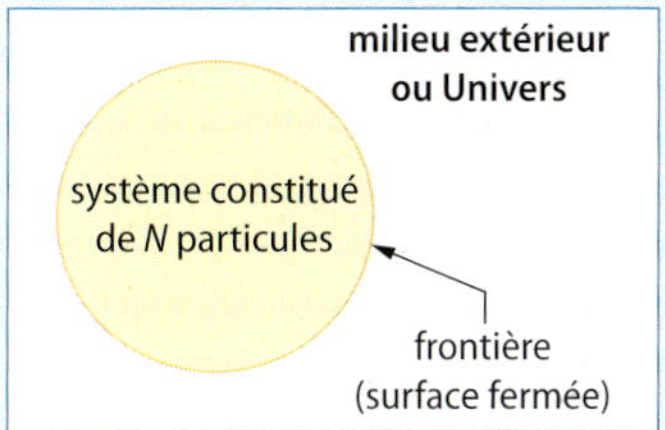

Fig. 1 Description d'un système.

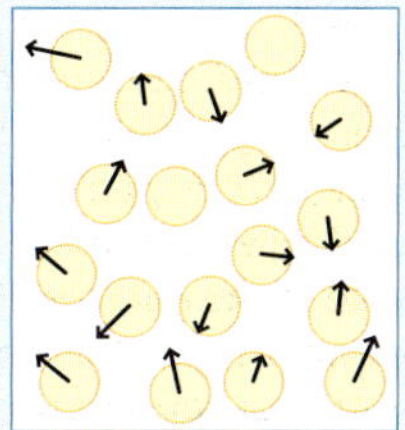

Fig. 2 Mouvement désordonné des particules d'un système.

État du système	Énergie cinétique microscopique $\Sigma E_{c,\,micro}$	Énergie potentielle interne ΣU_p
Solide	négligeable	importante
Liquide	assez importante	importante
Gaz	importante	négligeable

Fig. 3 Contributions de $\Sigma E_{c,\,micro}$ et ΣU_p à l'énergie interne U selon l'état physique du corps.

Particules	Type d'interaction	Expression de l'intensité de U_p
Deux atomes	Van der Waals	$A/d^6 + C/d^{12}$ (A et C constantes)
Charges q_1 et q_2	électrostatique	$k \cdot q_1 \cdot q_2/d$
Masses m_1 et m_2	gravitationnelle	$G \cdot m_1 \cdot m_2/d$

Fig. 4 Exemples d'énergies potentielles d'interaction U_p entre deux particules séparées d'une distance d.

Pistes de réflexion

Énergie cinétique microscopique

1 À quelle grandeur macroscopique est liée l'énergie cinétique microscopique ?

2 Comment expliquer l'existence de cette énergie cinétique microscopique ?

3 **a.** Comment évolue l'énergie cinétique microscopique avec l'état physique d'un système ?

b. Comment peut s'expliquer cette évolution ?

Énergie potentielle d'interaction

4 **a.** Comment évolue l'intensité de l'énergie potentielle d'interaction avec l'éloignement des particules dans un système ?

b. Comment expliquer la faible contribution de l'énergie potentielle d'interaction à l'état gazeux ?

5 **a.** Déterminer l'ordre de grandeur des différents types d'interactions possibles de la **figure 4** pour deux protons H^+ éloignés de 1,0 nm.

Données. *Charge d'un ion H^+ : $q(H^+) = 1{,}6 \times 10^{-19}$ C ; masse d'un ion H^+ : $m(H^+) = 1{,}67 \times 10^{-27}$ kg ; constante de Coulomb : $k = 9 \times 10^9$ USI ; constante de gravitation universelle : $G = 6{,}67 \times 10^{-11}$ USI.*

b. Quelle interaction est négligeable à l'échelle microscopique ?

Approche statistique

6 Justifier l'approche statistique pour l'étude de l'énergie interne.

Pour conclure

7 Par une description microscopique, indiquer comment un système peut stocker de l'énergie macroscopique sans changer de position ni mouvement.

Activité 3

TP Activité expérimentale

Vidéos

Capacité thermique et variation de température

La capacité thermique d'un matériau traduit sa capacité à absorber ou à restituer de la chaleur lors d'une variation de température.

Compétences expérimentales évaluées
- S'approprier un montage expérimental.
- Analyser un résultat expérimental.

Principe

Pour construire un bâtiment, il est important de connaître la capacité thermique des matériaux utilisés. En effet, un matériau de faible capacité thermique sera un bon isolant et un matériau de capacité thermique élevée sera un bon régulateur de température.

Mise en œuvre au laboratoire

Pour déterminer la capacité thermique d'un matériau, on place de l'eau et un morceau du matériau dans un calorimètre. L'énergie perdue par le système {matériau} est alors égale à l'énergie reçue par les systèmes {eau} et {calorimètre}.

Le calorimètre est un récipient limitant les transferts thermiques vers l'extérieur. Avant de l'utiliser, il faut connaître sa capacité thermique, car il participe aussi aux transferts d'énergie.

Matériel
- morceaux de matériaux différents • calorimètre • thermomètre • balance • potence • plaque chauffante

Capacité thermique du calorimètre

- Introduire dans le calorimètre une masse m_1 de 100 g d'eau à température ambiante. Noter la température T_1 de l'eau.
- Dans un bécher, faire chauffer une masse m_2 de 200 g d'eau à une température T_2 comprise entre 30 °C et 40 °C. Agiter la solution. Noter la valeur T_2.
- Mélanger l'eau chaude à l'eau présente dans le calorimètre. Placer le couvercle et le thermomètre, agiter et attendre que la température se stabilise. Noter la valeur T_3 de la température du mélange.
- Vider le calorimètre.

Capacité thermique massique du matériau

- Choisir un bloc de matériau parmi ceux mis à disposition. Peser le matériau, de masse m_{mat}. Suspendre le bloc à une potence et le plonger dans un récipient d'eau bouillante à $T_{éb} = 100$ °C sans que le bloc touche les parois du récipient.
- Introduire dans le calorimètre une masse m_4 de 200 g d'eau à température ambiante. Noter cette température T_4.
- Immerger le bloc de matériau dans le calorimètre. Placer le couvercle et le thermomètre, agiter et attendre que la température se stabilise pour noter sa valeur T_f.

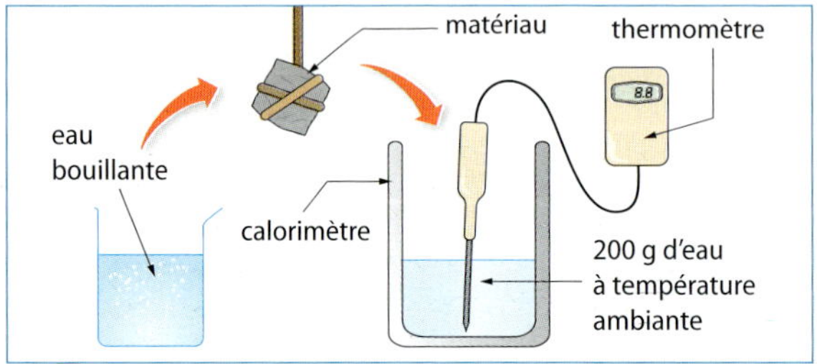

Fig. 1 Le protocole expérimental pour l'étude du matériau.

Exploitation

Donnée. *Capacité thermique massique de l'eau liquide :* $c_{eau} = 4{,}18\ J \cdot g^{-1} \cdot °C^{-1}$.

Capacité thermique du calorimètre

1 **a.** Calculer la valeur de l'énergie reçue par les 100 g d'eau initialement à la température T_1 ayant atteint la température T_3.
b. Calculer la valeur de l'énergie cédée par les 200 g d'eau initialement à la température T_2 ayant atteint la température T_3.

2 **a.** En supposant le calorimètre parfaitement isolé, estimer la variation de l'énergie interne du calorimètre pendant l'expérience. Conclure en comparant cette valeur aux autres énergies mises en jeu.

b. En déduire la capacité thermique du calorimètre C_{calo}, exprimée en $J \cdot °C^{-1}$.

3 **a.** Dans un tableau, noter les résultats obtenus pour C_{calo} par tous les groupes de la classe. Comparer ces résultats : y a-t-il des résultats aberrants ? Comment expliquer les écarts ?

b. Quelle valeur retenir pour C_{calo} ?

Capacité thermique massique du matériau

4 **a.** Calculer la variation de l'énergie ΔU_{eau} du système constitué des 200 g d'eau initialement à la température T_4.

b. En utilisant la valeur C_{calo} retenue, calculer la variation de l'énergie du calorimètre ΔU_{calo} initialement à la température T_4.

5 **a.** En s'appuyant sur la conservation de l'énergie, montrer que $\Delta U_{calo} + \Delta U_{eau} + \Delta U_{matériau} = 0$.

b. En déduire que la capacité thermique massique du matériau c_{mat} a pour expression :

$$c_{mat} = (m_4 \cdot c_{eau} + C_{calo}) \cdot (T_f - T_4)/(m_{mat} \cdot (T_f - T_{éb}))$$

c. Calculer sa valeur en écrivant le résultat sous la forme :

$$c_{mat} = (\text{valeur} \pm \text{incertitude})\ \text{unité}.$$

6 Que penser de la précision de la mesure effectuée ? Faire des propositions pour améliorer cette précision.

Pour conclure

7 Comparer les capacités thermiques des différents matériaux.

8 En déduire leur utilisation possible dans l'habitat.

Activité 4

Activité documentaire

Animation

Quelle chaleur dans mon frigo ?

Un réfrigérateur est le siège de plusieurs transferts d'énergie qui permettent de décrire son fonctionnement.

Compétences scientifiques évaluées
- Extraire une information utile.
- Communiquer et argumenter en utilisant un vocabulaire scientifique adapté.

Étude de document

Bilans énergétiques de machines frigorifiques

En été, lorsqu'on sert un verre de soda glacé, la boisson se réchauffe car l'air qui l'entoure lui cède de la chaleur et se refroidit. Le transfert thermique se fait spontanément du système dont la température est la plus élevée vers celui dont la température est la plus basse. À cette saison, on n'observera jamais le phénomène inverse, c'est-à-dire le verre se refroidir de lui-même en cédant de l'énergie au milieu extérieur.

Seules les machines frigorifiques effectuent le transfert thermique inverse **(Fig. 1)** au prix de deux transferts énergétiques supplémentaires. Ce sont des machines thermiques dites cycliques, basées sur des successions de vaporisations et de liquéfactions d'un ou plusieurs fluides frigorigènes.

Fig. 1 Les réfrigérateurs permettent de garder les aliments à basse température.

Dans une telle machine cyclique, la variation d'énergie interne ΔU du système {fluide frigorigène} est nulle au terme de chaque cycle.

Le réfrigérateur est une machine frigorifique qui, à l'aide d'un fluide frigorigène, extrait par transfert thermique l'énergie Q_f d'un milieu à basse température (l'intérieur du réfrigérateur) pour rejeter l'énergie Q_c vers un milieu à plus haute température (l'air de la pièce), en consommant une quantité de travail W_e délivré par le réseau électrique **(Fig. 2)**.

Les fluides frigorigènes utilisés sont généralement les hydrofluorocarbones (HFC). Ils ont remplacé les chlorofluorocarbone (CFC), interdits depuis plusieurs années à cause de leur rôle dans la destruction de la couche d'ozone.

L'efficacité des réfrigérateurs est exprimée en terme de coefficient d'efficacité frigorifique (EER), défini par le rapport de l'énergie utile sur l'investissement requis.

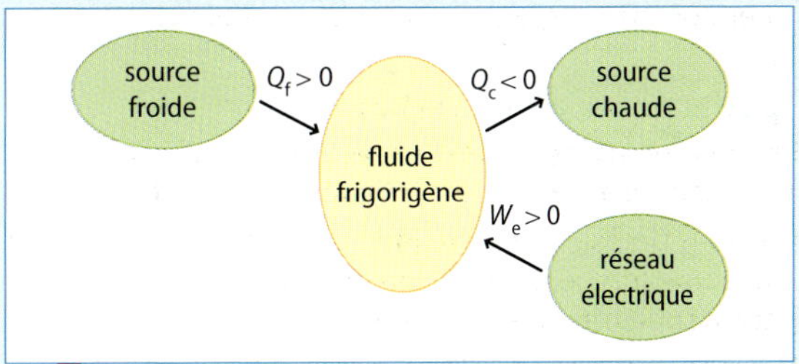

Fig. 2 Chaîne énergétique décrivant le fonctionnement du réfrigérateur.

Pistes de réflexion

Énergie et transfert d'énergie

1 **a.** Quel est le système étudié dans cette étude énergétique sur les machines frigorifiques ?

b. De quel type d'énergie étudie-t-on la variation pour ce système ?

2 **a.** Avec quel(s) environnement(s) le système est-il en interaction ?

b. Quelles sont les deux formes de transferts d'énergie évoquées ?

3 **a.** Dans quel cas associe-t-on au transfert thermique Q :
- un signe positif ?
- un signe négatif ?

b. Commenter le signe associé au travail W_e.

4 Exprimer la variation d'énergie interne ΔU du système en fonction de W_e, Q_c et Q_f.

Cycle

5 **a.** Quels sont les différents états physiques du fluide frigorigène au cours du cycle ?

b. Décrire le système d'un point de vue microscopique pour expliquer que $\Delta U = 0$ au terme de chaque cycle.

c. En déduire une relation simple entre W_e, Q_c et Q_f.

Pour conclure

6 Exprimer l'efficacité EER du réfrigérateur en fonction de W_e et Q_f.

Cours

1 Notion d'énergie interne

› Activités 1 et 2

Notion de système

Lorsqu'on effectue une étude énergétique dans le but de mettre en évidence des transferts d'énergie, il est nécessaire de définir le **système** que l'on étudie (Fig. 1). Le système peut être un objet ou un ensemble d'objets matériel(s). Le plus souvent, il s'agit d'une modélisation de la réalité.

Un système est un ensemble macroscopique d'entités microscopiques (atomes, ions ou molécules). Il est séparé du milieu extérieur par une frontière : une interface où peuvent avoir lieu des transferts d'énergie.

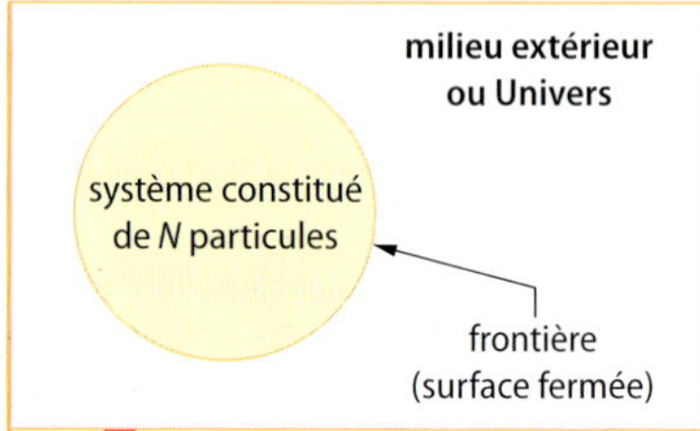

Fig. 1 Notion de système.

Exemple

Une casserole remplie d'eau sur le feu est un système qui est le siège de transferts d'énergie avec son milieu extérieur (air et gaz en combustion) (Fig. 2). On le note {casserole + eau}. Il est délimité par la surface de la casserole en contact avec l'air et le gaz et par la surface de l'eau.

Fig. 2 Une casserole remplie d'eau peut être définie comme un système {casserole + eau}.

Notion d'énergie interne

L'énergie reçue par un système peut être stockée par le système sans que son énergie cinétique ni son énergie potentielle de pesanteur ne soient modifiées.

L'énergie interne, notée *U*, est l'énergie qu'un système peut stocker sans qu'il y ait modification du mouvement de son centre d'inertie ni de l'altitude à laquelle il se trouve.

Exemple

L'énergie thermique reçue par une casserole d'eau sur le feu augmente l'énergie interne du système {casserole + eau}.

Contributions microscopiques à l'énergie interne

L'énergie interne d'un système est la somme de toutes les énergies microscopiques liées à sa structure à l'échelle moléculaire, atomique et nucléaire.

Ces énergies microscopiques peuvent être classées en deux catégories : les **énergies cinétiques microscopiques** et les **énergies potentielles d'interaction** entre les entités.

L'énergie cinétique microscopique est liée à l'agitation thermique désordonnée des entités du système (Fig. 3). Cette énergie augmente avec la température du système.

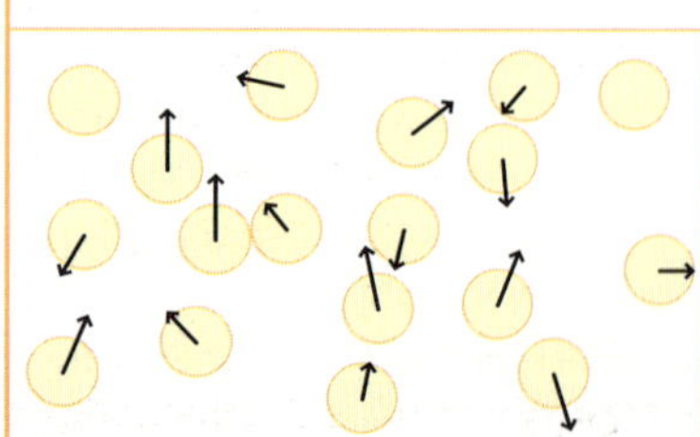

Fig. 3 Agitation thermique désordonnée des entités microscopiques constituant un système.

Exemple

Dans l'air à 0 °C, les molécules de dioxygène O_2 se déplacent à la vitesse moyenne de $4{,}6 \times 10^2$ m · s^{-1}. À 40 °C, leur vitesse moyenne est de $5{,}0 \times 10^2$ m · s^{-1}.

Les énergies potentielles d'interaction dépendent de la distance entre les entités. Plus les entités s'éloignent, plus la contribution de l'énergie potentielle d'interaction à l'énergie interne diminue.

Le type d'énergie potentielle d'interaction diffère selon l'interaction impliquée. En voici quelques exemples :

Énergie potentielle d'interaction	physique ou latente	chimique	nucléaire
Entités en interaction	molécules ou atomes	atomes liés	nucléons
Interaction(s) impliquée(s)	électromagnétique	électromagnétique	forte et faible
Cette interaction intervient lors d'un(e)	changement d'état physique	transformation chimique	transformation nucléaire

Exemple

Lors de la fonte d'un glaçon, le transfert thermique vers le milieu extérieur provient des variations des énergies potentielles d'interaction physique ou latente du système.

Les contributions des énergies cinétiques microscopiques et des énergies potentielles d'interaction à l'énergie interne U varient selon l'état physique du système (Fig. 4).

Exemple

Dans les gaz, où les molécules se déplacent facilement, l'énergie cinétique microscopique est prépondérante. Dans les états liquide et solide, où les entités sont plus rapprochées, l'énergie potentielle d'interaction prédomine.

➥ Exercices 1 à 7

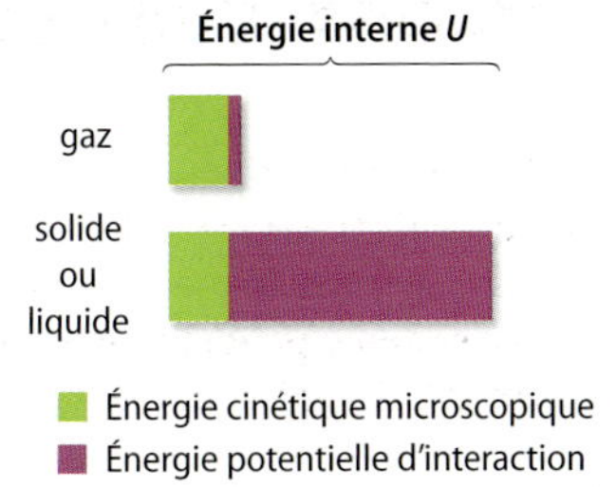

Fig. 4 La contribution des énergies microscopiques à l'énergie interne varie selon l'état physique du système.

2 Capacité thermique et énergie interne

> Activité 3

Capacité thermique

Un matériau peut stocker de l'énergie sous forme d'énergie interne U et restituer ensuite cette énergie. Cette capacité dépend de sa structure microscopique.

La **capacité thermique** C d'un corps condensé (c'est-à-dire solide ou liquide) correspond à l'énergie interne nécessaire pour augmenter sa température de 1 degré Celsius.

En l'absence de changement d'état ou de transformation chimique, la variation d'énergie interne ΔU d'un corps condensé est proportionnelle à la variation de la température ΔT :

$$\Delta U = C \cdot \Delta T$$

- **ΔU, variation d'énergie interne du corps, en joule (J)**
- **ΔT, variation de température du corps, en degré Celsius (°C)**
- **C, capacité thermique du corps, en joule par degré Celsius ($J \cdot °C^{-1}$)**

Repère

Les capacités thermiques sont généralement exprimées en $J \cdot °C^{-1}$ ou en $J \cdot K^{-1}$. Ces unités sont identiques, car une variation de température en °C vaut une variation de température en K.

Exemple

Un bloc de cuivre de capacité thermique $C = 1,6 \times 10^3\ J \cdot °C^{-1}$, initialement à température ambiante de 18 °C, est chauffé à 75 °C. Son énergie interne a augmenté de $\Delta U = 1,6 \times 10^3 \times (75 - 18) = 9,1 \times 10^4$ J.

On négligera le plus souvent l'influence de la température ou de la pression sur la valeur de la capacité thermique d'un corps condensé.

Cours

Capacité thermique massique

La capacité thermique C d'un corps est proportionnelle à sa masse m :

$C = m \cdot c$

- **C, capacité thermique du corps, en joule par degré Celsius ($J \cdot °C^{-1}$)**
- **m, masse du corps en kilogramme (kg)**
- **c, capacité thermique massique du corps, en joule par kilogramme et par degré Celsius ($J \cdot kg^{-1} \cdot °C^{-1}$).**

Pour un corps condensé ne subissant ni changement d'état ni transformation chimique, on a donc la relation : $\Delta U = m \cdot c \cdot \Delta T$.

Pour une même différence de température et une même masse, la variation d'énergie interne ΔU est d'autant plus grande que c est grand. L'eau liquide a une forte capacité thermique (Fig. 5), en raison de la présence de liaisons hydrogène qui réduisent les mouvements microscopiques des molécules.

Exemple

Pour faire passer 1,0 kg d'eau de 20 °C à 90 °C, il faudra lui transférer une énergie : $\Delta U = 1,0 \times 4,2 \times 10^3 \times (90 - 20) = 2,9 \times 10^5$ J.

➡ Exercices 8 à 14

Substance	c (en $J \cdot kg^{-1} \cdot °C^{-1}$)
eau liquide	$4,2 \times 10^3$
huile	$2,0 \times 10^3$
eau solide	$2,1 \times 10^3$
aluminium	$9,0 \times 10^2$
fer	$4,7 \times 10^2$
cuivre	$3,9 \times 10^2$
brique	$8,4 \times 10^2$
marbre	$8,6 \times 10^2$
bois de chêne	$2,4 \times 10^3$

Fig. 5 Exemple de valeurs de capacités thermiques massiques.

3 Bilans énergétiques

› Activités 3 et 4

Principe de conservation de l'énergie

L'énergie totale E_{totale} d'un système est la somme de trois énergies : l'énergie cinétique $E_{c,macro}$, l'énergie potentielle de pesanteur E_{pp} et l'énergie interne U : $E_{totale} = E_{c,macro} + E_{pp} + U$

L'énergie totale ne peut être ni créée ni détruite. Si un système perd ou gagne de l'énergie, cette énergie est obligatoirement cédée ou prise à un autre système. Elle peut aussi être convertie d'une forme en une autre.

Un système sera dit isolé s'il n'effectue pas de transferts d'énergie avec d'autres systèmes. L'énergie totale d'un système isolé se conserve.

Exemple

Une bouteille thermos idéale contenant une boisson n'échange pas de chaleur avec le milieu extérieur. On dira que le système {thermos + boisson} est isolé.

Bilan d'énergie

Dans l'absolu, on ne peut pas mesurer l'énergie totale d'un système : seules les variations d'énergie sont mesurables.

La variation de l'énergie totale d'un système au cours d'une évolution est égale à la somme des travaux W et des transferts thermiques Q échangés avec le milieu extérieur : $\Delta E_{totale} = W + Q$

Par convention, on compte les transferts énergétiques positivement s'ils sont reçus par le système et négativement s'ils sont cédés par le système au milieu extérieur.

Sciences et culture

Le concept d'énergie

En 1847, Hermann von Helmholtz, physicien allemand, généralisa l'idée que l'énergie pouvait changer de forme tout en restant globalement constante.

Exemple

Un moteur thermique (Fig. 6) reçoit de l'énergie thermique ($Q > 0$) et fournit un travail mécanique ($W < 0$).

Dans le cas particulier d'un système qui ne subit pas de modification du mouvement de son centre d'inertie ni de l'altitude à laquelle il se trouve, la variation des énergies cinétique macroscopique $\Delta E_{c,macro}$ et potentielle de pesanteur ΔE_{pp} est nulle.

Pour un système immobile, $\Delta E_{totale} = \Delta U = W + Q$

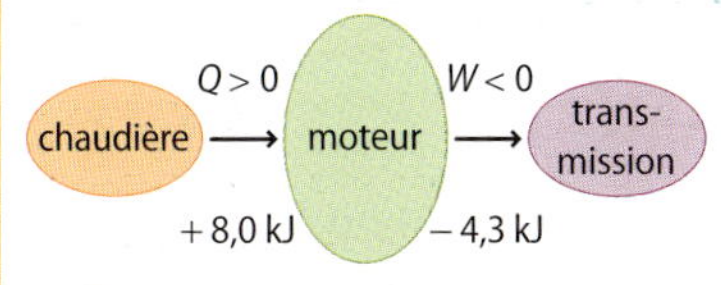

Fig. 6 Bilan des énergies reçues et cédées par un système {moteur}, avec algébrisation des transferts.

Bilan énergétique des machines thermiques

Les moteurs thermiques, les réfrigérateurs et les pompes à chaleur sont des machines thermiques dites *dithermes*. Elles effectuent des transferts thermiques Q_c et Q_f respectivement avec une source chaude et avec une source froide et elles échangent un travail W avec le milieu extérieur (Fig. 7).

Ce sont des machines *cycliques* : la variation d'énergie totale du fluide moteur ou réfrigérant est nulle au cours d'un cycle.

Pour une machine thermique, $\Delta U = W + Q_c + Q_f = 0$

Exercices 15 à 19

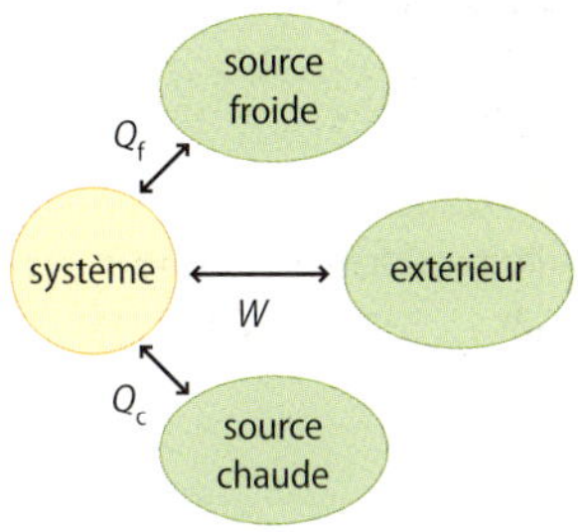

Fig. 7 Principe des machines thermiques.

Les compétences à acquérir

1 Savoir *que l'énergie interne d'un système résulte de contributions microscopiques*

- Un **système** est un ensemble très grand d'entités microscopiques.
- L'**énergie interne U** d'un système est la somme des **énergies cinétique microscopique** et **potentielle d'interaction** entre les entités.

2 Connaître et exploiter *la relation entre ΔU et ΔT*

- En l'absence de transformation chimique ou de changement d'état, la **variation d'énergie interne** d'un corps condensé immobile de masse m, lors d'une variation de température ΔT s'écrit :

$$\Delta U = C \cdot \Delta T = m \cdot c \cdot \Delta T$$

Avec ΔU en joule (J),
m en kilogramme (kg),
ΔT en degré Celsius (°C)
C est la capacité thermique du corps, en $J \cdot °C^{-1}$
c est la capacité thermique massique, en $J \cdot kg^{-1} \cdot °C^{-1}$

3 Établir *un bilan énergétique faisant intervenir transfert thermique et travail*

- L'**énergie totale** d'un système est la somme de son énergie cinétique, de son énergie potentielle de pesanteur et de son énergie interne :

$$E_{totale} = E_{c,macro} + E_{pp} + U$$

- La variation d'énergie totale d'un système est égale à la somme algébrique des transferts thermiques et des travaux échangés avec l'extérieur :

$$\Delta E_{totale} = W + Q$$

- Si le système est immobile : $\Delta U = \Delta E_{totale} = W + Q$

Exercices

Compétence 1

› ***Savoir que l'énergie interne d'un système macroscopique résulte de contributions microscopiques***

1 VRAI ou FAUX ?

Répondre par vrai ou par faux aux affirmations suivantes. Corriger celles qui sont fausses.

❶ L'énergie d'agitation thermique est synonyme d'énergie cinétique microscopique.

❷ L'énergie potentielle de pesanteur du système {balle de tennis} fait partie de son énergie interne *U*.

❸ L'énergie interne *U* d'un système ne dépend que de l'agitation thermique du système.

❹ L'énergie potentielle d'interaction entre deux entités diminue lorsque les entités se rapprochent.

2 QROC

1. Comment décrire un système ?

2. a. Citer les deux contributions à l'énergie interne *U* d'un système.
b. De quel(s) paramètre(s) dépend chacune de ces deux contributions ?

EXERCICE **RÉSOLU**

3 Qui a le plus d'énergie interne ?

On considère deux systèmes constitués de 100 g de vapeur d'eau et de 100 g d'eau liquide, tous les deux à 100 °C.

1. Quelle contribution microscopique à l'énergie interne *U* prédomine pour chaque système ?

2. Quel système a l'énergie interne *U* la plus grande ?

Aides et méthodes
1. La répartition des contributions varie selon l'état physique.
2. Chaque contribution dépend de paramètres différents.

Solution
1. Les deux systèmes sont dans des états physiques différents (liquide ou gaz). Dans le liquide, les molécules d'eau sont très rapprochées : les énergies potentielles d'interaction prédominent devant les énergies cinétiques microscopiques. Dans le cas de la vapeur d'eau, c'est l'inverse.
2. Les deux systèmes ont la même température, donc les mêmes énergies cinétiques microscopiques. Dans l'eau liquide, les interactions intermoléculaires sont plus importantes que dans la vapeur car les molécules sont plus rapprochées. L'eau liquide compte donc en plus une importante énergie d'interaction, elle possède l'énergie interne la plus élevée.

4 Quelle forme microscopique ?

On considère les systèmes suivants :
❶ mélange air/essence ; ❷ étoile ;
❸ iceberg ❹ air comprimé dans un moteur.

Associer à chaque système la contribution privilégiée à son énergie interne *U* parmi les quatre propositions **a**, **b**, **c** et **d** :
a. Énergie cinétique microscopique.
b. Énergie potentielle d'interaction physique.
c. Énergie potentielle d'interaction chimique.
d. Énergie potentielle d'interaction nucléaire.

5 De l'eau sur le feu

Une plaque chauffante électrique fait chauffer une casserole couverte contenant de l'eau.

1. Pourquoi peut-on affirmer que l'énergie interne *U* du système {eau} varie ?

2. Au niveau microscopique, quels sont les effets sur l'eau d'un tel transfert d'énergie ? On précisera les contributions microscopiques qui évoluent et leur sens d'évolution.

6 Tir à l'arc

Lors d'une compétition de tir à l'arc, un concurrent se prépare à tirer. Il vise la cible, puis tire sur son arc : la main qui pince la corde s'éloigne progressivement de celle qui tient le corps de l'arc, tout en tenant la flèche. Ensuite, le concurrent reste en position immobile.

1. Y a-t-il eu transfert d'énergie vers le système {arc} pendant l'opération ? Si oui, sous quelle forme ?

2. L'énergie totale de l'arc a-t-elle varié pendant l'opération ?

3. Quelle forme d'énergie le système a-t-il accumulée ?

4. Interpréter cette variation d'énergie à un niveau microscopique.

7 Le modèle du gaz parfait

Expérimentalement, on constate qu'à pression suffisamment basse, tous les gaz tendent vers le même comportement en se comportant comme des gaz parfaits.

1. L'énergie interne d'un gaz parfait ne dépend que de la température. En déduire la nature microscopique de son énergie interne *U*.

2. Expliquer pourquoi tous les gaz réels tendent vers le même comportement à basse pression, celui des gaz parfaits.

Compétence 2

> *Connaître et exploiter la relation $\Delta U = C \cdot \Delta T$*

Données. *Masse volumique de l'eau liquide : $\rho_{eau} = 1{,}00$ kg · L^{-1} ; capacité thermique massique de l'eau liquide : $c_{eau} = 4{,}18$ kJ · kg^{-1} · °C^{-1}.*

8 QCM

Choisir la (ou les) bonne(s) réponse(s).

❶ La capacité thermique d'un corps s'exprime en :
a J · kg^{-1} ; **b** J · °C^{-1} ; **c** J · °C ; **d** J · K^{-1}.

❷ On connaît la capacité thermique C d'un mur de 10 tonnes. Par rapport à ce mur, la capacité thermique C' d'un deuxième mur de 20 tonnes du même matériau est :
a le double ; **b** la moitié ; **c** identique.

❸ La capacité thermique massique de la brique est deux fois supérieure à celle du fer. Pour une même masse de brique et de fer et pour une même variation d'énergie interne :
a le fer augmente deux fois plus en température que la brique ;
b les variations de température du fer et de la brique sont identiques ;
c la brique augmente deux fois plus en température que le fer.

9 VRAI ou FAUX ?

Répondre par vrai ou par faux aux affirmations suivantes. Corriger celles qui sont fausses.

❶ La capacité thermique d'un corps correspond à l'énergie qu'il faut fournir pour élever sa température de 1 °C.

❷ La capacité thermique d'un liquide ou d'un solide dépend fortement de la température et de la pression.

❸ Plus la capacité thermique d'un corps est grande, plus le corps peut accumuler de l'énergie interne à chaque élévation de température.

❹ L'augmentation d'énergie interne d'un système se traduit toujours par une élévation de sa température.

10 Capacités thermiques du béton

Pour élever sa température de 1,0 °C, l'énergie interne d'un bloc de béton de masse $m = 20$ kg doit augmenter de $1{,}6 \times 10^4$ J.

1. À quelle variation d'énergie interne correspond une élévation de température de 10 °C du bloc de béton ? Une baisse de température de 10 °C ?

2. Calculer la capacité thermique C du bloc de béton.

3. a. Exprimer la capacité thermique massique c du béton.
b. Calculer la capacité thermique massique c du béton.

11 Capacité thermique massique du lait

Un appareil calorimétrique mesure la capacité thermique massique du lait : pour une température passant de 20 à 50 °C, la variation de l'énergie interne ΔU de 0,500 kg de lait est de $55{,}5 \times 10^3$ J.

1. Calculer la capacité thermique massique c du lait.

2. B2i Par un calcul d'écart relatif, comparer cette valeur à celle de l'eau liquide. Interpréter cet écart en recherchant éventuellement sur Internet la composition du lait.

3. Prévoir si la capacité thermique du contenu d'une tasse de thé sera proche ou non de celle de l'eau.

12 Solar camp shower

If you do a bit of camping and the idea of going for days without a scrub or bathing in cold creeks isn't for you, consider a solar shower bag.

5.0 gallons of water are heated by the sun from 15 °C to 35 °C.

One gallon equals 4,54 liters.

What is the change in internal energy of the water?

13 Café chaud dans un thermos

Dans une bouteille thermos, on verse 1,0 L de café à la température de 60 °C. La température de l'ensemble se stabilise à 52 °C. La capacité thermique et la masse volumique du café seront prises égales à celle de l'eau.

1. Calculer la valeur de la variation d'énergie interne du café.

2. En supposant que la bouteille thermos est parfaitement isolée, déterminer la variation de l'énergie interne du système {thermos + café}.

3. En déduire la valeur de la variation d'énergie interne de la bouteille thermos.

4. La bouteille thermos était à la température ambiante de 20 °C avant de recevoir le café. Calculer la capacité thermique du thermos.

14 Mur capteur

Un mur capteur accumule le rayonnement solaire du jour et le restitue pendant la nuit. Pendant le jour, la température du mur passe de 10 °C à 60 °C.

1. Pourquoi les murs capteurs sont-ils souvent peints en noir ?

2. Quelle forme d'énergie est accumulée par le mur ?

3. Le mur de 5,0 tonnes a stocké une énergie interne de 400 MJ. En déduire parmi les matériaux suivants celui qui a été utilisé pour construire le mur.

Matériau	Béton cellulaire	Brique pleine	Bois de sapin
Capacité thermique massique (J · kg^{-1} · °C^{-1})	$1{,}0 \times 10^3$	$1{,}6 \times 10^3$	$2{,}7 \times 10^3$

Exercices

Compétence 3

› *Établir un bilan énergétique faisant intervenir transfert thermique et travail*

Données. *Capacité thermique massique de l'eau liquide :* $c_{eau} = 4{,}18\ kJ \cdot kg^{-1} \cdot °C^{-1}$.

15 VRAI ou FAUX ?

Répondre par vrai ou par faux aux affirmations suivantes. Corriger celles qui sont fausses.

❶ L'énergie totale d'un système est toujours la somme de son énergie cinétique macroscopique $E_{c,\ macro}$ et de son énergie potentielle de pesanteur E_{pp}.

❷ Pour obtenir une même variation d'énergie interne ΔU, il faut transférer la même énergie, que ce soit par travail W ou transfert thermique Q.

❸ Au cours d'un freinage, de l'énergie est détruite car l'énergie cinétique diminue.

16 Algébrisation des transferts

On représente les transferts d'énergie qui ont lieu au niveau d'un système en dessinant le diagramme énergétique suivant :

1. Donner les valeurs algébriques des transferts de travail W et thermique Q.
2. Globalement, le système reçoit-il ou cède-t-il de l'énergie ?

17 Calculs d'énergie interne

Pour chacune des trois situations du tableau suivant :

1. Indiquer sur un diagramme le sens des transferts d'énergie.
2. Déterminer la variation d'énergie totale du système.
3. Déterminer l'énergie interne du système à l'état final, sachant que ΔE_c et ΔE_{pp} sont nulles.

Système	A	B	C
Transfert thermique Q (J)	+ 200	+ 60	– 55
Transfert par travail W (J)	– 100	– 60	35
Énergie interne à l'état initial (J)	800	500	100

EXERCICE **RÉSOLU**

18 Chocolat fouetté

Dans un récipient, 500 g de chocolat chaud encore liquide refroidissent et sont brassés à l'aide d'un fouet électrique qui apporte un travail de 10 kJ. L'extérieur reçoit un transfert thermique de 50 kJ de la part du système.

1. Représenter la situation sur un diagramme énergétique.
2. Établir un bilan énergétique pour le système {fluide}.
3. Déterminer la variation d'énergie interne du système.

Aides et méthodes

1. Indiquer le sens et la valeur algébrique des transferts.
2. Appliquer le principe de conservation de l'énergie.
3. En étudiant le système, justifier que seule l'énergie interne varie.

Solution

1.

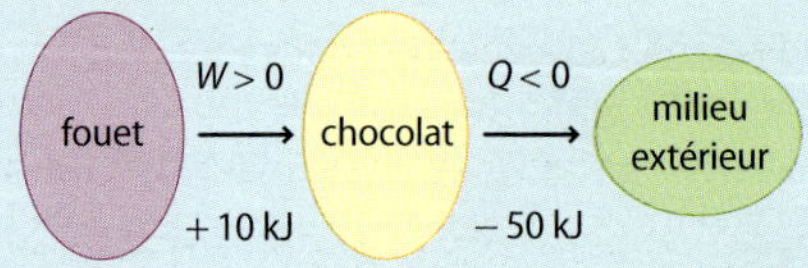

2. D'après le principe de conservation de l'énergie :
$\Delta E_{totale} = W + Q$ soit $\Delta E_{totale} = 10 + (-50) = -40$ kJ.

3. Le système étant immobile à l'instant final comme au départ, les variations d'énergie cinétique ΔEc et d'énergie potentielle ΔE_{pp} sont nulles, donc $\Delta E_{totale} = \Delta U = -40$ kJ.

19 Bilan énergétique d'une voiture

Un moteur de voiture à régime moyen développe une puissance moteur de 15,1 kW pendant 30 minutes, en consommant 3,0 L d'essence.

1. Recopier et compléter le diagramme ci-dessous, en indiquant la nature et le sens des transferts d'énergie.

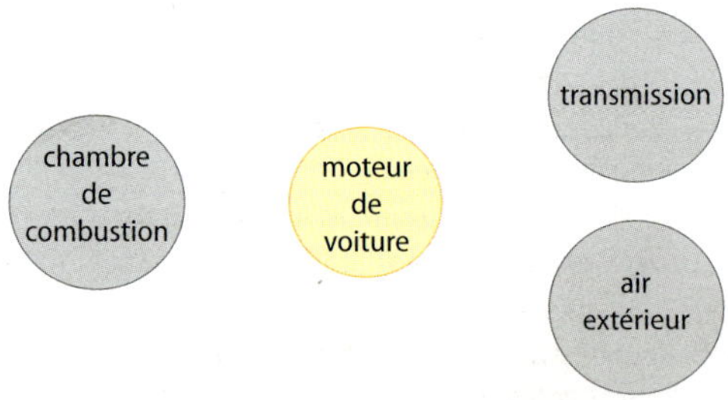

2. Identifier la source froide et la source chaude sur le diagramme.
3. Calculer le travail W fourni par le moteur à la transmission.
4. La combustion d'un volume de 1,0 L d'essence libère $3{,}6 \times 10^4$ kJ.
a. La combustion est-elle une transformation exothermique ou endothermique ?
b. Calculer le transfert d'énergie depuis la chambre de combustion vers le moteur.
5. À partir d'un bilan d'énergie du moteur, déterminer le transfert thermique cédé à l'air extérieur.
6. Déterminer le rendement du moteur, défini par l'énergie utile sur l'investissement requis.

Donnée. *Relation entre énergie et puissance :* $\Delta E = P \cdot \Delta t$, *avec* ΔE *en joule (J),* P *en watt (W) et* Δt *en seconde (s).*

Exercices de synthèse

Pour préparer le BAC

Données. *Masse volumique de l'eau liquide :* $\rho_{eau} = 1{,}00 \text{ kg} \cdot \text{L}^{-1}$.
Capacité thermique massique de l'eau liquide : $c_{eau} = 4{,}18 \text{ kJ} \cdot \text{kg}^{-1} \cdot {}^\circ\text{C}^{-1}$.

20 Ventilateur

Avant de quitter sa maison par une chaude journée d'été, Jean-Louis allume le ventilateur, puis ferme toutes les ouvertures de la pièce.

1. Est-ce une bonne idée *a priori* ?
2. Établir un bilan énergétique pour vérifier votre prédiction.

21 Capacité thermique massique des aliments

Denrée	Teneur en eau (%)	Teneur en matière sèche (%)	Capacité thermique massique ($\text{kJ} \cdot \text{kg}^{-1} \cdot {}^\circ\text{C}^{-1}$)
orange	84	16	3,9
banane	75	25	3,4
noix	6	94	1,1

1. À quoi relier la capacité thermique massique d'une denrée alimentaire ? Comment l'expliquer ?
2. Donner une interprétation microscopique de la forte capacité thermique massique de l'eau.

22 Une bouilloire électrique

Une bouilloire électrique a une puissance de 2,2 kW. On la remplit de 0,500 L d'eau initialement à 18 °C.

1. Déterminer l'énergie fournie par le réseau électrique pendant une durée de fonctionnement de 1 min et 40 s.
2. **a.** L'énergie de l'eau varie-t-elle ? Si oui, comment traduire cette variation d'énergie ?
b. Donner une interprétation microscopique à cette variation.
3. La température de l'eau atteint 85 °C à la fin du chauffage. Déterminer la variation d'énergie interne de l'eau.
4. **a.** Représenter sur un diagramme énergétique les échanges d'énergie dont l'eau de la bouilloire est le siège.
b. Établir un bilan d'énergie du système {eau}.
5. **a.** À l'aide d'un bilan d'énergie, interpréter la différence de valeur entre l'énergie électrique fournie par le réseau à la bouilloire et la variation d'énergie interne de l'eau.
b. Compléter le diagramme de la question **4** si besoin.
6. Le rendement η d'un appareil est défini par le rapport de l'énergie utile sur l'investissement requis. Exprimer le rendement de la bouilloire. Déterminer sa valeur.

Donnée. *Relation entre énergie et puissance :* $\Delta E = P \cdot \Delta t$, *avec* ΔE *en joule (J),* P *en watt (W) et* Δt *en seconde (s).*

23 Expérience de Joule

➤ Histoire des sciences

James Prescott Joule (1818-1889), médecin de formation, est un physicien anglais né à Salford, au nord de l'Angleterre.

À son époque, selon la théorie du calorique, transfert thermique et travail sont deux grandeurs sans lien immédiat entre elles, qui s'expriment donc avec des unités distinctes : la calorie et le joule. Pendant de nombreuses années, Joule se consacra à la mesure des variations de température provoquées par de multiples procédés mécaniques. Lors de ses essais avec l'eau, il utilisait un récipient calorifugé. Quand on actionnait un arbre (axe) muni de palettes verticales, l'eau était vigoureusement agitée. Joule notait avec soin la température avant et après agitation et constatait que celle-ci augmentait.

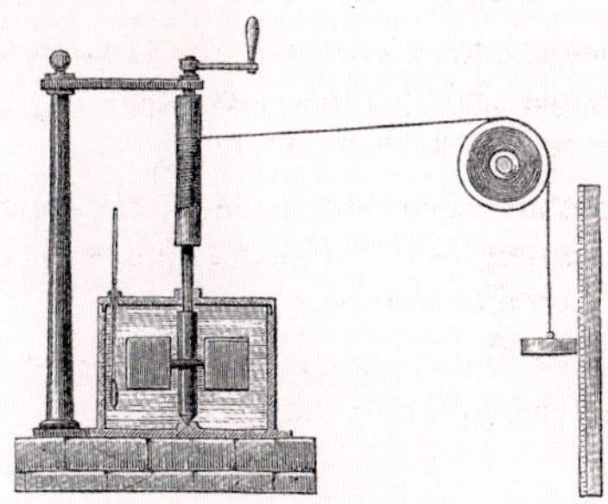

1. Dans une première phase, le récipient est fermé et l'eau est agitée par les palettes.
a. Lorsque l'eau est agitée, quel effet mesurable est constaté ?
b. Que signifie cet effet sur le système {eau} à un niveau microscopique ?
2. **a.** Lors de l'action exercée par Joule sur l'arbre, de l'énergie a-t-elle été transférée ?
b. Quel type de transfert est impliqué ?
3. Le système {eau + récipient} a-t-il accumulé :
a. de l'énergie cinétique E_c ?
b. de l'énergie potentielle de pesanteur E_{pp} ?
c. de l'énergie interne U ?
4. Le récipient calorifugé rend les transferts thermiques vers l'extérieur négligeables.
a. Représenter le diagramme énergétique de l'appareil de Joule lors de la première phase, en faisant apparaître le système {eau + récipient}.
b. Établir le bilan énergétique du système lors de cette première phase en faisant intervenir le travail W fourni par les palettes et la variation d'énergie interne ΔU_{phase1} du système.
5. Dans une seconde phase, Joule ouvre le récipient et observe que le système retourne à la température ambiante initiale.
a. Représenter le diagramme énergétique de cette seconde phase.
b. Établir le bilan énergétique lors de cette seconde phase en faisant intervenir le transfert thermique Q cédé à l'extérieur et la variation d'énergie interne ΔU_{phase2} du système.
6. **a.** Quelle est la relation entre ΔU_{phase1} et ΔU_{phase2} ?
b. En déduire une relation entre Q et W.
7. B2i En effectuant éventuellement une recherche sur Internet, expliquer pourquoi ces expériences furent une étape importante de la physique du XIXe siècle.

24 Calorimétrie et vase de Dewar

A. Constitution du vase Dewar

Afin de limiter au maximum les transferts thermiques, le vase de Dewar comprend un récipient intérieur en métal ou en verre (photo) à double paroi sous vide. Le récipient est recouvert d'un enduit métallique réfléchissant. Le vase de Dewar sert au laboratoire à réaliser des mesures calorimétriques ou à stocker du diazote à l'état liquide.

1. a. En quoi la présence de vide à l'intérieur d'une double paroi permet-elle de limiter les transferts thermiques ?

b. Expliquer de même le rôle des parois métalliques réfléchissantes.

B. Étude calorimétrique

Un calorimètre « vase de Dewar » contient une masse m_1 = 150 g d'eau. L'ensemble est à l'équilibre thermique à la température T_1 = 20,0 °C. On ajoute une masse m_2 = 200 g d'eau à la température T_2 = 80,0 °C.

2. a. Que signifie : « l'ensemble calorimètre et eau est à l'équilibre thermique » ?

b. Que peut-on en déduire sur les énergies cinétiques microscopiques de l'eau et de la paroi interne du calorimètre ?

3. a. On supposera que le calorimètre est parfaitement isolé. Établir un bilan énergétique pour le système {calorimètre + eau 1 + eau 2}.

b. Représenter un diagramme énergétique faisant apparaître les systèmes {calorimètre + eau 1} et {eau 2} et les transferts énergétiques dont ces systèmes sont le siège.

4. Dans un premier temps, la capacité thermique du calorimètre sera négligée.

a. Exprimer la température T_f d'équilibre thermique de l'ensemble en fonction de T_1, T_2, m_1 et m_2.

b. Déterminer la valeur de T_f.

5. Expérimentalement, à l'équilibre thermique, on mesure une température finale T_{fexp} = 51,6 °C. En déduire l'expression, puis la valeur de la capacité thermique C_{calo} du calorimètre.

25 Appareil à accumulation d'eau chaude

Un cumulus contient 300 L d'eau à la température T_i = 35 °C. Un dispositif électrique chauffe la réserve d'eau (transfert thermique Q_u), ce qui élève sa température à 65 °C. Les pertes thermiques du dispositif vers le milieu extérieur seront notées Q_p. Ce dispositif électrique, qui reçoit une énergie électrique W_e, fonctionne en régime permanent : son énergie interne ne varie pas.

1. Compléter le schéma suivant en faisant apparaître le nom et le sens des transferts énergétiques.

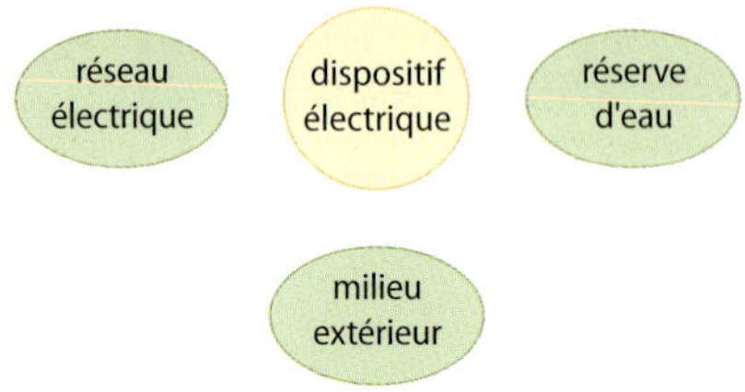

2. On suppose que le récipient a une capacité thermique négligeable devant celle de l'eau et qu'il est parfaitement calorifugé (les transferts thermiques avec le milieu extérieur sont nuls).

a. Calculer la variation d'énergie interne du système {eau}.

b. En déduire le signe et la valeur de Q_u pour le système {dispositif électrique}.

3. Établir le bilan énergétique du système {dispositif électrique}.

4. Le rendement η d'un appareil est défini par le rapport de l'énergie utile sur l'investissement requis. Sachant que le dispositif a un rendement de 80 %, calculer W_e et Q_p.

26 Centrale thermique

Une centrale thermique fonctionne comme une machine thermique ditherme. Une centrale de puissance de production électrique 125 MW consomme 50 t de charbon à l'heure. Le pouvoir calorifique du charbon est de $3{,}0 \times 10^7$ J · kg^{-1}.

1. a. Représenter sur un schéma les transferts énergétiques en étudiant le système {centrale thermique} et en faisant apparaître le combustible, le réseau électrique et la source froide.

b. Pourquoi cette centrale est-elle située au bord d'une rivière ?

2. a. B2i En recherchant éventuellement sur Internet, donner une définition du pouvoir calorifique d'un combustible.

b. Interpréter la variation d'énergie interne du combustible au niveau microscopique.

c. Calculer le transfert thermique du combustible effectué vers la centrale en une heure de fonctionnement.

3. Calculer l'énergie électrique fournie en une heure de fonctionnement par la centrale.

4. Établir le bilan énergétique du système {centrale thermique}.

5. En supposant que la centrale fonctionne en régime permanent avec une variation d'énergie interne nulle, déterminer l'énergie transférée vers la source froide.

6. a. Proposer une définition de rendement de la centrale.

b. Déterminer le rendement de la centrale.

Donnée. *Relation entre énergie et puissance :* $\Delta E = P \cdot \Delta t$, *avec* ΔE *en joule (J),* P *en watt (W) et* Δt *en seconde (s).*

27 Water falls

Iguazu falls are gigantic falls located at the border between Argentina and Brazil. Water at the top of the falls has a temperature of 15.0 °C.

A kilogram of water falls 82 m. Assuming that all of its potential energy is converted to internal energy, calculate the temperature of the water at the bottom of the falls.

28 Changement d'état

Un tube à essais contenant du paradichlorobenzène solide est chauffé de façon régulière. On a relevé la température du paradichlorobenzène et obtenu la courbe ci-dessous. Le paradichlorobenzène fond à 53 °C.

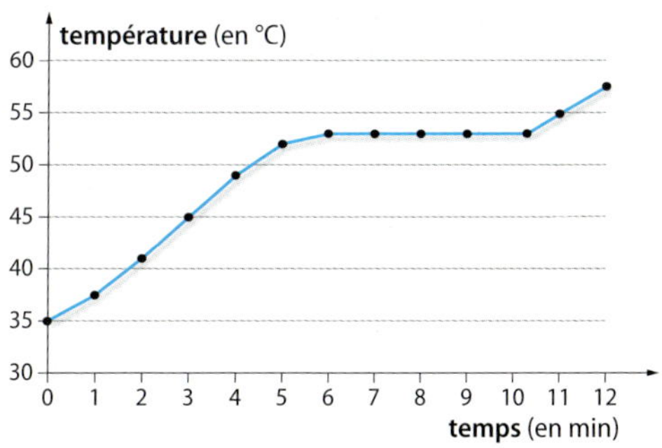

1. a. À l'état solide, indiquer les contributions microscopiques à l'énergie interne du système {paradichlorobenzène}.
b. Durant les six premières minutes, que traduit l'évolution de la température du système au niveau microscopique ?
c. Quelle grandeur physique évolue ? dans quel sens ?

2. a. Entre six et onze minutes, sous quel(s) état(s) se trouve le paradichlorobenzène ?
b. Dans cet intervalle, la température du système ne varie plus. Est-ce le cas de l'énergie interne du système ? Expliquer comment évoluent alors les différentes contributions microscopiques.

3. a. Après onze minutes de chauffage, sous quel état se retrouve le paradichlorobenzène ?
b. Expliquer l'évolution de la température après onze minutes.

4. Indiquer si cette affirmation vous paraît correcte : « Une variation d'énergie interne d'un système se traduit toujours par une variation de température. »

29 ★ Saut à l'élastique

Une personne de masse $m = 70$ kg saute à l'élastique depuis un viaduc à une altitude $z_0 = 61$ m. Cette altitude servira de référence pour l'énergie potentielle de pesanteur. En position O, le sauteur se jette dans le vide, sans vitesse initiale. Le saut peut se décomposer en deux phases.

Phase 1 : jusqu'au point A d'altitude $z_A = 50$ m, l'élastique n'exerce aucune action sur le sauteur, qu'on peut considérer en chute libre.

Phase 2 : du point A jusqu'au point B, l'élastique commence à s'étirer, jusqu'au point B d'altitude $z_B = 32$ m où sa longueur maximale est atteinte. Le sauteur commence alors ses oscillations avant de s'immobiliser puis d'être ramené au sol.

L'énergie interne de l'élastique peut s'exprimer par la relation $U = 1/2\ k \cdot (\Delta l)^2$, où k représente la constante de raideur de l'élastique, en $N \cdot m^{-1}$, et Δl son allongement, en m. On s'intéresse au système {sauteur + élastique} en interaction avec la Terre. La seule énergie interne considérée sera celle de l'élastique. On négligera toute perte d'énergie par frottement.

Donnée. *Intensité de la pesanteur :* $g = 9{,}81\ N \cdot kg^{-1}$.

1. Étude la phase 1 du saut
a. Que vaut l'énergie totale du système en O ?
b. Que vaut son énergie en A ?
c. Calculer alors la vitesse du système en A. On négligera la masse de l'élastique.

2. Étude de la phase 2 du saut
Lorsque le sauteur est en B :
a. Que vaut l'énergie du système ?
b. Que vaut l'énergie cinétique du système ?
c. Que vaut l'énergie potentielle du système ?
d. Que vaut l'énergie interne du système ?
e. En déduire la valeur de la constante de raideur k de l'élastique.

En route vers le Supérieur

30 ★★ Propriétés thermiques du liège expansé

Le liège expansé, obtenu à partir du chêne liège, est utilisé en tant que matériau isolant thermique et sonore. Sa capacité thermique volumique vaut $C_{vol} = 65\ Wh \cdot m^{-3} \cdot °C^{-1}$.

1. À l'aide d'une analyse dimensionnelle (*voir fiche p. 569*), déterminer la capacité thermique massique c du liège.

2. L'effusivité thermique E d'un matériau caractérise sa capacité à échanger de la chaleur avec son environnement. Elle est donnée par la relation $E = \sqrt{\lambda \cdot \rho \cdot c}$ avec λ, ρ et c données dans les unités du système international. L'effusivité s'exprime en $W \cdot s^{1/2} \cdot °C^{-1} \cdot m^{-2}$.
a. Déterminer l'ordre de grandeur de l'effusivité E du liège.
b. Comparer à l'ordre de grandeur de l'effusivité des métaux qui est de $10^4\ W \cdot s^{1/2} \cdot °C^{-1} \cdot m^{-2}$.
c. En déduire la sensation ressentie au contact du liège expansé placé à température ambiante.

Données. *Masse volumique du liège expansé :* $\rho_{liège} = 125\ kg \cdot m^{-3}$.
Conductivité thermique du liège expansé : $\lambda_{liège} = 0{,}049\ W \cdot °C^{-1} \cdot m^{-1}$.

Pour préparer le BAC

Énoncé type

Capacité thermique d'un liquide de refroidissement

Le propan-1-2-diol ou propylène glycol (PG) est utilisé dans les liquides de refroidissement de machines thermiques.
On souhaite mesurer sa capacité thermique massique c_{PG} avec un calorimètre de capacité thermique $C_{calo} = 250$ J · °C^{-1}. Le calorimètre, supposé parfaitement calorifugé, contient une résistance chauffante de résistance $R = 6{,}0\ \Omega$, qui permet de transférer de l'énergie électrique par effet Joule. Le système {calorimètre + PG}, contenant une masse $m_{PG} = 250$ g de PG, est initialement à l'équilibre thermique à la température $T_i = 18{,}0$ °C. La résistance chauffante est alors parcourue pendant 10 minutes par un courant électrique d'intensité moyenne $I = 2{,}1$ A. La température finale atteinte est $T_f = 36{,}2$ °C à l'équilibre thermique.

Données. *Température de solidification du propan-1,2-diol (PG) : – 59 °C.*
Capacité thermique massique de l'eau liquide : $c_{eau} = 4{,}18$ kJ · kg^{-1} · °C^{-1}.
Un calorimètre est dit parfaitement calorifugé s'il n'est pas sujet à transfert thermique avec le milieu extérieur.
Formule topologique du propan-1,2-diol (PG) :

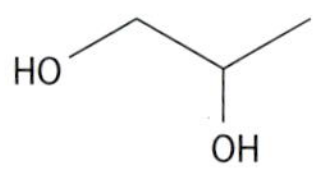

1. Représenter un diagramme énergétique faisant apparaître le système {calorimètre + PG} et les transferts énergétiques dont ce système est le siège.

2. Calculer l'énergie électrique apportée par la résistance chauffante au système.

3. a. Établir un bilan d'énergie du système {calorimètre + PG}.

b. Comment évolue l'énergie interne ΔU du système ?

c. Interpréter cette variation à un niveau microscopique.

4. Exprimer la variation d'énergie interne en fonction de C_{calo}, $\Delta T = T_f - T_i$, m_{PG} et c_{PG}, capacité thermique massique du PG.

5. Déterminer la valeur de c_{PG}.

6. a. Quelle est la conséquence de la différence de capacité thermique entre le PG et l'eau liquide ?

b. À l'aide des données, justifier l'utilisation du PG en tant que liquide de refroidissement.

Les compétences évaluées

- Savoir que l'énergie interne d'un système macroscopique résulte de contributions microscopiques.
- Connaître et exploiter la relation $\Delta U = C \cdot \Delta T$.
- Établir un bilan énergétique faisant intervenir transfert thermique et travail.

➤ Coups de pouce

1. Indiquer le sens et la nature des transferts.

2. Appliquer la relation $W = P \cdot \Delta t = R \cdot I^2 \cdot \Delta t$.

3. a. Appliquer le principe de conservation de l'énergie.

b. Justifier que seule l'énergie interne varie.

c. Retrouver l'effet de la température sur les contributions microscopiques.

4. Appliquer la relation $\Delta U = C \cdot \Delta T$ aux deux parties du système.

6. a. Utiliser la définition de la capacité thermique massique.

b. Utiliser les températures de solidification des deux liquides.

EXEMPLE DE **RÉSOLUTION**

1.

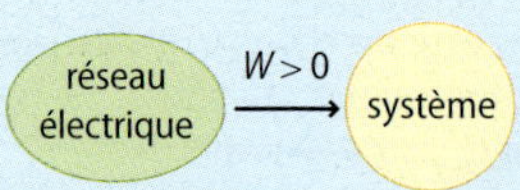

2. L'énergie électrique apportée est :

$$W = P \cdot \Delta t = R \cdot I^2 \cdot \Delta t$$

où Δt est la durée de fonctionnement de la résistance.

$W = 6{,}0 \times 2{,}1^2 \times 600$

donc $\boxed{W = 1{,}6 \times 10^4 \text{ J}}$

3. a. D'après le principe de conservation de l'énergie, $\Delta E_{totale} = W > 0$ car le système étant parfaitement calorifugé, il n'y a pas de transfert thermique Q.

b. Le système est immobile au départ et à la fin, donc $\Delta E_c = 0$ et $\Delta E_{pp} = 0$.

Seule l'énergie interne varie et $\Delta E_{totale} = \mathbf{\Delta U = W}$.

c. La température du système augmente, donc **l'agitation thermique moléculaire augmente**.

4. Le système contient le calorimètre et le PG,

donc $\boxed{\Delta U = C_{calo} \cdot \Delta T + m_{PG} \cdot c_{PG} \cdot \Delta T}$

5. $c_{PG} = (\Delta U - C_{calo} \cdot \Delta T)/(m_{PG} \cdot \Delta T)$

soit $c_{PG} = (W - C_{calo} \cdot \Delta T)/(m_{PG} \cdot \Delta T)$

$c_{PG} = (1{,}6 \times 10^4 - 250 \times (36{,}2 - 18{,}0))/(0{,}250 \times (36{,}2 - 18{,}0))$

donc $\boxed{c_{PG} = 2{,}5 \times 10^3 \text{ J} \cdot \text{kg}^{-1} \cdot °\text{C}^{-1}}$

6. a. Cette valeur est inférieure à celle de l'eau, $c_{eau} = 4{,}18$ kJ · kg^{-1} · °C^{-1} : le propan-1,2-diol (PG) peut accumuler moins d'énergie que l'eau.

b. Malgré une capacité thermique massique plus faible que celle de l'eau, on utilise le propan-1,2-diol (PG) comme liquide de refroidissement. Le PG se solidifie à une température beaucoup plus basse (– 59 °C) que l'eau, ce qui évite la solidification du liquide de refroidissement dans les tuyaux.

Pour préparer le BAC

Énoncé type

Piscine chauffée

De nombreux dispositifs existent pour chauffer l'eau des piscines l'hiver. Parmi les plus performants et économiques à l'usage figure le chauffage par pompe à chaleur (PAC). La pompe à chaleur est une machine thermique ditherme qui fonctionne entre une source de température variable au cours du temps et une source de température constante, en recevant de l'énergie électrique. Pendant le chauffage, la piscine est équipée d'un couvre-piscine qui rend négligeable les échanges thermiques entre l'eau et l'air extérieur.

Donnée. *Capacité thermique massique de l'eau liquide :* $c_{eau} = 4{,}18\ \text{kJ} \cdot \text{kg}^{-1} \cdot {}^\circ\text{C}^{-1}$.

1. On étudie le fonctionnement de la PAC d'une piscine à l'extérieur pendant l'hiver. La température de l'air extérieur où est placée la PAC est de 10 °C. Avant chauffage, la température initiale de l'eau vaut 10 °C.

Identifier ce qui sera la source froide et ce qui sera la source chaude lors du fonctionnement de la PAC.

2. Représenter un diagramme énergétique faisant apparaître le système {PAC} et les transferts énergétiques Q_f et Q_c dont ce système est le siège.

3. Que se passe-t-il au niveau microscopique pour l'eau pendant le fonctionnement de la PAC ?

4. La piscine contient une masse $m_{eau} = 10{,}0$ tonnes d'eau.

a. Calculer la variation d'énergie interne de l'eau quand la température de l'eau a atteint 27 °C.

b. En déduire la valeur de Q_c, transfert thermique fourni par la PAC à la source chaude.

5. a. La PAC fonctionne comme une machine cyclique. Établir le bilan énergétique du système {PAC}.

b. La PAC a reçu un transfert thermique $Q_f = 4{,}7 \times 10^8$ J de la source froide. En déduire la valeur de l'énergie électrique W_e reçue.

6. a. L'efficacité ε de la PAC est définie par la valeur absolue du rapport de l'énergie utile sur l'investissement requis. Déterminer l'efficacité ε de la PAC.

b. Quelle énergie électrique W_e' aurait dû fournir une série de résistances chauffantes pour obtenir la même température ?

c. La PAC est-elle un dispositif de chauffage performant ?

Les compétences évaluées

- Savoir que l'énergie interne d'un système macroscopique résulte de contributions microscopiques.
- Connaître et exploiter la relation $\Delta U = C \cdot \Delta T$.
- Établir un bilan énergétique faisant intervenir transfert thermique et travail.

➤ Coups de pouce

1. Choisir les sources selon leur température finale.

2. Indiquer le sens des transferts par rapport au système.

3. La température de l'eau varie.

4. a. 1 t = 10^3 kg ; 1 kJ = 10^3 J.

b. Q_c est défini par rapport au système {PAC} et non par rapport à l'eau.

5. a. Pour une machine cyclique, $\Delta U = 0$.

b. Le travail reçu par le système doit être positif.

6. a. L'efficacité peut être supérieure à 1, ce n'est pas un rendement.

b. Reprendre le bilan d'énergie sans source froide : $W_e' + Q_c = 0$.

EXEMPLE DE **RÉSOLUTION**

1. La source froide est l'air qui reste à température constante. La source chaude est la piscine dont la température va augmenter.

2.

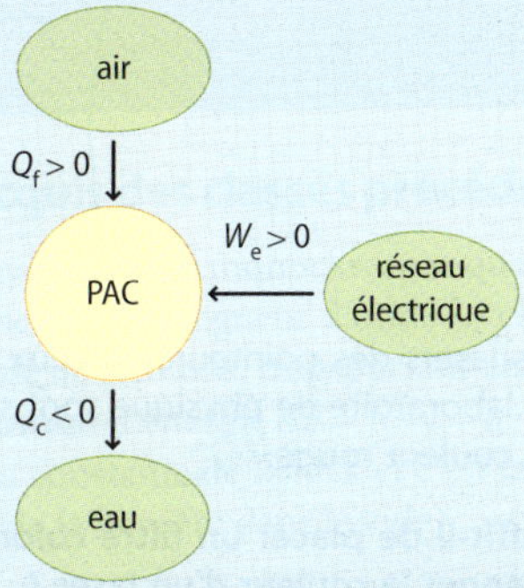

3. La température de l'eau augmente, donc **son agitation thermique moléculaire (ou énergie cinétique microscopique) augmente**. Son énergie interne va ainsi augmenter.

4. a. Pour le système {eau}, $\boldsymbol{\Delta U_{\{eau\}} = m_{eau} \cdot c_{eau} \cdot \Delta T}$, où ΔT est la variation de température de l'eau.

$\Delta U_{\{eau\}} = 10{,}0 \times 10^3 \times 4{,}18 \times 10^3 \times (27 - 10)$

donc $\boxed{\Delta U_{\{eau\}} = 7{,}1 \times 10^8\ \text{J}}$

b. La piscine est couverte et n'échange pas d'énergie avec l'extérieur donc $\Delta U_{\{eau\}} = -Q_c$

donc $\boxed{Q_c = -7{,}1 \times 10^8\ \text{J}}$

5. a. Pour une machine thermique cyclique :

$$\boxed{\Delta U = W_e + Q_c + Q_f = 0}$$

où W_e est le travail électrique fourni.

b. $W_e = -Q_c - Q_f$

$W_e = +7{,}1 \times 10^8 - 4{,}7 \times 10^8$ donc $\boxed{W_e = 2{,}4 \times 10^8\ \text{J}}$

6. a. $\varepsilon = |Q_c/W_e|$ donc $\boxed{\varepsilon = 3{,}0}$

b. Pour obtenir la même température par un chauffage direct sans source froide, le système aurait dû prélever $\boldsymbol{W_e' = -Q_c = 7{,}1 \times 10^8}$ **J** directement au réseau électrique.

c. La PAC est 3,0 fois plus performante qu'un système de chauffage électrique classique, d'efficacité 1,0.

Activité 1

Activité de découverte

Compétences scientifiques évaluées
- Extraire une information utile.
- Associer un modèle à un phénomène.

Échanges d'énergie de l'atome

Suivant les échanges d'énergie qui ont lieu avec l'atome, les propriétés de la lumière produite peuvent être très différentes.

Étude de documents

Quand les atomes sont chauffés, excités par un courant électrique ou quand ils absorbent de la lumière, leurs électrons gagnent de l'énergie. Mais ils ne peuvent stocker l'énergie que de manière très spécifique. Ainsi que l'a montré Niels Bohr en 1913, les atomes ont des niveaux d'énergie bien précis, dits quantifiés, entre lesquels ils peuvent transiter. Ce faisant, l'atome absorbe ou émet une particule de lumière dénommée photon, dont l'existence, tout d'abord postulée par Max Planck en 1900, a été affirmée par Einstein en 1905. De même que les niveaux d'énergie de l'atome, *l'énergie du photon échangé et donc sa longueur d'onde et sa couleur qui s'en déduisent, sont déterminées par le type d'atome ou de molécule concerné.*

Dans les lampes habituelles, on fournit de l'énergie aux atomes avec un courant électrique, c'est-à-dire qu'on met un certain nombre de leurs électrons dans les états supérieurs ou « excités ». Ils redescendent rapidement et retombent vers l'état de plus basse énergie en émettant de la lumière de manière spontanée et désordonnée, dans toutes les directions et sur plusieurs longueurs d'onde.

Mais outre cette émission spontanée, il existe un autre processus, découvert par Einstein en 1917, appelé émission stimulée. [...] La lumière peut forcer l'atome à redescendre de son état excité en cédant son énergie : un photon frappe un atome et deux photons en ressortent. L'intérêt de ce processus est que la lumière est exactement identique à la lumière incidente ; elle va dans la même direction, et les deux ondes sont exactement en accord de phase.

Élisabeth Giacobino, « Les lasers »,
La Physique et les éléments, Odile Jacob, 2002.

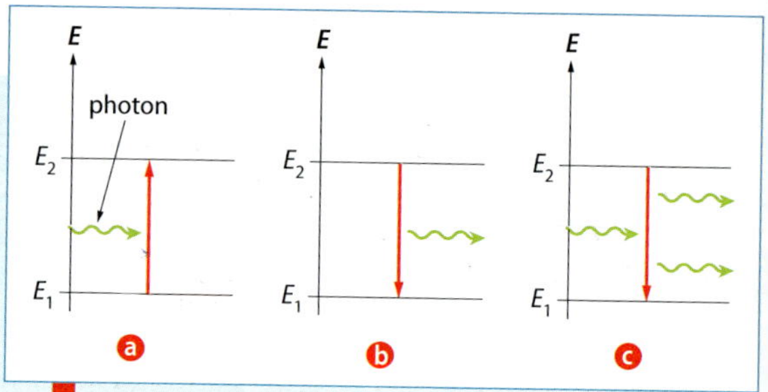

Fig. 1 Trois modes de transfert quantique d'énergie.

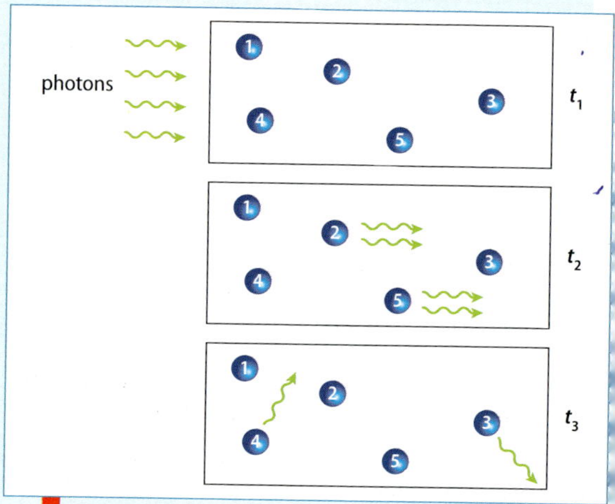

Fig. 2 Enceinte d'atomes identiques exposés à un ensemble de photons à trois dates croissantes.

Pistes de réflexion

On notera h la constante de Planck ; c, la célérité de la lumière dans le vide, et λ, la longueur d'onde.

1 **a.** D'après le texte, comment s'effectuent les échanges d'énergie avec l'atome ?

b. Comment la relation $E = h \cdot c/\lambda$, vue en classe de Première, permet-elle d'expliquer la partie du texte en italique ?

2 **a.** Citer les trois modes de transfert d'énergie de l'atome évoqués dans le texte.

b. Associer à chaque schéma de la **figure 1** un de ces modes de transfert.

3 D'après le texte, comment faut-il s'y prendre pour mettre en œuvre chacun des modes de transfert d'énergie avec l'atome ?

4 **a.** Quels transferts d'énergie ont subis les cinq atomes de la **figure 2** entre les instants t_1 et t_2 ?

b. Même question entre t_2 et t_3.

Pour conclure

5 Pour les deux modes d'émission décrits dans le texte, citer les caractéristiques des photons produits.

6 Quelle source de lumière, utilisée notamment en activité expérimentale, doit sans doute utiliser des photons produits par émission stimulée ?

Activité 2

Démarche d'investigation

Animations

Propriétés du laser

Lecteur CD, télécommunications, chirurgie… le laser fait partie de notre quotidien. Mais quelles sont ses spécificités par rapport aux autres sources de lumière ?

Compétences scientifiques évaluées
- Formuler des hypothèses pertinentes.
- Mettre au point un protocole ou une stratégie.

1 *Une source particulière ?*

Pour commencer (situation déclenchante)

Le laser est une source de lumière très directive, quasi monochromatique, et dont l'intensité lumineuse est importante, ce qui explique qu'il ne faut pas diriger un faisceau de lumière laser vers les yeux d'une personne.

Investigation

Ces propriétés sont-elles caractéristiques du laser ou peut-on les retrouver dans les sources classiques ?

Quelques idées (hypothèses)

Écrire votre hypothèse.

Expérience (recherche de validation)

Matériel
- lampe à incandescence • lampe spectrale au sodium
- laser • diaphragme • lentille convergente • écran • prisme
- capteur d'intensité lumineuse

1 B2i En effectuant une recherche, éventuellement sur Internet, définir ce qu'on appelle une source directive.

2 L'intensité lumineuse correspond à la puissance par unité de surface. En déduire son unité.

3 À l'aide du matériel proposé, vérifier s'il est possible d'observer les mêmes caractéristiques de directivité, de monochromaticité et d'intensité lumineuse que le laser.

Pour conclure

4 La lumière issue d'un laser est-elle vraiment différente des autres types de lumière ?

2 *Produire une lumière laser*

Pour commencer (situation déclenchante)

Dans toutes les sources de lumière, ce sont les atomes ou les molécules qui produisent la lumière.

Investigation

Comment les lasers sont-ils capables de produire une lumière aussi directive, monochromatique et intense ?

Quelques idées (hypothèses)

Écrire votre hypothèse.

Étude de document (recherche de validation)

Pour faire fonctionner un laser, il faut réaliser une inversion de population, qui consiste à placer une majorité de particules dans un état excité. L'émission stimulée prédomine alors sur l'absorption.
Pour amplifier l'émission stimulée et sélectionner la direction des photons, on utilise un dispositif, appelé cavité laser, constitué par deux miroirs en regard (**Fig. 1**), dont l'un est parfaitement réfléchissant et l'autre, semi-réfléchissant, permettant ainsi au faisceau laser de sortir. À chaque aller-retour entre les deux miroirs, l'amplification est renforcée.

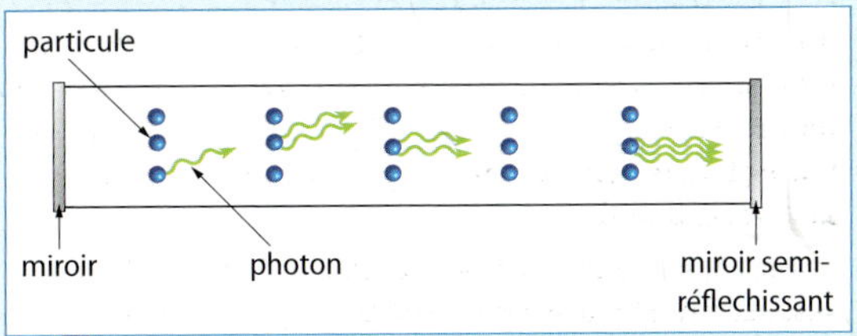

Fig. 1 Cavité laser.

1 Que deviennent les photons dont la direction n'est pas perpendiculaire aux miroirs ?

2 Sur les deux schémas ci-dessous, sont représentées des transitions d'énergie pour un atome :

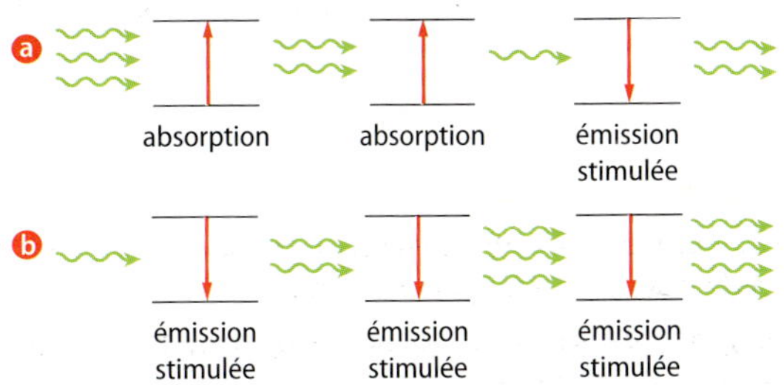

Dans quelle situation peut-on affirmer qu'il y a eu amplification du nombre de photons ? Comment l'expliquer ?

Pour conclure

3 **a.** Quelle est la condition pour qu'un milieu puisse amplifier le nombre de photons par émission stimulée ?

b. Qu'est-ce qui permet d'expliquer la directivité du laser ?

c. Quels sont les intérêts des miroirs de la cavité laser ?

Activité 3

Activité documentaire

La lumière d'un laser est-elle toujours rouge ?

Compétences scientifiques évaluées
- Identifier les paramètres jouant un rôle dans un phénomène physique.
- Communiquer et argumenter en utilisant un vocabulaire scientifique adapté.

Le laser le plus utilisé au lycée, le laser He-Ne, émet une lumière rouge à 632 nm. Mais qu'est-ce qui conditionne la couleur de cette lumière ?

Étude de documents

Dans un laser, c'est le milieu amplificateur qui définit le type de rayonnement produit.

Le *laser He-Ne* est un laser à gaz. Le milieu amplificateur est constitué d'un mélange gazeux d'atomes d'hélium et de néon. C'est le néon qui est à l'origine de la radiation lumineuse émise. L'inversion de population, qui consiste à placer davantage d'atomes dans un état excité que dans l'état fondamental, est assurée par l'hélium. Les atomes d'hélium sont excités à l'aide d'une décharge électrique, puis cèdent leur énergie aux atomes de néon par collision. La collision a pour effet de placer les électrons du néon dans des états d'énergie supérieurs. Les électrons dans cet état excité vont céder leur énergie par émission stimulée, en produisant une radiation à 632 nm **(Fig. 1)**.

Dans le *laser CO_2*, le milieu amplificateur est cette fois-ci un mélange gazeux de molécules de dioxyde de carbone et de diazote. C'est la molécule de dioxyde de carbone qui est responsable de la radiation émise et l'inversion de population est réalisée par la molécule de diazote. Le diazote, excité par une décharge électrique, transmet son énergie par collision au dioxyde de carbone. Contrairement à l'atome, qui n'échange de l'énergie que par des transitions électroniques, la molécule a aussi la possibilité d'emmagasiner de l'énergie sous forme vibratoire et donc d'effectuer des transitions entre ces niveaux d'énergie. En effet, les atomes d'une molécule sont comme liés par des micro-ressorts qui vibrent lorsqu'ils sont excités. La molécule de dioxyde de carbone est capable de vibrer selon les trois modes représentés sur la **figure 2**. Chaque mode de vibration correspond à un niveau d'énergie. Les deux transitions d'énergie du laser au dioxyde de carbone sont d'origine vibratoire. Les radiations produites ont pour longueurs d'onde 9,6 μm et 10,6 μm **(Fig. 3)**.

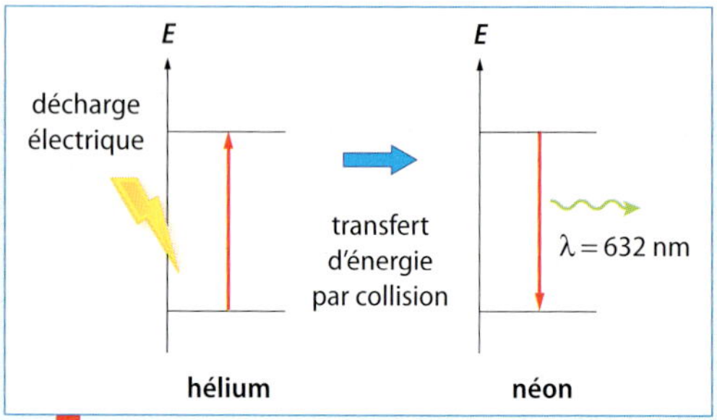

Fig. 1 Diagramme d'énergie simplifié du laser He-Ne.

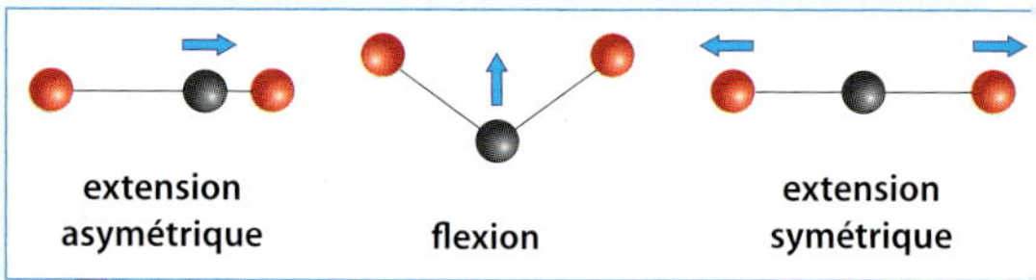

Fig. 2 Modes de vibration de la molécule de CO_2.

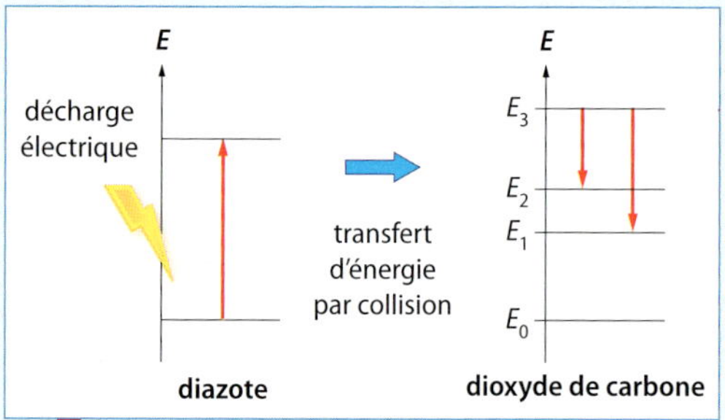

Fig. 3 Diagramme d'énergie simplifié du laser CO_2.

Pistes de réflexion

Données. *Constante de Planck : $h = 6{,}63 \times 10^{-34}$ J · s.*
Vitesse de la lumière dans le vide : $c = 3{,}00 \times 10^{8}$ m · s^{-1}.

1 Le laser He-Ne

a. Comment l'atome peut-il emmagasiner de l'énergie ?

b. Calculer la valeur de la transition d'énergie électronique produisant la radiation de ce laser.

c. Dans quel domaine spectral émet le laser He-Ne ?

2 Le laser CO_2

a. Quelles formes d'énergie peuvent emmagasiner les molécules ?

b. Quelle forme d'énergie possède la molécule de dioxyde de carbone excitée dans le milieu amplificateur du laser ?

c. L'émission stimulée n'est-elle réservée qu'aux atomes ?

d. Repérer sur la **figure 3** à quelles transitions correspondent les émissions à 9,6 et 10,6 μm.

e. Calculer la valeur de la transition d'énergie vibratoire de chacune des radiations émises.

f. Dans quel domaine spectral émet le laser CO_2 ?

Pour conclure

3 a. Quels sont les deux types de transition d'énergie recensés dans cette activité ?

b. Associer à chaque type de transition son domaine spectral.

c. Comparer les ordres de grandeur des valeurs des transitions d'énergie vibratoires et électroniques.

4 La lumière d'un laser est-elle toujours rouge ?

Activité 4

TP Activité expérimentale

Compétences expérimentales évaluées
- Réaliser un montage expérimental.
- Analyser un résultat expérimental.

Laser et transmission d'informations

La communication optique pour la transmission de signaux s'était peu développée jusqu'à l'arrivée du laser, qui a bouleversé les télécommunications.

Principe

En décembre 2006, un avion en plein vol a, pour la première fois, réussi à communiquer à l'aide d'un faisceau laser avec un satellite géostationnaire. Cette opération s'est jouée au millimètre près, à environ 40 000 kilomètres de distance.

Ces dernières années, la lumière a su s'imposer comme support pour transporter de l'information, et le laser est devenu un outil privilégié en télécommunication. Les propriétés du laser en font, en effet, un moyen particulièrement adapté pour transmettre l'information.

Mise en œuvre au laboratoire

Matériel
• GBF • alimentations 6 V – 12 V • ampoule • diode laser équipée d'une entrée de modulation d'amplitude et son alimentation • photorécepteur couplé à un amplificateur et à un haut-parleur • système d'acquisition relié à un ordinateur • voltmètre

• Réaliser les montages de la **figure 1**.

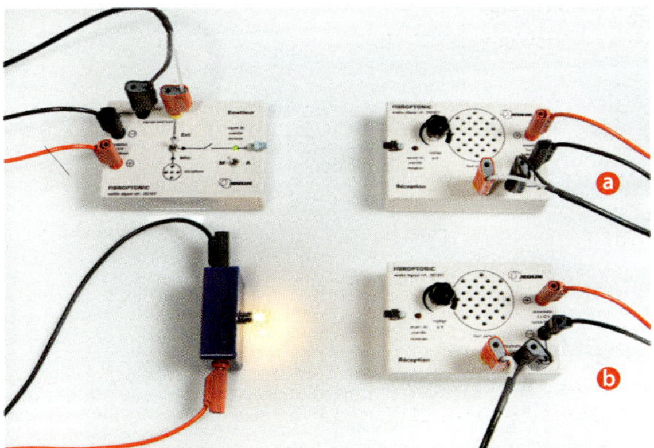

Fig. 1 Montages expérimentaux.

Communications optiques

• Pour chacun des deux montages, régler le GBF aux bornes de l'ampoule et du laser afin d'obtenir un signal sinusoïdal de fréquence 20 Hz.

1 **a.** Que constate-t-on lorsqu'on modifie la fréquence ?

b. Comment la lumière est-elle en mesure de transporter de l'information ?

Concentration spatiale de l'énergie

2 Que constate-t-on lorsqu'on éloigne la lumière du récepteur ?

La tension aux bornes du photorécepteur est proportionnelle à l'intensité lumineuse qu'il reçoit.

• Pour chacun des deux montages, alimenter les sources de lumière avec une tension continue. Mesurer la tension U_p bornes du photorécepteur en fonction de la distance d qui le sépare de la lumière.

3 **a.** Compléter le tableau suivant.

d (m)				
U_p (montage a)				
U_p (montage b)				

b. Pour chacune des deux sources, tracer la courbe $U_p = f(d)$.

c. Comparer l'atténuation des deux signaux en fonction de la distance.

Quantité d'informations transmise

La communication optique s'effectue sous forme numérique, par une succession de « 0 » et « 1 » appelés bits. Les diodes laser peuvent atteindre sans difficulté des débits de l'ordre de 2,5 Gbits · s^{-1}. On utilise des signaux en créneaux pour simuler ce langage binaire.

• Pour chacun des deux montages, régler le GBF afin d'obtenir un signal en créneaux de fréquence 10 kHz, puis décaler la tension à l'aide de l'offset du GBF, afin d'obtenir un signal sans valeur négative.

• Procéder à l'acquisition du signal en sortie du photorécepteur.

4 Que constate-t-on sur la forme du signal ?

Interférences avec d'autres sources

• Pour le montage a, régler le GBF de façon à obtenir un signal de fréquence 20 Hz.

• Procéder à l'acquisition du signal en sortie du photorécepteur dans l'obscurité ; puis à proximité d'une autre source de lumière (signal perturbant) alimentée par un GBF dont on fera varier la fréquence.

5 Quelle est la conséquence de la présence d'un signal perturbant ?

Pour conclure

6 Quelles sont les propriétés qui permettent aux lasers de communiquer à longue distance, même sans guidage ?

7 Pourquoi le laser est-il adapté pour transmettre une grande quantité d'informations ?

8 La transmission optique est-elle sensible aux autres signaux de même nature dans son environnement ?

Cours

1 Transferts quantiques d'énergie › Activité 1

Absorption quantique

Pour être dans l'état excité d'énergie E_2, une particule (atome, molécule ou ion) dans un état d'énergie E_1 doit absorber une quantité d'énergie exactement égale à $E_2 - E_1$ (Fig. 1 ⓐ).

Une particule placée dans un état d'énergie donné doit absorber une quantité d'énergie spécifique pour être dans un état excité. L'absorption d'énergie par la matière est quantifiée.

Pour faire passer la matière de son état fondamental à un état excité, plusieurs possibilités existent :
– **l'absorption d'un photon** d'énergie (donc de fréquence) spécifique.
– **le passage d'un courant électrique** : un gaz placé dans une ampoule est excité par la collision avec les électrons provenant d'un courant électrique.
– **la collision avec d'autres particules** : c'est le principe utilisé dans le laser hélium-néon, où le gaz de néon est excité par la collision avec des atomes d'hélium.

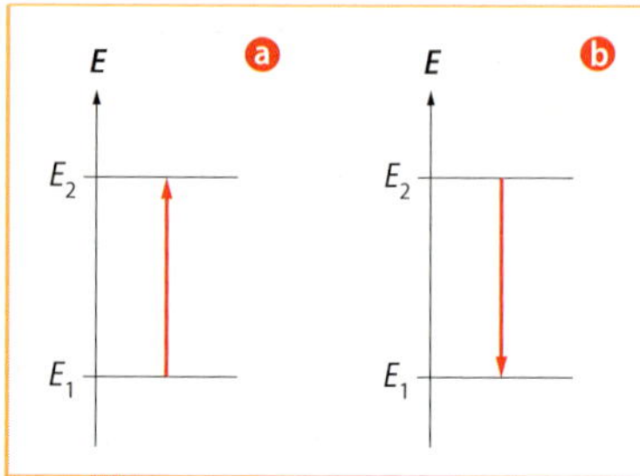

Fig. 1 Absorption quantique ⓐ et émission spontanée ⓑ.

Émission spontanée

Dans les lampes habituelles, la matière est excitée par un courant électrique. Les particules ne sont plus dans leur **état fondamental** mais dans un **état excité**.

Une particule se trouvant dans un état excité peut retrouver sa stabilité en émettant de façon spontanée un photon. Ce transfert d'énergie est appelé l'émission spontanée.

L'énergie du photon correspond à la différence d'énergie entre les deux niveaux d'énergie. Sur la figure 1 ⓑ, l'énergie du photon émis est $E = E_2 - E_1$ et sa fréquence d'émission ν est telle que $E = \text{h} \cdot \nu$, où h est la constante de Planck.

L'émission spontanée est quantifiée.

On note que les lampes usuelles éclairent dans toutes les directions.

Dans le processus d'émission spontanée, le photon produit est émis dans une direction aléatoire (Fig. 2).

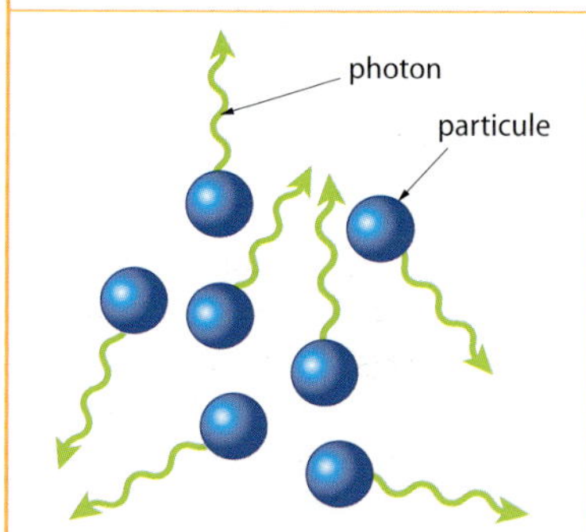

Fig. 2 Les photons produits par émission spontanée sont émis dans des directions aléatoires.

Émission stimulée

En 1917, Albert Einstein évoque l'idée qu'un photon d'énergie choisie peut amener une particule vers un état d'énergie plus stable. Dans ce cas, la particule va produire un photon « jumeau » du photon incident.

Lorsqu'un photon d'énergie $E_2 - E_1$ (Fig. 3) rencontre une particule dans un état excité E_2, cette particule peut retrouver un état d'énergie plus stable E_1 en émettant un photon de même énergie $E_2 - E_1$. Ce mode d'émission est appelé l'émission stimulée.

Contrairement au processus d'émission spontanée, qui émet des photons dans des directions aléatoires, l'émission stimulée produit des photons qui ont la **même direction** que les photons incidents.

➡ Exercices 1 à 5

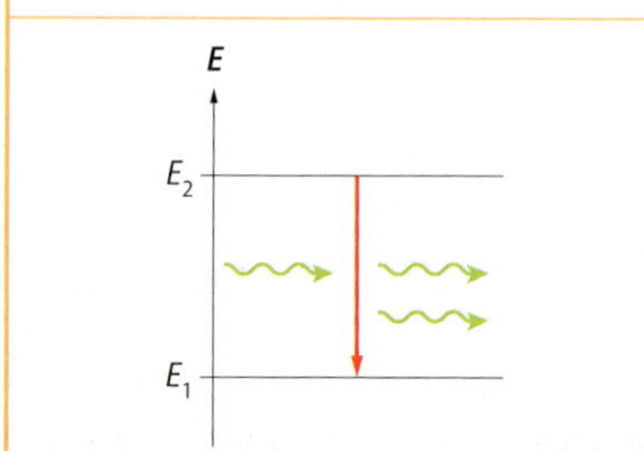

Fig. 3 Émission stimulée par un photon d'énergie $E_2 - E_1$.

2 Source laser

> Activités 2 et 4

Le terme « **laser** » est à l'origine un acronyme, créé à partir des initiales des mots anglais *Light Amplification by Stimulated Emission of Radiation* (amplification de la lumière par émission stimulée de rayonnement).

Propriétés du laser

Les sources de lumière classiques émettent de la lumière dans toutes les directions. Elles donnent un **spectre continu** (lampes à incandescence) ou de **raies** (lampes spectrales) et la lumière émise contient des radiations de plusieurs longueurs d'onde.

Le laser possède des caractéristiques qui le distingue des autres sources de lumière.

- **Contrairement aux sources de lumière classiques, la lumière laser se propage dans une direction privilégiée : elle est directive.**
- **La lumière laser a une longueur d'onde clairement identifiée : elle est monochromatique.**

Exemple

Les propriétés de directivité et de monochromaticité du laser sont utilisées dans les lecteurs CD, DVD ou Blu-ray (Fig. 4). La faible longueur d'onde (405 nm pour le Blu-ray) et la directivité du laser permettent d'éclairer des zones de l'ordre de grandeur des inscriptions du disque (voir *Partie 5, séquence 7*).

Le laser présente aussi des propriétés de **concentration** spatio-temporelle.

- **La concentration spatiale de l'énergie est une conséquence directe de sa directivité : l'ensemble de l'énergie produite est dirigé selon une direction, contrairement aux sources classiques.**
- **Le laser peut fournir son énergie de façon continue ou de façon pulsée. Dans ce dernier cas, plus l'impulsion est brève, plus le laser délivre une puissance instantanée importante : c'est la concentration temporelle de l'énergie.**

Exemple

Dans les lasers utilisés en activité expérimentale, l'énergie est continue. En chirurgie (Fig. 5), les lasers utilisés présentent une forte concentration spatiale, qui permet des découpes de tissus très localisées, et sont pulsés : les impulsions très brèves évitent les échauffements et la destruction des cellules voisines.

Émission stimulée et amplification d'une onde lumineuse

Dans le laser comme dans les autres sources de lumière, c'est la présence d'atomes, de molécules ou d'ions qui est à l'origine d'émission de lumière.

Le laser émet des photons produits par émission stimulée.

L'émission stimulée permet, à partir d'un photon d'énergie adaptée, de faire apparaître un autre photon identique.

L'émission stimulée a pour effet d'amplifier l'onde lumineuse incidente.

Sciences et culture

De l'émission stimulée au laser

Le concept d'émission stimulée, évoqué par Einstein dans un article en 1917, est resté à l'état de concept théorique jusqu'à la réalisation, en 1954, du premier Maser (*Microwave Amplification by Stimulated Emission of Radiation*), ancêtre du laser. Les lasers sont aujourd'hui partout dans notre quotidien : lecteurs DVD, télécommunications, santé, usinage, découpage, environnement…

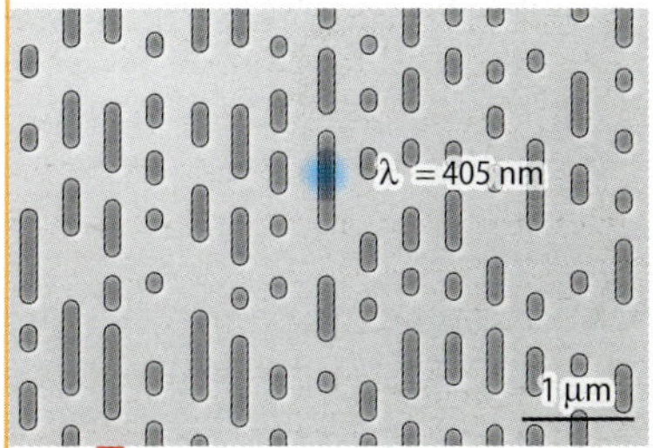

Fig. 4 Les lecteurs Blu-ray utilisent une lumière laser monochromatique de longueur d'onde 405 nm.

Repère

La puissance des lasers pulsés peut dépasser le **térawatt** (10^{12} W), soit autant que ce que produit le cœur des étoiles en seulement quelques femtosecondes (10^{-15} s).

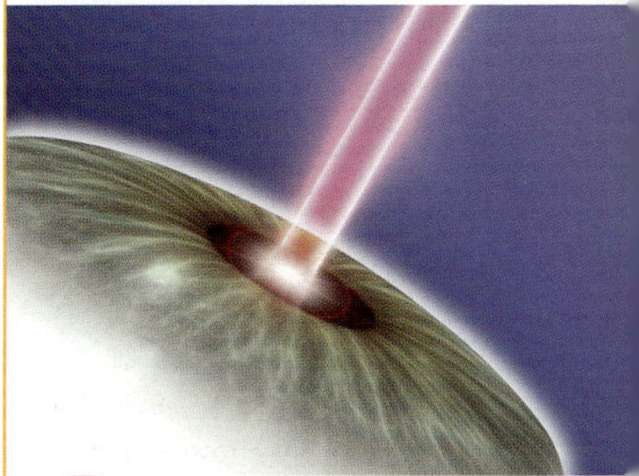

Fig. 5 Utilisation d'un laser en chirurgie de l'œil.

Le laser est constitué d'une cavité dans laquelle se trouvent des particules. Lorsque ces particules sont éclairées par des photons d'énergie adaptée, l'émission stimulée va amplifier le nombre de photons. Or, ces particules se trouvent naturellement dans l'état de plus basse énergie, qui est l'état fondamental : l'**absorption** des photons va donc naturellement l'emporter sur l'émission stimulée (Fig. 6 ⓐ).

Pour qu'il y ait amplification de l'onde lumineuse, il faut qu'il y ait plus de particules dans un état d'énergie excité que dans l'état fondamental (Fig. 6 ⓑ).

Pour amplifier l'onde lumineuse, il faut donc placer une majorité des particules de la cavité dans un état excité : c'est l'**inversion de population**.

L'opération de pompage optique consiste à placer une majorité des particules de la cavité du laser dans un état excité.

On utilise couramment des flashs de lumière pour l'inversion de population.

Principe du laser

Le laser produit une lumière très directive. Pour obtenir ce faisceau, la cavité est placée entre deux **miroirs**, l'un parfaitement réfléchissant, l'autre semi-réfléchissant. Les photons qui ne se déplacent pas dans une direction perpendiculaire aux miroirs disparaissent ou sont absorbés par les parois.

Seuls les photons qui se déplacent dans la direction perpendiculaire aux miroirs peuvent sortir de la cavité laser : les miroirs ont ainsi pour effet de sélectionner la direction des photons.

Le miroir semi-réfléchissant réfléchit 99 % des photons dans la cavité laser (Fig. 7), qui joue ainsi le rôle de milieu amplificateur.

La multiplication des passages permet d'augmenter le nombre de photons identiques produits par émission stimulée (Fig. 8). Les pertes (photons disparus ou absorbés par les parois) sont compensées par des flashs qui maintiennent l'inversion de population.

Ce type de cavité est appelé **oscillateur optique entretenu**.

➥ Exercices 6 à 12

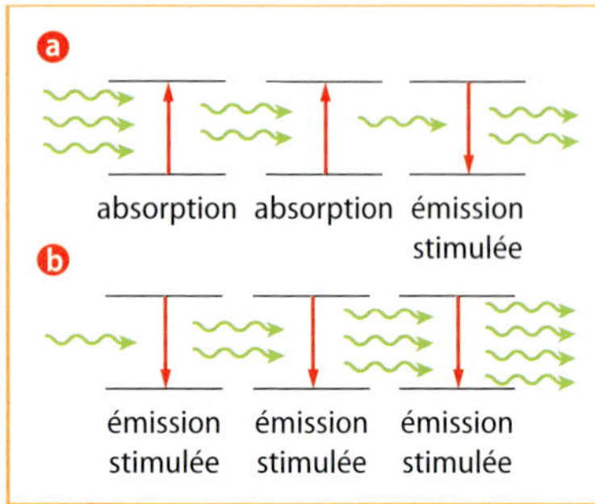

Fig. 6 Affaiblissement ⓐ et amplification ⓑ de l'onde lumineuse.

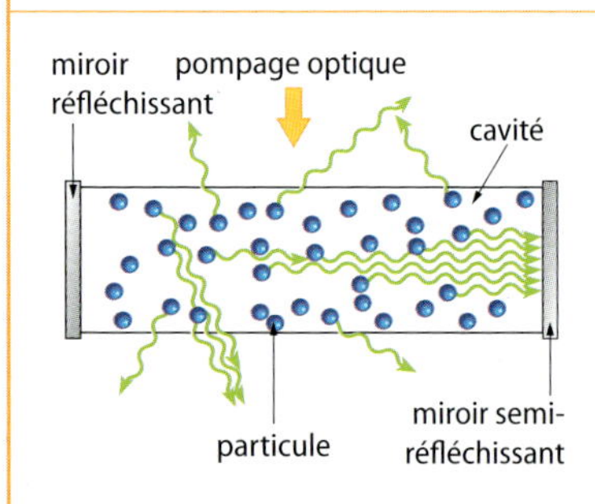

Fig. 7 Cavité laser : espace présent entre le miroir réfléchissant et semi-réfléchissant.

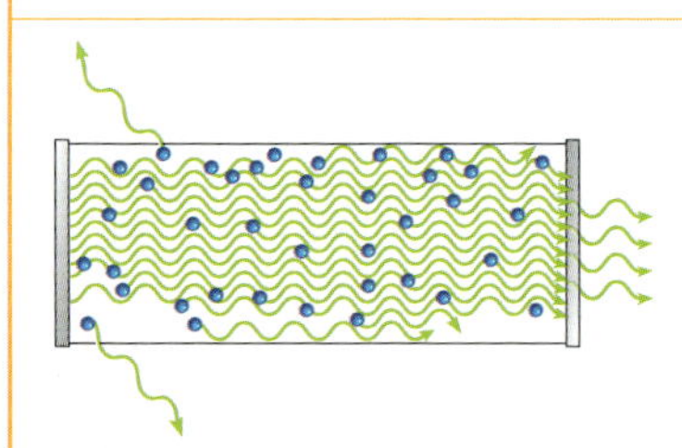

Fig. 8 Après multiplication des passages dans la cavité.

3 Transitions d'énergie

› Activité 3

Transitions d'énergie électroniques

Dans les atomes, les niveaux d'énergie correspondent aux états électroniques.

Un atome gagne ou cède de l'énergie en faisant transiter un électron d'un niveau vers un autre niveau d'énergie : c'est une transition d'énergie électronique.

Pour atteindre les électrons de l'atome, il faut fournir des photons d'énergie suffisante, soit de l'ordre de l'électronvolt. Ces énergies correspondent à des photons du visible ou de l'ultraviolet (UV).

Lors d'une transition d'énergie électronique, les atomes émettent ou absorbent des photons dans le domaine visible ou UV.

Exemple

Les lasers He-Ne utilisent comme milieu amplificateur des atomes d'hélium et de néon. Ils produisent une lumière dans le domaine visible (632 nm).

Transitions d'énergie vibratoires

La matière est capable d'absorber et de produire des rayonnements dans d'autres domaines spectraux. Les lasers à CO_2, par exemple, émettent dans l'**infrarouge**.

Les **molécules** ont la possibilité d'emmagasiner de l'énergie sous forme **vibratoire**. On peut considérer les atomes des molécules comme liés par des petits ressorts qui vibrent sous l'excitation de l'onde. Aux configurations vibratoires de la molécule, on associe des **niveaux d'énergie vibratoires** (Fig. 9).

Lors d'une transition d'énergie vibratoire, la molécule passe d'une configuration vibratoire à une autre. Ces transitions d'énergie sont moins énergétiques que les transitions électroniques.
Lors d'une transition d'énergie vibratoire, il y a émission ou absorption dans l'infrarouge.

➥ Exercices 13 à 18

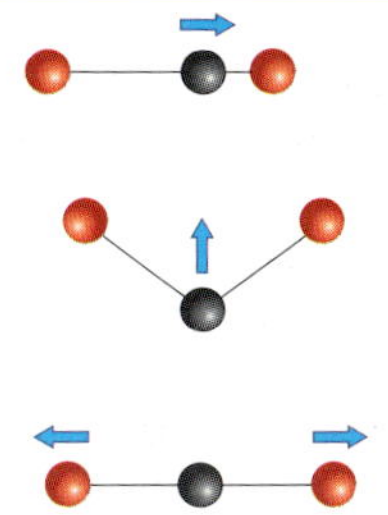

Fig. 9 Les trois configurations vibratoires de la molécule de CO_2.

Les compétences à acquérir

1 Connaître *le principe de l'émission stimulée*

- Un **photon** d'énergie adaptée est capable d'amener un atome, molécule ou ion dans un **état excité** à descendre de cet état.
- Cette transition d'énergie produit un photon identique à celui incident. C'est l'**émission stimulée**.

2 Connaître *les principales propriétés du laser*

- Le **laser** permet d'obtenir un faisceau de lumière **directif** et **monochromatique**.
- Le laser est une source de lumière qui **concentre spatialement** et, dans le cas des laser pulsés, **temporellement l'énergie** de façon importante.

3 Associer *un domaine spectral à la nature de la transition d'énergie*

- Lors de **transitions d'énergie électroniques**, la matière absorbe ou émet dans le domaine du **visible** ou de l'**ultraviolet**.
- Lors de **transitions d'énergie vibratoires**, la matière absorbe ou émet dans le domaine de l'**infrarouge**. Ces transitions sont **moins énergétiques** que les transitions électroniques.

Exercices

Compétence 1

› *Connaître le principe de l'émission stimulée*

1 VRAI ou FAUX ?

Corriger, si nécessaire, les affirmations suivantes.

❶ Un atome dans un état excité peut émettre de la lumière pour retrouver un état d'énergie plus stable.

❷ L'état de plus basse énergie pour les atomes, les molécules ou les ions est l'état fondamental.

❸ Il existe un seul état excité pour les atomes, les molécules ou les ions.

❹ L'émission spontanée produit des photons dans des directions aléatoires.

❺ L'émission stimulée produit des photons qui ont la même direction que le photon incident.

❻ L'émission stimulée permet à l'atome, à la molécule ou à l'ion d'atteindre un état d'énergie plus élevé.

2 Transferts d'énergie

Un milieu matériel, composé d'un gaz d'atomes identiques, est exposé à un ensemble de photons de même énergie. Le schéma ci-dessous illustre les différents transferts d'énergie qui se produisent dans ce milieu matériel.

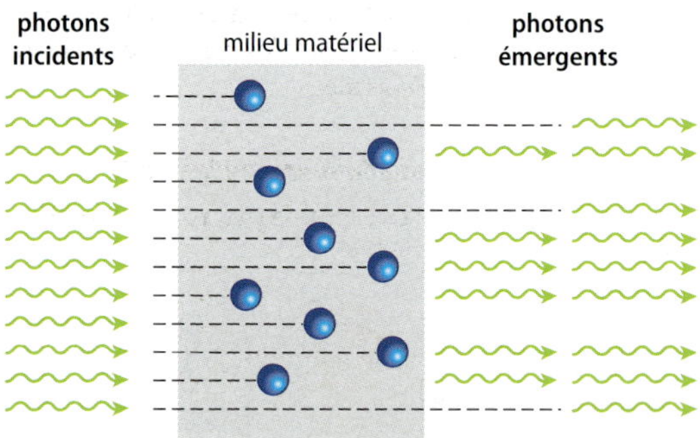

1. Quels sont les deux transferts d'énergie illustrés ci-dessus ?

2. Le milieu matériel permet-il une amplification ou un affaiblissement de l'onde incidente ?

3 Spectre d'émission du mercure

Voici le spectre d'émission d'un échantillon d'atomes de mercure :

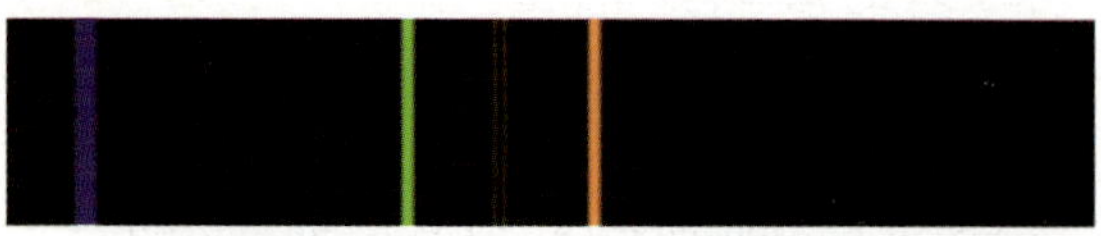

1. Est-il nécessaire de placer les atomes dans un état excité pour qu'ils émettent de la lumière ?

2. Comment peut-on expliquer la présence de raies, au lieu d'un spectre continu ?

4 Émission ou absorption ?

La figure ci-contre représente le diagramme d'énergie d'un atome. Le niveau E_0 est l'état de plus basse énergie et les transitions ⓑ et ⓒ sont des transitions radiatives.

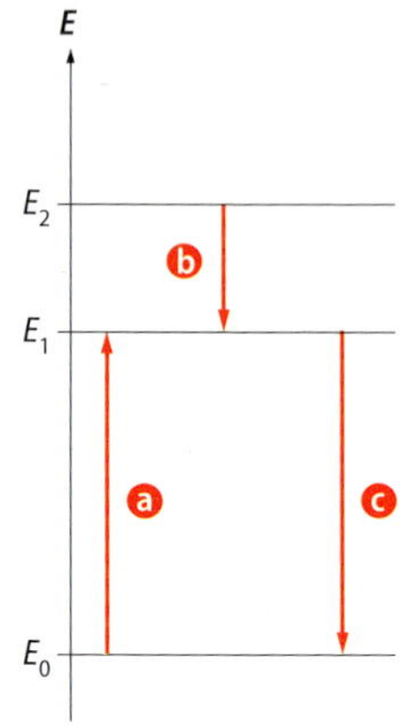

1. Repérer les états excités et l'état fondamental sur le diagramme.

2. Associer un mode de transfert d'énergie à chaque flèche.

3. Quelles sont les méthodes possibles pour provoquer le transfert d'énergie ⓐ ?

4. Quelles sont les méthodes possibles pour provoquer les transferts d'énergie ⓑ et ⓒ ?

EXERCICE **RÉSOLU**

5 Amplification d'une onde lumineuse

Voici la schématisation d'un mode de transfert d'énergie d'un atome :

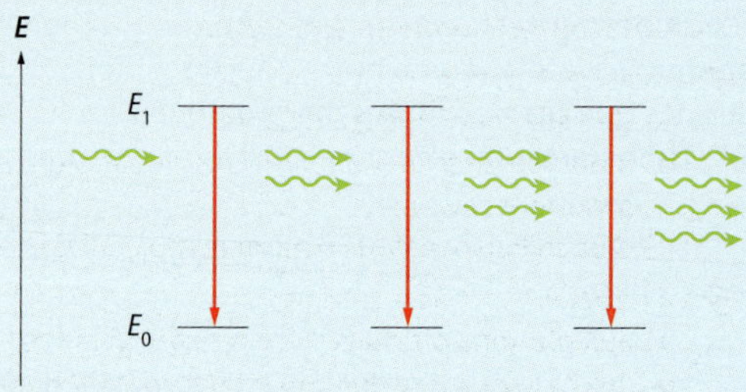

1. Le transfert d'énergie schématisé ci-dessus est une émission stimulée. Comment peut-on le justifier ?

2. Quelle particularité doit posséder le photon incident pour provoquer ce mode de transfert d'énergie ?

3. Expliquer pourquoi l'émission stimulée provoque l'amplification de l'onde incidente.

Aides et méthodes

L'émission d'un photon supplémentaire identique au photon incident implique que ce n'est pas une émission spontanée.

Solution

1. L'atome passe d'un état excité à un état plus stable après la rencontre d'un photon. Ce transfert se manifeste par l'émission d'un photon identique au photon incident. C'est donc une émission stimulée.

2. Le photon incident doit avoir une énergie qui correspond à la différence des deux niveaux d'énergie $E_1 - E_0$.

3. À chaque fois qu'un photon d'énergie $E_1 - E_0$ rencontre un atome dans un état d'énergie E_1, il y a production d'un photon supplémentaire. On amplifie donc l'onde lumineuse initiale.

Compétence 2

› *Connaître les principales propriétés du laser*

6 VRAI ou FAUX ?

Corriger, si nécessaire, les affirmations suivantes.

1. Le laser utilise l'émission spontanée pour produire de la lumière.
2. Les photons produits par le laser sont produits dans des directions aléatoires.
3. La lumière d'un laser est le plus souvent monochromatique.
4. Le laser est une source de lumière plus directive que les autres sources.
5. Le laser est la source de lumière la plus monochromatique qui existe.
6. Quels que soient les milieux traversés, la lumière issue d'un laser se propage toujours en ligne droite.

7 QCM

Choisir la (ou les) bonne(s) réponse(s).

1. La cavité d'un laser est constituée :
   - a de deux miroirs réfléchissants ;
   - b d'un miroir totalement réfléchissant et d'un miroir semi-réfléchissant ;
   - c d'un milieu constitué d'atomes, molécules ou ions.
2. La directivité du laser est liée :
   - a aux photons produits par émission stimulée ;
   - b aux miroirs qui sélectionnent une direction privilégiée dans la cavité ;
   - c à la petite ouverture de sortie de lumière des lasers.
3. La monochromaticité d'un laser signifie :
   - a qu'il peut émettre de la lumière blanche ;
   - b que le spectre de la lumière peut être une bande continue d'émission ;
   - c que le spectre de la lumière émise est une raie ;
   - d que la lumière émise ne possède qu'une seule longueur d'onde.

8 Propriétés d'un laser

Voici la photo du faisceau issu d'un laser, ici observé avec de la fumée.

1. Citer la (les) propriété(s) observable(s) de la lumière issue de ce laser.
2. Comment pourrait-on faire pour vérifier l' (les) autre(s) propriété(s) ?

9 Percer avec un laser

Le trou ci-dessous a été réalisé sur un métal à l'aide d'un laser à régime continu. Quelle propriété du laser a été utilisée pour réaliser ce trou ?

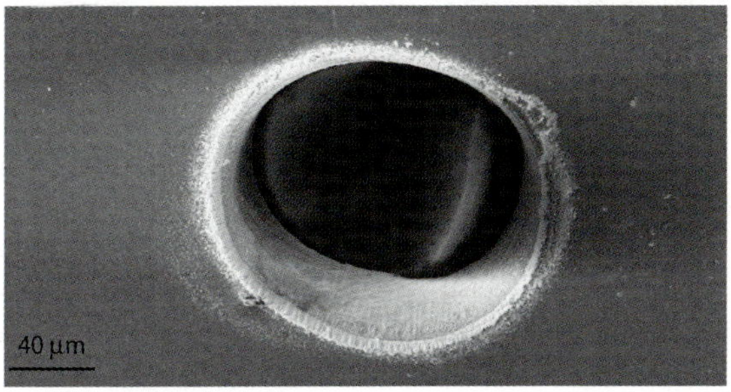

10 Concentration temporelle de l'énergie

Certains lasers pulsés peuvent fournir des impulsions de 10 mJ pendant 10^{-15} s.

1. Calculer la puissance fournie par le laser pendant l'impulsion.
2. Cette puissance est comparable à celle produite par le cœur des étoiles. Pourquoi dit-on que le laser est capable de concentrer temporellement l'énergie ?

11 Peut-on disperser la lumière laser ?

Le schéma ci-dessous représente le passage de la lumière issue d'un laser à travers un prisme.

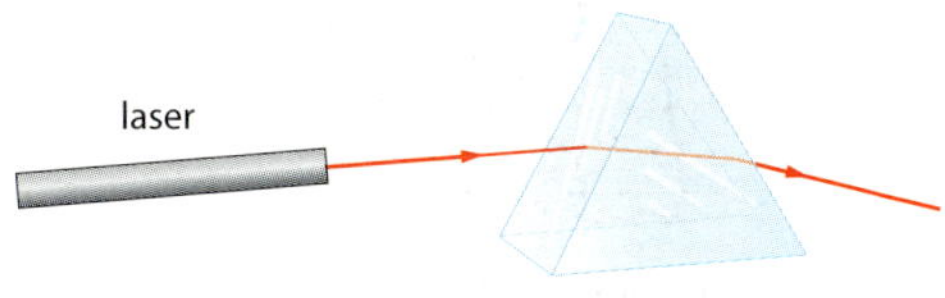

Quelle propriété du laser est mise en évidence dans cette expérience ?

12 Population d'une cavité laser

Le schéma ci-contre représente une cavité laser. Les atomes susceptibles d'émettre un photon par émission stimulée sont représentés en rouge et ceux dans leur état fondamental sont représentés en vert.

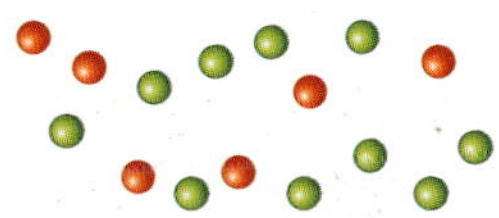

1. Ce milieu peut-il servir à amplifier une onde lumineuse ? Justifier.
2. Proposer une méthode permettant d'utiliser ce milieu comme un milieu amplificateur.

Exercices

Compétence 3

› *Associer un domaine spectral à la nature de la transition d'énergie*

Données. *$h = 6{,}63 \times 10^{-34}$ J · s ; $c = 3{,}00 \times 10^{8}$ m · s^{-1}*

Spectre électromagnétique :

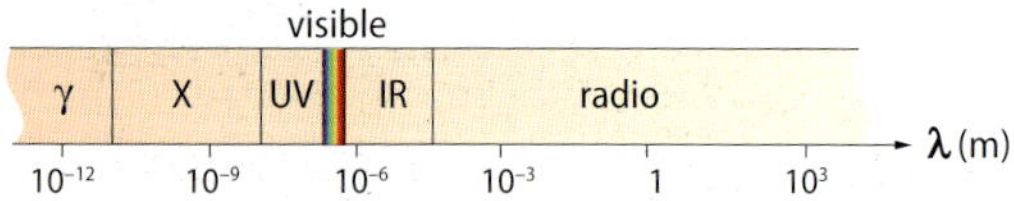

13 QCM

Choisir la (ou les) bonne(s) réponse(s).

1 Une molécule est capable d'émettre un photon lié à :
- **a** une transition d'énergie électronique ;
- **b** une transition d'énergie vibratoire ;
- **c** une transition d'énergie électronique et/ou vibratoire.

2 Dans les lasers à gaz d'atomes, les transitions d'énergie produisent de la lumière dans le(s) domaine(s) :
- **a** infrarouge ; **b** visible ;
- **c** visible et/ou ultraviolet.

3 Dans les lasers à gaz moléculaires, les transitions d'énergie produisent de la lumière dans le(s) domaine(s) :
- **a** infrarouge ; **b** visible ;
- **c** visible et/ou ultraviolet.

14 The carbon dioxide laser

The CO_2 laser consists of a cavity containing a mixture of nitrogen and carbon dioxide. The CO_2 laser emits a monochromatic radiation of wavelength $\lambda = 10.6$ µm.

What type of energy transition is responsible for this emission?

15 Un laser dans l'ultraviolet

Pour produire de la lumière laser dans l'ultraviolet, on peut utiliser le laser à argon.

Quel type de transition d'énergie est responsable de cette émission ?

16 Diagramme d'énergie

Sur le diagramme d'énergie ci-contre, sont représentés en bleu les niveaux d'énergie électroniques et en vert, les niveaux d'énergie vibratoires.

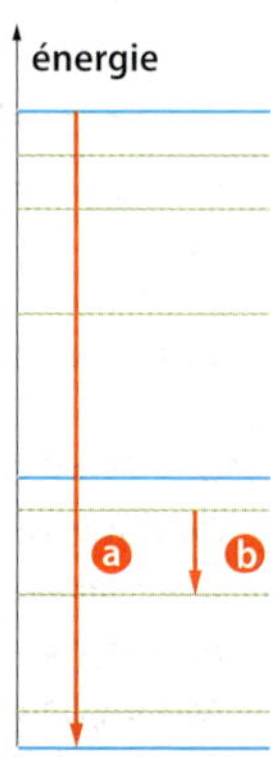

1. Ce diagramme peut-il correspondre au diagramme d'énergie d'un atome ?

2. a. À quel type de transition d'énergie correspond la flèche **a** ?
b. Quel est le domaine spectral associé à cette transition d'énergie ?

3. a. À quel type de transition d'énergie correspond la flèche **b** ?
b. Quel est le domaine spectral associé à cette transition d'énergie ?

17 Transition d'énergie

Les transitions d'énergie électroniques émettent principalement dans le visible et dans l'ultraviolet. Les transitions d'énergie vibratoires émettent principalement dans l'infrarouge. Quelle est la transition la plus énergétique ?

EXERCICE **RÉSOLU**

18 La molécule d'eau

En phase gazeuse, la molécule d'eau possède trois modes de vibration.

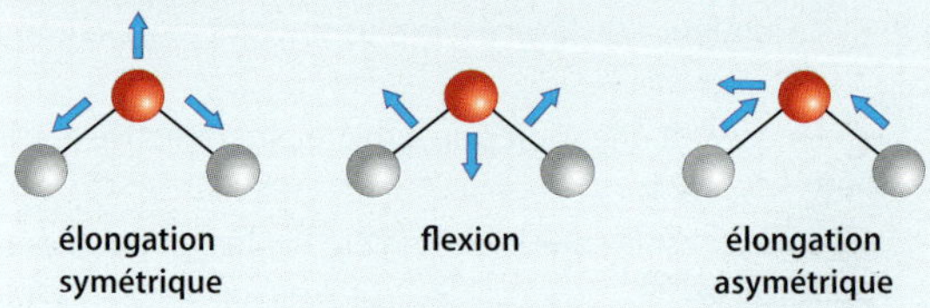

Ces trois modes de vibrations entraînent des absorptions à $\lambda_1 = 2{,}74$ µm pour l'élongation symétrique, $\lambda_2 = 6{,}27$ µm pour la flexion et $\lambda_3 = 2{,}66$ µm pour l'élongation asymétrique.

1. Comment peut-on justifier que l'absorption d'énergie par la molécule d'eau en phase gazeuse soit quantifiée ?

2. Calculer l'énergie de chaque transition d'énergie, en joule puis en électronvolt (1 eV = $1{,}60 \times 10^{-19}$ J).

3. Réaliser un diagramme d'énergie, en représentant chacune des transitions possibles entre le niveau fondamental et les niveaux vibratoires.

4. On éclaire par de la lumière blanche de la vapeur d'eau. Quel spectre d'absorption obtiendra-t-on ?

Aides et méthodes

Les molécules peuvent absorber de l'énergie sous forme vibratoire. Chaque mode de vibration est associé à un niveau d'énergie. On dénombre ici trois niveaux d'énergie vibratoire.

Solution

1. La vapeur d'eau présente des absorptions pour trois longueurs d'onde. L'absorption d'énergie est donc quantifiée.

2. $E_1 = h \cdot \nu_1 = h \cdot c/\lambda_1 = 6{,}63 \times 10^{-34} \times 3{,}0 \times 10^{8}/(2{,}74 \times 10^{-6})$
$E_1 = 7{,}3 \times 10^{-20}$ J = 0,45 eV. De même :
$E_2 = 3{,}2 \times 10^{-20}$ J = 0,20 eV et $E_3 = 7{,}47 \times 10^{-20}$ J = 0,47 eV.

3.

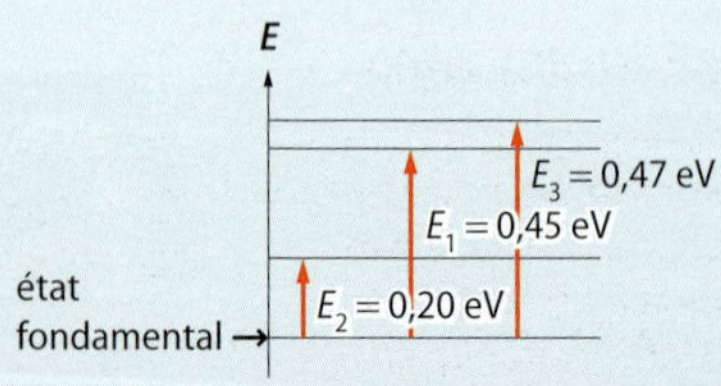

4. Il n'y a aucune absorption dans le domaine visible, puisque les transitions d'énergie ont lieu dans l'infrarouge.

Exercices de synthèse

Pour préparer le BAC

Données. $1\ eV = 1{,}60 \times 10^{-19}\ J$; $c = 3{,}00 \times 10^{8}\ m \cdot s^{-1}$.
$h = 6{,}63 \times 10^{-34}\ J \cdot s$.

19 Multiplexage en longueur d'onde

Dans la communication par fibre optique, on utilise le langage binaire. Pour permettre la propagation de plusieurs informations dans une même fibre, on utilise le multiplexage en longueur d'onde, qui consiste à faire se chevaucher dans le temps et dans l'espace les impulsions de longueurs d'onde différentes.

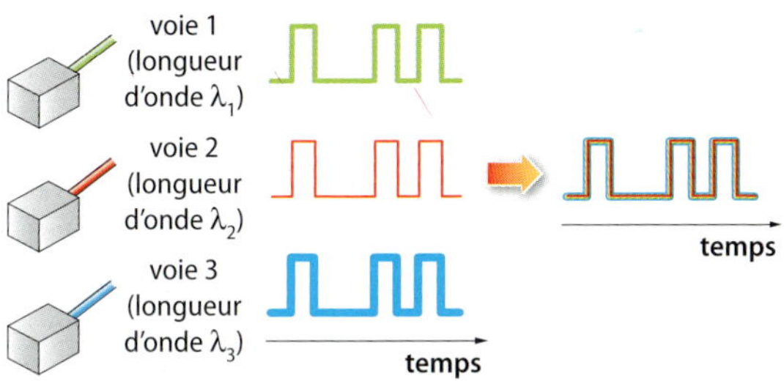

Quelle propriété de la communication optique est mise à profit dans le multiplexage en longueur d'onde ?

20 Le laser hélium-néon

Dans le laser He-Ne, le milieu amplificateur est constitué d'un gaz d'atomes d'hélium et de néon. L'inversion de population est assurée par les atomes d'hélium. Les atomes d'hélium sont excités par une décharge électrique, puis cèdent leur énergie au néon par collision.

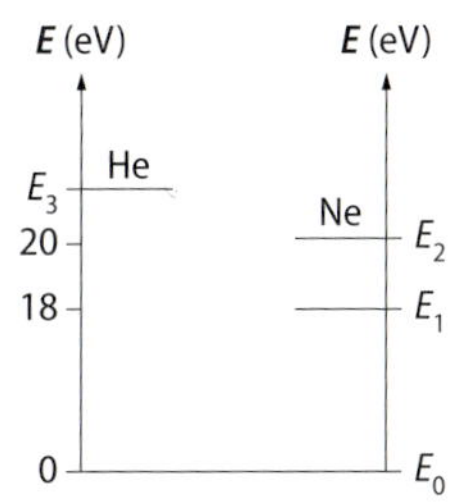

1. a. Reproduire le diagramme d'énergie ci-dessus, puis indiquer par une flèche la transition d'énergie qui correspond à l'inversion de population.
b. Cette transition est-elle d'origine électronique ou vibratoire ?
c. À quel type de transfert d'énergie correspond cette transition d'énergie ?

2. a. La transition d'énergie de E_2 à E_1 correspond à la transition responsable de l'effet laser. Calculer sa longueur d'onde.
b. Quel est le domaine spectral ?
c. Cette transition est-elle de nature électronique ou vibratoire ?
d. À quel type de transfert d'énergie correspond-elle ?

21 Transition d'énergie

À partir du diagramme d'énergie ci-contre, déterminer si la transition d'énergie entre niveaux d'énergie est d'origine vibratoire ou électronique.

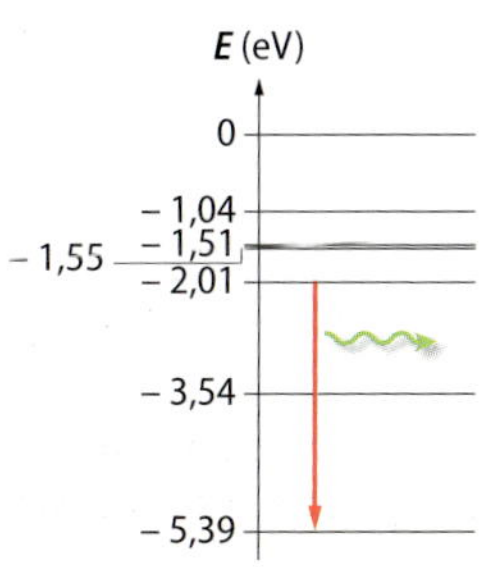

22 Principe du laser

Le laser présenté ci-dessous est principalement constitué de six éléments : une lampe flash ; un générateur, un milieu contenant les atomes, ions ou molécules ; deux miroirs (dont un semi-réfléchissant) et un interrupteur.

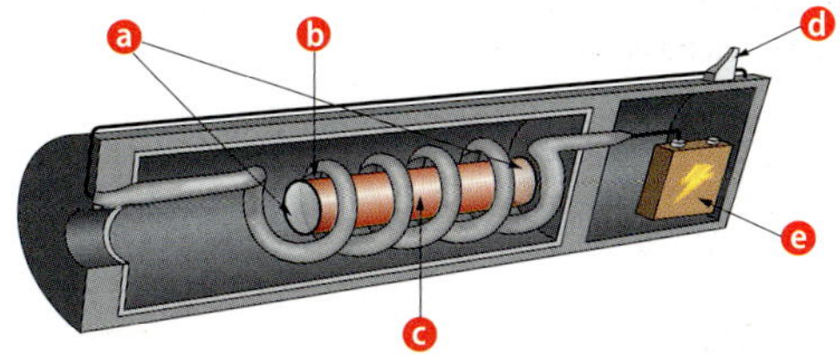

1. Associer à chaque lettre du schéma l'un de ces éléments.

2. a. À quoi sert la lampe flash dans le laser ?
b. Quelle autre méthode que la lampe flash peut être utilisée ?

3. Quels sont les intérêts des miroirs ?

23 Le laser à CO_2

Le laser à CO_2 est constitué d'une cavité contenant un mélange de dioxyde de carbone et de diazote sous pression. Dans ce mélange, c'est la molécule de dioxyde de carbone qui est responsable de l'émission laser, le diazote étant utilisé pour réaliser l'inversion de population des molécules de dioxyde de carbone. Les molécules de diazote sont excitées par une décharge électrique, qui les place dans l'état d'énergie E_3. Les molécules de diazote dans leur état excité rentrent en collision avec les molécules de dioxyde de carbone, les plaçant dans un état vibratoire E_2.

1. Avant la décharge électrique, dans quel état d'énergie se trouvent la majorité des molécules de la cavité optique ?

2. Reproduire le diagramme ci-contre, puis indiquer par une flèche la transition d'énergie subie par les molécules de diazote après la décharge électrique.

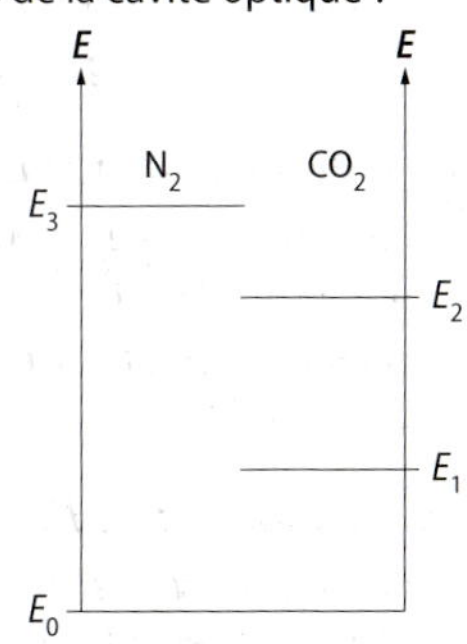

3. Quel est l'intérêt de l'inversion de population des molécules de CO_2 ?

4. D'après le texte, la transition d'énergie responsable de l'effet laser est-elle vibratoire ou électronique ?

5. Dans quel domaine spectral émet ce laser ?

6. La transition d'énergie responsable de l'effet laser est le passage de l'état d'énergie E_2 à E_1. Quelle est la valeur de cette transition d'énergie, sachant que le laser émet une radiation de longueur d'onde 9,6 μm ?

24 Télémétrie laser

Pour mesurer des distances, on peut utiliser un laser et des réflecteurs.

Pour déterminer la distance Terre-Lune, on utilise ainsi un laser de longueur d'onde $\lambda = 476$ nm, qui délivre des impulsions de 15 kJ toutes les 50 ns. Un réflecteur de diamètre 2 m est situé perpendiculairement au faisceau. La distance mesurée est $L = 370\ 000$ km.

1. La divergence du faisceau crée un cône de demi-angle θ tel que $\theta \approx \lambda/a$, où a est le diamètre de sortie du faisceau ($a = 3$ mm). Déterminer le diamètre de la tache au niveau de la surface du miroir.

2. Calculer la puissance réémise par le réflecteur, en supposant que le réflecteur est parfaitement réfléchissant.

3. La lumière réfléchie est recueillie par un télescope de diamètre 2 m. Le faisceau réfléchi fait un cône de demi-angle au sommet $\alpha = 4 \times 10^{-7}$ rad. Déterminer la puissance reçue par ce télescope.

4. Quelles propriétés du laser ont été mises à profit pour cette investigation ?

25 ★ Population d'atomes et pompage optique

Pour l'ensemble de l'exercice, on se réfèrera au diagramme de l'exercice ***20****.*

Dans le laser hélium-néon, l'émission laser est assurée par le néon. Les atomes de néon peuvent se répartir sur trois niveaux : le niveau d'énergie fondamental E_0 et les niveaux d'énergie E_1 et E_2. La population N_p d'un niveau d'énergie E_p, c'est-à-dire le nombre d'atomes se trouvant dans ce niveau d'énergie, est définie par la loi dite de Boltzmann :

$$N_p = A \cdot \exp(-E_p/(k \cdot T)),$$

où k est la constante de Boltzmann ($k = 1{,}38 \times 10^{-23}$ USI), A est une constante qui se détermine grâce au nombre d'atomes présents dans le système, et T est la température en kelvin.

1. Vérifier que le rapport du nombre d'atomes présents dans le niveau d'énergie E_1 sur le nombre d'atomes présents dans le niveau fondamental d'énergie $E_0 = 0$ eV est :

$$N_1/N_0 = \exp((E_0 - E_1)/(k \cdot T))$$

2. a. Calculer, à la température ambiante de 298 K, les rapports N_1/N_0, puis N_2/N_0.
b. En déduire l'état dans lequel sont la majorité des atomes à cette température.

3. a. Des photons d'énergie 18 eV ou 20 eV envoyés sur le milieu amplificateur seront-ils principalement absorbés par le milieu ou utilisés pour l'émission stimulée ?
b. Dans ces conditions, observera-t-on une amplification ou un affaiblissement de l'onde lumineuse ?

4. Quel est le rôle du pompage optique ?

26 ★ ★ Largeur de la raie

Un laser He-Ne est constitué d'une cavité remplie de gaz à une température T. Ce laser produit une radiation de longueur d'onde moyenne 632,8 nm. L'agitation des atomes de néon produisant la radiation laser crée un élargissement en fréquence de la raie émise. La largeur fréquentielle de la raie $\Delta\nu$ est donnée par la relation :

$$\Delta\nu = \frac{2\nu_0}{c}\sqrt{\frac{k \cdot T}{m}}$$

où $k = 1{,}38 \times 10^{-23}\ m^2 \cdot kg \cdot s^{-2} \cdot K^{-1}$; T est la température du milieu en K, m est la masse de l'atome en kg, ν_0 est la fréquence centrale de la raie émise en Hz et c est la célérité de la lumière.

Données. $T(K) = T(°C) + 273$; $M(Ne) = 22{,}1\ g \cdot mol^{-1}$.
Nombre d'Avogadro : $6{,}02 \times 10^{23}\ mol^{-1}$.

1. Montrer que $\Delta\nu$ a bien la dimension d'une fréquence.

2. À l'aide de l'effet Doppler, proposer une explication sur la largeur de la raie d'émission.

3. Calculer, pour un gaz d'atomes de néon à une température de 130 °C, la largeur fréquentielle de la raie d'émission.

4. Calculer la largeur fréquentielle relative $\Delta\nu/\nu_0$.

5. Peut-on considérer la radiation émise par le laser comme une raie d'émission ?

En route vers le Supérieur

27 ★ ★ Oscillateur optique

Pour réaliser un oscillateur, il faut réinjecter une partie du signal dans le milieu amplificateur. Pour l'oscillateur optique, la lumière produite par émission stimulée est réinjectée dans le milieu amplificateur grâce au miroir semi-transparent.

Les ondes réfléchies vont interférer de façon constructive avec les ondes incidentes, à condition que la longueur L de la cavité soit égale à un multiple de la demi-longueur d'onde.

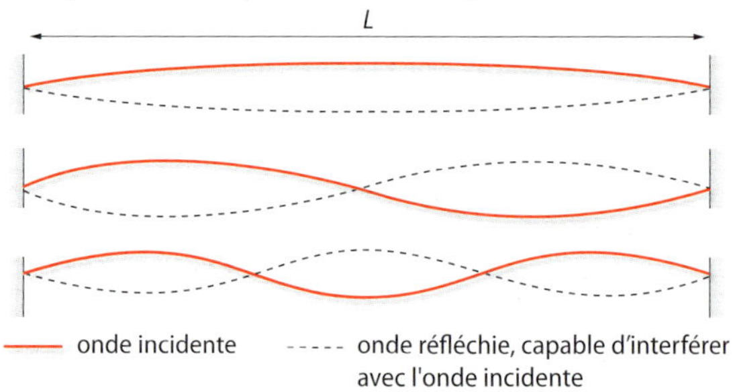

1. a. Montrer que seules les ondes de longueur d'onde λ vérifiant la relation $L = k \cdot \lambda/2$, où k est un entier, peuvent exister dans la cavité laser.
b. Retrouver que les fréquences sélectionnées par la cavité vérifient $\nu_k = k \cdot c/(2 \cdot L)$, où c est la célérité de la lumière.
c. À l'aide de la relation précédente, montrer que l'écart en fréquence $\Delta\nu$ entre deux ondes qui peuvent exister dans la cavité est $\Delta\nu = c/(2 \cdot L)$.

2. Pourquoi dit-on que la cavité amplifie et sélectionne le signal ?

3. On trace, à l'aide d'un élément dispersif et d'un photocapteur, le spectre de la lumière émise par une diode laser :

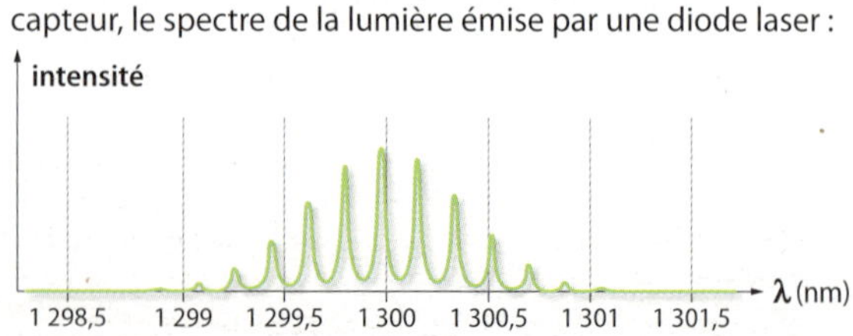

a. Ce laser est-il monochromatique ?
b. Comment interpréter l'existence de raies ?
c. À partir du spectre, déterminer la longueur de la cavité laser.

Pour préparer le BAC

Énoncé type

Comparaison de deux spectres

Observer les deux documents ci-dessous.

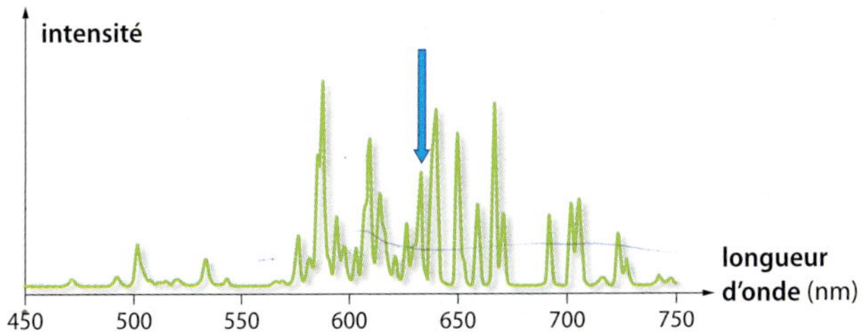

Figure 1. Spectre de la lumière émise par une décharge électrique dans un tube hélium-néon. La flèche bleue indique la raie sur laquelle l'effet laser se produit.

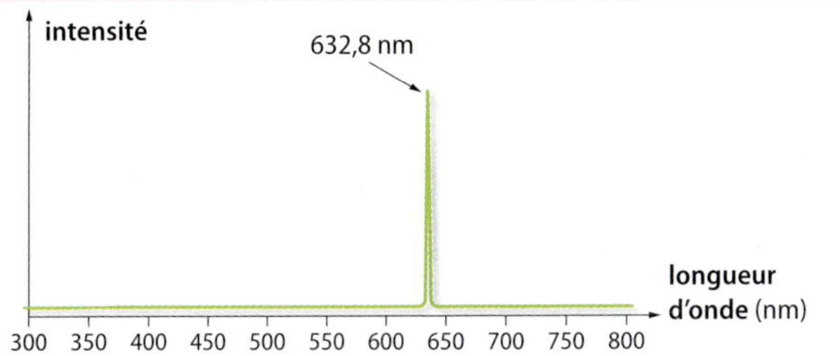

Figure 2. Spectre du laser hélium-néon.

1. a. Quel procédé a été utilisé pour exciter les atomes contenus dans le tube de gaz d'hélium-néon (He-Ne) ?

b. Quel transfert d'énergie est à l'origine de l'excitation des atomes contenus dans le tube de gaz ?

2. a. Le mélange d'atomes He-Ne possède-t-il un ou plusieurs état(s) excité(s) ?

b. Pourquoi les transferts d'énergie dans le gaz d'atomes He-Ne sont-ils dits quantifiés ?

c. Quels transferts d'énergie sont à l'origine des photons produits par le tube de gaz ?

d. Les transitions d'énergie produisant ces photons sont-elles d'origine électronique ou vibratoire ? Justifier.

3. a. Quelle caractéristique du laser est mise en évidence dans la *figure 2* ?

b. Quel transfert d'énergie est à l'origine des photons émis par le laser ?

c. Quel rôle de la cavité laser est mis en évidence par l'observation des deux spectres ?

Les compétences évaluées

- Connaître le principe de l'émission stimulée.
- Connaître les principales propriétés du laser.
- Associer un domaine spectral à la nature de la transition d'énergie.

➤ Coups de pouce

1. b. Il existe trois types de transfert d'énergie : l'émission spontanée, l'émission stimulée et l'absorption d'énergie.

2. b. Chaque pic est associé à une longueur d'onde λ. Chaque longueur d'onde correspond à des photons émis d'énergie $E = h \cdot c/\lambda$.

d. Identifier le domaine spectral dans lequel le gaz émet.

3. c. Comparer le nombre de pics.

EXEMPLE DE **RÉSOLUTION**

1. a. Pour exciter le gaz d'atomes contenu dans la cavité, une **décharge électrique** est utilisée. Les collisions avec les électrons du courant électrique placent les atomes dans un état excité.

b. Les atomes ont absorbé une partie de l'énergie des électrons en mouvement. C'est donc une **absorption** d'énergie.

2. a. On observe sur le document la présence d'une multitude de pics. Chaque pic correspond à une transition entre un niveau d'énergie et un autre niveau de plus faible énergie. Il y a donc **plusieurs états excités** pour ce gaz.

b. Le spectre obtenu fait apparaître des pics d'intensité pour certaines longueurs d'onde et **non des bandes** continues.

c. Deux modes d'émission existent et peuvent se produire dans le tube : l'**émission spontanée** et l'**émission stimulée**.

d. Le domaine spectral restant dans le visible, la nature de la transition est d'origine **électronique**.

3. a. Le spectre du laser possède un seul pic à 632,8 nm. La radiation émise est **monochromatique**.

b. Le laser utilise l'**émission stimulée**.

c. La lumière issue d'un laser utilisant un mélange He-Ne est capable de produire une lumière monochromatique, à l'inverse d'un simple tube de gaz d'He-Ne excité par une décharge électrique. Le laser possède une cavité (miroirs en regard) qui permet de **sélectionner une longueur d'onde** et d'éliminer les autres.

Avant d'aborder la séquence 4

Évaluation diagnostique
Pour chaque situation présentée, proposer une réponse en argumentant.

Situation 1
Pour vérifier l'indispensable

Un skieur descend une piste en zigzag.

Ce comportement est-il ondulatoire ?

▶ Activité 1, p. 420

Situation 2
Pour amorcer la réflexion

La situation ci-contre illustre la « métaphore du cylindre ». Dans cette situation, le même objet éclairé différemment est tantôt perçu comme un rectangle, tantôt comme un cercle.

Un objet physique peut-il être perçu différemment suivant l'étude que l'on en fait ?

▶ Activités 2 et 4, p. 421 et 423

Situation 3
Pour traquer les idées fausses

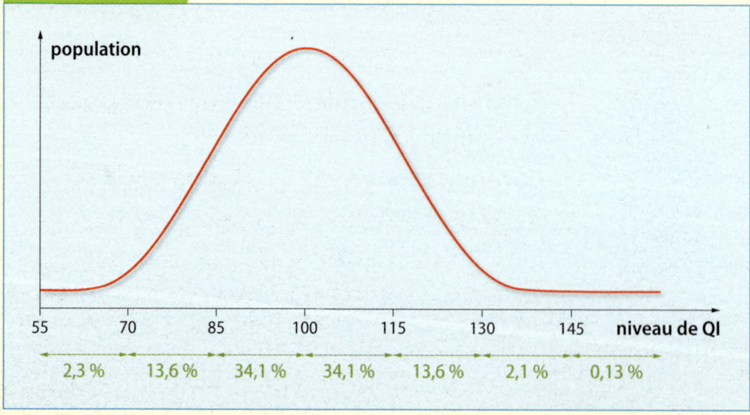

La courbe ci-contre donne la répartition de la population mondiale selon son niveau de quotient intellectuel (QI).

Cette courbe nous renseigne-t-elle sur le QI d'un individu pris au hasard ? Que peut-elle nous apporter ?

▶ Activité 3, p. 422

Dualité onde-particule

Un microscope électronique utilise des électrons pour observer la matière (ici, l'œil d'une mouche). Comment des électrons peuvent-ils remplacer la lumière ?

Les acquis des classes précédentes

- La **lumière** est une onde électromagnétique.
- Un rayonnement monochromatique de fréquence ν (de longueur d'onde λ) est constitué de photons, transportant chacun un quantum d'énergie $\Delta E = \mathrm{h} \cdot \nu = \mathrm{h} \cdot c/\lambda$ (h est la **constante de Planck** et c, la vitesse de la lumière dans le vide).
- L'énergie de la matière ne peut prendre que certaines valeurs, appelées **niveaux d'énergie**.

Les compétences à acquérir

1. **Savoir** que la lumière présente des aspects ondulatoire et particulaire.
2. **Connaître** et **utiliser** la relation $p = \mathrm{h}/\lambda$.
3. **Appréhender** l'aspect probabiliste des phénomènes quantiques.

→ **Culture scientifique**
Le microscope électronique

Activité 1

Activité de découverte

Compétences scientifiques évaluées
- Extraire une information utile.
- Identifier les paramètres jouant un rôle dans un phénomène physique.

La lumière : onde ou particule ?

Le comportement de la lumière a conduit les scientifiques à la modéliser parfois comme une onde, parfois comme une particule.

Étude de documents

Théories sur la lumière dans l'histoire des sciences

Dans son *Traité de la lumière*, Christian Huygens (1629-1695) compare la lumière au son. Il interprète la propagation de la lumière comme celle d'une onde et postule l'existence d'un milieu éther pour expliquer cette propagation.

Peu de temps après, Isaac Newton (1642-1727) émet l'hypothèse que la lumière est composée de particules extrêmement rapides. Les couleurs seraient alors expliquées par les masses différentes de ces corpuscules.

Le physicien écossais James Clerk Maxwell (1831-1879) prédit, quant à lui, l'existence d'ondes électromagnétiques constituées d'un champ électrique et d'un champ magnétique perpendiculaires. La lumière devient alors un cas particulier d'ondes électromagnétiques de longueurs d'onde comprises entre 380 et 780 nm.

Albert Einstein (1879-1955) propose un modèle particulaire de la lumière. Pour le célèbre savant, l'onde électromagnétique de fréquence ν est composée de « grains d'énergie » $E = h \cdot \nu$. Ce retour à l'aspect granulaire de la lumière est, pour lui, le seul moyen d'interpréter l'effet photoélectrique (émission d'électrons par un matériau soumis à l'action de la lumière).

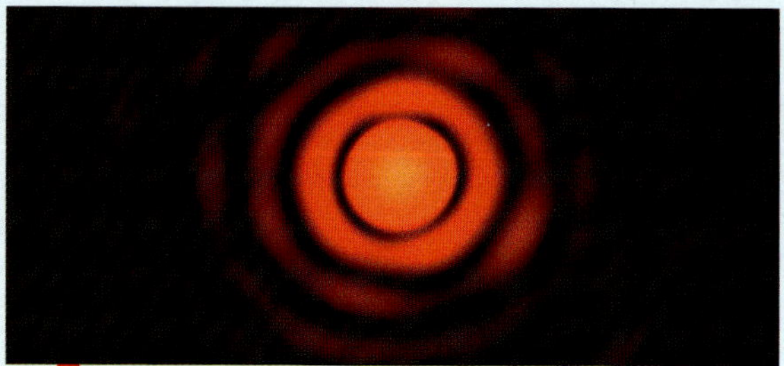

Fig. 1 Figure de diffraction observée lors du passage d'un faisceau laser à travers un trou (sa première observation date de 1665).

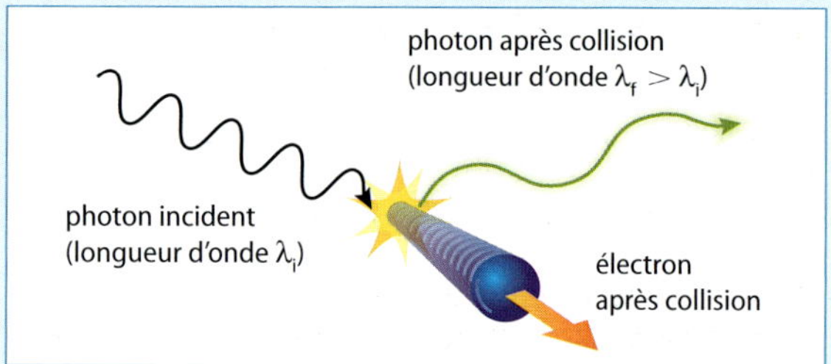

Fig. 2 Effet Compton (découvert en 1917) : un photon voit sa longueur d'onde modifiée après collision avec un électron.

Pistes de réflexion

1 **a.** Reproduire et compléter le schéma ci-contre, en admettant que la lumière est composée de particules.

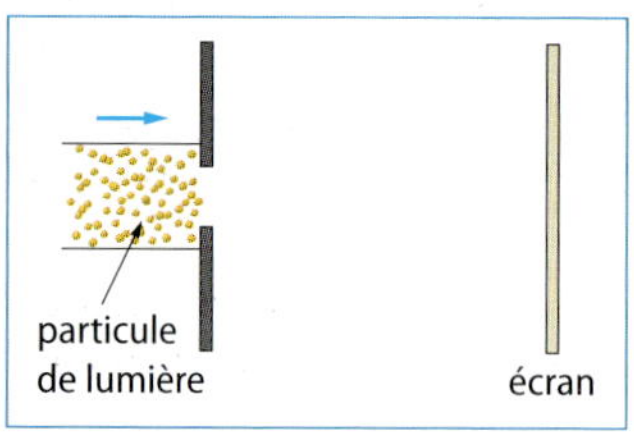

b. L'aspect particulaire de la lumière est-il envisageable dans l'expérience de la figure 1 ?

2 **a.** Sur le document ci-après, on observe des vagues, qui forment un système d'ondes mécaniques.

Après avoir repéré la longueur d'onde de cette onde mécanique, que pouvez-vous dire de l'influence des bateaux sur celle-ci ?

b. Par analogie avec la situation précédente, déterminer si l'aspect ondulatoire de la lumière peut être envisageable dans l'expérience de la figure 2.

3 **a.** Classer les quatre scientifiques du texte en fonction de leur vision sur la lumière.

b. Comment expliquer que les scientifiques aient tant hésité sur la nature de la lumière ?

Pour conclure

4 De quoi dépend le comportement ondulatoire ou particulaire de la lumière ?

Activité 2

Démarche d'investigation

Animation

Une nouvelle représentation

Comment la physique a-t-elle pu unifier deux concepts aussi opposés que les comportements ondulatoire et particulaire de mêmes objets ?

Compétences scientifiques évaluées
- Associer un modèle à un phénomène.
- Formuler des hypothèses pertinentes.

Pour commencer (situation déclenchante)

En 1924, le physicien français Louis de Broglie propose d'étendre aux « particules matérielles » (électrons, protons…) la dualité onde-particule admise pour la lumière. Une des expériences illustrant ce double comportement consiste à envoyer des électrons un par un au travers de deux fentes rapprochées, puis à observer leur comportement en sortie, en y plaçant un écran (Fig. 1).

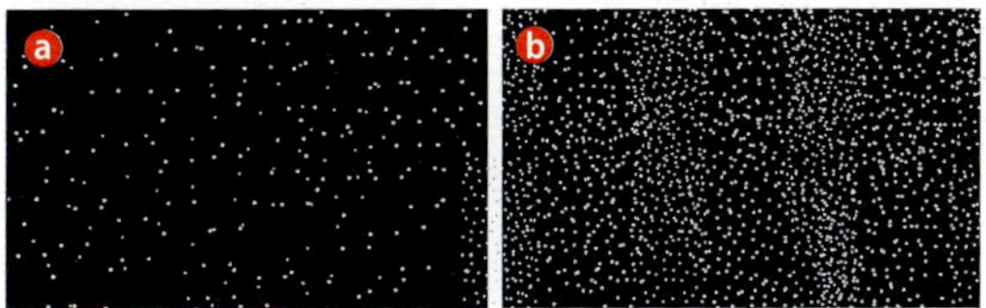

Fig. 1 Figure obtenue avec deux fentes rapprochées.
a : 270 impacts ; b : 2 000 impacts d'électrons.

Dans sa thèse, publiée la même année, de Broglie écrit : « Quand deux théories, fondées sur des idées qui paraissent entièrement différentes, rendent compte avec la même élégance d'une même vérité expérimentale, on peut toujours se demander si l'opposition des deux points de vue est bien réelle et n'est pas due seulement à l'insuffisance de nos efforts de synthèse. »

Dans la relation qui porte son nom, de Broglie rapproche les deux concepts d'onde et de particule dans la même formule : la quantité de mouvement p (concept particulaire) est égale au rapport de la constante de Planck h sur la longueur d'onde λ (concept ondulatoire), soit $p = h/\lambda$.

Pour commencer (situation déclenchante)

Investigation

Le comportement ondulatoire des objets peut-il s'observer à notre échelle ?

Quelques idées (hypothèses)

Étude de document (recherche de validation)

Dans *Le Nouveau monde de M. Tompkins*, roman de George Gamow et Russell Stannard, le héros est propulsé dans un monde fantastique où la constante de Planck est proche de 1.

Un safari est organisé : un groupe d'animaux est rabattu sur une haie continue présentant deux trous. Cette haie passée, les animaux forment alors des zones de plus fortes présences, à l'image des interférences ondulatoires.

1 **a.** Dans le monde de M. Tompkins, quelle serait la longueur d'onde associée à des papillons de masse $m = 1{,}0 \times 10^{-3}$ kg et de vitesse $v = 2{,}0$ m · s^{-1} ?

b. Si un nuage de papillons passe à travers un obstacle d'ouverture $a = 1{,}0 \times 10^{2}$ m, que peut-on prévoir sur la répartition des papillons après l'obstacle ?

c. Refaire le calcul, en prenant comme valeur de la constante de Planck $h = 6{,}63 \times 10^{-34}$ J · s. Ce résultat semble-t-il plus compatible avec la réalité ?

d. Quelle constante physique semble contrôler le comportement ondulatoire des objets ?

e. Reproduire et compléter le tableau suivant avec : $h = 6{,}63 \times 10^{-34}$ J · s.

Ensemble d'objets	Masse de l'objet (kg)	Vitesse (m · s^{-1})	Taille de l'ouverture a	a/λ
Nuage de papillons	$1{,}0 \times 10^{-3}$	2,0	1,0 m	
Foule de manifestants	70	1,0	5,0 m	
Nuage d'atomes « refroidis »	$3{,}34 \times 10^{-26}$	2,0	5,0 nm	
Nuage d'électrons	$9{,}0 \times 10^{-31}$	500	1,0 µm	

2 En 1992, une équipe japonaise a observé des franges d'interférence avec des atomes « refroidis », c'est-à-dire ralentis par un laser.

Expliquer la nécessité de ralentir les atomes pour observer leur comportement ondulatoire.

Pour conclure

3 Comment la relation formulée par de Broglie, $p = h/\lambda$, permet-elle d'unifier les deux concepts classiques d'onde et de particule ?

4 Pourquoi le comportement ondulatoire des objets macroscopiques est-il inexistant ?

5 Quelle condition doit vérifier le rapport a/λ pour considérer comme dominants les phénomènes ondulatoires ?

Activité 3

Activité documentaire

Animation

Aléatoire… mais pas chaotique

Tantôt ondulatoire, tantôt particulaire… comment le physicien peut-il prévoir le comportement des objets microscopiques ?

Compétences scientifiques évaluées
- Identifier les paramètres jouant un rôle dans un phénomène physique.
- Communiquer et argumenter en utilisant un vocabulaire scientifique adapté.

Étude de documents

Nous ne pouvons pas représenter le trajet d'un photon ou d'un électron de la même manière que nous avons représenté le mouvement dans la mécanique classique. L'exemple des deux trous d'épingle le montre clairement. L'électron et le photon paraissent passer par les deux trous. Il est ainsi impossible d'expliquer l'effet en représentant à l'ancienne manière classique la trajectoire d'un électron ou d'un photon. […]

Répétons continuellement les mêmes procédés élémentaires. L'un après l'autre, les électrons sont envoyés dans la direction des trous d'épingle (Fig. 1). […] Le résultat des expériences répétées doit de nouveau être des anneaux obscurs et clairs pour un trou, et des bandes obscures et claires pour deux trous. Mais il y a une différence essentielle. Dans le cas d'un électron individuel, le résultat expérimental était incompréhensible. On le comprend plus facilement quand l'expérience est répétée beaucoup de fois. Nous pouvons maintenant dire : des bandes plus claires apparaissent là où tombent beaucoup d'électrons ; elles deviennent plus sombres là où tombent moins d'électrons et un endroit tout à fait obscur signifie qu'il n'y a aucun électron (Fig. 2) […].

La discussion d'une série d'expériences fit naître une nouvelle idée, celle d'une foule dont les individus se comportent d'une manière imprévisible. Nous ne pouvons pas prédire quelle route suivra un électron individuel, mais nous pouvons prédire que dans le résultat final des bandes claires et obscures apparaîtrons sur l'écran. […]

Les lois de la physique quantique ont un caractère statistique. Cela signifie qu'elles ne concernent pas un système individuel, mais un ensemble de systèmes identiques ; elles ne peuvent pas être vérifiées par la mesure d'un système individuel, mais par une série de mesures répétées.

Albert Einstein et Leopold Infeld (trad. Maurice Solovine), *L'Évolution des idées en physique*, Flammarion.

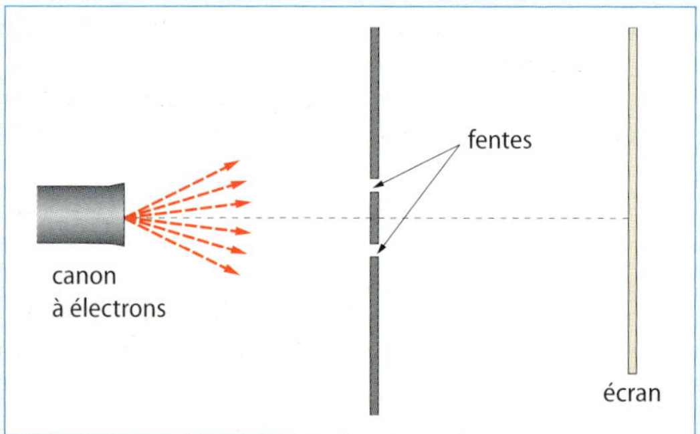

Fig. 1 Électrons envoyés contre un obstacle percé de deux trous.

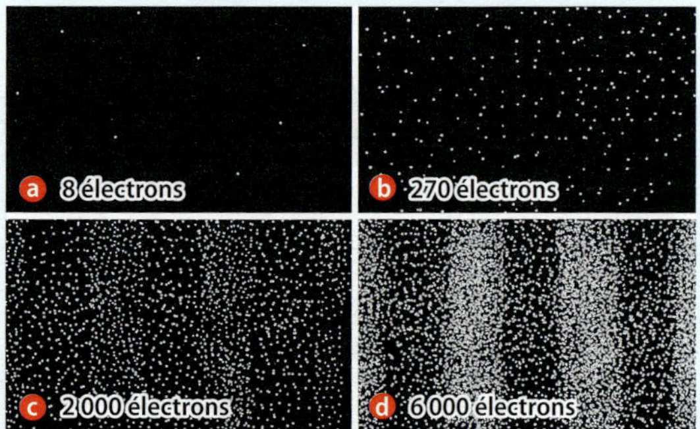

Fig. 2 Impacts des électrons sur l'écran.

Pistes de réflexion

On réalise l'expérience présentée à la figure 1 et on observe sur l'écran la répartition des impacts des électrons en fonction de leur nombre (Fig. 2).

1 **a.** Pour un faible nombre d'électrons, leur distribution sur l'écran semble-t-elle se répartir de façon chaotique ou ordonnée ?

b. Même question pour un nombre important d'électrons.

c. Quel autre phénomène, abordé en physique, trouve une interprétation probabiliste après la multiplication des expériences ?

2 Que peut-on affirmer sur la probabilité de présence des impacts des électrons en fonction des zones sombres et lumineuses ?

3 Dans l'expérience de la figure 2 d, on envoie un 6 001e électron.

a. Peut-on anticiper la position de son impact sur l'écran, connaissant sa vitesse initiale et les forces qui s'exercent sur lui ?

b. Quelles sont les zones où la probabilité de trouver l'impact de cet électron est maximale ? minimale ?

Pour conclure

4 **a.** Pourquoi l'étude d'un système individuel n'a-t-elle pas de sens en mécanique quantique ?

b. Comment le physicien peut-il étudier des objets dont le comportement individuel est aléatoire ?

Activité 4

Activité de modélisation

Un modèle semi-quantique de l'atome

Compétences scientifiques évaluées
- Associer un modèle à un phénomène.
- Mettre au point un protocole ou une stratégie.

La relation de de Broglie permet de modéliser le comportement de l'électron comme une onde de matière se propageant autour du noyau.

Principe

Pour comprendre les spectres de raie d'émission des atomes (Fig. 1), le physicien danois Niels Bohr (1885-1962) introduit l'idée qu'un atome ne peut exister que dans certains états – ou niveaux – d'énergie bien définis, caractérisés chacun par un nombre entier n (Fig. 2).

Fig. 1 Spectre d'émission de l'atome d'hydrogène. L'expérience donne les longueurs d'ondes suivantes : $\lambda_{indigo} = 410,19$ nm ; $\lambda_{violet} = 433,35$ nm ; $\lambda_{bleu} = 485,38$ nm ; $\lambda_{rouge} = 656,24$ nm.

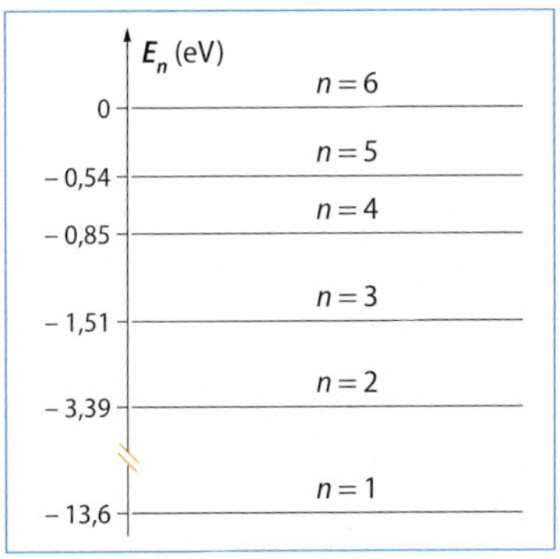

Fig. 2 Diagramme d'énergie de l'atome d'hydrogène. ▶

La relation de de Broglie, découverte dix ans plus tard, a permis de donner un fondement théorique au postulat empirique de Bohr.

Mise en œuvre

Le comportement de l'électron de l'atome d'hydrogène va être modélisé par une onde monochromatique qui s'établit autour de l'atome.

Pour que cette onde de matière existe, une condition est à respecter : la circonférence de l'orbite de l'électron doit être un multiple entier n de la longueur d'onde λ de matière (Fig. 3).

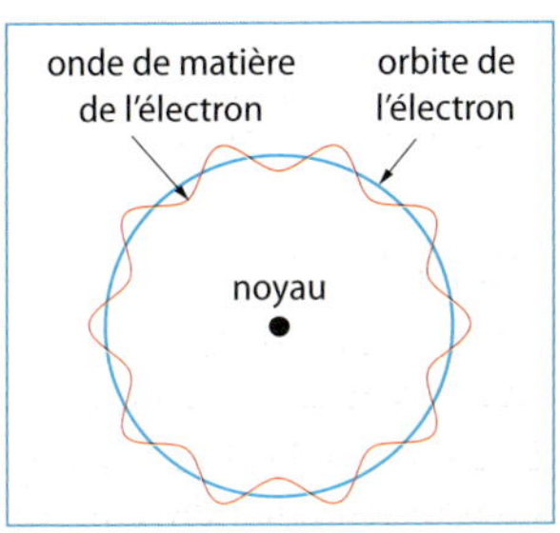

Fig. 3 Condition d'existence de l'onde de matière. ▶

Si cette condition n'est pas respectée, il se produit en effet des interférences destructives qui impliquent une disparition progressive de l'onde.

Exploitation

1 L'orbite de l'électron sera supposée circulaire. Chaque orbite permise est caractérisée par le nombre n et possède un rayon noté r_n.

a. Établir la condition entre le rayon de l'orbite r_n et la longueur d'onde λ de l'électron pour que l'onde de matière puisse exister.

b. En utilisant la relation de de Broglie, montrer que la vitesse de l'électron est :

$v = n \cdot h/(2\pi \cdot m \cdot r_n)$ (1), où m est la masse de l'électron.

2 Dans le modèle de l'atome de Bohr, l'électron est soumis à une force électrique.

a. Dans le cas de l'atome d'hydrogène, l'électron est en interaction électrique avec un proton de charge e.
Établir l'expression de la force électrique qui s'exerce sur l'électron de l'atome d'hydrogène, en notant k la constante de Coulomb.

b. Établir l'expression de la vitesse de l'électron de rayon r_n (2).

3 **a.** De l'égalité des expressions (1) et (2), déduire l'expression du rayon r_n de l'orbite n de l'électron en fonction de n, h, m, e et k.

b. Le rayon de l'orbite r_n est-il quantifié ?

c. À partir de l'expression (1) et de celle de r_n, déduire que la vitesse de l'électron est aussi une grandeur quantifiée.

4 L'énergie de l'atome d'hydrogène est égale à l'énergie totale de l'électron sur l'orbite n, elle-même égale à la somme de deux termes : $E_n = 1/2 \cdot m \cdot v^2 - (k \cdot e^2)/r_n$.

a. Donner la signification de ces deux termes.

b. Montrer que l'énergie totale de l'électron de l'atome d'hydrogène est de la forme $E_n = -E_0/n^2$ où $E_0 = 2\pi^2 \cdot k^2 \cdot m \cdot e^4/h^2$.

Pour conclure

5 **a.** Le comportement de l'électron modélisé par une onde de matière permet-il de retrouver les résultats expérimentaux des figures 1 et 2 ?

b. Ce modèle de l'atome est dit semi-quantique.
Expliquer pourquoi.

1 Aspects ondulatoire et particulaire de la lumière

› Activité 1

La détermination de la **nature de la lumière** fut l'objet de nombreuses controverses durant l'histoire.

Comportement ondulatoire de la lumière

Dans son *Traité de la lumière*, Christian Huygens (1629-1695) interprète la lumière comme la **propagation d'une onde**. Deux siècles plus tard, James Clerk Maxwell (1831-1879) introduit la théorie de la propagation des **ondes électromagnétiques**. La lumière devient alors un cas particulier d'ondes électromagnétiques de longueurs d'onde comprises entre 380 et 780 nm.

Les phénomènes de diffraction (Fig. 1) ou d'interférences sont des manifestations du comportement ondulatoire de la lumière.

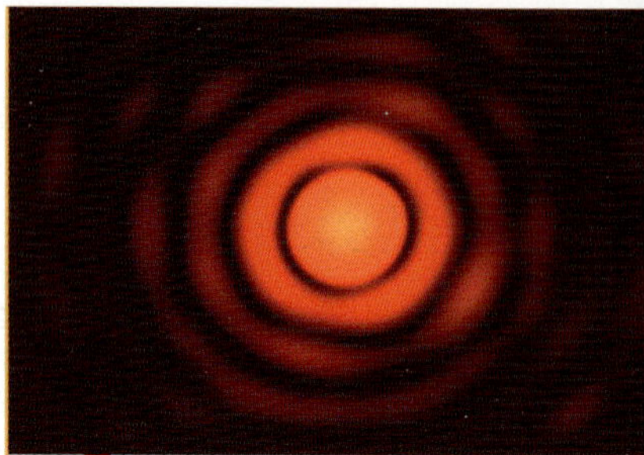

Fig. 1 Diffraction d'une lumière d'un faisceau de lumière rouge par un trou circulaire (première observation en 1665).

Comportement particulaire de la lumière

Pour Isaac Newton (1643-1727), la lumière est composée de petites particules massiques et rapides. C'est une **conception particulaire** de la lumière.

Au début du XXe siècle, Einstein (1879-1955) propose le modèle du **photon**, qu'on peut considérer comme une particule transportant un **quantum d'énergie**.

L'**effet Compton** (Fig. 2) est une manifestation de ce comportement particulaire. Cette expérience est interprétée comme une collision, dite élastique, entre un photon et un électron. Après la collision, le photon voit son énergie diminuer au profit de l'électron.

Certains phénomènes, comme l'effet Compton, sont des manifestations du comportement particulaire de la lumière.

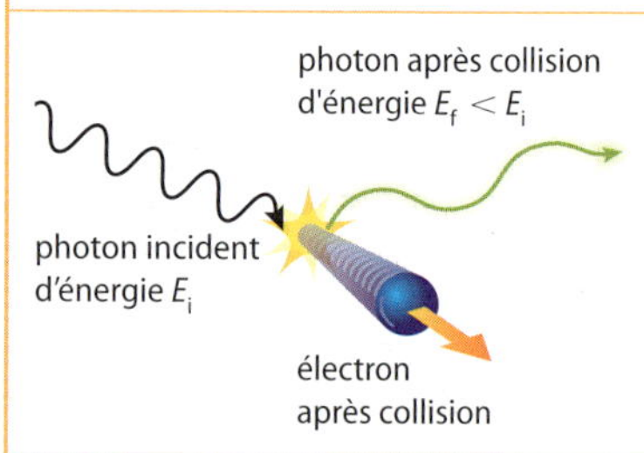

Fig. 2 Après collision avec un électron, un photon voit son énergie modifiée : c'est l'effet Compton, découvert en 1917.

Dualité onde-particule de la lumière

Au cours de l'histoire, les physiciens ont donc interprété la nature de la lumière soit par son comportement ondulatoire, soit par son comportement particulaire. Pour autant, ces deux concepts isolés sont insuffisants pour décrire dans son ensemble la nature de la lumière.

Les concepts classiques d'onde et de particule pris isolément sont insuffisants pour interpréter complètement la nature de la lumière.

Exemple

Suivant les conditions d'observation, le cylindre se comporte tantôt comme un cercle, tantôt comme un rectangle (Fig. 3). La nature du cylindre est pourtant différente de ces deux éléments pris isolément.

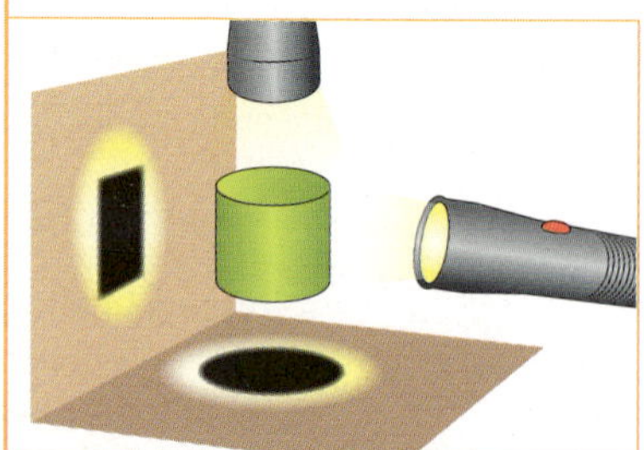

Fig. 3 La métaphore du cylindre.

La lumière se comporte tantôt comme une onde, tantôt comme une particule : ce sont les conditions de l'expérience qui orientent son comportement. Pour désigner ce double comportement, on utilise l'expression de dualité onde-particule.

➥ Exercices 1 à 5

2 Particules matérielles et onde de matière

> Activités 2 et 4

L'hypothèse de de Broglie

Dans sa thèse, publiée en 1924, Louis de Broglie (Fig. 4) propose de généraliser la dualité onde-particule, admise pour la lumière, à tous les **objets microscopiques** : il émet ainsi l'hypothèse que ce double comportement est observable chez tous les objets microscopiques de la matière (électrons, protons, neutrons...)

Cette hypothèse est confirmée en 1927 par l'observation du phénomène de diffraction pour des électrons, en présence d'un obstacle ou d'une ouverture. Quelques années plus tard, le phénomène d'interférences d'électrons est observé (Fig. 5), validant ainsi complètement l'hypothèse de de Broglie.

Les objets microscopiques de la matière (électrons, protons...) présentent, comme la lumière, un double aspect ondulatoire et particulaire.

Fig. 4 Louis De Broglie (1892-1987), prix Nobel de physique en 1929.

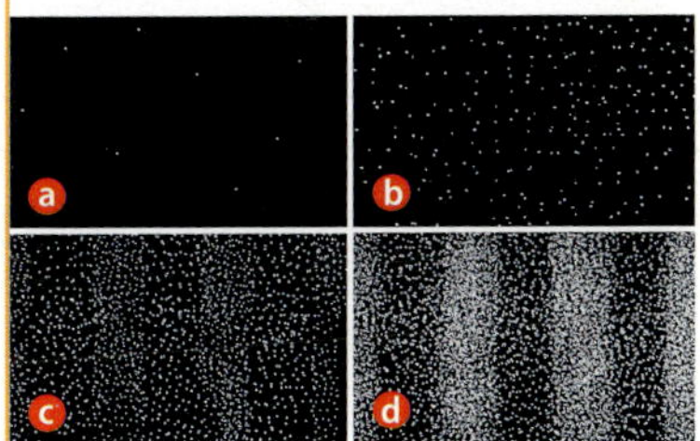

Fig. 5 Figures d'interférences obtenues avec un faisceau d'électrons et des fentes de Young (a : 8 ; b : 270 ; c : 2 000 ; d : 6 000 électrons).

La relation de de Broglie

Pour tenter d'unifier ce double comportement de la matière, de Broglie introduit la notion d'**onde de matière**. La relation qui porte son nom permet de relier les deux concepts classiques d'onde et de particule.

À chaque particule en mouvement est associée une onde de matière de longueur d'onde λ, liée à la quantité de mouvement p de la particule par la relation de de Broglie :

$$p = h/\lambda$$

- **h, constante de Planck ($h = 6{,}63 \times 10^{-34}$ J · s) ;**
- **p, quantité de mouvement en kg · m · s^{-1} ;**
- **λ, longueur d'onde de matière en m.**

Exemple

À un électron de masse $m_e = 9{,}11 \times 10^{-31}$ kg se déplaçant à une vitesse $v = 400$ m · s^{-1}, on associe une onde de matière de longueur d'onde λ, reliée à la quantité de mouvement de l'électron $p = m_e \cdot v$ par la relation $\lambda = h/p$.
Soit $\lambda = h/(m_e \cdot v) = 6{,}63 \times 10^{-34}/(9{,}11 \times 10^{-31} \times 400) = 1{,}82$ µm.

Repère

La **longueur d'onde** fait référence à un comportement ondulatoire.
La **quantité de mouvement** fait référence au comportement particulaire avec un transport de matière.

Condition d'observation du comportement ondulatoire

Les phénomènes de diffraction ou d'interférences, liés à la présence d'un obstacle ou d'une ouverture, sont des manifestations du comportement ondulatoire d'objets microscopiques.

Le comportement ondulatoire des objets microscopiques est significatif lorsque la dimension a de l'obstacle ou de l'ouverture est du même ordre de grandeur que la longueur d'onde de matière λ.

La constante de Planck étant extrêmement faible, les objets de notre quotidien ont un comportement ondulatoire indécelable.

Exemple

Les élèves (de masse moyenne 60 kg) qui passent le portail du lycée (de largeur 5,0 m) avec une vitesse de 2,0 m · s^{-1} n'auront pas de comportement ondulatoire. La longueur d'onde de matière associée aux élèves est :
$\lambda = h/(60 \times 2,0) = 5,5 \times 10^{-36}$ m, ce qui est très largement inférieur à 5,0 m.

Une onde est peu affectée par la rencontre d'objets de dimension très inférieure à sa longueur d'onde.

Exemple

On utilise le comportement ondulatoire des électrons dans certains microscopes, appelés microscopes électroniques (Fig. 6). Pour observer des détails de l'ordre des distances interatomiques (dixième de nanomètre), il faut des électrons, de longueur d'onde de matière du même ordre de grandeur.

➥ Exercices 6 à 12

Fig. 6 Image d'atomes au microscope électronique.

3 Aspect probabiliste des phénomènes quantiques

› Activité 3

Phénomènes quantiques

Les **phénomènes quantiques** sont les phénomènes où interviennent des objets microscopiques de la matière (électrons, protons…) et qui ne s'expliquent pas par les lois classiques de la physique.

Exemple

La dualité onde-particule est un phénomène quantique.

Dans le cas de la figure d'interférences obtenue avec un faisceau d'électrons et deux fentes étroites et rapprochées, appelées fentes (ou bifente) de Young (Fig. 5), la position de l'impact sur l'écran ne permet pas de déterminer la trajectoire des électrons. Les électrons semblent passer par les deux fentes en même temps, ce qui n'a aucun sens.

Dans l'étude des **phénomènes quantiques**, la notion de trajectoire **n'est plus pertinente**. On ne peut pas déterminer la trajectoire d'une particule qui manifeste un comportement ondulatoire.

Comportement aléatoire

La figure 5 illustre les interférences particule par particule obtenues avec un faisceau d'électrons traversant des fentes de Young. La distribution spatiale des impacts des électrons sur l'écran **semble chaotique** pour un faible nombre d'électrons (8 à 2 000). Pour un nombre important d'entre eux (6 000 électrons), la distribution est ordonnée : on observe d'une part des zones où le nombre d'impacts est important, d'autre part des zones avec très peu d'impacts.

Cette **distribution ordonnée des impacts** peut s'interpréter par un **comportement aléatoire** de la particule de matière.

Repère

Un système qui a un comportement **chaotique** est imprévisible.
Un système qui a un comportement aléatoire obéit à une **distribution statistique**.

Approche probabiliste

Une étude de mécanique classique de la distribution des impacts n'est pas envisageable pour les phénomènes quantiques. Le **comportement aléatoire** des particules quantiques permet tout de même d'extraire des informations de nature probabiliste.

Exemple

Sur la figure 7, les zones les plus lumineuses (c) correspondent aux zones où la probabilité d'impact (b) d'un photon sur l'écran est la plus importante. À l'opposé, la probabilité d'impact d'un photon est très faible pour les zones sombres.

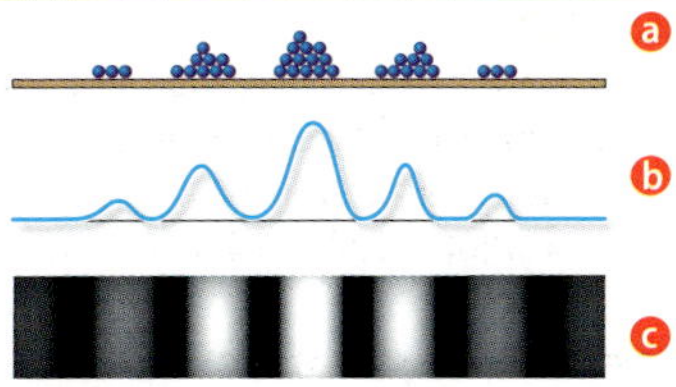

Fig. 7 Interférences obtenues avec de la lumière blanche.
(a) : nombre d'impacts sur l'écran ;
(b) : probabilité de l'impact en fonction de la position ;
(c) : figure d'interférences.

Les particules du monde microscopique sont soumises à des lois probabilistes. Seule l'étude d'un grand nombre de particules permet d'établir un comportement.

Exemple

Un noyau de ^{14}C radioactif a une chance sur deux d'être désintégré au bout de 5 730 ans. L'étude d'un seul noyau radioactif ne donne aucune information, seule l'étude d'un grand nombre de noyaux permet d'extraire des informations de nature probabiliste.

➥ Exercices 13 à 18

Les compétences à acquérir

1 Savoir *que la lumière présente des aspects ondulatoire et particulaire*

- Suivant les conditions de l'expérience, la lumière se **comporte** comme une **onde** ou comme une **particule**.
- Les concepts d'onde et de particule pris **isolément** sont **insuffisants** pour interpréter de façon cohérente les phénomènes expérimentaux.
- La lumière n'est ni une onde ni une particule : elle est « onde-particule » et ce sont les **conditions de l'expérience** qui orientent son comportement.

2 Connaître et utiliser *la relation $p = h/\lambda$*

- Le double comportement onde-particule est généralisable aux **objets microscopiques** de la matière (électrons, protons, atomes…). On peut associer une **onde de matière** à chaque objet microscopique de la matière.
- La longueur d'onde de l'onde de matière est reliée à la quantité de mouvement de la particule par la **relation de de Broglie** :

$p = h/\lambda$	p, quantité de mouvement de la particule, en $kg \cdot m \cdot s^{-1}$ h, constante de Planck ($h = 6{,}63 \times 10^{-34}\ J \cdot s$) λ, longueur d'onde de matière, en m

- Le comportement ondulatoire des objets microscopiques de la matière est significatif lorsque la longueur d'onde de l'onde de matière est du **même ordre de grandeur** que la dimension de l'obstacle ou de l'ouverture.

3 Appréhender *l'aspect probabiliste des phénomènes quantiques*

- Le comportement ondulatoire des particules du monde microscopique ne permet plus d'utiliser la notion de **trajectoire**.
- Les figures d'interférences particule de matière par particule de matière s'interprètent par un **comportement aléatoire** de la particule de matière, qui implique une **distribution probabiliste** des impacts sur l'écran.

Exercices

Compétence 1

› *Savoir que la lumière présente des aspects ondulatoire et particulaire*

1 VRAI ou FAUX ?

Corriger, si nécessaire, les affirmations suivantes.

❶ La lumière est une onde électromagnétique.

❷ Le phénomène d'interférences est une manifestation d'un comportement ondulatoire de la lumière.

❸ L'existence des photons montre que la lumière n'est pas une onde.

❹ La lumière a, par moments, le comportement d'une onde et, par moments, le comportement d'une particule.

2 Quel comportement ?

La figure ci-contre a été obtenue à partir d'un faisceau de lumière envoyé à travers un écran percé d'un trou.

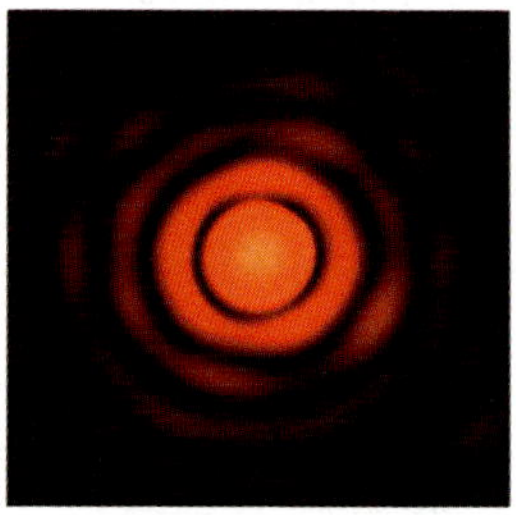

1. Nommer la figure observée.
2. Ce comportement peut-il s'interpréter par une nature particulaire ou ondulatoire de la lumière ?

3 Huygens et la lumière

› *Histoire des sciences*

Dès le premier chapitre du *Traité de la lumière* (1690), le physicien Christian Huygens tente de comprendre la nature de la lumière à partir de son comportement :

> Quand on considère l'extrême vitesse dont la lumière s'étend de toutes parts, et que quand il en vient de différents endroits, même de tout opposés, elle se traversent l'une l'autre sans s'empêcher, on comprend bien que quand nous voyons un objet lumineux, ce ne saurait être par le transport d'une matière, qui depuis cet objet s'en vient jusqu'à nous, ainsi qu'une balle ou une flèche traverse l'air : *car assurément cela répugne trop à ces deux qualités de la lumière*, et surtout à la dernière. C'est donc d'une autre manière qu'elle s'étend, et ce qui peut nous conduire à la comprendre c'est la connaissance que nous avons de l'extension du son dans l'air.

1. D'après Huygens, quelle est la nature de la lumière ?
2. Lister les comportements de la lumière cités dans le texte qui tendent à conforter l'hypothèse de Huygens.
3. Quel est le sens de la phrase en italique ?

4 L'effet Compton

L'expérience réalisée par Arthur Compton en 1923 consista à observer des photons de haute fréquence (rayons X) après leur rencontre avec un électron. Compton observa alors que les rayons X, après la rencontre avec l'électron, avaient une fréquence plus petite.

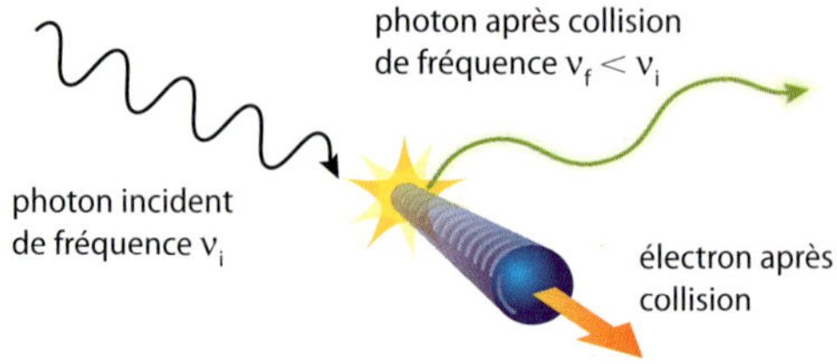

1. Rappeler le lien entre l'énergie d'un photon et sa fréquence.
2. L'énergie des rayons X diminue-t-elle ou augmente-t-elle après la rencontre avec l'électron ?
3. D'après le schéma, que devient ce défaut (ou cet excès) d'énergie ?
4. Comment peut-on interpréter cette expérience ?
5. Cette expérience permet-elle de mettre en évidence le comportement particulaire ou ondulatoire de la lumière ?

EXERCICE RÉSOLU

5 La dualité onde-particule de la lumière

Voici un cliché obtenu en envoyant de la lumière avec une très faible intensité à travers des fentes de Young.

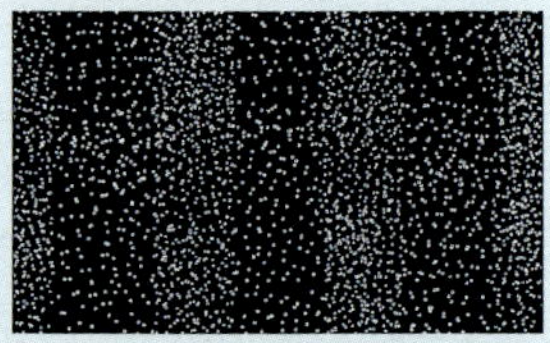

1. Ce cliché montre un aspect granulaire. Comment l'interpréter ?
2. On observe sur ce cliché des franges sombres et lumineuses. Comment interpréter ces franges ?
3. Peut-on affirmer que la lumière est de nature ondulatoire ? particulaire ?
4. Pourquoi parle-t-on de dualité onde-particule de la lumière ?

Aides et méthodes

Le comportement désigne ce que l'on observe. Si le comportement est ondulatoire, cela signifie que l'objet se comporte comme une onde : on interprète ce comportement par la nature ondulatoire de l'objet.

Solution

1. L'aspect granulaire est la manifestation d'un comportement particulaire : on l'interprète par une nature particulaire de la lumière.
2. Les franges observées sont des franges d'interférences : ce sont les manifestations d'un comportement ondulatoire. On l'interprète par une nature ondulatoire de la lumière.
3. La lumière présente les deux comportements. Sa nature n'est ni purement particulaire, ni purement ondulatoire.
4. Cette expression permet de concilier les deux comportements.

Compétence 2

› Connaître et utiliser la relation $p = h/\lambda$

Données. *Masse de l'électron : $m_e = 9{,}11 \times 10^{-31}$ kg.*
Masse d'un neutron : $m_n = 1{,}67 \times 10^{-27}$ kg.
Constante de Planck : $h = 6{,}63 \times 10^{-34}$ J · s.

6 VRAI ou FAUX ?

Corriger, si nécessaire, les affirmations suivantes.

1. Les objets du monde microscopique se comportent comme des particules quelle que soit la situation.
2. Une voiture en mouvement a une longueur d'onde de matière extrêmement petite.
3. Une balle de tennis en mouvement a un comportement ondulatoire négligeable devant son comportement particulaire.

7 QCM

Indiquer la (les) bonne(s) réponse(s).

1. Une balle de golf, de masse 45 g et de vitesse 5 m · s^{-1} :
   - **a** a une longueur d'onde de matière de $3{,}0 \times 10^{-36}$ m ;
   - **b** a un comportement ondulatoire non perceptible à notre échelle ;
   - **c** n'a pas de comportement ondulatoire ;
   - **d** se comporte comme une particule.
2. Des électrons de longueur d'onde de matière 0,36 µm sont produits.
   - **a** Leur vitesse est de l'ordre de 2×10^3 m · s^{-1}.
   - **b** Leur comportement est ondulatoire lorsqu'ils passent à travers une fente de diamètre 0,1 nm.
   - **c** Leur comportement est ondulatoire lorsqu'ils passent à travers une fente de diamètre 200 nm.
   - **d** Leur comportement est particulaire lorsqu'ils passent à travers une fente de diamètre 1 cm.

8 Double comportement de l'électron

On envoie un par un des électrons sur un dispositif de fentes d'Young (deux fentes parallèles). En sortie, après l'envoi de 2 000 électrons, on obtient le cliché ci-contre.

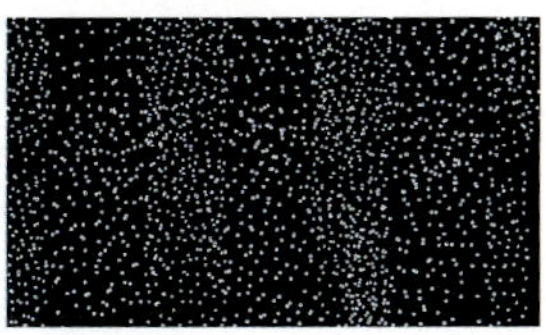

1. À partir du cliché, préciser en quoi les électrons ont un double comportement ondulatoire et corpusculaire.

2. Comment la relation de de Broglie permet-elle de relier les deux concepts classiques d'onde et de particule ?

9 Relation de de Broglie

Calculer les longueurs d'onde de matière associées aux objets suivants.

a. Un électron se déplaçant une vitesse de 200 m · s^{-1}.

b. Un atome d'oxygène, de masse $2{,}65 \times 10^{-26}$ kg, se déplaçant à une vitesse de 2 m · s^{-1}.

c. Une molécule de fullerène C_{60}, de quantité de mouvement $2{,}4 \times 10^{-22}$ kg · m · s^{-1}.

10 Fête foraine

Lors d'une fête foraine, une série de plombs (de masse $m = 0{,}5$ g) issue d'une carabine à air comprimé est projetée à une vitesse $v = 250$ m · s^{-1}. L'objectif est de percer les ballons placés entre des élastiques distants de 20 cm.

1. Quelle est la longueur d'onde de matière de ces plombs ?

2. Doit-on s'attendre à des phénomènes ondulatoires (interférences ou diffraction) ? Justifier.

11 The biggest diffracted object

The fullerene molecule C_{60} is composed of sixty carbon atoms. The C_{60} molecular beam is emitted from an oven at a velocity of 200 m · s^{-1} through 50 nm gratings, made from silicon nitride. Such a fine structured grating, that matches the short wavelength, is difficult to manufacture.

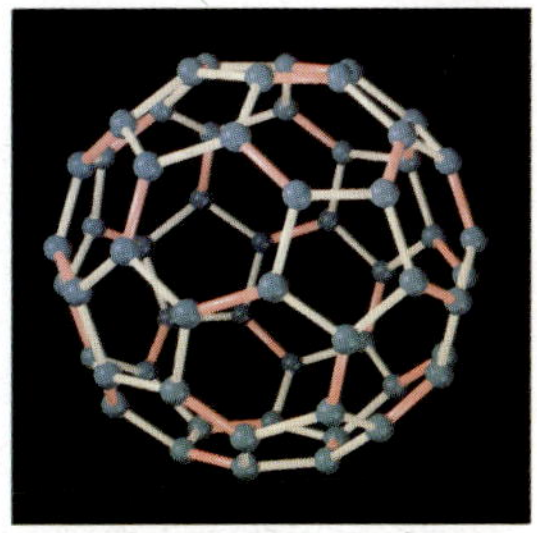

1. What is the de Broglie wavelength of C_{60} molecules used?

2. Why is it so difficult to make grids to diffract the C_{60} molecule?

EXERCICE **RÉSOLU**

12 Diffraction avec des neutrons froids

Des expériences de diffraction ont été réalisées dans les années 1980 avec des neutrons froids. Ces neutrons, appelés neutrons thermiques, sont produits à l'intérieur d'un réacteur par la fission de l'uranium 235 et ont une vitesse v de l'ordre de 1×10^3 m · s^{-1}. Ils sont ensuite guidés dans des matériaux ultra froids (une dizaine de kelvins).

1. Quelle est la longueur d'onde de matière des neutrons thermiques ?

2. Les manifestations du caractère ondulatoire de ces neutrons thermiques sont-elles significatives à notre échelle ?

3. Quel peut être l'intérêt de refroidir ces neutrons ?

Aides et méthodes

1. Utiliser la relation de de Broglie dans le bon système d'unité : la masse doit être en kilogramme.

Solution

1. $p = h/\lambda$, avec $p = m_n \cdot v$. D'où $\lambda = h/(m_n \cdot v)$.
$\lambda = 6{,}63 \times 10^{-34}/(1{,}67 \times 10^{-27} \times 1 \times 10^3) = 4 \times 10^{-10}$ m.

2. Non, car la dimension de la longueur d'onde de matière est très inférieure aux dimensions des objets à notre échelle.

3. En refroidissant les neutrons, on diminue leur vitesse, donc la longueur d'onde de matière augmente. Les manifestations du comportement ondulatoire seront donc davantage visibles.

Exercices

Compétence 3

› *Appréhender l'aspect probabiliste des phénomènes quantiques*

13 VRAI ou FAUX ?

Corriger, si nécessaire, les affirmations suivantes.

1 Les particules du monde microscopique sont soumises à des lois probabilistes. Cela signifie que l'on ne peut rien anticiper sur leur comportement.

2 On peut déterminer la trajectoire d'une particule qui manifeste un comportement ondulatoire en connaissant la position de son impact.

14 QCM

Indiquer la (les) bonne(s) réponse(s).

1 On envoie un électron à travers des fentes de Young.

- **a** On ne peut pas déterminer à l'avance la position de l'impact de l'électron sur l'écran.
- **b** L'électron semble passer par les deux fentes en même temps.
- **c** On peut connaître la fente par laquelle il va passer.

2 On envoie plusieurs électrons à travers des fentes de Young.

- **a** Le phénomène étant probabiliste, on ne peut rien extraire comme information de la figure d'interférences obtenue.
- **b** Si le nombre d'impacts est suffisant, on peut déterminer les zones où la probabilité d'un impact est maximale.
- **c** Si le nombre d'impacts est insuffisant, aucune information ne pourra être extraite de la figure d'interférences.

15 Interprétation d'une courbe

On envoie des particules contre un écran percé d'un trou. La courbe de distribution du nombre d'impacts en fonction des positions obtenues est donnée ci-dessous.

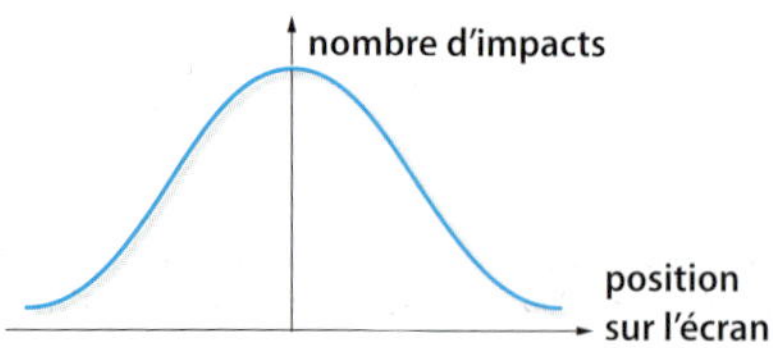

1. a. Cette distribution des impacts est-elle caractéristique d'un comportement particulaire ou ondulatoire ?
b. Comment pourrait-on expliquer ce comportement ?

2. Quelle autre distribution des impacts aurait-on observée sur l'écran dans d'autres conditions expérimentales, que l'on précisera ?

3. Dans quel cas peut-on parler d'aspect probabiliste d'un phénomène quantique ?

16 Figure d'interférences avec un laser

On utilise un laser de longueur d'onde $\lambda = 632$ nm pour réaliser une figure d'interférences avec des fentes de Young.

1. Quelles sont les zones où la probabilité d'avoir un impact de photon est plus importante ? plus faible ?

2. Comment peut-on expliquer la netteté de la figure alors que la distribution des impacts est probabiliste ?

17 Un monde quantique

Dans *Le Nouveau monde de M. Tompkins*, de George Gamow, la constante de Planck est si élevée que les phénomènes quantiques sont observables à l'échelle humaine. Lors d'un safari, le héros observe des gazelles se précipitant à travers un rideau d'arbres percés de deux fentes.

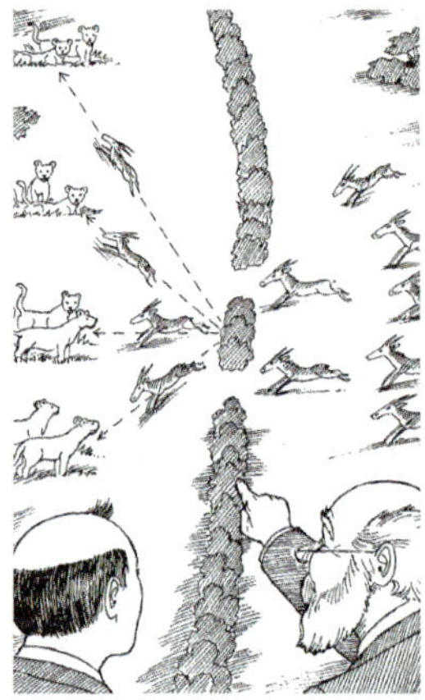

Pourquoi les lionnes, qui sont des prédateurs pour les gazelles, se sont-elles rassemblées en petits groupes au lieu de s'éparpiller de façon uniforme sur toute la longueur ?

18 Évolution de l'intensité sur un plan

Une expérience d'optique est réalisée avec une source laser et un trou. On observe sur un écran une figure de diffraction. La courbe ci-dessous représente l'intensité lumineuse observée sur le plan de l'écran. Cette intensité est proportionnelle au nombre de photons reçus par seconde.

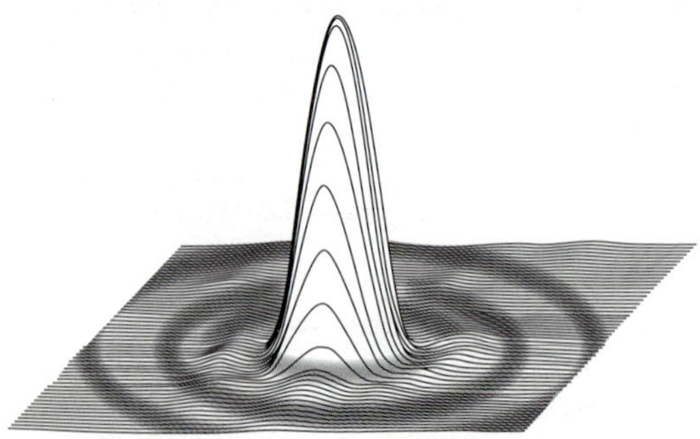

1. Dessiner la figure de diffraction observée sur l'écran, en respectant approximativement les différences de luminosité.

2. Recopier approximativement la courbe et y indiquer une zone où la probabilité d'impact d'un photon sur l'écran est très faible.

Exercices de synthèse

Pour préparer le BAC

***Données.** Masse de l'électron : $m_e = 9,11 \times 10^{-31}$ kg.*
Masse du neutron : $m_n = 1,67 \times 10^{-27}$ kg.
Constante de Planck : $h = 6,63 \times 10^{-34}$ J · s.

19 Interférences avec des neutrons

Des neutrons froids, se déplaçant à faible vitesse, sont envoyés sur un dispositif de fentes de Young. La courbe suivante représente le nombre d'impacts en fonction de la position du capteur de particules.

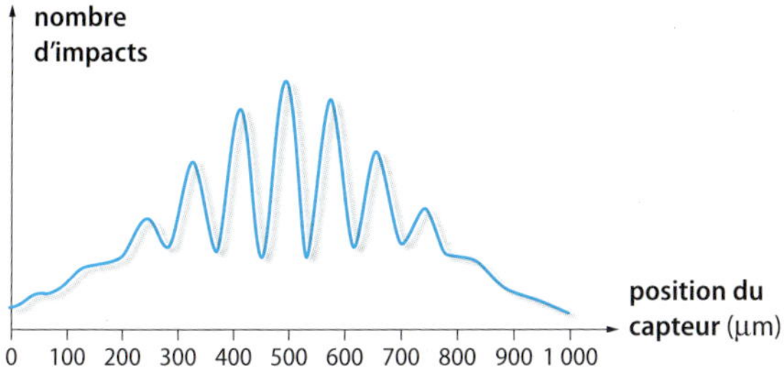

1. À partir de cette courbe, justifier que les neutrons froids ont un comportement ondulatoire.

2. Si l'on augmente la vitesse des neutrons, comment évolue la longueur d'onde de matière ?

3. En prenant des neutrons thermiques, se déplaçant à une vitesse importante, quel pourrait être l'aspect de la courbe ?

20 Comparaison de deux figures de diffraction

Les figures ci-dessous correspondent aux taches centrales observées avec deux faisceaux différents de particules, projetées sur un écran percé d'une fente. Les conditions expérimentales restent identiques.

1. Dans le cas où les particules sont identiques mais de vitesses différentes, déterminer quelle particule possède la plus grande vitesse.

2. Dans le cas où les particules sont de natures différentes mais de vitesse identique, déterminer la particule qui a la masse la plus élevée.

21 Le microscope électronique

Le microscope électronique permet d'obtenir des images beaucoup plus précises que le microscope optique. La longueur d'onde la plus petite utilisable avec un microscope optique est 200 nm, ce qui correspond aussi à la résolution du microscope. Avec des électrons, on peut atteindre une résolution de l'ordre de 0,2 nm.

1. a. Comment se comporte une onde lorsqu'elle rencontre des objets de dimension très inférieure à sa longueur d'onde ?
b. Comment expliquer qu'un microscope optique ne permette pas d'observer des objets de taille très inférieure à 200 nm ?

2. a. Quel est l'ordre de grandeur des longueurs d'onde de matière des électrons utilisés pour obtenir une résolution de l'ordre de 0,2 nm dans un microscope électronique ?
b. Quelle est la vitesse des électrons de longueur d'onde de matière $\lambda = 0,2$ nm ?

22 Comparaison de deux photos

Le document ci-dessous présente la photographie d'une protéine, l'actine, observée au microscope optique **a** et au microscope électronique **b**.

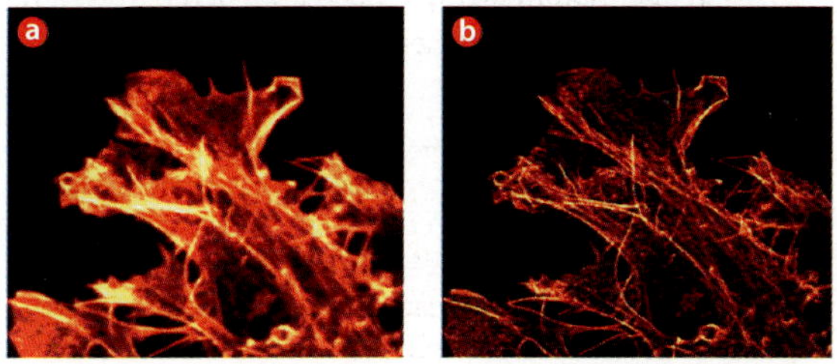

1. a. Comment se comporte une onde lorsqu'elle rencontre des objets de dimension très inférieure à sa longueur d'onde ?
b. Comment peut-on expliquer que l'image obtenue avec le microscope optique soit floue ?

2. a. Quel doit être l'ordre de grandeur de la longueur d'onde de matière des électrons pour observer les éléments de la protéine, d'une taille de l'ordre du dixième de micromètre ?
b. Calculer la vitesse de ces électrons.

23 Figure de diffraction avec des neutrons froids

Des neutrons froids sont produits en faisant passer des neutrons dans du deutérium liquide à une température de 25 K (– 248 °C). Ces neutrons passent à travers une fente de largeur $a = 93$ μm et sont projetés sur un écran placé à 5,0 m de la fente. La courbe suivante représente le nombre d'impacts en fonction de la position sur l'écran.

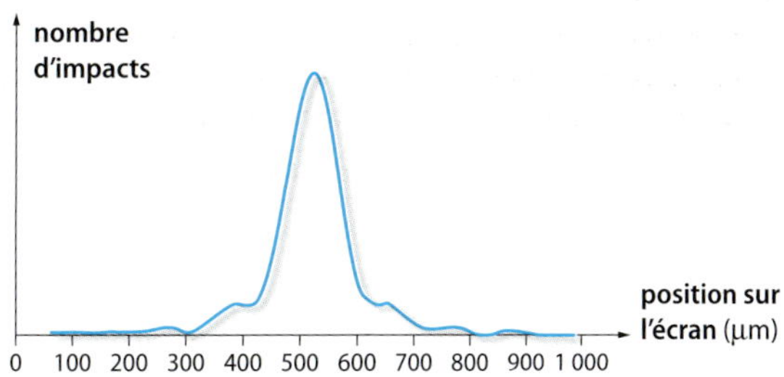

1. Cette figure est-elle la manifestation d'un comportement ondulatoire ou particulaire ?

2. a. D'après la courbe, quelle est la largeur de la tache centrale de diffraction ?
b. Dans le cas de l'approximation des petits angles ($\tan \theta \simeq \theta$), calculer l'écart angulaire θ du faisceau de neutrons.
c. Déduire du résultat précédent la longueur d'onde de matière des neutrons.
d. Quelle est la vitesse de ces neutrons ?

3. On envoie sur le dispositif un autre neutron.
a. Peut-on anticiper de façon exacte la position de l'impact de ce nouveau neutron ?
b. Déterminer la distance, par rapport au centre de la tache centrale, où la probabilité de trouver l'impact est très faible.
c. Quel est l'endroit où la probabilité de trouver l'impact est maximale ?

4. a. Comment évoluerait la forme de la courbe si l'on diminuait encore la température des neutrons ?
b. La probabilité de présence d'un impact au centre de la tache augmenterait-elle ou diminuerait-elle ?

24 ★★ Expérience de Davison-Germer

➤ Histoire des sciences

L'expérience de Davison-Germer, réalisée en 1927, a permis de valider l'hypothèse de de Broglie. Elle met en évidence le caractère ondulatoire des électrons. Davison et Germer envoient un faisceau d'électrons sur un cristal de nickel dont les atomes sont séparés d'une distance d. Pour un angle φ bien choisi entre la direction du faisceau incident et celle du faisceau réfléchi **a**, le détecteur enregistre un pic de courant d'électrons important **b**. Davison et Germer interprètent ce pic comme des interférences constructives des ondes de matière des électrons « réfléchis » par les atomes du cristal.

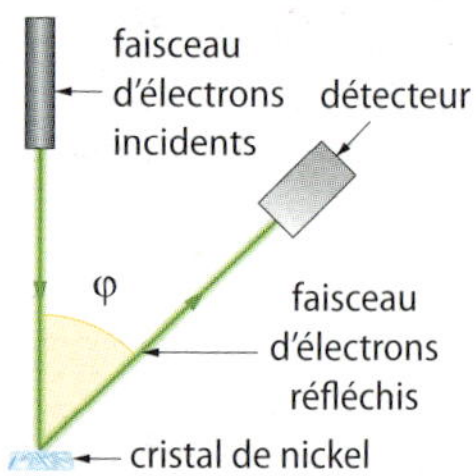

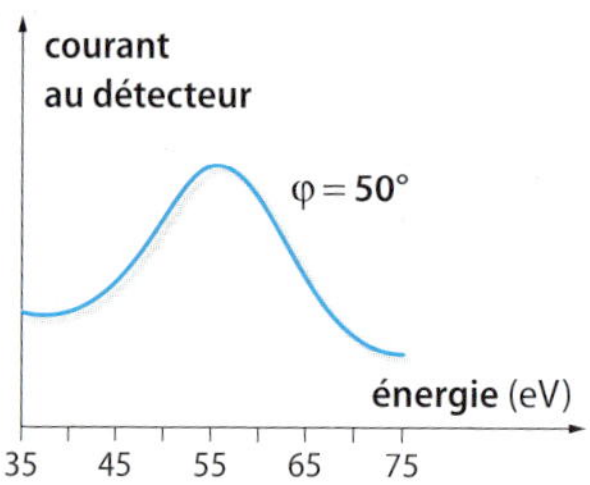

1. Pourquoi le fait de considérer ce pic comme des interférences constructives permet-il de valider l'hypothèse de de Broglie ?

2. a. Calculer la vitesse des électrons pour le pic obtenu, sachant que $1\ \text{eV} = 1{,}6 \times 10^{-19}\ \text{J}$.
b. Quelle est la longueur d'onde de matière de ces électrons ?

3. Des interférences constructives entre ondes de matière des électrons ont lieu lorsque la différence de « chemin » parcouru entre deux ondes, notée δ, est un multiple de la longueur d'onde λ.
a. À l'aide du schéma ci-dessous, montrer que la différence de « chemin » parcouru entre deux ondes qui interfèrent constructivement, représenté par un segment rouge, s'exprime sous la forme $\delta = d \cdot \sin\varphi = k \cdot \lambda$, où k est un entier.

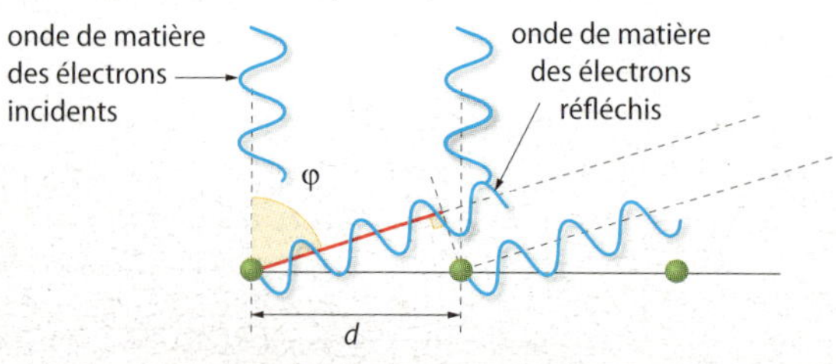

La plus petite énergie cinétique des électrons (donc la longueur d'onde la plus grande) permettant d'observer des interférences constructives pour $\varphi = 50°$ est 55 eV.
b. Quelle est la valeur de k pour cette énergie cinétique ?
c. Vérifier que les atomes de nickel sont séparés par une distance $d = 2{,}3 \times 10^{-10}\ \text{m}$.

En route vers le Supérieur

25 ★★ Une approche du principe d'Heisenberg

Dans l'exemple des interférences particule de matière par particule de matière avec des fentes de Young, les particules semblent se comporter comme si elles ne passaient pas les deux fentes en même temps. On cherche à déterminer la trajectoire « réelle » de l'électron. Pour observer le mouvement de l'électron, il est nécessaire de l'éclairer. On imagine un physicien disposant d'une caméra et d'une source de lumière.

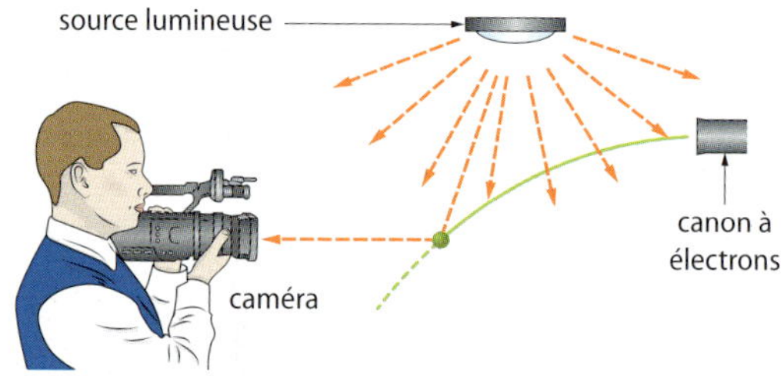

1. a. Calculer la quantité de mouvement d'un photon de longueur d'onde $\lambda = 500\ \text{nm}$.
b. Calculer la quantité de mouvement d'un électron de vitesse $v = 6 \times 10^{2}\ \text{m} \cdot \text{s}^{-1}$.
c. Que peut-on dire de l'ordre de grandeur des quantités de mouvement de ces deux objets ?

2. a. Un objet voit sa trajectoire significativement modifiée lorsqu'il entre en collision avec un objet de quantité de mouvement du même ordre de grandeur que la sienne.

Que peut-on prévoir quant à la trajectoire initiale de l'électron (en pointillé vert sur le dessin) qui est entré en collision avec un photon ?
b. Expliquer pourquoi augmenter la longueur d'onde de la source de lumière réduirait l'influence du photon sur la trajectoire.
c. Expliquer pourquoi l'électron ne sera plus « visible » si l'on diminue trop l'influence du photon.

3. La situation présentée revient à dire que plus on « voit » correctement l'électron, plus on modifie sa quantité de mouvement.

Expliquer pourquoi ce phénomène est formalisé par le principe d'Heinsenberg : $\Delta x \cdot \Delta p \geqslant h/(2\pi)$, où Δx est l'incertitude sur la position de l'électron et Δp l'incertitude sur sa quantité de mouvement (on ne tiendra pas compte du coefficient $1/2\,\pi$ dans l'explication).

4. À partir de cette expérience de pensée, expliquer pourquoi la notion de trajectoire n'a pas de sens en mécanique quantique.

Pour préparer le BAC

Énoncé type

Structure de la matière

Pour examiner l'arrangement des atomes dans la matière, on utilise des ondes électromagnétiques dont les longueurs d'onde sont l'ordre des distances interatomiques. Les rayons X (RX) sont particulièrement adaptés à ce type d'étude, leur longueur d'onde étant comprise entre 5 pm et 10 nm. Dans un cristal, les atomes sont disposés sur des plans parallèles séparés par une distance interatomique d de l'ordre du dixième de nanomètre. Pour des orientations particulières du faisceau incident sur le cristal (*fig. 1*), les RX réfléchis sur les plans (*fig. 2*) donnent des interférences constructives, qui se manifestent par des anneaux brillants (*fig. 3* ⓐ). Ces figures permettent de déterminer la structure du cristal.

Figure 1

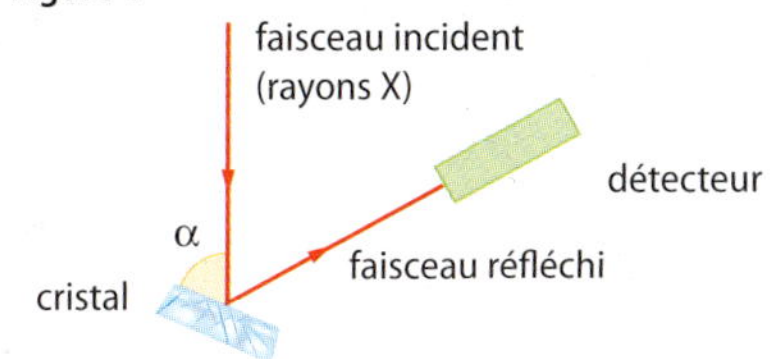

Figure 2

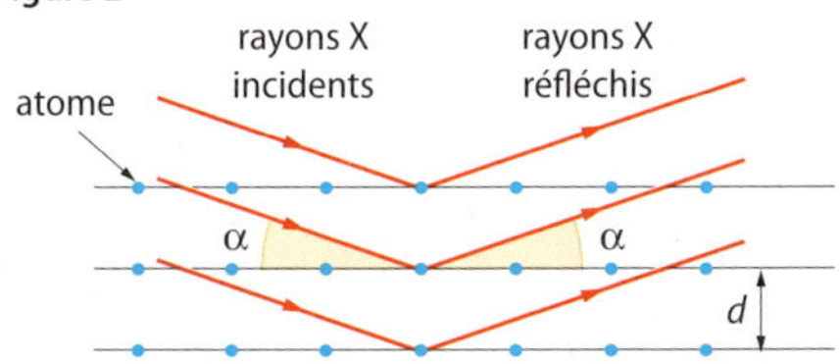

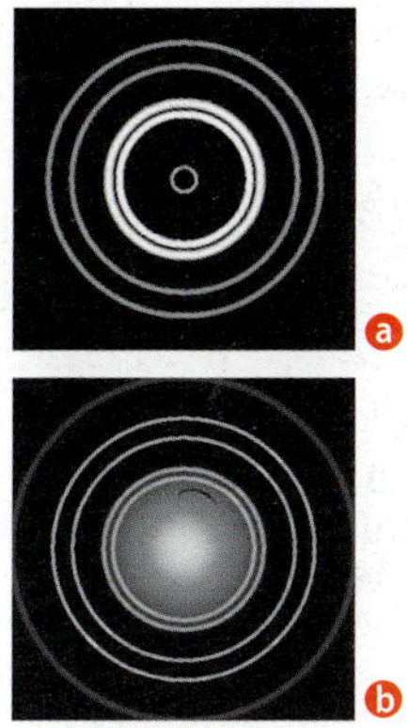

Figure 3

Données. Constante de Planck : h = 6,63 × 10^{-34} J · s. Masse d'un électron : m_e = 9,1 × 10^{-31} kg.

1. a. Quel comportement de la lumière (RX) est mis en évidence par la *figure 3* ⓐ ?

b. Comment expliquer que la lumière visible ne permette pas d'observer l'arrangement des atomes, tandis que les RX le permettent ?

2. a. La même expérience, réalisée avec un faisceau d'électrons, donne la *figure 3* ⓑ. Quel comportement de l'électron est mis en évidence dans cette expérience ?

b. Quelle est la longueur d'onde de matière d'un faisceau d'électrons de vitesse $v = 4{,}0 \times 10^6$ m · s^{-1} ?

c. Ce faisceau d'électrons peut-il être à l'origine de la *figure 3* ⓑ ? Justifier.

d. Peut-on prévoir avec certitude l'endroit de l'impact d'un électron sur l'écran ? Que peut-on anticiper pour un électron ?

e. Indiquer la zone où la probabilité d'obtenir un impact d'électron sur la *figure 3* ⓑ est la plus importante.

Les compétences évaluées

- Savoir que la lumière présente des aspects ondulatoire et particulaire.
- Connaître et utiliser la relation $p = h/\lambda$.
- Appréhender l'aspect probabiliste des phénomènes quantiques.

➤ Coups de pouce

1. a. Les RX sont des ondes électromagnétiques de grande fréquence.

b. Comparer l'ordre de grandeur des distances interatomiques aux longueurs d'onde des radiations.

2. b. Utiliser la relation de de Broglie.

c. Comparer la longueur d'onde de matière et la distance interatomique.

d. Les particules du monde microscopique sont soumises à des lois probabilistes.

EXEMPLE DE **RÉSOLUTION**

1. a. La figure observée correspond à une figure de diffraction. C'est donc le **comportement ondulatoire** de la lumière qui est mis en évidence dans cette expérience.

b. Pour que le comportement ondulatoire se manifeste, il faut que **la distance interatomique soit du même ordre de grandeur que la longueur d'onde**. Or, les longueurs d'onde de la lumière visible (entre 380 et 780 nm) sont plus de 4 000 fois supérieures à la distance interatomique.

En revanche, les longueurs d'onde des RX sont comprises entre 5×10^{-12} m et $1{,}0 \times 10^{-11}$ m, soit du même ordre de grandeur que la distance interatomique.

2. a. On obtient une figure de diffraction caractéristique du comportement **ondulatoire**.

b. $\lambda = h/p = h/(m_e \cdot v)$.

A.N : $\lambda = 6{,}63 \times 10^{-34}/(9{,}1 \times 10^{-31} \times 4{,}0 \times 10^6)$

$\lambda = 0{,}18$ nm

c. Pour obtenir une telle figure, il faut une longueur d'onde de matière de l'électron du même ordre de grandeur que celle de la distance interatomique, ce qui est le cas ici car **λ est de l'ordre du dixième de nanomètre**.

d. Il est impossible d'anticiper la position exacte de l'impact, seule la **probabilité de l'impact** est accessible. Les zones les plus lumineuses correspondent aux zones où la probabilité des impacts est **maximale**.

e. Au **centre de la figure**.

En route vers le BAC

1 Étude d'un plancher chauffant

Lors de la construction d'un appartement, le système de chauffage choisi est un plancher chauffant.

Il est constitué d'un tube dans lequel circule de l'eau chaude à température supposée constante $T_e = 30$ °C. Ce plancher chauffant maintient, dans le local, une température ambiante $T_a = 20$ °C. Une coupe du sous-sol est donnée ci-dessous.

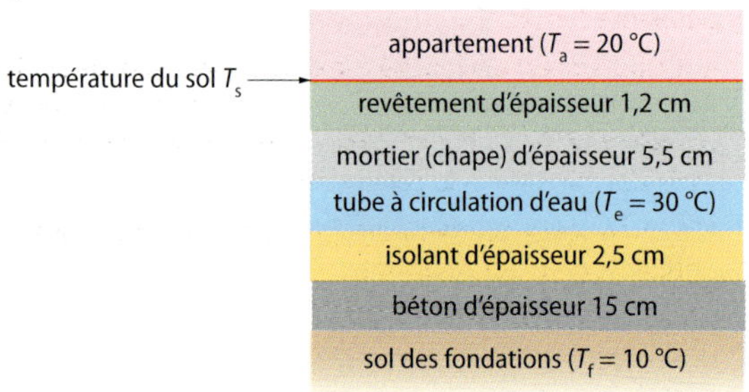

Données.

Matériau	*Revêtement*	*Mortier*	*Isolant*	*Béton*
Résistance thermique (K · W⁻¹)	$6,25 \times 10^{-5}$	$6,25 \times 10^{-4}$	$7,81 \times 10^{-3}$	$1,33 \times 10^{-3}$

Résistance thermique de la couche d'air à la surface du revêtement du plancher, due à la convection entre cette surface et le local : $R_{conv} = 1,04 \times 10^{-3}$ K · W^{-1}.

1. a. Rappeler la relation qui existe entre le flux thermique Φ, la différence de température ΔT et la résistance thermique R.
b. Associer à chaque grandeur son unité.

2. En quoi le choix des matériaux utilisés est-il pertinent ?

3. a. Expliquer l'existence d'un phénomène de convection entre la surface du revêtement du plancher et le local.
b. Donner un encadrement de la valeur de la température au sol T_s.

4. a. Sachant que les résistances thermiques s'additionnent, déterminer la résistance thermique totale R_{sup} des matériaux compris entre le système de chauffage et le local, en tenant compte du phénomène de convection.
b. En déduire le flux thermique Φ_1 émis vers le haut par le système de chauffage.

5. Sachant que $\Phi_1 = (T_s - T_a)/R_{conv}$, déterminer la température du sol T_s. Ce résultat est-il en accord avec l'encadrement donné en **3.b** ?

6. a. Calculer la résistance thermique totale R_{inf} des matériaux compris entre le système de chauffage et les fondations.
b. Calculer le flux thermique Φ_2 émis vers le bas par le système de chauffage.

7. En déduire la puissance thermique totale P_c fournie par le système de chauffage.

2 Capteur solaire et ballon d'eau

A. Capteur solaire thermique

Une maison à la campagne est dotée d'un capteur solaire thermique pour chauffer l'eau. L'eau chaude a une température $T_c = 55$ °C et l'eau froide est prise à $T_f = 15$ °C. La consommation d'eau chaude est estimée par jour à $V = 300$ L.

Données. *Capacité thermique de l'eau : $c_{eau} = 4\,180$ J · kg^{-1} · °C^{-1}.*
Masse volumique de l'eau : $\rho_{eau} = 1,00$ kg · L^{-1}.

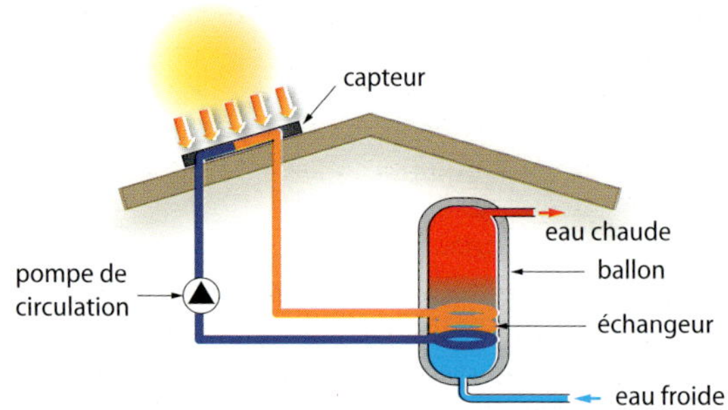

1. Déterminer l'énergie nécessaire par jour pour élever la température de l'eau. Exprimer le résultat en joule, puis en kilowattheure.

2. L'énergie solaire qui arrive sur le capteur n'est pas entièrement transmise à l'eau du ballon d'eau. Le rendement est $\eta = 40$ %.

Quelle est l'énergie solaire que doit recevoir le capteur pour chauffer l'eau ?

3. L'ensoleillement journalier moyen par unité de surface dépend de la période de l'année :
$\Delta e_{max} = 6,0$ kWh · m^{-2} pendant les mois ensoleillés ;
$\Delta e_{min} = 3,0$ kWh · m^{-2} pendant les mois moins ensoleillés.
a. Quelle est la surface du capteur solaire nécessaire pendant les mois ensoleillés ?
b. Le capteur solaire a une dimension de 8,0 m². Avec une telle installation, quelle est la température de l'eau obtenue pendant les mois ensoleillés ?

B. Ballon d'eau chaude

Le ballon d'eau chaude, en acier, est situé sous le toit, où la température reste en moyenne à 25 °C pendant la nuit. Il doit être bien isolé thermiquement avec de la laine de verre, pour que l'eau chauffée dans la journée soit encore chaude le lendemain matin.

Donnée. *La résistance thermique du ballon d'eau en acier isolé par de la laine de verre est $R = 1,82 \times 10^{-1}$ K · W^{-1}.*

Déterminer le flux thermique perdu dans la nuit par l'ensemble du ballon d'eau.

3 Température des disques de freins

Une voiture de masse $M = 1\,350$ kg roule sur autoroute horizontale à la vitesse constante de 130 km · h^{-1}. Elle freine et sa vitesse atteint la valeur de 72 km · h^{-1}.

Données. *Masse volumique de l'acier :* $\rho_{acier} = 7\,800$ *kg · m*$^{-3}$.
Capacité thermique massique de l'acier : $c = 460$ *J · kg*$^{-1}$ *· °C*$^{-1}$.

1. **a.** Identifier la variation d'énergie macroscopique mise en œuvre.
b. Calculer cette variation d'énergie.

2. On constate alors un échauffement des disques de freins.
a. Quel travail est à l'origine de cet échauffement ?
b. En déduire la variation d'énergie interne ΔU des disques.

3. On considère que chacun des quatre freins est un disque homogène de 25 cm de diamètre et de 10 mm d'épaisseur.
a. Déterminer la masse d'acier concernée.
b. En déduire la température finale T_f des disques de freins si leur température initiale T_f était égale à 40 °C.
c. En réalité, une mesure effectuée sur les disques montre que la température finale des disques n'est que de 100 °C. Commenter l'écart constaté entre la valeur calculée et celle mesurée.

4 Additif pour liquide de refroidissement

L'étude porte sur la mesure effectuée en laboratoire de la capacité thermique du propylène glycol, un additif utilisé dans les liquides de refroidissement, en substitution de l'éthylène glycol. Bien que plus coûteux, il présente l'avantage d'être non toxique : il est utilisé également comme additif alimentaire.

Pour mesurer les quantités de chaleur mises en jeu au cours de transformations quelconques, on utilise un calorimètre. Celui-ci est une enceinte parfaitement calorifugée, c'est-à-dire qu'il n'est pas sujet à transfert thermique avec le milieu extérieur.

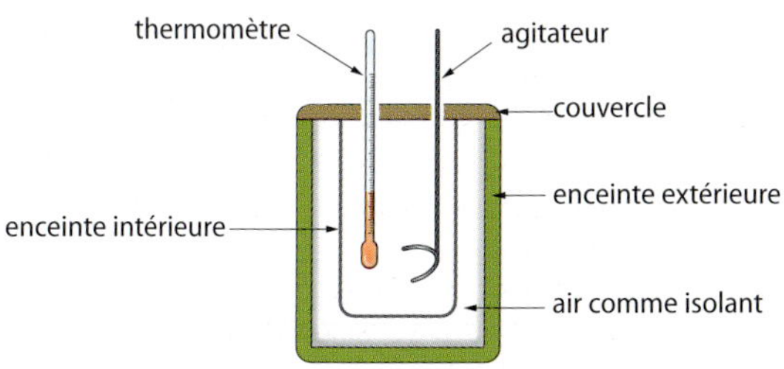

Donnée. *Capacité thermique massique de l'eau :* $c = 4\,180$ *J · kg*$^{-1}$ *· K*$^{-1}$.

A. Étalonnage du calorimètre

Avant toute mesure, il est indispensable de connaître la capacité thermique du calorimètre et de ses accessoires. On mesure cette capacité thermique dans des conditions aussi proches que possible de l'expérience.

Un conducteur métallique de résistance $R = 40\ \Omega$ est immergé dans une masse $m = 200$ g d'eau. L'ensemble est placé dans un calorimètre de capacité thermique C. Le conducteur est soumis à la tension continue U et parcouru par le courant d'intensité $I = 0{,}75$ A pendant la durée $\Delta t = 8$ min. Il apporte une quantité d'énergie qu'on appellera W_e.

1. Écrire la relation liant W_e, U, I et Δt. En déduire la relation liant W_e, R, I et Δt.

2. Lorsque la température du calorimètre et de son contenu augmente de $\Delta T = 12$ °C, l'ensemble reçoit une quantité d'énergie thermique qu'on appellera Q.
Écrire la relation liant Q, m, c, C et ΔT.

3. Que peut-on dire des échanges de chaleur entre le calorimètre et l'extérieur lorsque l'enceinte du calorimètre est parfaitement calorifugée ? En déduire la relation qui lie W_e et Q.

4. **a.** Montrer que la capacité thermique du calorimètre s'exprime par : $C = (R \cdot I^2 \cdot \Delta t / \Delta T) - m \cdot c$ (1)
b. Calculer la valeur de C en précisant son unité.

B. Mesure de capacité thermique

On remplace la masse d'eau par la même masse de propylène glycol (PG) pur, de capacité thermique c_{PG} et à la température ambiante $T_A = 22$ °C.

Le chauffage est déclenché à la date $t = 40$ s et on laisse fonctionner la résistance pendant 8 min. Le conducteur est soumis à la même tension et parcouru par le même courant que lors de l'étalonnage du calorimètre.

On enregistre la température T en fonction du temps t et on obtient le graphique suivant :

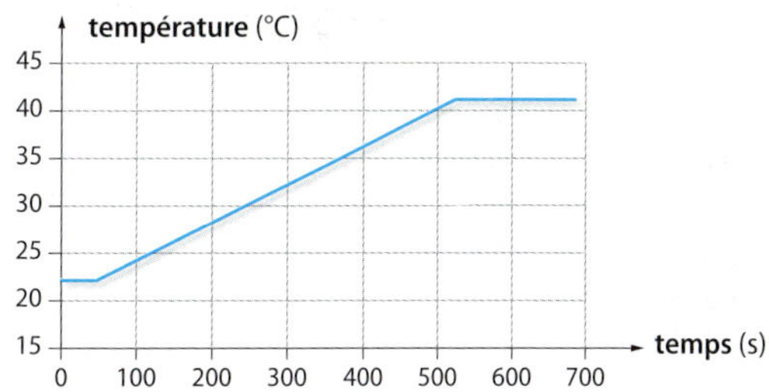

1. Lors de la chauffe :
a. Que se passe-t-il au niveau microscopique ?
b. Calculer la variation de température subie par le propylène glycol.

2. La courbe comporte trois parties distinctes. Justifier l'allure de la courbe à partir de la date $t = 520$ s.

3. Par analogie avec la relation (1) de la partie **A**, donner l'expression de c_{PG}.

4. En prenant $C = 64$ J · °C^{-1}, calculer la capacité thermique du propylène glycol.

5. Le rôle d'un liquide de refroidissement est d'évacuer les calories d'un système qui en produit plus qu'il ne peut en évacuer naturellement. Pourquoi est-il intéressant que la capacité thermique d'un liquide de refroidissement soit très élevée ?

5 Réalisation d'une horloge atomique

Les horloges atomiques fournissent des étalons de fréquence comme les horloges à quartz.

En route vers le BAC

Données. *Constante de Planck : $h = 6{,}63 \times 10^{-34}$ J · s.*
Vitesse de la lumière dans le vide : $c = 3{,}00 \times 10^{8}$ m · s^{-1}.
Spectre électromagnétique :

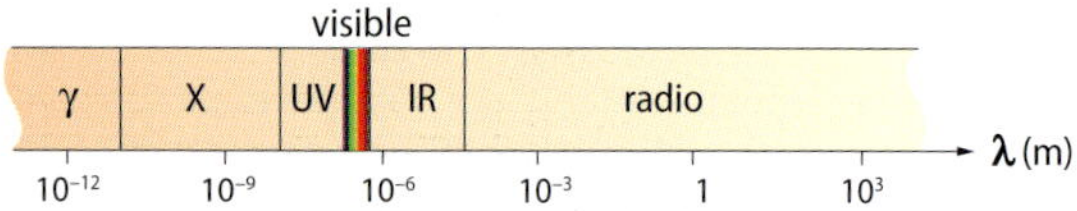

1. Dans une horloge atomique, on utilise les ondes électromagnétiques émises par des atomes excités.
a. Que signifie l'expression « atome dans un état excité » ?
b. Quelle est la relation donnant la fréquence ν de l'onde électromagnétique émise par un atome qui se désexcite ? Préciser clairement la signification des différents termes.

2. Dans une horloge atomique, la transition entre deux niveaux hyperfins d'un atome de césium 133 correspond à une onde de fréquence ν = 9 192 631 770 Hz.
a. Quelle est la longueur d'onde associée à cette transition d'énergie dans le vide ?
b. Quel est le type d'ondes électromagnétiques émises dans ce domaine de longueur d'onde ?

3. Les atomes émetteurs d'une onde électromagnétique sont toujours en mouvement par rapport à l'espace lié à l'observateur. Justifier cette affirmation.

4. Dans une horloge atomique, la température du four dans lequel se forme la vapeur de césium est voisine de 100 °C. Que peut-on dire de l'énergie interne du gaz obtenu ?

6 À propos du laser

Les ions chrome Cr^{3+} donnent au rubis sa couleur rouge. Excités par la lumière d'une lampe au xénon, ces ions sont à l'origine du rayonnement laser obtenu dans le visible. Le schéma ci-contre donne le principe du fonctionnement du laser à rubis.

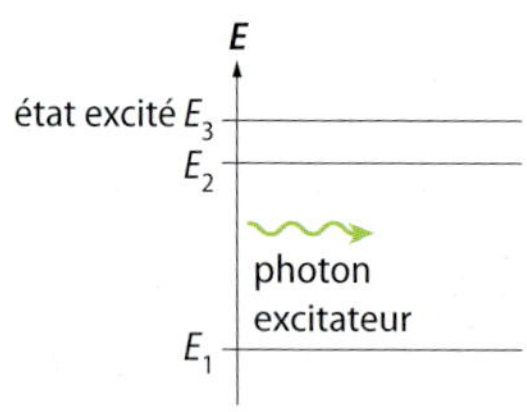

Données. *Constante de Planck : $h = 6{,}63 \times 10^{-34}$ J · s.*
Vitesse de la lumière dans le vide : $c = 3{,}00 \times 10^{8}$ m · s^{-1}.
1 eV = $1{,}60 \times 10^{-19}$ J.

1. La fréquence d'émission d'un laser est-elle imposée par :
a. la longueur de la cavité laser ?
b. les transferts quantiques d'énergie qui ont lieu dans le rubis ?
c. l'énergie apportée au rubis ?

2. Reproduire le schéma, puis représenter les transitions correspondant :
a. à une absorption maximale ;
b. à une émission stimulée.

3. On donne $E_3 - E_1 = 2{,}26$ eV et $E_3 - E_2 = 0{,}55$ eV.
a. Un photon d'énergie $E_3 - E_2$ peut-il induire le rayonnement laser ?
b. Quelle est la longueur d'onde du rayonnement émis par ce laser ?

7 Le laser Erbium-YAG

Le laser Erbium-YAG est utilisé en chirurgie esthétique et en chirurgie correctrice des yeux.

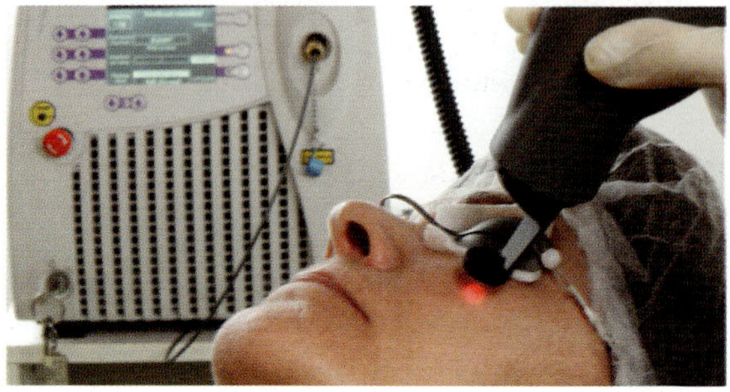

A. Dans le laser Erbium-YAG, le milieu amplificateur est solide. C'est un cristal de YAG (grenat d'yttrium et d'aluminium) dopé en ions Erbium Er^{3+}, dont les niveaux d'énergie sont représentés ci-contre.

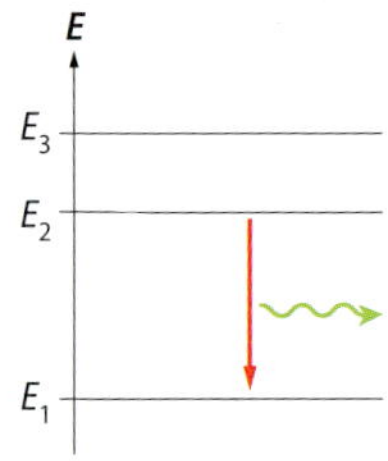

Ils sont le siège d'absorption et d'émission stimulée. La longueur d'onde la mieux adaptée à l'absorption du barreau d'Erbium-YAG est de 980 nm.

La longueur d'onde du rayonnement laser vaut 2 936 nm.

Données. *Constante de Planck : $h = 6{,}63 \times 10^{-34}$ J · s.*
Vitesse de la lumière dans le vide : $c = 3{,}00 \times 10^{8}$ m · s^{-1}.
Spectre électromagnétique :

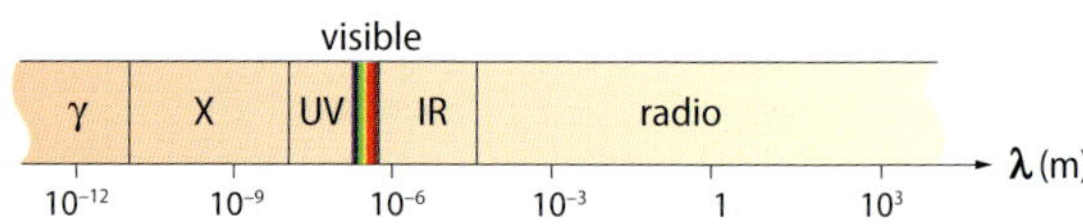

1. Recopier le diagramme d'énergie, puis y représenter la transition correspondant à une absorption maximale.

2. a. Décrire le phénomène d'émission stimulée entre les niveaux E_2 et E_1.
b. Quelles sont les caractéristiques du photon émis ?

3. Un autre type d'émission beaucoup plus fréquent existe dans la nature. Lequel ?

4. Calculer l'écart énergétique entre les niveaux E_1 et E_3.

5. Dans quel domaine du spectre électromagnétique émet ce laser Erbium-YAG ?

6. Calculer l'écart énergétique entre les niveaux E_2 et E_1.

7. Comparer l'énergie reçue et l'énergie émise, puis expliquer pourquoi ce laser nécessite un système de refroidissement.

B. Ce laser émet des impulsions avec une cadence de tir de fréquence $f = 10$ Hz (10 impulsions par seconde). Chaque impulsion a une durée $\tau = 0{,}20$ ms et une énergie $\Delta E_{imp} = 300$ mJ.

1. Calculer le nombre de photons émis par impulsion, sachant que chaque photon a une énergie $E_{photon} = 6{,}76 \times 10^{-20}$ J.

2. Calculer la puissance lumineuse d'émission d'une impulsion.

3. Le spot de ce laser a un rayon $r = 0{,}50$ mm. Calculer la puissance surfacique du laser, en $W \cdot m^{-2}$.

4. L'énergie rayonnante émise au cours d'une séance de durée Δt a pour expression : $\Delta E_{ray} = f \cdot \Delta t \cdot \Delta E_{imp}$.

a. Montrer que ΔE_{ray} a bien les dimensions d'une énergie.

b. Déterminer cette énergie pour une durée $\Delta t = 4{,}5$ s.

8 Éclairage urbain

Des lampes à vapeur de sodium peuvent être utilisées pour l'éclairage urbain.

Ces lampes contiennent de la vapeur de sodium à très faible pression. Cette vapeur est excitée par un faisceau d'électrons qui traverse le tube. Les atomes de sodium absorbent l'énergie des électrons. L'énergie est restituée lors du retour à l'état fondamental sous forme de radiations lumineuses, essentiellement de couleur jaune.

Données. *Constante de Planck :* $h = 6{,}63 \times 10^{-34}$ *J · s.*
Vitesse de la lumière dans le vide : $c = 3{,}00 \times 10^{8}$ *m · s*$^{-1}$.
1 eV = $1{,}60 \times 10^{-19}$ *J.*
Spectre électromagnétique :

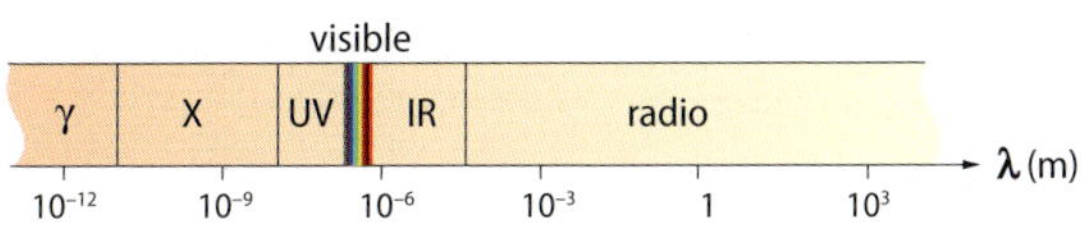

A. Spectre d'émission d'une lampe à vapeur de sodium

L'analyse du spectre d'émission d'une lampe à vapeur de sodium révèle la présence de raies de longueur d'onde λ bien définie.

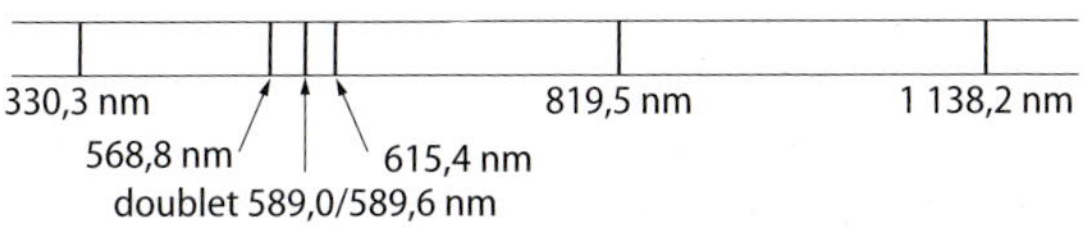

1. Quelles sont les longueurs d'onde des raies appartenant au domaine du visible ? des ultraviolets ? de l'infrarouge ?

2. S'agit-il d'une lumière polychromatique ou monochromatique ? Justifier votre réponse.

B. Diagramme de niveaux d'énergie

On donne ci-après le diagramme simplifié des niveaux d'énergie de l'atome de sodium :

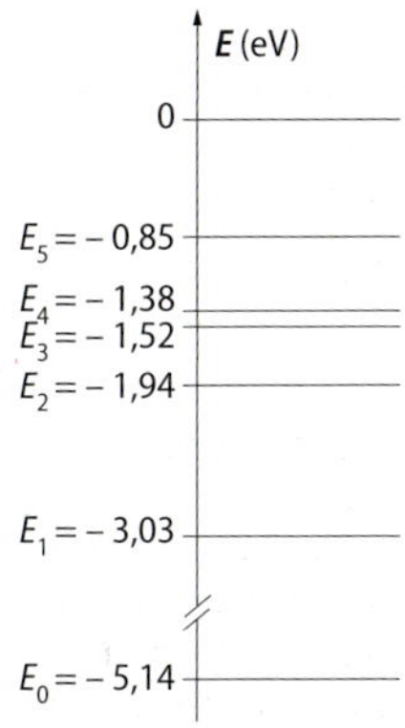

1. Reproduire le diagramme en y indiquant l'état fondamental et les états excités.

2. En quoi ce diagramme permet-il de justifier la discontinuité du spectre d'émission d'une lampe à vapeur de sodium ?

3. On considère la raie jaune du doublet de sodium, de longueur d'onde $\lambda = 589{,}0$ nm.

a. Calculer l'énergie ΔE (en eV) qui correspond à l'émission de cette radiation. On donnera le résultat avec le nombre de chiffres significatifs adapté aux données.

b. Sans justifier, indiquer sur le diagramme des niveaux d'énergie la transition correspondante.

C. Interaction lumière-matière

L'atome de sodium, considéré maintenant à l'état E_1, reçoit une radiation lumineuse dont le quantum d'énergie $\Delta E'$ a pour valeur 1,09 eV.

1. Cette radiation lumineuse peut-elle interagir avec l'atome de sodium à l'état E_1 ? Justifier.

2. Représenter, sur le diagramme de niveaux d'énergie, la transition correspondante par une flèche. La raie associée à cette transition est-elle une raie d'émission ou une raie d'absorption ?

9 Dualité onde-particule

Dans sa thèse, *Recherche sur la théorie des quanta*, publiée en 1924, Louis de Broglie propose de généraliser la dualité onde-particule admise pour la lumière à tous les objets microscopiques.

Données. *Constante de Planck :* $h = 6{,}63 \times 10^{-34}$ *J · s.*
Masse d'un électron : $m_e = 9{,}109 \times 10^{-31}$ *kg.*
1 eV = $1{,}60 \times 10^{-19}$ *J.*

1. a. Donner la relation de de Broglie et montrer en quoi, pour une particule, elle relie le comportement corpusculaire au comportement ondulatoire.

b. Montrer que la quantité h/p, où p désigne la quantité de mouvement, a bien la dimension d'une longueur.

2. Quelle est la valeur de la longueur d'onde associée à un électron d'énergie cinétique 54 eV ?

3. a. Quelle serait la longueur d'onde associée à une voiture de masse $M = 800$ kg, évoluant à la vitesse de 130 km · h^{-1} ?

b. Pourquoi n'observe-t-on pas de comportement ondulatoire pour une voiture ?

Évaluation des compétences expérimentales

Pour préparer le BAC

Énoncé type

Résistance thermique et températures

Matériel mis à disposition
• enceinte contenant une résistance chauffante et un capteur de température • matériau isolant • ordinateur, interface, logiciel de traitement des données et sa fiche d'utilisation • thermomètre • générateur de tension continue • multimètres

➤ But de la manipulation

Sur votre paillasse a été disposée une enceinte fermée, dans laquelle se trouve une résistance chauffante alimentée par une tension continue de 6 V et un capteur de température relié par une interface à un ordinateur disposant d'un logiciel de traitement des données. À l'écran, vous pouvez visualiser l'évolution de la température en fonction du temps.

On souhaite :
– déterminer la résistance thermique de l'enceinte ;
– mettre en évidence les effets de la présence d'un matériau isolant autour de cette enceinte.

On rappelle l'expression du flux thermique Φ (en W) traversant une paroi :

$$\Phi = \Delta T / R$$

avec ΔT, différence de température entre les deux faces de la paroi (en K ou en °C), et R, résistance thermique (en $K \cdot W^{-1}$).

➤ Travail à effectuer

1. Proposer une solution expérimentale pour déterminer ΔT. **Auto**

2. a. Proposer une solution expérimentale pour déterminer Φ. **Auto**

Appeler l'évaluateur et lui présenter la proposition (*appel n°* ❶).

b. Élaborer le montage expérimental validé. **Réa**

Appeler l'évaluateur et lui présenter le montage (*appel n°* ❷).

3. a. À quel moment est-il adapté d'effectuer les mesures ? **Auto**

b. Réaliser les mesures au moment retenu. **Réa**

Appeler l'évaluateur et lui présenter les mesures (*appel n°* ❸).

4. Déterminer la résistance thermique de l'enceinte. **Auto**

5. Envelopper l'enceinte du matériau isolant prévu. Garder la même puissance électrique d'alimentation.

a. Montrer expérimentalement que la présence de l'isolant permet d'augmenter la température à l'intérieure de l'enceinte. **Val**

Appeler l'évaluateur et lui présenter le montage et la mesure (*appel n°* ❹).

b. Montrer expérimentalement que la présence de l'isolant augmente la résistance thermique de l'enceinte. **Val**

c. Ces résultats sont-ils en accord avec la théorie ? **Val**

Code	Domaine de compétence
App	S'approprier
Réa	Réaliser
Ana	Analyser
Val	Valider
Com	Communiquer
Auto	Être autonome, faire preuve d'initiative

➤ Pour réussir

1. Le choix des instruments de mesure et leur localisation doivent être présentés.

2. a. La nécessité de devoir mesurer la puissance électrique doit être mise en évidence.

Le choix des instruments de mesure et leur localisation doivent être présentés.

***Appel n°* ❶ :**
La position des multimètres dans le circuit électrique doit permettre la mesure de la puissance électrique.

b. Le circuit électrique doit être conforme à la proposition effectuée en **a**.

***Appel n°* ❷ :**
– Le circuit électrique est réalisé avec soin.
– Le choix des calibres des multimètres utilisés doit être adapté.

3. a. La réponse doit être justifiée.

b. À chaque valeur sont associées une grandeur et une unité.

***Appel n°* ❸ :**
Les chiffres significatifs des valeurs des mesures doivent être cohérents avec les instruments de mesure utilisés.

***Appel n°* ❹ :**
– Le montage doit être réalisé avec soin.
– La mesure effectuée doit être cohérente avec ce qui est demandé.

Partie 5

Les défis du XXIe siècle

SOMMAIRE

Activité 1

Activité de découverte

Compétences scientifiques évaluées
- Extraire une information utile.
- Communiquer et argumenter en utilisant un vocabulaire scientifique adapté.

Les énergies de demain

Quels seront les besoins énergétiques de demain ? Quelles ressources seront disponibles ?

Étude de documents

À la recherche de nouvelles sources d'énergie

Depuis 2007 et d'ici à 2020, l'Union européenne (UE) a fixé pour ses États membres l'objectif des « 3 fois 20 » : 20 % d'énergies renouvelables (biomasse, géothermique, éolien, hydraulique et solaire) dans la consommation énergétique globale, 20 % de réduction d'émission de CO_2 et 20 % d'économie d'énergie.

La température moyenne de notre planète augmente depuis l'ère industrielle. Selon le Groupement d'experts intergouvernemental sur l'évolution du climat (GIEC), ce changement s'explique principalement par les rejets massifs dans l'atmosphère de gaz à effet de serre produits par l'activité humaine (CO_2, CH_4, N_2O, O_3…) lors de l'extraction et l'utilisation des hydrocarbures.

Année	1973	2008	2050 (estimation)
Consommation énergétique mondiale finale	4,7 Gtep	8,4 Gtep	16 Gtep

Fig. 1 Évolution de la consommation énergétique mondiale (*données AIE*). 1 Gtep (gigatonne équivalent pétrole) = $4{,}2 \times 10^{19}$ J.

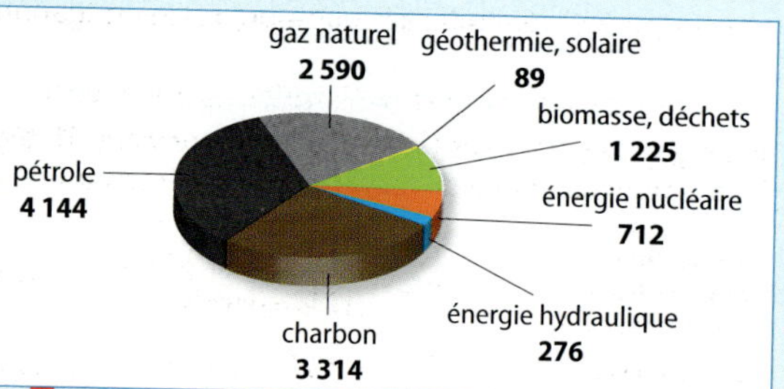

Fig. 2 Les sources de production d'énergie dans le monde en Gtep (*données AIE, 2008*).

Construit en France, mais issu d'une collaboration internationale, le réacteur ITER (*International Thermonuclear Experimental Reactor*, site expérimental de fusion nucléaire) constituera le plus grand projet scientifique de recherche sur l'énergie dans le monde.

Contrairement à la fission nucléaire, qui implique un fractionnement d'atomes très lourds, la fusion libère de l'énergie lorsque deux atomes légers comme l'hydrogène sont assemblés pour former un atome d'hélium. Le projet ITER consiste à reproduire les réactions nucléaires de fusion des noyaux d'hydrogène qui ont lieu naturellement dans le Soleil et qui produisent une énergie considérable. Le problème est que, pour rapprocher ces noyaux, il faut au départ disposer d'une énergie importante ! Grâce à ITER, cependant, une nouvelle source d'énergie primaire sera peut-être envisageable dans plusieurs décennies.

Source	Réserves en Gtep	Années de réserve au rythme actuel
Charbons	471	200
Lignite	47	190
Pétrole	149	41
Gaz	108	56
Schistes	> 500	Non déterminé
Hydrates de méthane	> 1 000	Non déterminé
Uranium (réacteur classique)	32	88
Uranium (surgénérateur)	3 500	10 000

Fig. 3 Réserves énergétiques fossiles mondiales (*données AIE, 2004*).

Pistes de réflexion

1 Comment évolue la consommation énergétique mondiale ?

2 **a.** Classer les sources d'énergie présentes sur la figure 2 en deux catégories : renouvelable et non renouvelable.

b. Déterminer la répartition de ces deux catégories en pourcentage en 2008.

3 **a.** Déterminer la part des combustibles fossiles dans la consommation énergétique mondiale en 2008.

b. Retrouver dans les documents les deux problèmes majeurs que pose l'utilisation des hydrocarbures à moyen terme.

c. La fission nucléaire apporte-t-elle une solution durable aux deux problèmes précédents ? Connaissez-vous des inconvénients de cette source d'énergie ?

4 Donner au moins un exemple de réalisation concrète pour chacun des « 3 fois 20 » décidés par les États membres de l'UE.

Pour conclure

5 En une dizaine de lignes maximum (environ 100 mots), rédiger une synthèse de ces documents illustrant deux problématiques énergétiques contemporaines majeures.

6 Dans quelle mesure la science peut-elle répondre à ces deux problématiques ?

Activité 2

Démarche d'investigation

Compétences scientifiques évaluées
- Formuler des hypothèses pertinentes.
- Valider ou invalider des hypothèses.

Bilan énergétique d'une voiture

Dans le but d'économiser les ressources énergétiques, les constructeurs automobiles doivent mener une réflexion sur le bilan énergétique des véhicules qu'ils élaborent.

Pour commencer (situation déclenchante)

Dans un souci de développement durable, l'acquisition de voitures électriques (Fig. 1), qui émettent peu de dioxyde de carbone, est encouragée par les pouvoirs publics. Les véhicules hybrides, dans lesquels un moteur thermique (essence ou diesel) est associé à un moteur électrique, bénéficient eux aussi d'un soutien, mais dans une plus faible mesure.

Fig. 1 Rechargement d'une voiture électrique.

Investigation

Les voitures électriques présentent-elles un bien meilleur bilan énergétique que les voitures hybrides ?

Quelques idées (hypothèses)

Voici quelques idées d'élèves :

– « *Il suffit de comparer le rendement des deux types de moteurs.* »

– « *La voiture électrique est plus chère, donc elle a un meilleur rendement énergétique.* »

– « *C'est pareil, mais la voiture hybride émet plus de CO_2.* »

Étude de document (recherche de validation)

A. Bilans énergétiques du « réservoir à la roue »

Pour qu'une voiture maintienne son allure, l'énergie fournie aux roues doit compenser des pertes (Fig. 2).

Fig. 2 Répartition des pertes énergétiques pour un véhicule (parcours ville/route).

Pertes aérodynamiques	40 %
Pertes au freinage	30 %
Pertes dues au roulement	30 %

Les constructeurs automobiles communiquent généralement les bilans énergétiques du « réservoir à la roue » (Fig. 3).

1 **a.** En vous aidant éventuellement de la fiche méthode p. 572, réaliser un diagramme énergétique faisant apparaître l'énergie reçue par la voiture et les énergies cédées à l'air ou à la route.

	Véhicule électrique	Véhicules thermique et hybride
Rendement du réservoir à l'arbre de transmission *via* le moteur	90 %	24 %
Rendement de l'arbre de transmission aux roues	85 %	85 %
Coefficient de récupération d'énergie au freinage	1,15	1,00 (1,15 si hybride)
Autonomie approximative	120 km	900 km
Masse du réservoir plein	300 kg (batterie reliée au secteur)	50 kg (essence) + 40 kg (batterie interne sur modèle hybride)

Fig. 3 Caractéristiques de véhicules « du réservoir à la roue ».

b. Quelle perte est récupérable en partie ? Avec quel type de véhicule ?

2 **a.** Calculer le rendement du « réservoir à la roue » du véhicule électrique, puis des véhicules thermique et hybride.

b. Peut-on déjà répondre à la question de l'investigation ?

B. Bilans énergétiques du « puits au réservoir »

Pour être complet dans l'investigation, il convient d'intégrer les rendements énergétiques du « puits au réservoir » (Fig. 4).

Rendement de la centrale électrique nucléaire	30 %	Du puits de pétrole à la raffinerie	82 %
De la centrale électrique au réseau	94 %	De la raffinerie à la station essence	98 %
Du réseau électrique au réservoir	85 % (batterie)	De la station essence au réservoir	100 %

Fig. 4 Rendements énergétiques du « puits au réservoir ».

3 Qu'appelle-t-on le « puits » ?

4 Pour le véhicule électrique puis les véhicules thermique et hybride, représenter la chaîne énergétique du « puits » à la « roue ».

5 Calculer le rendement du « puits au réservoir » du véhicule électrique, puis des véhicules thermique et hybride.

Pour conclure

6 **a.** Calculer le rendement total, du « puits à la roue », d'un véhicule électrique, puis des véhicules thermique et hybride.

b. Conclure.

Activité 3

Activité documentaire

Vidéo

Économiser l'énergie dans l'habitat

Compétences scientifiques évaluées
- Extraire une information utile.
- Communiquer et argumenter en utilisant un vocabulaire scientifique adapté.

L'habitat possède encore un grand potentiel en termes d'économies d'énergie.

Étude de documents

Au cours de la période 1973-2009, la part de l'industrie dans la consommation énergétique finale a diminué de moitié, celle du secteur résidentiel-tertiaire est restée stable autour de 44 %.

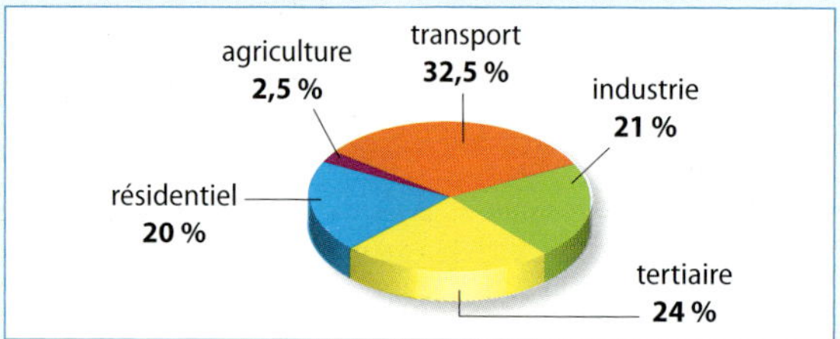

Fig. 1 Consommation d'énergie finale par secteur en France en 2009 (*données SOeS*).

L'habitation à énergie positive

En 2020, toutes les nouvelles constructions en France devront être à énergie positive **(Fig. 2)**, produisant plus d'énergie qu'elles n'en consomment. Pour cela, des efforts sont entrepris dans l'approche bioclimatique, l'orientation et l'isolation des bâtiments. Mais l'habitation future devra également produire de l'énergie à partir de sources renouvelables.

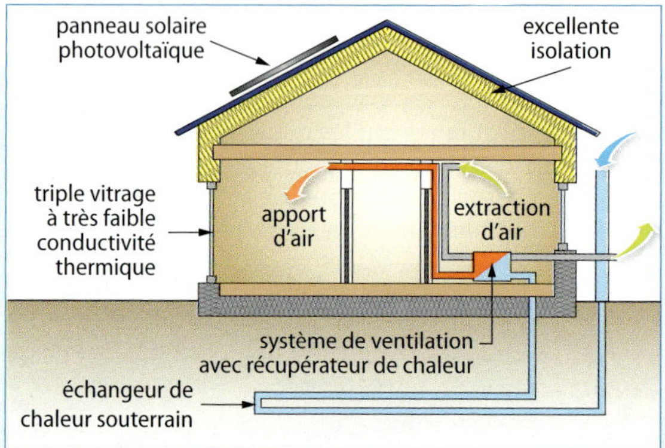

Fig. 2 Maison à énergie positive.

La cogénération

Les productions séparées de chaleur en usine et d'électricité dans les centrales s'accompagnent toujours d'importantes pertes énergétiques. La cogénération est la production simultanée de chaleur et d'électricité à partir une source d'énergie primaire unique, en utilisant un seul équipement : le cogénérateur. L'énergie primaire peut être géothermique ou provenir d'hydrocarbures, de biomasse ou de déchets valorisés. Outre son excellent rendement, la cogénération permet de produire de l'énergie décentralisée, évitant les coûts d'un réseau électrique (infrastructure et pertes liées au transport).

Cet investissement coûteux n'est toutefois utile que si la consommation de chaleur se fait à proximité immédiate du lieu de production.

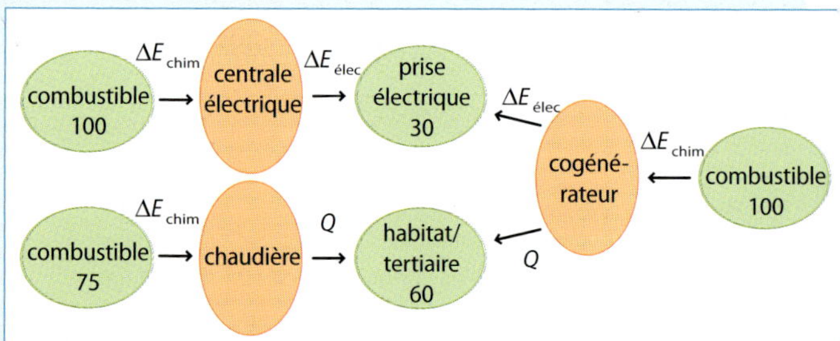

Fig. 3 Chaîne énergétique impliquant un cogénérateur.

Pistes de réflexion

1 En quoi l'habitat et le tertiaire présentent-ils un fort potentiel en matière d'économies d'énergie ?

2 **a.** Quelles sources d'énergie renouvelable sont utilisées dans la maison de la **figure 2** ?

b. Établir la liste de tous les éléments de cette maison permettant de réaliser des économies d'énergie.

c. Parmi tous ces éléments, lesquels sont transposables à la rénovation d'habitations anciennes ?

3 **a.** Identifier les énergies primaires et les énergies finales sur la **figure 3**.

b. Reproduire et compléter les deux diagrammes énergétiques de la centrale électrique et de la chaudière.

4 Les nombres présents sur la **figure 3** représentent les valeurs des énergies primaires ou finales en unité arbitraire. Calculer le pourcentage de gain en énergie primaire apporté par la cogénération par rapport à une production centralisée.

5 Développer la cogénération s'avère-t-il intéressant dans une ferme isolée ? en ville ? dans une zone industrielle ?

Pour conclure

6 Quelles solutions vous semblent les plus pertinentes pour réaliser des économies d'énergie dans l'habitat individuel ? à l'échelle d'une collectivité ?

Cours

1 Problématiques énergétiques contemporaines

› Activité 1

• Énergie primaire, énergie finale

L'énergie finale est l'énergie consommée par le consommateur au bout de la chaîne énergétique de production. L'énergie primaire provient d'une ressource disponible dans la nature avant transformation (Fig. 1).

Exemple

L'énergie électrique est une énergie finale. Les énergies primaires sont issues soit de ressources non renouvelables (hydrocarbures, combustible nucléaire...) soit de ressources renouvelables (Soleil, vent, eau, géothermie, biomasse...), rapidement disponibles et régénérables.

La consommation énergétique mondiale (énergie finale) suit la croissance de la population mondiale et ses besoins. Elle a doublé depuis 1974 et, selon les prévisions, elle doublera à nouveau d'ici 2050.

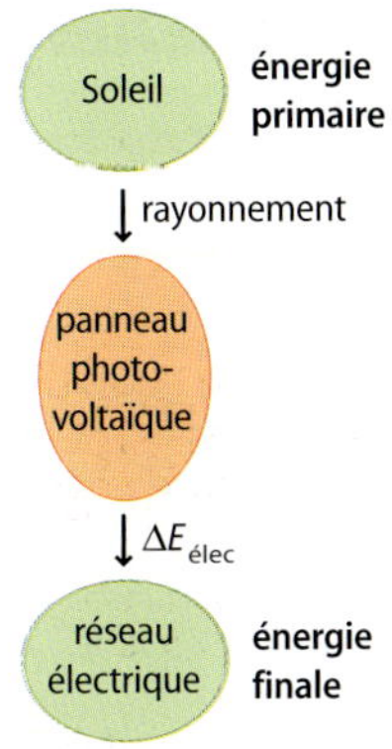

Fig. 1 Exemple de chaîne énergétique faisant intervenir une énergie primaire et une énergie finale.

• Problématiques énergétiques

Le « mix » ou « bouquet » énergétique représente la proportion des différentes énergies primaires utilisées (Fig. 2). Les hydrocarbures (pétrole, gaz, charbon) constituent l'essentiel de la consommation énergétique primaire mondiale, mais leurs réserves sont limitées. De plus, leur utilisation participe à la pollution atmosphérique et contribuerait au changement climatique.

L'humanité doit faire face à une triple contrainte majeure :
- **développer l'accès à l'énergie pour l'ensemble de la population ;**
- **minimiser l'impact de l'activité humaine sur l'environnement ;**
- **économiser les ressources fossiles non renouvelables.**

Exemple

En 2007, l'Union européenne s'est entendue sur trois objectifs (« 3 fois 20 »), engageant chacun de ses membres d'ici 2020 vers un développement durable :
- la part des énergies renouvelables dans le « mix énergétique » devra représenter 20 % de l'énergie finale consommée ;
- 20 % d'économie d'énergie devront être réalisées (efficacité énergétique) ;
- les émissions de gaz à effet de serre seront réduites de 20 %.

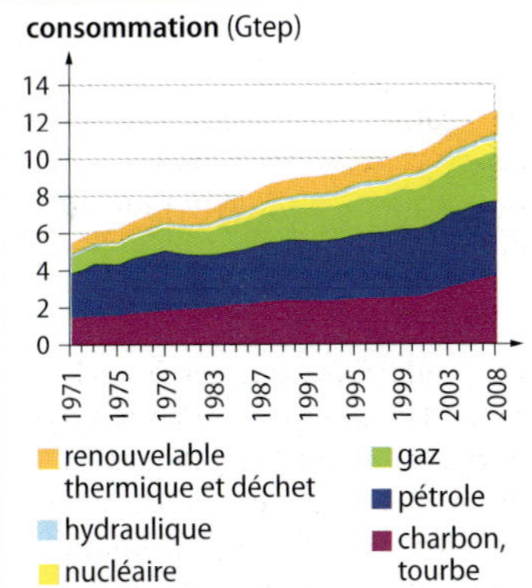

Fig. 2 Évolution du mix énergétique mondial de 1971 à 2008 (*données AIE*).
1 Gtep = $4,2 \times 10^{19}$ J.

Repère

En économie, l'**efficacité** ou **efficience énergétique** est atteinte lorsqu'un minimum d'énergie est dépensé pour un service rendu identique.

• De multiples projets scientifiques internationaux

Pour répondre à ce défi énergétique et développer de nouvelles ressources, des projets scientifiques internationaux ambitieux sont conçus. De nouvelles chaînes énergétiques ayant pour source primaire des ressources renouvelables sont élaborées (biocarburant de troisième génération, énergie solaire...).

Exemple

Avec le site du réacteur thermonucléaire expérimental international (ITER) qui se construit en France, une nouvelle énergie primaire sur la Terre, exploitant la fusion nucléaire, sera peut-être disponible dans quelques décennies.

➥ Exercices 1 à 4

2 Bilans énergétiques

› Activité 2

L'étude des consommations d'énergie finale par secteur révèle qu'en France les bâtiments consomment plus de 40 % de l'énergie finale et les transports plus de 30 %. Ces deux secteurs représentent les plus grands potentiels en matière d'économie d'énergie.

Effectuer le bilan énergétique d'un bâtiment ou d'un véhicule, c'est recenser les apports et les pertes énergétiques qui sont mis en jeu **(Fig. 3)**, les uns devant compenser les autres.

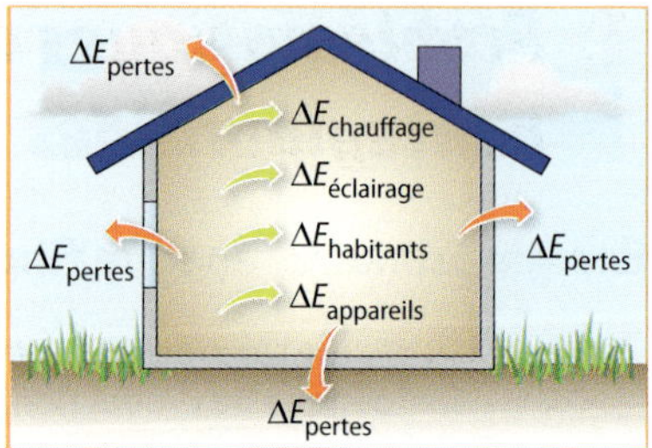

Fig. 3 Apports et pertes d'énergie dans une maison.

Bilan énergétique dans le domaine de l'habitat

Dans l'habitat, 65 % de l'énergie est utilisée pour se chauffer et 12 % pour produire de l'eau chaude sanitaire.

On dit qu'un bâtiment est en régime permanent lorsque son énergie totale se conserve. Les apports d'énergie compensent alors les pertes :

$$\Delta E_{totale} = \Delta E_{apports} - \Delta E_{pertes} = 0$$

Exemple

En hiver, la température à l'intérieur d'une habitation peut être maintenue constante si les pertes énergétiques thermiques (par conduction par les cloisons, vitres et portes, ou pertes par aération et fuites d'air…) sont compensées par des apports de chaleur (chauffage, éclairage, appareils ménagers, habitants…).

Depuis 2007, le diagnostic de performance énergétique (DPE) rend compte de l'énergie consommée par le bâtiment, en kWh · m^{-2} · an^{-1}. Ainsi, les bâtiments sont classés des plus économes (A) au plus énergivores (G) **(Fig. 4)**.

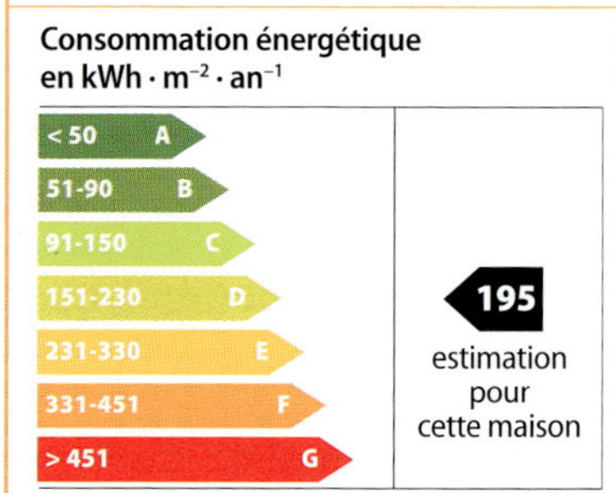

Fig. 4 DPE d'une maison.

Bilan énergétique dans le domaine des transports

Le secteur des transports connaît la plus forte croissance en terme de consommation d'énergie.

Exemple

Les études prévoient une poussée de la demande de 50 % pour le transport de marchandises et de 35 % pour le transport de passagers d'ici 2020 dans l'UE.

Près de 98 % de l'énergie consommée provient des carburants fossiles, qui sont des sources d'émission de gaz à effet de serre et de polluants de l'air.

Quand le véhicule fonctionne en régime permanent, son énergie totale se conserve : $\Delta E_{totale} = \Delta E_{apports} - \Delta E_{pertes} = 0$

Exemple

Dans un véhicule, l'énergie fournie aux roues compense les pertes dues aux frottements de l'air (aérodynamisme) et de la chaussée (roulement et freinage).

Lorsqu'on effectue le bilan énergétique global d'un véhicule ou d'un appareil, il est nécessaire de prendre en compte toute la chaîne énergétique, de l'énergie primaire (le « puits ») à l'énergie utile (la « roue »).

➥ Exercices 5 à 8

Sciences et culture

La thermographie infrarouge

La thermographie infrarouge est une technique permettant de détecter les pertes thermiques dans les bâtiments et les pertes dans les réseaux électriques.

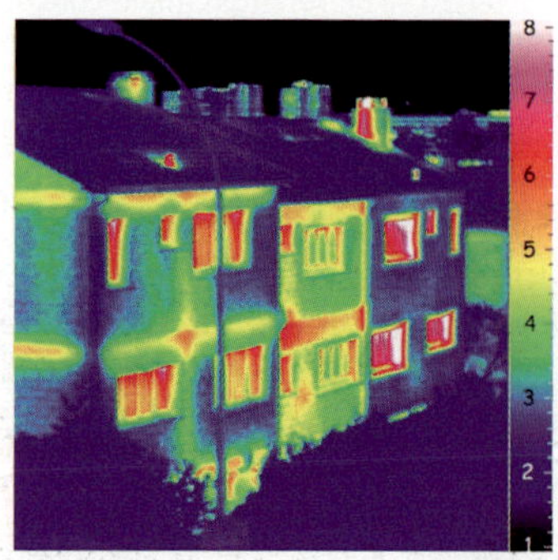

3 Solutions pour économiser l'énergie

› Activité 3

Habitat basse consommation

La première solution pour économiser l'énergie dans l'habitat est de limiter les pertes d'énergie.

Les nouvelles habitations prennent en compte le climat, sont mieux orientées et mieux isolées grâce à l'utilisation de nouvelles techniques ou de nouveaux matériaux.

Pour économiser l'énergie dans l'habitat, on peut aussi utiliser des énergies renouvelables décentralisées pour compenser les pertes.

Économie d'énergie dans les transports

Économiser l'énergie dans les transports demeure un vrai défi. Seuls les comportements individuels privilégiant les déplacements en mode doux (à pied ou à vélo), les transports en commun ou le covoiturage apportent un gain définitif. Mais les multiples efforts scientifiques et techniques participent également à ces économies :
– en améliorant le **rendement énergétique des véhicules** actuels (thermique, hybride ou électrique) ;
– en développant de **nouvelles chaînes énergétiques** pour remplacer les hydrocarbures fossiles (biocarburants, la pile à combustible utilisant le dihydrogène…) et de **nouveaux modes de stockage** de l'énergie (Fig. 5).

➥ Exercices 9 à 12

Repère

Par **économies d'énergie**, on entend la réduction de la consommation d'énergie, mais aussi l'utilisation d'énergies renouvelables afin d'économiser les sources d'énergie non renouvelables.

Fig. 5 Ce bus londonien fonctionne à l'aide d'une pile à combustible consommant du dihydrogène.

Les compétences à acquérir

1 Identifier des problématiques énergétiques contemporaines

- La consommation énergétique finale mondiale augmente, tandis que les ressources fossiles diminuent.
- L'utilisation des hydrocarbures augmente la pollution et l'effet de serre.

2 Faire un bilan énergétique dans les domaines de l'habitat ou du transport

- Dans l'habitat ou le transport, les apports énergétiques doivent compenser les pertes énergétiques.
- Un bilan énergétique global s'effectue depuis la source primaire jusqu'à l'énergie utile.

3 Argumenter sur des solutions permettant de réaliser des économies d'énergie

- L'amélioration de la performance énergétique, le développement des énergies renouvelables ou de nouvelles chaînes énergétiques, permettent des économies d'énergie substantielles.

Exercices

Compétence 1

> ***Identifier des problématiques énergétiques contemporaines***

1 VRAI ou FAUX ?

Répondre par vrai ou par faux aux affirmations suivantes. Corriger celles qui sont fausses.

❶ Les hydrocarbures fossiles sont des ressources non renouvelables.

❷ L'énergie électrique est une énergie primaire.

❸ Seules les énergies renouvelables limitent l'émission des gaz à effet de serre.

2 Démographie et intensité énergétique

L'intensité énergétique mesure l'efficacité énergétique d'une économie. Elle est définie par le rapport de la consommation énergétique par le produit intérieur brut et par an. Selon les Nations unies, la population mondiale, estimée à 7 milliards en 2012, devrait passer à 9 milliards d'individus en 2050. Si l'intensité énergétique ne varie pas, la croissance démographique et l'augmentation de l'activité économique entraîneront une élévation équivalente de la demande énergétique.

1. Identifier dans ce texte une problématique énergétique.
2. Pour répondre au défi énergétique, faut-il tendre vers une intensité énergétique plus grande ou plus faible ?

3 Une nouvelle chaîne énergétique ?

Pour faire face aux à-coups de la demande en énergie électrique et répondre aux besoins en l'absence de vent (éolienne) ou la nuit (photovoltaïque), il faudrait pouvoir stocker efficacement l'énergie électrique excédentaire. Même si certains barrages peuvent convertir l'énergie électrique en énergie potentielle hydraulique en fonctionnant en mode inverse, ou si, pour de petites puissances, on installe de coûteux accumulateurs, le stockage de l'énergie électrique reste problématique à grande échelle.

Le dihydrogène (H_2) est un gaz qui constituerait un moyen possible pour stocker de l'énergie. En effet, le dihydrogène peut être produit par électrolyse de l'eau dans les centrales grâce à l'énergie électrique et, en retour, sa combustion peut fournir à nouveau de l'énergie électrique. Si on utilisait en tant qu'énergie primaire les énergies solaire, nucléaire ou éolienne pour produire de l'électricité, puis du dihydrogène, la chaîne énergétique ne s'accompagnerait d'aucune émission de gaz à effet de serre.

De plus, le dihydrogène pourrait même se substituer aux carburants fossiles dans les transports terrestres et aériens, ce qui résoudrait le problème de la pollution, puisque sa combustion ne produit que de l'eau. L'utilisation du dihydrogène peut donc être un facteur important d'économie d'énergie et de sauvegarde de l'environnement, à condition qu'il soit produit par des moyens non polluants.

1. Pourquoi cherche-t-on de nouvelles voies de stockage de l'énergie électrique ?
2. Reproduire, puis compléter la chaîne énergétique du dihydrogène, en indiquant toutes les formes d'énergie impliquées.

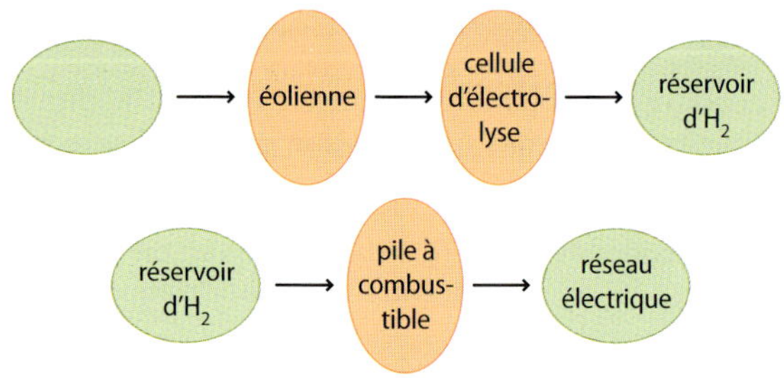

3. Identifier au moins deux aspects de la problématique énergétique contemporaine auxquels le développement de cette nouvelle chaîne énergétique apporterait des solutions.

4 Oil peak and solar airplane

Solar Impulse is a Swiss long-range solar-powered airplane. This project was born out of the challenge that the world faces in terms of energy: the International Energy Agency estimates that oil production has already peaked and is now decreasing. On the Earth at midday, each square metre of land surface receives the equivalent of 1000 W of light power. Over a 24-hour period, this averages out at 250 W/m². Using 200 m² of photovoltaic cells and a 12% total efficiency of the propulsion chain, the plane's motors achieve an average power output of less than 6 kW – roughly the amount of power the Wright brothers had in 1903 when they made their first powered flight. And it is with that optimized energy from the solar panel to the propeller that Solar Impulse has succeeded in flying day and night without fuel!

Adapted from www.solarimpulse.com

1. State the energy problem addressed in this document.
2. Give the source of the primary energy, the two energy transducers and the final energy used in the airplane.
3. Draw the energy chain of the airplane.

Compétence 2

› Faire un bilan énergétique dans les domaines de l'habitat ou du transport

Données. *La puissance P est une variation d'énergie ΔE pendant une durée Δt : $\Delta E = P \cdot \Delta t$.*

5 QCM

Choisir la (ou les) bonne(s) réponse(s).

1 En France, le secteur consommant le plus d'énergie finale est :
- **a** l'industrie ;
- **b** les transports ;
- **c** l'habitat résidentiel et tertiaire.

2 En France, le secteur qui connaît la plus grande croissance en matière de consommation d'énergie est :
- **a** l'industrie ;
- **b** les transports ;
- **c** l'habitat résidentiel et tertiaire.

3 Lorsqu'on effectue le bilan global énergétique d'un véhicule, il faut tenir compte :
- **a** de l'énergie primaire ;
- **b** de l'énergie finale ;
- **c** de l'énergie utile.

6 **Diagnostic de performance énergétique**

À l'aide du diagramme ci-contre, déterminer le classement énergétique DPE de deux maisons de 100 m² qui consomment annuellement :

a. $2{,}4 \times 10^4$ kWh ;
b. $3{,}6 \times 10^{10}$ J.

Consommation énergétique en $kWh \cdot m^{-2} \cdot an^{-1}$

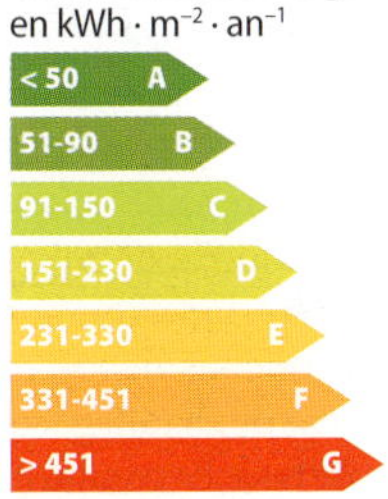

EXERCICE **RÉSOLU**

7 **Bilan énergétique d'une maison**

Pendant un dimanche d'hiver, le thermostat d'une maison est fixé à la température de 19 °C. Les quatre habitants sont restés en permanence dans la maison, avec une faible activité dégageant une puissance estimée à 150 W par personne. L'éclairage et des équipements ont consommé 15 kWh. Afin de chauffer la maison, 7,7 m³ de gaz ont été brûlés dans la chaudière, de rendement égal à 85 %. La production d'eau chaude sanitaire (ECS) a consommé 13 kWh, dont 10 % ont correspondu à des pertes thermiques à l'intérieur de la maison. La répartition des pertes énergétiques est représentée sur la figure suivante.

Donnée. *1 m³ de gaz consommé correspondra à 10 kWh.*

1. Quelles parties du logement doit-on isoler en priorité ?
2. Lister les apports au bilan énergétique de la maison.
3. Calculer l'apport énergétique en kWh sur cette journée.
4. a. Établir le bilan énergétique sur cette journée.
b. En déduire la perte énergétique globale.
c. Calculer la perte due à la mauvaise isolation de la toiture, en kWh, puis en joule.

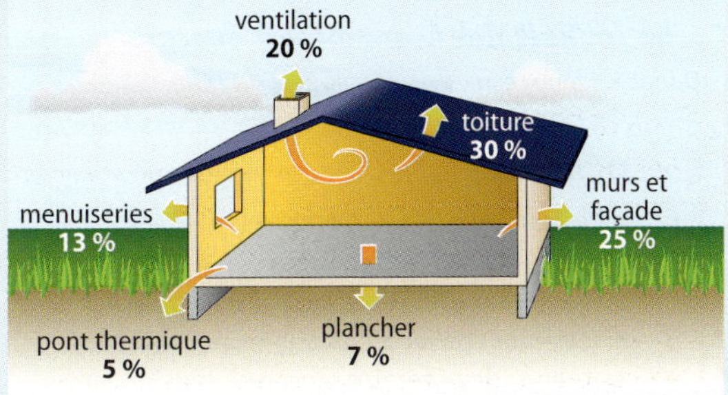

Aides et méthodes
1. Utiliser la figure.
3. Faire la somme de tous les apports en kWh.
4. Le régime de fonctionnement est permanent.

Solution

1. La toiture et le mur (30 % et 25 % des pertes énergétiques).

2. Apports : des habitants (A_1), de l'éclairage et des équipements (A_2), de la chaudière (A_3), des fuites thermiques de l'ECS (A_4).

3. Le gain énergétique $\Delta E_{apports}$ est égal à la somme de tous les apports : $A_1 = 4 \times 150 \times 24 = 1{,}4 \times 10^4$ Wh = 14 kWh ; $A_3 = 7{,}7 \times 10 \times 0{,}85 = 65$ kWh ; $A_4 = 13 \times 0{,}10 = 1{,}3$ kWh ; soit $\Delta E_{apports} = 96$ kWh.

4. a. En régime permanent (thermostat à 19 °C),
$\Delta E_{totale} = \Delta E_{apports} - \Delta E_{pertes} = 0$.
b. $\Delta E_{pertes} = \Delta E_{apports}$ soit $\Delta E_{pertes} = 96$ kWh.
c. 30 % des pertes énergétiques s'effectuent par la toiture,
$\Delta E_{pertes\ toiture} = 0{,}30 \times 96 = 29\ kWh = 1{,}0 \times 10^8$ J.

8 **Bilan énergétique d'un trolleybus**

Un trolleybus roule sur pneumatiques comme un bus, mais est propulsé par un moteur électrique comme un tramway. Une municipalité qui veut installer un réseau de trolleybus vante son bien meilleur rendement énergétique : 90 % (avec la récupération d'énergie au freinage), contre 26 % pour le bus à moteur thermique (bilan du puits à la roue).

Donnée. *Rendement moyen de la production et du transport de l'électricité : $\eta = 31$ %.*

1. Calculer le rendement du trolleybus du puits à la roue. Conclure.

2. B2i En effectuant éventuellement une recherche sur Internet, établir quel(s) autre(s) avantage(s) présente le trolleybus par rapport au bus à moteur thermique.

Exercices

Compétence 3

› *Argumenter sur des solutions permettant de réaliser des économies d'énergie*

Donnée. *1 tonne équivalent pétrole (tep) = 42 GJ.*

9 QCM

Choisir la (ou les) bonne(s) réponse(s).

1 Pour économiser l'énergie dans l'habitat, on peut :
- **a** limiter les pertes d'énergie en isolant ;
- **b** orienter convenablement les habitations ;
- **c** utiliser des énergies renouvelables.

2 Pour réaliser aujourd'hui des économies d'énergie dans les transports, on peut :
- **a** passer au véhicule électrique ;
- **b** prendre moins souvent son véhicule seul ;
- **c** privilégier l'utilisation des transports en commun.

10 Les énergies renouvelables en France

En 2009, la production primaire de l'ensemble des énergies renouvelables en France s'élevait à 20 Mtep, soit 15,3 % de la production nationale énergétique.

Le schéma ci-dessous recense la production d'énergie renouvelable par filière en 2009, en Mtep.

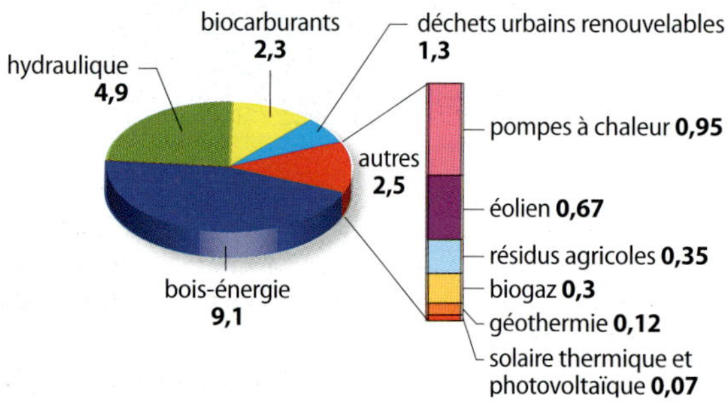

(*Source SOeS.*)

1. Calculer la valeur de la production nationale énergétique en France en 2009, en Mtep puis en joule.

2. B2i Compléter le tableau suivant avec les différentes énergies renouvelables et indiquer si leur utilisation est pertinente dans les secteurs du transport ou de l'habitat résidentiel-tertiaire.

	Transport	Habitat (résidentiel, tertiaire)
Biocarburant	oui	non
…		

3. Sachant qu'en 2009, 133 Mtep ont été importés en France sous forme d'hydrocarbures, calculer la part des énergies renouvelables dans la consommation énergétique totale. Conclure.

11 Économie d'énergie et automobile

La plupart des constructeurs automobiles pratiquent désormais le « *downsizing* » Cette technologie réduit la cylindrée d'un moteur thermique, tout en préservant ses performances, ce qui permet d'accroître son rendement énergétique et de réduire ses émissions. Le moteur de plus faible cylindrée, donc plus petit et plus léger, est le siège de moins de frottements et de pertes, tout en recevant une grande quantité de mélange air/essence grâce à l'injection directe et au turbocompresseur.

En France, on estime que 40 % de l'énergie des transports est consommée en milieu urbain. La vitesse moyenne d'une voiture en ville est comprise entre 15 et 20 $km \cdot h^{-1}$ selon les conditions de circulation.

1. Pourquoi les constructeurs automobiles développent-ils le « *downsizing* » ?

2. Argumenter sur au moins deux solutions permettant de réaliser des économies d'énergie dans les transports.

12 Bois-énergie issue de la biomasse

La *biomasse* désigne l'ensemble des matières organiques qui stockent de l'énergie solaire grâce au carbone. C'est aujourd'hui la première énergie renouvelable, consommée essentiellement sous forme de bois-énergie, biogaz ou biocarburant. En France, 6 millions de foyers utilisent le bois de chauffage sous forme de bûches, granulés ou briques de bois. La combustion du bois sec libère de l'énergie en produisant principalement du dioxyde de carbone CO_2 et de la vapeur d'eau. Mais sa combustion produit aussi des particules, des composés organiques volatils (COV), et des hydrocarbures aromatiques polycycliques (HAP) dangereux qu'il convient d'éliminer.

La filière bois produit une énergie décentralisée qui présente un bilan carbone quasi neutre et économise les énergies fossiles. Pour soutenir un développement durable, outre le renouvellement des arbres, l'exploitation des forêts doit s'effectuer sans épuisement des sols et des ressources en eau.

1. a. En utilisant les données de l'exercice **10**, déterminer la part de la biomasse parmi les énergies renouvelables en France en 2009.
b. Déterminer la part du bois-énergie parmi la biomasse.

2. Pourquoi le bois-énergie présente-t-il un bilan carbone quasi neutre ?

3. En quoi la filière bois donne-t-elle une énergie décentralisée ?

4. Comment le bois-énergie permet-il de réaliser des économies d'énergie ?

5. Quel(s) inconvénient(s) présente cette énergie ?

Exercices de synthèse

Pour préparer le BAC

Donnée. *La puissance P est une variation d'énergie ΔE pendant une durée Δt : $\Delta E = P \cdot \Delta t$.*

13 Bilan énergétique d'un studio

En choisissant des fenêtres à double vitrage, Jean a amélioré l'isolation de son studio. Il souhaite désormais remplacer son ancien convecteur électrique défectueux de puissance 1 000 W. Il décide de calculer la puissance maximale de chauffage dont il aura besoin pour maintenir la température intérieure à 19 °C lorsqu'il fera – 5 °C à l'extérieur en plein hiver.

Son studio est équipé d'éclairage de puissance 30 W et d'appareils électriques qui apportent une puissance énergétique de 50 W au studio. La présence de Jean à l'intérieur du studio apporte 150 W, tandis que la ventilation évacue 100 W vers l'extérieur. Les pertes thermiques ont lieu essentiellement sur le côté fenêtre du studio, comprenant la baie vitrée de résistance thermique $R_{baie} = 0,25\ °C \cdot W^{-1}$ et des murs extérieurs de résistance thermique $R_{mur} = 0,12\ °C \cdot W^{-1}$.

Donnée. *Flux thermique Φ traversant une paroi de résistance thermique R de différence de température ΔT de part et d'autre : $\Phi = \Delta T/R$.*

1. Après isolation des fenêtres, la résistance thermique du vitrage a-t-elle augmenté ou diminué ?

2. Dresser l'inventaire de tous les apports au bilan énergétique du studio, puis celui de toutes les pertes.

3. a. Établir le bilan énergétique du studio en régime permanent.
b. En déduire une relation entre les puissances des apports et celles des pertes.

4. Calculer la puissance minimale que devra fournir le nouveau radiateur pour maintenir la température du studio à 19 °C par une température extérieure de – 5 °C.

14 Biocarburants

Le graphe suivant retrace l'évolution de la production totale d'énergies renouvelables en France.

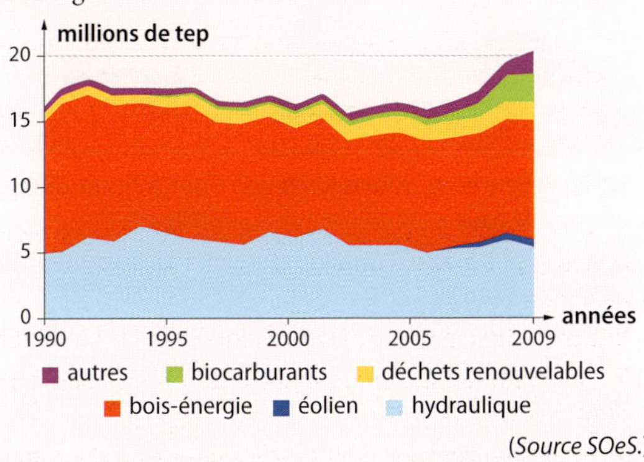

(*Source SOeS.*)

Tous les biocarburants sont issus de la biomasse. Les deux premières générations actuellement exploitées sont produites à partir de plantes oléagineuses terrestres (colza, canne à sucre, palmier à huile…). Ces deux générations présentent un rendement énergétique global insuffisant et un impact sur la biodiversité, les ressources en eau et les sols. La troisième génération de biocarburant est au stade du développement dans les laboratoires de recherche. Elle utilisera la culture intensive de microorganismes (comme des microalgues) pour produire des huiles ou du dihydrogène, en s'inspirant des processus cellulaires du vivant.

1. Comment évolue la part des biocarburants en France parmi les énergies renouvelables ?

2. Représenter la chaîne énergétique des biocarburants du « puits à la roue ».

3. À quelle problématique énergétique contemporaine les biocarburants peuvent-ils apporter des solutions ?

15 La maison à énergie positive

Pour construire une maison à énergie positive, il faut réduire ses besoins énergétiques et produire de l'énergie à l'aide de ressources renouvelables.

L'approche bioclimatique permet d'utiliser au mieux l'exposition au soleil d'un site, sa végétation et son climat (vent, pluie…), afin d'y construire un bâtiment le plus économe possible à l'aide de matériaux isolants assurant un faible flux thermique.

La domotique (qui est toute l'électronique en rapport avec l'habitat) permet d'optimiser la consommation énergétique dans une habitation en contrôlant les systèmes de chauffage, climatisation, ouverture des volets, les systèmes d'éclairage et de ventilation.

Moins connue que les panneaux solaires thermiques (qui produisent l'eau chaude sanitaire), les panneaux photovoltaïques ou les éoliennes (qui produisent de l'électricité), la géothermie très basse énergie exploite l'énergie de nappes d'eau peu profondes dont la température est voisine de 30 °C. On doit creuser un puits à une profondeur supérieure à 30 m ou utiliser un serpentin de plusieurs dizaines de mètres enterré à plus d'un mètre de profondeur. Une pompe à chaleur est nécessaire pour chauffer ou climatiser la maison. Dans le bilan d'énergie finale consommée, l'apport de la géothermie peut atteindre 70 %.

1. À quelle problématique énergétique répond la maison à énergie positive ?

2. Parmi les solutions proposées dans le document, indiquer celles qui apportent un gain énergétique et celles qui limitent les pertes.

3. Parmi les deux bâtiments visibles sur la thermographie infrarouge, lequel des deux pourrait être un bâtiment à énergie positive ?

16 Les énergies intermittentes

Certaines énergies renouvelables décentralisées comme le solaire photovoltaïque et l'éolien sont des énergies intermittentes. Ainsi, le rendement d'une éolienne dépend de la puissance du vent. En France, la durée journalière moyenne de fonctionnement d'une éolienne est estimée à 6 heures. Toutes les énergies intermittentes doivent s'intégrer au réseau électrique sans être source de déséquilibre pour celui-ci.

Les installations chez les particuliers peuvent atteindre des puissances de plusieurs dizaines de kilowatts. À une plus grande échelle, la puissance des éoliennes installées en France par les fournisseurs d'énergie se situe autour de 2 MW. Il faut donc 750 éoliennes pour égaler la puissance d'un réacteur nucléaire de 1 500 MW. Celui-ci met plusieurs jours pour atteindre sa pleine puissance de fonctionnement. L'énergie électrique étant difficilement stockable, des centrales à charbon prennent le plus souvent rapidement le relais des éoliennes à l'arrêt pour assurer le reste de la production journalière.

1. À quelle problématique énergétique les éoliennes ou le solaire photovoltaïque apportent-ils des solutions ?

2. Parmi les énergies renouvelables suivantes, indiquer lesquelles sont intermittentes : géothermie, hydraulique (marée), hydraulique (cours d'eau) et solaire thermique.

3. Pourquoi l'électricité produite par les énergies intermittentes n'est-elle pas simplement stockée chez les particuliers ou chez les fournisseurs d'énergie ?

4. Expliquer pourquoi ce sont des centrales à charbon et non des centrales nucléaires qui compensent l'arrêt des éoliennes.

5. À quelle(s) condition(s) l'énergie éolienne apporte-elle des solutions efficaces au défi énergétique ?

17 Regenerative braking

The concept of transferring a vehicle's kinetic energy using an energy storage system was postulated by physicist Richard Feynman in the 1950s. However, automotive engineers have only recently come up with an effective braking system that can capture much of a car's kinetic energy and convert it into electricity, so that it can be used to recharge batteries for future use. This system is called regenerative braking. At present, these kinds of brakes are primarily found in hybrid vehicles, and in fully electric cars. In vehicles like these, keeping the battery charged is of considerable importance. The technology was first used in trolleybuses and has subsequently found its way into such unlikely places as electric bicycles and even Formula One race cars. Regenerative braking is able to capture as much as half of that wasted energy and put it back to work, thus reducing fuel consumption from 10 to 25%. Hydraulic regenerative braking systems could provide even more impressive gains, potentially reducing fuel use by 25 to 45%.

Adapted from www.howstuffworks.com

1. Describe the energy transformation in a regenerative braking system.

2. When you step on your brake in a classic car, what is the kinetic energy that was propelling your car forward converted into?

3. How does the regenerative braking system provide a solution to the energy challenge?

4. Is this system available for any kind of vehicle?

18 ★ Voiture à énergie éolienne

Afin de proposer un véhicule « propre », un constructeur automobile allemand a investi dans la production d'électricité éolienne stockable sous la forme de gaz naturel de synthèse. Dans un premier temps, l'électricité produite par les éoliennes en heures creuses est transformée en dihydrogène H_2 par électrolyse de l'eau. Puis le dihydrogène, mis en présence d'un catalyseur au nickel, réagit avec le dioxyde de carbone pour produire un gaz naturel de synthèse (syngas) contenant le méthane CH_4. Au total, l'équivalent de deux mois de consommation électrique allemande pourrait être stocké par injection du gaz dans le réseau de distribution préexistant.

Afin d'obtenir le meilleur bilan environnemental possible, le procédé doit disposer d'une source de CO_2 non fossile et être construit à proximité d'une usine émettant beaucoup de CO_2.

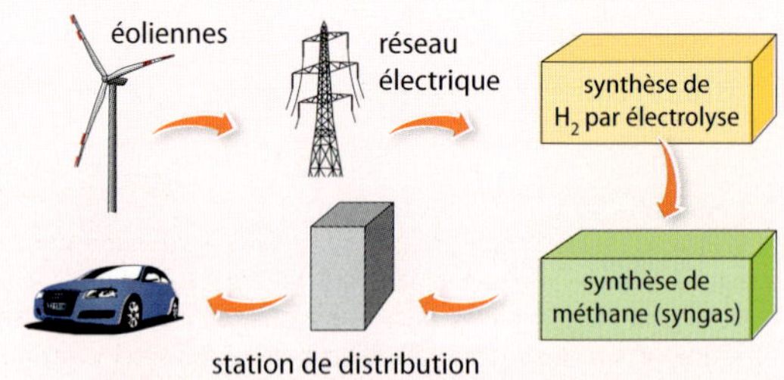

1. Représenter la nouvelle chaîne énergétique décrite du « puits à la roue ».

2. a. B2i Écrire l'équation chimique de la réaction d'électrolyse de l'eau.
b. Écrire l'équation chimique de la réaction de combustion totale du méthane CH_4 se produisant dans le moteur.
c. Comment expliquer le très bon bilan carbone de ce véhicule, qui produit pourtant du CO_2 à l'échappement ?

3. a. Identifier au moins deux problématiques énergétiques auxquelles cette nouvelle chaîne énergétique répondrait.
b. Argumenter sur les solutions apportées par cette nouvelle chaîne énergétique.

Pour préparer le BAC

Les compétences évaluées
- Identifier des problématiques énergétiques contemporaines.
- Faire un bilan énergétique dans le domaine de l'habitat ou du transport.
- Argumenter sur des solutions permettant de réaliser des économies d'énergie.

Énoncé type

Solaire thermique

En France, la production de l'eau chaude sanitaire (ECS) consomme en moyenne autour de 15 % de l'énergie finale du secteur résidentiel.
Le chauffe-eau électrique et le chauffe-eau au gaz naturel sont les modes de production les plus courants d'ECS. Depuis quelques années, une solution solaire éprouvée tend à se substituer à ces énergies conventionnelles pour la production d'ECS auprès des particuliers : le chauffe-eau solaire individuel. Dans ce dispositif, des panneaux solaires thermiques, généralement placés sur le toit, captent le rayonnement solaire, puis chauffent un fluide caloporteur. Ce fluide chauffe ensuite l'eau sanitaire grâce à un échangeur thermique.
Le graphe ci-dessous présente l'évolution de la consommation d'énergie finale dans le secteur tertiaire en France (*données SOeS*).

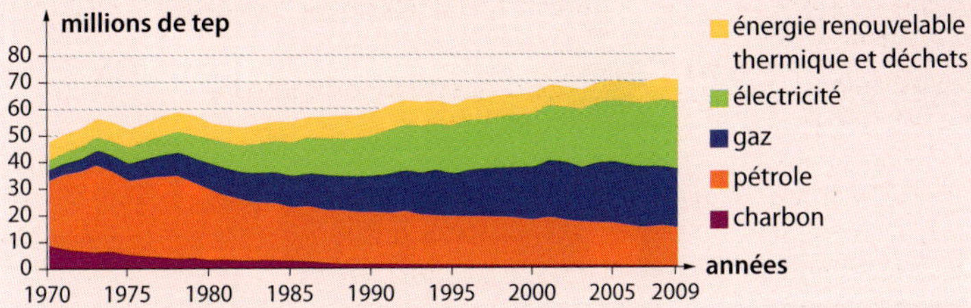

***Données.** Rendement d'un chauffe-eau électrique : $\rho_{célec} = 100$ % (à gaz : $\rho_{cgaz} = 90$ %).*
Rendement de la production et du transport électrique : 30 % (du gaz : 90 %).

1. Quelle problématique énergétique contemporaine illustre le graphique présentant la consommation d'énergie finale dans le secteur résidentiel ?

2. a. Sachant que le rendement du chauffe-eau solaire est d'environ 25 %, estimer la quantité d'énergie primaire nécessaire pour produire une énergie utile de 1,0 kWh selon les trois modes de production.

b. Quel est le mode de production d'ECS le plus efficace énergétiquement ?

3. Quel mode de production d'ECS répond le mieux au défi énergétique ?

➤ Coups de pouce

1. Étudier l'évolution des parts de l'énergie électrique (nucléaire en France) et du gaz.

2. a. Calculer le rendement global de chaque mode de production.

b. Comparer les énergies primaires nécessaires.

3. Toutes les énergies primaires n'apportent pas les mêmes réponses au défi énergétique.

EXEMPLE DE **RÉSOLUTION**

1. La consommation énergétique finale dans le secteur résidentiel augmente, de même que la part de l'énergie électrique et du gaz. La consommation d'énergie dans ce secteur se porte donc essentiellement sur des ressources fossiles (gaz) ou nucléaire (pour l'électricité) non renouvelables, qui ne constituent pas une solution durable.

2. a. Pour le mode de production solaire :

$\Delta E_{solaire} = \Delta E_{utile}/\rho_{solaire}$;

$\Delta E_{solaire} = 1{,}0/0{,}25$

soit $\boxed{\Delta E_{solaire} = 4{,}0 \text{ kWh}}$

Pour le mode de production électrique :

$\rho_{élec} = \rho_{production\ électrique} \cdot \rho_{célec}$;

$\rho_{élec} = 30\ \% \times 100\ \%$ soit $\rho_{élec} = 30\ \%$.

$\Delta E_{élec} = \Delta E_{utile}/\rho_{élec}$;

$\Delta E_{élec} = 1{,}0/0{,}30$

soit $\boxed{\Delta E_{élec} = 3{,}3 \text{ kWh}}$

De même, pour le mode production au gaz :

$\rho_{gaz} = \rho_{production\ gaz} \cdot \rho_{cgaz}$;

$\rho_{gaz} = 90\ \% \times 90\ \% = 81\ \%$

et $\Delta E_{gaz} = \Delta E_{utile}/\rho_{gaz}$;

$\Delta E_{gaz} = 1{,}0/0{,}81$

soit $\boxed{\Delta E_{gaz} = 1{,}2 \text{ kWh}}$

b. Le mode de production le plus efficace est celui utilisant le **chauffe-eau à gaz**, car c'est lui qui consomme le moins d'énergie primaire.

3. La **production d'eau chaude solaire** est la moins efficace énergétiquement, mais l'énergie primaire (le rayonnement solaire) est inépuisable à notre échelle. Ce mode de production solaire répond le mieux au défi énergétique.

Activité 1

Activité de découverte

Compétences scientifiques évaluées
- Extraire une information utile.
- Formuler des hypothèses pertinentes.

La chimie verte mûrit

Lors de la fabrication de produits par l'industrie chimique, de nombreuses substances néfastes pour l'environnement sont utilisées ou formées.

Étude de documents

Au cours du siècle dernier, notre environnement s'est profondément empreint de chimie industrielle : la santé, les transports, l'habillement, l'alimentation…

Toutefois, des années 1970 jusqu'à la fin du XXe siècle, de nombreuses catastrophes industrielles ont terni l'image de la chimie. C'est pour prévenir et réduire la pollution, autant que pour réhabiliter la chimie industrielle, qu'a émergé le concept de « chimie verte » dans les années 1990 **(Fig. 1)**. Celle-ci prévoit des procédés pour réduire ou éliminer l'usage et la production de substances nocives, en utilisant des méthodes alternatives et des voies de synthèse plus respectueuses de l'environnement ; d'où l'intérêt porté, entre autres, aux biomolécules.

En France, 97 % des produits chimiques sont encore fabriqués à partir du pétrole. Or, dans la majorité des cas, les végétaux pourraient servir de matière première et remplacer les ressources fossiles, non renouvelables et polluantes. […] On estime qu'en 2020, le quart de la production chimique organique proviendra des biomolécules. Leurs avantages : elles sont recyclables, compostables ou biodégradables. À la fin du XXIe siècle, ces substances devraient représenter 90 % des approvisionnements du secteur ! À ce jour, seul 0,5 % des 1 200 milliards de tonnes par an de biomasse renouvelable sont utilisés par l'Homme **(Fig. 2)**. Depuis une quinzaine d'années, la France produit des carburants verts à base de colza, de blé et de betterave. Ces filières ne suffiront pas à satisfaire tous nos besoins énergétiques (prévision à 10 % en 2015). Aussi, d'autres pistes sont à l'étude, comme celle de la lignocellulose, issue de la transformation des troncs et des tiges. Les scientifiques cherchent également à améliorer les processus de fabrication de détergents, de solvants et de lubrifiants, à partir d'huiles végétales, avec un souci de valorisation des sous-produits, comme la glycérine. Dans d'autres domaines, ont été mis au point des emballages à base de gluten de blé, des plastiques composites à base de fibres de chanvre ou encore une résine non toxique faite de protéines végétales.

Jean-Marc Biais,
« La chimie se met au vert », *L'Express*, 23 février 2006.

1. Éviter la production de résidus.
2. Maximiser les économies d'atomes et d'étapes.
3. Concevoir des synthèses chimiques moins dangereuses.
4. Concevoir des produits chimiques moins toxiques.
5. Utiliser des solvants et des auxiliaires de synthèse non polluants.
6. Augmenter l'efficacité énergétique.
7. Utiliser des ressources renouvelables à la place des produits fossiles.
8. Éviter la production de dérivés chimiques.
9. Utiliser la catalyse de préférence aux procédés stœchiométriques.
10. Concevoir des produits (bio)dégradables.
11. Analyser en continu pour prévenir la pollution.
12. Développer une chimie fondamentalement plus préventive.

Fig. 1 Les 12 principes de la chimie verte.

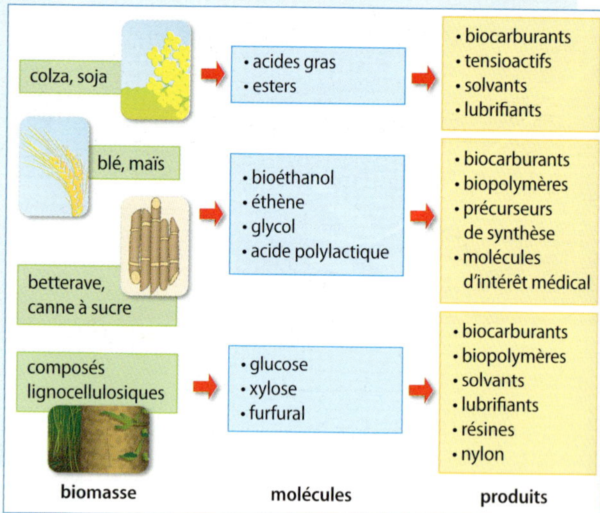

Fig. 2 Quelques produits issus du raffinage.

Pistes de réflexion

1 B2i Quels événements ont sans doute participé à la défiance de l'opinion publique envers la chimie industrielle ?

2 Que propose la « chimie verte » ?

3 Dégager de la liste des principes de la chimie verte les cinq principes dits « de sûreté ».

4 De quelle industrie sont issus de nombreux produits polluants de notre environnement ?

5 **a.** Quels avantages présentent les biomolécules ?
b. Citer quelques domaines du quotidien où elles interviennent.

Pour conclure

6 En quoi l'usage des biomolécules est-il respectueux des principes de la chimie verte ?

Activité 2

Activité documentaire

Compétences scientifiques évaluées
- Extraire une information utile.
- Formuler des hypothèses pertinentes.

Synthèses de l'ibuprofène

Lors des synthèses industrielles, en plus de l'espèce recherchée, des substances qu'il convient de détruire ou de retraiter sont coproduites.

Étude de documents

L'ibuprofène **(Fig. 1)** a longtemps été produit selon une synthèse génératrice de beaucoup d'autres produits de réaction (appelés coproduits), nécessitant de nombreuses extractions et purifications **(Fig. 2)**. En 1990, un procédé alternatif **(Fig. 3)** a été élaboré, plus soucieux de l'environnement car produisant moins de déchets.

C'est dans cette optique d'une réduction de la pollution à la source que la chimie « verte » propose une évolution du concept d'efficacité d'un procédé de synthèse, en prenant en compte la minimisation de la quantité de déchets. L'indicateur de l'efficacité d'un procédé n'est alors plus son rendement, mais son « utilisation atomique » ou « économie d'atome ».

L'utilisation atomique (UA), exprimée en %, est égale au rapport de la masse molaire du produit recherché sur la somme de celles de tous les réactifs qui apparaissent dans l'équation stœchiométrique. Chaque masse molaire doit être affectée du nombre stœchiométrique correspondant.

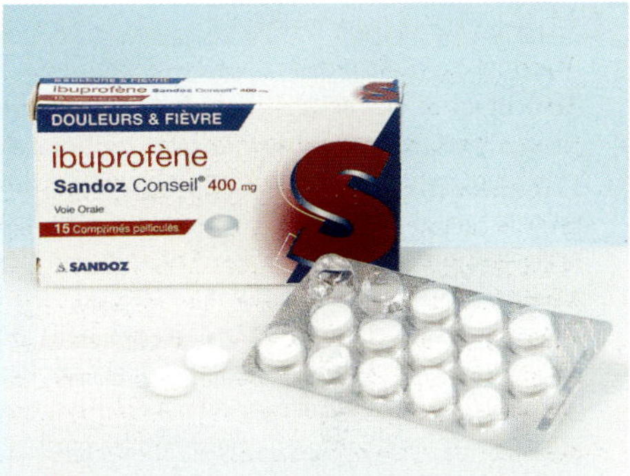

Fig. 1 L'ibuprofène est le principe actif de nombreux anti-inflammatoires.

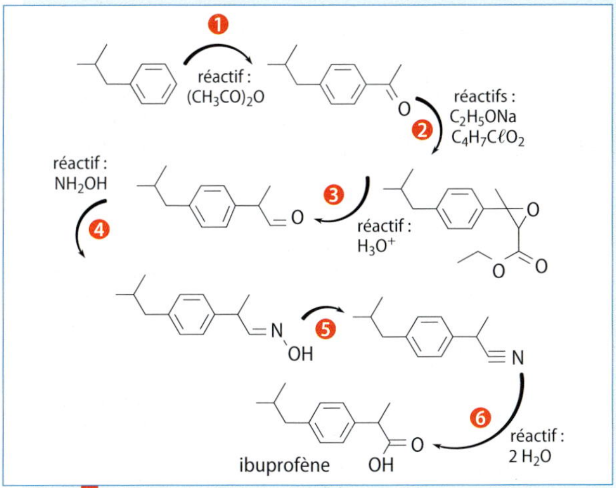

Fig. 2 Le procédé historique fait appel à 6 réactions.

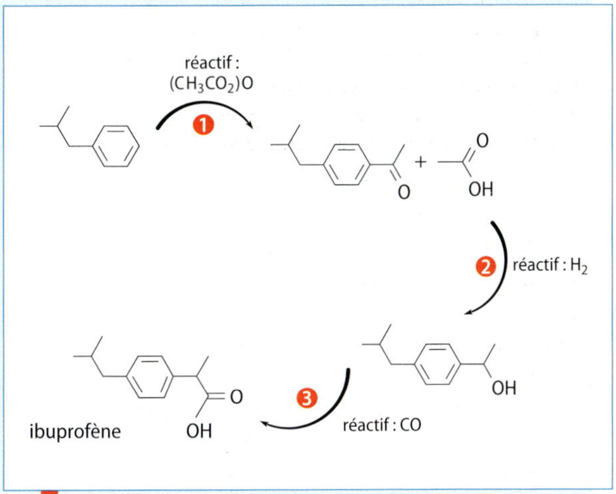

Fig. 3 Le procédé alternatif met en jeu 3 réactions catalysées.

Pistes de réflexion

1 Quels principes de la chimie verte (voir *Activité 1*) ont été mis à profit dans le nouveau procédé de synthèse ?

2 **a.** Pour chacun des deux procédés, calculer les masses molaires de tous les réactifs, puis en déduire l'utilisation atomique.

b. L'acide éthanoïque étant utilisé dans de nombreuses synthèses industrielles, pourquoi peut-on dire que l'UA du nouveau procédé est en réalité proche de 100 % ?

3 Rappeler le rôle d'un catalyseur dans une réaction de synthèse.

4 **a.** Rappeler ce que sont les réactions d'addition, de substitution et d'élimination.

b. Dans l'idée d'une économie d'atome, classer ces types de réaction de la plus à la moins économique.

Pour conclure

5 Lors d'une synthèse organique, quelles sont les techniques qui permettent d'isoler le produit recherché ? En quoi sont-elles sources de dépenses d'énergie et de matière ?

Activité 3

Activité documentaire

Compétences scientifiques évaluées
- Extraire une information utile.
- Formuler des hypothèses pertinentes.

Quelles perspectives pour la carbochimie ?

La diminution des émissions de CO_2 produit par l'activité humaine est devenu un enjeu majeur pour freiner l'augmentation de l'effet de serre.

Étude de documents

Le captage et le stockage du CO_2 (CSC) est une des options pour atténuer les effets du CO_2 anthropique, c'est-à-dire produit par l'activité humaine. Ce processus consiste, dans un premier temps, à séparer le CO_2 de ses sources industrielles (cimenterie, raffinerie, pétrochimie…) et énergétiques (installations faisant appel aux combustibles fossiles ou à l'énergie de la biomasse), puis à le transporter dans des lieux de stockage. On estime que, vers 2030, on pourra stocker géologiquement, par précipitation dans les océans ou par reforestation, 4 gigatonnes de CO_2 sur les 30 annuellement émises par l'Homme.

En complément de cette méthode, il est également envisagé de valoriser le CO_2 comme matière première. Dans ce contexte, le CO_2 n'apparaît plus comme une contrainte mais comme une opportunité économique. Il est ainsi déjà utilisé, à hauteur de 153,5 mégatonnes en 2008 **(Fig. 1)**, comme réactif dans l'industrie chimique ou en tant que tel dans des applications industrielles **(Fig. 2)**.

L'enjeu principal de la valorisation consiste à optimiser des procédés existants ou à trouver de nouvelles applications. On peut ainsi évoquer l'hydrogénation du CO_2 (source de nombreux précurseurs de synthèse organiques) ou la culture de microalgues pour la production de biocarburants. Des recherches sont également conduites pour la production d'hydrocarbures de synthèse ou de molécules pour l'industrie pharmaceutique à partir de CO_2. Le recyclage du dioxyde de carbone permettrait donc de remplacer des produits issus de la pétrochimie. En 2020, on estime que l'utilisation de dioxyde de carbone capté pourrait atteindre 5 à 10 % de l'émission annuelle.

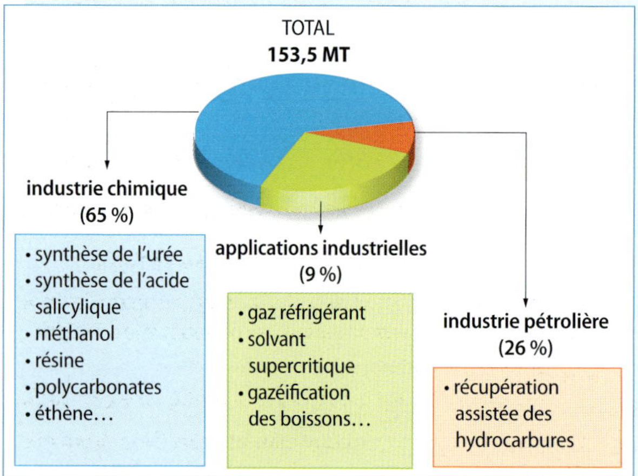

Fig. 1 Utilisation mondiale du CO_2 en 2008.

Fig. 2 Dans certaines conditions de température et de pression, le CO_2 constitue une alternative aux solvants organiques pour l'extraction.

Pistes de réflexion

1 **a.** Quel est le but du CSC ?

b. Le CSC consiste-t-il en un recyclage du dioxyde de carbone anthropique ?

2 B2i Rechercher, éventuellement sur Internet, comment le CO_2 intervient lors de la récupération assistée des hydrocarbures.

3 Quelle part représente l'utilisation industrielle du CO_2 anthropique par rapport aux émissions annuelles mondiales ?

4 Dans ses applications industrielles, la durée de séquestration du CO_2 est-elle intéressante ?

5 Selon vous, en quoi le CO_2 est-il susceptible de participer à la culture de microalgues ?

6 Pourquoi la chimie du CO_2 est-elle plus respectueuse de l'environnement que la pétrochimie ?

Pour conclure

7 De quelle façon l'industrie se propose-t-elle de réduire l'influence du CO_2 sur le changement climatique ?

8 La valorisation du CO_2 anthropique peut-elle se substituer à la recherche d'énergies alternatives aux énergies fossiles ? Argumenter.

Activité 4

TP **Activité expérimentale**

Compétences expérimentales évaluées
- Réaliser un montage expérimental.
- Respecter les règles de sécurité.

Synthèses de l'acide benzoïque

Selon la nature des réactifs et des solvants ou les conditions de réaction, une voie de synthèse est plus ou moins respectueuse de l'environnement et des opérateurs.

Principe

L'acide benzoïque, s'il est naturellement présent dans certains végétaux comme le benjoin (Fig. 1), est aujourd'hui essentiellement produit de façon industrielle selon la réaction d'équation $2\ C_6H_5CH_3 + 3\ O_2 \rightarrow 2\ C_6H_5COOH + 2\ H_2O$, en présence de catalyseurs comme le pentoxyde de vanadium.

Fig. 1 La résine du styrax, ou benjoin, est riche en acide benzoïque.

Le toluène $C_6H_5CH_3$ est introduit, en présence du catalyseur et d'air, dans le réacteur à 150 °C sous une pression de 2,5 bar. La solution toluénique, contenant l'acide benzoïque qui s'écoule à la base du réacteur, est purifiée du toluène qu'elle contient. La phase gazeuse, contenant le toluène excédentaire, de la vapeur d'eau et du diazote, est condensée puis partiellement recyclée : le toluène retourne à l'alimentation du réacteur.

On se propose d'évaluer l'impact environnemental de la synthèse de l'acide benzoïque au laboratoire et de le comparer à celui de la synthèse industrielle.

Mise en œuvre au laboratoire

Matériel
- ballon • erlenmeyer • pipette jaugée • éprouvette graduée • filtre Büchner • béchers • ampoule à décanter • solutions aqueuses de permanganate de potassium à $2{,}5 \times 10^{-1}$ mol · L^{-1} et d'hydroxyde de sodium à 2,0 mol · L^{-1} • acide chlorhydrique à 6,0 mol · L^{-1} • alcool benzylique $C_6H_5CH_2OH$ • cyclohexane • eau glacée

- Introduire dans le ballon 40 mL de soude, 2,00 mL d'alcool benzylique, 100 mL de la solution aqueuse de permanganate de potassium, et quelques grains de pierre ponce.
- Réaliser le montage de chauffage à reflux (Fig. 2) et chauffer le mélange à ébullition douce pendant 15 minutes environ.
- Laisser refroidir le contenu du ballon puis filtrer sur Büchner.
- Verser le filtrat dans une ampoule à décanter et ajouter environ 40 mL de cyclohexane. Agiter et dégazer plusieurs fois. Laisser reposer.
- Recueillir la phase aqueuse dans un erlenmeyer, puis placer ce dernier dans un récipient rempli d'eau glacée.
- Ajouter progressivement, et avec précaution, de l'acide chlorhydrique concentré jusqu'au terme de la cristallisation.
- Filtrer sur Büchner et rincer les cristaux obtenus à l'eau distillée froide.

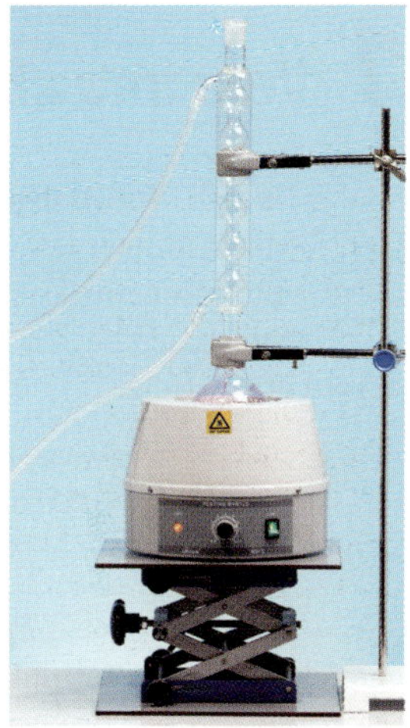

Fig. 2 Montage expérimental. ▶

Données.

Formules	$C_6H_5CH_2OH$	$C_6H_5CO_2^-$	$C_6H_5CO_2H$	$KMnO_4$
Masse molaire (g · mol^{-1})	108	121	122	158
Solubilité dans l'eau	faible	grande	faible	grande
Solubilité dans le cyclohexane	grande	nulle	très faible	nulle

Couples redox : $C_6H_5CO_2^-$ (aq))/$C_6H_5CH_2OH$; MnO_4^- (aq)/MnO_2 (s).

1 Montrer que l'équation associée à l'oxydation de l'alcool benzylique par l'ion permanganate en milieu basique s'écrit :

$$3\ C_6H_5CH_2OH\ (l) + 4\ MnO_4^-\ (aq) \rightarrow 3\ C_6H_5CO_2^-\ (aq) + 4\ H_2O\ (l) + 4\ MnO_2\ (s) + HO^-\ (aq).$$

2 Quelle est l'espèce chimique éliminée lors de la première filtration ?

3 Justifier l'extraction pratiquée.

4 **a.** Consulter la fiche toxicologique des espèces chimiques utilisées et produites lors de cette synthèse. Selon vous, quel est leur impact environnemental ?

b. Quelles sont celles qu'il convient d'éliminer ou de recycler ?

5 Quantifier l'utilisation atomique de cette synthèse et la comparer avec celle du procédé industriel.

Pour conclure

6 Du point de vue des douze principes de la chimie verte (voir *Activité 1, p. 456*), quelles limites présente la synthèse de l'acide benzoïque en laboratoire ?

7 En quoi le procédé industriel est-il plus respectueux de ces principes que celui utilisé au laboratoire ?

Cours

Il est nécessaire de repenser la chimie industrielle, qui doit devenir plus propre, plus sure, et durable : c'est le sens de la « **chimie verte** ».

1 Vers une chimie plus responsable

• Économiser les atomes

› Activités 1 et 2

L'économie d'atome, aussi appelée « **utilisation atomique** » (UA), d'une synthèse peut être quantifiée par le rapport, exprimé en %, entre la masse molaire du produit recherché et la somme de celles des réactifs, chaque masse molaire devant être affectée du nombre stœchiométrique correspondant.

L'économie d'atome permet de réaliser, à moindre coût énergétique et environnemental, l'incorporation de groupes d'atomes caractéristiques dans les produits recherchés.

Pour maximiser le nombre d'atomes de réactifs intégrés aux produits recherchés, il convient de minimiser le nombre de sous-produits indésirables. Ainsi, selon leur type, on privilégiera **certaines réactions**.

Exemples

• Dans la réaction ci-dessous, les atomes se réarrangent au sein de la molécule. Il ne se forme aucun sous-produit : l'économie d'atome est maximale.

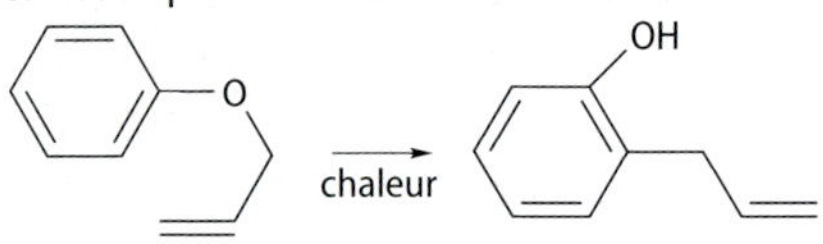

• Lors d'une réaction de substitution, comme la chloration d'un alcool primaire par le chlorure de thionyle, il se forme deux coproduits.

L'économie d'atome réalisée est :

$$UA = \frac{M(\text{1-chlorohexane})}{M(\text{hexan-1-ol}) + M(SOC\ell_2)} = \frac{121}{102 + 118} = 55\ \%$$

Les réactions d'addition permettent de réaliser une économie d'atome supérieure à celle des réactions d'élimination ou de substitution.

• Choisir le solvant

› Activité 4

Sélectionner les solvants les moins nocifs et en réduire les quantités permet de diminuer leur impact sur les opérateurs et sur l'environnement (Fig. 1).

Lors d'une synthèse dite « monotope », un réactif subit plusieurs réactions dans un même milieu réactionnel, ce qui évite les processus de séparation et de purification, coûteux en solvants organiques. Pour les mêmes raisons, la chimie industrielle développe l'usage de solvants facilement **séparables** comme les fluides supercritiques, aux propriétés intermédiaires entre celles des gaz et des liquides, de **solvants non volatils**, comme les liquides ioniques, ou de **solvants verts**, constitués d'un cation organique et d'un anion minéral.

Vocabulaire

Sous-produit : produit formé lors d'une réaction en plus du produit recherché.

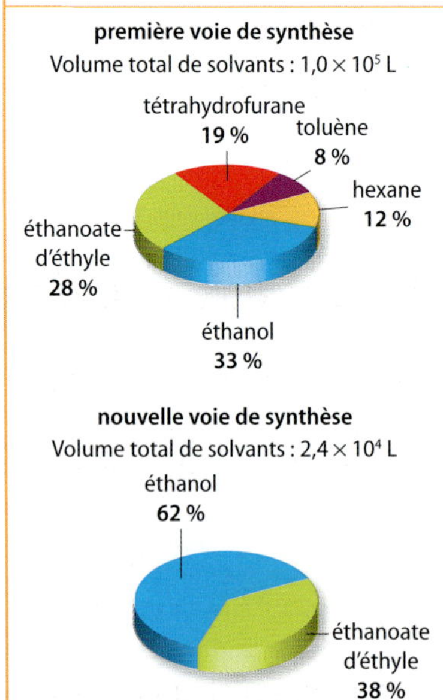

Fig. 1 Volumes comparés de solvants mis en jeu selon la voie suivie pour synthétiser une tonne d'hypochlorite de sertraline, un antidépresseur.

Économiser l'énergie

L'emploi d'un catalyseur **accélère** la réaction et améliore son rendement en l'orientant vers un produit spécifique. Il diminue l'**énergie nécessaire** à l'activation de la réaction.

Exemple

Le méthacrylate de méthyle peut être synthétisé selon deux voies : l'une en plusieurs étapes, l'autre utilisant la catalyse hétérogène. La seconde permet une économie d'énergie et d'atome notable.

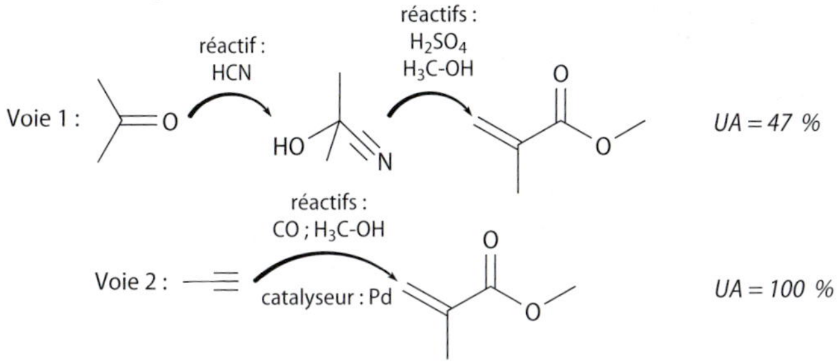

Les **biocatalyseurs** présentent un intérêt supplémentaire du fait de leurs conditions d'utilisation particulièrement douces, car ils nécessitent, à température ambiante, un pH neutre et un milieu aqueux.

La chimie douce propose des voies de synthèse économes en énergie, se réalisant dans des conditions proches des conditions naturelles de température et de pression.

Exemple

Le « procédé sol-gel », inspiré du vivant (Fig. 2), produit du verre par un procédé original qui consiste en une polymérisation en solution aqueuse, à une température comprise entre 20 °C et 150 °C (Fig. 3).

➡ Exercices 1 à 4

Fig. 2 Les diatomées, algues unicellulaires, synthétisent des exosquelettes de silice par polymérisation en solution aqueuse.

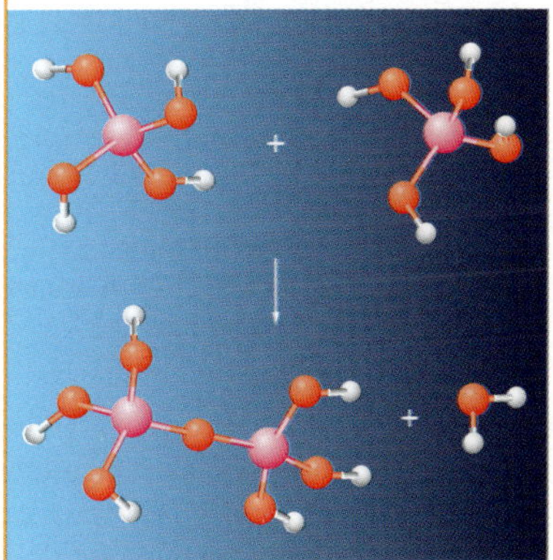

Fig. 3 La polycondensation du monomère $Si(OH)_4$ forme un verre.

2 Vers une chimie durable

Utiliser les agroressources

› Activité 1

Les biomolécules sont extraites de ressources renouvelables comme les productions agricoles et, de façon générale, les végétaux, qui constituent les **agroressources**.

Issues de la biomasse, les biomolécules sont utilisées dans les domaines énergétiques (biodiesel, biogaz...) et non énergétiques (synthèse de polymères, solvants, chimie fine...)

Les biomolécules (acides α-aminés, lipides, glucides, protéines...) se substituent aux molécules organiques issues de la pétrochimie (Fig. 4) dans nombre de produits de consommation courante (détergents, peinture, carburants, plastiques...) et permettent l'obtention de nombreuses molécules précurseurs de synthèses organiques.

Fig. 4 60 % des éléments intérieurs visibles de cette voiture, commercialisée au Japon, sont des bioplastiques.

Cours

Exemple

L'acide lactique, obtenu par fermentation de sucre ou d'amidon, peut être polymérisé en acide polylactique (PLA). Le PLA est un biopolymère biodégradable, principalement utilisé dans l'emballage alimentaire et le textile.

Les biomolécules présentent un avantage non négligeable : leur **dégradation** ne contribue pas à l'augmentation de l'effet de serre. Le CO_2 rejeté dans l'atmosphère correspond à celui capté lors de la photosynthèse au sein d'un végétal.

Valoriser le dioxyde de carbone

› Activité 3

Pour ces mêmes raisons, on cherche à valoriser le **dioxyde de carbone**, principal gaz à effet de serre émis par l'Homme. Outre son **captage** et son **stockage**, son **recyclage** réduit d'autant son impact environnemental.

Le CO_2 peut ainsi être directement utilisé comme **solvant**, **fluide réfrigérant**, transformé en **produits de base** de la synthèse chimique, ou encore en **biocarburant** par l'intermédiaire de la photosynthèse.

Exemple

La synthèse d'un polycarbonate à partir de CO_2 peut remplacer la réaction classique où intervient le phosgène $COC\ell_2$, gaz toxique et corrosif.

Toutefois, ces transformations nécessitent encore le plus souvent des dépenses énergétiques importantes pour un rendement relativement faible et mettent en jeu des réactifs toxiques.

Économiser la matière en recyclant

La **minimisation** et le **recyclage** des réactifs non consommés et des sous-produits indésirables sont des axes essentiels de la chimie durable.

Exemple

La synthèse de l'acide adipique, précurseur du nylon (6,6), s'accompagne de la formation de protoxyde d'azote N_2O, gaz à effet de serre. Son recyclage (Fig. 5) conduit à la production d'un intermédiaire de cette synthèse, l'acide nitrique HNO_3.

La régénération par distillation des solvants toxiques et volatils usagés ou leur valorisation énergétique participent à cette chimie durable.

Exercices 5 à 7

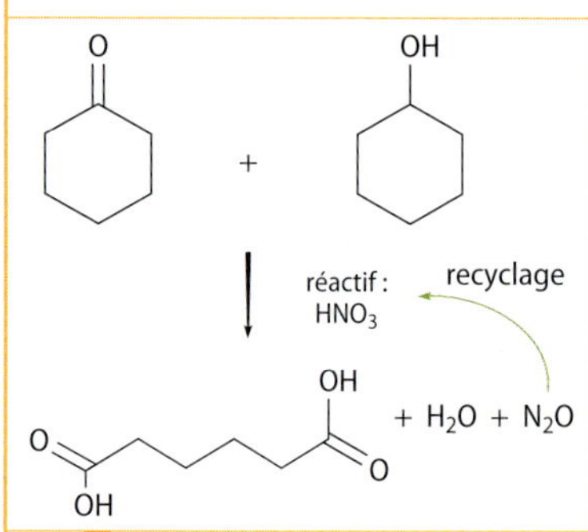

Fig. 5 Recyclage du protoxyde d'azote en acide nitrique lors de la synthèse de l'acide adipique.

Les compétences à acquérir

1 Extraire et exploiter des informations sur une synthèse chimique plus responsable

- L'**économie d'atome**, la diminution du **nombre d'étapes** lors d'une synthèse et le recours à d'autres **solvants** que les solvants organiques usuels permettent de réduire la formation de sous-produits indésirables.
- L'utilisation de catalyseurs et la réalisation de réactions à température et pression usuelles permettent d'**économiser l'énergie**.

2 Extraire et exploiter des informations sur une chimie durable

- L'utilisation de **biomolécules** et la **valorisation** du dioxyde de carbone anthropique limitent l'**impact du carbone** sur l'environnement.
- La **limitation des déchets** et le **recyclage** des sous-produits de synthèse sont des axes essentiels de la **chimie durable**.

Exercices

Compétence 1

› Extraire et exploiter des informations sur une synthèse chimique plus responsable

Donnée. *L'économie d'atome est le rapport (en %) de la masse molaire du produit recherché sur la somme des masses molaires de tous les réactifs apparaissant dans l'équation chimique, affectées des nombres stœchiométriques correspondants.*

1 Le procédé Solvay

› Histoire des sciences

Le carbonate de sodium Na_2CO_3 intervient dans la fabrication des verres, des émaux, et entre dans la composition des lessives.

À la fin du XVIIIe siècle, il était fabriqué selon le procédé Leblanc, en deux étapes dont voici les équations :

❶ $2\ NaC\ell\ (s) + H_2SO_4\ (l) \rightarrow 2\ HC\ell\ (g) + Na_2SO_4\ (s)$;

❷ $Na_2SO_4\ (s) + 4\ C\ (s) + CaCO_3\ (s) \rightarrow Na_2CO_3\ (s) + CaS\ (s) + 4\ CO\ (g)$.

Au XIXe siècle, c'est un procédé moins polluant, appelé Solvay (du nom du chimiste belge à son origine), qui le remplace. Celui-ci comporte 3 étapes, dont les équations sont :

❶ $NaC\ell\ (s) + CO_2\ (g) + NH_3\ (g) + H_2O\ (l) \rightarrow NaHCO_3\ (s) + NH_4C\ell\ (s)$;

❷ $2\ NaHCO_3\ (s) \rightarrow Na_2CO_3\ (s) + CO_2\ (g) + H_2O\ (g)$;

❸ $2\ NH_4C\ell\ (s) + CaO\ (s) \rightarrow 2\ NH_3\ (g) + H_2O\ (g) + CaC\ell_2\ (s)$.

1. Quels sont les sous-produits toxiques formés lors de la synthèse du carbonate de sodium selon le procédé Leblanc ?

2. Pour quelle raison l'étape ❸ du procédé Solvay peut-elle être considérée comme un recyclage ?

3. Quel est l'unique déchet obtenu par le procédé Solvay ?

2 Utilisation atomique

Le 2-méthylpropène est un intermédiaire de synthèse de polymères et de carburants oxygénés. Il peut être synthétisé selon la réaction d'équation :

$(CH_3)_2CBr{-}CH_3 + C_2H_5ONa \rightarrow (CH_3)_2C{=}CH_2 + C_2H_5OH + NaBr$.

1. Parmi les produits, identifier le 2-méthylpropène.

2. Quel est le type de la réaction support de cette synthèse ?

3. Calculer l'économie d'atome réalisée lors de cette réaction.

4. La déshydrogénation catalytique de l'isobutane (ou 2-méthylpropane) est une voie alternative de synthèse du 2-méthylpropène.
a. Écrire l'équation de cette réaction.
b. Exprimer puis calculer l'économie d'atome réalisée. Comparer avec le résultat obtenu à la question **3**.

3 La chimie sans solvant ?

Pour que les réactifs réagissent entre eux, il faut qu'ils puissent se mouvoir pour pouvoir adopter une configuration propice à la réaction. Pour y parvenir, le plus simple est de les mettre en solution. Or les molécules organiques ne sont solubles que dans des solvants organiques, généralement toxiques et polluants. Il existe plusieurs procédés alternatifs qui permettent d'effectuer des synthèses organiques sans solvant : la solubilisation d'un réactif solide dans un réactif liquide ou inversement l'adsorption de liquide à la surface d'un solide, ou encore l'utilisation de supports solides minéraux comme les zéolites, qui comportent de multiples cavités à leur surface, permettent aux réactifs d'y pénétrer et de multiplier ainsi les lieux de réactions.

Sylvie Furois, Centre de Vulgarisation de la Connaissance, Université Paris-Sud, « La chimie sans solvant », *Science Ouest* n° 231, avril 2006.

1. a. En chimie, quel est le rôle joué par le solvant ?
b. Pour quelle raison une chimie « verte » préconise-t-elle d'en limiter l'usage ?

2. Lorsqu'un des réactifs est à l'état solide, quelles méthodes permettent de ne pas utiliser de solvant ?

3. Pourquoi un zéolite multiplie-t-il les lieux de réactions, se substituant ainsi au rôle joué par le solvant ?

4 Les enzymes et le secteur industriel

Les enzymes jouent un rôle de plus en plus important dans la chimie industrielle, où elles peuvent remplacer les réactifs toxiques ou corrosifs de nombreux procédés de synthèse. Leur rôle contribue également à une limitation du nombre de déchets. De plus, les enzymes permettent d'éviter les conditions extrêmes habituellement utilisées (très hautes pressions et températures). En effet, leur action se fait à pression atmosphérique et température modérée, au sein de solutions de pH quasi neutre.

L'usage de catalyseurs hautement spécifiques donne des produits plus purs, dotés de réactions secondaires moindres, ce qui entraîne la réduction du nombre de sous-produits. Ainsi, un procédé utilisant les enzymes au lieu des substances habituelles est moins polluant, plus respectueux de l'environnement, et moins coûteux.

1. a. Dans quelles conditions et dans quel environnement se déroulent les synthèses auxquelles participent des enzymes ?
b. En quoi ces conditions opératoires sont-elles cohérentes avec une chimie plus respectueuse de l'environnement ?

2. Qu'est-ce qu'un catalyseur spécifique ?

3. Comparer l'économie d'atome réalisée au cours d'une réaction enzymatique comparativement à une réaction chimique classique.

Compétence 2

> ***Extraire et exploiter des informations sur une chimie durable***

5 Bioraffinerie

Bioraffinerie ? Le terme est quasi inconnu en France. L'idée est de valoriser l'ensemble des composants des végétaux, de la tige aux grains sans laisser aucun déchet, par une bioconversion naturelle, donc dans le respect de l'environnement.

Dans une bioraffinerie, seront valorisés l'ensemble des grandes cultures de blé, maïs, colza, lin, betterave pour fabriquer des fibres textiles végétales. De leur germe couleront les triesters que l'industrie aéronautique pourrait utiliser. Des protéines émergeront de nouveaux bioplastiques ou des colles. De l'amidon jailliront des biomatériaux, polymères biodégradables, du glucose ou du sorbitol naîtront des produits cosmétiques et pharmaceutiques, mais aussi du bioéthanol, qui peut servir de carburant « vert » aux voitures, ou de précurseur de polymérisation pour le PVC ou le PE, alors que les ressources en pétrole s'amenuisent et que la pollution de la pétrochimie est de moins en moins tolérée. Le potentiel est immense, puisque toutes les plantes peuvent être transformées et permettent de fabriquer presque tous les produits issus du pétrole.

Julien Lévy, « Maïs à tout faire », *Libération*, 22 janvier 2005.

1. Quelle est la matière première utilisée dans une bioraffinerie ?
2. Quels sont les types de molécules, extraites des plantes, qui sont les précurseurs des biosynthèses réalisées ?
3. Inventorier quelques-uns de ces bioproduits.
4. Pourquoi une bioraffinerie est-elle plus respectueuse de l'environnement qu'une industrie pétrochimique ?

6 Extraction et CO_2 supercritique

À l'état supercritique (température supérieure à 31 °C et pression supérieure à 73 bars), le CO_2 se situe dans un état intermédiaire entre le gaz et le liquide : sa densité est proche de celle d'un liquide et sa viscosité (résistance à l'écoulement) est voisine de celle d'un gaz. Dans ces conditions, il est un solvant très efficace des matières organiques et constitue une alternative aux solvants volatils et toxiques. Ainsi conduite, l'extraction ne dénature pas les qualités organoleptiques de l'extrait obtenu.

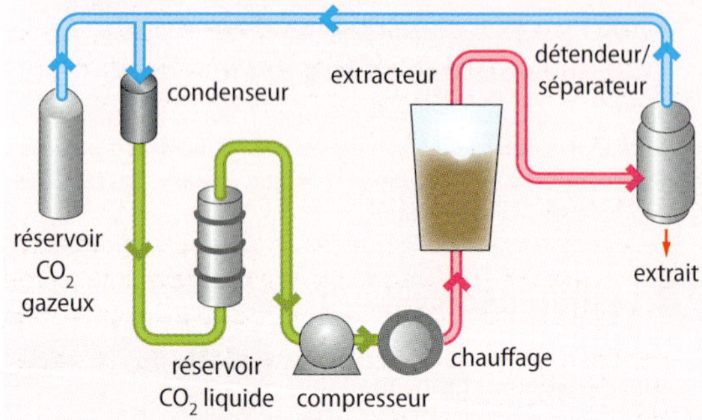

De plus, le « pouvoir solvant » des fluides supercritiques dépendant des conditions de température et de pression, on peut agir sur leur sélectivité, et extraire si nécessaire une unique espèce, contrairement à une extraction conduite avec des solvants volatils.

Enfin, à l'issue de l'extraction, l'élimination du solvant supercritique est réalisée par une simple détente : il passe à l'état gazeux et s'élimine sans laisser de trace. La purification de l'extrait n'est donc plus nécessaire.

1. Donner les caractéristiques d'un fluide supercritique.
2. Quels avantages présente un solvant supercritique par rapport à un solvant organique volatil ?
3. Identifier, sur le schéma de l'installation, les zones où le CO_2 est à l'état liquide, gazeux ou supercritique.
4. Comment sépare-t-on le solvant supercritique de l'extrait ?
5. B2i Rechercher, éventuellement sur Internet, le nom de quelques espèces extraites par CO_2 supercritique.
6. Du point de vue de l'effet de serre, quel intérêt présente ce type de valorisation du CO_2 ?

7 Synthèse d'un biocarburant

L'ester méthylique de colza (EMC) est un biocarburant adjoint au diesel à hauteur de 7 %. On compare ses caractéristiques à celles du gazole.

	Gazole	EMC
Indice de cétane (capacité de résistance à l'auto-inflammation)	49 à 51,5	50 à 52,5
Viscosité (Pa · s)	2 à 4,5	4,5
Quantité d'énergie libérée par combustion ($kJ \cdot L^{-1}$)	35,3 à 36,3	33,2
Teneur en soufre ($mg \cdot kg^{-1}$)	350	0

1. Pourquoi l'EMC peut-il se substituer au gazole dans un moteur dédié ?
2. En quoi l'usage d'un biocarburant contribue-t-il à ne pas augmenter les émissions de CO_2 ?
3. B2i Rechercher, éventuellement sur Internet, pourquoi l'absence de soufre dans l'EMC participe à la préservation de l'environnement.

Exercices de synthèse

Pour préparer le BAC

Donnée. *L'économie d'atome est le rapport (en %) de la masse molaire du produit recherché sur la somme des masses molaires de tous les réactifs apparaissant dans l'équation chimique, affectées des nombres stœchiométriques correspondants.*

8 Produire du phénol

Il existe trois voies permettant la synthèse du phénol C_6H_5OH, un précurseur en chimie organique industrielle dont la production annuelle mondiale est de l'ordre de 6 millions de tonnes :

• par sulfonation du benzène, depuis la fin du XIXe siècle, par réaction d'équation :

$$C_6H_6 + H_2SO_4 + 2\ NaOH \rightarrow C_6H_5OH + Na_2SO_3 + 2\ H_2O\ ;$$

• par l'intermédiaire du cumène, depuis les années 1960, selon les réactions suivantes :

❶
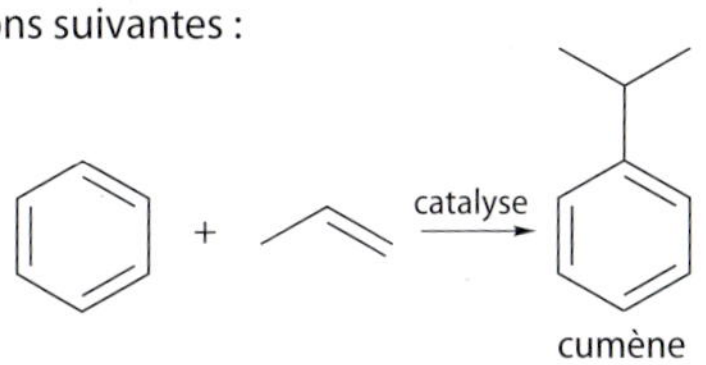

❷
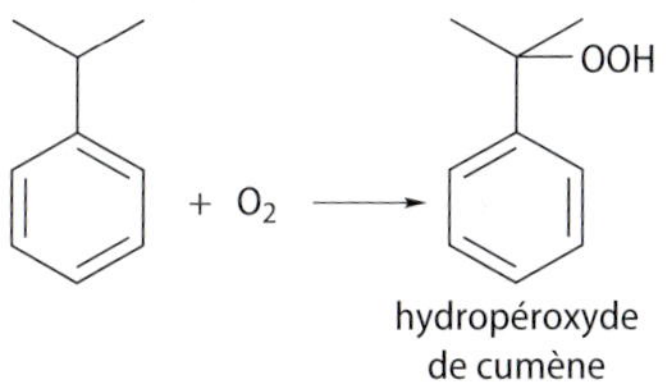

❸
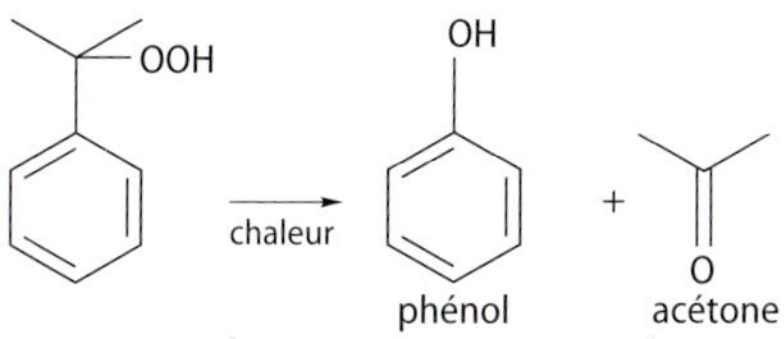

• par oxydation du méthylbenzène, depuis 1961 :

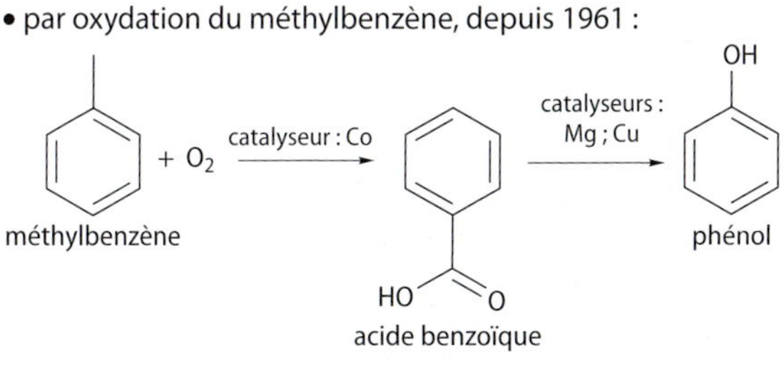

1. Calculer l'économie d'atome de la première voie de synthèse.

2. Donner l'équation chimique qui rend compte du bilan de la seconde voie de synthèse et calculer l'économie d'atome.

3. L'acétone est un sous-produit de réaction recyclable. Qu'en est-il alors de l'économie d'atome réalisée lors de cette voie de synthèse ?

4. B2i Lors de cette synthèse, l'hydroperoxyde de cumène est un intermédiaire réactionnel. Rechercher, éventuellement sur Internet, l'inconvénient que cela présente.

5. Quel intérêt présente alors la troisième voie de synthèse dans l'optique d'une chimie plus respectueuse de l'environnement ?

9 More green reagents

Polyurethanes are very wide-spread polymers. Urethanes are their corresponding monomers. They were historically prepared from isocyanates, traditionally synthetized by the action of the phosgene, a toxic gas, on an amine. Later, a new process of synthesis was developed where the phosgene is replaced by the carbon dioxide.

1. What are the reagents at the source of the historic synthesis of polyurethanes?

2. What is the major problem when using one of them?

3. By what other reagent was it later replaced?

4. What can we say about this reagent's toxicity and about its impact on the greenhouse effect?

10 Une voie verte pour l'acide adipique

L'acide adipique est utilisé dans la synthèse du nylon. Il est traditionnellement synthétisé à partir du benzène, même si l'un des sous-produits de réaction est l'une des espèces les plus impliquées dans la pollution atmosphérique.

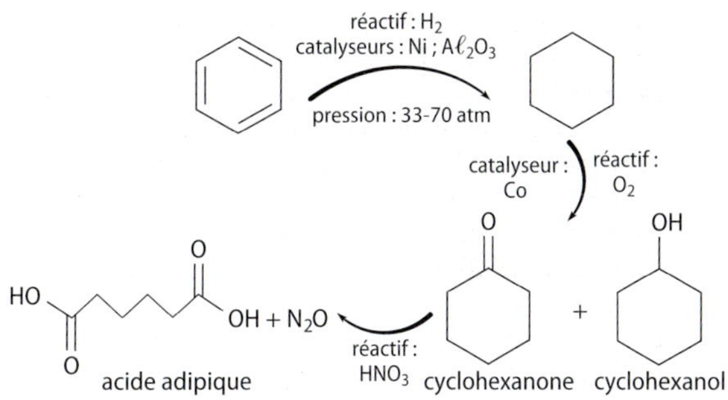

1. B2i Rechercher, éventuellement sur Internet, les réactifs utilisés dans cette synthèse dont la toxicité est avérée.

2. Quel sous-produit de réaction participe à l'effet de serre et à la destruction de la couche d'ozone ?

3. Pourquoi cette synthèse est-elle qualifiée d'« énergétivore » ?

L'acide adipique peut être également produit à partir du glucose selon les processus suivants :

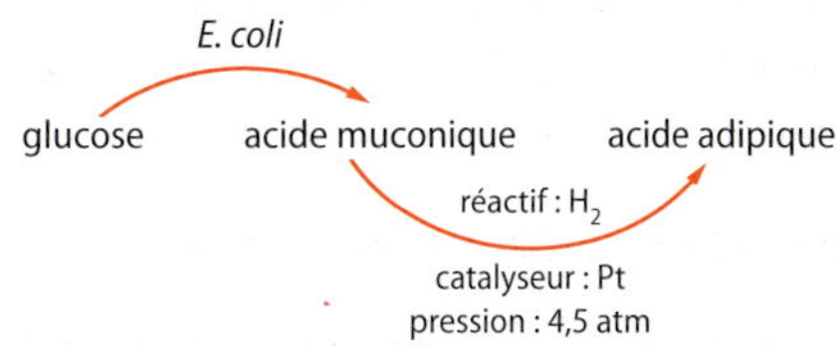

4. Le glucose est le monomère de l'amidon. Où se forme-t-il ?

5. a. *E. coli* est une bactérie. Dans quel type de milieu évolue-t-elle ? Quel est alors le solvant de cette synthèse ?

b. Pourquoi peut-on alors affirmer que cette voie de synthèse est plus en accord avec les principes d'une chimie respectueuse de l'environnement ?

Exercices

11 Synthèse de l'acétoanisole

L'acétoanisole est un composé aromatique à l'odeur caractéristique d'anis et d'aubépine. Il est utilisé dans l'industrie alimentaire ainsi qu'en parfumerie.

Il peut être extrait d'une sécrétion produite par les glandes sexuelles du castor, mais est désormais obtenu industriellement à partir de l'anisole, selon deux voies de synthèse dont on donne ici quelques caractéristiques.

Par catalyse homogène	Par catalyse hétérogène
Catalyseur : $A\ell C\ell_3$ en excès	Catalyseur : zéolite
Destruction du catalyseur	Recyclage du catalyseur
Hydrolyse en fin de réaction	Pas d'eau utilisée
Solvant : dichloroéthane	Pas de solvant
Synthèse en 8 étapes : réaction, séparation des phases organiques et aqueuses, traitement de la phase aqueuse, distillation de la phase organique et recyclage du solvant organique.	Synthèse en 2 étapes : réaction et distillation de la phase organique.
Rendement : entre 85 et 95 %	Rendement : 95 %
4 500 kg d'effluents par tonne	35 kg d'effluents par tonne

1. Quelle différence fait-on entre catalyse homogène et catalyse hétérogène ?

2. En regard de leurs caractéristiques, laquelle des deux voies de synthèse présentera la meilleure économie d'atome ?

3. Qu'implique le rejet d'effluent (liquide porteur d'une charge polluante) par une unité de synthèse industrielle ?

4. Quelle voie est-elle la moins énergétivore et, de façon générale, la plus en accord avec les principes de la chimie verte ?

12 Le biocharbon… un combustible vert ?

En se décomposant, les résidus de la biomasse dégagent du dioxyde de carbone. Mais ils peuvent également être brûlés dans un four à pyrolyse, pour produire ce qu'on appelle du « biocharbon », ensuite utilisé comme combustible (dont le bilan carbone est nul), ou enfoui pour capter le CO_2 dans le sol.

En effet, le biocharbon constitue un « piège » efficace pour le CO_2, plus durable que les plantes ou les arbres, qui ne retiennent le CO_2 qu'une vingtaine d'années contre une centaine, estime-t-on, pour le biocharbon. Par ailleurs, le biocharbon présente l'avantage de fixer les éléments nutritifs du sol.

1. B2i Rechercher la définition d'une « pyrolyse ».

2. Pourquoi le « bilan carbone » du biocharbon est-il nul ?

3. Quelle autre utilisation peut-on faire du biocharbon ?

13 Enzyme et carburant synthétique

Des chercheurs ont récemment découvert qu'une enzyme, dite nitrogénase, trouvée dans la bactérie *Azotobacter Vinelandii* présente dans le sol, possède la capacité de transformer le monoxyde de carbone en composés carbonés, tels que l'éthène, l'éthane ou le propane.

Leurs recherches n'en sont qu'à un stade préliminaire, mais il semble possible que des déchets, comme les échappements de combustion, ou autres sous-produits de processus industriels, puissent donner lieu à une production de combustible propre. Et, peut-être également, à une production de composés à chaînes plus longues, comme ceux qu'on trouve dans les pétroles.

De plus, ce procédé de fabrication consommerait moins d'énergie que le procédé industriel actuel (procédé Fischer-Tropsch) pour produire des combustibles carbonés liquides à partir de monoxyde de carbone et d'hydrogène, en raison du fait que l'enzyme agit à température et pression usuelles.

« Enzymes et carburants synthétiques », *Le Républicain Lorrain*, 16 janvier 2011.

1. Qu'est-ce qu'une enzyme ?

2. Quelles réactions l'enzyme évoquée dans le texte catalyse-t-elle ?

3. En quoi ce mode de production de combustible est-il moins énergétivore que le procédé classique industriel ?

14 Les micro-ondes et l'économie d'énergie

Le plus souvent, les réactions ont besoin d'être amorcées ou accélérées par un peu de chauffage ! Mais le chauffage traditionnel est lent. De plus, les éventuelles surchauffes du récipient peuvent dégrader réactifs comme produits. L'adoption du chauffage par micro-ondes pallie ces inconvénients : il permet un chauffage rapide et homogène du milieu réactionnel et seulement de celui-ci, des temps de réaction plus courts, des produits de réaction plus purs et de meilleurs rendements. Ainsi, la synthèse de certains composés d'intérêt biologique, qui s'effectuait « classiquement » en solution dans le toluène (un solvant toxique), demandait 24 h et atteignait un rendement de 65 %. Sans solvant et avec chauffage par micro-ondes, elle s'effectue en 3 min, avec un rendement de 98 % !

Sylvie Furois, Centre de Vulgarisation de la Connaissance, Université Paris-Sud, « La chimie sans solvant », *Science Ouest* n° 231, avril 2006.

1. Pourquoi faut-il chauffer un milieu réactionnel ?

2. En quoi le chauffage par micro-ondes constitue-t-il une alternative intéressante au chauffage « classique » ?

3. À quels principes d'une chimie plus respectueuse de l'environnement le chauffage par micro-ondes souscrit-il ?

Pour préparer le BAC

Les compétences évaluées
- Extraire et exploiter des informations sur une synthèse chimique plus responsable.
- Extraire et exploiter des informations sur une chimie durable.

Énoncé type

Synthèse du caprolactame

Les polyamides comme les nylons sont utilisés dans nombre de secteurs d'activité pour leur résistance chimique et thermique, ainsi que pour leurs propriétés mécaniques et esthétiques. Le monomère du polyamide 6 est le caprolactame $C_6H_{11}NO$, synthétisé dans un premier temps à partir de la cyclohexanone $C_6H_{10}O$, selon la réaction d'équation :

$$2\,C_6H_{10}O + (NH_3OH)_2SO_4 + 8\,NH_3 + 3\,H_2SO_4 \rightarrow 2\,C_6H_{11}NO + 4\,(NH_4)_2SO_4 + 2\,H_2O.$$

Ce procédé en 6 étapes conduit à la coproduction de 4,5 tonnes de sulfate d'ammonium $(NH_4)_2SO_4$ (un engrais) par tonne de caprolactame.
En 2002, un nouveau procédé de fabrication du caprolactame en trois étapes est apparu. Il s'effectue par un traitement catalytique à haute température du butadiène C_4H_6 selon la réaction d'équation :

$$C_4H_6 + 2\,HCN + H_2O + H_2 \rightarrow C_6H_{11}NO + NH_3.$$

En 2006, une troisième voie de synthèse a été élaborée au Japon. Réalisée dans un unique réacteur, elle possède également l'avantage de ne pas générer de sulfate d'ammonium. Ce nouveau procédé consiste à faire réagir du cyclohexane et du nitrite de tert-butyle à 75 °C, en présence de catalyseurs et d'un unique solvant.

1. Déterminer l'économie d'atome réalisée lors de la transformation de la cyclohexanone en caprolactame.
2. Sachant qu'un solvant est généralement nécessaire à une réaction chimique, qu'implique, d'un point de vue environnemental, la multiplication des étapes lors d'une synthèse ?
3. Déterminer l'économie d'atome réalisée lors de la transformation du butadiène en caprolactame, puis la comparer avec le résultat de la question **1**.
4. L'ammoniac NH_3 est un sous-produit recyclable. Qu'en est-il alors de l'économie d'atome lors de cette synthèse ?
5. La toxicité de l'acide cyanhydrique HCN peut s'avérer mortelle. Argumenter sur l'efficience de cette synthèse.
6. Du point de vue environnemental, quels avantages présente le troisième procédé de synthèse sur les deux précédents ?

Coups de pouce

1. L'économie d'atome, ou utilisation atomique, s'exprime comme le rapport (en %) de la masse molaire du produit recherché sur la somme des masses molaires de tous les réactifs qui apparaissent dans l'équation chimique. Dans le cas général, chaque masse molaire doit être affectée du nombre stœchiométrique correspondant.

6. Le fait que la réaction se déroule dans un unique réacteur permet une économie de solvants.

EXEMPLE DE **RÉSOLUTION**

1.

$$UA = \frac{2M(C_6H_{11}NO)}{2M(C_6H_{10}O) + M((NH_3OH)_2SO_4) + 3M(H_2SO_4) + 8M(NH_3)}$$

$$= \frac{2 \times 113}{(2 \times 98 + 164 + 3 \times 98 + 8 \times 17)}$$

UA = 29 %

2. Un grand nombre d'étapes lors d'une synthèse conduit à la **multiplication** de l'usage de solvants volatils et toxiques, ainsi qu'à la formation de sous-produits et de réactions indésirables. Ces solvants doivent être **séparés** et **recyclés**.

3. $$UA = \frac{M(C_6H_{11}NO)}{\left(M(C_4H_6) + 2\,M(HCN) + M(H_2O) + M(H_2)\right)}$$

$$= \frac{113}{(54 + 2 \times 27 + 18 + 2)}$$

UA = 88 %

Cette voie de synthèse permet une **amélioration notable de l'économie d'atome** réalisée.

4. Le seul sous-produit de cette seconde voie de synthèse est l'ammoniac. Celui-ci étant recyclable, on peut alors considérer que **l'économie d'atome réalisée est proche de 100 %.**

5. Si cette voie de synthèse ne produit aucun déchet, il convient quand même de **relativiser son efficience** du point de vue environnemental, dans la mesure où l'un des réactifs utilisés est fortement toxique.

6. Ce procédé de synthèse est économe en solvants. En effet, réalisée dans un unique réacteur, on peut supposer son caractère monotope : un réactif subissant plusieurs réactions dans un même milieu réactionnel permet d'**éviter les processus de séparation et de purification** coûteux en solvants organiques.

D'autre part, la faible température que nécessite ce procédé conduit à des **économies d'énergie** non négligeables à l'échelle industrielle.

Activité 1

Activité de découverte

Compétences scientifiques évaluées
- Faire preuve de curiosité.
- Communiquer et argumenter en utilisant un vocabulaire scientifique adapté.

Des dosages et nous

Le dosage d'espèces chimiques nous concerne tous les jours, parfois sans que nous en ayons conscience.

Étude de documents

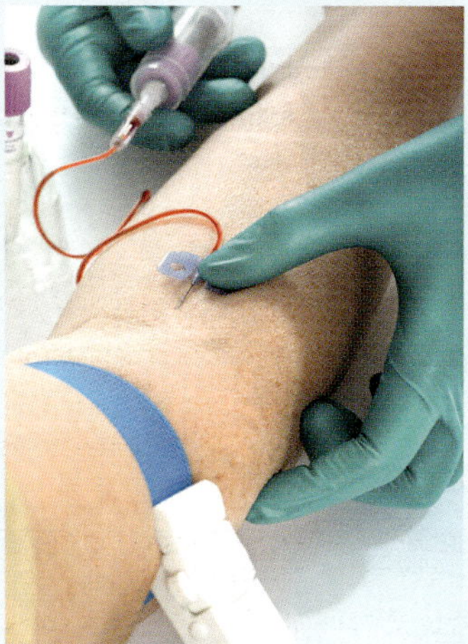

Fig. 1 Une prise de sang.

Fig. 2 Le ginkgo biloba présente la vertu d'améliorer la circulation sanguine.

Fig. 3 Fontaine publique.

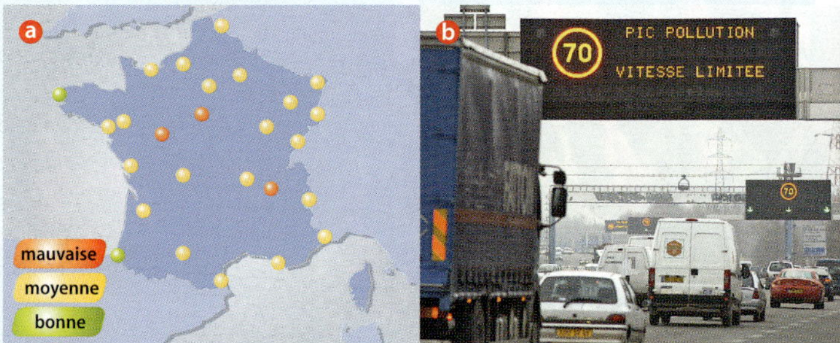

Fig. 5 ⓐ Carte représentant la qualité de l'air dans différentes agglomérations de France. ⓑ Conduite automobile à tenir imposée en conséquence.

Fig. 4 Chaîne de production industrielle d'une boisson.

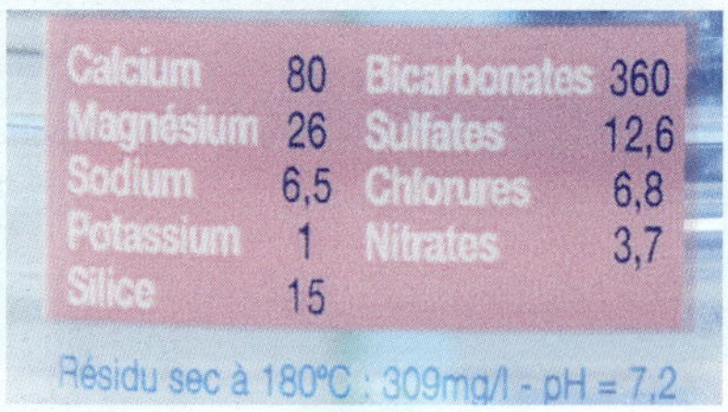

Calcium	80	Bicarbonates	360
Magnésium	26	Sulfates	12,6
Sodium	6,5	Chlorures	6,8
Potassium	1	Nitrates	3,7
Silice	15		

Résidu sec à 180°C : 309mg/l - pH = 7,2

Fig. 6 Étiquette d'une eau minérale.

Pistes de réflexion

1 Quel est l'objectif d'une prise de sang ? Comment y parvient-on ?

2 Une gélule de médicament à base de ginkgo biloba doit contenir 0,014 g de principe actif extrait de feuilles de ginkgo. Comment connaître la quantité de feuilles nécessaire à la fabrication d'une gélule de médicament ?

3 Pour chaque situation présentée sur les figures 3 à 6, expliquer quels contrôles les pouvoirs publics ou les industriels sont amenés à faire. Selon vous, comment ces contrôles sont-ils effectués ?

Pour conclure

4 Qu'y a-t-il de commun à toutes les situations évoquées par les photographies ci-dessus ?

5 Quels sont les domaines qui peuvent être touchés par la nécessité de doser des espèces chimiques ?

Activité 2

TP **Activité expérimentale**

Compétences expérimentales évaluées
- Réaliser un montage expérimental.
- Écrire le résultat d'une mesure.

Dosage d'un sérum physiologique

On se propose de vérifier une valeur de concentration indiquée par un fabricant en utilisant un dosage par étalonnage.

Principe

Le sérum physiologique est une solution pharmaceutique utilisée pour nettoyer le nez, les yeux, etc. Elle contient de l'eau et du chlorure de sodium. Le pourcentage en masse de chlorure de sodium (Na^+ (aq) + $C\ell^-$ (aq)) est indiqué sur chaque flacon (Fig. 1) : 0,9 %, c'est-à-dire que 100 g de sérum physiologique contiennent 0,9 g de chlorure de sodium.

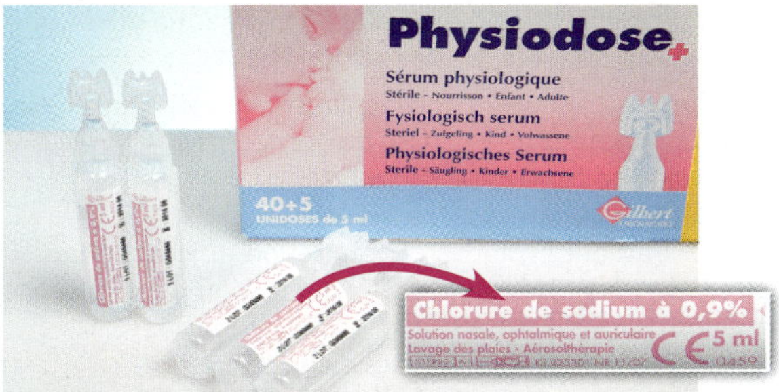

Fig. 1 Flacons de sérum physiologique.

Mise en œuvre au laboratoire

Matériel
- fioles jaugées de 50 mL et 100 mL • burette de 25 mL • pipettes et système de pipetage • béchers • conductimètre • solution de chlorure de sodium de concentration $2,00 \times 10^{-2}$ mol · L^{-1}

Préparation des solutions étalons

- Placer la solution mère S_0 de chlorure de sodium de concentration molaire $2,00 \times 10^{-2}$ mol · L^{-1} dans la burette.
- À l'aide d'une fiole jaugée, préparer 50,0 mL de chaque solution étalon en versant de la solution-mère comme indiqué dans le tableau ci-dessous, puis en complétant avec de l'eau distillée jusqu'au trait de jauge.

Solution étalon	S_1	S_2	S_3	S_4	S_5
Volume de S_0 versé (mL)	5,0	10,0	15,0	20,0	25,0

- Verser chaque solution étalon dans un bécher numéroté, rincer la fiole jaugée, puis préparer la solution suivante en ajoutant de la solution-mère dans la burette au besoin.

Tracé de la courbe d'étalonnage

- Rincer la cellule conductimétrique, la sécher délicatement, et vérifier qu'en la plongeant dans de l'eau distillée, le conductimètre affiche une valeur nulle.
- Mesurer la conductance des solutions étalons S_1 à S_5, de la plus diluée à la plus concentrée, en rinçant et séchant la cellule conductimétrique entre chaque mesure.

Dosage du sérum physiologique

On souhaite préparer une solution S_d de sérum physiologique dilué 20 fois.

1 Détailler le protocole de la dilution à réaliser.

- Préparer la solution S_d. Verser cette solution dans un bécher et mesurer sa conductance.

Exploitation

2 Déterminer la concentration molaire des solutions S_1 à S_5.

3 **a.** Selon vous, pourquoi faut-il mesurer la conductance des solutions de la plus diluée à la plus concentrée ?

b. Quelles précautions faut-il prendre lors de la mesure avec une cellule conductimétrique ?

4 **a.** Reporter dans un tableau les valeurs de concentration et de conductance des solutions étalons.

b. Avec combien de chiffres convient-il d'écrire les valeurs de conductance mesurées ? Justifier.

c. Tracer un graphique représentant la conductance en fonction de la concentration molaire.

d. Tracer alors une droite qui passe au mieux par tous les points de mesure.

5 Selon vous, pourquoi est-il nécessaire de diluer la solution de sérum physiologique ?

6 **a.** En vous aidant éventuellement de la notice du conductimètre, donner la valeur de la conductance de la solution S_d avec son incertitude, sous la forme :

$$G(S_d) = G(S_d)_{lu} \pm \Delta G(S_d)$$

Voir la fiche méthode p. 568.

b. À l'aide du graphique, déterminer la concentration molaire c_d en chlorure de sodium de la solution S_d. En déduire la concentration molaire c en chlorure de sodium du sérum physiologique.

c. Tous les binômes ont-ils trouvé le même résultat ? Identifier les différentes sources d'erreur.

d. En effectuant la moyenne des résultats trouvés par tous les binômes, exprimer le résultat de la mesure par :

$c = c_{moy} \pm \Delta c$ avec Δc l'écart type de la distribution.

Pour conclure

7 **a.** Déterminer c_{fab}, la concentration molaire en chlorure de sodium d'après l'indication du fabricant.

Donnée. *Densité du sérum physiologique : $d_{sérum} = 1,00$.*

b. La concentration molaire indiquée par le fabricant est-elle conforme à celle déterminée expérimentalement ? Justifier en calculant l'écart relatif : $|c - c_{fab}|/c_{fab}$.

Activité 3

Démarche d'investigation

Compétences scientifiques évaluées
- Formuler des hypothèses pertinentes.
- Communiquer et argumenter en utilisant un vocabulaire scientifique adapté.

Titrage par conductimétrie

Dans certains titrages, on suit la conductance de la solution en fonction du volume de solution titrante versé. Comment repère-t-on l'équivalence ?

Pour commencer (situation déclenchante)

Pour vérifier la teneur en hydroxyde de sodium portée sur une étiquette de déboucheur pour canalisations, Leslie, technicienne chimiste, procède à un titrage.

Dans un bécher, elle verse un volume $V_d = 10{,}0$ mL de déboucheur dilué 10 fois et 200 mL d'eau distillée. Elle y ajoute progressivement, millilitre par millilitre, de l'acide chlorhydrique de concentration molaire $c_A = 2{,}0 \times 10^{-1}$ mol · L^{-1}.

Pour chaque volume V_A d'acide versé, elle relève la conductance de la solution et porte ses mesures sur un graphique représentant la conductance en fonction du volume versé (Fig. 1).

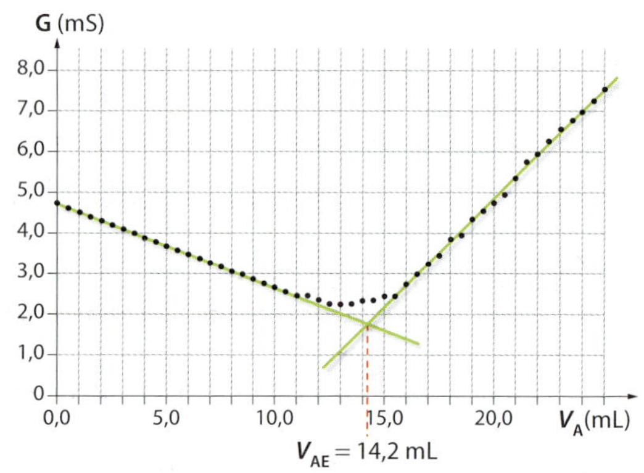

Fig. 1 Graphe obtenu lors du titrage.

Investigation

Comment interpréter qualitativement le changement de pente observé sur le graphique et comment utiliser ce graphique pour vérifier la teneur en hydroxyde de sodium dans le déboucheur ?

Quelques idées (hypothèses)

Étude de documents (recherche de validation)

Étape n° 1. Interpréter l'allure du graphique

La conductivité molaire ionique λ d'un ion caractérise la contribution de cet ion à la conductance de la solution. Plus la conductivité molaire ionique d'un ion est grande, plus une solution contenant cet ion sera conductrice.

1 **a.** Écrire l'équation de la réaction chimique qui se produit lors du titrage.

b. En vous aidant des données ci-dessous, dresser un tableau indiquant pour chaque phase du dosage, c'est-à-dire avant l'équivalence et après l'équivalence :
– la nature des ions présents en solution ;
– la façon dont évolue la concentration de chaque ion au cours du titrage (en négligeant la variation de volume de solution dans le bécher) ;
– l'évolution de la conductance de la solution.

Données. *Conductivités molaires ioniques à 25 °C :*

Ion	H_3O^+	HO^-	Na^+	$C\ell^-$
λ (mS · m^2 · mol^{-1})	35,0	19,8	5,0	7,6

c. L'évolution attendue de la conductance de la solution est-elle en accord avec le graphique obtenu ?

d. À quoi correspond le point particulier du graphique à l'intersection des deux droites ?

Étape n° 2. Exploiter le graphique

2 **a.** Donner la relation entre les quantités de matière des réactifs titrant et titré à l'équivalence.

b. En déduire la concentration molaire c_d en hydroxyde de sodium dans la solution de déboucheur dilué titrée, puis celle dans la solution commerciale, notée c_{exp}.

L'étiquette indique un pourcentage massique en hydroxyde de sodium de 10 %, c'est-à-dire que 100 g de déboucheur contiennent 10 g d'hydroxyde de sodium.

3 **a.** Déterminer la concentration molaire c_{fab} en hydroxyde de sodium dans le déboucheur d'après l'indication du fabricant.

Donnée. *Densité du déboucheur : $d_d = 1{,}1$.*

b. Cette valeur est-elle en accord avec celle trouvée expérimentalement ? Justifier en calculant l'écart relatif :

$$|c_{exp} - c_{fab}|/c_{fab}$$

Pour conclure

4 **a.** Comment repère-t-on l'équivalence dans un titrage conductimétrique ?

b. Selon vous, à quelles conditions l'équivalence d'un titrage peut-elle être facilement repérable par conductimétrie ?

Activité 4

TP Activité expérimentale

Compétences expérimentales évaluées
- Réaliser un montage expérimental.
- Analyser un résultat expérimental.

Degré d'acidité d'un vinaigre

Sur les bouteilles de vinaigre, les fabricants indiquent un degré d'acidité. À quoi correspond-il, et comment le vérifier ?

Principe

Les vinaigres sont des solutions aqueuses contenant de l'acide éthanoïque (ou acide acétique), de formule CH_3COOH. Le degré indiqué sur les bouteilles de vinaigre correspond à la masse d'acide éthanoïque, exprimée en gramme, contenue dans 100 g de vinaigre. On se propose de vérifier le degré d'acidité d'un vinaigre par des titrages.

Mise en œuvre au laboratoire

Matériel
• burette graduée • pH-mètre • vinaigre blanc • solution d'hydroxyde de sodium de concentration en soluté apporté 0,10 mol · L^{-1} • phénolphtaléine

Préparation de la solution à titrer

La solution de vinaigre commerciale S étant très concentrée, on la dilue 10 fois. On note la nouvelle solution S′.

1 Écrire le protocole permettant de préparer 100 mL de solution S′. On note V_P le volume de solution S à prélever et V_f le volume de la fiole.

- Préparer 100 mL de solution de vinaigre diluée 10 fois.

Préparation du titrage

On pourra se référer à la fiche pratique p. 586.

- Remplir la burette avec une solution aqueuse d'hydroxyde de sodium de concentration en soluté apporté $c_B = 0{,}10$ mol · L^{-1}. Prélever un volume $V_A = 10{,}0$ mL de solution S′, puis le placer dans un bécher. Mettre en place l'agitation magnétique.

Réalisation du titrage pH-métrique

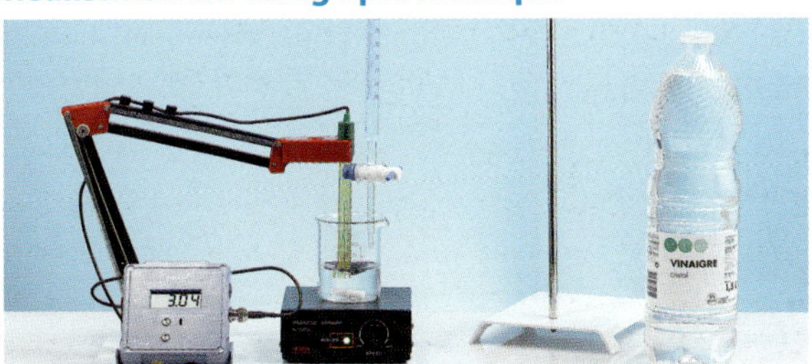

Fig. 1 Montage de titrage pH-métrique.

- Étalonner le pH-mètre (*voir la fiche pratique p. 584*).
- Introduire la sonde de pH dans le bécher, puis ajouter de l'eau distillée jusqu'à ce que la sonde soit correctement immergée.
- Verser dans le bécher la solution titrante 2 mL par 2 mL jusqu'à 20 mL de solution versée, et noter à chaque fois la valeur du pH de la solution dans un tableau.
- Repérer les valeurs de volume de solution titrante versée pour lesquelles le pH effectue un saut important.
- Réitérer la préparation du titrage. Relever dans un tableau la valeur du pH tous les millilitres de solution titrante versée dans les zones de variation faible de pH, puis tous les 0,2 mL dans la zone de variation importante de pH.

Réalisation du titrage colorimétrique

- Réaliser un troisième titrage, en versant préalablement quelques gouttes de phénolphtaléine dans la solution à doser. À l'approche du volume équivalent, verser la solution titrante goutte à goutte.

Exploitation

Données. *Masse volumique du vinaigre : $\rho = 1{,}0$ g · mL^{-1}.*
Masse molaire de l'acide éthanoïque : $M = 60$ g · mol^{-1}.

2 **a.** Écrire l'équation de la réaction de titrage. Donner la relation entre les quantités de matière n_{Ai} d'acide acétique initialement présent et n_{BE} d'ions hydroxyde versés à l'équivalence. Justifier.

b. En déduire une expression de la concentration c' de S′ en fonction de V_A, c_B et V_E, le volume de solution titrante versé à l'équivalence.

c. Montrer que le degré d'acidité du vinaigre s'exprime de la façon suivante :

$$d° = 1\,000\, c_B \cdot V_E \cdot M/(V_A \cdot \rho), \quad \text{avec } \rho \text{ en g} \cdot \text{L}^{-1}.$$

3 **a.** Reporter les points de mesure sur un graphe représentant le pH en fonction du volume de solution titrante versé.

b. Déterminer le volume équivalent V_E en précisant la méthode utilisée.

4 **a.** Justifier l'emploi de la phénolphtaléine comme indicateur coloré. Que se passe-t-il à l'équivalence ?

b. Pourquoi faut-il verser la solution titrante goutte à goutte à proximité de l'équivalence ?

c. Noter le volume équivalent obtenu par cette méthode.

Pour conclure

5 **a.** Calculer le degré d'acidité du vinaigre dosé.

b. En utilisant les valeurs d'incertitude portées sur la verrerie, calculer l'incertitude sur le degré d'acidité comme suit, en considérant $\Delta c_B/c_B = 5\ \%$ et $\Delta V_E = 0{,}2$ mL :

$$\frac{\Delta d°}{d°} = \sqrt{\left(\frac{\Delta V_P}{V_P}\right)^2 + \left(\frac{\Delta c_B}{c_B}\right)^2 + \left(\frac{\Delta V_E}{V_E}\right)^2 + \left(\frac{\Delta V_A}{V_A}\right)^2 + \left(\frac{\Delta V_f}{V_f}\right)^2}$$

c. La valeur indiquée par le fabricant est-elle dans l'intervalle d'incertitude de la valeur trouvée expérimentalement ?

Cours

1 Dosages par étalonnage

› Activité 2

Spectrophotométrie : loi de Beer-Lambert

L'absorbance *A* d'une solution colorée est proportionnelle à la concentration molaire *c* de l'espèce chimique responsable de sa couleur :

$A = k \cdot c$
- **A sans unité**
- **c en $mol \cdot L^{-1}$**
- **k, coefficient de proportionnalité, en $L \cdot mol^{-1}$**

L'absorbance d'une solution est une **grandeur additive**, c'est-à-dire que si une solution contient plusieurs espèces chimiques colorées 1, 2, etc., l'absorbance de la solution est : $A = A_1 + A_2 + \ldots = \Sigma A_i = \Sigma k_i \cdot c_i$ (Fig. 1).

Conductimétrie : loi de Kohlrausch

La conductivité σ d'un ion en solution traduit sa capacité à conduire le courant électrique. Elle dépend de sa nature, de la température et de sa concentration molaire *c* en solution suivant la relation :

$\sigma = \lambda \cdot c$
- **σ en $S \cdot m^{-1}$ (siemens · m^{-1})**
- **c en $mol \cdot m^{-3}$**
- **λ, conductivité molaire ionique de l'ion, qui dépend de la température, en $S \cdot m^2 \cdot mol^{-1}$ (Fig. 2)**

Tout comme l'absorbance, la conductivité est une grandeur additive (Fig. 1).

La conductivité d'une solution contenant les ions 1, 2, etc., est la somme des conductivités de ces ions et s'exprime suivant la loi de Kohlrausch :

$$\sigma_{solution} = \sigma_1 + \sigma_2 + \ldots = \Sigma \sigma_i = \Sigma \lambda_i \cdot c_i$$

Exemple

On considère une solution de chlorure de sodium de concentration en soluté apporté $[Na^+] = [C\ell^-] = 1{,}0 \times 10^{-2}$ mol · L^{-1}. La conductivité de la solution vaut :

$$\sigma_{solution} = \lambda_{Na^+} \cdot [Na^+] + \lambda_{C\ell^-} \cdot [C\ell^-]$$
$$= 5{,}0 \times 10^{-3} \times 1{,}0 \times 10^{-2} \times 10^3 + 7{,}6 \times 10^{-3} \times 1{,}0 \times 10^{-2} \times 10^3 = 0{,}13 \text{ S} \cdot \text{m}^{-1}.$$

La conductivité d'une solution se mesure à l'aide d'un **conductimètre** étalonné (*voir fiche pratique p. 584*).

Le conductimètre permet également la mesure de la **conductance *G*** (en siemens : S), grandeur **proportionnelle** à la conductivité. Cette mesure ne nécessite alors pas d'étalonnage.

La conductance et la conductivité sont reliées par la relation : $G = k \cdot \sigma$, avec k (en m), un coefficient dépendant de la cellule de mesure du conductimètre.

Dosage par étalonnage

Lors d'un dosage par étalonnage, on compare l'absorbance (dosage spectrophotométrique) ou la conductance (dosage conductimétrique) de la solution contenant l'espèce à doser avec celles de **solutions étalons** contenant la même espèce à une concentration connue. *Voir la fiche méthode p. 576.*

➥ Exercices 1 à 6

Loi de Beer-Lambert : $A = \Sigma k_i \cdot c_i$	Loi de Kohlrausch : $\sigma_{solution} = \Sigma \lambda_i \cdot c_i$
A : absorbance de la solution (sans unité)	σ : conductivité de la solution (en $S \cdot m^{-1}$)
c_i : concentration molaire d'une espèce colorée en solution (en $mol \cdot L^{-1}$)	c_i : concentration molaire d'une espèce ionique en solution (en $mol \cdot m^{-3}$)
k_i : coefficient de proportionnalité (en $L \cdot mol^{-1}$)	λ_i : conductivité molaire ionique (en $S \cdot m^2 \cdot mol^{-1}$)

Fig. 1 Analogies entre la loi de Beer-Lambert et la loi de Kohlrausch.

Ion	Conductivité molaire ionique λ_i ($S \cdot m^2 \cdot mol^{-1}$)
H_3O^+	$35{,}0 \times 10^{-3}$
Na^+	$5{,}0 \times 10^{-3}$
K^+	$7{,}4 \times 10^{-3}$
HO^-	$19{,}8 \times 10^{-3}$
$C\ell^-$	$7{,}6 \times 10^{-3}$
Br^-	$7{,}8 \times 10^{-3}$

Fig. 2 Conductivités ioniques molaires de quelques ions à 25 °C. Noter les valeurs particulièrement élevées pour H_3O^+ et HO^-.

Repère

Attention ! Dans le calcul d'une conductivité, la concentration doit être exprimée en mol · m^{-3} et non en mol · L^{-1} si λ_i est en S · **m**^{2} · mol^{-1}.
1 L = 1 dm^3 = 1 × 10^{-3} m^3
1 L^{-1} = 1 dm^{-3} = 1 × 10^3 m^{-3}

Vocabulaire

Une **solution étalon** est une solution dont la concentration est connue précisément.

2 Titrage direct Animation

› Activités 3 et 4

Réaction support d'un titrage direct

Un titrage vise à doser une espèce chimique en solution par l'intermédiaire d'une ou plusieurs réactions chimiques. Lorsque le dosage ne met en jeu qu'une seule réaction chimique, on parle de titrage direct.

On fait alors réagir l'espèce chimique à doser (**espèce titrée**), avec une espèce chimique de concentration connue (**espèce titrante**). Dans le montage de titrage, l'espèce titrante se situe généralement dans la **burette graduée**. Le volume précis de solution contenant l'espèce titrée est **la prise d'essai** (Fig. 3).

Dans un titrage direct, la réaction chimique se produisant entre les espèces chimiques titrante et titrée est la réaction support du titrage.

Exemple

On dose une solution d'eau oxygénée (espèce titrée), de formule H_2O_2 (aq) par une solution de permanganate de potassium (espèce titrante), de formule (K^+ (aq) + MnO_4^- (aq)) en milieu acide.
L'équation de la réaction support du titrage est :
$2\ MnO_4^-\ (aq) + 5\ H_2O_2\ (aq) + 6\ H^+\ (aq) \rightarrow 2\ Mn^{2+}\ (aq) + 5\ O_2\ (aq) + 8\ H_2O\ (l)$

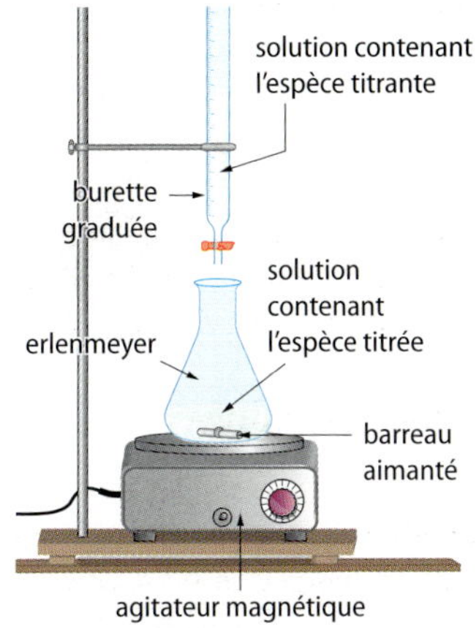

Fig. 3 Montage de titrage.

Caractère quantitatif d'une réaction de titrage

Une réaction chimique dont le réactif limitant est **entièrement consommé** est dite **quantitative**.

Une réaction ne peut être support d'un titrage que si elle est quantitative.

Exemple

La réaction de l'acide chlorhydrique avec une solution aqueuse d'hydroxyde de sodium a pour équation : $H_3O^+\ (aq) + HO^-\ (aq) \rightarrow 2\ H_2O\ (l)$. Elle est quantitative et peut donc a priori servir comme support de titrage.

Équivalence d'un titrage

Au cours du titrage de l'eau oxygénée par du permanganate de potassium, l'espèce titrante (MnO_4^-) est versée progressivement. Tant qu'il reste de l'eau oxygénée en solution, elle réagit avec le permanganate versé. L'espèce titrante (MnO_4^-) est donc entièrement consommée : c'est le réactif limitant. La solution contenant le milieu réactionnel reste incolore (Fig. 4 ⓐ).

Quand il ne reste plus d'eau oxygénée en solution, le réactif titrant (MnO_4^-) versé ne peut plus réagir et reste en solution. C'est alors le réactif titré (H_2O_2) qui est le réactif limitant. La solution contenant le milieu réactionnel prend donc une coloration violacée (Fig. 4 ⓑ).

Il existe donc un certain volume de solution titrante versé pour lequel aucun des réactifs titrant et titré ne reste en solution : c'est le **volume équivalent**.

L'équivalence d'un titrage est l'état final du système chimique pour lequel les réactifs ont été introduits en proportions stœchiométriques. C'est aussi l'état du système pour lequel il y a changement de réactif limitant.

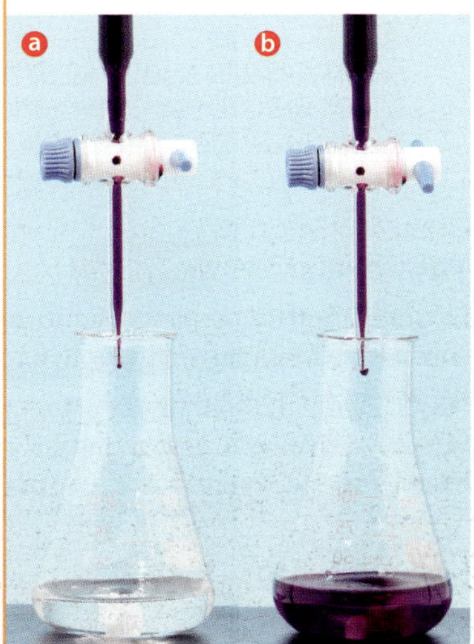

Fig. 4 Le milieu réactionnel lors du dosage de l'eau oxygénée par du permanganate de potassium. ⓐ Avant l'équivalence. ⓑ Après l'équivalence.

Le volume équivalent est le volume de solution titrante versé pour atteindre l'équivalence.

Soit une réaction de titrage modélisée par l'équation : $\alpha\,A + \beta\,B \rightarrow \gamma\,C + \delta\,D$, avec A le réactif titré, B le réactif titrant, C et D les produits, et α, β, γ et δ les nombres stœchiométriques. On note $n(A)_i$ la quantité de matière de A initiale dans la solution titrée et $n(B)_E$ la quantité de matière de B versée à l'équivalence.

À l'équivalence, les réactifs ont été introduits en proportions stœchiométriques. Leurs quantités de matière vérifient donc la relation :

$$\frac{n(A)_i}{\alpha} = \frac{n(B)_E}{\beta}.$$

Exemple

Pour le titrage de l'eau oxygénée par du permanganate de potassium, la définition de l'équivalence et l'équation de la réaction de titrage permettent d'écrire : $n(H_2O_2)_i/5 = n(MnO_4^-)_E/2$.

➥ Exercices 7 à 11

3 Repérage de l'équivalence d'un titrage

• Par colorimétrie

› Activité 4

Lorsqu'un des réactifs de la réaction support du titrage est coloré, l'équivalence peut se repérer par **disparition** d'une coloration ou **apparition** d'une coloration persistante (Fig. 4).

Dans le cas où tous les réactifs de la réaction support du titrage sont incolores, l'équivalence peut parfois se repérer par changement de couleur d'un **indicateur coloré**.

Exemple

Dans le dosage de la soude par de l'acide chlorhydrique, toutes les espèces intervenant dans la réaction de titrage sont incolores. On doit donc utiliser un indicateur coloré acido-basique tel que le bleu de bromothymol : il est bleu avant l'équivalence (Fig. 5 ⓐ) et jaune après (Fig. 5 ⓑ).

Fig. 5 Dosage de la soude par de l'acide chlorhydrique en présence de bleu de bromothymol. ⓐ Avant l'équivalence. ⓑ Après l'équivalence.

• Par pH-métrie Animation

› Activité 4

Lorsque la réaction support du titrage est une réaction acido-basique, on peut suivre l'évolution du pH du milieu réactionnel.

Sur la courbe d'évolution du pH en fonction du volume de solution titrante versé, l'équivalence correspond au volume de solution titrante versé pour lequel il y a un saut important de pH (Fig. 6). *Voir la fiche méthode p. 576.*

En pratique, on repère le volume équivalent par la méthode des tangentes (Fig. 6) ou par la méthode de la dérivée.

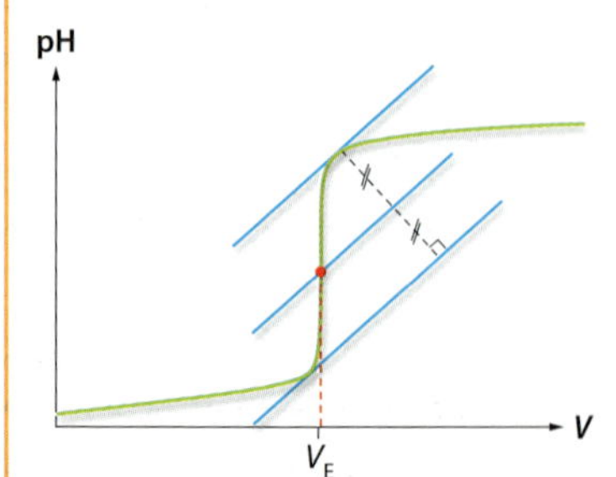

Fig. 6 Courbe de suivi d'un titrage par pH-métrie. Détermination du volume équivalent par la méthode des tangentes.

• Par conductimétrie

› Activité 3

On peut suivre certains titrages par conductimétrie : on relève la valeur de la conductance (ou de la conductivité) de la solution en fonction du volume de solution titrante versé. Lorsque la dilution due à l'ajout de la solution titrante est négligeable, les points expérimentaux se répartissent selon deux droites.

Le volume équivalent correspond à l'abscisse du point d'intersection des deux droites de la courbe de titrage (Fig. 7). *Voir la fiche méthode p. 576.*

L'évolution de la conductance au cours du titrage peut être interprétée en considérant les conductivités molaires ioniques relatives des ions en solution et l'évolution de leurs concentrations.

Exemple

La réaction de titrage de l'acide chlorhydrique, de formule (H_3O^+ (aq) + $C\ell^-$ (aq)), par une solution aqueuse d'hydroxyde de sodium, de formule (Na^+ (aq) + HO^- (aq)), a pour équation : H_3O^+ (aq) + HO^- (aq) $\rightarrow$ 2 H_2O (l).
En début de titrage, les ions présents en solution sont les ions H_3O^+ et les ions $C\ell^-$. La conductance de la solution est donc non nulle.
Au fur et à mesure qu'on verse de la solution titrante, des ions Na^+ et des ions HO^- sont ajoutés à la solution. Les ions HO^- versés réagissent avec les ions H_3O^+ présents dans la solution pour former de l'eau, non conductrice. Donc **tout se passe comme si** les ions H_3O^+ initialement présents étaient **remplacés** par des ions Na^+, de conductivité moindre (Fig. 2) : la conductance de la solution diminue (Fig. 7).
Après l'équivalence, on continue de verser des ions qui ne réagissent pas, donc la conductance de la solution augmente.

➥ Exercices 12 à 15

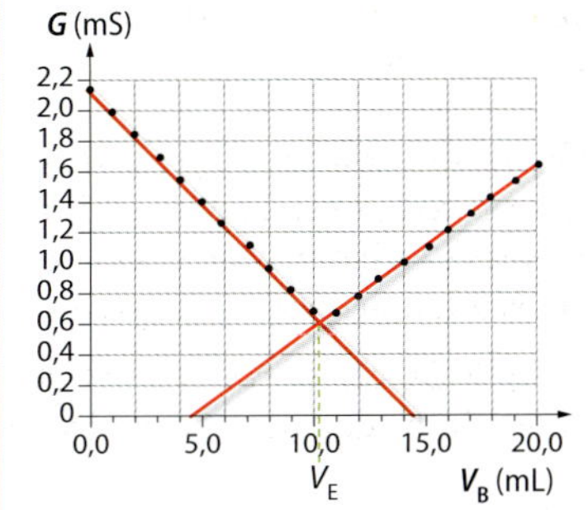

Fig. 7 Courbe de suivi du titrage conductimétrique d'une solution d'acide chlorhydrique par une solution aqueuse d'hydroxyde de sodium.

Les compétences à acquérir

1 Réaliser et exploiter *des dosages par étalonnage*

- L'**absorbance** d'une solution colorée est donnée par la **loi de Beer-Lambert** :

$$A = k \cdot c$$

A sans unité
c, concentration de l'espèce colorée, en mol · L⁻¹
k, coefficient de proportionnalité, en L · mol⁻¹

- La **conductivité** d'une solution contenant les ions 1, 2, …, *i* est donnée par la **loi de Kohlrausch** :

$$\sigma = \Sigma \lambda_i \cdot c_i$$

σ en S · m^{-1}
λ_i, conductivité molaire ionique de l'ion *i*, en S · m^2 · mol^{-1}
c_i, concentration de l'ion *i*, en mol · m^{-3}

- La **conductance** est proportionnelle à la conductivité et se mesure avec un **conductimètre**.
- Le **dosage par étalonnage** d'une solution se fait grâce à une **courbe d'étalonnage** obtenue avec des **solutions étalons**.

2 Comprendre *le principe d'un titrage direct*

- Un titrage direct vise à **doser** une espèce chimique par l'intermédiaire de la **réaction support de titrage**, qui est **quantitative**.
- L'**équivalence** d'un titrage est l'état final du système chimique pour lequel les réactifs ont été introduits en **proportions stœchiométriques**.

3 Repérer *l'équivalence d'un titrage par colorimétrie, pH-métrie et conductimétrie*

- Lors d'un titrage par colorimétrie, on repère l'équivalence par **changement de coloration** du milieu réactionnel ou d'un indicateur coloré adapté.
- Lors d'un suivi pH-métrique, le volume équivalent correspond au volume de solution titrante versé pour lequel il y a un saut important de pH. Il se détermine par la **méthode des tangentes** ou de la **dérivée**.
- Lors d'un titrage **conductimétrique**, le volume équivalent correspond au volume de solution titrante versé pour lequel il y a un **changement de pente** de la droite modélisant la conductance de la solution en fonction du volume de solution titrante versé.

Compétence 1

> *Réaliser et exploiter des dosages par étalonnage*

1 VRAI ou FAUX ?

Indiquer si les affirmations suivantes sont vraies ou fausses. Corriger celles qui sont fausses.

❶ Pour doser une solution colorée, on mesure l'absorbance d'une solution contenant la même espèce colorée à une concentration connue et on fait un produit en croix.

❷ Pour réaliser un dosage par étalonnage conductimétrique, il est nécessaire d'étalonner le conductimètre.

❸ Un dosage par étalonnage spectrophotométrique n'est pas faisable si la solution contient plusieurs espèces colorées.

❹ Un dosage par étalonnage conductimétrique n'est réalisable que si la solution à doser ne contient qu'un seul type de cation et un seul type d'anion.

2 Les relations et grandeurs utiles

1. a. Énoncer la loi de Beer-Lambert. Préciser la signification et l'unité de chaque terme.
b. Que devient cette expression lorsque la solution contient plusieurs espèces colorées ?

2. a. Donner l'expression reliant la conductivité d'un ion à sa concentration molaire. Préciser la signification et l'unité de chaque terme.
b. Énoncer la loi de Kohlrausch.

3. Quel est le lien entre la conductance et la conductivité d'une solution ? Comment mesure-t-on ces deux grandeurs ?

3 Conductivité d'une solution ionique

1. Rappeler la loi permettant de calculer la conductivité d'une solution. Préciser son nom, ainsi que la signification et l'unité de chaque terme.

2. Calculer la conductivité des solutions ioniques suivantes en complétant le tableau.

Nom de la solution	Concentration molaire ($mol \cdot L^{-1}$)	Ions présents	Conductivité (...)
Chlorure de potassium	$1{,}0 \times 10^{-2}$	...	...
Hydroxyde de sodium	0,002 00	...	...
Acide chlorhydrique	300×10^{-5}	...	...

***Données.** Les valeurs des conductivités ioniques molaires sont données fig. 2 du cours.*

4 Dosage par étalonnage conductimétrique

On veut doser une solution S de chlorure de potassium de formule (K^+ (aq) + $C\ell^-$ (aq)). Pour cela, on prépare des solutions étalons et on mesure leur conductance à l'aide d'un conductimètre.

Les valeurs de concentrations et de conductances de ces solutions sont reportées dans le tableau ci-dessous.

c ($\times 10^{-2}$ $mol \cdot L^{-1}$)	1,0	0,70	0,50	0,20	0,10
G (mS)	1,30	0,89	0,67	0,27	0,12

1. Tracer la courbe d'étalonnage.

2. La conductance de la solution S vaut 0,46 mS. En déduire la concentration de la solution S.

5 Facteurs influençant la conductivité

Dans un bécher, on verse un volume V_0 d'une solution aqueuse de chlorure de potassium de concentration molaire en soluté apporté c_0. Dans cette solution, on immerge la cellule d'un conductimètre qui mesure la conductivité σ de la solution.

1. Exprimer la conductivité de la solution en fonction des conductivités molaires ioniques et de c_0.

2. La conductivité de cette solution est-elle différente si on augmente :
a. la concentration de la solution en gardant le volume de cette solution constant (justifier la réponse) ?
b. le volume de la solution en gardant la concentration c_0 de la solution constante (justifier la réponse) ?

6 Dosage par étalonnage spectrophotométrique

On souhaite doser la caféine dans deux tasses de café notées **1** et **2**. Pour cela, on prépare des solutions de caféine de concentrations massiques 4,0 $mg \cdot L^{-1}$, 8,0 $mg \cdot L^{-1}$, 12 $mg \cdot L^{-1}$ et 16 $mg \cdot L^{-1}$. Le spectre d'absorption de la caféine est le suivant :

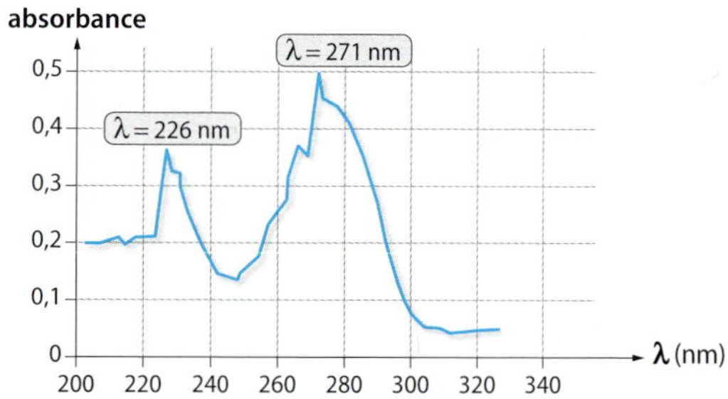

On mesure l'absorbance des solutions étalons à 271 nm et on obtient la courbe d'étalonnage ci-dessous.

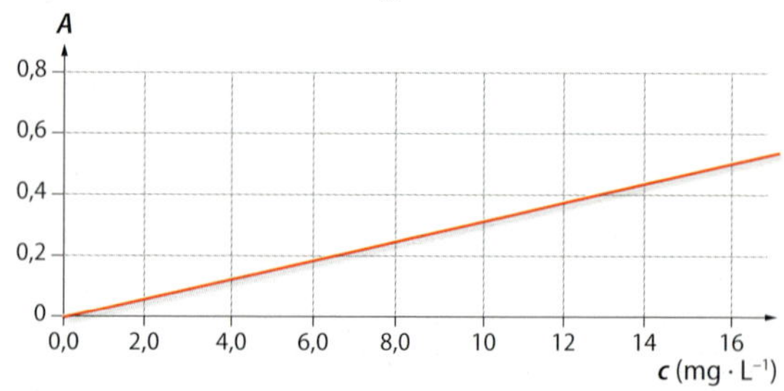

1. Pourquoi mesure-t-on l'absorbance des solutions étalons à 271 nm ?

2. Justifier l'allure de la courbe d'étalonnage.

3. À 271 nm, les absorbances des deux cafés valent $A_1 = 0{,}17$ et $A_2 = 0{,}53$. Quel est le café qui contient le plus de caféine ?

4. Déterminer la concentration de la solution qui a été utilisée pour réaliser le spectre d'absorbance.

Compétence 2

› *Comprendre le principe d'un titrage direct*

7 **VRAI ou FAUX ?**

Indiquer si les affirmations suivantes sont vraies ou fausses. Corriger celles qui sont fausses.

❶ Lors d'un titrage direct, la réaction support de titrage fait nécessairement intervenir l'espèce chimique à doser.

❷ Lors d'un titrage direct, il ne peut rester en solution qu'un seul des deux réactifs de la réaction support de titrage.

❸ Le volume équivalent est égal au volume de solution à doser initialement présent.

8 Les notions essentielles

1. Qu'est-ce qu'un titrage direct ? En quoi un titrage est-il un type particulier de dosage ?

2. Donner une caractéristique que doit vérifier la réaction support de titrage.

3. Définir l'équivalence d'un titrage.

4. Faire un schéma annoté d'un montage de titrage suivi par conductimétrie.

9 État final d'un système lors d'un titrage

On réalise le dosage d'une solution de sulfate de fer par une solution de permanganate de potassium acidifiée.

1. Établir l'équation de la réaction support de titrage en expliquant comment l'obtenir.

2. On se place à l'état final de la réaction dans trois cas : avant l'équivalence, à l'équivalence et après l'équivalence. Compléter le tableau suivant, en justifiant, en remplaçant les pointillés par les signes < ; > ou =.

Avant l'équivalence	À l'équivalence	Après l'équivalence
$n(Fe^{2+})_{initial} - 5x_{max} \ldots 0$	$n(Fe^{2+})_{initial} - 5x_{max} \ldots 0$	$n(Fe^{2+})_{initial} - 5x_{max} \ldots 0$
$n(MnO_4^-)_{versé} - x_{max} \ldots 0$	$n(MnO_4^-)_{versé} - x_{max} \ldots 0$	$n(MnO_4^-)_{versé} - x_{max} \ldots 0$
$5\,n(MnO_4^-)_{versé} \ldots n(Fe^{2+})_{initial}$	$5\,n(MnO_4^-)_{versé} \ldots n(Fe^{2+})_{initial}$	$5\,n(MnO_4^-)_{versé} \ldots n(Fe^{2+})_{initial}$

Données. *Couples oxydant/réducteur mis en jeu :*
MnO_4^- (aq)/Mn^{2+} (aq) ; Fe^{3+} (aq)/Fe^{2+} (aq).

10 Relation à l'équivalence

On donne les équations de plusieurs réactions de titrage :

a. $I_2\,(aq) + 2\,S_2O_3^{2-}\,(aq) \rightarrow 2\,I^-\,(aq) + S_4O_6^{2-}\,(aq)$

b. $5\,Fe^{2+}\,(aq) + MnO_4^-\,(aq) + 8\,H^+\,(aq) \rightarrow 5\,Fe^{3+}\,(aq) + Mn^{2+}\,(aq) + 4\,H_2O\,(l)$

c. $5\,H_2O_2\,(aq) + 2\,MnO_4^-\,(aq) + 6\,H^+\,(aq) \rightarrow 5\,O_2\,(aq) + 2\,Mn^{2+}\,(aq) + 8\,H_2O\,(l)$

Le réactif titré est écrit en premier dans l'équation de titrage, le réactif titrant en second. On note c la concentration inconnue de la solution titrée, V le volume de la prise d'essai, c' la concentration de la solution titrante et V'_E le volume de solution titrante versé pour atteindre l'équivalence.

1. Dans chacun des cas, donner la relation entre les quantités de matière de réactifs titrant et titré à l'équivalence, en précisant bien les notations.

2. Donner l'expression de c en fonction de V, c' et V'_E dans chaque cas.

EXERCICE **RÉSOLU**

11 Précision d'un titrage

On dose un volume $V = 10{,}0$ mL d'une solution aqueuse d'hydroxyde de sodium de concentration molaire c par de l'acide chlorhydrique de concentration molaire en soluté apporté $c' = 1{,}0 \times 10^{-2}$ mol · L^{-1}. Le volume équivalent vaut $V'_E = 11{,}3$ mL.

1. Établir l'équation de la réaction support de titrage.

2. **a.** Quelle relation existe-t-il entre les quantités de matière d'hydroxyde de sodium initialement présent et d'acide chlorhydrique versé à l'équivalence ? Justifier.
b. En déduire une relation entre c, V, c' et V'_E.
c. Calculer c.

3. L'incertitude absolue sur la valeur du volume V prélevé est, d'après l'indication portée sur la pipette, $\Delta V = 0{,}02$ mL. L'incertitude absolue sur la concentration de la solution titrante est $\Delta c' = 0{,}05 \times 10^{-2}$ mol · L^{-1}. L'incertitude absolue sur le volume équivalent vaut, d'après la précision de la burette, $\Delta V'_E = 0{,}05$ mL. En déduire un encadrement de c.

Données. *Couples acide-base mis en jeu :*
H_3O^+ (aq)/H_2O (l) ; H_2O (l)/HO^- (aq).

Aides et méthodes

1. La solution aqueuse d'hydroxyde de sodium a pour formule (Na^+ (aq) + HO^- (aq)) et les ions Na^+ sont spectateurs. L'acide chlorhydrique a pour formule (H_3O^+ (aq) + $C\ell^-$ (aq)) et les ions $C\ell^-$ sont spectateurs.

2. **a.** Utiliser les nombres stœchiométriques de l'équation de titrage.

3. Utiliser l'expression de **2.b**, puis encadrer chaque grandeur de l'égalité.

Solution

1. La réaction de titrage a pour équation :
$$H_3O^+\,(aq) + HO^-\,(aq) \rightarrow 2\,H_2O\,(l).$$

2. **a.** À l'équivalence, les réactifs titrant et titré sont introduits en proportions stœchiométriques. D'après les nombres stœchiométriques de l'équation de titrage, la quantité de matière d'ions HO^- initiale est égale à la quantité de matière d'ions H_3O^+ versée à l'équivalence.
b. On a donc : $c \cdot V = c' \cdot V'_E$.
c. Ainsi, $c = c' \cdot V'_E / V = 1{,}0 \times 10^{-2} \times 11{,}3/10{,}0$
soit $c = 1{,}1 \times 10^{-2}$ mol · L^{-1}.

3. On a : $11{,}25 \text{ mL} < V'_E < 11{,}35 \text{ mL}$;
$$0{,}95 \times 10^{-2} \text{ mol} \cdot L^{-1} < c' < 1{,}05 \times 10^{-2} \text{ mol} \cdot L^{-1}$$
$$9{,}98 \text{ mL} < V < 10{,}02 \text{ mL}.$$
Donc : $$\frac{0{,}95 \times 10^{-2} \times 11{,}25}{10{,}02} < c < \frac{1{,}05 \times 10^{-2} \times 11{,}35}{9{,}98}$$
Ainsi, $1{,}07 \times 10^{-2}$ mol · L^{-1} < c < $1{,}19 \times 10^{-2}$ mol · L^{-1}.

Exercices

Compétence 3

› *Repérer l'équivalence d'un titrage par colorimétrie, pH-métrie et conductimétrie*

12 VRAI ou FAUX ?

Indiquer si les affirmations suivantes sont vraies ou fausses. Corriger celles qui sont fausses.

❶ Dans un titrage par conductimétrie, le volume équivalent est l'abscisse du point de conductance la plus faible.

❷ Tous les titrages peuvent être suivis soit par conductimétrie soit par pH-métrie.

❸ Seuls les titrages mettant en jeu des espèces colorées peuvent être suivis par colorimétrie.

13 Les notions essentielles

1. À quelle condition peut-on suivre un titrage par colorimétrie ?

2. En pratique, comment repère-t-on le volume équivalent dans un titrage par pH-métrie ?

3. Comment repère-t-on l'équivalence lors d'un titrage par conductimétrie ?

14 À partir d'un graphique

On titre deux solutions aqueuses de chlorure d'hydrogène par de la soude (solution aqueuse d'hydroxyde de sodium), l'une par pH-métrie et l'autre par conductimétrie. Les graphiques obtenus lors des titrages sont les suivants.

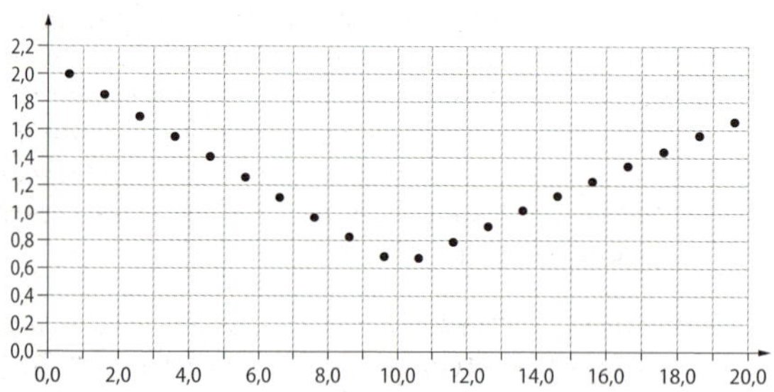

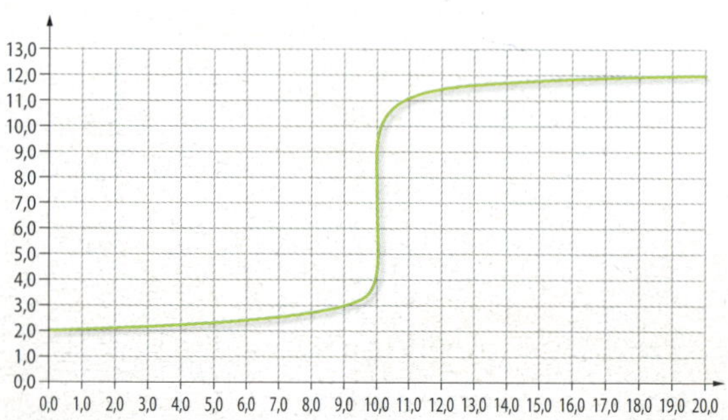

1. Écrire l'équation de la réaction de titrage.

2. a. Préciser les grandeurs représentées sur les axes des graphiques, ainsi que leurs unités.

b. À l'aide d'un papier calque, reproduire les graphes et déterminer le volume équivalent dans les deux cas.

3. Expliquer l'allure du graphe obtenu lors du titrage par conductimétrie.

Données. *Couples acide-base : H_3O^+ (aq)/H_2O (l) ; H_2O (l)/HO^- (aq).*

EXERCICE **RÉSOLU**

15 Courbe de titrage par conductimétrie

On suit par conductimétrie le dosage des ions chlorure d'une solution de chlorure de potassium par une solution de nitrate d'argent. Le graphique obtenu est le suivant :

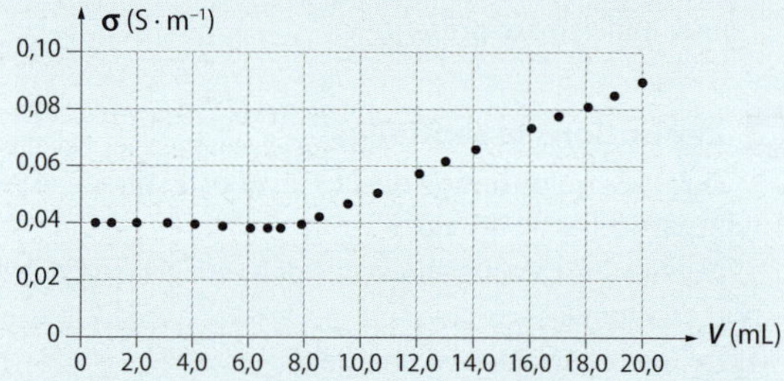

L'équation de la réaction de titrage est :

$$C\ell^- \text{ (aq)} + Ag^+ \text{ (aq)} \rightarrow AgC\ell \text{ (s)}.$$

1. Indiquer les espèces ioniques présentes dans la solution avant l'équivalence ; à l'équivalence ; après l'équivalence.

2. Justifier que :

a. σ diminue légèrement avant d'avoir atteint l'équivalence ;

b. σ augmente après avoir atteint l'équivalence.

3. En précisant la méthode utilisée, déterminer graphiquement le volume équivalent.

Donnée. *Conductivités molaires ioniques :*
$\lambda(NO_3^-) = 7,1 \times 10^{-3}$ S · m² · mol⁻¹.
D'autres valeurs sont données fig. 2 du cours.

Aides et méthodes

1. Analyser les espèces ajoutées et celles qui réagissent.

2. a. Comment sont « remplacés » les ions initialement présents ?

Solution

1. Avant l'équivalence, les ions K^+, $C\ell^-$, et les ions NO_3^- ajoutés sont présents en solution : les ions Ag^+ réagissent, donc ne restent pas en solution. À l'équivalence, il y a en solution les ions K^+ et les ions NO_3^- versés. Après l'équivalence, il y a en solution les ions K^+ et les ions Ag^+ et NO_3^- versés.

2. a. Avant l'équivalence, tout se passe comme si les ions $C\ell^-$ étaient remplacés par les ions NO_3^-, de conductivité légèrement moindre, donc la conductivité diminue faiblement.

b. Après l'équivalence, on ne fait qu'ajouter des ions en solution, donc la conductivité augmente.

3. Le volume équivalent correspond au volume versé pour lequel il y a changement de pente sur le graphe σ(V). Ici, $V_E = 7,5$ mL.

Exercices de synthèse

Pour préparer le BAC

16 Acides et bases dans les milieux biologiques

Sur l'étiquette d'une poche à perfuser, on trouve les informations suivantes :

Solution injectable par voie intraveineuse par perfusion

Bicarbonate de sodium 1,4 %
Bicarbonate de sodium : 1,4 g
Eau : 100 mL
Sodium : 0,166 mol · L^{-1}
Bicarbonate : 0,166 mol · L^{-1}
pH : 7,0 – 8,5

On souhaite vérifier la concentration en bicarbonate, ou ion hydrogénocarbonate HCO_3^-, indiquée. Pour cela, on prélève un volume $V = 20{,}0$ mL de solution, que l'on dose par de l'acide chlorhydrique de concentration molaire en soluté apporté $c_A = 0{,}40$ mol · L^{-1}.

La courbe de titrage obtenue est la suivante :

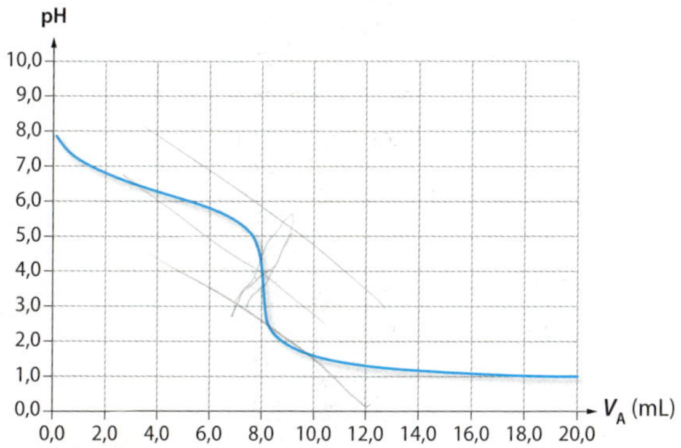

1. a. Quelle a été la technique utilisée pour suivre le titrage ?
b. Pour procéder au dosage, on utilise, entre autres, une pipette jaugée et un bécher. À quoi sert la pipette jaugée ? Quelle est la solution à introduire initialement dans le bécher ?
c. Faire un schéma annoté du montage de titrage.

2. a. Écrire l'équation de la réaction de titrage.
b. Donner la relation entre les quantités de matière d'ions hydrogénocarbonate initiale n_{hydro} et d'acide chlorhydrique versé à l'équivalence.
c. À l'aide d'un papier calque, reproduire le graphe ci-dessus et déterminer le volume équivalent V_{AE}.
d. Montrer que n_{hydro} vaut $3{,}2 \times 10^{-3}$ mol.
e. En déduire la concentration $[HCO_3^-]_{exp}$ des ions hydrogénocarbonate dans la solution et vérifier que sa valeur correspond à l'indication de la poche à perfuser $[HCO_3^-]_{étiquette}$ en calculant l'écart relatif :

$$\frac{\left|[HCO_3^-]_{exp} - [HCO_3^-]_{étiquette}\right|}{[HCO_3^-]_{étiquette}}$$

***Données.** Couples acide-base en jeu :*
H_3O^+ (aq)/H_2O (l) ; CO_2, H_2O (aq)/HCO_3^- (aq).

17 LA valeur du volume équivalent

Au cours d'une séance de TP, des élèves réalisent le titrage de l'acide éthanoïque dans un vinaigre par une solution aqueuse d'hydroxyde de sodium.

Les valeurs des volumes équivalents déterminés par les différents binômes sont regroupées dans les tableaux ci-dessous.

N° de binôme	1	2	3	4	5	6	7	8
V_E (mL)	12,2	11,9	16,3	12,3	12,4	11,8	12,0	11,2

N° de binôme	9	10	11	12	13	14	15	16
V_E (mL)	11,6	12,9	11,7	12,1	11,5	12,8	11,9	12,0

1. La réaction de titrage étant acido-basique, proposer une méthode permettant de déterminer le volume équivalent.

2. Pourquoi tous les binômes ne trouvent-ils pas la même valeur de volume équivalent ?

3. Y a-t-il des valeurs visiblement aberrantes ? Si oui, ne pas les considérer pour la suite de l'étude.

4. Déterminer la moyenne V_{Emoy} et l'écart-type σ de cette série de résultats. *Voir la fiche méthode p. 568.*

5. Déterminer l'incertitude absolue ΔV_E pour un intervalle de confiance de 95 %.

6. Écrire alors le résultat de l'expérience sous la forme $V_E = V_{Emoy} \pm \Delta V_E$.

7. Avec combien de chiffres significatifs peut-on raisonnablement annoncer le résultat de ce titrage ? Donner ce résultat.

18 Des antioxydants pour la santé !

L'acide ascorbique, couramment dénommé vitamine C, est un réducteur naturel que l'on qualifie usuellement d'antioxydant. On le trouve dans de nombreux fruits et légumes. Une carence prolongée en vitamine C favorise le scorbut. La vitamine C est réputée prévenir des petits maux quotidiens tels que le rhume, ainsi qu'aider dans le traitement de certains cancers.

En pharmacie, il est possible de trouver l'acide ascorbique sous forme de comprimés de « vitamine C 500 » par exemple.

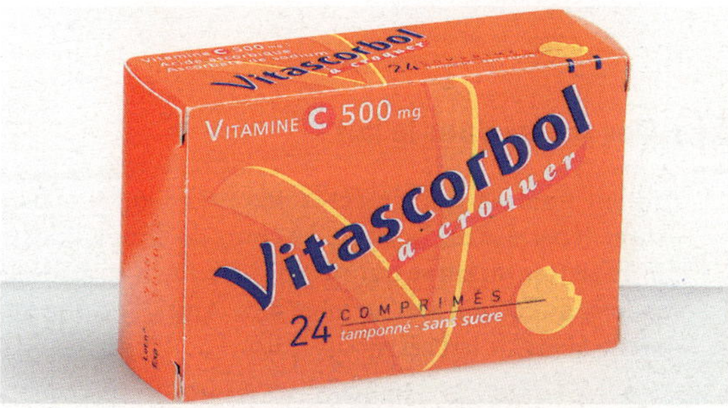

Pour simplifier, l'acide ascorbique, de formule brute $C_6H_8O_6$, sera désigné par HA dans la suite de l'exercice.

On écrase un comprimé de « vitamine C 500 » dans un mortier. On dissout la poudre dans un peu d'eau distillée et on introduit l'ensemble dans une fiole jaugée de 100,0 mL ; on complète avec de l'eau distillée. Après homogénéisation, on obtient la solution S.

On prélève un volume $V_A = 10,0$ mL de la solution S, que l'on dose par une solution aqueuse d'hydroxyde de sodium de concentration molaire en soluté apporté $c_B = 2,00 \times 10^{-2}$ mol · L^{-1}, en présence d'un indicateur coloré convenablement choisi.

L'équivalence est obtenue pour un volume de solution aqueuse d'hydroxyde de sodium $V_{BE} = 14,4$ mL.

1. Faire un schéma annoté du dispositif de titrage.

2. Établir l'équation de la réaction de titrage. Préciser une caractéristique que doit présenter cette réaction.

3. Quel indicateur coloré doit-on choisir parmi les trois proposés ci-dessous ? On pourra s'aider de la courbe pH $= f(V_B)$ donnée ci-après pour justifier la réponse.

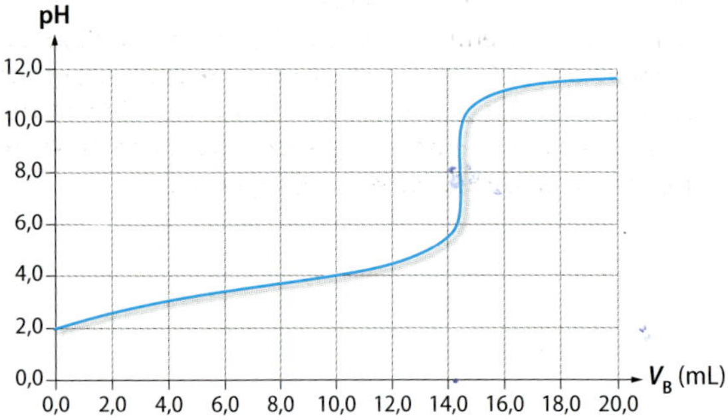

4. a. Définir l'équivalence.
b. En utilisant un papier calque, déterminer graphiquement le volume équivalent.

5. Calculer la quantité d'acide ascorbique dans les 10,0 mL de solution titrée.

6. En déduire la masse m, en mg, d'acide ascorbique contenue dans un comprimé. Expliquer l'indication du fabricant « vitamine C 500 ».

Données. *Zone de virage de quelques indicateurs colorés :*

Indicateur coloré	*Zone de virage*
rouge de méthyle	*4,2-6,2*
bleu de bromophénol	*3,0-4,6*
rouge de crésol	*7,2-8,8*

19 Des acides dans le lait

Un lait frais est légèrement acide (pH = 6,7), mais ne contient pas d'acide lactique. Au cours du temps, une partie du lactose du lait se transforme lentement en acide lactique sous l'action des lactobacilles. Ainsi, l'acidité augmente quand le lait est moins frais.

Pour vérifier la fraîcheur d'un lait, on détermine sa concentration, notée c_A, en acide lactique par dosage pH-métrique. Pour cela, on prélève un volume $V_A = 20,0$ mL de lait, que l'on dose par une solution aqueuse d'hydroxyde de sodium de concentration molaire en soluté apporté $c_B = 5,00 \times 10^{-2}$ mol · L^{-1}.

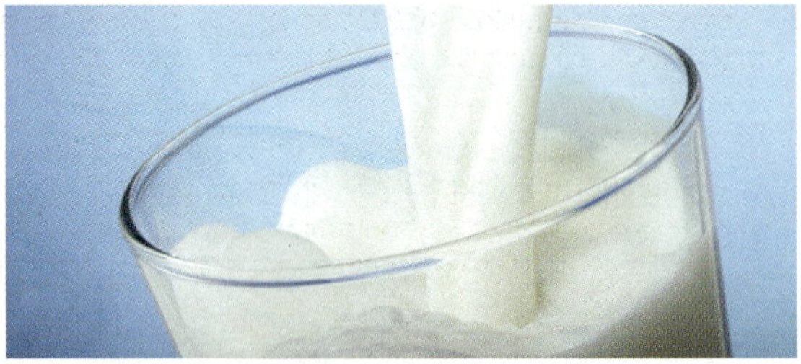

L'équation de la réaction de dosage s'écrit :

acide lactique + HO^- (aq) $\rightarrow$ ion lactate + H_2O (l)

La courbe de suivi de dosage est la suivante :

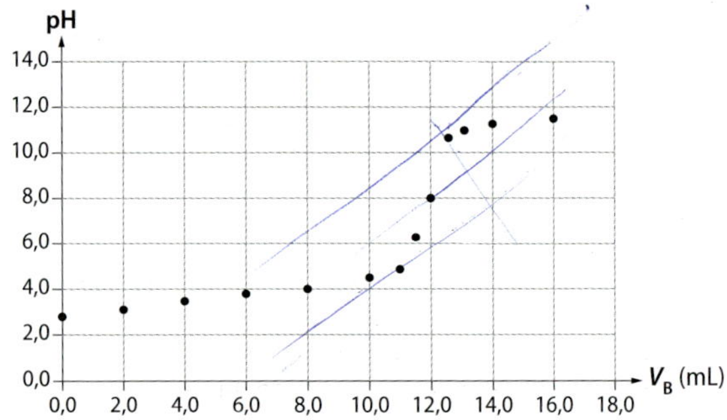

1. En utilisant un papier calque, déterminer graphiquement le volume équivalent V_{BE}.

2. a. Définir l'équivalence d'un titrage.
b. Déterminer la relation entre c_A, V_A, c_B et V_{BE}.
c. Montrer que la concentration en acide lactique vaut $c_A = 3,0 \times 10^{-2}$ mol · L^{-1}.
d. Montrer que la masse d'acide lactique m_A présente dans un litre de lait dosé vaut 2,7 g.

3. L'acidité d'un lait s'exprime conventionnellement en degré Dornic, noté °D. Un degré Dornic (1 °D) correspond à la présence de 0,10 g d'acide lactique dans un litre de lait.
a. Déterminer l'acidité du lait dosé, exprimée en degré Dornic.
b. Un lait est considéré comme frais si son acidité est inférieure à 18 °D. Le lait dosé est-il frais ?

Donnée. *Masse molaire de l'acide lactique : 90,0 g · mol^{-1}.*

20 ★ De l'acide éthanoïque dans nos salades !

Un vinaigre est une solution aqueuse contenant de l'acide éthanoïque CH_3COOH. Pour vérifier la teneur en acide d'un vinaigre, on procède à un titrage par conductimétrie.

On dose un volume $V_A = 10,0$ mL de vinaigre dilué 20 fois par une solution aqueuse d'hydroxyde de sodium de concentration molaire $c_B = 5,0 \times 10^{-2}$ mol · L^{-1}. Avant de procéder au titrage, on ajoute 150 mL d'eau distillée dans le bécher.

1. a. Pourquoi faut-il ajouter 150 mL d'eau distillée ?
b. Schématiser le montage de titrage.
c. Détailler le protocole de dilution de la solution commerciale.

La courbe de titrage obtenue est donnée ci-dessous.

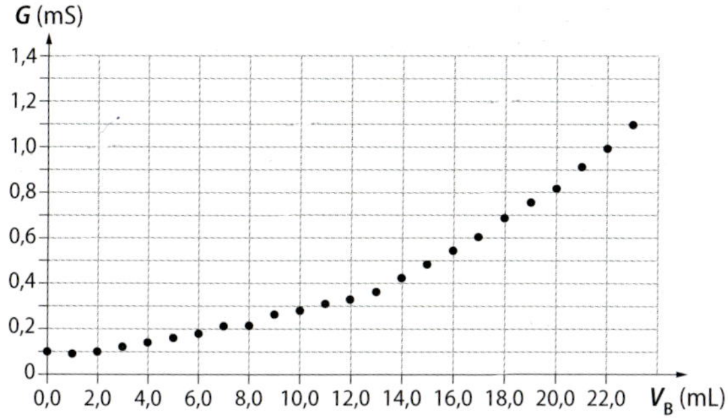

2. a. Écrire l'équation de la réaction de titrage.
b. Interpréter l'allure de la courbe de titrage.
c. Déterminer, en justifiant, le volume équivalent.
d. Déterminer la concentration c_{Ad} en acide éthanoïque dans la solution de vinaigre diluée. Justifier.
e. En déduire la concentration c_A en acide éthanoïque dans le vinaigre commercial.

3. L'acidité d'un vinaigre est exprimée sur les bouteilles en degré. Un degré (1°) correspond à la présence de 1 g d'acide éthanoïque dans 100 g de vinaigre.
a. Déterminer la masse d'acide acétique dans 100 g de vinaigre commercial. En déduire l'acidité du vinaigre en degré.
b. Sur la bouteille du vinaigre étudié, on lit « 7° ». La valeur trouvée expérimentalement correspond-elle à la valeur portée sur l'étiquette ? On justifiera en calculant l'écart relatif.

Données. *Couples acide-base en jeu :*
CH_3COOH (aq)/CH_3COO^- (aq) ; H_2O (l)/HO^- (aq).
Conductivités molaires ioniques :
$\lambda(CH_3COO^-) = 4,1 \times 10^{-3}$ S · m^2 · mol^{-1}.
D'autres valeurs sont données fig. 2 du cours.
Masse volumique du vinaigre : $\rho_{vinaigre} = 1,0$ g · mL^{-1}.
Masse molaire de l'acide acétique : $M = 60,0$ g · mol^{-1}.

En route vers le Supérieur

21 Du glucose dans un jus de fruit

On prélève 2,0 cm^3 d'une solution de jus de fruit que l'on verse dans une fiole jaugée de 50,0 mL. On y ajoute 20,0 cm^3 d'une solution colorée de diiode, de concentration $[I_2] = 2,0 \times 10^{-2}$ mol · L^{-1}. On complète au trait de jauge par une solution d'hydroxyde de sodium, afin de maintenir un excès d'ions hydroxyde dans le milieu réactionnel.

1. Quelle est la quantité de matière n_D de diiode initialement introduit ?

Le glucose G (que l'on notera RCOH) présent dans le jus de fruit réagit avec le diiode. Il se forme des ions iodure I^- (aq) et le glucose se transforme en ion gluconate (qui sera noté $RCOO^-$ (aq)). Dans le mélange étudié, on supposera que seul le diiode est coloré.

Il se produit la réaction quantitative :

$$I_2 (aq) + 3\, HO^- (aq) + RCOH (aq) \rightarrow RCOO^- (aq) + 2\, H_2O (l) + 2\, I^- (aq)$$

2. Au bout d'une demi-heure, l'aspect de la solution n'évolue plus, celle-ci restant partiellement colorée. Quel est le réactif limitant ?

3. Montrer que la quantité de glucose n_G introduite dans la solution peut s'écrire : $n_G = n_D - n_R$, où n_R représente la quantité de diiode n'ayant pas réagi.

On souhaite déterminer la quantité de diiode n_R n'ayant pas réagi. Pour cela, on prépare 5 solutions de diiode de concentrations différentes et on mesure l'absorbance A de chacune à l'aide d'un spectrophotomètre. Les valeurs obtenues permettent de tracer la courbe $A = f([I_2])$ suivante.

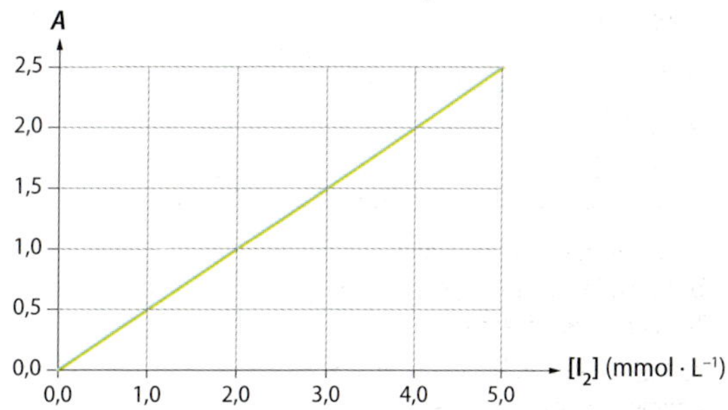

4. a. Comment appelle-t-on une courbe qui représente l'évolution d'une grandeur physique pour différentes concentrations de valeurs connues ?
b. Quelle relation la courbe représentant A en fonction de $[I_2]$ met-elle en évidence entre ces deux grandeurs ? Justifier.
c. L'absorbance du mélange étudié vaut 1,5. Déterminer la valeur de la concentration en diiode restant dans la solution. En déduire la quantité de matière de diiode restant n_R.
d. En déduire la quantité de glucose n_G introduite initialement.

5. Calculer la quantité de matière de glucose n'_G et la masse m_G de glucose présentes dans un litre de jus de fruit.

Donnée. *Masse molaire moléculaire du glucose : $M_G = 180$ g · mol^{-1}.*

Pour préparer le BAC

Énoncé type

Titrage d'une solution de diiode

On titre une solution de diiode (de couleur brune) par une solution de thiosulfate de sodium (incolore) de formule ($2\ Na^+$ (aq) + $S_2O_3^{2-}$ (aq)).

A. Déroulement du titrage

1. Établir l'équation de la réaction de titrage en expliquant comment l'obtenir.

2. a. La seule espèce colorée étant le diiode, comment pourrait-on repérer l'équivalence ?

b. Ce repérage est-il aisé ? Justifier.

3. Pour repérer plus facilement l'équivalence, on verse dans la solution du thiodène, incolore en l'absence de diiode et qui se colore en bleu foncé en présence de diiode. Expliquer alors comment on repère l'équivalence.

B. Exploitation du titrage

On titre un volume $V = 10{,}0$ mL d'une solution de diiode de concentration molaire en soluté apporté c par une solution de thiosulfate de sodium de concentration molaire en soluté apporté $c' = 1{,}0 \times 10^{-2}$ mol · L^{-1}. Le volume équivalent vaut $V'_E = 13{,}7$ mL.

1. Quelle relation existe-t-il entre la quantité de matière de diiode initialement présente, $n(I_2)_i$, et celle de thiosulfate versée à l'équivalence, $n(S_2O_3^{2-})_E$? Indiquer également les relations liant les quantités de matière des réactifs avant l'équivalence et après l'équivalence. Justifier dans chaque cas.

2. En déduire une relation entre c, V, c' et V'_E.

3. Calculer c.

4. Compte tenu de la verrerie utilisée lors du titrage et des imprécisions de mesure, les valeurs d'incertitude sont les suivantes : $\Delta V = 0{,}06$ mL, $\Delta V'_E = 0{,}2$ mL et $\Delta c'/c' = 5\ \%$.

a. Calculer l'incertitude relative $\Delta c/c$ en utilisant la formule suivante :

$$\frac{\Delta c}{c} = \sqrt{\left(\frac{\Delta V}{V}\right)^2 + \left(\frac{\Delta c'}{c'}\right)^2 + \left(\frac{\Delta V'_E}{V'_E}\right)^2}$$

b. Écrire le résultat du titrage sous la forme $c = c_{exp} \pm \Delta c$.

Données. *Couples oxydant/réducteur mis en jeu :* I_2 *(aq)/*I^- *(aq) ;* $S_4O_6^{2-}$ *(aq)/*$S_2O_3^{2-}$ *(aq).*

Les compétences évaluées

- Comprendre le principe d'un titrage direct.
- Repérer l'équivalence d'un titrage par colorimétrie, pH-métrie et conductimétrie

➤ Coups de pouce

A. 1. Commencer par écrire les demi-équations d'oxydoréduction des deux couples.

A. 2. b. Comparer la couleur de la solution juste avant l'équivalence et celle juste après.

B. 1. Utiliser la relation à l'équivalence et identifier le réactif limitant dans les différents cas.

EXEMPLE DE RÉSOLUTION

A. 1. Les demi-équations d'oxydoréduction des deux couples sont :

(1) $I_2\ (aq) + 2\ e^- \rightleftharpoons 2\ I^-\ (aq)$

(2) $S_4O_6^{2-}\ (aq) + 2\ e^- \rightleftharpoons 2\ S_2O_3^{2-}\ (aq)$

En effectuant (1) – (2), on trouve l'équation de la réaction de titrage :

$$I_2\ (aq) + 2\ S_2O_3^{2-}\ (aq) \rightarrow 2\ I^-\ (aq) + S_4O_6^{2-}\ (aq)$$

2. a. Avant l'équivalence, il y a du diiode en solution, et après l'équivalence, il n'y en a plus. L'équivalence pourrait donc être repérée par un **changement de coloration** de la solution, qui passerait du brun à l'incolore.

b. En réalité, plus on approche de l'équivalence, moins il y a de diiode, donc la couleur de la solution est de plus en plus pâle (loi de Beer-Lambert). Détecter un changement de couleur du jaune très pâle à l'incolore **n'est pas aisé.**

3. Avant l'équivalence, il y a du diiode, donc la solution est bleu foncé. À partir de l'équivalence, il n'y a plus de diiode, la solution devient donc incolore. Le **passage de la couleur bleu foncé à l'incolore** est beaucoup plus facile à repérer.

B. 1. À l'équivalence, les réactifs titrant et titré ont été introduits en proportions stœchiométriques. On a donc, d'après les nombres stœchiométriques de l'équation de titrage :

$$n(I_2)_i = n(S_2O_3^{2-})_E/2.$$

Avant l'équivalence, le réactif titré, donc le diiode, est en excès, soit : $n(I_2)_i > n(S_2O_3^{2-})_E/2$.

Après l'équivalence, c'est le thiosulfate qui est en excès. On a donc : $n(I_2)_i < n(S_2O_3^{2-})_E/2$.

2. D'après la relation entre les quantités de matière à l'équivalence, on a : $c \cdot V = c' \cdot V'_E/2$.

3. $c = c' \cdot V'_E/(2V)$.

A. N. : $c = 1{,}0 \times 10^{-2} \times 13{,}7/(2 \times 10{,}0)$

$$c = 6{,}9 \times 10^{-3}\ \text{mol} \cdot \text{L}^{-1}$$

4. a. D'après la formule donnée, on calcule :

$\Delta c/c = ((0{,}06/10{,}0)^2 + (5/100)^2 + (0{,}2/13{,}7)^2)^{1/2}$

$$\Delta c/c = 0{,}05$$

b. On a donc, en effectuant les calculs avec les valeurs exactes des résultats précédents :

$\Delta c = (\Delta c/c) \cdot c = 0{,}05 \times 6{,}9 \times 10^{-3} = 0{,}4 \times 10^{-3}$ mol · L^{-1} (en prenant la valeur exacte de $\Delta c/c$).

Ainsi, en gardant un nombre de chiffres significatifs approprié, on a :

$$c = (6{,}9 \pm 0{,}4) \times 10^{-3}\ \text{mol} \cdot \text{L}^{-1}$$

Pour préparer le BAC

Les compétences évaluées

- Réaliser et exploiter des dosages par étalonnage.

Énoncé type

Un colorant de sirop de menthe

Le sirop de menthe contient du colorant jaune, la tartrazine, que l'on souhaite doser par spectrophotométrie. Pour ce faire, on utilise un spectrophotomètre afin d'obtenir les courbes donnant l'absorbance A en fonction de la longueur d'onde λ pour :
– une solution de tartrazine de concentration massique $2{,}00 \times 10^{-2}$ g · L^{-1} *(fig. 1)*,
– une solution de sirop de menthe dilué dix fois *(fig. 2)*.

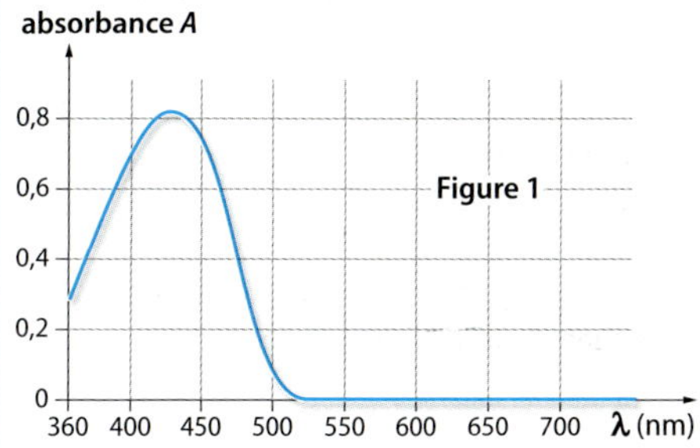

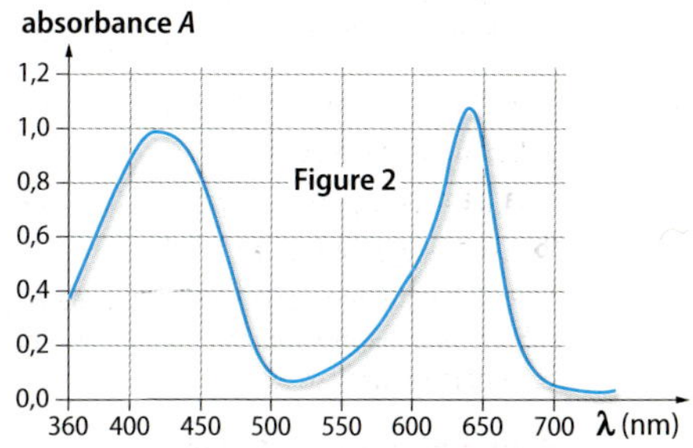

On réalise ensuite une échelle de teintes à partir de la solution de colorant. On mesure l'absorbance de chaque solution à l'aide du spectrophotomètre en se plaçant à la longueur d'onde $\lambda = 450$ nm. Pour la tartrazine, on obtient le graphique $A = f(c)$ suivant, c étant exprimée en mg · L^{-1}.

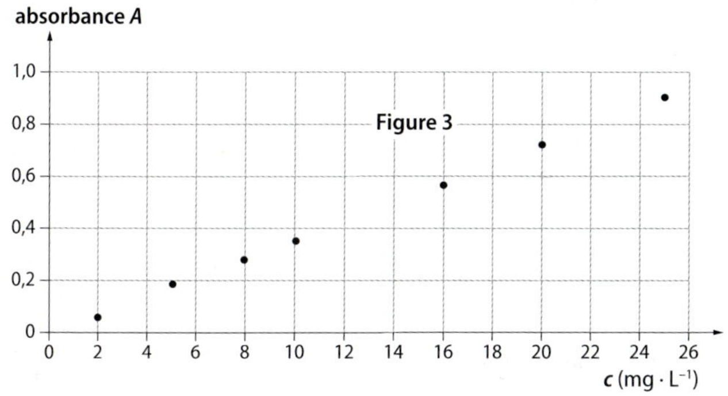

1. Pourquoi choisit-on de se placer à une longueur d'onde proche de 430 nm pour réaliser le dosage par étalonnage de la tartrazine dans le mélange ?

2. À partir des *figures 2* et *3*, déterminer graphiquement la concentration massique c_{dT} en colorant jaune dans le sirop dilué. On expliquera clairement le raisonnement.

➤ Coups de pouce

1. La longueur d'onde d'étude doit être proche du maximum d'absorption de l'espèce à doser.

2. Exploiter la courbe d'étalonnage.

EXEMPLE DE **RÉSOLUTION**

1. Pour réaliser un dosage par étalonnage spectrophotométrique, il faut régler le spectrophotomètre sur une **longueur d'onde proche de la longueur d'onde d'absorption maximale de l'espèce colorée à doser**. D'après la figure 1, la tartrazine présente un maximum d'absorption pour une longueur d'onde de 430 nm, et on choisit de régler le spectrophotomètre sur une longueur d'onde de 450 nm, proche de 430 nm.

2. D'après la figure 2, l'absorbance du sirop de menthe dilué à une longueur d'onde de 450 nm vaut $A_d = 0{,}82$.

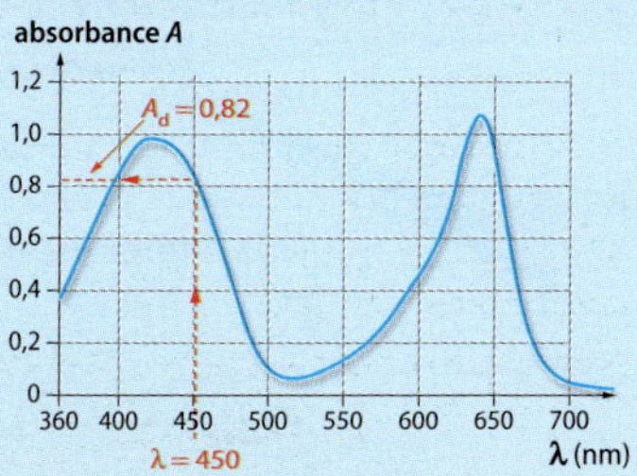

En reportant cette valeur sur la courbe d'étalonnage, on trouve que le sirop dilué présente une concentration massique en tartrazine :

$$c_{dT} = 23 \text{ mg} \cdot \text{L}^{-1}$$

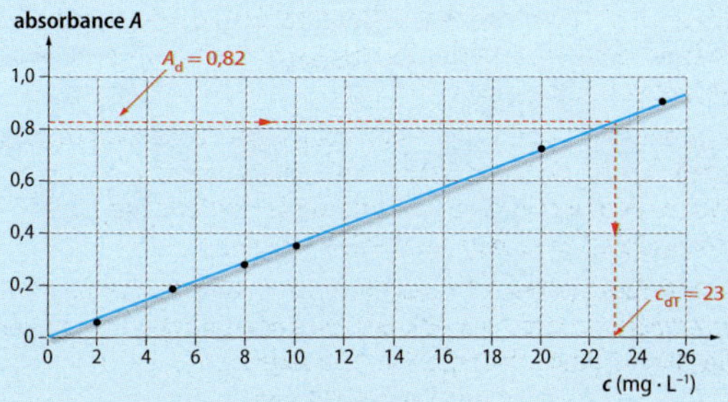

Avant d'aborder la séquence 4

Évaluation diagnostique

Pour chaque situation présentée, proposer une réponse en argumentant.

Situation 1

Pour amorcer la réflexion

La synthèse de molécules comme celles des médicaments nécessite des procédés industriels méticuleusement mis au point par les ingénieurs chimistes.

Sur quels paramètres le chimiste industriel peut-il agir afin d'optimiser le rendement d'une synthèse ?

▶ Activité 1, p. 488

Situation 2

Pour vérifier l'indispensable

Chauffer à reflux, extraire, séparer font partie des savoir-faire de base de la synthèse en chimie organique.

Quel est le rôle de chacun des montages représentés ?

▶ Activités 1 et 3, p. 488 et 490

Situation 3

Pour amorcer la réflexion

Le paracétamol ⓑ et le para-aminophénol ⓐ sont des molécules polyfonctionnelles. La première est synthétisée industriellement à partir de la seconde.

Par quels procédés le chimiste peut-il faire réagir un groupe d'atomes caractéristique précis au sein d'une molécule, sans altérer les autres groupes ?

▶ Activités 2 et 3, p. 489 et 490

Stratégie de la synthèse organique

Grâce à sa maîtrise des techniques expérimentales, le chimiste peut synthétiser diverses molécules et fabriquer de nouveaux matériaux qui répondent aux besoins et aux défis de la société.

Les acquis des classes précédentes

- Un **groupe d'atomes caractéristique** confère des propriétés spécifiques aux molécules qui le possèdent.
- Les **caractéristiques physico-chimiques** des espèces chimiques permettent de les identifier.
- La synthèse au laboratoire s'effectue en plusieurs **étapes**, dont l'ensemble constitue le « **protocole expérimental** ».
- Le **rendement** d'une synthèse est un indicateur de sa qualité et de sa rentabilité.

Les compétences à acquérir

1. **Analyser** des protocoles expérimentaux.
2. **Justifier** le choix des techniques lors d'une synthèse.
3. **Mettre en évidence** le caractère sélectif ou non d'une réaction.

→ **Culture scientifique**
Fabrication de nouveaux matériaux

Activité 1

Activité de découverte

Compétences scientifiques évaluées
- Extraire une information utile.
- Analyser un résultat expérimental.

Quelle voie de synthèse ?

Un même produit peut être synthétisé par différentes voies. Laquelle choisir ?

Étude de documents

L'éthanoate de butyle, présent dans les laques et vernis, peut être synthétisé au laboratoire par différents procédés.

Voie de synthèse n °1

Dans un ballon de 50 mL, on introduit 15 mL de butan-1-ol, 9 mL d'acide éthanoïque pur et 1 mL d'acide sulfurique concentré (catalyseur). On ajoute quelques grains de pierre ponce, puis on adapte un réfrigérant à eau. Un chauffage à reflux est réalisé pendant une demi-heure à partir de l'ébullition (Fig. 1).
Après extraction, on recueille une masse de 9,0 g d'éthanoate de butyle.

La réaction entre l'acide éthanoïque et le butan-1-ol se fait mole à mole, est athermique et lente. Pour une mole de chacun des réactifs, il se forme une mole d'éthanoate de butyle et une mole d'eau. La réaction inverse peut également se produire.

Fig. 1 Chauffage à reflux.

Voie de synthèse n° 2

Dans un erlenmeyer bien sec de 100 mL, on introduit 15 mL de butan-1-ol et 15,5 mL d'anhydride éthanoïque. On adapte un réfrigérant à air et on chauffe l'ensemble pendant vingt minutes à l'aide d'un bain-marie à 60 °C placé sur un agitateur magnétique (Fig. 2).
Après extraction, on recueille une masse de 16,5 g d'éthanoate de butyle.

La réaction entre l'anhydride éthanoïque et le butan-1-ol se fait mole à mole, est légèrement exothermique et rapide. Pour une mole de chacun des réactifs, il se forme une mole d'éthanoate de butyle et une mole d'acide éthanoïque. La réaction inverse n'existe pas.

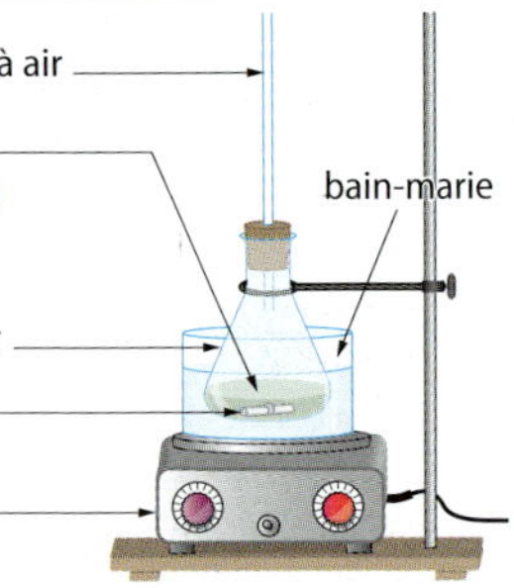

Fig. 2 Chauffage au bain-marie.

Espèce chimique	Formule	Masse molaire ($g \cdot mol^{-1}$)	Solubilité dans l'eau	Densité	Température d'ébullition (°C)
Butan-1-ol	$C_4H_{10}O$	74	moyenne	0,81	117,5
Acide éthanoïque	$C_2H_4O_2$	60	grande	1,05	117,9
Anhydride éthanoïque	$C_4H_6O_3$	102	se décompose dans l'eau	1,08	139,5
Éthanoate de butyle	$C_6H_{12}O_2$	116	très peu soluble	0,88	126,5

Fig. 3 Données physico-chimiques.

Pistes de réflexion

1 Pour chacune des synthèses :
a. Quels sont les réactifs mis en jeu ?
b. Déterminer la quantité de matière de chacun d'eux.

2 Qu'est-ce qu'un catalyseur ? Quel est son rôle ?

3 Dans la voie 2, pourquoi l'erlenmeyer utilisé doit-il être bien sec ?

4 **a.** Que signifient les termes « athermique » et « exothermique » ?
b. Justifier alors pour chaque montage le choix des valeurs des températures de chauffage et le type de réfrigérant utilisé.

5 Déterminer la quantité de matière, puis la masse théorique d'éthanoate de butyle que l'on peut fabriquer.

Pour conclure

6 **a.** Calculer le rendement de chaque synthèse.
b. Comment peut-on expliquer leur différence ?

7 Laquelle des deux synthèses est la plus efficace ?

Activité 2

Activité documentaire

Compétences scientifiques évaluées
- Extraire une information utile.
- Communiquer et argumenter en utilisant un vocabulaire scientifique adapté.

Synthèse peptidique

Les réactions entre molécules polyfonctionnelles engendrent un grand nombre de produits si elles ne sont pas orientées.

Étude de document

Stratégie dans la synthèse de peptides

Les peptides sont des polymères entrant dans la composition des protéines et obtenus par condensation d'acides α-aminés (Fig. 1). Lors de la condensation de deux acides α-aminés A1 et A2, une liaison peptidique se forme entre l'atome de carbone fonctionnel de A1 et l'atome d'azote fonctionnel de A2. L'équation de la réaction peut s'écrire :

$$R_1-\overset{O}{\overset{\|}{C}}-O-H + H-NH-R_2 \longrightarrow R_1-\overset{O}{\overset{\|}{C}}-NH-R_2 + H-O-H$$

(liaison peptidique : $C-NH$)

que l'on peut simplifier par :

$$A_1 + A_2 \longrightarrow A_1-A_2 + H_2O$$

La liaison peptidique est équivalente à une fonction amide.

La difficulté de la synthèse des peptides réside dans le caractère polyfonctionnel des acides α-aminés. La synthèse du dipeptide noté $A_1–A_2$, par exemple, à partir d'un mélange des deux acides α-aminés notés A_1 et A_2 conduirait, sans aucune précaution, à un mélange de 4 dipeptides dont celui désiré. Le problème à résoudre par le chimiste pour n'obtenir que le dipeptide voulu est donc de construire une stratégie de synthèse (Fig. 2) mettant en jeu des étapes intermédiaires :

– par un jeu de blocages sélectifs, certaines fonctions des molécules réactives vont être temporairement protégées et rendues « inactives » ;

– les fonctions réactives non bloquées seront activées afin d'améliorer le rendement de la synthèse ;

– une fois la synthèse terminée, les fonctions bloquées seront déprotégées.

Toutes ces étapes intermédiaires doivent avoir un rendement proche de 100 % pour ne pas altérer la qualité de la synthèse.

Formule générale	$H_2N-\underset{R}{\underset{\mid}{CH}}-C(=O)OH$	
Exemples	R = –H	glycine
	R = $–CH_3$	alanine
	R = $–CH_2–OH$	sérine

Fig. 1 Les acides α-aminés.

Fonction	Protection	Déprotection	Activation
Amine $R–NH_2$	blocage par le Boc (tertiobutoxycarbonyle)	déblocage par hydrolyse acide (acide trifluoroacétique)	
Acide carboxylique R–COOH	blocage par le méthanol	déblocage par hydrolyse acide	par $SOC\ell_2$

Fig. 2 Exemples de stratégies.

Pistes de réflexion

1 **a.** Entourer et nommer les groupes d'atomes caractéristiques portés par un acide α-aminé.

b. Pourquoi qualifie-t-on la molécule de polyfonctionnelle ?

La formation de la liaison peptidique est une réaction entre un site accepteur et un site donneur de doublet d'électrons.

2 **a.** Sur la formule générale d'un acide α-aminé, préciser les positions de ces deux sites (on ne tient pas compte des fonctions du groupe R), en les justifiant.

b. La condensation est-elle une réaction d'addition, d'élimination ou de substitution ? Justifier.

3 Quelles sont les formules simplifiées des quatre dipeptides obtenus par réaction de A_1 et A_2 ?

4 Le dipeptide Gly-Ala est obtenu par création d'une liaison peptidique entre la fonction acide carboxylique de la glycine et la fonction amine de l'alanine. Avant création de cette seule liaison :

a. Quelle fonction de la glycine doit-on protéger ? Comment la protège-t-on ?

b. Mêmes questions pour l'alanine.

c. D'après le texte, quelle opération supplémentaire doit-on réaliser sur la molécule de glycine ?

5 Quelle(s) étape(s) finale(s) doit-on réaliser une fois la liaison peptidique formée ?

Pour conclure

6 Donner la formule du dipeptide Gly-Ala et établir l'organigramme de sa synthèse à partir de la glycine et de l'alanine.

On pourra utiliser les notations $R-NH_2$ (cadenas) et R–COOH (cadenas) pour les fonctions bloquées et R–COOH (étoile) pour la fonction activée.

Activité 3

TP Activité expérimentale

Compétences expérimentales évaluées
- Réaliser un montage expérimental.
- Confronter un résultat à une prévision.

Une synthèse sélective

Par un choix judicieux de techniques et de réactifs, le chimiste peut réaliser des transformations sélectives et privilégier la synthèse d'une seule espèce chimique.

Principe

Le paracétamol est le principe actif que l'on trouve dans les comprimés utilisés contre la douleur et la fièvre. Au laboratoire, on le prépare par réaction de l'anhydride éthanoïque avec le 1-amino-4-hydroxybenzène (ou para-aminophénol).

Étude de la réaction

L'examen des sites donneurs et accepteurs de doublet d'électrons du 1-amino-4-hydroxybenzène et de l'anhydride éthanoïque montre que, théoriquement, plusieurs réactions entre ces deux molécules sont envisageables et peuvent conduire à un mélange d'espèces chimiques, notées A et B. L'analyse spectrale infrarouge du produit de synthèse purifié montre qu'une seule espèce chimique s'est réellement formée.

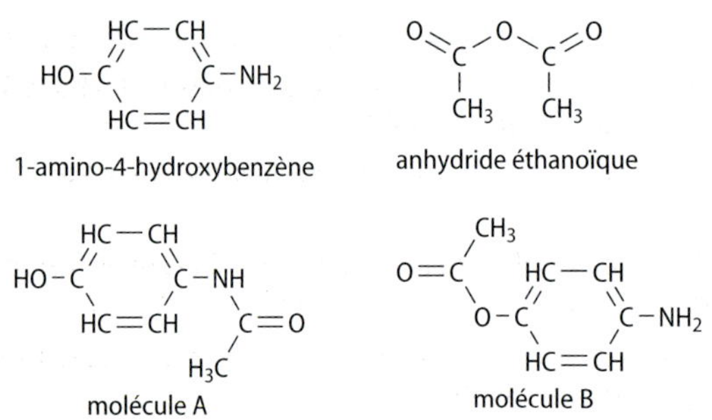

Fig. 1 Les formules des molécules citées.

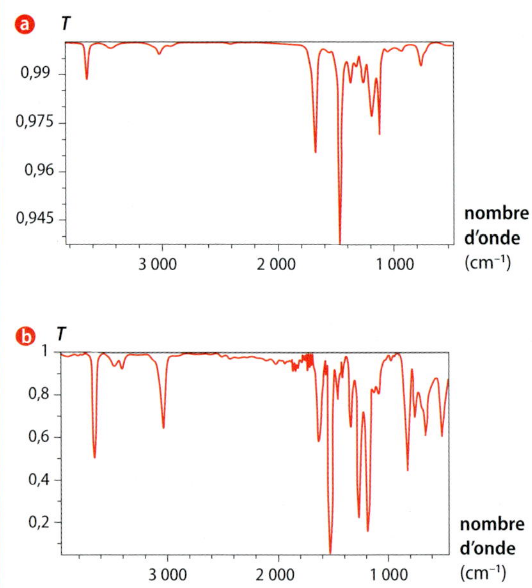

Fig. 2 Spectres IR en phase gazeuse : **a** du paracétamol ; **b** du 1-amino-4-hydroxybenzène.

Pistes de réflexion

1 **a.** Entourer et nommer les groupes d'atomes caractéristiques du 1-amino-4-hydroxybenzène.

b. Justifier que les atomes d'oxygène et d'azote de cette molécule soient des sites donneurs de doublet d'électrons.

2 **a.** En justifiant, situer les sites accepteurs de doublet d'électrons de l'anhydride éthanoïque.

b. Relier par une flèche les sites pouvant expliquer la formation d'une liaison entre les deux molécules.

3 Pour les deux molécules A et B possibles :

a. Préciser le groupe d'atomes caractéristique qui n'est pas modifié et celui qui a disparu.

b. Donner la nature du groupe d'atomes caractéristique qui apparaît.

4 En comparant les spectres IR du 1-amino-4-hydroxybenzène et du paracétamol et en utilisant la table de données spectrales sur le rabat avant du manuel, montrer que le paracétamol correspond à la molécule A.

5 Écrire l'équation de la réaction de synthèse, sachant qu'il se forme aussi de l'acide éthanoïque.

6 Que peut-on déduire sur le caractère donneur de doublet d'électrons de l'atome d'azote comparé à celui de l'atome d'oxygène ?

Mise en œuvre au laboratoire

Matériel

• montage à reflux • système de filtration sous vide • banc Kofler ou tube de Thiele • balance • pipette graduée • éprouvette graduée • cristallisoir • 1-amino-4-hydroxybenzène • acide éthanoïque pur • anhydride éthanoïque

Synthèse et extraction du paracétamol

• Dans un erlenmeyer de 250 mL, introduire 5,5 g de 1-amino-4-hydroxybenzène, 50 mL d'eau distillée, 3,5 mL d'acide éthanoïque pur prélevés à la pipette graduée, et un barreau aimanté.

• Adapter un réfrigérant à air et chauffer l'erlenmeyer à l'aide d'un bain-marie à 80 °C placé sur un agitateur magnétique chauffant (Fig. 3), jusqu'à dissolution complète du 1-amino-4-hydroxybenzène.

• Ramener la solution à température ambiante.

• Sous la hotte, introduire lentement et avec précaution dans l'erlenmeyer 7,0 mL d'anhydride éthanoïque contenu dans une burette. Le mélange s'échauffe un peu.

• Remettre le réfrigérant à air et placer l'erlenmeyer dans le bain-marie pendant 10 minutes.

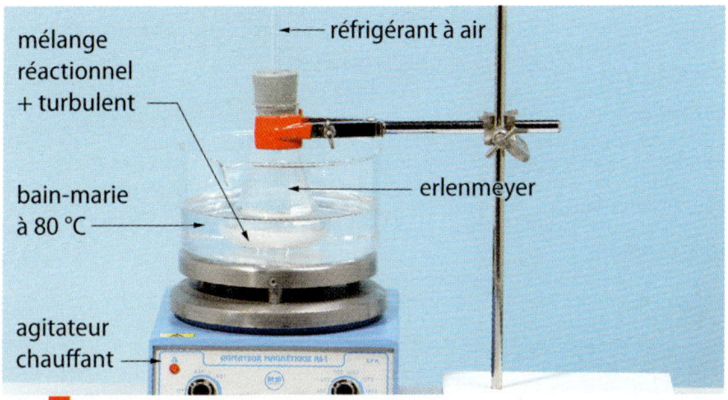

Fig. 3 Le montage expérimental.

• Refroidir la solution dans un bain d'eau glacée et amorcer la cristallisation avec un agitateur en verre.

• Filtrer les cristaux sur Büchner, les rincer à l'eau distillée froide et les récupérer dans un bécher.

Purification du paracétamol

• Ajouter 20 mL d'eau dans le bécher contenant le paracétamol et chauffer sur l'agitateur magnétique chauffant jusqu'à dissolution complète du solide. Ajouter 5 mL d'eau chaude et porter de nouveau à ébullition si la dissolution se fait mal.

• Laisser refroidir à l'air jusqu'à l'amorce de la précipitation, puis la terminer dans un mélange eau-glace. Filtrer sur Büchner et récupérer le paracétamol purifié. Essorer les cristaux entre deux feuilles de papier-filtre, les sécher à l'étuve, puis les peser.

Caractérisation

• À l'aide du banc Kofler étalonné ou d'un tube de Thiele, mesurer la température de fusion du solide obtenu.

Exploitation du protocole (Fig. 4)

1 **a.** Quelles précautions doit-on prendre lors de la manipulation des réactifs de la synthèse ?

b. Quel peut être le rôle de l'acide éthanoïque introduit initialement ?

2 Pourquoi un simple réfrigérant à air convient-il ici ?

3 Pourquoi le paracétamol cristallise-t-il à froid ?

4 **a.** Faire un schéma annoté de la filtration sur Büchner.

b. Quel est son intérêt ?

La méthode de purification par recristallisation est fondée sur la différence de solubilité dans un solvant donné à chaud entre le composé à purifier et les impuretés (voir fiche pratique p. 590).

5 **a.** Quel solvant utilise-t-on pour la recristallisation ?

b. Les impuretés sont-elles plus ou moins solubles dans l'eau à froid que le paracétamol ?

c. Pourquoi doit-on utiliser une quantité minimale d'eau pour la recristallisation ?

6 Un corps solide pur fond à sa température de fusion : le produit obtenu est-il du paracétamol ? Est-il pur ?

7 **a.** Déterminer les quantités de matière de réactifs mis en jeu lors de la synthèse.

b. En déduire que :
– le réactif limitant est le 1-amino-4-hydroxybenzène ;
– la masse théorique de paracétamol obtenue vaut 7,6 g.

c. Calculer le rendement de la synthèse et expliquer pourquoi il est inférieur à 100 %.

Pour conclure

8 La synthèse réalisée est-elle bien une synthèse sélective ?

Espèce chimique	Formule brute	État physique à 20 °C	Température de fusion (°C)	Solubilité dans l'eau	Masse molaire ($g \cdot mol^{-1}$)	Masse volumique ($g \cdot mL^{-1}$)	Risque et sécurité
Acide éthanoïque	$C_2H_4O_2$	Liquide		Très grande	60	1,05	Très corrosif
1-Amino-4-hydroxybenzène	C_6H_7NO	Solide	186	Très faible à froid Grande à chaud	109		Toxique Polluant
Anhydride éthanoïque	$C_4H_6O_3$	Liquide	– 73	Très grande	102	1,08	Très corrosif
Paracétamol	C_8H_9NO	Solide	168	Faible à froid Grande à chaud	151		Toxique

Fig. 4 Données concernant les espèces chimiques et la synthèse.

Cours

1 Les étapes d'une synthèse

› Activités 1 et 3

La synthèse chimique

Le protocole expérimental d'une synthèse détaille l'ensemble des étapes (Fig. 1) et des manipulations à effectuer dans un ordre chronologique bien établi afin de « fabriquer » une molécule, puis de l'isoler.

- La **mise en œuvre** consiste en la préparation dans un « **réacteur** » (ballon ou erlenmeyer) du **mélange réactionnel**. Les prélèvements des réactifs s'effectuent en suivant les précautions de sécurité liées à leur dangerosité (utilisation ou non de gants, de lunettes, de la hotte, *voir sur les rabats avant du manuel*) et avec un choix de verrerie adapté. En fin de réaction, le réacteur contient un mélange d'espèces chimiques, dont celle recherchée.
- Un ensemble de techniques permettent ensuite d'**extraire** du milieu réactionnel et de **récupérer** l'espèce chimique recherchée « brute », c'est-à-dire accompagnée d'impuretés.
- Le produit brut est alors **purifié** : on obtient la molécule recherchée seule.
- L'**analyse** du produit purifié permet d'en contrôler la nature.

1.	Mise en œuvre et réaction chimique
2.	Extraction et récupération de l'espèce chimique synthétisée
3.	Purification de l'espèce chimique synthétisée
4.	Analyse de l'espèce chimique synthétisée

Fig. 1 Ordre chronologique des étapes d'une synthèse.

Paramètres expérimentaux

Les paramètres expérimentaux agissent sur le déroulement de la réaction de synthèse. Ils sont généralement fixés par le chimiste et répondent à une logique d'optimisation de la synthèse.

Exemples

Le mélange initial doit être homogène pour favoriser la réaction : l'**ajout éventuel d'un solvant** pourra être nécessaire si les réactifs sont peu miscibles entre eux.
Certaines réactions s'opèrent en milieu acide ou basique : il est nécessaire de contrôler et d'**ajuster le pH** du milieu avant de réaliser la synthèse.
Pour accélérer des réactions de synthèse lentes, on agit très souvent sur les facteurs cinétiques : **catalyseur** spécifique à la réaction, **température** et **durée de chauffage** déterminées.

Repère

Un volume V (en mL) d'espèce chimique de masse volumique ρ (en g · mL^{-1}) et de masse molaire M (en g · mol^{-1}) contient une quantité de matière n (en mol) telle que :

$$n = \frac{\rho \cdot V}{M}$$

Rendement d'une synthèse

La synthèse doit répondre à une logique économique : les indicateurs de son efficacité sont le rendement (lié à la quantité de produit fabriqué) et le prix de revient (lié à la rapidité et au coût de la synthèse).

Le rendement R d'une synthèse est le rapport (sans unité) :

$$R = \frac{n_P}{n_{max}}$$

où n_P représente la quantité de matière de produit pur obtenu et n_{max} la quantité de matière que l'on pourrait obtenir si la réaction était totale.

La valeur du rendement dépend fortement des paramètres expérimentaux de la synthèse (température, durée de chauffage, homogénéité du milieu réactionnel, présence d'un réactif en excès…).

Repère

Une valeur de rendement de synthèse supérieure à 1 n'existe pas. Sa valeur est strictement inférieure à 1 (ou 100 %) : il y a toujours des pertes lors des différentes étapes.

➡ Exercices 1 à 5

2 Choix des techniques

› Activités 1 et 3

Les techniques mises en œuvre dans une synthèse découlent essentiellement des caractéristiques physico-chimiques des espèces chimiques qui interviennent.

• Les dispositifs de chauffage

Lors d'un chauffage, afin d'éviter les pertes de matière (réactifs, produit, solvant) par évaporation, le réacteur est surmonté d'un **réfrigérant** dans lequel les vapeurs se condensent ; elles retombent alors dans le réacteur. Ce montage porte le nom de **chauffage à reflux** (Fig. 2).

Le choix du montage à reflux (réfrigérant à eau ou réfrigérant à air) dépend à la fois du caractère exothermique de la réaction, des températures d'ébullition des espèces chimiques présentes dans le réacteur et de la température de chauffe.

Si, au cours du chauffage, les températures d'ébullition sont largement dépassées, le réfrigérant à eau s'impose pour son pouvoir de condensation supérieur. Sinon, un simple réfrigérant à air suffit.

Remarque : certaines transformations très exothermiques ne nécessitent pas de chauffage. Bien souvent, l'expérimentateur doit, au contraire, réguler la température en plaçant le réacteur dans un bain d'eau glacée.

• Les extractions

L'extraction regroupe l'ensemble des étapes consistant à isoler du mélange réactionnel le produit brut.

Les techniques d'extraction d'une espèce chimique d'un mélange sont essentiellement basées sur les propriétés de **solubilité**.

• L'**extraction liquide-liquide** consiste à extraire une espèce chimique dissoute dans un mélange liquide à l'aide d'un **solvant extracteur.** Ce solvant doit être non miscible avec le mélange initial d'espèces chimiques et l'espèce chimique à extraire doit y être plus soluble que dans le mélange initial.

La récupération de la phase constituée du solvant extracteur contenant l'espèce chimique est alors basée sur la **différence de densité** de ce solvant avec les autres phases. Elle est effectuée par décantation dans une **ampoule à décanter** (Fig. 3).

Après séparation, la phase utile est généralement lavée à l'eau, puis séchée par action d'un agent desséchant (sulfate de magnésium anhydre par exemple) ;

L'extraction est complètement terminée lorsque le produit de la synthèse est séparé du solvant extracteur par évaporation du solvant.

• La **cristallisation** consiste à extraire une espèce chimique solide dissoute dans un mélange. Elle est fondée sur certains facteurs influençant sa solubilité, comme la température et le pH. Par un refroidissement ou une modification du pH, on peut faire diminuer la solubilité d'une espèce chimique et la faire précipiter.

La récupération de la phase solide contenant le produit de la synthèse s'effectue en général par filtration sous vide, à l'aide d'un filtre Büchner (Fig. 4).

Repère

Les caractéristiques physico-chimiques sont par exemple les températures de changement d'état, la solubilité, la densité.

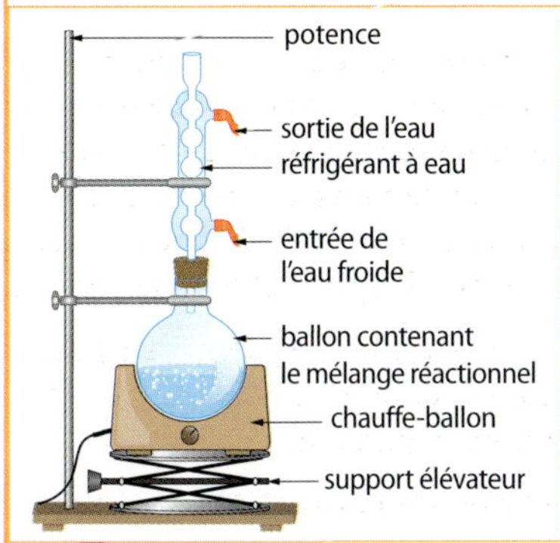

Fig. 2 Montage de chauffage à reflux.

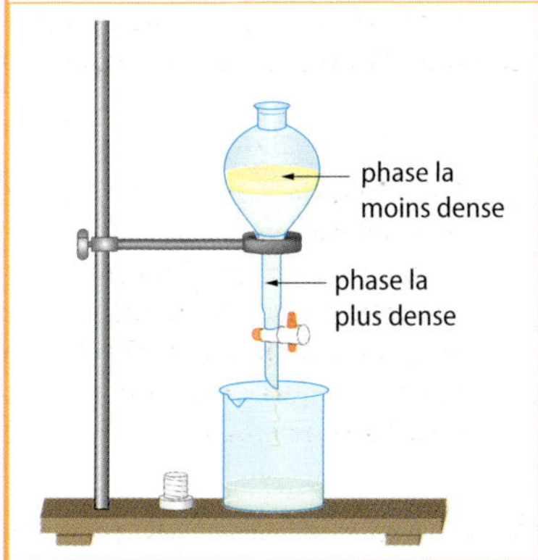

Fig. 3 Extraction dans une ampoule à décanter.

Fig. 4 Filtration sous vide.

Cours

La purification

La purification consiste à éliminer les impuretés contenues dans le produit brut afin d'obtenir le produit de la synthèse à l'état pur.

Les techniques diffèrent selon l'état physique de l'espèce chimique à purifier.

• Une **espèce liquide** peut être extraite d'un mélange homogène par **distillation** (appelée aussi rectification). Cette technique est fondée sur la différence des températures d'ébullition de l'espèce chimique et des impuretés. Si l'espèce à isoler possède la température d'ébullition la plus basse, elle est séparée par évaporation, puis condensée et récupérée dans un récipient (Fig. 5).

• Une **espèce solide** peut être purifiée par **recristallisation** (voir fiche méthode p. 590). Cette technique est fondée sur les différences de solubilité à chaud et à froid de l'espèce chimique et des impuretés à éliminer. Le produit brut est dissous à chaud dans un solvant bien choisi. On laisse le mélange refroidir lentement. Les impuretés restent dissoutes à froid dans le solvant, alors que le produit de la synthèse cristallise. Le produit pur est ensuite récupéré par filtration, puis séché à l'étuve.

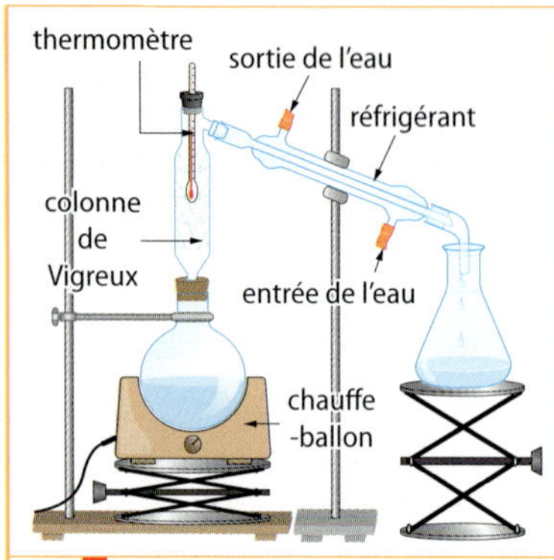

Fig. 5 Montage de distillation.

Les méthodes d'analyse

Les méthodes d'analyse permettent d'identifier l'espèce chimique synthétisée et d'en déterminer le degré de pureté.

L'identification peut être effectuée par :
– mesure des grandeurs physico-chimiques : température de fusion au banc Kofler pour les solides (Fig. 6), de la densité ou de l'indice de réfraction pour les liquides ;
– chromatographie ;
– analyse spectroscopique du produit (UV, IR, RMN).

➥ Exercices 6 à 10

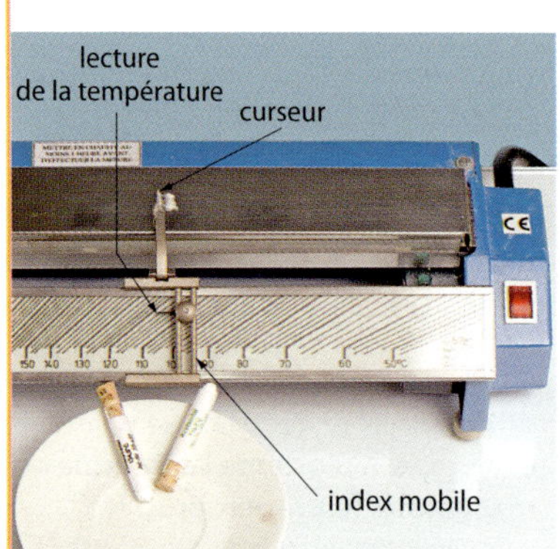

Fig. 6 Détermination d'une température de fusion à l'aide d'un banc Kofler.

3 Sélectivité en chimie organique

› Activités 2 et 3

Au cours d'une synthèse, l'utilisation de molécules polyfonctionnelles nécessite de nombreuses précautions si l'on ne veut faire réagir qu'un seul groupe d'atomes caractéristique : les réactions utilisées doivent alors présenter un caractère sélectif. Elles sont dites **chimiosélectives**.

Vocabulaire

Une molécule **polyfonctionnelle** est une molécule qui possède plusieurs groupes d'atomes caractéristiques de natures différentes.

Les réactifs chimiosélectifs

Un réactif est dit chimiosélectif s'il ne réagit qu'avec un groupe spécifique d'atomes caractéristique (ou une seule fonction).

Exemples

En synthèse organique, les réactions d'oxydation et de réduction doivent être bien souvent menées de façon sélective, un même oxydant (respectivement réducteur) pouvant oxyder (resp. réduire) un grand nombre de fonctions organiques.

• Le réducteur $LiA\ell H_4$ (hydrure d'aluminium et de lithium) réduit indifférement les cétones et les esters en alcool :

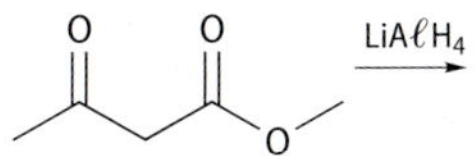

La réaction est donc non chimiosélective.

• Le réducteur $NaBH_4$ (tétraborohydrure de sodium) réduit les cétones en alcool, sans agir sur les esters :

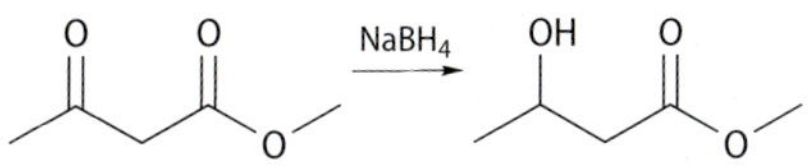

La réaction est donc ici chimiosélective.

Protection d'une fonction

Animation

Dans le cas où il n'existe pas de réactif chimiosélectif spécifique pour une modification de fonction bien précise, une possibilité d'orienter une réaction consiste à **protéger** les groupes d'atomes caractéristiques que l'on ne veut pas faire réagir. Une fois la réaction chimique terminée, une **déprotection** des groupes est effectuée.

Exemple

Les fonctions amine et acide carboxylique réagissent ensemble sans condition particulière. La synthèse d'un dipeptidique spécifique $A_1–A_2$ à partir de deux acides α-aminés A_1 et A_2, molécules polyfonctionnelles possédant à la fois une fonction amine et une fonction acide carboxylique, nécessite une stratégie de protection et de déprotection des groupes caractéristiques (Fig. 7).

➡ Exercices 11 à 15

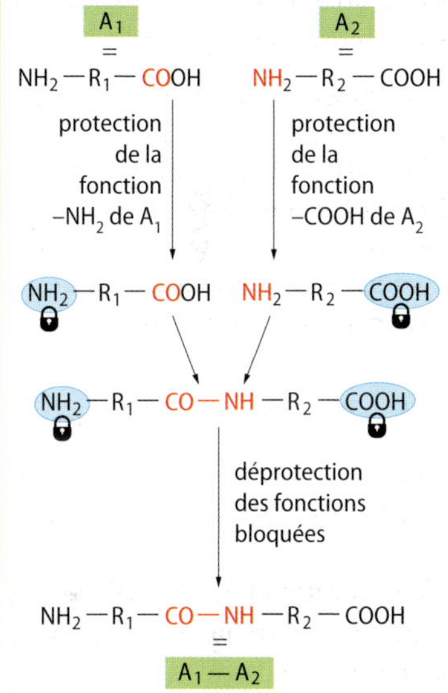

Fig. 7 Les étapes de la synthèse spécifique d'un dipeptide $A_1 - A_2$.

Les compétences à acquérir

1 Analyser des protocoles expérimentaux

• Un protocole expérimental fait apparaître les différentes étapes d'une synthèse, qui sont en général au nombre de quatre :

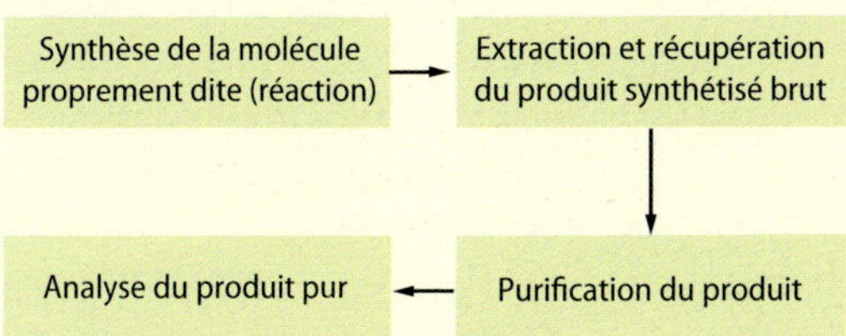

2 Justifier le choix des techniques lors d'une synthèse

• Le choix des techniques utilisées lors d'une synthèse (chauffage, extraction, purification et analyse) dépend en très grande partie des caractéristiques physico-chimiques des espèces chimiques intervenant au cours de la synthèse.

3 Mettre en évidence le caractère sélectif ou non d'une réaction

• Une réaction est chimiosélective si elle conduit préférentiellement à la formation d'une seule espèce chimique ou si le réactif qu'elle met en œuvre n'est capable d'interagir qu'avec un seul type de groupe d'atomes caractéristique.

Exercices

Compétence 1

› Analyser des protocoles expérimentaux

1 VRAI ou FAUX ?

Corriger les affirmations fausses.

❶ L'ordre des étapes d'une synthèse est toujours : réaction ; extraction ; purification ; analyse.

❷ Un chauffage à reflux permet d'augmenter le rendement d'une synthèse.

❸ Une réaction est d'autant plus favorisée qu'elle se déroule dans une seule phase.

❹ Les produits formés lors d'une synthèse sont indépendants du pH du milieu réactionnel.

2 Fabriquer de l'aspirine

On réalise la synthèse de l'aspirine à partir de l'anhydride éthanoïque et de l'acide salicylique. Les étapes du protocole de la synthèse sont données en désordre ci-dessous.

Ⓐ Ajouter de l'eau froide dans le milieu réactionnel.
Ⓑ Réaliser un montage de chauffage à reflux et chauffer pendant une vingtaine de minutes.
Ⓒ Les cristaux récupérés sont impurs. Les purifier par recristallisation. Filtrer de nouveau sur Büchner et peser les cristaux récupérés.
Ⓓ Introduire dans un ballon 5,0 g d'acide salicylique, 10 mL d'anhydride éthanoïque et quelques gouttes d'acide sulfurique.
Ⓔ Filtrer sur Büchner le mélange obtenu et récupérer les cristaux d'aspirine.

Remettre dans l'ordre les étapes de la synthèse.

3 Odeur de banane

L'acétate d'isoamyle, ester à saveur et odeur de banane utilisé pour aromatiser certains sirops, peut être obtenu selon le protocole suivant.

Dans un ballon de 100 mL, on introduit 36,0 g d'alcool isoamylique et 23 mL d'acide éthanoïque pur. On ajoute avec précaution 1 mL d'acide sulfurique et quelques grains de pierre ponce. On adapte un réfrigérant à eau et on réalise un chauffage à reflux pendant une heure. Après refroidissement, on verse le contenu du ballon dans de l'eau salée, on agite et on verse le tout dans une ampoule à décanter. On récupère la phase contenant l'ester et on la soumet à une distillation fractionnée. On recueille la fraction constituée de l'acétate d'isoamyle.

1. Repérer et nommer les différentes étapes du protocole.

2. Quelle grandeur relative à l'alcool doit-on connaître pour réaliser le prélèvement en l'absence de balance ?

3. Sur quels facteurs cinétiques agit-on ?

4. Quels renseignements doit-on posséder pour :
– récupérer la phase contenant l'ester ?
– récupérer uniquement l'ester ?

5. Comment peut-on vérifier la nature de l'ester obtenu ?

4 Synthèse de l'acétanilide

L'acétanilide (C_8H_9ON) est l'un des premiers fébrifuges (médicaments combattant la fièvre) synthétisé par l'industrie chimique, à partir d'anhydride éthanoïque ($(CH_3CO)_2O$) et d'aniline ($C_6H_5{-}NH_2$) Le protocole de sa synthèse commence ainsi :

Dans un erlenmeyer bien sec, introduire successivement 10,0 mL d'aniline, puis 15,0 mL d'acide éthanoïque pur. Chauffer jusqu'à dissolution complète de l'aniline. Ajouter alors 15,0 mL d'anhydride éthanoïque. Adapter un réfrigérant à air, puis chauffer au bain-marie (80 °C) pendant 20 minutes.

1. D'après les données ci-dessous, quelles précautions doit-on prendre lors du prélèvement des espèces chimiques ?

2. Pourquoi n'utilise-t-on pas d'eau pour homogénéiser le milieu réactionnel ?

3. L'aniline est une base. Pourquoi se dissout-elle très facilement dans l'acide éthanoïque ?

4. a. Calculer les quantités de matière des deux réactifs.
b. La réaction se fait mole à mole. Quel est le réactif limitant ?

Données. *Pictogrammes de sécurité :*

aniline,  ; *acide et anhydride éthanoïques,* 

	Solubilité dans l'eau	*Solubilité dans l'acide éthanoïque*	*Masse volumique ($g \cdot mL^{-1}$)*
Aniline	*soluble*	*soluble*	*1,02*
Acide éthanoïque	*soluble*	*soluble*	*1,05*
Anhydride éthanoïque	*Décomposé en acide éthanoïque*	*soluble*	*1,08*

5 Rendement d'une synthèse

La synthèse de l'éthanoate de benzyle à partir d'un mélange équimolaire de 10,0 g d'acide éthanoïque et d'alcool benzylique permet d'obtenir un volume de 15,8 mL d'éthanoate de benzyle. L'équation de la réaction de synthèse est :

$$H_3CCOOH + C_6H_5CH_2OH \rightleftharpoons C_6H_5CH_2OCOCH_3 + H_2O$$

1. Déterminer le volume d'alcool benzylique à prélever.

2. a. Déterminer la quantité de matière d'ester récupéré.
b. En déduire le rendement de la synthèse.
c. Pourquoi n'est-il pas égal à 100 % ?

Données.

	Acide éthanoïque	*Alcool benzylique*	*Éthanoate de benzyle*
Densité	*1,05*	*1,04*	*1,06*
Masse molaire ($g \cdot mol^{-1}$)	*60,0*	*108*	*150*

Compétence 2

› *Justifier le choix des techniques lors d'une synthèse*

6 **VRAI ou FAUX ?**

Corriger les affirmations fausses.

❶ Pour réaliser un chauffage à reflux, il faut connaître les températures d'ébullition des espèces chimiques.

❷ L'extraction a pour but d'isoler le produit brut du mélange réactionnel.

❸ Une distillation permet de séparer des mélanges de liquides non miscibles.

❹ La cristallisation d'un solide est favorisée par une diminution de température dans le cas général.

❺ Le séchage d'une phase organique consiste à séparer le solvant de l'espèce chimique synthétisée.

7 **Séparations**

Nommer et décrire le protocole permettant de réaliser la séparation du produit synthétisé :

a. si le produit synthétisé est solide et le milieu réactionnel est liquide ;

b. si le produit synthétisé est un liquide non miscible au milieu réactionnel liquide ;

c. si le produit synthétisé est un liquide miscible au milieu réactionnel liquide.

8 **Identifications**

Nommer et décrire le(s) technique(s) permettant d'identifier le produit synthétisé :

a. dans le cas où il est solide ;

b. dans le cas où il est liquide.

EXERCICE **RÉSOLU**

9 **Quel montage ?**

Selon sa nature, la synthèse d'un ester peut être réalisée de différentes façons. On veut réaliser la synthèse du méthanoate d'éthyle et celle du méthanoate de butyle.

1. Nommer les montages ⓐ et ⓑ.

ⓐ

ⓑ

2. Parmi les montages précédents, lequel est incorrect ? Justifier la réponse.

3. En justifiant, indiquer quel montage on va utiliser (après correction éventuelle) pour la synthèse :
- du méthanoate d'éthyle ;
- du méthanoate de butyle.

Données. *Températures d'ébullition $T_{éb}$ (en °C) :*

Acide méthanoïque HCOOH	*101*
Éthanol C_2H_5OH	*78,0*
Butan-1-ol C_4H_9OH	*127*
Méthanoate d'éthyle	*54,3*
Méthanoate de butyle	*107*

Aides et méthodes

3. Comparer les températures d'ébullition des espèces chimiques intervenant dans la synthèse.

Solution

1. ⓐ : montage de chauffage à reflux ; ⓑ : distillation.

2. Le montage ⓐ est incorrect : il ne respecte pas les conditions de sécurité (pas d'élévateur).

3. On utilisera le montage ⓐ pour la synthèse du méthanoate de butyle et le montage ⓑ pour celle du méthanoate d'éthyle. En effet, la faible température d'ébullition de ce dernier permet de le séparer du milieu au cours de sa formation.

10 **Chauffage ou pas chauffage ?**

Un ester peut-être synthétisé selon différentes voix de synthèse, parmi lesquelles on trouve les trois suivantes :

Synthèse	Réactifs	Propriétés de la réaction
1	acide carboxylique + alcool	réaction athermique
2	anhydride d'acide + alcool	réaction légèrement exothermique
3	chlorure d'acyle + alcool	réaction très fortement exothermique

1. B2i Rechercher, éventuellement sur Internet, la signification des termes athermique et exothermique.

2. Quel est le rôle du chauffage lors d'une synthèse ?

3. Associer, en justifiant, le montage à utiliser pour chacune des trois synthèses proposées :

ⓐ

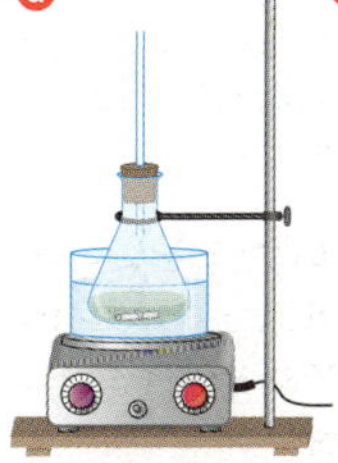

ⓑ

ⓒ

Exercices

Compétence 3

› *Mettre en évidence le caractère sélectif ou non d'une réaction*

11 QCM

Choisir les bonnes réponses.

1 Une molécule polyfonctionnelle :
- **a** porte plusieurs groupes caractéristiques identiques ;
- **b** porte plusieurs groupes caractéristiques différents ;
- **c** réagit de façon sélective en général.

2 Un réactif chimiosélectif :
- **a** ne réagit qu'avec un seul type de molécule ;
- **b** favorise la réaction d'un seul groupe d'atomes caractéristique lorsque la molécule en porte plusieurs.

12 Réactions sélectives ou pas ?

En examinant les groupes d'atomes caractéristiques présents sur les molécules initiales et les molécules formées dans les synthèses suivantes, indiquer si le réactif utilisé (indiqué au-dessus de la flèche) est chimiosélectif ou pas :

a.

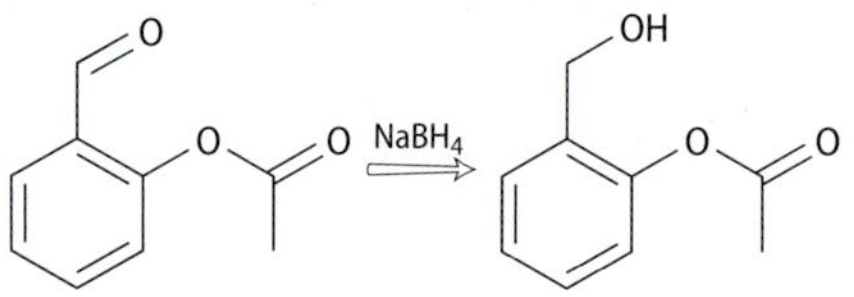

b.

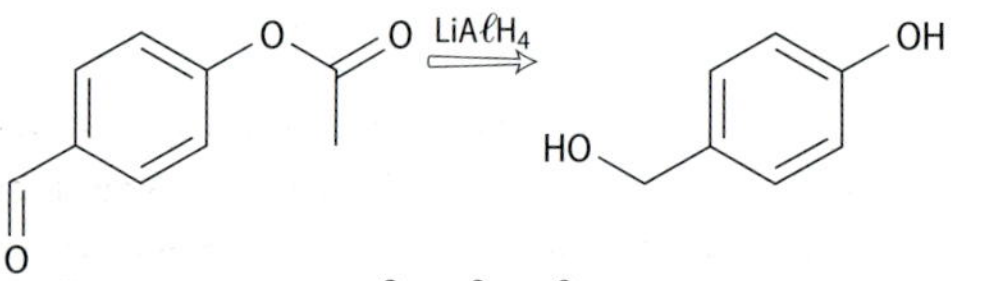

c.

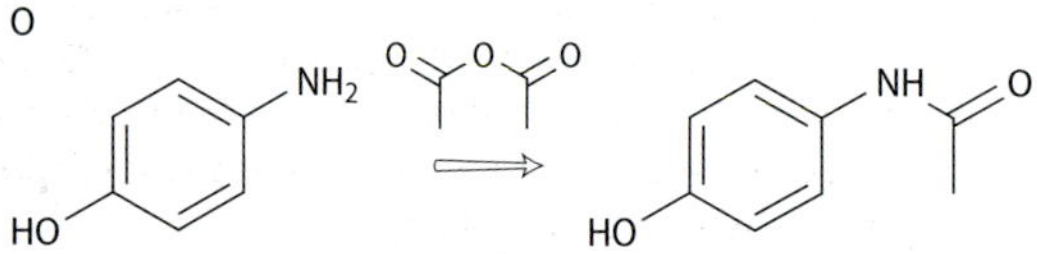

13 Synthèse d'un dipeptide

La phénylalanylglycine est un dipeptide de formule :

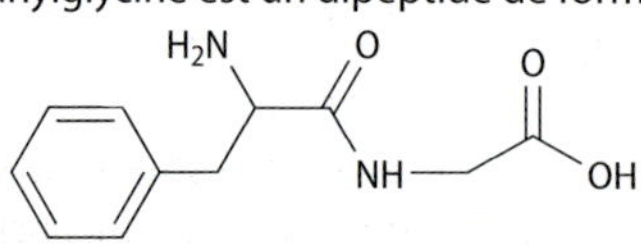

Il peut être synthétisé à partir de deux acides α-aminés : la phénylalanine **a** et la glycine **b**.

a

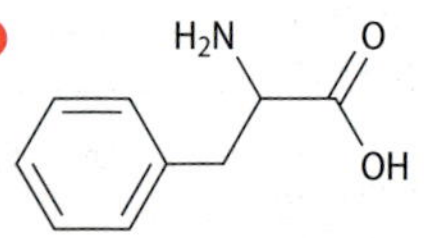

b

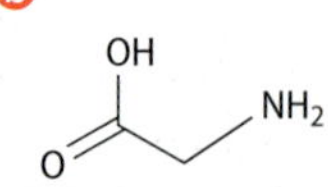

1. Entourer et nommer les groupes d'atomes caractéristiques présents sur le dipeptide.

2. En comparant ces groupes avec ceux des acides α-aminés, en déduire pour chacun d'eux le groupe ayant réagi.

3. Pourrait-on envisager la formation d'autres dipeptides à partir des deux acides α-aminés ? Si oui, combien ? Les dessiner.

4. La réaction entre deux acides α-aminés est-elle chimiosélective ?

14 Synthèse de la 4-nitroaniline

La 4-nitroaniline (**D**), utilisée dans l'industrie pour la fabrication du colorant rouge nommé « rouge para », est synthétisée par nitration en partant de l'aniline (**A**), selon les séquences :

Étape 1

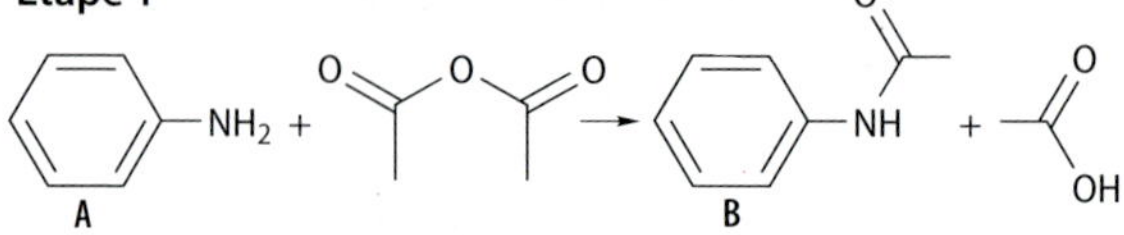

Étape 2

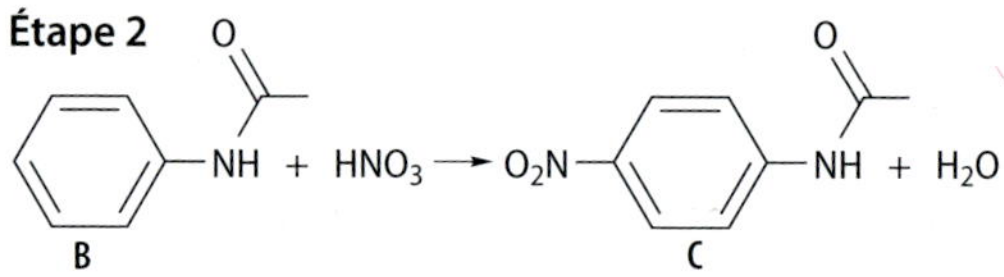

Étape 3

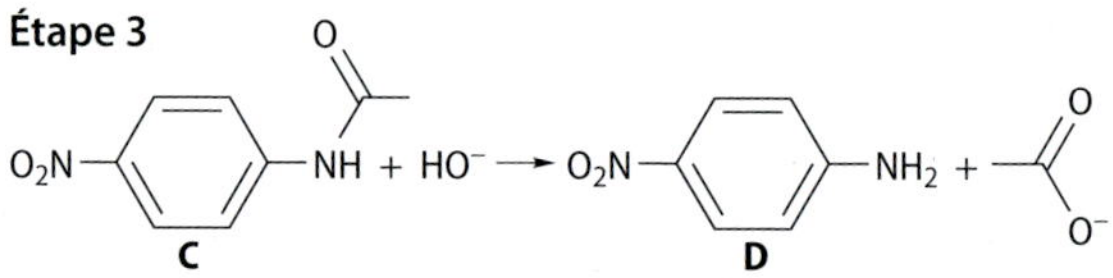

1. Quel(s) groupe(s) d'atomes caractéristique(s) :

a. l'aniline (**A**) porte-t-elle ?

b. la 4-nitroaniline (**D**) porte-t-elle ?

2. L'acide nitrique est un puissant oxydant, capable de transformer un groupe amine en un groupe nitro $-NO_2$.

a. L'action directe de l'acide nitrique sur l'aniline pourrait-elle conduire à la nitroaniline ? Justifier.

b. Justifier alors l'étape 1 de la synthèse.

c. L'étape 2 est-elle une réaction chimiosélective ?

d. Quel est le rôle de la troisième étape ?

15 Protection d'une fonction

On veut réaliser la transformation suivante :

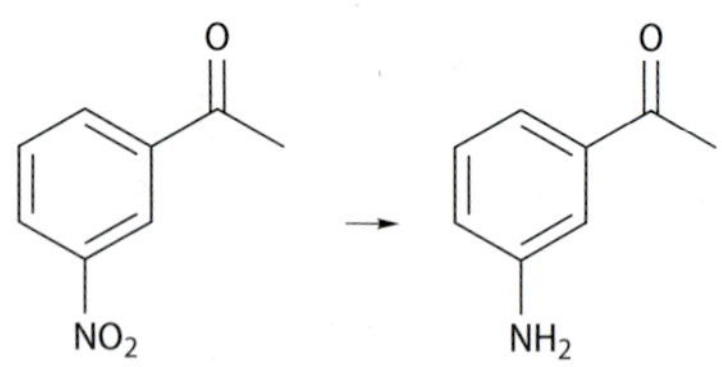

Données.

$LiA\ell H_4$ réduit les cétones en alcools et les groupes nitro ($-NO_2$) en amines. Les fonctions cétones sont protégées par l'éthan-1,2-diol, de formule $HO-CH_2-CH_2-OH$, et régénérées par hydrolyse acide.

1. Quels sont les groupes fonctionnels présents sur la molécule initiale et la molécule désirée ?

2. a. Peut-on utiliser le réactif $LiA\ell H_4$ pour réaliser cette transformation en une seule étape ? Justifier.

b. Quelles précautions faudrait-il alors prendre ?

c. Construire un organigramme simple de la synthèse.

Exercices de synthèse

Pour préparer le BAC

16 Rendement d'une estérification

Le méthanoate d'éthyle, un ester utilisé dans l'industrie alimentaire pour ses saveurs fruitées, est responsable de l'odeur caractéristique du rhum. Sa synthèse est réalisée en laboratoire, à partir d'acide méthanoïque et d'éthanol, selon l'équation :

$$HCOOH + C_2H_5OH \rightleftharpoons HCOOC_2H_5 + H_2O$$

Afin de le synthétiser, un premier groupe d'élèves propose le protocole suivant.

– Introduire 25,0 mL d'éthanol, une quantité d'acide méthanoïque équimolaire et quelques gouttes d'acide sulfurique dans un ballon. Réaliser un chauffage à reflux pendant 45 min.
– Verser le contenu du ballon dans une ampoule à décanter et ajouter de l'eau salée. Après décantation, recueillir la phase organique.
– Sécher la phase organique sur sulfate de magnésium anhydre, filtrer et récupérer l'ester liquide dans un erlenmeyer taré.
– Mesurer la masse d'ester formé.

1. Quelle quantité de matière d'alcool et d'acide utilise-t-on dans cette synthèse ?

2. Quel est le rôle de l'acide sulfurique ?

3. Dessiner l'ampoule à décanter en précisant la position des phases aqueuse et organique et leur contenu.

4. Déterminer la masse théorique d'ester attendue.

5. Calculer le rendement R_1 de la synthèse, sachant que la masse d'ester recueilli est de 21 g.

Devant la valeur du rendement de la synthèse qu'ils jugent peu élevée, un deuxième groupe d'élèves fait des recherches sur les propriétés de la réaction : Ils apprennent que, dans le ballon, le mélange a évolué vers un équilibre chimique, c'est-à-dire qu'il se produit à la fois la réaction de synthèse de l'ester, mais aussi la réaction de sa destruction par hydrolyse en présence de l'eau formée, d'où un rendement de faible valeur.

Ils suggèrent alors de modifier le montage à reflux du protocole précédent et proposent le montage suivant :

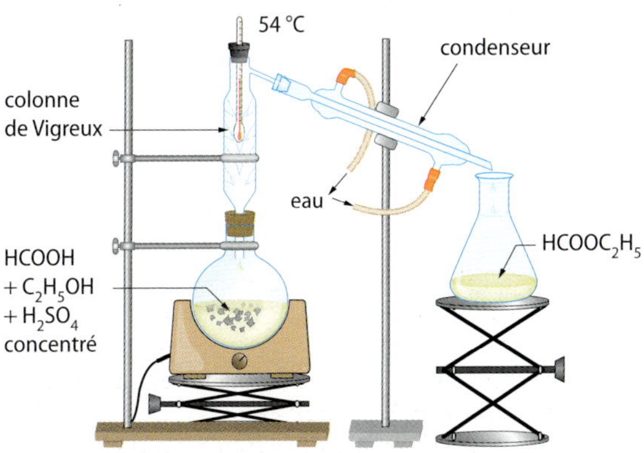

6. a. Quel est le nom du nouveau montage ?
b. Justifier le choix de ce montage en vue d'augmenter le rendement de la synthèse.
c. Pourquoi ne faut-il pas dépasser une température de 54 °C dans la colonne ?

7. Au bout des 45 minutes, on recueille un volume de 31,5 mL d'ester.
a. Calculer la masse d'ester obtenue.
b. En déduire la valeur du rendement R_2.
c. Conclure.

Données.

	Densité	Masse molaire ($g \cdot mol^{-1}$)	Température d'ébullition (°C)
Acide méthanoïque	1,22	46	100,7
Éthanol	0,79	46	78,5
Méthanoate d'éthyle	0,91	74	54,3
Eau	1,00	18	100,0

L'acide méthanoïque et l'éthanol sont solubles dans l'eau salée ; le méthanoate d'éthyle y est insoluble.

17 Synthèse de la lidocaïne

La lidocaïne est un anesthésique local très utilisé en pharmacie. On se propose de suivre différentes étapes de sa synthèse.

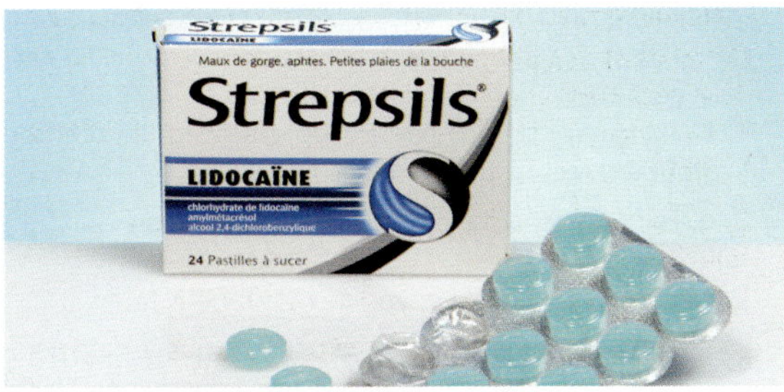

Dans un ballon bicol de 100 mL, à la date $t_1 = 0$ min, on introduit une masse $m_1 = 4{,}0$ g de *N*-chloroacétyl-2,6-diméthylaniline à l'état solide, que l'on notera par la suite **A** et un volume $V_2 = 10{,}0$ mL de diéthylamine (de formule $C_4H_{11}N$). On ajoute un volume $V_3 = 50$ mL de toluène, jouant le rôle de solvant pour toutes les espèces chimiques du mélange réactionnel, puis on chauffe à reflux le mélange.

L'équation de la réaction de la synthèse est la suivante :

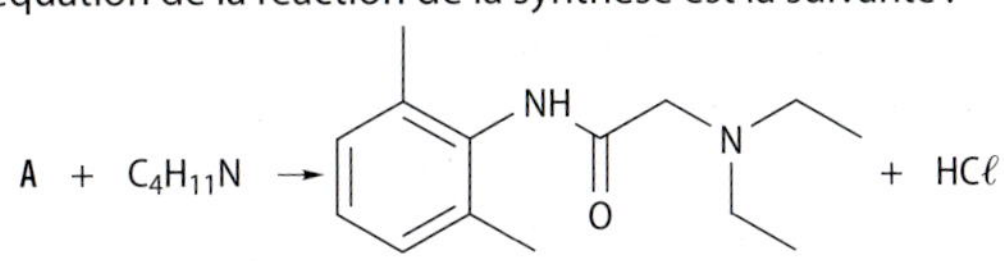

Pour suivre la formation de la lidocaïne, on réalise quatre prélèvements ❶, ❷, ❸, ❹ du mélange réactionnel aux différentes dates respectives : $t_1 = 0$ min ; $t_2 = 20$ min ; $t_3 = 60$ min ; $t_4 = 90$ min. Ces quatre prélèvements sont placés au fur et à mesure dans une enceinte à basse température. Ainsi, la composition de chacun des prélèvements en attente reste constante.

Le dernier étant effectué, on réalise la chromatographie de chacun des prélèvements sur une même plaque de silice. On obtient, après révélation, le chromatogramme ci-contre, où seuls le réactif **A** et la lidocaïne apparaissent.

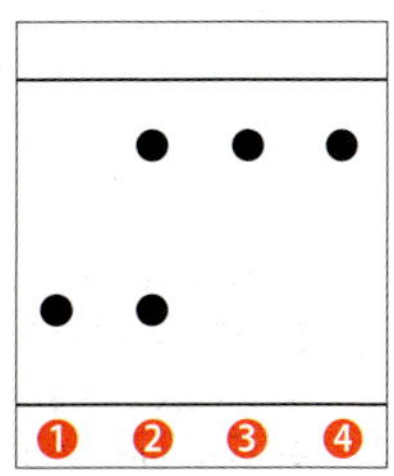

La transformation étant terminée, on extrait la lidocaïne en deux étapes.

1re étape. On extrait le produit à l'aide d'acide chlorhydrique de concentration 3 mol · L^{-1}, puis d'une solution d'hydroxyde de potassium à 6 mol · L^{-1}.

2e étape. On termine l'extraction du produit organique présent dans la phase aqueuse à l'aide de pentane. On récupère cette phase organique, puis on ajoute du sulfate de magnésium anhydre. On filtre et on évapore le pentane afin que le produit cristallise.

Grâce à ces deux étapes successives, on obtient une masse $m = 3{,}8$ g de lidocaïne.

Données.

	Masse molaire (g · mol⁻¹)	*$T_{éb}$ (°C)*	*T_{fusion} (°C)*	*Masse volumique (g · mL⁻¹)*
Toluène	*92,0*	*110*	*– 93*	*0,865*
Diéthylamine	*73,0*	*55*	*– 50*	*0,707*
Lidocaïne	*234,3*	*180*	*68*	
A	*197,7*			
Pentane	*72,0*	*36*	*– 129*	*0,63*
Acide chlorhydrique	*36,5*			*1,15*

1. La lidocaïne est un amide. Recopier sa formule et entourer le groupe caractéristique amide.

2. a. Faire un schéma légendé représentant un chauffage à reflux.
b. Quel est l'intérêt de ce type de montage ?

3. D'après le chromatogramme, à partir de quelle date peut-on considérer avec certitude que la réaction est terminée ? Justifier.

4. Dans l'étape 2 du protocole, à quoi sert le sulfate de magnésium anhydre ?

5. Pendant la deuxième étape de l'extraction, quelle gamme de température choisir afin d'évaporer la totalité du pentane et cristalliser la lidocaïne ?

6. a. Déterminer les quantités de matière des réactifs initialement introduits.
b. En s'aidant d'un tableau d'évolution, montrer que la quantité de matière de lidocaïne que l'on devrait théoriquement obtenir est 20 mmol.
c. Calculer la quantité de matière de lidocaïne obtenue expérimentalement.
d. Définir et calculer le rendement de cette synthèse.

18 ★ Fabrication d'un savon

Le savon de Marseille est fabriqué à partir de l'oléine ($C_{57}H_{104}O_6$) contenue dans l'huile d'olive. Par action d'une solution aqueuse d'hydroxyde de sodium (soude) à chaud, il se forme de l'oléate de sodium (le savon) et du glycérol. Les étapes de la synthèse sont décrites ci-dessous.

Étape 1. Dans un ballon rodé, on introduit 22 mL d'huile d'olive ; 40 mL de solution aqueuse d'hydroxyde de sodium à 50 g · L^{-1} ; 20 mL d'éthanol ; quelques grains de pierre ponce. On chauffe à reflux pendant 30 min.

Étape 2. On verse le tout dans un grand bécher contenant une solution aqueuse glacée de chlorure de sodium saturée et, après agitation, on observe l'apparition d'un solide jaunâtre : le savon.

Étape 3. Le savon obtenu est filtré sur Büchner, puis rincé à l'eau salée glacée.

La masse de savon obtenue expérimentalement est : $m_{exp} = 10{,}5$ g.

Données. *On considère que l'huile d'olive n'est constituée que d'oléine ; sa densité est d = 0,8.*
Solubilité des réactifs et produits dans quelques solvants :

Solvants	*Soude ($Na^+ + HO^-$)*	*Oléine $C_{57}H_{104}O_6$*	*Savon $C_{18}H_{33}O_2Na$*	*Glycérol $C_3H_8O_3$*
Eau	*bonne*	*très faible*	*faible*	*bonne*
Eau salée	*bonne*	*quasi nulle*	*quasi nulle*	*bonne*
Alcool	*bonne*	*bonne*	*très faible*	*bonne*

Étude du protocole

1. a. Nommer les éléments a, b et c du montage ci-contre de l'étape 1 et préciser leur rôle.
b. Pourquoi chauffe-t-on ?

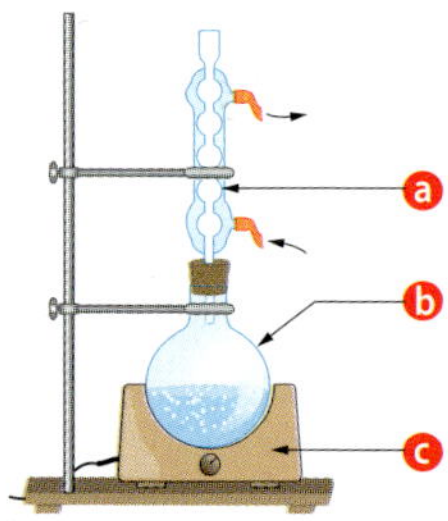

2. L'éthanol introduit est-il un réactif de la synthèse ? Si non, expliquer son rôle en s'aidant du tableau des solubilités.

3. Donner deux arguments permettant d'expliquer la formation du savon sous forme solide à l'étape 2.

4. Quel est l'intérêt du dispositif de filtration utilisé ?

5. Quelle étape supplémentaire devrait-on effectuer pour achever la synthèse ?

Étude quantitative

6. La formule de l'oléine est donnée ci-contre. Quels groupes d'atomes caractéristiques cette molécule contient-elle ?

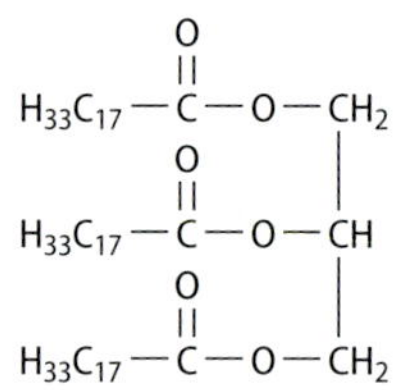

7. La réaction mise en jeu est une hydrolyse basique, dont le mécanisme initial est modélisé ci-dessous (R_1 et R_2 sont des groupes alkyles) :

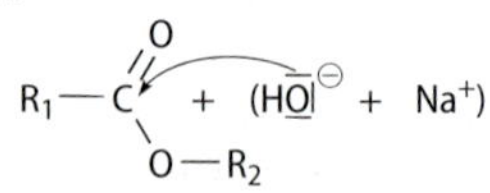

Quels sont les sites accepteur et donneur de doublet d'électrons qui interviennent lors de la synthèse ?

8. L'équation de la réaction mise en jeu est :

$$C_{57}H_{104}O_6 + 3\,NaOH \longrightarrow 3\,C_{18}H_{33}O_2Na + C_3H_8O_3$$

a. Calculer les quantités de matière initiales des deux réactifs.
b. Déterminer le réactif limitant.
c. En déduire la masse théorique de savon attendue.

9. Définir et calculer le rendement de la synthèse.

En route vers le Supérieur

19 ★ Oxydations de l'alcool benzylique

L'alcool benzylique C_7H_8O est facilement oxydé par les oxydants classiques tels les ions permanganate (MnO_4^-).

Deux voies d'oxydation sont possibles.

Voie d'oxydation n° 1

Dans un ballon bicol, introduire 2,0 mL d'alcool benzylique (densité : 1,042), 10 mL d'eau distillée et quelques grains de pierre ponce. Adapter un réfrigérant à eau et une ampoule de coulée. Porter le mélange à environ 80 °C (éviter l'ébullition), puis introduire, par l'intermédiaire de l'ampoule de coulée et par petites portions, 30 mL de solution de permanganate de potassium acidifiée de concentration 0,25 mol · L^{-1}.

La solution versée doit se décolorer avant d'effectuer une nouvelle addition.

L'équation de la réaction se produisant dans le ballon est :

$$5\ C_7H_8O\ (l) + 2\ MnO_4^-\ (aq) + 6\ H_3O^+\ (aq) \rightarrow 5\ \mathbf{A}\ (aq) + 2\ Mn^{2+}\ (aq) + 14\ H_2O\ (l)$$

Une fois l'addition terminée, retirer le dispositif de chauffage et le remplacer par un bain d'eau glacée.

Lorsque la solution est froide, verser le contenu du ballon dans une ampoule à décanter : une huile légèrement jaune surnage.

Ajouter 20 mL de dichlorométhane (densité : 1,32). Agiter (*attention aux surpressions*). Laisser reposer : deux phases se séparent, la phase aqueuse et la phase organique. Recueillir la phase organique dans un bécher et la sécher.

À l'aide d'un évaporateur rotatif, séparer le solvant dichlorométhane de l'espèce chimique **A** synthétisée.

Voie d'oxydation n° 2

Dans un ballon bicol, introduire 2,0 mL d'alcool benzylique (densité : 1,042), 20 mL de solution d'hydroxyde de sodium à 2 mol · L^{-1} et quelques grains de pierre ponce.

Porter le mélange à ébullition douce, puis introduire, par l'intermédiaire d'une ampoule de coulée et goutte à goutte, 120 mL de solution de permanganate de potassium de concentration 0,25 mol · L^{-1}.

L'équation de la réaction se produisant dans le ballon est :

$$3\ C_7H_8O\ (l) + 4\ MnO_4^-\ (aq) \rightarrow 3\ C_6H_5COO^-\ (aq) + 4\ MnO_2\ (s) + 4\ H_2O\ (l) + HO^-\ (aq)$$

Au bout de 10 minutes d'ébullition douce, éliminer l'excès d'ions permanganate en ajoutant 5 mL d'éthanol. Refroidir le ballon, puis filtrer son contenu sur Büchner.

Récupérer le filtrat et le verser dans un erlenmeyer placé dans de la glace pilée. Ajouter alors une solution d'acide chlorhydrique à 6 mol · L^{-1}, jusqu'à ce que le pH soit voisin de 1 : un précipité blanc se forme.

Une fois purifié et séché, on récupère une masse de 1,9 g d'une espèce chimique **B**.

Les spectres infrarouge des espèces **A** et **B** sont donnés ci-après.

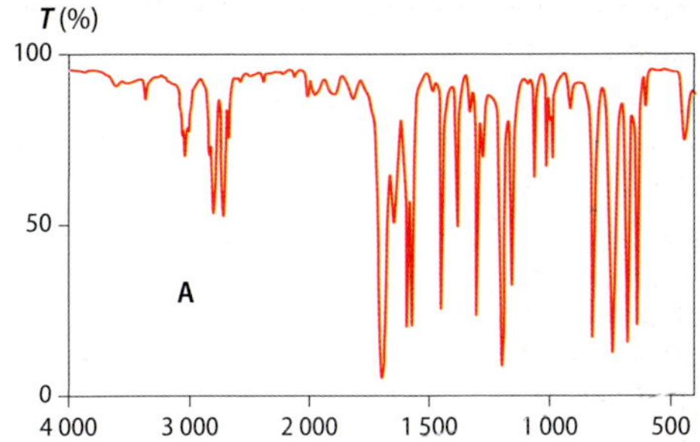

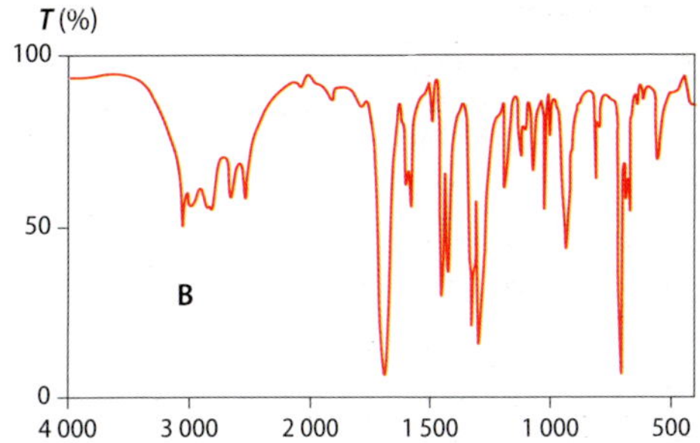

Conditions opératoires initiales

1. Pour les deux protocoles proposés :

a. repérer et mentionner les différentes étapes de la synthèse ;

b. indiquer les similitudes et les différences sur les choix des paramètres expérimentaux initiaux ;

c. calculer les quantités de matière initiales en alcool benzylique et en ions permanganate ;

d. déterminer le réactif limitant.

Analyse des spectres

2. Les spectres montrent que l'une des molécules est le benzaldéhyde ❶ et l'autre l'acide benzoïque ❷, de formules :

❶ 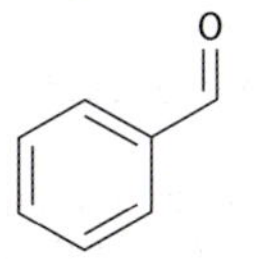

❷ 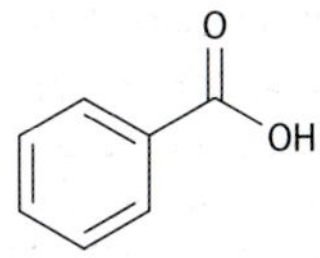

a. Quel groupe d'atomes caractéristique porte chaque molécule ?

b. En utilisant les tables spectrales infrarouge sur les rabats avant du manuel, identifier les molécules **A** et **B**.

Analyse des protocoles

3. **a.** Dessiner l'ampoule à décanter utilisée lors du protocole 1 en précisant les phases et leurs contenus.

b. Comment nomme-t-on cette technique d'extraction ?

4. **a.** Quelle espèce chimique est éliminée lors de la première filtration dans le protocole 2 ?

b. Pourquoi récupère-t-on le filtrat ?

c. Justifier les étapes notées en italique.

5. Définir et calculer le rendement du protocole n° 2.

6. Quel paramètre rend la synthèse de l'acide benzoïque chimiosélective ?

Pour préparer le BAC

Les compétences évaluées
- Analyser des protocoles expérimentaux.
- Justifier le choix des techniques lors d'une synthèse.

Énoncé type

Constituant de l'essence de Wintergreen

L'essence de Wintergreen est une substance aux propriétés anti-inflammatoires remarquables, constituée principalement de salicylate de méthyle ($C_8H_8O_3$). Il est possible de synthétiser cette molécule au laboratoire, à partir de l'acide salicylique et du méthanol, selon la réaction d'équation :

$$C_7H_6O_3(s) + CH_4O\ (l) \rightleftharpoons C_8H_8O_3\ (l) + H_2O\ (l)$$

Dans un ballon, on introduit une masse $m_1 = 27{,}6$ g d'acide salicylique, un volume V_2 d'environ 20 mL de méthanol (excès) et 1,0 mL d'acide sulfurique concentré. On chauffe à reflux. Après plusieurs heures de chauffage, on refroidit à température ambiante. On ajoute 100 mL d'eau glacée et on verse dans une ampoule à décanter. On extrait la phase organique avec du cyclohexane. La phase organique contient l'ester, du méthanol, du cyclohexane et des acides. On lave ensuite cette phase plusieurs fois avec une solution basique afin d'éliminer les acides restant dans la solution, puis à l'eau, et on sèche. On sépare les constituants de la phase organique par distillation. On récupère une masse $m_3 = 21$ g de salicylate de méthyle.

En justifiant, répondre par vrai ou faux aux affirmations suivantes. Corriger les affirmations fausses.

1. Le chauffage à reflux permet d'accélérer une réaction, mais fait perdre de la matière.
2. Pour prélever le méthanol, il faut absolument utiliser une pipette jaugée munie d'une propipette.
3. La quantité de matière n_1 d'acide salicylique introduit vaut $2{,}00 \times 10^{-1}$ mol.
4. La quantité de matière n_2 de méthanol introduit vaut environ 5 mol.
5. La phase organique se situe dans la partie supérieure de l'ampoule à décanter.
6. Lors de la distillation, le salicylate de méthyle est recueilli en premier.
7. Le rendement de cette synthèse est de 50 %.
8. L'ajout d'acide sulfurique a permis d'augmenter le rendement de la synthèse.

Données.

Nom	*Masse molaire ($g \cdot mol^{-1}$)*	*Masse volumique ($g \cdot mL^{-1}$)*	*Température d'ébullition (°C)*
Acide salicylique	*138*		*211*
Méthanol	*32*	*0,80*	*65*
Salicylate de méthyle	*152*	*1,17*	*223*
Cyclohexane	*84*	*0,78*	*81*

Masse volumique de l'eau : $\rho = 1{,}0\ g \cdot mL^{-1}$.

Coups de pouce

2. Selon l'énoncé, le volume à prélever doit-il être précis ?
4. Déterminer d'abord la masse m à partir de la masse volumique et du volume, puis en déduire n_2. Attention aux unités.
5. La densité est liée à la masse volumique.
7. Repérer le réactif limitant. C'est lui qui fixera la quantité de matière maximale théorique des produits.

EXEMPLE DE **RÉSOLUTION**

1. Faux. Le montage à reflux accélère la réaction et **évite les pertes de matière** par condensation grâce à son réfrigérant.

2. Faux. On veut prélever un volume V_2 *d'environ* 20 mL, **une éprouvette graduée de 50 mL suffit.**

3. Vrai. $n_1 = m_1/M_1$ où M_1 est la masse molaire de l'acide salicylique.
A.N. : $n_1 = 27{,}6/138 = 2{,}00 \times 10^{-1}$ mol.

4. Faux. $n_2 = \dfrac{m_2}{M_2} = \dfrac{\rho_2 \cdot V_2}{M_2}$

où m_2, ρ_2 et M_2 sont la masse, la masse volumique et la masse molaire du méthanol.

A.N. : $n_2 = \dfrac{0{,}80 \times 20}{32}$; $\boxed{n_2 = 0{,}50\ \text{mol}}$

5. Vrai. La masse volumique du cyclohexane est inférieure à celle de l'eau. Il en est donc de même pour les densités.

6. Faux. La phase organique contient l'ester, du méthanol et du cyclohexane. **L'espèce chimique qui a la température d'ébullition la plus faible est le méthanol** : il s'évapore en premier lors d'une distillation.

7. Faux. Le réactif limitant est l'acide salicylique, donc la quantité de matière d'ester théorique obtenue est $n_{th} = n_1 = 2{,}00 \times 10^{-1}$ mol.

La quantité d'ester obtenue réellement est $n = m_3/M$ où M est la masse molaire de l'ester ; $n = 21/152 = 1{,}38 \times 10^{-1}$ mol.

Le rendement de la synthèse est :

$R = n/n_{th}$ soit $\boxed{R = 69\ \%}$

8. Faux. L'acide sulfurique est un **catalyseur**, il permet d'augmenter la vitesse de la réaction sans modifier le rendement de la synthèse.

Pour préparer le BAC

Énoncé type

Synthèse peptidique en phase liquide

Les compétences évaluées
- Mettre en évidence le caractère sélectif ou non d'une réaction.

Les acides α-aminés sont des molécules possédant différentes fonctions organiques et que l'on peut représenter par $H_2N-(A)-COOH$ (noté A). Dans une chaîne peptidique, ils sont reliés entre eux par la liaison peptidique (–CONH–) s'établissant entre un groupe amine et un groupe carboxyle selon le schéma :

$$H_2N-(A_1)-COOH \;+\; H_2N-(A_2)-COOH \rightarrow H_2N-(A_1)-CONH-(A_2)-COOH \;+\; H_2O$$

Si l'on ne prend pas de précautions particulières, à partir de deux acides α-aminés A_1 et A_2, on peut obtenir plusieurs dipeptides : A_1–A_2 (comme dans l'équation fournie) ; A_2–A_1, ou encore A_1–A_1 ; A_2–A_2.

Avant de synthétiser un peptide, les problèmes à résoudre sont donc les suivants :
- disposer d'une stratégie d'activation de la fonction –COOH de l'acide aminé que l'on veut engager dans la chaine peptidique ;
- disposer de groupes protecteurs des fonctions $-NH_2$ et –COOH que l'on ne veut pas engager dans la liaison peptidique et savoir les déprotéger spécifiquement entre chaque étape de couplage.

Cette synthèse est longue et fastidieuse (au maximum, deux acides α-aminés ajoutés par jour), mais elle permet de travailler sur des quantités très importantes et garantissent un produit final très pur.

On s'intéresse à la synthèse du dipeptide nommé isoleucylalanine et noté Ileu-Ala.

Alanine	Isoleucine	isoleucylalanine
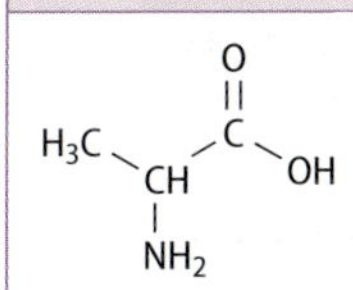	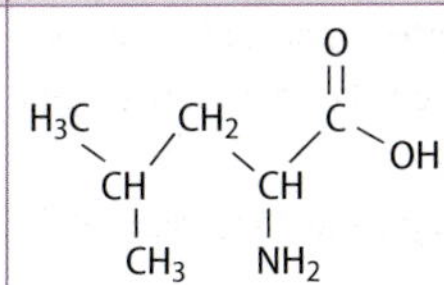	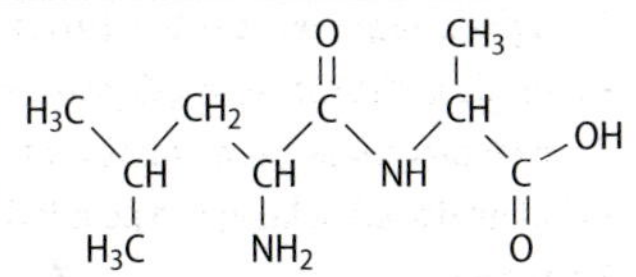
$H_2N-(Ala)-COOH$	$H_2N-(Ileu)-COOH$	$H_2N-(Ileu)-CONH-(Ala)-COOH$

1. a. Quels sont les groupes d'atomes caractéristiques portés par les molécules d'alanine et d'isoleucine ?

b. Comment qualifie-t-on de telles molécules ?

2. a. Combien de dipeptides formerait-on à partir de l'alanine et de l'isoleucine sans prendre de précaution ?

b. Sans précaution, la synthèse du dipeptide en phase liquide est-elle chimiosélective ?

c. Dessiner un des ces dipeptides autre que l'isoleucylalanine.

3. Parmi les étapes suivantes, quelles sont celles qui sont nécessaires pour réaliser la synthèse du dipeptide ?

a. Protéger le groupe –COOH de l'isoleucine et activer son groupe NH_2.

b. Protéger le groupe –COOH de l'alanine.

c. Activer le groupe –COOH de l'isoleucine.

d. Protéger le groupe $-NH_2$ de l'alanine.

e. Protéger le groupe $-NH_2$ de l'isoleucine.

4. Décrire alors l'ensemble chronologique des étapes de la synthèse de l'isoleucylalanine.

5. En quoi la synthèse ainsi réalisée a-t-elle un caractère chimiosélectif ?

➤ Coups de pouce

2. a. Envisager toutes les combinaisons possibles entre groupe carboxyle et groupe amine des deux acides α-aminés.

b. Une réaction chimiosélective conduit à la formation d'une seule molécule bien définie.

c. Dessiner le plus simple !

3. Repérer les groupes caractéristiques qui réagissent pour les deux acides α-aminés lors de la formation du dipeptide.

Lire attentivement les informations du texte et considérer les deux acides α-aminés séparément.

4. Ne pas oublier l'étape de déprotection finale des fonctions protégées.

EXEMPLE DE **RÉSOLUTION**

1. a. Les acides α-aminés portent les groupes **carboxyle** et **amine**.

b. Ces molécules sont qualifiées de **polyfonctionnelles**.

2. a. On peut envisager **4 dipeptides**.

b. Cette synthèse **n'est pas chimiosélective** puisqu'on obtient un mélange de produits et non un seul.

c. Schéma du dipeptide Ala-Ala :

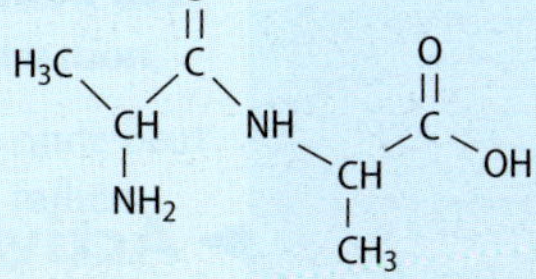

3. L'examen du dipeptide montre que la liaison amide s'établit entre la fonction acide carboxylique de l'isoleucine et la fonction amine de l'alanine. Il faudra donc réaliser les étapes **b**, **c** et **e**.

4. – Protection du groupe NH_2 et activation du groupe COOH de l'isoleucine.
– Protection du groupe COOH de l'alanine.
– Réaction de synthèse et formation de la liaison peptidique du dipeptide Ileu-Ala.
– Déprotection des groupes COOH et NH_2.

5. L'ensemble des protections a rendu la synthèse **chimiosélective** puisqu'on obtient un seul dipeptide.

Activité 1

Activité de découverte

Compétences scientifiques évaluées
- Extraire une information utile.
- Associer un modèle à un phénomène.

Comment transmettre des informations ?

La transmission d'informations peut prendre des formes très variées, qui présentent néanmoins une structure commune, appelée « chaîne de transmission ».

Étude de documents

Les documents suivants correspondent à des situations de transmission d'informations.

Fig. 1 Langue des signes.

Fig. 2 Télécommande de télévision.

Fig. 3 Communication téléphonique.

Fig. 4 Coup de sifflet d'un arbitre.

Fig. 5 Télépéage autoroutier.

Fig. 6 Détection de fumée.

Pistes de réflexion

1 Pour chacune des situations évoquées ci-dessus, identifier la source et le destinataire du message transmis.

2 Pour transmettre de l'information, quelle(s) situation(s) utilise(nt) :

a. un signal lumineux ?

b. un signal sonore ?

c. un signal électrique ?

d. un signal radio ?

3 Quelle(s) situation(s) n'utilise(nt) pas l'air comme support de transmission de l'information ?

Pour conclure

4 **a.** Proposer trois autres exemples de situations de transmission d'informations.

b. Pour chacune d'entre elles, déterminer la source et le destinataire de l'information, ainsi que la nature physique du signal transmis.

Activité 2

TP Activité expérimentale

Animation

La lumière guidée

Les fibres optiques jouent un rôle essentiel dans le développement des systèmes de télécommunication à haut débit. Mais à quelle vitesse l'information se propage-t-elle dans une fibre ?

Compétences expérimentales évaluées
- Écrire le résultat d'une mesure.
- Analyser un résultat expérimental.

Principe

Des câbles en cuivre développés il y a un siècle aux fibres optiques actuelles (Fig. 1), en passant par les ondes hertziennes, notre capacité à transmettre des informations, plus vite et sur de plus longues distances, est probablement la principale raison des progrès de notre « civilisation technologique ».

On cherche ici à mesurer la vitesse de la propagation d'une information dans une fibre optique, puis à la comparer à celle obtenue dans l'air.

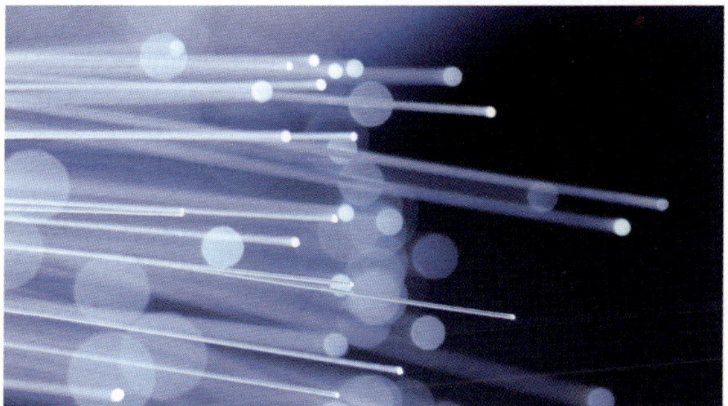

Fig. 1 Des fibres optiques pour transmettre de l'information.

Mise en œuvre au laboratoire

Matériel
- fibres optiques de différentes longueurs • émetteur et récepteur de lumière • générateur de signaux • oscilloscope (ou ordinateur avec carte d'acquisition)

Le dispositif utilisé comprend un boîtier émetteur et un boîtier récepteur, reliés par une fibre optique (Fig. 2). Le signal lumineux émis par le premier boîtier, dirigé vers l'entrée de la fibre optique, peut être modulé par un signal électrique variable, qui constitue l'information à transmettre.

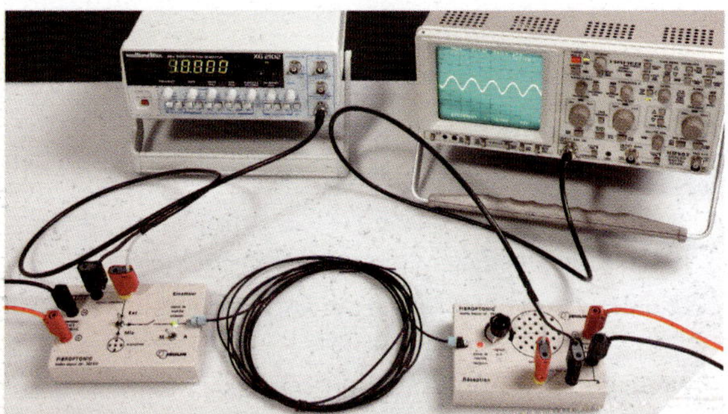

Fig. 2 Montage expérimental.

1 Rappeler pourquoi la lumière peut se propager à l'intérieur d'une fibre optique.

2 Selon vous, l'information se propage-t-elle plus vite dans une fibre optique ou à l'air libre ? Argumenter.

Principe

- Régler le générateur basse fréquence pour obtenir un signal périodique d'amplitude moyenne et d'une fréquence de quelques centaines de kilohertz.
- Réaliser le montage représenté sur la figure 2.
- Réaliser les branchements nécessaires pour afficher simultanément sur l'oscilloscope le signal délivré par le générateur (sur la voie 1) et le signal reçu par le récepteur (sur la voie 2).

3 **a.** Mesurer les valeurs des périodes des deux signaux observés.

b. En déduire si la propagation dans la fibre optique modifie la valeur de la période du signal électrique envoyé.

4 **a.** Représenter l'allure de l'oscillogramme observé.

b. Les deux signaux sont-ils superposables ?

c. Pourquoi peut-on affirmer que le signal de la voie 2 est en retard par rapport à celui de la voie 1 ?

d. En utilisant éventuellement la *fiche pratique 2, p. 578*, mesurer les valeurs des durées correspondant à ces retards pour deux fibres de longueurs différentes.

5 En utilisant éventuellement la *fiche méthode 5, p. 568* :

a. évaluer l'incertitude sur ces deux mesures ;

b. écrire les valeurs de ces retards, en faisant apparaître l'incertitude associée ;

c. en déduire la valeur de la précision de ces mesures.

6 **a.** Proposer une méthode permettant de déduire de ces retards et des longueurs des fibres la valeur de la vitesse de propagation du signal dans la fibre optique.

b. Comparer cette valeur à la vitesse de propagation de l'information dans l'air ($3{,}0 \times 10^8$ m · s^{-1}).

Pour conclure

7 **a.** Le résultat précédent est-il en accord avec la prévision faite à la question 2 ? Est-ce en contradiction avec ce que laisse à penser l'introduction de l'activité ?

b. B2i En réalisant une recherche, éventuellement sur internet, proposer un (ou plusieurs) argument(s) expliquant pourquoi l'emploi des fibres optiques est néanmoins privilégié par rapport aux transmissions par ondes radio.

Activité 3

Démarche d'investigation

Animation

« Y a-t-il du réseau ? »

Le wifi permet de relier plusieurs appareils multimédia dans un réseau sans fil, par l'intermédiaire d'ondes radio. Il faut cependant ne pas se situer trop loin de l'émetteur.

Compétences scientifiques évaluées
- Mettre au point un protocole ou une stratégie.
- Valider ou invalider des hypothèses.

Pour commencer (situation déclenchante)

Le terme « wifi » est le nom donné à un système de réseau sans fil utilisé pour connecter différents appareils informatiques. Les informations sont transmises par des ondes électromagnétiques, comme pour les téléphones portables, les télévisions ou les postes radios.

Dans un réseau wifi, les différents éléments sont connectés à un routeur relié à Internet par un modem **(Fig. 1)**. Mais la qualité de la liaison Internet n'est pas la même dans toutes les pièces d'une habitation : la puissance des ondes électromagnétiques diminue lorsqu'on s'éloigne du routeur. On parle alors d'atténuation du signal.

Fig. 1 Les « box » contiennent un modem et un routeur wifi.

Investigation

Si le routeur est dans le salon, comment savoir s'il est possible de recevoir le signal wifi dans une chambre située à 12 mètres ?

Quelques idées (hypothèses)

– Pauline : « *Si tu es à 12 m de la box, tu ne capteras rien, c'est sûr…* »

– Mohamed : « *La puissance du signal sera sûrement divisée par 12.* »

– Sarah : « *Il faudrait mesurer à quel point le signal est atténué.* »

Expérience (recherche de validation)

Matériel

• point d'accès wifi • ordinateur portable • logiciel de mesure de la puissance d'un signal wifi (Wifi SiStr) • tableur-grapheur

À l'aide d'un logiciel installé sur un ordinateur, il est possible de mesurer la puissance d'un signal wifi. Celle-ci s'affiche en temps réel sur l'écran. Notée Π, elle s'exprime en dBm (décibel-milliwatt), une unité couramment utilisée dans le domaine des télécommunications, car elle permet d'exprimer à la fois des valeurs très grandes et très faibles.

Elle est reliée à la valeur de la puissance P, exprimée en watt, par la relation :

$$\Pi\ (\text{dBm}) = 10 \times \log\ (1\,000 \times P\ (\text{W}))$$

Par l'intermédiaire de cette relation, on peut donc déterminer expérimentalement la puissance du signal wifi reçu à l'endroit où l'on se trouve.

1 **a.** Que vaut la puissance, en mW, d'un signal de – 30 dBm ?

b. La puissance d'un signal augmente-t-elle ou diminue-t-elle lorsqu'on passe de – 20 dBm à – 40 dBm ?

2 **a.** Proposer une expérience simple permettant de mettre en évidence l'atténuation du signal wifi lorsqu'on s'éloigne de l'émetteur.

b. Après validation par le professeur, réaliser la manipulation et consigner vos observations.

3 Afin de quantifier cette atténuation, on souhaite évaluer l'ordre de grandeur du coefficient d'atténuation linéique α de ce signal en fonction de la distance entre l'émetteur et le récepteur.

a. Quelles sont les grandeurs à mesurer ?

b. Proposer un protocole permettant de réaliser les mesures correspondantes et d'évaluer les incertitudes associées.

c. Représenter, à l'aide d'un tableur-grapheur, les variations de la puissance Π en fonction de la distance D entre le récepteur et l'émetteur.

4 La relation théorique entre la puissance Π (en dBm) d'un signal et la distance D (en m) de l'émetteur s'écrit :

$\Pi = \Pi_0 - \dfrac{10 \cdot \alpha}{\ln(10)} \cdot D$, où α est le coefficient d'atténuation linéique et Π_0 est la puissance au niveau de l'émetteur (en dBm).

a. À l'aide d'une analyse dimensionnelle, donner l'unité du coefficient d'atténuation linéique α.

b. Par quelle fonction mathématique est-il judicieux de modéliser la courbe obtenue à la question **3.c** ?

c. Les valeurs calculées par l'ordinateur sont-elles écrites avec un nombre de chiffres significatifs adéquat ? Argumenter et indiquer les valeurs retenues.

Pour conclure

5 Déduire des résultats précédents :

a. la valeur de la puissance du signal émis par le routeur ;

b. la valeur du coefficient d'atténuation linéique α ;

c. la valeur de la puissance du signal à une distance de 12 mètres, sans cloison ni obstacle.

6 Pour qu'une connexion wifi soit opérationnelle, il est nécessaire de disposer d'un signal de puissance supérieure à – 80 dBm. Est-ce le cas dans la situation étudiée ?

1 Chaîne de transmission d'informations

› Activité 1

Rendre la transmission d'informations rapide, simple et efficace est un enjeu crucial. La physique joue un rôle majeur dans cette évolution technologique.

Qu'est-ce qu'une information ?

On appelle information tout type de fait qui suscite l'intérêt de l'individu qui la perçoit. Elle peut être constituée d'un ensemble de signaux, d'écrits, d'images, de sons, etc.

Exemple

Un journal d'information propose une présentation la plus complète possible de faits, dont le lecteur prend connaissance (Fig. 1).

Fig. 1 Un journal est l'une des très nombreuses formes que peut prendre l'information.

Qu'est-ce qu'une chaîne de transmission ?

Une **chaîne de transmission** est l'ensemble des dispositifs permettant le transport d'une information sur des distances souvent importantes.

Une chaîne de transmission comprend trois éléments essentiels : une source, un canal de transmission et un destinataire (Fig. 2).

Exemple

Lors d'une conversation téléphonique, la source et le destinataire sont généralement des personnes. Le canal comprend tous les dispositifs intervenant dans l'acheminement de l'information (téléphones, relais, etc.).

La source et le destinataire émettent et reçoivent un message dont la nature physique ne permet généralement pas une transmission aisée à grande distance. Avant et après l'étape de transmission, il est donc nécessaire de convertir le message en une grandeur physique appelée **signal**.

L'entrée et la sortie d'un canal de transmission se composent de deux dispositifs appelés émetteur et récepteur. Ils convertissent le message à délivrer en un signal facile à transmettre, et inversement (Fig. 2).

Exemple

Dans un téléphone, l'émetteur est un microphone et le récepteur est un haut-parleur. Ils convertissent l'onde sonore en signal électrique, et inversement.

➡ Exercices 1 à 5

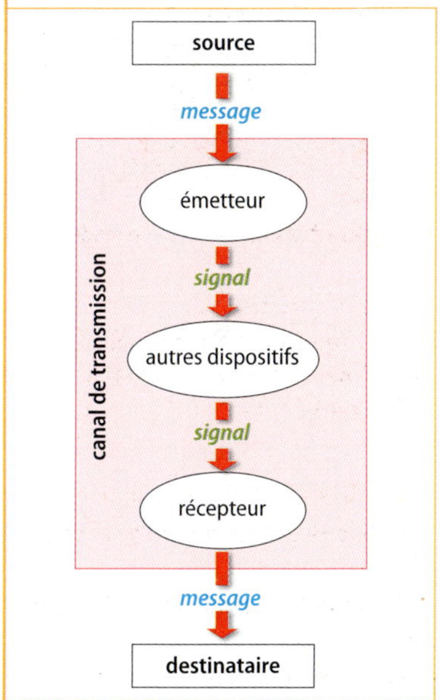

Fig. 2 Différents éléments d'une chaîne de transmission.

2 Différents canaux de transmission

› Activités 1 et 2

Propagation libre et propagation guidée

Le signal émis par une source se propage vers un ou plusieurs destinataires *via* un canal de transmission. Ces canaux se divisent en deux catégories.

Cours

La propagation d'un signal est libre quand le signal peut se propager librement suivant toutes les directions. Elle est guidée quand le signal est contraint de se déplacer dans un espace limité.

Exemple

La propagation des signaux entre un téléphone portable et une antenne relais est libre (Fig. 3). Entre l'antenne relais et le centre d'appel, elle est guidée.

Fig. 3 Propagation entre un téléphone et une antenne relais.

Transmission guidée dans un câble

Les signaux émis à partir d'une source sont généralement des signaux électriques. Ils peuvent donc être guidés le long d'un conducteur électrique. On utilise pour cela un matériau conducteur entouré d'un isolant.

Un câble est un guide dans lequel un signal électrique peut se propager.

Exemple

Les premiers systèmes de communication moderne, comme le télégraphe et le téléphone, reposent sur la propagation d'un signal électrique dans un câble.

Transmission guidée dans une fibre optique

Une fibre optique se compose d'un cœur et d'une gaine d'indice optique plus faible. La lumière peut ainsi être piégée par réflexions totales successives à l'intérieur du cœur de la fibre.

Exemple

Un faisceau laser peut subir plusieurs réflexions totales dans un matériau d'indice optique supérieur à celui de l'air (Fig. 4).

Fig. 4 Propagation d'un faisceau laser par réflexions totales.

Une fibre optique est un guide dans lequel un signal lumineux peut se propager.

Dans une fibre optique, le nombre de chemins que peut suivre la lumière est limité. Ils correspondent au cas où les ondes lumineuses, dans la fibre, interfèrent de façon constructive.

Lorsque la lumière se propage dans la fibre, seuls certains chemins peuvent être utilisés. Ils sont appelés modes de propagation de la fibre.

Transmission libre dans l'air

Une information peut également être transmise dans l'air en utilisant une **onde électromagnétique** de fréquence élevée comme support. Les ondes utilisées appartiennent généralement au domaine radio et sont appelées **ondes hertziennes**.

La modulation consiste à modifier une ou plusieurs caractéristiques de l'onde radio afin de l'adapter au canal de transmission.

Exemple

La modulation d'amplitude et la modulation de fréquence (Fig. 5) sont deux techniques de transmission hertzienne d'informations.

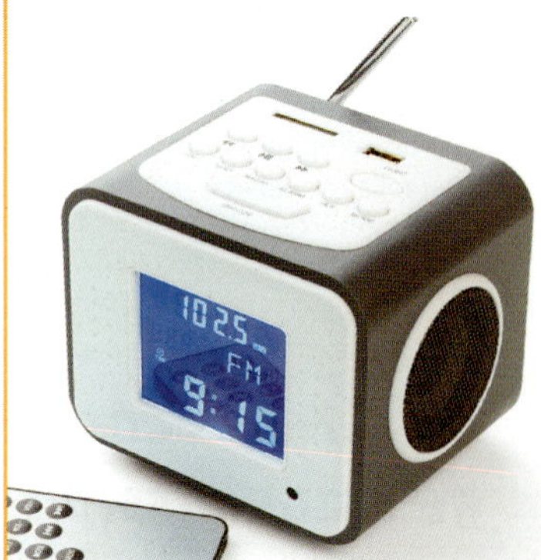

Fig. 5 L'indication FM signifie que l'information est transmise en modulation de fréquence.

➥ Exercices 6 à 10

3 Atténuation d'un signal

› Activité 3

La transmission de signaux peut s'accompagner de différentes perturbations, comme la **distorsion** du signal (modifications de la fréquence pendant la transmission), l'apparition de « **bruits** » (signaux aléatoires qui se superposent au signal transmis) ou l'**atténuation** du signal.

L'atténuation d'un signal est l'affaiblissement de l'amplitude du signal au cours de la transmission (Fig. 6).

L'atténuation d'un signal s'explique par la perte d'énergie du signal au cours de sa propagation. Elle dépend de la distance parcourue par celui-ci.

Pour évaluer l'atténuation d'un signal, on définit le **coefficient d'atténuation linéique**.

Le coefficient d'atténuation linéique entre deux points A et B s'écrit :

$$\alpha = \frac{-\ln(10)}{AB} \cdot \log\left(\frac{P_B}{P_A}\right)$$

α, coefficient d'atténuation (en dB · m⁻¹)
AB, distance entre A et B (en m)
P_A et P_B, puissances du signal aux points A et B (en W)

Exemple

Un coefficient d'atténuation linéique de 0,7 dB.km^{-1} correspond à une diminution de la puissance du signal de moitié sur un kilomètre. En effet, dans ce cas :
$\alpha = (-\ln(10)/10^3) \times \log(0,5) = 7 \times 10^{-4}$ dB · m^{-1} = 0,7 dB · km^{-1}.

L'atténuation d'un signal pendant sa transmission correspond à la diminution de la puissance du signal dans le canal de transmission (Fig. 7).

Pour lutter contre l'atténuation des signaux, on place régulièrement le long du canal de transmission des dispositifs répéteurs qui vont régénérer le signal.

➥ Exercices 11 à 16

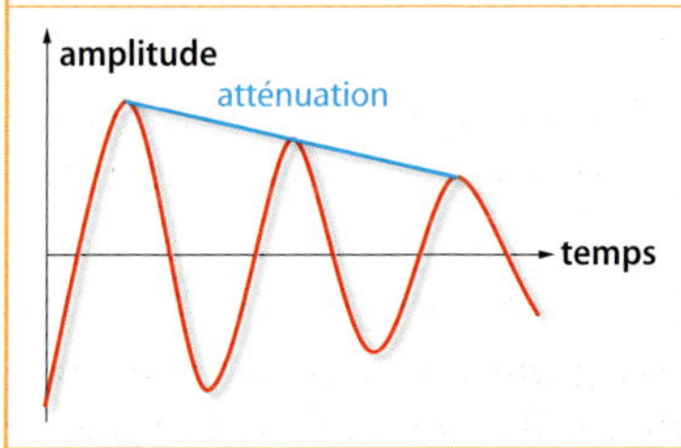

Fig. 6 Atténuation d'un signal en fonction du temps.

Fig. 7 Les fibres optiques multimodes standard offrent une atténuation de 3,5 dB · km^{-1}.

Les compétences à acquérir

1 Identifier les éléments d'une chaîne de transmission d'informations

- Une chaîne de transmission d'information comprend une **source**, un **canal** de transmission et un **destinataire**.
- Le canal de transmission comprend un **émetteur** et un **récepteur** afin de transformer le message à transmettre sous la forme d'un **signal**, et inversement.

2 Comparer différents types de transmission

- Les informations peuvent être transmises suivant deux modes de propagations différentes : **libre** ou **guidée**.
- Les **câbles** et les **fibres optiques** permettent de transmettre les informations respectivement sous forme de signaux électriques et de signaux lumineux.
- Les informations peuvent être transmises sans support matériel : des **ondes électromagnétiques**, appelées **ondes hertziennes** dans le domaine radio, assurent la transmission de l'information.

3 Évaluer l'affaiblissement d'un signal

- L'**atténuation** d'un signal correspond à la diminution de sa puissance dans le canal de transmission.
- Le **coefficient d'atténuation linéique** permet d'évaluer la qualité d'un canal de transmission.

Compétence 1

› *Identifier les éléments d'une chaîne de transmission d'informations*

1 QCM

Choisir la (ou les) bonne(s) réponse(s) :

❶ Une chaîne de transmission :
- a est destinée à transmettre des informations ;
- b comporte deux parties : la source et le destinataire ;
- c est synonyme de « canal de transmission ».

❷ Un canal de transmission :
- a transporte toujours un signal électrique ;
- b relie la source au destinataire ;
- c comprend un câble pour transporter l'information ;
- d peut être un espace libre entre l'émetteur et le récepteur.

2 VRAI ou FAUX ?

Corriger, si nécessaire, les affirmations suivantes.

❶ Une chaîne de transmission d'informations relie une source à un destinataire.

❷ L'information transportée dans le canal de transmission a la même nature physique que le message émis par la source.

❸ Un émetteur convertit l'information à transmettre en signal.

❹ Un signal est toujours de nature électromagnétique.

3 Téléphone ferroviaire

Jesse James était une véritable légende du Far West. Ses plus grands méfaits consistaient à provoquer le déraillement des trains pour en dévaliser les occupants. Afin de prévoir l'arrivée d'un convoi ferroviaire, un de ses complices collait son oreille sur le rail.

1. Pourquoi peut-on dire que cette situation constitue une chaîne de transmission d'informations ?

2. Identifier :

a. la source et le destinataire de la chaîne de transmission étudiée ;

b. l'émetteur et le récepteur ;

c. le dispositif de transport de l'information.

3. a. Préciser la nature physique du signal dans le canal de transmission.

b. Est-il possible de recevoir le message en posant sa main sur le rail, ou bien faut-il nécessairement utiliser son oreille ?

4 Ouverture automatique

Les dispositifs d'ouverture et de fermeture automatique des portes et portails par infrarouge, comme celui représenté ci-dessus, sont largement répandus. Ils utilisent une chaîne de transmission d'informations.

1. Indiquer :

a. la source et le destinataire de l'information transmise ;

b. l'émetteur de la chaîne.

2. Quel est le support du canal de transmission utilisé ?

3. Quelle est la nature du signal transmis ?

5 Comparer deux chaînes

Les deux photographies ci-dessous représentent deux situations de la vie quotidienne. Elles constituent deux exemples de chaînes de transmission d'informations.

1. Pour chacune des deux situations, indiquer :

a. les sources et les destinataires de l'information ;

b. les émetteurs correspondants.

2. a. Quels sont les types de signaux circulant dans le canal de transmission ?

b. Pourquoi peut-on dire que ces deux signaux sont de même nature physique ?

3. Dans les deux situations, le support du signal dans le canal de transmission est le même. Quel est-il ?

Compétence 2

› *Comparer différents types de transmission*

6 **VRAI ou FAUX ?**

Corriger, si nécessaire, les affirmations suivantes.

1. Les signaux sont nécessairement transportés dans un câble électrique.
2. En l'absence de guide, une information ne peut pas être transmise.
3. Il existe deux modes de propagation d'une information.

EXERCICE **RÉSOLU**

7 **Kit main libre**

Les opérateurs des centres d'appel utilisent souvent un kit main libre, permettant de répondre au téléphone sans utiliser le combiné.

1. Sur ce dispositif, situer où a lieu :
a. une propagation libre ; **b.** une propagation guidée.

2. a. Dans chaque cas, indiquer la nature physique des signaux utilisés.
b. Sont-ils de même nature que le message formulé par l'opérateur ?

Aides et méthodes
2. Un signal peut être une onde radio, une onde lumineuse, un signal électrique, une onde sonore…

Solution
1. Une propagation libre a lieu entre le casque et le combiné, puis une propagation guidée se produit après le combiné, relié par un fil au réseau téléphonique.
2. a. Entre le casque et le combiné, le signal est une onde radio, convertie ensuite en signal électrique par le téléphone.
b. Ces signaux n'ont pas la même nature que le message émis, qui est une onde sonore.

8 **Imprimantes**

Certaines imprimantes peuvent être connectées à un ordinateur soit par un port USB, soit en wifi.

1. B2i Réaliser une recherche, éventuellement sur Internet, afin de déterminer la signification des sigles USB et wifi.

2. Préciser dans quel cas la propagation de l'information est guidée.

3. Citer un avantage de chacun de ces deux modes de connexion.

9 **Fibre optique**

Dans une revue scientifique, on peut lire le texte suivant :

> La fibre optique est de plus en plus utilisée dans le domaine médical, mais elle est surtout devenue incontournable dans la transmission de l'information. Ce fin tube de verre qui conduit la lumière remplace progressivement les fils électriques, pour la téléphonie ou pour le réseau Internet.
>
> Dans une fibre, les informations prennent la forme d'impulsions lumineuses laser, dont la fréquence est largement supérieure à celle des ondes électromagnétiques qui transitent habituellement dans les câbles de cuivre. Les débits de transmission sont alors bien plus élevés.

1. Citer deux domaines d'application des fibres optiques indiqués dans le texte.

2. Quelle est la nature physique du signal transmis dans une fibre optique ?

3. Quel est le principal avantage des fibres optiques par rapport aux fils de cuivre ?

10 **Modes de propagation dans une fibre**

Certaines fibres optiques, dites multimodes, permettent aux ondes lumineuses de suivre différents chemins (modes) de propagation.

Sur le schéma suivant, chaque mode est représenté par une couleur différente.

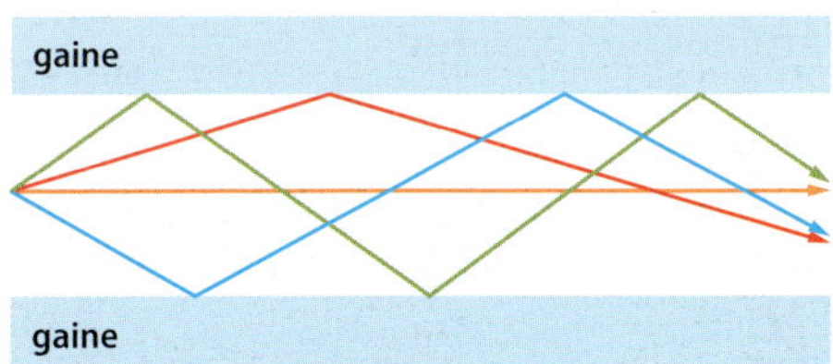

1. a. Combien de modes différents sont représentés ?
b. Le mode pour lequel le trajet suivi par la lumière est le plus court est appelé « mode fondamental ». Repérer ce mode sur le schéma.

2. a. Les impulsions lumineuses se propageant suivant différents modes n'atteignent pas l'extrémité de la fibre optique en même temps. Expliquer pourquoi.
b. Pourquoi ce phénomène, appelé « dispersion », est-il un inconvénient ?

3. B2i La dispersion modale peut être supprimée dans les « fibres à gradient d'indice ». En s'aidant éventuellement d'une recherche sur Internet, expliquer le principe et l'intérêt de ce dispositif.

Exercices

Compétence 3

› *Évaluer l'affaiblissement d'un signal*

11 QCM

Choisir la (ou les) bonne(s) réponse(s).

1 L'atténuation d'un signal :

a s'explique par des pertes d'énergie au cours de la propagation ;

b est la même quel que soit le type de canal de transmission ;

c est nulle pour un signal électrique.

2 Le coefficient d'atténuation linéique entre deux points A et B s'exprime par la relation :

a $\alpha = -AB \cdot \ln(10) \cdot \log\left(\frac{P_B}{P_A}\right)$;

b $\alpha = -AB \cdot \ln(10) \cdot (P_B - P_A)$;

c $\alpha = \frac{-\ln(10)}{AB} \cdot \log\left(\frac{P_B}{P_A}\right)$.

On s'aidera d'une analyse dimensionnelle pour répondre. P_A et P_B désignent les puissances du signal en A et B.

12 Câble électrique

Sur la notice technique d'un câble électrique, on peut lire :

$0{,}44\ dB \cdot m^{-1}$ à 0,5 GHz	$0{,}69\ dB \cdot m^{-1}$ à 1 GHz

1. a. Rappeler la définition de l'atténuation d'un signal.
b. À quelles grandeurs correspondent les données figurant sur la notice ?

2. L'atténuation d'un signal dépend-elle de la valeur de sa fréquence ? Expliquer.

13 Atténuation linéique

L'atténuation d'un signal peut être caractérisée par une grandeur *A*, appelée atténuation, et exprimée en dB. Le graphique ci-dessous représente les variations de l'atténuation *A* d'un signal en fonction de la distance de propagation *x*.

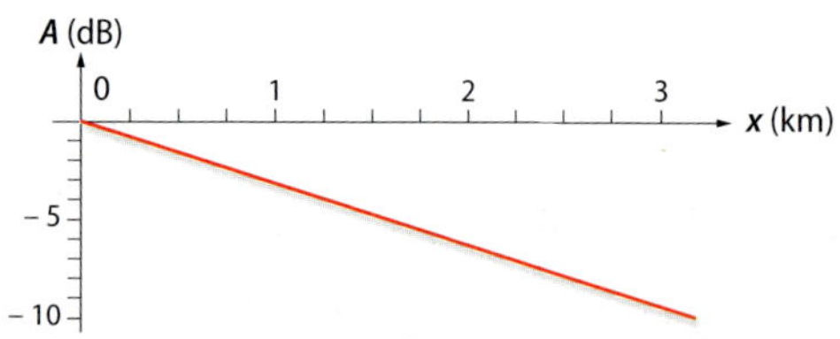

1. Que vaut l'atténuation du signal après 1,5 km ?

2. Sachant que l'atténuation *A* est reliée au coefficient d'atténuation linéique α par la relation $A = -4{,}3\ \alpha \cdot x$, déduire du graphique la valeur de α.

14 Signal ADSL

Les qualités d'une liaison Internet ADSL dépendent essentiellement de la distance qui sépare l'utilisateur et le répartiteur du fournisseur d'accès. Le schéma ci-dessous représente la mesure du débit d'une connexion Internet (quantité d'informations pouvant circuler) en fonction de la distance entre l'utilisateur et le répartiteur.

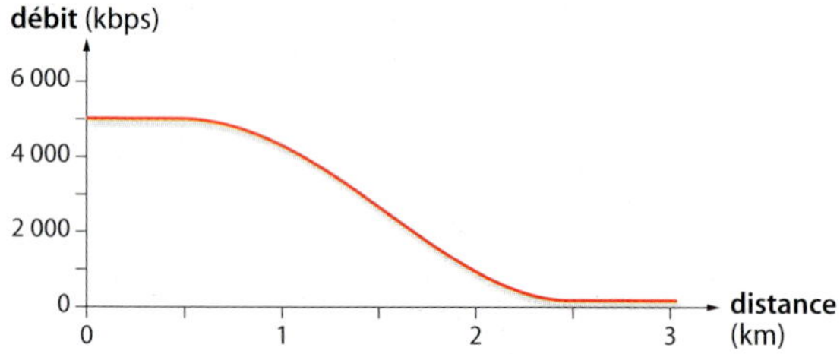

1. a. Sur quelle distance le débit est-il constant ?
b. Comment évolue-t-il au-delà de cette limite ?

2. Pourquoi peut-on dire que le signal ADSL est atténué ?

3. Est-il correct d'affirmer que moins le signal est atténué, meilleure est la ligne ?

EXERCICE **RÉSOLU**

15 Coefficient d'atténuation

Afin de tester une ligne de transmission, un technicien réalise des mesures de puissance.

1. Rappeler l'unité de la puissance.

Entre deux points distants de 120 m, il obtient les mesures 2,1 kW et 1,9 kW.

2. a. Calculer la valeur du coefficient d'atténuation linéique correspondant.
b. Exprimer ce coefficient en $dB \cdot km^{-1}$.

Donnée. *Coefficient d'atténuation linéique :*

$$\alpha = \frac{-\ln(10)}{AB} \cdot \log\left(\frac{P_B}{P_A}\right).$$

Aides et méthodes

2. a. Quand on effectue le rapport de deux valeurs d'une même grandeur, s'assurer que les unités sont les mêmes.

Solution

1. La puissance est une grandeur physique qui s'exprime en watt, de symbole W.

2. a. $\alpha = \frac{-\ln(10)}{120} \times \log\left(\frac{1{,}9}{2{,}1}\right) = 8{,}3 \times 10^{-4}\ dB \cdot m^{-1}$

b. On en déduit que $\alpha = 0{,}83\ dB \cdot km^{-1}$.

16 Atténuation optique

Lors du câblage en fibre optique d'un immeuble, il est nécessaire de contrôler que l'atténuation des signaux transmis ne dépasse pas $5\ dB \cdot km^{-1}$. Lors d'une mesure entre deux points distants de 250 m, on constate que la puissance du signal, de valeur initiale 6,0 mW, est divisée par 3,3.

1. Calculer la valeur de la puissance à 250 m de la source.

2. a. Calculer la valeur du coefficient d'atténuation linéique correspondant aux valeurs mesurées.
b. L'installation est-elle conforme ?

Exercices de synthèse

Pour préparer le BAC

17 Chaînes multiples

Dans de nombreux sports collectifs, lorsqu'une faute a été commise, l'arbitre siffle et montre un carton rouge au joueur incriminé.

1. Cette situation peut être décrite en termes de chaîne de transmission d'informations. Quels en sont la source et le destinataire ?

2. **a.** Pourquoi peut-on dire qu'il y a, en réalité, deux types différents de signaux utilisés ?
b. Ont-ils la même nature physique ?

3. Le support de propagation de l'information est-il le même ?

18 Un télégraphe optique

Histoire des sciences

Claude Chappe (1763-1805), ingénieur français, créa l'ancêtre du télégraphe. Le dispositif était composé d'un ingénieux système de barres mobiles qui pouvaient prendre plus d'une centaine de positions différentes. Chaque position de l'engin traduisait une lettre ou un chiffre. Ainsi, un observateur lointain pouvait, selon un code prédéterminé, « décrypter » le message.

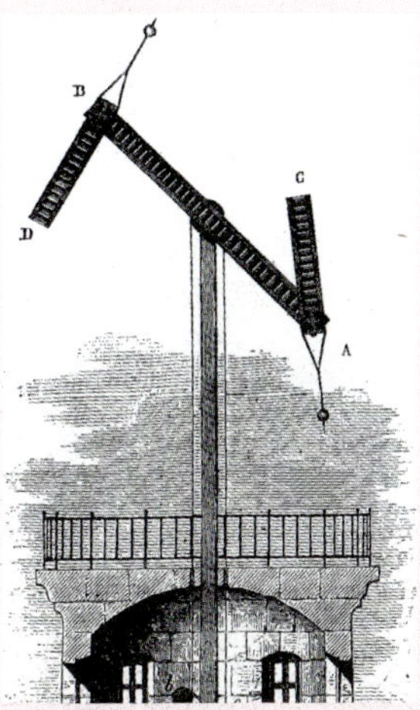

1. Pourquoi ce dispositif permet-il de transmettre de l'information ?

2. Pour ce dispositif, identifier :
a. l'émetteur et le récepteur ;
b. la nature physique du signal transmis.

3. Dans quelle mesure peut-on dire que ce signal est atténué ?

4. Quel est l'inconvénient majeur de ce dispositif ?

19 GPS

Le GPS (*Global Positioning System*) est un outil de géolocalisation utilisant un réseau de satellites en orbite autour de la Terre. Les satellites émettent des signaux codés pouvant donner lieu à de nombreuses applications, comme l'aide à la conduite.

1. Le boîtier GPS collé sur les pare-brise des voitures est-il un émetteur ou un récepteur ?

2. Quelle est la nature du signal transmis ?

3. **a.** Sur l'écran du GPS, à quoi correspond le symbole entouré ?
b. Comment expliquer, dans certains cas, la diminution du nombre de barres affichées ?
c. En déduire l'intérêt de disposer d'un réseau comprenant un grand nombre de satellites.

20 Wireless Technologies

There are two types of wireless technology for computer peripherals (keyboard, mouse…): infrared (IR) and radio frequency (RF). Bluetooth technology uses RF for wireless communication. Unlike IR, RF does not require an unobstructed space between the peripheral and the receiver.

1. **a.** What are the differences and similarities between IR and RF?
b. Do they have the same physical properties?

2. Do IR and RF react the same way to the obstacle?

21 Qui a inventé le téléphone ?

Histoire des sciences

Le téléphone filaire fait son apparition aux États-Unis à la fin du XIXe siècle. La mise au point de ce dispositif de communication, qui révolutionnera la circulation des informations, est le résultat de travaux de plusieurs ingénieurs : Antonio Meucci (1808-1899), Elisha Gray (1835-1901) et Alexandre Graham Bell (1847-1922), pour ne citer que les plus connus.

Le 10 mars 1876, la première communication téléphonique a lieu entre Bell et son assistant, qui se trouve dans le bureau voisin. Le contenu de l'appel est resté célèbre : « M. Watson, venez, j'ai besoin de vous voir… »

1. Citer trois exemples de transmission d'informations utilisés avant l'invention du téléphone.

2. a. Quelle est la nature physique du message émis par la source et reçu par le destinataire ?
b. Quelle est la nature physique du signal transportant l'information entre l'émetteur et le récepteur ?
c. Pourquoi peut-on dire qu'un téléphone est un convertisseur ?

3. a. Quel phénomène a poussé Bell à choisir une ligne téléphonique de quelques mètres seulement pour son prototype ?
b. Comment peut-on désormais pallier ce problème ?

22 Attenuation strength

Attenuation is the name given to the decrease of signal amplitude. There are several factors that can create attenuation : copper wire resistance, signal energy leakage, etc. To solve the problem, the signal needs to be cleaned by adding a repeater, switch or router to the network. In this way, the signal can be regenerated.

1. Which are the main causes of signal attenuation?

2. Which are the consequences of such a phenomenon?

3. What kind of technical solutions can be considered?

23 Câble coaxial

Un extrait de la notice technique d'un câble coaxial a été reproduit ci-dessous.

Caractéristiques techniques		
Conducteurs	cuivre étamé	∅ 0,9 et 3,6 mm
Diélectrique	polyéthylène	∅ 2,9 mm
Gaine	PVC	∅ 5 mm
Impédance	50 Ω	
Atténuation	0,70 dB · m^{-1} à 0,8 GHz	

1. a. La structure d'un câble coaxial est représentée ci-dessous. Identifier les conducteurs, le diélectrique et la gaine.

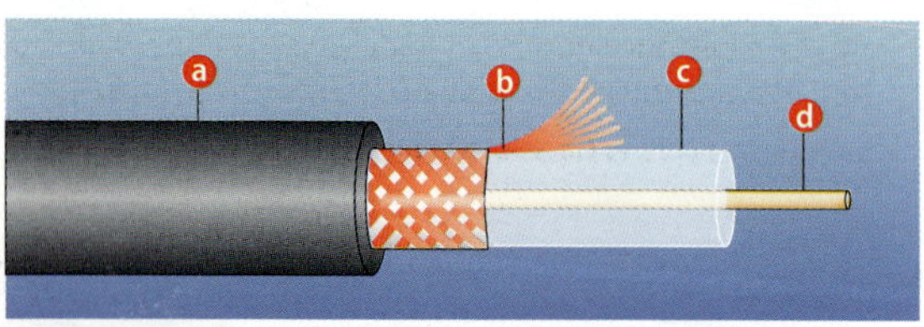

b. En quoi un câble coaxial diffère-t-il d'un fil électrique ordinaire ?

2. À partir d'un raisonnement sur les unités, quel autre nom pourrait-on donner à l'impédance citée dans la notice ?

3. a. À quoi correspond la valeur exprimée en dB · m^{-1} dans la notice ?
b. Pourquoi une valeur de fréquence accompagne-t-elle cette valeur ?

24 Fibre et atténuation

L'atténuation d'un signal dans une fibre optique dépend de sa fréquence. Cette propriété est illustrée par le graphique ci-dessous.

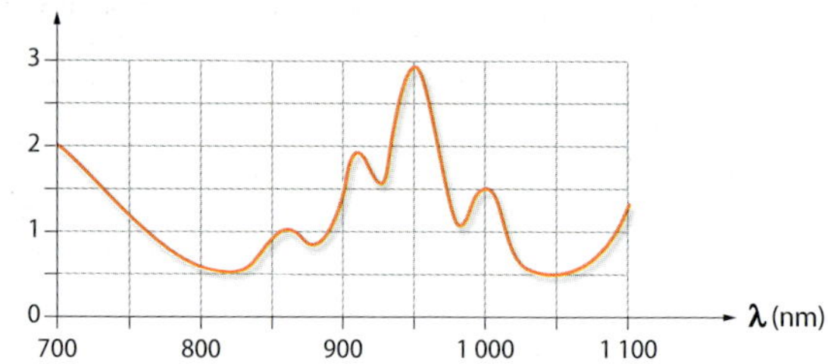

1. a. Quel est le nom de la grandeur physique représentée en abscisses ?
b. Quel est le nom de la grandeur physique représentée en ordonnées ?

2. a. Pour quelle valeur de longueur d'onde observe-t-on une atténuation maximale ?
b. À quel domaine du spectre électromagnétique cette longueur d'onde correspond-elle ?

3. On utilise une source lumineuse de longueur d'onde 900 nm.
a. Que vaut le coefficient d'atténuation pour cette longueur d'onde ?
b. Quelle longueur de fibre peut-on utiliser avant d'atteindre une atténuation de – 3 dB ?
c. Quelle longueur d'onde faudrait-il utiliser pour que, avec cette longueur de fibre, l'atténuation soit de – 1 dB ?

25 Coefficient d'atténuation

Sur un réseau wifi, un utilisateur mesure une perte de puissance de son signal de 28 % en s'éloignant de 8,0 m de son émetteur.

1. a. Quelle est la nature physique du signal wifi ?
b. Le signal wifi se propage-t-il de façon libre ou guidée ?

2. Dans le cas étudié, que vaut le rapport P/P_0, où P et P_0 désignent respectivement les puissances à la sortie et à l'entrée (en W) ?

3. En déduire la valeur du coefficient d'atténuation linéique en $dB \cdot m^{-1}$.

26 Portable ancienne génération

Pour une utilisation convenable, les premiers téléphones portables GSM nécessitaient de se trouver à proximité d'une antenne relais. En effet, pour une puissance incidente de 300 W, ces dispositifs présentaient un coefficient d'atténuation linéique de l'ordre de 120 $dB \cdot km^{-1}$.

1. Donner l'expression du coefficient d'atténuation linéique α entre deux points A et B.

2. a. Exprimer la distance entre les points A et B en fonction des puissances à ces deux points et du coefficient d'atténuation linéique.
b. Sachant que, si la puissance du signal est inférieure à 15 W, la communication est coupée, quelle est la distance maximale d'une antenne relais à laquelle on pouvait se trouver ?

27 Différents canaux de transmission

Le graphique ci-dessous représente les valeurs d'atténuations linéiques typiques pour trois supports de transmission.

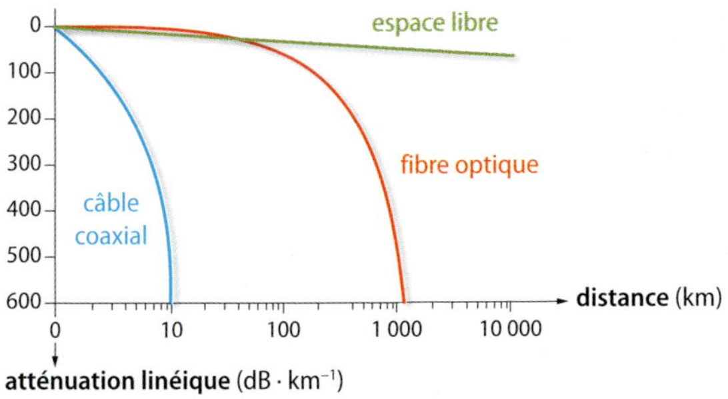

1. a. Quels sont les trois supports de transmission étudiés ?
b. Pour chaque support, préciser la nature physique du signal transmis.

2. a. Quel support présente la plus forte atténuation en fonction de la distance ?
b. Est-il correct de dire que l'atténuation d'un signal se propageant librement varie linéairement ?

3. a. Sur quelle distance la fibre optique présente-elle une atténuation nulle ?
b. Jusqu'à quelle distance est-il préférable d'utiliser une fibre optique plutôt qu'une transmission libre ?

4. Citer un inconvénient majeur de la propagation libre qui n'apparaît pas au travers de l'étude du graphique précédent.

En route vers le Supérieur

28 ★ Plusieurs atténuations

Il est possible de caractériser l'atténuation d'un signal dans un canal de transmission à l'aide d'une grandeur appelée atténuation et notée A.

1. Atténuation en dB

L'atténuation peut s'exprimer en décibel (dB) :

$$A = 10 \cdot \log\left(\frac{P}{P_0}\right) \quad \begin{array}{|l} P\text{, puissance à la sortie (en W)} \\ P_0\text{, puissance à l'entrée (en W)} \end{array}$$

a. À l'aide d'une analyse dimensionnelle, montrer que le décibel n'est pas une unité au sens physique.
b. En supposant une atténuation d'un tiers de la puissance dans le canal de transmission étudié, calculer la valeur de l'atténuation correspondante.

2. Atténuation en Np

L'atténuation peut également s'exprimer en néper (Np) :

$$A' = \frac{1}{2} \cdot \ln\left(\frac{P}{P_0}\right) \quad \begin{array}{|l} P\text{, puissance à la sortie (en W)} \\ P_0\text{, puissance à l'entrée (en W)} \end{array}$$

Montrer que le néper n'est pas une unité au sens physique, puis reprendre la question **1.b**.

3. Bilan

Montrer que les valeurs de l'atténuation en dB et en Np sont proportionnelles, et déterminer la valeur du coefficient de proportionnalité.

29 ★ « Tu me reçois ? »

Le principe des *talkies-walkies* repose sur une transmission d'information par ondes radio. Dans les modèles destinés aux enfants, le coefficient d'atténuation linéique de l'ordre de $8{,}0 \times 10^{-2}$ $dB \cdot km^{-1}$.

Le coefficient d'atténuation linéique α (en $dB \cdot m^{-1}$) s'écrit :

$$\alpha = \frac{-\ln(10)}{AB} \cdot \log\left(\frac{P_B}{P_A}\right)$$

AB est la distance entre A et B (en m) ; P_A et P_B sont les puissances respectives du signal aux points A et B (en W).

1. Montrer que la puissance au point B peut s'écrire :

$$P_B = P_A \cdot e^{-\alpha \cdot AB}.$$

2. De quel rapport est réduite la puissance du signal après une distance de 2,5 km ?

Données. $\log(x) = \frac{\ln(x)}{\ln(10)}$ *et* $\ln(x) = y \Leftrightarrow x = e^y$.

Pour préparer le BAC

Les compétences évaluées

- Identifier les éléments d'une chaîne de transmission d'informations.
- Comparer différents types de transmission.
- Évaluer l'affaiblissement d'un signal.

Énoncé type

Satellite ou fibre optique ?

Depuis les années 1990, le monde des télécommunications voit s'opposer deux technologies différentes : celle par satellites et celle par fibres optiques.
À l'heure actuelle, la fibre optique, qui souffre nettement moins d'atténuation, semble avoir distancé son concurrent spatial pour les liaisons à longue distance.
Dans certaines situations, les satellites présentent néanmoins de sérieux avantages. Ainsi, les communications entre des lieux difficiles d'accès ou peu développés en infrastructures terrestres sont particulièrement favorables aux liaisons radio. C'est le cas, par exemple, des archipels du sud-est asiatique, où une partie du réseau téléphonique est constituée de liaisons satellite. Cette solution est en effet beaucoup moins coûteuse que la mise en place de milliers de câbles sous-marins entre toutes les îles de l'archipel.

1. a. Associer les termes « propagation guidée » et « propagation libre » à chacun des deux dispositifs présentés dans le texte.

b. Pour la technologie par fibre optique, le milieu où a lieu la transmission d'informations est la fibre optique elle-même.
Qu'en est-il pour la technologie satellitaire ?

2. a. Quelle est la nature physique des signaux transmis dans une fibre optique ?

b. Même question pour les signaux transmis par satellite.

c. Pourquoi parle-t-on de « liaisons radio » pour la communication par satellite ?

3. a. Définir le mot « atténuation ».

b. Le coefficient d'atténuation linéique α entre deux points A et B s'écrit :

$$\alpha = \frac{-\ln(10)}{AB} \cdot \log\left(\frac{P_B}{P_A}\right)$$

Donner la signification de chaque grandeur dans cette expression, en lui associant son unité.

c. Exprimer la distance entre l'entrée E et la sortie S d'une fibre en fonction des puissances P_S à la sortie, P_E à l'entrée d'une fibre, et du coefficient α.

d. Pour une fibre optique courante, $\alpha = 0{,}15\ \text{dB} \cdot \text{km}^{-1}$.

À partir de quelle longueur de fibre la puissance à la sortie de la fibre est-elle divisée par deux ?

➤ Coups de pouce

1. b. Les satellites sont en orbite autour de la Terre.

2. a. et b. Préciser le type d'onde.

3. c. Exprimer ES en fonction de $\log(P_S/P_E)$ et de α.

d. Si la puissance est divisée par deux, $P_S/P_E = 0{,}5$.

EXEMPLE DE **RÉSOLUTION**

1. a. La technologie par **fibre optique** repose sur une propagation **guidée** alors que les **satellites** utilisent une propagation **libre**.

b. Pour un satellite, le milieu de propagation de l'information est le **vide** de l'espace et l'**atmosphère** terrestre.

2. a. Les signaux transmis dans une fibre optique sont des ondes lumineuses, donc des **ondes électromagnétiques**.

b. Les signaux transmis par satellite sont également des **ondes électromagnétiques**.

c. Le mot « radio » fait référence au **domaine radio du spectre électromagnétique**.

3. a. L'atténuation d'un signal correspond à la **diminution de la puissance** du signal dans le canal de transmission.

b. α est le **coefficient d'atténuation linéique** (en $\text{dB} \cdot \text{m}^{-1}$).
AB est la **distance** entre A et B (en m).

P_A et P_B sont les **puissances** respectives du signal aux points A et B (en W).

c. $\alpha = \frac{-\ln(10)}{ES} \cdot \log\left(\frac{P_S}{P_E}\right)$, donc

$$\mathbf{ES = \frac{-\ln(10)}{\alpha} \cdot \log\left(\frac{P_S}{P_E}\right)}$$

d. La puissance à la sortie de la fibre est divisée par deux si $P_S/P_E = 0{,}5$.

A.N. : $ES = \frac{-\ln(10)}{0{,}15} \times \log(0{,}5)$.

Donc **ES = 4,6 km**

Pour préparer le BAC

Énoncé type

Utiliser un « champmètre »

On dispose d'un instrument de mesure de champ électromagnétique dont un extrait de la notice a été reproduit ci-dessous (*fig. 1*). Cet instrument est utilisé pour mesurer la puissance électromagnétique rayonnée par une antenne relais de téléphonie mobile. Les mesures réalisées conduisent au graphique de la *figure 2*.

Affichage	Écran LCD 3,5 digits
Gamme de mesure	0,8 à 2,5 GHz
Précision	±1,5 %
Dimension ($\ell \times H \times P$)	74 × 225 × 22 mm

Figure 1. Notice de l'appareil.

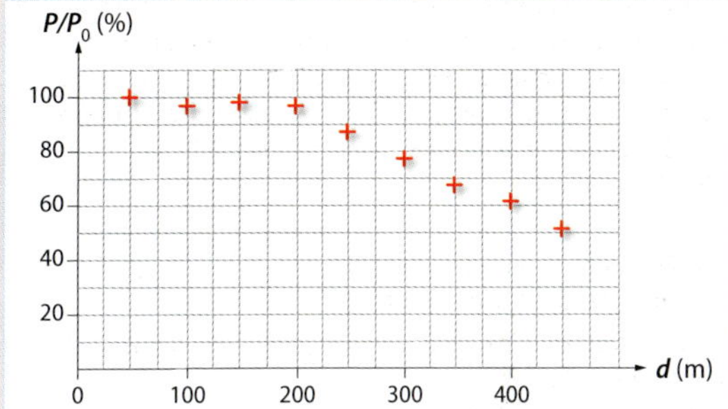

Figure 2. Rapport de la puissance mesurée sur la puissance émise par l'antenne en fonction de la distance.

Les compétences évaluées
- Identifier les éléments d'une chaîne de transmission d'informations.
- Comparer différents types de transmission.
- Évaluer l'affaiblissement d'un signal.

1. a. Lorsqu'on utilise un téléphone portable, quel rôle joue l'antenne relais dans le canal de transmission ?

b. Quelle est la nature physique des signaux transmis entre le téléphone et l'antenne ?

c. Pour la téléphonie mobile, on parle souvent d'« ondes radio ». L'appareil est-il adapté à l'étude de ce type d'onde ?

2. Au cours de la mesure, on lit sur l'appareil « 240 W ». Écrire le résultat P de cette mesure, en faisant apparaître son incertitude.

3. a. Le graphique des résultats obtenus permet-il de connaître la valeur de la puissance émise au niveau de l'antenne ?

b. Décrire la façon dont le signal varie lorsque l'on s'éloigne de l'antenne.

c. Calculer la valeur du coefficient d'atténuation linéique à une distance de 350 m, en $dB \cdot km^{-1}$.

***Données.** Spectre électromagnétique :*

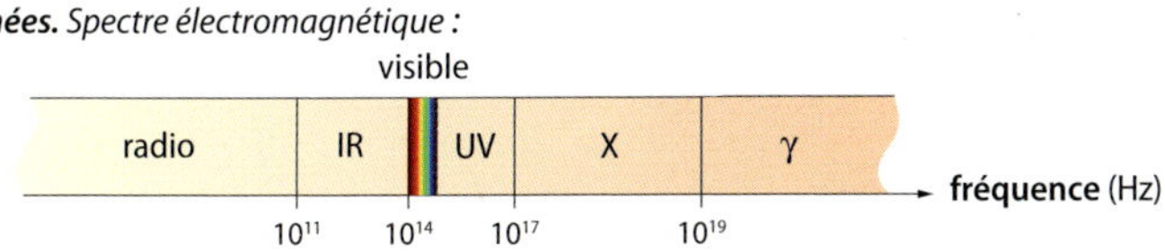

Coefficient d'atténuation linéique α entre deux points A et B : $\alpha = \frac{-\ln(10)}{AB} \cdot \log\left(\frac{P_B}{P_A}\right)$.

P_A et P_B sont les puissances respectives du signal aux points A et B (en W).

➤ Coups de pouce

1. b. Préciser le type d'onde.

c. Se reporter au spectre électromagnétique.

2. Se reporter à la fiche méthode 5, p. 568.

3. a. S'appuyer sur la distinction entre valeurs relative et absolue.

EXEMPLE DE **RÉSOLUTION**

1. a. Dans le canal de transmission, l'antenne joue le rôle de **récepteur** mais également celui d'**émetteur**.

b. Les signaux transmis sont des **ondes électromagnétiques**.

c. La gamme de mesure de l'appareil est comprise entre $0{,}8 \times 10^9$ et $2{,}5 \times 10^9$ Hz, soit des fréquences inférieures à 10^{11} Hz, ce qui correspond bien au **domaine radio**.

2. On a $P = p \pm \Delta P$ avec $p = 240$ W et $\Delta P/p = 1{,}5$ %.

D'où $\Delta P = 0{,}015 \times 240 = 3{,}6$ W.

On en déduit que : $\boxed{P = 240 \pm 3{,}6 \text{ W}}$

3. a. La grandeur représentée sur l'axe des ordonnées est une grandeur relative, il n'est **pas possible** de connaître la valeur de P_0.

b. Lorsqu'on s'éloigne de l'antenne, la puissance du signal reste **constante** sur les 200 premiers mètres **puis décroît linéairement**.

c. À la distance AB = 350 m, le rapport de puissance vaut $P_B/P_A = 68$ %.

A.N. : $\alpha = \frac{-\ln(10)}{350} \times \log(0{,}68) = 1{,}1 \times 10^{-3}\ dB \cdot m^{-1}$

donc $\boxed{\alpha = 1{,}1\ dB \cdot km^{-1}}$

Avant d'aborder la séquence 6

Évaluation diagnostique

Pour chaque situation présentée, proposer une réponse en argumentant.

Situation 1

Pour traquer les idées fausses

La diffusion de supports numériques pour écouter de la musique (CD, fichiers MP3, *streaming* en ligne…) s'est imposée.

Le son « numérique » est-il vraiment de « meilleure qualité » que le son « analogique » ?

► **Activités 1 à 3**, p. 522 à 524

Situation 2

Pour vérifier l'indispensable

On dispose de deux tiroirs et de balles colorées différentes.

Combien de façons existe-t-il de ranger dans ces deux tiroirs une balle ? deux balles ? *N* balles ?

► **Activités 1 et 2**, p. 522 et 523

Situation 3

Pour amorcer la réflexion

Recouvrir entièrement une surface aux contours courbes avec des pavés rectangulaires, sans faire de découpe, est rigoureusement impossible.

Quel type de pavé permettra cependant un pavage régulier au plus près de la courbe, sans faire de découpe ?

► **Activités 2 et 3**, p. 523 et 524

Numérisation d'un signal

La plupart des images et des sons qui nous entourent sont numériques : le signal permettant de les générer n'est constitué que de « 0 » et de « 1 ».

Les acquis des classes précédentes

- Un signal périodique est caractérisé par sa **période**, sa **fréquence** et ses **valeurs maximale et minimale**.
- La **fréquence** f (en Hz) et la **période** T (en s) d'un phénomène périodique sont reliées par la relation $f = 1/T$.
- Une **onde sonore** est un phénomène périodique qui se propage par une suite de compressions et de dilatations du milieu de propagation.

Les compétences à acquérir

1. **Reconnaître** des signaux analogiques et numériques.
2. **Comprendre** le principe de numérisation d'un signal.
3. **Caractériser** une transmission numérique par son débit binaire.

→ **Culture scientifique**
Le bit

Activité 1

Activité de découverte

La qualité du son numérique

Compétences scientifiques évaluées
- Extraire une information utile.
- Faire preuve de curiosité.

Les lecteurs de CD et DVD, associés à un amplificateur, permettent de diffuser de la musique à partir d'un support numérique. Pourquoi certains mélomanes déclarent-ils que le CD est moins fidèle à la musique d'origine que le DVD-Audio ?

Étude de document

Les lecteurs de CD ou de DVD sont appelés lecteurs « laser », car la tête de lecture envoie une lumière laser, ensuite réfléchie par le disque en rotation.

Le disque possède une ou plusieurs pistes microscopiques en forme de spirale, comportant chacune une succession de zones planes et de zones creuses. Lorsque la lumière frappe le bord d'une zone creuse (au début ou à la fin de celle-ci), l'intensité du faisceau réfléchi change brutalement : cela correspond à un « 1 ». Tant que l'intensité de la lumière réfléchie ne varie pas, cela correspond à un « 0 ». Ces informations sont ensuite traduites en signal électrique.

Le signal électrique qui résulte d'une transcription du contenu d'un CD audio (données musicales brutes) a une allure en créneaux irréguliers **(Fig. 1)**.

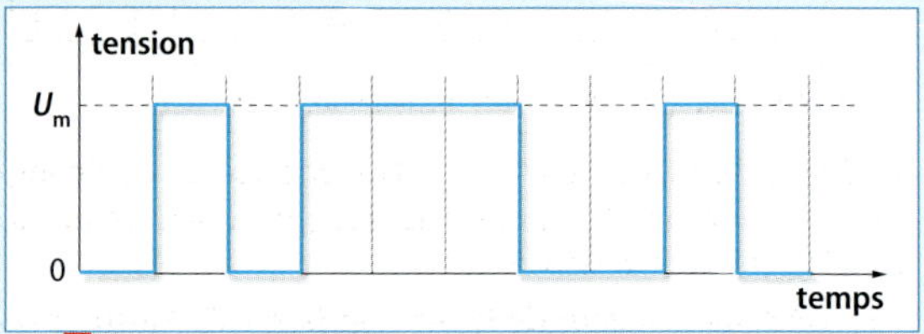

Fig. 1 Signal électrique « contenant les données musicales ».

Une valeur de tension égale à U_m correspond à « 1 » et une valeur de 0 V correspond à « 0 ». C'est ce qu'on appelle un signal numérique.

Un signal analogique est, comme son nom l'indique, un signal électrique à l'image du phénomène qui lui correspond (ici, le signal sonore). Il s'agit donc d'un signal continu. C'est lui qui, après amplification, doit parvenir aux enceintes.

Pour retrouver le signal analogique musical à partir du signal numérique, il faut le reconstruire point par point.

Le codage d'un CD se fait sur 16 « bits », c'est-à-dire que le signal numérique doit être regroupé par paquets de 16 chiffres (0 ou 1), chaque groupe de 16 bits représentant une valeur de tension du signal analogique. Avec 16 bits, on peut écrire $2^{16} = 65\,536$ combinaisons différentes. On aura donc 65 536 valeurs différentes possibles pour la tension.

Dans le signal recomposé **(Fig. 2)**, deux points successifs (deux valeurs de tension successives) seront séparés d'une durée identique, de sorte que l'on trouvera, pour le CD audio, exactement 44 100 points par seconde.

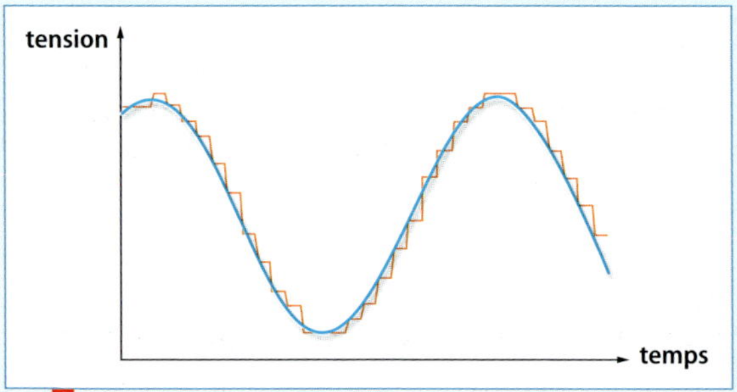

Fig. 2 Exemple de signal analogique (en bleu) et du signal recomposé à partir de la version numérique (en rouge).

Avec 16 bits par point, 44 100 points par seconde et deux canaux (stéréo), il faudra donc un flux de données de $16 \times 44\,100 \times 2 = 1{,}411 \times 10^6$ bit · s^{-1}.

Ce flux porte le nom de « débit binaire ». Il caractérise la qualité du signal recomposé : plus il est important, plus le signal recomposé se rapproche du signal analogique de départ. Pour les DVD-Audio, le codage se fait sur 24 bits, il possède 6 canaux (sigle « 5.1 ») et son débit binaire peut aller jusqu'à $2{,}82 \times 10^7$ bit · s^{-1}.

Pistes de réflexion

1 Pourquoi dit-on que le CD comporte un codage sous forme binaire ?

2 **a.** Donner l'écriture binaire du signal de la figure 1.
b. Combien comporte-t-il de bits ?

3 Quelle(s) différence(s) y a-t-il entre le signal analogique et le signal recomposé à partir de la version numérique ?

4 Calculer le nombre de points par seconde dans le cas du signal issu du DVD-Audio.

Pour conclure

5 Pourquoi dit-on que le lecteur de CD audio ne restitue pas exactement la musique d'origine ?

6 **a.** Pour un morceau de musique durant 2 minutes, calculer le nombre de bits écrits sur un DVD-Audio, puis sur un CD.
b. Pourquoi le DVD-Audio est-il considéré comme plus fidèle à la musique d'origine ?

Activité 2

TP **Activité expérimentale**

Compétences expérimentales évaluées
- Réaliser un montage expérimental.
- Analyser un résultat expérimental.

Animation

La numérisation d'un son

Une fois transformé en signal électrique (par exemple à l'aide d'un microphone), comment le son devient-il un signal numérique ?

Principe

Les morceaux de musique au format « numérique » **(Fig. 1)** résultent de la numérisation de signaux électriques.
Le principe de cette numérisation peut être facilement mis en œuvre au laboratoire.

Fig. 1 Lecteur MP3.

Mise en œuvre au laboratoire

Matériel
- 3 résistances R_1 de 10 kΩ
- 5 résistances R_2 de 20 kΩ
- interrupteurs inverseurs
- alimentation stabilisée 5 V
- voltmètre
- circuit « comparateur »
- générateur de tension variable 0-5 V

A. Quantification de valeurs de tension

- Réaliser le montage de la **figure 2**, puis placer le voltmètre afin de mesurer la tension U_{AM} entre les points A et M.

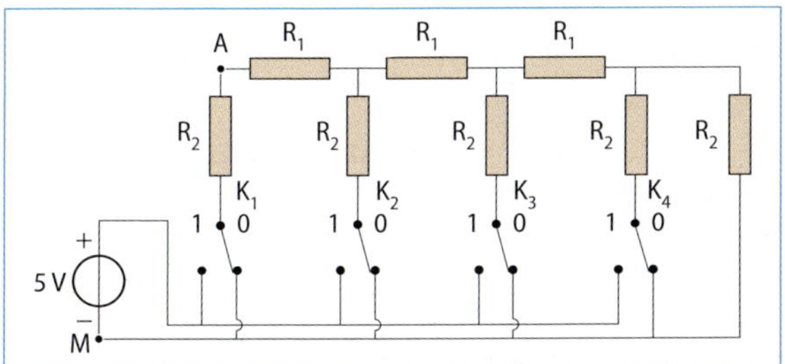

Fig. 2 Montage électrique.

1 Recopier et compléter le tableau ci-dessous. Les 16 valeurs différentes de U_{AM} seront classées par ordre croissant. On notera la position « 0 » ou « 1 » dans la case correspondant à chaque interrupteur.

U_{AM} (V)	Position des interrupteurs			
	K_1	K_2	K_3	K_4
0	0	0	0	0

2 Que remarque-t-on entre deux valeurs successives de U_{AM} ?

3 Avec 4 interrupteurs, on obtient 16 valeurs de tension entre 0 et 5 V. Combien en aurait-on obtenues si l'on avait construit un circuit du même type comportant 8 interrupteurs ?

À chaque tension U_{AM} est ainsi associé un nombre binaire, constitué ici de 4 bits (« 0 » ou « 1 »).

B. Numérisation d'une tension électrique

Le circuit de la **figure 3** permet de comparer la tension U, que l'on cherche à numériser, à la tension U_{AM}. U doit être compris entre 0 et 5 V. Si $U > U_{AM}$, alors la DEL D_1 brille. Si $U < U_{AM}$, alors la DEL D_2 brille.

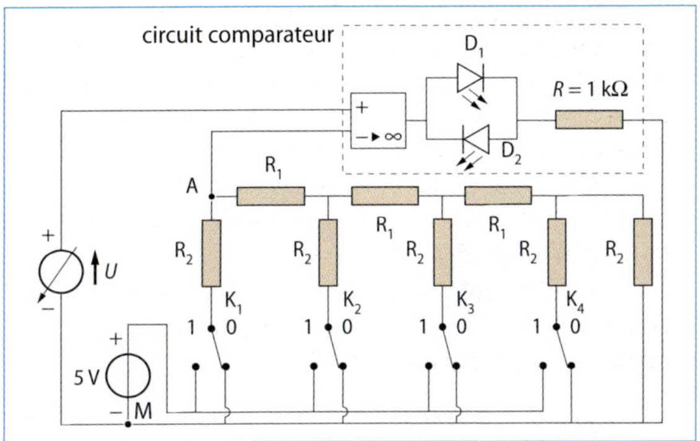

Fig. 3 Montage électrique avec circuit comparateur.

- Réaliser le montage et régler U à une valeur quelconque puis, à l'aide des seuls interrupteurs, retrouver le nombre binaire qui lui est associé.
- En déduire la valeur de la tension U (en V). Mesurer U au voltmètre et comparer les deux valeurs.
- Reproduire l'expérience avec différentes valeurs de U.

4 Expliquer la méthode utilisée pour parvenir le plus rapidement possible au résultat.

5 En quoi cette méthode permet-elle de quantifier U ?

6 Cette méthode est-elle précise ? Quel serait l'intérêt d'utiliser 8 bits plutôt que 4 ?

C. Échantillonnage

La numérisation d'un signal n'est pas immédiate. Elle nécessite, suivant le nombre de bits, une durée Δt de l'ordre de quelques microsecondes à quelques dizaines de microsecondes.

On procède donc à l'échantillonnage de cette tension : seules quelques valeurs choisies à intervalle de temps régulier T_e, appelé période d'échantillonnage, sont quantifiées.

7 Pourquoi est-il nécessaire d'échantillonner avant de quantifier un signal électrique qui varie au cours du temps ?

8 Comment doit être choisi T_e par rapport à Δt ?

Pour conclure

9 Faire la synthèse des différentes étapes de la numérisation d'un signal électrique issu d'un son.

Activité 3

Démarche d'investigation

Vidéo

Problèmes d'échantillonnage

L'échantillonnage est la première étape de la numérisation : elle consiste à ne conserver que certaines valeurs de tension du signal, choisies à intervalle de temps régulier. Cette procédure n'est pas sans conséquences.

Compétences scientifiques évaluées
- Extraire une information utile.
- Identifier les paramètres jouant un rôle dans un phénomène physique.

Pour commencer (situation déclenchante)

En visionnant un film, et ce quel que soit l'appareil de lecture utilisé, il arrive parfois que l'on ait une sensation étrange lorsqu'on observe la rotation de roues ou d'hélices **(Fig. 1)** : celles-ci semblent tourner au ralenti, changer de sens ou rester immobiles, en contradiction complète avec le mouvement réel.

Fig. 1 Voiture en mouvement.

Investigation

Quel est le lien entre ce phénomène et le problème que peut poser l'échantillonage lors de la numérisation d'un signal électrique ?

Quelques idées (hypothèses)

Étude de document (recherche de validation)

1 B2i À l'aide d'une recherche sur Internet, expliquer le principe de la fabrication d'une animation cinématographique.

2 En s'aidant d'une série de schémas représentant les images successives, expliquer ce qui peut justifier que, dans un film, une roue qui tourne :

a. puisse sembler immobile ;

b. semble tourner « à l'envers » ;

c. semble tourner plus lentement.

Expérience (recherche de validation)

Matériel
- générateur basses fréquences • système d'acquisition informatisé • oscilloscope

- Régler le GBF sur un signal de type sinusoïdal, de fréquence 500 Hz.
- Brancher l'oscilloscope aux bornes du GBF afin d'observer le signal.
- Brancher également le système d'acquisition informatisé aux bornes du GBF.

A. Première acquisition

On réalise une acquisition informatique sur 100 points et l'on cherche à visualiser 7 périodes sur l'écran de l'ordinateur.

3 **a.** Quelle durée faut-il choisir entre chaque point ?

b. En déduire la fréquence d'échantillonnage.

- Effectuer les réglages et procéder à l'acquisition.
- Construire la courbe en faisant relier les points par le logiciel.

4 Déterminer la période du signal modélisé sur l'ordinateur et la comparer à celle du signal affiché sur l'oscilloscope. Conclure.

B. Deuxième acquisition

On choisit une fréquence d'échantillonnage de 400 Hz et l'on veut visualiser 7 périodes sur l'écran de l'ordinateur.

5 **a.** Quelle sera la durée entre deux points successifs ?

b. En déduire le nombre de points pour l'acquisition.

- Effectuer les réglages et procéder à l'acquisition.
- Construire la courbe en faisant relier les points par le logiciel.

6 Déterminer la période du signal modélisé sur l'ordinateur et la comparer à celle du signal affiché sur l'oscilloscope. Conclure.

7 **a.** Rechercher expérimentalement à partir de combien de points par période du signal il est possible de retrouver une valeur correcte de cette période.

b. Quelle est la fréquence d'échantillonnage correspondante ?

Pour conclure

8 Quel est le lien entre le problème mis en évidence expérimentalement et le phénomène cinématographique ?

9 Comment devra-t-on choisir, en général, la fréquence d'échantillonnage pour qu'un signal analogique soit retranscrit numériquement le plus précisément possible ?

Cette condition est appelée « critère de Shannon ».

Cours

1 Signaux analogiques et numériques

Signal analogique

› Activité 1

Un microphone permet de transformer un signal sonore en signal électrique analogique (Fig. 1). Les variations de tension obtenues sont **analogues** aux variations de la pression acoustique, qui sont continues dans le temps. De même, un signal vidéo analogique comporte des variations analogues aux intensités lumineuses des différents pixels de l'écran.

Un signal analogique est continu au cours du temps.

Un tel signal électrique présente l'inconvénient d'être sensible à toute perturbation électromagnétique : il s'en trouve alors modifié (Fig. 2 ⓐ).

Signal numérique

› Activité 1

Un signal numérique est un signal électrique en forme de créneaux (succession de tensions nulle et maximale). Il est **binaire,** c'est-à-dire qu'il n'existe que deux valeurs possibles de la tension.

Un signal numérique est une succession de « 0 » (tension nulle) et de « 1 » (tension non nulle), appelés bits.

Ce format présente l'avantage d'être peu sensible aux perturbations, les valeurs possibles de tension étant très distinctes (Fig. 2 ⓑ).

Ce type de signal offre aussi la possibilité d'un **traitement informatisé,** un ordinateur ne pouvant effectuer des opérations que sur des nombres binaires (constitués uniquement de « 0 » et « 1 »). Tout signal doit donc être **numérisé** avant d'être exploité ou modifié informatiquement.

En revanche, un signal recomposé à partir de sa version numérique présente des « échelettes » (Fig. 3).

Un signal recomposé à partir de sa version numérique n'est pas la copie conforme du signal analogique de départ.

➥ Exercices 1 à 8

Fig. 1 Un micro transforme un son en signal électrique analogique.

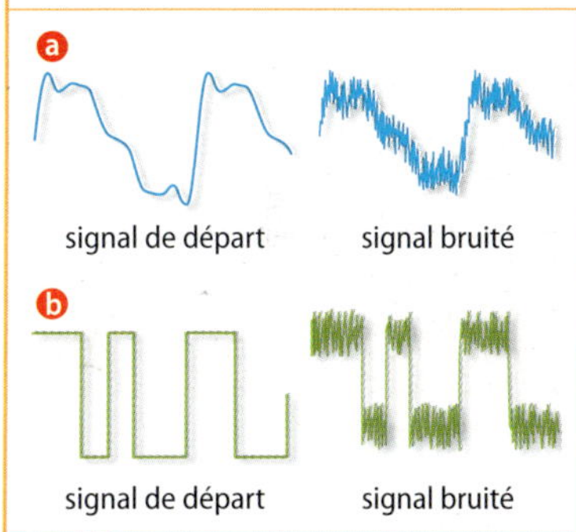

Fig. 2 Un bruit parasite modifie le signal électrique analogique (ⓐ) mais n'empêche pas de distinguer les deux niveaux « 0 » et « 1 » dans le cas d'un signal numérique (ⓑ).

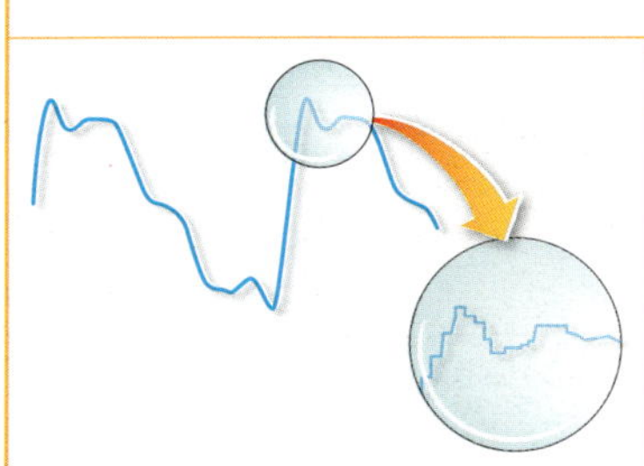

Fig. 3 Les « échelettes » observées sont caractéristiques d'un signal recomposé à partir de sa version numérique.

2 Numérisation d'un signal

La numérisation d'un signal s'effectue en deux étapes successives : l'**échantillonnage** et la **quantification**.

Échantillonnage

› Activités 2 et 3

Un signal électrique analogique est, dans un premier temps, « découpé » à intervalle de temps régulier.

L'échantillonnage consiste à « découper » le signal électrique analogique à intervalle de temps régulier T_e (en s), appelé période d'échantillonnage.

Cours

La fréquence d'échantillonnage f_e (en Hz), définie par $f_e = 1/T_e$, correspond au nombre de points retenus par seconde sur le signal analogique (Fig. 4).

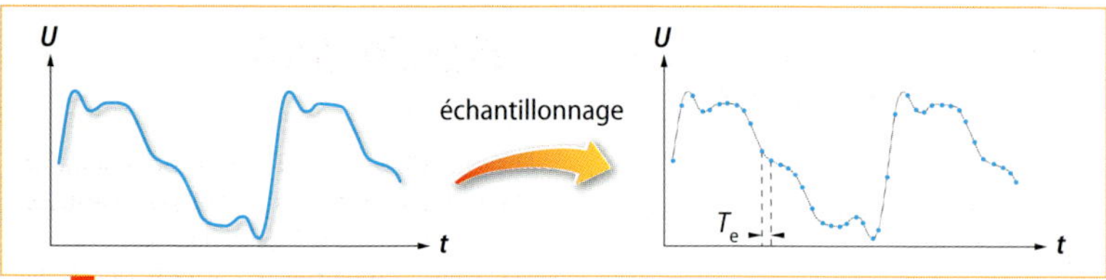

Fig. 4 Échantillonnage d'un signal analogique.

La période d'échantillonnage doit être suffisamment petite devant la période du signal analogique à échantillonner.

Exemple

Le « critère de Shannon », bien connu des concepteurs de convertisseurs analogique-numérique (Fig. 5) énonce que la fréquence d'échantillonnage d'un signal analogique sinusoïdal doit au moins être le double de la fréquence du signal.

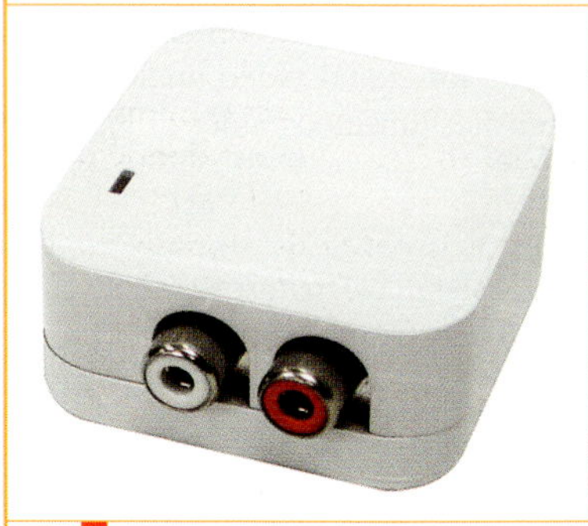

Fig. 5 Un convertisseur analogique-numérique pour signal audio.

Quantification

› Activités 2 et 3

La **quantification** consiste à approximer toutes les valeurs prises par la tension du signal par un ensemble **limité** de valeurs. À chacune de ces valeurs est associé un **nombre binaire**, constitué d'une série de « 0 » et de « 1 ».

La quantification consiste à associer à chaque valeur de la tension retenue après échantillonnage un nombre binaire constitué de « 0 » et de « 1 ».

Un bit (de l'anglais *BInary digiT*) ne peut prendre que 2 valeurs : « 0 » ou « 1 ». Ainsi, avec 1 bit, on peut écrire 2 nombres binaires : « 0 » et « 1 » ; avec 2 bits, on peut écrire 4 nombres binaires : « 00 » ; « 01 » ; « 10 » et « 11 », etc. Lors d'une quantification, tous les nombres binaires sont écrits avec le même nombre de bits.

Repère

Tableau de correspondance :

Binaire (3 bits)	Décimal
000	0
001	1
010	2
011	3
100	4
101	5
110	6
111	7

La quantité de nombres binaires possibles est appelée résolution *R*.
Par définition : $R = 2^k$, où *k* est le nombre de bits utilisé

L'intervalle de tension qui existe entre deux valeurs numériques binaires successives est appelé le **pas de quantification.** Pour le déterminer, on divise l'intervalle dans lequel sont comprises les valeurs de tensions par la résolution *R*.

Exemple

Pour une tension évoluant entre 0 et 6 V, codée en 3 bits, on aura une résolution $R = 2^3 = 8$ (soit 8 valeurs possibles). Le pas de quantification est donc 6/8 = 0,75 V. Ainsi les 8 valeurs numériques de tension seront 0 V ; 0,75 V ; 1,5 V ; 2,25 V ; 3,0 V ; 3,75 V ; 4,5 V et 5,25 V. Lors de la quantification, chaque tension analogique sera arrondie à la plus proche de ces valeurs.

Chaque valeur retenue par l'échantillonnage est quantifiée en un nombre binaire comportant une quantité identique de bits. L'ensemble de ces nombres mis bout à bout constitue le signal numérique.

Plus le nombre de bits sera **grand**, plus la quantification sera **précise**.

➥ Exercices 9 à 14

3 Transmission d'un signal numérique

Débit binaire

› Activité 1

Lors de la transmission d'un signal numérisé, il existe trois paramètres pertinents : le **nombre de bits** utilisés ; la **fréquence d'échantillonnage** f_e et le **nombre de signaux** numérisés à transmettre.

Le débit binaire D est le nombre de bits transmis par unité de temps. Il s'exprime en bit · s^{-1} et est donné par la relation :

$$D = N \cdot k \cdot f_e$$

avec N, nombre de signaux ; k, nombre de bits utilisés et f_e, fréquence d'échantillonnage (en Hz).

Plus le débit binaire est important, plus le signal numérique transmis contient d'informations.

Exemple

Le débit binaire d'un CD audio sur 2 voies (son stéréo) échantillonné sur 16 bits à une fréquence de 44 100 Hz est $D = 2 \times 44\,100 \times 16 = 1{,}41$ Mbit · s^{-1}.

Compression des données

Dans le cas de signaux vidéo, ou lorsque le mode de diffusion ne permet pas de gérer de tels débits (pour des raisons de taille ou de vitesse de traitement), on a recours à la **compression** du signal numérique pour qu'il contienne moins de bits.

➥ Exercices 15 à 19

Sciences et culture

Octet, kilo-octet, méga-octet...

Depuis 1970, les processeurs qui équipent les ordinateurs traitent les bits par paquets multiples de 8 (8, 16, 32, 64...).
Un paquet de 8 bits est appelé octet, de symbole o, ou byte (B) en anglais.

Les compétences à acquérir

1 Reconnaître *des signaux analogiques et numériques*

- Un **signal analogique** est continu dans le temps.
- Un **signal numérique** est une succession de « 0 » et « 1 », appelés bits. Moins sensible aux perturbations et permettant un traitement informatisé, il ne permet pas de reconstruire exactement le signal analogique de départ.

2 Comprendre *le principe de numérisation d'un signal*

- La numérisation d'un signal analogique revient d'abord à l'**échantillonner** (le découper) à une certaine fréquence, nommée **fréquence d'échantillonnage**.
- La **quantification** consiste à associer à chaque valeur de la tension retenue après échantillonnage un nombre binaire constitué de « 0 » et de « 1 ».
- La **période d'échantillonnage** doit être suffisamment **petite** devant la période du signal analogique à échantillonner et le **nombre de bits** suffisamment grand pour que la numérisation soit de qualité.

3 Caractériser *une transmission numérique par son débit binaire*

- Le **débit binaire D** (en **bit · s^{-1}**) d'une transmission est donné par la relation $D = N \cdot k \cdot f_e$, avec N, nombre de signaux ; k, nombre de bits utilisés et f_e, fréquence d'échantillonnage (en Hz).

Exercices

Compétence 1

› *Reconnaître des signaux analogiques et numériques*

1 VRAI ou FAUX ?

Corriger, si nécessaire, les affirmations suivantes.

❶ Un signal recomposé à partir de sa version numérique est absolument identique au signal analogique de départ.

❷ Un signal numérique n'est pas très sensible aux perturbations électromagnétiques, contrairement à un signal analogique.

❸ Une musique numérisée est toujours plus proche de la réalité que sa version analogique.

2 Lecteur DVD en panne

Bastien veut brancher un lecteur Blu-ray, qui délivre un signal vidéo numérique, sur sa vieille télévision, qui n'accepte que les signaux vidéo analogiques. Il se dit : « Ce n'est qu'un problème de forme de prise. Après tout, que ce soit numérique ou analogique, c'est toujours un signal vidéo ! » A-t-il raison ? Justifier.

3 Signaux vidéo et audio

Parmi les signaux ci-dessous, déterminer le (les) signal(aux) de type numérique, sans aucun doute possible. Justifier pour chaque signal.

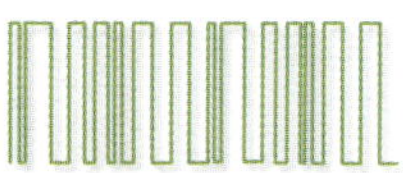

ⓐ signal musical

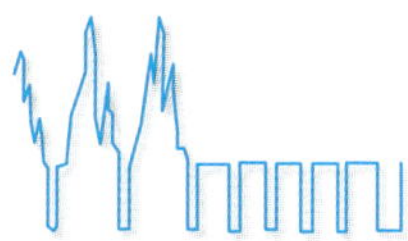

ⓑ signal vidéo

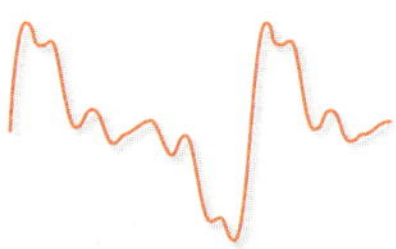

ⓒ signal musical

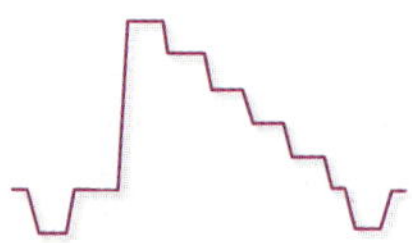

ⓓ signal vidéo

4 B2i Instruments de musique

En recherchant éventuellement sur Internet, indiquer si les instruments cités ci-dessous produisent des sons à partir de signaux numériques :

a. piano à queue ; **b.** guitare électrique ;
c. synthétiseur ; **d.** piano Fender Rhodes.

5 Flûte traversière… numérique ?

Marine joue de la flûte traversière. Jordan enregistre cette musique sur son ordinateur, mais son matériel n'est pas de très grande qualité. Lorsqu'il réécoute le morceau, le son n'est pas très bon : il y a du « souffle » et beaucoup de bruits parasites. Ce son de très mauvaise qualité peut-il être issu d'un signal numérique ? Justifier.

6 Disque microsillon contre CD

Un disque microsillon (aussi appelé « disque vinyle ») et un CD ont été observés au microscope.

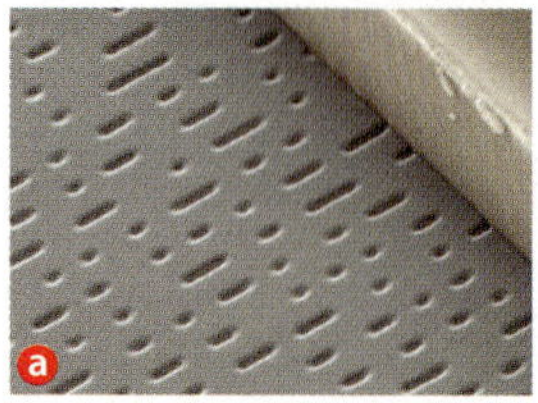

ⓐ

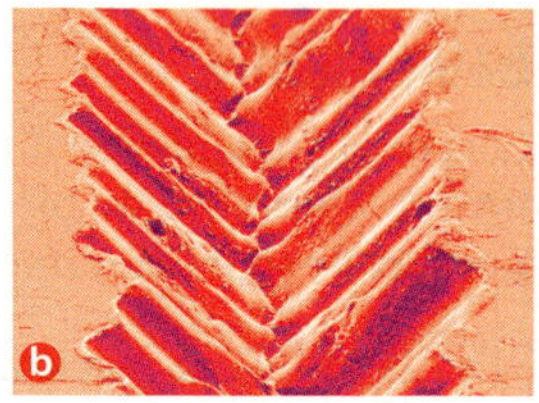

ⓑ

1. a. Associer à chaque photographie l'objet (disque microsillon ou CD) qui lui correspond.
b. Au niveau de l'aspect, quel critère permet de les différencier sans aucun doute possible ?

2. B2i À l'aide d'une recherche, éventuellement sur Internet, expliquer brièvement comment sont générés les signaux à partir de ces deux supports.

7 L'orgue de Barbarie

Un orgue de Barbarie est un instrument de musique. La « partition » se glisse dans l'orgue et est entraînée par le joueur grâce à une manivelle. À l'intérieur de l'appareil, un mécanisme se déclenche à chaque passage d'un trou de la partition. Ce mécanisme permet alors l'ouverture d'un tuyau d'orgue dans lequel l'air, propulsé par un soufflet, s'engouffre, produisant ainsi un son.

1. Quel est le point commun entre une partition d'orgue de Barbarie et un CD audio ?

2. L'orgue de Barbarie est-il un instrument de musique numérique ?

8 La mire de la télévision

Dans un téléviseur, l'intensité lumineuse d'un point de l'écran est directement proportionnelle à l'amplitude du signal électrique envoyé à l'écran. Un technicien visualise à l'oscilloscope un signal vidéo de « mire » sur l'écran du téléviseur, c'est-à-dire une alternance de bandes verticales noires et blanches (trois bandes noires et quatre bandes blanches en tout) d'égale largeur.

1. Représenter le signal électrique envoyé à l'écran pour réaliser une ligne de cette figure à l'écran.

2. Le téléviseur étudié par le technicien est-il nécessairement un téléviseur numérique ? Justifier en argumentant.

Compétence 2

› Comprendre le principe de numérisation d'un signal

Donnée. *Quantité de nombres binaires (résolution) : $R = 2^k$, où k est le nombre de bits utilisés.*

9 **VRAI ou FAUX ?**

Corriger, si nécessaire, les affirmations suivantes.

Lors de la numérisation d'un signal analogique :

❶ la valeur de la fréquence d'échantillonnage n'a aucune influence sur la précision de la numérisation ;

❷ plus le nombre de bits utilisés est grand, plus la résolution est grande ;

❸ si l'on veut un maximum de précision, la période d'échantillonnage devra être la plus grande possible.

10 **QCM**

Indiquer la (les) réponse(s) correcte(s).

❶ Quantifier une tension, c'est :
- a relever une valeur de tension à intervalle de temps régulier ;
- b exprimer la valeur de cette tension, en volt ;
- c associer un nombre binaire à cette tension ;
- d prendre une certaine quantité de cette tension.

❷ Avec 16 bits de quantification, le nombre de valeurs binaires différentes que l'on peut écrire est :
- a 16 ;
- b 65 536 ;
- c 256 ;
- d $1{,}845 \times 10^{19}$.

❸ Avec une fréquence d'échantillonnage de 2,00 kHz, on peut quantifier une valeur de tension toutes les :
- a $5{,}00 \times 10^{-3}$ ms ;
- b 0,500 ms ;
- c $5{,}00 \times 10^{-4}$ s ;
- d $5{,}00 \times 10^{-3}$ s.

11 Pour garder la forme

Un signal triangulaire (signal périodique en « dents de scie ») de 10 kHz est échantillonné à 50 kHz.

1. Représenter le signal échantillonné.

2. Si l'on cherche à recomposer le signal à partir de cet échantillonnage, retrouve-t-on la forme du signal d'origine ?

3. Comment faudrait-il modifier la fréquence d'échantillonnage pour espérer retrouver la forme du signal ?

12 Petits pas par petits pas

On cherche à coder une tension sous forme binaire par quantification. Cette tension se trouve dans un intervalle compris entre 0 et 8 V. On utilise un codage sur 4 bits.

1. Combien de nombres binaires différents peut-on écrire avec 4 bits ?

2. Quelle est la valeur du pas de quantification ?

3. Une fois le signal recomposé à partir de sa version numérique, que deviennent les valeurs de tension suivantes ?
a. 3,10 V ; **b.** 5,05 V ; **c.** 6,88 V.

4. Calculer l'erreur relative commise lors de la numérisation d'une tension de 8,0 V. Cette valeur dépend-elle de l'intervalle de tension choisi ?

13 Numérisation du la_3

La note la_3, de fréquence 440 Hz, a été numérisée (courbe rouge). Le signal reconstruit à partir de sa version numérique a été tracé en bleu.

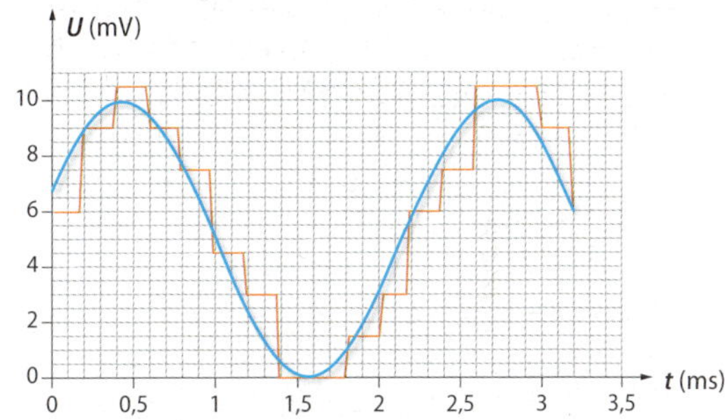

1. À partir du graphique, retrouver :
a. le pas de quantification ;
b. la fréquence d'échantillonnage ;
c. la résolution de quantification.

2. En déduire le nombre de bits de quantification.

3. Lequel de ces codages binaires correspond au signal numérique entre $t = 2{,}0$ ms et $t = 2{,}2$ ms :
a. 010 ? **b.** 011 ? **c.** 100 ?

14 Numérisation « à la main »

On cherche à numériser le signal analogique ci-dessous.

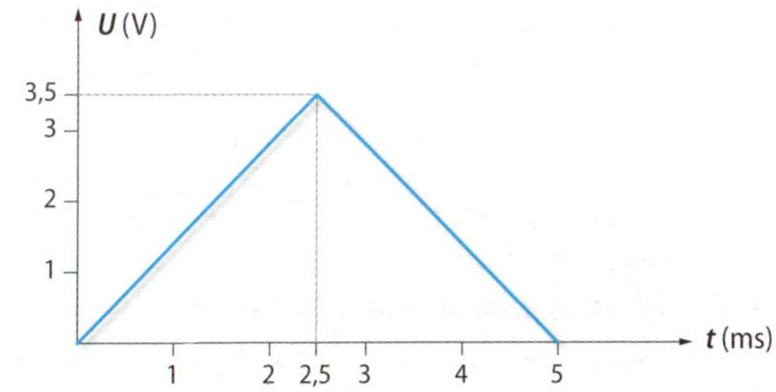

1. Reproduire ce signal. On prendra 1 cm pour 0,5 V verticalement et 1 cm pour 0,5 ms horizontalement.

2. Construire, sur le même graphique, le signal numérique recomposé si les paramètres de numérisation sont les suivants.
a. Fréquence d'échantillonnage : 1,00 kHz ; quantification sur 2 bits de 0 à + 4 V.
b. Fréquence d'échantillonnage : 2,00 kHz ; quantification sur 3 bits de 0 à + 4 V.

3. a. Lequel des deux signaux numériques recomposés est le plus fidèle au signal d'origine ?
b. Pourquoi pouvait-on s'y attendre ?

Compétence 3

> ***Caractériser une transmission par son débit binaire***

Donnée. *Un octet, de symbole o, correspond à 8 bits.*

15 VRAI ou FAUX ?

Corriger, si nécessaire, les affirmations suivantes.

❶ Le débit binaire n'influence pas la qualité d'un signal audio numérisé non compressé.

❷ Pour une même quantité de bits de quantification, plus la fréquence d'échantillonnage est grande et plus le débit binaire est important.

❸ Pour une même fréquence d'échantillonnage, plus la résolution est petite et plus le débit binaire est grand.

EXERCICE **RÉSOLU**

16 Encodage MP3

Dans un souci de gain de place, les morceaux d'un CD peuvent être compressés au format MP3. On peut ainsi obtenir, par exemple, des fichiers prenant 4,41 ; 7,35 ou bien encore 11,025 fois moins de place qu'un fichier audio issu d'un CD.

1. Sachant que, dans le cas d'un taux de compression maximal, le fichier MP3 d'une chanson de 5 min 20 s occupe 5,12 Mo, retrouver le débit binaire de cette compression.

2. En déduire le débit binaire d'une musique sur CD audio, puis celui des autres compressions.

3. MP3 est un mode de compression destructive. Qu'est-ce que cela signifie ?

Aides et méthodes

1 et 2. Le débit binaire d'un fichier musical MP3 correspond au nombre de bits nécessaires pour restituer une seconde de musique.

Solution

1. 5,12 Mo $= 5{,}12 \times 10^6$ o, ce qui correspond à un nombre de bits $N = 5{,}12 \times 10^6 \times 8 = 4{,}096 \times 10^7$ bits.
Par ailleurs, 5 min 20 s = 320 s.
On a donc un débit binaire :
$D_1 = 4{,}096 \times 10^7/320 = 128 \text{ kbit} \cdot \text{s}^{-1}$.

2. Il s'agit du taux de compression maximal (11,025).
Pour une musique issue d'un CD :
$D_0 = 11{,}025 \times 128 = 1{,}411\,2 \times 10^7 \text{ bit} \cdot \text{s}^{-1}$.
Les autres débits proposés sont :
$D_2 = 1{,}411\,2 \times 10^7/4{,}41 = 320 \text{ kbit} \cdot \text{s}^{-1}$
et $D_3 = 1{,}411\,2 \times 10^7/7{,}35 = 192 \text{ kbit} \cdot \text{s}^{-1}$

3. Cela signifie qu'une musique encodée en MP3 est de moins bonne qualité que celle du CD audio. Mais plus son débit binaire est élevé, plus elle se rapproche de la qualité du CD.

17 Problème de débit sur une vidéo

Certains sites proposent des vidéos en « streaming » : les vidéos sont lues en direct sans qu'il y ait besoin de les télécharger intégralement auparavant.

On considère une vidéo dont le débit binaire de transmission est de 1 200 kbit · s⁻¹.

1. Quel devra être le débit binaire minimal de la connexion Internet pour que la vidéo soit lue correctement ?

2. Que se passe-t-il si le débit moyen de la connexion Internet est plus faible ?

3. Avant le démarrage de la lecture vidéo, quelques secondes sont mises en mémoire sur l'ordinateur connecté.
a. Cela résout-il le problème du débit moyen trop faible ?
b. Le débit binaire d'une connexion Internet n'est jamais constant. En déduire l'utilité de cette fonction.

18 USB flash drive test

Most current day flash drives use an USB 2.0 interface. The bit rate of this interface can reach 480 Mbit · s^{-1}.

Two USB flash drives are compared: a 3.70 GB file is written on each drive. It takes respectively 3 min 30 s and 8 min 37 s.

1. What is the mean bit rate of each drive?

2. How long would it have taken using the USB 2.0 interface full bit rate?

19 Le CD

La musique sur un CD audio est échantillonnée à 44,1 kHz sur 16 bits par canal. Un son stéréo nécessite 2 canaux.

1. Calculer le débit binaire du CD audio.

2. Sachant que le CD audio a été initialement créé pour pouvoir enregistrer 74 minutes de musique, calculer la capacité d'un CD en bits.

Lorsqu'il est utilisé pour enregistrer des données (CD-ROM), certains bits du CD sont utilisés pour la vérification de l'écriture. Ainsi, sur un bloc de 147 bits qui seraient utilisés pour la musique, seuls 128 contiendront réellement des données.

3. a. En déduire le nombre de bits de données que peut contenir un CD.
b. 1 Kio (kibioctet) équivaut à 1 024 octets et 1 Mio (mibioctet) à 1 024 Kio. En déduire la capacité d'un CD de données en mibioctet.

4. La notation « × » (« 40 × » ou « 52 × », par exemple) en lecture qui apparaît sur les lecteurs de CD-ROM est relative au débit de base : 150 Kio · s^{-1}. Retrouver cette valeur.

Exercices de synthèse

Pour préparer le BAC

Donnée. *Quantité de nombres binaires (résolution) : $R = 2^k$, où k est le nombre de bits utilisés.*

20 Débit binaire imposé

Les sons émis par la voix humaine ont des fréquences comprises généralement entre 100 Hz et 3 kHz. Un microphone permet de transformer la voix en un signal électrique analogique dont la tension est comprise entre 0 et 1,0 V.

On considère un système de transmission de la voix imposant un débit binaire maximal de 72 kbit · s^{-1}.

1. a. Le critère de Shannon impose que la fréquence d'échantillonnage soit au moins égale au double de la fréquence du signal à échantillonner.

En déduire la valeur limite $f_{e\,lim}$ de la fréquence d'échantillonnage d'un son émis par la voix.

b. Est-il préférable de choisir une fréquence d'échantillonnage supérieure ou inférieure à $f_{e\,lim}$?

2. a. Le pas de quantification, autrement dit l'intervalle de tension qui existe entre deux valeurs numériques successives, doit être plus petit que 1,0 mV. Quel est alors le nombre minimal de bits nécessaire ?

b. Le débit binaire imposé sera-t-il suffisant ?

c. Si l'on utilise le débit maximal sans changer la résolution, quelle sera la fréquence d'échantillonnage du signal ?

21 Transmission d'une commande analogique

Une commande doit être numérisée puis transmise à un robot. La commande est représentée par une valeur de tension comprise entre 0 V et 6 V. Le pas de quantification est de 400 mV. Chaque commande doit être transmise en moins de 1,00 ms au robot.

1. Combien de commandes différentes peuvent être envoyées au robot ?

2. Combien de bits de quantification permettent d'obtenir ce nombre de commandes ?

3. Quel devra être le débit binaire minimal de la transmission ?

22 L'« ancêtre » d'Internet : le Minitel

Le Minitel, qui a fonctionné en France entre septembre 1982 et juin 2012, permettait d'afficher essentiellement des pages de texte. L'écran comportait 25 lignes pouvant contenir 40 caractères. Chaque caractère était codé sur 10 bits. Le débit proposé était de 1 200 bits · s^{-1}.

1. Combien pouvait-on écrire de caractères différents ?

2. Quelle était la fréquence d'envoi des caractères ?

3. Combien de temps fallait-il pour qu'une page remplie entièrement de texte s'affiche ?

23 Les bits de parité

Lors de la numérisation d'un signal analogique, on ajoute souvent des bits dits « de parité », qui servent uniquement à déceler des erreurs dans les données binaires. On considère un signal de commande d'automatisme issu du port série d'un ordinateur, codé sur 6 bits. Le débit binaire des données est de 9 600 bit · s^{-1}.

1. Quel doit être le débit réel du port lorsqu'on rajoute 1 bit de parité ?

2. Quelle est la fréquence d'échantillonnage du signal transmis ?

3. Combien de commandes pourront être transmises en une seconde ?

24 B2i Signal « RDS »

Les radios françaises dites FM proposent depuis 1987 un complément de données numérique transmis en même temps que le programme audio, appelé RDS (*Radio Data System*).

1. B2i En effectuant une recherche sur Internet, indiquer quelles informations peut contenir le signal RDS.

Un signal FM est récupéré. Les deux signaux analogiques (émission de radio mono et stéréo) et le signal numérique (RDS) sont séparés. On obtient les trois signaux suivants, qui ont été modulés pour faciliter leur transport.

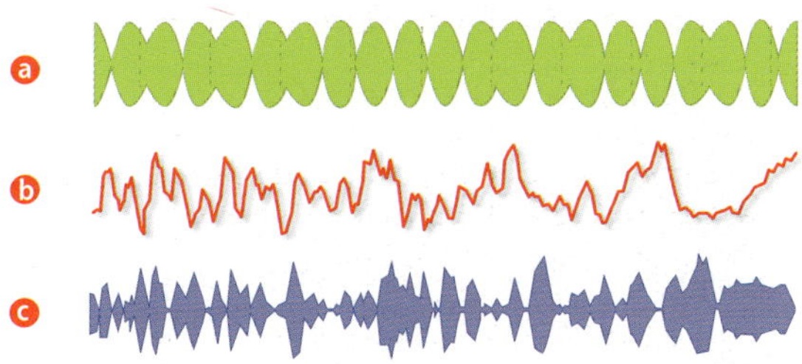

2. Lequel de ces signaux est le plus susceptible d'être un signal RDS ? Justifier.

Le débit binaire du signal RDS est de 1 187,5 bit · s^{-1}. Les bits sont envoyés par blocs de 104 bits. Chaque bloc contient 4 trames identiques de 26 bits, dont 16 seulement correspondent aux données.

3. Quel est le débit binaire réel des données ?

4. Combien de valeurs différentes peut prendre une trame de données ?

25 Encodage d'une vidéo sur un DVD

Une vidéo est décomposée en 3 signaux analogiques : un pour la luminance (noté Y) et 2 pour la chrominance (notés U et V). Y est échantillonné à une fréquence de 13,5 MHz et U et V à 6,75 MHz chacun. Chaque signal est quantifié sur 10 bits.

1. B2i À l'aide d'une recherche sur Internet, rechercher ce que signifient les termes « chrominance » et « luminance »

2. a. Combien de niveaux de tension différents peuvent être quantifiés sur 10 bits ?
b. Calculer le débit binaire total d'une vidéo.
c. Le débit binaire maximal des données audio et vidéo d'un DVD est de 9,8 $\text{Mbit} \cdot \text{s}^{-1}$. Cette valeur est-elle compatible avec celle calculée à la question précédente ?

3. a. Peut-on atteindre un débit raisonnable en diminuant simplement le nombre de bits de codage ?
b. La méthode de compression MPEG-2, employée dans le codage des vidéos sur DVD, utilise le fait que nombreuses données se répètent (dans une même image ou d'une image à l'autre).

Quel doit être le facteur de compression minimal lors de l'encodage d'une vidéo sur un support DVD ?

26 ★ Real data structure of a CD

The smallest entity of data on a CD is called a frame, which consists of 33 bytes (1 byte = 8 bits) and contains 24 byte stereo samples.

The other 9 bytes consist of 8 CIRC error-correction bytes and 1 subcode byte, used for control and display.

Each byte is translated into a 17-bit word. Thus, in total, there are $33 \times 17 = 561$ bits. A 27-bit unique synchronization word is added per frame. Each sector contains 98 frames.

The CD is played at a speed of 75 sectors per second.

1. a. How many bytes are there in 1 sector?
b. How many bytes of music are there in 1 sector?

2. a. What is the bit rate?
b. What is the music data bit rate?

3. The sampling frequency on a CD is 44,100 Hz per channel (stereo). How many quantification bits are there?

27 ★★ Convertisseur simple rampe

Il existe de nombreuses méthodes pour quantifier une tension à l'aide d'un convertisseur analogique-numérique. L'une d'entre elles utilise un compteur binaire, qui permet de générer une tension par pas (rampe de tension). Il suffit alors de lire la valeur du compteur quand la tension générée est égale ou supérieure à la tension à quantifier.

1. Représenter l'allure de la tension générée par un compteur binaire.

2. Quels sont les points communs et les différences entre cette méthode et celle vue à l'activité 2 de cette séquence ?

3. Le compteur est cadencé à une fréquence de 1,00 MHz.
a. Si la quantification s'effectue sur 8 bits, combien de temps faudra-t-il pour compter toutes les valeurs ?
b. Quelle sera alors la fréquence d'échantillonnage maximale possible et que vaudra le débit binaire ?
c. Mêmes questions avec une quantification sur 16 bits.
d. Ce mode de conversion est en réalité peu utilisé. Pourquoi ?

En route vers le Supérieur

28 ★★ Le SACD

Le Super Audio CD (SACD) utilise une technique de numérisation particulière : chaque canal est codé sur 1 bit avec une fréquence d'échantillonnage de $2{,}82 \times 10^6$ Hz (on parle alors de « suréchantillonnage »).

1. Calculer le débit binaire d'un canal du SACD.

2. Par comparaison, le codage d'un canal d'un CD audio normal se fait avec une fréquence d'échantillonnage 64 fois plus faible, mais avec 16 fois plus de bits.

En déduire le rapport entre le débit binaire du SACD et celui du CD.

3. Le codage du SACD repose sur le principe d'un convertisseur de type « delta » : à chaque période d'échantillonnage T, le signal analogique a est comparé à un signal de référence A. Si $A < a$, alors A est augmenté d'une valeur Δ et cela correspond à « 1 », sinon A est diminué de Δ et cela correspond à « 0 » (schéma ci-dessous).

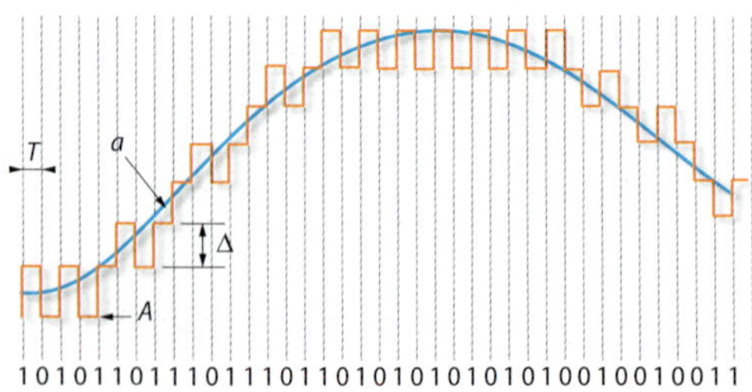

a. Dans ce procédé, le pas de quantification Δ est-il lié au nombre de bits de quantification ?
b. Dans la pratique, il est nécessaire que le produit de la fréquence d'échantillonnage f_e par Δ soit supérieur à l'amplitude du signal. Monter que cette condition permet une résolution théorique environ équivalente à 21 bits de quantification.

Pour préparer le BAC

Les compétences évaluées
- Reconnaître des signaux analogiques et numériques.
- Comprendre le principe de numérisation d'un signal.
- Caractériser une transmission numérique par son débit binaire.

Énoncé type

Évolution de la téléphonie mobile

Née en 1986, la téléphonie mobile en France a connu de nombreuses évolutions depuis l'utilisation du premier réseau numérique de transmission, apparu en 1992, le réseau GSM. Le débit binaire de ce dernier était de 9,6 kbit · s^{-1}, ce qui permettait alors un transport de la voix de bonne qualité. En 2001, une première amélioration amena le débit maximum à 170 kbit · s^{-1}, permettant également le transfert de données. L'arrivée en 2004 de la « 3G » (troisième génération) permit des débits moyens de 384 kbit · s^{-1} et maximaux de 2 Mbit · s^{-1}. La visiophonie fit alors son apparition sur les téléphones portables de l'époque.
Le débit s'améliora encore avec l'arrivée, en 2006, de la norme 3G+ (aussi appelée HSDPA). Il put alors atteindre 14,4 Mbit · s^{-1}, permettant enfin de naviguer sur Internet à une vitesse convenable.

Données. *Gamme de fréquences de la voix humaine : de 100 Hz à 3,5 kHz.*
Un octet (noté o) correspond à 8 bits.

1. a. Les signaux transmis sur les réseaux de téléphone mobile ont-ils toujours été de type numérique ?

b. En quoi consiste un signal « numérique » ?

c. Citer un avantage du transport sous forme numérisée d'un signal.

2. a. Pour qu'un signal d'une certaine fréquence f soit correctement restitué après numérisation, il doit être échantillonné à une fréquence au moins égale à $2f$. Quelle est la fréquence d'échantillonnage minimale d'un signal vocal ?

b. En déduire le nombre maximum de bits utilisés avec le débit GSM.

c. Combien de valeurs différentes de tension peuvent alors être codées ? En déduire pourquoi le signal est forcément compressé.

d. Le débit proposé en 2001 permettait-il de transmettre la voix sans compression ? Justifier.

3. Une page Internet contient environ 300 Ko de données.

a. En combien de temps se charge-t-elle avec le débit de la norme 3G+ ?

b. Combien de temps aurait-il fallu, en moyenne, avec la norme 3G ?

➤ Coups de pouce

1. c. Lors d'une transmission, les bruits électromagnétiques peuvent perturber et déformer le signal.

2. a. Retrouver dans les données la fréquence maximale produite par la voix.

b. Utiliser la formule qui lie débit binaire, fréquence d'échantillonnage et nombre de bits de quantification.

d. Reprendre la démarche des questions **b** et **c**.

EXEMPLE DE **RÉSOLUTION**

1. a. La transmission numérique n'étant apparue qu'en 1992, on peut supposer qu'elle était **analogique** entre 1986 et 1992.

b. Un signal numérique est un **signal constitué de « 0 » et de « 1 »**, représentés respectivement par une tension nulle et une tension de référence.

c. L'un des avantages qui nous intéressent ici est qu'un signal numérique est **peu sensible aux « bruits »** (perturbations électromagnétiques) lors de son transport.

2. a. La voix correspond à des fréquences allant jusqu'à 3,5 kHz environ. Ainsi, la fréquence d'échantillonnage minimale est $\mathbf{f_e = 2 \times 3,5 = 7,0\ kHz}$.

b. On note k le nombre de bits utilisés. Le débit GSM est $D = 9,6$ kbit · s^{-1}. $D = k \cdot f_e$, donc $k = D/f_e$.

A.N. : $\boxed{k = 9,6/7,0 = 1,4 = 1\ \text{bit}}$

c. Sur 1 bit, on ne peut coder que 2 valeurs différentes de tension : il est impossible d'avoir un résultat satisfaisant avec **aussi peu de précision.** Il devient alors nécessaire de compresser le signal pour gagner des bits.

d. Avec un débit de 170 kbit · s^{-1}, en utilisant le même raisonnement que précédemment, on trouve :

$$\boxed{k' = 170/7,0 = 24,28 = 24\ \text{bits}}$$

Ce nombre permet de quantifier $2^{24} = 1,68 \times 10^7$ valeurs différentes, ce qui rend cette étape extrêmement précise. Si ce débit était uniquement utilisé pour transmettre la voix, la qualité serait excellente, sans compression.

3. a. Un octet comporte 8 bits.
Il faut donc charger $N = 300 \times 10^3 \times 8 = 2,4 \times 10^6$ bits pour une page. Si le débit est $D = 14,4$ Mbit · s^{-1}, la durée Δt correspondant à la charge d'une page sera : $\Delta t = N/D$.

A.N. : $\Delta t = 2,40 \times 10^6/(1,44 \times 10^7) = 0,167$ s.

$$\boxed{\Delta t = 1,67 \times 10^2\ \text{ms}}$$

b. Soit D' le débit de la norme 3G. La durée correspondant à la charge d'une page est $\Delta t' = N/D'$.

$\Delta t' = 2,40 \times 10^6/(3,84 \times 10^5)$

$$\boxed{\Delta t' = 6,25\ \text{s}}$$

Avant d'aborder la séquence 7

Évaluation diagnostique

Pour chaque situation présentée, proposer une réponse en argumentant.

Situation 1

Pour vérifier l'indispensable

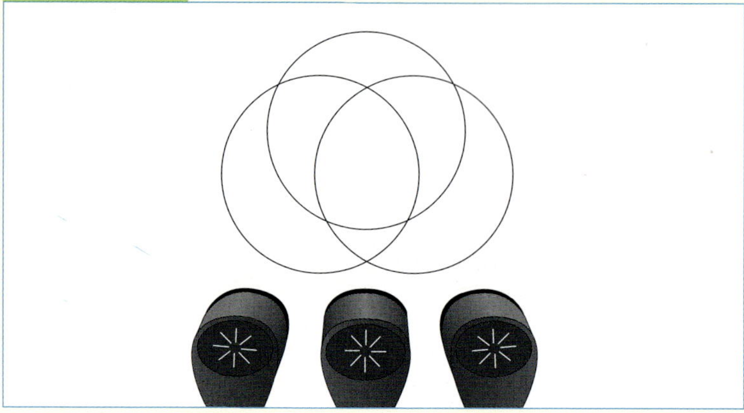

La synthèse additive des couleurs est l'addition de lumières colorées.

Reproduire et compléter la rosace résumant la synthèse additive des couleurs, en précisant les couleurs primaires, secondaires et la couleur de la partie centrale.

Activité 1, p. 536

Situation 2

Pour amorcer la réflexion

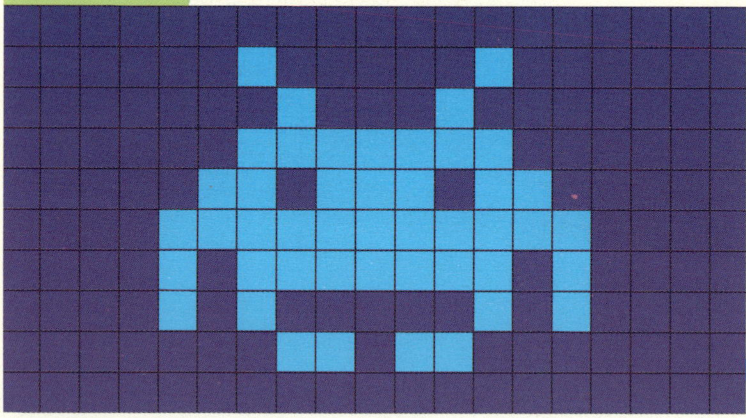

Space Invaders est l'un des premiers jeux vidéo. Le joueur devait combattre des aliens, dont voici une représentation.

Comment appelle-t-on généralement les cases de cette image numérique ? Que peut-on dire de la qualité de cette image ?

Activité 1, p. 536

Situation 3

Pour amorcer la réflexion

Le disque Blu-ray est un support de stockage lancé en France en 2007. Il succède au DVD.

Quelle(s) différence(s) existe-t-il entre le disque Blu-ray et le DVD ?

Activité 3, p. 538

Images numériques et stockage optique

Les CD, DVD et disques Blu-ray sont les supports du stockage optique des images et du son numériques.

Les acquis des classes précédentes

- Des lumières de couleurs **rouge**, **bleue**, et **verte** permettent de reconstituer des lumières colorées par synthèse additive.
- La lumière d'une **source monochromatique** ne peut pas être décomposée par un système dispersif. Elle est caractérisée par sa longueur d'onde dans le vide, notée λ.

Les compétences à acquérir

1. **Caractériser** une image numérique.
2. **Expliquer** le principe de lecture d'un disque optique.
3. **Comprendre** la capacité de stockage.

→ **Culture scientifique**
CD, DVD et disques Blu-ray

Activité 1

TP Activité expérimentale

Compétences expérimentales évaluées
- S'approprier un montage expérimental.
- Analyser un résultat expérimental.

Images numériques

Les images numériques font désormais partie de notre quotidien. Comment les caractériser ?

1 Caractéristiques d'une image numérique

Principe

Depuis l'apparition des premiers appareils photographiques numériques et le développement des logiciels de traitement d'images dans les années 1980-1990, les images numériques **(Fig. 1)** sont devenues incontournables. On appelle image numérique une image acquise, créée, traitée et/ou stockée sous forme binaire. À l'aide d'un logiciel, il est possible de déterminer les caractéristiques d'une telle image.

Fig. 1 Un appareil photo numérique.

Mise en œuvre au laboratoire

Matériel
- webcam ou appareil photographique numérique • ordinateur • logiciel de traitement d'images Paint

1 Citer deux types d'images numériques.

- Prendre une photographie numérique, puis la transférer sur un ordinateur. Ouvrir l'image dans le logiciel Paint. On pourra s'aider de la *fiche pratique 6, p. 582*.
- Noter les propriétés de l'image indiquées.
- Agrandir l'image au maximum.
- Noter les observations qu'il est possible de faire.
- Ouvrir la palette de couleurs.

2 **a.** À partir de quelles couleurs, dites « primaires », sont créées toutes les nuances de la palette ?

b. Des nombres sont associés à chacune de ces couleurs. Quelle la valeur maximale ? minimale ?

c. Choisir une des couleurs de la photographie, puis la reproduire à l'aide de la palette. Relever alors les nombres associés à chaque couleur primaire.

Exploitation

Une image numérique est subdivisée en pixels. Le nombre de pixels qui constituent l'image est appelé « définition de l'image ».

3 Déterminer la définition de l'image numérique étudiée.

4 Rechercher ce qu'on appelle une image pixelisée. Comment obtient-on une telle image ?

Chaque pixel est associé à un nombre binaire qui code sa couleur. On parle de codage couleur « 24 bits » lorsque chaque couleur primaire est représentée par un octet (nombre binaire constitué de 8 bits).

Pour n bits, il y a 2^n nombres binaires possibles.

5 Déterminer combien de nombres binaires possibles sont associés à chaque couleur primaires pour créer la couleur d'un pixel. Expliquer la réponse à la question **2.b**.

Pour conclure

6 Expliquer pourquoi l'on dit que l'on peut associer un tableau de nombres à une image numérique.

2 Principe d'acquisition d'une image numérique

Principe

Sur un appareil photographique numérique, l'image se forme sur un capteur. Les capteurs n'étant pas sensibles à la couleur, ils sont recouverts de filtres colorés.

Mise en œuvre au laboratoire

Matériel
- webcam ou appareil photographique numérique • filtres colorés • logiciel de traitement d'images PhotoFiltre

- Prendre la photographie d'une même scène en plaçant successivement les différents filtres colorés.
- À l'aide du logiciel, superposer les images obtenues de manière à retrouver les couleurs d'origine de la scène.

1 À partir de quelles photographies a-t-on réussi à retrouver les couleurs de la scène ?

Pour conclure

2 **a.** Quels filtres recouvrent les capteurs d'un appareil photographique numérique pour enregistrer les couleurs ?

b. En s'aidant de la partie 1, expliquer l'appellation « codage RVB » pour coder les couleurs des images numériques.

Activité 2

Activité documentaire

Animation

Lecture optique d'un CD

Le phénomène d'interférences est exploité pour la lecture d'un disque optique.

Compétences scientifiques évaluées
- Extraire une information utile.
- Identifier les paramètres jouant un rôle dans un phénomène physique.

Étude de documents

Structure du disque compact

Dans les années 1950, les disques vinyles prennent leur essor : sur ce type de support, le son est enregistré sous forme analogique et restitué par une aiguille qui frotte sur le disque. L'usure des disques et l'avènement du numérique et du laser conduisent à l'invention du disque compact (CD, pour *Compact Disc*), lancé en 1982 par les sociétés Philips et Sony.

Le terme de « compact » ne doit rien au hasard : on peut en effet stocker 74 minutes de données audio, ou 700 Mo de données informatiques, sur une galette de 12 cm de diamètre et de 1,2 cm d'épaisseur, contre 40 minutes de musique par face sur un disque vinyle de 30 cm de diamètre.

Un CD est constitué d'une rondelle de plastique, sur laquelle sont gravés par pressage des creux disposés sur une piste en spirale, recouverte ensuite d'une fine couche métallique réfléchissante **(Fig. 1)**.

La succession de creux (ou *pits*) et plats (ou *lands*) matérialise le codage numérique des données, autrement dit la succession de « 0 » et de « 1 » qui correspondent aux données numérisées.

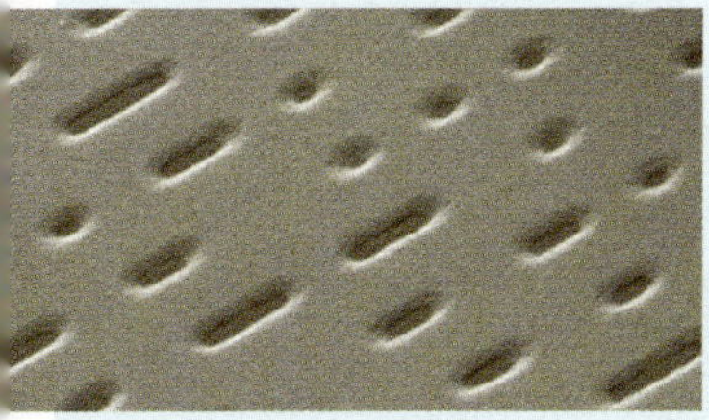

Fig. 1 Observation d'un CD au microscope électronique.

Principe de lecture du disque compact

Contrairement à ce que l'on peut penser, les creux et les plats ne correspondent pas exactement aux « 0 » et aux « 1 » du langage binaire. Pour comprendre comment restituer le langage binaire à partir des creux et des plats, il faut analyser le principe de lecture du disque.

Un lecteur CD est constitué d'un faisceau laser qui balaye le disque. Ce faisceau laser est réfléchi par la couche métallique recouvrant les pistes. S'il reste sur un plat ou un creux, le faisceau incident est réfléchi. S'il passe maintenant du plat au creux, une partie du faisceau est réfléchie par le plat et une autre est réfléchie par le creux **(Fig. 2 a)**. La profondeur des creux est telle que ces deux faisceaux réfléchis sont en opposition de phase et interfèrent de manière destructive **(Fig. 2 b)**. Tant que l'intensité de la lumière réfléchie ne change pas (sur un plat ou un creux), cela correspond à un « 0 ». Lorsque la lumière frappe le bord d'une zone creuse (au début ou à la fin de celle-ci), il y a interférence destructive et l'intensité du faisceau réfléchi diminue : cela correspond à un « 1 ».

Une photodiode capte alors les variations de lumière, puis les transforme en un signal électrique numérique, qui est ensuite converti en analogique et amplifié.

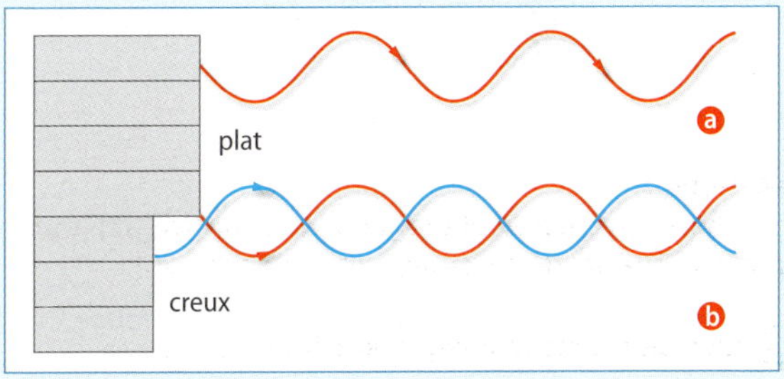

Fig. 2 Principe de la lecture optique d'un CD.

Pistes de réflexion

1 **a.** Relever les caractéristiques du CD citées dans le texte.
b. Sous quelle forme est codée l'information sur un CD ?

2 Quels phénomènes optiques sont exploités dans la lecture optique du CD ?

3 **a.** Donner les conditions d'interférences constructives et destructives.
b. Indiquer quel type d'interférences est exploité dans la lecture optique. Entre quels faisceaux se produit-il ?
c. Pour un laser utilisé de longueur d'onde λ, la profondeur d'un creux est de $\lambda/4$. Quelle sera la différence de distance parcourue entre l'onde réfléchie par le creux et celle réfléchie par le plat ? Est-ce cohérent avec la réponse précédente ?

Pour conclure

4 Pourquoi le CD est-il qualifié de « disque optique » ?

5 En expliquant comment les interférences permettent de retrouver le langage binaire inscrit sur le CD, reproduire et compléter le codage binaire de la figure ci-dessous.

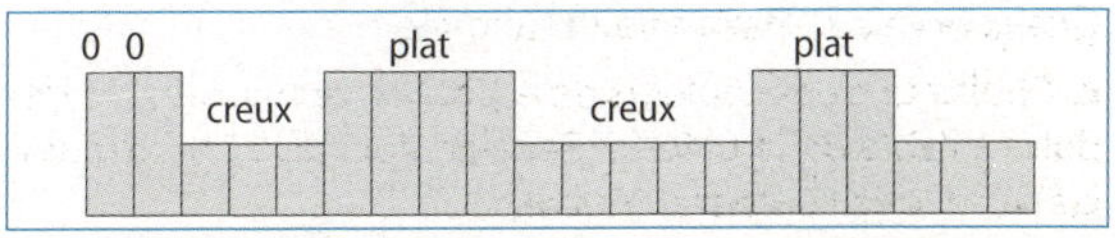

Activité 3

Démarche d'investigation

Compétences scientifiques évaluées
- Valider ou invalider des hypothèses.
- Identifier les paramètres jouant un rôle dans un phénomène physique.

Capacité de stockage

La capacité de stockage d'un disque Blu-ray est 5 fois plus importante que celle d'un DVD, pourtant de même format.

Pour commencer (situation déclenchante)

Sur un disque optique, les informations sont codées en langage binaire et matérialisées par une succession de creux et de plats, inscrits au moyen d'un laser sur une piste disposée en spirale.

Pour augmenter la capacité de stockage tout en conservant le même format, il faut que les inscriptions soient plus fines et plus rapprochées. Cela a été rendu possible en remplaçant le laser rouge, utilisé pour l'écriture et la lecture des DVD, par le laser bleu du Blu-ray, à l'origine de son nom (Fig. 1).

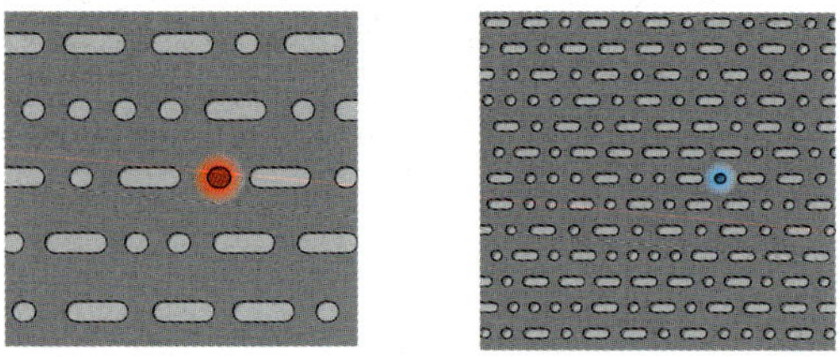

Fig. 1 ⓐ : faisceau laser rouge sur un DVD et ⓑ : faisceau laser bleu sur un Blu-ray, à la même échelle.

Investigation

Pourquoi le laser bleu permet-il d'écrire et de lire des inscriptions plus fines que le laser rouge ?

Quelques idées (hypothèses)

– Valentin : « *On voit sur le schéma que la tache bleue est plus petite que la rouge !* »

– Yasmine : « *Ce qui change entre les lasers bleu et rouge, c'est la longueur d'onde !* »

– Esteban : « *Le laser utilisé pour le Blu-ray doit être plus fin.* »

Étude de documents (recherche de validation)

Dans le domaine de l'approximation de l'optique géométrique, il est possible de concevoir des instruments, objectifs complexes ou simple lentille, dont le pouvoir de concentration de la lumière serait infini. Tel serait en effet le cas d'un objectif idéal, éclairé par un pinceau de lumière parallèle dont tous les rayons émergents convergeraient vers un point de dimension nulle, le foyer (Fig. 2 ⓐ). Ce n'est malheureusement pas ainsi que les choses se passent en pratique. Par suite de la nature ondulatoire de la lumière, la répartition de l'énergie dans le plan focal a l'allure d'une petite tache circulaire aux limites mal définies (Fig. 2 ⓒ) dont l'aspect général est représenté sur la figure 2 ⓑ. Cette tache est connue sous le nom de tache d'Airy ; son étalement est fonction à la fois de la longueur d'onde λ de la radiation utilisée et de l'ouverture numérique N de l'objectif. En l'absence de borne précise, on convient de limiter le diamètre utile de la tache d'Airy à celui de son premier anneau noir, dont l'expression est donnée dans la formule : $D = 1{,}22\ \lambda/N$.

Georges Broussaud, *Les Vidéodisques*, Masson-Armand Colin, 2005.

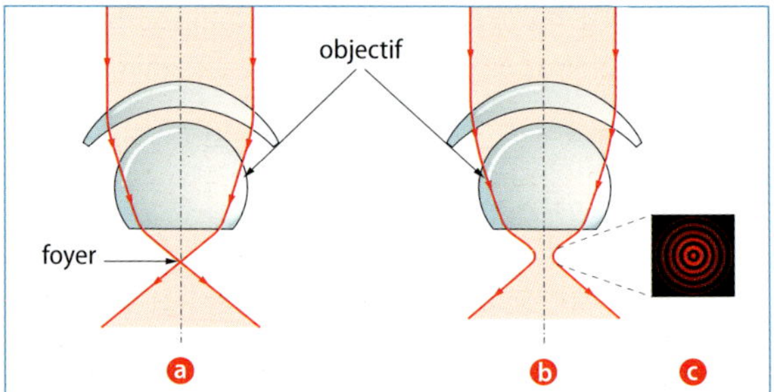

Fig. 2 Focalisation d'un faisceau laser. ⓐ : cas idéal, ⓑ : cas réel et ⓒ : figure obtenue dans le cas réel.

1 Une lentille est utilisée pour concentrer le faisceau laser lors de l'écriture et la lecture d'un disque.

a. Quel autre nom donne-t-on à la lentille dans le texte ?

b. Comment se nomme la grandeur qui la caractérise ?

2 Quel problème rencontre-t-on lorsqu'on cherche à concentrer le faisceau laser avec une lentille ?

3 À quel phénomène de nature ondulatoire font penser la figure 2 ⓒ et la formule du diamètre de la tache ?

4 Expliquer pourquoi, pour une même lentille, la tache obtenue avec un laser bleu est plus petite que celle obtenue avec un laser rouge.

Données. *Domaine de longueur d'onde de la lumière rouge : 647 à 750 nm ; de la lumière bleue : 424 à 491 nm.*

Pour conclure

5 **a.** Quel phénomène limite la capacité de stockage des disques optiques ?

b. De quels paramètres dépend-il ?

6 Expliquer le lien entre ce phénomène, la taille des creux gravés au laser et l'espacement des pistes pour la lecture optique.

7 On peut stocker moins d'informations sur un CD que sur un DVD. Que peut-on en conclure, pour une même lentille sur le laser utilisé pour la lecture des CD ?

1 Images numériques

› Activité 1

Définition

Une image numérique est une image acquise, créée, traitée et/ou stockée en langage binaire (succession de « 0 » et de « 1 »).

Exemple

Une image de synthèse créée sur logiciel, issue d'un appareil numérique ou publiée sur Internet, est une image numérique.

Pixels

Une image numérique est subdivisée en cases, appelées **pixels** (contraction de l'anglais *picture element*, qui signifie « élément d'image ») (Fig. 1 ⓐ).

Un pixel est le plus petit élément constitutif de l'image.
Une image est dite pixellisée si les pixels sont apparents.

Exemple

L'inscription « 4608 × 3456 » (ou « 16 MP ») pour des photographies numériques indique la définition de l'image, c'est-à-dire le nombre de pixels la composant. Elle signifie que l'image contient 4 608 pixels en largeur et 3 456 en hauteur, soit $4\,608 \times 3\,456 = 15{,}95 \times 10^6$ pixels $\simeq$ 16 mégapixels.

La qualité d'une image dépend de sa **résolution**, c'est-à-dire du nombre de pixels par unité de longueur. Plus ce nombre est élevé, moins l'image est pixellisée (Fig. 1 ⓐ et ⓑ).

Codage d'une image numérique

On associe à chaque pixel une série de **bits** (« 0 » ou « 1 »), c'est-à-dire un nombre binaire, qui codent les niveaux de gris ou les couleurs.

- Pour les **niveaux de gris**, le nombre binaire est associé à une des nuances d'une palette allant du blanc au noir.
- Pour les couleurs, un nombre binaire est associé à chaque nuance de rouge, de vert et de bleu, les couleurs primaires de la synthèse additive des couleurs. On parle alors de **codage RVB** (Fig. 2).

Exemple

Dans le codage RVB « 24 bits » (ou « couleurs vraies »), chaque couleur primaire est codée par un octet (paquet de 8 bits). Un pixel est donc codé par 3 octets. Il existe $2^8 = 256$ nombres binaires possibles, numérotés de 0 à 255, pour décrire chaque couleur. Il y a donc $256 \times 256 \times 256 \simeq$ 17 millions de couleurs possibles (Fig. 3).

Une image numérique est un tableau de nombres : chaque pixel est codé par un nombre binaire qui correspond à un niveau de gris, ou par trois nombres correspondant à une nuance de rouge, de vert et de bleu pour les couleurs (codage RVB).

Traiter une image numérique à l'aide d'un **logiciel** revient à modifier la valeur des nombres du tableau codant l'image.

➡ Exercices 1 à 5

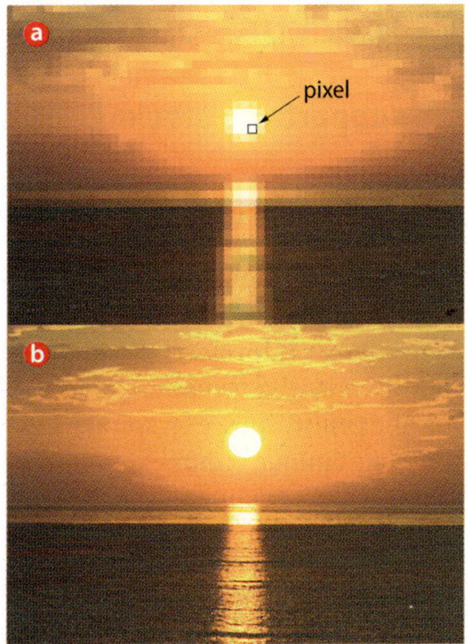

Fig. 1 Image pixellisée ⓐ et de bonne résolution ⓑ.

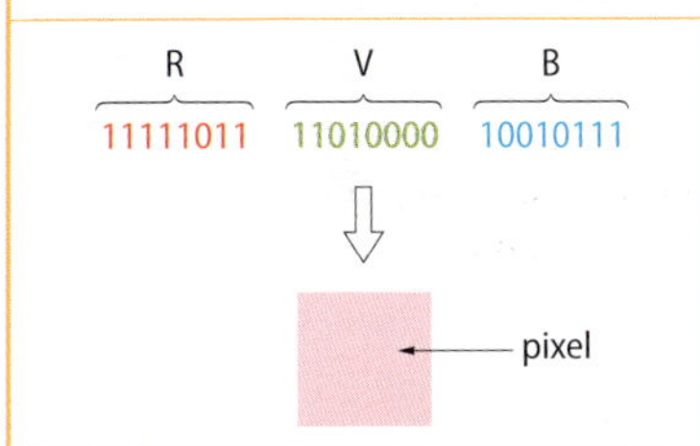

Fig. 2 Exemple de codage RVB d'une couleur.

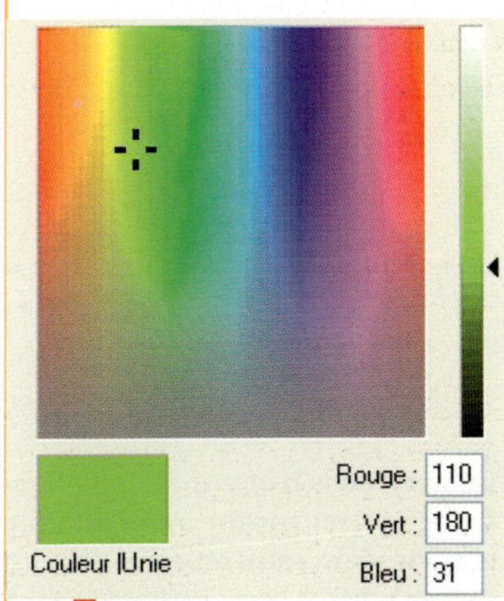

Fig. 3 Palette de couleurs d'un logiciel de traitement d'images.

2 Lecture optique

› Activités 2 et 3

• Les supports du stockage optique

On appelle stockage optique la technologie consistant à écrire et à lire des informations en utilisant des phénomènes optiques.

Les **disques optiques**, comme le CD (*Compact Disc*), le CD-ROM, le DVD (*Digital Versatile Disc*) ou le disque Blu-ray, sont les supports du stockage optique. Les informations (musique, vidéos, etc.) qu'ils contiennent sont codées en langage binaire, c'est-à-dire par une succession de bits, et inscrites sur une piste disposée en spirale. Les bits sont matérialisés de façon à créer un contraste optique : creux et plats pour les disques préenregistrés, zones opaques et transparentes pour les disques enregistrables.

Exemple

Lorsqu'on observe la structure d'un CD au microscope électronique, on distingue les creux et les plats gravés sur les pistes en spirale (Fig. 4). Leurs dimensions sont de l'ordre du micromètre.

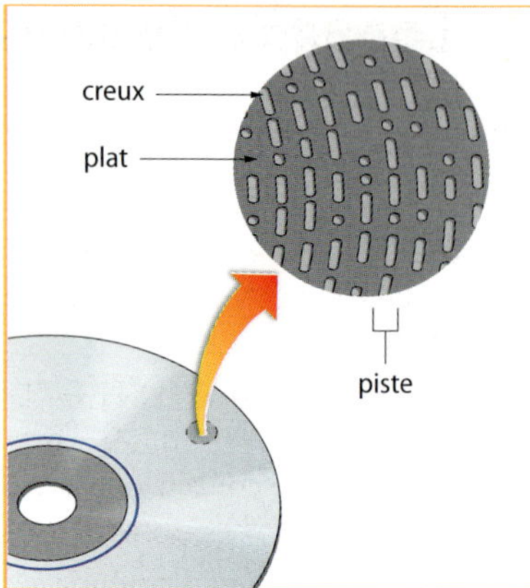

Fig. 4 Détail d'un CD.

• Lecture optique Animation

Pour lire l'information inscrite sur le disque optique, on exploite deux propriétés de la lumière : la **réflexion** et les **interférences** entre deux lumières monochromatiques de même longueur d'onde.

Un faisceau laser incident est concentré sur le disque et parcourt une piste. Il est réfléchi par la surface métallique recouvrant la piste.

• Lorsque le faisceau laser parcourt un creux ou un plat, le faisceau incident est **réfléchi** et l'intensité de la lumière réfléchie est **constante**.

• Lorsque le faisceau passe d'un creux à un plat (et inversement), le faisceau réfléchi par le creux et celui réfléchi par le plat sont en opposition de phase et **interfèrent** de manière **destructive**.

La réflexion de la lumière sur un creux ou un plat code le bit « 0 », tandis que la variation d'intensité de la lumière due aux interférences destructives correspond au bit « 1 » (Fig. 5).

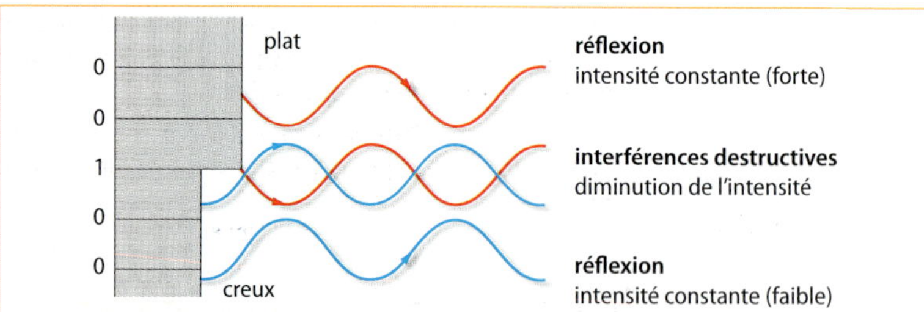

Fig. 5 Principe de lecture optique d'un CD préenregistré.

Les variations d'intensité de la lumière sont le résultat de la réflexion du faisceau laser sur un creux ou un plat et des interférences destructives entre les faisceaux réfléchis par un creux et par un plat. Elles permettent de retrouver le langage binaire inscrit.

➥ Exercices 6 à 10

Sciences et culture

La taille du CD

Selon la légende, la taille du premier CD (12 cm de diamètre) aurait été choisie de manière à stocker 74 minutes de musique, soit la durée de la Neuvième symphonie de Beethoven dans sa version lente. Cette demande aurait été formulée par le chef d'orchestre autrichien Herbert von Karajan ou, selon une autre version, par le président de Sony, la société qui a lancé le premier CD avec Philips en 1982.

3 Capacité de stockage

› Activité 3

La capacité de stockage est la quantité d'informations que peut contenir un support.

Pour accroître la capacité de stockage d'un **disque optique**, tout en conservant le même format, il faut que les inscriptions sur les pistes soient plus fines et rapprochées.

Mais, lors de l'écriture et la lecture, la concentration du faisceau laser par une lentille convergente est limitée par le phénomène de **diffraction**. En effet, le faisceau laser ne se concentre pas en un point, mais en une tache de diffraction dont les dimensions sont proportionnelles à la **longueur d'onde du laser**. L'emploi de lasers de longueur d'onde de plus en plus courte a permis d'accroître la capacité de stockage des disques optiques.

La capacité de stockage d'un disque optique est limitée par le phénomène de diffraction. En diminuant la longueur d'onde du laser, et donc la dimension de la tache de diffraction, on parvient à stocker davantage d'informations.

Exemple

La capacité de stockage a été multipliée par 25 entre le CD et le disque Blu-ray en diminuant la longueur d'onde du laser utilisé : 780 nm pour le CD, 650 nm pour le DVD et 405 nm pour le disque Blu-ray (Fig. 6).

➥ Exercices 11 à 15

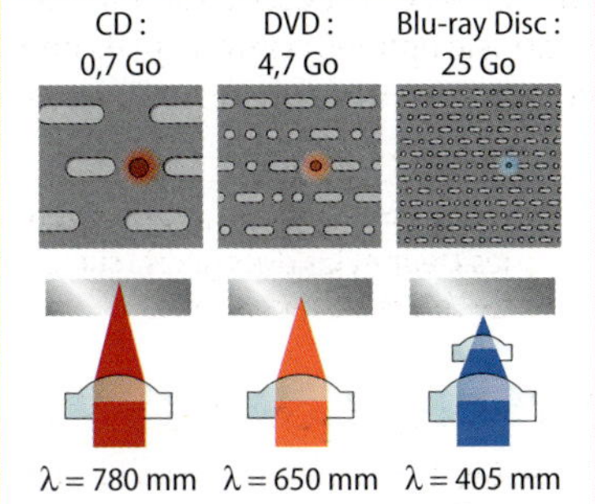

Fig. 6 Comparaisons des caractéristiques des CD, DVD et disques Blu-ray.

Les compétences à acquérir

1 Caractériser une image numérique

- Une image numérique est composée de **pixels**.
- On attribue à chaque pixel un nombre binaire qui code sa nuance de gris ou sa couleur, composée à partir des trois couleurs primaires de la synthèse additive des couleurs : rouge, vert et bleu. On parle alors de **codage RVB**.
- Une image numérique est un **tableau de nombres** qui peut être modifié à l'aide de logiciels de traitement d'images.

2 Expliquer le principe de lecture d'un disque optique

- Les données numériques sont enregistrées sur un disque optique par une succession de **creux** et de **plats** disposés sur une piste réfléchissante organisée en spirale.
- Lorsque la lumière d'un laser arrive sur un creux ou un plat, elle est **réfléchie**. Lors du passage entre un creux et un plat, les faisceaux réfléchis par ces deux structures interfèrent de manière **destructive**.
- Les **variations d'intensité de la lumière** obtenues en parcourant la piste permettent de retrouver le langage binaire enregistré.

3 Comprendre la capacité de stockage

- Augmenter la **capacité de stockage** d'un disque optique en conservant le même format revient à enregistrer et à lire des inscriptions plus fines et plus rapprochées.
- Il faut alors diminuer la **taille de la tache de diffraction** du faisceau laser sur le disque, ce qui est rendu possible en diminuant la **longueur d'onde** du laser utilisé.

Exercices

Compétence 1

› *Caractériser une image numérique*

1 QCM

Choisir la (ou les) bonne(s) réponse(s).

❶ Un pixel est :
- a le plus petit élément d'une image numérique ;
- b codé par un nombre binaire ;
- c une unité de longueur.

❷ Le codage numérique des couleurs :
- a repose sur la synthèse additive des couleurs ;
- b repose sur la synthèse soustractive des couleurs ;
- c consiste à associer aléatoirement un nombre binaire à chaque couleur existante.

❸ Une image numérique est :
- a obtenue avec un appareil photo numérique ;
- b un tableau de nombres binaires ;
- c caractérisée par le nombre de pixels la composant.

2 *Street art*

Cette œuvre d'art de rue s'inspire des images numériques.

1. Qu'appelle-t-on « image numérique » ? Donner deux exemples.

2. De quelle caractéristique des images numériques s'est inspiré l'artiste ? Donner sa définition.

3. Quel est le lien entre cette caractéristique et la qualité d'une image numérique ?

3 Codage en nuances de gris

Voici l'extrait d'une palette de nuances de gris utilisée dans un logiciel de traitement d'images.

000	008	016	024	032	040	048	056	064	072	080
088	096	104	112	120	128	136	144	152	160	168
176	184	192	200	208	216	224	232	240	248	255

1. Comment sont codées les informations d'une image numérique ?

2. Un pixel est codé par un octet, c'est-à-dire un paquet de 8 bits. Pour un nombre n de bits, il y a 2^n nombres binaires possibles.

a. Proposer une explication aux chiffres inscrits sur les différentes teintes.

b. Pourquoi une image numérique peut-elle être considérée comme un tableau de nombres ?

4 Mode d'un appareil photo

En réglant son appareil photographique numérique, Éloïse constate les informations suivantes pour trois formats d'image différents. Les images sont de tailles identiques.

Format ❶	Format ❷	Format ❸
640 × 480 px pour envoi par e-mail ou pour photo Web 991 img rest	2560 × 1920 px pour l'impression jusqu'au format A4 (210 × 297 mmm) 645 img rest	4608 × 3456 px pour l'impression jusqu'au format A2 (420 × 594 mmm) 298 img rest

1. Quelle caractéristique des images numériques est précisée ici ?

2. En comparant les qualités des différentes images, proposer une explication aux conseils d'utilisation des formats.

3. a. Expliquer pourquoi le nombre de bits associés aux images augmente du format ❶ au format ❸.

b. Selon vous, pourquoi le nombre d'images restantes diminue-t-il du format ❶ au format ❸, pour une même carte mémoire ?

5 Couleurs numériques

Pour obtenir la couleur magenta sur un logiciel de création d'images, on a effectué les réglages suivants :

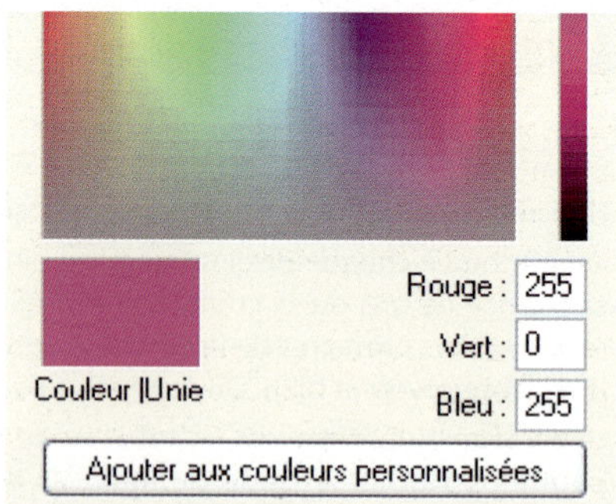

1. a. Comment appelle-t-on le système de codage des couleurs d'une image numérique ?

b. Sur quelle propriété des couleurs repose-t-il ? Rappeler son principe.

2. En analysant le codage du magenta, trouver comment coder les couleurs suivantes : cyan, blanc, noir et vert.

3. Expliquer pourquoi modifier la couleur d'un pixel d'une image numérique revient à modifier un tableau de nombres.

Compétence 2

› *Expliquer le principe de lecture d'un disque optique*

6 VRAI ou FAUX ?

Corriger, si nécessaire, les informations suivantes.

❶ Sur un disque optique, les informations sont de nature analogique.

❷ La lecture optique d'un disque repose sur la réflexion de la lumière et les interférences lumineuses.

❸ Dans le cas d'un disque optique enregistré, les creux codent un bit et les plats, un autre bit.

7 CD de profil

Le schéma ci-dessous représente un CD en coupe.

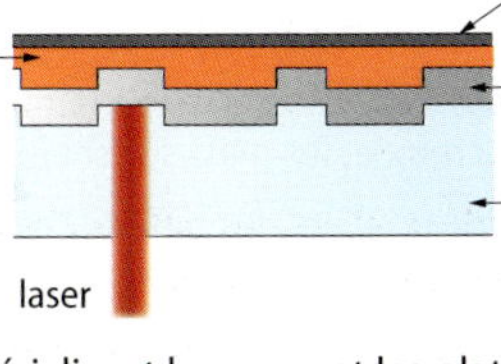

1. Que matérialisent les creux et les plats du CD ?
2. Quel est le rôle de la couche métallique ?
3. Quel changement se produit lorsque la lumière laser arrive sur le bord d'un creux ?

8 Le CD-R

Les *coupelles* [...] avaient été choisies de façon à ce que les CD soient fabriqués de la même manière que les *33-tours*, tout en permettant de découper la lumière réfléchie du faisceau laser pour restituer le *morse optique du codage numérique*.

Mais tout autre procédé assurant la réflexion ou l'extinction, donc 0 ou 1, de l'émission laser convient aussi bien. Le plus accessible ? Tout simplement celui mis en œuvre pour les codes à barres avec une succession de traits noirs ou blancs : la lumière est renvoyée par les blancs et absorbée par les noirs. C'est en partant de cette idée que Kodak mit au point le premier CD-R. Ici, le R signifie recordable, « enregistrable ». Les coupelles qui provoquaient l'extinction du faisceau réfléchi par interférences vont être simplement remplacées par des taches sombres sur la surface réfléchissante du disque.

Gabriel Martin, « Enregistrer tout en couleur », *La Recherche* n° 372, fév. 2004.

1. B2i En effectuant éventuellement une recherche sur Internet, expliquer les termes en italique.
2. Quel phénomène est responsable de l'extinction dans les CD ? Justifier.
3. Quel autre système à lecture optique est cité dans le texte ?
4. Quel phénomène est responsable de l'extinction dans les CD-R ?

9 La lecture optique par le schéma

Voici un schéma (incomplet) expliquant le principe de la lecture optique d'un disque par laser :

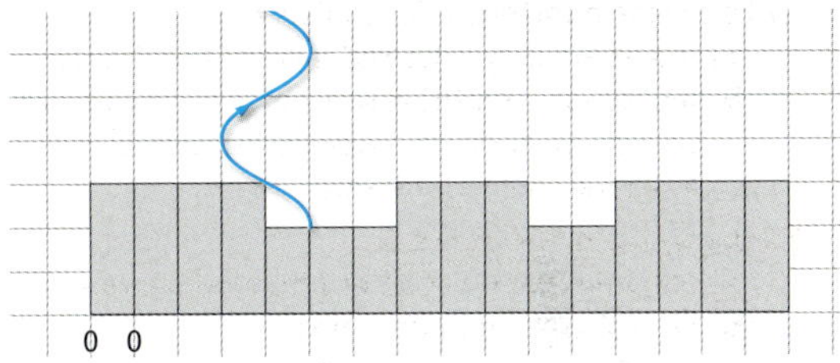

1. Que représente la sinusoïde sur le schéma ?
2. **a.** Rappeler le phénomène qui a lieu lorsque le faisceau laser passe d'un plat à un creux.
b. Dans quelles conditions doivent être les ondes lumineuses réfléchies pour que ce phénomène ait lieu ?
c. Reproduire le schéma et dessiner l'onde manquante.
3. Sachant que ce phénomène code un « 1 », recopier et compléter le langage binaire inscrit.
4. Expliquer pourquoi il ne peut pas y avoir deux bits « 1 » successifs dans le codage binaire d'un CD.

EXERCICE **RÉSOLU**

10 Creux et langage binaire

Voici les creux et les plats gravés sur un CD et le codage binaire correspondant.

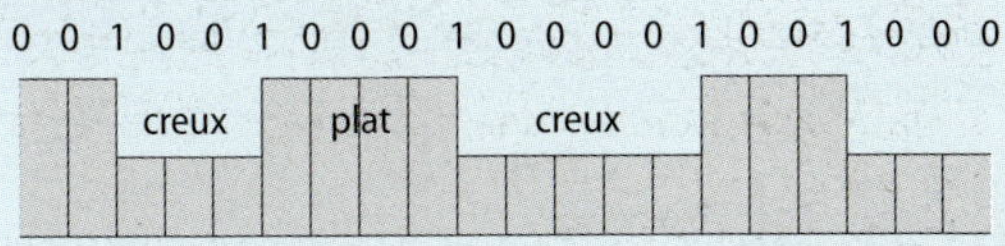

Associer, en justifiant, chacun des termes des listes suivantes au bit « 1 » ou au bit « 0 » :
– passage creux/plat ; passage plat/creux ; creux ; plat.
– intensité lumineuse réfléchie constante ; variation de l'intensité lumineuse réfléchie.

Aides et méthodes
Deux phénomènes sont à l'origine de la lecture optique.

Solution
Bit « 1 » : passage creux/plat ; passage plat/creux ; variation de l'intensité lumineuse réfléchie (en raison des interférences destructives).
Bit « 0 » : creux, plat, intensité lumineuse réfléchie constante (car le faisceau laser est simplement réfléchi).

Exercices

Compétence 3

› *Comprendre la capacité de stockage*

11 QCM

Choisir la (les) bonne(s) réponse(s).

❶ Pour une même dimension de support, plus le disque optique contient de données, plus :
- a les inscriptions sur le disque sont grandes ;
- b la piste en spirale est longue ;
- c les différents tours de la piste sont proches ;
- d le nombre de bits stockés est faible.

❷ La capacité de stockage d'un disque optique dépend :
- a de la longueur d'onde du laser utilisé ;
- b du phénomène d'interférences ;
- c du phénomène de diffraction ;

❸ Si l'on veut stocker plus d'informations sur un disque optique, il vaut mieux utiliser, pour la lecture :
- a une source de lumière blanche ;
- b un laser bleu ;
- c un laser rouge.

12 Laser UV

En juillet 2011, des chercheurs de l'université de Riverside en Californie ont publié un article dans la revue *Nature Nanotechnology*, annonçant la réalisation d'un laser à semi-conducteurs de longueur d'onde 385 nm. Enregistrer et lire des informations avec un tel laser permettraient d'augmenter la capacité de stockage des disques optiques, en succédant aux lecteurs Blu-ray, qui utilisent un laser de longueur d'onde 405 nm.

1. Qu'appelle-t-on capacité de stockage d'un disque optique ?
2. Pourquoi la gravure et la lecture d'un disque optique avec un laser de longueur d'onde 385 nm permettraient d'augmenter la capacité de stockage ?

13 Spot laser

Pour expliquer la différence de capacité de stockage des disques optiques, on trouve dans un magazine scientifique le schéma suivant.

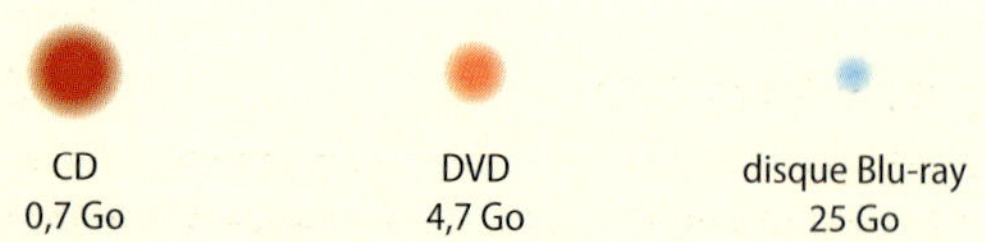

1. B2i En effectuant une recherche, éventuellement sur Internet, indiquer ce que signifie l'unité de stockage indiquée.
2. Que représentent les taches de couleur ?
3. De quoi dépendent leurs dimensions en pratique ?
4. Que peut-on conclure sur la longueur d'onde des lasers utilisés pour l'écriture et la lecture de ces disques ?

EXERCICE **RÉSOLU**

14 Super Audio CD

Le Super Audio CD (SACD) est un support de musique haute définition lancé par Philips et Sony en 1999. Pour que ce disque soit aussi lisible par les lecteurs CD classiques, les concepteurs ont lancé une version hybride, dont la composition est schématisée ci-dessous.

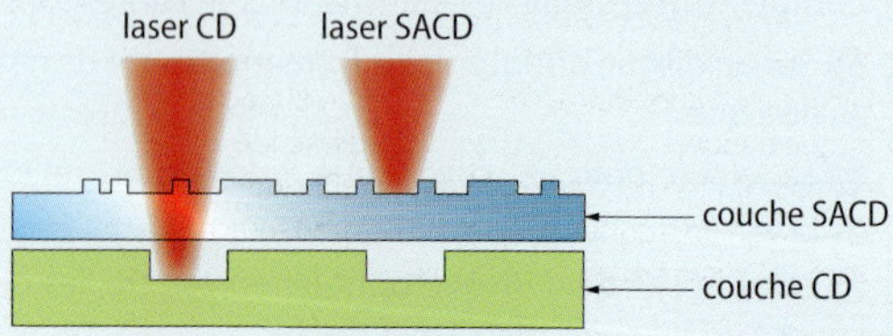

1. Comparer la densité d'information des deux couches.
2. Que représentent les deux cônes sur le schéma ?
3. La longueur d'onde du laser utilisé pour les lecteurs CD étant de 780 nm, que peut-on conclure sur la longueur d'onde du laser utilisé dans les lecteurs de SACD ?

Aides et méthodes

1. Observer les creux et les plats sur chacune des deux couches.

Solution

1. La densité d'informations est plus élevée sur la couche SACD que sur la couche CD (informations plus fines et plus proches).
2. Ils représentent le faisceau laser concentré sur les couches lors de la lecture optique.
3. Plus la longueur d'onde du laser est petite, plus le lecteur peut lire des inscriptions petites. La longueur d'onde du laser utilisé pour les Super Audio CD est donc inférieure à 780 nm.

15 Capacité d'un disque optique

En étudiant le comportement d'une lumière monochromatique concentrée en un point par une lentille convergente, on obtient les données suivantes :

Diamètre de la tache d (nm)	760	995	1 220	1 314	1 351
Longueur d'onde λ de la lumière (nm)	405	530	650	700	720

1. Quel phénomène est à l'origine de la tache dont on donne le diamètre dans le tableau ? Expliquer.
2. Les grandeurs d et λ sont-elles proportionnelles dans le cas de l'étude ? Justifier.
3. Quel lien relie cette étude à la capacité de stockage d'un disque optique ? Expliquer.
4. Quelle devrait être la distance minimale entre deux inscriptions d'un disque optique, lu par un laser de longueur d'onde 600 nm au moyen de la lentille étudiée ?

Exercices de synthèse

Pour préparer le BAC

16 L'association

Associer à chaque technique citée le(s) principe(s) ou phénomène(s) physique(s) associé(s).

Technique	Principe ou phénomène physique
• lecture optique • écriture de données sur un disque optique • augmentation de la capacité de stockage d'un disque optique • codage d'une image numérique	• diffraction • pixellisation • réfraction • réflexion • interférences • synthèse additive • synthèse soustractive • dispersion • codage binaire

17 B2i CD et DVD

En effectuant éventuellement une recherche sur Internet, indiquer si les caractéristiques suivantes sont identiques ou différentes pour un CD et un DVD :

a. format ;
b. capacité de stockage ;
c. principe de lecture ;
d. type d'inscriptions ;
e. laser utilisé ;
f. taille des inscriptions ;
g. type de codage des données ;
h. longueur de la piste.

18 Une photographie surexposée

À l'aide d'un appareil photo numérique, Yannick a pris une photographie d'un paysage, mais elle est surexposée (trop de lumière). Il décide donc de la modifier à l'aide d'un logiciel de traitement d'images. En utilisant le logiciel, Yannick lit les propriétés de l'image : 4 000 × 3 000, 5,71 Mo (mégaoctet). Il obtient aussi un tableau avec une liste de nombres.

1. Interpréter les propriétés de l'image indiquées.

2. a. À quoi correspond le tableau obtenu ?
b. Combien de colonnes et de lignes aura ce tableau ?

3. Parmi les caractéristiques de l'image citées dans le texte, préciser celles qui vont être modifiées :
a. lors du traitement de l'image ;
b. si Yannick effectue un agrandissement de l'image.

19 Le LaserDisc

Histoire des sciences

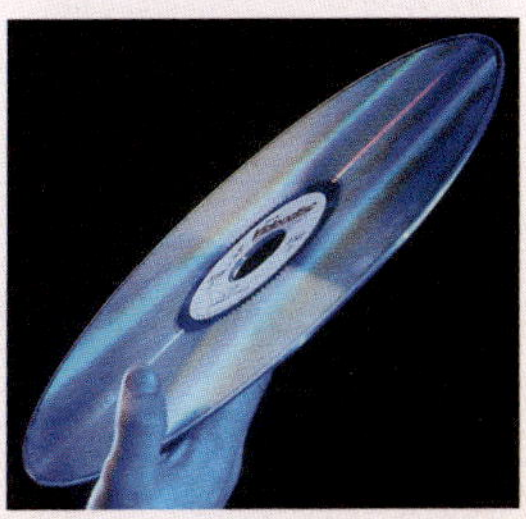

Le LaserDisc fut lancé dans les années 1970. Les vidéos et le son étaient enregistrés sous forme analogique, sur un disque de 30 cm de diamètre, et restitués par lecture optique au moyen d'un laser de longueur d'onde 835 nm. Ne pouvant contenir que 30 à 60 minutes de film par face, fragile et non enregistrable, ce format fut progressivement abandonné pour le DVD en 1998.

1. Quelle différence fondamentale existe-t-il entre le principe du LaserDisc et celui du DVD ?

2. Quel est le point commun de fonctionnement entre ces deux supports ? Sur quel(s) phénomène(s) optique(s) repose-t-il ?

3. a. Définir la capacité de stockage d'un disque optique.
b. Comparer les capacités de stockage de ces deux supports.

4. Stockerait-on plus ou moins de données sur un LaserDisc de même diamètre et de même système de codage qu'un DVD ? Justifier.

Données. *Longueur d'onde du laser utilisé pour la lecture d'un DVD : 650 nm. Capacité de stockage d'un DVD : 4,7 Go.*

20 Fabrication d'un disque optique

Étapes de fabrication des disques optiques en série

❶ Un disque en verre poli, le glassmaster, est recouvert d'une résine photosensible.
❷ Un laser éclaire la résine sur la position des futurs creux.
❸ Les zones de la résine exposées sont retirées par un procédé chimique.
❹ On réalise un moule du glassmaster, que l'on presse sur des disques vierges en polycarbonate (plastique transparent).
❺ On recouvre les disques d'une couche d'aluminium réfléchissante, puis d'un vernis protecteur.

1. Quel est le rôle des « creux » cités dans le texte ?

2. Pourquoi parle-t-on couramment de « gravure » de disque ?

3. a. Quel phénomène limite la capacité de stockage des données ?
b. Dans quelle étape intervient-il ?

4. Quelle étape est indispensable pour la lecture des données ? Justifier.

21 Dual-layer DVD

In a dual-layer DVD, data is registered on two superimposed layers. To optically read such DVDS, one can use a two-wavelength laser : 635 nm to read the bottom layer, 650 nm to read the top layer. The bottom layer is covered with a silvery surface, the top layer with a semi reflective golden surface.

1. Why are layers covered with reflective surfaces?

2. Why, in theory, can the bottom layer store more data?

3. What other solution exists to increase the storage capacity of an optical disk?

22 Blu-ray contre HD-DVD

Voici un article publié avant le lancement des disques Blu-ray, à l'époque où deux formats étaient en compétition.

L'arrivée de la télévision haute définition aura un impact direct sur nos supports vidéo de films. En effet, la capacité de stockage d'un DVD est largement suffisante pour un film entier en vidéo standard, mais pas en haute résolution. Les images vidéo d'un DVD comptent environ 640 × 480 pixels, or, une image de TVHD en compte 1 920 × 1 080, soit près de sept fois plus. […]

On peut aussi augmenter la capacité mémoire de chaque couche, en réduisant la taille des éléments nécessaires au stockage des données pour en mettre un plus grand nombre sur une même surface. C'est cette solution qui a été retenue, mais les constructeurs ont souhaité que, comme le DVD, le support de la TVHD soit à lecture optique. Un choix qui remet en question la source lumineuse utilisée à l'enregistrement et à la lecture.

En effet, en optique, un éclairage sous une lumière de longueur d'onde donnée ne permet pas de distinguer des éléments de taille inférieure à cette dernière. Un problème qui s'était déjà posé lors de l'évolution du disque compact vers le DVD. Il avait fallu attendre l'apparition de diodes laser rayonnant dans le rouge (650 nanomètres) et non dans l'infrarouge (780 nanomètres) pour pouvoir réduire la taille des microcoupelles chargées de réfléchir, ou non, le faisceau et, par cette alternance de réflexion et d'absorption, de restituer les 0 et les 1 du codage numérique.

Capable de rayonner à 405 nanomètres, la diode laser bleue offre désormais une source lumineuse susceptible de détecter des détails plus fins.

Il était dès lors possible de réduire non seulement la taille des microcoupelles, mais aussi l'espace les séparant, en somme le pas du sillon optique, que les industriels appellent le *Track Pitch*. Pourtant, cette réduction de dimensions qu'offrait le laser bleu ne fit pas l'unanimité chez les industriels, et deux clans se formèrent. L'un désirait exploiter au mieux les possibilités du laser bleu, l'autre souhaitait proposer une solution commercialement plus réaliste. De ces choix naquirent respectivement deux filières : celle du Blu-ray Disc et celle du HD-DVD.

Henri-Pierre Penel et Renaud de la Taille, « Blu-ray Disc contre HD-DVD, la guerre des formats », *La Recherche* n° 406, mars 2007.

1. a. Qu'appelle-t-on un pixel ?
b. Quelle est la différence entre une image numérique « classique » et une image numérique « haute définition » (HD) ?

2. Comment les auteurs nomment-ils les inscriptions sur le disque ? Proposer une interprétation.

3. Citer la phrase du texte expliquant la lecture optique des données.

4. a. Citer la phrase du texte qui évoque la limitation de la lumière dans les capacités de stockage des disques optiques.
b. À quel phénomène fait-elle allusion ?
c. Comment ce problème a-t-il été surmonté ? Justifier.

23 ★ Lecteur de disque optique

Le schéma suivant explique le principe de lecture d'un CD.

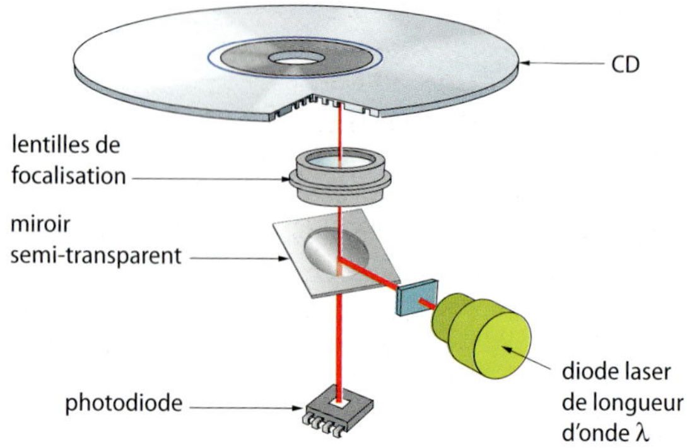

1. Décrire le trajet parcouru par le faisceau laser lors de la lecture optique du CD.

2. Comparer, en justifiant, l'intensité lumineuse reçue par la photodiode lorsque le faisceau laser passe d'un creux à un plat, puis quand il reste sur un creux ou un plat.

3. a. Sachant que la profondeur d'un creux est égale à $\lambda/4$, expliquer pourquoi le faisceau réfléchi par le creux est décalé de $\lambda/2$ avec le faisceau réfléchi par le plat.
b. À l'aide d'un schéma, expliquer pourquoi l'on a alors des interférences destructives entre ces deux faisceaux.

24 ★ Analyse d'une figure de diffraction.

On enregistre la figure de diffraction par une fente d'une lumière laser à l'aide d'une caméra numérique. À l'aide d'un logiciel, on obtient l'image **a**, puis la courbe **b**, représentant l'intensité lumineuse en fonction de la distance.

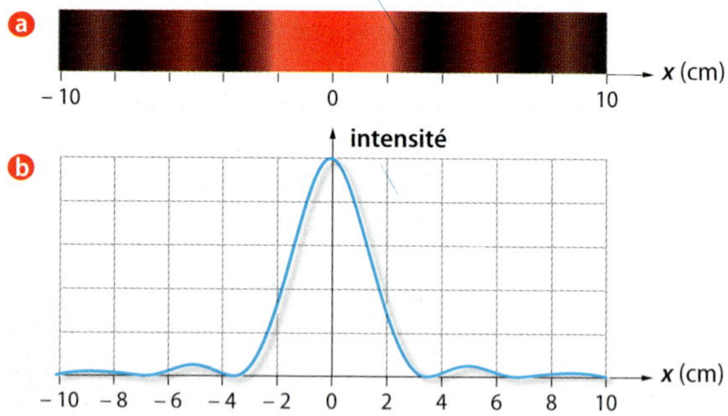

1. Comment mesure-t-on la largeur de la tache centrale sur la figure de diffraction ?

2. Reproduire la courbe et indiquer la position de la tache centrale.

3. Expliquer pourquoi la largeur de la tache centrale se mesure entre les deux centres des zones sombres autour de la zone lumineuse centrale, et non sur les bords de cette zone.

4. Dans cet exemple, quel avantage présente l'image numérique par rapport à l'image optique ?

5. Sachant que la résolution de l'image numérique est de 50 pixels par cm, déterminer sa définition.

25 ★ Parlons Blu-Ray

Voici les caractéristiques d'un disque Blu-ray.

Profondeur des creux : 101 nm.
Écart entre les sillons de la piste : 320 nm.
Capacité : 25 Go = 25×10^9 octets.

Et voici celles du lecteur utilisé.
Longueur d'onde du laser : $\lambda = 405$ nm.
Ouverture numérique de la lentille : N = 0,85.

1. Déterminer la relation entre λ et la profondeur des creux. Proposer une explication.

2. Le diamètre d de la tache de diffraction sur le disque lors de la lecture se calcule grâce à le relation $d = 1{,}22\ \lambda/N$.
a. Calculer le diamètre de la tache.
b. Justifier l'écart entre les sillons de la piste.
c. Proposer, en justifiant, deux moyens d'augmenter la capacité de stockage d'un disque Blu-ray.

3. On considère une image numérique en noir et blanc de définition 640×480 pixels.
a. Combien de bits sont nécessaires pour coder un pixel sur cette image ?
b. Combien d'images de ce type peut-on stocker sur un disque Blu-ray ?

Donnée. *1 octet = 8 bits.*

26 ★ Une explosion de nuances

L'imagerie à grande gamme dynamique (ou HDR, pour *High Dynamic Range*) regroupe les nouvelles technologies de l'imagerie numérique utilisées dans certains jeux vidéo. Les effets que l'on obtient avec ces techniques proviennent du fait que les pixels ne sont plus codés en 8 bits par couleur mais en 16 bits par couleur, voire plus. Ce codage n'est pas sans conséquence : les images d'un tel format sont gourmandes en mémoire et nécessitent des logiciels de traitement d'images adaptés à une telle quantité d'informations. On peut néanmoins se rapprocher de cette qualité d'image en superposant les photographies d'une même scène, prise sous différents éclairages.

1. Rappeler le principe du codage des couleurs numériques.

2. Combien de bits codent un pixel sur les images « classiques » ? sur les images HDR ?

3. Sachant qu'il y a 2^n possibilités pour un nombre à n bits, calculer le nombre de nuances possibles pour une couleur dans le format classique, puis dans le format HDR.

4. Comment sont organisés les nombres binaires d'une image numérique ?

5. Déterminer le nombre d'octets (nombres à 8 bits) correspondant à une image classique, puis à une image HDR, pour une définition de 800×450 pixels.

6. Expliquer les problèmes posés par les images HDR.

7. Quel avantage des images numériques est cité dans le texte ?

En route vers le Supérieur

27 ★ Les hologrammes, supports du futur

Les disques optiques actuels se dégradant sous l'effet des UV, le successeur du disque Blu-ray s'oriente vers une nouvelle technologie de stockage optique : l'holographie de support HVD (*Holographic Versatile Disc*). Un HVD pourrait ainsi stocker l'équivalent de 350 DVD !

Un faisceau laser est divisé en deux : le faisceau objet, qui éclaire un support sur lequel se trouvent les informations à enregistrer, et un faisceau de référence ❶. Les informations à enregistrer sont représentées de la manière suivante sur le support : un pixel noir pour le bit « 0 » et un pixel blanc pour le bit « 1 ». Le faisceau objet et celui de référence interfèrent, la figure d'interférences étant l'hologramme ❷. L'hologramme est enregistré sur le disque ❸ et l'on récupère les données en l'éclairant avec le faisceau laser de référence ❹.

❶
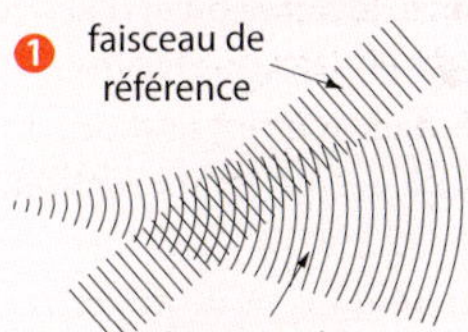

L'intersection de 2 faisceaux crée une grille constituée de points clairs et opaques.

❷
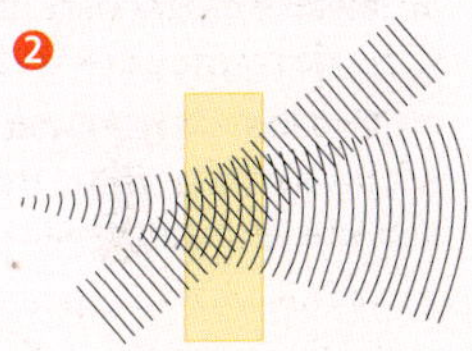
Un capteur photosensible enregistre le motif.

❸

L'hologramme est l'image de l'interférence créee par les deux faisceaux et enregistrée dans le support.

❹
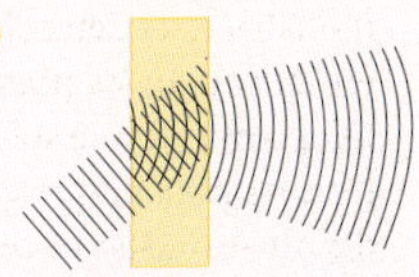
La projection d'un des deux faisceaux permet de reconstituer le motif et de recréer les données.

1. **a.** Rappeler le lien entre la longueur d'onde du laser utilisé pour l'écriture et la lecture d'un disque optique et sa capacité de stockage.
b. Expliquer la première phase du texte, sachant que le laser utilisé par un lecteur Blu-ray a une longueur d'onde de 405 nm.

2. Pourquoi le disque holographique peut-il être considéré comme un disque optique ?

3. Quelle différence existe-t-il dans l'utilisation des interférences entre le HVD et le disque Blu-ray ?

Pour préparer le BAC

Les compétences évaluées
- Caractériser une image numérique.
- Comprendre la capacité de stockage.

Énoncé type

Tetris

Tetris est un jeu vidéo populaire, conçu en 1984 par l'ingénieur russe Alexei Pajitnov. Il consiste à disposer des pièces de différentes formes pour créer des lignes pleines. Ce jeu vidéo a été proposé avec la première console Game Boy, lancée par l'entreprise Nintendo en 1989.
L'écran de cette Game Boy avait une définition de 160 × 144 pixels en 4 nuances de gris, et une capacité de stockage pour cartouches de jeux allant de 256 Kio à 4 Mio.

Donnée. *1 Kio = 2^{10} octets ; 1 Mio = 2^{20} octets ; 1 octet = 8 bits.*

1. a. Donner la définition d'une image numérique.

b. Quelle donnée indique que les images de *Tetris* sur Game Boy sont numériques ?

2. Quelles caractéristiques de l'image sont citées dans le texte ? Préciser leur signification.

3. a. Pourquoi peut-on dire qu'une image numérique est un tableau de nombres ?

b. Combien de nombres seront indiqués sur le tableau associé à une image du jeu *Tetris* sur Game Boy ? Justifier.

4. Expliquer pourquoi 2 bits sont nécessaires pour coder chaque nuance de gris.

5. Le jeu *Tetris* est actuellement proposé en couleurs.

a. Expliquer le principe du codage RVB des couleurs.

b. Sachant qu'il y a plus de 4 couleurs proposées, expliquer pourquoi le jeu prend alors plus de mémoire dans la cartouche.

6. Que dire de la qualité d'une image du jeu *Tetris* sur une Game Boy plus récente, de même taille d'écran et de définition 240 × 160 pixels ?

➤ Coups de pouce

2. L'image est caractérisée par ses pixels.

3. b. Chaque pixel est codé par un nombre binaire.

4. Il y a 2^n nombres binaires possibles à *n* bits.

EXEMPLE DE **RÉSOLUTION**

1. a. Une image numérique est une image **acquise, traitée et/ou stockée** en langage binaire.

b. La capacité de stockage de la Game Boy se chiffre en octet (8 bits, donc 8 chiffres binaires), ce qui signifie que les images comme celles du jeu *Tetris* sont enregistrées en **langage binaire** et sont donc **numériques**.

2. On caractérise l'image numérique par :

– la donnée « 160 × 144 pixels », qui indique le **nombre de pixels** composant l'image sur la Game Boy, un pixel étant le plus petit élément constitutif de l'image ;

– les **4 nuances de gris** associées à un pixel.

3. a. On attribue à chaque pixel composant l'image numérique un nombre binaire qui le code. Une image numérique est donc un **tableau de nombres**, dont chaque case renferme le nombre qui code un pixel.

b. Sur une image de *Tetris* sur Game Boy, il y a :

160 × 144 = 23 040 pixels.

Chaque pixel étant codé par un nombre binaire, il y a donc **23 040 nombres binaires** dans le tableau.

4. Avec deux bits, il y a $2^2 = 4$ nombres possibles.

4 nuances de gris sont donc bien codées par **2 bits.**

5. a. On obtient les couleurs d'une image numérique en associant un nombre aux couleurs **rouge, verte et bleue**, les trois couleurs primaires de la **synthèse additive** des couleurs. On parle donc de codage RVB.

b. Puisqu'il y a plus de 4 couleurs, il faut plus de 2 bits pour coder les couleurs. Chaque pixel est donc codé par un nombre binaire dont le nombre de bits est plus grand que sur l'image en niveaux de gris. Il y aura donc **plus de bits à stocker dans la cartouche de jeu.**

6. Le nombre de pixels étant supérieur pour une même taille d'écran, **la qualité de l'image est meilleure** sur la Game Boy plus récente.

Pour préparer le BAC

Les compétences évaluées
- Expliquer le principe de lecture d'un disque optique.
- Comprendre la capacité de stockage.

Énoncé type

CD, DVD et disque Blu-ray

Le tableau ci-dessous regroupe les caractéristiques de trois disques optiques :

	Disque 1	Disque 2	Disque 3
Diamètre	12 cm	12 cm	12 cm
Épaisseur	1,2 mm	1,2 mm	1,2 mm
Capacité de stockage	4,7 Go	0,7 Go	25 Go
Distance entre les tours de piste	0,74 µm	1,6 µm	0,30 µm
Largeur minimale des creux et des plats	0,40 µm	0,83 µm	0,15 µm
Diamètre du spot (tache) du laser utilisé pour l'écriture et la lecture	1,32 µm	2,1 µm	0,58 µm

Donnée. *Un octet est un nombre binaire à 8 bits.*

1. a. Comment est codée l'information sur un disque optique ?

b. Quelle donnée du tableau confirme la réponse ? Justifier.

2. Comment est inscrite l'information sur ces disques ?

3. a. Rappeler les phénomènes sur lesquels repose la lecture optique.

b. La profondeur des creux est-elle identique pour ces trois supports ? Justifier.

4. Quelles données du tableau sont directement liées à la capacité de stockage ?

5. a. Quel phénomène optique limite la capacité de stockage ? Quelle donnée du tableau représente ce phénomène ? Justifier.

b. Comment évolue-t-il avec la longueur d'onde du laser utilisé pour l'écriture et la lecture optique ?

c. Attribuer à chaque disque, en justifiant, la longueur d'onde du laser associé parmi les valeurs suivantes : 405 nm, 780 nm et 650 nm.

6. Sachant qu'on stocke un album de musique sur un CD, un film sur un DVD et un film en haute définition sur un disque Blu-ray, attribuer à chaque disque optique du tableau le nom du support qui lui correspond. Justifier.

➤ Coups de pouce

5. c. Plus la longueur d'onde est faible, plus le diamètre du spot laser sera petit.

6. Un film en haute définition contient plus de données qu'un film « classique », qui lui-même contient plus de données qu'un album de musique.

EXEMPLE DE **RÉSOLUTION**

1. a. L'information est codée sous **forme numérique**, c'est-à-dire en langage binaire.

b. La capacité de stockage est exprimée en **octet**, un octet étant un nombre binaire à 8 bits.

2. L'information est inscrite sous forme d'une **succession de creux et de plats.**

3. a. Il s'agit de la **réflexion** de la lumière et des **interférences lumineuses.**

b. La profondeur des creux est différente, car elle est réglée pour provoquer des **interférences destructives** entre le faisceau laser réfléchi par un plat et celui réfléchi par un creux, ce qui dépend de la longueur d'onde du faisceau laser utilisé.

4. Ce sont la **capacité de stockage en octet**, la **dimension des creux et des plats**, la **distance entre les tours de piste** et le **diamètre du spot laser.**

En effet, pour stocker plus d'informations, donc plus d'octets, les inscriptions sur le disque optique doivent être plus fines et plus rapprochées.

5. a. Il s'agit du **phénomène de diffraction**, ici représenté par le diamètre du spot laser. En effet, la lumière laser ne se concentre pas en un point mais en une tache de diffraction.

b. Le phénomène de diffraction est d'autant plus marqué que la **longueur d'onde** du laser utilisé est **grande**.

c. Le diamètre du spot laser est d'autant plus faible que la longueur d'onde est faible. On en déduit les longueurs d'onde associées : **405 nm pour le disque 3 ; 780 nm pour le disque 2** et **650 nm pour le disque 1.**

6. Le disque Blu-ray stocke plus de données que le DVD, qui stocke lui-même plus de données que le CD. On en déduit que le **disque 1** est un **DVD**, le **disque 2**, un **CD** et le **disque 3**, un disque **Blu-ray.**

En route vers le BAC

1 Énergie : quels choix pour demain ?

Mieux vaudrait s'en passer, et vite. Du pétrole, mais aussi de ses compagnons de route, le charbon et le gaz naturel. Tout le monde a en effet pris conscience qu'il était urgent de freiner notre boulimie d'énergie fossile, pour ne pas voir la planète s'asphyxier sous les milliards de tonnes de CO_2 rejetées par nos voitures et nos usines, mais aussi pour éviter une crise économique sans précédent. Seulement voilà, la demande en énergie n'a jamais été aussi grande et pourrait doubler d'ici à 2050. […] « *La situation est tout à fait inédite. Nous n'avons jamais été aussi nombreux ni eu autant d'impact sur la Terre* » […]. Alors que faire ? La réponse paraît simple : développer massivement les énergies propres et surtout, faire des économies d'énergie. […]

C'est à la fin des années 1970, à la suite des chocs pétroliers, que les énergies alternatives sont propulsées une première fois sur le devant de la scène […]. Dix ans plus tard, c'est au tour des climatologues de donner l'alerte : la Terre se réchauffe, il faut stopper les émissions de gaz à effet de serre. Cette fois, les pays industrialisés s'engagent à prendre les mesures nécessaires en signant le protocole de Kyoto (1997).

Laurianne Geffroy, extrait de « Les alternatives au pétrole », *Le Journal du CNRS* n° 226, novembre 2008, dossier « Énergie, quels choix pour demain ? »

1. Identifier les problématiques énergétiques contemporaines citées dans ce texte.

2. Quelles sont les solutions exposées dans ce texte ?

2 Synthèse d'un arôme

Pour extraire l'huile essentielle des clous de girofle, dont le principal constituant est l'eugénol, on introduit dans un ballon 100 mL d'eau distillée, 5 g de clous de girofle en poudre et quelques morceaux de pierre ponce. On met en place le montage de distillation, puis on porte à ébullition jusqu'à recueillir 30 à 40 mL de distillat dans un erlenmeyer.

Le contenu de l'erlenmeyer est ensuite transvasé dans une ampoule à décanter. Sous hotte, on ajoute 10 mL de dichlorométhane. On agite vigoureusement l'ampoule en dégazant régulièrement. Pour faciliter l'extraction de l'eugénol, on ajoute environ 50 g de chlorure de sodium. L'ampoule est agitée jusqu'à dissolution, puis on laisse décanter.

Données. *Propriétés de solvants à 25 °C :*

Solvant	*Cyclohexane*	*Dichlorométhane*	*Éthanol*
Densité	*0,89*	*1,34*	*0,78*
Miscibilité à l'eau	*faible*	*faible*	*très grande*

Solubilité de l'eugénol dans différents solvants. Eau : faible ; eau salée : très faible ; cyclohexane : grande ; éthanol : grande ; dichlorométhane : grande.

1. Répondre aux questions suivantes à l'aide des données ci-dessus.

a. Justifier la présence de deux phases dans l'ampoule à décanter après l'ajout du dichlorométhane.

b. Préciser leur position dans l'ampoule.

c. Après agitation, dans quelle phase se trouve l'eugénol ?

d. Pourquoi a-t-on ajouté du chlorure de sodium dans l'ampoule à décanter ?

e. Les deux autres solvants proposés dans le tableau sont-ils utilisables pour réaliser l'extraction ?

La vanilline, arôme principal de la vanille, est obtenue à partir de l'eugénol. On se propose d'étudier la première étape du procédé conduisant à cette synthèse, représentée par l'équation suivante :

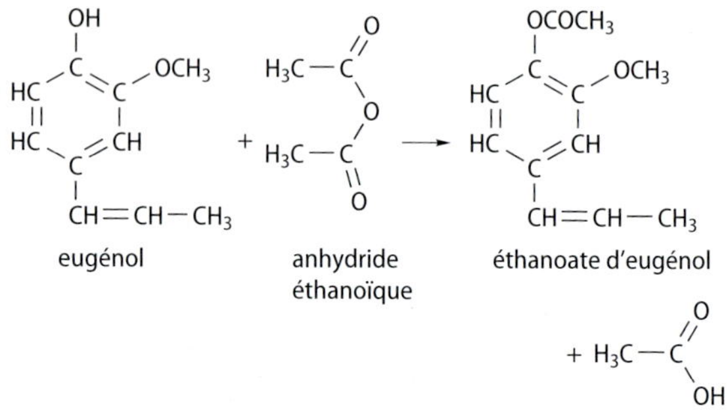

Données.

Espèce chimique	*Quelques propriétés*
Eugénol	*Densité : 1,08* *Nocif en cas d'ingestion ; irritant pour les yeux, les voies respiratoires et la peau*
Éthanoate d'eugénol	*Température de fusion : 80 °C* *Soluble dans la plupart des solvants organiques ; insoluble dans l'eau glacée*
Anhydride éthanoïque	*Densité : 1,08* *Corrosif, inflammable, provoque des brûlures* *Réagit avec l'eau*

Masses molaires (en $g \cdot mol^{-1}$). Eugénol : 164 ; éthanoate d'eugénol : 205 ; anhydride éthanoïque : 102.

Le mode opératoire est décrit ci-après.

- Dans un ballon de 250 mL, introduire 10,0 g d'eugénol, 20,0 mL d'anhydride éthanoïque et quelques gouttes d'acide orthophosphorique.
- Chauffer en utilisant un montage à reflux et maintenir une ébullition douce pendant 30 minutes.
- Refroidir jusqu'à température ambiante.
- Verser le contenu du ballon dans un bécher contenant 30 mL d'eau glacée, tout en agitant.
- Filtrer sur Büchner et laver les cristaux formés avec de l'eau glacée.

2. Quel est le rôle du montage à reflux ?

3. L'acide orthophosphorique est un catalyseur de la synthèse. Quel est son rôle ?

4. Pourquoi verse-t-on le contenu du ballon dans l'eau glacée ?

5. a. Calculer la quantité de matière initiale de chacun des réactifs.

b. L'expérimentateur a obtenu 11,3 g de cristaux d'éthanoate d'eugénol. Calculer le rendement de la synthèse.

3 Dosage des ions Cu^{2+} (aq)

Un technicien veut mesurer l'absorbance d'un ensemble de solutions de sulfate de cuivre (Cu^{2+} (aq) + SO_4^{2-} (aq)).

1. Il introduit de l'eau distillée dans une cuve, qu'il place dans le spectrophotomètre. Il règle alors l'absorbance sur la valeur « zéro ».

Justifier cette opération.

2. Les mesures d'absorbance des solutions sont présentées sur le graphique ci-après. La loi de Beer-Lambert $A = k \cdot [Cu^{2+}]$ est-elle vérifiée ?

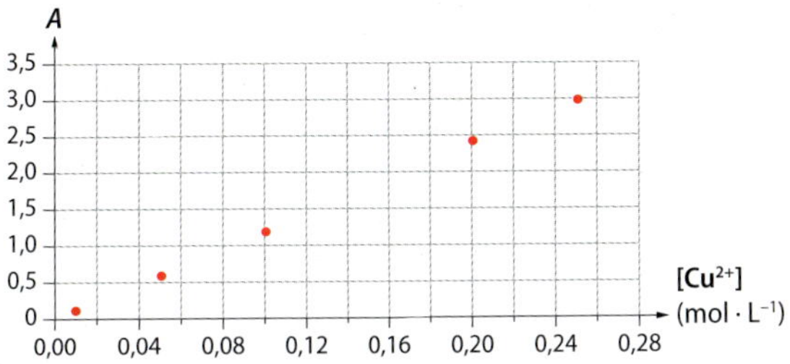

3. Le technicien prélève 25,0 mL d'une solution S de concentration inconnue en ions cuivre (II), qu'il introduit dans une fiole jaugée de 50 mL, dont il complète le niveau avec de l'eau distillée. Il mesure l'absorbance de la solution obtenue S′ et trouve $A = 1{,}5$.

Déterminer la concentration en ions Cu^{2+} (aq) de la solution S.

4. La méthode employée constitue-t-elle un dosage par titrage ou un dosage par étalonnage ? Justifier.

4 Dosage d'acide chlorhydrique

Dans le laboratoire d'un lycée, on dispose d'un flacon d'acide chlorhydrique concentré. Sur l'étiquette, on lit la précision suivante : *33 % minimum en masse d'acide chlorhydrique.*

On appellera S_0 cette solution, dont on veut connaître la concentration molaire C_0.

Première étape. On dilue 1 000 fois la solution S_0. On obtient alors une solution S_1 de concentration C_1.

Deuxième étape. On prélève précisément un volume $V_1 = 100{,}0$ mL de solution S_1, qu'on dose par conductimétrie par une solution aqueuse titrante d'hydroxyde de sodium de concentration $C_B = 1{,}00 \times 10^{-1}$ mol · L^{-1}. La représentation graphique de la conductance de la solution en fonction du volume V de solution titrante versé est donnée ci-dessous.

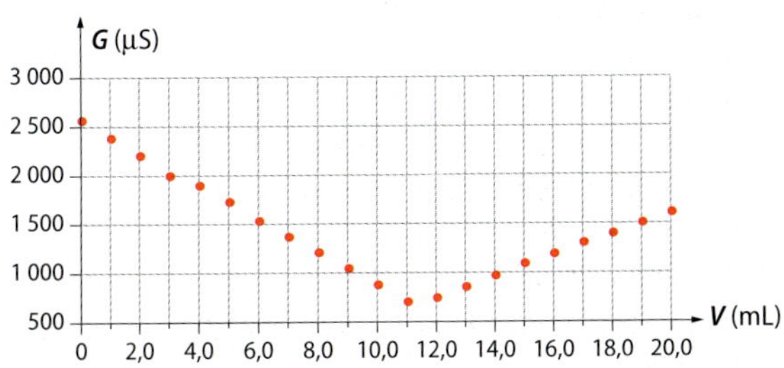

1. Écrire l'équation de la réaction acido-basique support du titrage.

2. En utilisant un papier calque, déterminer graphiquement le volume V_E versé à l'équivalence.

3. Écrire la relation existant entre C_1, C_B, V_E et V_1 et calculer la concentration molaire C_1 de la solution d'acide chlorhydrique diluée S_1.

4. En déduire la concentration molaire C_0 de la solution d'acide chlorhydrique concentrée S_0.

5. a. Écrire l'équation de la mise en solution du chlorure d'hydrogène HCℓ (g) dans l'eau.

b. Calculer la masse m_0 de chlorure d'hydrogène dissous dans un litre de solution.

6. Quelle est la masse m d'un litre de solution S_0 ?

7. a. Le pourcentage massique de la solution S_0 représente la masse de chlorure d'hydrogène dissous dans 100 g de solution. Calculer ce pourcentage massique.

b. L'indication de l'étiquette du flacon d'acide chlorhydrique concentré est-elle correcte ?

Troisième étape. On dose maintenant la solution S_1 par pH-métrie, avec la même solution titrante, en présence d'un indicateur coloré, le vert de bromocrésol. La courbe obtenue est donnée ci-après.

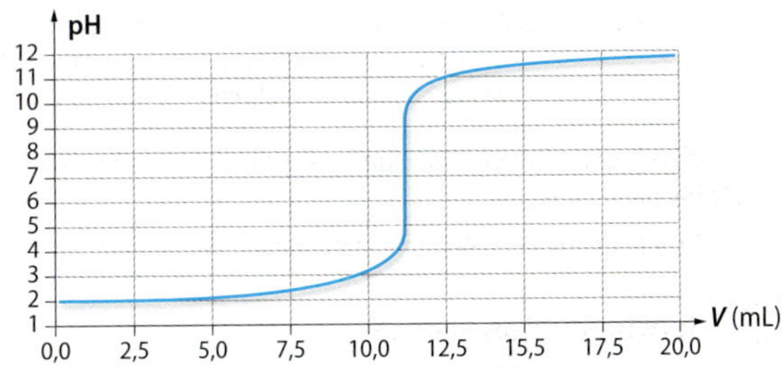

8. En utilisant un papier calque, recopier le graphique. Indiquer sur ce graphique la zone de virage de l'indicateur coloré. Décrire le changement de couleur observé si l'on utilise cet indicateur pour le dosage de la solution S_1.

9. On dispose aussi d'hélianthine et de bleu de bromothymol. Un de ces indicateurs colorés est-il mieux adapté pour repérer l'équivalence du dosage ? Justifier la réponse.

Donnée. *Masse volumique de la solution S_0 : $\rho_0 = 1\ 160$ g · L^{-1}.*
Les zones de virage d'indicateurs colorés sont donnés sur les rabats avant de couverture.

5 Compteur électrique communiquant

Une directive européenne de 2009 précise que 80 % des compteurs électriques doivent devenir communicants d'ici 2020 pour favoriser la concurrence et les économies d'énergie.

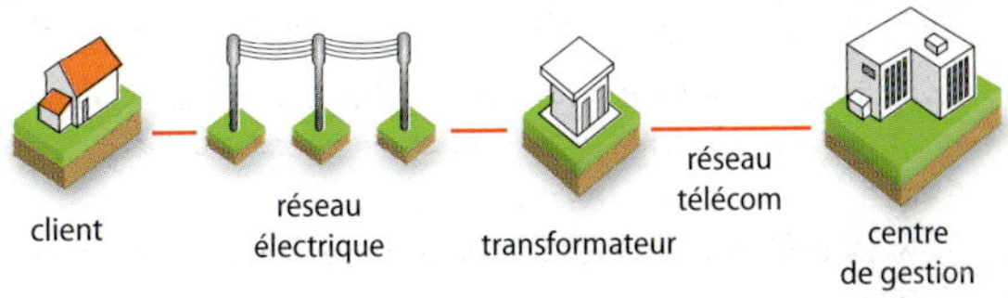

L'intérêt est que l'ensemble des opérations courantes (mise en service, changement de puissance ou relevé des compteurs) puisse se faire à distance.

En route vers le BAC

A. Transmission de l'information

Le compteur communicant, installé chez les particuliers, peut recevoir et envoyer des données à distance. La communication se fait, grâce à la technologie CPL (courants porteurs en ligne), *via* les fils électriques classiques avec un ordinateur présent dans le transformateur le plus proche. Cet ordinateur est relié à un centre de gestion par le réseau téléphonique.

1. Quels sont les canaux de transmission de l'information ?

2. Quels sont les types de signaux circulant dans ces canaux de transmission ?

3. S'agit-il d'un propagation libre ou d'une propagation guidée de l'information ?

B. La technologie CPL

Dans la technologie CPL, les données sont transmises sous forme numérique : un « 1 » et un « 0 » sont transmis à deux fréquences différentes. En une seconde, 2 400 bits peuvent être transmis. Une trame, qui correspond à un bloc d'informations à transmettre, nécessite 360 bits. L'inconvénient de cette technologie est que la distance maximale que peut parcourir une trame sur le réseau, en restant exploitable, n'est que de 300 m. La perte en puissance du signal y est alors de près de 90 %.

Afin d'augmenter cette distance, chaque module CPL (présent au niveau d'un compteur communiquant) qui reçoit une trame la réémet.

Donnée. *Coefficient d'atténuation linéique entre deux points A et B, de puissances respectives* P_A *et* P_B : $\alpha = \frac{-\ln(10)}{AB} \cdot \log\left(\frac{P_B}{P_A}\right)$.

1. Qu'appelle-t-on un « bit » ?

2. a. Quel est le débit binaire assuré par la technologie CPL ?
b. Quelle est la durée de transmission d'un bit ? d'une trame ?

3. a. Comment expliquer la faible distance que peut parcourir une trame ?
b. Déterminer la valeur du coefficient d'atténuation linéique du signal, en $dB \cdot m^{-1}$.

6 Convertisseur analogique-numérique

On considère une tension électrique *U*, appliquée à l'entrée d'un convertisseur analogique-numérique (CAN) à 8 bits. Une partie de la représentation graphique permettant de relier un nombre binaire *N* à la tension *U* est donnée ci-dessous.

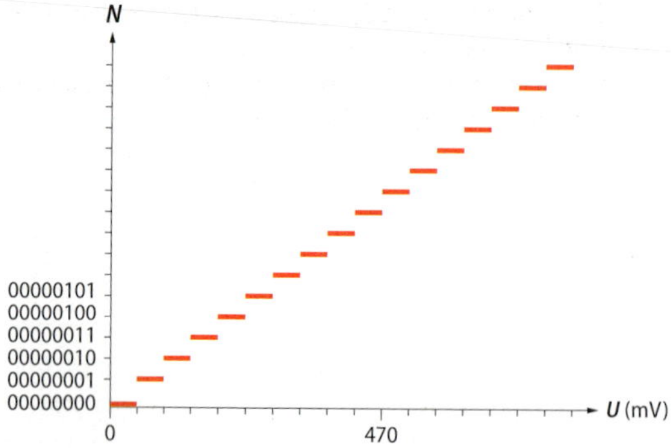

1. a. Avec combien de bits est exprimé le nombre binaire en sortie du convertisseur ?
b. En déduire le nombre de valeurs distinctes pouvant être prises par ce nombre binaire.

2. a. Pourquoi, lors d'une conversion analogique-numérique, dit-on qu'il y a quantification du signal ?
b. L'intervalle de tension qui existe entre deux valeurs numériques successives est appelé pas de quantification *q*. Déterminer graphiquement sa valeur.

3. a. Lister les treize premiers nombres binaires.
b. À quel intervalle de tension *U* correspond le nombre binaire 00001011 ?

7 Norme 4.2.2. pour la vidéo numérique

La norme 4.2.2. normalise un format vidéo en un langage binaire compatible dans le monde entier. On considère ici une image numérique au format 4/3 qui se compose de 720 pixels.

Tous les pixels contiennent des informations sur sa nuance de gris, mais un pixel sur deux ne contient pas d'informations de couleur. La terminologie 4.2.2. indique que les fréquences d'échantillonnage du niveau de gris (13,5 MHz sur 8 bits) et des deux composantes de couleurs (6,75 MHz sur 8 bits) sont dans le même rapport que les chiffres 4, 2 et 2.

Ce format a été retenu car il est compatible avec les standards analogiques, PAL et SECAM, pour lesquels la fréquence du signal de niveaux de gris est respectivement de 5,5 MHz et 6,5 MHz.

Donnée. *1 octet = 8 bits.*

1. Qu'appelle-t-on un signal numérique ?

2. a. Qu'appelle-t-on une fréquence d'échantillonnage ?
b. Dans le cas général, comment doit-on choisir la fréquence d'échantillonnage ?
c. Justifier le choix de la fréquence d'échantillonnage du signal de niveaux de gris.

3. Quel doit être le débit binaire lors de la numérisation du signal de niveaux de gris ?

4. Qu'appelle-t-on un pixel ?

5. Dans le cas étudié :
a. quel est le nombre théorique possible de niveaux de gris pour un pixel ?

b. comment s'écrit, en langage binaire, un pixel blanc ? un pixel noir ?

6. La durée de balayage d'une ligne est de 53,33 μs.
a. Calculer le nombre de périodes d'échantillonnage dans une ligne pour le niveau de gris, puis pour chaque signal de couleur.
b. En prenant l'ensemble des périodes d'échantillonnage utiles par ligne et un nombre de 575 lignes utiles par image, quelle est la capacité de stockage nécessaire pour enregistrer une heure de film, en octet puis en gigaoctet ?
c. Commenter ce résultat, sachant qu'un disque Blu-ray a une capacité de stockage de 25 Go.

8 Le stockage d'informations sur disque

Si vous pouvez regarder des DVD, naviguer sur le Web, scanner des codes-barres, ou si certains peuvent se passer de leurs lunettes, c'est grâce à l'invention du laser, il y a 50 ans.

Intéressons-nous aux lecteurs de disques optiques. La dernière génération de lecteurs repose sur la technologie Blu-ray. Pour lire et écrire les données, cette technologie utilise une diode laser, de longueur d'onde $\lambda_B = 405$ nm, d'une couleur bleue (en réalité violacée). Cette longueur d'onde est différente de celle utilisée dans les systèmes CD ou DVD, qui fonctionnent quant à eux avec des lasers respectivement infrarouge et rouge. Cette différence de longueur d'onde permet à la technologie Blu-ray de stocker plus de données sur un disque de même taille (12 cm de diamètre), la taille minimale du point sur lequel le laser grave l'information étant limitée par un phénomène optique.

Pour stocker encore davantage d'informations sur un disque, les scientifiques travaillent actuellement sur la mise au point d'un lecteur utilisant un laser ultraviolet.

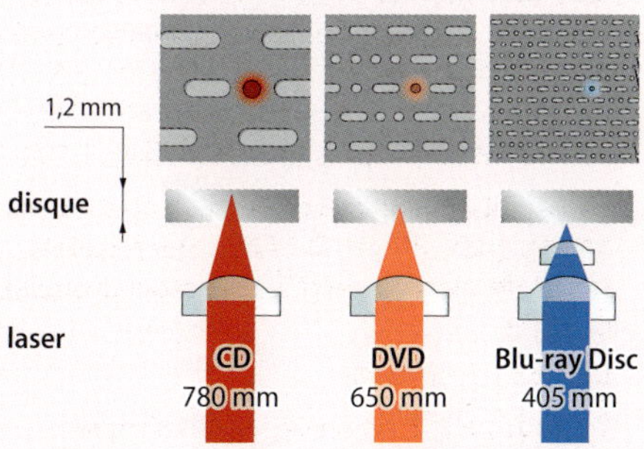

		CD	DVD	Blu-ray Disc
capacité de stockage	simple face	700 Mo	4,7 Go	25 Go
	double face		8,5 Go	50 Go

1. Comment augmente-t-on la capacité de stockage d'un disque optique en conservant le même format ?

2. a. Quel phénomène physique limite la taille de ce qui est gravé sur un CD ?
b. Comment peut-on faire pour atténuer ce phénomène ?
c. Expliquer la dernière phrase du texte.

3. a. En quelle unité est exprimée la capacité de stockage ?
b. Que traduit cette unité ?

9 Lecture optique d'un CD

La surface réfléchissante d'un CD est constituée d'une succession de creux et de plats.

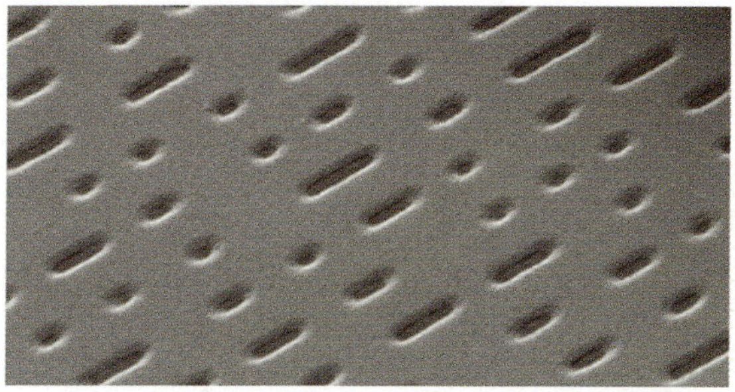

Si l'on utilise, pour la lecture du CD, un laser de longueur d'onde λ, les creux ont alors une profondeur de λ/4.

Le signal numérique est construit de telle sorte qu'un affaiblissement notable de l'intensité lumineuse au niveau du capteur correspond à un « 1 ».

1. Qu'arrive-t-il au faisceau laser lorsqu'il parvient au niveau de la surface du CD ?

2. a. Dans quelle situation est-il possible d'observer des interférences destructives ?
b. Quelle en est la conséquence ?

3. a. Recopier le schéma suivant, qui décrit la surface en coupe d'une portion d'un CD, puis compléter le codage numérique.

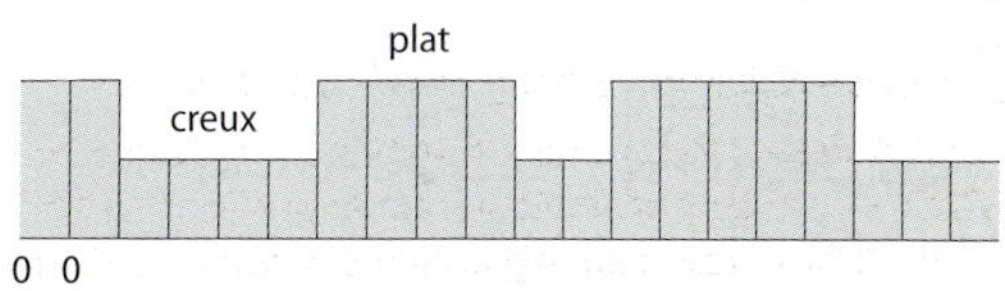

b. Sachant qu'un disque Blu-ray a une capacité de stockage plus importante qu'un CD, comparer la longueur d'onde des lasers utilisés pour lire ces deux disques.
c. En déduire une comparaison entre la profondeur d'un creux dans un disque Blu-ray et dans un CD.

Évaluation des compétences expérimentales

Pour préparer le BAC

Énoncé type

Dosage spectrophotométrique

Matériel mis à disposition
• spectrophotomètre • cuves à spectrophotomètre • fiole de 50 mL • pipette graduée de 10 mL • béchers • solution aqueuse de permanganate de potassium de concentration molaire $1{,}0 \times 10^{-3}$ mol · L^{-1} • eau de Dakin

➤ But de la manipulation

L'eau de Dakin est une solution antiseptique. L'étiquette indique que 100 mL de solution contiennent 0,001 0 g de permanganate de potassium (de formule $KMnO_4$). On souhaite vérifier cette indication par étalonnage spectrophotométrique.

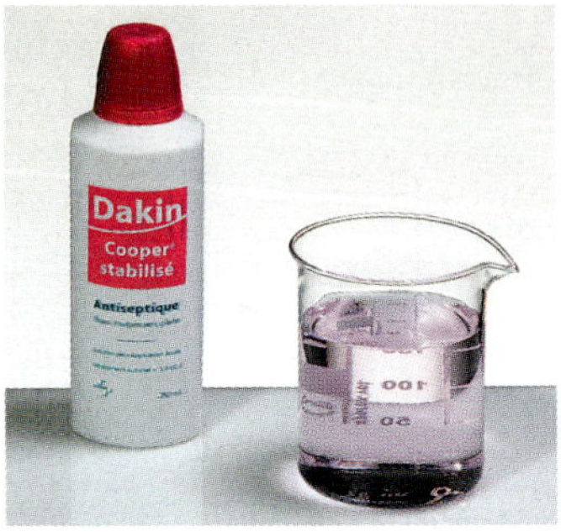

➤ Travail à effectuer

1. Verser de l'eau distillée dans une cuve à spectrophotomètre et faire le blanc. **Réa**

2. Verser de l'eau de Dakin dans une autre cuve à spectrophotomètre et tracer son spectre d'absorbance. **Réa**

Appeler l'évaluateur et lui présenter le spectre (*appel n°* ❶).

3. À partir d'une solution mère aqueuse S_0 de permanganate de potassium de concentration molaire $1{,}0 \times 10^{-3}$ mol · L^{-1}, d'une fiole jaugée de 50 mL et d'une pipette graduée, préparer par dilution les solutions S_1 à S_5 comme suit : **Réa**

Solution	S_1	S_2	S_3	S_4	S_5
Volume de S_0 prélevé (mL)	1,0	2,0	3,0	4,0	5,0

Appeler l'évaluateur et lui présenter une dilution (*appel n°* ❷).

4. Régler le spectrophotomètre sur la longueur d'onde correspondant au maximum du spectre tracé et mesurer l'absorbance des solutions S_1 à S_5. **Auto**

Appeler l'évaluateur et lui présenter une mesure (*appel n°* ❸).

5. Calculer la concentration molaire des solutions S_1 à S_5, puis reporter les points de mesure sur un graphique représentant l'absorbance en fonction de la concentration molaire. Modéliser la courbe obtenue par une droite passant par l'origine. **Réa**

6. Mesurer l'absorbance de l'eau de Dakin et en déduire sa concentration molaire c_{exp} en permanganate de potassium. **Ana**

7. Déterminer la concentration molaire c en permanganate de potassium d'après le fabricant. Comparer à la valeur expérimentale en calculant un écart relatif. **Auto**

On donne les masses molaires atomiques : M(K) = 39,1 g · mol^{-1} ; M(Mn) = 54,9 g · mol^{-1} ; M(O) = 16,0 g · mol^{-1}.

Nettoyer la verrerie et ranger la paillasse.

Code	Domaine de compétence
App	S'approprier
Réa	Réaliser
Ana	Analyser
Val	Valider
Com	Communiquer
Auto	Être autonome, faire preuve d'initiative

➤ Pour réussir

1. Vérifier qu'il n'y a pas de bulles et que les parois de la cuve sont propres.

2. Le spectrophotomètre doit être manipulé avec précaution.

***Appel n°* ❶ :**
- La cuve doit être insérée dans le spectrophotomètre dans le bon sens.
- Le spectrophotomètre et le logiciel adapté doivent être utilisés convenablement.

3. Après avoir versé la solution mère, la fiole doit être complétée avec de l'eau distillée jusqu'au trait de jauge, puis son contenu doit être versé dans un bécher portant le numéro de la solution.

***Appel n°* ❷ :**
- La solution mère doit être versée dans un bécher intermédiaire.
- La pipette doit être rincée avec la solution à prélever.
- Le repérage des traits de jauge doit être correct pour la pipette et pour la fiole.

4. Repérer le la longueur d'onde du maximum d'absorption du spectre tracé à la question **2**.

***Appel n°* ❸ :**
- Le réglage du spectrophotomètre à la bonne longueur d'onde est attendu.
- La mesure doit être relevée avec un nombre de chiffres significatifs approprié.

5. Le graphique doit être réalisé avec des échelles appropriées et comporter un titre.

6. La courbe d'étalonnage doit être utilisée convenablement.

7. L'écart relatif s'exprime généralement en pourcentage.

COMPLÉMENTS

SOMMAIRE

Sciences et histoire des arts

Culture scientifique

Fiches méthode

Fiches pratiques

Sciences et histoire des arts

XXe siècle

La bande dessinée s'inspire des sciences

C'est au cours du siècle dernier que la bande dessinée prend son essor. L'auteur belge Hergé (1907-1983) est sans doute l'un des plus célèbres représentants de ce « neuvième art », avec *Les Aventures de Tintin*, où il s'inspire grandement des progrès scientifiques de l'époque.

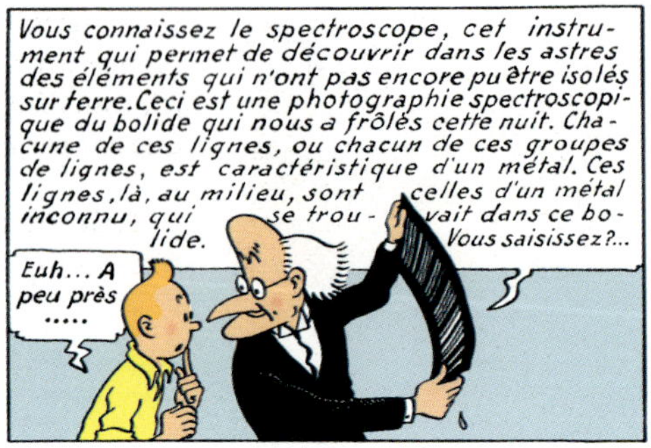

1. **Dans cet extrait de *L'Étoile mystérieuse*, paru en 1942, quelle méthode utilisée par les astrophysiciens est présentée ici ?**

2. **Que permet cette méthode au personnage du professeur ?**

Une lucarne sur le monde : la télévision

On estime que près d'un milliard de téléspectateurs à travers le monde sont devant un poste de télévision le 21 juillet 1969, quand Neil Armstrong pose le pied sur le sol lunaire. Il prononce à leur intention une phrase historique : « C'est un petit pas pour l'Homme, mais un bond de géant pour l'humanité. »

1. **Comment ces images ont-elles pu être diffusées depuis la Lune ?**

2. **Lors de leur retransmission, pourquoi a-t-il fallu utiliser des antennes différentes sur Terre suivant l'instant de la diffusion ?**

L'image de synthèse fait son cinéma

En 1982, *Tron* est le premier film de cinéma à mélanger images réelles et images créées ou retouchées par ordinateur. L'histoire se déroule dans un système informatique.

1. **Qu'appelle-t-on une image créée par ordinateur ?**

2. **Que permet une telle image ?**

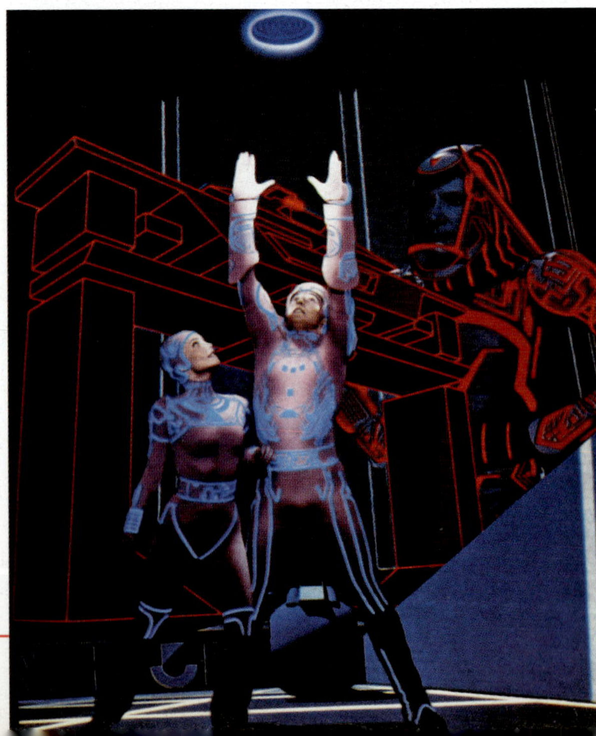

XXe siècle

Des ondes radio à la conquête du monde

Les années 1920 voient naître les premières émissions radiophoniques. En France, le premier concert de musique est diffusé en 1920 par *Radio Tour Eiffel*, dont l'émetteur se trouve sur le monument du même nom, mais n'est capté que par certains postes de radio parisiens.

1. Quelle est la chaîne de transmission d'une onde radio ?
2. Pourquoi les premières émissions radio n'ont que très peu d'auditeurs ?

Il était une fois le disque…

En 1948, est créé le premier disque microsillon « 33 tours par minute ». Plus grand que son prédécesseur, le disque 78 tours, il permet une période d'écoute inégalée jusqu'alors (de 40 à 60 minutes). Apparu dans les années 1980, le CD supplante ce format et permet le développement de chaînes hi-fi plus petites et l'accès à un son de meilleure qualité.
Le CD le plus vendu dans le monde au XXe siècle est l'album *Thriller* de Michael Jackson, paru en 1982 (108 millions d'exemplaires).

1. Quelle différence y a-t-il entre le signal généré par un disque microsillon et celui généré par un CD ?
2. **a.** En quoi l'arrivée du CD permet-il le développement de chaînes hi-fi plus compactes ?
   b. Que signifie « hi-fi » ? Quelle en est la conséquence au niveau du son produit ?
3. Pourquoi le record du monde de vente de CD ne pourra-t-il sans doute jamais être battu ?

La musique électronique

Le milieu du XXe siècle voit la naissance d'un nouveau type de musique, créée par des générateurs de signaux produisant des sons synthétiques : la musique électronique.

1. Comment est produite une musique électronique ?
2. À quel type d'ondes est associée la musique électronique ?
3. À quelle condition un son synthétique reproduit-il un son émis par un instrument de musique ?

Sciences et histoire des arts

XXe siècle

La chimie inspire les artistes…

Le XXe siècle marque le développement de la synthèse organique : des centaines de nouvelles molécules voient le jour.

La chimie, alors omniprésente, devient source d'inspiration pour les artistes et s'invite même dans des lieux où l'on ne l'attend pas, comme les parcs et jardins.

1. **Quels éléments de la sculpture ci-contre (*Molécule*, Mark di Suvero, 1983) peuvent expliquer que l'artiste l'ait baptisée ainsi ?**
2. **Citer une molécule dont la géométrie est proche de celle évoquée par cette sculpture.**

… et réciproquement

Parfois, ce sont les artistes eux-mêmes qui inspirent les scientifiques. En 1985, on découvre ainsi les fullerènes, des molécules « cages » en carbone. Leur nom rend hommage à l'architecte américain Richard Buckminster Fuller (1895-1983), en raison de leur ressemblance avec les dômes géodésiques qu'il popularisa à travers le monde, comme la Biosphère de Montréal, bâtie en 1967 (ci-dessous).

1. **Quels adjectifs viennent à l'esprit si l'on veut qualifier la structure de la Biosphère ?**
2. **B2i Rechercher, éventuellement sur Internet, quelques applications des fullerènes.**

XXe siècle

Les artistes et les nouveaux matériaux

Les artistes du xxe siècle ont largement utilisé les nouveaux matériaux issus de l'industrie de la chimie organique.

Ces derniers présentent l'avantage d'être peu coûteux par rapport aux matériaux traditionnels, comme le bronze ou le marbre, et permettent une réalisation plus rapide.

Le sculpteur français César (1921-1998) utilise ainsi, dès 1965, la mousse de polyuréthane. Ce matériau, qui présente une grande variété de textures, acquiert sa forme grâce à des réactions chimiques (ci-contre).

À partir de 1966, Jean Dubuffet (1901-1985) taille dans des blocs de polystyrène, un matériau rigide de faible densité, les maquettes qui donneront ensuite des œuvres monumentales, réalisées en résine pour plus de solidité. C'est le cas de la *Tour aux figures* (ci-contre).

Enfin, c'est le PVC que choisit le Britannique Anish Kapoor (né en 1954) pour réaliser ses œuvres monumentales (souvent des structures gonflables), comme en 1999 avec *Tarantara* (ci-dessous).

1. **Quelles sont les propriétés des matériaux qui sont exploitées par les artistes dont les œuvres sont reproduites ici ?**
2. **Identifier les molécules citées dans cette page. Qu'ont-elles en commun ?**

Mesures et incertitudes

Pour décrire et interpréter le monde matériel qui nous entoure, les scientifiques utilisent des grandeurs physiques (comme la longueur, le temps, la vitesse, etc.). Une grandeur peut être mesurée, estimée ou calculée.

De l'importance de la mesure

L'écartement des rails

Dans la plupart des pays, l'écartement des rails du réseau ferroviaire est de précisément 1,435 m, soit 4 pieds 8 pouces et demi.

Cette valeur d'écartement doit être vérifiée au millimètre près pour assurer notamment la circulation des trains à très grande vitesse en toute sécurité.

Un arrêté du *Journal Officiel*

Arrêté du 4 juin 2009 relatif aux cinémomètres de contrôle routier
Article 6

Les erreurs maximales tolérées applicables aux instruments en service sont les suivantes.

Pour les cinémomètres à poste fixe :
– plus ou moins 5 km/h, pour les vitesses inférieures à 100 km/h ;
– plus ou moins 5 % de la vitesse, pour les vitesses égales ou supérieures à 100 km/h.

Pour les cinémomètres installés dans un véhicule en mouvement :
– plus ou moins 10 km/h, pour les vitesses inférieures à 100 km/h ;
– plus ou moins 10 % de la vitesse, pour les vitesses égales ou supérieures à 100 km/h.

(Source : *Journal Officiel*)

1. a. Identifier, dans chacun des deux documents, la grandeur mesurée.
b. Dans chaque cas, donner l'intérêt de la mesure.

2. a. Qu'illustrent ces documents quant à la qualité recherchée pour une mesure ?
b. Qu'illustrent-ils quant à la limite rencontrée lors d'une mesure ?

Mesures et incertitudes

Erreurs et notions associées

Mesurer, c'est évaluer la valeur d'une grandeur, et cela par comparaison avec une valeur prise comme référence (l'unité ou l'étalon de mesure). Cette référence peut être **matérielle**, comme le kilogramme-étalon, ou **théorique**, comme la seconde.

La mesure ne pouvant être absolument précise, il existe inexorablement un écart entre la valeur obtenue et la valeur exacte, ou « **valeur vraie** ». Cet écart est appelé l'**erreur de mesure**. Toute mesure est entachée d'une erreur : seuls les étalons de mesures ont, par convention, une valeur exacte.

Lors d'une mesure, le scientifique cherche à réduire l'erreur et donc, à augmenter la précision.
Pour pouvoir intervenir sur l'erreur, il convient de l'estimer. L'importance de l'erreur de mesure peut dépendre de plusieurs paramètres.

On a l'habitude de classer les erreurs en deux familles :

- Les **erreurs systématiques** : ce sont des erreurs reproductibles. Si elles sont identifiées, elles peuvent être éliminées en effectuant une correction adaptée sur le résultat de la mesure.
- Les **erreurs aléatoires** ou **fortuites** : ce sont des erreurs non reproductibles.

Une mesure est d'autant plus exacte que l'erreur est faible.

1. a. Quelles valeurs d'une grandeur peuvent être qualifiées de « vraies » ?

b. B2i En effectuant éventuellement une recherche sur Internet, indiquer en quoi la référence pour la seconde est dite « théorique ».

2. a. Pourquoi est-il physiquement impossible d'accéder à la valeur vraie d'une grandeur ?

b. En s'appuyant sur les illustrations, identifier les différentes sources d'erreur, puis les classer selon les deux familles évoquées dans le texte.

Mesures et incertitudes

Incertitudes et notions associées

Quelles que soient la qualité du matériel et les compétences de l'expérimentateur, une mesure expérimentale est toujours affectée d'une incertitude. Il convient donc d'associer au résultat de la mesure l'incertitude correspondante, c'est-à-dire l'intervalle des valeurs dans laquelle la valeur vraie se trouve avec une très forte probabilité. Une mesure est d'autant plus précise que l'incertitude qui lui est associée est faible.
Pour évaluer la valeur numérique de l'incertitude d'une mesure, deux méthodes sont généralement utilisées.

Méthode 1 : détermination de l'incertitude d'une mesure à partir des caractéristiques de l'instrument de mesure

L'incertitude est déterminée d'une part à partir de la documentation du constructeur, d'autre part grâce au dernier chiffre accessible par l'instrument de mesure.

Par exemple, lorsqu'on mesure une tension avec un voltmètre numérique, celui-ci affiche le centième de volt. La valeur exacte se situe entre deux valeurs données, l'incertitude étant égale à la plus petite division, soit $\pm$ 0,01 V.

Si la tension affichée ne se stabilise pas et fluctue entre deux valeurs extrêmes, la valeur accordée à la mesure est la moyenne des deux valeurs extrêmes. L'incertitude est alors égale à la moitié de l'écart entre ces deux valeurs extrêmes.

Quand on utilise un appareil de mesure gradué, on a l'habitude de retenir comme incertitude la moitié de la plus petite graduation de l'appareil.

Méthode 2 : étude statistique dans le cas d'une répétabilité de la mesure

On parle de répétabilité de la mesure quand la mesure est effectuée plusieurs fois dans les mêmes conditions. Si elle est répétée N fois, on obtient N mesures : m_1, m_2, …, m_N. La valeur naturellement retenue est la valeur moyenne $\overline{m}$ de ces N mesures. Dans la plupart des cas, il y a accumulation des mesures autour de la valeur moyenne.

Pour traduire les écarts entre la série de mesures et cette valeur moyenne, on utilise un outil statistique, l'écart-type, qui correspond à un écart moyen entre les mesures et la moyenne de celles-ci. Cet écart-type, généralement noté σ (voir fiche méthode 5, p. 568), peut être déterminé à l'aide d'un tableur ou d'une calculatrice. Plus il est important, plus la dispersion des valeurs est importante.

Si l'on représente sur un histogramme les fréquences d'apparition des valeurs possibles de la mesure, il n'est pas rare de trouver une courbe dont l'allure est celle d'une cloche (courbe de Gauss). La théorie statistique montre que, dans ce cas, le résultat a 95 % de chances de se trouver dans l'intervalle : $[\overline{m} - 2\sigma, \overline{m} + 2\sigma]$, ce qui permet d'exclure les résultats de mesure aberrants. Dans ce cas, l'incertitude est égale à $\pm 2\sigma$.

1. a. Qu'appelle-t-on l'incertitude d'une mesure ?
b. Que signifie le symbole « $\pm$ » ?

2. a. Si une tension affichée par un voltmètre numérique fluctue entre 4,47 V et 5,35 V, quelle est la valeur accordée à la mesure ? Quelle est l'incertitude associée ?
b. Lorsqu'on utilise une règle graduée tous les millimètres, quelle est l'incertitude sur la mesure que l'on retiendra ?

3. a. Dans le cas d'une étude statistique, quel est le nombre dont la connaissance permet de déduire, par une formule donnée, l'incertitude de la mesure ?
b. Que représente ce nombre ?

Mesures et incertitudes

Expression et acceptabilité du résultat

a. Notions essentielles

Notation scientifique

$$\pm a \times 10^n$$

avec $1 \leqslant a < 10$ et n entier.

Écriture du résultat d'une mesure

$$M = (m \pm \Delta M) \text{ unité}$$

avec M, mesure, m, valeur mesurée et ΔM, incertitude mesurée.

Chiffres significatifs

Les chiffres significatifs d'un nombre sont tous les chiffres certains et le premier incertain.

Attention ! Les zéros situés à gauche d'un nombre ne sont pas significatifs.

Précision d'une mesure

$$\Delta M / m$$

Elle est souvent exprimée en %.

b. Quelques situations

Situation 1

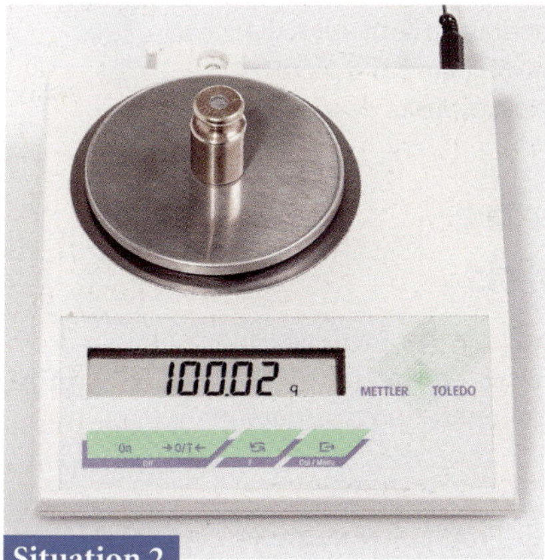

Situation 2

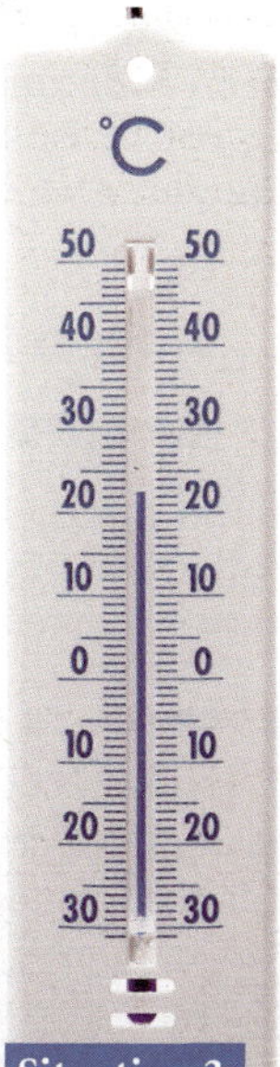

Situation 3

Pour chaque situation :

a. écrire le résultat de la mesure ;

b. déterminer la précision de la mesure ;

c. utiliser l'écriture scientifique ;

d. justifier le nombre de chiffres significatifs retenus.

Fiche méthode 1

Se renseigner sur les métiers de l'activité scientifique

Médecine, art, cosmétologie, et même gastronomie : l'activité scientifique peut prendre de multiples facettes. Voici quelques conseils pour s'y retrouver et faire le bon choix.

1. Une première approche

a. Sur le Web

De nombreux sites Internet balaient l'ensemble des activités scientifiques, ainsi que les cursus conseillés. Leur consultation permet de se faire une première idée sur l'offre dans les différents domaines et de découvrir de nouveaux métiers. À titre d'exemples, on peut citer les sites de l'Onisep (*www.onisep.fr*), de Studya (*www.studya.com*), du CNRS (*www.metiersdelascience.fr*), de France 5 (*www.curiosphere.tv/orientation*) ou de la Cité des métiers (*www.citedesmetiers.fr*). Ces sites proposent des fiches métiers très complètes et, souvent, des interviews de professionnels.

b. Dans les magazines scientifiques

Certains magazines scientifiques, comme *Science & Vie* ou *Sciences et Avenir*, proposent un aperçu des différents métiers de la science. N'hésitez pas à les consulter.

c. Au lycée

Le conseiller d'orientation-psychologue (COP), présent dans chaque lycée, peut vous aider dans votre recherche. De nombreux documents sur l'orientation sont aussi disponibles au CDI. Enfin, vos enseignants peuvent également constituer une source avisée d'informations et de conseils.

2. Aller à la rencontre des professionnels

Le meilleur moyen de se renseigner sur un métier reste encore de rencontrer les personnes l'exerçant, en les contactant ou en profitant de certains rendez-vous annuels.

a. La Fête de la science

Lors de la Fête de la science, qui se déroule chaque année au mois d'octobre, de nombreux sites scientifiques ouvrent leurs portes au grand public partout en France. C'est l'occasion de rencontrer des professionnels, qui témoignent de leur expérience et peuvent fournir de précieux conseils.

b. Les conférences et les salons

Certains organismes ou sites scientifiques, comme le Palais de la découverte à Paris, proposent des cycles de conférences sur les métiers de la science. Vous pourrez discuter avec les différents intervenants, qui vous aideront dans votre recherche.

Par ailleurs, des salons ou des forums des métiers ont lieu chaque année dans les grandes villes de France. Ils permettent de se renseigner et d'échanger avec des scientifiques, des enseignants ou des étudiants en sciences.

c. Les portes ouvertes

Une fois par an, la plupart des établissements de l'enseignement supérieur (universités, classes préparatoires, BTS) ouvrent leurs portes afin que les lycéens puissent rencontrer les étudiants ou les enseignants et discuter des éventuels débouchés.

d. Les stages

Il est possible de profiter des vacances scolaires pour effectuer un stage de quelques jours dans un des nombreux domaines de l'activité scientifique. Cette immersion totale dans une activité professionnelle permet de mieux prendre conscience de la réalité de celle-ci.

Extraire et exploiter des informations d'un document scientifique

Quelle que soit la ressource documentaire mise à disposition, il est nécessaire d'adopter quelques attitudes simples pour en extraire des informations pertinentes et les exploiter.

1. Identifier le document

• La lecture du **titre** du document donne une première information importante sur son contenu.

• La connaissance de la **source** permet d'identifier la nature de l'article (article scientifique, de vulgarisation scientifique, de presse généraliste) et renseigne sur sa validité au niveau scientifique (article d'un journal scientifique, extrait du blog d'un internaute…).

• La **date** du document permet de situer le document (actualité ou histoire des sciences).

2. Analyser le document

a. Texte scientifique

Les différents **paragraphes** séparent généralement les idées principales.

b. Graphique

• Le **graphique en courbe** présente l'évolution d'une grandeur en fonction d'une autre. Les **axes** du graphique renseignent sur les grandeurs mises en regard et leurs unités. L'allure générale du graphique renseigne sur la **relation** existant entre les grandeurs, les **valeurs** portées sur les axes permettant d'affiner les informations.

• Le **graphique en barres** facilite la compréhension des parties d'un ensemble. La barre la plus importante correspond à la partie dominante.

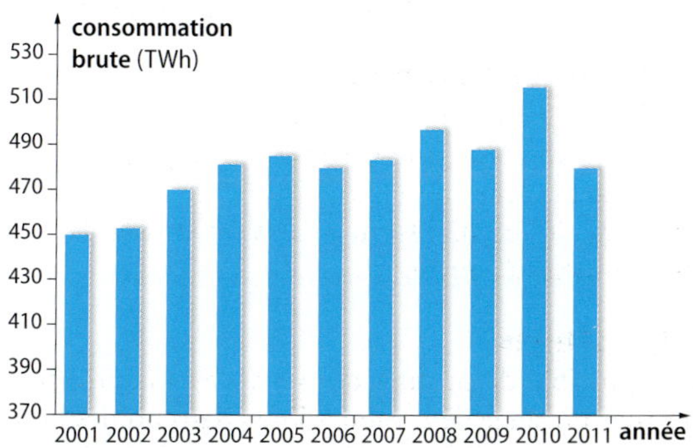

• Le **graphique en secteurs** permet de visualiser les proportions de différentes grandeurs, renseignées par la **légende**. La partie la plus importante met en relief la grandeur **majoritaire.**

c. Photographie ou dessin

Une **illustration** est toujours liée au document qui l'accompagne. Elle apporte généralement un **éclairage** sur le sujet. L'analyse de la photographie ou du dessin peut apporter des informations supplémentaires.

d. Carte

En sciences physiques, une carte permet généralement de représenter des **champs.** Les **légendes** renseignent sur les grandeurs mises en regard, leurs valeurs et leurs unités.

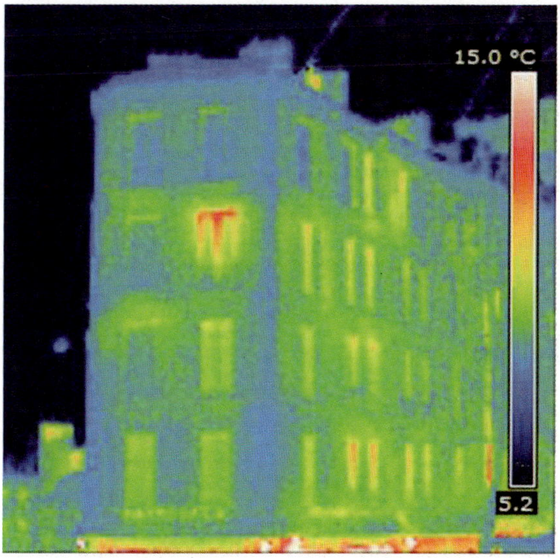

e. Fiche technique

Une **fiche technique** contient généralement des informations variées. Il convient de repérer les données correspondant au sujet d'étude.

3. Dégager les idées principales

• Un document est généralement présenté pour apporter des réponses à une **problématique** posée.

• Il convient de dégager les **arguments**, les **chiffres** et les **exemples** qui permettent d'apporter ces réponses.

Fiche méthode 3

Pratiquer la démarche d'investigation

Les étapes de la démarche	Exemple

Pour commencer *(situation déclenchante)*

- On part d'une situation décrite (faits observés, relatés, documents, expérience…).

Investigation

Un problème à résoudre en découle : l'investigation peut commencer.

Arthur souhaite récupérer un ballon envoyé par mégarde sur une étendue d'eau. À cet effet, il pense lancer un caillou pour provoquer des ondes à la surface de l'eau, sans savoir quel devrait être le lancer idéal.

Investigation

La démarche d'Arthur sera-t-elle efficace et si oui, quel lancer (①, ② ou ③) choisir ?

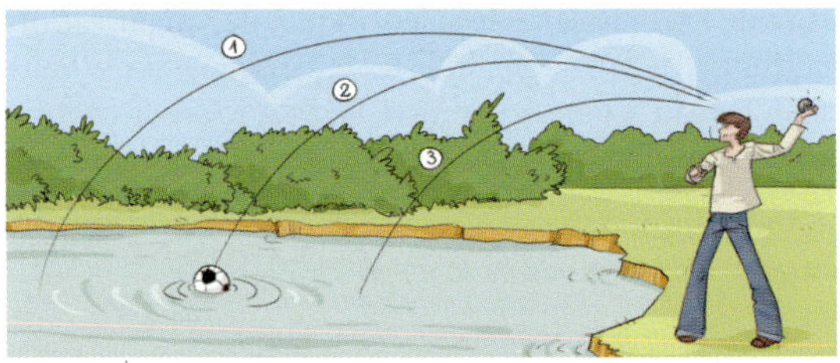

Quelques idées *(hypothèses)*

- On propose, *en argumentant*, une ou plusieurs hypothèses qui permettront d'avancer vers une solution.

Expériences *ou* Étude de documents
(recherche de validation)

- On choisit l'hypothèse que l'on veut tester.
- On imagine un protocole ou on cherche des informations dans des documents pour vérifier la validité de cette hypothèse.
- Grâce aux résultats, on valide l'hypothèse de départ ou on la rejette.

On dépose, à la surface d'une eau, un morceau de polystyrène dont on va observer le comportement à l'arrivée d'une onde provoquée à la surface de l'eau.

Les morceaux de polystyrène ne sont pas emportés par la crête de l'onde, mais restent « sur place », en se déplaçant verticalement.

Pour conclure

- On utilise ces données nouvelles et ses connaissances pour répondre au problème posé.

Une onde mécanique est une perturbation qui se propage dans un milieu matériel sans transport de matière.

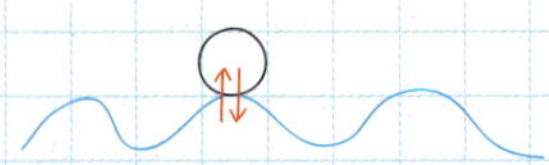

Arthur devra attendre un vent favorable pour pouvoir récupérer le ballon égaré.

D'après *Enseigner les Sciences physiques de la 3e à la Terminale*, par Dominique Courtillot et Mathieu Ruffenach, éditions Bordas, 2006.

Fiche méthode 4

Pratiquer une démarche expérimentale

Parce qu'aucune explication n'est acceptée d'emblée par le scientifique, toute **hypothèse** avancée est soumise au **test de la réalité** avec une **démarche expérimentale**.

La démarche expérimentale est un outil essentiel d'investigation du scientifique. Elle constitue l'attitude à adopter pour tenter de répondre à un problème et repose sur le questionnement. Elle s'articule autour des différentes étapes suivantes :

Les étapes de la démarche	Les attitudes du scientifique
Le problème à résoudre Une question qui n'a pas de réponse évidente	*Faire preuve de curiosité et avoir envie de se poser des questions pour :* • observer un phénomène intriguant ; • identifier une situation qui pose problème.
Les hypothèses Des éléments de réponse au problème provisoires, qu'il va falloir ensuite vérifier	*Mobiliser ses connaissances et faire preuve d'imagination pour :* • avancer des explications plausibles ; • imaginer une expérience permettant de vérifier une hypothèse, et prévoir les résultats.
L'expérimentation La confrontation de l'hypothèse à la réalité	*Être créatif et chercher par soi-même pour :* • élaborer et décrire une expérience (liste du matériel, des produits nécessaires) ; • manipuler et réaliser des mesures.
Les résultats La constatation des faits	*Communiquer* les résultats d'une expérience sous forme d'un texte, d'un tableau, d'un graphique, d'un schéma…
L'interprétation La lecture des résultats	*Analyser et argumenter pour :* • trouver un lien entre des paramètres (modèle mathématique) ; • confronter les résultats réels aux prévisions.
La conclusion La validation ou non de l'hypothèse	*Être critique et communiquer pour :* • tirer une définition, une loi, une représentation ; • savoir reconnaître si l'hypothèse est valable ; • reconnaître les limites de l'expérience.

Se tromper, recommencer, modifier ses hypothèses font partie de toute démarche expérimentale. Des allers-retours sont ainsi souvent effectués entre les différentes étapes ci-dessus, difficiles à séparer.

La conclusion d'une démarche expérimentale peut invalider une hypothèse si les résultats contredisent ce qui avait été prévu. En revanche, **tant qu'une hypothèse vérifiée par l'expérience n'est pas réfutée, elle tient**. Elle peut alors être considérée comme une explication scientifique du phénomène.

Présenter le résultat d'une mesure

Pour être exploitable, l'écriture du résultat de mesure d'une grandeur doit respecter certaines règles.

1. Écriture

Le résultat d'une mesure doit faire apparaître :
– la **grandeur** mesurée ;
– la **valeur** de la mesure, en utilisant préférentiellement l'écriture scientifique ;
– l'**unité** de la grandeur mesurée.

Exemple
Lors de la mesure d'une tension, on peut écrire :
$U = 4{,}92$ V.

2. Chiffres significatifs

Les **chiffres significatifs** d'un nombre sont tous les chiffres « certains » et le premier chiffre « incertain ». Le(s) zéro(s) situé(s) à gauche d'un nombre ne sont pas significatifs.

Exemple
Un voltmètre affichant 04.92 V donne le résultat de la mesure avec 3 chiffres significatifs.

3. Incertitude de la mesure

a. Mesure unique

• Dans le cas où l'appareil de mesure est gradué, l'incertitude ΔM sur la mesure est égale à la **moitié de la plus petite graduation** de l'appareil.

• Dans le cas où l'appareil de mesure a un affichage numérique, l'incertitude ΔM sur la mesure est égale au **plus petit écart possible** entre deux valeurs mesurées.

• Le résultat de la mesure est alors présenté sous la forme $\boldsymbol{M = m \pm \Delta M}$, où m est la valeur de la mesure.

Exemple
Dans le cas de l'exemple précédent, si $\Delta U = 0{,}01$ V, alors $U = 4{,}92 \pm 0{,}01$ V.

b. Mesures multiples

• **Retenir la valeur moyenne**
Lorsque N mesures sont effectuées $(m_1, m_2, \ldots, m_N)$, on admet que la meilleure valeur à retenir pour la grandeur mesurée est la valeur moyenne des mesures effectuées, notée $\overline{m}$.

• **Déterminer l'écart-type**
Pour traduire les écarts entre la série de mesures et la valeur moyenne, on utilise l'**écart-type σ**. Il représente, en quelque sorte, la moyenne de ces écarts.

Par définition : $\sigma = \sqrt{\dfrac{\sum_{i=1}^{N}(m_i - \overline{m})^2}{N}}$

Avec une calculatrice

• **Texas :**
– Sélectionner le mode stats, puis sélectionner *1:Edite.*
– Entrer les valeurs dans la colonne L1 et leurs fréquences dans la colonne L2.
– Lancer le calcul statistique à une variable en sélectionnant stats *CALC, 1:Stats 1-Var,* puis en tapant : 2nde 1 , 2nde 2 et entrer).
La moyenne $\overline{x}$ et l'écart-type σx s'affichent alors.

• **Casio :**
– Sélectionner le mode *STAT.*
– Entrer les valeurs la colonne *List1* et leurs fréquences dans la colonne *List2*, en précisant le rôle de chaque colonne (sélectionner *CALC* puis *SET*, puis choisir *List1* pour 1Var Xlist et *List2* pour 1Var Freq).
– Lancer le calcul statistique à une variable (1Var).
La moyenne $\overline{x}$ et l'écart-type σx s'affichent alors.

Avec un tableur
Excel et OpenOffice possèdent une fonction **MOYENNE()** et une fonction **ECARTYPEP()**.

Exemple
Voici les mesures relevées par 7 binômes d'une classe.

Binôme	1	2	3	4	5	6	7
***U* (V)**	4,90	4,92	4,89	4,92	4,94	4,95	4,92

On trouve ici $\overline{m} = 4{,}92$ V et $\sigma = 0{,}02$ V.

• **Déduire l'incertitude**
En sciences physiques, il n'est pas rare que les mesures se répartissent selon une courbe de Gauss (en forme de cloche renversée).

Dans ce cas, le résultat de la mesure aura 95 % de chance de se trouver dans l'intervalle $[\overline{m} - 2\sigma\,;\,\overline{m} + 2\sigma]$. On écrit alors $\boldsymbol{M = \overline{m} \pm \Delta M}$, où $\boldsymbol{\Delta M = 2\sigma}$.

4. Précision de la mesure

La précision d'une mesure est le rapport **$\Delta M/M$.** Elle s'exprime en général **en %**. La mesure est d'autant plus **précise** que cette grandeur est faible.

Fiche méthode 6

Effectuer une analyse dimensionnelle

L'analyse dimensionnelle permet de déterminer la dimension d'une grandeur et donc d'en déduire son unité. Elle permet également de vérifier l'exactitude d'une formule.

1. Le Système international d'unités (SI)

Le système international d'unités définit **sept unités de base** associées à **sept grandeurs de base.** Toutes les autres unités, appelées **unités dérivées**, peuvent s'exprimer comme une combinaison de ces unités de base.

Grandeur de base	Unité de base	Symbole
longueur	mètre	m
masse	kilogramme	kg
temps	seconde	s
courant électrique	ampère	A
température	kelvin	K
quantité de matière	mole	mol
intensité lumineuse	candela	cd

2. Dimension d'une grandeur

• Par convention, toutes les grandeurs sont organisées selon un système de dimensions. Chacune des sept grandeurs de base a sa **propre dimension**, représentée symboliquement par une lettre majuscule.

Grandeur de base	Symbole de la dimension
longueur	L
masse	M
temps	T
courant électrique	I
température	Θ
quantité de matière	N
intensité lumineuse	J

• Toutes les autres grandeurs sont des **grandeurs dérivées.** Les dimensions des grandeurs dérivées se déterminent à partir des dimensions des sept grandeurs de base et des équations de la physique.

• La **dimension** d'une grandeur G se note entre crochets : $[G]$. Si $[G] = 1$, la grandeur G est **sans dimension**.

Exemple

On cherche à déterminer la dimension d'une vitesse.

$v = \frac{d}{\Delta t}$ avec
- v, vitesse
- d, distance parcourue
- Δt, temps mis pour parcourir la distance d

On a alors : $[v] = \frac{[d]}{[\Delta t]} = \frac{\mathrm{L}}{\mathrm{T}} = \mathrm{L} \cdot \mathrm{T}^{-1}$. La dimension d'une vitesse est donc une longueur divisée par un temps.

3. De la dimension à l'unité

• On peut déterminer l'unité de n'importe quelle grandeur simplement à partir de sa dimension.

Exemple

Pour déterminer l'unité d'une force F dans le Système international, on détermine sa dimension $[F]$ à l'aide d'une équation de la physique : $P = m \cdot g$.

$[F] = [P] = [m] \cdot [g] = \mathrm{M} \cdot \mathrm{L} \cdot \mathrm{T}^{-2}$.

On en déduit que l'unité d'une force dans le Système international est le kilogramme-mètre par seconde au carré ($\mathrm{kg} \cdot \mathrm{m} \cdot \mathrm{s}^{-2}$).

• Certaines unités dérivées portent un autre nom. Une force s'exprime, par exemple, en newton (N).

Grandeur	Dimension	Unité (SI)	Autre nom
force	$\mathrm{M \cdot L \cdot T^{-2}}$	$\mathrm{kg \cdot m \cdot s^{-2}}$	newton (N)
fréquence	$\mathrm{T^{-1}}$	$\mathrm{s^{-1}}$	hertz (Hz)
pression	$\mathrm{M \cdot L^{-1} \cdot T^{-2}}$	$\mathrm{kg \cdot m^{-1} \cdot s^{-2}}$	pascal (Pa)
énergie	$\mathrm{M \cdot L^{2} \cdot T^{-2}}$	$\mathrm{kg \cdot m^{2} \cdot s^{-2}}$	joule (J)
puissance	$\mathrm{M \cdot L^{2} \cdot T^{-3}}$	$\mathrm{kg \cdot m^{2} \cdot s^{-3}}$	watt (W)
charge électrique	$\mathrm{I \cdot T}$	$\mathrm{A \cdot s}$	coulomb (C)
tension électrique	$\mathrm{M \cdot L^{2} \cdot T^{-3} \cdot I^{-1}}$	$\mathrm{kg \cdot m^{2} \cdot s^{-3} \cdot A^{-1}}$	volt (V)
résistance électrique	$\mathrm{M \cdot L^{2} \cdot T^{-3} \cdot I^{-2}}$	$\mathrm{kg \cdot m^{2} \cdot s^{-3} \cdot A^{-2}}$	ohm (Ω)

Remarque : Les grandeurs sans dimension (densité, indice de réfraction…) n'ont pas d'unité, à l'exception des angles qui, bien que sans dimension, s'expriment en radian (rad).

4. Analyse dimensionnelle d'une formule

L'analyse dimensionnelle permet de vérifier qu'une formule est **homogène**, c'est-à-dire que les deux membres de la formule ont la même dimension. Dans le cas contraire, la formule est nécessairement fausse.

Exemple

On peut vérifier l'homogénéité de la formule suivante :

$T = 2\pi \cdot \sqrt{\frac{r^3}{\mathrm{G} \cdot M}}$ avec T, période de révolution d'une planète, G, constante de gravitation universelle, r, rayon de l'orbite circulaire, M, masse de l'astre attracteur.

D'une part, $[T] = \mathrm{T}$.

D'autre part : $\left[2\pi \cdot \sqrt{\frac{r^3}{\mathrm{G} \cdot M}}\right] = \sqrt{\frac{\mathrm{L}^3}{\mathrm{L}^3 \cdot \mathrm{M}^{-1} \cdot \mathrm{T}^{-2} \cdot \mathrm{M}}} = \sqrt{\mathrm{T}^2} = \mathrm{T}$.

Cette formule est bien homogène.

méthode 7

Modéliser des actions mécaniques par des forces

Afin d'expliquer le mouvement d'un objet, il est important de connaître toutes les actions mécaniques qui agissent sur lui. Celles-ci ne sont pas directement saisissables et mesurables, on les modélise donc par des forces.

1. Identifier le point d'application

Le point d'application modélise l'endroit en lequel l'action mécanique du donneur agit sur le receveur.

• Pour une **action mécanique de contact**, le point d'application se situe au **point de contact** entre le donneur et le récepteur. S'il s'agit d'une surface de contact, le point d'application est le centre de cette surface.

• Pour une **action mécanique à distance**, le point d'application se situe au **centre de gravité** du receveur.

2. Représenter une force

Une force est caractérisée par un **point d'application**, une **droite d'action**, un **sens d'action** et une **intensité**.

On la représente par un segment fléché (vecteur) et on la note : $\vec{F}_{\text{donneur/receveur}}$

Exemple

On considère l'action mécanique d'une raquette sur une balle de tennis :

Réalité	Modélisation
	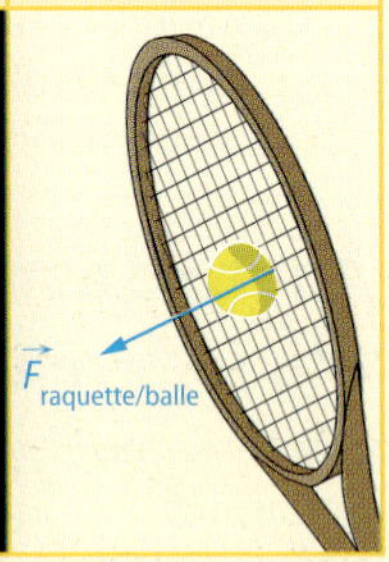

3. Utiliser un diagramme objets-actions

Pour établir un bilan des actions mécaniques qui s'exercent sur un objet, il est conseillé de construire un diagramme objets-actions.

Pour cela, il faut suivre les étapes suivantes.

a. Effectuer l'inventaire des objets concernés par l'étude, en n'oubliant pas :
– les **appuis** (le sol, par exemple) qui exercent une action mécanique (sinon l'objet s'enfoncerait) ;
– la **Terre**, responsable de l'action mécanique à distance liée à la pesanteur.

b. Schématiser ces objets dans des ovales en mettant au centre l'objet d'étude.

c. Représenter les actions par un trait de liaison.
Lorsqu'un objet agit sur l'objet d'étude, représenter cette action par un **trait de liaison** :
– en trait plein pour une action de contact ;
– en pointillés pour une action à distance ;
Indiquer également le sens de l'action.

Il est ensuite possible ensuite de modéliser les actions mécaniques par des forces sur un schéma.

Exemples

On considère les situations suivantes :
– un palet de hockey glissant sur la glace ;
– un ballon de rugby au moment du coup de pied du joueur.

Modélisation des forces s'exerçant sur le palet :

Diagramme objets-actions	Modélisation
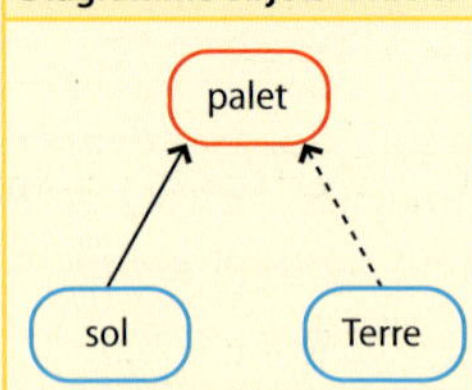	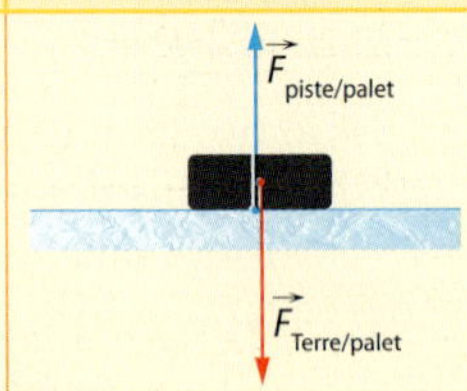

Modélisation des forces s'exerçant sur le ballon de rugby :

Diagramme objets-actions	Modélisation
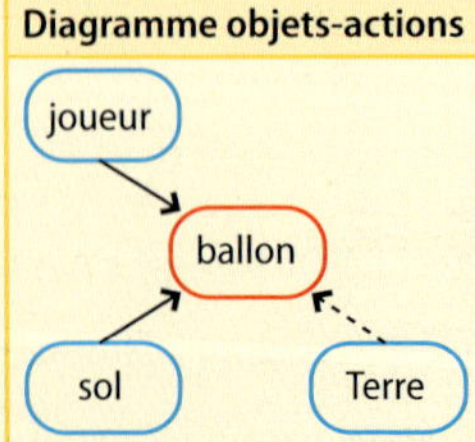	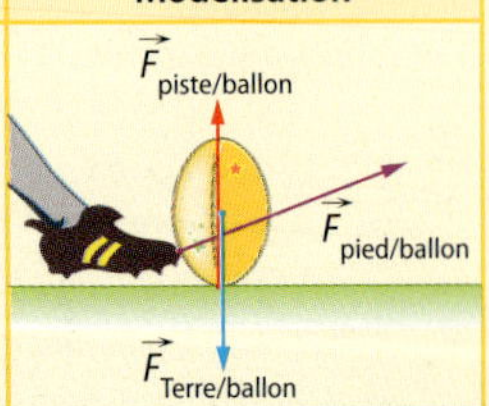

Tracer des vecteurs vitesse et accélération

Les vecteurs vitesse et accélération sont tracés directement sur la trajectoire. Dans l'exemple étudié ici, cette trajectoire est plane et curviligne.

1. Préparation de la trajectoire

La trajectoire du centre d'inertie G du système en mouvement est tracée dans un repère orthonormé (O ; x, y). L'origine O de ce repère coïncide généralement avec la position initiale de G. Les positions successives de G sont séparées par une durée constante, notée τ, et sont écrites sur la trajectoire, sous la forme G_i ou $G(t_i)$.

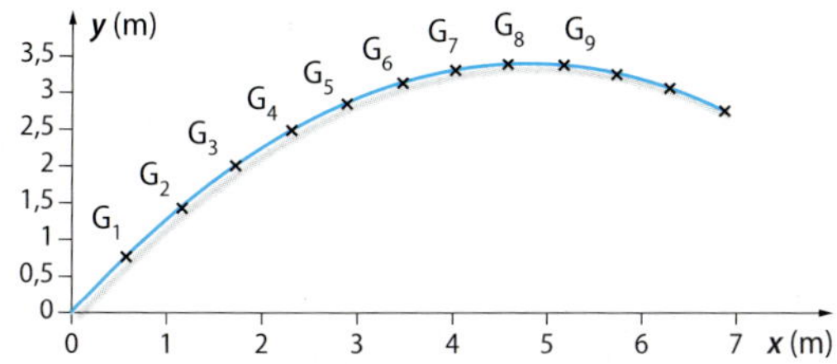

Les distances sont mesurées sur la trajectoire en tenant compte de l'**échelle** fournie par le repère orthonormé utilisé ou par une indication donnée sur la trajectoire.

Exemple

Si l'échelle donnée est de 1/2, les distances réelles sont égales au double des distances mesurées sur la trajectoire.

2. Tracé du vecteur vitesse

Le vecteur vitesse $\vec{v}_i$ au point G_i et sa norme sont données par les relations :

$$\vec{v}_i = \frac{\overrightarrow{G_{i-1}G_{i+1}}}{t_{i+1} - t_{i-1}} = \frac{\overrightarrow{G_{i-1}G_{i+1}}}{2\tau} \; ; \; v_i = \frac{G_{i-1}G_{i+1}}{2\tau}$$

Le sens de $\vec{v}_i$ est celui de $\overrightarrow{G_{i-1}G_{i+1}}$. $\vec{v}_i$ est tracé au point G_i.

Exemple

Pour tracer le vecteur vitesse en G_8, $\vec{v}_8$, on mesure la distance $G_7G_9 = 4{,}3$ cm. L'échelle étant de 1/10, la distance réelle est : $G_7G_9 = 4{,}3 \times 10 = 43$ cm $= 0{,}43$ m. Avec $\tau = 0{,}050$ s, la valeur de la vitesse est :

$$v_8 = \frac{G_7G_9}{2\tau} = \frac{0{,}43}{0{,}10} = 4{,}3 \text{ m}\cdot\text{s}^{-1}.$$

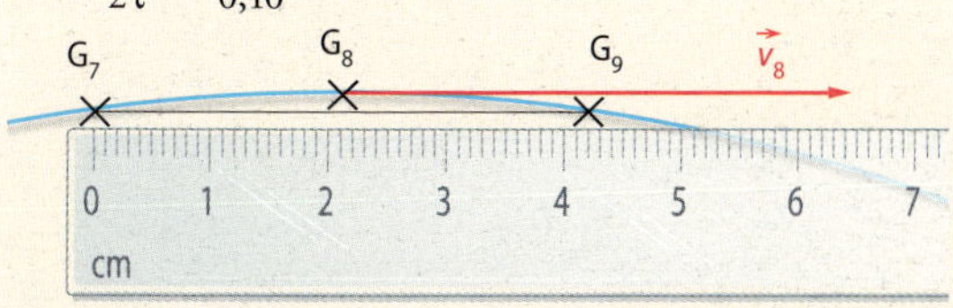

En prenant par exemple une échelle de 1 cm pour 1,0 $\text{m}\cdot\text{s}^{-1}$ pour la vitesse, le vecteur $\vec{v}_8$ est tracé au point G_8. Il a même sens (celui du mouvement) et direction (la tangente à la courbe en G_8) que $\overrightarrow{G_7G_9}$ et sa longueur est de 4,3 cm.

3. Tracé du vecteur accélération

Le vecteur accélération $\vec{a}_i$ au point G_i et sa norme sont donnés par les relations :

$$\vec{a}_i = \frac{\vec{v}_{i+1} - \vec{v}_{i-1}}{t_{i+1} - t_{i-1}} = \frac{\overrightarrow{\Delta v_i}}{2\tau} \; ; \; a_i = \frac{\Delta v_i}{2\tau}$$

Le sens de $\vec{a}_i$ est celui de $\overrightarrow{\Delta v_i}$. Il est tracé au point G_i.

Exemple

Pour tracer $\vec{a}_7$, il faut dans un premier temps avoir représenté comme précédemment les vecteurs $\vec{v}_6$ et $\vec{v}_8$, puis, au point G_7, il faut construire le vecteur $\overrightarrow{\Delta v_7} = \vec{v}_8 - \vec{v}_6$.

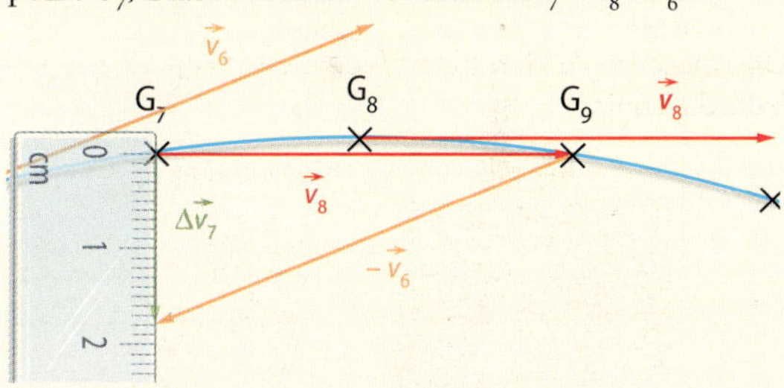

La mesure du vecteur $\overrightarrow{\Delta v_7}$ permet, avec l'échelle des vitesses, de trouver sa valeur : $\Delta v_7 = 1{,}8 \times 1{,}0 = 1{,}8 \text{ m}\cdot\text{s}^{-1}$. L'accélération est donc : $a_7 = \frac{\Delta v_7}{2\tau} = \frac{1{,}8}{0{,}10} = 18 \text{ m}\cdot\text{s}^{-2}$.

Pour tracer $\vec{a}_7$ en G_7, on choisit par exemple une échelle de 1 cm pour 5 $\text{m}\cdot\text{s}^{-2}$ pour l'accélération. Sa longueur est de 3,6 cm, son sens et sa direction sont ceux de $\overrightarrow{\Delta v_7}$.

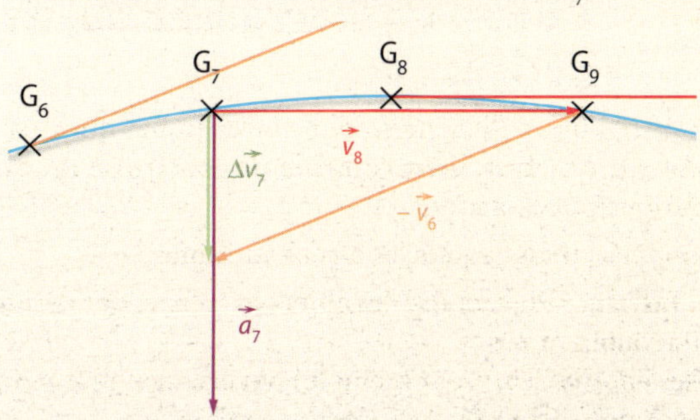

Fiche méthode 9

Établir une chaîne énergétique

Une chaîne énergétique est un schéma fonctionnel qui permet d'identifier les transferts et les conversions d'énergie lors d'une étude énergétique.

1. Identifier les objets qui interviennent

Identifier les objets qui interviennent dans l'étude énergétique. On inscrira ensuite leurs noms dans des ovales.

Exemple

On cherche à établir la chaîne énergétique décrivant la suite de transferts et de conversion d'énergie dans un barrage hydroélectrique. Le schéma suivant permet d'identifier les objets qui interviennent : *retenue d'eau – barrage – turbine – alternateur – réseau électrique.*

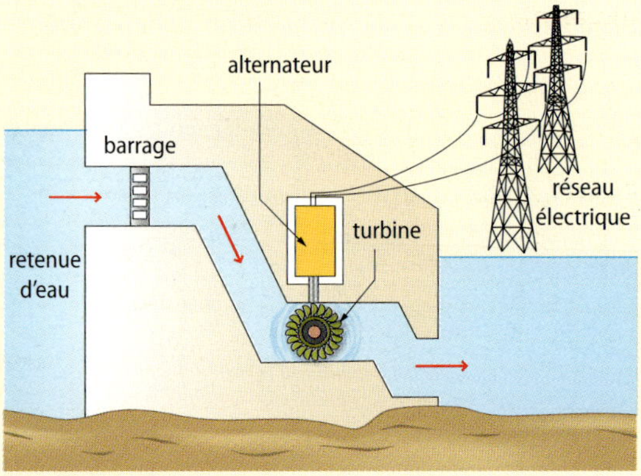

2. Associer à chaque objet son rôle dans la chaîne

- L'objet de début de chaîne et l'objet de fin de chaîne sont nécessairement des **réservoirs** d'énergie.
- Un objet est un **transmetteur** d'énergie quand l'énergie n'y change pas de forme.
- Un objet est un **convertisseur** d'énergie quand l'énergie y change de forme.

Exemple

- La **retenue d'eau** est un **réservoir** d'énergie potentielle.
- Le **barrage** est un **convertisseur** d'énergie potentielle en énergie cinétique.
- La **turbine** est un **transmetteur** d'énergie cinétique.
- L'**alternateur** est un **convertisseur** d'énergie cinétique en énergie électrique.
- Le **réseau électrique** est un **réservoir** d'énergie électrique.

3. Établir la chaîne énergétique

- Entre chaque objet, indiquer par une flèche le sens du transfert d'énergie d'un objet à un autre.
- Indiquer, au-dessus de chaque flèche, le type d'énergie transférée (cinétique, potentielle, électrique…).

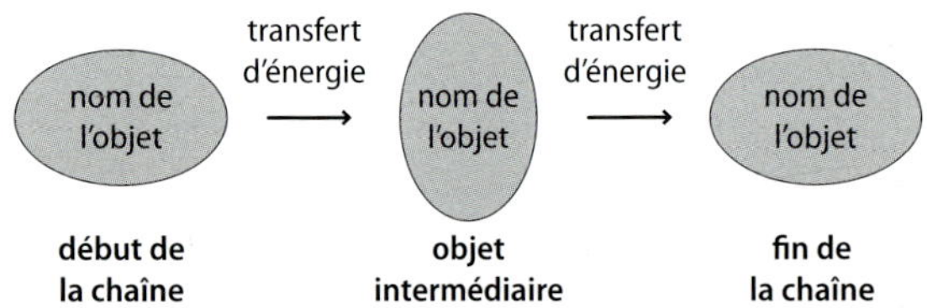

Exemple

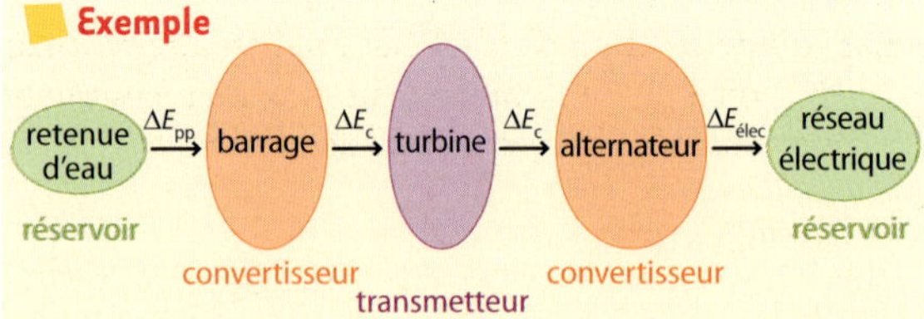

Fiche méthode 10

Suivre l'évolution d'une réaction chimique

Le tableau d'évolution constitue un outil pratique pour suivre le déroulement d'une réaction chimique.

1. Équation chimique

• L'équation chimique de la réaction respecte à la fois les lois de **conservation** des **éléments** et de la **charge électrique**.

• Pour cette raison, il est nécessaire d'ajuster les **nombres stœchiométriques** précédant les symboles chimiques des réactifs et des produits.

Exemples

$CH_4\,(g) + 2\,O_2\,(g) \rightarrow CO_2\,(g) + 2\,H_2O\,(g)$

$Fe^{3+}\,(aq) + 3\,HO^-\,(aq) \rightarrow Fe(OH)_3(s)$

2. Évolution du système

• L'évolution du système chimique est caractérisée par l'**avancement** de la réaction, noté x, et exprimé en mole. C'est une grandeur qui décrit l'état du système chimique au cours de la réaction.

• Pour connaître la composition du système, on peut établir un **tableau d'évolution** dans lequel figurent les quantités de matière des réactifs et des produits au cours de la transformation.

• Au cours de la réaction, les réactifs **disparaissent** et les produits **apparaissent**. On note x_f la valeur finale de l'avancement.

Exemple

		$CH_4(g)$ +	$2\,O_2(g)$ →	$CO_2(g)$ +	$2\,H_2O(g)$
État	**Avancement**	**Quantités de matière (mol)**			
initial	$x = 0$	n_1	n_2	n_3	n_4
en cours	x	$n_1 - x$	$n_2 - 2x$	$n_3 + x$	$n_4 + 2x$
final	x_f	$n_1 - x_f$	$n_2 - 2x_f$	$n_3 + x_f$	$n_4 + 2x_f$

3. État final

• On atteint l'**état final** du système chimique lorsque les quantités de matière des réactifs et des produits de la réaction n'évoluent plus : on a alors $x = x_f$.

• Lors d'une réaction **totale**, l'état final est atteint lorsqu'un des réactifs, le réactif **limitant**, est épuisé. Dans ce cas, $x_f = x_{max}$, où x_{max} est l'avancement maximal. Les quantités de matière des réactifs diminuent jusqu'à ce que l'une d'elles s'annule, ce qui permet de déterminer x_{max} et le réactif limitant.

Exemple

		$CH_4(g)$ +	$2\,O_2(g)$ →	$CO_2(g)$ +	$2\,H_2O(g)$
État	**Avancement**	**Quantités de matière (mol)**			
initial	$x = 0$	2,0	3,0	0	0
en cours	x	$2{,}0 - x$	$3{,}0 - 2x$	x	$2x$
final	x_{max}	$2{,}0 - x_{max}$	$3{,}0 - 2x_{max}$	x_{max}	$2x_{max}$

$x_{max} = 1{,}5$ mol et le réactif limitant est O_2. À l'état final, il reste 0,50 mol de CH_4 et il s'est formé 1,5 mol de CO_2 et 3,0 mol de H_2O.

Remarque : Il existe un état final particulier pour lequel tous les réactifs initialement introduits sont consommés. Il correspond à un mélange des réactifs dans les proportions qui sont celles des nombres stœchiométriques.

Fiche méthode 11

Nommer les molécules organiques

On estime à plus de 15 millions le nombre de composés organiques connus. Aussi l'Union internationale de chimie pure et appliquée (IUPAC) a-t-elle adopté des règles précises de nomenclature.

1. Les alcanes

• Les alcanes non cycliques ont pour formule générale C_nH_{2n+2}.

• Le nom des **alcanes linéaires** prend la terminaison -ane. Un préfixe indique le nombre d'atomes de carbone dans la chaîne carbonée.

Formule semi-développée	Formule brute	nom
CH_4	CH_4	méthane
$H_3C\text{-}CH_3$	C_2H_6	éthane
$H_3C\text{-}CH_2\text{-}CH_3$	C_3H_8	propane
$H_3C\text{-}CH_2\text{-}CH_2\text{-}CH_3$	C_4H_{10}	butane
$H_3C\text{-}CH_2\text{-}CH_2\text{-}CH_2\text{-}CH_3$	C_5H_{12}	pentane
$H_3C\text{-}CH_2\text{-}CH_2\text{-}CH_2\text{-}CH_2\text{-}CH_3$	C_6H_{14}	hexane

• Pour nommer les **alcanes ramifiés** :

1. Rechercher la chaîne principale, c'est-à-dire la chaîne carbonée la plus longue dans la molécule. Attention, il ne s'agit pas nécessairement de la partie horizontale dans l'écriture de la formule semi-développée. Cette chaîne sera nommée de la même façon que l'alcane linéaire ayant le même nombre d'atomes de carbone.

2. Repérer les ramifications. Ce sont des **groupes alkyles** (groupes hydrocarbonés dérivés des alcanes).

Formule semi-développée du groupe	Formule brute	Nom du groupe alkyle
$\text{-}CH_3$	$\text{-}CH_3$	méthyle
$\text{-}CH_2\text{-}CH_3$	$\text{-}C_2H_5$	éthyle
$\text{-}CH_2\text{-}CH_2\text{-}CH_3$	$\text{-}C_3H_7$	propyle
$\text{-}CH_2\text{-}CH_2\text{-}CH_2\text{-}CH_3$	$\text{-}C_4H_9$	butyle

3. Numéroter la chaîne principale de telle sorte que les atomes de carbone portant des ramifications aient les numéros les plus petits possibles.

4. Nommer la molécule : le nom est composé du nom de la chaîne principale, précédé du nom des groupes alkyles. Lorsque le même groupe apparaît plusieurs fois, on lui ajoute un préfixe multiplicatif (di-, tri-, tétra-).

Les noms des groupes alkyles sont classés par ordre alphabétique, sans tenir compte du préfixe multiplicatif. Ils sont précédés du numéro de leur place sur la chaîne principale. Le -e final de leur nom est supprimé.

Exemple

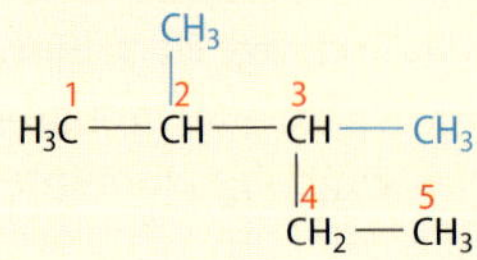

le 2,3-diméthylpentane

2. Les alcènes

• Les alcènes possèdent une **double liaison C=C** et leur formule est du type C_nH_{2n} s'ils sont non cycliques.

• Pour nommer un alcène, on utilise le nom de l'alcane présentant la même chaîne carbonée. La terminaison -ane est remplacée par une terminaison **-ène**, précédée du numéro de la place de la double liaison dans la chaîne carbonée principale. Ce numéro doit être le plus petit possible.

Exemple

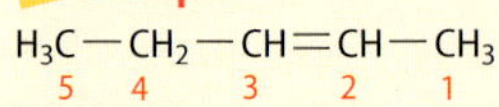

le pent-2-ène

3. Les alcools

• Les alcools sont les molécules présentant un groupe caractéristique **hydroxyle** –OH.
Leur formule est : R–OH.

• Pour nommer un alcool, on utilise le nom de l'alcane possédant la même chaîne carbonée. La terminaison **-ol** s'ajoute à la terminaison -an ; elle est précédée de l'indice de position de l'atome de carbone qui porte le groupe d'atomes caractéristique (appelé atome de carbone fonctionnel). Cet indice doit être le plus petit possible.

Exemples

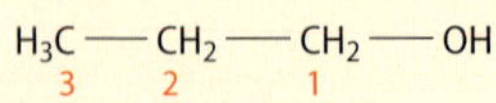

le propan-1-ol

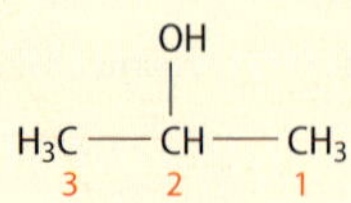

le propan-2-ol

4. Les composés carbonylés

Les composés carbonylés présentent le groupe **carbonyle** $>C=O$. Parmi eux, on distingue les aldéhydes et les cétones.

a. Les aldéhydes

• Dans les aldéhydes, le groupe carbonyle est **situé en bout de chaîne**. La formule est du type 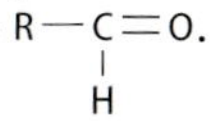.

• La terminaison du nom est **-al.** S'il est nécessaire d'indiquer la place de substituants, la chaîne carbonée est numérotée à partir de l'atome de carbone fonctionnel (celui du groupe carbonyle).

Exemples

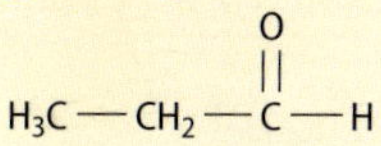
le propanal

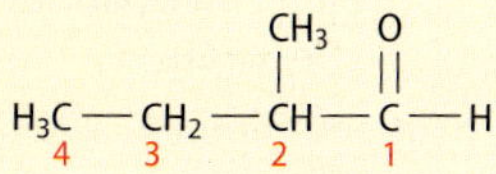
le 2-méthylbutanal

b. Les cétones

• Dans les cétones, le groupe carbonyle est obligatoirement **situé dans la chaîne.** La formule est du type :

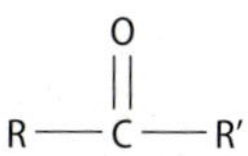

• La terminaison du nom est **-one**. Avant la terminaison, on précise la position de l'atome de carbone fonctionnel. Son indice doit être le plus petit possible.

Exemple

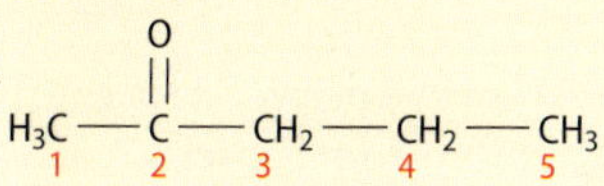
la pentan-2-one

5. Les acides carboxyliques

• Les acides carboxyliques possèdent le groupe **carboxyle** : —COOH.
Celui-ci est toujours **situé en bout de chaîne**. La formule est du type : 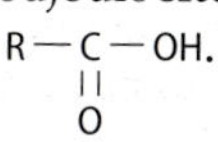.

• Le nom est précédé du mot **acide** et prend la terminaison **-oïque**.

Exemple

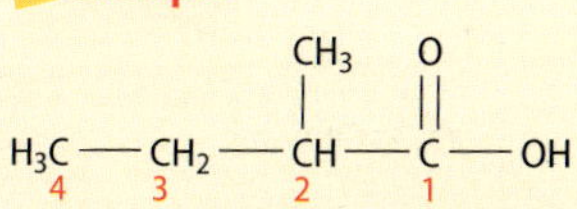
l'acide 2-méthylbutanoïque

6. Les esters

• Les esters possèdent le **groupe ester** : 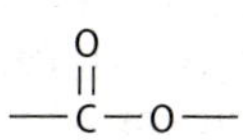

Leur formule est du type : 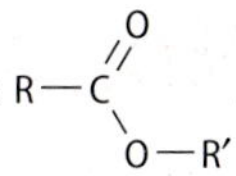.

• Leur nom est en deux parties : la chaîne carbonée contenant le groupe ester prend la terminaison « **-oate de** », suivi du nom du groupe alkyle lié à l'atome d'oxygène.

Exemple

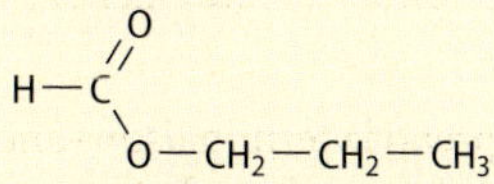
le méthanoate de propyle

7. Les amines

• Les amines possèdent le **groupe amine** 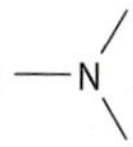.

Leur formule est du type : 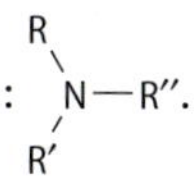.

L'atome d'azote est lié à 0, 1 ou 2 atomes d'hydrogène.

• Les plus simples, contenant le groupe $-NH_2$, prennent la terminaison **-amine.** On précise la position du groupe caractéristique sur la chaîne par un indice qui doit être le plus petit possible.

Exemple

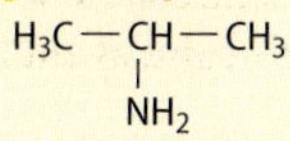
la propan-2-amine

8. Les amides

• Les amides contiennent le **groupe amide** : 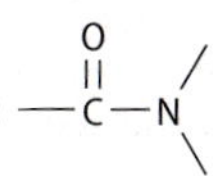

Leur formule est du type : 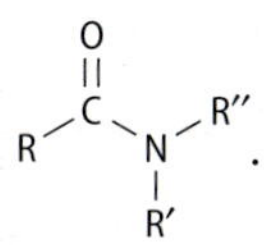.

L'atome d'azote est lié à 0, 1 ou 2 atomes d'hydrogène.

• Le nom des amides les plus simples, contenant $-NH_2$, dérive de celui des acides carboxyliques, en supprimant « acide » et en remplaçant la terminaison **-oïque par -amide.**

Exemple

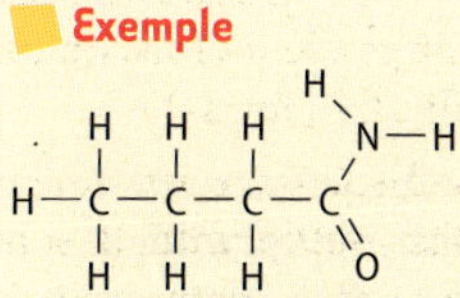
la butanamide

Doser par étalonnage et par titrage direct

Un dosage permet de déterminer la concentration d'une espèce chimique en solution. Un titrage est une technique de dosage particulière.

1. Dosage par étalonnage

On souhaite déterminer la concentration inconnue c_i d'une espèce en solution. Les étapes d'un dosage par étalonnage sont les suivantes.

1. Réaliser une gamme de **solutions étalons**, qui contiennent l'espèce dosée à des concentrations c connues.
2. Mesurer une grandeur X, qui dépend de la concentration, pour chacune de ces solutions. X peut être l'absorbance A (**dosage spectrophotométrique**), la conductance G ou la conductivité σ (**dosage conductimétrique**).
3. Tracer la **droite d'étalonnage** $X = f(c)$.
4. Mesurer la grandeur X_i pour la solution de concentration inconnue c_i en l'espèce dosée.
5. Utiliser la droite d'étalonnage pour déterminer la valeur de c_i.

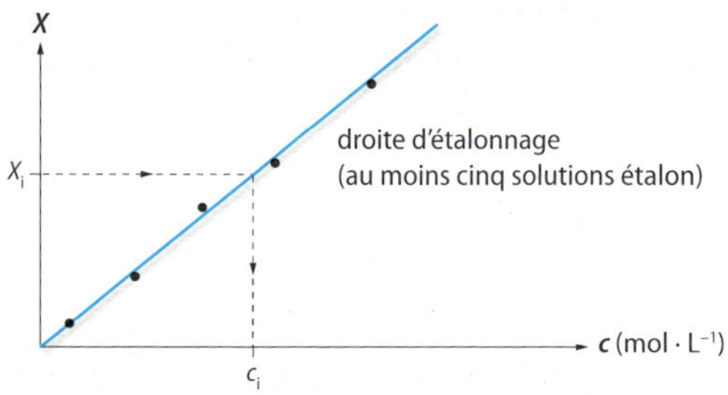

Le dosage par étalonnage est une **méthode non destructive** : la nature et la concentration des différentes espèces qui composent la solution analysée ne sont pas modifiées.

2. Dosage par titrage direct

Lors d'un titrage direct, l'espèce chimique à doser (espèce titrée) réagit avec une espèce chimique de concentration connue (espèce titrante). La réaction mise en jeu doit être totale (on dit aussi quantitative) et rapide.

L'**équivalence** du titrage est l'état final du système chimique pour lequel les réactifs ont été introduits en proportions stœchiométriques. Elle peut être repérée par différentes méthodes.

a. Titrage colorimétrique

Lors d'un **titrage colorimétrique**, l'équivalence est repérée par un changement de couleur, appelé virage. Si les réactifs mis en jeu dans la réaction de titrage sont tous incolores, on peut utiliser un indicateur coloré.

b. Titrage pH-métrique

Lors d'un **titrage pH-métrique**, on trace la courbe représentant le pH en fonction du volume V de solution titrante versé.

L'équivalence est repérée par une variation brutale (saut) du pH sur la courbe $\text{pH} = f(V)$.

Ce saut peut être repéré par deux méthodes.

• **Méthode des tangentes** : tracer les deux tangentes à la courbe (❶ et ❷), puis la droite qui leur est parallèle et équidistante (❸). Cette droite coupe la courbe $\text{pH} = f(V)$ en un point dont l'abscisse est le volume équivalent.

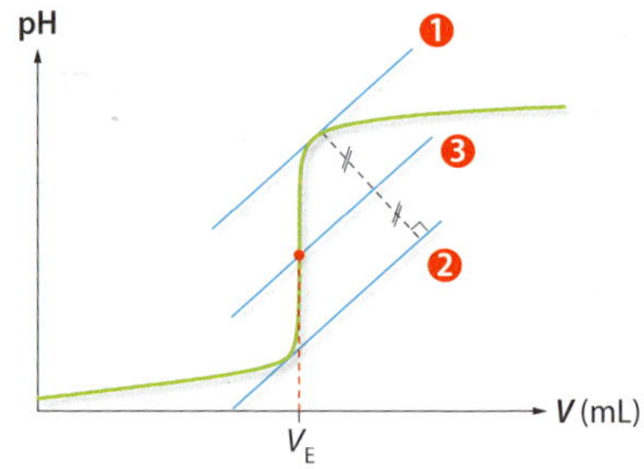

• **Méthode de la dérivée** : la courbe dérivée de la courbe $\text{pH} = f(V)$ présente un extremum dont l'abscisse correspond à la valeur du volume équivalent.

c. Titrage conductimétrique

Lors d'un **titrage conductimétrique**, on mesure la conductance G ou la conductivité σ en fonction du volume V de solution titrante versé.

À partir des points expérimentaux, on trace une droite de régression avant l'équivalence, puis une seconde après l'équivalence. L'intersection de ces deux droites a pour abscisse le volume équivalent.

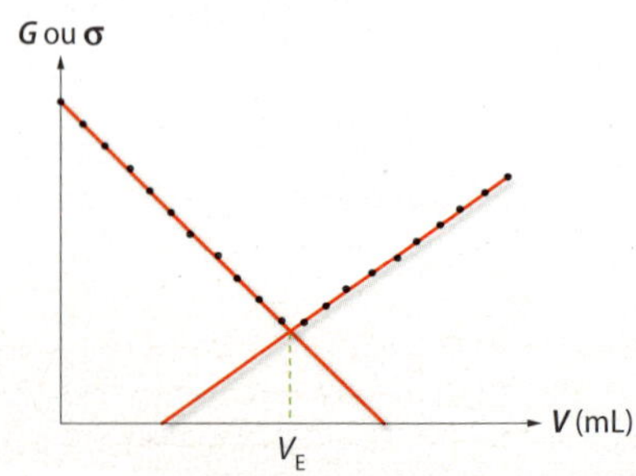

Le dosage par titrage direct est une **méthode destructive** : l'espèce dosée est consommée.

Fiche pratique 1

Traiter des mesures

Le traitement de mesures permet de déterminer d'éventuelles relations mathématiques entre grandeurs.

1. Construire un tableau de mesures

Les grandeurs en présence et leurs unités doivent figurer en entrée du tableau, pour ne pas avoir à les réécrire.

Avec une calculatrice

• **Texas :**
– Sélectionner le mode stats, puis *1:Edite.*
– Entrer les valeurs dans la colonne L1, puis dans la colonne L2.

• **Casio :**
– Sélectionner le mode *STAT.*
– Entrer les valeurs la colonne *List1*, puis dans la colonne *List2.*

Avec un tableur

Les valeurs sont rentrées directement dans les colonnes du tableur.

2. Construire le graphe correspondant

Pour que le graphe puisse être exploitable, donner :
– les **grandeurs** et leurs **unités** sur chaque axe ;
– l'**échelle** utilisée sur chaque axe ;
– un **titre** au graphe.

Avec une calculatrice

• **Texas :**
– Appuyer sur 2nde, puis Y =.
– Choisir le type de graphique.
– En Xlist, préciser si L1 ou L2 est en abscisses. En Ylist, préciser si L1 ou L2 est en ordonnées.

• **Casio :**
– Sélectionner le mode *GRAPH*, puis *SET.*
– Choisir le type de graphique.
– Pour tracer le graphe, sélectionner *GPH1.*

Avec un tableur (Excel)

– Sélectionner les deux colonnes concernées.
– Cliquer sur l'icône *Graphique*, puis choisir le type de graphe souhaité. En cliquant sur *Suivant*, légender le graphe.

3. Modéliser le graphe

Modéliser un graphe consiste à lui associer une fonction mathématique connue.

Avec une calculatrice

• **Texas :**
– Sélectionner le mode stats, puis *CALC.*
– Choisir le type de courbe souhaité.

• **Casio :**
– Sélectionner le mode *STAT*, puis *CALC.*
– Choisir le type de courbe souhaité.

Avec un tableur (Excel)

– Faire un clic droit sur la courbe et sélectionner *Ajouter une courbe de tendance.*
– Choisir la courbe modélisante.
– Sélectionner *Format de la courbe tendance* et *Afficher l'équation sur le graphique.*

4. Créer une grandeur calculée en fonction d'une grandeur mesurée

Avec une calculatrice

• **Texas :**
– Sélectionner L3.
– Dans la fenêtre qui s'ouvre, écrire le calcul qui donnera L3 (en fonction de L1 ou de L2).

• **Casio :**
– Sélectionner L3
– Écrire le calcul qui donnera *List3* (en fonction de *List1* ou de *List2*).

Avec un tableur

• Dans la première cellule de la 3e colonne (C1), taper « = ».
• Dans la fenêtre qui s'ouvre, écrire le calcul qui donnera la valeur de la cellule C1 (en fonction de la valeur de la cellule A1 ou de la cellule B1), puis « étirer » la cellule pour appliquer ce calcul à toute la 3e colonne.

Fiche pratique 2

Utiliser un oscilloscope

Un oscilloscope est un instrument qui permet de visualiser, sur un écran gradué, la variation d'une tension au cours du temps.

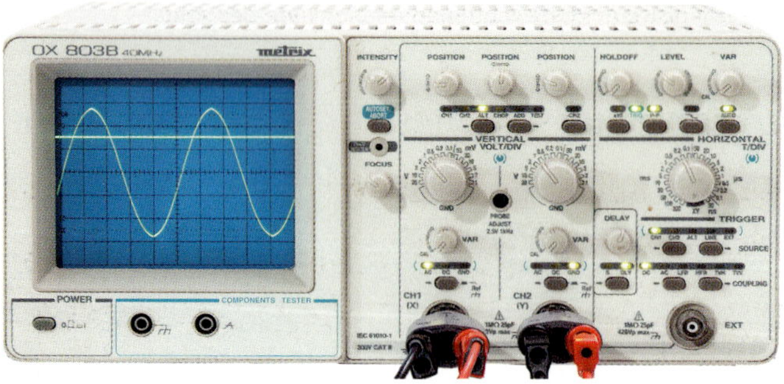

1. Description

La représentation de la variation de la tension au cours du temps, qui est une courbe visible à l'écran, est appelée **oscillogramme**.

Sur l'**axe horizontal**, on mesurera les **durées**, et sur l'**axe vertical** les **tensions**.

Un oscilloscope possède généralement deux entrées différentes : la voie A et la voie B (ou voie Y ou CH pour channel*). On peut donc visualiser, sur un même appareil, la variation au cours du temps d'une ou deux tensions.*

2. Branchement

L'oscilloscope se branche, comme un voltmètre, **entre deux points d'un circuit électrique**.

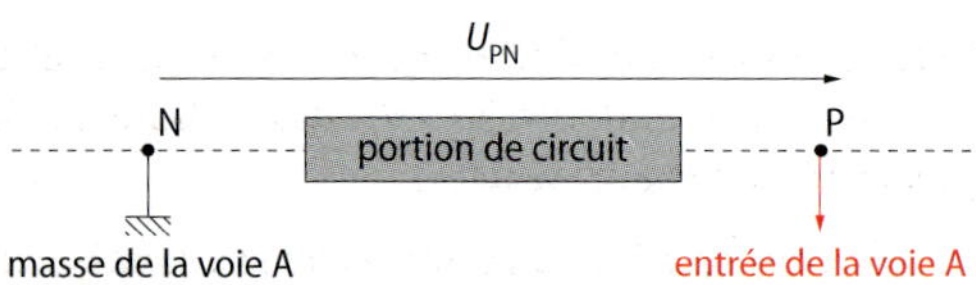

3. Réglages

a. Le « zéro »

Lorsque le commutateur d'entrée est sur « zéro » (ou GND), la tension est nulle : à l'écran, on a une trace continue.

À l'aide du bouton de réglage vertical, on place la trace sur l'axe horizontal central. ▶

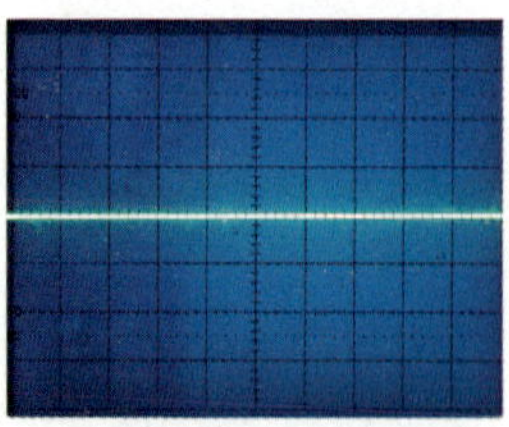

b. Le commutateur AC/DC

- Si la tension est continue, on place ensuite le commutateur sur DC.
- Si la tension est variable, on place le commutateur sur AC.

c. Le balayage et la sensibilité

Pour effectuer des mesures précises, il faut que l'oscillogramme occupe tout l'écran. À cet effet, on règle :

– la durée de balayage ⓐ, qui donne l'échelle de l'axe horizontal de l'oscillogramme, en ms/div ou µs/div ;

– la sensibilité verticale ⓑ, qui donne l'échelle de l'axe vertical, en V ou mV/div.

ⓐ
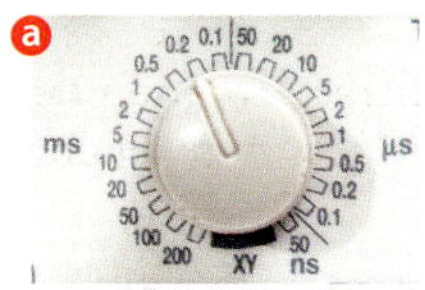

ⓑ
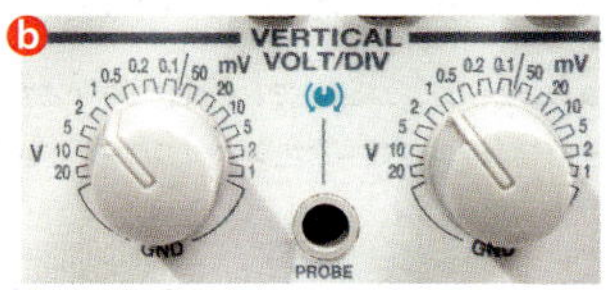

4. Mesures

Une fois la tension visualisée à l'écran, il est possible de calculer la période du signal et la tension maximale.

Exemple

Les différents réglages effectués, les valeurs suivantes sont utilisées : la durée de balayage est $k_x = 0{,}5\ \text{ms} \cdot \text{div}^{-1}$; la sensibilité verticale est $k_y = 2\ \text{V} \cdot \text{div}^{-1}$.

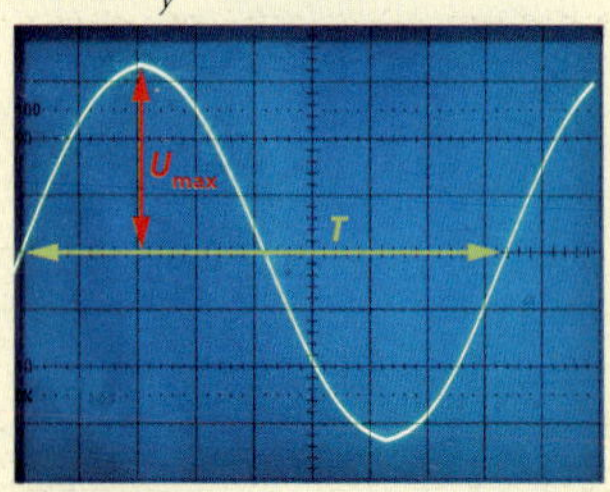

Mesure de la période T

Sur l'écran, T correspond à $x = 8{,}4$ divisions.

$T = x \cdot k_x$ soit $T = 8{,}4 \times 0{,}5 = 4{,}2\ \text{ms} = 4{,}2 \times 10^{-3}\ \text{s}$.

Mesure de la tension maximale U_{max}

Sur l'écran, U_{max} correspond à $y = 3{,}4$ divisions.

$U_{max} = y \cdot k_y$ soit $U_{max} = 3{,}4 \times 2 = 6{,}8\ \text{V}$.

Fiche pratique 3

Utiliser le logiciel Audacity

Audacity est un logiciel gratuit d'enregistrement, de traitement et d'analyse des sons.

1. Fonctions générales du logiciel

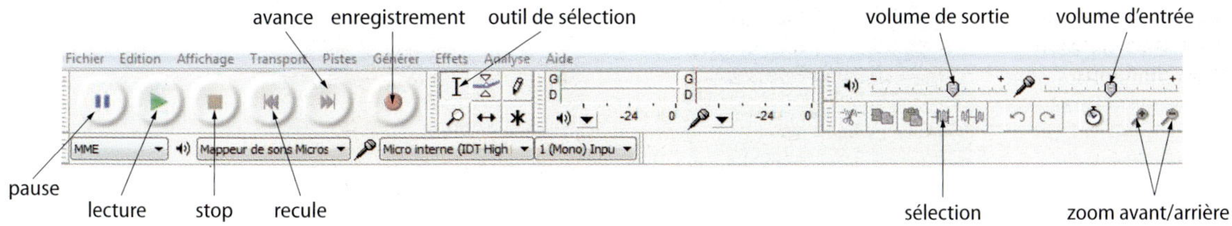

2. Acquisition du son

a. Enregistrement

- Brancher le microphone sur l'ordinateur.
- Ouvrir le logiciel Audacity.
- Régler le curseur du *Volume d'entrée* au centre pour éviter la saturation (amplitude du signal trop importante).
- Sélectionner le microphone correspondant dans le menu déroulant *Périphérique d'entrée.*
- Lancer l'enregistrement en cliquant sur l'icône *Enregistrement*
- Arrêter l'enregistrement en cliquant sur l'icône *Stop*.

b. Ouverture d'un fichier audio

- Dans l'onglet *Fichier*, sélectionner *Ouvrir*, puis choisir le fichier et cliquer sur *Ouvrir*. Une courbe d'allure similaire à la suivante doit alors apparaître sur l'écran.

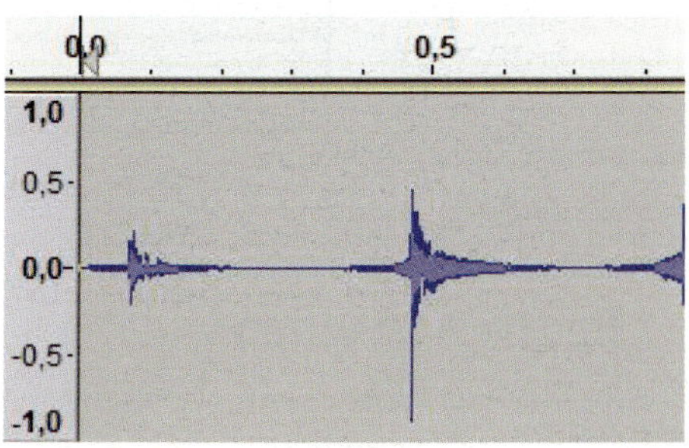

- Les graduations correspondant au temps sont affichées en abscisses et les graduations correspondant à l'amplitude du son, en ordonnées.

c. Sélection du son à étudier

- Cliquer sur l'icône *Zoom avant* pour agrandir l'enregistrement.
- Sélectionner la partie de l'enregistrement à étudier en cliquant sur l'icône *Outil de sélection*, puis en cliquant sans lâcher sur les deux limites de la zone à étudier.
- Vérifier en cliquant sur le bouton *Lecture*.
- Cliquer sur *Sélection* pour ne conserver que cette partie.

3. Analyse spectrale

- Dans l'onglet *Analyse*, choisir *Tracer le spectre.*
- Placer le curseur au niveau du (ou des) pic(s) et lire la donnée correspondante à *Crête*, qui indique la (les) fréquence(s) correspondante(s).
- Pour plus de précision, on pourra choisir, dans le menu *Axe*, l'option *Fréquence logarithmique*.

Exemple

On réalise l'analyse spectrale d'un son. Au niveau de la crête, on lit : $f = 5\ 997$ Hz.

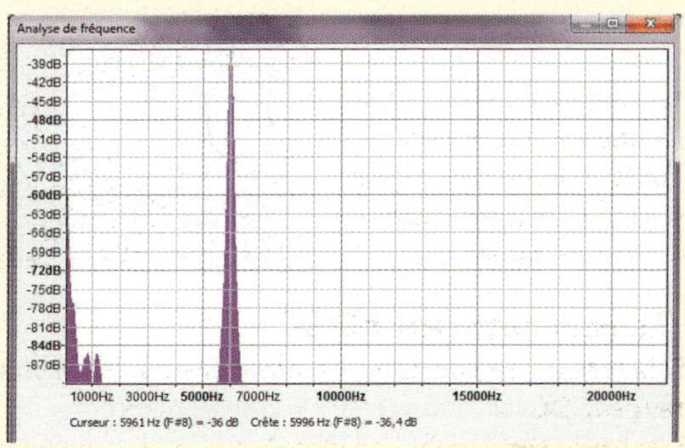

Utiliser une webcam

L'utilisation d'une webcam permet d'enregistrer le mouvement d'un objet. Pour que l'enregistrement vidéo permette l'analyse du mouvement, il faut respecter certaines consignes.

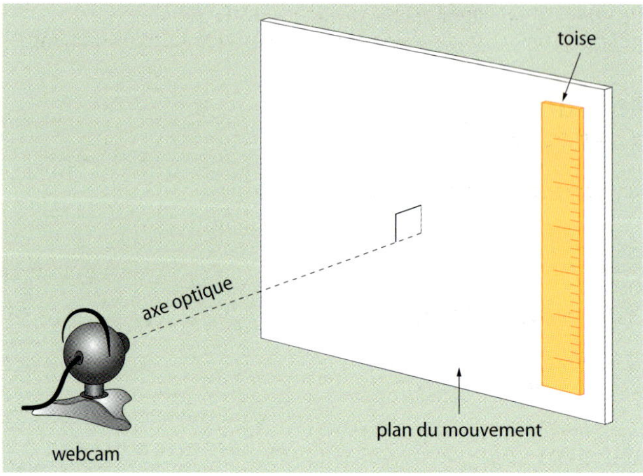

1. Cadrer la scène

La scène à filmer étant suffisamment éclairée, il faut :

1. **positionner la webcam** pour cadrer la zone de mouvement à étudier, en vérifiant que l'axe optique de la caméra reste perpendiculaire au plan du mouvement ;
2. **régler le cadre vertical** de l'image parallèlement à un axe vertical du dispositif ;
3. **prévoir une toise** dans le plan du mouvement pour l'étalonnage des longueurs ;
4. **faire la mise au point** de l'objectif pour que l'image formée soit la plus nette possible.

2. Régler la caméra

a. Les paramètres vidéo

Le cadrage effectué, il faut ensuite désactiver les réglages automatiques et choisir des paramètres vidéo adaptés au mouvement étudié.

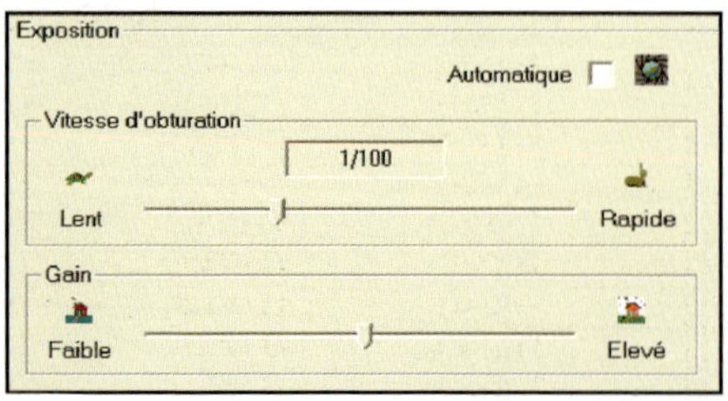

• La **vitesse d'obturation** (appelée aussi le **temps de pose**) permet de régler la durée de chaque image (en général 1/100 ou 1/250 s).

Exemple

Si la vitesse de l'objet filmé est importante, la vitesse d'obturation (qui correspond à la durée pendant laquelle la lumière arrive au capteur) doit être élevée pour obtenir une image nette, sans présence de traînée due au mouvement (mais l'image est alors moins lumineuse).

• Le **gain** permet d'obtenir une image plus claire, mais moins bien définie.

Exemple

Pour compenser une vitesse d'obturation faible ou un faible éclairage de la scène, le gain doit être élevé, ce qui permet d'augmenter numériquement (et donc artificiellement) la luminosité des images (qui seront alors moins nettes).

b. Les paramètres d'acquisition

Pour finir, il faut :
– donner un nom au fichier de capture ;
– fixer la durée maximale de la séquence vidéo ;
– fixer le nombre d'images par seconde souhaité.

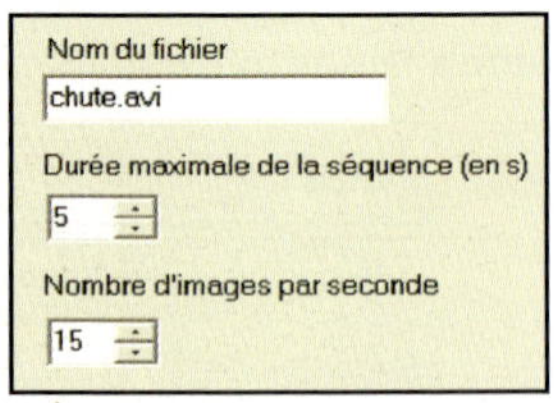

3. Réaliser la vidéo

• Le début de la capture et la mise en mouvement de l'objet doivent être synchronisés.

• Le tournage effectué, sélectionner la première et la dernière image à conserver et choisir un mode de compression afin d'alléger la vidéo obtenue en vue de sa sauvegarde.

Fiche pratique 5

Utiliser un logiciel de pointage

Un logiciel de pointage permet, à partir d'un enregistrement vidéo adapté, d'étudier le mouvement d'un objet par pointage de ses positions successives au cours du temps.

1. Ouvrir la séquence vidéo

Les séquences vidéo sont généralement enregistrées dans des fichiers au format .avi.

2. Adapter la taille de l'image

Pour réaliser un pointage précis sur l'écran, il est nécessaire d'adapter la taille de l'image à celle de la fenêtre où elle s'affiche.

3. Étalonner l'écran

Pour que les mesures réalisées sur les images vidéo soient « en vraies grandeurs », on étalonne l'écran à l'aide de la toise placée, lors de l'acquisition, dans le plan du mouvement.

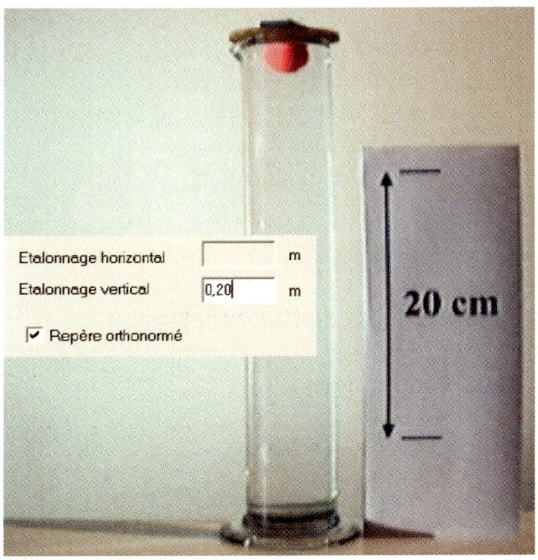

4. Choisir des axes et l'origine des temps

• Pour repérer les positions successives du mobile, on utilise un repère d'espace xOy (origine et sens du système d'axes) judicieusement choisi.

• L'origine des dates est, par défaut, la première image de la séquence vidéo, mais il est possible de choisir une autre image.

5. Réaliser le pointage

• Les positions successives du mobile sont pointées à l'aide de la souris, la séquence vidéo défilant image par image après chaque clic.

• Les coordonnées successives $(t\,;x\,;y)$ sont enregistrées et peuvent ensuite être traitées à l'aide d'un tableur-grapheur :

Grd	t	X	Y
Unité	s	m	m
1	0,000	0,000	0,001
2	0,040	0,000	0,009
3	0,080	0,001	0,023
4	0,120	-0,001	0,045
5	0,160	0,000	0,073
6	0,200	0,000	0,105
7	0,240	0,000	0,137
8	0,280	0,000	0,169
9	0,320	0,001	0,193
10	0,360	0,000	0,215
11	0,400	0,000	0,239
12	0,440	-0,001	0,268
13	0,480	0,001	0,296

Fiche pratique 6

Utiliser un logiciel de traitement d'images

Paint et PhotoFiltre sont des logiciels de création, d'analyse et de traitement d'images.

1. Création d'images sur Paint

• On peut **créer** des images en utilisant les formes de base proposées dans la barre d'état, ou les outils *Crayon* et *Pinceaux* pour dessiner à la main.

• Pour les **couleurs**, on peut utiliser les couleurs de base proposées dans la palette de la barre d'état, ou créer une couleur en ouvrant la fenêtre *Modifier les couleurs*.

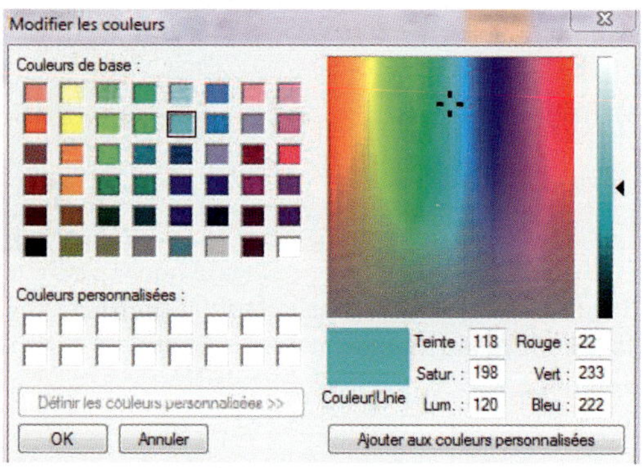

• On applique ensuite les couleurs à l'image créée à l'aide de l'outil *Remplissage*, symbolisé par un pot de peinture.

2. Importer des images

• Pour **importer** des images dans Paint ou PhotoFiltre, il suffit de copier l'image et de la coller en utilisant l'onglet correspondant.

• Les **propriétés** de l'image s'affichent automatiquement en bas de la fenêtre.

3. Traitement d'images sur Paint

• Par l'intermédiaire d'outils accessibles dans l'onglet *Accueil*, Paint permet, entre autres, de **sélectionner** une partie de l'image ou de la faire **pivoter**.

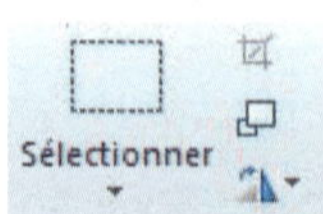

• Dans l'onglet *Affichage*, il est possible d'**agrandir** ou de **rétrécir** l'image, et d'afficher un quadrillage ou une règle.

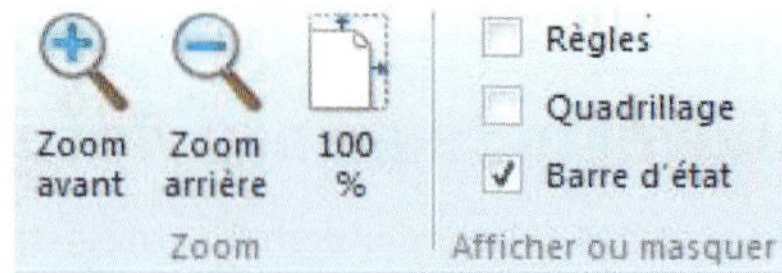

4. Traitement d'images sur PhotoFiltre

a. Application de filtres

• Sur la barre d'état du logiciel PhotoFiltre, sont proposés divers **traitements de l'image** (dégradé, effets anciens, jeux de luminosité ou de contraste, etc.).

• Ces effets peuvent être annulés en cliquant sur la **flèche rouge** de la barre d'état.

b. Fusion d'images

• Vérifier l'installation du **plugin** *Arithmétique* dans le menu *Outils*, puis *Modules externes*.

• Coller les images à fusionner dans la fenêtre.

• Ouvrir la fenêtre ***Arithmétique***.

• Dans la zone de commande, saisir :
(I1+I2)/2 pour la fusion de 2 images ;
(I1+I2+I3)/3 pour la fusion de 3 images, etc.

• Cliquer sur *OK*. Le résultat de la fusion s'affiche alors dans la fenêtre du logiciel.

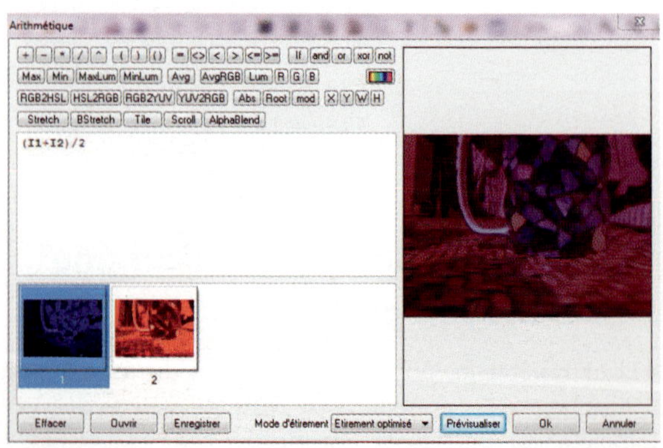

Fiche pratique 7

Verrerie en chimie

Chauffage à reflux

Ballon monocol

Ballon bicol

Réfrigérant à boules

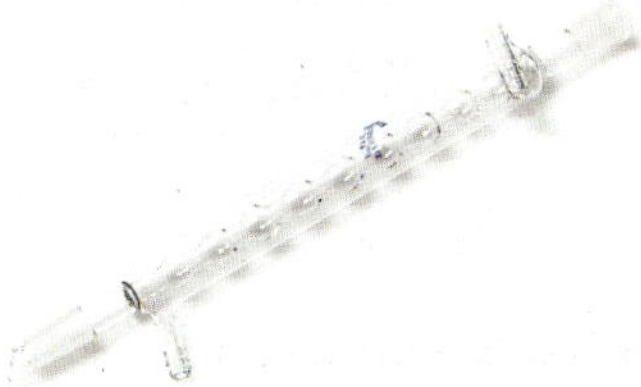

Ampoule de coulée isobare

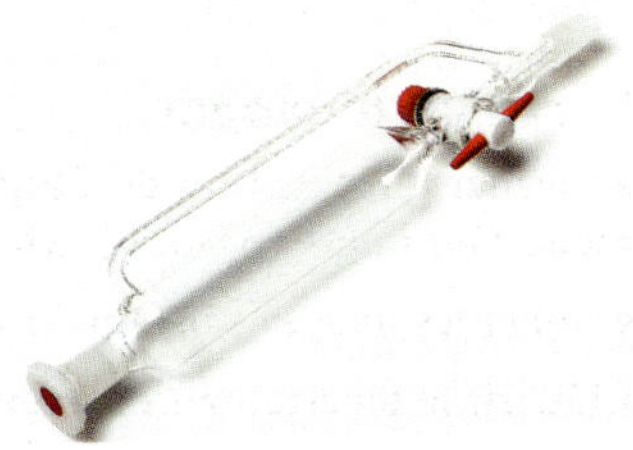

Filtration sous vide

Fiole à vide

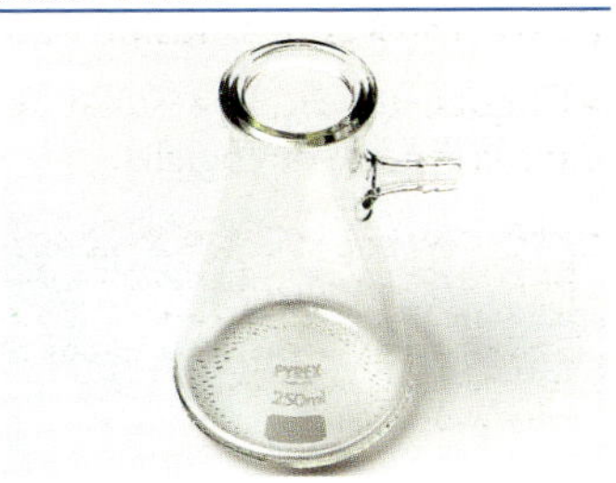

Entonnoir Büchner

Extraction

Ampoule à décanter

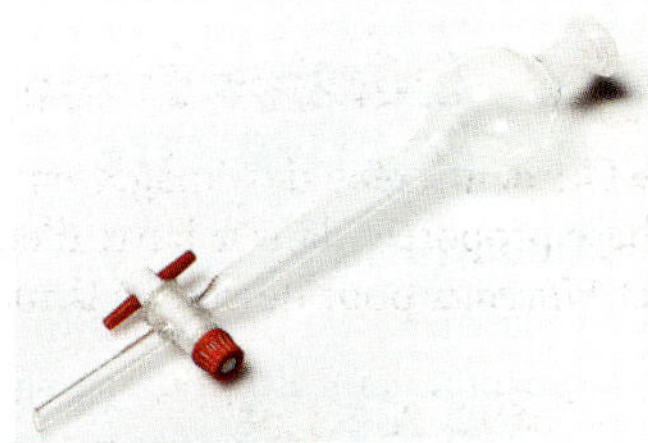

Distillation

Colonne de Vigreux

Réfrigérant droit

Chromatographie

Cuve à CCM

Dosage

Burette graduée

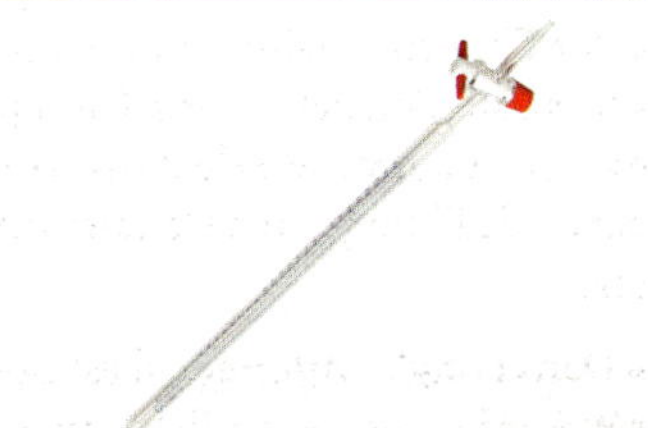

Fiche pratique 8

Utiliser les appareils de mesure

L'usage des appareils de mesure nécessite un certain nombre de précautions, qu'il est important de respecter si l'on veut obtenir des résultats corrects.

1. Le pH-mètre

a. Description

• Le pH-mètre est un millivoltmètre électronique qui mesure la tension électrique entre deux électrodes, en général réunies (électrode combinée ou sonde pH-métrique). L'une des électrodes est l'électrode de référence ; l'autre, l'électrode de verre, est l'électrode de mesure. Elle est au contact de la solution par l'intermédiaire d'une fine membrane de verre très fragile.

• La tension électrique entre les deux électrodes est une fonction affine de la valeur du pH et elle dépend de la température. L'appareil affiche, après amplification, les résultats directement en unités pH.

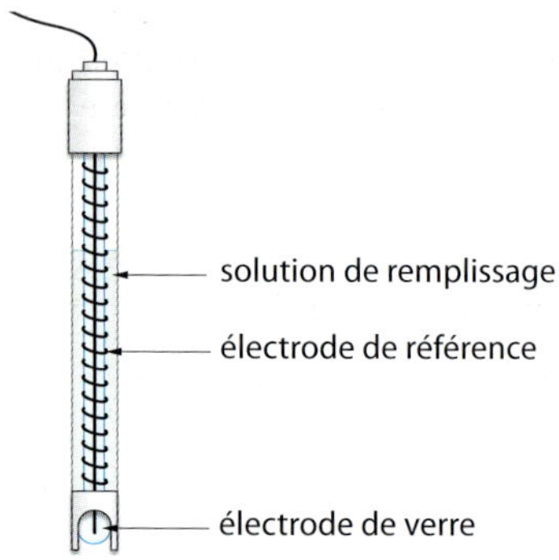

Électrode combinée pour une mesure de pH.

b. Précautions d'emploi des électrodes

• Manipuler avec précaution l'électrode de verre.

• Rincer soigneusement l'électrode sous un jet de pissette d'eau distillée avant et après son utilisation.

• Agiter les solutions avec un agitateur magnétique, en veillant à ce que le barreau aimanté ne choque pas la sonde.

• Entre deux lectures, plonger la sonde dans de l'eau distillée mais ne pas laisser l'électrode dans la solution ni à l'air libre.

• Remettre l'électrode dans la solution de conservation entre chaque période de repos de l'appareil.

c. Étalonnage

L'étalonnage est indispensable, car la tension mesurée dépend de la température, des électrodes et de l'appareil. Il faut donc, pour ajuster l'échelle de tension à celle du pH, mesurer la température des solutions aqueuses à analyser et entrer cette valeur dans l'appareil.

L'étalonnage en pH s'effectue alors en déterminant deux points à l'aide de deux solutions de pH connu :

• Immerger la sonde dans une solution tampon à pH = 7, puis effectuer un réglage à l'aide du bouton de zéro, pour obtenir une valeur la plus proche de 7, soit 0 en tension.

• Immerger la sonde dans une autre solution tampon à pH connu (4 ou 10 suivant la zone de pH de l'échantillon), puis régler la valeur mesurée à l'aide du bouton de « pente ».

d. Mesure

• Agiter la solution aqueuse pendant une trentaine de secondes.

• Immerger le bout de l'électrode combinée, en réglant sa hauteur pour qu'elle n'ait aucun contact avec le bareau aimanté, et maintenir l'agitation.

• Attendre la stabilisation de l'affichage avant de noter le résultat, qui n'est donné qu'à 0,1 unité de pH près.

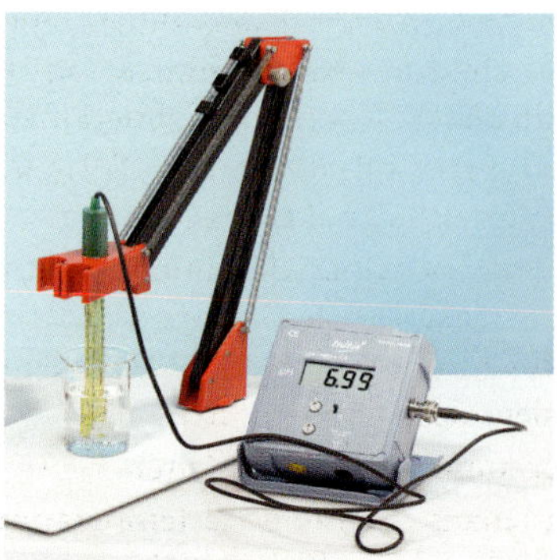

Mesure du pH d'une solution.

2. Le spectrophotomètre

a. Description

Cet appareil comporte un émetteur et un récepteur de lumière entre lesquels on place une cuve contenant un peu de solution à analyser : cette solution absorbe plus ou moins les différentes composantes (longueurs d'onde) de la lumière.

Pour un faisceau monochromatique de longueur d'onde donnée, l'appareil compare l'intensité de la lumière incidente I_0 et l'intensité de la lumière transmise I et fournit une tension électrique qui varie comme l'absorbance A de la solution ($A = \log(I_0/I)$).

Ainsi l'absorbance, grandeur qui n'a pas d'unité, mesure la manière dont la solution absorbe la lumière.

La valeur de A ne doit pas excéder 2 pour que la mesure soit valable (loi de Beer-Lambert applicable).

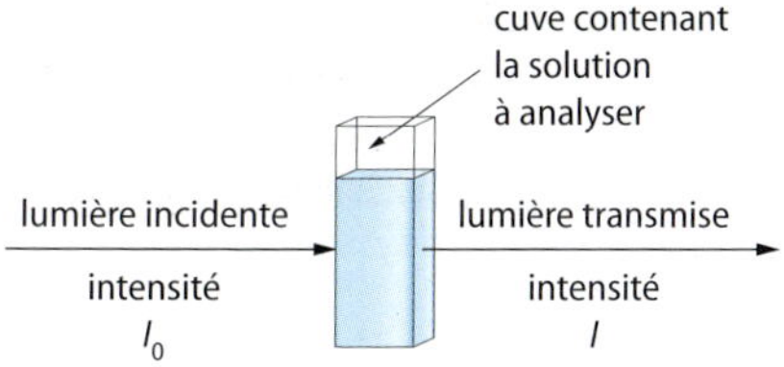

Absorption du flux lumineux par la solution à analyser.

b. Étalonnage

• Une mesure de référence (le « blanc ») doit être réalisée avec une cuve contenant le solvant (en général de l'eau distillée), afin que la variation de l'intensité lumineuse ne dépende que de l'espèce chimique à étudier.

• Attention à respecter la position des fenêtres de la cuve lors de l'insertion dans le porte-échantillon !

c. Mesure

• On introduit la cuve contenant l'échantillon à analyser dans le porte-échantillon.

• La valeur de l'absorbance s'affiche directement sur l'appareil ou est enregistrée par un dispositif d'acquisition de mesures et de traitement de données.

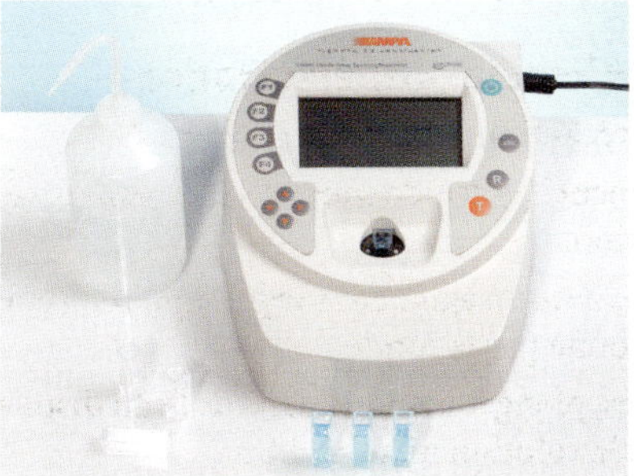

Mesure de l'absorbance d'une solution.

3. Le conductimètre

a. Description

Les conductimètres du commerce mesurent directement la conductivité σ (en $S \cdot m^{-1}$). Ils se composent d'une cellule conductimétrique et d'un boîtier de mesure.

b. Étalonnage

Il doit être réalisé à l'aide d'une solution aqueuse étalon de chlorure de potassium, $K^+(aq) + C\ell^-(aq)$, dont la conductivité est connue en fonction de la température.

• Rincer la cellule de mesure à l'eau distillée et l'essuyer à l'aide de papier absorbant.

• Plonger la cellule du conductimètre et un thermomètre dans la solution et agiter.

• Attendre que l'équilibre thermique soit atteint et noter la valeur de la température.

• Sélectionner l'échelle désirée.

• En tenant compte de la température de la solution, ajuster la valeur affichée de la conductivité à la valeur donnée dans les tables.

c. Mesure

• Toujours rincer et essuyer la cellule entre deux mesures.

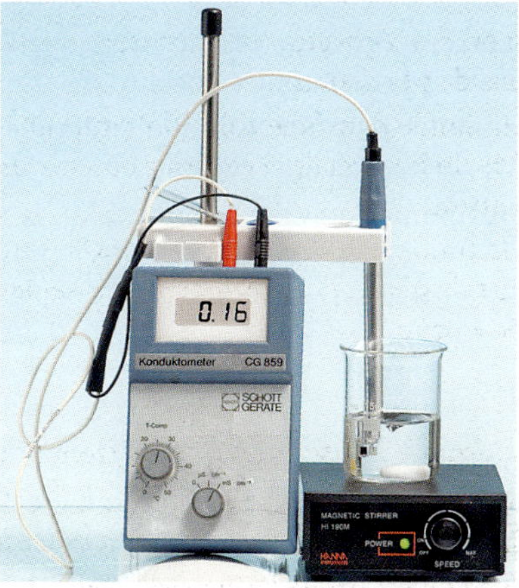

Mesure de la conductivité d'une solution.

Fiche pratique 9

Réaliser un titrage direct

Obtenir un résultat précis et reproductible implique de manipuler avec soin et réflexion.

1. Avec quoi rincer la verrerie ?

L'important est que le rinçage ne modifie pas la concentration de la solution ou la quantité de matière pour la suite :

Verrerie	Solution de rinçage
Burette	Solution de remplissage
Pipette	Solution à prélever
Erlenmeyer dans lequel on verse la prise d'essai	Eau distillée
Fiole jaugée	Eau distillée

2. Préparation de la burette

1. Placer un bécher ou un erlenmeyer sous le robinet de la burette.

2. Rincer les parois de la burette avec quelques millilitres de la solution qu'elle doit contenir. Si le flacon qui contient la solution à verser est gros, il est conseillé de transvaser la solution dans un petit bécher ou d'utiliser un entonnoir.

3. Remplir la burette en dépassant la graduation du zéro, puis ouvrir le robinet : il est indispensable que la partie située après le robinet soit remplie avec la solution à doser.

– Pour les solutions transparentes, laisser couler la solution jusqu'à ce que le bas du ménisque soit situé au niveau de la graduation zéro.

– Pour les solutions opaques (bas du ménisque difficilement repérable), laisser couler la solution jusqu'à ce que le haut du ménisque soit situé au niveau de la graduation zéro.

La lecture du volume équivalent se fera selon le même principe.

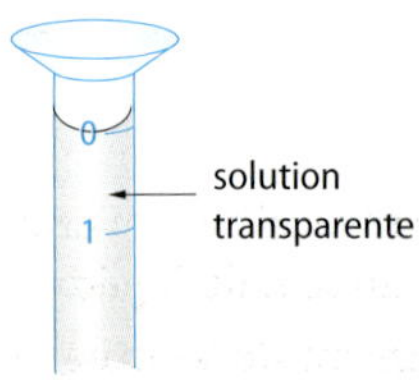

Repérage du zéro pour une solution transparente.

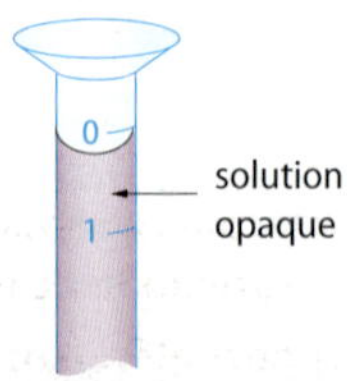

Repérage du zéro pour une solution opaque.

4. Vérifier l'absence de bulle d'air dans la burette.

3. Prélèvement de la solution à doser

1. Dans un bécher propre et sec, verser la solution à prélever. Bien réfléchir au volume nécessaire : il doit être suffisant pour le prélèvement, mais pas trop grand pour éviter les gaspillages.

2. Choisir une pipette jaugée correspondant au volume voulu et rincer ses parois avec la solution à prélever. Jeter la solution de rinçage, puis prélever le volume de solution souhaité et l'introduire dans un bécher (ou un erlenmeyer) propre et sec.
Un ajout d'eau distillée modifie la concentration de la solution dans le bécher, mais pas la quantité de matière, qui est la grandeur utilisée dans les calculs à l'équivalence et qui dépend de la concentration et du volume de la solution introduite avec la pipette jaugée.

4. Dispositif expérimental

1. Introduire un barreau aimanté dans le bécher (ou l'erlenmeyer) placé sous le robinet de la burette et mettre en route l'agitateur magnétique. L'agitation doit être bien réglée :
– trop lente, elle ne permet pas aux réactifs titrant et titré de se rencontrer assez vite pour que le titrage soit immédiat ;
– trop rapide, elle peut provoquer des éclaboussures. Les gouttes de réactifs projetées sur les parois au début du titrage ne sont alors pas dosées.

2. Pour les titrages pH-métriques et conductimétriques, vérifier que les sondes sont bien immergées, sans être frappées par l'agitateur.

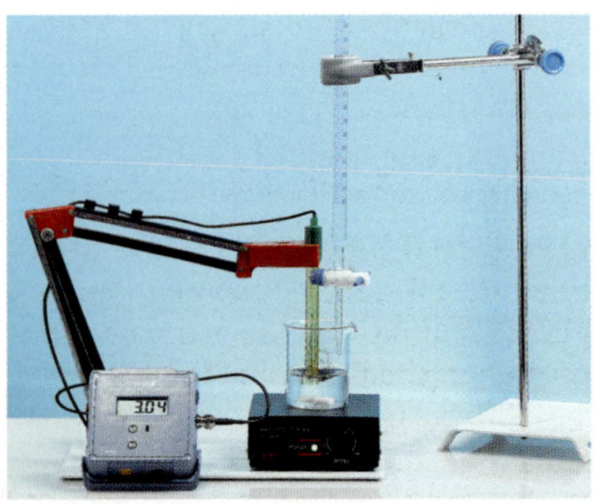

Montage de titrage pH-métrique.

Fiche pratique 10

Réaliser une distillation fractionnée ou un chauffage à reflux

1. Principe et intérêt des montages

• Une **distillation** permet de séparer deux liquides miscibles dont les températures d'ébullition sont différentes. Lorsque le mélange est chauffé, le composé qui a la température d'ébullition la plus basse s'évapore le premier. Ses vapeurs se refroidissant dans le réfrigérant, elles se condensent : on peut alors recueillir ce liquide, séparé du reste du mélange.

• Un **chauffage à reflux** est utilisé pour augmenter la vitesse des transformations chimiques lors des synthèses.
Le reflux permet d'éviter les pertes de matière en condensant les vapeurs formées.

2. Mise en œuvre pratique

• Introduire le mélange dans un ballon à fond rond et ajouter quelques grains de pierre ponce.
• Fixer le ballon au support par une pince et le placer dans le chauffe-ballon posé sur un support élévateur.
• *Pour la distillation fractionnée*, placer sur le ballon la colonne de Vigreux puis le condenseur (ou réfrigérant), qui sera maintenu par une pince fixée à un support.
• *Pour le chauffage à reflux*, placer sur le ballon le réfrigérant.
• Relier le tuyau d'arrivée d'eau froide au robinet, puis au bas du condenseur.
• Placer une extrémité du tuyau de sortie d'eau en haut du condenseur, puis l'autre extrémité dans l'évier.
• Ouvrir avec précaution le robinet et régler un débit d'eau assez faible.
• Mettre en marche le chauffe-ballon, puis régler le thermostat de manière à obtenir une ébullition douce.

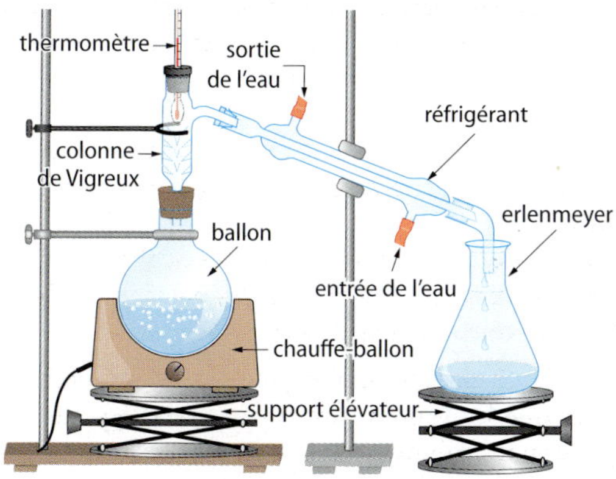

Montage de distillation fractionnée.

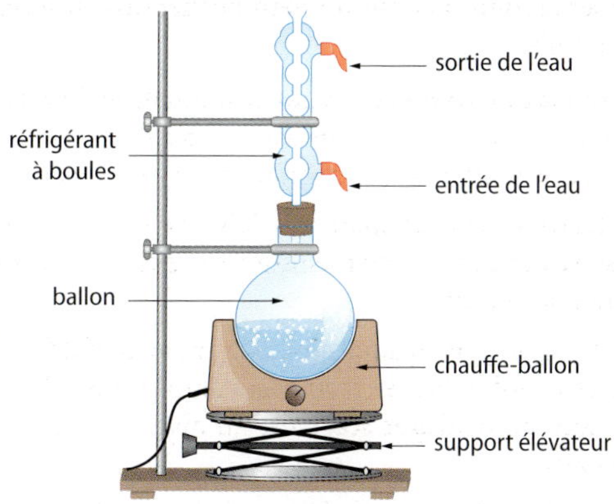

Montage de chauffage à reflux.

3. Rôle des différents éléments

• Le **réfrigérant** (ou condenseur) permet d'éviter les pertes de matière (réactifs, produits, solvants, espèces spectatrices) par évaporation. Il est important que l'eau arrive par le bas du réfrigérant et ressorte par le haut.
Attention ! Le haut du réfrigérant ne doit pas être bouché (risque de surpression dans le montage).

• La **pierre ponce** permet de réguler l'ébullition en favorisant la formation de bulles d'air au sein du liquide.
• Le **support élévateur** est un élément de sécurité : il permet de descendre rapidement le chauffe-ballon afin d'interrompre le chauffage en cas de besoin (emballement de la réaction).

Réaliser une chromatographie sur couche mince (CCM)

1. Préparation de la cuve

• Si besoin, préparer le mélange de solvants qui constituera l'**éluant**, puis en verser dans la cuve à chromatographie afin d'obtenir une hauteur de liquide d'environ 1 cm.

• Boucher la cuve afin d'éviter l'évaporation des solvants.

2. Préparation de la plaque

Attention ! Si la plaque utilisée est une plaque de silice, elle est très fragile. Éviter de la toucher avec les doigts.

• Tracer au crayon gris, à environ 1,5 cm du bord inférieur de la plaque, un trait qui constitue la ligne de dépôt.

• Placer sur cette ligne des marques, régulièrement espacées, dont le nombre est égal à celui des échantillons à déposer.

3. Dépôt des échantillons

• À l'aide d'une pointe fine, déposer les échantillons sur leurs marques respectives. La tache de dépôt ne doit pas dépasser 3 mm, et il faut changer de pique pour chaque échantillon.

4. Élution

• Introduire la plaque verticalement dans la cuve : la ligne de dépôt doit être au-dessus du niveau du solvant. Boucher la cuve.

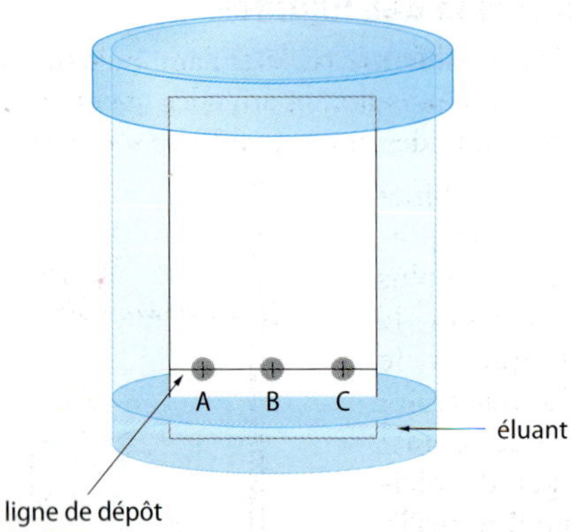

Plaque préparée avec dépôt.

• Le solvant contenu dans la cuve monte le long de la plaque : c'est l'étape d'**élution**. Attendre que l'éluant arrive à environ 1 cm du haut de la plaque, puis retirer la plaque et repérer par un trait la hauteur maximale atteinte par l'éluant (c'est la **ligne de front**). Sécher la plaque (à l'aide d'un sèche-cheveux par exemple).

5. Révélation du chromatogramme

• Dans le cas de composés colorés, le **chromatogramme** est directement exploitable.

• Pour les produits incolores, il est nécessaire de faire apparaître les taches : c'est l'étape de **révélation.** On peut pour cela utiliser une lampe à ultraviolet, des vapeurs de diiode ou une solution de permanganate de potassium.

Attention ! Ne pas regarder directement la lumière d'une lampe à ultraviolet.

• Entourer chaque tache au crayon.

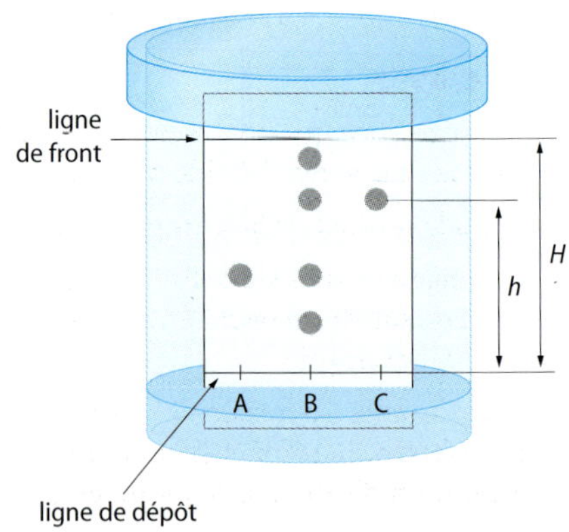

Chromatogramme après élution.

6. Exploitation du chromatogramme

• Mesurer la hauteur parcourue par le solvant entre les deux traits repérés sur la plaque. On la note H.

• Mesurer la hauteur parcourue par une tache, entre la ligne de dépôt et sa hauteur finale. On la note h.

• Le **rapport frontal** R de ce composé peut être calculé par la formule $R = \frac{h}{H}$.

Fiche pratique 12

Réaliser des extractions

La filtration permet de séparer un solide d'un liquide après cristallisation. Une ampoule à décanter permet de séparer deux liquides non miscibles lors d'une extraction liquide-liquide.

1. Filtration sous pression réduite

Dans la filtration par gravité, le liquide s'écoule sous la seule action de son poids à travers un papier-filtre placé sur un entonnoir. La filtration sous pression réduite est plus performante.

a. Dispositif expérimental

1 robinet
2 trompe à eau
3 tuyau de raccord
4 fiole de garde
5 fiole à vide où le filtrat est recueilli
6 joint
7 entonnoir Büchner muni d'un papier-filtre

b. Mise en œuvre

- Placer un papier-filtre qui doit recouvrir les trous du Büchner. Fixer la fiole à vide à l'aide d'une pince.
- Ouvrir à fond le robinet de la trompe à eau.
- Verser le mélange à séparer sur le Büchner. Afin d'améliorer le séchage du solide, on peut l'écraser (avec un bouchon retourné par exemple).
- À la fin de la filtration, débrancher le tuyau d'arrivée d'eau **avant** de fermer le robinet (sinon, il peut se produire une aspiration d'eau dans le montage).

2. Extraction liquide-liquide

L'ampoule à décanter permet d'extraire une espèce chimique d'un mélange en utilisant un solvant (non miscible au mélange) dans lequel elle est plus soluble que dans le milieu d'origine.

a. Introduction du mélange

- Placer l'ampoule à décanter sur son support, robinet fermé. Placer un bécher en dessous.
- À l'aide d'un entonnoir, introduire dans l'ampoule la solution contenant la substance à extraire, puis le solvant extracteur.

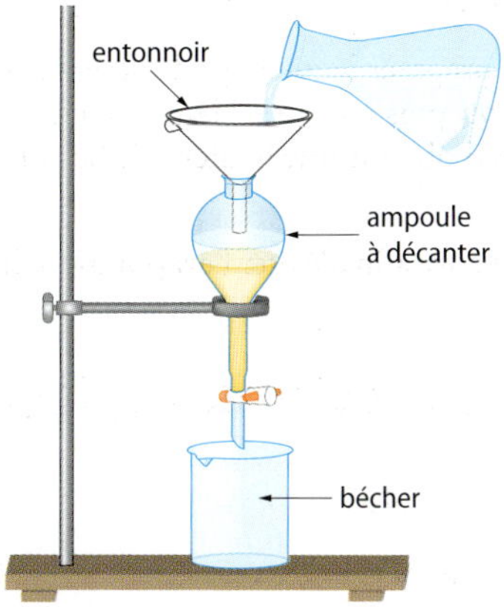

b. Extraction et dégazage

- Placer le bouchon sur l'ampoule, puis la sortir du support.
- En tenant le bouchon avec une main, incliner l'ampoule comme indiqué sur la figure ci-dessous. L'ouverture de l'ampoule doit être dirigée vers un espace inoccupé.
- En maintenant toujours le bouchon, agiter l'ampoule. De temps en temps, interrompre l'agitation et ouvrir le robinet pour éviter des problèmes de surpression dans l'ampoule : c'est le dégazage.

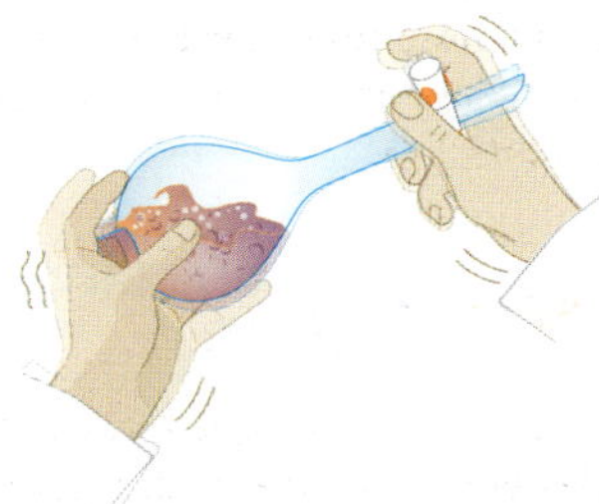

c. Séparation des liquides

- Le robinet étant fermé, replacer l'ampoule sur son support. Enlever le bouchon et attendre quelques instants que les deux liquides non miscibles se séparent.
- Ouvrir le robinet et recueillir le premier liquide (le plus dense). Fermer le robinet quand le second liquide arrive au niveau du robinet et changer de récipient pour le recueillir si besoin.

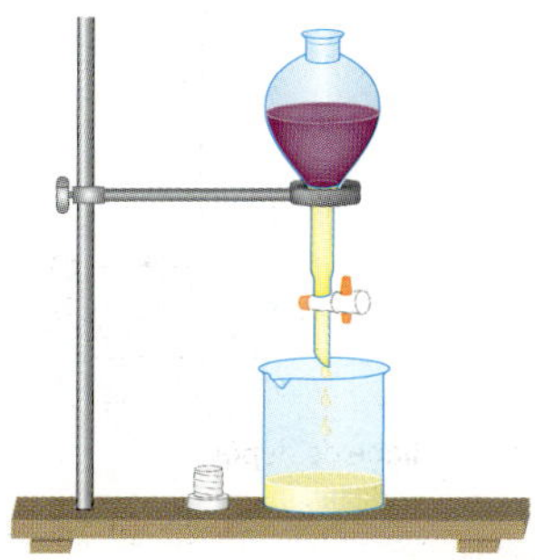

Réaliser une recristallisation

La recristallisation est la méthode la plus courante pour éliminer la majorité des impuretés contenues dans un produit de synthèse solide.

1. Principe

À la suite des différentes étapes d'une synthèse, on obtient généralement un solide qui n'est pas pur. Ainsi, la mesure de la température de fusion de ce solide brut donne une valeur souvent inférieure à celle indiquée dans les tables.

Au laboratoire comme dans l'industrie, on utilise la recristallisation pour purifier le solide brut et obtenir un produit pur. Il s'agit d'une technique fondée sur la différence de solubilité d'un solide dans un solvant donné en fonction de la température. En général, la solubilité d'un solide augmente avec la température du solvant.

Exemple
La solubilité dans l'eau du paracétamol est de 10 g · L^{-1} à 20 °C et de 250 g · L^{-1} à 100 °C.

Après recristallisation, si on mesure à nouveau le point de fusion du solide purifié, la valeur trouvée est alors proche de la valeur de référence.

Cependant, le rendement de la synthèse est réduit par le fait qu'une partie du produit reste dans le solvant.

2. Choix du solvant

Choisir un solvant dans lequel :
– le produit est peu soluble à froid et relativement soluble à chaud ;
– les impuretés sont solubles à froid.

L'eau ou l'alcool sont les solvants les plus souvent utilisés.

3. Mise en œuvre

- La première opération est la dissolution du produit brut dans le minimum de solvant chaud. Ajouter au solide le solvant porté à ébullition par petites quantités, jusqu'à le dissoudre entièrement.

- Laisser ensuite refroidir la solution, généralement dans un bain d'eau glacée. ▶

Le produit cristallise seul, les impuretés restant en solution dans le solvant.

En cas de « retard à la cristallisation », on peut favoriser la formation du premier cristal en grattant les parois internes du récipient à l'aide d'une baguette de verre ou en introduisant, si on en possède, un cristal du composé à recristalliser.

- Après cristallisation, filtrer sous vide (sur Büchner) le mélange glacé.
- Effectuer un lavage du solide en utilisant le minimum de solvant préalablement refroidi.
- Sécher le produit solide.

Fiche pratique 14

Préparer une solution de concentration donnée

La préparation d'une solution peut être effectuée par dissolution d'une masse connue dans un volume fixé de solvant ou par dilution d'une solution, appelée solution-mère.

1. Par dissolution d'un solide

1. Calculer la masse m de solide à prélever.

Pour préparer un volume V (en L) de solution aqueuse de **concentration molaire c** (en g · mol^{-1}) en soluté de masse molaire M (en g · mol^{-1}), il faut prélever une masse de soluté (en g) :

$$m = c \cdot V \cdot M$$

2. Poser une coupelle sur le plateau de la balance. Appuyer sur la touche « tare », puis prélever l'échantillon de solide de masse m.

3. À l'aide d'un entonnoir, verser le contenu de la coupelle dans la fiole jaugée de volume V. Prendre soin d'entraîner tout le solide en rinçant la coupelle et l'entonnoir avec un peu d'eau distillée.

4. Ajouter de l'eau distillée dans la fiole en ne la remplissant qu'aux deux tiers environ. Placer le bouchon sur la fiole et agiter jusqu'à dissolution complète du solide.

5. Ajouter de l'eau distillée jusqu'à 1 cm environ en dessous du trait de jauge, puis compléter au compte-gouttes de façon à ajuster le bas du ménisque de la solution au niveau du trait de jauge de la fiole.

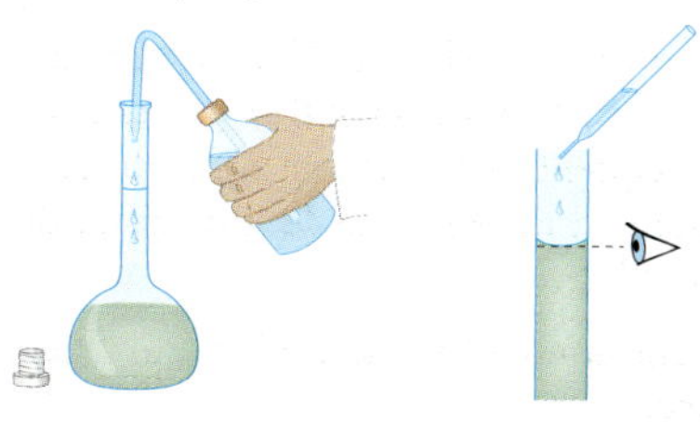

Si le trait est dépassé, il n'y a pas moyen de revenir en arrière : il faut recommencer toute la préparation.

6. Boucher et agiter en retournant la fiole de haut en bas pour homogénéiser la solution, qui est alors prête.

2. Par dilution d'une solution

1. Calculer le volume V_0 de solution-mère à prélever.

Pour préparer un volume V_1 (en L) de solution-fille de **concentration molaire c_1** (en mol · L^{-1}) à partir d'une solution-mère de concentration c_0, il faut prélever un volume de solution-mère :

$$V_0 = c_1 \cdot V_1 / c_0$$

2. Verser la solution à prélever dans un bécher propre et sec (ne pas prélever directement dans le flacon) et rincer la pipette jaugée avec un peu de cette solution.

3. À l'aide de la pipette jaugée et d'une propipette (ou pipeteur), prélever le volume V_0 de solution-mère en ajustant le bas du ménisque de la solution au trait de jauge de la pipette.

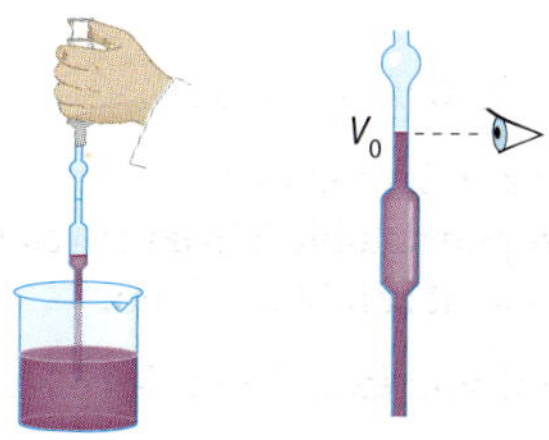

4. Verser le volume V_0 dans la fiole jaugée de volume V_1, si possible en plaçant la pointe de la pipette contre le verre de la fiole pour bien verser tout le volume. Ne pas souffler dans la pipette pour récupérer les dernières gouttes : leur volume n'est pas comptabilisé dans V_0.

Attention ! Il faut toujours verser un acide ou une base concentré dans l'eau et non l'inverse : dans le cas de la dilution d'une base ou d'un acide concentré, placer une grande quantité d'eau dans la fiole jaugée avant de verser la solution à diluer avec la pipette jaugée.

5. Ajouter de l'eau distillée dans la fiole en ne la remplissant qu'aux deux tiers environ. Placer le bouchon sur la fiole et agiter pour homogénéiser le mélange.

6. Ajouter de l'eau distillée jusqu'à 1 cm au-dessous du trait de jauge, puis compléter au compte-gouttes de façon à ajuster le bas du ménisque de la solution au niveau du trait de jauge de la fiole.

Si le trait est dépassé, il n'y a pas moyen de revenir en arrière : il faut recommencer toute la préparation.

7. Boucher et agiter en retournant la fiole de haut en bas pour homogénéiser la solution, qui est alors prête.

CORRIGÉS

PARTIE 1 ONDES ET MATIÈRE

SÉQUENCE 1 Rayonnements dans l'Univers

1 **1.** a.
2. c.

5 **1.** Les rayonnements X transportent davantage d'énergie que les rayonnements visibles.
2. a. Le centre de la galaxie apparaît en rose/violet : il émet donc essentiellement dans le domaine X.
b. Les sources les plus énergétiques se trouvent donc à proximité du centre de la galaxie.
3. Afin de représenter les sources de rayonnements X, invisibles pour l'œil humain, on utilise des couleurs du domaine visible (ici, le rose et le violet). On parle donc de photographie en « fausses couleurs » car les rayonnements invisibles sont colorés.

6 **1.** b.
2. c.

9 **1.** Sur ce télescope, la surface qui intercepte les rayonnements est le miroir ❷.
2. Les rayonnements sont captés par le miroir ❷, qui les oriente vers le miroir secondaire ❶, lequel concentre alors les rayonnements en direction du détecteur.
3. a. Le détecteur se situe en bas du télescope, à l'arrière du « miroir » ❷.
b. Le miroir ❷ est percé pour permettre le passage des rayonnements en direction du détecteur.

11 **1.** *Faux.* L'atmosphère terrestre est opaque pour les rayonnements ultraviolets.
2. *Faux.* L'atmosphère terrestre est transparente pour les rayonnements radio.
3. *Faux.* Dans le domaine infrarouge, certaines bandes de longueurs d'onde ne sont pas absorbées par l'atmosphère.
4. *Faux.* Il existe deux fenêtres atmosphériques, dans les domaines visible et radio.

12 **1. a.** Les rayonnements visible et radio.
b. Il n'est pas possible d'observer depuis la Terre les rayonnements ultraviolets.
2. C'est l'absorption par l'atmosphère.
3. Pour placer des « détecteurs au-dessus de l'atmosphère », il est possible d'utiliser un ballon sonde, un avion ou des satellites.

16 **1.** 0,01 nm $= 1 \times 10^{-11}$ m ;
20 nm $= 2{,}0 \times 10^{-8}$ m ; 400 nm $= 4{,}00 \times 10^{-7}$ m ;
1 000 nm $= 1{,}000 \times 10^{-6}$ m ;
1 000 000 nm $= 1 \times 10^{-3}$ m.
2. a. On peut choisir 1 cm pour 10^{-1} m. On obtient un axe d'une dizaine de centimètres.
b. Une échelle linéaire n'est pas envisageable. La longueur nécessaire pour représenter l'axe serait trop importante.
3. Voir figure en haut de la page 25.

SÉQUENCE 2 Ondes dans la matière

1 **1.** **b.**
2. **a** et **b.**
3. **b.**

2 **1.** *Faux.* La lumière est une onde **électromagnétique**.
2. *Vrai.*
3. *Faux.* Le vent est un transport de matière.
4. *Faux.* Une onde mécanique **ne transporte pas de matière**. Une onde mécanique à la surface de l'eau peut soulever temporairement et localement un objet flottant, mais pas le déplacer.

6 **1.** **b** et **c.**
2. **a.**

11 **1.** *Faux.* Le niveau d'intensité sonore L d'un son d'intensité I est donné par la relation : $\mathbf{L = 10 \log(I/I_0)}$.
2. *Vrai.*
3. *Vrai.*
4. *Faux.* C'est le niveau d'intensité sonore qui se mesure avec un sonomètre.

16 **1. a.** $L_1 = 10 \log(I_1/I_0)$ d'où $I_1 = I_0 \cdot 10^{L_1/10}$.
De même, $I_2 = I_0 \cdot 10^{L_2/10}$.
b. $I_1 = 1{,}0 \times 10^{-12} \times 10^{65/10} = 3{,}2 \times 10^{-6}\ \text{W}\cdot\text{m}^{-2}$
et $I_2 = 1{,}0 \times 10^{-12} \times 10^{60/10} = 1{,}0 \times 10^{-6}\ \text{W}\cdot\text{m}^{-2}$.
2. Lorsque les deux sources fonctionnent simultanément : $I = I_1 + I_2$ soit $I = 4{,}2 \times 10^{-6}\ \text{W}\cdot\text{m}^{-2}$.
Le niveau sonore est alors $L = 10 \log(I/I_0)$ soit $L = 10 \log(4{,}2 \times 10^{-6}/(1{,}0 \times 10^{-12})) = 66$ dB.

22 **1. a.** Les ondes sismiques provoquent le soulèvement ou l'effondrement d'une partie du fond océanique, ces ondes se propagent dans la terre. L'information est ensuite transportée par ondes sonores dans l'eau jusqu'à la bouée, puis par ondes électromagnétiques dans l'atmosphère terrestre jusqu'à Hawaï.
b. Les ondes sismiques et sonores sont des ondes mécaniques qui ne peuvent se propager que dans un milieu matériel, ce qui n'est pas le cas des ondes électromagnétiques.
2. a. $\Delta t = d/v_{eau}$
soit $\Delta t = 3{,}0 \times 10^3/(1{,}5 \times 10^3) = 2{,}0$ s.
b. $\Delta t' = D/c$
soit $\Delta t = 3{,}6 \times 10^7/(3{,}0 \times 10^8) = 0{,}12$ s.
c. La durée du trajet satellite-Hawaï est du même ordre de grandeur que $\Delta t'$, la durée du trajet bouée-satellite. Comme $\Delta t' << \Delta t$, l'ordre de grandeur du temps séparant la détection du tsunami et le déclenchement de l'alerte est d'environ 2 s. Le dispositif est efficace car l'arrivée sur les côtes des vagues du tsunami nécessite plusieurs minutes à plusieurs heures, ce qui permet de prévenir *a priori* les populations.

SÉQUENCE 3 Caractéristiques des ondes

1 **1.** *Vrai.*
2. *Faux.* Une perturbation à la surface d'une eau calme produit une onde progressive à deux dimensions.
3. *Faux.* Le retard est la durée que met une perturbation à se propager entre deux points.
4. *Faux.* La célérité d'une onde est sa vitesse de propagation dans le milieu où elle se propage.
5. *Vrai.*

2 **1. a.** On peut parler d'onde progressive à une dimension car l'onde ne se propage que dans une direction.
b. L'onde se déplace de gauche à droite, car $t' > t$.
2. a. La durée τ représente la durée que met la perturbation pour aller du point M au point M'.
b. Il faut connaître la vitesse v de propagation de la perturbation pour pouvoir la calculer. On a alors la relation $v = d/\tau$.
c. Réponse Ⓒ.
d. τ est appelé retard de l'onde car le point M' subit, avec retard par rapport au point M, l'effet de la perturbation.
e. On peut calculer ce retard si l'on connaît la vitesse de propagation de la perturbation : $\tau = d/v$.

6 **1.** **a** et **c.**
2. **b** et **c.**
3. **a** et ~~b.~~

10 **1.** *Faux.* Une onde sonore nécessite un milieu matériel pour se propager.
2. *Vrai.* Les ultrasons sont des ondes sonores dont la fréquence est supérieure à 20 kHz.
3. *Vrai.*
4. *Vrai*
5. *Faux.* La hauteur d'un son est liée à la fréquence du signal.

12 **1.** La hauteur du son correspond à la fréquence du signal périodique.
À l'aide du graphe, on voit que : $3T = 0{,}024$ s.
D'où $T = 0{,}008\,0$ s et $f = 1/T = 1/0{,}008\,0 = 125$ Hz.
2. La première fréquence est le fondamental. Les trois autres fréquences sont les harmoniques.
3. Les deux sons ont la même hauteur (même fréquence du fondamental) mais un timbre différent (nombre et amplitudes des harmoniques différents).

16 **1.** À l'aide des courbes obtenues, on peut mesurer la célérité de l'onde sonore en connaissant la distance parcourue par l'onde (on connaît la distance entre les microphones) et la durée mise par l'onde pour parcourir cette distance (on peut déterminer ce retard sur les enregistrements).
2. Pour la distance M_1M_2 :
$v_A = M_1M_2/\tau_A = 2{,}00/(0{,}008 - 0{,}002) = 330\ \text{m}\cdot\text{s}^{-1}$.
Pour la distance M_2M_3 :
$v_B = M_2M_3/\tau_B = 3{,}00/(0{,}017 - 0{,}008) = 330\ \text{m}\cdot\text{s}^{-1}$.
3. Oui, car $v_A = v_B$.

19 **1. a.** Les ultrasons sont des ondes sonores dont la fréquence est supérieure à 20 kHz.
b. Une onde ultrasonore est une onde sonore : elle se propage par une suite de compressions/dilatations de la matière. C'est donc une onde mécanique progressive.
2. a. Comme il existe un retard entre l'émission du signal par le récepteur et la réception ce signal par le récepteur, le signal ⓐ correspond à l'émetteur et le signal ⓑ, au récepteur.
b. $\tau = 2{,}0 \text{ div} \times 1{,}0 \text{ ms} \cdot \text{div}^{-1} = 2{,}0 \text{ ms}$.
3. a. La vitesse du son dans l'air est $v = 340 \text{ m} \cdot \text{s}^{-1}$. On en déduit la distance d qui sépare l'émetteur et le récepteur de la paroi réfléchissante, sachant que τ correspond à un aller-retour du signal :
$v = 2d/\tau$ donc
$d = v \cdot \tau/2 = 340 \times 0{,}001 = 0{,}34 \text{ m} = 34 \text{ cm}$.
b. Les ultrasons peuvent être utilisés pour mesurer des distances.

SÉQUENCE 4
Propriétés des ondes

1 **1. b** et **c**.
2. a et **b**.
3. a et **c**.

3 **1.** Non. Si c'était le cas, on observerait l'ombre du cheveu ou le faisceau laser limité par la fente.
2. La dimension de ces objets est voisine ou inférieure à la longueur d'onde du laser
3. λ et D étant fixés, la largeur de la tache centrale de diffraction d est inversement proportionnelle à la dimension de l'obstacle a ($d = 2D \cdot \lambda/a$). Comme $d_{fente} < d_{fil}$, on en déduit que $a_{fente} > a_{fil}$.

4 **1. a.** Voir figure ⓐ de l'exercice **3**.
b. Même figure, mais plus étalée puisque le demi-angle, donc la largeur de la tache centrale, est inversement proportionnel à a.
2. a. On observe une figure de diffraction verticale.
b. Même figure, mais moins étalée puisque le demi-angle, donc la largeur de la tache centrale, est proportionnel à la longueur d'onde. Or $\lambda_{rouge} > \lambda_{vert}$.

7 **1.** *Faux*. Il faut des conditions d'interférences.
2. *Vrai*.
3. *Faux*. Deux ondes en phase se renforcent.

8 **1.** Situation ⓐ : interférences destructives, zone sombre.
Situation ⓑ : interférences constructives, zone éclairée, ondes en phase.
Situation ⓒ : zone peu éclairée.
2. La situation ⓐ (les deux ondes s'annulent).
3. Situation ⓐ : silence ; situation ⓑ : son plus fort ; situation ⓒ : son moins fort que dans la situation ⓑ.

12 **1. a** et **c**.
2. b.
3. a et **c**.

14 **1. a.** f_r est la fréquence perçue par le récepteur, f_e est la fréquence de l'émetteur, v est la célérité de l'onde, u, la vitesse de l'émetteur par rapport au récepteur.
b. Il s'agit des situations où l'émetteur se rapproche du récepteur (–) et où l'émetteur s'éloigne du récepteur (+).
2. a. La fréquence du son perçu par Elsa est supérieure à celle de l'émetteur. La formule est donc :
$f_r = f_e \cdot (v/v - u)$.
b. On a $u = v \cdot (f_r - f_e)/f_r$.
Donc $u = 340 \times (417 - 400)/417$
$u = 13{,}9 \text{ m} \cdot \text{s}^{-1} = 49{,}9 \text{ km} \cdot \text{h}^{-1}$.

19 **1. a.** L'effet Doppler.
b. Voir cours.
2. La fréquence de l'émetteur est de 1 Hz (une feuille par seconde). Lorsque l'observateur se rapproche, il voit une feuille toutes les demi-secondes : la fréquence apparente est donc de 2 Hz, d'où un décalage de fréquence de 1 Hz.
3. a. L'observateur va voir défiler les feuilles moins fréquemment : la fréquence apparente va diminuer.
b. L'observateur verra les feuilles fixes s'il s'éloigne à la même vitesse que celle-ci, soit $1 \text{ m} \cdot \text{s}^{-1}$.
4. Bien que les feuilles continuent à défiler à raison d'une feuille par seconde, un observateur en mouvement les voit défiler à une fréquence différente. On parle donc de fréquence apparente.

21 **1. a.** La dimension de l'obstacle doit être du même ordre de grandeur ou inférieure à la longueur d'onde de l'onde incidente.
b. On mesure $a = 10$ cm et $\lambda = 5$ cm. Ces deux grandeurs sont du même ordre de grandeur.
c. Oui, on mesure la même longueur d'onde $\lambda = 5$ cm avant et après l'obstacle.
2. a. et **b.** L'écart angulaire est le demi-angle séparant les deux premiers minima d'amplitude.
c. $\theta = \lambda/a$. Ici, $\theta = 50/100 = 0{,}50 \text{ rad} = 28°$. On mesure sur la figure un angle de 29°. La relation est donc vérifiée.
3. a. Il s'agit du phénomène d'interférences.
b. Le point A correspond à un maximum d'amplitude : c'est une zone d'interférences constructives.

SÉQUENCE 5
Spectres UV-visible et infrarouge

1 **1.** *Faux*. C'est un alcane.
2. *Faux*. Elle est cyclique.
3. *Vrai*.
4. *Vrai*.

2 **1. a.** 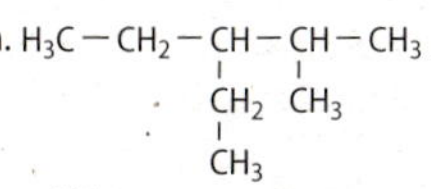

b. 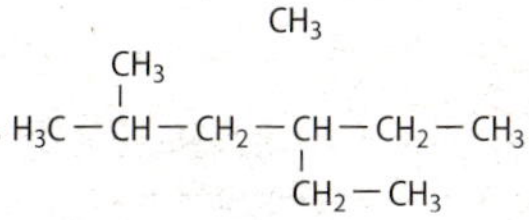

c. 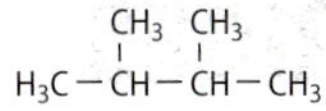

2. Ce sont tous des alcanes.

5 méthanal ; 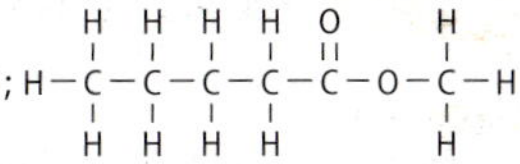 ;

propanamide ; 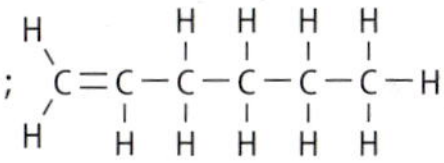 ;

3-méthylbutan-2-one ; 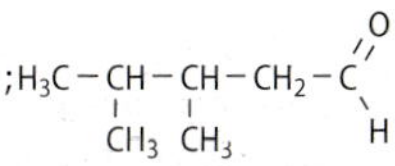 ;

acide butanoïque

8 **1. b**.
2. c.
3. b.

11 **1.** La longueur d'onde (en nm) figure en abscisse et l'absorbance (sans unité) en ordonnée.
2. Le maximum d'absorption se situe vers 620 nm.
3. Cela se trouve dans le domaine visible.
4. La solution, qui absorbe dans le rouge, apparaît cyan.

13 **1. b**.
2. b et **c**.
3. a.

23 **1.** Les cétones possèdent le groupe caractéristique carbonyle.
2. 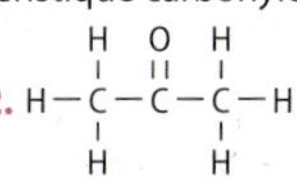
3. La molécule de 4-méthylpent-3-èn-2-one, qui contient le groupe d'atomes caractéristique des cétones (C=O), présente la bande de la liaison C=O vers 1 700 cm^{-1}, mais aussi une bande vers 1 650 cm^{-1} : celle de la double liaison C=C.
4. Les deux spectres présentent la bande de la liaison C=O vers 1 700 cm^{-1}, mais le second possède aussi une bande vers 1 650 cm^{-1} : il s'agit du spectre de la 4-méthylpent-3-èn-2-one.
5. $\tilde{\nu} = 1/\lambda$ soit $\lambda = 1/1\,700 = 5{,}9 \times 10^3$ nm.

26 **1.** On appelle $1/\lambda$ le nombre d'onde.
2. La figure 1 donne l'absorbance en ordonnée, alors que la figure 2 donne la transmittance.
3. La technique utilisée est la spectroscopie IR car les longueurs d'onde utilisées sont de l'ordre de $\lambda = 10\,000/3\,000 = 3\ \mu\text{m}$.
4. a. Le maximum d'absorption de CO_2 se situe vers 2 350 cm^{-1}.
b. Cela correspond sur la courbe à une absorbance de 0,055.
5. a. D'après le tableau, la concentration massique en CO_2 dans l'échantillon est de 590 $\text{mg} \cdot \text{L}^{-1}$.
b. Ce vin est donc conforme à la législation, qui autorise des teneurs en CO_2 de 200 à 700 $\text{mg} \cdot \text{L}^{-1}$.

6. et **7.** L'éthanol a pour formule développée :

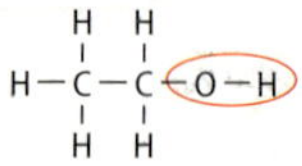

Il comporte un groupe d'atomes caractéristique hydroxyle.

8. Le spectre de gauche sur la figure 2 présente une bande étroite à 3 670 cm^{-1}, correspondant au groupe hydroxyle « libre », donc non associé dans l'éthanol en phase vapeur. Le spectre de droite présente une bande large à 3 324 cm^{-1}, correspondant au groupe hydroxyle associé par liaison hydrogène dans l'éthanol en solution.

SÉQUENCE 6
Spectres RMN du proton

1 **1.** *Faux.* Ce n'est qu'en présence d'un champ magnétique extérieur qu'un proton présente deux niveaux d'énergie.
2. *Faux.* Si la densité électronique autour d'un proton augmente, il perçoit un champ magnétique moins intense et la fréquence de résonance est donc plus faible.
3. *Faux.* Un proton lié à un atome plus électronégatif voit la densité électronique qui l'entoure baisser, donc son blindage diminuer.
4. *Vrai.*

2 **1.** **c**.
2. **a** et **c**.
3. **a**, **b** et **c**.

6 **1.** Ont toujours.
2. Peuvent être.
3. Quadruplet.
4. 1 proton voisin.

12 **1.** **a**.
2. **d**.

19 **1.** Les seules fonctions oxygénées qui génèrent un déplacement chimique inférieur à 3 sont les fonctions alcool et cétone. Cette molécule n'étant pas un alcool, c'est donc une fonction cétone que contient la molécule.
2. a. et **b.** La molécule possède 3 groupes de protons équivalents dans les proportions 2/2/3 avec un total de 14 protons, soit 6 protons dans un groupe et 4 protons dans chacun des deux autres.
c. $\delta = 0{,}9$ ppm : groupe de 6 protons voisins de 2 protons (triplet).
$\delta = 1{,}6$ ppm : groupe de 4 protons voisins de 5 protons (sextuplet).
$\delta = 2{,}4$ ppm : groupe de 4 protons voisins de 2 protons (triplet).
3. Cette molécule a pour formule :

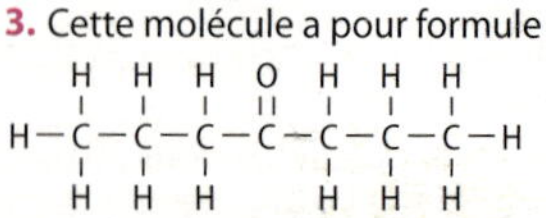

25 **1.** Il y a dans cette molécule deux groupes de protons équivalents. Les proportions du nombre de protons des deux groupes sont 2/3. Or, il y a 20 protons en tout dans la molécule. Il y a donc 8 protons équivalents qui génèrent le quadruplet à 1,2 ppm et 12 protons équivalents qui génèrent le triplet à 0,7 ppm.
2. Les protons du groupe qui résonne à 1,2 ppm ont 3 protons voisins, et les autres ont 2 protons voisins.
3. Les nombres obtenus sur le signal d'intégration sont à multiplier par 4 pour obtenir le nombre de protons de chaque groupe de protons équivalents, on peut donc dire qu'il y a une double symétrie dans la molécule.
4. La molécule a pour formule développée :

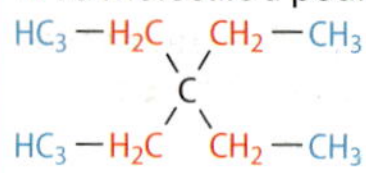

5. Les 12 protons équivalents extrêmes ont chacun 2 protons voisins, ils sont représentés par le triplet. Les autres ont chacun 3 protons voisins, ils sont représentés par le quadruplet. Les proportions de protons sont 12/8, ce qui revient, en divisant par 4, à une proportion de 3/2, ce qui correspond au signal d'intégration présenté.

PARTIE 2 TEMPS, MOUVEMENT ET ÉVOLUTION

SÉQUENCE 1
Mouvements et quantité de mouvement

1 **1.** **c**.
2. **b** et **c**.
3. **a** et **d**.

4 **1.** Quand sa vitesse est stable.
2. Dans la même phase du mouvement.

7 **1.** **b**, **c** et **d**.
2. **b** et **d**.
3. **b**.
4. **b**, **c** et **d**.

13 **1.** *Faux.* Le vecteur **peut changer de sens et/ou de direction**.
2. *Vrai.* Car $\vec{p} = m \cdot \vec{v}$.
3. *Faux.* Ces deux grandeurs ne s'expriment **pas dans la même unité**.
4. *Faux.* Le système a la même masse avant et après le saut. **La vitesse devrait rester constante** puisque le système est pseudo-isolé (en réalité, elle diminue à cause des frottements sur le sol).
5. *Faux.* Elle est soumise à des actions mécaniques gravitationnelles **qui ne se compensent pas**.

14 **1.** $p = 950 \times 13{,}9 = 1{,}32 \times 10^4\ kg \cdot m \cdot s^{-1}$.
2. $p = 1{,}67 \times 10^{-27} \times 3{,}00 \times 10^8$
$= 5{,}01 \times 10^{-19}\ kg \cdot m \cdot s^{-1}$.
3. $p = 20 \times 1{,}0 = 20\ kg \cdot m \cdot s^{-1}$.
4. $p = 73 \times 10^3 \times 50 = 3{,}7 \times 10^6\ kg \cdot m \cdot s^{-1}$.
Le classement est : 2, 3, 1 et 4.

20 **1.** Le référentiel terrestre.
2. a. Rectiligne uniformément accéléré.
b. Rectiligne uniformément ralenti.
c. Circulaire uniformément accéléré.
d. Circulaire uniforme.

21 **1.** En mètre par seconde, la vitesse varie de 0 à $27{,}8\ m \cdot s^{-1}$. L'accélération est $a = 27{,}8/3{,}7 = 7{,}5\ m \cdot s^{-2}$.
2. Ils ont même sens : celui du mouvement, et même direction : la trajectoire.
3. Non, car son mouvement est rectiligne uniformément accéléré par rapport au référentiel terrestre.

27 **1.** Car elles sont paramétrées par le temps.
2. À $t = 0$, $x(0) = 0$ et $y(0) = 0$.
3. a. $v_x(t) = \dfrac{dx(t)}{dt} = 8{,}00t + 6{,}00$
et $v_y(t) = \dfrac{dy(t)}{dt} = 3{,}00$.
b. À $t = 1{,}00$ s, $v_x(1{,}00) = 8{,}00 \times 1{,}00 + 6{,}00 = 14{,}0\ m \cdot s^{-1}$; $v_y(1{,}00) = 3{,}00\ m \cdot s^{-1}$.
$v = \sqrt{v_x(t)^2 + v_y(t)^2} = 14\ m \cdot s^{-1}$.
4. $a_x(t) = \dfrac{dv_x(t)}{dt} = 8{,}00\ m \cdot s^{-2}$
et $a_y(t) = \dfrac{dv_y(t)}{dt} = 0$.
La valeur de l'accélération est $a = 8{,}00\ m \cdot s^{-2}$.

SÉQUENCE 2
Champ de force et mouvement

1 **1.** **b**.
2. **a**.
3. **b** et **d**.
4. **a**.

2

La somme vectorielle est nulle en **a**, pas en **b**.
2. Dans la situation **b**.

7 **1.** **d**.
2. **a** et **b**.
3. **c**.
4. **b**.

8 **a.** Pour $\alpha = 0$, le mouvement est parabolique, le sommet de la parabole est en O.
b. La trajectoire est verticale, le mouvement est rectiligne uniformément varié.
c. Le mouvement est rectiligne uniformément accéléré.

9 **1.** La deuxième loi de Newton donne : $\vec{a} = \vec{g_0}$.
2. Dans le repère choisi, la relation précédente donne $a_z = g_0$. Par intégrations successives et en déterminant les constantes d'intégration à l'aide des conditions initiales, on obtient : $v_z(t) = g_0 \cdot t$ puis $z(t) = ½\, g_0 \cdot t^2$.
3. Pour $z(t) = h$, on obtient : $t = \sqrt{\dfrac{2h}{g_0}} = 0{,}45$ s.
4. À $t = 0{,}45$ s, $v_z(0{,}45) = 4{,}4\ m \cdot s^{-1}$.

13 **1.** *Faux.* Le champ est vectoriel, il faut que le sens et la direction du vecteur restent constants.

2. *Vrai.*

3. *Faux.* Ces deux vecteurs sont colinéaires.

4. *Faux.* La masse apparaît dans l'équation de la trajectoire.

14

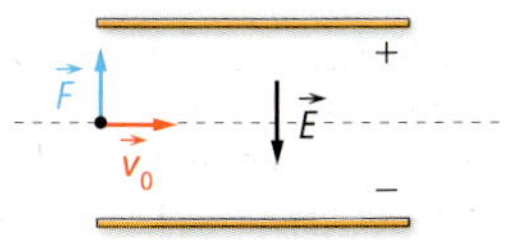

2. a. La force est verticale, orientée vers le haut.
b. Puisque la charge de l'électron est négative, le champ vertical est orienté vers le bas.
c. Le champ est orienté de l'armature chargée positivement vers l'armature chargée négativement.

17 **1. a.** La force électrostatique a même sens et même direction que $\vec{E}$, son intensité est $F = e \cdot E$.

b. $\dfrac{d\vec{p}}{dt} = \vec{F}$ soit $m\dfrac{d\vec{v}}{dt} = m \cdot \vec{a} = e \cdot \vec{E}$.
En projetant cette relation sur l'axe (Ox), on a $a_x = e \cdot E/m$.

2. a. Les vecteurs $\vec{a}$ et $\vec{v}$ ont même sens et même direction, avec $\vec{a}$ vecteur constant. Le mouvement est rectiligne uniformément accéléré.
b. Le proton est accéléré uniformément sur une trajectoire rectiligne, le dispositif est donc bien un accélérateur rectiligne ou linéaire.

3. $v(t) = a_x \cdot t + \text{constante} = (e \cdot E/m) \cdot t + v_0$
et $x(t) = (1/2) \times (e \cdot E/m) \cdot t^2 + v_0 \cdot t$.

4. a. $v_x(t) = v_f = 2\,v_0 = (e \cdot E/m) \cdot t + v_0$
soit $t = (m.\,v_0)/(e \cdot E) = 2{,}1 \times 10^{-8}$ s.
b. Pour cette valeur de t, on trouve :
$x(2{,}1 \times 10^{-8}) = 6{,}3 \times 10^{-5}$ m.

19 **1.** À $t = 0$, $y(0) = 1{,}00$ m.

2. $v_x(t) = -\,8{,}00t + 6{,}00$ et $v_y(t) = 3{,}00 = v_y$.

3. $v_{0x} = 6{,}00$ m · s^{-1} et $v_{0y} = 3{,}00$ m · s^{-1} ;
la valeur de la vitesse est $v_0 = 6{,}70$ m · s^{-1}.

4. $v_{0y}/v_{0x} = v_0 \cdot \sin\alpha/(v_0 \cdot \cos\alpha) = \tan\alpha$, donc $\alpha = \tan^{-1}(3{,}00/6{,}00) = 26{,}0°$.

5. $a_x = -\,8{,}00$ m · s^{-2} et $a_y = 0{,}00$. Le vecteur accélération est donc vertical, orienté dans le sens opposé à (Oy), soit vers le bas. Son intensité est $a = \sqrt{a_x^2} = 8{,}00$ m · s^{-2}.

6. Le vecteur $\Sigma\vec{F}$ a même sens et même direction que le vecteur accélération. Son intensité est $\Sigma F = a/m = 8{,}00/0{,}250 = 32{,}0$ N.

Séquence 3

Mouvement dans l'espace

1 **1.** **a** et **b**.

2. **b** et **c**.

3. **a** et **c**.

4. **b** et **c**.

2 **1.** Les deux forces sont :
– la force exercée par la Terre sur le livre (origine : centre d'inertie du livre ; direction : verticale ; sens : vers le bas ; intensité : $F_{\text{Terre/livre}} = P = 8{,}2$ N) ;
– la force exercée par la table sur le livre (origine : centre d'inertie du livre ; direction : verticale ; sens : vers le haut ; intensité : $F_{\text{table/livre}} = F_{\text{Terre/livre}} = 8{,}2$ N).

2. D'après le principe des actions réciproques, ce livre exerce une action mécanique sur la table, modélisée par une force d'égale intensité, de même direction mais de sens opposé à celle qui modélise l'action mécanique qu'exerce la table sur le livre.
Les caractéristiques de cette force sont les suivantes :
origine : centre d'inertie du livre ; direction : verticale ; sens : vers le bas ; intensité : $F_{\text{livre/table}} = F_{\text{table/livre}} = 8{,}2$ N.

6 **1.** *Faux.* Elle s'applique à tous les objets massiques de l'Univers.

2. *Vrai.*

3. *Faux.* $a = v^2/r$.

4. *Faux.* C'est la durée qu'il lui faut pour faire un tour sur son orbite.

10 **1.** *Faux.* C'est l'inverse.

2. *Vrai.*

3. *Vrai.*

4. *Faux.* Elle dépend de la masse de l'astre attracteur.

5. *Vrai.*

13 **1. a.** Dans le référentiel héliocentrique, l'orbite de la comète de Halley est une ellipse dont le centre du Soleil occupe un des deux foyers.

b.

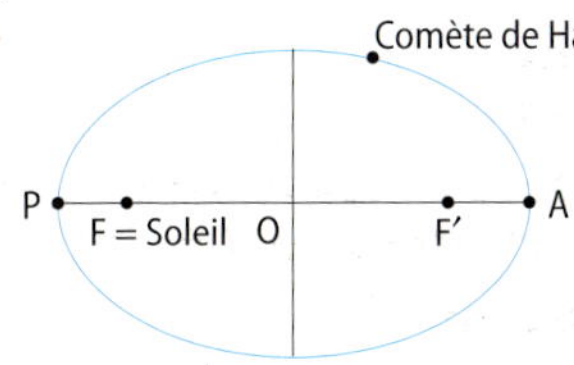

2. a. Le segment reliant le Soleil à la comète de Halley balaye des aires égales pendant des durées égales.
b. La vitesse de la comète de Halley n'est donc pas constante : elle augmente lorsque la comète se rapproche du Soleil et diminue lorsqu'elle s'en éloigne.
c. Sa vitesse est maximale au point P et minimale au point A.

16 **1.** Le pêcheur ne va pas pouvoir récupérer son filet : comme il se déplace vers l'arrière, sa barque va se déplacer vers l'avant.

2. On définit le système (S), constitué du pêcheur et de sa barque. Ce système est pseudo-isolé, car les actions mécaniques extérieures qui s'exercent sur lui se compensent. Sa quantité de mouvement se conserve donc.
$\vec{p}_{\text{avant}}(S) = \vec{p}_{\text{après}}(S)$.

Donc $\vec{0} = m_B \cdot \vec{v}_B + m_P \cdot \vec{v}_P$, soit $\vec{v}_B = -\dfrac{m_P \cdot \vec{v}_P}{m_B}$.

$v_B = \dfrac{m_P \cdot v_P}{m_B} = \dfrac{85 \times 1{,}3}{105} = 1{,}1$ m · s^{-1}.

3. Longueur du vecteur vitesse $\vec{v}_P$:
$1{,}3/0{,}4 = 3{,}3$ cm.
Longueur du vecteur vitesse $\vec{v}_B$:
$1{,}1/0{,}4 = 2{,}8$ cm.

18 **1.** Les gaz expulsés par la fusée Rockot sont à l'origine de son mouvement : c'est le mode de propulsion par réaction.

2. On doit se placer dans un référentiel géocentrique supposé galiléen.

3. D'après la troisième loi de Kepler, on a : $\dfrac{T^2}{r^3} = \dfrac{4\pi^2}{G \cdot M_T}$ avec $r = R_T + h$.

Donc $T = 2\pi \cdot \sqrt{\dfrac{(R_T + h)^3}{G \cdot M_T}}$

$= 2\pi \cdot \sqrt{\dfrac{(6{,}37 \times 10^6 + 265 \times 10^3)^3}{6{,}67 \times 10^{-11} \times 5{,}98 \times 10^{24}}}$

$= 5{,}38 \times 10^3$ s.

4. L'orbite du satellite GOCE est un cercle de rayon $R_T + h$. La distance parcourue pendant la durée T est la circonférence du cercle : $2\pi(R_T + h)$.

On a donc : $v = \dfrac{2\pi \cdot (R_T + h)}{T}$

$= \dfrac{2\pi\,(6{,}37 \times 10^6 + 265 \times 10^3)}{5{,}38 \times 10^3}$

$= 7{,}75 \times 10^3$ m · s^{-1}.

Séquence 4

Travail d'une force

1 **1.** *Faux.* L'angle entre les vecteurs force et déplacement doit, de plus, être différent de 90°.

2. *Faux.* AB doit, de plus, être exprimé en mètre.

3. *Vrai.*

4. *Vrai.*

6 **1.** **c** et **d**.

2. **a**.

10 **1.** **b** et **c**.

2. **a** et **d**.

3. **a**.

13 **1. a.** Le mouvement étant rectiligne uniforme, on a $\vec{R} = -\vec{P}$.

1. **b** et **2.** **a**.

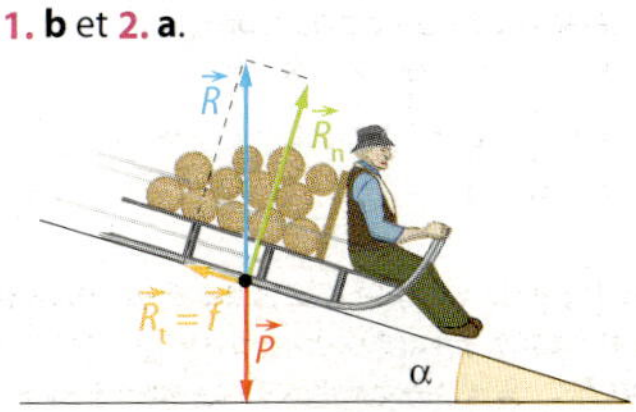

2. b. C'est la composante normale $\vec{R}_n$. $\vec{R}_t$ est la force de frottement $\vec{f}$ due au support.

3. a. $W_\ell(\vec{R}) = R \cdot \ell \cdot \cos(90° - \alpha)$.

b. $W_\ell(\vec{R}_n) = R_n \cdot \ell \cdot \cos(90°) = 0$.

c. $W_\ell(\vec{f}) = f \cdot \ell \cdot \cos(180°) = -f \cdot \ell$.

4. a. $W_\ell(\vec{R}) = W_\ell(\vec{R}_n) + W_\ell(\vec{f}) = W_\ell(\vec{f})$.
Le travail de la réaction du support se réduit au travail de la force de frottement.

b. En l'absence de frottement, la réaction d'un support ne travaille pas.

19 **1. a.**

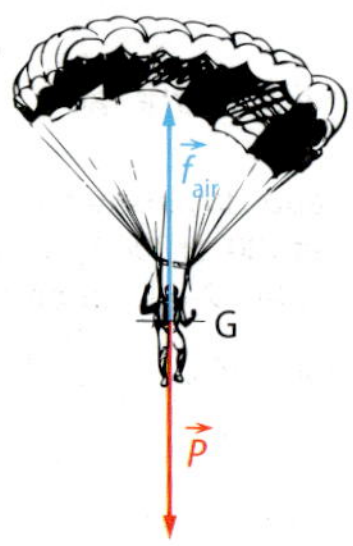

b. Soit AB le déplacement du point d'application G.
Par définition $W_{AB}(\vec{P}) = \vec{P} \cdot \vec{AB} = m \cdot g \cdot (z_A - z_B)$.
Ici, $z_A - z_B = 800$ m, donc :
$W_{AB}(\vec{P}) = 75 \times 9{,}81 \times 800 = 5{,}9 \times 10^5$ J.

c. Dans le référentiel terrestre, considéré comme galiléen, la première loi de Newton permet d'écrire : $\vec{f}_{air} = -\vec{P}$, où $\vec{f}_{air}$ désigne les forces de frottement de l'air.
$W_{AB}(\vec{f}_{air}) = \vec{f}_{air} \cdot \vec{AB} = -\vec{P} \cdot \vec{AB} = -W_{AB}(\vec{P})$.
$W_{AB}(\vec{f}_{air}) = -5{,}9 \times 10^5$ J.

2. Le mouvement n'étant pas rectiligne uniforme, on ne peut pas appliquer la première loi de Newton.

22 **1. a.** Le skieur est soumis à l'action de la force de pesanteur $\vec{P}$, à la force de traction $\vec{T}$, à la réaction $\vec{R}$ de la piste décomposable en une réaction normale $\vec{R}_n$ à la piste et une force de frottement $\vec{f}$.

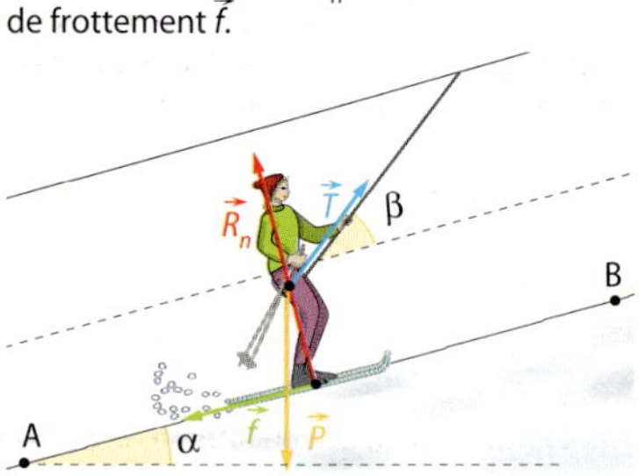

b. Dans le référentiel terrestre considéré comme galiléen, l'application de la première loi de Newton amène : $\Sigma\vec{F}_{ext} = \vec{0}$.

c. $W_{AB}(\Sigma\vec{F}_{ext}) = \Sigma\vec{F}_{ext} \cdot \vec{AB} = 0$

2. $\vec{T}$ fournit un travail moteur, $\vec{R}_n$ ne travaille pas, $\vec{f}$ et $\vec{P}$ fournissent un travail résistant.

3. a. En notant A le bas de la piste, B le sommet, on a :
$z_A - z_B = -L \cdot \sin\alpha = -112$ m.

b. $W_{AB}(\vec{P}) = m \cdot g \cdot (z_A - z_B) = -9{,}43 \times 10^4$ J.
$W_{AB}(\vec{T}) = T \cdot AB \cdot \cos\beta = 1{,}12 \times 10^5$ J.
$W_{AB}(\Sigma\vec{F}_{ext}) = \Sigma W_{AB}(\vec{F}_{ext})$
$= W_{AB}(\vec{P}) + W_{AB}(\vec{T}) + W_{AB}(\vec{f}) = 0$.
$W_{AB}(\vec{f}) = -W_{AB}(\vec{P}) - W_{AB}(\vec{T}) = -1{,}75 \times 10^4$ J.

c. $W_{AB}(\vec{f}) = -f \cdot L$, donc $f = 58{,}2$ N.

24 **1.** $v_B = \ell/\Delta t$, soit :
$v_B = 5{,}0 \times 10^{-2}/(35{,}7 \times 10^{-3}) = 1{,}4\ \text{m} \cdot \text{s}^{-1}$.
$\Delta E_C = E_{c(B)} - E_{c(A)} = 1/2 \cdot m(v_B^2 - v_A^2)$
$\Delta E_C = -2{,}2 \times 10^{-1}$ J.

2. $z_A - z_B = -L \cdot \sin\alpha$. Donc
$W_{AB}(\vec{P}) = -m \cdot g \cdot L \cdot \sin\alpha$
$W_{AB}(\vec{P}) = -2{,}2 \times 10^{-1}$ J.

3. a. On constate que $W_{AB}(\vec{P}) = \Delta E_C$.

b. Les forces de frottement ne travaillent pas.

SÉQUENCE 5
Transferts énergétiques

1 **1. c.**
2. d.
3. a.

5 **1.** $E_{cf} = (1/2)\, m \cdot v_f^2 = 0{,}5 \times 9{,}5 \times 10^{-3} \times (260/3{,}6)^2 = 2{,}5 \times 10^7$ J.

2. Ce catapultage permet un transfert d'énergie potentielle élastique (emmagasinée dans la catapulte) en énergie cinétique.

3. On note x l'allongement du ressort :
$E_m = (1/2)\, m \cdot v^2 + (1/2)\, k \cdot x^2$.

4. En l'absence de frottement, l'énergie mécanique se conserve : $E_m = E_{cf} = E_{pe(initiale)}$.
$(1/2)\, m \cdot v_f^2 = (1/2)\, k \cdot \ell^2$,
donc $k = m \cdot (v_f/\ell)^2 = 8{,}8 \times 10^3\ \text{N} \cdot \text{m}^{-1}$.

6 **1.** *Faux.* Seules 3 oscillations apparaissent entièrement.

2. *Vrai.*

3. a. *Faux.*
$E_{pe} = (1/2)\, k \cdot x_m^2 = 0{,}5 \times 3{,}0 \times 4^2 \times 10^{-4} = 2{,}4$ mJ.

b. *Vrai.*

c. *Vrai.*

4. a. *Faux.* E_c est maximale lorsque le jouet passe par la position d'équilibre.

b. *Vrai.* $x = 0$ cm, donc $E_{pe} = 0$ J.

5. a. *Faux.* C'est l'inverse.

b. *Vrai.* E_{pe} en E_c, puis E_c en E_{pe}, puis E_{pe} en E_c, puis E_c en E_{pe}.

16 **1.** *Faux.* Initialement, E_c est maximale (la vitesse du ballon est maximale), E_{pp} est nulle (son altitude est nulle, elle correspond à celle de l'origine choisie) et $E_m = E_{c(max)}$.

2. *Vrai.*

3. *Faux.* À $t = t_2$, E_c est minimale mais non nulle, E_{pp} est maximale et $E_m = E_{pp(max)} + E_{c(min)}$.

4. *Vrai.*

5. *Faux.* Graphiquement E_m = constante. Il y a conservation de l'énergie mécanique, donc le travail qui modélise l'action des frottements est négligeable.

6. *Vrai.*

7. *Vrai.*

8. *Faux.* Il y a un transfert d'énergie cinétique en énergie potentielle entre $t = 0$ s et $t = t_2$, puis d'énergie potentielle en énergie cinétique.

20 **1.** La méthode consiste à mesurer sur les graphiques la longueur correspondant à plusieurs périodes d'une part, l'échelle de l'axe des temps d'autre part.
Sur le graphe, on mesure une longueur de 24,0 mm pour 5 T_1 et 29,0 mm pour 6 T_2.
4,0 s correspondent à 24,0 mm pour le graphe 1 et 5,0 s à 32,0 mm pour le graphe 2.

2. a. 2 chiffres significatifs.

b. L'appareil de mesure étant gradué au mm, l'incertitude $\Delta\ell$ sur la mesure est égale à la demi-plus petite graduation soit $\Delta\ell = 0{,}5$ mm.

c. Une erreur $\Delta\ell = 0{,}5$ mm modifie T de $\Delta T = 0{,}076\,9$ s $\approx 0{,}08$ s pour T_1 et $\Delta T = 0{,}078\,1$ s $\approx 0{,}08$ s pour T_2.

d. $0{,}72\ \text{s} < T_1 < 0{,}88$ s et $0{,}68\ \text{s} < T_2 < 0{,}84$ s.

e. $\Delta T_1/T_1 = 0{,}08/0{,}80 \approx \Delta T_2/T_2 = 0{,}08/0{,}76 = 10\,\%$.
La précision des mesures ne permet pas de différencier véritablement les valeurs T_1 et T_2.

22 **1.** $T_0 = 2\pi\sqrt{\ell/g}$ pour un pendule simple et $T_0 = 2\pi\sqrt{m/k}$ pour un pendule élastique.

a. La période propre d'un pendule simple est donc indépendante de sa masse et ne sera pas modifiée. Celle d'un pendule élastique sera multipliée par $\sqrt{2}$. Les oscillations seront plus lentes.

b. Pour le pendule élastique, la période est indépendante de g. Pour le pendule simple, la période propre sera multipliée par $\sqrt{2}$.

2. a. La période propre des petites oscillations d'un pendule simple dépend de la valeur de l'intensité de la pesanteur, mais ne dépend pas de sa masse. Inversement, pour un pendule élastique, la période propre des oscillations dépend de sa masse, mais pas de l'intensité de la pesanteur.

b. Un pendule élastique.

3. a. $g = \ell \cdot (2\pi/T_0)^2 = 3{,}73\ \text{m} \cdot \text{s}^{-2}$.

b. $T_0 = 2\pi\sqrt{\ell/g} = 1{,}42$ s soit 32,4 oscillations à Paris.

SÉQUENCE 6
Temps et relativité restreinte

1 **1. b** et **c.**
2. b.
3. a.

2 **1.** *Vrai.*

2. *Faux.* Les systèmes mécaniques oscillants construits par l'Homme subissent des phénomènes dissipatifs et ne permettent donc pas une mesure régulière du temps.

3. *Faux.* Le quartz vibre à une fréquence connue dès lors qu'il est traversé par un courant.

4. *Vrai.*

7 **1. b.**
2. a et **c.**
3. b.

8 **1.** *Faux.* Elle ne dépend pas du mouvement de l'observateur.

2. *Faux.* Il a un caractère relatif.

3. *Vrai.*

4. *Faux.* La dilatation du temps pour un système en mouvement peut se démontrer expérimentalement à l'aide d'horloges très précises et pour une vitesse très importante.

12 **1.** **a.**
2. **a** et **c.**
3. **a**, **b** et **c.**

13 **1.** *Faux.* Si la vitesse de déplacement est celle de la lumière, la durée mesurée est infinie.
2. *Faux.* La durée propre entre deux événements est déterminée par une horloge placée au lieu où se déroulent ces événements.
c. *Vrai.*

18 **1.** $\gamma = 1/(1 - (v/c)^2)^{1/2}$
$= 1/(1 - (260/3{,}00 \times 10^8)^2)^{1/2} = 1{,}00$.
2. Le décalage peut être considéré comme nul.

20 **1.** **a.** γ tend vers l'infini.
b. Cela signifie que l'horloge associée à l'objet en mouvement a une vitesse considérablement ralentie.
2. **a.** Pour dilater le temps par 2 au niveau de l'horloge associée à l'objet en mouvement, le coefficient de Lorentz doit être égal à 2.
b. Par lecture graphique, $v/c = 0{,}9$, donc $v = 0{,}9c$.

SÉQUENCE 7 — Cinétique chimique

1 **1.** **a.** *Faux.* Une réaction est dite rapide si elle se déroule en moins de 1/10 s, durée de la persistance rétinienne.
2. *Faux.* Un système cinétiquement inerte est le siège d'une réaction chimique infiniment lente.
3. *Vrai.*
4. *Faux.* Le temps de demi-réaction est la durée nécessaire pour que l'avancement de la réaction atteigne la moitié de sa valeur finale.

4 **1.** D'après le tableau, l'état final est atteint à la date $t = 400$ s.
2. **a.** Graphiquement, on obtient $t_{1/2} = 60$ s.
b. L'état final du système chimique est atteint au terme d'une durée environ égale à 6,5 fois le temps de demi-réaction.

6 **1.** *Faux.* Cela peut aussi revenir à augmenter la durée d'évolution.
2. *Vrai.*
3. *Vrai.*
4. *Vrai.*

10 **1.** **a** et **c.**
2. **c.**
3. **a** et **b.**
4. **a.**

12 **1.** $2\,H_2O_2\,(aq) \rightarrow O_2\,(aq) + 2\,H_2O\,(l)$.
2. **a.** La catalyse par le platine est une catalyse hétérogène : catalyseur et réactif ne sont pas dans le même état physique.
b. L'état final du système chimique est atteint plus rapidement lorsque la catalyse est enzymatique.

22 **1.** $2\,H_2O_2\,(aq) + C_8H_7N_3O_2\,(aq) + 6\,HO^-\,(aq)$
$\rightarrow 4\,HO^-\,(aq) + 4\,H_2O\,(l) + C_8H_5NO_4^{2-}\,(aq) + N_2\,(g)$.
2. Le dégagement gazeux de diazote.
3. D'après la loi des gaz parfaits, on peut écrire $n_{air} = \dfrac{P_0 \cdot V_{gaz}}{R \cdot T}$.

4. **a.** $P = \dfrac{(n_{air} + n_{N_2}) \cdot R \cdot T}{V_{gaz}}$

b. $P - P_0 = \dfrac{(n_{air} + n_{N_2}) \cdot R \cdot T}{V_{gaz}} - \dfrac{n_{air} \cdot R \cdot T}{V_{gaz}}$
$= \dfrac{n_{N_2} \cdot R \cdot T}{V_{gaz}}$

5. $n(\text{luminol}) = \dfrac{m(\text{luminol})}{M(\text{luminol})} = \dfrac{1{,}0}{177}$
$= 5{,}7 \times 10^{-3}$ mol.

$n(H_2O_2) = c \cdot V = 5{,}6 \times 0{,}50 \times 10^{-3} = 2{,}8 \times 10^{-3}$ mol
En regard de la stœchiométrie de la réaction, le peroxyde d'hydrogène est le réactif limitant et $x_{max} = 1{,}4 \times 10^{-3}$ mol.
6. **a.** En regard de la stœchiométrie de la réaction, $x(t) = n_{N_2}(t)$.
On a donc : $x(t) = \dfrac{(P - P_0) \cdot V_{gaz}}{R \cdot T}$

b. $x_{max} = \dfrac{1\,660 \times 2{,}1 \times 10^{-3}}{8{,}314 \times 300} = 1{,}4 \times 10^{-3}$ mol.

7. Graphiquement, on lit $t_{1/2} = 3{,}0$ s.
8. Un catalyseur est une espèce chimique qui accélère ou oriente une réaction chimique sans modifier l'état final du système chimique qui en est le siège.
9. L'hémoglobine transporte des ions fer (II). Des traces de sang sont donc susceptibles de catalyser la réaction entre l'eau oxygénée et le luminol : l'émission de lumière bleutée révèle leur présence.

PARTIE 3 STRUCTURE ET TRANSFORMATION DE LA MATIÈRE

SÉQUENCE 1 — Conformations des molécules

1 **1.** *Faux.* Seuls les atomes d'hydrogène liés à des atomes de carbone ne sont pas représentés.
2. *Vrai.*
3. *Vrai.*
4. *Vrai.*

4 **1.** H_2, H_3 et H_7 sont situés à l'avant du plan.
2. H_4 et H_6 sont situés à l'arrière du plan.

7 **1.** **b** et **c.**
2. **b** et **d.**

10 **1.** La formule semi-développée du 2,3-diméthylbutane est :

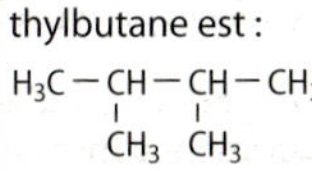

2. **a.** Le carbone C_2 porte un atome d'hydrogène et deux groupes méthyle. Il en est de même pour le carbone C_3.
b. La conformation la plus stable est celle pour laquelle les substituants les plus volumineux sont le plus éloignés possibles, d'où :

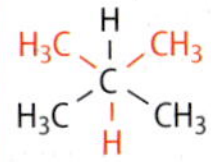

12 **1.** **a** et **b.**
2. **b.**

17 **1.** C'est la première courbe qui correspond à l'éthane.
2. **a.** La conformation la plus stable est obtenue pour $\alpha = 60°$ (et 180° et 300°) pour l'éthane, pour $\alpha = 180°$ pour le 1,2-dibromoéthane.
b. et **c.**

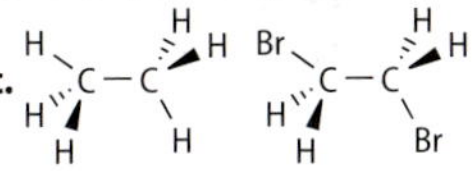

3. L'énergie maximale est plus grande pour le 1,2-dibromoéthane que pour l'éthane car deux atomes de brome éclipsés déstabilisent davantage la conformation que deux atomes d'hydrogène.

20 **1.** $n_s/n_i = \exp[-(E_s - E_i)/(RT)]$
avec $E_s - E_i = -11{,}2\ \text{kJ} \cdot \text{mol}^{-1}$. Donc :
$n_s/n_i = \exp[11{,}2 \times 10^3/(8{,}31 \times (25{,}0 + 273))]$, soit 92,1.
2. La quantité de matière d'éthane dans l'échantillon est donnée par $n = m/M$, donc 1,00 mol, soit $6{,}02 \times 10^{23}$ molécules.
On résout le système : $n_s + n_i = 6{,}02 \times 10^{23}$ et $n_s/n_i = 92{,}1$.
On trouve $n_s = 5{,}96 \times 10^{23}$ molécules et $n_i = 6{,}47 \times 10^{21}$ molécules.
3. Quand T augmente, l'exposant de e diminue donc n_s/n_i diminue : de plus en plus de molécules peuvent atteindre l'énergie supérieure de la conformation la moins stable. Cela est cohérent avec le fait que l'énergie moyenne des molécules d'un échantillon augmente quand la température augmente.

SÉQUENCE 2 — Chiralité

1 **1.** *Vrai.*
2. *Faux.*
3. *Vrai.*
4. *Vrai.* Il n'y a qu'un seul atome de carbone asymétrique.
5. *Faux.* Il faudrait préciser qu'il n'y a qu'un seul atome de carbone asymétrique.
6. *Faux.* La définition de la chiralité n'est pas liée uniquement à la présence d'un atome de carbone asymétrique.

5 **a**

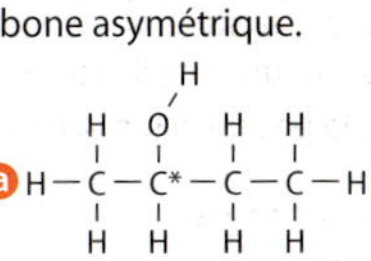

b

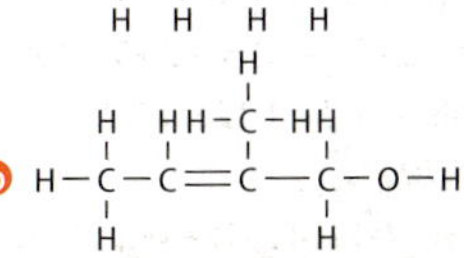

c 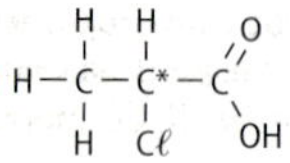

d 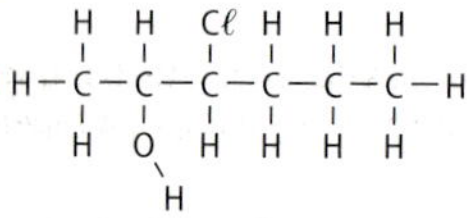

8 **1.** *Faux*. Une même molécule existe sous différentes conformations.
2. *Vrai*.
3. *Faux*. Penser aux diastéréoisomères de l'acide tartrique (Fig. 5 p. 279).
4. *Vrai*.
5. *Faux*. Il existe des diastéréoisomères non chiraux.

10 **1. a.**

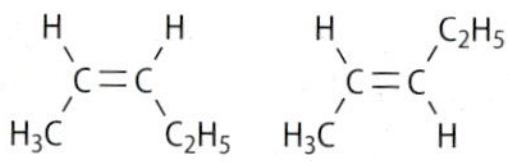

Z *E*

b.

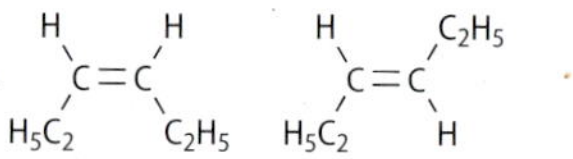

Z *E*

2. Les molécules écrites en **1.a** sont diastéréoisomères car elles ont le même enchaînement d'atomes mais ne sont ni images l'une de l'autre dans un miroir ni superposables. De même pour les molécules écrites en **1.b**.

13 **a.** Couple d'énantiomères (images l'un de l'autre dans un miroir).
b. Molécules identiques.
c. Couple d'énantiomères.
d. Molécules identiques.

14 **1.** *Faux*. Les propriétés biologiques peuvent être différentes.
2. *Vrai*.
3. *Faux*.

20 **1.**

a $H_3C-CH_2-CH_2-CH_2OH$ **b** $H_3C-CH_2-CH(OH)-CH_3$

c $H_3C-C(OH)(CH_3)-CH_3$ **d** $H_3C-CH(CH_3)-CH_2OH$

2. Température d'ébullition : °C ; masse volumique : $kg \cdot L^{-1}$; indice de réfraction : sans unité.

3. a. Les propriétés apparaissant dans le tableau étant identiques pour les deux composés, on en déduit qu'ils sont énantiomères.
b. Parmi les molécules écrites en **1**, seule la **b** est chirale et existe donc sous forme de deux énantiomères : il s'agit du butan-2-ol.

25 **1.** La masse de carbone contenue dans une mole de ce composé vaut $62 \times 58/100 = 36$ g, ce qui correspond à $36/12 = 3$ moles de carbone. La masse d'oxygène vaut $28 \times 58/100 = 16$ g, soit une mole d'oxygène. L'autre élément présent, l'hydrogène, correspond donc à $58 - 36 - 16 = 6$ g soit 6 moles d'hydrogène, d'où la formule brute C_3H_6O.

2. 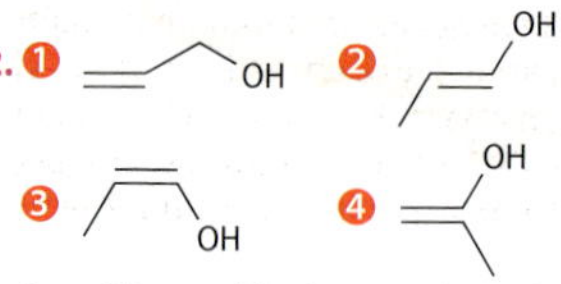

3. Parmi les molécules représentées ci-dessus, il n'y a pas d'énantiomères. **2** et **3** sont diastéréoisomères.

SÉQUENCE 3
Les réactions en chimie organique

1 **1.** *Faux*. Il peut aussi augmenter ou diminuer.
2. *Vrai*.
3. *Vrai*.
4. *Faux*. L'octan-2-ol et l'octan-2-one ont la même chaîne carbonée et ne diffèrent que par la nature de leur groupe caractéristique.

3

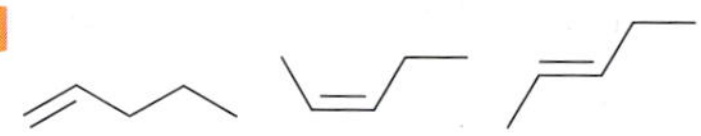

pent-1-ène (*Z*)-pent-2-ène (*E*)-pent-2-ène

9 **1.** *Vrai*.
2. *Faux*. Pas nécessairement.
3. *Vrai*.

13 **1.**

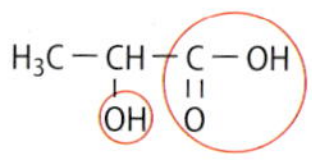

2. a.

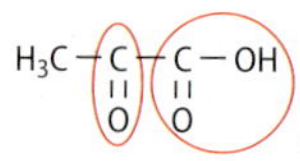

b. Le groupe carbonyle dans l'acide pyruvique est modifié en groupe hydroxyle dans l'acide lactique.

15 **1. a** et **b**.
2. a et **c**.
3. a.

20 La matière qui contient du lycopène est rouge car cette molécule contient un nombre de doubles liaisons conjuguées suffisamment élevé pour absorber des radiations dont les longueurs d'onde se situent dans le visible. En présence de dibrome, le lycopène subit une réaction d'addition de deux atomes de brome sur les liaisons doubles C=C : celles-ci se transformant en liaisons simples C–C, le phénomène de conjugaison disparaît, et avec lui la couleur rouge de la solution organique.

23 **1. a.** C'est la représentation de Cram.
b. 5 groupes hydroxyle (fonction alcool)

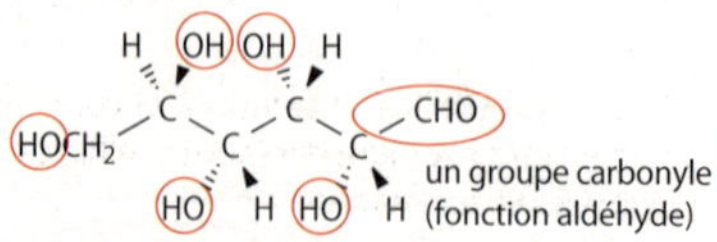

c. Ils sont asymétriques.
2. a. $C_6H_{12}O_6$.
b. $C_6H_{12}O_6 + 6\,O_2 \rightarrow 6\,CO_2 + 6\,H_2O$.

3. 

acide méthanoïque méthanal

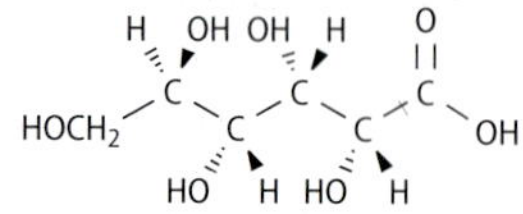

acide gluconique

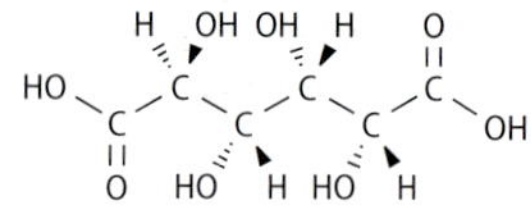

acide glucarique

4. C'est le squelette carboné.
5. Un groupe caractéristique est modifié au cours de l'oxydation **4** (carbonyle en carboxyle) et deux groupes caractéristiques sont modifiés au cours de l'oxydation **5** (carbonyle en carboxyle et hydroxyle en carboxyle).

26 **1.** $2\,H_2C{=}CH_2 + 4\,HC\ell + O_2 \rightarrow 2\,C\ell H_2C{-}CH_2C\ell + 2\,H_2O$.
2. a. $C\ell H_2C{-}CH_2C\ell \rightarrow C\ell HC{=}CH_2 + HC\ell$.
b. C'est une élimination.
3. $n\,H_2C{=}CH(C\ell) \rightarrow \left(CH_2-CH(C\ell)\right)_n$

SÉQUENCE 4
Déplacements d'électrons en chimie organique

1 **1.** *Faux*. L'électronégativité traduit la tendance d'un atome à attirer à lui les électrons de la liaison dans laquelle il est engagé.
2. *Vrai*.
3. *Faux*. La liaison est ionique si les atomes ont une très forte différence d'électronégativité, supérieure à 2,0.
4. *Vrai*.

8 **1. a.** *Faux*. Un site donneur de doublet d'électrons est un site de forte densité électronique.
b. *Vrai*.
c. *Faux*. Un site donneur de doublet d'électrons peut aussi appartenir à une espèce non chargée.
2. a. *Faux*. Un site accepteur de doublet d'électrons peut aussi être localisé sur l'atome d'une liaison polarisée possédant une charge partielle positive δ^+.
b. *Vrai*.
c. *Faux*. C'est un site donneur de doublet d'électrons qui peut être localisé entre deux atomes.

11 **1. c.**
2. c.
3. b.

15 **a.** 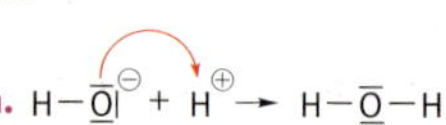

b. 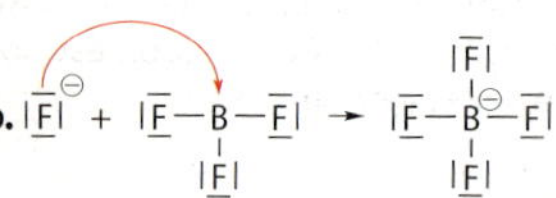

Le site accepteur est l'atome de bore, porteur d'une charge partielle positive du fait de la polarisation de la liaison B-F (différence d'électronégativité égale à 2,0 entre B et F).

c. 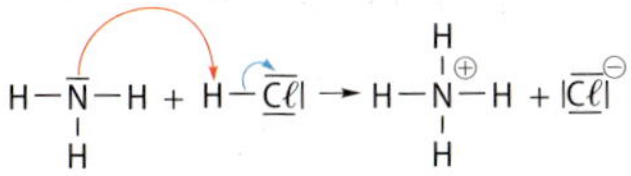

Le site accepteur est l'atome d'hydrogène, porteur d'une charge partielle positive du fait de la polarisation de la liaison H-Cℓ (différence d'électronégativité égale à 1,0 entre H et Cℓ).

d. 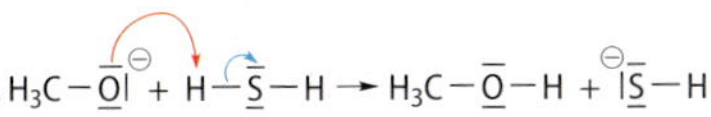

Le site accepteur est l'atome d'hydrogène, porteur d'une charge partielle positive du fait de la polarisation de la liaison H-S (différence d'électronégativité égale à 0,4 entre H et S).

e. 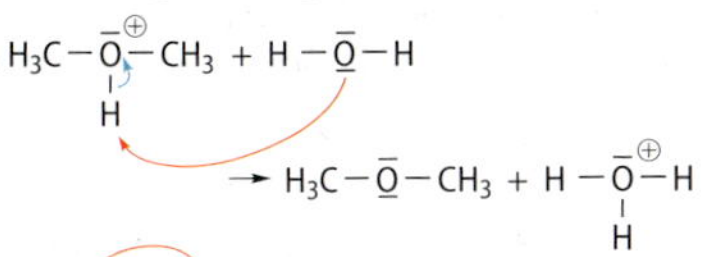

f. 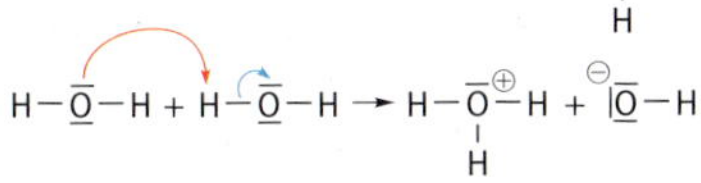

Le site accepteur est l'atome d'hydrogène, porteur d'une charge partielle positive du fait de la polarisation de la liaison H-O (différence d'électronégativité égale à 1,2 entre H et O).

g. 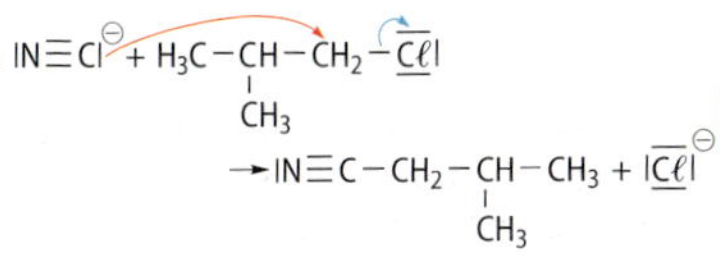

Le site accepteur est l'atome de carbone, porteur d'une charge partielle positive du fait de la polarisation de la liaison C-Cℓ (différence d'électronégativité égale à 0,6 entre C et Cℓ).

18 **1. a.** La différence d'électronégativité entre les deux atomes mis en jeu dans la liaison C-Br est égale à 0,4. Cette liaison est donc polarisée de la façon suivante :

δ^+ δ^-
C — Br

b. Sur cette liaison, le site accepteur de doublet d'électrons est l'atome de carbone, porteur d'une charge partielle positive.

2. a. Sur l'ion hydroxyde, le site donneur de doublet d'électrons est l'atome d'oxygène, porteur de trois doublets non liants.

b. 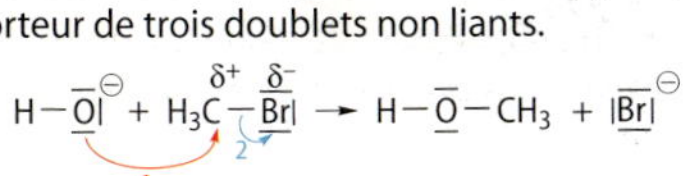

La flèche 1 relie les sites donneur et accepteur de doublet d'électrons, et déclenche le départ de la flèche 2.

c. C'est le méthanol.

3. a. La différence d'électronégativité entre les deux atomes mis en jeu dans la liaison C-Mg est égale à 1,3. Cette liaison est donc polarisée de la façon suivante :

δ^- δ^+
C — Mg

b. Dans la molécule de bromure de méthylmagnésium, le site donneur du doublet d'électrons permettant d'expliquer la formation de la liaison C-C est situé entre l'atome de carbone et l'atome de magnésium (doublet liant).

c. 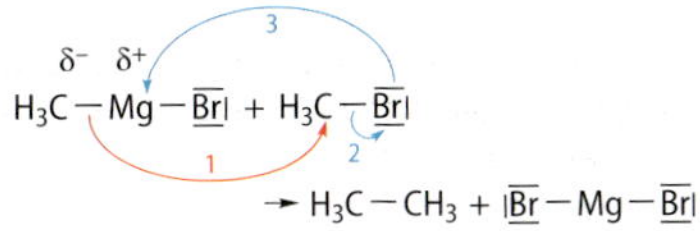

La flèche 1 relie les sites donneur et accepteur de doublet d'électrons, et déclenche les départs successifs des flèches 2 et 3.

d. C'est l'éthane.

SÉQUENCE 5 Acides et bases

1 **1.** *Vrai*

2. *Vrai.*

3. *Vrai*, pour la majorité des pH-mètres.

2 **1. b.**

2. b.

6 Maxime commet une erreur : le volume d'eau contenu dans l'aquarium est grand. En ajoutant de l'acide chlorhydrique, le pH va diminuer mais n'atteindra pas directement 2. Mathilde a raison concernant la basicité de l'eau de Javel, mais celle-ci va tuer tous les organismes aquatiques, y compris les poissons !

8 **1.** Cette solution est acide.

2. a. Le pH de la solution est compris entre 3,3 et 3,5.

b. La précision relative du pH-mètre pour ce pH mesuré vaut : $\Delta pH/pH = 0{,}1/3{,}4 = 3\ \%$.

3. a. L'intervalle dans lequel se trouve la concentration en ions oxonium de cette solution est donc, en $mol \cdot L^{-1}$:
$[3{,}2 \times 10^{-4} ; 5{,}0 \times 10^{-4}]$.

b. À partir de la valeur de pH mesurée, on trouve : $[H_3O^+] = 10^{-3,4} = 4{,}0 \times 10^{-4}\ mol \cdot L^{-1}$.
La précision de la mesure de la concentration en ions oxonium de cette solution est :
$\Delta[H_3O^+]/[H_3O^+] = (5{,}0 - 3{,}2)/(2 \times 4{,}0) = 22\ \%$.
Un faible écart sur la mesure du pH induit donc un grand écart sur la détermination de la concentration en ions oxonium.

9 **a.** CH_3COOH/CH_3COO^-.

b. HNO_3/NO_3^-.

c. HNO_2/NO_2^-.

d. NH_4^+/NH_3.

11 **1.** $[H_3O^+] = 10^{-4,5} = 3{,}2 \times 10^{-5}\ mol \cdot L^{-1}$.

2. $K_e = [H_3O^+] \cdot [HO^-]$. D'où
$[HO^-] = K_e/[H_3O^+] = 1{,}0 \times 10^{-14}/(3{,}2 \times 10^{-5})$
$[HO^-] = 3{,}2 \times 10^{-10}\ mol \cdot L^{-1}$.

3. Lorsqu'on dilue la solution, la concentration en ions oxonium diminue et celle des ions hydroxyde augmente.

16 **1.** *Faux.* La constante d'acidité est caractéristique du couple considéré, à température donnée.

2. *Faux.* La forme basique d'un couple acide-base prédomine lorsque le pH de la solution est supérieur à la valeur du pK_a du couple.

3. *Vrai.*

21 **1.** Cette amine a des propriétés basiques en solution car le pH de la solution est supérieur à 7,0.

2. La formule de l'espèce conjuguée de cette amine est l'ion triméthylammonium $(CH_3)_3NH^+$. Le couple acide-base correspondant est $(CH_3)_3NH^+/(CH_3)_3N$.

3. $(CH_3)_3N\ (aq) + H_2O\ (l) \rightleftharpoons (CH_3)_3NH^+\ (aq) + HO^-\ (aq)$.

4. Le pH est supérieur à la valeur du pK_a : c'est donc la forme basique, la triméthylamine, qui prédomine en solution.

5. La constance d'acidité de ce couple s'écrit :
$$K_a = \frac{[(CH_3)_3N] \cdot [H_3O^+]}{[(CH_3)_3NH^+]}.$$
Ainsi
$$\frac{[(CH_3)_3N]}{[(CH_3)_3NH^+]} = \frac{K_a}{[H_3O^+]} = \frac{10^{-pK_a}}{10^{-pH}} = 10^{-9,8+11,5} = 50.$$
Ce résultat montre à nouveau la prédominance de la forme basique.

24 **1.** C'est le groupe carboxyle :

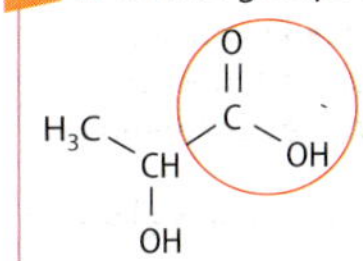

2. a.

État	x	AH	+ H_2O →	A^- +	H_3O^+
initial	0	$c \cdot V$	excès	0	0
en cours	x	$c \cdot V - x$	excès	x	x
final	x_f	$c \cdot V - x_f$	excès	x_f	x_f

b. $x_f = n(H_3O^+)_f = [H_3O^+]_f \cdot V = 10^{-pH} \cdot V$
$x_f = 7{,}6 \times 10^{-3}$ mol.

3. a. $K_a = \dfrac{[A^-]_f \cdot [H_3O^+]_f}{[AH]_f}$.

b. On en déduit que $\dfrac{[A^-]_f}{[AH]_f} = \dfrac{K_a}{[H_3O^+]_f} = \dfrac{K_a}{10^{-pH}}$

soit $\dfrac{[A^-]_f}{[AH]_f} = \dfrac{1{,}3 \times 10^{-4}}{10^{-1,9}} = 1{,}0 \times 10^{-2}$.

c. Ce rapport est inférieur à 1 : l'espèce prédominante dans la solution de détartrant est donc l'acide lactique.

SÉQUENCE 6 Réactions acido-basiques

1 **1.** *Vrai.*

2. *Faux.* Il est négatif ou nul.

3. *Vrai.*

4. *Faux.* Il est supérieur ou égal.

5. *Faux.* Il est donné par $pH = pK_e + \log c$.

6 **1.** $HC\ell\ (g) + H_2O\ (l) \rightarrow C\ell^-\ (aq) + H_3O^+\ (aq)$.

2. L'acide chlorhydrique.

3. a. $n = 2{,}0/24 = 8{,}3 \times 10^{-2}$ mol.

b. $c = n/V_{solution} = 8{,}3 \times 10^{-2}/5{,}0$
$= 1{,}7 \times 10^{-2}$ mol · L^{-1}.

4. pH = – log c = 1,8.

8 **1.** **a** et **c**.
2. **c**.
3. **b**.

9 **1.** *Faux*. Il faut porter des lunettes, mais éviter les lentilles de contact.
2. *Faux*. Il faut effectuer le mélange lentement.
3. *Vrai*.
4. *Vrai*.

11 **1.** On les appelle respectivement solution aqueuse d'hydroxyde de sodium et solution aqueuse de chlorure d'hydrogène.
2. H_3O^+ (aq) + HO^- (aq) → 2 H_2O (l).
3. a. $n(HO^-) = 0{,}2 \times 0{,}5 = 0{,}1$ mol et $n(H_3O^+) = 0{,}1 \times 1{,}0 = 0{,}1$ mol.
b. On se trouve dans les proportions stœchiométriques.
4. C'est une solution de chlorure de sodium, de pH égal à 7.

14 **1.** **b**.
2. **a** et **c**.
3. **a**.

24 **1.** $pH = pK_a + \log([(CH_3)_2AsO_2^-(aq)]_f/[(CH_3)_2AsO_2H(aq)]_f)$
$pH = 6{,}2 + \log(2{,}4 \times 10^{-2}/(2{,}0 \times 10^{-2})) = 6{,}3$.
Le pH est proche du pK_a.
2. C'est une solution tampon : elle modère les variations de pH lors de la libération d'acide ou de base par les réactions biologiques.
3. Dans 1,0 L de solution :
$n(As) = n((CH_3)_2AsO_2^-) + n((CH_3)_2AsO_2H)$
$= 2{,}4 \times 10^{-2} + 2{,}0 \times 10^{-2} = 4{,}4 \times 10^{-2}$ mol
D'où $m(As) = n \cdot M(As) = 4{,}4 \times 10^{-2} \times 75 = 3{,}3$ g.

27 **1. a.** C'est un acide fort.
b. H_2NSO_3H (s) + H_2O (l) → H_3O^+ (aq) + $H_2NSO_3^-$ (aq).
2. D'après l'équation, les quantités de matière d'acide H_2NSO_3H introduit et d'ions oxonium H_3O^+(aq) formés sont égales, d'où :
$n(H_3O^+) = m/M(H_2NSO_3H)$.
3. a. $n(H_3O^+) = 3{,}8/97 = 3{,}9 \times 10^{-2}$ mol.
D'où $c_a = n(H_3O^+)/V$
$= 3{,}9 \times 10^{-2}/0{,}5 = 7{,}8 \times 10^{-2}$ mol · L^{-1}.
b. pH = – log c_a = – log(7,8 × 10^{-2}) = 1,1.
4. H_3O^+(aq) + HO^-(aq) → 2 H_2O (l)
5. a. On observe une augmentation de la température.
b. Ne pas tenir à la main le récipient dans lequel le mélange est effectué, mais toujours le poser sur une table ; s'assurer que le matériau du récipient résiste aux variations brutales de température ; effectuer le mélange lentement, en agitant continuellement.
6. $n_a = c_a \cdot V_1 = 7{,}8 \times 10^{-2} \times 20 \times 10^{-3}$
$= 1{,}6 \times 10^{-3}$ mol.
$n_b = c_b \cdot V_2 = 0{,}10 \times 15{,}6 \times 10^{-3}$
$= 1{,}6 \times 10^{-3}$ mol.
7. La solution est neutre.

28 **1.** 3 et 3,5 : acide ; 7 : neutre ; 11 : basique.
2. Solution d'acide chlorhydrique : pH = 3 ; solution de soude : pH = 11 ; solution d'acide méthanoïque : pH = 3,5 (car c'est un acide faible) ; eau salée : pH = 7.
3. Pour un acide fort, pH = – log c donc $c = 10^{-3}$ mol · L^{-1}.
4. a. Une solution tampon.
b. Le pH d'une solution tampon est proche du pK_a du couple acide-base, donc pK_a = 3,8.
5. Le pH va peu varier.

PARTIE 4 ÉNERGIE, MATIÈRE ET RAYONNEMENT

SÉQUENCE 1 Transferts thermiques

1 **1.** *Faux*. C'est un phénomène de transfert thermique par conduction.
2. *Vrai*.
3. *Faux*. Ceci évite un transfert thermique par rayonnement.

2 **1.** **c**.
2. **b**.
3. **c**.

7 **1.** **c**.
2. **b**.

8 **1.** *Faux*. On ne peut pas obtenir de photographie d'une molécule avec un microscope optique (et certainement pas de cette apparence). Les seuls microscopes capables d'approcher les dimensions des atomes sont les microscopes en champ proche (à effet tunnel ou à force atomique)
2. *Vrai*.
3. *Faux*. Les images données par les microscopes à effet tunnel ne sont pas en vraies couleurs. Les couleurs sont ajoutées seulement afin d'accentuer la vision du relief de la surface.

12 **1. b.** Dans la relation, c'est la différence des températures qui compte et non leurs valeurs directes. Plus la résistance est grande, plus le flux est faible.
2. b. R est fixé par le matériau. Si Φ est constant, alors ΔT est constant : les températures de part et d'autre de la paroi évoluent de la même façon.

13 **1.** *Faux*. Le flux thermique à travers une paroi est la **puissance** qui traverse cette paroi sous forme de chaleur.
2. *Vrai*.
3. *Vrai*.
4. *Faux*. Si le flux thermique est de 25 W et la résistance thermique de 0,50 K · W^{-1}, alors $\Delta T = 25 \times 0{,}5 = 12{,}5$ K. Si la température extérieure est de 10 °C, la température dans le récipient clos sera seulement de 22,5 °C.

17 **1.** À travers un matériau solide, il ne peut y avoir de transfert thermique autre que par conduction thermique.
2. On applique la formule :
$R = \Delta T/\Phi = (1300 - 15)/(40 \times 10^{12})$
$= 3{,}2 \times 10^{-11}$ K · W^{-1}.

20 **1.** Le transfert thermique entre la source de chaleur et la base du récipient se fait sans contact. Elle ne peut donc pas se faire par conduction thermique.
2. a. Au niveau microscopique, les molécules qui constituent la cire s'agitent de plus en plus et finissent par se séparer : on passe de l'état solide à l'état liquide.
b. Le liquide a une densité légèrement inférieure à celle de la cire solide. Lorsqu'elle passe à l'état liquide, la densité de la cire diminue jusqu'à devenir plus faible que celle du liquide. Ainsi, elle s'élève dans le liquide. On illustre ainsi le principe du transfert thermique par convection.
3. Si le liquide transparent conduisait bien la chaleur, alors le transfert thermique par conduction permettrait d'augmenter rapidement la température du liquide jusqu'en haut. Si cette dernière devenait supérieure à la température de fusion de la cire, alors la cire ne repasserait jamais à l'état solide et ne redescendrait donc jamais dans le liquide transparent.
4. Il faudrait $R = \Delta T/\Phi = 10/15 = 0{,}67$ K · W^{-1} pour maintenir une telle différence de température. Dans la réalité, R n'a pas besoin d'être aussi fort.

23 **1. a.** Le transfert thermique mis en jeu au niveau du tube de métal est la conduction thermique.
b. Les métaux sont de bons conducteurs thermiques (en raison de la présence des électrons libres).
2. a. Ce système n'est jamais installé dans la partie basse du réfrigérateur car le transfert thermique par convection permet de répartir l'énergie thermique dans le réfrigérateur. Pour cela, l'air le plus dense (donc le plus froid) doit se trouver au-dessus.
b. Le transfert par convection est dû à un mouvement de l'air en raison d'une différence de densité. Dans l'air chaud, les molécules sont plus agitées et donc plus espacées que dans l'air froid. L'air chaud a donc une densité plus faible que l'air froid et s'élève.
3. a. $\Phi = \Delta T/R = (20 - 4)/0{,}89 = 18$ W.
b. 1 an = 365,25 × 24 = 8 766 h.
Ainsi, $\Delta E = P \cdot t = 18 \times 8\,766 = 158$ kWh.
c. Ce transfert se fait depuis l'extérieur vers l'intérieur du réfrigérateur.

SÉQUENCE 2 Énergie interne

1 **1.** *Vrai*.
2. *Faux*. L'énergie interne U d'un objet sur la Terre ne contient pas l'énergie potentielle de pesanteur.
3. *Faux*. L'énergie interne comprend aussi l'énergie potentielle d'interaction entre les entités.

4. *Faux*. L'énergie potentielle d'interaction **augmente** lorsque les entités se rapprochent.

6 **1.** Le tireur a transféré de l'énergie au système {arc} par le travail d'une force $\vec{F}_{main/corde}$ dont le point d'application (l'extrémité de la flèche) s'est déplacé.

2. Le système {arc} a reçu le travail d'une force sans autre échange avec le milieu extérieur, donc l'énergie totale du système augmente.

3. L'arc est immobile avant et après l'action du tireur, donc $\Delta E_c = 0$. L'altitude du système n'a pas varié, donc $\Delta E_{pp} = 0$. Le système a accumulé de l'énergie interne U.

4. L'étirement de l'arc modifie la distance entre les atomes qui le constituent et modifie les énergies potentielles d'interaction entre les atomes.

8 **1.** **b** et **d**.

2. **a**.

3. **a**.

9 **1.** *Vrai*.

2. *Faux*.

3. *Vrai*.

4. *Faux*. En cas de changement d'état ou de certaines transformations chimiques, l'énergie interne peut augmenter malgré une température du système qui ne varie pas.

10 **1.** La variation d'énergie interne est proportionnelle à la variation de température, donc $\Delta U = 10 \times 1{,}6 \times 10^4 = 1{,}6 \times 10^5$ J pour une élévation de température et $-1{,}6 \times 10^5$ J pour une baisse de température.

2. $C = \Delta U/\Delta T$
soit $C = 1{,}6 \times 10^4/1{,}0 = 1{,}6 \times 10^4$ J · °C^{-1}.

3. **a.** $c = C/m$.
b. $c = 1{,}6 \times 10^4/20 = 8{,}0 \times 10^2$ J · kg^{-1} · °C^{-1}.

15 **1.** *Faux*. Il faut ajouter son énergie interne U.

2. *Vrai*.

3. *Faux*. D'après le principe de conservation de l'énergie, l'énergie n'est pas détruite, mais transférée du système au milieu extérieur.

19 **1.**

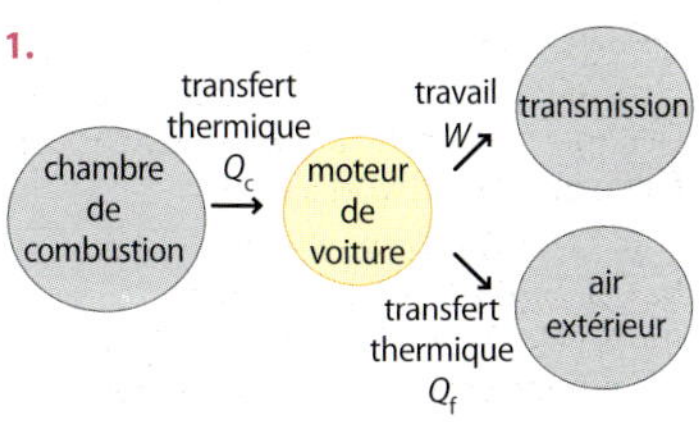

2. Source froide : air extérieur ; source chaude : chambre de combustion.

3. $W = \mathcal{P} \cdot \Delta t$;
$W = -15{,}1 \times 10^3 \times 30 \times 60 = -2{,}7 \times 10^7$ J.

4. **a.** La combustion est une transformation exothermique qui libère de l'énergie.
b. $Q_c = +3{,}6 \times 10^7 \times 3{,}0 = 1{,}1 \times 10^8$ J.

5. Le moteur fonctionne comme une machine cyclique ditherme : au cours d'un cycle, $\Delta U_{cycle} = 0 = W + Q_c + Q_f$, d'où $Q_f = -W - Q_c$ soit $Q_f = -8{,}1 \times 10^7$ J.

6. Rendement $\eta = |W/Q_c|$ soit $\eta = 25$ %.

22 **1.** $W_e = \mathcal{P} \cdot \Delta t$;
$W_e = 2{,}2 \times 10^3 \times (40 + 60) = 2{,}2 \times 10^5$ J.

2. **a.** L'eau reçoit un travail électrique de la part de la bouilloire, son énergie E_{totale} augmente. Le système est immobile au départ et à la fin, donc ΔE_c et $\Delta E_{pp} = 0$. Seule l'énergie interne varie et $\Delta E_{totale} = \Delta U$.
b. La température de l'eau augmente, donc son énergie cinétique microscopique augmente.

3. $\Delta U_{\{eau\}} = \rho \cdot V \cdot c \cdot \Delta T$;
$\Delta U = 1{,}00 \times 0{,}500 \times 4{,}18 \times 10^3 \times (85 - 18)$
$= 1{,}4 \times 10^5$ J.

4. **a.**

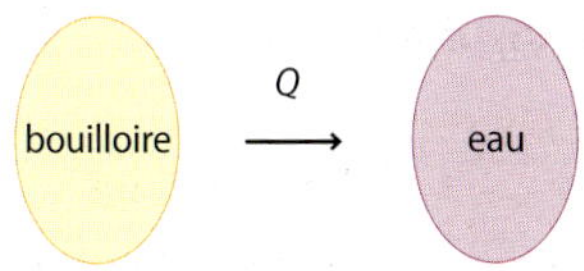

On néglige à ce stade les pertes thermiques vers le milieu extérieur.
b. Pour le système {eau}, $\Delta U = Q$, si on néglige les échanges thermiques vers l'air extérieur.

5. **a.** $W_e \neq \Delta U$ car il y a des pertes thermiques vers le milieu extérieur.
b.

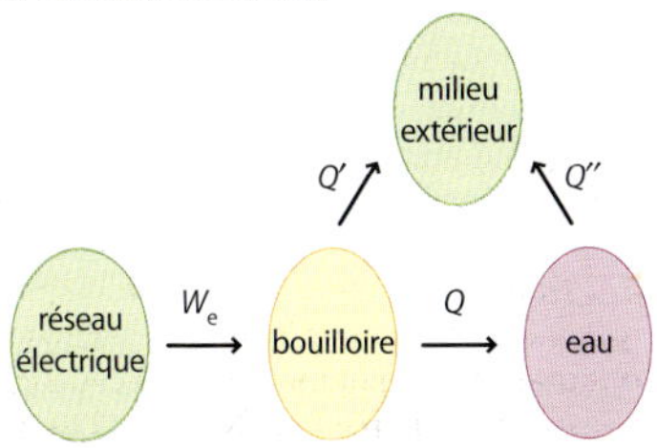

6. Rendement $\eta = |Q/W_e|$; $\eta = 64$ %.

25 **1.**

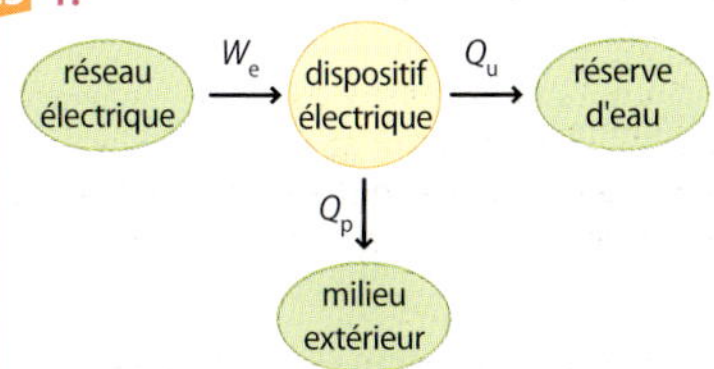

2. **a.** $\Delta U_{\{eau\}} = \rho_{eau} \cdot V_{eau} \cdot c_{eau} \cdot (T_f - T_i)$
soit $\Delta U_{\{eau\}} = 3{,}8 \times 10^7$ J.
b. On suppose que le récipient est parfaitement calorifugé, donc pour le système {dispositif électrique}, $Q_u = -\Delta U_{\{eau\}} = -3{,}8 \times 10^7 \text{ J} < 0$.

3. L'énergie interne du dispositif ne variant pas : $\Delta U_{\{dispositif\}} = W_e + Q_u + Q_p = 0$.

4. Rendement $\eta = |Q_u/W_e|$, d'où $W_e = -Q_u/\eta$;
$W_e = 4{,}7 \times 10^7$ J.
$\Delta U_{\{dispositif\}} = W_e + Q_u + Q_p = 0$
d'où $Q_p = -Q_u - W_e = -9{,}4 \times 10^6$ J.

Séquence 3
Transferts quantiques d'énergie

1 **1.** *Vrai*.

2. *Vrai*.

3. *Faux*. Les atomes, molécules ou ions ont une multitude d'états excités.

4. *Vrai*.

5. *Vrai*.

6. *Faux*. C'est un moyen pour la matière d'atteindre un état plus stable, donc de plus basse énergie.

6 **1.** *Faux*. Il utilise l'émission stimulée.

2. *Faux*. Le faisceau est très directionnel.

3. *Vrai*.

4. *Vrai*.

5. *Vrai*

6. *Faux*. Au passage d'un prisme, il peut changer de direction.

7 **1.** **b** et **c**.

2. **a** et **b**.

3. **c** et **d**.

9 Le faible diamètre du trou (100 µm environ) est une manifestation de la concentration spatiale de l'énergie.

13 **1.** **c**.

2. **c**.

3. **a**.

20 **1.** **a.** On matérialise la transition par une flèche allant du niveau E_0 au niveau E_2.
b. C'est une transition électronique, car elle est liée à des atomes. Par ailleurs, la valeur de cette transition (20 eV), largement supérieure à l'électronvolt, montre également que c'est une transition électronique.
c. C'est une absorption quantique d'énergie.

2. **a.** $h \cdot c/\lambda = E_2 - E_1 = 2{,}0$ eV, donc
$\lambda = h \cdot c/(E_2 - E_1)$
$= 6{,}63 \times 10^{-34} \times 3{,}00 \times 10^8/(2{,}0 \times 1{,}60 \times 10^{-19})$
$= 6{,}2 \times 10^{-7}$ m $= 620$ nm.
b. Cette transition émet le domaine visible.
c. C'est une transition d'énergie électronique (elle émet dans le domaine visible).
d. Elle correspond à une émission stimulée.

Séquence 4
Dualité onde-particule

1 **1.** *Vrai*.

2. *Vrai*.

3. *Faux*. La lumière possède deux comportements : ondulatoire et particulaire.

4. *Vrai*. C'est l'expérience qui oriente le comportement de la lumière.

6 **1.** *Faux*. Le comportement ondulatoire des particules ne peut s'observer que dans certaines conditions.

2. *Vrai*.

3. *Vrai*.

7 **1.** **b** et **d**.

2. **a**, **c** et **d**.

13 **1.** *Faux*. On peut anticiper la probabilité de leur impact à un endroit donné.

2. *Faux*. Le concept de trajectoire ne peut s'appliquer qu'aux particules.

14 **1.** **a** et **b**.

2. **b** et **c**.

16 **1.** Les zones sombres correspondent aux zones où la probabilité de l'impact d'un photon est quasi nulle.
Les zones les plus lumineuses correspondent aux zones où la probabilité est maximale.

2. La quantité de photons par unité de temps est très importante.

22 **1. a.** L'onde est peu affectée par la rencontre d'objets de dimension très inférieure à sa longueur d'onde.
b. Pour observer nettement les détails de la protéine, il faut des longueurs d'onde inférieures au dixième de micromètre (dixième de la dimension de la protéine), soit un ordre de grandeur de 10^2 nm. Cette valeur est inférieure aux longueurs d'onde utilisées avec le microscope optique.
2. a. $\lambda \simeq 10^2$ nm.
b. $v = h/(m_e \cdot \lambda)$
$= 6{,}63 \times 10^{-34}/(9{,}11 \times 10^{-31} \times 10^2 \times 10^{-9})$
$v = 7 \times 10^3\ \text{m} \cdot \text{s}^{-1}$.

PARTIE 5 LES DÉFIS DU XXIe SIÈCLE

SÉQUENCE 1 Enjeux énergétiques

1 **1.** *Vrai.* Ils mettent des millions d'années à se reconstituer.

2. *Faux.* L'énergie électrique est une **énergie finale** produite à partir de différentes énergies primaires.

3. *Faux.* L'énergie nucléaire n'est pas renouvelable et pourtant, elle n'émet quasiment pas de CO_2.

3 **1.** La part des énergies renouvelables intermittentes augmente, il faut donc stocker l'énergie électrique produite. Or le stockage hydraulique est insuffisant. Quant au stockage par batterie, il s'avère coûteux et peu efficace (trop de pertes).

2.

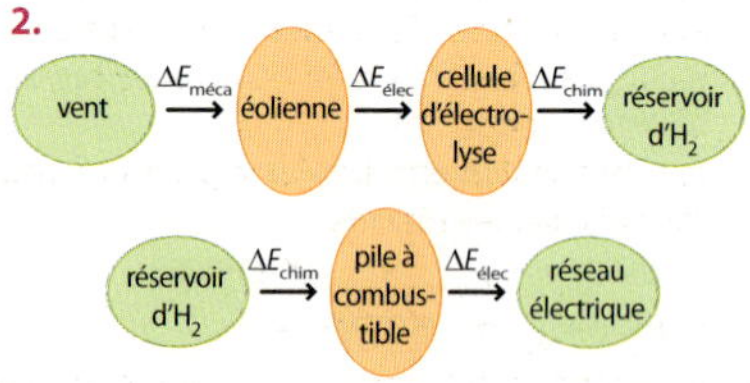

3. La production de dihydrogène et son utilisation comme nouveau vecteur d'énergie permettrait d'éviter l'épuisement des ressources fossiles et l'émission de gaz à effet de serre.

5 **1. c.**
2. b.
3. a et **c.**

9 **1. a, b** et **c.**
2. b et **c.**

12 **1. a.** Part de la biomasse = 2,3 + 9,1 + 0,35 + 0,3 = 12,1 Mtep soit 60 % des énergies renouvelables.
b. Le bois-énergie représente 75 % de la biomasse.

2. Le carbone relâché dans l'atmosphère après combustion sous forme de CO_2 avait été capté préalablement par l'arbre (photosynthèse). Il reste les émissions dues à la coupe et au transport.

3. La production de bois peut être locale, son utilisation permet de produire l'énergie directement dans l'habitat sans nécessiter d'infrastructure lourde.

4. Il s'agit d'une énergie primaire renouvelable, qui prend la place d'énergies primaires fossiles non renouvelables (gaz, pétrole, charbon, uranium).

5. La combustion doit être complète ; il faut évacuer les particules émises, les COV et les HAP par ventilation ; l'exploitation des forêts doit être raisonnable.

16 **1.** Ce sont des énergies renouvelables qui évitent l'épuisement des ressources fossiles et l'émission de gaz à effet de serre.

2. L'hydraulique (marée) et le solaire thermique sont aussi des énergies intermittentes.

3. Le stockage d'énergie électrique est coûteux et insuffisamment efficace.

4. Les centrales nucléaires mettent plusieurs jours pour atteindre leur puissance de fonctionnement, tandis que les centrales à charbon ont un temps de mise en marche très court.

5. L'énergie éolienne apportera une solution au défi énergétique, à condition de savoir stocker l'énergie électrique ou d'utiliser d'autres énergies renouvelables non intermittentes, comme l'hydraulique des cours d'eau ou autre, pour compenser l'absence de vent.

SÉQUENCE 2 Chimie et respect de l'environnement

2 **1.** Le 2-méthylpropène a pour formule chimique $(CH_3)_2C{=}CH_2$.

2. C'est une réaction d'élimination.

3. $$UA = \frac{M((CH_3)_2C{=}CH_2)}{M((CH_3)_2CBr{-}CH_3) + M(C_2H_5ONa)}$$
$$= \frac{56}{(137+68)} = 27{,}3\ \%$$

4. a. $(CH_3)_2CH{-}CH_3 \rightarrow (CH_3)_2C{=}CH_2 + H_2$.
b. $$UA = \frac{M((CH_3)_2C{=}CH_2)}{M((CH_3)_2CH{-}CH_3)} = \frac{56}{58} = 96{,}5\ \%.$$
L'économie d'atome réalisée par la voie catalytique est largement supérieure à celle obtenue lors de la synthèse empruntant une voie stœchiométrique, souscrivant en cela aux principes de la chimie verte.

5 **1.** La matière première d'une bioraffinerie est l'ensemble de la biomasse.

2. L'amidon, le glucose, le sorbitol, les triesters d'acides gras ou encore les protéines extraites des végétaux sont quelques-unes des biomolécules précurseurs de biosynthèses.

3. Les fibres textiles végétales, biocarburants, bioplastiques, colles ou détergents sont quelques-uns des bioproduits élaborés à partir des biomolécules extraites dans une raffinerie.

4. Une bioraffinerie s'inscrit pleinement dans une chimie soucieuse de l'environnement. En effet, sa matière première est issue du recyclage de la biomasse. On peut penser que l'impact carbone de telles synthèses est nul puisque le carbone éventuellement rejeté participait en amont au cycle du carbone.

10 **1.** Le benzène et l'acide nitrique sont deux réactifs de cette synthèse à la dangerosité avérée : ils sont respectivement cancérogène et corrosif.

2. Le protoxyde d'azote N_2O, sous-produit de cette réaction, est l'un des responsables de l'effet de serre et de la destruction de la couche d'ozone.

3. Cette voie de synthèse de l'acide adipique est énergétivore dans la mesure où les différentes étapes de sa réalisation nécessitent des pressions importantes. De telles conditions expérimentales ont un réel coût en énergie.

4. Le glucose est un des produits de la photosynthèse. Il peut être extrait de la biomasse.

5. a. *E. coli* est une bactérie qui vit en milieu aqueux. Le solvant de cette seconde voie de synthèse est donc l'eau.
b. Le fait de ne pas utiliser de solvant organique, d'abaisser les coûts énergétiques (*E. coli* agit à température et pression usuelles), de ne pas utiliser de réactifs toxiques ou dangereux, va dans le sens d'une chimie durable et soucieuse de l'environnement.

11 **1.** On parle de catalyse homogène lorsque les réactifs et le catalyseur de réaction sont dans le même état physique, et de catalyse hétérogène dans le cas contraire.

2. La voie de la catalyse hétérogène semble être la plus économe d'atome : en effet, seules 2 étapes sont nécessaires à cette synthèse ; le nombre de sous-produits indésirables de réaction est donc nécessairement moindre.

3. Le rejet d'effluent par une unité de synthèse industrielle nécessite leur traitement : séparation des diverses charges polluantes susceptibles de le constituer, purification respective et recyclage dans d'autres voies de synthèse.

4. C'est la synthèse par catalyse hétérogène (meilleure économie d'atome, pas de solvant utilisé, meilleur rendement, moins de rejets d'effluents).

SÉQUENCE 3 Contrôle de la qualité par dosage

1 **1.** *Faux.* Les incertitudes de mesure nécessitent la mesure de l'absorbance de plusieurs solutions étalons et le tracé d'une courbe d'étalonnage pour en déduire la concentration de la solution à doser.

2. *Faux.* D'après la loi de Kohlrausch, la courbe représentant la conductance en fonction de la concentration est une droite passant par l'origine car la conductance est proportionnelle à la conductivité. Un étalonnage du conductimètre n'est donc pas nécessaire.
3. *Faux.* Les mesures d'absorbance s'effectuent à une longueur d'onde donnée. Il faut qu'à cette longueur d'onde de mesure, une seule espèce chimique absorbe la lumière. Il peut donc y avoir d'autres espèces chimiques colorées, mais qui absorbent à d'autres longueurs d'onde.
4. *Vrai.* Les solutions étalons contiendront cette paire d'ions à des concentrations connues.

5 **1.** La conductivité de la solution vaut :
$\sigma = \lambda_{K^+} \cdot [K^+] + \lambda_{C\ell^-} \cdot [C\ell^-] = (\lambda_{K^+} + \lambda_{C\ell^-}) \cdot c_0$.
2. a. La conductivité σ de la solution est proportionnelle à c_0. Si c_0 augmente, la conductivité de la solution augmente aussi.
b. Si le volume augmente, mais que la concentration ne change pas, la conductivité de la solution ne change pas.

7 **1.** *Vrai.*
2. *Vrai.* La réaction support de titrage doit être quantitative, il ne peut donc rester qu'un seul des deux réactifs titrant ou titré ; le réactif limitant doit disparaître.
3. *Faux.* Le volume équivalent correspond au volume de solution titrante versé pour atteindre l'équivalence.

10 **1.** On note n_i les quantités de matière initialement présentes et n_E les quantités de matière versées à l'équivalence.
a. $n(I_2)_i = n(S_2O_3^{2-})_E/2$
b. $n(Fe^{2+})_i/5 = n(MnO_4^-)_E$
c. $n(H_2O_2)_i/5 = n(MnO_4^-)_E/2$.
2. a. $c \cdot V = c' \cdot V'_E/2$ donc $c = c' \cdot V'_E/(2\,V)$.
b. $c \cdot V/5 = c' \cdot V'_E$ donc $c = 5\,c' \cdot V'_E/V$.
c. $c \cdot V/5 = c' \cdot V'_E/2$ donc $c = 5\,c' \cdot V'_E/(2\,V)$.

12 **1.** *Faux*, pour deux raisons. Premièrement, le volume équivalent est l'abscisse du point d'intersection des deux droites modélisant les points expérimentaux. Si la courbe *G*(*V*) est décroissante puis croissante, ce point d'intersection n'a pas nécessairement la même abscisse que le point expérimental de conductance la plus faible. Deuxièmement, la conductance peut avoir une autre évolution que « décroissante-croissante ». La seule contrainte est qu'il y ait un changement de pente important à l'équivalence sur le graphe représentant *G* en fonction de *V*.
2. *Faux.* Seuls les titrages faisant intervenir une réaction acido-basique peuvent être suivis par pH-métrie. Seuls des titrages faisant intervenir des ions et présentant des pentes différentes à l'équivalence sur le graphe représentant *G* en fonction de *V* peuvent être suivis par conductimétrie. Seuls certains titrages peuvent être suivis par les deux méthodes.
3. *Faux.* Lorsque les espèces chimiques qui interviennent dans le titrage sont incolores, on peut parfois utiliser un indicateur coloré.

18 **1.** Voir figure 3 du cours.
2. $HA\,(aq) + HO^-\,(aq) \rightarrow A^-\,(aq) + H_2O\,(l)$.
Cette réaction doit être quantitative.
3. D'après la courbe de suivi de titrage, le pH à l'équivalence vaut 8,0. On choisit un indicateur coloré dont la zone de virage contient ce pH : le rouge de crésol convient.
4. a. L'équivalence est l'état final du système pour lequel les réactifs titrant et titré ont été introduits en proportions stœchiométriques.
b. La méthode des tangentes permet de trouver $V_{BE} \approx 14{,}5$ mL.
5. Soit $n(AH)_i$ la quantité de matière de AH à doser et $n(HO^-)_E$ la quantité de matière d'ions HO^- versée à l'équivalence.
$n(AH)_i = n(HO^-)_E = c_B \cdot V_{BE}$
$= 2{,}00 \times 10^{-2} \times 14{,}4 \times 10^{-3}$
$= 2{,}88 \times 10^{-4}$ mol.
6. Dans la fiole jaugée de 100,0 mL, il y avait une quantité de matière de AH égale $10\,n(AH)_i$.
D'où $m = 10\,n(AH)_i \cdot M(C_6H_8O_6)$.
$m = 2{,}88 \times 10^{-3} \times 176 = 507$ mg ≈ 500 mg.
L'indication du fabricant « vitamine C 500 » indique qu'un comprimé de vitamine C contient 500 mg d'acide ascorbique.

SÉQUENCE 4 Stratégie de la synthèse organique

1 **1.** *Vrai.*
2. *Faux.* Il permet d'accélérer la réaction en agissant sur le facteur température sans perdre de la matière par évaporation.
3. *Vrai.*
4. *Faux.* Le pH fait partie des paramètres expérimentaux de la synthèse.

4 **1.** L'anhydride éthanoïque est corrosif : manipulation avec blouse, gants et lunettes de protection. L'aniline est toxique et polluante : manipulation avec gants et sous la hotte, l'excès est récupéré dans des flacons spécifiques.
2. L'eau décomposerait l'anhydride éthanoïque
3. Il se produit une réaction acido-basique conduisant à la formation d'ions $C_6H_5NH_3^+$ solubles dans l'acide.
4. a. Pour l'aniline :
$n = m/M = \rho \cdot V/M = 1{,}1 \times 10^{-1}$ mol.
Pour l'anhydride :
$n = m/M = \rho \cdot V/M = 1{,}6 \times 10^{-1}$ mol.
b. Le réactif limitant est l'aniline.

5 **1.** $n_{acide} = m_{acide}/M_{acide} = 1{,}67 \times 10^{-1}$ mol.
$n_{alcool} = n_{acide}$,
d'où $V_{alcool} = n_{alcool} \cdot M_{alcool}/\rho_{alcool} = 17{,}3$ mL.
2. a. $n_{ester} = \rho_{ester} \cdot V_{ester}/M_{ester} = 1{,}12 \times 10^{-1}$ mol.
b. La quantité de matière n_{th} d'ester théoriquement obtenue est $n_{th} = n_{acide} = 1{,}67 \times 10^{-1}$ mol.
Le rendement est $R = n_{ester}/n_{th} = 0{,}671 = 67{,}1$ %.
c. L'écriture de la réaction montre qu'il s'agit d'un équilibre. De plus, il y a toujours des pertes de matière lors des différentes étapes d'extraction et de purification.

6 **1.** *Vrai.* Pour choisir correctement le réfrigérant.
2. *Vrai.*
3. *Faux.* Elle sépare des mélanges homogènes de liquides miscibles entre eux.
4. *Vrai.*
5. *Faux.* Il sert à éliminer les traces d'eau après le lavage.

11 **1. b.**
2. b.

15 **1.** La molécule initiale porte un groupe carbonyle (fonction cétone ici) et un groupe nitro. La molécule synthétisée porte un groupe carbonyle (fonction cétone ici) et le groupe amine.
2. a. Non car il réagirait indépendamment sur les deux groupes d'atomes caractéristiques en les réduisant.
b. Il faut ici protéger le groupe carbonyle.
c. 1°) Protection de la fonction cétone par action de l'éthan-1,2-diol sur la molécule initiale.
2°) Action de $LiA\ell H_4$ sur la molécule protégée (réduction du groupe NO_2 en NH_2).
3°) Hydrolyse acide de la molécule précédemment obtenue et reformation du groupe carbonyle initial.

16 **1.** $n_{acide} = n_{alcool} = d_{alcool} \cdot \rho_{eau} \cdot V_{alcool}/M_{alcool}$
$= 4{,}3 \times 10^{-1}$ mol.
2. L'acide sulfurique est un catalyseur : il accélère la réaction.
3. Deux phases : une phase supérieure (moins dense), la phase organique, contenant le méthanoate d'éthyle ; une phase inférieure (plus dense), la phase aqueuse, contenant l'acide éthanoïque, l'alcool, l'eau et les ions.
4. La quantité de matière théorique obtenue est égale à la quantité de matière d'alcool initiale, soit $4{,}3 \times 10^{-1}$ mol.
La réaction se fait en effet mole à mole. La masse théorique d'ester obtenue est donc : $m_{th} = 32$ g.
5. Soit m_{ester} la masse d'ester obtenue.
Le rendement est :
$R_1 = m_{ester}/m_{th} = 21/(4{,}3 \times 10^{-1} \times 74) = 0{,}66 = 66$ %.
6. a. Le montage permet une distillation fractionnée.
b. Le méthanoate d'éthyle est distillé au fur et à mesure de sa formation : il ne peut donc réagir avec l'eau et conduire à un équilibre qui limite le rendement.
c. Il faut seulement distiller le produit formé sans distiller les réactifs.
7. a. $m'_{ester} = d_{ester} \cdot \rho_{eau} \cdot V' = 29$ g.
b. $R_2 = m'_{ester}/m_{th} = 0{,}90 = 90$ %.
c. Le rendement est supérieur avec le second montage.

SÉQUENCE 5 Chaîne de transmission d'informations

1 **1. a.**
2. b.

2 **1.** *Vrai.*
2. *Faux.* L'émetteur et le récepteur peuvent modifier la nature physique du message pour le transformer en un signal plus facile à transmettre.
3. *Vrai*

4. *Faux*. Un signal peut également être sonore, électrique…

4 1. a. Le conducteur constitue la source du message et le portail, le destinataire.
b. Dans cette chaîne de transmission, l'émetteur est le dispositif électronique contenu dans la télécommande.
2. Le support de l'information est l'espace libre entre l'utilisateur et le portail.
3. Le signal transmis est une onde électromagnétique du domaine infrarouge.

6 1. *Faux*. Ils peuvent être également transportés par fibre optique ou dans un espace libre.
2. *Faux*. L'émission et la réception d'un signal entre deux antennes est un exemple de transmission non guidée.
3. *Vrai*.

11 1. a.
2. c.

14 1. a. Le débit reste constant sur 0,5 km.
b. Il diminue.
2. Le signal est atténué car sa capacité à transmettre des informations diminue.
3. Plus l'atténuation est limitée, plus la quantité d'informations pouvant circuler est importante.

24 1. a. La longueur d'onde, exprimée ici en nm.
b. Le coefficient d'atténuation linéique, exprimé en $dB \cdot km^{-1}$.
2. a. Pour 950 nm.
b. Elle correspond au domaine infrarouge.
3. a. À 900 nm, le coefficient d'atténuation vaut $2\ dB \cdot km^{-1}$.
b. À cette longueur d'onde on atteindra une atténuation de – 3 dB pour 1,5 km.
c. Une atténuation de – 1 dB sur une distance de 1,5 km correspond à un coefficient d'atténuation de $0{,}67\ dB \cdot km^{-1}$. Sur le graphique, cela correspond approximativement aux intervalles de longueur d'onde suivants (en nm) : [800 ; 840] et [1 025 ; 1 060].

SÉQUENCE 6
Numérisation d'un signal

1 1. *Faux*. Un signal recomposé à partir de sa version numérique ne correspond pas exactement au signal numérique de départ : certaines données ont été perdues et le signal présente des « échelettes ».
2. *Vrai*.
3. *Faux*. C'est l'inverse.

3 Le signal ⓐ est numérique : il n'y a que 2 valeurs possibles pour la tension. Le signal ⓑ n'est pas numérique : il y a alternance entre des signaux divers et un signal créneau. Le signal ⓒ est l'exemple typique d'un signal analogique. Le signal ⓓ n'est pas un signal numérique car il y a plus de deux valeurs différentes accessibles.

9 1. *Faux*. Plus la fréquence d'échantillonnage est grande, plus la numérisation sera précise.
2. *Vrai*.
3. *Faux*. La fréquence d'échantillonnage doit être la plus grande possible.

10 1. c.
2. b.
3. b et c.

12 1. Avec 4 bits, on peut écrire $2^4 = 16$ valeurs différentes.
2. Le pas de quantification sera égal à $8/16 = 0{,}5$ V.
3. Les valeurs de tension sont arrondies aux valeurs numériques les plus proches. Ainsi :
a. 3,10 V devient 3,0 V.
b. 5,05 V devient 5,0 V.
c. 6,88 V devient 7,0 V.
4. Puisque 8 V devient 7,5 V, l'erreur relative vaut alors $0{,}5/8 = 1/16 = 0{,}0625$ (6,25 %). Cette valeur ne dépend pas de l'intervalle de tension choisi : elle ne dépend que du nombre de bits choisis.

15 1. *Faux*. Plus le débit est grand, plus la numérisation est précise.
2. *Vrai*.
3. *Faux*. À fréquence d'échantillonnage constante, plus la résolution est petite et plus le débit binaire est petit.

21 1. Il y a $6/0{,}400 = 15$ intervalles de 400 mV, soit 16 commandes en tout avec 0.
2. Pour obtenir 16 valeurs différentes, il faut disposer de 4 bits car $2^4 = 16$.
3. Chaque valeur numérique de 4 bits devra être transmise en moins de 1,00 ms. Il faut donc un débit binaire d'au moins :
$D = 4/(1{,}00 \times 10^{-3}) = 4{,}00\ kbits \cdot s^{-1}$.

SÉQUENCE 7
Images numériques et stockage optique

1 1. a et b.
2. a.
3. b et c.

4 1. Il s'agit du nombre de pixels (noté px).
2. Le nombre de pixels augmente du format ❶ au format ❸, la taille de l'image restant la même. La qualité de l'image augmente du format ❶ au format ❸, ce qui explique les conseils donnés : impression ou utilisation sur un support de plus en plus grand, du format ❶ au format ❸.
3. a. Puisque le nombre de pixels augmente du format ❶ au format ❸, la quantité de nombres binaires pour coder l'image augmente du format ❶ au format ❸.
b. Une carte mémoire peut contenir un certain nombre de bits. Le nombre de bits nécessaires pour coder une image augmentant du format ❶ au format ❸, on peut placer plus d'images du format ❶ sur la carte mémoire que du format ❷, puis du format ❸.

6 1. *Faux*. Les informations sont codées de façon numérique.
2. *Vrai*.
3. *Faux*. C'est le passage d'un creux à un plat, et inversement, qui code le bit 1, le bit 0 correspondant au faisceau laser restant sur un plat ou sur un creux.

7 1. Le langage binaire inscrit sur le disque optique.
2. Elle sert à réfléchir le faisceau laser.
3. Il y a une chute de l'intensité lumineuse réfléchie du fait des interférences destructives entre le faisceau réfléchi par un plat et celui réfléchi par un creux.

11 1. b et c.
2. a et c.
3. b.

12 1. C'est la quantité d'informations qu'il peut contenir pour un format donné.
2. La capacité de stockage est limitée par la tache de diffraction du faisceau laser utilisé. Or, plus la longueur d'onde du faisceau laser est petite, plus la tache est petite et plus le nombre d'informations inscrites et lisibles est important. On peut donc en théorie stocker plus d'informations avec un laser de longueur d'onde $\lambda = 385$ nm qu'avec un laser de longueur d'onde $\lambda = 405$ nm.

17 Caractéristiques identiques pour un CD et un DVD : **a**, **c**, **d** et **g**.
Caractéristiques différentes pour un CD et un DVD : **b**, **e**, **f** et **h**.

INDEX

Crédits photographiques

couv hg : © COSMOS/SPL/Hart ; **couv hd :** © CORBIS/AgStock/Reede ; **couv bas :** © AFP/Getty Images/Jim McIsaac ; **11 :** © COSMOS/SPL/Dohm ; **12 bas :** © NASA ; **12 m :** © IRAM ; **13 et 29 hd :** © CIEL ET ESPACE/R. Gendler ; **14 et 29 md :** © NASA/GSFC ; **14 et 29 bg ht :** © COSMOS/Max Planck Institut für Radioastronomie/SPL. ; **14 et 29 hg m :** © NASA/JPL/Caltech/P.Barmbry ; **17 :** © FOTOLIA/Arcurs ; **18 :** © STERIPEN/DR ; **19 ht g :** © COSMOS/Ravenswaay/SPL ; **19 ht d :** © Gil-Estel/Wikimedia ; **19 m :** © NEMO ; **19 bas :** © ISTOCK/Lozano ; **20 :** © COSMOS/Gustoimages ; **21 :** © NASA/JPL/California Institute of Technology ; **22 g :** © FOTOLIA/J.Y. Foy ; **22 d :** © NASA/Y.Chu/J.P. Harrington/K.J. Borkowski/Z. Levray ; **25 ht :** © NSF ; **25 et bas m :** © NASA/JPL-Caltech/R. Kennicutt ans the SINGS Team ; **26 ht :** © JCMT/Hawaï ; **26 ht g :** © NASA ; **26 ht d :** © NASA ; **26 bas g :** © NASA/Apollo16 ; **26 bas d :** © NASA ; **27 :** © FOTOLIA/Cwiklewski ; **29 bas d :** © NASA ; **30 ht :** © Siemens ; **30 m :** © AGE FOTOSTOCK/Image Source ; **30 bas :** © ISTOCK/Ferrantraite ; **31 :** © PLISSON PHILIP ; **32 ht d :** © Marine Corps Base Hawaii/Lance Cpl. Vanessa M. American H ; **32 bas :** © CORBIS/Xinhua Press/J. Morell ; **36 :** © US Army/John Gay, 1999 ; **38 ht :** © INSERM/Lenoir ; **38 bas :** © BSIP/J. Cavallini ; **40 bas g :** © PLAINPICTURE/Bildhuset ; **40 bas d :** © FOTOLIA/TimurD ; **42 :** Droits Réservés ; **43 ht g :** © Muséum de Toulouse ; **43 bas d :** © GETTY IMAGES/Photographer's Choice/Zanki ; **44 :** © FOTOLIA/Lacroix ; **48 ht :** © HEMIS/Frumm ; **48 m :** © EPICUEANS/ROY Philippe ; **49 :** © ALAMY/Rehova ; **50 :** © SIPA PRESS/AP/Meissner ; **52 :** © LEEMAGE/Gusman ; **53 :** © CNRS/Photothèque ; **55 ht :** © ISTOCK/Deliormanli ; **55 bas :** © FOTOLIA/Riva ; **57 ht g :** © ISTOCK/Malerapaso ; **57 ht d :** © FOTOLIA/Giniebb ; **59 :** © HEMIS/Alamy/Haigh ; **66 ht :** © BSIP/Giphotostock ; **66 m :** © REA/Gaillard ; **66 bas :** © REA/ZUMA/Howard Sayer photography ; **67 :** © DOUBLE VUE/Psaïla ; **69 :** © FOTOLIA/ParadoksB ; **70 :** © COSMOS/S. Terry ; **71 :** © COSMOS/Ch. Heller ; **74 :** © CNRS/Photothèque/Medard ; **75 :** © COSMOS/SPL/Dohm ; **76 :** © LEEMAGE/MP ; **81 :** © TCD/BOUTEILLER ; **83 g :** © BSIP/K. H. Thomas ; **83 d :** © COSMOS/Eye of science ; **86 m :** © HEMIS/Derwal ; **86 bas :** © ISTOCK/Loughlin ; **87 :** © ESRF GRENOBLE/V.A. Solé ; **90 :** © THE PICTURE DESK/Dagli-Orti/Bodleian Library Oxford (Douce 112 fol.10v) ; **91 :** © SCOPE IMAGE/Barde ; **99 :** © FOTOLIA/Jessmine ; **101 :** © THE PICTURE DESK/Dagli-Orti/musée du Louvre, Paris ; **104 ht :** © COSMOS/SPL/Dept. Of Physics/Imperial College ; **104 bas :** © COSMOS/SPL/Laguna Design ; **105 :** © BSIP/Chassenet ; **106 g :** © BSIP/Photo Researchers ; **106 ht d :** © CNRS/Photothèque/Ronald Melki ; **122 :** © AGE FOTOSTOCK/Kord.com ; **127 :** © CORBIS/Psihoyos ; **128 ht :** © PANORAMIC/Action plus ; **128 m :** © FOTOLIA/Piccaya ; **128 bas :** © NASA ; **129 :** © FOTOLIA/LE Image ; **131 :** © AGE FOTOSTOCK/Siepmann ; **132 :** Droits Réservés ; **133 :** © CORBIS/Calilung ; **134 :** © PALAIS DE LA DECOUVERTE/Rousselin ; **138 :** © BSIP/Zullo ; **143 :** © Prévention Routière ; **146 m :** © BSIP/Astier ; **146 bas :** © PLAINPICTURE/fStop ; **147 :** © ISTOCK/Zakazpc ; **148 :** © HEMIS/Alamy/Holden ; **149 :** © C2RMF/Bagault ; **150 g :** © Red Bull/Garth Milan, Pastrana le 31/12/2009 ; **150 d :** © Red Bull/Garth Milan, Pastrana le 31/12/2009 ; **152 ht :** © ISTOCK/Lewis ; **152 bas :** © LEEMAGE/SSPL ; **155 :** Sordalab/DR ; **157 :** © AFP/Getty Images Sport/Forster ; **160 :** © PANORAMIC/FEP/Bibard ; **164 ht :** © Getty Images/Dorling Kindersley ; **164 m :** © COSMOS/Ravenswaay ; **164 bas :** © NASA ; **165 :** © NASA ; **166 :** © ARIANE ESPACE ; **168 g :** © AKG-Images ; **168 d :** © NASA ; **169 :** © NASA/JSC ; **171 :** © ESA/J. Huart ; **174 :** © SHUTTERSTOCK/Erics ; **176 :** © COSMOS/Harvard college Observatory ; **177 ht :** © ESA/AOES Medialab ; **177 bas :** © NASA/JPL ; **182 ht :** © AFP/Getty Images Sport ; **182 bas :** © CIEL ET ESPACE/Birnbaum ; **183 :** © PANORAMIC/FEP/Vianney ; **184 :** Photo Courtesy of Stanford Linear Accelerator Center ; **185 :** © MAXPPP/EPA/Ojala ; **186 :** © GETTY IMAGES France/Digital Vision ; **192 g :** © MAXPPP/NASA/Ingalls ; **192 bas d :** © FOTOLIA/Olson ; **198 :** © ISTOCK/Mette ; **198 ht :** © HEMIS/Alamy/Marx ; **198 m :** © WIKISPECTACLE/Fanton ; **198 bas :** © ISTOCK/Mayo5 ; **200 :** © LEEMAGE/Aisa/Musée d'histoire naturelle, Florence ; **201 :** © ISTOCK/Mitiuc ; **202 :** © COSMOS/NASA ; **203 :** © ANDIA PRESSE/Adventure4-Ever/T ; **206 :** U.S. Navy photo © by Mass Communication Specialist 2nd Class Gregory N. Juday ; **209 :** © FOTOLIA/Rabbit75 ; **210 :** © RMN/G. Blot, Château de Fontainebleau ; **214 ht :** © TCD/BOUTEILLER/Walt Disney/DR ; **214 m :** © TCD/BOUTEILLER/Star Wars/DR ; **215 :** © LEEMAGE/Laporte/Adagp, Paris 2012 ; **216 :** © LOOK AT SCIENCES/Beaucourt ; **217 g :** © COSMOS/SPL ; **217 d :** © COSMOS/American Institute of Physics/Visual archives/Segre ; **218 g :** © COSMOS/Royal Greenwich Observatory/SPL ; **218 d :** © NASA ; **219 :** © ESA/Division de la Communication/Carril ; **220 ht :** © HEMIS/Alamy/Cancalos ; **220 m :** © FOTOLIA/Nikkytok ; **220 bas :** © COSMOS/Ria Novosti ; **221 :** © COSMOS/SPL ; **222 :** © AGE FOTOSTOCK/SPL ; **226 :** © CNES DIFFUSION/Ducros, 2004 ; **227 :** Droits Réservés ; **227 ht :** © CERN/Schaeffer ; **227 bas :** © COSMOS/Ravenswaay/SPL ; **229 :** © CERN ; **232 ht :** © CNRS/Photothèque/Chatin ; **232 m :** Collection NLC © Adagp, Paris 2012 ; **232 bas :** Droits Réservés/ChemInfo ; **233 :** © PICTURETANK/Brunaud ; **234 :** © COSMOS/Maria-Platt-Evans/SPL ; **235 :** © FOTOLIA/Beuge ; **236 :** © ISTOCK/Svetl ; **237 :** © AGE FOTOSTOCK/Bedach ; **239 :** © RIA NOVOSTI/Erohin Aleksander ; **242 :** © COSMOS/SPL/CC Studio ; **246 :** © FOTOLIA/Elenathewise ; **247 :** © HEMIS/Alamy/Tack ; **250 :** © SIPA PRESS/AP/Joensson ; **252 :** © NASA ; **253 :** © NASA/JPL/Caltech/R. Gehrz (University of Minnesota) ; **255 :** © CORBIS/Niedring ; **256 :** © FOTOLIA/Arcurs ; **257 :** © BSIP/BIOGRAFX ; **261 :** © GETTY IMAGES/Nancy R. Schiff ; **266 :** © COSMOS/SPL/Dr T Blunel, dept. Of Crystallography, Birkbeck College ; **269 g :** © Bob HOLMGREN ; **269 d :** © ANDIA PRESSE/Wildlife ; **272 :** © BIOSPHOTO/FotoNatura/Bosma ; **273 :** © ANDIA PRESSE/Alpaca/Belzit ; **274 :** © INSTITUT PASTEUR/Photothèque ; **285 :** © INSTITUT PASTEUR/Photothèque ; **287 :** © FOTOLIA/Sirjoseph ; **290 ht :** © ISTOCK/Graffizone ; **290 m :** © CORBIS/Karnow ; **291 :** © FOTOLIA/Dleonis ; **293 :** © PHOTONONSTOP/Science Faction/Maximilian Stock Ltd ; **298 :** © LOOK AT SCIENCES/Marent ; **299 :** © PHANIE/Garo ; **300 :** © FOTOLIA/Zielinski ; **302 :** © FOTOLIA/Digitalstock ; **303 ht :** © GETTY IMAGES/Minden Pictures/H&H Juergen Koch ; **303 bas :** © LOOK AT SCIENCES/Eurelios/D. VO Trung ; **306 :** DR ; **307 :** © CEA - DIRECTION DE LA COMMUNICATION/P. Stroppa ; **308 ht :** © CORBIS/Ressmeyer ; **308 et 316 bas :** © The Nature of the chemical bond.IV. The energy of single bonds and the relative electronegativity of atoms ; Journal of the American Chemical Society, sept1/1932/Oregon State Library ; **308 bas d :** © Oregon State Library ; **314 :** © AKG/SPL ; **324 :** © FOTOLIA/Hemeroskopion ; **325 :** © FOTOLIA/Friedberg ; **326 g :** © LEEMAGE/MP/National Museum, Stockholm ; **326 d :** © ROGER-VIOLLET/Boyer ; **330 :** © COSMOS/SPL ; **331 :** © COSMOS/SPL/Laguna design ; **335 :** © FOTOLIA/Haentjens ; **336 :** © FOTOLIA/Secret Side ; **339 :** © FOTOLIA/Studio Gi ; **342 m :** © CORBIS/Zuma Press/Jebb Harris ; **342 bas :** © FOTOLIA/Paper Girl ; **343 :** © LOOK AT SCIENCES/D. VO Trung ; **347 :** © COSMOS/SPL/Syred ; **354 :** © BSIP/Medicimage ; **356 :** © BSIP ; **357 :** © ICON SPORT/IPA ; **360 :** © Carbon Link Corporation ; **363 :** © LEEMAGE/Photo JOSSE ; **365 :** © CORBIS/Manning ; **366 ht :** © FOTOLIA/Elenathewise ; **366 m :** © FOTOLIA/Micromonkey ; **366 bas :** © COSMOS/SPL/Drs Yazdani & Hornbaker ; **367 :** © FOTOLIA/Bartussek ; **369 :** © SHUTTERSTOCK/Dimedrol68 ; **370 :** © CNRS/Photothèque/IEMN ; **372 ht :** © ISTOCK/Zumec ; **372 bas :** © HEMIS/Azam ; **373 ht :** © LEEMAGE/MP ; **373 m :** © LPN/CEA/Overghi/Belkhou/Barbier ; **374 :** © FOTOLIA/LianeM ; **376 :** © FOTOLIA/Zmiri ; **377 ht :** © Pedagogeeks.fr/Christophe Bourgognon ; **377 bas :** © CNRS/Photothèque/film Décryptage images des sciences, Hervé Colombani/CSI ; **379 ht :** Droits Réservés ; **379 bas :** © ISTOCK/Laan ; **380 :** © http://atlascuisinesolaire.free.fr/Wikimedia ; **384 ht :** © ISTOCK/ShutterWork ; **384 m :** © FOTOLIA/Photlook ; **384 bas :** © FOTOLIA/Fuzzbones ; **385 :** © COSMOS/SPL/Myers ; **386 :** © MAXPPP/AltoPress/Dimier ; **389 :** © FOTOLIA/Adisa ; **390 :** © ISTOCK/Begasse ; **392 :** © LEEMAGE/SSPL/Science Museum ; **394 :** © AFP/Getty Images Sport/Robertson ; **395 :** Droits Réservés ; **397 :** Coll. NLC ; **398 ht :** © LepoRello/Wikimedia/Deutsches Museum ; **398 d :** NavyEX/Wikimedia ; **399 :** © FOTOLIA/Rivero ; **402 ht :** © FOTOLIA/Cote ; **402 et 409 m :** © COSMOS/SPL/Pasieka ; **402 bas :** © COSMOS/SPL/Andrew Lambert Photography ; **403 :** © NASA/JPL ; **413 bas g :** © GETTY IMAGES France/Rosenfeld ; **413 ht d :** © Fabien BRETENAKER ; **418 :** © CORBIS/Buddy Mays ; **419 :** © BSIP/IMA ; **425 :** BIS/D.R. Coll. Archives Larbor ; **426 :** © NIST/Stroscio/Celotta ; **429 :** © COSMOS/SPL/T. ; **430 :** © *Le Nouveau monde de M. Tompkins*, G. Gamow et R. Stannard, EDITIONS LE POMMIER 2002 ; **431 :** © Elise Stanley, Division of Genetics & Development, Toronto Western Research Institute, Canada ; **434 :** © FOTOLIA/Chlorophyle ; **436 :** © CENTRE LASER SORBONNE/Dr Thirion ; **437 :** © FOTOLIA/LEME ; **439 :** © GETTY IMAGES/Image Bank/Faint ; **440 ht :** © FOTOLIA/Weber ; **440 m :** © LRPHOT/Deldycke ; **440 :** © FOTOLIA/Cecchetti ; **441 :** © COSMOS/SPL/W.T. Sullivan III ; **443 :** © SAZY Laurent ; **446 :** © INSTITUT DE LA THERMOGRAPHIE ; **447 :** © OXYMAN/Wikimedia ; **448 :** EPFL 2007 ; **449 :** © PHOTONONSTOP/Abad ; **450 :** © FOTOLIA/Delmo07 ; **451 :** © COSMOS/SPL/Pasieka ; **454 ht :** © AFP/Bilderberg/Ellerbrock & Schafft ; **454 m :** © FOTOLIA/Mujka ; **455 :** © REA/Decout ; **458 :** © REA/Archimex/Moschetti ; **459 :** © IRD-INDIGO/Katz ; **461 ht :** © COSMOS/SPL/Hinsch ; **461 bas :** © Mytho88/Wikimedia ; **463 :** © LEEMAGE/MP ; **464 :** © FOTOLIA/Fransen ; **466 :** © CORBIS/D. Robert & Lorri Franz ; **468 :** © REA/Ludovic ; **469 :** © FOTOLIA/Galam ; **470 ht g :** © ISTOCK/Raths ; **470 ht m :** © FOTOLIA/Pettigrew ; **470 :** © HEMIS/Guy ; **470 m d :** © ONLY France/Francedias/Murier ; **470 bas g :** © REA/Marvaux ; **482 ht :** © FOTOLIA/Nitr ; **482 bas :** © STUDIO X/Stockfood/Leser ; **483 :** © FOTOLIA/Elenathewise ; **486 :** © AKG/Ullstein Bild ; **487 :** © ISTOCK/Ugurhan ; **504 :** Droits Réservés ; **505 :** © HEMIS/Moirenc ; **506 ht g :** © AFP/Julien ; **506 ht m :** © REA/ZUMA/V W Pics ; **506 ht d :** © SHUTTERSTOCK/Auremar ; **506 bas g :** © PANORAMIC/FEP/Lemaistre ; **506 bas m :** © REA/Audras ; **506 bas d :** © FOTOLIA/MC ; **507 :** © SHUTTERSTOCK/Cortes ; **508 :** © REA/Garel ; **510 ht :** © FOTOLIA/Blas ; **510 m :** © COSMOS/SPL/Ogden ; **510 bas :** © ISTOCK/Alexxl66 ; **511 :** © SHUTTERSTOCK/Asharkyu ; **512 ht :** © FOTOLIA/Meailleluc.com ; **512 bas g :** © FOTOLIA/Gemello ; **512 bas d :** © SHUTTERSTOCK/Marsan ; **513 :** © FOTOLIA/Pbimages ; **515 ht g :** © REA/Image Source ; **515 bas :** Archives Larbor/BIS ; **515 ht d :** © FOTOLIA/Beboy ; **515 bas g :** © AKG/SPL ; **516 :** © E-Smogtec ; **517 :** © CORBIS/San Francisco Chronicle/Mangelsdorf ; **520 :** © URBA IMAGES/AIR IMAGES/Beaucardet ; **521 :** © CORBIS/Science Picture Co/Science Faction ; **523 :** © ISTOCK/Adisa ; **524 :** © FOTOLIA/Toome ; **525 :** © FIGARO PHOTO/Marmara ; **526 :** Coll. Part. ; **528 :** © PHOTONONSTOP/Alliar ; **528 et 537 ht g :** © COSMOS/SPL/Power and Syred ; **528 ht d :** © COSMOS/SPL/Nishinaga ; **528 m :** © LEEMAGE/United Archives ; **530 ht :** © FOTOLIA/Ellsing ; **530 bas :** © FOTOLIA/Spyxhack ; **531 bas g :** © LEEMAGE/SSPL ; **531 d :** © FOTOLIA/Maltsev ; **532 :** © FOTOLIA/Delphimages ; **534 :** © CORBIS/EPA/Fueher ; **535 :** © FOTOLIA/Dietrich ; **536 :** © PIERRE-OLIVIER CALLEDE ; **539 :** © Frédéric GOMARIZ ; **540 :** Image Courtesy THE ADVERTISING ARCHIVES ; **543 :** Droits Réservés ; **546 bas g :** © COSMOS/SPL/Kinsbergen ; **546 d :** © SERIPRESSE ; **548 :** © Claude BENCIMON ; **549 :** Droits Réservés/TETRIS ; **552 :** © SIGNATURES/Schuller ; **552 :** © COSMOS/SPL/Syred ; **556 g :** © RMN/Collection Centre Pompidou, Dist. RMN/Georges Merguerditchian, don de Philips France ; **556 bas d :** © TCD/BOUTEILLER/DR ; **556 ht d :** © Hergé/MOULINSART 2012 ; **557 ht g :** © KHARBINE-TAPABOR/Coll. Perrin ; **557 m :** © ISTOCK/Dcdr ; **557 bas g :** © CORBIS/RD/Kabik ; **557 d :** © CORBIS/Ocean ; **558 ht :** © CORBIS/Cummins ; **558 bas :** © ISTOCK/EasyBuy4u ; **559 g :** © LEEMAGE/Artedia/Martel, ADAGP, Paris 2012 ; **559 ht d :** © RMN/Collection Centre Pompidou, Dist. RMN/Migeat © ADAGP, Paris 2012 ; **559 bas d :** © Fotolibra/Ken Miller © ADAGP, Paris 2012 ; **560 ht :** © ANDIA PRESSE/Belpress/Grouille ; **560 bas :** © FOTOLIA/Riko23 ; **563 :** © FOTOLIA/Urbanhearts ; **564 :** © REA/Gleizes ; **565 :** © BSIP/Boissonnet ; **570 g :** © COSMOS/SPL/E. Kinsman/T ; **570 d :** © PRESSE-SPORTS/Boutroux

Photographies non référencées : Philippe Guignard/AIR Images-Contreforts Production

Si malgré nos recherches, il nous a été impossible de retrouver les ayants droits usuels d'une image publiée, Sejer/Bordas s'engage à conserver durant 3 ans un montant reversable à toute personne apportant la preuve qu'elle est dépositaire des droits usuels de ladite image. Nous nous excusons par avance des erreurs ou omissions involontaires.

Liste des vidéos et animations en complément du manuel

Ces compléments numériques sont disponibles sur le manuel numérique enrichi, sauf *.

Vidéo : disponible en téléchargement sur le site* www.bordas-espace.fr/lycee

Partie 1 — Ondes et matière

1 Rayonnements dans l'Univers

Vidéo - Casque sans fil

3 Caractéristiques des ondes

Animation - Longueur d'onde d'ondes ultrasonores

4 Propriétés des ondes

Animation - Diffraction[1]
Animation - Interférences[1]
Animation - Effet Doppler sonore
Animation - Effet Doppler-Fizeau[1]
([1] Animations également disponibles sur le site www.bordas-espace.fr/lycee)

5 Spectres UV-visible et IR

Animation - Principe du spectromètre à double faisceau
Animation - Nomenclature en chimie organique
Animation - Spectre d'absorption et couleur perçue
Animation - Mouvements de vibration des molécules

6 Spectres RMN du proton

Animation - Exploitation d'un spectre RMN
Animation - Courbe d'intégration d'un spectre RMN

Partie 2 — Temps, mouvement et évolution

1 Mouvements et quantité de mouvement

Animation - L'Olympia looping

2 Champ de force et mouvement

Animation - Utiliser un tableur-grapheur informatique

3 Mouvement dans l'espace

Animation - Lois de Kepler

4 Travail d'une force

Animation - Travail d'une force électrique constante *(également disponible sur le site www.bordas-espace.fr/lycee)*

5 Transferts énergétiques

Vidéo* - Oscillateur vertical amorti ($m = 100$ g)
Vidéo* - Oscillateur vertical amorti ($m = 200$ g)
Vidéo* - Oscillateur vertical non amorti ($m = 100$ g)
Vidéo* - Oscillateur vertical non amorti ($m = 200$ g)
Vidéo* - Oscillateur horizontal amorti
Vidéo* - Oscillateur horizontal non amorti

6 Temps et relativité restreinte

Animation - L'expérience de Michelson et Morley
Animation - La relativité du temps

7 Cinétique chimique

Vidéo - Facteurs cinétiques
Animation - Influence des facteurs cinétiques
Animation - Catalyse enzymatique

Partie 3 — Structure et transformation de la matière

1 Conformations des molécules

Vidéo - L'œuf rebondissant

2 Chiralité

Animation - Récepteurs biologiques et énantiomères
Animation - Identifier des molécules diastéréoisomères

3 Les réactions en chimie organique

Vidéo - Test à l'eau de dibrome

4 Déplacements d'électrons en chimie organique

Animation - Modélisation par la flèche courbe et déplacement d'électrons
Vidéo - Expérience du jet d'eau

6 Réactions acido-basiques

Vidéo - Expérience du jet d'eau
Animation - Dissolution d'un acide fort et d'un acide faible

Partie 4 — Énergie, matière et rayonnement

1 Transferts thermiques

Vidéo - Expérience de transfert par conduction
Vidéo - Expérience de transfert par rayonnement
Vidéo - Mesure de la température autour d'une résistance
Vidéo - Expérience de transfert par convection
Vidéo - Expérience sous cloche à vide
Animation - Transferts thermiques par convection et par conduction
Animation - Flux thermique et résistance thermique

2 Énergie interne

Animation - Les trois états de la matière
Vidéo - Expérience de calorimétrie avec un bloc de métal
Vidéo - Expérience de calorimétrie avec un bloc de béton
Animation - Fonctionnement d'un réfrigérateur

3 Transferts quantiques d'énergie

Animation - Rôle de la cavité optique d'un laser
Animation - Absorption et émission stimulée dans un laser

4 Dualité onde-particule

Animation - Émission de particules quantiques

Partie 5 — Les défis du XXIe siècle

1 Enjeux énergétiques

Vidéo - Un lotissement basse consommation *(Grande-Bretagne : habitat écolo)*

3 Contrôle de la qualité par dosage

Animation - Titrage direct de l'eau oxygénée par les ions permanganate
Animation - Méthode des tangentes

4 Stratégie de la synthèse organique

Animation - Protection et déprotection lors d'une synthèse peptidique

5 Chaîne de transmission d'informations

Animation - Principe de la fibre optique
Animation - Atténuation d'un signal

6 Numérisation d'un signal

Animation - Numérisation d'un signal
Vidéo - Effet stroboscopique d'une roue

7 Images numériques et stockage optique

Animation - Lecture optique d'un CD

Les auteurs et les éditions Bordas remercient la société Jeulin (et particulièrement Philippe Sérignan), pour le prêt de matériel de laboratoire. Ils remercient également Mireille Gandin, proviseur du lycée Dhuoda de Nîmes, pour son accueil lors de la réalisation des photos d'expérience, et, pour leur aide active : Daniel Bernier, François Byasson, Nathalie Dubourget, Cécile Garnier, Norotiana Gilbert, Frédéric Gisbert, Jean-Luc Mathias, Thierry Milesi, Irène Ordner, Mercedes Perez, ainsi que la pharmacie La Vistrenque de Rodilhan.
Merci à Simon Julita, Gentien Marois, Thomas Rieutord, Gauthier Sirdey, pour leur relecture des exercices, et à Carleton Horner, pour la correction des textes en anglais.

Édition : Christelle Lequesne, Frédéric Gomariz
Compogravure et schémas : STDI
Iconographie : Nathalie Lasserre
Illustrations : Frantz Rey
Coordination artistique : Alexandre Millot
Fabrication : Françoise Leroy
Conception graphique et couverture : Oxygène

N° de Projet : 10186272 Dépôt légal : Avril 2012
Imprimé en Italie par Rotolito Lombarda